Fourth Edition

이공학도를 위한 확률과 통계

Probability and Statistics

for Engineers and Scientists

***Probability and Statistics for Engineers and Scientists*, Fourth Edition, International Edition**

Anthony Hayter

ISBN-13: 978-89-6218-331-3

Cengage Learning Korea Ltd.
14F YTN Newsquare 76 Sangamsan-ro
Mapo-gu Seoul 03926 Korea

Printed in Korea
Print Number: 05 Print Year: 2024

Probability and Statistics

for Engineers and Scientists

Fourth Edition

이공학도를 위한 확률과 통계

Anthony Hayter 지음 | 배석주 옮김

Cengage

Australia • Brazil • Canada • Mexico • Singapore • United Kingdom • United States

옮긴이 약력

배석주

- 한양대학교 산업공학과 교수 (2005 ~ 현재)
- 조지아공과대학교(Georgia Institute of Technology) 산업공학 박사 (2003)
- IEEE Transactions on Reliability Associate Editor (2012 ~ 현재)
- 신뢰성응용연구 편집위원장 (2009 ~ 2010)
- 한양대학교 산업공학 석사 (1996)
- 한양대학교 산업공학 학사 (1994)

주요 경력

- 삼성 SDI 신뢰성연구팀 전임연구원 (1996 ~ 1999)
- 테네시대학교 낙스빌캠퍼스 전기컴퓨터공학과 초빙연구원(University of Tennessee, Knoxville, Department of Electrical & Computer Engineering, Post-Doc) (2004 ~ 2005)

이공학도를 위한 확률과 통계 제4판

Probability and Statistics for Engineers and Scientists, 4th Edition

4판 1쇄 발행 | 2013년 11월 27일
4판 5쇄 발행 | 2024년 2월 13일

지은이 | Anthony Hayter
옮긴이 | 배석주
발행인 | 송성헌
발행처 | 센게이지러닝코리아㈜
등록번호 | 제313-2007-000074호(2007.3.19.)
이메일 | asia.infokorea@cengage.com
홈페이지 | www.cengage.co.kr

ISBN-13 | 978-89-6218-331-3

공급처 | ㈜도서출판 북스힐
주 소 | 서울시 강북구 한천로 153길 17
도서안내 및 주문 | TEL 02) 994-0071 FAX 02) 994-0073
홈페이지 | www.bookshill.com

값 34,000원

지은이 머리말

이 네 번째 개정판의 주된 개선점은 학부와 대학원 수준의 확률과 통계이론을 다양한 분야에 적용 가능하도록 정리한 기존 개정판의 강점을 더 확장시킨 것이다. 이 교재가 성공할 수 있었던 기초는 실제 예제가 풍부하였기 때문이다. 이 부분들이 학생들의 관심을 유도하고 이들을 가르치는데 가장 효과적인 방법이었다고 생각한다. 공학과 연관된 예제들을 포함시키는 것은 확실히 중요한 부분이지만 이는 강사와 학생 모두에게 흥미로운 예제를 찾는 것만큼 중요하다고 볼 수 있다.

이 교재는 세 가지 교육적 신조에 기초해서 만들어졌다. (1)학생들에게 그들이 익숙한 다른 과학이나 공학 수업의 언어와 용어를 사용하여 설명한다. (2)학생들이 그들의 직업과 연구에 필요한 통계적인 개념에 대한 명확한 설명과 해설을 제공한다. (3)학생들과 관련이 있는 흥미로운 예제를 통해 이론적인 개념에 대한 충분한 보충설명을 한다. 그리고 역자의 모든 교수 활동의 기초는 다른 사람을 가르치는 것은 가치 있고 고결한 것이며 가능한 모든 시간과 에너지를 이에 헌신하는 것은 그만한 가치가 있다는 나의 믿음에서 비롯되었다. 다음 세대를 교육하는 것은 우리가 그동안 우리 삶에서 얻었던 많은 혜택에 대하여 사회에 봉사할 수 있는 하나의 중요한 방법이라고 생각한다.

이 교재는 기초 통계적 기술과 진보된 통계적 추론 방법을 포함한 확률이론을 이용하여 데이터를 분석하기 위한 입문서로 많은 학부생들을 위해 기술되었다. 이 교재는 대학원 수준의 교양 수업을 위한 교재로 사용되기도 하였고 공학과 과학 분야의 연구원들을 위한 유용한 지침서 역할을 하기도 하였다. 이 교재는 주로 이론적인 해설보다 응용에 중점을 주고 기획되었지만 합리적인 수학 능력을 지닌 학생들을 위한 교재로도 확장시키려고 고려하고 있다.

책의 하이라이트

1. 이 교재는 학부와 대학원 과정의 학생들을 가르쳐 본 전반적인 경험에 기초해서 만들어졌다.
2. 공학과 과학의 실제 예제가 교재 전반에 걸쳐서 제공된다.

3. 적용된 설명들은 기본이 되는 개념의 전반적인 내용과 통계적 방법론의 응용에 중점을 두었다.
4. 다양한 분야의 흥미로운 데이터들을 포함하였다.
5. 교재의 시작 부분에 동기를 부여하는 사례연구가 포함되었고 14장까지 각 장의 마지막에 사례연구를 포함하였다.
6. 다양한 수준의 연습문제가 포함되었다.
7. 이 교재는 학부와 대학원 공대 학생들에게 통계적 방법론의 지침서이다.
8. Computer Note는 통계 소프트웨어를 이용한 데이터 분석을 도와준다.*
9. 이 교재는 공부하는 순서에 따라 유연하게 구성될 수 있도록 하였다.

목표 및 동기

이 교재의 주된 목적은 독자들에게 데이터 수집, 데이터 표현, 데이터 분석에 관한 중요한 이슈들을 제공하는 것이다. 이것은 오늘날 학생들과 연구자들에게 매우 중요한 주제이고 이 교재는 독자들에게 이런 이슈들을 어떻게 적절하고 정확하게 판단하는가를 보여주도록 계획되었다. 이 목적의 중요한 부분은 독자들에게 왜 통계적 분석 방법이 공학과 과학에 관계되었고 중요한지를 설명하는 것이다.

이 부분들은 이 교재의 예제들을 통해서 표현되었고 이런 예제들은 어떻게 통계적 기술들이 관심 갖고 있는 데이터를 이해하기 위해서 사용되는지를 보여준다. 이 예제들은 독자들이 쉽게 이해하도록 계획되었다. 이 교재는 모든 통계학자와 공학자 그리고 데이터 분석과 관련 있는 모든 사람들에게 통계적 기술들과 확률분포에 대한 지침서로도 사용될 수 있다. 많은 학생들이 이 교재를 이용하여 통계 수업을 마친 것이 큰 도움이 되었다고 말한다.

이 교재는 필요하지 않은 많은 이론들을 제공하는 것이 아니라 독자들이 제시된 방법론에 내재되어 있는 개념들을 이해하는데 중점을 두고 있다. 독자들은 수학공식들을 통해서 이것이 어떻게 전개되고 어떠한 일을 하는 것인지를 이해할 수 있게 될 것이다. 이 과정을 통해 독자들은 통계 소프트웨어를 적절하게 이용할 수 있고 어떠한 분석 기술들이 적용되어야 하고 어떻게 결과를 해석해야 하는지를 알 수 있게 된다.

토픽의 전개

이 교재에서 보이는 각각의 주제들은 다른 공학과 과학 분야의 몇 가지 예제와 데이터를 통해서 소개되었다. 그리고 그 주제에 대한 기술적인 소개를 한 후에 이에 대한 중요한 부분은 박스 안에 정리했다. 그리고 예제들을 통해서 새로운 방법

* 데이터는 센게이지러닝 홈페이지(www.cengage.co.kr) Download 자료실에서 내려받을 수 있다.

론의 적절한 응용법을 소개하였다. 이 예제들은 더욱 복잡한 방법론들이 고려됨에 따라 각 장의 전반에 걸쳐서 발전되었고 이 예제들을 통해서 각각의 장들이 어떻게 연결되었고 각각의 주제들이 통계적 방법론의 전반에 걸쳐서 어떠한 관계가 있는지를 보여준다. 그리고 이러한 문제들의 통계적 분석과의 관련성 및 중요성도 입증되어 있다.

연습문제

이 교재는 다양한 수준의 연습문제를 제공한다. 각 단원의 마지막에 연습문제들이 있다. 예제들은 각 단원의 새로운 내용에 대해서 이해를 돕기 위해 제공되었다. 연속되는 문제들은 그 수준이 점점 어려워지고 넓은 방면의 해결 능력을 요구한다. 대부분의 문제들은 실제 엔지니어가 겪는 문제들과 데이터로 이루어졌다.

감사의 글

저자는 에디터인 Molly Taylor와 4번째 판에 대해 뛰어난 재능과 경험, 열정을 가지고 헌신해준 모든 팀 멤버들, Andrew Coppola, Alexander Gontar, Linda Helcher, Charu Khanna, Jill A. Quinn, Shaylin Walsh Hogan 및 Richard Stratton에 마음에서 우러나는 뜨거운 감사를 표하고 싶다. 세 번째 개정판을 만드는데 기여한 편집자인 Carolyn Crockett와 팀 멤버인 Fiona Chong, Jennifer Crotteau, Ann Day, Anne Draus, Daniel Geller, Christina Ho, Kelsey McGee에게 모두 감사의 뜻을 전하고 싶다. 마지막으로 이 세 번째 개정판을 검토해준 Ohio State University의 Jackie Miller에게 감사의 말을 전한다. 제1판을 검토해준 Arizona State University의 Mary R. Anderson과 Pennsylvania State University의 Charles E. Antle, University of Minnesota-Twin Cities Campus의 Sant Ram Arora, Colorado School of Mines의 William R. Astle, University of Missouri-Rolla의 Lee J.Bain, University of Wisconsin-Madison의 Douglas M. Bates, The State University of New York at Buffalo의 Rajan Batta, University of Texasa at Austin의 Alan C.Bovik, Western Illinois University의 Don B. Campbell, Pennsylvania State University-University Par의 M. Jeya Chandra, Idaho State University의 Yueh-Jane Chang, Mississippi State University의 Chung-Lung Chen, Wichita State University의 Inchan Choi, North Dakota State University의 John R. Cook, South Dakota School of Mines and Technology의 Rianto A. Djojosugito, University of Arizona의 Lucien Duckstein, University of Arkansas의 Earnest W. Fant, Texas A&M University의 Richard F. Feldman, Northeastern University의 Sam Gutmann, University of Louisville의 Carol O' Connor Holloman, University of Miami의 Chi-Ming Ip, Cleveland State University의 Rasul A. Khan, New

Jersey Institute of Technology의 Stojan Kotefski, University of Massachusetts-Lowell의 Walter S. Kuklinski, Rochester Institute of Technology의 S. Kumar, University of North Carolina at Charlotte의 Gang Li, North Carolina State University의 Jiye-Chyi Lu, University of Illinois at Urbana-Champaign의 Ditlev Monrad, Califonia Polytechnic State University의 John Morgan, University of New Hampshire의 Paul J. Nahin, Texas A&M University의 Larry Ringer, Montana State University의 Paul L. Schillings, The University of Vermont의 Ioannis Stavrakakis, University of Alabama-Huntsville의 James J. Swain에게도 감사의 말을 전한다.

두 번째 개정판을 검토해준 SanFrancisco State University의 Alexander Dukhovny, Massachusetts Institute of Technology의 Marc Genton, University of Minnesota의 Diwakar Gupta, Harvard University의 Joseph J. Harrington, University of Kansas의 Jim Rowland에게도 감사드린다.

세 번째 개정판의 설문에 참여한 Towson University의 Mostafa S. Aminzad, University of Wisconsin-Platteville의 Barb Barnet, Bethel College의 Ronald D. Bennett, Northeast State Community College의 Shannon Brewer, Lawrence Technological University의 Frank C. Castronova, Old Dominion University의 Mike Doviak, Penn State University의 Natarajan Gautam, Doane College의 Peggy Hart, Lehigh University의 Wei-Min Huang, Georgia Tech의 Xiaoming Huo, University of Colorado at Denver의 Bruce N. Janson, University of St. Thomas의 Scott Jilek, Clemson University의 Michael Kostreva, Georgia Tech의 Paul Kvam, Ohio University의 David W. Mtolak, Oakland University의 Gary C. MacDonald, University of Florida의 Megan Meece, University of San Diego의 Luke Miller, University of North Carolina at Asheville의 Steve Patch, Rowan University의 Robi Polikar, Legigh University의 Andrew M. Ross, University of Arkansas의 Manuel D. Rossetti, North Georgia College and State University의 Robb Sinn, St. Ambrose University의 Bradley Thiessen, Tri-State University의 Dolores Tichenor, Kennesaw State University의 Lewis VanBrackle, Cleary University의 Jerry Weyand, University of Tennessee at Martin의 ED Wheeler, The Wharton School, University of Pennasylvania의 Elaine Zanutto, University of Detroit Mercy의 Kathy Zhong에게도 감사의 말을 전한다.

Anthony Hayter

옮긴이 머리말

"풍부한 예제 중심으로 설명한 확률통계 해설서"

Hayter 교수의 『이공학도를 위한 확률과 통계』는 공학 및 자연과학 전공자들에게 필요한 확률 및 통계이론을 중심으로 다양한 예제를 포함하고 있다. 현재 많은 국내 대학교에서 Hayter 교수의 원서를 중심으로 강의를 진행하고 있지만 대다수의 학생들이 영어로 구성된 책의 내용을 완전히 이해하지는 못한다고 판단되었다.

이 책은 역자가 미국 Georgia Tech의 School of Industrial & Systems Engineering에서 수학하는 동안 학부과정에서 교재로 사용하면서 인연을 맺어 2005년 한양대학교 산업공학과 확률통계론의 교재로 현재까지 사용하고 있다. 이 책만큼 공학도를 위한 확률통계의 주제들을 알기 쉽게 정리해 놓은 교재가 없다고 판단되어 저작권자인 Cengage 출판사와 계약하여 번역을 맡게 되었다.

이 책은 많은 예제를 중심으로 확률통계에 대한 이론을 설명하고 있기 때문에 확률통계 학습에 부담을 느껴온 비통계 전공자, 특히 공학 및 자연과학 학생들에게 많은 도움이 되리라 기대한다. 기존의 많은 확률통계 교재는 인문, 사회과학 예제들을 포함하고 있는 관계로 공학도들이 확률통계 이론을 전공에 어떻게 적용할 수 있을지 힘들어 하는 부분이 많았지만 이 번역서를 통해 조금이나마 통계 이론의 공학적 적용 가능성을 이해할 수 있기를 기대한다.

이 책의 번역 과정에서 가능한 한 저자의 표현 방식 및 내용을 존중하고자 노력하였지만 원서의 내용을 충분히 잘 전달하였는지 우려되는 부분도 있다. 하지만 미진한 부분에 대해서는 앞으로 계속 수정, 보완할 것을 약속드리는 바이다.

이 번역서를 출간하는 데 원고 정리를 도와준 한양대학교 산업공학과 확률통계 연구실의 김성준 군, 김용현 군, 김만수 군, 홍민표 군에게 고마움을 표하며, 아울러 학부과정부터 역자에게 확률통계에 대한 열정을 심어준 은사님이신 한양대학교 산업경영공학과 강창욱 교수님께 감사의 글을 올린다. 또한 어려운 여건에도 이 책의 출간을 맡아준 센게이지러닝코리아의 송성헌 사장님과 김성수 부장, 한티미디어 관계자 여러분께도 감사드린다.

마지막으로 항상 옆에서 힘이 되어주는 나의 어머니, 나의 아내, 두 딸 수민, 수윤을 포함한 가족 모두에게 감사의 말을 전하고 싶다.

2013년 10월

행당동에서 배석주

차 례

데이터는 센게이지러닝 홈페이지(www.cengage.co.kr) Download 자료실에서 내려받을 수 있다.

CHAPTER 1

확률이론(Probability Theory)

1.1 확률(Probability)

1.1.1 서론

확률이론은 불확실성을 다루기 위한 수학의 한 분야로서, 고전적인 수학이론은 세상의 문제들은 실제로 관찰 가능한 일련의 사건들로 설명하는 데에는 성공적이었다. 이에 반하여 확률이론은 불과 17세기 이전까지만 해도 불확실하고 랜덤한 결과들과 관련이 있는 과정들과 실험들에 대응하기에 대부분 불충분하였다. 초기에는 도박게임을 분석하고자 하는 수학자들의 욕구에 의해서 시작되었지만 오늘날에는 사망률 도표를 과학적으로 분석하고자 하는 요구에 의해 가능성을 다루는 과학적 도구로 발전되어 오고 있다.

오늘날, 확률이론은 수학 분야에 있어 가장 흥미롭고 유용한 분야 중의 하나로, 실험과 데이터 분석을 통한 통계적 추론의 과학적 토대를 제공한다. 시스템 신뢰성, 측정의 정확도 분석 및 품질관리 같은 문제들의 적용을 통해 오늘날 확률이론은 특히 공학과 깊은 관련을 맺고 있다.

1.1.2 표본 공간(Sample Space)

일반적으로 실험(experiment)은 하나 이상의 결과(outcome)를 도출할 수 있는 일련의 과정이나 절차로 생각되어질 수 있다. 확률이론의 목적은 실제로 발생하는 다양한 결과들의 가능성을 이해하고 설명하기 위한 수학적 구조를 제공하는 것이다. 이러한 확률이론의 발전을 위한 첫 단계는 가능한 실험 결과들의 목록을 작성하는 것이다. 결과들의 집합은 표본 공간(sample space) 혹은 사상 공간(state space)이라 불리운다.

표본공간(Sample Space)

어떤 실험의 표본공간 S 는 일련의 모든 가능한 실험 결과들의 집합이다.

표본 공간의 개념을 설명하기 위한 예제를 제시하면 다음과 같다.

예제 1 기계고장(Machine Breakdowns)

특정 기계의 수리를 책임지고 있는 한 엔지니어가 그 기계의 고장이 기계 내부의 전기적 결함(electrical failure), 기계적 결함(mechanical failure) 혹은 사용자의 오작동(operator misuse)으로 크게 구분할 수 있다는 것을 알게 되었다. 기계를 작동할 때, 엔지니어는 다음에 어떤 고장이 발생할지 알지 못한다. 이러한 기계고장의 문제는 다음과 같은 표본 공간을 가지는 실험으로 생각할 수 있다.

$\mathcal{S}$ = { 전기적, 기계적, 오작동 }

예제 2 불량 컴퓨터 칩(Defective Computer Chips)

한 회사가 박스 당 500개 분량의 컴퓨터 칩을 판매하고 있고, 각 칩은 양품 혹은 불량으로 분류할 수 있다. 어떤 특정 박스 내 불량 칩의 수는 확정되어 있지 않으며 그 표본 공간은 다음과 같다.

$\mathcal{S}$ = { 0개 불량 , 1개 불량, 2개 불량, ⋯, 499개 불량, 500개 불량 }

예제 3 소프트웨어 에러(Software Error)

컴퓨터 소프트웨어의 에러 관리는 매우 중요하다. 특정 소프트웨어의 한 부분에서 분류된 에러의 수는 다음과 같은 표본공간을 갖는 것으로 생각할 수 있다.

$\mathcal{S}$ = { 0개 에러 , 1개 에러, 2개 에러, 3개 에러, ⋯ }

예제 4 발전소 운용(Power Plant Operation)

어떤 관리자가 3대의 발전소, 즉 발전소 X, 발전소 Y, 발전소 Z의 운용을 감독한다. 주어진 시간에 각 발전소는 전기를 생산하거나(1) 휴무인 것으로(0) 분류할 수 있다. 발전소 Y는 전기를 생산하고 있지만 플랜트 X와 Z는 쉬고 있는 상황을 설명하기 위해 표기 (0,1,0)을 사용한다. 적절한 특정 시점에서의 세 발전소의 상태에 대한 표본공간은 다음과 같다.

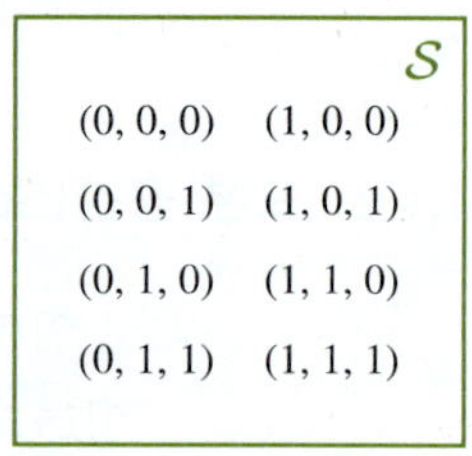

그림 1.1
발전수 운용예제의 표본 공간

$$\mathcal{S} = \{(0, 0, 0), (0, 0, 1), (0, 1, 0), (0, 1, 1), (1, 0, 0), (1, 0, 1), (1, 1, 0), (1, 1, 1)\}$$

표본공간을 다이어그램(diagram)으로 설명하는 것이 도움이 될 때가 종종 있다. [그림 1.1]은 이 예제에 대한 표본공간을 다이어그램으로 나타낸 것이다. 표본공간은 8가지 결과로 구성된 박스에 의해 설명될 수 있는데, 이러한 종류의 다이어그램을 벤 다이어그램(Venn diagram)이라고 한다.

기회 게임

기회 게임(Game of Chance)은 보통 동전 던지기, 주사위 던지기 혹은 카드게임 등과 관련이 있다. 동전 한 개를 던졌을 때의 표본공간은

$\mathcal{S}$ = { 앞면, 뒷면 }

이며, 동전 2개를 던졌을 경우(혹은 하나의 동전을 2번 던졌을 경우), 표본공간은 다음과 같다.

$\mathcal{S}$ = { (앞면, 앞면), (앞면, 뒷면), (뒷면, 앞면), (뒷면, 뒷면) }

주사위 한 개를 던졌을 때의 표본공간은

$\mathcal{S} = \{1, 2, 3, 4, 5, 6\}$

이며, 2개의 주사위를 던졌을 경우 (혹은 하나의 주사위를 2번 던졌을 경우)의 표본 공간을 [그림 1.2]에서 보여주고 있다. 사건 (1,2)와 사건 (2,1)은 두 개의 서로 다른 사건이기 때문에 모두 표본공간에 포함된다는 점에 주목하라. 한 주사위는 빨간색이고 다른 주사위는 파란색이라 간주하고, 이는 빨간 주사위에서 1이, 파란 주사위에서 2가 나온 경우와, 빨간 주사위에서 2가, 파란 주사위에서 1이 나온 경우를 구분함으로써 명확히 이해할 수 있다.

52장의 카드묶음에서 1장의 카드가 선택된다면 표본 공간은 [그림 1.3]과 같다.

$\mathcal{S}$

(1, 1)	(1, 2)	(1, 3)	(1, 4)	(1, 5)	(1, 6)
(2, 1)	(2, 2)	(2, 3)	(2, 4)	(2, 5)	(2, 6)
(3, 1)	(3, 2)	(3, 3)	(3, 4)	(3, 5)	(3, 6)
(4, 1)	(4, 2)	(4, 3)	(4, 4)	(4, 5)	(4, 6)
(5, 1)	(5, 2)	(5, 3)	(5, 4)	(5, 5)	(5, 6)
(6, 1)	(6, 2)	(6, 3)	(6, 4)	(6, 5)	(6, 6)

그림 1.2 두 주사위를 던지는 경우의 표본공간

$\mathcal{S}$

A♡	2♡	3♡	4♡	5♡	6♡	7♡	8♡	9♡	10♡	J♡	Q♡	K♡
A♣	2♣	3♣	4♣	5♣	6♣	7♣	8♣	9♣	10♣	J♣	Q♣	K♣
A◇	2◇	3◇	4◇	5◇	6◇	7◇	8◇	9◇	10◇	J◇	Q◇	K◇
A♠	2♠	3♠	4♠	5♠	6♠	7♠	8♠	9♠	10♠	J♠	Q♠	K♠

그림 1.3 한 장의 카드를 선택할 경우의 표본공간

그림 1.4 2장의 카드를 복원추출로 뽑을 경우의 표본공간

						$\mathcal{S}$
(A♡, A♡)	(A♡, 2♡)	(A♡, 3♡)	···	(A♡, Q♠)	(A♡, K♠)	
(2♡, A♡)	(2♡, 2♡)	(2♡, 3♡)	···	(2♡, Q♠)	(2♡, K♠)	
(3♡, A♡)	(3♡, 2♡)	(3♡, 3♡)	···	(3♡, Q♠)	(3♡, K♠)	
⋮	⋮	⋮		⋮	⋮	
(Q♠, A♡)	(Q♠, 2♡)	(Q♠, 3♡)	···	(Q♠, Q♠)	(Q♠, K♠)	
(K♠, A♡)	(K♠, 2♡)	(K♠, 3♡)	···	(K♠, Q♠)	(K♠, K♠)	

그림 1.5 2장의 카드를 비복원추출로 뽑을 경우의 표본공간

						$\mathcal{S}$
	(A♡, 2♡)	(A♡, 3♡)	···	(A♡, Q♠)	(A♡, K♠)	
(2♡, A♡)		(2♡, 3♡)	···	(2♡, Q♠)	(2♡, K♠)	
(3♡, A♡)	(3♡, 2♡)		···	(3♡, Q♠)	(3♡, K♠)	
⋮	⋮	⋮		⋮	⋮	
(Q♠, A♡)	(Q♠, 2♡)	(Q♠, 3♡)	···		(Q♠, K♠)	
(K♠, A♡)	(K♠, 2♡)	(K♠, 3♡)	···	(K♠, Q♠)		

2장의 카드를 뽑을 경우, 복원추출(with replacement)이냐 비복원추출(without replacement)이냐에 따라 표본공간이 달라질 수 있다. 복원추출일 경우, 즉 첫 번째 카드를 다시 묶음에 넣고 두 번째 카드를 52장의 카드묶음에서 뽑는 경우라면 표본공간은 A♡가 두 번 뽑힌 경우인 (A♡,A♡)와 같은 사건을 포함해서 모두 52×52=2,704가지 요소(element)가 존재할 수 있다([그림 1.4] 참조). 하지만 만약 비복원추출로 두 장의 카드를 뽑는 경우, 두번째 카드는 51장의 카드묶음에서 뽑는 경우에 해당하므로, 그 표본공간은 [그림 1.5]와 같다. 어떤 특정 카드가 2번 뽑히는 (A♡,A♡)와 같은 경우는 표본공간에 존재할 수 없으며, 이 표본공간의 요소의 총수는 2,704−52=2,652가 될 것이다.

1.1.3 확률값(Probability Values)

특정한 실험 결과가 나올 가능성 혹은 확률(probability)은 그 표본공간의 각 요소에 대한 일련의 확률값을 부여함으로써 구할 수 있다. 표본공간에서의 각 결과는 0과 1 사이의 확률값을 갖게 되며, 표본공간 내 요소들의 확률 총합은 1이 되어야만 한다.

확률(Probability)

표본공간 $\mathcal{S}=\{O_1, O_2, \cdots, O_n\}$으로 구성된 실험에 대한 확률값 집합은 각각

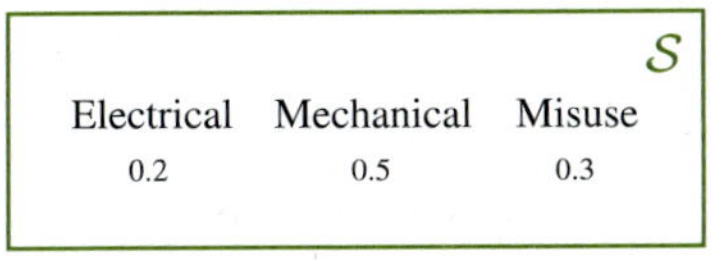

그림 1.6
기계고장 예제에 대한 확률값

의 요소에 대한 확률값 $p_1, p_2, \cdots, p_n$을 가지며

$$0 \le p_1 \le 1, 0 \le p_2 \le 1, \ldots, 0 \le p_n \le 1$$

및

$$p_1 + p_2 + \cdots + p_n = 1$$

을 만족한다. 결과 O_i가 발생할 확률은 p_i이며 $P(O_i) = p_i$로 표기한다.

특정 결과에 대해 확률값이 크면 클수록 발생 가능성도 높아지며, 두 개의 결과가 동일한 확률값을 가진다면 그 둘은 발생할 가능성이 같다고 볼 수 있다. 한 결과의 확률값이 다른 결과의 확률값보다 크다면 전자가 발생할 가능성이 보다 높다고 볼 수 있는 것이다. 어떤 특정 결과가 확률값 1을 가진다면 그 결과는 항상 발생한다고 해석할 수 있으며, 따라서 실제 실험에서 불확실성이 존재하지 않게 된다. 이 경우 다른 모든 결과들은 반드시 0의 확률값을 갖게 될 것이다. 다음의 예제를 통해 확률값에 대하여 자세히 알아보기로 한다.

예제 1 기계 고장(Machine Breakdowns)

P(전기적 고장)$=0.2$, P(기계적 고장)$=0.5$, P(오작동 고장)$=0.3$의 확률값을 갖는다고 하자. 만약 기계가 고장났을 경우, 이 세 경우의 확률값 0.2, 0.5, 0.3은 모두 0과 1 사이에 존재하고 그 합이 1이 되기 때문에 확률값으로 타당하다고 할 수 있다. [그림 1.6]은 각 결과의 확률값에 대한 다이어그램으로서, 이 확률값에 의하면 기계적 고장의 가능성이 가장 높고, 다음으로 오작동, 전기적 고장의 순이다. 참고로 P(기계적 고장)$=0.5$이라는 말은 전체 중 절반이 기계적 결함에 의해 고장남을 의미한다. 그렇다 하더라도, 이 표현이 이후의 두 번의 고장에서 정확히 한 번이 기계적 고장이라든가 혹은 이후의 10번의 고장 중 정확히 다섯 번이 기계적인 결함으로 인해 고장남을 의미하지는 않는다. 궁극적으로 관리자는 합리적인 추론을 통해 고장의 절반 정도가 기계적인 결함으로 인해 발생함을 예측할 수 있다. 마찬가지로 관리자는 고장의 약 20%는 전기적 결함으로 인해, 그리고 약 30%는 사용자의 오작동으로 인해 고장남을 예측할 수 있게 된다.

예제 3 소프트웨어 에러(Software Error)

소프트웨어를 프로그래밍할 때 에러의 수가 다음과 같은 확률값을 갖는다고 가정하자.

$$P(0\text{ 에러}) = 0.05, \quad P(1\text{ 에러}) = 0.08, \quad P(2\text{ 에러}) = 0.35,$$
$$P(3\text{ 에러}) = 0.20, \quad P(4\text{ 에러}) = 0.20, \quad P(5\text{ 에러}) = 0.12,$$
$$P(i\text{ 에러}) = 0, \quad i \geq 6$$

이 확률은 6개 이상의 에러가 발생할 확률은 0이기 때문에 최대 5개의 에러가 발생한다는 것을 보여주고 있다. 가장 높은 빈도의 에러의 수는 2개이고, 3개와 4개의 에러가 발생할 확률은 같다. 위의 두 예제로부터 어떻게 확률값을 구할 수 있는지 궁금해 할지 모른다. 다시 말해 엔지니어가 어떻게 전기적 결함에 의한 고장의 확률이 0.2이며, 어떻게 컴퓨터 프로그래머가 에러가 없을 확률이 0.05임을 알 수 있는가? 이 책의 7장 및 10장에서 어떻게 엔지니어와 프로그래머가 통계적 분석기술을 활용해 이 확률을 추정할 수 있는지를 보여준다.

기회 게임에서 모든 실험 결과는 동일한 가능성 하에 발생하는 것으로 간주되며, 따라서 그 확률값이 같다. 같은 표본 공간에서 n개의 결과가 나온다면 개개의 확률은 $1/n$이 된다.

기회 게임

동전 던지기에서 확률은 $0 \leq p \leq 1$의 값을 갖기 때문에 P(앞면)$=p$, P(뒷면)$=1-p$이다. 공정한 동전을 던질 때 $p=0.5$이며, 따라서 P(앞면)$=P$(뒷면)$=0.5$로 같지만, 공정하지 못한 동전을 던졌을 경우, $p \neq 0.5$가 될 것이다. 예를 들어 $p=0.6$이면, P(앞면)$=0.6$, P(뒷면)$=0.4$로 앞면이 나올 가능성이 더 높다([그림 1.7] 참조).

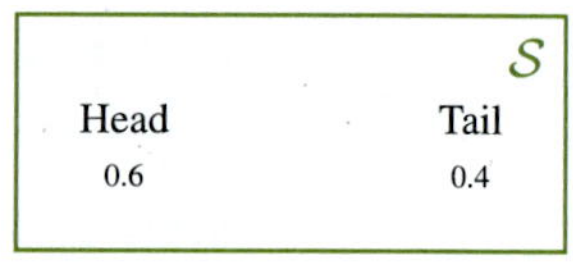

그림 1.7
편의된 동전 예제의 확률값

공정한 주사위를 던졌을 때 1에서 6의 눈이 나올 가능성은 같으며, 따라서

$$P(1) = P(2) = P(3) = P(4) = P(5) = P(6) = \frac{1}{6}$$

이다([그림 1.8] 참조). [그림 1.9]는 편의(bias)된 주사위의 예로서, 이 경우라면 6이 나올 확률이 가장 높아 평균 10번 중 세 번은 6이 나온다는 의미이다. 2, 3, 4 및 5가 나올 확률은 같으며, 1이 나올 확률은 평균 10번 중 한 번으로 가장 작다.

두 개의 주사위를 던져 총 36가지의 결과가 동일한 가능성으로 발생한다고 하면, 그 각각의 확률값은 1/36이 될 것이다([그림 1.10] 참조). 또한 카드묶음에서

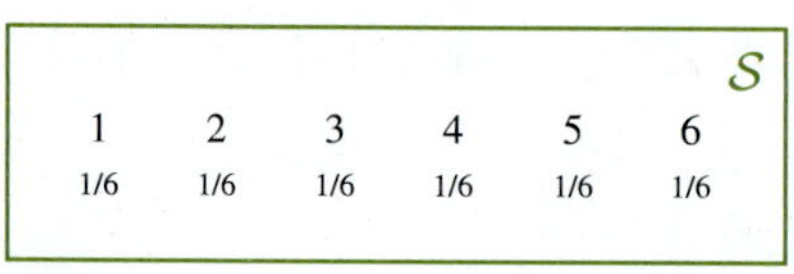

그림 1.8
공정한 주사위 한 개를 던질 경우의 확률값

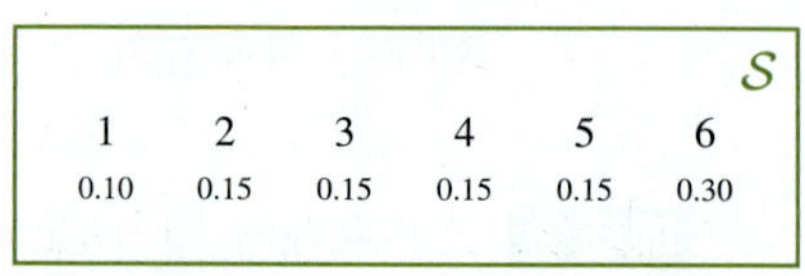

그림 1.9
편의된 주사위 예제의 확률값

임의로 카드 1장을 뽑을 때 그 표본공간은 52가지 결과로 구성되며, 각 확률값은 1/52이 된다. 예를 들어 [그림 1.11]과 같이 P(A♡)=1/52이다. 복원추출로 2장의 카드를 뽑는다면 표본공간은 52×52=2,704가지 요소로 구성되며, 각각은

S

(1, 1)	(1, 2)	(1, 3)	(1, 4)	(1, 5)	(1, 6)
1/36	1/36	1/36	1/36	1/36	1/36
(2, 1)	(2, 2)	(2, 3)	(2, 4)	(2, 5)	(2, 6)
1/36	1/36	1/36	1/36	1/36	1/36
(3, 1)	(3, 2)	(3, 3)	(3, 4)	(3, 5)	(3, 6)
1/36	1/36	1/36	1/36	1/36	1/36
(4, 1)	(4, 2)	(4, 3)	(4, 4)	(4, 5)	(4, 6)
1/36	1/36	1/36	1/36	1/36	1/36
(5, 1)	(5, 2)	(5, 3)	(5, 4)	(5, 5)	(5, 6)
1/36	1/36	1/36	1/36	1/36	1/36
(6, 1)	(6, 2)	(6, 3)	(6, 4)	(6, 5)	(6, 6)
1/36	1/36	1/36	1/36	1/36	1/36

그림 1.10
두 개의 공정한 주사위를 던질 경우의 확률값

S

A♡	2♡	3♡	4♡	5♡	6♡	7♡	8♡	9♡	10♡	J♡	Q♡	K♡
1/52	1/52	1/52	1/52	1/52	1/52	1/52	1/52	1/52	1/52	1/52	1/52	1/52
A♣	2♣	3♣	4♣	5♣	6♣	7♣	8♣	9♣	10♣	J♣	Q♣	K♣
1/52	1/52	1/52	1/52	1/52	1/52	1/52	1/52	1/52	1/52	1/52	1/52	1/52
A◇	2◇	3◇	4◇	5◇	6◇	7◇	8◇	9◇	10◇	J◇	Q◇	K◇
1/52	1/52	1/52	1/52	1/52	1/52	1/52	1/52	1/52	1/52	1/52	1/52	1/52
A♠	2♠	3♠	4♠	5♠	6♠	7♠	8♠	9♠	10♠	J♠	Q♠	K♠
1/52	1/52	1/52	1/52	1/52	1/52	1/52	1/52	1/52	1/52	1/52	1/52	1/52

그림 1.11
한 장의 카드를 선택할 경우의 확률값

S

(A♡, A♡)	(A♡, 2♡)	(A♡, 3♡)	⋯	(A♡, Q♠)	(A♡, K♠)
1/2704	1/2704	1/2704	⋯	1/2704	1/2704
(2♡, A♡)	(2♡, 2♡)	(2♡, 3♡)	⋯	(2♡, Q♠)	(2♡, K♠)
1/2704	1/2704	1/2704	⋯	1/2704	1/2704
(3♡, A♡)	(3♡, 2♡)	(3♡, 3♡)	⋯	(3♡, Q♠)	(3♡, K♠)
1/2704	1/2704	1/2704	⋯	1/2704	1/2704
⋮	⋮	⋮		⋮	⋮
(Q♠, A♡)	(Q♠, 2♡)	(Q♠, 3♡)	⋯	(Q♠, Q♠)	(Q♠, K♠)
1/2704	1/2704	1/2704	⋯	1/2704	1/2704
(K♠, A♡)	(K♠, 2♡)	(K♠, 3♡)	⋯	(K♠, Q♠)	(K♠, K♠)
1/2704	1/2704	1/2704	⋯	1/2704	1/2704

그림 1.12
두 장의 카드를 복원추출로 뽑을 경우의 확률값

$\mathcal{S}$

	(A♡, 2♡) 1/2652	(A♡, 3♡) 1/2652	··· ···	(A♡, Q♠) 1/2652	(A♡, K♠) 1/2652
(2♡, A♡) 1/2652		(2♡, 3♡) 1/2652	··· ···	(2♡, Q♠) 1/2652	(2♡, K♠) 1/2652
(3♡, A♡) 1/2652	(3♡, 2♡) 1/2652		··· ···	(3♡, Q♠) 1/2652	(3♡, K♠) 1/2652
⋮	⋮	⋮		⋮	⋮
(Q♠, A♡) 1/2652	(Q♠, 2♡) 1/2652	(Q♠, 3♡) 1/2652	··· ···		(Q♠, K♠) 1/2652
(K♠, A♡) 1/2652	(K♠, 2♡) 1/2652	(K♠, 3♡) 1/2652	··· ···	(K♠, Q♠) 1/2652	

그림 1.13 2장의 카드를 비복원추출로 뽑을 경우의 확률값

1/2704의 확률값을 갖는다. 이 경우 P(A♡,2♣)= 1/2704로 [그림 1.12]와 같다. 비복원추출로 임의로 두 장의 카드를 뽑는다고 하면 표본공간은 2,652가지 요소로 구성되며, 각각의 확률은 1/2652이다([그림 1.13] 참조).

연습문제

1.1.1 동전을 3번 던졌을 경우의 표본공간을 구하라.

1.1.2 n명의 사람 집단에서 여성의 수에 대한 표본공간을 구하라

1.1.3 52장의 카드묶음에서 13장을 뽑는다고 할 때 에이스(Ace) 개수에 대한 표본공간을 구하라.

1.1.4 어떤 한 사람의 생일에 대한 표본공간을 구하라.

1.1.5 가방 안에 빨간(Red) 또는 파란(Blue) 색깔의 공이거나, 반짝이거나(shiny) 반짝이지 않는(dull) 공이 들어 있다. 공 한 개를 가방에서 꺼냈을 때 표본공간을 구하라.

1.1.6 종종 확률값 p는 Odds Ratio $p/(1-p)$로 표현되기도 한다. 이 비율은 사건이 발생할 확률과 발생하지 않을 확률에 대한 비율이다.
(a) Odds ratio가 1일 때 p 값을 구하라.
(b) Odds ratio가 2일 때 p 값을 구하라.
(c) p가 0.25일 때 Odds ratio는 얼마인가?

1.1.7 한 실험에서 I, II, III, IV, V의 다섯 가지 결과를 얻었다. 만약 $P(I)=0.13$, $P(II)=0.24$, $P(III)=0.07$, $P(IV)=0.38$일 때 $P(V)$을 구하라.

1.1.8 실험 A는 I, II, III 세 가지 결과를 갖는다. 만약 결과 I의 확률값이 결과 II의 확률값의 두 배이고, 결과 II의 확률값이 결과 III의 확률값의 3배일 때, 결과 3의 확률값을 구하라.

1.2 사건(Event)

1.2.1 사건(Event)과 여집합(Complement)

종종 표본공간 내 개별요소보다는 각 결과의 집합에 관심이 집중되는 경우가 있는데, 이러한 결과들의 집합을 사건(Event)이라고 한다.

사건(Event)

사건 A는 표본 공간 $\mathcal{S}$ 의 부분집합(subset)으로, 특정 관심 대상인 결과들의 집합이다. 사건 A의 확률 $P(A)$는 사건 A에 속하는 결과들의 확률 총합으로 구할 수 있다.

사건 내에 속하는 어떤 한 결과가 발생한다고 하면 그 사건이 발생한 것이라 할 수 있다. [그림 1.14]는 확률값이 표시된 8개의 결과들로 이루어진 표본공간 $\mathcal{S}$ 를 보여주고 있는데, 결과 중 3개는 사건 A에 포함되며 따라서 사건 A의 확률은

$$P(A) = 0.10 + 0.15 + 0.30 = 0.55.$$

사건 A의 여집합(complement)은 사건 A에 속하지 않는 표본공간 내의 다른 모든 결과들의 집합을 의미한다. A의 여집합은 A'로 표기하며, [그림 1.14]에서 여집합 A의 확률은 A에 속하지 않는 결과들의 확률합으로서

$$P(A') = 0.10 + 0.05 + 0.05 + 0.15 + 0.10 = 0.45.$$

사건의 여집합 (Complement of Event)

사건 A의 여집합 A'는 사건 A에 속하지 않는 표본공간 내 다른 모든 결과들의 집합으로서

$$P(A) + P(A') = 1.$$

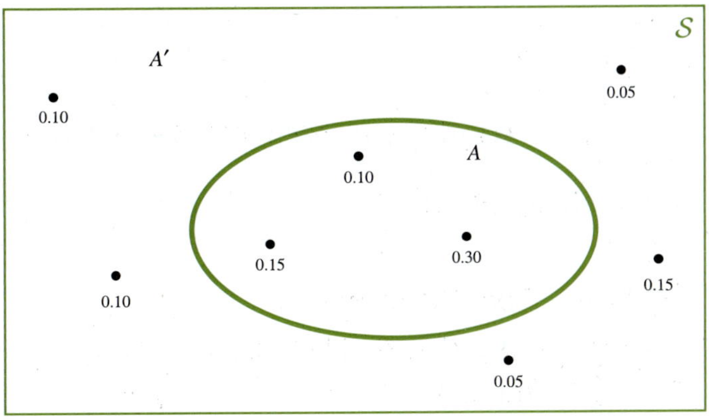

그림 1.14
$P(A)$=0.10+0.15+0.30−0.55

개개의 결과들로 이루어진 사건을 기본사건(elementary event) 혹은 단순사건(simple event)이라고 하며, 한 사건이 어떤 하나의 결과로 정의된다면 사건의 확률은 해당 결과의 확률이 된다. 또한 한 사건이 전체 표본공간으로 정의된다면 그 사건의 확률은 1이 될 것이다.

1.2.2 예제

예제 2 불량 컴퓨터 칩(Defective Computer Chips)

한 박스에 컴퓨터 칩 500개가 들어 있으며 다음과 같은 확률값을 갖는다.

$$P(0\text{ 불량}) = 0.02,\ P(1\text{ 불량}) = 0.11,\ P(2\text{ 불량}) = 0.16,$$
$$P(3\text{ 불량}) = 0.21,\ P(4\text{ 불량}) = 0.13,\ P(5\text{ 불량}) = 0.08$$

회사에서는 각 박스 내에 불량 칩이 5개 이하라고 믿고 있다. 이 믿음이 맞을 사건을 명시하면

$$\text{Correct} = \{\ 0\text{ 불량}, 1\text{ 불량}, 2\text{ 불량}, 3\text{ 불량}, 4\text{ 불량}, 5\text{ 불량}\ \}$$

으로 총 여섯 가지 결과로 이루어지며, 그 확률을 계산하면

$$\begin{aligned} P(\text{Correct}) &= P(0\text{ 불량}) + \cdots + P(5\text{ 불량}) \\ &= 0.02 + 0.11 + 0.16 + 0.21 + 0.13 + 0.08 = 0.71 \end{aligned}$$

와 같다. 결과적으로 박스 중 평균 71%가 5개 이하의 불량 칩을 포함할 것으로 예상할 수 있다. 이 사건의 여집합은 6개 이상의 불량 칩이 나오는 경우로 그 확률은 1−0.71=0.29이다.

예제 3 소프트웨어 에러(Software Error)

소프트웨어를 프로그래밍할 때 2개 이하의 에러가 발생하는 사건 A를 고려해 보자. 이 사건은

$$\text{A} = \{\ 0\text{ 에러}, 1\text{ 에러}, 2\text{ 에러}\ \} \subset \text{S}$$

로 정의되며, 그 확률은

$$P(A) = P(0\text{ 에러}) + P(1\text{ 에러}) + P(2\text{에러}) = 0.05 + 0.08 + 0.35 = 0.48$$

이 된다. 사건 A의 여집합의 확률은 $P(A') = 1 - P(A) = 1 - 0.48 = 0.52$이다.

예제 4 발전소 운용(Power Plant Operation)

[그림 1.15]와 같이 발전소 세 대가 휴무일 확률이 $P((0,0,0)) = 0.07$이고, 발전소 X만 휴무일 확률은 $P((0,1,1)) = 0.18$이라고 할 때, 발전소 X가 휴무일 사건 A는

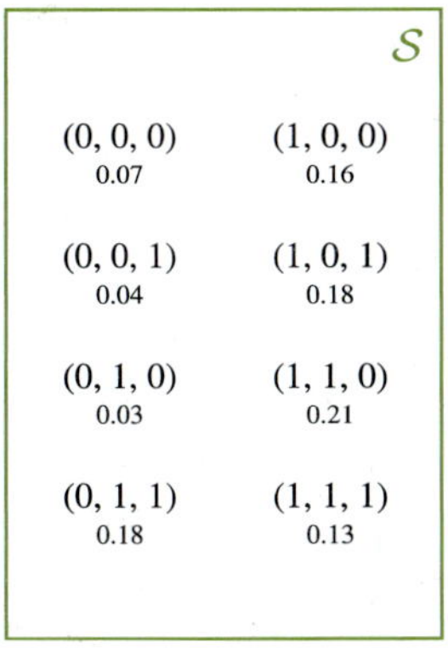

그림 1.15
발전소 운용 예제의 확률값

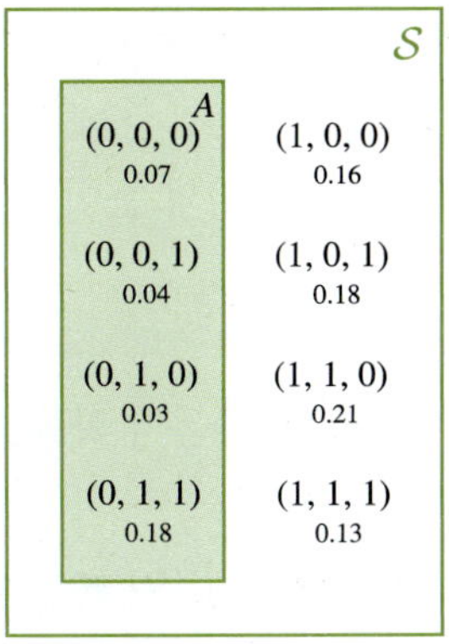

그림 1.16
사건 A의 확률값

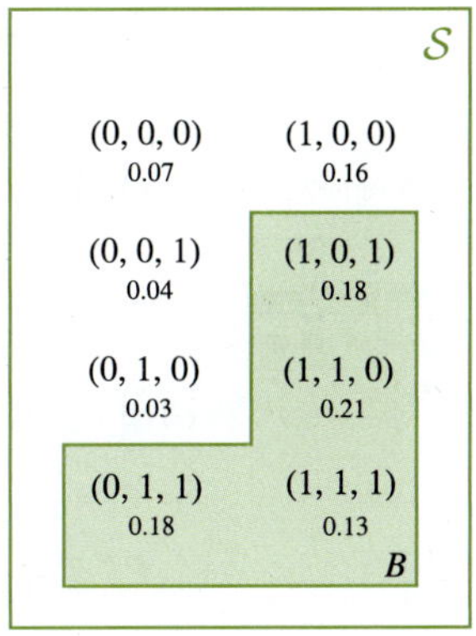

그림 1.17
사건 B의 확률값

$$A = \{(0,0,0), (0,0,1), (0,1,0), (0,1,1)\}$$

이며([그림 1.16] 참조), 그 확률은

$$\begin{aligned} P(A) &= P((0,0,0)) + P((0,0,1)) + P((0,1,0)) + P((0,1,1)) \\ &= 0.07 + 0.04 + 0.03 + 0.18 = 0.32 \end{aligned}$$

이다. 사건 A의 여집합은

$$A' = \{(1,0,0), (1,0,1), (1,1,0), (1,1,1)\}$$

으로, 이는 발전소 X가 전기를 생산할 사건을 의미하며 그 확률은

$$P(A') = 1 - P(A) = 1 - 0.32 = 0.68.$$

만약 관리자가 3곳의 발전소 중 적어도 2 발전소가 전기를 생산할 사건(B로 표기)에 관심이 있다고 한다면, 사건 B는

$$B = \{(0,1,1), (1,0,1), (1,1,0), (1,1,1)\}$$

와 같으며([그림 1.17] 참조), 그 확률은

$$\begin{aligned} P(B) &= P((0,1,1)) + P((1,0,1)) + P((1,1,0)) + P((1,1,1)) \\ &= 0.18 + 0.18 + 0.21 + 0.13 = 0.70 \end{aligned}$$

이다. 이는 세 발전소 중 적어도 두 곳의 발전소는 전체 시간 중 평균 70% 정도 전기를 생산하고 있음을 의미한다. 사건 B의 여집합은

$$B' = \{(0,0,0), (0,0,1), (0,1,0), (1,0,0)\}$$

으로, 이는 두 곳 이상의 발전소가 휴무로 전기를 생산하지 않음을 의미하며, 그 확률은

$$P(B') = 1 - P(B) = 1 - 0.70 = 0.30.$$

기회 게임 주사위를 던졌을 때 짝수(even)의 눈이 나올 사건은

$$\text{짝수} = \{2, 4, 6\}$$

이며, 공정한 주사위일 경우, 다음의 확률을 갖는다.

$$P(\text{짝수}) = P(2) + P(4) + P(6) = \frac{1}{6} + \frac{1}{6} + \frac{1}{6} = \frac{1}{2}.$$

[그림 1.18]은 두 개의 주사위를 던져서 나온 숫자의 합이 6인 사건으로 이 사건은

$$A = \{(1, 5), (2, 4), (3, 3), (4, 2), (5, 1)\}$$

으로 사건 A의 확률은 5/36가 된다. 두 개의 주사위를 던질 경우 그 합이 7일 확률은 6/36이다. [그림 1.19]는 두 주사위 중 적어도 한 주사위에서 6이 나올 사건으로 그 확률이 11/36임을 보여주고 있다. 이 사건의 여집합은 두 주사위 중 어느 것도 6이 나오지 않을 사건으로 그 확률은 1−11/36=25/36가 된다.

[그림 1.20]은 카드묶음에서 뽑은 한 장의 카드가 하트(heart)일 사건으로, 하트 무늬는 총 13장이기 때문에 하트가 나올 확률은 13/52=1/4이 된다. 이 결과는 나머지 세 가지 무늬(diamond, club, spade)에 대해 동일하게 나타난다. [그림 1.21]은 그림카드(J, Q, K)가 뽑힐 확률이 12/52=3/13임을 명확하게 보여주고 있다.

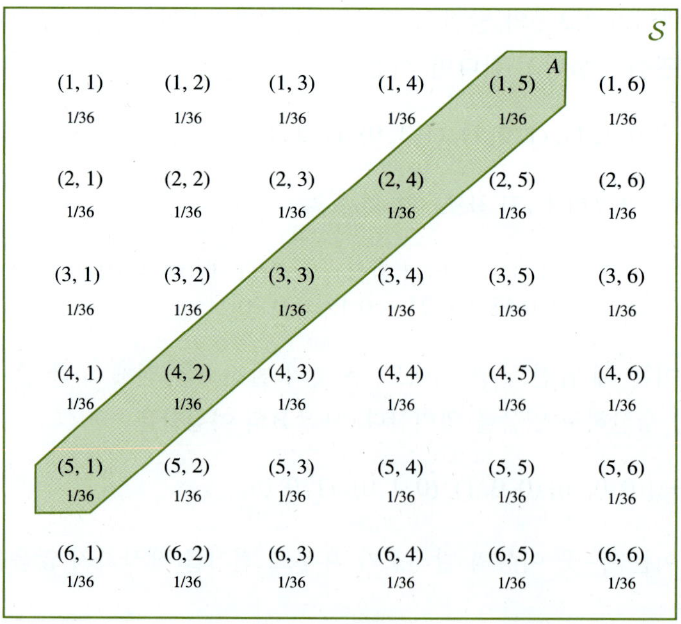

그림 1.18 사건 A: 합이 6이 되는 경우

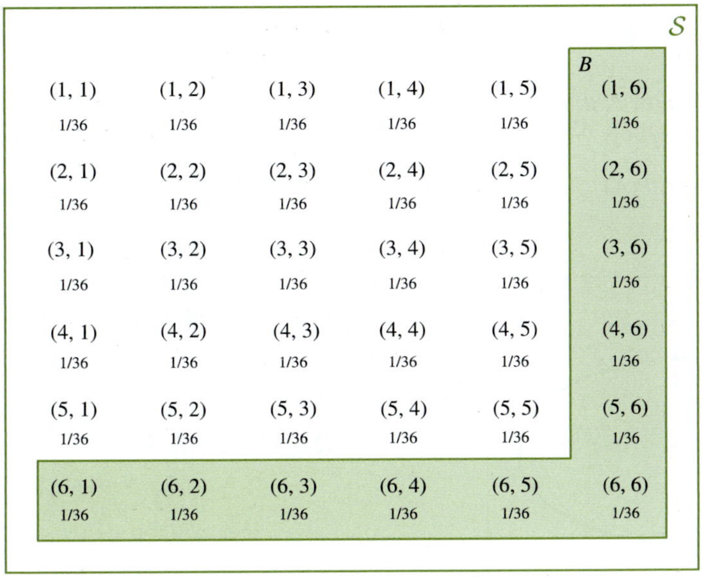

그림 1.19
사건 B: 적어도 한 개가 6인 경우

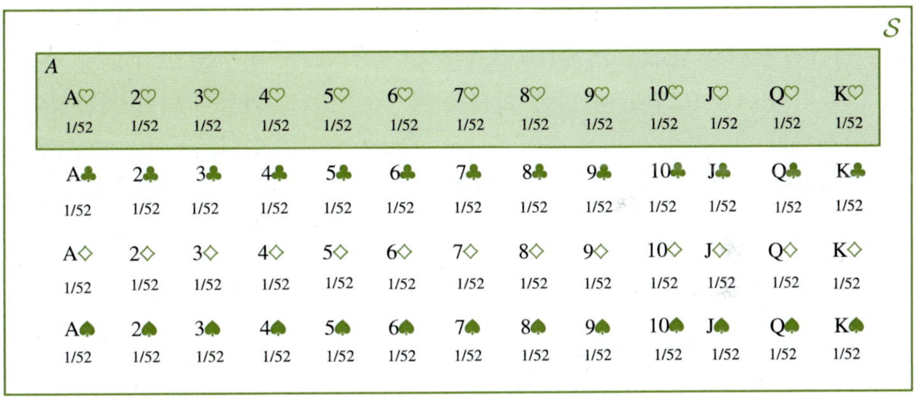

그림 1.20
사건 A: 하트를 선택할 경우

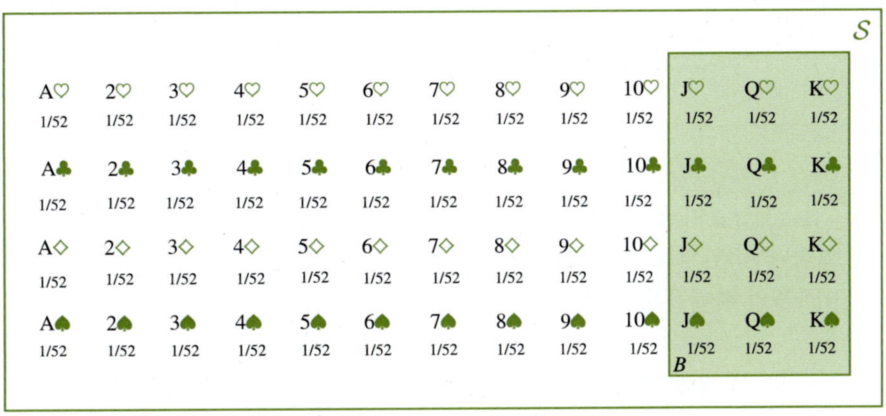

그림 1.21
사건 B: 그림카드를 선택할 경우

연습문제

1.2.1 [그림 1.22]는 a, b, c, d, e의 결과를 갖는다. 다음의 확률값을 구하라.

(a) $P(b)$ (b) $P(A)$ (c) $P(A')$

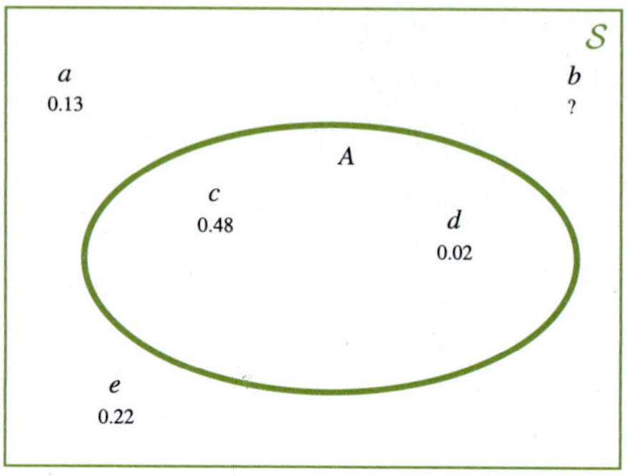

그림 1.22

1.2.2 [그림 1.23]은 a, b, c, d, e, f의 결과를 갖는다. $P(A)=0.27$일 때 다음 확률을 계산하라.

(a) $P(b)$ (b) $P(A')$ (c) $P(d)$

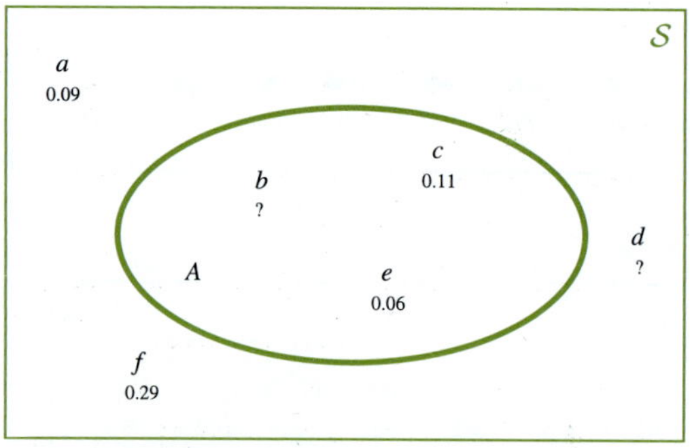

그림 1.23

1.2.3 1년 중 생일이 될 수 있을 가능성이 동일하다면, 임의로 뽑은 한 사람의 생일이 1월일 확률을 구하라.

1.2.4 두 개의 공정한 주사위를 던졌을 때 적어도 한 주사위에서 나온 숫자가 소수(prime number)일 확률을 구하고, 이 사건의 여집합 및 여집합의 확률을 구하라(단, 소수에 1도 포함한다).

1.2.5 빨간색 주사위 한 개와 파란색 주사위 한 개가 있다. 두 주사위를 던졌을 때, 빨간색 주사위 눈이 파란색 주사위 눈보다 클 확률을 구하고 이 사건의 여집합을 구하라.

1.2.6 카드묶음에서 한 장의 카드를 임의로 뽑을 경우, 그 카드가 에이스(Ace)일 확률을 구하라.

1.2.7 네 명의 선수들이 겨루는 토너먼트 경기에서 1등과 2등만 결정된다고 한다. 철수는 그 4명 중 한 선수이다. 모든 결과들이 나올 가능성이 동일하다고 가정한다.

(a) 철수가 1등할 확률을 구하라.

(b) 철수가 1등이나 2등을 할 확률을 구하라.

1.2.8 I, II, III 세 유형의 건전지를 테스트한다. [그림 1.24]에서 (I, II, III)은 타입 I이 가장 먼저 고장나고 타입 II가 그 다음으로, 타입 III이 가장 오래 지속됨을 표현한 것이다.

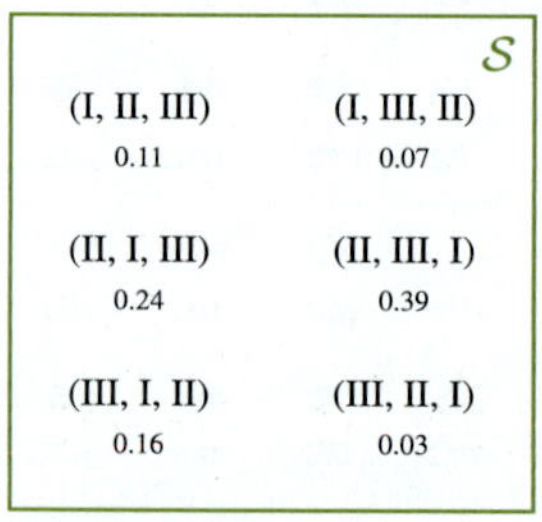

그림 1.24
건전지 문제의 확률값

(a) 타입 I이 가장 오래 지속될 확률을

구하라.

(b) 타입 I이 가장 먼저 고장날 확률을 구하라.

(c) 타입 I이 가장 오래 지속되지 않을 확률을 구하라.

(d) 타입 I이 타입 II보다 오래 지속될 확률을 구하라.

1.2.9 공장에 두 개의 조립라인이 있다. 각각의 라인은 멈추거나(S), 부분적으로 가동되거나(P) 혹은 완전히 가동((F)되고 있다. [그림 1.25]는 그에 대한 표본공간으로서, 예를 들면 (S, P)는 첫 번째 라인이 멈추고 두 번째 라인이 부분적으로 가동됨을 의미한다.

(a) 두 라인 모두가 멈출 확률을 구하라.

(b) 어느 라인도 멈추지 않을 확률을 구하라.

		S
(S, S) 0.02	(S, P) 0.06	(S, F) 0.05
(P, S) 0.07	(P, P) 0.14	(P, F) 0.20
(F, S) 0.06	(F, P) 0.21	(F, F) 0.19

그림 1.25
조립라인 문제의 확률값

(c) 적어도 한 라인이 완전히 가동할 확률을 구하라.

(d) 한 라인만 완전히 가동할 확률을 구하라. 또한 사건 (b)의 여집합 및 사건 (c)의 여집합을 구하라.

1.2.10 공정한 동전 1개를 3번 연속으로 던지는 경우, 계속해서 두 번 동전의 앞면이 나올 확률을 구하라.

1.3 사건의 조합(Combination of Events)

일반적으로 하나 이상의 사건에 대하여 관심을 가지는 경우가 많이 있는데, 이 경우 사건 A와 B가 각각 발생하는 확률뿐 아니라 두 사건이 동시에 발생하는 경우의 확률을 고려하는 것도 중요하다. 또한 사건 A와 B가 모두 발생하지 않을 확률이나 두 사건 중 한 사건만 발생하는 경우, 즉 사건 A는 발생했지만 사건 B는 발생하지 않을 확률 등에 대하여 알아보기로 한다.

1.3.1 사건의 교집합(Intersection of Events)

두 사건이 동시에 발생하는 경우의 확률을 계산해보자. 이는 사건 A와 B의 결과로 이루어진 하나의 새로운 사건을 정의함으로써 구할 수 있다.

사건의 교집합(Intersection of Events)

사건 $A \cap B$는 사건 A와 B의 교집합으로, 두 사건에 동시에 포함되는 결과들로 구성되어 있다. 이 사건의 확률 $P(A \cap B)$는 두 사건 A와 B가 동시에 발생할 확률이다.

[그림 1.26]은 9가지 결과들로 이루어진 표본공간으로서, 사건 A는 세 개의 사

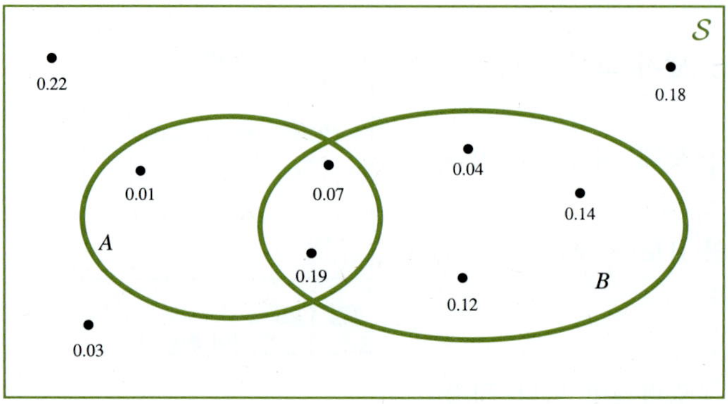

그림 1.26
사건 A와 B

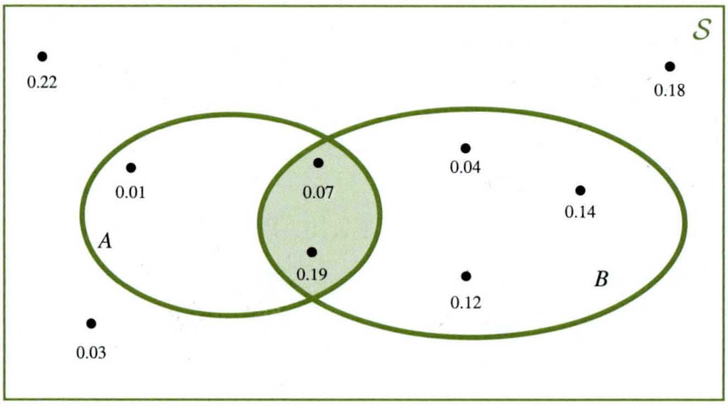

그림 1.27
사건 $A \cap B$

건으로 이루어지고 그 확률은 다음과 같다.

$$P(A) = 0.01 + 0.07 + 0.19 = 0.27.$$

사건 B는 다섯 가지 결과들로 이루어지고 그 확률은 다음과 같다.

$$P(B) = 0.07 + 0.19 + 0.04 + 0.14 + 0.12 = 0.56.$$

이 두 사건의 교집합은 [그림 1.27]에서와 같이 두 사건 모두에 속하는 결과들로 구성되며, 두 사건이 동시에 발생할 확률은 다음과 같다.

$$P(A \cap B) = 0.07 + 0.19 = 0.26.$$

사건 A의 여집합 A'는 사건 A에 속하지 않는 여섯 가지 결과들로 이루어진다. 이 경우

$$A \cap A' = \emptyset$$

로서 $\emptyset$는 공집합(empty set)을 의미한다. 결과적으로

$$P(A \cap A') = P(\emptyset) = 0$$

이며, 이는 사건 A가 그 여집합과 동시에 발생하는 것은 불가능하기 때문이다.

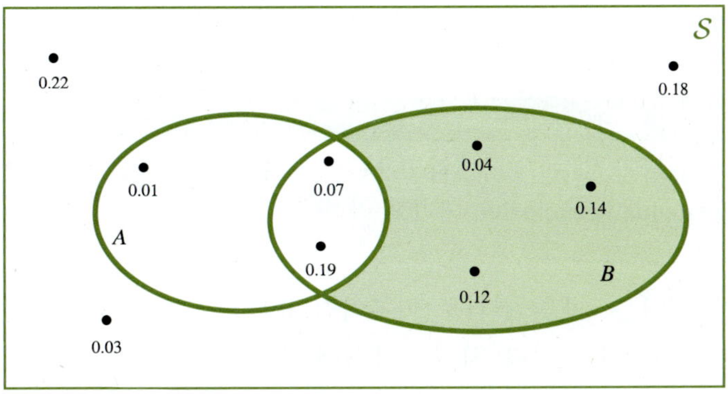

그림 1.28
사건 $A' \cap B$

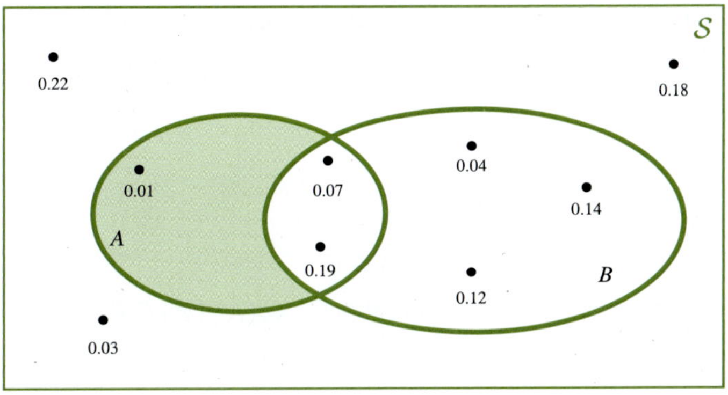

그림 1.29
사건 $A \cap B'$

[그림 1.28]은 $A' \cap B$를 나타내며, 이 사건은 사건 B에는 속하지만 사건 A에 속하지 않는 세 가지 결과들로 이루어지고 그 확률은 다음과 같다.

$$P(A' \cap B) = 0.04 + 0.14 + 0.12 = 0.30.$$

[그림 1.29]는 사건 $A \cap B'$를 보여주고 있으며 그 확률은 다음과 같다.

$$P(A \cap B') = 0.01.$$

이는 사건 A에는 속하지만 사건 B에는 속하지 않는 결과들의 확률에 해당한다.
위의 결과를 토대로 다음과 같은 결과를 얻을 수 있다.

$$P(A \cap B) + P(A \cap B') = 0.26 + 0.01 = 0.27 = P(A)$$

이와 마찬가지로

$$P(A \cap B) + P(A' \cap B) = 0.26 + 0.30 = 0.56 = P(B)$$

$$P(A \cap B) + P(A \cap B') = P(A) \qquad P(A \cap B) + P(A' \cap B) = P(B)$$

공통의 결과가 없는 두 사건 A와 B를 상호배반(mutually exclusive) 사건이라

하며, 이 경우 $A \cap B = \emptyset$ 이고 $P(A \cap B) = 0$이다.

상호배반(Mutually Exclusive) 사건

공통의 결과가 없는 A 사건과 B 사건, 즉 $A \cap B = \emptyset$ 인 경우, 사건 A와 B는 상호배반(mutually exclusive)이라고 한다.

[그림 1.30]은 7개의 결과로 이루어진 표본공간으로 이 중 세 개는 사건 A에, 두 개는 사건 B에 속한다. 사건 A와 B에 공통으로 속하는 결과가 하나도 없기 때문에 사건 A와 사건 B는 상호배반이다. 마지막으로 [그림 1.31]은 사건 A가 사건 B에 포함되는 상황, 즉 $A \subset B$를 보여준다. 사건 A의 모든 결과는 역시 사건 B에 속하며, 이 경우 당연히 $A \cap B = A$가 된다. 교집합과 관련된 결과들을 정리하면 다음과 같다.

$A \cap B = B \cap A$	$A \cap A = A$
$A \cap \mathcal{S} = A$	$A \cap \emptyset = \emptyset$
$A \cap A' = \emptyset$	$A \cap (B \cap C) = (A \cap B) \cap C$

1.3.2 사건의 합집합(Union of Events)

[그림 1.32]와 같이 두 사건 A와 B 중 적어도 한 사건이 발생하는 경우는 $A \cup B$로 표시하며 사건 A와 B의 합집합(Union)이라고 한다. 이 사건의 확률 $P(A \cup B)$는 사건 A 또는 B에 속하는 결과들의 확률값의 합이다.

사건의 합집합(Union of Events)

사건 $A \cup B$는 사건 A와 B 중 적어도 한 경우에 속하는 결과들로 이루어진다. 이 사건의 확률 $P(A \cup B)$는 사건 A와 B 중 적어도 하나가 발생할 확률에 해당한다.

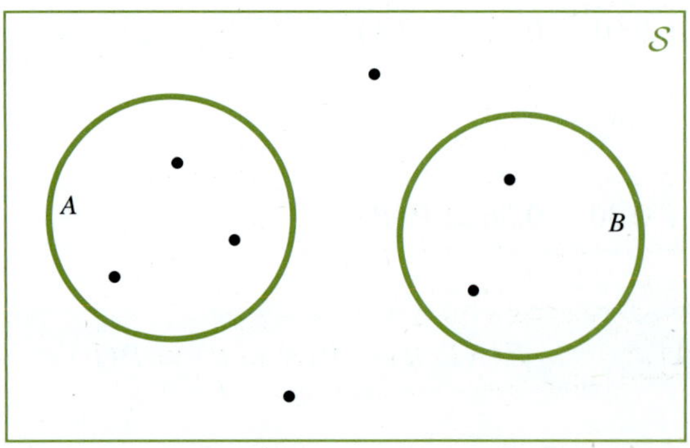

그림 1.30
A와 B가 상호배반 사건일 경우

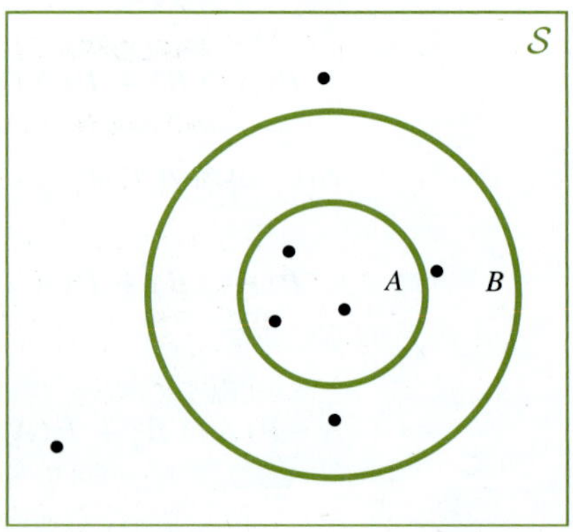

그림 1.31
$A \subset B$

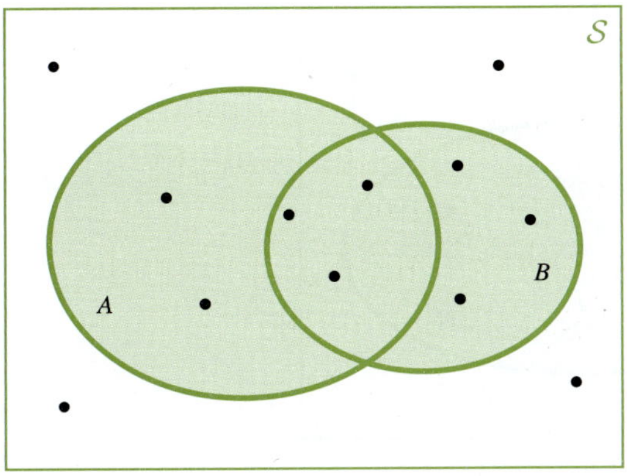

그림 1.32
$A \cup B$

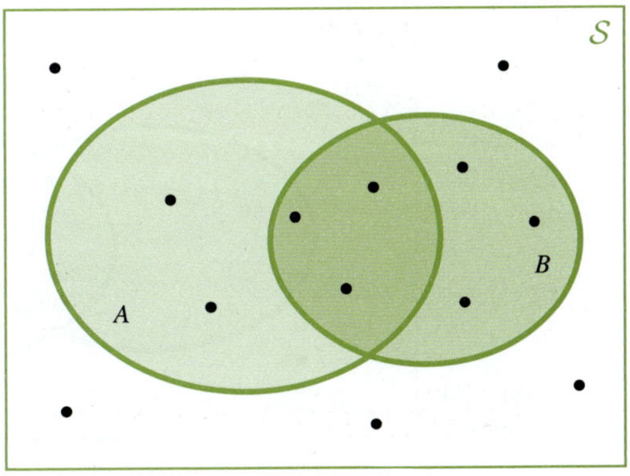

그림 1.33
$A \cup B$의 분해

사건 $A \cup B$는 다음의 세 가지 경우로 분류될 수 있음에 주목하라.

1. 사건 A에는 속하지만 사건 B에는 속하지 않는 경우
2. 사건 B에는 속하지만 사건 A에는 속하지 않는 경우
3. 사건 A와 B 모두 속하는 경우

[그림 1.33]에서와 같이 유형 1의 결과들은 $A \cap B'$, 유형 2의 결과들은 $A' \cap B$, 그리고 유형 3의 결과들은 $A \cap B$를 이룬다. $A \cup B$의 확률은 이 세 가지 상호배반 사건들에 속하는 결과들의 확률값의 합으로 구해지기 때문에 다음과 같은 결과를 얻을 수 있다.

$$P(A \cup B) = P(A \cap B') + P(A' \cap B) + P(A \cap B)$$

이 등식은

$$P(A \cap B') = P(A) - P(A \cap B)$$

이며,

$$P(A' \cap B) = P(B) - P(A \cap B)$$

이다. $P(A \cap B')$와 $P(A' \cap B)$에 대한 위의 표현식을 이용하여

$$P(A \cup B) = P(A) + P(B) - P(A \cap B).$$

만약 사건 A와 사건 B가 상호배반이면 [그림 1.30]에서처럼 $P(A \cap B) = 0$이며, $P(A \cup B)$는 사건 A의 확률과 사건 B의 확률의 합과 같다.

사건 A와 사건 B가 상호 배반일 때 $P(A \cap B) = 0$이 되며, 따라서

$$P(A \cup B) = P(A \cap B') + P(A' \cap B) + P(A \cap B)$$

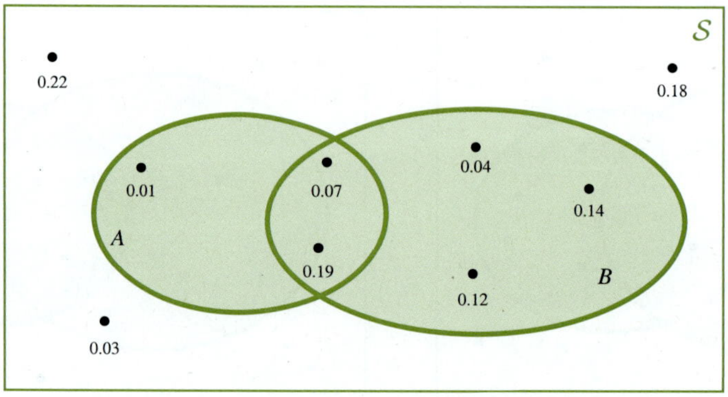

그림 1.34
$A \cup B$

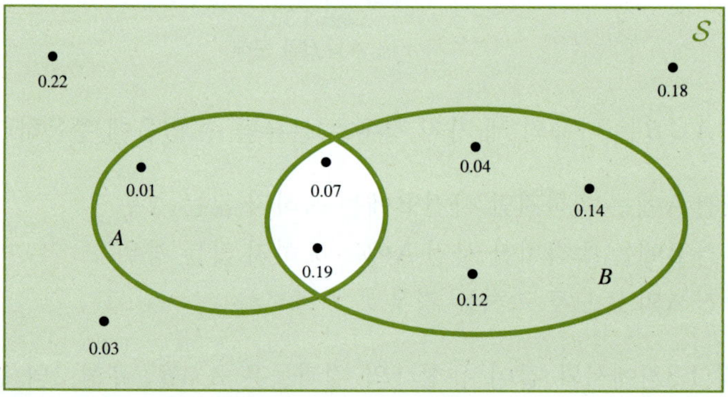

그림 1.35
$A' \cup B'$

[그림 1.26]에 소개된 9가지 결과를 가지는 표본공간에서 $A \cup B$가 [그림 1.34]처럼 여섯 가지 결과를 가진다면

$$P(A \cup B) = 0.01 + 0.07 + 0.19 + 0.04 + 0.14 + 0.12 = 0.57$$

이며 A와 B의 합집합에 대한 여집합의 확률은

$$P((A \cup B)') = 0.03 + 0.22 + 0.18 = 0.43 = 1 - P(A \cup B).$$

$(A \cup B)'$는 $A' \cap B'$와 같이 쓸 수 있으며, 사건 A도 아니며 사건 B도 아닌 결과로 구성된다.

$$(A \cup B)' = A' \cap B'.$$

더욱이 [그림 1.35]와 같이 사건 $A' \cup B'$가 7가지 결과로 구성된다면 그 확률은

$$P(A' \cup B') = 0.01 + 0.03 + 0.22 + 0.18 + 0.12 + 0.14 + 0.04 = 0.74$$

그러나 이 사건은 $(A \cap B)'$와 같이 쓸 수 있다. 즉,

$$P(A' \cup B') = P((A \cap B)') = 1 - P(A \cap B) = 1 - 0.26 = 0.74$$

마찬가지로

$$(A \cap B)' = A' \cup B'$$

이 된다. 마지막으로 사건 A가 사건 B에 포함된다면, 즉 $A \subset B$라면 $A \cup B = B$가 된다([그림 1.31] 참조).

사건 합집합에 대한 다른 단순한 결과들을 정리하면 다음과 같다.

$A \cup B = B \cup A$	$A \cup A = A$	$A \cup \mathcal{S} = \mathcal{S}$
$A \cup \emptyset = A$	$A \cup A' = \mathcal{S}$	$A \cup (B \cup C) = (A \cup B) \cup C$

1.3.3 교집합과 합집합에 대한 예제

예제 4 발전소 운용(Power Plant Operation)

[그림 1.15], [그림 1.16] 및 [그림 1.17]을 다시 고려해보자. 발전소 X가 휴무일 사건 A는 0.32의 확률을 가지며 세 발전소 중 적어도 두 곳에서 전기를 생산할 사건 B는 0.70의 확률을 갖는다. 사건 $(A \cap B)$는 발전소 X가 전기를 생산하지 않으며 또한 세 발전소 중 적어도 두 곳에서 전기를 생산하는 결과로 구성되어 있다. 결국 발전소 X는 일이 없고 발전소 Y와 발전소 Z가 전기를 생산하는 결과이므로

$$A \cap B = \{(0, 1, 1)\}$$

이며([그림 1.36] 참조), 결국

$$P(A \cap B) = P((0, 1, 1)) = 0.18$$

이 된다. $A \cup B$는 발전소 X가 일이 없거나 발전소 중 적어도 두 곳이 전기를 생산할 결과들로 구성되기 때문에

$$A \cup B = \{(0, 0, 0), (0, 0, 1), (0, 1, 0), (0, 1, 1), (1, 0, 1), (1, 1, 0), (1, 1, 1)\}$$

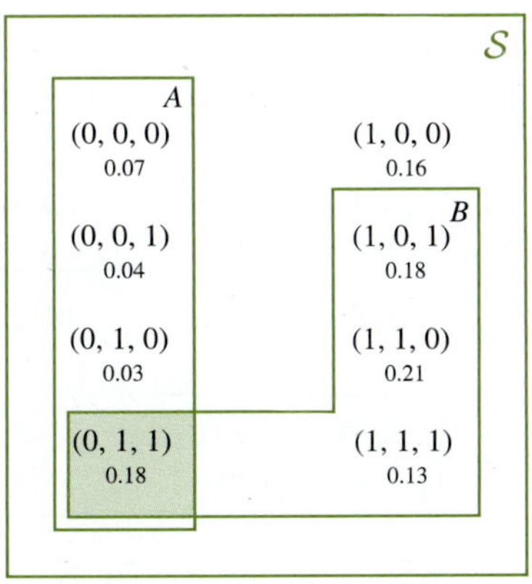

그림 1.36
$A \cap B$

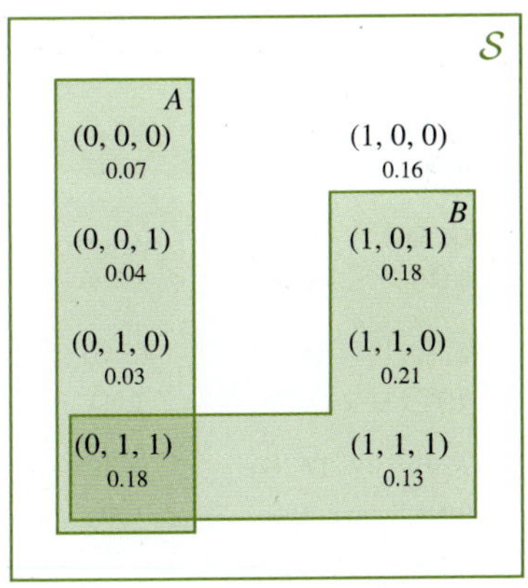

그림 1.37
$A \cup B$

와 같으며 ([그림 1.37] 참조), 따라서

$$\begin{aligned} P(A \cup B) &= P((0,0,0)) + P((0,0,1)) + P((0,1,0)) + P((0,1,1)) \\ &\quad + P((1,0,1)) + P((1,1,0)) + P((1,1,1)) \\ &= 0.07 + 0.04 + 0.03 + 0.18 + 0.18 + 0.21 + 0.13 = 0.84 \end{aligned}$$

다른 방법으로 이 확률을 계산하면

$$\begin{aligned} P(A \cup B) &= P(A) + P(B) - P(A \cap B) \\ &= 0.32 + 0.70 - 0.18 = 0.84 \end{aligned}$$

이며, 또한

$$P(A \cup B) = 1 - P((A \cup B)') = 1 - P((1,0,0)) = 1 - 0.16 = 0.84$$

와 같이 구할 수 있다.

예제 5 텔레비전 세트 품질(Television Set Quality)

텔레비전 세트를 만드는 회사는 포장하여 선적하기 전에 각 세트에 대하여 최종 품질검사를 실시한다. 두 번의 검사를 실시하는데 첫번째 검사에서는 화질을 검사하고 두번째 검사에서는 외관에 흠집이나 변형이 없는지 외관검사를 한다. 두 번의 평가에 대해 각각 완전(perfect: P), 양호(good: G), 만족할 수준(satisfactory: S) 및 불합격(fail: F)으로 구분한다. 총 16가지 가능한 결과는 [그림 1.38]에 주어져 있다. 만약 두 검사 중 하나라도 불합격일 경우 텔레비전 세트를 선적할 수 없으며, 또한 회사의 이미지 관리를 위하여 두 검사 모두 만족할 수준으로 나올 경우 제품을 선적하지 않는 것이다.

제품을 선적하지 못할 사건 A는

$$A = \{(F,P), (F,G), (F,S), (F,F), (P,F), (G,F), (S,F), (S,S)\}$$

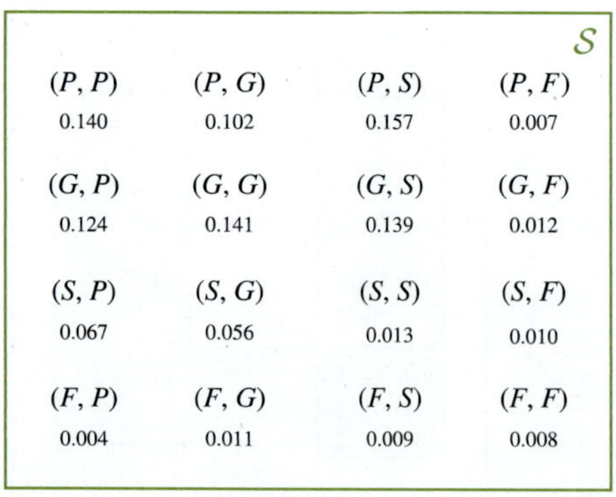

그림 1.38
텔레비전 세트 예제의 확률값

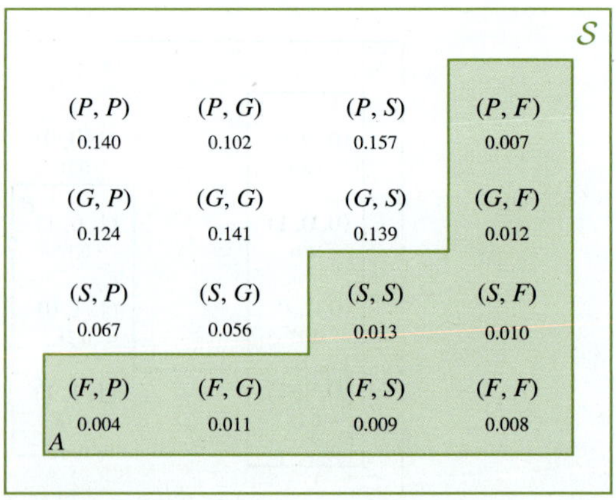

그림 1.39
사건 A: 텔레비전 세트가 선적되지 못하는 경우

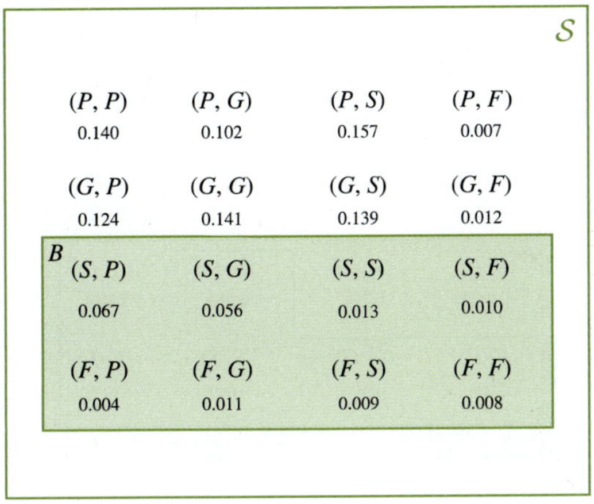

그림 1.40
사건 B: 화질이 만족할 만한 수준이거나 불합격일 경우

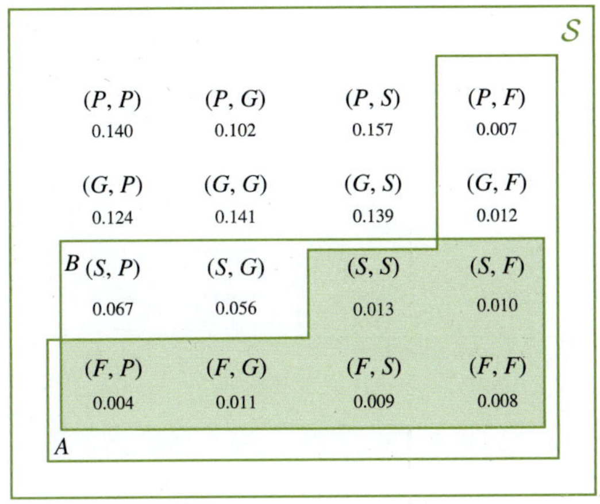

그림 1.41
$A \cap B$

와 같이 정의할 수 있으며([그림 1.39] 참조), 이 확률은

$$\begin{aligned}P(A) &= P((F,P)) + P((F,G)) + P((F,S)) + P((F,F)) + P((P,F)) \\ &\quad + P((G,F)) + P((S,F)) + P((S,S)) \\ &= 0.004 + 0.011 + 0.009 + 0.008 + 0.007 + 0.012 + 0.010 + 0.013 \\ &= 0.074\end{aligned}$$

로서 결국 약 7.4%의 텔레비전 세트가 선적되지 못할 것으로 판단할 수 있다. 기술적인 관점에서 이 회사는 화질이 만족할 수준이거나 불합격일 확률에 특별히 관심이 있다. 이 사건을 B라고 정의할 때 그 확률은

$$\begin{aligned}P(B) &= P((F,P)) + P((F,G)) + P((F,S)) + P((F,F)) + P((S,P)) \\ &\quad + P((S,G)) + P((S,S)) + P((S,F)) \\ &= 0.004 + 0.011 + 0.009 + 0.008 + 0.067 + 0.056 + 0.013 + 0.010 \\ &= 0.178\end{aligned}$$

과 같다([그림 1.40] 참조).

사건 $A \cap B$는 제품이 선적되지 못하며 또한 화질이 만족할 만한 수준이거나 불합격인 경우로서 [그림 1.41]에서 보듯이 총 여섯 가지 결과를 가진다. 그 확률은

$$\begin{aligned}P(A \cap B) &= P((F,P)) + P((F,G)) + P((F,S)) + P((F,F)) \\ &\quad + P((S,S)) + P((S,F)) \\ &= 0.004 + 0.011 + 0.009 + 0.008 + 0.013 + 0.010 = 0.055.\end{aligned}$$

사건 $A \cup B$는 제품이 선적되지 못하거나 화질이 만족할 만한 수준 혹은 불합격인 경우로서 [그림 1.42]에서 보듯이 총 10가지 결과를 가지며 그 확률은

$$\begin{aligned}P(A \cup B) &= P(A) + P(B) - P(A \cap B) \\ &= 0.074 + 0.178 - 0.055 = 0.197\end{aligned}$$

이다.

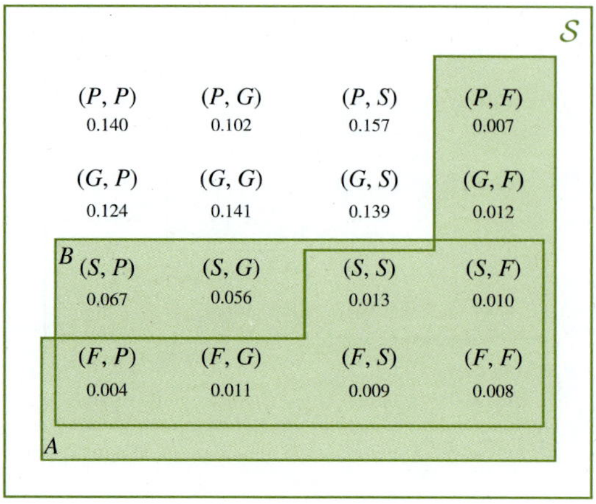

그림 1.42
$A \cap B$

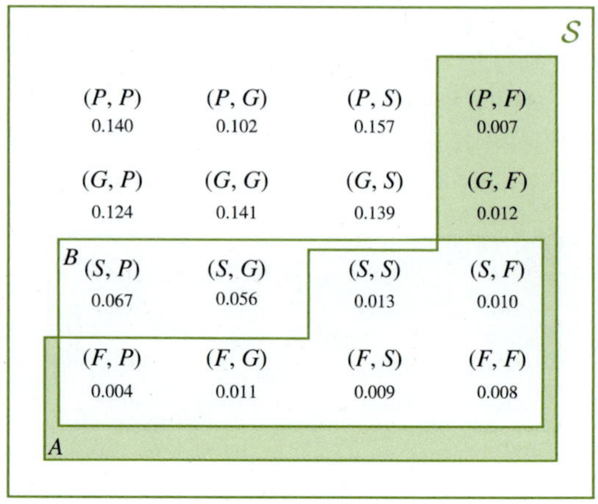

그림 1.43
$A \cap B'$

화질이 완전하거나 양호하지만 선적되지 못할 사건은 $A \cap B'$로 정의되며, 이 사건에 대한 결과로서는

$$A \cap B' = \{(P, F), (G, F)\}$$

와 같으며([그림 1.43] 참조), 그 확률은

$$0.007 + 0.012 = 0.019$$

이며, A의 확률은

$$P(A \cap B) + P(A \cap B') = 0.055 + 0.019 = 0.074 = P(A)$$

와 같이 구할 수도 있다.

기회 게임

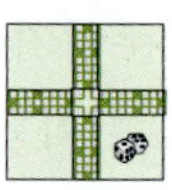

주사위를 던졌을 때, 짝수의 눈이 나올 사건 A는

$$A = \{2, 4, 6\}$$

이며, 높은 눈의 수가 나올 사건 B는

$$B = \{4, 5, 6\}$$

이다. 따라서

$$A \cap B = \{4, 6\} \qquad A \cup B = \{2, 4, 5, 6\}$$

만약 공정한 주사위를 사용한다면 $P(A \cap B) = 2/6 = 1/3$이며, $P(A \cup B) = 4/6 = 2/3$가 될 것이다.

두 주사위를 던져 두 눈의 합이 6일 사건 A ([그림 1.18] 참조)와 두 주사위 중 적어도 하나가 6의 눈일 사건 B ([그림 1.19] 참조)를 고려할 때 6가지 눈이 나올 가능성이 동일하다면 $P(A) = 5/36$이며 $P(B) = 11/36$이 된다. 또한

$$A \cap B = \emptyset$$

이므로 $P(A \cap B) = 0$이 된다. 결과적으로 사건 A와 B는 상호배반이다.

사건 $A \cup B$는 사건 A와 5가지의 결과와 사건 B에 대하여 11가지 결과를 포함하므로

$$P(A \cup B) = \frac{16}{36} = \frac{4}{9} = P(A) + P(B).$$

만약 주사위 하나는 빨간색이며 다른 하나는 파란색일 때 [그림 1.44]에서처럼 사건 C를 짝수의 눈이 빨간색 주사위에 나올 경우로 정의하고, 사건 D를 [그림 1.45]에서처럼 짝수의 눈이 파란색 주사위에 나올 경우로 정의하기로 한다. 그렇다면 $C \cap D$는 두 주사위가 모두 짝수의 눈이 나올 사건으로 정의할 수 있으며 ([그림 1.46) 참조), 이 사건에 대한 확률은 $9/36 = 1/4$이 된다. [그림 1.47]은 $C \cup D$의 경우로서 그 확률은 $27/36 = 3/4$이 된다.

다시 [그림 1.20]을 고려해보자. 사건 A는 한 장의 카드를 뽑을 때 하트를 뽑을 경우로 정의하고, 사건 B는 그림카드를 뽑은 경우로 정의하였을 때 [그림 1.21], 모든 카드를 뽑을 가능성이 동일한 경우 $P(A) = 13/52 = 1/4$이며 $P(B) = 12/52 = 3/13$이 된다. [그림 1.48]처럼 하트 그림카드를 뽑을 사건 $A \cap B$에 대한 확률은 3/52이 되며, 하트이거나 그림카드를 뽑을 사건 $A \cup B$의 확률은 $22/52 = 11/26$이다([그림 1.49] 참조). 예상대로

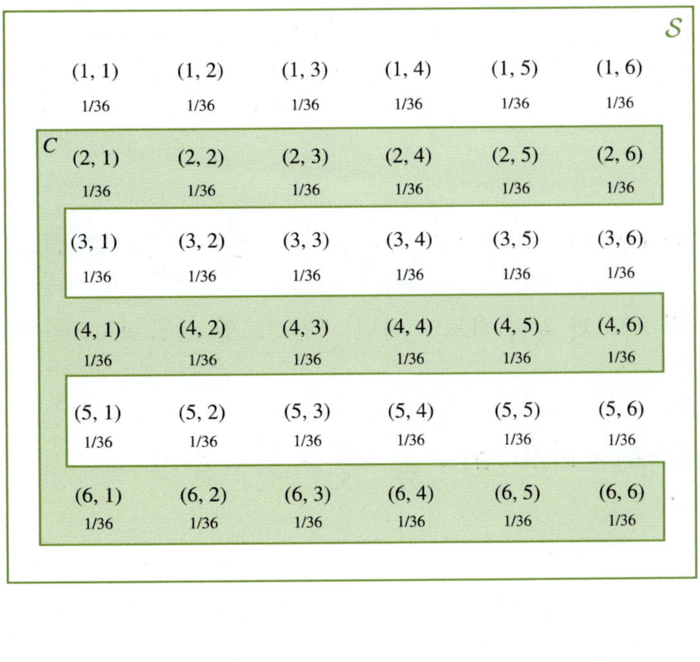

그림 1.44
사건 C: 빨간색 주사위에 짝수가 나오는 경우

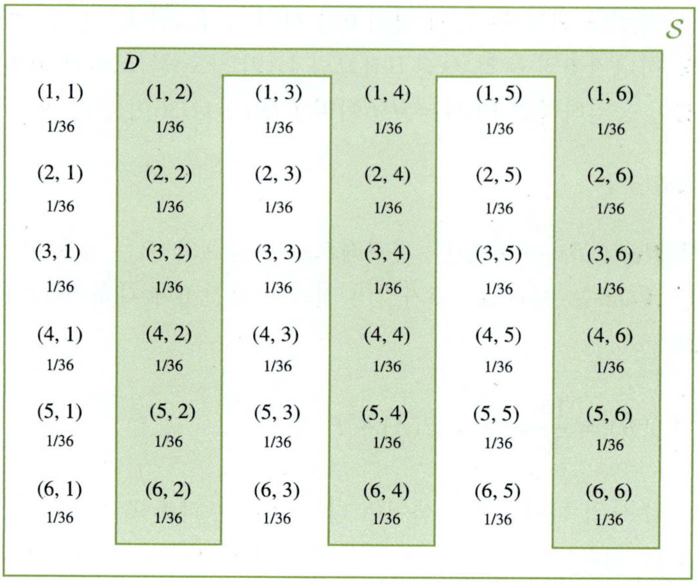

그림 1.45 사건 D: 파란색 주사위에 짝수가 나오는 경우

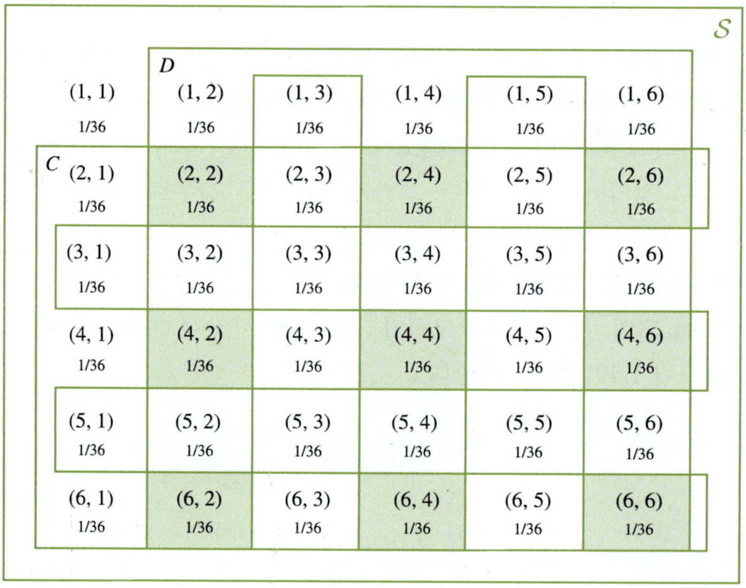

그림 1.46 $C \cap D$

$$P(A) + P(B) - P(A \cap B) = \frac{13}{52} + \frac{12}{52} - \frac{3}{52} = \frac{22}{52} = P(A \cup B).$$

[그림 1.50]과 같이 하트가 아닌 그림카드일 사건 $A' \cap B$의 확률은 9/52와 같으며,

$$P(A \cap B) + P(A' \cap B) = \frac{3}{52} + \frac{9}{52} = \frac{12}{52} = P(B).$$

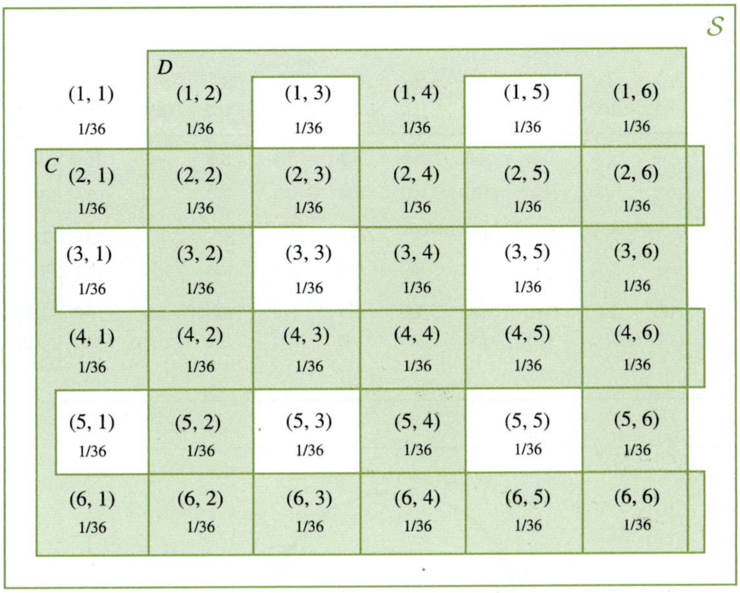

그림 1.47
$C \cup D$

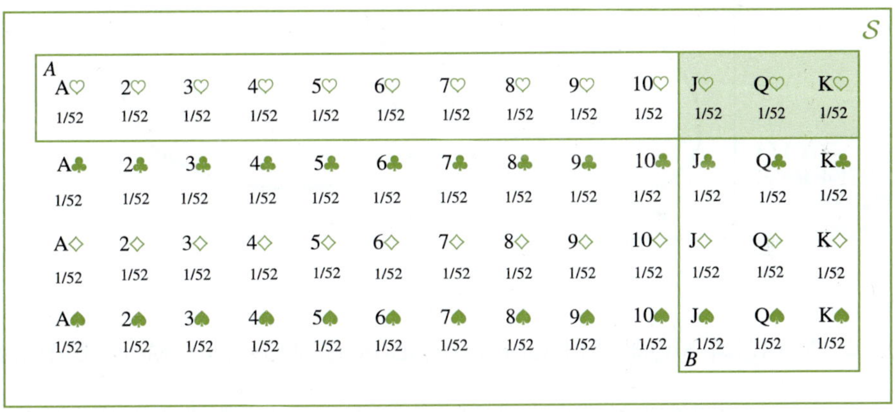

그림 1.48
$A \cap B$

그림 1.49
$A \cup B$

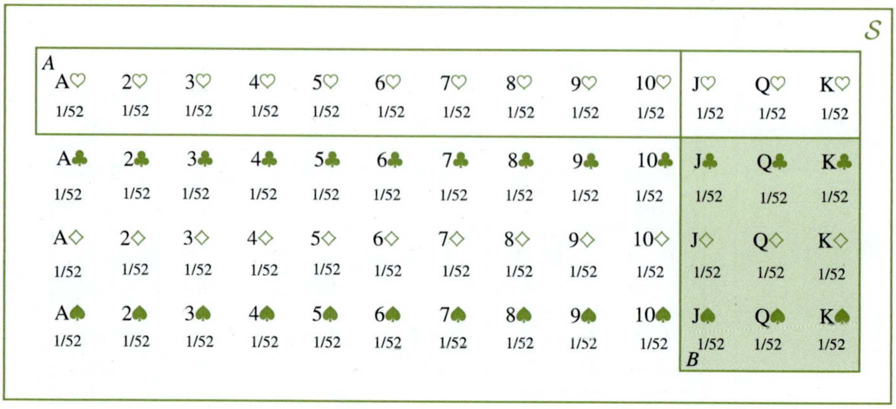

그림 1.50
$A' \cap B$

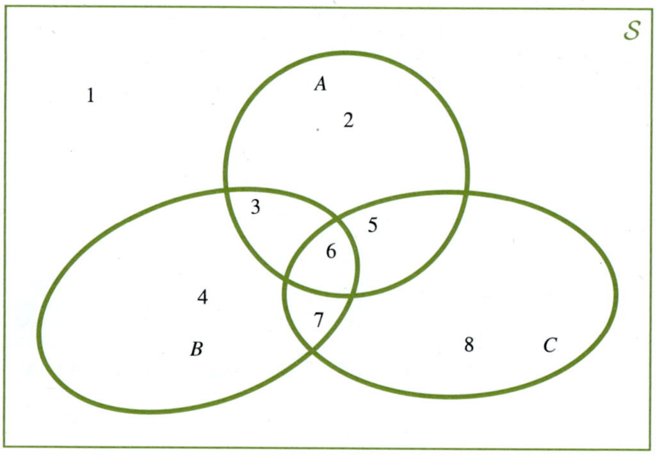

그림 1.51
세 사건이 표본공간을 8영역으로 분할하는 경우

1.3.4 셋 이상의 사건의 조합(Combinations of Three or More Events)

교집합과 합집합의 개념은 셋 이상의 사건들에 대하여 쉽게 확장이 가능하다. [그림 1.51]은 어떻게 세 개의 사건 A, B, C가 표본공간을 8곳으로 분할하는지 보여주고 있다. 일반적으로 셋 이상의 사건들을 고려할 경우 특별한 주의가 필요하다. 예를 들면, $A \cup B \cap C$는 모호한 표현이다. 왜냐하면

$$A \cup (B \cap C) \text{ 와 } (A \cup B) \cap C$$

는 서로 다르기 때문이다. 예를 들어 [그림 1.51]에서 $B \cap C$는 6과 7영역으로 구성되어 있으며 $A \cup (B \cap C)$는 2, 3, 5, 6 및 7영역으로 구성되어 있다. 하지만 $A \cup B$는 2, 3, 4, 5, 6 및 7 영역으로 구성되어 있다. 따라서 $(A \cup B) \cap C$는 단지 5, 6, 7영역으로 구성된다.

3사건의 합집합(Union of Three Events)

3사건의 합집합은

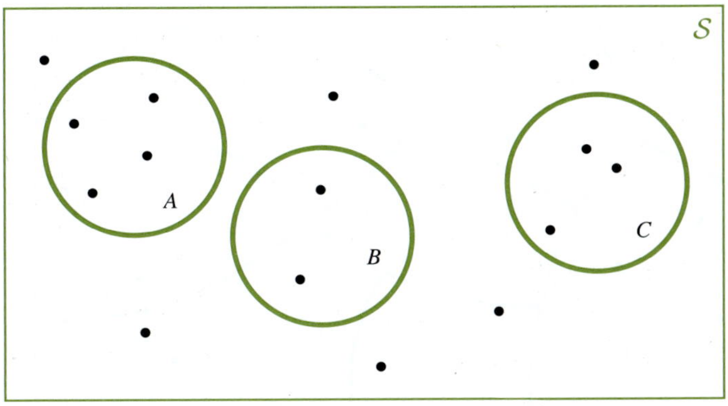

그림 1.52
세 상호배반 사건

$$P(A \cup B \cup C) = [P(A) + P(B) + P(C)] - [P(A \cap B) + P(A \cap C) + P(B \cap C)] + P(A \cap B \cap C)$$

[그림 1.52]는 상호배반 사건 A, B, C를 설명하고 있다. 어떠한 두 사건도 서로 공통인 영역이 존재하지 않기 때문에 이 경우에는

$$P(A \cup B \cup C) = P(A) + P(B) + P(C).$$

이 결과를 일반화하면, 일련의 사건 $A_1, A_2, \cdots, A_n$이 상호배반 사건일 때 어떠한 두 사건도 서로 공통인 영역이 존재하지 않기 때문에 개개 사건들의 확률의 합과 같다.

상호배반 사건의 합집합(Union of Mutually Exclusive Events)

일련의 사건 $A_1, A_2, \cdots, A_n$이 상호배반 사건일 때 이 사건들의 합집합의 확률은

$$P(A_1 \cup \cdots \cup A_n) = P(A_1) + \cdots + P(A_n)$$

과 같다.

표본공간의 분할(Partition of Sample Space)

표본공간의 분할(partition)은 다음을 만족하는 상호배반 사건 $A_1, A_2, \cdots, A_n$의 집합이다.

$$A_1 \cup \cdots \cup A_n = \mathcal{S}$$

표본공간에서 각각의 결과는 오직 하나의 사건 A_i에만 포함된다.

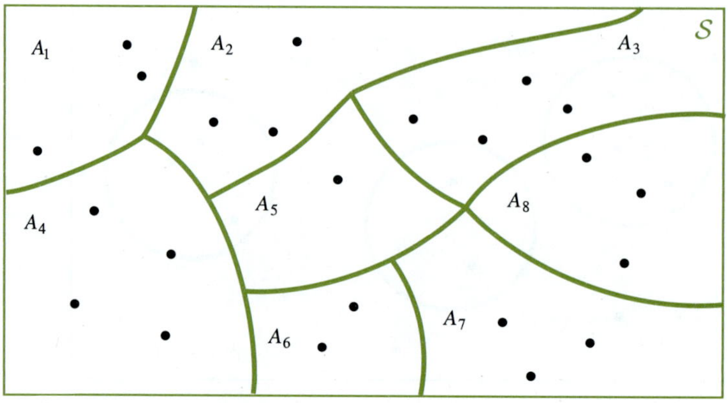

그림 1.53
표본공간의 분할

[그림 1.53]은 8가지 상호배반 사건으로 분할된 표본공간의 예를 보여주고 있다.

예제 5 텔레비전 세트 품질(Television Set Quality)

사건 A와 사건 B뿐만 아니라 사건 C를 평범한 수준(mediocre)의 품질로 정의한다. 이 경우 사건 C는 만족할 만한 수준이거나 양호한 제품으로 정의된다고 한다. 따라서

$$C = \{(S, S), (S, G), (G, S), (G, G)\}$$

세 사건 A, B, C는 [그림 1.54]에 잘 설명되어 있다.

$$A \cap C = \{(S, S)\} \qquad B \cap C = \{(S, S), (S, G)\}$$

이며, 세 사건의 교집합은

$$A \cap B \cap C = \{(S, S)\}$$

이다. 이 회사는 고객만족을 위하여 최고의 품질을 가지는 제품에 특별한 관심이 있을 것이다. 이 사건을 D라고 정의하면 D는 A, B, C의 합집합의 여집합으로 정의할 수 있다.

$$D = (A \cup B \cup C)' \quad \text{또는} \quad D = A' \cap B' \cap C'$$

따라서

$$D = \{(G, P), (P, P), (P, G), (P, S)\}$$

이며 ([그림 1.54] 참조), 그 확률은

$$\begin{aligned} P(D) &= P((G, P)) + P((P, P)) + P((P, G)) + P((P, S)) \\ &= 0.124 + 0.140 + 0.102 + 0.157 = 0.523. \end{aligned}$$

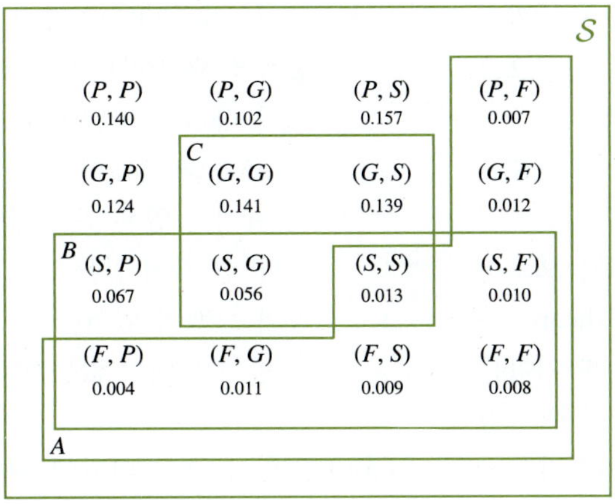

그림 1.54
사건 A, B, C

연습문제

1.3.1 표본공간이 $S=\{0, 1, 2\}$일 때 사건 $A=\{0\}$으로 정의된다. $A \neq \emptyset$ 임을 설명하라.

1.3.2 [그림 1.55]처럼 표본공간 및 사건들이 정의될 때 다음 사건의 확률을 계산하라.

(a) B (b) $B \cap C$
(c) $A \cup C$ (d) $A \cap B \cap C$
(e) $A \cup B \cup C$ (f) $A' \cap B$
(g) $B' \cup C$ (h) $A \cup (B \cap C)$
(i) $(A \cup B) \cap C$ (j) $(A' \cup C)'$

1.3.3 사건 A는 여성, 사건 B는 검은 머리카락, 사건 C는 갈색 눈을 가진 사람일 사건으로 정의할 때 다음 사건에 해당하는 사람의 특성을 묘사하라.

(a) $A \cap B$ (b) $A \cup C'$
(c) $A' \cap B \cap C$ (d) $A \cap (B \cup C)$

1.3.4 $P(A)=0.4$, $P(A \cap B)=0.3$일 때 $P(B)$를 구하라.

1.3.5 $P(A)=0.5$, $P(A \cap B)=0.1$, $P(A \cup B)=0.8$일 때 $P(B)$를 구하라.

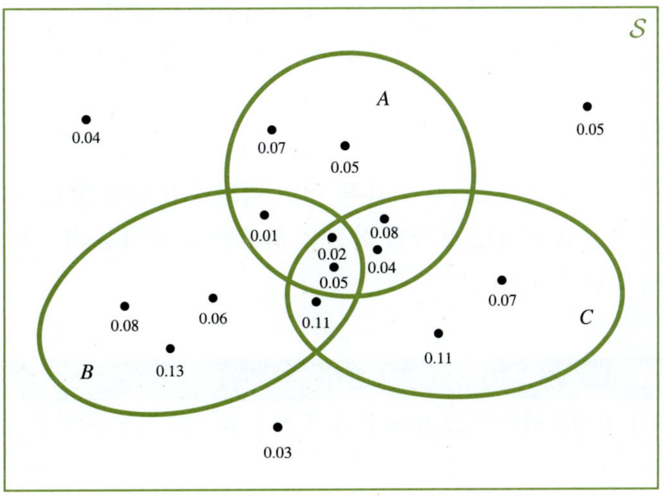

그림 1.55

1.3.6 공정한 주사위 한 개를 던져 A를 짝수의 눈, B를 소수의 눈이 나올 사건으로 정의할 때 다음 확률을 구하라.

(a) $A \cap B$ (b) $A \cup B$ (c) $A \cap B'$

1.3.7 한 장의 카드를 임의로 카드묶음으로부터 뽑는다고 하자. A는 하트(heart) 무늬, B는 클럽(club) 무늬, C는 다이아몬드(diamond) 무늬가 나올 사건으로 정의한다. 이 세 사건은 상호배반인가? $P(A \cup B \cup C)$를 구하고 $B \subset A'$임을 설명하라.

1.3.8 한 장의 카드를 카드묶음으로부터 임의로 뽑는다고 하자. A는 에이스(ace), B는 빨간 무늬 카드, C는 그림카드가 뽑힐 사건으로 정의할 때 다음 사건은 어떤 카드로 구성되는가.

(a) $A \cap B$ (b) $A \cup C$

(c) $B \cap C'$ (d) $A \cup (B' \cap C)$

1.3.9 주머니에 200개의 공이 들어 있으며, 그 공들은 색깔이 빨간색이거나 파란색, 광택이 나거나 광택이 없는 특징이 있다. 총 55개의 광택이 있는 빨간공과 91개의 광택이 있는 공 및 79개의 빨간공이 있다. 한 개의 공을 임의로 선택할 때 그 공이 광택이 있거나 빨간 공일 확률은? 그 공이 광택이 없는 파란 공일 확률은?

1.3.10 병원 응급실 환자에 대해 환자들의 성별, 나이(30이상 또는 이하) 및 응급실 수용 여부를 조사하였다. 환자의 45%는 남자이며, 30세 이하가 30%, 응급실에 수용된 30세 이상의 여성 환자가 15%로 밝혀졌다. 또한 환자의 21%가 30세 이하의 여성이라고 할 때, 응급실에 수용되지 못한 30세 이상의 여성 환자의 비율을 구하라.

1.4 조건부 확률(Conditional Probability)

1.4.1 조건부 확률의 정의

2이상의 사건에 대하여 종종 개개 사건의 확률뿐만 아니라 어떤 사건이 발생하였다는 것을 알고 있다는 전제하에 또 다른 사건이 발생할 확률에 관심이 있을 수 있다. 사건 B가 발생하였다는 조건하에 사건 A가 발생할 확률은

$$P(A|B)$$

와 같이 표기하고, 이 조건부 확률은 어떤 결과가 B 안에 포함되고 있다면 그 결과가 역시 사건 A 안에도 포함될 확률을 측정한다. 조건부 확률은 다음과 같은 공식에 의해 구할 수 있다.

조건부 확률(Conditional Probability)

사건 B가 발생하였다는 조건하에 사건 A가 발생할 조건부 확률은

$$P(A|B) = \frac{P(A \cap B)}{P(B)}$$

이다. 이 조건부 확률은 사건 B가 발생하였다는 전제하에 사건 A가 발생할 확률을 일컫는다.

조건부 확률에 대한 하나의 단순한 예제는 상호배반인 두 사건 A와 B에 대한 것으로서, $A \cap B = \emptyset$ 이므로

$$P(A|B) = \frac{P(A \cap B)}{P(B)} = \frac{0}{P(B)} = 0$$

이 된다. 또 다른 예제는 $B \subset A$인 경우로서 $A \cap B = B$이므로

$$P(A|B) = \frac{P(A \cap B)}{P(B)} = \frac{P(B)}{P(B)} = 1$$

이 된다. 즉 B가 A에 포함된 경우 B가 발생하였다면 그 사건은 반드시 A 안에 포함되어야 하므로 조건부 확률 $P(A \mid B)$는 1이 된다.

또다른 예제로서 [그림 1.56]을 고려해보자. [그림 1.56]에서 보는 바와 같이 조건부 확률

$$P(A|B) = \frac{P(A \cap B)}{P(B)} = \frac{0.26}{0.56} = 0.464$$

로서 이 확률은 $P(A) = 0.27$과 다르다. 만약 B가 발생하지 않았다는 것을 알고 있다고 하자. 그때 A가 발생할 확률은

$$P(A|B') = \frac{P(A \cap B')}{P(B')} = \frac{P(A) - P(A \cap B)}{1 - P(B)} = \frac{0.27 - 0.26}{1 - 0.56} = 0.023$$

이다. $P(A) + P(A') = 1$이므로 동일하게

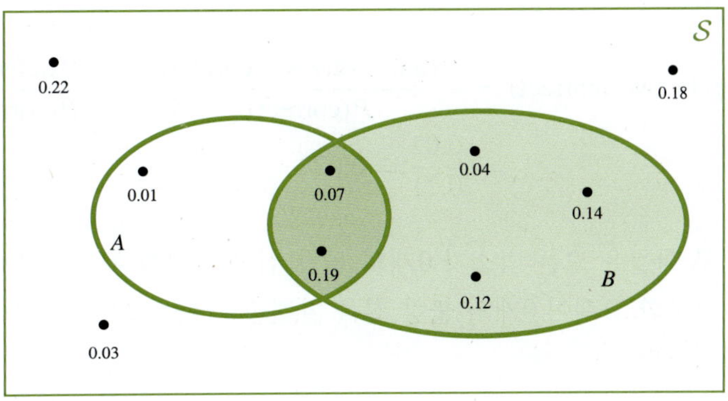

그림 1.56
$P(A|B)=P(A \cap B)/P(B)$

$$P(A|B) + P(A'|B) = 1$$

이 될 것이다. 이것은 다음과 같이 증명될 수 있다.

$$P(A|B) + P(A'|B) = \frac{P(A \cap B)}{P(B)} + \frac{P(A' \cap B)}{P(B)}$$
$$= \frac{1}{P(B)}(P(A \cap B) + P(A' \cap B)) = \frac{P(B)}{P(B)} = 1.$$

하지만 $P(A \mid B)$와 $P(A \mid B')$ 간에는 특별한 관계식은 존재하지 않는다. 마지막으로 사건들의 조합에 대한 조건부 확률을 고려해보자. $P(A \mid B \cup C)$는 B나 C 사건이 발생했다는 조건하에 사건 A가 발생할 확률로서

$$P(A|B \cup C) = \frac{P(A \cap (B \cup C))}{P(B \cup C)}$$

와 같이 구할 수 있다.

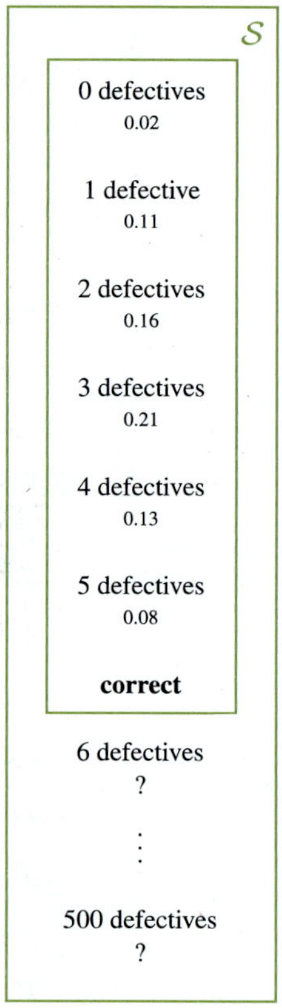

그림 1.57
불량 컴퓨터 칩 예제의 표본공간

1.4.2. 조건부 확률 예제

예제 2 불량 컴퓨터 칩(Defective Computer Chips)

[그림 1.57]은 500개의 칩으로 구성되어 있는 박스 안의 불량 칩의 개수에 대한 표본공간을 설명하고 있다. 정상(correct)일 확률 $P(\text{correct})=0.71$은 5개 이하의 불량 개수를 가질 확률을 의미한다.

박스가 불량 칩을 하나도 포함하지 않을 확률 $P(0\text{ defectives})=0.02$로서 박스 하나를 임의로 선택하였을 때 불량 칩을 하나도 포함하지 않을 확률이 0.02임을 의미한다. 그렇다면 박스 하나를 임의로 선택하였을 때 정상(5개 이하의 불량칩 포함)이라는 조건하에 0개의 불량 칩이 포함될 조건부 확률은

$$P(0\text{ defectives}|\text{correct}) = \frac{P(0\text{ defectives} \cap \text{correct})}{P(\text{correct})} = \frac{P(0\text{ defectives})}{P(\text{correct})}$$
$$= \frac{0.02}{0.71} = 0.028.$$

이 조건부 확률은 모든 박스가 0개의 불량 칩을 포함할 확률이 2%이지만 정상인 박스를 구매한 고객이 0개의 불량 칩을 발견할 확률은 2.8%로 확률이 더 높게 나옴을 알 수 있다.

예제 4 발전소 운용(Power Plant Operation)

발전소 X가 휴무일 확률 $P(A)=0.32$이다. 그러나 세 개의 발전소 중 적어도 두 개의 발전소가 전기를 생산하고 있는 것(사건 B)을 알고 있다고 가정하자. 이 정보는 어떻게 X가 휴무일 확률을 변화시킬까? 세 개의 발전소 중 적어도 두 개의 발전소가 전기를 생산하고 있다는 조건(사건 B) 하에 발전소 X가 휴무(사건 A)일 확률은

$$P(A|B) = \frac{P(A \cap B)}{P(B)} = \frac{0.18}{0.70} = 0.257$$

로서([그림 1.58] 참조), 발전소 X가 휴무일 확률은 약 32%이지만 세 개의 발전소 중 적어도 두 개의 발전소가 전기를 생산하고 있다는 조건하에서는 약 25.7%로 그 확률이 줄어들게 된다.

예제 5 텔레비전 세트 품질(Television Set Quality)

텔레비전 세트가 만족할 만한 수준(satisfactory)이거나 불합격(fail)일 사건 B에 대한 확률 $P(B)=0.178$이다. 한 기술자가 선적되지 못한(사건 A) 텔레비전 세트들로부터 하나의 텔레비전 세트를 선택하였다. 이 세트의 화질이 만족할 만한 수준이거나 불합격일 확률은? 이 확률은 다음과 같은 조건부 확률로 나타낼 수 있다.

$$P(B|A) = \frac{P(A \cap B)}{P(A)} = \frac{0.055}{0.074} = 0.743$$

이 된다([그림 1.59] 참조).

기회 게임

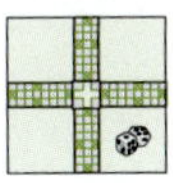

공정한 주사위를 던졌을 때 6의 눈이 나올 확률은 $P(6)=1/6$이다. 누군가가 주사위를 던져 짝수의 눈이 나왔다는 것을 알았을 때 그 눈이 6일 확률은 직관적으로 1/3이 된다는 것을 알 수 있다. 수학적으로 그 확률은

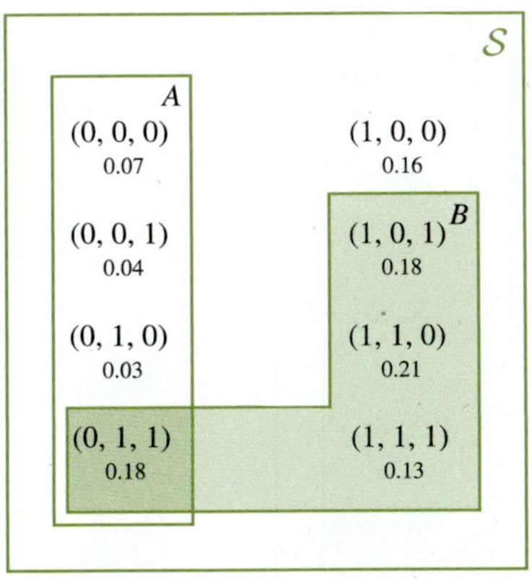

그림 1.58
$P(A|B)=P(A \cap B)/P(B)$

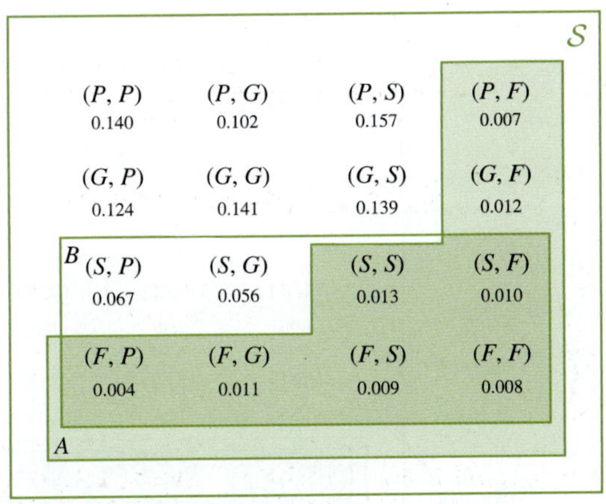

그림 1.59
$P(B|A)=P(A \cap B)/P(A)$

$$P(6|\text{짝수}) = \frac{P(6 \cap \text{짝수})}{P(\text{짝수})} = \frac{P(6)}{P(\text{짝수})}$$
$$= \frac{P(6)}{P(2) + P(4) + P(6)} = \frac{1/6}{1/6 + 1/6 + 1/6} = \frac{1}{3}$$

만약 빨간색 주사위와 파란색 주사위를 던졌을 때 36가지 결과가 동일한 가능성을 가지고 발생한다고 가정하며, 사건 A를 빨간색 주사위가 6일 경우로 정의할 때

$$P(A) = \frac{6}{36} = \frac{1}{6}$$

이며, 사건 B를 두 주사위 중 적어도 하나의 눈이 6일 경우로 정의하면([그림 1.19] 참조).

$$P(B) = \frac{11}{36}$$

이 된다.

누군가 두 개의 주사위를 던져 그중 적어도 하나의 눈이 6이라고 알려줬다고 하자. 빨간색 주사위의 눈이 6일 확률은 [그림 1.60]과 조건부 확률 계산 공식을 이용하여

$$P(A|B) = \frac{P(A \cap B)}{P(B)} = \frac{P(A)}{P(B)} = \frac{1/6}{11/36} = \frac{6}{11}$$

으로, 그 확률은 $P(A) = 1/6$보다 크다.

만약 사건 C를 정확히 하나의 주사위에만 6의 눈이 나올 사건으로 정의할 때

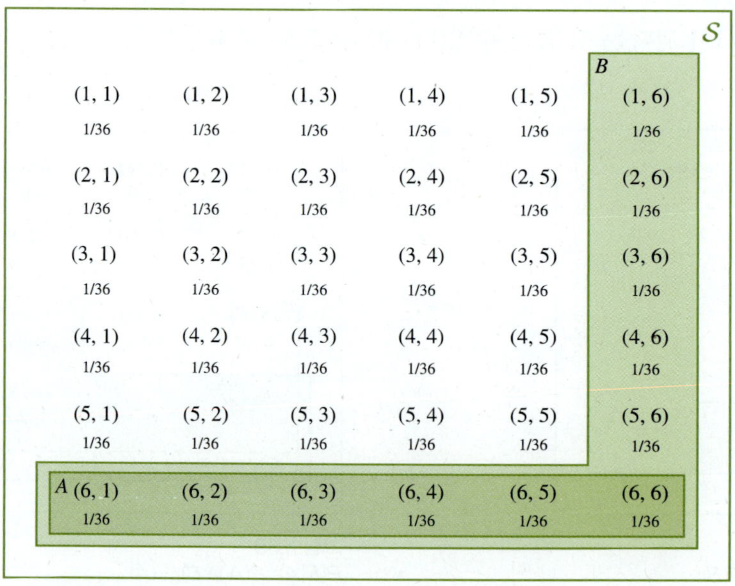

그림 1.60 $P(A|B) = P(A \cap B)/P(B)$

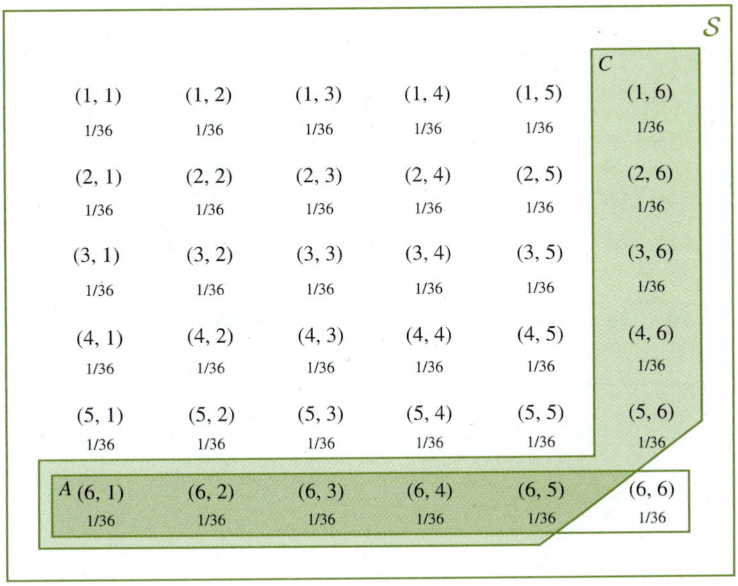

그림 1.61 $P(A|C) = P(A \cap C)/P(C)$

$$P(A|C) = \frac{P(A \cap C)}{P(C)} = \frac{5/36}{10/36} = \frac{1}{2}$$

이 된다([그림 1.61] 참조).

카드묶음으로부터 하나의 카드를 뽑았을 때 사건 A를 하트일 경우로, 사건 B를 그림카드일 경우로 정의하자. 따라서 $P(A)=13/52=1/4$이며, $P(B)=12/52=3/13$이다. 또한 $A \cap B$, 즉 하트 무늬 중 그림카드를 뽑을 확률은 $P(A \cap B)=3/52$이 된다. 누군가가 한 장의 카드를 뽑아서 하트 무늬라고 정보를 제공했다고 가정하자. 그 카드가 그림카드일 확률은

$$P(B|A) = \frac{P(A \cap B)}{P(A)} = \frac{3/52}{1/4} = \frac{3}{13}$$

으로 $P(B|A)=P(B)$와 같다. 왜냐하면 하트 무늬 카드 중 그림카드는 전체 카드 중 그림카드의 비율과 동일하기 때문이다. 따라서 사건 A와 사건 B는 독립사건(independent event)이라고 하는데, 독립사건에 대한 논의는 1.5절에서 자세히 설명하기로 한다.

마지막으로 사건 C를 하트 무늬 중 에이스가 선택될 경우로 정의할 때 $P(C)=1/52$이다. 하트 무늬로부터 한 장의 카드가 뽑혔다는 것을 알고 있을 때 하트 에이스일 확률은 직관적 계산에 의해 1/13이 되며 조건부 확률 공식을 이용하여

$$P(C|A) = \frac{P(C \cap A)}{P(A)} = \frac{P(C)}{P(A)} = \frac{1/52}{1/4} = \frac{1}{13}$$

으로 확인할 수 있다([그림 1.62] 참조).

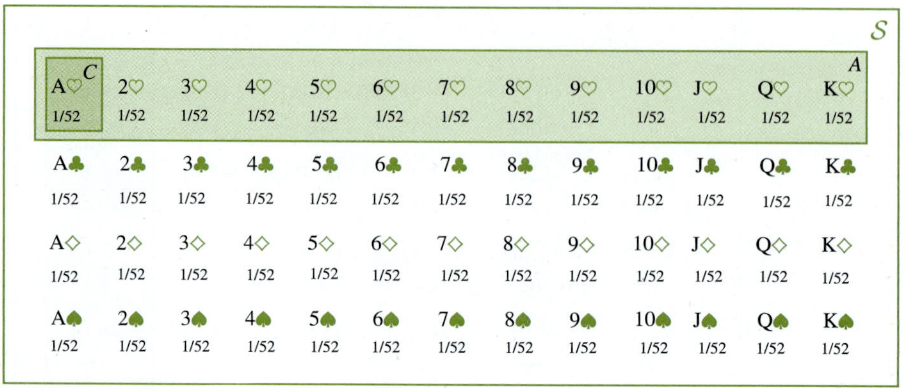

그림 1.62 $P(C|A) = P(C \cap A)/P(A)$

연습문제

1.4.1 [그림 1.55]를 참조하여 다음 확률을 구하여라.

(a) $P(A \mid B)$ (b) $P(C \mid A)$

(c) $P(B \mid A \cap B)$ (d) $P(B \mid A \cup B)$

(e) $P(A \mid A \cup B \cup C)$

(f) $P(A \cap B \mid A \cup B)$

1.4.2 사건 A를 주사위로부터 소수의 눈이 나올 사건으로 정의할 때 $P(5 \mid A)$, $P(6 \mid A)$ 및 $P(A \mid 5)$를 구하여라.

1.4.3 $A \subset B$ 이고 $B' \neq \emptyset$ 일 때 $P(A)$는 $P(A \mid B)$보다 큰지 논하여라.

1.4.4 차를 정비할 때 정비가 정시에 되거나 늦는 경우로, 또한 정비의 품질이 만족스럽거나 만족스럽지 못한 경우로 구분한다. 정비가 정시에 될 경우 그중 0.85는 만족스러운 수준이라고 한다. 정비가 정시에 될 확률이 0.77일 때 정비가 정시에 되고 또한 만족스러운 수준일 확률을 구하여라.

1.4.5 다음의 경우 ii)의 조건이 주어졌을 경우 i)의 확률이 증가, 감소, 혹은 변화가 없을 지를 평가하라.

(a) i) 내일 비가 온다
  ii) 오늘 비가 왔다.

(b) i) 복권 당첨자는 검은 머리이다.
  ii) 복권 당첨자는 갈색 눈동자를 지녔다.

(c) i) 복권 당첨자는 검은 머리이다.
  ii) 복권 당첨자는 빨간 차를 소유하고 있다.

(d) i) 복권 당첨자는 50세 이상이다.
  ii) 복권 당첨자는 30세 이상이다.

1.4.6 생일날은 1년중 어떤 날이든지 동일한 가능성을 가지고 있다고 생각할 수 있다. 랜덤하게 선택한 어떤 사람의 생일이 특정 달의 첫날일 확률은? 만약 그 사람의 생일이 3월이라고 알려져 있다면 위의 확률을 어떻게 변화시킬 것인가? 또한 2월이라면 어떠할까?

1.4.7 [그림 1.25]를 참조하여 다음 확률을 구하여라.

(a) 두 라인 모두 정지되지 않았다는 조건하에 두 라인 모두 완전히 가동될 경우.

(b) 두 라인 모두 정지되지 않았다는 조건하에 적어도 한 라인이 완전히 가동될 경우.

(c) 한 라인이 정지되어 있다는 조건하에 한 라인이 완전히 가동될 경우.

(d) 적어도 한 라인이 부분 가동된다는 조건하에 어떤 라인도 완전히 가동되지 않을 경우.

1.4.8 제조부품의 길이, 너비 및 높이는 규격내이거나 규격밖으로 분류한다. 품질검사에서 부품의 86%가 길이, 너비 및 높이 모두 규격내라고 한다. 하지만, 부품의 2%가 너비와 길이가 규격내이지만 높이가 규격밖이며, 3%가 너비와 높이가 규격내이지만 길이가 규격밖이라고 한다. 더욱이 부품의 92%가 너비 혹은 높이, 너비, 높이 모두 규격내라고 할 때 다음 물음에 답하라.

(a) 특정 부품이 높이가 규격내라고 할 때 그 부품의 너비 또한 규격내일 확률은?

(b) 특정 부품의 길이와 너비가 모두 규격내라고 할 때, 길이, 너비 및 높이 모두 규격내일 확률은?

1.4.9 유전자 유형은 A 또는 B로 분류가 되며, 유전자는 우성이거나 열성으로 특징지어진다. 유전자가 B 유형일 때 우성일 확률은 0.31이며, B 유형이며 또한 우성일 확률은 0.22이다. 유전자가 A유형일 확률을 구하여라.

1.4.10 농작물 연구를 위하여 야채를 재배하여 맛, 크기 및 외관에 따라 양호(good)하거나 불량(bad)인 것으로 구분하기로 하였다. 전체 야채 중 78%가 맛이 양호하지만, 69%만이 맛과 크기 모두 양호한 것으로 나타났다. 또한 5%가 맛과 외관이 모두 양호하지만 크기가 불량이라고 한다. 끝으로, 야채 중 84%가 크기가 양호하거나 외관이 양호하다고 할 때 다음 물음에 답하라.

(a) 야채의 맛이 양호할 때, 그 야채의 크기가 양호할 확률은?

(b) 야채의 크기와 외관이 모두 불량일 때 맛이 양호할 확률은?

1.4.11 손님을 나르는 한 비행기가 기술적 결함을 지니고 있을 확률은 4%이며 기술적 결함 발생시 비행기 지연이 필연적으로 발생한다. 그 기술적 결함이 없다 하더라도 다른 요인으로 인해 비행기 지연이 발생할 확률은 33%이다. 비행기가 지연될 확률을 구하여라.

1.4.12 신뢰성 시험에서 컴퓨터 칩이 500(온도)사이클 이상 생존할 확률은 42%이다. 컴퓨터 칩이 500 사이클 이상 생존하지 못한다면, 그 칩이 A사에서 제조되었을 확률은 73%이다. 하나의 컴퓨터 칩을 선택하였을 때 A사에서 제조되지 않았고 또한 500사이클 이상 생존하지 못할 확률은?

1.5 사건들의 교집합 확률(Probabilities of Event Intersections)

1.5.1 일반적인 곱셈의 법칙(Multiplication Rule)

조건부 확률 $P(A|B)$로부터 두 사건의 교집합 $A \cap B$는 다음과 같이 계산 가능

하다.

$$P(A \cap B) = P(B)\, P(A|B)$$

즉 사건 A와 B 모두 발생할 확률은 사건 B가 발생할 확률과 사건 B가 발생했다는 조건하에 사건 A가 발생할 조건부 확률을 곱함으로써 구할 수 있다. 또한 $P(B \mid A)$를 이용하여

$$P(A \cap B) = P(A)\, P(B|A)$$

와 같이 구할 수도 있다.

$$P(C|A \cap B) = \frac{P(A \cap B \cap C)}{P(A \cap B)}$$

이므로 세 사건의 교집합은

$$P(A \cap B \cap C) = P(A \cap B)\, P(C|A \cap B) = P(A)\, P(B|A)\, P(C|A \cap B)$$

와 같다. 이 공식은 다음과 같이 일련의 사건에 대한 곱셈의 법칙(multiplication law)으로 확장할 수 있다.

사건들의 교집합 확률(Probabilities of Event Intersections)

일련의 사건 $A_1, A_2, \cdots, A_n$의 교집합의 확률은

$$P(A_1 \cap \cdots \cap A_n) = P(A_1) \times P(A_2|A_1) \times P(A_3|A_1 \cap A_2) \times \cdots \times P(A_n|A_1 \cap \cdots \cap A_{n-1})$$

이 표현은 조건부 확률 $P(A_i \mid A_1 \cap \cdots \cap A_{i-1})$가 쉽게 구하여질 수 있을 때 유용한데, 다음의 예를 고려해보자.

[그림 1.13]은 비복원추출로 2 장의 카드를 선택할 경우의 표본공간을 보여주고 있는데, 총 2,652가지의 결과를 가지며 각각의 결과가 나올 가능성은 동일하므로 개개의 결과는 확률값 1/2652을 갖는다. 첫 번째와 두 번째 모두 하트일 사건 $A \cap B$는

$$A \cap B = \{(A\heartsuit, 2\heartsuit), (A\heartsuit, 3\heartsuit), \ldots, (A\heartsuit, K\heartsuit), (2\heartsuit, A\heartsuit), (2\heartsuit, 3\heartsuit), \ldots, (2\heartsuit, K\heartsuit), \ldots (K\heartsuit, A\heartsuit), (K\heartsuit, 2\heartsuit), \ldots, (K\heartsuit, Q\heartsuit)\}$$

이며 총 $13 \times 12 = 156$결과를 가진다. 따라서 그 확률은

$$P(A \cap B) = \frac{156}{2652} = \frac{3}{51}$$

과 같다. 이 확률은 계산하기 위한 편리한 방법으로 $P(A)$와 $P(B|A)$를 계산할 경우,

$$P(A) = \frac{13}{52} = \frac{1}{4}$$

이며 첫 번째 카드가 하트이므로, 두 번째 카드가 하트일 경우는 총 51장 중 12장의 하트 무늬로부터 뽑는 경우에 해당하므로

$$P(B|A) = \frac{12}{51}$$

이다. 결국

$$P(A \cap B) = P(A)\,P(B|A) = \frac{1}{4} \times \frac{12}{51} = \frac{3}{51}$$

과 같이 구할 수 있다.

1.5.2 독립사건(Independent Events)

두 사건 A와 B는

$$P(B|A) = P(B)$$

일 때 독립사건(independent event)이라고 한다.

이 경우 A 사건이 발생했다는 정보는 사건 B의 확률에 아무런 영향을 주지 않으며

$$P(A \cap B) = P(A)\,P(B|A) = P(A)\,P(B)$$

또는

$$P(A|B) = \frac{P(A \cap B)}{P(B)} = \frac{P(A)P(B)}{P(B)} = P(A)$$

와 같다.

독립사건(Independent Events)

$$P(A|B) = P(A), \quad P(B|A) = P(B), \quad P(A \cap B) = P(A)\,P(B)$$

일 경우 A와 B는 독립사건이라고 한다. 두 사건이 상호 독립이라는 의미는 한 사건에 대한 정보가 나머지 다른 사건의 확률에 영향을 주지 않음을 나타낸다.

두 사건이 독립이면 서로 연관되지 않음을 의미한다. 예를 들어, 한 사람이 어떤 그룹으로부터 임의로 선택되었다고 하자. A를 그 사람의 키가 6피트이며, B를 그 사람이 200파운드 이상 무게가 나가는 사건으로 정의하였을 때 직관적으로 두 사건은 독립이지 않다. 왜냐하면 키가 클수록 그만큼 몸무게가 많이 나갈 가능성이 크기 때문이다. 반면에 C를 그 사람이 빨간 승용차를 소유하고 있을 사건으로 정의하면 A와 C 혹은 B와 C는 독립이다. 왜냐하면 키가 6피트라는 정보는 그 사람이 빨간 승용차를 소유할 확률에 아무런 영향을 주지 않기 때문이다. 이 독립의 개념을 개개의 사건으로 확장하면 다음과 같다.

독립사건들의 교집합(Interection of Independent Events)

일련의 독립사건 $A_1, A_2, \cdots, A_n$의 교집합은

$$P(A_1 \cap \cdots \cap A_n) = P(A_1) \times P(A_2) \times \cdots \times P(A_n)$$

과 같다.

이전의 두 카드를 카드묶음으로부터 선택하는 문제를 다시 고려해보자. 사건 A를 첫 번째 카드가 하트일 경우로, 사건 B를 두 번째 카드가 하트일 경우로 정의하고, 이번에는 복원추출(with replacement)일 때 $P(A \cap B)$는 어떻게 될까?

[그림 1.12]는 이 문제에 대한 표본공간으로서 총 2,704가지의 결과를 가진다. 이 경우 $A \cap B$는

$$A \cap B = \{(A\heartsuit, A\heartsuit), (A\heartsuit, 2\heartsuit), \ldots, (A\heartsuit, K\heartsuit), (2\heartsuit, A\heartsuit), (2\heartsuit, 2\heartsuit), \ldots, (2\heartsuit, K\heartsuit), \ldots (K\heartsuit, A\heartsuit), (K\heartsuit, 2\heartsuit), \ldots, (K\heartsuit, K\heartsuit)\}$$

로서 총 13×13=169가지 결과를 포함한다. 따라서 그 확률은

$$P(A \cap B) = \frac{169}{2704} = \frac{1}{16}$$

이다. 그러나 A와 B가 각각 독립이기 때문에 $P(A)=P(B)= 1/4$임을 알고

$$P(A \cap B) = P(A)\,P(B) = \frac{1}{4} \times \frac{1}{4} = \frac{1}{16}$$

과 같이 쉽게 구할 수 있다.

만약 비복원추출로 뽑았을 경우 사건 A와 사건 B는 상호 독립이 아니며,

$$P(B|A) = \frac{12}{51}, \quad P(B|A') = \frac{13}{51}$$

임을 알고 $P(B)=1/4$과 다름을 확인할 수 있다.

1.5.3 예제 및 확률나무(Probability Trees)

예제 2 불량 컴퓨터 칩(Defective Computer Chips)

한 박스에 총 500개 컴퓨터 칩 중 9개가 불량이라고 한다. 그 박스에서 3개의 칩을 비복원으로 임의로 표본추출하여, 불량(1) 또는 양품(0)인지 확인하기로 하였다. 표본공간은 총 8가지 결과로 구성되어 있으며 각각의 확률값은 [그림 1.63]과 같이 확률나무(probability tree)를 통해 계산할 수 있다. 사건 A, B, C를 첫 번째, 두 번째, 세 번째 칩이 불량일 사건으로 각각 정의하였을 때, 비복원추출로 표본을 뽑았기 때문에 이 사건들은 상호 독립이 아니다. 이 경우

$$P(A) = \frac{9}{500},\ P(A') = \frac{491}{500}$$

이며 조건부 확률

$$P(B|A) = \frac{8}{499},\quad P(B'|A) = \frac{491}{499},\quad P(B|A') = \frac{9}{499},\quad P(B'|A') = \frac{490}{499}$$

이 된다. 예로서 3개 칩 모두 불량일 확률은

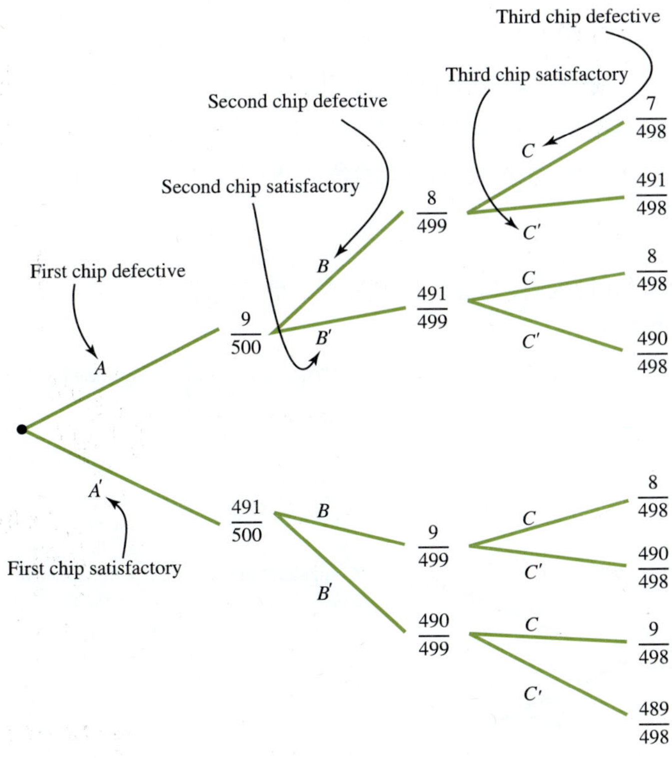

Outcome	Probability
(1,1,1)	$\frac{9}{500} \times \frac{8}{499} \times \frac{7}{498} \simeq 4.0 \times 10^{-6}$
(1,1,0)	$\frac{9}{500} \times \frac{8}{499} \times \frac{491}{498} \simeq 2.85 \times 10^{-4}$
(1,0,1)	$\frac{9}{500} \times \frac{491}{499} \times \frac{8}{498} \simeq 2.85 \times 10^{-4}$
(1,0,0)	$\frac{9}{500} \times \frac{491}{499} \times \frac{490}{498} \simeq 0.0174$
(0,1,1)	$\frac{491}{500} \times \frac{9}{499} \times \frac{8}{498} \simeq 2.85 \times 10^{-4}$
(0,1,0)	$\frac{491}{500} \times \frac{9}{499} \times \frac{490}{498} \simeq 0.0174$
(0,0,1)	$\frac{491}{500} \times \frac{490}{499} \times \frac{9}{498} \simeq 0.0174$
(0,0,0)	$\frac{491}{500} \times \frac{490}{499} \times \frac{489}{498} \simeq 0.9469$
	1

그림 1.63
컴퓨터 칩 샘플링에 대한 확률나무

$$P((1,1,1)) = P(A\cap B\cap C) = P(A)P(B|A)P(C|A\cap B)$$
$$= \frac{9}{500}\times\frac{8}{499}\times\frac{7}{498} = \frac{21}{5,177,125} \simeq 4.0\times 10^{-6}$$

이며, 처음 두 칩은 불량이 아니며 세 번째 칩이 불량일 확률은

$$P((0,0,1)) = P(A'\cap B'\cap C) = P(A')P(B'|A')P(C|A'\cap B')$$
$$= \frac{491}{500}\times\frac{490}{499}\times\frac{9}{498} = \frac{72,177}{4,141,700} \simeq 0.0174$$

와 같다. 세 칩 중 정확히 한 칩만 불량일 확률은

$$P(1\text{ defective}) = P((1,0,0)) + P((0,1,0)) + P((0,0,1))$$
$$\simeq 3\times 0.0174 = 0.0522.$$

비복원추출의 경우 표본 중 불량 칩의 갯수는 초기하 분포(hypergeometric distribution)를 이용하여 구할 수 있으며, 초기하 분포에 대해서는 3.3절에서 자세히 다룬다.

예제 6 인공위성 발사(Satellite Launching)

인공위성 발사 시스템은 하나의 컴퓨터(컴퓨터 1)에 의해 통제되며 그 컴퓨터는 2대의 동일한 백업 컴퓨터(컴퓨터 2, 3)를 가진다. 보통 컴퓨터 1이 발사 시스템을 통제하지만 고장날 경우 컴퓨터 2가 컴퓨터 1의 기능을 자동으로 넘겨받고, 컴퓨터 2가 고장날 경우 컴퓨터 3이 자동으로 그 기능을 넘겨받아 시스템을 통제하게 된다. 만약 컴퓨터 3도 고장날 경우 발사 시스템은 고장나서 중지하게 된다. 이 문제에 대한 표본공간은

$$\mathcal{S} = \{\text{컴퓨터1 사용, 컴퓨터2 사용, 컴퓨터3 사용, 시스템 고장}\}$$

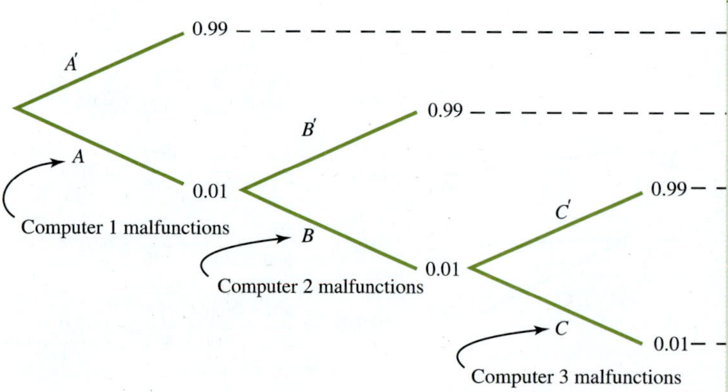

Outcome	Probability
Computer 1 in use	0.99
Computer 2 in use	0.01 × 0.99 = 0.0099
Computer 3 in use	0.01 × 0.01 × 0.99 = 0.000099
System failure	0.01 × 0.01 × 0.01 = 10^{-6}
	1

그림 1.64
컴퓨터 백업 시스템에 대한 확률나무

같이 네 가지 상황으로 구성된다.

만약 컴퓨터가 고장일 확률을 0.01이라 하고 세 컴퓨터의 고장은 상호 독립이라고 가정하자. 사건 A, B, C를 컴퓨터 1, 2, 3이 고장날 경우의 사건으로 정의하였을 때 [그림 1.64]는 이 문제에 대한 확률나무 그림이다.

네 가지 상황에 대한 확률값은 가지를 따라 그 확률을 곱하여 구할 수 있다.

$$P(\text{컴퓨터1사용}) = 0.99$$
$$P(\text{컴퓨터2사용}) = 0.01 \times 0.99 = 0.0099$$
$$P(\text{컴퓨터3사용}) = 0.01 \times 0.01 \times 0.99 = 0.000099$$
$$P(\text{시스템고장}) = 0.01 \times 0.01 \times 0.01 = 10^{-6}$$

시스템 백업 능력을 설계하기 위해서는 시스템 고장 확률을 최소화할 수 있도록 해야만 한다. 이 확률을 결정하기 위한 중요한 이슈는 세 컴퓨터의 고장이 상호 독립 사건이라는 가정을 만족하는지 검토하는 것이다. 백업 시스템은 가능한 한 상호 독립이 될 수 있도록 설계하여야 한다.

예제 7 자동차 보증(Car Warranties)

한 자동차 회사는 네 지역에서 B 자동차를 조립, 생산한다고 한다. 공장 I은 총 20%의 B 자동차를 공급하고 공장 II는 24%, 공장 III은 25%, 공장 IV는 31%를 공급한다. B 자동차를 사는 고객은 그 차가 어느 공장에서 조립되었는지 알지 못

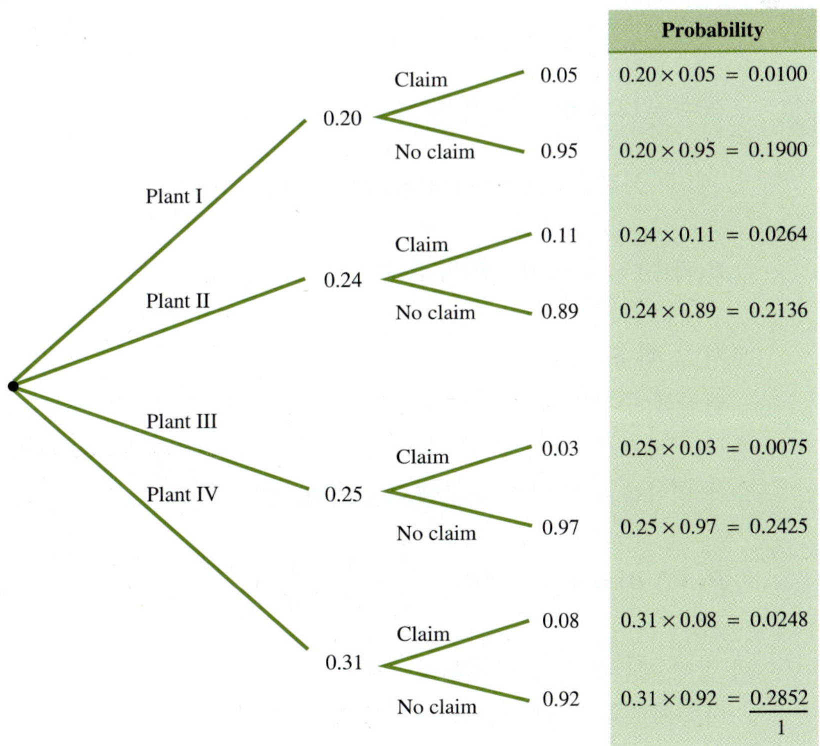

그림 1.65 자동차 보증 예제에 대한 확률나무

하므로 구입한 차가 네 곳의 공장에서 조립되었을 확률은 각각 0.2, 0.24, 0.25 및 0.31로 생각할 수 있다.

그동안 클레임(claim) 데이터를 수집하여 다음과 같은 결과를 얻었다.

$$P(\text{클레임}|\text{공장 I}) = 0.05 \quad P(\text{클레임}|\text{공장 II}) = 0.11$$
$$P(\text{클레임}|\text{공장 III}) = 0.03 \quad P(\text{클레임}|\text{공장 IV}) = 0.08$$

예를 들면, 공장 I에서 조립한 B차는 클레임을 받을 확률이 0.05이다. [그림 1.65]는 이 문제에 대한 확률나무 그림으로, 예로서 공장 I에서 조립한 B 자동차가 어떠한 클레임도 받지 않을 확률은

$$P(\text{공장 I, no 클레임}) = 0.20 \times 0.95 = 0.19$$

이다. 한 고객이 구입한 차가 클레임을 받을 확률은

$$\begin{aligned} P(\text{클레임}) &= P(\text{공장I, 클레임}) + P(\text{공장II, 클레임}) + P(\text{공장III, 클레임}) \\ &\quad + P(\text{공장IV, 클레임}) \\ &= (0.20 \times 0.05) + (0.24 \times 0.11) + (0.25 \times 0.03) + (0.31 \times 0.08) \\ &= 0.0687 \end{aligned}$$

로서 구입한 차의 약 6.87%가 자동차 보증에 대한 클레임을 받게 될 것으로 예측할 수 있다.

기회 게임 주사위 한 개를 던졌을 때,

$$\text{짝수} = \{2, 4, 6\}, \quad \text{높은 눈} = \{4, 5, 6\}$$

일 때, 두 사건은 독립이 아니다. 왜냐하면

$$P(\text{짝수}) = \frac{1}{2} \text{ 이며} \quad P(\text{짝수}|\text{높은 눈}) = \frac{2}{3}$$

로서 그 확률이 서로 다르기 때문이다.

빨간색 주사위와 파란색 주사위를 던졌을 때, 양 주사위 모두 짝수가 나올 확률을 고려해보자. 이 경우 두 주사위의 눈의 수는 한 주사위의 수가 다른 주사위의 수에 영향을 주지 않기 때문에 독립이며, 이는

$$P(A \cap B) = P(A)\,P(B) = \frac{1}{2} \times \frac{1}{2} = \frac{1}{4}$$

과 같이 계산을 통해 확인할 수 있다.

다음으로 두 장의 카드를 카드묶음으로부터 비복원추출로 뽑는 경우를 고려해

보자. 정확히 한 장만 하트 무늬일 확률을 구할 때, 이 문제를 표본공간을 통해 구하고자 할 경우 매우 복잡해진다. 대신 다음과 같이 구하면 편리한데

$$\begin{aligned} P(\text{한 장만 하트}) &= P(\text{첫 번째 카드가 하트, 두 번째 카드가 하트가 아님}) \\ &\quad + P(\text{첫 번째 카드가 하트가 아님, 두 번째 카드가 하트}) \\ &= \left(\frac{13}{52}\times\frac{39}{51}\right)+\left(\frac{39}{52}\times\frac{13}{51}\right)=\frac{13}{34}=0.382. \end{aligned}$$

이때 "첫번째 카드가 하트"와 "두번째 카드가 하트"일 사건은 비복원추출이므로 상호 독립이 아니다. 하지만 복원추출일 경우 두 사건은 상호 독립이므로 위의 확률은

$$\begin{aligned} P(\text{한 장만 하트}) &= P(\text{첫 번째 카드가 하트 두 번째 카드가 하트가 아님}) \\ &\quad + P(\text{첫 번째 카드가 하트가 아님, 두 번째 카드가 하트}) \\ &= \left(\frac{1}{4}\times\frac{3}{4}\right)+\left(\frac{3}{4}\times\frac{1}{4}\right)=\frac{3}{8}=0.375 \end{aligned}$$

가 된다.

연습문제

1.5.1 두 장의 카드를 카드묶음으로부터 비복원추출한다고 할 때 다음 확률을 계산하라.
(a) 두 장 모두 그림카드일 경우
(b) 두 장 모두 빨간 무늬일 경우
(c) 한 장은 빨간 무늬, 다른 한 장은 검은 무늬일 경우

1.5.2 문제 1.5.1을 고려하지만 이번에는 복원추출을 가정한다고 하자. a), b), c)의 확률을 각각 계산하고 1.5.1의 결과와 비교해 보라.

1.5.3 4장의 카드를 카드묶음으로부터 비복원추출한다고 할 때 4장 모두 하트(heart)일 확률은? 4장 모두 빨간 무늬일 확률은? 4장 모두 서로 다른 패(suit)일 확률은? 각각 구하라.

1.5.4 1.5.3 문제에 대해 이번에는 복원추출한다고 가정하고 각각의 물음에 답하여라.

1.5.5 사건 A와 B가 독립사건이라면 다음도 독립사건임을 보여라.
(a) A와 B' (b) A'와 B (c) A'와 B''

1.5.6 [그림 1.66]과 같은 네트워크가 있다. 각각의 스위치는 상호 독립적으로 작동한다. 스위치 1은 0.88의 확률값을 가지고 신호를 받아들이고, 스위치 2는 0.92, 스위치 3은 0.90의 확률값을 가지고 신호를 받아들인다. 신호가 네트워크를 통과할 확률을 구하라.

1.5.7 하나의 박스가 있는데, 그 박스는 100개의 전구를 담고 있으며 그중 17개는 고장난 전구이다. 그 박스로부터 3개의 전

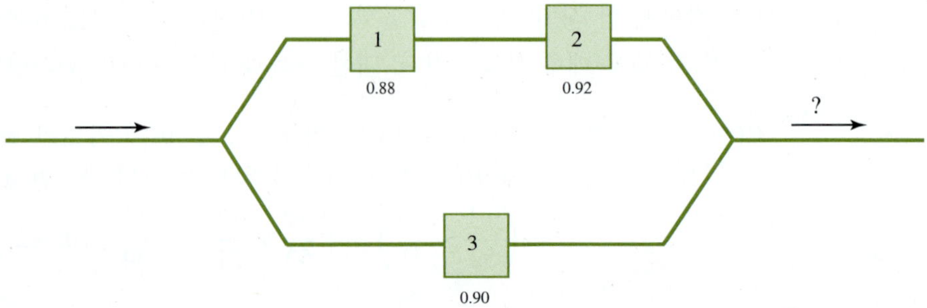

그림 1.66 스위치 다이어그램

구를 비복원추출한다고 할 때 이 문제에 대해 확률나무를 작성하라. 또한 표본 중 적어도 1개 이하의 고장난 전구를 포함할 확률을 구하라.

1.5.8 1.5.7 문제에 대해 이번에는 복원추출이라 가정하고 확률나무를 작성하고 각각 물음에 답하여라. 또한 그 결과를 1.5.7과 비교하라.

1.5.9 43개의 빨간공, 54개의 파란공, 72개의 녹색공을 담고 있는 가방이 있다. 그중 2개의 공을 비복원추출한다고 할 때 확률나무를 작성하고, 2개의 녹색공이 선택될 확률을 구하여라. 또한 2개의 공 색깔이 서로 다를 확률을 구하라.

1.5.10 1.5.9 문제에 대해 이번에는 복원추출을 가정하고 확률나무를 작성하고 각각 물음에 답하여라. 또한 그 결과를 1.5.9와 비교하라.

1.5.11 편의(bias)된 동전을 던졌을 때 앞면이 나올 확률이 p라고 한다. 동전을 2번 던졌을 때 두 번 모두 동일한 면이 나올 확률을 최소화하는 p의 값을 구하라.

1.5.12 공정한 주사위를 6번 던졌을 때, 각 눈이 정확히 한 번씩 나올 확률을 구하라. 또한 주사위를 7번 던졌을 때 6의 눈이 한 번도 나오지 않을 확률을 구하라.

1.5.13 (a) 공정한 주사위를 5번 던졌을 때 모두 짝수의 눈이 나올 확률을 구하라.

(b) 공정한 주사위를 3번 던졌을 때 각각의 눈이 서로 다를 확률을 구하라.

(c) 3장의 카드를 카드묶음으로부터 임의로 복원추출하였을 때, 2장이 검은색, 한 장이 빨간색 무늬일 확률을 구하라.

(d) 3장의 카드를 카드묶음으로부터 임의로 비복원추출하였을 때, 2장이 검은색, 한 장이 빨간색 무늬일 확률을 구하라.

1.5.14 어떤 보험회사는 고객들에게 홍수로 인한 재산피해를 보험처리해 준다고 한다. 그 회사는 고객들로부터의 클레임이 서로 독립이라고 기대할 수 있을까?

1.5.15 네 대의 컴퓨터로 구성된 시스템이 있다. 컴퓨터 1이 작동할 확률은 0.88, 컴퓨터 2는 0.78, 컴퓨터 3은 0.92, 컴퓨터 4는 0.85의 작동 확률을 가진다. 각각의 컴퓨터는 상호 독립적으로 작동한다고 할 때 다음 물음에 답하여라.

(a) 시스템은 네 대의 컴퓨터 모두 작동해야만이 작동한다고 할 때 시스템이 작동할 확률을 구하라.

(b) 시스템은 네 대의 컴퓨터 중 적어도

한 대가 작동해야 작동한다고 할 때 시스템이 작동할 확률을 구하라.

(c) 시스템은 네 대의 컴퓨터 중 적어도 세 대가 작동해야 작동한다고 할 때 시스템이 작동할 확률을 구하라.

1.6 사후확률(Posterior Probability)

1.6.1 전확률의 법칙(Law of Total Probability)

$A_1, ..., A_n$ 은 표본공간 $\mathcal{S}$ 를 분할하는 상호배반 사건이라고 할 때

$$\mathcal{S} = A_1 \cup \cdots \cup A_n.$$

이 n 사건들의 확률 $P(A_1), ..., P(A_n)$이 알려져 있으며, [그림 1.67]과 같이 사건 B가 정의된다고 한다. 또한 조건부 확률 $P(B \mid A_1), ..., P(B \mid A_n)$이 알려져 있다고 가정한다. 이 경우

$$B = (A_1 \cap B) \cup \cdots \cup (A_n \cap B)$$

이며, 사건 $A_i \cap B$는 상호배반이다. 따라서

$$\begin{aligned} P(B) &= P(A_1 \cap B) + \cdots + P(A_n \cap B) \\ &= P(A_1)\, P(B|A_1) + \cdots + P(A_n)\, P(B|A_n) \end{aligned}$$

와 같다. 위의 결과를 '전확률의 법칙(Law of Total Probability)'이라고 하며, 일련의 사건 A_i가 발생한다고 할 때 또 다른 사건 B의 확률은 조건부 확률 $P(B \mid A_i)$의 가중평균으로부터 구할 수 있다. 이 경우 가중치는 $P(A_i)$가 된다.

전확률의 법칙(Law of Total Probability)

$A_1, ..., A_n$ 이 표본공간의 분할이라고 할 때 사건 B의 확률은

$$P(B) = P(A_1)\, P(B|A_1) + \cdots + P(A_n)\, P(B|A_n)$$

과 같이 구할 수 있다.

예제 7 자동차 보증(Car Waranties)

A_1, A_2, A_3, A_4 를 B차가 공장 I, II, III, IV에서 조립될 사건으로 정의한다. 이 사건들은 표본공간의 분할이며, 확률 $P(A_i)$는 각각의 네 공장이 차를 공급하는 비율에 해당한다. 만약 B를 클레임이 발생할 사건이라고 하면 $P(B \mid A_i)$는 i공장에서 클레임이 발생할 확률이 된다. 따라서 고객이 B차를 구입하였을 때 클레임이 발생할 확률은 이전에 구한 바와 같이

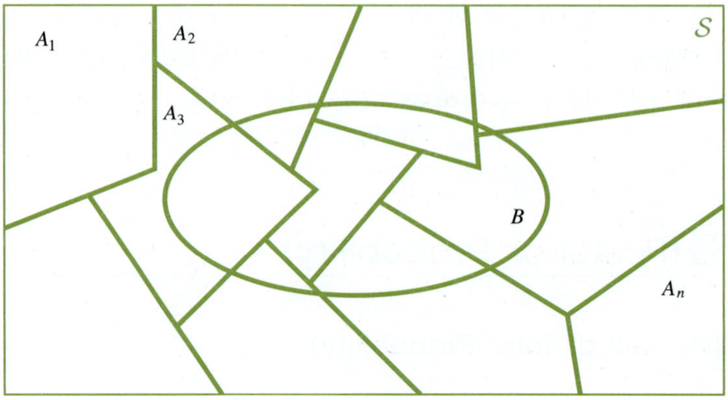

그림 1.67
분할 A_1, ..., A_n 및 사건 B

$$\begin{aligned} P(B) &= P(A_1)P(B|A_1)+P(A_2)P(B|A_2)+P(A_3)P(B|A_3)+P(A_4)P(B|A_4) \\ &= (0.20\times 0.05)+(0.24\times 0.11)+(0.25\times 0.03)+(0.31\times 0.08) \\ &= 0.0687 \end{aligned}$$

이 된다.

1.6.2 사후확률의 계산

이 절에서는 $P(A_i)$와 $P(B|A_i)$를 이용하여 어떻게 확률 $P(A_i|B)$를 계산할 수 있는지에 대해 알아보자.

$$P(A_1), \ldots, P(A_n)$$

은 사건 A_1, ..., A_n의 사전확률(prior probability)로 간주할 수 있으며,

$$P(A_1|B), \ldots, P(A_n|B)$$

는 사후확률(posterior probability)로서 사건 B가 발생하였다는 조건하에 개개의 사건 A_i가 발생할 확률이다. 이 사후확률은 총확률의 법칙을 이용하여

$$P(A_i|B) = \frac{P(A_i\cap B)}{P(B)} = \frac{P(A_i)\,P(B|A_i)}{P(B)} = \frac{P(A_i)\,P(B|A_i)}{\sum_{j=1}^{n} P(A_j)\,P(B|A_j)}$$

와 같이 구할 수 있으며, 이는 '베이즈 정리(Bayes' theorem)' 로 널리 알려져 있다.

베이즈 정리(Bayes' Theorem)

$A_1, \cdots, A_n$이 표본공간의 분할이라고 할 때, 사후확률 $P(A_i|B)$는 $P(A_i)$와 $P(B|A_i)$를 이용하여

$$P(A_i|B) = \frac{P(A_i)\,P(B|A_i)}{\sum_{j=1}^{n} P(A_j)\,P(B|A_j)}$$

1.6.3 사후확률 예제

예제 7 자동차 보증(Car Waranties)

고객이 구입할 때 그 차가 각각의 공장에서 조립될 (사전)확률은

$P(\text{공장 I})=0.20 \qquad P(\text{공장 II})=0.24$

$P(\text{공장 III})=0.25 \qquad P(\text{공장 IV})=0.31$

와 같다. 고객이 차를 구입하여 클레임이 발생했다고 할 때 그 차가 각각의 공장에서 조립될 사후확률은

$$P(\text{공장 I}\mid\text{클레임}) = \frac{P(\text{공장 I})P(\text{클레임}\mid\text{공장 I})}{P(\text{클레임})} = \frac{0.20\times 0.05}{0.0687} = 0.146$$

$$P(\text{공장 II}\mid\text{클레임}) = \frac{P(\text{공장 II})P(\text{클레임}\mid\text{공장 II})}{P(\text{클레임})} = \frac{0.24\times 0.11}{0.0687} = 0.384$$

$$P(\text{공장 III}\mid\text{클레임}) = \frac{P(\text{공장 III})P(\text{클레임}\mid\text{공장 III})}{P(\text{클레임})} = \frac{0.25\times 0.03}{0.0687} = 0.109$$

$$P(\text{공장 IV}\mid\text{클레임}) = \frac{P(\text{공장 IV})P(\text{클레임}\mid\text{공장 IV})}{P(\text{클레임})} = \frac{0.31\times 0.08}{0.0687} = 0.361$$

이며 [그림 1.68]에 표로 나와 있다. 공장 II에서 조립한 차가 클레임이 발생할 사후확률이 0.384로 가장 크며, 이 확률은 사전확률 0.24보다 훨씬 크다. 이는 클레임이 발생했다는 정보가 주어진다면, 그 차가 가장 클레임이 많이 발생하는 공장에서 만들어졌을 가능성이 크기 때문이다. 동일한 논리에 의해 공장 III에서 가장 작은 클레임 확률(0.03)을 가지고 있기 때문에 클레임이 발생할 사후확률(0.109)은 사전확률(0.25)보다 훨씬 작게 된다.

반대로 구입한 차가 클레임이 발생하지 않았다고 한다면, 사후확률은 각각

$$\begin{aligned} P(\text{공장 I}\mid\text{클레임 발생 않음}) &= \frac{P(\text{공장 I})P(\text{클레임 발생 않음}\mid\text{공장 I})}{P(\text{클레임 발생 않음})} \\ &= \frac{0.20\times 0.95}{0.9313} = 0.204 \end{aligned}$$

$$\begin{aligned} P(\text{공장 II}\mid\text{클레임 발생 않음}) &= \frac{P(\text{공장 II})P(\text{클레임 발생 않음}\mid\text{공장 II})}{P(\text{클레임 발생 않음})} \\ &= \frac{0.24\times 0.89}{0.9313} = 0.229 \end{aligned}$$

$$\begin{aligned} P(\text{공장 III}\mid\text{클레임 발생 않음}) &= \frac{P(\text{공장 III})P(\text{클레임 발생 않음}\mid\text{공장 III})}{P(\text{클레임 발생 않음})} \\ &= \frac{0.25\times 0.97}{0.9313} = 0.261 \end{aligned}$$

$$\begin{aligned} P(\text{공장 IV}\mid\text{클레임 발생 않음}) &= \frac{P(\text{공장 IV})P(\text{클레임 발생 않음}\mid\text{공장 IV})}{P(\text{클레임 발생 않음})} \\ &= \frac{0.31\times 0.92}{0.9313} = 0.306 \end{aligned}$$

	Prior Probabilities	Posterior Probabilities	
		Claim	No claim
Plant I	0.200	0.146	0.204
Plant II	0.240	0.384	0.229
Plant III	0.250	0.109	0.261
Plant IV	0.310	0.361	0.306
	1.000	1.000	1.000

그림 1.68 자동차 보증 예제의 사전 및 사후확률

이며, 그 결과 또한 [그림 1.68]에 표로 나타나 있다. 이 경우 클레임이 발생하지 않았다고 한다면 그 정보는 공장 II에서 조립되었을 확률을 약간 감소시키며 반대로 공장 III에서 조립되었을 확률은 약간 증가시킨다.

정리하면, 클레임이 발생하였다는 정보는 사후확률에 큰 변화를 주지만 클레임이 발생하지 않았다는 정보는 사후확률에 큰 변화를 주지 못한다. 직관적으로 클레임은 아주 비정상적인 사건에 해당하므로, 클레임이 발생했다는 정보는 사후확률에 보다 많은 변화를 주게 될 것이다.

예제 8 화학 불순물 수준(Chemical Impurity Levels)

화학공장 A는 제조하는 화학물질의 불순물 수준에 특별한 관심을 기울이고 있다. 사전 경험에 의해 화학물질 100 배치(batch) 중 약 1배치에서 불순물 수준이 매우 높은 것으로 나타났다. 품질을 높이기 위하여 A사는 불순물 수준을 측정하기 위한 새로운 레이저 공법 기술에 투자하기로 하였다. 하지만 이 기술은 완벽하지 않아서 만족할 만한 불순물 수준임에도 불구하고 높은 수준에 해당한다고 잘못 판단할 확률이 약 5%이며 반대로 높은 수준임에도 불구하고 만족할 만한 수준이라고 잘못 판단할 확률이 약 2%가 된다. 그렇다면 신공법을 통해 높은 불순물 수준이라고 측정하였는데 실제로도 높은 불순물 수준에 해당할 확률은 어떻게 될까?

이 질문에 답하기에 앞서 사건 A를 불순물 수준이 높을 사건으로 정의하면 $P(A)=0.01$, $P(A')=0.99$이며, B를 실제로 신공법을 통해 불순물 수준이 높다고 측정할 경우의 사건으로 정의할 경우 $P(B|A)=0.98$, $P(B'|A)=0.02$가 된다.

신공법을 통해 높은 불순물 수준으로 측정하였다면 베이즈 정리를 이용하여

$$P(A|B) = \frac{P(A)\,P(B|A)}{P(A)\,P(B|A)+P(A')\,P(B|A')}$$
$$= \frac{0.01\times 0.98}{(0.01\times 0.98)+(0.99\times 0.05)} = 0.165$$

	Prior Probabilities	Posterior Probabilities	
		B: high reading	B': satisfactory reading
A: impurity level too high	0.0100	0.1650	0.0002
A': impurity level satisfactory	0.9900	0.8350	0.9998
	1.0000	1.0000	1.0000

그림 1.69 화학 불순물 예제의 사전 및 사후확률

$$P(A'|B) = \frac{P(A')\,P(B|A')}{P(A)\,P(B|A) + P(A')\,P(B|A')}$$
$$= \frac{0.99 \times 0.05}{(0.01 \times 0.98) + (0.99 \times 0.05)} = 0.835$$

가 된다. 이번에는 만족할 만한 수준의 불순물 양을 포함하는 것으로 측정하였는데 실제로도 만족할 만한 수준일 확률은 어떻게 될까? 이 경우 조건부 확률은 $P(B|A')=0.05$, $P(B'|A')=0.95$이며,

$$P(A|B') = \frac{P(A)\,P(B'|A)}{P(A)\,P(B'|A) + P(A')\,P(B'|A')}$$
$$= \frac{0.01 \times 0.02}{(0.01 \times 0.02) + (0.99 \times 0.95)} = 0.0002$$

$$P(A'|B') = \frac{P(A')\,P(B'|A')}{P(A)\,P(B'|A) + P(A')\,P(B'|A')}$$
$$= \frac{0.99 \times 0.95}{(0.01 \times 0.02) + (0.99 \times 0.95)} = 0.9998$$

로서, 이 사후확률은 [그림 1.69]에 표로 나와 있다.

연습문제

1.6.1 A국가 인구의 1%가 특정 질병에 감염되었다고 한다. 혈액검사를 통해 감염된 사람들의 질병을 정확히 파악할 확률이 97%이다. 하지만 건강한 사람이 그 질병에 감염되었다고 잘못 진단할 가능성이 6%이다. 다음 질문에 답하여라.

(a) 혈액검사를 통해 한 사람이 양성 반응을 보일 확률을 구하라.

(b) 혈액검사를 통해 한 사람이 양성 반응을 보일 경우, 그 사람이 질병에 감염되었을 확률을 구하라.

(c) 혈액검사를 통해 한 사람이 음성 반응을 보일 경우, 그 사람이 질병에 감염되지 않았을 확률을 구하라.

1.6.2 가방 A에는 3개의 빨간 공과 7개의 파란 공이 있으며, 가방 B에는 8개의 빨간 공과 4개의 파란 공이 있다. 가방 C에는 5개의 빨간 공과 11개의 파란 공이 있다. 가방 하나를 임의로 선택하여 그 가방에서 공 1개를 임의로 뽑는다고 한다. 가방이 선택될 가능성은 모두 동일하다고 할 때, 다음 확률을 계산하라.

(a) 빨간 공이 선택될 확률을 구하라.

(b) 파란 공이 선택될 확률을 구하라.

(c) 가방 B로부터 빨간 공이 뽑힐 확률을 구하라.

(d) 빨간 공이 뽑혔다고 할 때, 그 공이 가방 A로부터 나올 확률은? 파란 공이 뽑혔다고 할 때, 그 공이 가방 B로부터 나올 확률은?

1.6.3 어떤 반에 두 섹션이 있다. 섹션 I은 55명이 있으며 그중 10명이 A학점을 받았고, 섹션 II는 45명의 학생이 있으며 그 중 11명이 A학점을 받았다. 100명의 학생 중 임의로 한 명을 선택하였을 경우

다음 물음에 답하라. 단, 학생이 뽑힐 가능성은 동일하다고 가정한다.

(a) 그 학생이 섹션 I일 확률은?

(b) 그 학생이 A학점을 받을 확률은?

(c) 선택된 학생이 섹션 I에서 뽑혔다는 것을 알고 있을 때, 그 학생이 A학점을 받을 확률은?

(d) 선택된 학생이 A학점을 받았다는 것을 알고 있을 때, 그 학생이 섹션 I에서 뽑혔을 확률은?

1.6.4 생산된 전기회로는 품질검사를 통해 A, B, C, D 등급을 매긴다. 일정 기간 동안에 생산된 회로의 77%가 A등급을 받았으며, 11%는 B등급, 7%는 C등급, 5%는 D등급을 받았다. 하지만 A등급을 받은 회로의 2%가 고장났으며, B등급은 10%, C등급은 14%, D등급은 25%가 고장이 발생하였다. 전기회로 한 개를 선택한다고 할 때 다음 물음에 답하라.

(a) 선택된 회로가 고장났다고 할 때, 그 회로가 C나 D 등급을 받았을 확률은?

(b) 선택한 회로가 고장나지 않았다면, 그 회로가 A등급을 받았을 확률은?

1.6.5 하루의 날씨 예보는 춥거나(cold), 따뜻하거나(warm), 더운 것으로(hot) 구분할 수 있다. 추운 날씨의 확률은 0.15이며 따뜻한 날씨의 확률은 0.25이다. 또한 달리 날씨를 비가 오거나 오지 않는 경우로 구분하기도 한다. 추운 날씨에 비가 올 확률은 0.30이며, 따뜻한 날씨에는 0.40, 더운 날씨에 비가 올 확률은 0.50이다. 만약 오늘 비가 오지 않았다고 할 때, 날씨가 추웠을 확률은?

1.6.6 밸브 A는 네 가지 온도 조건에서 사용된다. 그 밸브가 추운 온도 조건에서 사용될 경우 누출이 발생할 확률이 0.003이며, 중간 온도 조건에서 사용될 경우 누출될 확률이 0.009, 따뜻한 온도 조건에서 사용될 경우 누출될 확률이 0.014, 뜨거운 온도 조건에서 사용될 경우 누출될 확률이 0.018이다. 작동 조건하에서 그 밸브는 12%가 추운 온도 조건, 55%가 중간 온도 조건, 20%가 따뜻한 온도 조건, 13%가 뜨거운 온도 조건에 사용된다고 할 때, 다음 물음에 답하라.

(a) 밸브의 누출이 발생하였다면, 그것이 뜨거운 온도 조건에서 사용되었을 확률을 구하라.

(b) 밸브의 누출이 발생하지 않았다면, 그것이 중간 온도 조건에서 사용되었을 확률을 구하라.

1.6.7 어떤 휠체어 회사는 5가지 유형의 휠체어를 판매한다. A 유형은 전체 판매액의 12%를 차지하며 B는 34%, C는 7%, D는 25%, E는 22%를 차지한다. 또한 A 유형 중 19%가 모터로 작동되는 제품이며 B의 50%, C의 4%, D의 32%, E의 76%가 모터로 작동된다고 할 때 다음 물음에 답하여라.

(a) 모터로 작동하는 휠체어가 팔렸을 때 그 휠체어가 C 유형일 확률은?

(b) 모터로 작동하지 않는 휠체어가 팔렸을 때 그 휠체어가 D 유형일 확률은?

1.7 셈기법(Counting Technique)

실제로 우리는 많은 상황에서 표본공간이 일일이 열거하기도 힘들만큼 많은 수의 결과로 구성되어 있는 경우에 접하게 된다. 그러나 개개의 결과가 나올 가능성이 동일하다면 표본공간의 결과의 개수와 관심있는 사건의 결과의 개수만 알면 확률을 구할 수 있다. 이 절에서는 다양한 셈기법(counting technique)을 소개한다. 표본공간 S가 N개의 동일 가능성을 가지는 결과로서 구성되며, 사건 A가 n개의 결과를 포함할 경우 사건 A의 확률은

$$P(A)=\frac{n}{N}$$

임을 기억하라.

1.7.1 곱셈 규칙(Multiplication Rule)

실험이 k 요소로 구성되어 있고 i번째 요소는 n_i개의 가능한 결과를 가진다면 총 실험 결과의 수는 $n_1\times n_2\times\cdots\times n_k$로서 이를 곱셈 규칙(multiplication rule)이라고 하며, [그림 1.70]의 나무 다이어그램(tree diagram)에 나타나 있다. 나무 다이어그램에서 총 실험 결과의 개수는 나무 끝에 있는 가지의 개수이며 이는 n_i개의 곱과 같다.

곱셈 규칙(Multiplication Rule)

실험이 k 요소로 구성되며 각각의 가능한 결과의 개수가 $n_1, \cdots, n_k$일 때, 실험 결과의 총수는 $n_1\times n_2\times\cdots\times n_k$가 된다.

예제 9 자동차 차체 조립라인(Car Body Assembly Line)

자동차의 사이드 패널은 다음과 같은 공정을 거친다. 먼저 철판은 세정(cleaning) 기계로 보내져서 프레싱(pressing) 기계를 거쳐 절판(cutting) 기계로 보내진다. 다음으로 페인팅(painting) 기계를 거쳐 마지막으로 세광(polishing) 기계에서 끝나게 된다. 이 공정에 6대의 세정 기계, 3대의 프레싱 기계, 8대의 절판 기계, 5대의 페인팅 기계 및 8대의 세광 기계가 있다([그림 1.71] 참조). 품질관리를 위하여 회사는 각 패널에 바코드를 부착하여 패널이 어느 공정을 거치고 있는지를 파악하고 있다. 총 가능한 제조 경로의 수는 $6\times3\times8\times5\times8=5{,}760$이며, 특정 프레싱 기계를 거치는 경로의 수는 $6\times8\times5\times8=1{,}920$가 된다. 만약 5,760가지 경로의 수가 동일 가능성을 가진다면, 임의로 선택된 패널은 5,760의 제조 경로 중 하나의 경로를 거치게 될 것이다.

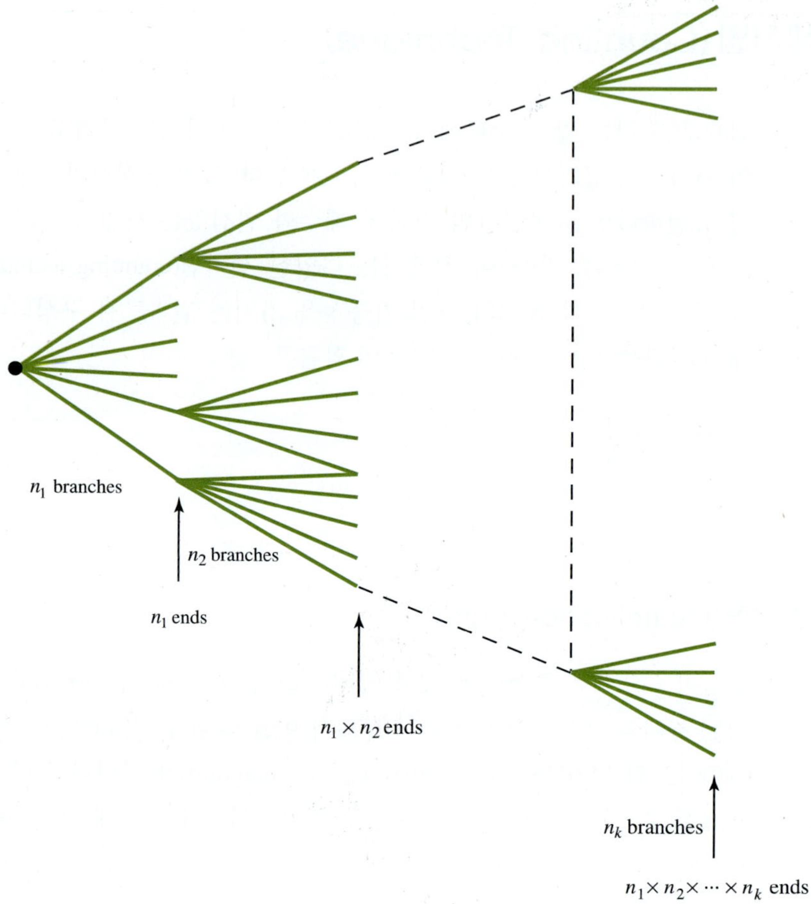

그림 1.70
곱셈 규칙을 설명하는 나무 다이어그램

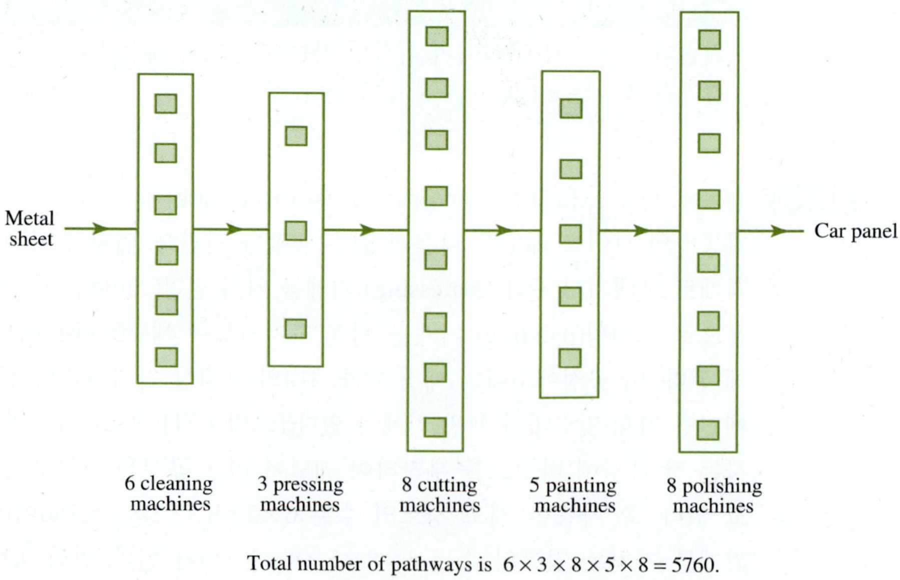

그림 1.71
자동차 패널 조립라인

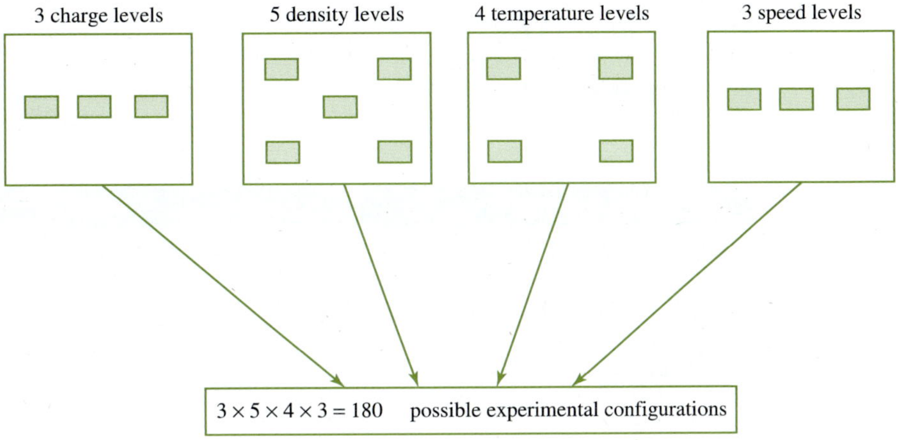

그림 1.72 경섬유 코팅에 대한 실험 배치

예제 10 경섬유 코팅(Fiber Coatings)

경섬유는 코팅 물질을 포함하고 있는 cloud chamber를 통과하면서 코팅이 된다. 코팅의 품질은 전기충전(electrical charge)의 크기와 cloud chamber 내의 코팅 물질의 밀도, chamber의 온도 및 경섬유가 chamber를 통과할 때의 속도에 따라 달라질 수 있다. 화학 엔지니어는 이 네 가지 요소가 어떻게 코팅의 품질에 영향을 주는지 알기 위하여 3가지 충전수준, 5가지 밀도수준, 4가지 온도수준 및 3가지 속도수준을 [그림 1.72]와 같이 달리하였다고 하면, 총 가능한 실험의 수는 $3\times5\times4\times3=180$이 된다.

종종 k 요소가 동일 공정의 반복이기 때문에 동일한 실험일 경우가 있다. 그 경우에 $n_1=\cdots=n_k=n$이며 총 실험 결과는 n^k가 될 것이다. 예를 들면 컴퓨터 코드는 0, 1의 binary digit으로 구성된다. k digit를 구성하는 서로 다른 string의 수는 2^k가 될 것이다. 만약 20 digit로 구성된 string이라면 $2^{20}=1,048,576$의 가능한 값을 가질 것이다.

1.7.2 순열과 조합(Permutation and Combination)

때때로 n개로부터 k개를 선택하는 가지 수를 계산하는 방법에 관심을 가질 경우가 있다. 복원추출일 경우 k개를 뽑는 방법은 동일한 사건으로, 각각이 n개의 가능한 결과를 갖는다. 따라서 곱셈 규칙에 의해 n^k개의 가능한 경우의 수를 갖는다. 하지만 비복원추출일 경우 결과는 n개로부터 k개를 선택하는 순열(permutation)이 된다. 이 경우 가능한 결과는 $n(n-1)(n-2)\cdots(n-k+1)$이 된다. 순열을 계산할 때 다음과 같은 기호 개념을 사용하면 편리하다.

팩토리얼(Factorial)

양의 정수 n에 대하여 $n!$은 'n 팩토리얼'이라 불리며

$$n! = n(n-1)(n-2)\cdots 1$$

로 정의된다(0!는 1과 같다).

순열(Permutation)

n개로부터 k개를 선택하는 가능한 순열의 수는

$$P_k^n = n(n-1)(n-2)\cdots(n-k+1)$$

와 같다.

만약 $k=n$이면 순열의 수는

$$P_n^n = \frac{n!}{(n-n)!} = \frac{n!}{0!} = n!$$

가 된다.

예제 11 시식(Taste Tests)

어떤 푸드회사는 신제품에 대하여 네 가지 조리법을 가진다. 각각의 조리법에 대하여 고객 시식을 통해 순위를 매기도록 부탁하였다. 실험은 임의 순서로 실시된다고 할 때 총 가능한 경우의 수는

$$P_4^4 = 4! = 4 \times 3 \times 2 \times 1 = 24$$

이다. 이 회사는 또다른 시식을 실시하였는데 이번에는 8제품을 진열해 놓고 그 중 최고인 제품 3개를 1,2,3등 순위를 매기도록 부탁하였다. 이 경우 가능한 대답의 수는 $P_3^8 = 8 \times 7 \times 6 = 336$이다. 순열에서는 실험에서의 순서가 중요하다. 예를 들면 8제품이 A-H라벨을 부착했다고 한다면 ABC(A 1등, B 2등, C 3등)와 ACB는 서로 다른 순열이 된다. 종종 n개 중 k개를 선택할 때 선택의 순서가 중요하지 않을 경우가 있다. 즉 k개를 선택할 때 뽑는 순서는 무시하는 경우, 그러한 실험을 n개로부터 k개를 선택하는 조합(combination)이라고 하며, C_k^n으로 나타낸다.

$$C_k^n = \frac{n!}{(n-k)!\,k!}$$

이며, 순열과의 관계를 고려하면

$$P_k^n = k! \times C_k^n$$

로서

$$C_k^n = \frac{P_k^n}{k!} = \frac{n!}{(n-k)\,k!}$$

이다. 조합의 개수에 대해 다른 방법으로 $C_k^n = \binom{n}{k}$ 로도 쓴다.

조합(Combination)

n개로부터 $k(n \geq k)$개를 뽑는 조합(combination)은 비복원추출로 n개로부터 k개를 순서에 관계없이 선택하는 경우의 수에 해당한다. 가능한 조합의 수는

$$C_k^n = \binom{n}{k} = \frac{n!}{(n-k)!\,k!}$$

$C_1^n = \binom{n}{1} = \dfrac{n!}{(n-1)!\,1!} = n$이며 $C_{n-1}^n = \binom{n}{n-1} = \dfrac{n!}{1!(n-1)!} = n$, $C_n^n = \binom{n}{n} = \dfrac{n!}{0!n!} = 1$이다. 또한

$$C_k^n = C_{n-k}^n.$$

예제 11 시식(Taste Tests)

시식에서 8제품 중 세 가지 최상이라고 생각하는 제품을 순위를 고려하지 않고 선택하라고 주문하였다고 했을 때, 가능한 대답의 수는

$$\binom{8}{3} = \frac{8!}{5!\,3!} = \frac{8 \times 7 \times 6}{3 \times 2 \times 1} = 56.$$

예제 2 불량 컴퓨터 칩(Defective Computer Chips)

특정 박스에 500개 칩 중 9개가 불량 칩이라고 한다. 세 개의 칩을 비복원추출로 박스에서 선택한다고 할 때, 가능한 경우의 수는

$$\binom{500}{3} = \frac{500!}{497!\,3!} = \frac{500 \times 499 \times 498}{3 \times 2 \times 1} = 20{,}708{,}500$$

이다. 그중 3개의 불량 칩을 선택할 경우의 수는

$$\binom{9}{3} = \frac{9!}{6!\,3!} = \frac{9 \times 8 \times 7}{3 \times 2 \times 1} = 84$$

로서, 3개의 불량 칩을 선택할 확률은

$$\frac{\binom{9}{3}}{\binom{500}{3}} = \frac{\left(\dfrac{9!}{6!\,3!}\right)}{\left(\dfrac{500!}{497!\,3!}\right)} = \frac{9 \times 8 \times 7}{500 \times 499 \times 498} \simeq 4.0 \times 10^{-6}$$

이 된다.

이번에는 오직 하나의 불량 칩만 선택할 경우의 수는 $9\times\binom{491}{2}$로서 불량 칩을 선택할 9가지 경우의 수가 있으며, 2개의 정상 칩을 선택할 경우의 수는 C_2^{491}가 된다. 정확히 한 개의 불량칩을 선택할 확률은

$$\frac{9\times\binom{491}{2}}{\binom{500}{3}}=\frac{\left(9\times\dfrac{491!}{489!\,2!}\right)}{\left(\dfrac{500!}{497!\,3!}\right)}=\frac{9\times 491\times 490\times 3}{500\times 499\times 498}=0.0522.$$

기회 게임 네 장의 카드를 비복원추출로 선택한다고 한다. 그중 두 장의 킹(King)과 두 장의 퀸(Queen)을 선택할 확률을 구해보면, 총 가능한 경우의 수는

$$\binom{52}{4}=\frac{52!}{48!\,4!}=\frac{52\times 51\times 50\times 49}{4\times 3\times 2\times 1}=270{,}725$$

이며, 4장의 킹으로부터 2장의 킹과 4장의 퀸으로부터 2장의 퀸을 선택할 경우의 수는

$$\binom{4}{2}\times\binom{4}{2}=\frac{4!}{2!\,2!}\times\frac{4!}{2!\,2!}=\frac{4\times 3}{2\times 1}\times\frac{4\times 3}{2\times 1}=36$$

으로서 구하는 확률은

$$\frac{36}{270{,}725}\simeq 1.33\times 10^{-4}$$

이 된다.

연습문제

1.7.1 다음의 값을 구하라.
(a) 7! (b) 8! (c) 4! (d) 13!

1.7.2 다음의 값을 구하라
(a) P_2^7 (b) P_5^9 (c) P_2^5 (d) P_4^{17}

1.7.3 다음의 값을 구하라.
(a) C_2^6 (b) C_4^8 (c) C_2^5 (d) C_6^{14}

1.7.4 A 음식점의 메뉴에는 5가지 에피타이저, 3가지 수프, 7가지 메인 코스 음식, 6가지 샐러드 드레싱, 8가지 디저트가 있다. 식사를 하는데 몇 가지 방법이 있을 수 있는가? 만약 에피타이저나 수프 중 한 가지만 선택 가능하고 둘 다 주문할 수 없다면 식사로 몇 가지 방법이 있을 수 있는가?

1.7.5 철 강도를 검사하기 위한 실험에서 3가지 다른 광물, 4가지 서로 다른 용광로 온도, 2가지 서로 다른 냉각 방법이 고려된다고 할 때 얼마나 많은 실험 방법이 존재하는가?

1.7.6 4명의 운동선수가 토너먼트에서 대결하여 1등부터 4등까지 등수를 매긴다. 그 후 동일한 4명은 다른 토너먼트에서 또 다시 대결하여 1등부터 4등까지 등수를 매긴다. 두 번째 토너먼트에서의 그들의 능력은 첫 번째 토너먼트의 능력과 무관하다. 즉 첫 번째와 두 번째 등수는 상호 독립이라고 가정할 수 있다.

(a) 각 선수들이 두 토너먼트에서 동일한 등수를 가질 확률은?

(b) 어떤 선수도 동일한 등수를 두 번 갖지 않을 확률은?

1.7.7 20명의 운동선수가 토너먼트에서 경쟁한다. 1등부터 5등까지 선택하는데 얼마나 많은 방법이 존재하는가? 또한 순서와는 상관없이 5명의 최상의 선수를 뽑는 방법이 몇 가지 있을 수 있는가?

1.7.8 100개의 전구 중 17개의 고장난 전구가 있다. 그중 3개의 전구를 임의로 비복원추출한다고 할 때 다음 물음에 답하라.

(a) 표본을 뽑는 방법에는 몇 가지가 있을 수 있는가?

(b) 고장난 전구를 포함하지 않는 방법에는 몇 가지가 있을 수 있는가?

(c) 표본이 단 한 개의 고장난 전구도 포함하지 않을 확률을 구하라.

(d) 표본이 하나의 고장난 전구를 포함할 확률을 구하라.

(e) 표본이 한 개 이하의 고장난 전구를 포함할 확률을 구하라.

1.7.9 $C_k^n = C_k^{n-1} + C_{k-1}^{n-1}$임을 보여라.

1.7.10 포커게임에서 5장의 카드를 카드묶음으로부터 임의로 선택한다.

(a) 얼마나 많은 서로 다른 패가 존재할 수 있는가?

(b) 5장 모두 하트(heart)일 경우의 수를 구하여라.

(c) 5장 모두 같은 무늬(flush)일 경우의 수를 구하여라.

(d) flush일 확률을 구하라

(e) 4장의 에이스(Ace) 카드를 포함할 경우의 수를 구하라

(f) 4장의 같은 숫자를 포함할 경우의 수를 구하라.

(g) 4장의 같은 숫자를 포함할 확률을 구하라.

1.7.11 원에 n개의 물건을 정리하는 문제에서 이웃하는 물건은 중요하지만 원에서 그 물건의 위치는 중요하지 않다. 따라서 주어진 정리 방법을 회전(rotation)하는 것은 동일한 정리 방법으로 간주될 수 있을 때 서로 다른 정리 방법의 수는 $(n-1)!$ 임을 설명하라.

1.7.12 6명의 사람이 영화관에서 6자리에 앉을 수 있는 방법은 몇 가지나 있을 수 있는가? 6사람이 영화관람 후 원탁 테이블에서 피자를 먹는다고 할 때 앉을 수 있는 방법은 몇 가지나 있을 수 있는가?

1.7.13 1.7.12 문제에서 영희는 철수의 옆자리에 반드시 앉아야 한다. 1.7.12의 동일한 질문에 답하라. 만약 영희가 철수 옆자리에 앉기를 거부한다면 영화관에 앉

을 수 있는 경우의 수는 어떻게 될까? 또한 원탁 테이블에 앉을 수 있는 경우의 수는 어떻게 될까?

1.7.14 n개의 공을 k개의 박스에 담을 때 n_1 공은 박스 1, n_2 공은 박스 2, n_k 공은 박스 k에 담을 때 $(n_1+n_2+\cdots+n_k=n)$, 총 경우의 수는

$$\frac{n!}{n_1!\times\cdots\times n_k!}$$

임을 보여라. 또한 $k=2$ 일 때 $C^n_{n_1}=C^n_{n_2}$ 임을 보여라.

1.7.15 아래의 두 문제가 왜 동일한 답을 가지는지를 설명하고 문제의 답을 구하라 (문제 1.7.14 참고).

(a) 12개의 공을 3개의 박스에 담을 때 첫 번째 박스는 3개, 두 번째 박스는 4개, 세 번째 박스는 5개의 공을 포함할 서로 다른 경우의 수

(b) 3개의 빨간 공, 4개의 파란 공, 5개의 녹색 공을 일직선에 세울 서로 다른 경우의 수

1.7.16 정비회사는 14명의 수리공을 고용하고 있다. 3명의 수리공은 A 업무를 4명의 수리공은 B 업무를 담당하며 A와 B 업무는 업무 시간이 같다. 나머지 7명은 대기하게 되는데, 일을 분담하는 총 경우의 수를 구하라.

1.7.17 A 회사는 15명의 응시자에 대하여 하루에 3명씩 인터뷰한다. 응시자들이 인터뷰받을 수 있는 총 경우의 수를 구하라.

1.7.18 품질검사자는 60개의 제품 중 임의로 12개의 표본을 추출한다. 60개 중 18개는 최상의 품질, 25개는 양호한 품질, 12개는 열등품질, 나머지 5개는 불량이다.

(a) 표본이 최상의 품질 혹은 양호한 품질의 제품만 포함할 확률을 구하라.

(b) 표본이 3개의 최상의 품질, 3개의 양호한 품질, 3개의 열등품질, 3개의 불량인 제품을 포함할 확률을 구하라.

1.7.19 5장의 카드를 52장의 카드묶음으로부터 임의로 비복원추출한다고 할 때, 2장의 빨간 무늬, 3장의 검은 무늬 카드를 뽑을 경우의 수를 구하라.

1.7.20 8장의 카드를 52장의 카드묶음으로부터 임의로 비복원추출한다고 할 때 다음 물음에 답하라.

(a) 하트(heart) 무늬를 한 장도 뽑지 않을 확률을 구하라.

(b) 두 장의 하트(heart), 두 장의 다이아몬드(diamond), 두 장의 클럽(club), 두 장의 스페이드(spade)를 포함할 확률을 구하라.

1.7.21 박스 A는 40개의 전지를 포함하고 있다. 그중 5개는 수명이 짧고, 30개는 평균수명, 5개는 수명이 길다. 고객이 한 전기제품을 동작시키기 위해서는 8개의 전지를 필요로 하며, 박스 A로부터 8개를 임의로 선택한다고 하자. 2개의 짧은 수명, 4개의 평균수명, 2개의 긴수명 전지를 선택할 확률을 구하라.

CHAPTER 2

확률변수(Random Variables)

1장에서는 일반적인 확률이론을 다루었으며 2장에서는 확률이론과 통계적 추론의 근간이 되는 확률변수 개념이 도입된다. 1장에서 전개된 기본적인 확률이론이 확률값을 가지는 결과로 확대되며, 이산형(discrete) 및 연속형(continuous) 확률변수의 차이에 대해 설명하기로 한다.

2.1 이산형 확률변수(Discrete Random Variables)

2.1.1 확률변수의 정의

확률변수는 특정 실험의 표본공간에서 발생하는 각각의 결과에 수치값을 할당함에 의해 형성된다. 확률변수들의 상태공간은 이러한 수치값으로 구성되어 있다. 기술적으로, 확률변수는 [그림 2.1]에서처럼 특정 표본공간 안에 각각의 결과들을 실수공간 R에 맵핑하는 하나의 함수로 간주할 수 있다.

확률변수(Random Variables)

확률변수는 특정 실험으로부터 각각의 결과들에 대하여 수치값을 할당함에 의해 얻어진다.

따라서 확률변수는 결과들이 수치값, 즉 양, 음 또는 0값을 가지는 특별한 실험이라고 볼 수 있다. 또 다른 경우에서는 실험 결과들이 수치값을 가지지 않을 수도 있으나, 확률변수는 점수나 비용 등을 결과들에 할당함에 의해 정의될 수 있다.

예제 1 기계고장(Machine Breakdowns)

기계고장 문제에 대한 표본공간은

$\mathcal{S}$ = {전기적 , 기계적, 오작동}

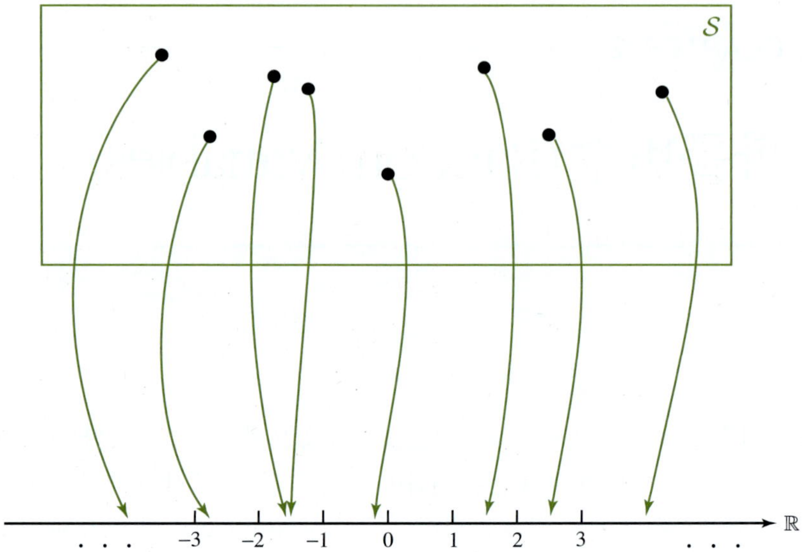

그림 2.1 표본공간의 각각의 결과에 수치를 부여함으로써 형성한 확률변수

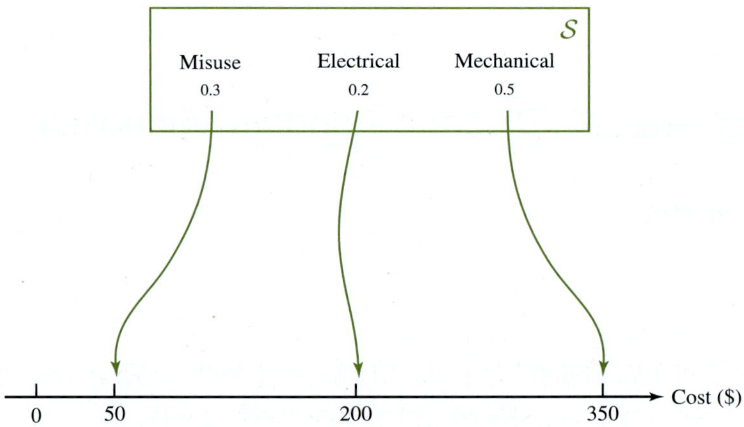

그림 2.2 기계고장에 대한 '비용' 확률변수

으로 나타낼 수 있으며, 이러한 고장을 수리비용과 직접적으로 연관시킬 수 있다. 예를 들면, 전기적 고장은 평균 $200, 기계적 고장은 $350, 오작동은 $50의 수리비용(cost)을 초래한다고 하자. 이러한 수리비용은 [그림 2.2]에서 보는 것처럼 {50, 200, 350}의 표본공간을 가지는 비용 확률변수를 생성시킨다.

수리비용은 그 자체가 50, 200, 350이라는 숫자를 가지게 되므로 확률변수가 될 수 있음을 알 수 있다. 하지만 고장 원인, 즉 전기적, 기계적, 작업자의 오작동 등은 수치값이 아니므로 그 자체가 확률변수가 될 수 없다.

예제 4 발전소 운용(Power Plant Operation)

[그림 1.15]는 발전소 예제에 대한 표본공간을 설명하고 있다. 이 예제는 각각의 세 발전소가 전기를 생성시키거나(1) 쉬고 있는(0) 두 가지 결과로서 나타난다. 만약에 단지 전기를 생성시키는 발전소의 수에 대해 관심을 가진다고 하면, 이것은 다음과 같은 확률변수, 즉

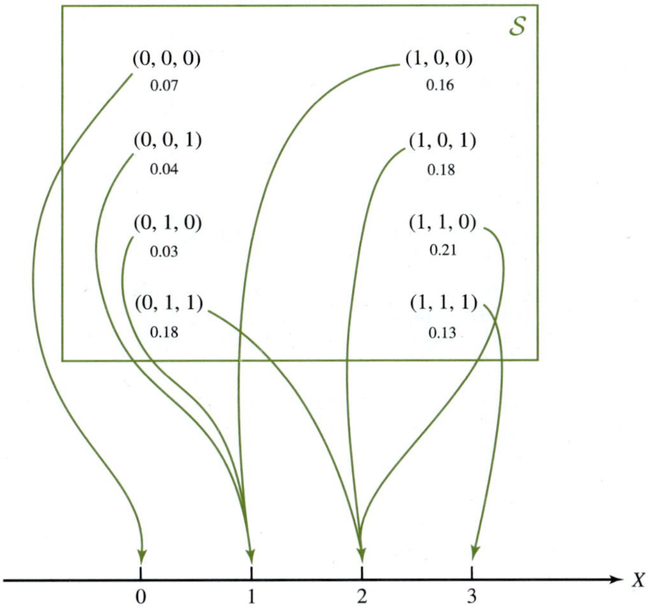

그림 2.3
X=전기를 생성시키는 발전소의 수

X= 전기를 생성시키는 발전소의 수

로서 나타낼 수 있으며, [그림 2.3]에서 보는 것처럼 X는 0, 1, 2, 3의 값을 가질 수 있다.

예제 12 직원채용(Personnel Recruitment)

한 회사는 하나의 업무 위치에 한 명의 직원을 채용하고자 하며, 그 자리에 총 8명이 지원하였다. 회사의 전략은 모든 직원을 순서대로 인터뷰하여 가장 성적이 좋은 지원자를 즉시 채용하는 것이다. 이때 확률변수

X= 인터뷰 지원자의 수

로 정의할 때 확률변수 X는 1, 2, 3, 4, 5, 6, 7, 8의 값을 가진다.

예제 13 작업장 사고(Factory Floor Accidnets)

안전 및 보험상 목적을 위해 공장 관리자는 주어진 기간 동안 얼마나 많은 작업장 사고가 발생하는지에 대하여 관심을 가지고 있다. 이때 확률변수

X=작업장 사고의 수

로 정의할 때, 확률변수 X는 0 또는 양의 정수값을 갖는다.

한 개의 주사위를 던지는 경우에 있어, 확률변수를 나오는 눈의 수로 정의할 때, 확률변수는 1, 2, 3, 4, 5, 6의 값을 갖는다. 만약 2개의 주사위를 던져 확률변

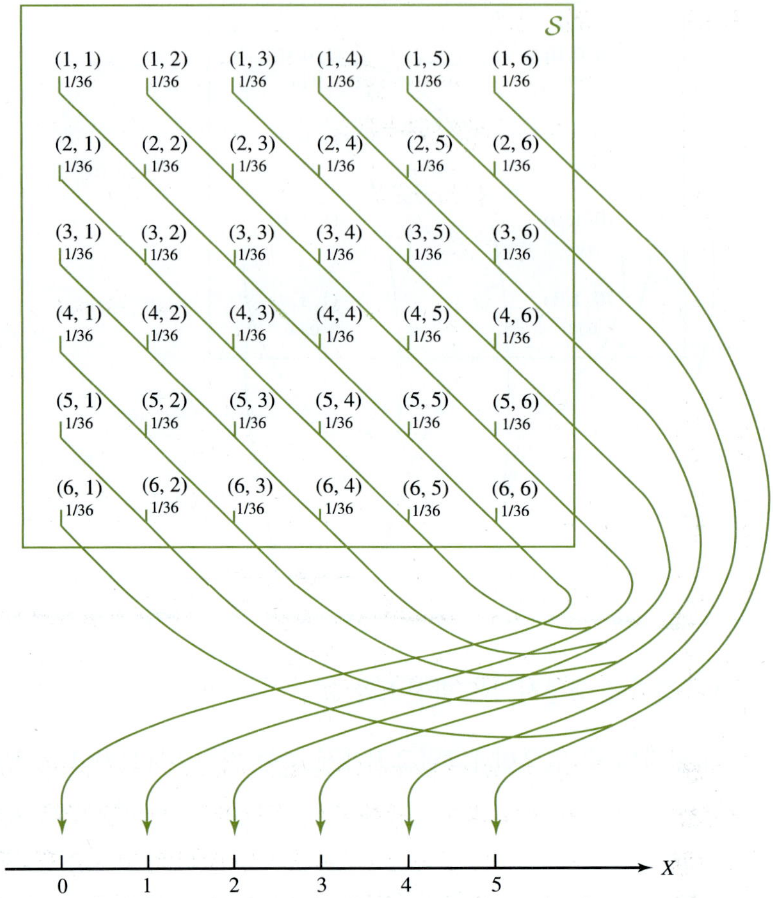

그림 2.4
X=나오는 두 주사위 눈의 양의 차

수를 나오는 눈의 합으로 나타내면 2, 3, …, 12의 값을 갖는다. 만약 확률변수를 두 눈의 차로 정의하면 0, 1, 2, 3, 4, 5의 값을 갖게 되며, [그림 2.4]에 잘 나타나 있다.

일반적으로 확률변수는 X, Y, Z처럼 대문자로 나타내며, 그 확률변수가 취하는 값은 소문자로 나타낸다. 예를 들면, 확률변수 X는 $x=-0.6$, $x=2.3$ 그리고 $x=4.0$의 값을 갖는 것으로 표현될 수 있다.

2.1.2 확률질량함수(Probability Mass Function)

이산형 확률변수의 확률 특성은 확률값 p_i를 확률변수가 취하는 개개의 값 x_i에 할당하는 것을 바탕으로 한다. 이러한 확률값은 확률변수의 확률질량함수(probability mass function)를 통해 구할 수 있으며, 0과 1 사이의 값을 가지며 합이 1이 되어야만 한다.

확률질량함수(Probability Mass Function)

확률변수 X의 확률질량함수(p.m.f)는 이산형 확률변수가 취하는 개개의 값 x_i와 부여된 해당 확률값 p_i의 집합이다. 이 확률값들은 $0 \le p_i \le 1$, $\sum_i p_i = 1$을 만족하여 다음과 같이 표기한다.

$$P(X = x_i) = p_i$$

이산형 확률변수의 확률 특성은 확률질량함수를 명시함에 의해 정의할 수 있다. 즉, 확률변수가 취하는 값 및 그 값들이 취하게 되는 확률값을 명시함에 의해 구체화된다. 확률질량함수는 종종 그 확률변수의 분포(Distribution)로도 언급되기도 하며, 약자 p.m.f로 표기되기도 한다. 확률질량함수는 표 또는 그래픽 형태로 주어지는데, 다음 예제를 통해 설명하기로 한다.

예제 1 기계고장(Machine Breakdowns)

[그림 2.2]에서처럼 P(cost=50)=0.3, P(cost=200)=0.2, P(cost=350)=0.5와 같다. 상응하는 확률질량함수는 [그림 2.5]에서처럼 표 형태로, [그림 2.6]에서처럼 라인 형태로 나타낼 수 있다.

예제 4 발전소 운용(Power Plant Operation)

전기를 발생시키는 발전소의 수에 대한 [그림 2.3]에서 보여진 확률질량함수는 [그림 2.7] 및 [그림 2.8]과 같다. 예를 들면 어떤 발전소에서도 전기를 발생시키지 못

x_i	50	200	350
p_i	0.3	0.2	0.5

그림 2.5
기계고장 비용에 대한 확률질량함수

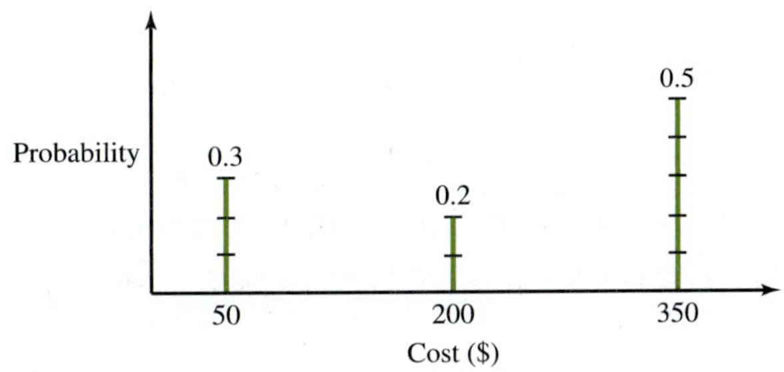

그림 2.6
기계고장 비용에 대한 확률질량함수 선 그래프

x_i	0	1	2	3
p_i	0.07	0.23	0.57	0.13

그림 2.7
발전소 운용 예제에 대한 확률질량함수

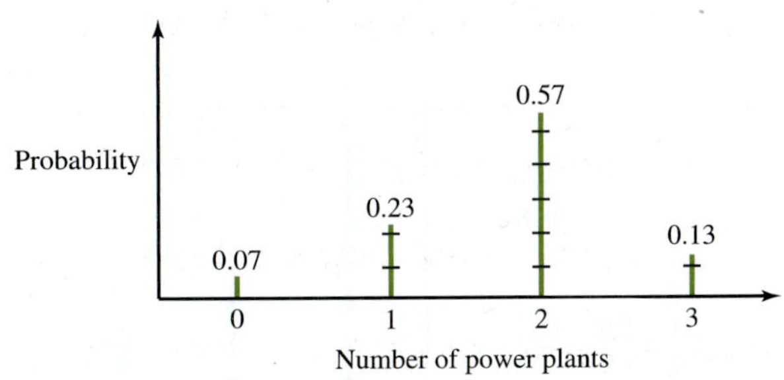

그림 2.8
발전소 운용 예제에 대한 확률질량함수 선 그래프

하는 ($X=0$) 확률은 (0, 0, 0)의 결과를 가지는 확률로서 표현되며, 0.07의 확률값을 갖는다. 하나의 발전소에서 전기를 발생시킬($X=1$) 확률은 (1, 0, 0), (0, 1, 0) 및 (0, 0, 1)의 결과들의 확률의 합이며, $0.04+0.03+0.16=0.23$이다.

예제 13 작업장 사고(Factory Floor Accidents)

x건의 사고가 발생하는 확률이 다음과 같다고 가정하자.

$$P(X=x)=\frac{1}{2^{x+1}}.$$

이 확률질량함수의 합은

$$\sum_{x=0}^{\infty} P(X=x)=\sum_{x=0}^{\infty}\frac{1}{2^{x+1}}=\frac{1}{2}+\frac{1}{4}+\frac{1}{8}+\frac{1}{16}+\cdots=1$$

이므로 유효하다.

이 확률질량함수의 선 그래프(line graph)는 [그림 2.9]와 같으며, 기하분포(Geometric Distribution)의 특수한 경우에 해당된다(기하분포는 3장에서 자세하게 설명한다).

두 주사위를 던져 나오는 눈의 양(positive)의 차에 대한 확률질량함수는 [그림 2.10] 및 [그림 2.11]과 같다. 예를 들어, 나오는 두 눈의 차가 4일 때 (1, 5) (5, 1) (2, 6) 및 (6, 2)의 결과를 가지며, 동일한 확률 1/36을 모든 결과에 적용하면 $P(X=4)=4/36=1/9$이 된다.

2.1.3 누적분포함수(Cumulative Distribution Function)

확률변수 X의 확률 특성을 명시하기 위한 또다른 방법은 누적분포함수(cumulative distribution function: c.d.f)를 사용하는 것이며, 누적분포함수는 다음

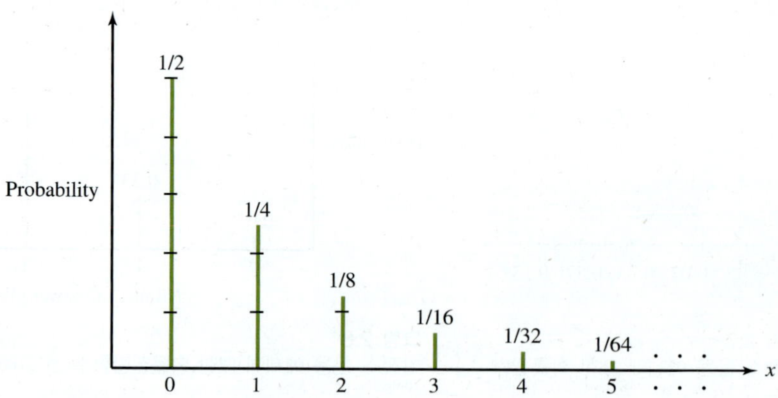

그림 2.9 작업상 사고 예제에 대한 확률질량함수 선 그래프

x_i	0	1	2	3	4	5
p_i	1/6	5/18	2/9	1/6	1/9	1/18

그림 2.10
주사위 예제에 대한 확률질량함수

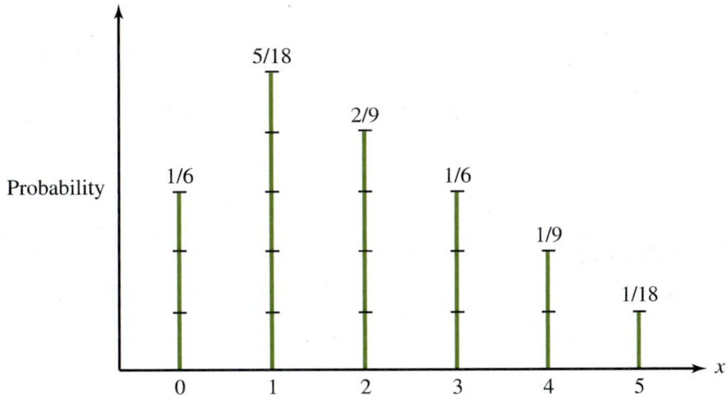

그림 2.11
주사위 예제에 대한 확률질량함수 선 그래프

과 같이 정의될 수 있다. 이 함수의 장점은 이산형 및 연속형 확률변수 모두 사용할 수 있다는 점이다.

누적분포함수(Cumulative Distribution Function)

확률변수 X의 누적분포함수(c.d.f)는 함수

$$F(x) = P(X \leq x)$$

와 같다.

확률질량함수와 동일하게 누적분포함수는 확률변수의 확률 특성을 요약한다. 따라서 확률질량함수 혹은 누적분포함수를 알 수 있다면 연관된 다른 함수값을 구할 수 있다. 예를 들어 확률질량함수를 알고 있다고 하자. 누적분포함수는 다음과 같은 표현을 통해 구할 수 있다.

$$F(x) = \sum_{y:y \leq x} P(X = y).$$

바꿔 말하면, $F(x)$의 값은 x보다 크지 않은 y값들에 대하여 확률 $P(X=y)$를 단순히 더함으로써 구할 수 있다.

누적분포함수 $F(x)$는 확률변수가 취하는 값에서 계단 형태를 가지는 증가형 계단함수이다. 그 계단의 높이는 이 확률변수 값들이 취하는 확률이다. 수학적으로, 확률질량함수는 다음과 같은 관계식을 통해 누적분포함수로부터 구할 수 있다.

$$P(X = x) = F(x) - F(x^-).$$

이때 $F(x^-)$는 누적분포함수의 아래로부터의 극한값이다. 만약 x에서 누적분포함수 안에 계단이 존재하지 않는다면 $F(x) = F(x^-)$ 이며 $P(X=x)=0$이다. x에서 계단이 존재하면 $F(x)$는 계단의 꼭대기에서의 누적분포함수 값이며, $F(x^-)$는 그 계단의 바닥에서의 누적분포함수 값에 해당한다. 따라서 확률 $P(X=x)$는 그 계단의 높이와 같다. 이러한 관계식들을 다음과 같은 예제를 통해 설명하기로 한다.

예제 1 기계고장(Machine Breakdowns)

[그림 2.5] 및 [그림 2.6]에 주어진 확률질량함수는 다음과 같은 누적분포함수를 형성한다.

$$-\infty < x < 50 \Rightarrow F(x) = P(\text{cost} \le x) = 0$$
$$50 \le x < 200 \Rightarrow F(x) = P(\text{cost} \le x) = 0.3$$
$$200 \le x < 350 \Rightarrow F(x) = P(\text{cost} \le x) = 0.3 + 0.2 = 0.5$$
$$350 \le x < \infty \Rightarrow F(x) = P(\text{cost} \le x) = 0.3 + 0.2 + 0.5 = 1.0$$

이러한 누적분포함수는 [그림 2.12]에 잘 나타나 있다. 보이는 것처럼, 상응하는 누적분포함수는 50보다 작은 x값에 대하여 0의 값을 가지며, 350보다 큰 x값에 대해서 1의 값을 가지는 증가형 계단함수이다. 계단들은 $x=50$, $x=200$, $x=350$에서 각각 발생하며, 이는 가능한 비용값에 해당한다. 또한 이 점들에서의 계단의 크기 0.3, 0.2, 0.5는 확률질량함수의 확률값에 해당한다.

예제 4 발전소 운용(Power Plant Operation)

전기를 생성하는 발전소의 수에 대한 누적분포함수는 [그림 2.13]에 제시하였다. 예를 들면, 1군데 이하의 발전소에서 전기를 생성할 확률은

$$F(1) = P(X \le 1) = P(X=0) + P(X=1) = 0.07 + 0.23 = 0.30.$$

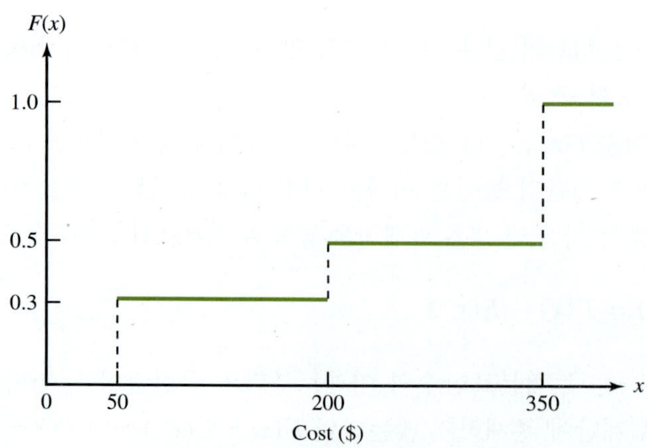

그림 2.12 기계고장 비용에 대한 누적분포함수

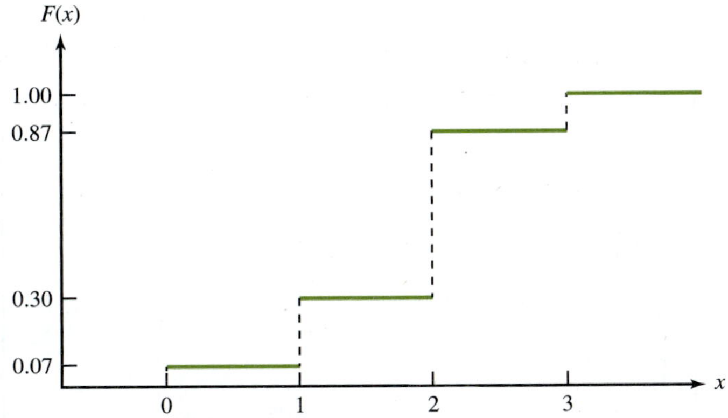

그림 2.13
발전소 운용 예제에 대한 누적분포함수

	$F(x)$
$-\infty < x < 1$	0.00
$1 \le x < 2$	0.18
$2 \le x < 3$	0.28
$3 \le x < 4$	0.37
$4 \le x < 5$	0.43
$5 \le x < 6$	0.48
$6 \le x < 7$	0.52
$7 \le x < 8$	0.54
$8 \le x < \infty$	1.00

그림 2.14
직원채용 예제에 대한 누적분포함수

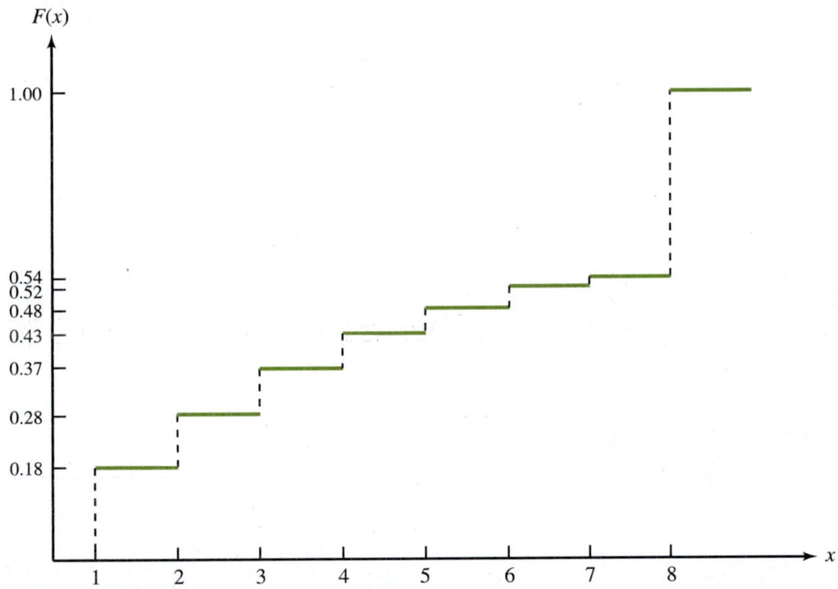

그림 2.15
직원채용 예제에 대한 누적분포함수 그래프

예제 12 직원채용(Personnel Recruitment)

[그림 2.14]는 인터뷰 지원자의 수에 대한 확률변수 X의 누적분포함수이다. 확률질량함수 X는 누적분포함수 계단의 높이를 측정함으로써 구할 수 있다. 예를 들면,

$$P(X=1) = F(1) - F(1^-) = 0.18 - 0.00 = 0.18$$
$$P(X=2) = F(2) - F(2^-) = 0.28 - 0.18 = 0.10$$

와 같다. 또한 확률질량함수의 선 그래프는 [그림 2.16]에 제시되어 있다. 주지하는 바와 같이, $P(X=1)$에서 $P(X=7)$까지의 확률값은 계속 감소하고 있으나 가장 가능성이 높은 결과는 모든 8명의 응시자가 인터뷰를 받는 것이다.

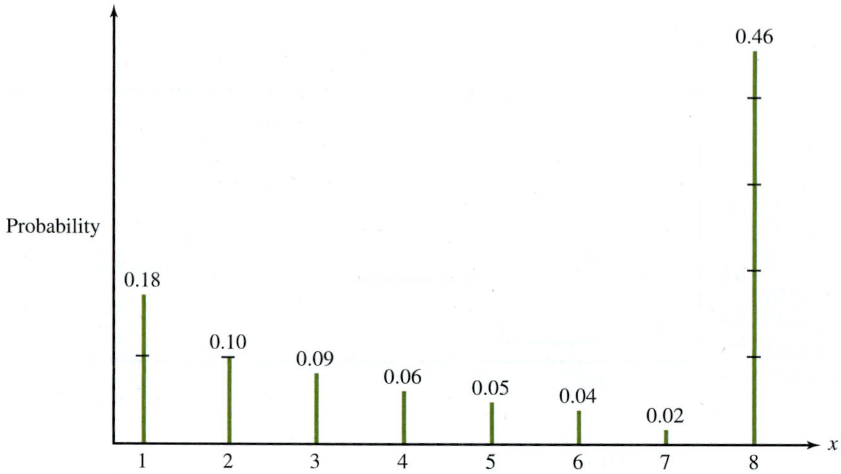

그림 2.16 직원채용 예제에 대한 확률질량 함수 선 그래프

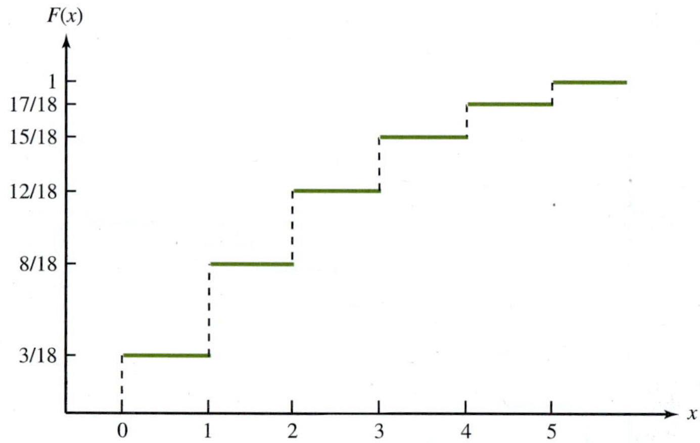

그림 2.17 주사위 예제에 대한 누적분포 함수

기회 게임

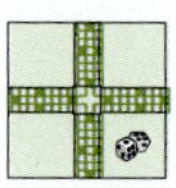

주사위 두 개를 던져 나오는 눈의 양의 차에 대한 누적분포함수는 [그림 2.17]에 나타나 있다. 예를 들면, 그 차가 2 이하일 확률은

$$F(2) = P(X \leq 2) = P(X = 0) + P(X = 1) + P(X = 2) = \frac{1}{6} + \frac{5}{18} + \frac{2}{9} = \frac{2}{3}$$

이 된다.

연습문제

2.1.1 한 사무실에 4대의 복사기가 있다. 확률변수 X를 특정 시간에 사용 가능한 복사기의 대수로 정의한다고 한다. $P(X=0)=0.08$, $P(X=1)=0.11$, $P(X=2)=0.27$, $P(X=3)=0.33$일 때,

(a) $P(X=4)$를 구하라.

(b) 확률질량함수의 선그래프를 구하라.

(c) 누적분포함수를 구하고 그림으로 나타내라.

2.1.2 [그림 2.18]은 한 확률변수의 누적분포 함수를 나타낸 것이다. 확률질량함수의 표를 구하고 선그래프를 작성하라.

	$F(x)$
$-\infty \le x < -4$	0.00
$-4 \le x < -1$	0.21
$-1 \le x < 0$	0.32
$0 \le x < 2$	0.39
$2 \le x < 3$	0.68
$3 \le x < 7$	0.81
$7 \le x < \infty$	1.00

그림 2.18
확률변수의 누적분포함수

2.1.3 두 개의 (공정한) 주사위를 던져 나온 수의 곱으로 확률변수 X를 정의할 때, X의 확률질량함수를 구하고 그림으로 나타내라. 또한 X의 누적분포함수를 구하고 그림으로 나타내라.

2.1.4 두 장의 카드를 카드묶음으로부터 임의로 복원추출한다. 확률변수 X를 나온 하트 무늬의 수로 나타낼 때,

(a) X의 확률질량함수를 구하라.

(b) X의 확률밀도함수를 구하라.

(c) 확률변수 X 중 가장 잘 나올 가능성의 값은 무엇인가?

2.1.5 빨간색과 파란색의 주사위가 있다. 주사위를 던져 빨간색 주사위에 짝수가 나오면 파란색의 주사위 눈을 두 배로 하고, 빨간색 주사위에 홀수가 나오면 빨간색 주사위 눈의 수에서 파란색 주사위 눈의 수를 뺀 점수를 구한다. 이때 점수에 대한 확률질량함수 및 누적분포함수를 구하고 각각의 그림을 작성하라.

2.1.6 예제 5 및 [그림 1.38]에 주어진 확률값을 고려하며, 회사는 텔레비젼세트에 대하여 다음과 같은 품질점수를 부여한다고 가정한다. 완벽한 화질은 4, 양호한 화질은 2, 만족스러운 화질은 1, 및 실패한 화질은 0점을 부여한다. 또한 완벽한 외관은 3, 양호한 외관은 2, 만족스러운 외관은 1 및 실패한 외관은 0점을 부여한다. 최종 품질점수는 각각의 화질 및 외관점수의 곱으로 정의한다. 예를 들면 (P, G)는 완벽한 화질과 양호한 외관이므로 $4 \times 2 = 8$이 된다.

a) 최종 품질점수에 대한 확률질량함수를 구하라.

b) 최종품질점수에 대한 누적분포함수를 구하라.

c) 가장 잘 나온 것 같은 품질점수의 값은?

2.1.7 4장의 카드에 \$1, \$2, \$3 및 \$6의 라벨을 부착하였다. 경기자는 2장의 카드를 임의로 뽑아서 나온 카드의 금액의 합을 받기로 하였다. 하지만 이 게임에 참가하는데 \$4를 내야만 한다. 순수하게 받는 금액의 확률질량함수 및 확률분포함수를 구하라.

2.1.8 확률변수 X는 1, 2 및 그 외의 정수로 정의한다. 어떤 상수 C에 대하여 $P(X=i) = C/i^2$가 가능한가? 또한 $P(X=i) = C/i$가 가능한지 답하여라.

2.1.9 한 컨설턴트는 6회의 가능한 예약 시간을 가지는데 월요일에 3회, 화요일에 3회의 각각 다른 시간대에 예약을 할 수 있다. 예약을 할 때 고객은 남아 있는 시간대에서 임의로 선택할 수 있으며, 각각의 예약 시간을 고를 가능성은 동일하다. 확률변수 X를 월요일의 스케줄이 꽉 차 있을 때 양일에 걸쳐 이미 만들어진 예약의 총수라고 할 때

(a) 확률변수 X의 상태공간을 구하라.

(b) X의 확률질량함수와 확률분포함수를 구하라.

2.2 연속형 확률변수(Continuous Random Variables)

2.2.1 예제

연속형 확률변수는 연속적인 영역 안에 어떠한 값이라도 취할 수 있으며, 예제를 통해 살펴보기로 한다.

예제 14 금속 실린더 생산(Metal Cylinder Production)

한 회사는 특정 엔진의 부품인 금속 실린더를 생산한다. 이 실린더는 직경 50mm를 갖도록 설계되어 있지만 제조상의 변동으로 49.5~50.5mm 범위의 직경값을 갖는다. 만약 확률변수 X를 임의추출한 제조된 실린더의 직경이라고 하면, 이 확률변수는 49.5~50.5의 범위의 값을 갖는 연속형 확률변수이다.

예제 15 전지 고장시간(Battery Failure Times)

확률변수 X를 새로 충전된 전지의 고장시간으로 정의한다. 전지의 고장은 전기기기를 작동시킬 수 있는 에너지를 전지가 더 이상 공급할 수 없는 시간으로 정의할 수 있다. 이때 고장시간은 어떠한 양의 값을 취할 수 있으므로 확률변수는 연속적이며, 표본공간은 $[0, \infty)$의 구간으로 간주될 수 있다.

예제 16 콘크리트 판 파괴강도(Concrete Slab Breaking Strengths)

콘크리트 판(Concrete slab)의 파괴강도는 판의 중심에 압력을 가할 수 있는 기계에 의해 측정되며, 판이 파괴되는 압력을 그 판의 파괴응력이라고 한다. 만약 X를 임의 추출된 콘크리트 판의 파괴응력을 나타내는 확률변수라고 하면, 특정 한계값을 갖는 연속형 확률변수이다.

예제 17 우유 용기 내용물(Milk Container Contents)

우유 용기에 우유를 채우는 한 기계는 2리터를 채운 후 라벨을 부착한다. 그러나 용기 안의 우유의 실제 양은 1.95~2.20리터 사이에서 변동한다. 만약 확률변수 X를 임의 추출된 용기 안의 우유 양으로 정의하면, 구간 [1.95, 2.20]을 가지는 연속형 확률변수이다.

기회 게임

하나의 다이얼이 회전하여 멈추었을 때 화살표가 나타내는 각도를 θ라고 한다([그림 2.19] 참조). 각도 θ가 0°에서 180° 사이에서 측정된다고 하면, 회전 후 [0, 180]의 구간값을 가지는 연속형 확률변수로 간주될 수 있다. 실제로 이산형 및 연

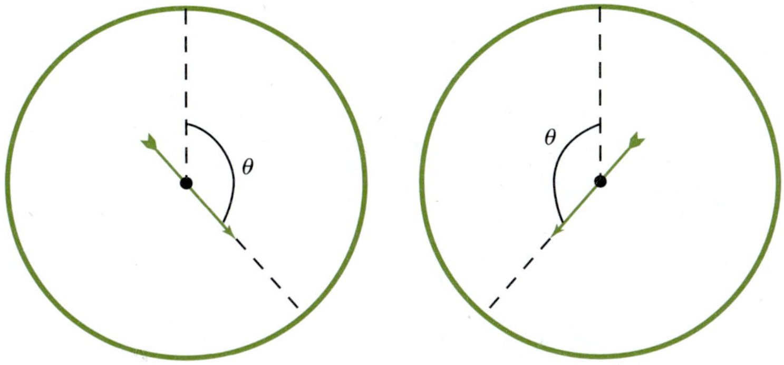

그림 2.19
다이얼 회전 게임

속형 확률변수의 차이는 그들의 확률적 특성을 어떻게 정의하느냐에 달려 있다. 이산형 확률변수는 이전 장에서 설명했듯이 확률질량함수를 통해 정의되며, 연속형 확률변수는 아래에 자세히 소개할 확률밀도함수(Probability density function)에 의해 정의된다.

하지만 이산형 확률변수는 연속형 확률변수를 특정 방식으로 그룹화함으로써 구할 수 있다. 예를 들면, 예제 17의 우유 용기는 2.0리터보다 작을 경우 미달, 2.0~2.1일 경우 적합, 2.1 이상이면 초과로 나타낸다고 하자. 만약 일정 점수가 각각의 범주에 부가된다고 하면, 세 가지의 값을 취하는 이산형 확률변수를 생성할 수 있다.

2.2.2 확률밀도함수(Probability Density Function)

연속형 확률변수의 확률적 특성은 확률밀도함수(probability density function: p.d.f)로 알려져 있는 함수 $f(x)$를 통해 정의된다. 두 값 a와 b 사이에 존재하는 확률변수의 확률은 두 점 a와 b 구간 내의 확률밀도함수의 면적과 같다([그림 2.20] 참조). 확률밀도함수 $f(x)$는 음의 값을 취할 수 없으며, 전체 표본공간에 대하여 적분한 값은 1이 된다. 또한

$$P(a \leq X \leq b) = \int_a^b f(x)\,dx.$$

확률밀도함수(Probability density function)

확률밀도함수 $f(x)$는 연속형 확률변수의 확률 특성을 정의하며, $f(x) \geq 0$ 이며 두 값 사이에 존재하는 확률은 두 값 사이의 확률밀도함수를 적분함에 의해 구한다.

$$\int_{\text{state space}} f(x)\,dx = 1$$

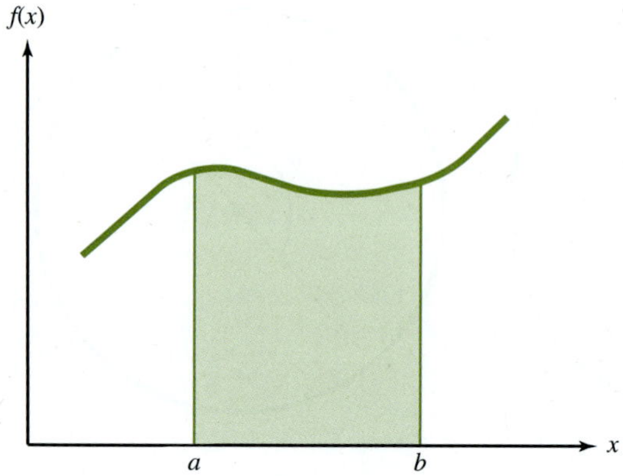

그림 2.20 $P(a \le x \le b)$는 a와 b 사이의 면적에 해당됨

연속형 확률변수 X가 특정값 a에 취하는 확률은 0임을 주지할 필요가 있다.

$$P(X=a)=\int_a^a f(x)\,dx=0.$$

물론 이는 특정값에 0이 아닌 확률값을 가지는 이산형 확률변수와 다르며, 사실 이는 이산형 및 연속형 확률변수를 구별하는 최선의 방법이다. 비록 연속형 확률변수는 특정값에서 0의 확률을 가지지만, 어떤 연속 구간 안에 속할 확률은 0이 아닌 확률값을 갖는다.

예제 14 금속 실린더 생산(Metal Cylinder Production)

금속 실린더의 직경은 다음과 같은 확률밀도함수를 갖는다고 가정하자.

$$f(x)=1.5-6(x-50.0)^2 \qquad 49.5 \le x \le 50.5$$

이 확률밀도함수는 구간 [49.5, 50.5]에서 양의 값을 가지며,

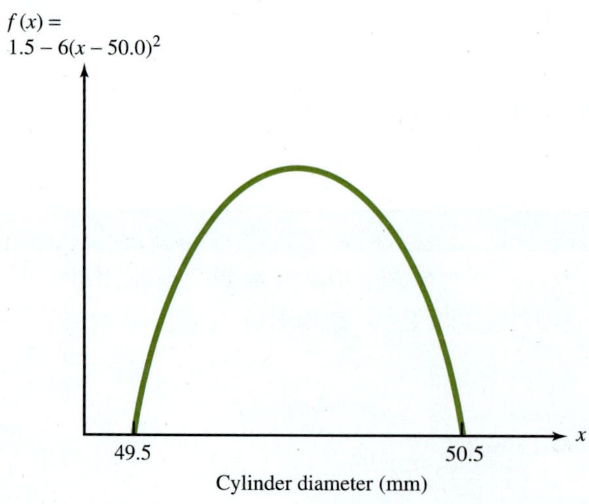

그림 2.21 금속 실린더 직경에 대한 확률밀도함수

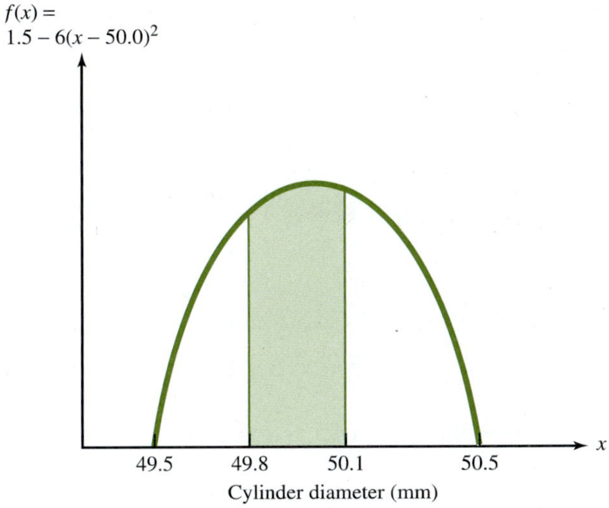

그림 2.22 금속 실린더 직경이 49.8~50.0mm일 확률

$$
\begin{aligned}
\int_{49.5}^{50.5} (1.5 - 6(x - 50.0)^2)\,dx &= [1.5x - 2(x - 50.0)^3]_{49.5}^{50.5} \\
&= [1.5 \times 50.5 - 2(50.5 - 50.0)^3] \\
&\quad - [1.5 \times 49.5 - 2(49.5 - 50.0)^3] \\
&= 75.5 - 74.5 = 1.0
\end{aligned}
$$

이기 때문에 유효하다. 이때 금속 실린더가 49.8mm에서 50.1mm 사이에 직경을 가질 확률은

$$
\begin{aligned}
\int_{49.8}^{50.1} (1.5 - 6(x - 50.0)^2)\,dx &= [1.5x - 2(x - 50.0)^3]_{49.8}^{50.1} \\
&= [1.5 \times 50.1 - 2(50.1 - 50.0)^3] \\
&\quad - [1.5 \times 49.8 - 2(49.8 - 50.0)^3] \\
&= 75.148 - 74.716 = 0.432
\end{aligned}
$$

와 같다([그림 2.22] 참조). 결국, 실린더의 약 43%가 이 범주 안의 직경을 가지게 될 것이다.

예제 15 전지 고장시간(Battery Failure Times)

전지의 고장시간($x \geq 0$, 단위: 시간)에 대한 확률밀도함수가

$$f(x) = \frac{2}{(x+1)^3}$$

이라고 할 때,

$$\int_0^{\infty} \frac{2}{(x+1)^3}\,dx = \left[\frac{-1}{(x+1)^2}\right]_0^{\infty} = [0] - [-1] = 1$$

이므로 유효한 확률밀도함수이다. 5시간 안에 전지가 고장 날 확률은

$$P(0 \leq X \leq 5) = \int_0^5 \frac{2}{(x+1)^3}\, dx = \left[\frac{-1}{(x+1)^2}\right]_0^5 = \left[\frac{-1}{36}\right] - \left[\frac{-1}{1}\right] = \frac{35}{36}$$

이며, 전지의 수명이 5시간 이상일 확률은 $1 - \frac{35}{36} = \frac{1}{36}$이 된다.

예제 17 우유 용기 내용물(Milk Container Contents)

우유 용기 내의 우유 양에 대한 확률밀도함수는

$$f(x) = 40.976 - 16x - 30e^{-x} \qquad 1.95 \leq x \leq 2.20$$

로서 이 확률변수는 표본공간 [1.95, 2.20]에서 양이며,

$$\int_{1.95}^{2.20} (40.976 - 16x - 30e^{-x})\, dx = [40.976x - 8x^2 + 30e^{-x}]_{1.95}^{2.20} = 54.751 - 53.751 = 1$$

이기 때문에 적합한 확률밀도함수라 할 수 있다. [그림 2.24]는 실제 우유의 양이 보증하는 양인 2.0리터보다 작을 확률을 나타내며, 이 확률은 다음과 같이 구할 수 있다.

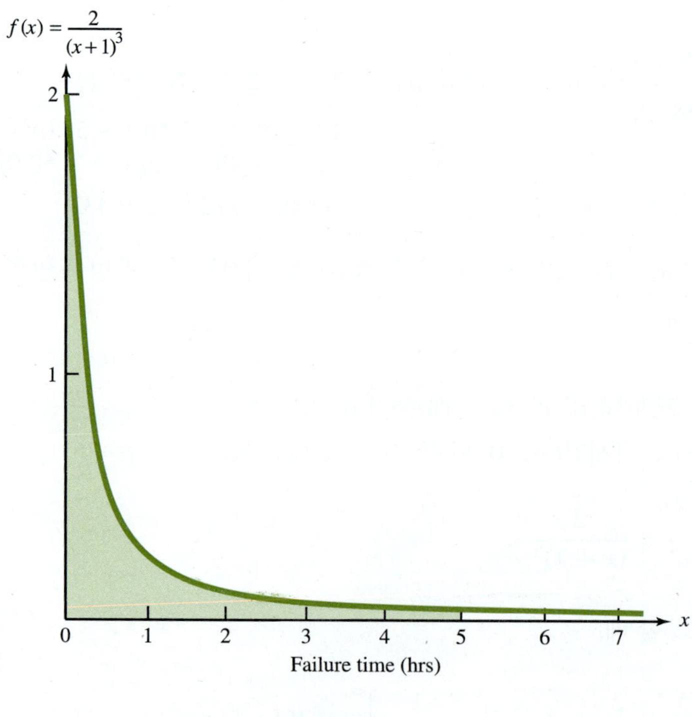

그림 2.23 전지 고장시간에 대한 확률밀도 함수 및 5시간 내에 고장날 확률(빗금친 면적에 해당)

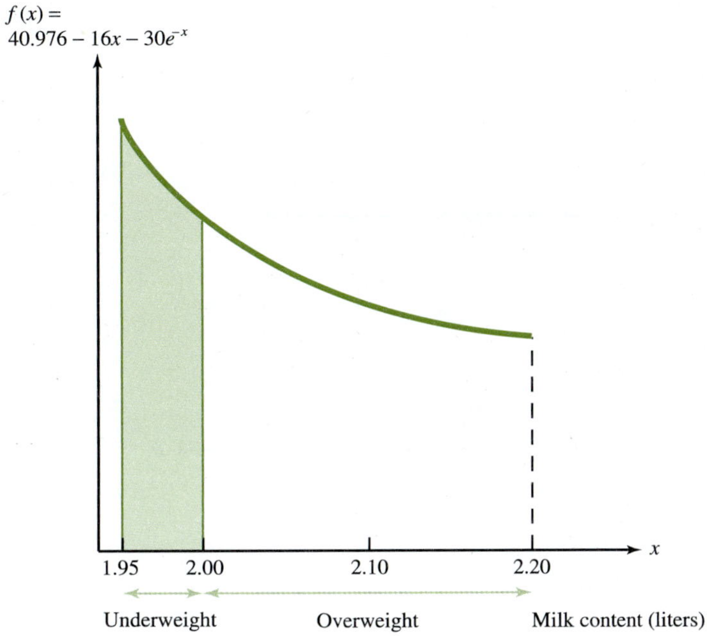

그림 2.24 우유 용기 내용물에 대한 확률밀도함수 및 함량미달이 될 확률(빗금친 면적에 해당)

$$\begin{aligned}\int_{1.95}^{2.00} (40.976 - 16x - 30e^{-x})\, dx &= [40.976x - 8x^2 + 30e^{-x}]_{1.95}^{2.00} \\ &= 54.012 - 53.751 = 0.261\end{aligned}$$

결국 우유 용기의 약 26%가 함량미달이라고 할 수 있다.

기회 게임 다이얼을 돌리는 게임을 다시 고려해보자. 공정한 다이얼이라 가정하면 표본공간 [0, 180] 내에서 θ의 모든 값은 동일한 가능성을 지닌다. 이 경우 [그림 2.25]에서처럼 평평한 확률밀도함수를 가지며, 총 면적은 1이 되어야 하므로, 높이는 1/180이어야만 한다. 따라서

$$f(\theta) = \frac{1}{180}$$

이며, 이는 균일분포(uniform distribution)의 확률밀도함수의 예에 속한다(균일분포는 4장에서 자세히 소개한다). 각도 θ가 a와 b 사이에 있을 확률은

$$\int_a^b \frac{1}{180}\, d\theta = \frac{b-a}{180}$$

와 같다. 예를 들면, $P(0 \leq \theta \leq 10) = 10/180 = 1/18$이며 이는 $P(10 \leq \theta \leq 15) = 5/180 = 1/36$의 두 배이다. θ에 비례하여 상금을 준다고 하며, 최대 \$1000을 준다고 가정할 때 상금액 X는 \$0과 \$1000 사이에서 동일한 가능성을 가지며, 따라서 이 두 한계에서 평평한 확률밀도함수를 갖는다. 결국 확률밀도함수는

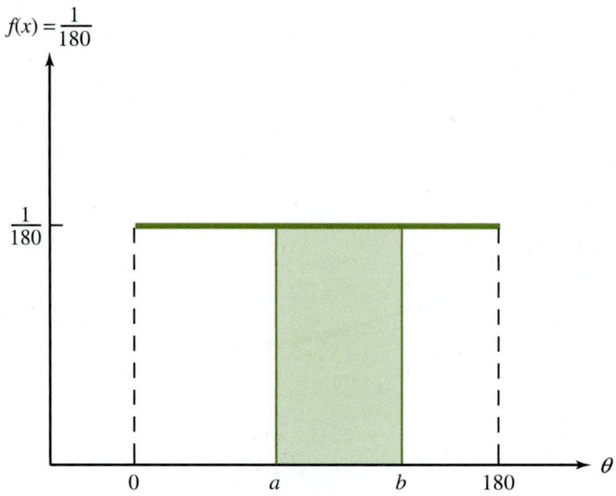

그림 2.25 다이얼 각도 θ에 대한 확률밀도 함수 및 $P(a \le \theta \le b)$(빗금친 면적에 해당)

$$f(x) = \frac{1}{1000} \qquad 0 \le x \le 1000$$

이어야 한다.

2.2.3 누적분포함수(Cumulative Distribution Function)

연속형 확률변수의 누적분포함수는 이산형의 경우와 동일하게 정의된다.

$$F(x) = P(X \le x).$$

즉 연속형 확률변수의 누적분포함수 $F(x)$는 [그림 2.26]에서처럼 표본공간 이전에서는 0의 값을 갖고, 표본공간의 끝에서는 1의 값을 갖도록 증가하는 연속형의 비감소함수이다.

만약 확률밀도함수 $f(x)$가 기지의 함수라면, 누적분포함수는 다음과 같이 구할 수 있다.

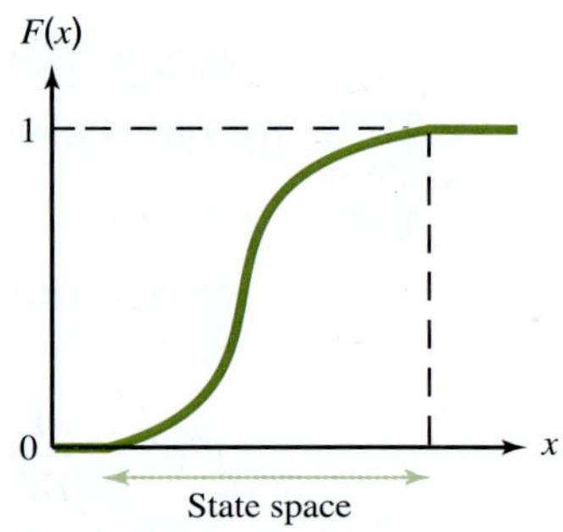

그림 2.26 누적분포함수는 표본공간의 처음부터 끝까지 0부터 1로 단조증가한다

$$F(x) = P(X \le x) = \int_{-\infty}^{x} f(y)\,dy.$$

또한 확률밀도함수는 누적분포함수를 미분하여 구할 수 있다.

$$f(x) = \frac{dF(x)}{dx}.$$

x가 구간 a와 b 사이에 속할 확률은

$$P(a \le X \le b) = P(X \le b) - P(X \le a) = F(b) - F(a)$$

와 같이 구할 수 있다.

예제 14 금속 실린더 생산(Metal Cylinder Production)

금속 실린더 예제에 대한 누적분포함수는

$$
\begin{aligned}
F(x) = P(X \le x) &= \int_{49.5}^{x} (1.5 - 6(y - 50.0)^2)\, dy \\
&= [1.5y - 2(y - 50.0)^3]_{49.5}^{x} \\
&= [1.5x - 2(x - 50.0)^3] - [1.5 \times 49.5 - 2(49.5 - 50.0)^3] \\
&= 1.5x - 2(x - 50.0)^3 - 74.5
\end{aligned}
$$

이며, 누적분포함수는 $x=49.5$에서 $x=50.5$ 사이에 증가함수로 나타난다([그림

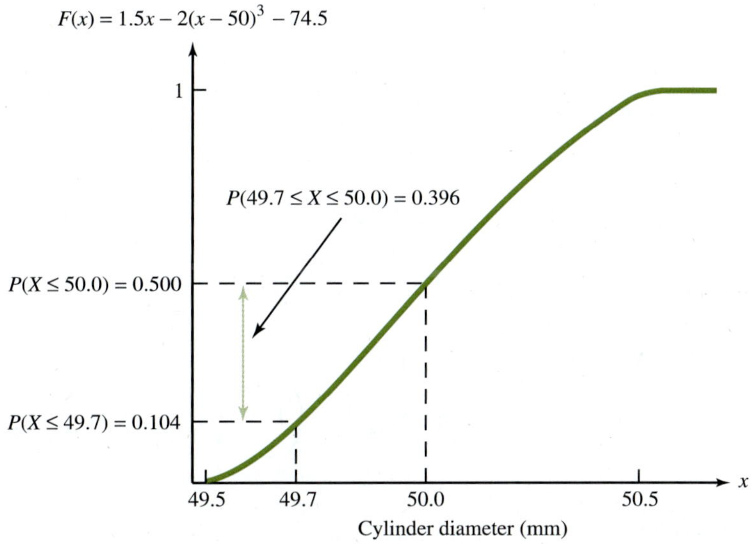

그림 2.27 금속 실린더 직경에 대한 누적분포함수 및 $P(49.7 \le x \le 50.0)$에 대한 설명

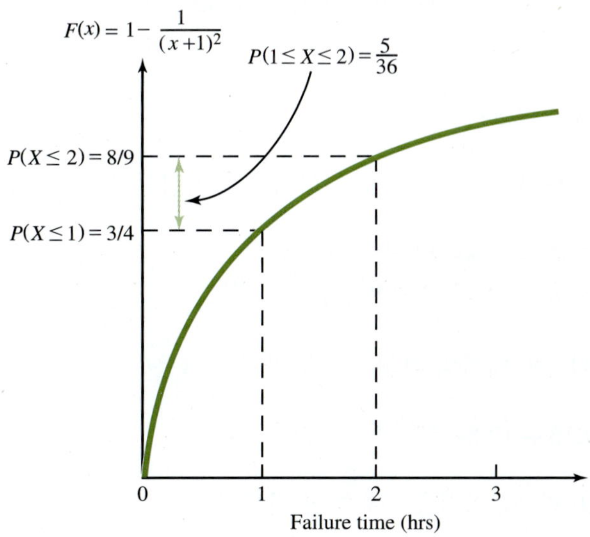

그림 2.28 전지 고장시간 예제에서 $P(1 \le x \le 2)$에 대한 설명

2.27] 참조).

즉 $F(49.5)=0$, $F(50.5)=1$이며, $x<49.5$에 대하여 $F(x)=0$이며, $x>50.5$에 대해 $F(x)=1$이다. [그림 2.27]은 금속 실린더가 49.7 mm에서 50.0 mm 사이의 값을 가질 확률을 설명하고 있으며, 이는

$$\begin{aligned} P(49.7 \leq X \leq 50.0) &= F(50.0) - F(49.7) \\ &= (1.5 \times 50.0 - 2(50.0 - 50.0)^3 - 74.5) \\ &\quad - (1.5 \times 49.7 - 2(49.7 - 50.0)^3 - 74.5) \\ &= 0.5 - 0.104 = 0.396 \end{aligned}$$

이다. 결과적으로 약 40%의 실린더가 이 범위 내의 직경을 갖는다고 말할 수 있다.

예제 15 전지 고장시간(Battery Failure Times)

전지 고장시간의 누적분포함수는

$$\begin{aligned} F(x) = P(X \leq x) &= \int_0^x \frac{2}{(y+1)^3}\, dy \\ &= \left[\frac{-1}{(y+1)^2}\right]_0^x = \left[\frac{-1}{(x+1)^2}\right] - [-1] = 1 - \frac{1}{(x+1)^2} \end{aligned}$$

이며, [그림 2.28]에 나타나 있다. 이때

$$\begin{aligned} P(1 \leq X \leq 2) &= F(2) - F(1) \\ &= \left(1 - \frac{1}{(2+1)^2}\right) - \left(1 - \frac{1}{(1+1)^2}\right) = \frac{8}{9} - \frac{3}{4} = \frac{5}{36}. \end{aligned}$$

예제 16 콘크리트 판 파괴강도(Concrete Slab Breaking Strengths)

콘크리트 판의 파괴응력은 120에서 150 내에 존재하며 누적분포함수는 다음과 같다.

$$F(x) = 3.856 - 12.8e^{-x/100}$$

이 함수는 두 값 사이에 증가함수로 나타나므로 적합한 누적분포함수이다.

$$\begin{aligned} F(120) &= 3.856 - 12.8e^{-120/100} = 0 \\ F(150) &= 3.856 - 12.8e^{-150/100} = 1 \end{aligned}$$

콘크리트 판이 130 이하의 파괴응력을 가질 확률은

$$F(130) = 3.856 - 12.8e^{-130/100} = 0.368$$

이며([그림 2.29] 참조), 파괴응력에 대한 확률밀도함수는

$$f(x) = \frac{dF(x)}{dx} = \frac{d}{dx}(3.856 - 12.8e^{-x/100}) = 0.128e^{-x/100}$$

와 같다.

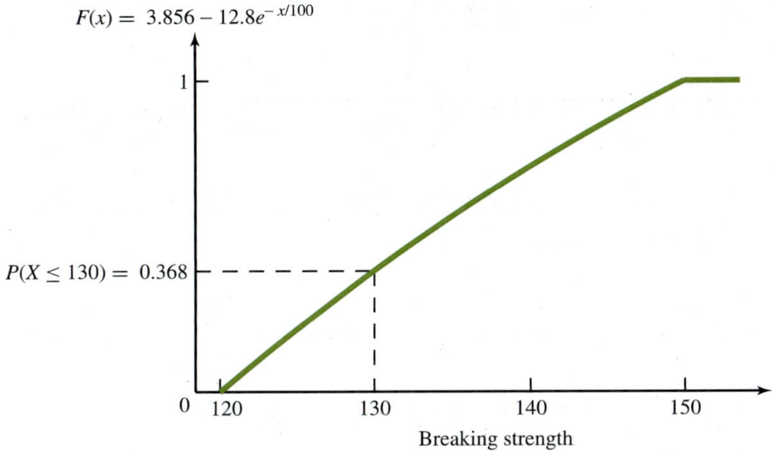

그림 2.29 콘크리트 파괴 응력 예제에서 $P(X \leq 130)$에 대한 설명

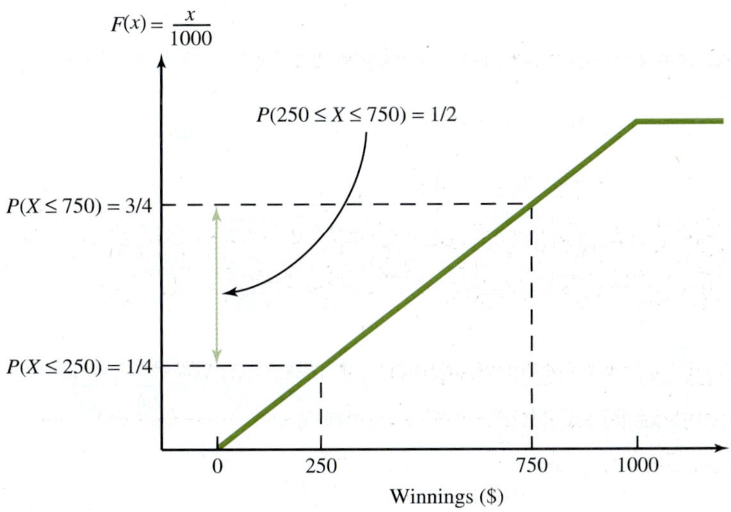

그림 2.30 다이얼 회전 게임 예제에서 $P(250 \leq X \leq 750)$에 대한 설명

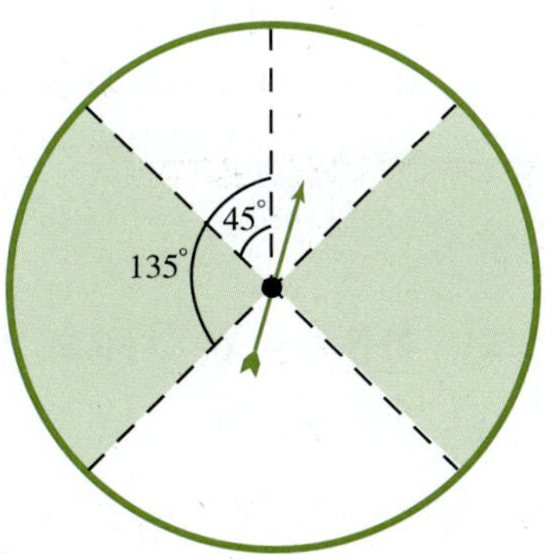

그림 2.31 \$250~\$750 획득할 다이얼 면적

기회 게임 다이얼 회전게임을 고려해보자. 각도 θ에 대한 누적분포함수는

$$F(\theta) = \int_0^\theta f(y)\,dy = \int_0^\theta \frac{1}{180}\,dy = \frac{\theta}{180}, \quad 0 \le \theta \le 180$$

이며, 상금액 X에 대한 누적분포함수는

$$F(x) = \int_0^x f(y)\,dy = \int_0^x \frac{1}{1000}\,dy = \frac{x}{1000}, \quad 0 \le x \le 1000$$

이다. [그림 2.30]은 \$250에서 \$750 사이의 상금액 확률을 포함한 누적분포함수를 나타내고 있으며,

$$P(250 \le X \le 750) = F(750) - F(250) = \frac{750}{1000} - \frac{250}{1000} = \frac{1}{2}$$

와 같다. 이 결과는 [그림 2.31]에서처럼 상금액이 45°에서 135°의 θ값을 가질 경우에 해당하며, 이는 다이얼 면적의 정확히 절반에 해당한다.

연습문제

2.2.1 다음과 같은 양을 측정하는 확률변수를 고려해보자. 확률변수가 이산형인지 연속형인지를 명시하고 그 이유를 제시하라.

(a) 사람의 키

(b) 학생의 수학 점수

(c) 철판의 두께

(d) 화학용액의 순도

(e) 한 개인이 소유한 PC의 유형

(f) 사람의 나이

2.2.2 확률변수 X는 다음과 같은 확률밀도함수를 갖는다.

$$f(x) = \frac{1}{x\ln(1.5)}, \quad 4 \le x \le 6$$

(a) 확률밀도함수를 스케치하라.

(b) 확률밀도함수의 총 면적이 1이 되는지 확인하라.

(c) $P(4.5 \le X \le 5.5)$를 구하라.

(d) 누적분포함수를 구하고 그림으로 나타내라.

2.2.3 확률변수 X는 -2와 3 사이의 값을 가지며, 다음과 같은 확률밀도함수를 갖는다.

$$f(x) = \frac{15}{64} + \frac{x}{64}, \qquad -2 \le x \le 0$$

$$f(x) = \frac{3}{8} + cx, \qquad 0 \le x \le 3$$

(a) c의 값을 구하고, 확률밀도함수를 스케치하라.

(b) $P(-1 \le X \le 1)$을 구하라.

(c) 누적분포함수를 구하고 그림으로 나타내라.

2.2.4 확률변수 X는 다음과 같은 누적분포함수를 갖는다.

$$F(x) = \frac{x^2}{16}, \quad 0 \le x \le 4$$

(a) 누적분포함수를 스케치하라.
(b) $P(X \le 2)$ 를 구하라.
(c) $P(1 \le X \le 3)$ 을 구하라.
(d) 확률밀도함수를 구하고 그림으로 나타내라.

2.2.5 확률변수 X는 다음과 같은 누적분포함수를 갖는다.

$$F(x) = A + Be^{-x}, \quad 0 \le x \le \infty$$

(a) A와 B의 값을 구하고 누적분포함수를 스케치하라.
(b) $P(2 \le X \le 3)$을 구하라.
(c) 확률밀도함수를 구하고 그림으로 나타내라.

2.2.6 차의 패널은 어떤 기계에 의해 페인트 도색이 된다. 엔지니어는 도색된 페인트의 두께에 특별한 관심을 가진다. 확률변수 X를 페인트 도색의 두께(단위 : mm)로 정의하며, $0.125 \le x \le 0.5$에 대하여 다음과 같은 확률밀도함수를 갖는다.

$$f(x) = A(0.5 - (x - 0.25)^2)$$

(a) A의 값을 구하고 확률밀도함수를 스케치하라.
(b) 누적분포함수를 구하고 그림으로 나타내라.
(c) 페인트 두께가 0.2mm 이하일 확률을 구하라.

2.2.7 플라스틱 판의 구부림 능력을 측정할 때, 구부림 각도가 크면 클수록 변형이 더 잘 생긴다. 엔지니어는 처음으로 변형이 발생하는 각도 θ를 기록하며, 이 각도는 0°와 10° 사이에 존재한다. 처음으로 변형이 발생하는 각도에 대한 확률밀도함수는

$$f(\theta) = A(e^{10-\theta} - 1), \quad 0 \le \theta \le 10$$

와 같을 때
(a) A의 값을 구하고 확률밀도함수를 스케치하라.
(b) 누적분포함수를 구하고 스케치하라.
(c) 한 플라스틱 판이 변형없이 8° 구부러질 확률을 구하라.

2.2.8 한 궁수가 반경 50cm의 과녁판에 활을 쏜다. 확률변수 r을 과녁의 정중앙으로부터 맞은 과녁과의 거리로 나타내며, 다음과 같은 누적분포함수를 갖는다.

$$F(r) = A + \frac{B}{(r+5)^3}, \quad 0 \le r \le 50$$

(a) A와 B의 값을 구하고 누적분포함수를 그림으로 나타내라.
(b) 화살을 중앙의 10cm 범위 내에 맞출 확률을 구하라.
(c) 화살이 정중앙의 30cm 범위 밖에 맞을 확률을 구하라.
(d) 확률밀도함수를 구하고 그림으로 나타내라.

2.2.9 때때로 확률변수는 이산형과 연속형의 조합으로 나타난다. 다음과 같은 다이얼 돌리기 게임을 고려해보자. 동전을 던져 앞면이 나오면 경기자는 \$500을 벌고, 더 이상 다이얼 돌리기를 하지 않는다. 그러나 뒷면이 나오면 경기자는 다시 다이얼을 돌려서 $\$1000 \times \theta/180$ 만큼의 금액을 받는다. 이 게임에서 \$500을 벌 확률은 0.5이며, \$0과 \$1000 사이의 금액을 받을 확률은 동일하다. 이 게임으로부터 벌어들일 금액에 대한 누적분포함수는 [그림 2.32]에 나타나 있다.

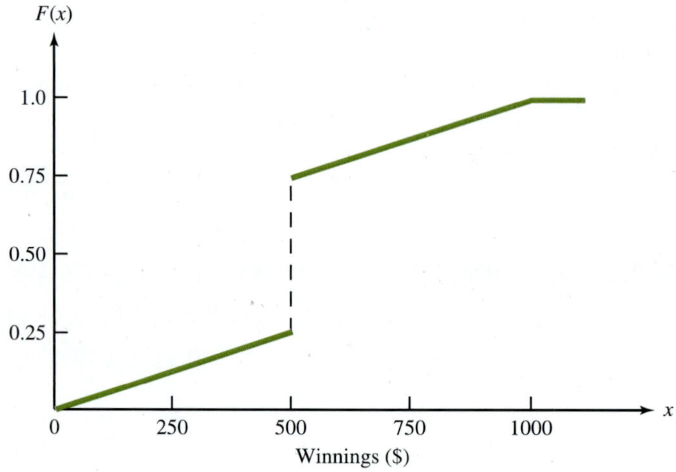

그림 2.32
문제 2.2.9에서 상금액에 대한 누적분포함수

(a) \$200 이하를 벌 확률을 구하라.

(b) \$400과 \$700 사이의 금액을 벌 확률을 구하라.

2.2.10 한 전기제품의 저항 X는 다음과 같은 확률밀도함수를 갖는다.

$$f(x) = Ax(130 - x^2), \quad 10 \leq x \leq 11$$

(a) A의 값을 구하라.

(b) 누적분포함수를 구하라.

(c) 10.25와 10.5 사이의 저항값을 가질 확률을 계산하라.

2.3 기대값(Expectation)

확률질량함수 혹은 확률밀도함수는 확률변수의 전반적 확률특성에 대한 정보를 제공하기 때문에 때로는 이러한 특성의 요약척도를 도입하는 것이 유용할 때가 있다. 가장 기본적인 요약척도로 기대값(expectation) 혹은 평균(mean)이 있으며, $E(X)$로 표기된다. 동일한 기대값을 가지는 두 확률변수는 확률질량함수 혹은 확률밀도함수가 다를지라도 동일한 평균값을 가지는 것으로 생각할 수 있다.

2.3.1 이산형 확률변수의 기대값

확률값 p_i와 값 x_i을 취하는 이산형 확률변수 X의 기대값은

$$E(X) = \sum_i p_i x_i$$

이며, 이는 확률값 p_i를 가지는 표본공간 내의 값 x_i의 가중평균(weighted average)으로 해석할 수 있다.

이산형 확률변수의 기대값(Expected Value of a Discrete Random Variable)

확률질량함수 $P(X = x_i) = p_i$를 가지는 이산형 확률변수의 기대값(Expected value or Expectation)은

$$E(X) = \sum_i p_i x_i$$

이다. $E(X)$는 확률변수가 취하는 평균의 요약척도를 제공해 주며, 그 확률변수의 평균(Mean)이라고도 한다.

예제 1 기계고장(Machine Breakdowns)

기계의 기대수리 비용은

$$E(\text{cost}) = (\$50 \times 0.3) + (\$200 \times 0.2) + (\$350 \times 0.5) = \$230$$

이며, [그림 2.33]에 확률질량함수와 함께 제시되어 있다.

예제 4 발전소 운용(Power Plant Operation)

전기를 발생시키는 발전소의 평균 수는

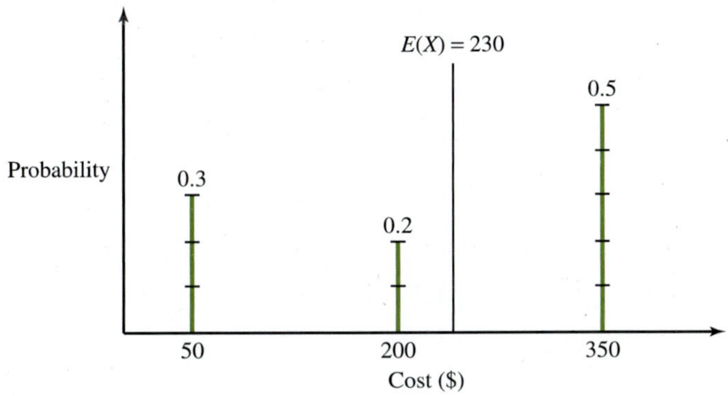

그림 2.33 기계고장 비용에 대한 기대값

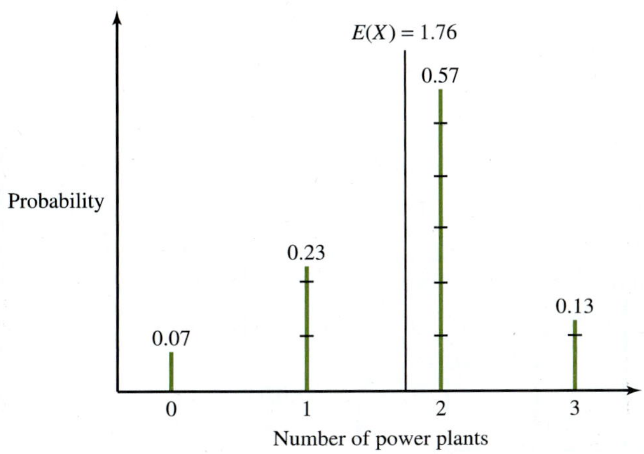

그림 2.34 발전소 운용예제에 대한 기대값

$$E(X) = (0 \times 0.07) + (1 \times 0.23) + (2 \times 0.57) + (3 \times 0.13) = 1.76$$

이며, [그림 2.34]에 잘 나타나 있다. 이 기대값 1.76은 특정 시점에서 전기를 발생시키는 발전소의 평균에 대한 요약척도이다.

예제 12 직원 채용(Personnel Recruitment)

인터뷰 응시자의 기대값은,

$$\begin{aligned} E(X) &= (1 \times 0.18) + (2 \times 0.10) + (3 \times 0.09) + (4 \times 0.06) + (5 \times 0.05) \\ &\quad + (6 \times 0.04) + (7 \times 0.02) + (8 \times 0.46) \\ &= 5.20 \end{aligned}$$

이며, [그림 2.35]와 같다.

만약 또 다른 전략하에서 가장 점수가 낮은 2명의 후보자를 탈락시키고 6명만 인터뷰한다고 하면 $X=6$에서 $0.04 + 0.02 + 0.46 = 0.52$의 확률값을 가지며, 결과적으로 인터뷰를 받게 되는 평균 응시자의 수는

$$\begin{aligned} E(X) &= (1\times0.18)+(2\times0.10)+(3\times0.09)+(4\times0.06)+(5\times0.05)+(6\times0.52) \\ &= 4.26 \end{aligned}$$

와 같다. 5.20으로부터 4.26으로 평균값의 감소는 새로운 전략하에서 비용 감소의 가능성을 나타내며, 그 비용 감소는 최하위 점수를 받은 2명의 응시자로부터 한 명을 고용할 위험의 감소분에 해당된다.

기회 게임

하나의 공정한 주사위를 던질 때, 결과에 대한 기대값은

$$\begin{aligned} E(X) &= \left(1 \times \frac{1}{6}\right) + \left(2 \times \frac{1}{6}\right) + \left(3 \times \frac{1}{6}\right) + \left(4 \times \frac{1}{6}\right) + \left(5 \times \frac{1}{6}\right) + \left(6 \times \frac{1}{6}\right) \\ &= 3.5 \end{aligned}$$

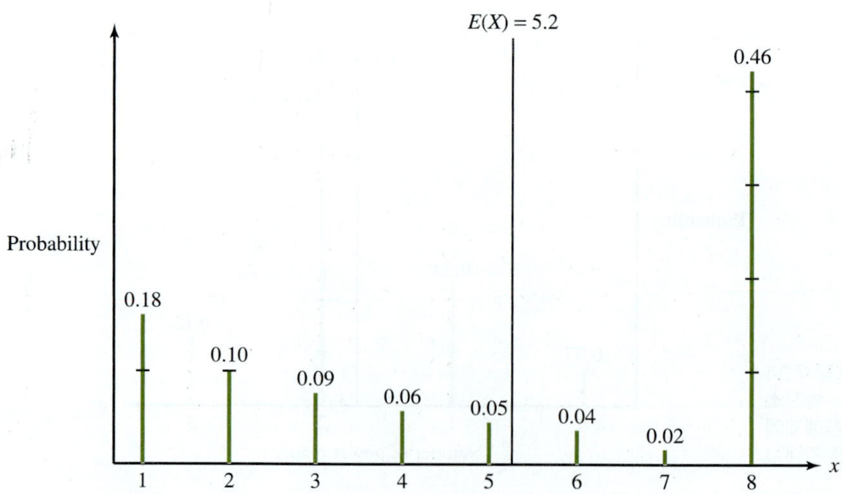

그림 2.35 직원 채용 예제에 대한 기대값

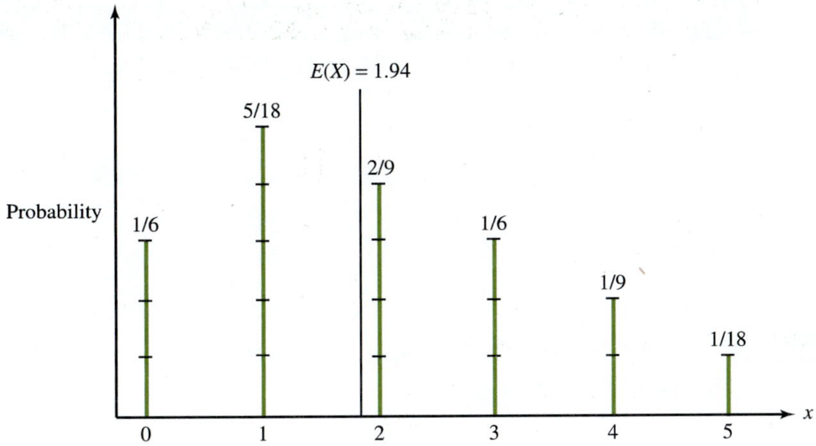

그림 2.36
주사위 예제에 대한 기대값

이며, 각각의 결과는 동일한 가능성을 가지므로, 이는 여섯 결과에 대한 산술평균에 해당한다. 두 주사위를 던져 두 주사위의 양의 눈의 차에 대한 기대값은

$$
\begin{aligned}
E(X) &= \left(0 \times \frac{1}{6}\right) + \left(1 \times \frac{5}{18}\right) + \left(2 \times \frac{2}{9}\right) + \left(3 \times \frac{1}{6}\right) + \left(4 \times \frac{1}{9}\right) + \left(5 \times \frac{1}{18}\right) \\
&= \frac{35}{18} = 1.94
\end{aligned}
$$

와 같다. 만약 당신이 주사위를 던져 나오는 눈의 차만큼 돈을 지불하는 게임을 한다고 가정해 보자. 그렇다면 게임을 하는 사람들에게 게임을 하기 전 얼마의 금액을 요구하는 것이 좋을까? 당신의 평균지불액이 \$1.94이므로 \$1.94를 요구하면 공정한 게임이 될 것이다. 하지만 당신이 돈을 벌고 싶다면 이 이상을 요구해야만 한다. 만약 게임당 \$2.00을 게임 비용으로 청구하면, 당신의 기대되는 이익은 \$2.00−\$1.94=0.06, 즉 경기당 약 6센트이다. 또한 더 많은 사람이 게임을 하면 당신에게 더더욱 유리하다. 왜냐하면 당신의 총 기대 이윤은 증가하고, 손실을 입을 가능성은 점점 더 줄어들 것이기 때문이다.

2.3.2 연속형 확률변수의 기대값

확률밀도함수 $f(x)$를 가지는 연속형 확률변수의 기대값은 다음과 같이 주어진다.

$$
E(X) = \int_{\text{state space}} x f(x)\, dx
$$

연속형 확률변수의 기대값(Expected Value of a Continuous Random Variable)

확률밀도함수 $f(x)$를 가지는 연속형 확률변수의 기대값은

$$E(X) = \int_{\text{state space}} x f(x)\, dx$$

이다.

예제 14 금속 실린더 생산(Metal Cylinder Production)

금속 실린더의 기대 직경은

$$E(X) = \int_{49.5}^{50.5} x(1.5 - 6(x - 50.0)^2)\, dx$$

이며, 이 적분은 $y = x - 50.0$으로 변수변환을 함으로써 쉽게 계산이 가능하다.

$$\begin{aligned} E(X) &= \int_{-0.5}^{0.5} (y + 50.0)(1.5 - 6y^2)\, dy \\ &= \int_{-0.5}^{0.5} (-6y^3 - 300y^2 + 1.5y + 75)\, dy \\ &= [-3y^4/2 - 100y^3 + 0.75y^2 + 75y]_{-0.5}^{0.5} \\ &= [25.09375] - [-24.90625] = 50.0 \end{aligned}$$

결론적으로 금속 실린더들은 평균 직경이 50.0mm이며, 확률밀도함수 및 기대값은 [그림 2.37]에 나타나 있다. 확률밀도함수는 기대값인 50.0mm에 대해 좌우대칭(symmetric)임을 주목할 필요가 있다. 일반적으로 좌우대칭인 확률밀도함수를 가지는 확률변수는 좌우대칭 점이 바로 평균에 해당한다.

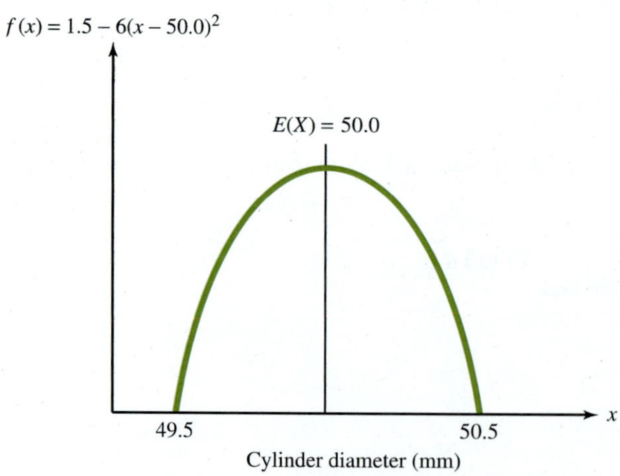

그림 2.37 금속 실린더 직경에 대한 기대값

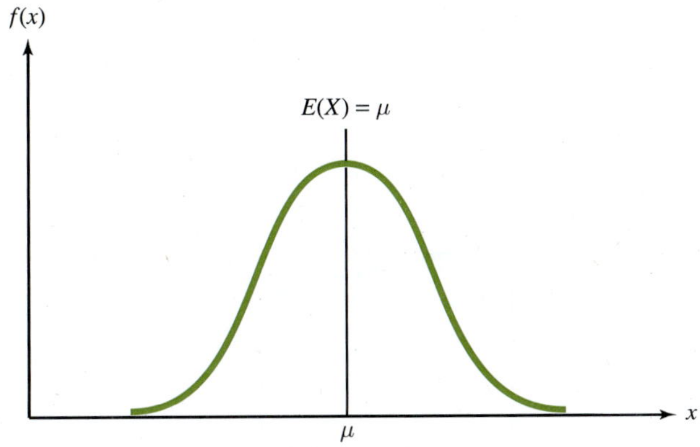

그림 2.38 좌우대칭 확률밀도함수에 대한 기대값

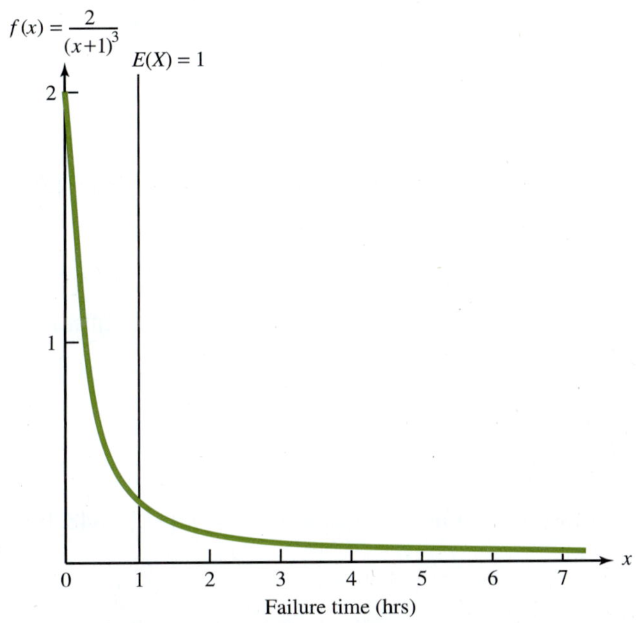

그림 2.39 전지 고장 시간에 대한 기대값

좌우대칭 확률변수(Symmetric Random Variables)

연속형 확률변수 X가 점 μ에서 좌우대칭인 확률밀도함수 $f(x)$를 가진다면, 즉 모든 $x \in R$에 대해 $f(\mu + x) = f(\mu - x)$이면, $E(X) = \mu$, 즉 확률변수의 기대값은 좌우대칭 점 μ와 같다.

예제 15 전지 고장시간(Battery Failure Times)

전지의 기대 고장시간은

$$E(X) = \int_0^\infty x \frac{2}{(x+1)^3}\,dx = \int_0^\infty \left(\frac{2}{(x+1)^2} - \frac{2}{(x+1)^3}\right)dx$$

$$= \left[\frac{-2}{(x+1)} + \frac{1}{(x+1)^2}\right]_0^\infty = [0] - [-1] = 1$$

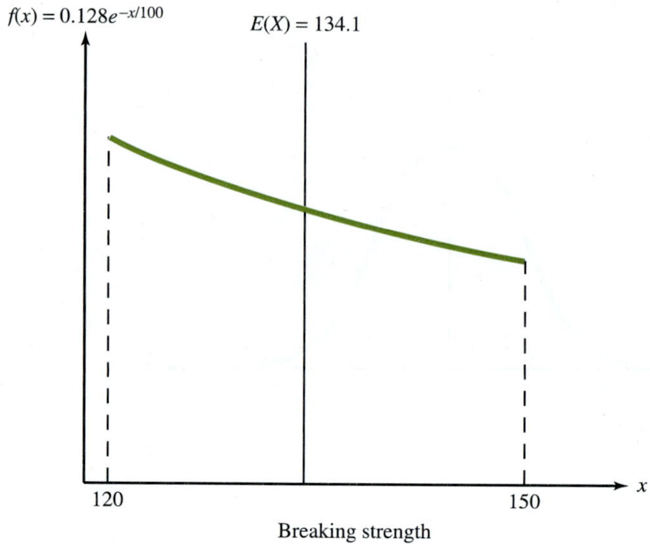

그림 2.40 콘크리트 파괴응력에 대한 기대값

와 같으며, [그림 2.39]에 잘 나타나 있다. 이 기대값은 평균적으로 동작 후 약 한 시간 후에 고장 날 것임을 의미하고 있다.

예제 16 콘크리트 판 파괴응력(Concrete Slab Breaking Strengths)

[그림 2.40]은 콘크리트 판 파괴응력의 확률밀도함수로서 기대 파괴응력은

$$E(X) = \int_{120}^{150} x0.128e^{-x/100}\,dx$$
$$= [-12.8(100+x)e^{-x/100}]_{120}^{150} = [-714.02] - [-848.16] = 134.1$$

와 같다.

기회 게임 다이얼 회전 게임에서 상금액에 대한 확률밀도함수는 [그림 2.41]에 나타나 있다. \$500의 중심에 대해 좌우대칭이므로 기대 상금액은 \$500이며,

$$E(X) = \int_0^{1000} x\frac{1}{1000}\,dx = \left[\frac{x^2}{2000}\right]_0^{1000} = [500] - [0] = 500$$

와 같이 수식으로 증명할 수 있다. 게임을 하기 위한 공정한 가격은 따라서 \$500이라고 말할 수 있다.

기대값의 개념은 확률변수 X에 대한 기대값 $E(X)$로부터 확률변수의 함수 $g(X)$의 기대값 $E(g(X))$로 자연스럽게 확장될 수 있다. 확률변수의 함수의 기대값은

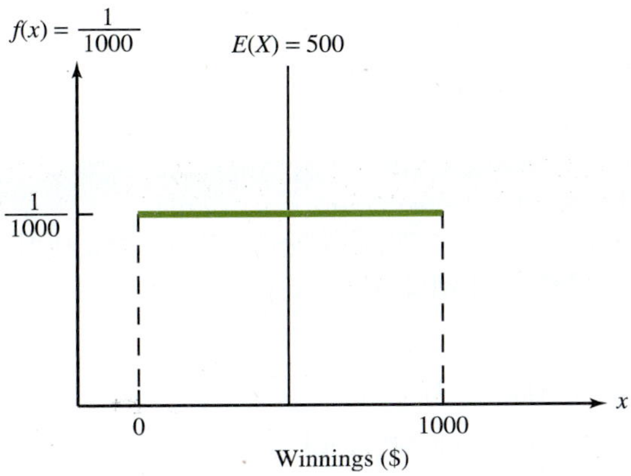

그림 2.41 다이얼 회전 게임에 대한 기대 상금액

$$E(g(X)) = \sum_i p_i g(x_i)$$

와 같이 이산형 확률변수에 대하여 정의되며, 연속형에서는

$$E(g(X)) = \int_{\text{state space}} g(x) f(x)\, dx$$

와 같다. 일반적으로 $E(g(X)) \neq g(E(X))$이며, 특히 $E(X^2)$는 $E(X)^2$와 같지 않다. 확률변수의 함수 및 조합에 대해서는 2.6장에서 자세히 다룰 것이다.

2.3.3 중앙값(Median)

중앙값(median)은 확률변수의 중심값에 대한 정보를 제공해주는 또 다른 요약척도이다. 중앙값은 연속형 확률변수에서 가장 빈번히 사용되며, $F(x)=0.5$를 만족시키는 x의 값으로 정의된다.

중앙값(Median)

연속형 확률변수의 중앙값 X는 누적분포함수 $F(x)$에 대하여

$$F(x) = 0.5$$

를 만족시키는 x의 값으로 정의된다.

예제 14 금속 실린더 생산(Metal Cylinder Production)

금속 실린더 직경의 중앙값은

$$F(x) = 1.5x - 2(x - 50.0)^3 - 74.5 = 0.5$$

으로 계산되며, $x=50.0$이다. 이는 확률밀도함수가 $x=50.0$에 대하여 좌우대칭이

기 때문이다. 일반적으로, 좌우대칭 확률밀도함수를 가지는 확률변수는 좌우대칭 점이 바로 기대값이며 또한 중앙값이기도 하다.

좌우대칭 확률변수

확률밀도함수 $f(x)$를 가지는 연속형 확률변수가 한 점 μ에 대해 좌우대칭이면, 기대값 및 중앙값은 바로 μ에 해당한다.

예제 15 전지 고장시간(Battery Failure Times)

전지 고장시간의 중앙값은 다음에 해당한다.

$$F(x) = 1 - \frac{1}{(x+1)^2} = 0.5$$

즉 $x = \sqrt{2} - 1 = 0.414$이다. [그림 2.42]는 기대 고장시간(1시간)에 대한 중앙값의 상대적 관계를 설명하고 있다. 전지들은 평균 1시간 동작하는 반면에 전지 중 절반은 0.414시간, 약 25분 안에 고장이 발생할 것이다. 기대 수명이 중앙 수명보다 훨씬 큰 이유는 25분 이상 지탱하는 전지들은 상당히 오랜 시간 동안 지속될 가능성을 가지고 있기 때문이다.

이 예제는 중앙값 및 기대값이 확률변수에 대한 유용한 정보를 동일하게 제공할 수 있다는 것을 설명하고 있다. 예를 들면 엔지니어가 전지 한 개로 동작하는 전기기기를 소유하고 있다고 가정하자. 만약에 장시간 동안 그 기기를 작동시키기 위하여 필요한 전지의 수를 알고 싶다면, 그 경우 평균값이 유용한 정보를 제공해 줄 것이다. 하루 동안 그 기기를 작동시키고자 한다면 평균 24개의 전지가

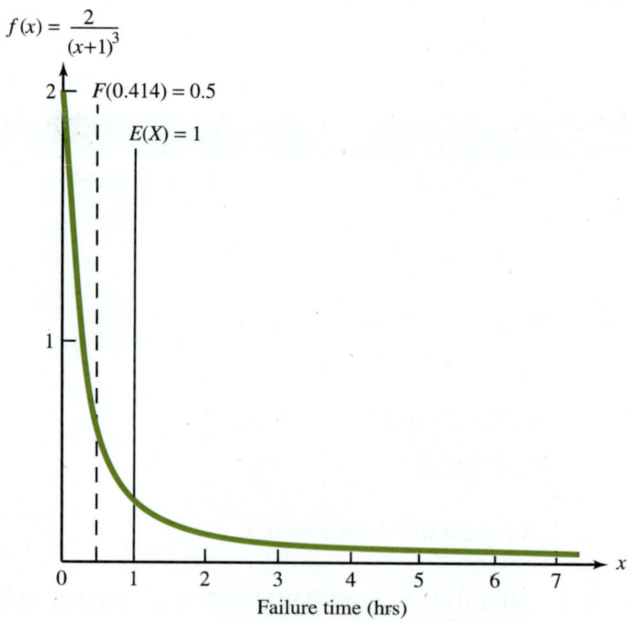

그림 2.42 전지 고장시간에 대한 평균 및 중앙값의 비교

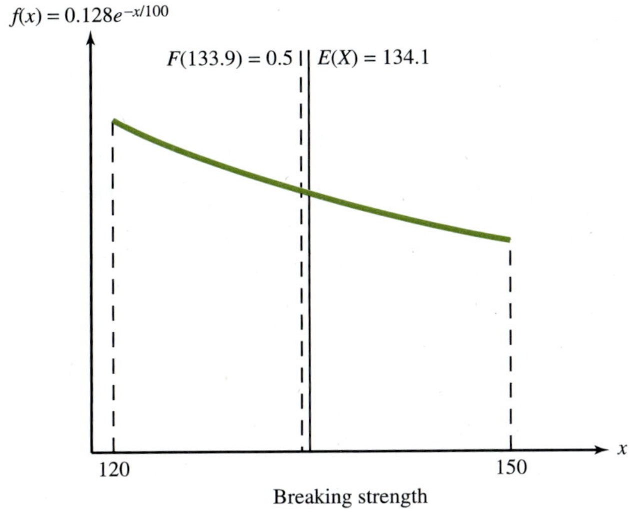

그림 2.43
콘크리트 판 파괴응력의 평균 및 중앙값의 비교

필요하다. 반면에 엔지니어는 많은 기기를 소유하고 있고 그들 중 몇 개나 30분 이상 지속될지 알고 싶다면 중앙값은 그 기기의 절반 이상이 30분 이상 지속되지 못한다는 것을 설명하고 있다.

예제 16 콘크리트 판 파괴응력(Concrete Slab Breaking Strengths)

콘크리트 판에 대한 파괴응력의 중앙값은 다음의 해답으로서,

$$F(x) = 3.856 - 12.8e^{-x/100} = 0.5$$

즉 $x = 133.9$이다. [그림 2.43]은 기대값(134.1)과 중앙값(133.9)을 설명하며, 이 경우 확률밀도함수가 평평하므로 중앙값과 기대값은 거의 같다.

연습문제

2.3.1 연습문제 2.1.1에 대하여 X의 기대값을 구하라.

2.3.2 연습문제 2.1.3에 대하여 X의 기대값을 구하라.

2.3.3 한 회사는 5군데의 창고를 가지고 있는데, 그중 2군데만 상품 A의 재고를 가지고 있다. 영업사원은 A 상품 재고를 보유하고 있는 창고를 찾을 때까지 랜덤하게 전화를 건다고 한다. 영업사원이 전화를 걸게 되는 창고의 기대값을 구하라.

2.3.4 한 선수는 카드묶음으로부터 한 장의 카드를 임의로 뽑아 에이스(Ace), 킹(King), 퀸(Queen), 혹은 잭(Jack)이 나오면 $15을 벌고, 그 외의 경우는 나오는 카드의 숫자만큼 돈을 받는다. 그 선수가 버는 돈의 기대값을 구하고, 만약

이 경기를 하는데 \$9을 내야만 한다면 경기를 할지를 결정하라.

2.3.5 빨간색과 파란색 2개의 (공정한) 주사위와 한 개의 동전을 던지는 게임이 있다. 동전을 던져 앞면이 나오면 두 주사위의 나온 눈의 수의 합을 받고, 뒷면이 나오면 빨간 주사위에 나온 눈의 수를 받는다고 한다면 받는 금액의 기대값을 구하라.

2.3.6 3개의 주사위를 던지는 게임에 참가하기 위해서는 \$1을 내야만 한다. 주사위 3개를 던져 3개 모두 6의 눈이 나오면 \$500을 받고 그렇지 않으면 한푼도 받을 수 없다. 순수 기대 금액을 구하고 이 게임에 참가하는 것이 타당한지를 논하라.

2.3.7 연습문제 2.2.2와 같이 정의되는 확률변수를 고려해보자. 단 확률밀도함수가

$$f(x) = \frac{1}{x\ln(1.5)}, \quad 4 \le x \le 6$$

일 때, 다음 물음에 답하여라.

(a) 확률변수의 기대값을 구하라.

(b) 이 확률변수의 중앙값을 구하라.

2.3.8 연습문제 2.2.4와 같이 정의되는 확률변수에 대한 누적분포함수는 다음과 같다.

$$F(x) = \frac{x^2}{16}, \quad 0 \le x \le 4$$

(a) 확률변수의 기대값을 구하라.

(b) 이 확률변수의 중앙값을 구하라.

2.3.9 연습문제 2.2.6을 다시 고려할 때 페인트 두께의 기대값 및 중앙값을 구하라.

2.3.10 연습문제 2.2.8을 다시 고려할 때, 과녁 중앙으로부터 맞춘 화살의 거리(r)에 대한 기대값 및 중앙값을 구하라.

2.3.11 확률밀도함수가 한 점 μ에 대하여 좌우대칭인 확률변수의 기대값이 μ와 같음을 증명하라.

2.3.12 μ에 대하여 좌우대칭인 확률밀도함수를 가지는 연속형 확률변수의 기대값은 μ가 됨을 증명하라.

2.3.13 연습문제 2.1.9를 다시 고려한다. 월요일의 스케줄이 꽉 차 있다고 할 때, 월요일 및 화요일 양일에 걸쳐 할 수 있는 예약 총수의 기대값을 구하라.

2.3.14 연습문제 2.2.10에 대하여

(a) 저항의 기대값을 구하라.

(b) 저항의 중앙값을 구하라.

2.3.15 확률변수 X는 다음의 확률밀도함수를 갖는다.

$$f(x) = A(x - 1.5), \quad 2 \le x \le 3$$

(a) A의 값을 구하라.

(b) 중앙값을 구하라.

2.4 분산(Variance)

2.4.1 분산의 정의

확률분포의 또 다른 중요한 요약척도로는 분산(Variance)이 있으며, 분산은 확률변수 값들의 산포 또는 변동을 나타낸다. 기대값이 확률변수의 중심척도를 나타내는 반면에 분산은 평균값에 대하여 확률변수의 흩어짐을 표현한다. 확률변수에 대한 분산은

$$\mathrm{Var}(X) = E\big((X - E(X))^2\big)$$

와 같이 구할 수 있다. 즉 기대값 $E(X)$에 대하여 확률변수 값의 차의 제곱에 대한 기대값으로 정의된다. 항상 분산은 양의 값을 가지며, 분산의 단순한 계산 방법으로는

$$\begin{aligned}\mathrm{Var}(X) &= E((X - E(X))^2) \\ &= E(X^2 - 2XE(X) + (E(X))^2) \\ &= E(X^2) - 2E(X)E(X) + (E(X))^2 \\ &= E(X^2) - (E(X))^2\end{aligned}$$

와 같다.

분산(Variance)

확률변수 X의 분산은

$$\mathrm{Var}(X) = E((X - E(X))^2)$$

혹은

$$\mathrm{Var}(X) = E(X^2) - (E(X))^2$$

으로 정의된다. 분산은 평균값에 대하여 확률분포의 산포를 나타내는 양의 척도로, 분산이 크다는 것은 그만큼 분포가 퍼져 있음을 의미한다.

분산의 개념을 그림으로 설명하기 위하여 [그림 2.44]는 평균값이 다르지만 동일한 분산을 갖는 두 확률분포를 나타내고 있다. 평균값에 대하여 밀도함수의 형태 혹은 산포 정도가 같기 때문에 분산은 같다고 할 수 있다. 반면에 [그림 2.45]는 평균은 같지만 분산이 다른 두 확률분포를 표현하고 있다. 더욱 평평하고 퍼져 있는 밀도함수는 상대적으로 분산이 크다.

일반적으로 평균 혹은 기대값은 μ로 표시하고 분산은 σ^2로 표시한다. 분산의

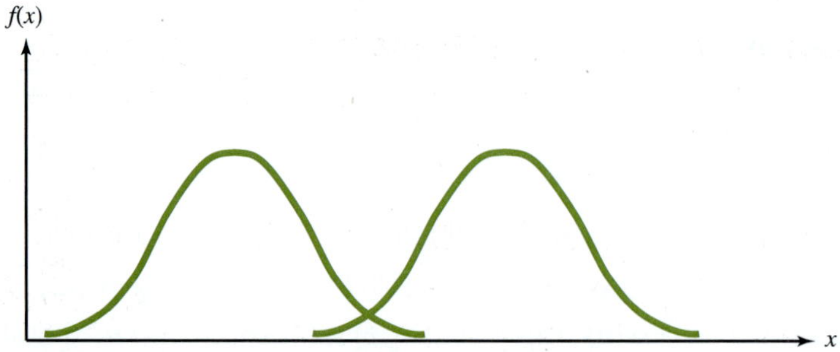

그림 2.44
분산은 같지만
평균이 다른
두 분포

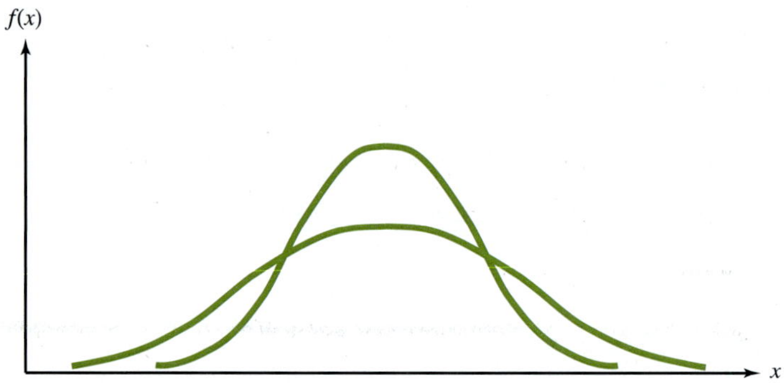

그림 2.45
평균은 같지만
분산이 다른
두 분포

제곱근 σ를 표준편차(standard deviation)라 하고, 분산 대신에 분포의 산포를 나타내는데 종종 사용하기도 한다.

> **표준편차(Standard Deviation)**
>
> 확률변수 X의 표준편차는 분산의 양의 제곱근으로 정의된다. σ^2는 확률변수의 분산을 나타내며, 따라서 σ는 표준편차를 의미한다.

주지할 사실은, 표준편차는 확률변수 X와 동일한 단위를 가지는 반면, 분산은 제곱 단위를 가진다. 예를 들면, 확률변수 X가 초 단위라면, 표준편차 역시 초 단위이며, 분산은 초 단위의 제곱으로 측정된다.

2.4.2 분산 계산의 예제

예제 1 기계고장(Machine Breakdowns)

수리비용은 각각 \$50, \$200, \$350이며, 확률은 각각 0.3, 0.2, 0.5이다. 또한 기대값은 $E(X)=\$230$이므로 수리비용의 분산은 공식에 의해

$$\mathrm{Var}(X) = E((X - E(X))^2) = \sum_i p_i(x_i - E(X))^2$$

와 같고, [그림 2.46]에 계산식이 잘 나타나 있다. 분산은 \$17,100이며, 따라서 표준편차는 $\sqrt{17100}=\$130.77$이다. 단순한 계산 방식에 의해

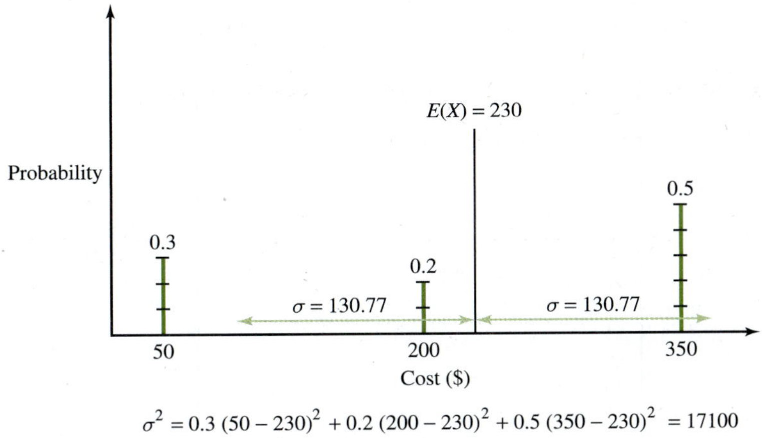

그림 2.46 기계고장 비용의 평균 및 표준편차

$$E(X^2) = \sum_i p_i x_i^2 = (0.3 \times 50^2) + (0.2 \times 200^2) + (0.5 \times 350^2) = 70{,}000$$

$$\mathrm{Var}(X) = E(X^2) - (E(X))^2 = 70{,}000 - 230^2 = 17{,}100$$

와 같이 구할 수 있다.

예제 12 직원 채용(Personnel Recruitment)

인터뷰 응시자 수의 제곱에 대한 기대값은

$$\begin{aligned} E(X^2) &= \sum_i p_i x_i^2 \\ &= (0.18 \times 1^2) + (0.10 \times 2^2) + (0.09 \times 3^2) + (0.06 \times 4^2) + (0.05 \times 5^2) \\ &\quad + (0.04 \times 6^2) + (0.02 \times 7^2) + (0.46 \times 8^2) = 34.96 \end{aligned}$$

이며, 기대값 $E(X) = 5.20$이므로, 분산은

$$\mathrm{Var}(X) = E(X^2) - (E(X))^2 = 34.96 - 5.20^2 = 7.92$$

이며, 따라서 표준편차 $\sigma = \sqrt{7.92} = 2.81$명이다. 계산식은 [그림 2.47]에 잘 나와 있다.

예제 14 금속 실린더 생산(Metal Cylinder Production)

실린더 직경의 평균은 $E(X) = 50.0$mm이며, 분산은

$$\begin{aligned} \mathrm{Var}(X) &= E((X - E(X))^2) = \int (x - 50.0)^2 f(x)\,dx \\ &= \int_{49.5}^{50.5} (x - 50.0)^2 (1.5 - 6(x - 50.0)^2)\,dx \\ &= [0.5(x - 50.0)^3 - 1.2(x - 50.0)^5]_{49.5}^{50.5} = [0.025] - [-0.025] = 0.05 \end{aligned}$$

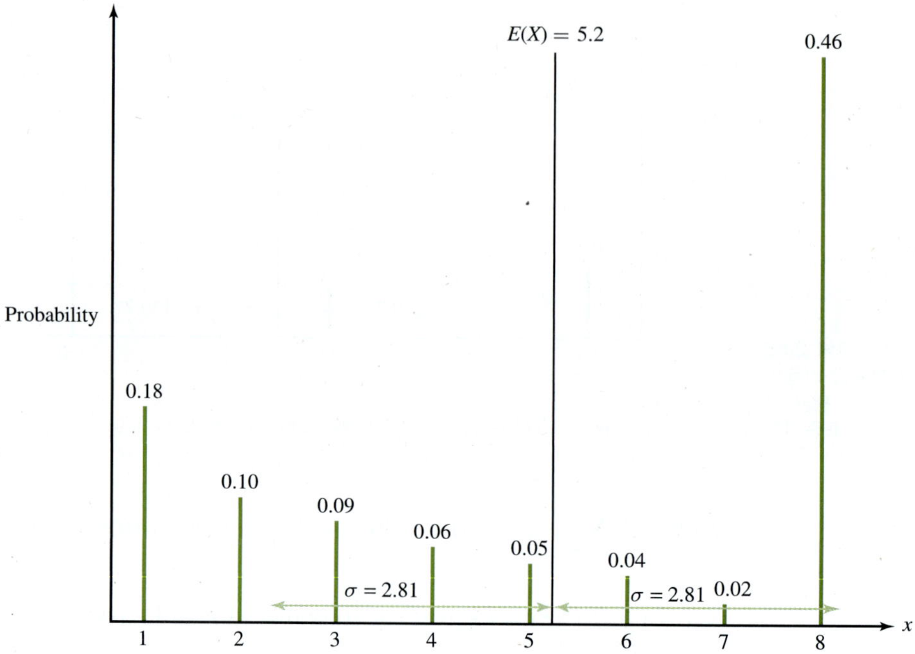

그림 2.47 직원 채용 예제에 대한 평균 및 표준편차

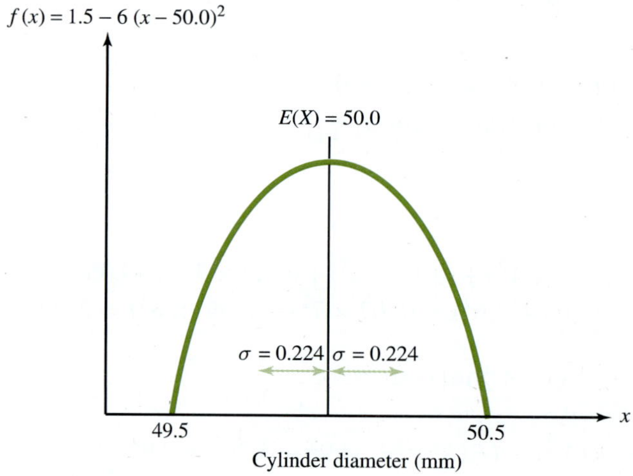

그림 2.48 금속 실린더 직경에 대한 평균 및 표준편차

이다. 따라서 표준편차 $\sigma = \sqrt{0.05} = 0.224$mm이다([그림 2.48] 참조).

예제 16 콘크리트 판 파괴응력(Concrete Slab Breaking Strengths)

콘크리트 판 파괴응력 제곱의 기대값은

$$
\begin{aligned}
E(X^2) &= \int x^2 f(x)dx = \int_{120}^{150} x^2 0.128e^{-x/100}dx \\
&= [-12.8(20{,}000 + 200x + x^2)e^{-x/100}]_{120}^{150} \\
&= [-207{,}064.79] - [-225{,}148.70] = 18{,}083.91
\end{aligned}
$$

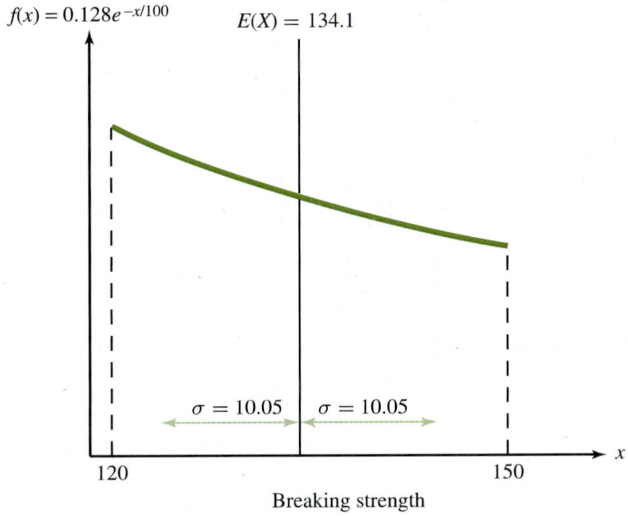

그림 2.49 콘크리트 판 파괴응력에 대한 평균 및 표준편차

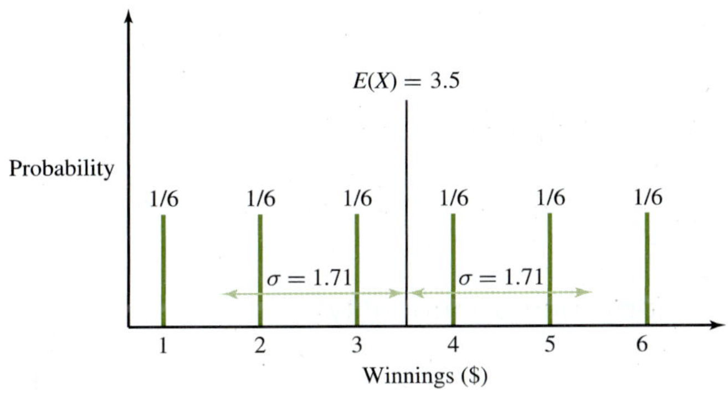

그림 2.50 게임 I로부터 상금액

이며, 평균 $E(X) = 134.1$이므로 분산은

$$\text{Var}(X) = E(X^2) - (E(X))^2 = 18{,}083.91 - 134.1^2 = 101.10$$

와 같다. 또한 표준편차 $\sigma = \sqrt{101.10} = 10.05$이다([그림 2.49] 참조).

기회 게임 두 게임이 있다. 게임 I에서 한 개의 주사위를 던져 나오는 수만큼 상금을 받는다. 상금액의 확률질량함수는 [그림 2.50]과 같으며 기대 금액은 \$3.50이다. 게임 II에서는 동일한 주사위를 던져 1, 2, 3의 눈이 나오면 \$3을 받고, 4, 5, 6이 나오면 \$4를 받는다. 그 확률질량함수는 [그림 2.51]과 같고, 기대 금액은 \$3.50으로 게임 I과 동일하다. 하지만 분산을 계산하면 게임 I에서는

$$\begin{aligned}\text{Var}(X) &= E\left((X - E(X))^2\right) = \sum_i p_i(x_i - 3.5)^2 \\ &= \frac{1}{6}(1-3.5)^2 + \frac{1}{6}(2-3.5)^2 + \frac{1}{6}(3-3.5)^2 + \frac{1}{6}(4-3.5)^2 \\ &\quad + \frac{1}{6}(5-3.5)^2 + \frac{1}{6}(6-3.5)^2 = \frac{35}{12}\end{aligned}$$

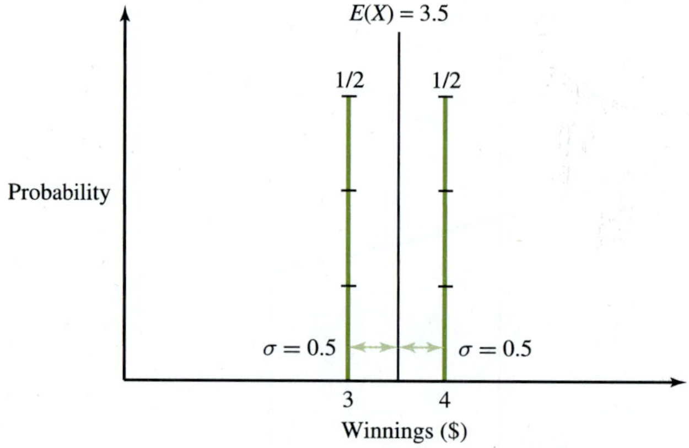

그림 2.51
게임 II로부터 상금액

이지만, 게임 II에서는

$$\begin{aligned}\mathrm{Var}(X) &= E\big((X - E(X))^2\big) = \sum_i p_i(x_i - 3.5)^2 \\ &= \frac{1}{2}(3 - 3.5)^2 + \frac{1}{2}(4 - 3.5)^2 = \frac{1}{4}\end{aligned}$$

으로, 게임 I의 분산이 게임 II에 비해 훨씬 큼을 알 수 있다.

2.4.3 체비세프 부등식(Chebyshev's Inequality)

체비세프 부등식(Chebyshev's Inequality)

평균이 μ, 분산이 σ^2인 확률변수 X에 대하여

$$P(\mu - c\sigma \le X \le \mu + c\sigma) \ge 1 - \frac{1}{c^2}$$

이다. 이때 $c \ge 1$이다.

이 결과는 확률변수의 분포와는 상관없이 평균으로부터 표준편차의 상수배만큼의 거리 내에 확률변수가 존재할 확률에 대한 하한(lower bound)을 제공하고 있다. 예를 들면 $c=2$에 대하여

$$P(\mu - 2\sigma \le X \le \mu + 2\sigma) \ge 1 - \frac{1}{2^2} = 0.75$$

이며, $c=3$일 때

$$P(\mu - 3\sigma \le X \le \mu + 3\sigma) \ge 1 - \frac{1}{3^2} = 0.89$$

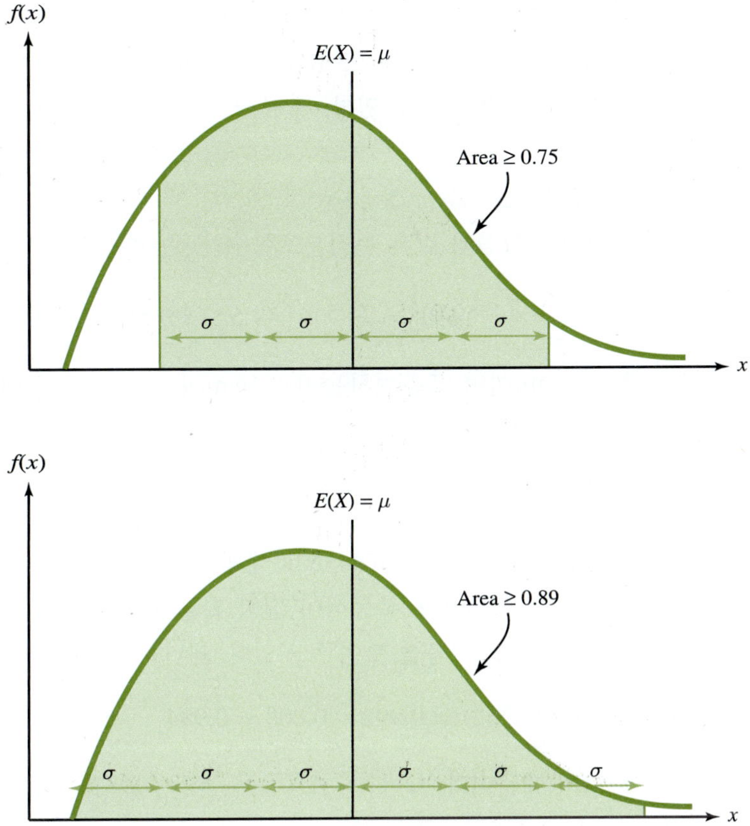

그림 2.52 체비세프 부등식의 설명

이다. 따라서 어떤 확률변수가 평균의 3배의 표준편차 내에 값을 가질 확률은 89% 이상임을 체비세프 부등식을 통해 알 수 있다([그림 2.52] 참조).

체비세프 부등식의 중요성은 이러한 결과들이 확률변수의 분포와는 상관없이 적용될 수 있다는 것이며, 단지 평균 및 표준편차에 대한 정보만 요구하고 있다. 하지만 정확한 분포가 알려져 있거나 근사할 수 있다면 구하고자 하는 확률은 보다 정확히 계산할 수 있으며, 체비세프 부등식에서 제공하는 하한의 확률보다 훨씬 클 수 있다. 예를 들어 정규분포에 대한 정확한 확률값은 [그림 5.16]에 제시되어 있다.

예제 18 토마토 줄기 높이(Tomato Plant Heights)

어떤 연구자는 토마토가 서로 다른 재배 환경에 따라 어떻게 영향을 받는지 알고 싶어한다. 특정 재배 조건에서 심은 지 3주 후 토마토 줄기 높이를 측정한 결과 평균이 29.4cm, 표준편차가 2.1cm였다. 평균에 대하여 양측으로 그 표준편차는

$$[29.4 - (2 \times 2.1), 29.4 + (2 \times 2.1)] = [25.2, 33.6]$$

이며, 평균에 대하여 양측으로 3표준편차는

$$[29.4 - (3 \times 2.1), 29.4 + (3 \times 2.1)] = [23.1, 35.7]$$

이다. 연구자는 이러한 조건 하에 토마토 줄기가 3주 후 25.2cm와 33.6cm 사이에 높이를 가질 확률은 적어도 75%, 23.1cm와 35.7cm 사이에 높이를 가질 확률은 적어도 89% 이상임을 추측할 수 있다.

예제 14 금속 실린더 생산(Metal Cylinder Production)

금속 실린더 직경은 다음과 같은 누적분포함수를 갖는다.

$$F(x) = 1.5x - 2(x - 50.0)^3 - 74.5 \qquad 49.5 \leq x \leq 50.5$$

이때 평균은 50.0mm이며 표준편차는 0.224mm이므로, 평균에 대하여 2배의 표준편차 내에 속할 구간은

$$[50.0 - (2 \times 0.224), 50.0 + (2 \times 0.224)] = [49.552, 50.448]$$

따라서 실린더가 49.552mm와 50.448mm 내의 직경을 가질 확률은 적어도 75% 이상이다. 이 결과는 체비세프 부등식이 진짜 확률값에 대하여 그다지 정확하지 못한 하한값을 제공하고 있음을 보여주고 있다. 왜냐하면 그 확률값은

$$F(50.448) - F(49.552) = 0.992 - 0.008 = 0.984$$

으로, 매우 다르기 때문이다.

2.4.4 분위수(Quantile)

확률변수의 분위수는 확률분포의 산포 혹은 변동에 대한 정보를 제공해주는 또 다른 척도이다. 누적분포함수 $F(x)$를 가지는 확률변수 X의 p분위수는 $F(x)=p$인 x의 값으로 정의된다. 즉 확률변수의 p분위수보다 작은 값을 가질 확률은 p와 같다. 확률 p는 종종 퍼센트(%)로 쓰기 때문에 백분위수(percentile)라고 하기도 한다. 분포의 70 백분위수는 $F(x)=0.70$을 만족하는 x의 값에 해당한다([그림 2.53 참조]). 이때 50 백분위수는 중앙값에 해당한다.

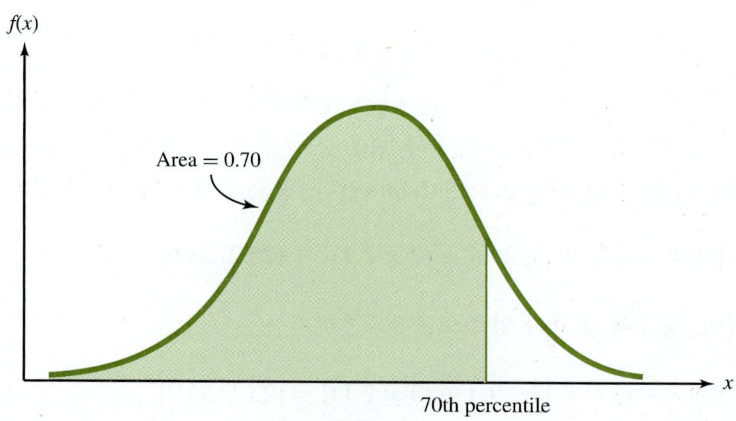

그림 2.53 70 백분위수의 설명

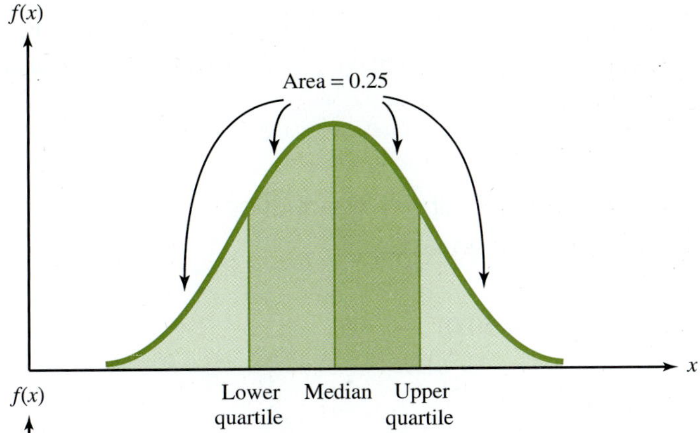

그림 2.54
사분위수 및 중앙값의 설명

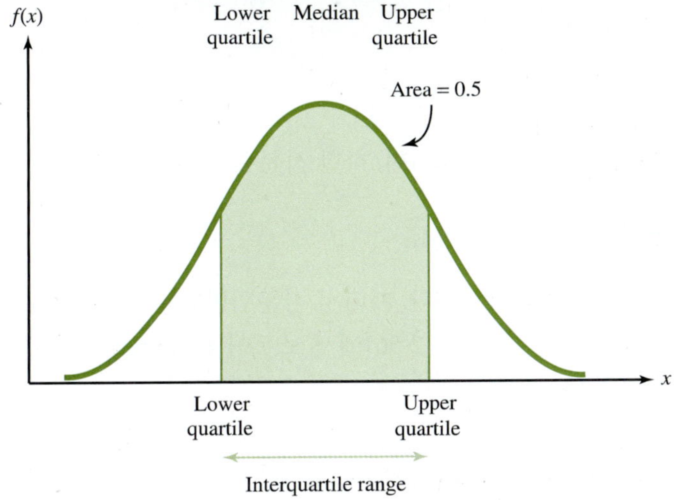

그림 2.55
사분위범위수의 설명

분위수(Quantile)

확률변수 X의 p분위수는

$$F(x) = p$$

을 만족하는 x의 값으로 정의되며, 종종 $p \times 100$ 백분위수라고도 한다. 확률변수의 p분위수보다 작은 값을 가질 확률은 p와 같다.

분포의 산포는 사분위수(Quartile)를 계산함에 의해 구할 수도 있다. 분포의 상한 사분위수(upper quartle)는 75 백분위수이며 하한 사분위수(lower quartile)는 25 백분위수와 같다. 중앙값과 함께 두 사분위수는 [그림 2.54]에서처럼 전체 표본공간을 사등분한다. 사분위범위(Interquantile range)는 상한 사분위수와 하한 사분위수의 차로서 분산처럼 분포의 산포에 대한 정보를 제공해주며, 사분위범위가 크다는 것은 그만큼 분포가 넓게 퍼져 있음을 의미한다([그림 2.54] 참조).

사분위(Quartile) 및 사분위범위(Interquartile Range)

분포의 상한 사분위수(upper quartle)는 75 백분위수로 정의되며, 하한 사분위수

(lower quartile)는 25 백분위수로 정의된다. 사분위범위(interquantile range)는 상한 사분위수와 하한 사분위수의 차로서 분산처럼 분포의 산포에 대한 정보를 제공해준다.

예제 14 금속 실린더 생산(Metal Cylinder Production)

금속 실린더 직경의 누적분포함수는

$$F(x) = 1.5x - 2(x - 50.0)^3 - 74.5$$

로서, 상한 사분위수는

$$F(x) = 0.75$$

를 만족하는 x로서 50.17mm이며, 하한 사분위수는

$$F(x) = 0.25$$

를 만족하는 x로 49.83mm이다. 따라서 사분위범위는 50.17-49.83=0.34mm이다. 전체 실린더 중 절반은 [그림 2.56]에서 보듯이 49.83mm에서 50.17mm의 직경을 가지게 될 것이다.

예제 15 전지 고장시간(Battery Failure Times)

전지의 고장시간에 대한 누적분포함수는

$$F(x) = 1 - \frac{1}{(x+1)^2}$$

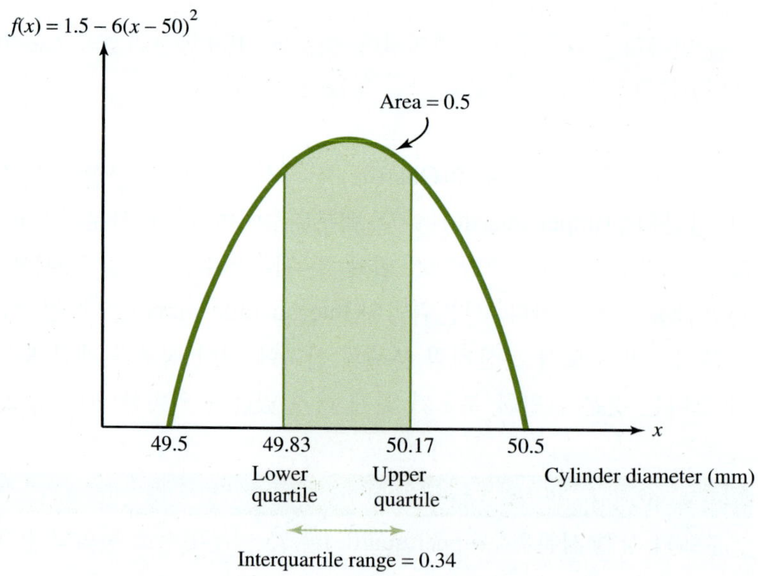

그림 2.56 금속 실린더 직경에 대한 사분위범위

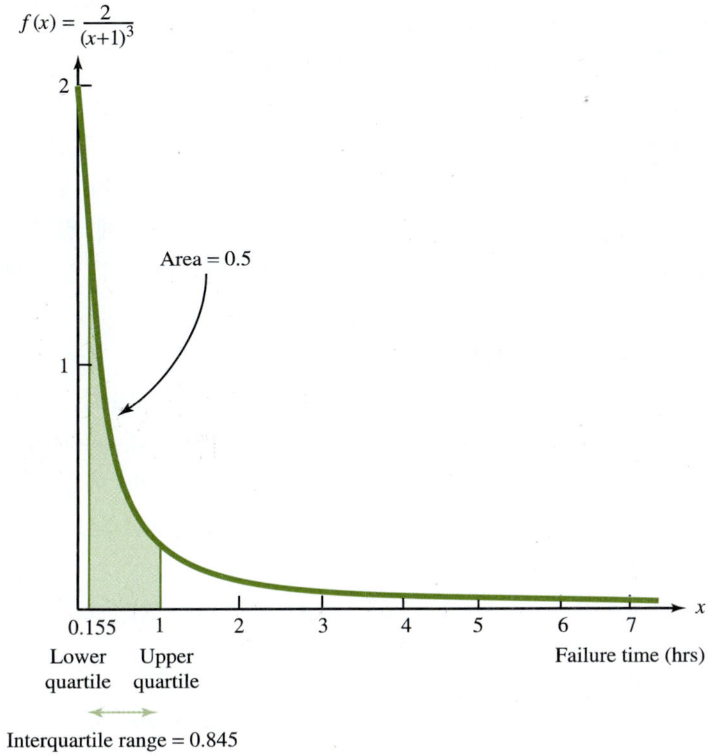

그림 2.57 전지 고장 시간에 대한 사분위범위

이며, 상한 사분위수는 1시간, 하한 사분위수는 $(2/\sqrt{3})-1=0.155$시간이다. 따라서 사분위범위수는 60−9.3=50.7분이다. [그림 2.57]에서 보듯이 전체 전지 중 절반은 9.3분부터 1시간 사이에서 고장날 것으로 예상된다. 비록 평균 고장시간은 1시간이지만, 평균적으로 4개 중 3개는 1시간 내에 고장날 것이다.

연습문제

2.4.1 확률변수 X는 −2, 1, 4 및 6의 값을 취할 수 있으며 그 확률은 1/3, 1/6, 1/3, 1/6을 갖는다.

(a) X의 기대값을 구하라.

(b) X의 분산공식이 $Var(X)=E[(X-E(X))^2]$임을 이용하여 분산을 구하라.

(c) 다른 X의 분산공식이 $Var(X)=E(X^2)-(E(X))^2$ 임을 이용하여 분산을 구하라.

2.4.2 연습문제 2.1.1의 4대의 복사기 문제에서 X의 분산 및 표준편차를 구하라.

2.4.3 단원 2.3.1의 끝부분의 주사위 게임을 고려해보자. 당신은 선수들이 두 주사위를 가지고 경기하는데 $2를 받는 대신 두 주사위의 차이만큼 금액을 지불한다고 할 때(단위: $), 각 경기에서 당신의 수입에 대한 분산을 구하라. 또한 양의 기대값을 가지는 게임을 한다고 할 때 당신은 수입의 분산이 작은 쪽을 선호할 지, 큰 쪽을 선호할 지를 결정하라.

2.4.4 연습문제 2.2.4를 고려해보자. 확률변수 X의 누적분포함수는 다음과 같다.

$$F(x) = \frac{x^2}{16}, \quad 0 \le x \le 4$$

와 같다.

(a) X의 분산을 구하라.

(b) X의 표준편차를 구하라.

(c) X의 하한사분위수 및 상한사분위수를 구하라.

(d) 사분위범위(interquartile range)를 구하라.

2.4.5 연습문제 2.2.6을 다시 고려할 때

(a) 페인트 두께의 분산을 구하라.

(b) 페인트 두께의 표준편차를 구하라.

(c) 페인트 두께의 하한사분위수 및 상한사분위수를 구하라.

(d) 페인트 두께의 사분위범위를 구하라.

2.4.6 연습문제 2.2.7을 다시 고려할 때

(a) 변형 각도의 분산을 구하라.

(b) 변형 각도의 표준편차를 구하라.

(c) 변형 각도의 하한사분위수 및 상한사분위수를 구하라.

(d) 변형 각도의 사분위범위를 구하라.

2.4.7 패스트 푸드점에서 손님이 음식을 서비스 받는데 걸리는 평균 시간은 75초이며 표준편차는 7.3초이다. 체비세프 부등식을 활용하여 특정 서비스 시간을 포함할 확률이 75%와 89%를 가지는 시간구간을 구하라.

2.4.8 어떤 기계는 철근을 생산하는데 그 길이의 평균이 110.8cm이며, 표준편차가 0.5cm이다. 체비세프 부등식을 활용하여 임의의 철근이 109.55cm와 112.05cm 사이의 길이를 가질 확률의 하한을 구하라.

2.4.9 연습문제 2.1.9의 컨설턴트 예약 문제를 다시 고려해보자. 월요일의 스케줄이 꽉 차 있다고 할 때, 월요일 및 화요일 양일에 걸쳐 만들 수 있는 예약 총수의 분산을 구하라.

2.4.10 연습문제 2.2.10을 다시 고려한다.

(a) 저항의 표준편차를 구하라.

(b) 저항의 80 백분위수를 구하라. 또한 10 백분위수를 구하라.

2.4.11 확률변수 X는 다음의 확률밀도함수를 갖는다.

$$f(x) = Ax^{2.5}, \qquad 2 \le x \le 3$$

(a) A의 값을 결정하라.

(b) X의 기대값을 구하라.

(c) X의 표준편차를 구하라.

(d) X의 중앙값을 구하라.

2.4.12 어떤 게임에서 선수가 \$1을 잃을 확률은 0.25, \$1을 벌 확률은 0.4, \$4을 벌 확률이 0.35일 때, 획득하는 금액에 대한 기대값 및 표준편차를 구하라.

2.4.13 확률변수 X의 확률밀도함수는 다음과 같다.

$$f(x) = \frac{A}{\sqrt{x}}, \quad 3 \le x \le 4$$

(a) A의 값을 결정하라.

(b) X의 누적분포함수를 구하라.

(c) X의 기대값을 구하라.

(d) X의 표준편차를 구하라.

(e) X의 중앙값을 구하라.

(f) X의 상한사분위수를 구하라.

2.4.14 어떤 건설 프로젝트 수주를 위한 경매에서 2가지의 제안서가 제출될 확률이 0.11, 3가지의 제안서는 0.19, 4가지의 제안서는 0.55, 5가지의 제안서가 제출될 확률이 0.15이다.

(a) 제출되는 제안서 수에 대한 기대값을 구하라.

(b) 제출되는 제안서 수에 대한 표준편차를 구하라.

2.4.15 확률변수 X는 다음의 확률밀도함수를 갖는다.

$$f(x) = \frac{1-x}{2}, \qquad -1 \le x \le 1$$

(a) X의 기대값을 구하라.

(b) X의 표준편차를 구하라.

(c) X의 상한사분위수를 구하라.

2.5 결합확률변수(Jointly Distributed Random Variables)

2.5.1 결합확률분포(Joint Probability Distributions)

한 확률변수 혹은 그 확률분포를 고려하는 것보다 두 확률변수 X와 Y 혹은 그들의 결합확률분포를 고려하는 것이 때로는 적합할 때가 있다. 이산형의 경우 결합확률질량함수(joint probability mass function)는 $P(X = x_i, Y = y_j) = p_{ij} \ge 0$ 이며

$$\sum_i \sum_j p_{ij} = 1$$

을 만족한다. 만약 확률변수가 연속형이면 결합확률밀도함수(joint probability density function)는

$$\int \int_{\text{state space}} f(x, y)\, dx\, dy = 1$$

을 만족하는 함수 $f(x, y) \ge 0$이다. $a \le x \le b$ 및 $c \le Y \le d$를 만족하는 확률은 결합확률밀도함수로부터 다음과 같이 구할 수 있다.

$$\int_{x=a}^{b} \int_{y=c}^{d} f(x, y)\, dy\, dx.$$

결합누적분포함수(joint cumulative distribution function)는

$$F(x, y) = P(X \le x, Y \le y)$$

로 정의되며 이산형일 경우

$$F(x, y) = \sum_{i: x_i \le x} \sum_{j: y_j \le y} p_{ij}$$

이며, 연속형일 경우

$$F(x, y) = \int_{w=-\infty}^{x} \int_{z=-\infty}^{y} f(w, z)\, dz\, dw$$

이다.

결합확률분포(Joint Probability Distributions)

두 확률변수 X와 Y의 결합확률분포는 이산형의 경우 결합확률질량함수 $P(X = x_i, Y = y_j) = p_{ij}$에 의해 명시되며, 연속형인 경우 결합확률밀도함수 $f(x, y)$에 의해 명시된다. 양쪽 모두 결합누적분포함수는 다음과 같의 정의된다.

$$F(x, y) = P(X \le x, Y \le y)$$

예제 19 에어컨 보전(Air Conditioner Maintenance)

가정과 회사에 에어컨을 공급하는 한 회사는 가장 효율적으로 설치 기술자를 스케줄링하는데 관심이 있다. 효율적으로 기술자를 스케줄링하기 위해서는 서비스가 필요한 지역의 에어컨의 수가 얼마인지를 우선적으로 파악하여야만 한다. 확률변수 X를 특정 지역의 서비스 시간으로 정의하면 $X=1, 2, 3, 4$의 값을 갖는다. 확률변수 $Y=1, 2, 3$은 특정 서비스 지역의 에어컨의 수로 정의하면, 두 확률변수 X와 Y는 결합분포를 가지는 것으로 간주할 수 있다. [그림 2.58]과 같은 결합확률질량함수 p_{ij}를 가진다고 할 때, 이 결합확률질량함수는

$$\sum_i \sum_j p_{ij} = 0.12 + 0.08 + \cdots + 0.07 = 1.00$$

이므로 적합한 결합확률질량함수라고 말할 수 있다. 결합누적분포함수는

$$F(x, y) = P(X \le x, Y \le y) = \sum_{i=1}^{x} \sum_{j=1}^{y} p_{ij}$$

Y = number of air conditioner units \ X = service time (hrs)	1	2	3	4
1	0.12	0.08	0.07	0.05
2	0.08	0.15	0.21	0.13
3	0.01	0.01	0.02	0.07

그림 2.58 에어컨 보전 예제에 대한 결합확률질량 함수

		X = service time (hrs)			
		1	2	3	4
Y = number of air conditioner units	1	0.12	0.20	0.27	0.32
	2	0.20	0.43	0.71	0.89
	3	0.21	0.45	0.75	1.00

그림 2.59
에어컨 보전 예제에 대한 결합누적분포함수

이며 [그림 2.59]에 주어져 있다. 예를 들면, 2시간 이하의 서비스 시간을 요구하는 에어컨의 수가 2 이하일 확률은

$$F(2, 2) = p_{11} + p_{12} + p_{21} + p_{22} = 0.12 + 0.08 + 0.08 + 0.15 = 0.43$$

와 같다.

예제 20 광상(Mineral Deposits)

어떤 광상(鑛床)의 경제적 타당성을 결정하기 위하여 광산회사는 그 지역의 광맥 샘플을 취하여 아연(Zinc) 양과 철(iron)의 양을 측정하였다. X를 샘플에 함유된 아연의 양으로 정의하고 0.5에서 1.5의 값을 가진다. 확률변수 Y는 샘플에 함유된 철의 양으로 정의하고 20.0에서 35.0의 값을 가진다고 할 때, 두 확률변수 X와 Y의 결합확률밀도함수는

$$f(x, y) = \frac{39}{400} - \frac{17(x-1)^2}{50} - \frac{(y-25)^2}{10,000}$$

와 같다.

이 결합확률밀도함수는 $0.5 \le x \le 1.5$, $20.0 \le y \le 35.0$에 대하여, $f(x, y) \ge 0$이며

$$\int_{x=0.5}^{1.5} \int_{y=20.0}^{35.0} f(x, y)\, dx\, dy = 1$$

임을 검토함에 의해 그 적합성을 판단할 수 있다. 예로서 임의 추출된 샘플이 [0.8, 1.0]의 아연과 [25, 30]의 철을 함유할 확률은

$$\int_{x=0.8}^{1.0} \int_{y=25.0}^{30.0} f(x, y)\, dx\, dy$$

로서 0.092이다. 결과적으로 광맥의 약 9%가 이 범위 내의 아연과 철을 함유하고

있다고 판단할 수 있다.

2.5.2 주변확률분포(Marginal Probability Distributions)

결합분포하고 있는 두 확률변수 X와 Y에 대하여 두 변수 중 오직 한 변수에만 관심을 갖는 경우가 있다. 이때 단지 한 변수의 확률분포만을 고려하는 것이 타당한데, 이를 확률변수의 주변분포(marginal distribution)라고 하며, 다른 확률변수가 취할 수 있는 값의 모든 범위에 대하여 결합확률분포를 더하거나 적분함에 의해 구할 수 있다. 예를 들면 이산형 확률변수 X와 Y에 대하여 X의 주변분포의 확률값은

$$P(X = x_i) = p_{i+} = \sum_j p_{ij}$$

이며, 연속형일 경우

$$f_X(x) = \int_{-\infty}^{\infty} f(x, y)\,dy$$

이다. 이때 X의 주변분포와 Y의 주변분포는 그들의 결합분포를 특정하게 결정하지 않음을 주목할 필요가 있다.

주변확률분포(Marginal Probability Distributions)

확률변수 X의 주변분포는 다른 확률변수 Y의 모든 값 범위에 대하여 X와 Y의 결합확률분포를 더하거나 적분함에 의해 구할 수 있다. 주변분포는 확률변수 X만을 고려한 개별 확률분포이다.

확률변수 X와 Y 각각의 기대값 및 분산은 일반적으로 구하는 것처럼 그들의 주변분포로부터 구할 수 있는데 다음 예제를 통해 구체적으로 설명하기로 한다.

예제 19 에어컨 보전(Air Conditioner Maintenance)

특정 지역의 에어컨 설치서비스 시간으로 정의되는 X의 주변확률질량함수는 [그림 2.60]과 같고 다른 확률변수 Y의 모든 값에 대하여 결합확률질량함수를 더함으로써 구할 수 있다. 예를 들면

$$P(X = 1) = \sum_{j=1}^{3} p_{1j} = 0.12 + 0.08 + 0.01 = 0.21$$

이며, 기대값은

Y = number of air conditioner units \ X = service time (hrs)	1	2	3	4	Marginal distribution of Y
1	0.12	0.08	0.07	0.05	0.32
2	0.08	0.15	0.21	0.13	0.57
3	0.01	0.01	0.02	0.07	0.11
Marginal distribution of X	0.21	0.24	0.30	0.25	

그림 2.60
에어컨 보전 예제에 대한 주변확률질량함수

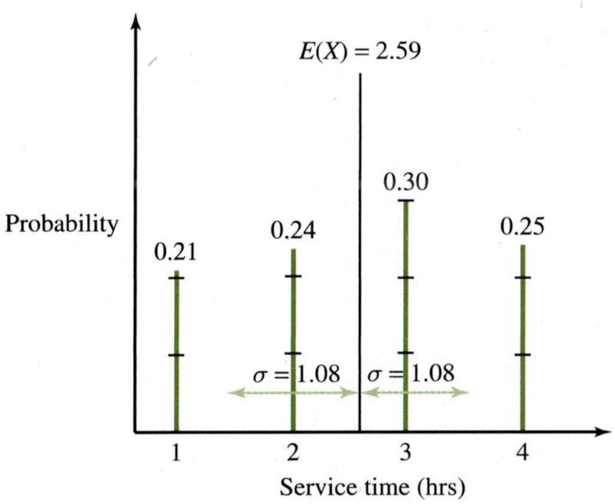

그림 2.61
서비스 시간의 주변확률질량함수

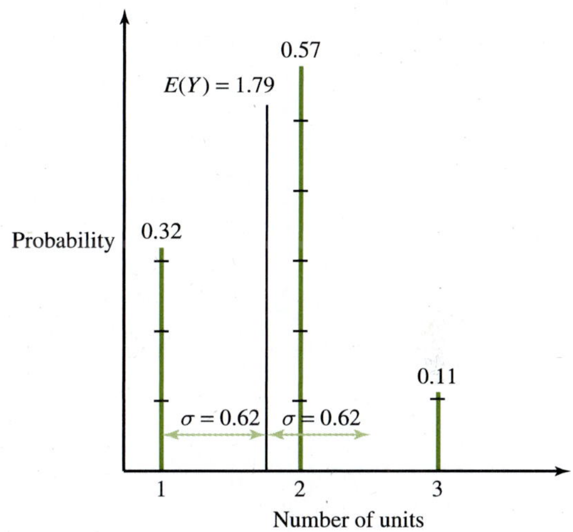

그림 2.62
에어컨 수에 대한 주변확률질량함수

$$E(X) = \sum_{i=1}^{4} i\,P(X = i)$$
$$= (1 \times 0.21) + (2 \times 0.24) + (3 \times 0.30) + (4 \times 0.25) = 2.59$$

이다. 또한

$$E(X^2) = \sum_{i=1}^{4} i^2 P(X = i)$$
$$= (1 \times 0.21) + (4 \times 0.24) + (9 \times 0.30) + (16 \times 0.25) = 7.87$$

이므로 분산은

$$\text{Var}(X) = E(X^2) - (E(X))^2 = 7.87 - 2.59^2 = 1.162$$

이며, 따라서 표준편차는 $\sigma = \sqrt{1.162} = 1.08$시간, 즉 약 65분이다([그림 2.61] 참조).

Y의 주변확률질량함수는 [그림 2.62]와 같으며

$$P(Y = 1) = \sum_{i=1}^{4} p_{i1} = 0.12 + 0.08 + 0.07 + 0.05 = 0.32$$

이고, 기대값 $E(Y) = 1.79$, 표준편차 $\sigma = 0.62$이다.

예제 20 광상(Mineral Deposits)

광맥의 아연 함유량으로 정의되는 확률변수 X의 주변확률밀도함수는 $0.5 \le x \le 1.5$에 대하여

$$\begin{aligned} f_X(x) &= \int_{y=20.0}^{y=35.0} f(x, y)\, dy \\ &= \int_{y=20.0}^{y=35.0} \left(\frac{39}{400} - \frac{17(x-1)^2}{50} - \frac{(y-25)^2}{10{,}000} \right) dy \\ &= \left[\frac{39y}{400} - \frac{17y(x-1)^2}{50} - \frac{(y-25)^3}{30{,}000} \right]_{y=20.0}^{y=35.0} = \frac{57}{40} - \frac{51(x-1)^2}{10} \end{aligned}$$

이며 [그림 2.63]에 구체적으로 잘 나타나 있다. 이 함수는 $x = 1$에 대하여 좌우대칭이므로 기대값 $E(X) = 1$이며, 분산은

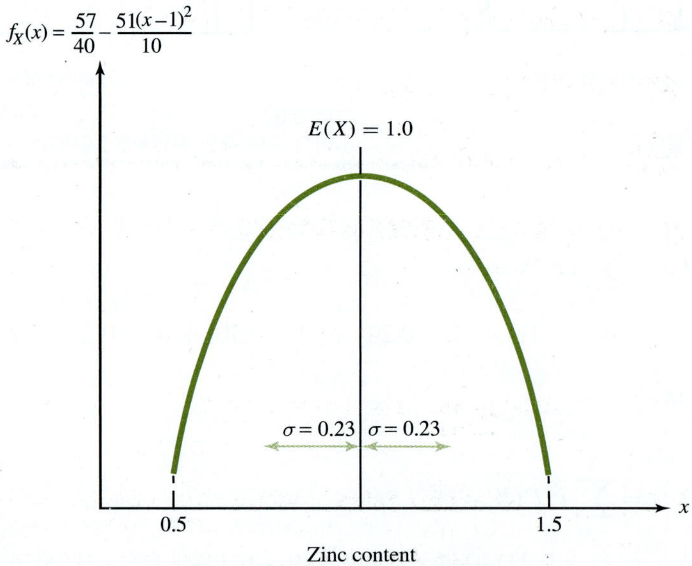

그림 2.63 아연(Zinc) 함유량에 대한 주변 확률질량함수

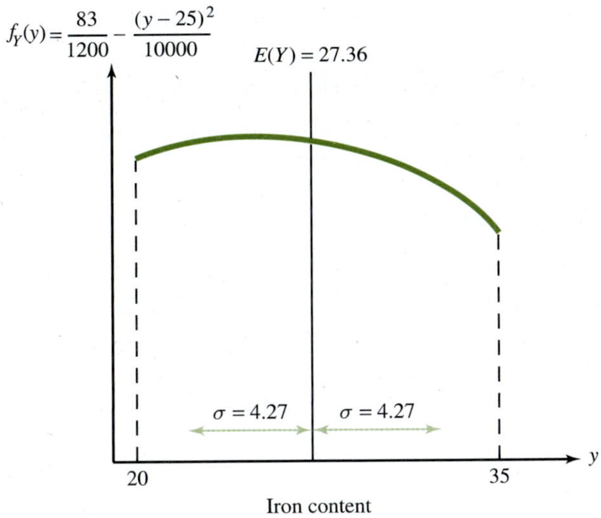

그림 2.64
철(iron) 함유량에 대한 주변확률밀도함수

$$\begin{aligned}\text{Var}(X) &= E((X - E(X))^2) \\ &= \int_{0.5}^{1.5} (x-1)^2 f_X(x)dx = \int_{0.5}^{1.5} (x-1)^2 \left(\frac{57}{40} - \frac{51(x-1)^2}{10}\right) dx \\ &= \left[\frac{19}{40}(x-1)^3 - \frac{51}{50}(x-1)^5\right]_{0.5}^{1.5} = [0.0275] - [-0.0275] = 0.055\end{aligned}$$

으로서, 표준편차 $\sigma = \sqrt{0.055} = 0.23$이다. 하나의 광맥 샘플이 [0.8, 1.0]의 아연을 함유할 확률은

$$\begin{aligned}P(0.8 \le X \le 1.0) &= \int_{0.8}^{1.0} f_X(x)dx = \int_{0.8}^{1.0} \left(\frac{57}{40} - \frac{51(x-1)^2}{10}\right) dx \\ &= \left[\frac{57x}{40} - \frac{17(x-1)^3}{10}\right]_{0.8}^{1.0} = [1.425] - [1.1536] = 0.2714\end{aligned}$$

이다. 또한 광맥의 철의 함유량으로 정의되는 Y의 주변확률밀도함수는 $20.0 \le y \le 35.0$에 대하여

$$\begin{aligned}f_Y(y) &= \int_{x=0.5}^{x=1.5} f(x, y)dx = \int_{x=0.5}^{x=1.5} \left(\frac{39}{400} - \frac{17(x-1)^2}{50} - \frac{(y-25)^2}{10{,}000}\right) dx \\ &= \left[\frac{39x}{400} - \frac{17(x-1)^3}{150} - \frac{x(y-25)^2}{10{,}000}\right]_{x=0.5}^{x=1.5} = \frac{83}{1200} - \frac{(y-25)^2}{10{,}000}\end{aligned}$$

이며, 기대값 $E(Y) = 27.36$, 표준편차 $\sigma = 4.27$로 쉽게 계산을 통해 구할 수 있다 ([그림 2.64] 참조).

2.5.3 조건부 확률분포(Conditional Probability Distributions)

결합분포하는 두 확률변수 X와 Y에 대하여 한 확률변수가 특정값을 가진다는 조건하에 다른 확률변수의 분포를 고려하는 것이 때로는 유용할 때가 있다. 만약 두 이산형 확률변수 X와 Y가 결합분포하고 있다면 $Y= y_i$ 라는 조건하에서 확률변수 X의 조건부확률(conditional distribution)은

$$p_{i|Y=y_j} = P(X = x_i|Y = y_j) = \frac{P(X = x_i, Y = y_j)}{P(Y = y_j)} = \frac{p_{ij}}{p_{+j}}$$

이며, $p_{+j} = P(Y = y_j) = \sum_i p_{ij}$ 이다. 연속형인 경우

$$f_{X|Y=y}(x) = \frac{f(x, y)}{f_Y(y)}$$

이다. 이 경우 $f_Y(y)$는 확률변수 Y의 주변분포에 해당한다. 조건부 기대값 및 조건부 분산은 이 조건부 분포를 토대로 일반적인 기대값 및 분산을 구하는 공식에 의해 구할 수 있다.

조건부 확률분포(Conditional Probability Distributions)

특정값을 가지는 확률변수 Y에 대한 X의 조건부 확률분포는 이산형 확률변수에 대하여

$$p_{i|Y=y_j} = P(X = x_i|Y = y_j) = \frac{P(X = x_i, Y = y_j)}{P(Y = y_j)} = \frac{p_{ij}}{p_{+j}}$$

이며, 연속형인 경우

$$f_{X|Y=y}(x) = \frac{f(x, y)}{f_Y(y)}$$

이다. 이때 $f_Y(y)$는 확률변수 Y의 주변분포이다.

확률변수의 주변분포와 조건부 확률분포의 차이를 이해하는 것이 특히 중요하다. 주변분포는 Y에 대하여 아무런 정보가 없을 때 X에 대한 적합한 분포이며, 조건부 분포는 확률변수 Y가 특정값을 취하고 있음을 알고 있을 때 X에 대하여 적합한 분포이다. 이 차이를 예제를 통해 설명하기로 한다.

예제 19 에어컨 보전(Air Conditioner Maintenance)

어떤 특정 지역을 방문하는 에어컨 설치 기술자는 그 지역에 에어컨 3대를 설치해야 한다는 것을 알고 있다고 가정하자. 이 확률은

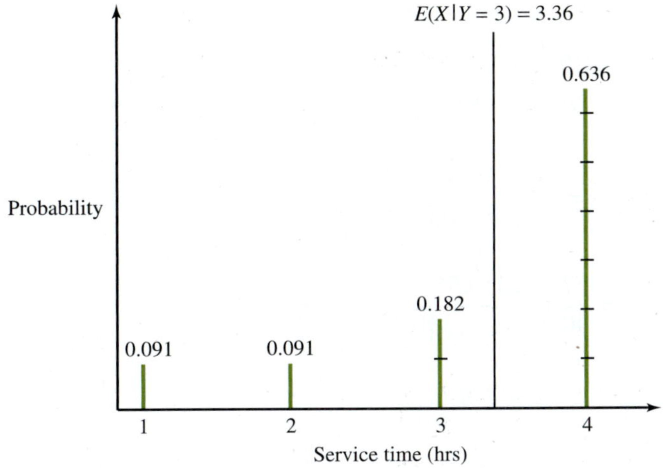

그림 2.65
Y=3일 때 서비스 시간의 조건부 확률질량함수

$$P(Y=3)=p_{+3}=0.01+0.01+0.02+0.07=0.11$$

이며, 서비스 시간 X의 조건부 확률은

$$p_{1|Y=3}=P(X=1|Y=3)=\frac{p_{13}}{p_{+3}}=\frac{0.01}{0.11}=0.091$$
$$p_{2|Y=3}=P(X=2|Y=3)=\frac{p_{23}}{p_{+3}}=\frac{0.01}{0.11}=0.091$$
$$p_{3|Y=3}=P(X=3|Y=3)=\frac{p_{33}}{p_{+3}}=\frac{0.02}{0.11}=0.182$$
$$p_{4|Y=3}=P(X=4|Y=3)=\frac{p_{43}}{p_{+3}}=\frac{0.07}{0.11}=0.636$$

이다. [그림 2.65]에 주어져 있는 조건부 확률분포는 [그림 2.61]의 주변분포와 분명히 다름을 알 수 있다. 3대를 설치해야 한다는 조건은 많은 서비스 시간을 요구할 가능성을 증가시키게 된다. 서비스 시간에 대한 조건부 기대값은

$$\begin{aligned}E(X|Y=3)&=\sum_{i=1}^{4} i\,p_{i|Y=3}\\&=(1\times0.091)+(2\times0.091)+(3\times0.182)+(4\times0.636)=3.36\end{aligned}$$

이며, 예측하는 것처럼 이 값은 전반적인 평균 서비스 시간 2.59보다 훨씬 크다. 이 기대값의 차이는 다음과 같이 설명할 수 있다. 만약 기술자가 설치해야만 하는 에어컨 대수를 알지 못하면 기대 서비스 시간은 2.59시간이지만, 3대의 에어컨을 설치해야만 한다는 것을 알고 있다면 그때의 평균 서비스 시간은 3.36시간이 된다.

예제 20 광상(Mineral Deposits)

어떤 광맥의 아연함유량 $x=0.55$이라고 가정하자. 철 함유량 Y는 다음과 같은 조건부 확률로 요약될 수 있다.

$$f_{Y|X=0.55}(y) = \frac{f(0.55, y)}{f_X(0.55)}$$

$$f_X(0.55) = \frac{57}{40} - \frac{51(0.55-1.00)^2}{10} = 0.39225$$

이므로, 조건부 확률밀도함수는

$$f_{Y|X=0.55}(y) = \frac{f(0.55, y)}{0.39225} = \frac{39}{400 \times 0.39225} - \frac{17(0.55-1.00)^2}{50 \times 0.39225} - \frac{(y-25)^2}{10{,}000 \times 0.39225}$$
$$= 0.073 - \frac{(y-25)^2}{3922.5}$$

이다([그림 2.66] 참조). 이 경우 조건부 기대값은 27.14, 조건부 표준편차는 4.14이다.

2.5.4 독립(Independence)과 공분산(Covariance)

두 확률변수 X와 Y에 대하여 한 변수가 취하는 값이 다른 변수와 무관하다면 상호 독립(independent)이라고 한다. 다시 말해 한 확률변수의 분포가 다른 확률변수가 취하는 값에 영향을 받지 않는다면 독립이라고 말할 수 있다.

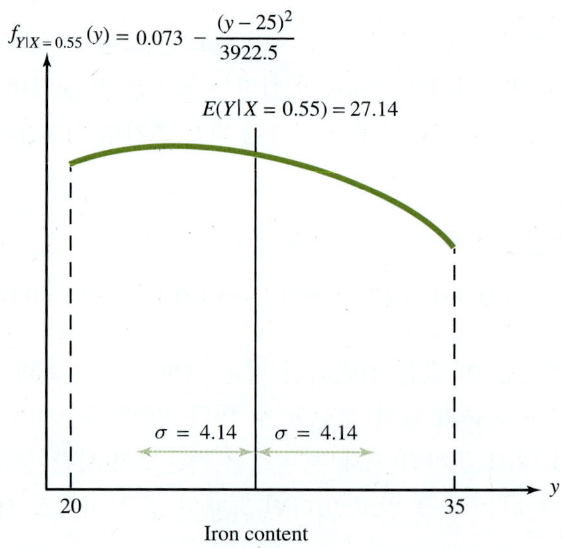

그림 2.66 X=0.55일 때 철 함유량의 조건부 확률밀도함수

확률변수들의 독립(Independent Random Variables)

두 확률변수 X와 Y는 그들의 결합확률질량(밀도)함수가 각각의 주변분포의 곱으로 표현될 때 독립이라고 한다.
이산형인 경우 모든 x_i와 y_j에 대하여

$$p_{ij} = p_{i+}p_{+j}$$

일 때 독립이며, 연속형인 경우

$$f(x, y) = f_X(x) f_Y(y)$$

일 때 x와 y는 상호 독립이다. 두 확률변수가 독립이면 한 확률변수의 확률분포는 다른 확률변수가 취하는 값에 영향을 받지 않는다.

두 확률변수 X와 Y가 독립이면, 그들의 조건부 확률은 각각의 주변분포가 된다. 이산형 확률변수의 경우

$$p_{i|Y=y_j} = \frac{p_{ij}}{p_{+j}} = \frac{p_{i+}p_{+j}}{p_{+j}} = p_{i+}$$

이며, 연속형의 경우

$$f_{X|Y=y}(x) = \frac{f(x, y)}{f_Y(y)} = \frac{f_X(x) f_Y(y)}{f_Y(y)} = f_X(x)$$

이기 때문이다. 이 결과는 확률변수 Y가 가지는 값에 대한 정보는 확률변수 X의 분포에 영향을 주지 못한다는 것을 의미하며 반대의 경우도 마찬가지다.

기회 게임

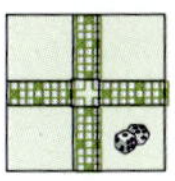

한 개의 동전을 연속 3번 던지는 게임을 고려하기로 한다. 이때 8가지 경우의 수에 대하여 각각의 경우가 나올 가능성은 동일하며, 확률변수 X를 첫 번째와 두 번째에 나오는 앞면(H)의 수로 정의하고 확률변수 Y를 세 번째 나오는 앞면의 수, Z는 두 번째와 세 번째 나오는 앞면의 수로 정의한다. X와 Y의 결합확률질량함수는 [그림 2.67]과 같다. 예를 들면,

$$P(X = 0, Y = 0) = P(TTT) = \frac{1}{8}$$

이며,

$$P(X = 0) = P(TTT) + P(TTH) = \frac{1}{4}$$

이다. 모든 $i=0, 1, 2$와 $j=1, 2$에 대하여

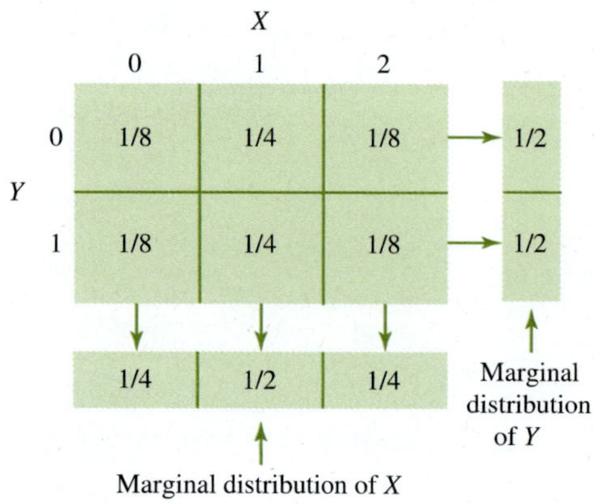

그림 2.67
동전 던지기 게임에서 X와 Y의 결합확률질량함수 및 주변확률질량함수

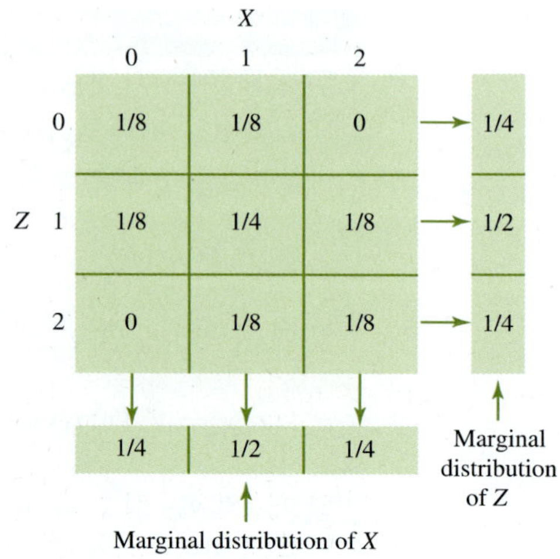

그림 2.68
동전 던지기 게임에서 X와 Z의 결합확률질량함수 및 주변확률질량함수

$$P(X = i, Y = j) = P(X = i)P(Y = j)$$

가 됨은 쉽게 확인할 수 있다. 결합확률질량함수가 두 주변확률질량함수의 곱으로 나타나므로 두 확률변수 X와 Y는 독립이다. 이 사실은 세 번째 동전 던지기의 결과는 이전의 두 번의 동전던지기와 무관하기 때문에 그다지 놀랄만한 사실은 아닐 것이다. [그림 2.68]은 X와 Z의 주변분포와 더불어 이 확률변수들의 결합확률질량함수를 보여주고 있다. 예로서 $P(X = 1, Z = 1) = P(HTH) + P(THT) =$ 1/4이지만

$$P(X = 0, Z = 0) = P(TTT) = \frac{1}{8}$$

$$P(X = 0) = P(TTH) + P(TTT) = \frac{1}{4}$$

$$P(Z = 0) = P(HTT) + P(TTT) = \frac{1}{4}$$

로서, 따라서 $P(X = 0, Z = 0) \neq P(X = 0)P(Z = 0)$이다. 이 결과는 X와 Z가 서로 독립이 아님을 보여주고 있다. 사실 독립이 아니라는 결과가 나온 이유는 두 확률변수가 두 번째 동전 던지기의 결과에 영향을 받기 때문이다.

두 확률변수의 종속의 정도를 나타내는 척도로 공분산(covariance)이 있다. 두 확률변수 X와 Y의 공분산은

$$\text{Cov}(X, Y) = E((X - E(X))(Y - E(Y)))$$

으로 정의되며, 양 또는 음의 값을 가진다. 만약 독립이라면 공분산이 0이 된다. 간단히 표현하자면

$$\begin{aligned}\text{Cov}(X, Y) &= E((X - E(X))(Y - E(Y))) \\ &= E(XY - XE(Y) - E(X)Y + E(X)E(Y)) \\ &= E(XY) - E(X)E(Y) - E(X)E(Y) + E(X)E(Y) \\ &= E(XY) - E(X)E(Y)\end{aligned}$$

이다.

공분산(Covariance)

두 확률변수 X와 Y의 공분산은

$$\text{Cov}(X, Y) = E((X - E(X))(Y - E(Y))) = E(XY) - E(X)E(Y)$$

이다. 공분산은 양 또는 음의 값을 가지며, 두 확률변수 X와 Y가 상호 독립일 경우 공분산은 0이 된다.

실생활에서 두 확률변수의 종속의 정도를 평가하는 가장 편리한 방법은 두 확률변수의 상관(correlation)을 통해서이다.

상관(Correlation)

두 확률변수 X와 Y의 상관(correlation)은

$$\text{Corr}(X, Y) = \frac{\text{Cov}(X, Y)}{\sqrt{\text{Var}(X)\text{Var}(Y)}}$$

으로 정의하며, [−1, 1]의 범위 내 값을 가진다. 독립인 경우 0의 상관을 가진다.

양의 상관을 가지는 확률변수들은 양으로 상관되었다(positively correlated)라고 하고, 음의 상관을 가지는 확률변수들은 음으로 상관되었다(negatively correlated)라고 한다. 양의 상관을 가지는 경우 한 변수가 큰 값을 가지면 다른 변수도 역시 큰 값을 가지는 경향을 띠며, 음의 상관을 가지는 경우 한 변수가 큰 값을 가진다면 다른 변수는 이와는 반대로 작은 값을 가지는 경향을 가짐을 의미한다.

이 경향은 0으로부터 1 또는 −1로 갈수록 강도가 증가하게 된다. 예로서 $0 \le x \le 1$, $0 \le y \le 1$에 대하여 결합확률밀도함수가 $f(x, y) = 6xy^2$인 경우를 고려하자. 확률변수 X의 기대값은 주변분포를 통해

$$E(X) = \int_{x=0}^{1} x f_X(x)\, dx = \int_{x=0}^{1} 2x^2\, dx = \frac{2}{3}$$

이며,

$$E(Y) = \int_{y=0}^{1} y f_Y(y)\, dy = \int_{y=0}^{1} 3y^3\, dy = \frac{3}{4}$$

이다. 또한

$$E(XY) = \int_{x=0}^{1}\int_{y=0}^{1} xyf(x, y)\, dy\, dx = \int_{x=0}^{1}\int_{y=0}^{1} 6x^2y^3\, dy\, dx = \frac{1}{2}$$

이므로, 공분산은

$$\text{Cov}(X, Y) = E(XY) - E(X)E(Y) = \frac{1}{2} - \left(\frac{2}{3} \times \frac{3}{4}\right) = 0$$

이다. 이 결과는 X와 Y가 상호 독립이기 때문에 예상대로 공분산이 0이 된다.

예제 19 에어컨 보전(Air Conditioner Maintenance)

기대 서비스 시간 $E(X)=2.59$시간, 기대 서비스 수 $E(Y)=1.79$이다. 또한

$$\begin{aligned} E(XY) &= \sum_{i=1}^{4}\sum_{j=1}^{3} ij\ p_{ij} \\ &= (1 \times 1 \times 0.12) + (1 \times 2 \times 0.08) + \cdots + (4 \times 3 \times 0.07) = 4.86 \end{aligned}$$

로서, 공분산은

$$\text{Cov}(X, Y) = E(XY) - E(X)E(Y) = 4.86 - (2.59 \times 1.79) = 0.224$$

이 된다. $\text{Var}(X)=1.162$, $\text{Var}(Y)=0.384$이므로, 서비스 시간과 서비스받는 에어컨 대수에 대한 상관은

$$\text{Corr}(X, Y) = \frac{\text{Cov}(X, Y)}{\sqrt{\text{Var}(X)\text{Var}(Y)}} = \frac{0.224}{\sqrt{1.162 \times 0.384}} = 0.34$$

와 같다. 예상대로, 서비스 시간과 서비스받는 에어컨 대수는 독립이 아니며 양의 상관을 가진다. 이는 많은 에어컨을 설치하기 위해서는 많은 서비스 시간을 필요로 하기 때문이다.

기회 게임 3개의 동전을 던지는 게임을 고려하자. X, Y, Z는 이전과 같이 정의된다고 할 때 $E(X)=1$, $E(Y)=1/2$가 됨은 쉽게 증명할 수 있다. 따라서

$$E(XY) = \sum_{i=0}^{2}\sum_{j=0}^{1} ij\ p_{ij} = \left(1 \times 1 \times \frac{1}{4}\right) + \left(2 \times 1 \times \frac{1}{8}\right) = \frac{1}{2}$$

이며, 공분산은

$$\mathrm{Cov}(X, Y) = E(XY) - E(X)E(Y) = \frac{1}{2} - \left(1 \times \frac{1}{2}\right) = 0$$

이다. 예상한 바와 같이 X와 Y는 상호 독립이기 때문에 공분산이 0이 된다. 하지만 $E(Z) = 1$이며,

$$\begin{aligned} E(XZ) &= \sum_{i=0}^{2}\sum_{j=0}^{2} ij\ p_{ij} \\ &= \left(1 \times 1 \times \frac{1}{4}\right) + \left(2 \times 1 \times \frac{1}{8}\right) + \left(1 \times 2 \times \frac{1}{8}\right) + \left(2 \times 2 \times \frac{1}{8}\right) \\ &= \frac{5}{4} \end{aligned}$$

이므로, 공분산은

$$\mathrm{Cov}(X, Z) = E(XZ) - E(X)E(Z) = \frac{5}{4} - (1 \times 1) = \frac{1}{4}$$

이다. 또한 $\mathrm{Var}(X) = \mathrm{Var}(Z) = 1/2$이므로, X와 Z의 상관은

$$\mathrm{Corr}(X, Z) = \frac{\mathrm{Cov}(X, Z)}{\sqrt{\mathrm{Var}(X)\mathrm{Var}(Z)}} = \frac{\frac{1}{4}}{\sqrt{\frac{1}{2} \times \frac{1}{2}}} = \frac{1}{2}$$

로서, X와 Z는 양의 상관을 가진다.

연습문제

2.5.1 광상 예제 20을 고려해보자.

(a) $P(0.8 \le X \le 1, 25 \le Y \le 30) = 0.092$임을 보여라.

(b) 철 함유량에 대한 기대값은 27.36이며, 표준편차가 4.27임을 보여라.

(c) $X = 0.55$인 조건하에 철 함유량의 기대값은 27.14이며 표준편차는 4.14임을 보여라.

2.5.2 에어컨 수리에 대한 예제 19를 고려해 보자.

(a) 한 지역에서는 단지 한 대의 에어컨 서비스를 필요로 한다고 가정한다. 이 경우 요구되는 서비스 시간의 조건부 확률질량함수를 구하라. 또한 서비스 시간의 조건부 기대값 및 표준편차를 구하라.

(b) 한 지역에서는 2시간의 서비스 시간을 요한다. 이 경우 필요로 하는 에어컨 대수에 대한 조건부 확률질량함수를 구하라. 또한 에어컨 대수에 대한 조건부 기대값 및 표준편차를

구하라.

2.5.3 두 연속형 확률변수 X와 Y는 다음의 결합확률밀도함수를 갖는다.

$$f(x,\ y) = A(x-3)y,\ -2 \le x \le 3,\ 4 \le y \le 6$$

(a) A의 값을 결정하라.

(b) $P(0 \le X \le 1,\ 4 \le Y \le 5)$를 구하라.

(c) 주변확률밀도함수 $f_X(x)$와 $f_Y(y)$를 구하라.

(d) 확률변수 X와 Y는 서로 독립인가?

(e) $Y=5$일 때, X의 조건부 확률밀도함수를 구하라.

2.5.4 두 연속형 확률변수 X와 Y는 다음과 같은 결합확률밀도함수를 갖는다고 한다.

$$f(x,\ y) = A(e^{x+y} + e^{2x-y}),\ 1 \le x \le 2,\ 0 \le y \le 3$$

(a) A의 값을 결정하라.

(b) $P(1.5 \le X \le 2,\ 1 \le Y \le 2)$를 구하라.

(c) 주변확률밀도함수 $f_X(x)$와 $f_Y(y)$를 구하라.

(d) 확률변수 X와 Y는 서로 독립인가?

(e) $Y=0$일 때 X의 조건부 확률밀도함수를 구하라.

2.5.5 두 장의 카드를 52장의 카드묶음으로부터 비복원추출하여, 뽑혀진 하트 무늬 수를 확률변수 X로, 클럽 수를 Y로 나타낸다고 할 때 다음 물음에 답하여라.

(a) X와 Y의 결합확률질량함수를 구하라.

(b) X와 Y의 주변확률질량함수를 각각 구하라.

(c) X와 Y는 서로 독립인가?

(d) X와 Y의 기대값 및 분산을 각각 구하라.

(e) X와 Y의 공분산을 구하라.

(f) X와 Y의 상관을 구하라.

(g) 하트 무늬가 한 장도 안 뽑혔을 경우, Y의 조건부 확률질량함수를 구하라. 또한 한 장의 하트 무늬가 뽑혔을 경우, Y의 조건부 확률질량함수를 구하라.

2.5.6 연습문제 2.5.5에 대하여 이번에는 복원추출했을 때 (a)~(g) 물음에 답하라.

2.5.7 두 명의 안전진단 검사자가 새 빌딩을 검사하여 1, 2, 3, 4의 안전점수를 부여한다. 확률변수 X를 첫 번째 검사자의 안전점수로, Y를 두 번째 검사자의 안전점수라 할 때, 결합확률질량함수는 [그림 2.69]와 같다.

Y \ X	1	2	3	4
1	0.09	0.03	0.01	0.01
2	0.02	0.15	0.03	0.01
3	0.01	0.01	0.24	0.04
4	0.00	0.01	0.02	0.32

그림 2.69
안전점수에 대한 결합확률질량함수

(a) 양 검사자가 같은 안전점수를 부여할 확률을 구하라.

(b) 두 번째 검사자가 첫 번째 검사자보다 높은 점수를 줄 확률을 구하라.

(c) 첫 번째 검사자가 부여하는 안전점수의 주변확률질량함수, 기대값 및 분산을 구하라.

(d) 두 번째 검사자가 부여하는 안전점수의 주변확률질량함수, 기대값 및

분산을 구하라.

(e) 두 검사자가 부여하는 안전점수는 서로 독립인가?

(f) 첫 번째 검사자가 3의 점수를 부여하였다고 한다면, 두 번째 검사자가 부여하는 안전점수의 주변확률질량함수를 구하라.

(g) 두 검사자가 부여하는 점수의 공분산을 구하라.

(h) 두 검사자가 부여하는 점수의 상관을 구하라. 만약 당신이 정확히 건물을 평가하도록 안전검사자를 훈련시키는 사람이라면, 어떤 상관의 값을 선호할 것인가?

2.5.8 세 연속형 확률변수 X, Y, Z의 결합확률밀도함수가 $f(x, y, z) = \frac{3xyz^2}{32}$, $0 \le x \le 2$, $0 \le y \le 2$, $0 \le z \le 2$라고 할 때

a) 이 결합확률밀도함수는 타당한 결합확률밀도함수임을 보여라.

b) $P(0 \le X \le 1, 0.5 \le Y \le 1.5, 1 \le Z \le 2$을 구하라.

c) 확률변수 X의 주변확률밀도함수를 구하라.

2.6 확률변수들의 조합 및 함수 (Combinations and Functions of Random Variables)

2.6.1 한 확률변수의 선형함수(Linear Functions of a Random Variable)

확률변수 X의 선형함수

$$Y = aX + b, \quad a, b \in R$$

는 또 다른 확률변수이며 일반적으로

$$E(Y) = aE(X) + b$$

로서, 즉 확률변수 Y의 기대값은 확률변수 X의 기대값의 선형함수로서 나타낼 수 있다. 하지만 분산은

$$\mathrm{Var}(Y) = a^2 \mathrm{Var}(X)$$

이며, 표준편차는

$$\sigma_Y = |a|\sigma_X$$

이다. 이때 σ_X는 X의 표준편차이다.

확률변수의 선형함수(Linear Functions of a Random Variable)

확률변수 X에 대하여 다른 확률변수 Y가 어떤 값을 갖는 $a, b \in R$에 대하여 $Y = aX + b$로 정의될 때 X의 선형함수 Y의 기대값 및 분산은

$$E(Y) = aE(X) + b \qquad \text{Var}(Y) = a^2\text{Var}(X)\ .$$

이러한 결과를 응용한 중요한 예는 평균 0, 분산 1을 가지는 확률변수로 표준화(standardization)하는 것인데, 만약 확률변수 X가 평균 μ, 분산 σ^2를 갖는다면, 확률변수

$$Y = \frac{X-\mu}{\sigma} = \frac{1}{\sigma}X + \left(-\frac{\mu}{\sigma}\right)$$

는 평균은 0, 분산은 1을 갖는다.

확률변수 $Y = aX + b$의 누적분포함수 $F_Y(y)$는 X의 누적분포함수로부터 구할 수 있는데

$$F_Y(y) = P(Y \le y) = P(aX + b \le y) = P(aX \le y - b)$$

이다. 만약 $a > 0$이면

$$F_Y(y) = P\left(X \le \frac{y-b}{a}\right) = F_X\left(\frac{y-b}{a}\right)$$

이고, $a < 0$이면

$$F_Y(y) = P\left(X \ge \frac{y-b}{a}\right) = 1 - F_X\left(\frac{y-b}{a}\right).$$

예제 21 시험성적 표준화(Test Score Standardization)

특정 시험의 점수를 나타내는 확률변수 X는 $[-5, 20]$의 범위 내에서 분포하며, 기대값은 10, 분산은 7을 갖는다. 이 점수들을 $[0, 100]$의 범위에서 표준화하면 선형변환

$$Y = 4X + 20$$

을 통하여 구할 수 있다. 이 표준화 점수의 기대값은

$$E(Y) = 4E(X) + 20 = (4 \times 10) + 20 = 60$$

이며 분산은

$$\text{Var}(Y) = 4^2\text{Var}(X) = 4^2 \times 7 = 112$$

로서, 표준편차는 $\sigma_Y = \sqrt{112} = 10.58$, 즉 $4 \times \sigma_x = 4 \times \sqrt{7}$이다.

예제 22 화학반응 온도(Chemical Reaction Temperatures)

특정 화학반응의 화씨온도 X는 220°에서 280°에 분포하며 다음과 같은 확률밀도함수를 가진다.

$$f_X(x) = \frac{x - 190}{3600}$$

[그림 2.70]에서처럼 기대값과 표준편차는 각각 $E(X) = 255°$, $\sigma_X = 16.58°$ 이다. 게다가 화학반응 온도의 누적분포함수는

$$F_X(x) = \int_{z=220}^{x} f_X(z)\, dz = \frac{(x-190)^2}{7200} - \frac{1}{8}$$

이 된다. 화학자 A는 이 온도를 섭씨온도로 변환하고 싶다. 확률변수 Y를 섭씨온도로 정의하면

$$Y = \frac{5}{9}X - \frac{160}{9}$$

이 되며, Y의 누적분포함수는

$$F_Y(y) = F_X\left(\frac{y-b}{a}\right) = F_X\left(\frac{y + \frac{160}{9}}{\frac{5}{9}}\right) = \frac{(9y-790)^2}{180{,}000} - \frac{1}{8}$$

로서, 확률밀도함수는 $104.44 \le Y \le 137.78$에서 누적분포함수를 미분함에 의해

$$f_Y(y) = \frac{d}{dy}F_Y(y) = \frac{9y}{10{,}000} - \frac{79}{1000}$$

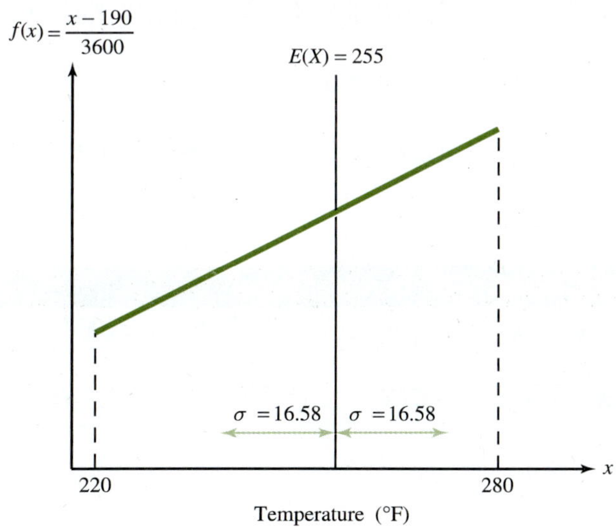

그림 2.70 화학반응 온도에 대한 확률밀도 함수(°F)

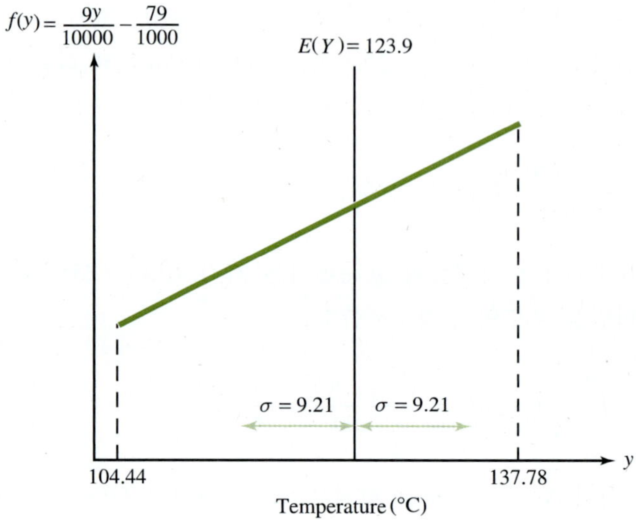

그림 2.71
화학반응 온도에 대한 확률밀도 함수(℃)

와 같이 구할 수 있다([그림 2.71] 참조). Y의 기대값 및 분산은 각각

$$E(Y) = \frac{5}{9}E(X) - \frac{160}{9} = \frac{5}{9} \times 255 - \frac{160}{9} = 123.9$$

$$\text{Var}(Y) = \left(\frac{5}{9}\right)^2 \text{Var}(X) = \left(\frac{5}{9}\right)^2 \times 275 = 84.88.$$

2.6.2 확률변수들의 선형결합(Linear Combinations of Random Variables)

두 확률변수 X_1과 X_2과 주어졌을 때, 두 확률변수 합의 기대값은

$$E(X_1 + X_2) = E(X_1) + E(X_2)$$

이 된다. 즉 두 확률변수 합의 기대값은 각각의 기대값의 합과 같다. 또한

$$\text{Var}(X_1 + X_2) = \text{Var}(X_1) + \text{Var}(X_2) + 2\text{Cov}(X_1, X_2)$$

이 되며, 독립인 경우 공분산은 0이 되므로, 두 확률변수의 합의 분산은 각각의 분산의 합과 같게 된다.

확률변수들의 합(Sums of Random Variables)

두 확률변수 X_1과 X_2에 대하여

$$E(X_1 + X_2) = E(X_1) + E(X_2)$$

이며,

$$\mathrm{Var}(X_1 + X_2) = \mathrm{Var}(X_1) + \mathrm{Var}(X_2) + 2\mathrm{Cov}(X_1, X_2)$$

이 된다. 만약 X_1과 X_2가 상호 독립이라면 $\mathrm{Cov}(X_1, X_2) = 0$이며, 따라서

$$\mathrm{Var}(X_1 + X_2) = \mathrm{Var}(X_1) + \mathrm{Var}(X_2).$$

임의의 상수 $a_1, \cdots, a_n$ 및 b에 대하여 일련의 확률변수 $X_1, \cdots, X_n$의 선형결합

$$Y = a_1X_1 + \cdots + a_nX_n + b$$

의 기대값은 $E(Y) = a_1E(X_1) + \cdots + a_nE(X_n) + b$이며, $X_1, \cdots, X_n$이 상호 독립이면 $(\mathrm{Var})(Y) = a_1^2\mathrm{Var}(X_1) + \cdots + a_n^2\mathrm{Var}(X_n)$이 된다. 주지할 사실은 일련의 확률변수들의 선형결합인 확률변수 Y의 분산을 구할 때, 이동의 양 (b)는 분산에 전혀 영향을 주지 않으며, 계수 a_i는 제곱이 된다.

확률변수의 선형 결합(Linear Combinations of Random Variables)

일련의 확률변수 $X_1, \cdots, X_n$과 임의의 상수 $a_1, \cdots, a_n$ 및 b에 대하여

$$E(a_1X_1 + \cdots + a_nX_n + b) = a_1E(X_1) + \cdots + a_nE(X_n) + b$$

이며, 확률변수들이 상호 독립일 때

$$\mathrm{Var}(a_1X_1 + \cdots + a_nX_n + b) = a_1^2\mathrm{Var}(X_1) + \cdots + a_n^2\mathrm{Var}(X_n)$$

이 된다.

두 독립인 확률변수 X_1과 X_2가 평균 μ, 분산 σ^2를 갖는 상호 독립인 확률변수라고 할 때, 확률변수 Y_1은

$$Y_1 = X_1 + X_2$$

두 확률변수의 합으로 정의가 되며, 다른 확률변수 Y_2는

$$Y_2 = X_1 - X_2$$

으로 두 확률변수의 차로 정의하기로 한다. 이 경우

$$E(Y_1) = E(X_1) + E(X_2) = 2\mu \qquad E(Y_2) = E(X_1) - E(X_2) = 0$$

이며, X_1과 X_2는 상호 독립이기 때문에

$$\mathrm{Var}(Y_1) = \mathrm{Var}(X_1) + \mathrm{Var}(X_2) = 2\sigma^2$$

이며, 또한

$$\mathrm{Var}(Y_2) = \mathrm{Var}(X_1 + (-1)X_2) = \mathrm{Var}(X_1) + (-1)^2\mathrm{Var}(X_2) = 2\sigma^2$$

이 된다. 두 확률변수의 합이나 차에 대한 분산은 모두 $2\sigma^2$이 되며 이는 다음과 같은 일반적인 규칙을 설명하고 있다.

독립인 확률변수들을 더하거나 뺄 경우 이는 분산을 증가시키게 된다.

다른 경우로서, 상호 독립인 일련의 확률변수 $X_1, \cdots, X_n$가 평균 μ, 분산 σ^2를 갖는다고 하자. 이때 산술평균(arithmatic mean)

$$\bar{X} = \frac{X_1 + \cdots + X_n}{n}$$

을 고려한다. 산술평균의 기대값은

$$E(\bar{X}) = E\left(\frac{1}{n}X_1 + \cdots + \frac{1}{n}X_n\right) = \frac{1}{n}E(X_1) + \cdots + \frac{1}{n}E(X_n)$$
$$= \frac{1}{n}\mu + \cdots + \frac{1}{n}\mu = \mu$$

이며, 산술평균의 분산은

$$\mathrm{Var}(\bar{X}) = \mathrm{Var}\left(\frac{1}{n}X_1 + \cdots + \frac{1}{n}X_n\right) = \left(\frac{1}{n}\right)^2\mathrm{Var}(X_1) + \cdots + \left(\frac{1}{n}\right)^2\mathrm{Var}(X_n)$$
$$= \left(\frac{1}{n}\right)^2\sigma^2 + \cdots + \left(\frac{1}{n}\right)^2\sigma^2 = \frac{\sigma^2}{n}$$

이 된다. 평균의 기대값은 개개의 확률변수들의 기대값 μ와 같으며, 분산은 σ^2/n로 줄어든다. 이는 독립인 확률변수들을 산술평균할 경우 분산은 줄어들게 된다는 일반적인 원칙을 설명하고 있다.

독립인 확률변수들의 산술평균(Averaging Independent Random Variables)

상호 독립인 일련의 확률변수 $X_1, \cdots, X_n$가 평균 μ, 분산 σ^2를 갖는다고 할 때, 이 확률변수들의 산술평균

$$\bar{X} = \frac{X_1 + \cdots + X_n}{n}$$

의 기대값 및 분산은 각각

$$E(\bar{X}) = \mu \qquad \mathrm{Var}(\bar{X}) = \frac{\sigma^2}{n}.$$

[그림 2.72]는 평균과 분산이 확률변수의 단순한 결합에 의해 어떻게 변화하는지를 설명하고 있다. (1) 하나의 확률변수에 2를 곱하였을 경우 두 독립인 확률변수를 더하는 것보다 분산이 크다. (2) 두 독립인 확률변수의 합은 두 확률변수의 차와 분산이 같으며, 개개의 확률변수의 분산보다 커지게 된다. (3) 두 확률변수의 산술평균은 개개의 확률변수의 분산보다 작아지게 된다.

예제 23 피스톤 헤드 제조(Piston Head Construction)

회전하는 피스톤 헤드는 실린더 안에서 부드럽게 움직이게끔 설계된다. 하지만 피스톤 헤드와 실린더 내부 공간 사이에는 약간의 제조상 변동이 존재한다. 확률변수 X_1은 피스톤 헤드의 반경으로 정의하고, 평균은 30.00mm, 표준편차는

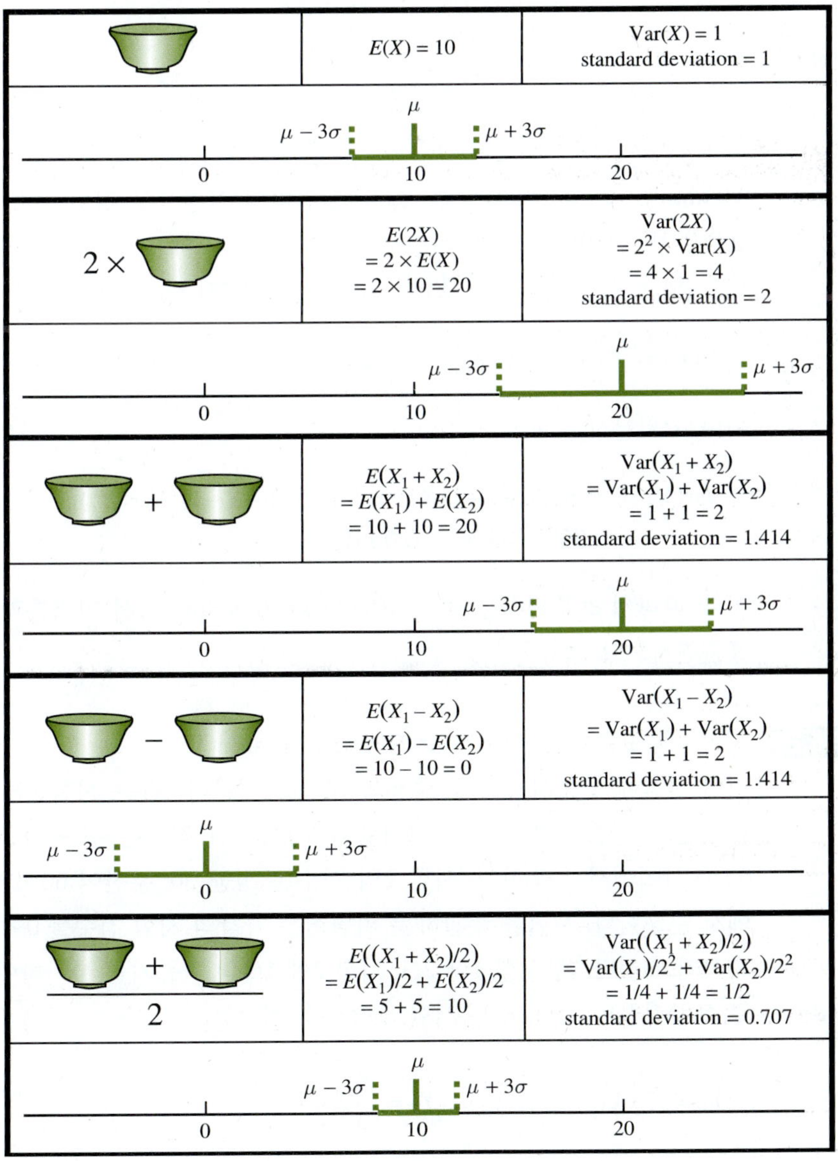

그림 2.72 확률변수들의 조합에 대한 기대값 및 분산

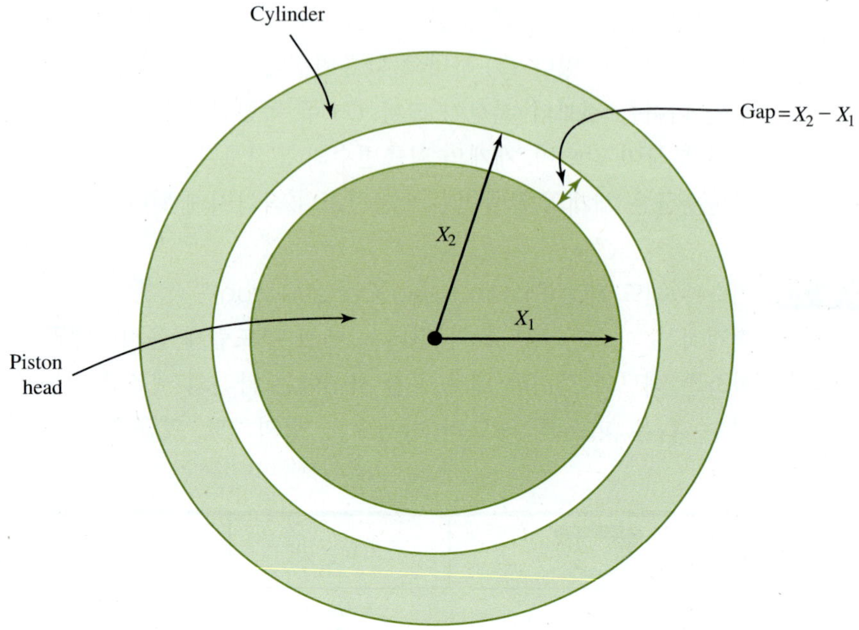

그림 2.73
실린더 내 피스톤 헤드 단면도

0.05mm을 갖는다. 확률변수 X_2는 실린더의 반경으로 정의되며, 평균 30.25mm, 표준편차는 0.06mm이다. 피스톤 헤드와 실린더 내부 공간간의 차이를 확률변수 Y로 정의한다면, $Y = X_2 - X_1$이 된다([그림 2.73] 참조). 이때 Y의 기대값은

$$E(Y) = E(X_2) - E(X_1) = 30.25 - 30.00 = 0.25 \text{ mm}$$

이며, Y의 분산은

$$\begin{aligned}\text{Var}(Y) &= \text{Var}(X_2 + (-1)X_1) = \text{Var}(X_2) + (-1)^2\text{Var}(X_1) \\ &= 0.06^2 + 0.05^2 = 0.0061\end{aligned}$$

이다. 따라서 표준편차는 $\sigma_Y = \sqrt{0.0061} = 0.078$mm로서 피스톤과 실린더 각각의 표준편차보다 크다.

예제 21 시험성적 표준화(Test Score Standardization)

어떤 시험에서 응시자는 두 종류의 시험을 치른다. X_1은 시험 1의 점수를 나타내며, X_2는 시험 2의 점수를 나타낸다. 시험 1의 점수는 평균 18, 분산이 24이며 0~30 사이에서 분포한다. 시험 2의 점수는 평균 30, 분산이 60이며 −10~50 사이에서 분포한다. 시험을 주관하는 위원회는 각각의 시험 점수를 0~100점으로 표준화시키고 싶다. 즉 시험 1에 2/3, 시험 2에 1/3의 가중치를 부가하여 최종 100점으로 표준화한다고 하자. 두 시험의 표준화 점수는

$$Y_1 = \frac{10}{3}X_1 \qquad\qquad Y_2 = \frac{5}{3}X_2 + \frac{50}{3}$$

일 때, 최종 점수는

$$Z = \frac{2}{3}Y_1 + \frac{1}{3}Y_2 = \frac{20}{9}X_1 + \frac{5}{9}X_2 + \frac{50}{9}$$

이 된다. 한 응시자가 시험 1에 11점, 시험 2에 2점을 받았다고 하면 최종 점수는

$$z = \left(\frac{20}{9} \times 11\right) + \left(\frac{5}{9} \times 2\right) + \frac{50}{9} = 31.11$$

이며, 최종 점수에 대한 기대값은

$$\begin{aligned} E(Z) &= \frac{20}{9}E(X_1) + \frac{5}{9}E(X_2) + \frac{50}{9} \\ &= \left(\frac{20}{9} \times 18\right) + \left(\frac{5}{9} \times 30\right) + \frac{50}{9} = 62.22 \end{aligned}$$

이 된다. 만약 두 시험이 상호 독립이라고 하면

$$\begin{aligned} \text{Var}(Z) &= \text{Var}\left(\frac{20}{9}X_1 + \frac{5}{9}X_2 + \frac{50}{9}\right) = \left(\frac{20}{9}\right)^2 \times \text{Var}(X_1) + \left(\frac{5}{9}\right)^2 \times \text{Var}(X_2) \\ &= \left(\frac{20}{9}\right)^2 \times 24 + \left(\frac{5}{9}\right)^2 \times 60 = 137.04 \end{aligned}$$

이며, 따라서 표준편차 $\sigma_2 = \sqrt{137.04} = 11.71$이 된다.

기회 게임 공정한 동전을 100번 던져 나오는 앞면의 수에 대한 평균과 분산을 구해보자. 이 문제는 확률변수 X_i를 i번째 동전을 던져 앞면이 나오면 1, 뒷면이 나오면 0으로 정의함에 의해 쉽게 풀 수 있다. 나오는 앞면의 수는

$$Y = X_1 + \cdots + X_{100}$$

이며, X_i의 기대값은 1/2, 분산은 1/4이므로,

$$E(Y) = E(X_1) + \cdots + E(X_{100}) = \frac{1}{2} + \cdots + \frac{1}{2} = \frac{100}{2} = 50$$

이 되며, 동전 던지기는 각각의 결과가 독립이므로

$$\text{Var}(Y) = \text{Var}(X_1) + \cdots + \text{Var}(X_{100}) = \frac{1}{4} + \cdots + \frac{1}{4} = \frac{100}{4} = 25$$

이 된다. 이 경우는 이항분포(Binomial Distribution)의 예로서 3.1절에서 자세히 설명한다.

다음으로 주사위 한 개를 10번 던져 나오는 눈의 수의 평균을 기록한다. 주사위를 한 번 던질 때 평균 $\mu=3.5$, 분산 $\sigma^2=35/12$이므로 10번의 평균은 3.5이지만 분산은 $\sigma^2/10=35/120=7/24$이 된다(표준편차는 $\sqrt{7/24}=0.54$).

2.6.3 확률변수의 비선형함수(Nonlinear Functions of a Random Variable)

비선형함수 g에 대하여 확률변수 X의 비선형함수 $Y=g(X)$는 또다른 확률변수가 된다. 예로서 $Y=X^2$, $Y=\sqrt{X}$, $Y=e^X$, 그리고 $Y=1/(1+X)$을 고려할 수 있다. Y의 기대값과 평균을 X의 기대값과 평균과 연관시킬 수 있는 일반적인 방법은 존재하지 않는다. 하지만 Y의 확률분포를 유도하는 가장 손쉬운 방법은 확률변수 X의 누적분포함수로부터 Y의 누적분포함수를 구하는 것이다. 예를 들면, 확률변수 X가 0과 1 사이에 분포하며, 확률밀도함수 $f_X(x)=1$를 가진다고 하자. 이 확률밀도함수는 $x=0.5$에 대하여 좌우대칭이므로 X의 기대값은 0.5이다. 또한 X의 누적분포함수

$$F_X(x) = x$$

는 확률변수 Y가 $Y=e^X$로 정의될 때 Y의 누적분포함수는

$$F_Y(y) = P(Y \le y) = P(e^X \le y) = P(X \le \ln(y)) = F_X(\ln(y)) = \ln(y)$$

이며, Y의 확률밀도함수는 누적분포함수를 미분함에 의해

$$f_Y(y) = \frac{dF_Y(y)}{dy} = \frac{1}{y}, \quad 1 \le y \le 2.718$$

와 같이 구할 수 있다. 이 함수는 X의 확률밀도함수와 함께 [그림 2.74]에 나타나 있는데,

$$E(Y) = \int_{z=1}^{2.718} z\, f_Y(z)\, dz = \int_{z=1}^{2.718} 1\, dz = 2.718 - 1 = 1.718\,.$$

예제 23 피스톤 헤드 제작(Piston Head Construction)

피스톤 헤드의 반경을 나타내는 확률변수 X_1은 29.9mm와 30.1mm 범위 내에서 값을 취하며 확률밀도함수가

$$f_{X_1}(x) = 5$$

이다. X_1의 누적분포함수는

$$F_{X_1}(x) = \int_{z=29.9}^{x} f_{X_1}(z)\, dz = 5x - 149.5$$

이 된다. 피스톤 제조업자는 피스톤 헤드의 면적이 직접적으로 피스톤의 성능에 영향을 미치기 때문에 피스톤 헤드의 면적에 특별한 관심을 가지고 있다. 피스톤 헤드의 면적은

$$Y = \pi X_1^2$$

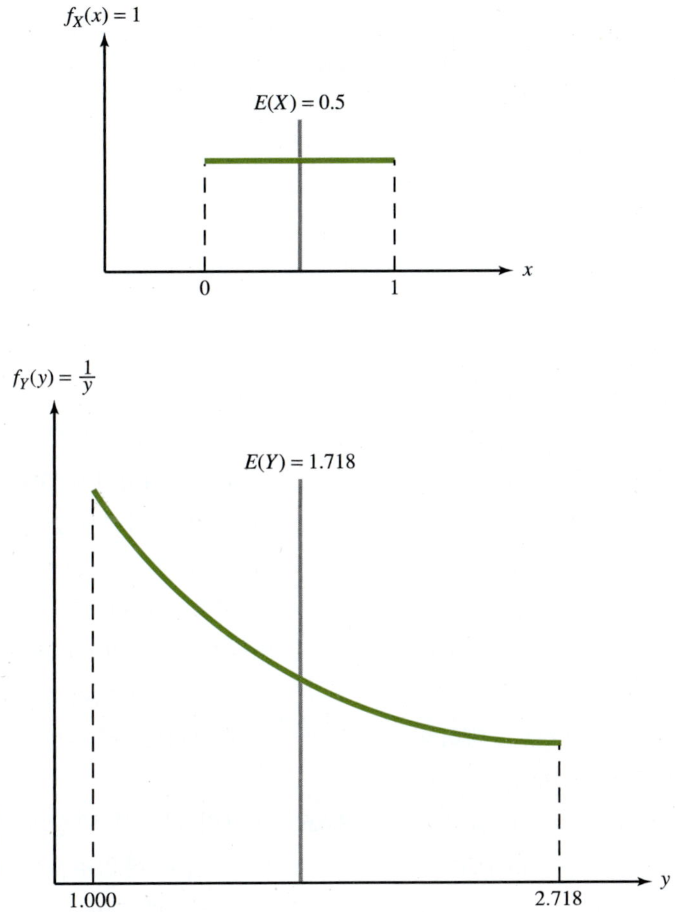

그림 2.74
X와 $Y=e^X$의 확률밀도함수의 비교

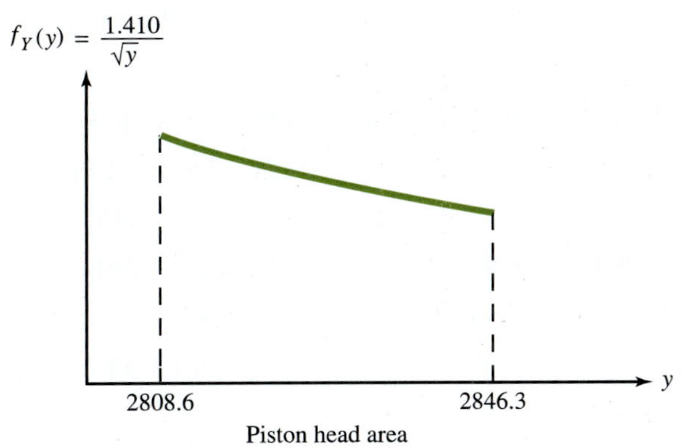

그림 2.75
피스톤 헤드 면적의 확률밀도 함수

이며, $\pi \cdot 29.9^2 = 2{,}808.6\text{mm}^2$와 $\pi \cdot 30.1^2 = 2{,}846.3\text{mm}^2$ 범위 내에서 값을 가진다. 피스톤 헤드 면적의 누적분포함수는

$$F_Y(y) = P(Y \le y) = P\left(\pi X_1^2 \le y\right)$$
$$= P\left(X_1 \le \sqrt{y/\pi}\right) = F_{X_1}\left(\sqrt{y/\pi}\right) = 2.821\sqrt{y} - 149.5$$

이며, 따라서 확률밀도함수는

$$f_Y(y) = \frac{dF_Y(y)}{dy} = \frac{1.410}{\sqrt{y}}, \quad 2808.6 \le y \le 2846.3$$

이 된다([그림 2.75] 참조).

연습문제

2.6.1 확률변수 X, Y, Z는 독립이며, $E(X)=2$, $\text{Var}(X)=4$, $E(Y)=-3$, $\text{Var}(Y)=2$, $E(Z)=8$, $\text{Var}(Z)=7$이다. 다음 확률변수들의 기대값 및 분산을 구하라.

(a) $3X+7$ (b) $5X-9$
(c) $2X+6Y$ (d) $4X-3Y$
(e) $5X-9Z+8$ (f) $-3X-Z-5$
(g) $X+2Y+3Z$ (h) $6X+2Y-Z+16$

2.6.2 확률변수 X의 함수 $g(X)$에 대하여 $E(g(X)) = \int g(x)f(x)\,dx$ 이다. 이 때 $f(x)$는 X의 확률밀도함수이다. 위의 결과를 이용하여 $E(aX+b) = aE(X)+b$, $\text{Var}(aX+b) = a^2\,\text{Var}(X)$ 임을 보여라.

2.6.3 X_1, X_2, X_3는 상호 독립인 확률변수로서 각각의 평균이 μ, 분산이 σ^2으로 같다. $Y=3X_1$ 및 $Z=X_1+X_2+X_3$의 평균과 분산을 각각 구하여 비교하라.

2.6.4 어떤 게임에서 한 선수는 \$10을 벌 확률이 1/8, \$1을 잃을 확률이 7/8이다. 50번 경기를 실시한 후에 총 순수하게 벌어들이는 금액에 대한 기대값 및 분산을 구하라.

2.6.5 콘크리트 블록 무게의 기대값이 1.12kg이며 표준편차가 0.03kg이라고 할 때

(a) 임의로 선택한 25장의 콘크리트 블록의 평균 무게에 대한 기대값 및 분산을 구하라.
(b) 평균 무게가 0.005kg 이하의 표준편차를 갖기 위하여 얼마나 많은 블록을 필요로 하는가?

2.6.6 10장의 카드를 52장의 카드묶음으로부터 임의로 복원추출한다고 한다. 뽑힌 에이스 수에 대한 기대값 및 분산을 구하라. 또한 비복원추출인 경우에 뽑힌 에이스 수의 기대값 및 분산을 구하라.

2.6.7 확률변수 X의 확률밀도함수는 $f(x) = 2x$, $0 \le x \le 1$와 같다. 다음과 같이 정의되는 확률변수 Y의 확률밀도함수 및 기대값을 구하라.

(a) $Y=X^3$ (b) $Y=\sqrt{X}$
(c) $Y=1/(1+X)$ (d) $Y=2^X$

2.6.8 비누 거품의 반경이 다음과 같은 확률 밀도함수를 갖는다.

$$f(r) = A(1-(r-1)^2),\ \ 0 \le r \le 2$$

(a) A의 값을 결정하라.

(b) 비누 거품의 부피(volume)의 확률밀도함수를 구하라.

(c) 비누 거품 부피의 기대값을 구하라.

2.6.9 \$$x$가 뮤추얼 펀드 A에 투자된다고 하면 연소득의 평균이 \$0.1x이며 표준편차가 \$0.02x이다. 만약 \$$x$가 뮤추얼 펀드 B에 투자된다고 하면 연소득의 평균이 \$0.1x이며 표준편차가 \$0.03x이다. 두 펀드의 수익률은 상호 독립이며 \$1,000을 투자하기로 하였다.

(a) 만약 모든 금액을 뮤추얼 펀드 A에 투자한다고 할 때 연소득의 기대값 및 분산을 구하라.

(b) 만약 모든 금액을 뮤추얼펀드 B에 투자한다고 할 때 연소득의 기대값 및 분산을 구하라.

(c) 금액의 반을 뮤추얼 펀드 A에, 나머지 반을 뮤추얼 펀드 B에 투자한다고 할 때 총 연소득의 기대값 및 분산을 구하라.

(d) 만약 \$$x$를 펀드 A에, 나머지를 펀드 B에 투자한다고 할 때 총 연소득의 분산을 최소화하는 x의 값을 구하라.

2.6.10 연습문제 2.2.10을 고려하기로 한다. 5개 요소가 전기회로에 사용되며 따라서 총 저항은 5개의 저항값의 합으로 나타난다. 또한 저항 각각은 상호 독립이라고 가정할 경우, 총 저항의 기대값 및 표준편차를 구하라.

2.6.11 어떤 제조 공정에서 제조되는 아이템은 3가지 평가를 받게 된다. 첫 번째 평가 X_1의 평균은 59, 표준편차는 10이며, 두 번째 평가 X_2의 평균은 67, 표준편차는 13이며, 세 번째 평가 X_3의 평균은 72, 표준편차는 4이다. 또한 세 평가의 결과는 상호 독립이라고 생각할 수 있다.

(a) 최종 점수 $X = (X_1 + X_2 + X_3)/3$으로 정의될 때 X의 평균 및 표준편차를 구하라.

(b) 최종 점수 $X = 0.4X_1 + 0.4X_2 + 0.2X_3$와 같이 가중평균으로 구할 때, X의 평균 및 표준편차를 구하라.

2.6.12 확률변수 X는 기대값이 77, 표준편차는 9이다. $Y = aX + b$와 같이 정의되는 Y의 기대값이 1,000, 표준편차가 10이 되는 a와 b의 값을 결정하라.

2.6.13 서로 독립인 제품 높이의 평균 $\mu =$ 65.90, 표준편차 $\sigma = 0.32$이다.

(a) 5제품 평균 높이의 평균 및 표준편차를 구하라.

(b) 8제품이 쌓여 있을 때, 총 높이의 평균 및 표준편차를 구하라.

2.6.14 주사위를 80번 던져 나오는 눈의 합 X를 구하였다. X의 기대값 및 표준편차를 구하라.

2.6.15 A팀과 B팀이 릴레이 경주를 한다. 각 팀에는 4명의 주자가 있으며 4명의 주자가 완주하여 등수를 결정한다. A팀 주자들의 평균시간은 33.2초, 표준편차는 1.4초이며, B팀 주자들의 평균시간은 33.0초, 표준편차는 1.3초이다. 모든 8주자들의 경주시간은 서로 독립이라고 할 때,

(a) A팀의 총 경주시간의 기대값 및 표

준편차를 구하라.

(b) A팀의 총 경주시간에서 B팀의 총 경주시간을 뺀 그 차이에 대한 기대값 및 표준편차를 구하라.

(c) A팀의 매니저는 A팀의 첫 번째 주자의 경주시간에서 나머지 3명의 평균 경주시간을 뺀 시간을 측정하였다. 이 차이에 대한 기대값 및 표준편차를 구하라.

2.6.16 어떤 지역의 기온의 평균이 화씨 110°F이며 표준편차는 2.2°F이다. 섭씨온도의 평균 및 표준편차를 구하라($F=9C/5+32$: C는 섭씨온도).

2.6.17 한 사람의 콜레스테롤 지수 C는 3가지 서로 다른 검사를 통해 측정 가능하다. α-검사는 평균이 C, 표준편차가 1.2인 X_α값을 가지며, β-검사는 평균이 C, 표준편차가 2.4인 X_β값을 갖는다. 또한 γ-검사는 평균이 C이며 표준편차가 3.1인 X_γ값을 갖는다고 하며, 각각의 세 검사 결과는 상호 독립이다. 만약 의사가 $0.5X_\alpha+0.3X_\beta+0.2X_\gamma$와 같은 가중평균지수를 사용한다면, 콜레스테롤 지수의 표준편차는 어떻게 될까?

2.6.18 어떤 수원(水原)에서 취한 물 샘플의 불순물 수준은 평균이 3.87이며 표준편차가 0.18인 독립 확률변수라고 한다.

(a) 2가지 물 샘플로부터 측정한 불순물 수준의 합에 대한 표준편차를 구하라.

(b) 3가지 물 샘플로부터 측정한 불순물 수준의 합에 대한 평균 및 표준편차를 구하라.

(c) 4가지 물 샘플로부터 측정한 불순물 수준의 평균에 대한 평균 및 표준편차를 구하라.

(d) 만약 2가지 물 샘플의 불순물 수준에 대해 평균을 내고, 세 번째 샘플의 불순물 수준에서 그 평균을 뺀다고 할 때 최종 결과에 대한 평균 및 표준편차를 구하라.

CHAPTER 3

이산형 확률분포(Discrete Probability Distributions)

이 장에서는 실생활에서 많이 발생하는 사건을 표현하기 위한 이산형 확률분포들, 즉 이항분포(Binomial Distribution), 기하분포(Geometric Distribution), 음이항분포(Negative Binomial Distribution), 초기하분포(Hypergeometric Distribution), 포아송분포(Poisson Distribution) 및 다항분포(Multinomial Distribution) 등을 소개한다.

3.1 이항분포(Binomial Distribution)

3.1.1 베르누이 확률변수(Bernoulli Random Variables)

가장 단순한 이산형 확률변수는 단지 두 가지 값을 가지는 경우, 예를 들면 1개의 동전을 던지는 경우, 한 아이템이 불량이거나 정상인지 판단하는 경우 등이다. 보통 그 결과들은 0 또는 1로 표현되며, 그 확률변수는 모수 $p(0 \le p \le 1)$, 즉 결과값을 1로 가질 확률에 의해 정의될 수 있다. 이 단순한 확률변수는 베르누이(Bernoulli) 확률변수라 하며, 기대값은

$$E(X) = (0 \times P(X=0)) + (1 \times P(X=1)) = (0 \times (1-p)) + (1 \times p) = p$$

이며

$$E(X^2) = (0^2 \times P(X=0)) + (1^2 \times P(X=1)) = p$$

이므로, 분산은

$$\text{Var}(X) = E(X^2) - (E(X))^2 = p - p^2 = p(1-p)$$

이 된다.

베르누이 확률변수(Bernoulli Random Variables)

모수 p, $0 \le p \le 1$를 가지는 베르누이 확률변수 X는 0 또는 1의 값을 가지며 $P(X=0)=1-p$, $P(X=1)=p$이다. X의 기대값 및 분산은

$$E(X) = p \qquad \mathrm{Var}(X) = p(1-p)$$

일반적으로 단지 두 가지 결과(0 또는 1)를 가지는 실험을 베르누이 시행(Bernoulli trial)이라고 한다.

3.1.2 이항분포의 정의

실생활의 많은 프로세스들이 일련의 베르누이 시행이라 볼 수 있다. 예를 들면 연속으로 동전을 던지거나, 생산제조라인에서 생산되는 한 제품의 불량 혹은 정상 여부 등이다. 이 경우 관심있는 확률변수는 주어진 시행(n) 중 성공의 수로서 그러한 확률변수를 이항 확률변수(binomial random variable)라 하며, 이산형 확률분포에서 가장 중요하게 다루어지고 있다.

만약 n회의 독립적인 베르누이 시행을 각각 $X_1, \cdots, X_n$라 하고 각각의 X_i가 1의 값을 가질 확률을 p라 하면, $X = X_1 + \cdots + X_n$은 모수 n과 p를 갖는 이항분포(binomial distribution)를 가지며 $X \sim B(n, p)$로 나타내기로 한다.

$B(n, p)$ 확률변수의 확률질량함수는 $x = 0, 1, \cdots, n$에 대하여

$$P(X = x) = \binom{n}{x} p^x (1-p)^{n-x}$$

로 주어진다. 예로서 $n=4$, 즉 $2^4 = 16$가지 가능한 결과가 [그림 3.1]에 주어져 있다. 이항 확률변수가 3을 취할 확률은

$$\begin{aligned} P(X = 3) &= P(0111) + P(1011) + P(1101) + P(1110) \\ &= (1-p)ppp + p(1-p)pp + pp(1-p)p + ppp(1-p) \\ &= 4p^3(1-p) \end{aligned}$$

와 같으며, 이항 확률변수가 2의 값을 가질 확률은

$$\begin{aligned} P(X = 2) &= P(0011) + P(0101) + P(0110) + P(1001) + P(1010) + P(1100) \\ &= (1-p)(1-p)pp + (1-p)p(1-p)p + (1-p)pp(1-p) \\ &\quad + p(1-p)(1-p)p + p(1-p)p(1-p) + pp(1-p)(1-p) \\ &= 6p^2(1-p)^2 \end{aligned}$$

이러한 계산은 $X \sim B(n, p)$이면 $P(x = x)$는 개개 확률 $p^x(1-p)^{n-x}$의 합으로 구할 수 있다는 일반적 규칙을 설명하고 있다. 더욱이 개개 확률의 총수는 x개의 1과 $(n-x)$개의 0을 나열할 수 있는 경우의 수 $\binom{n}{x}$이므로, 이를 일반

Outcome of four Bernoulli trials	Probability	X = number of successes
0000	$(1-p)(1-p)(1-p)(1-p)$	0
0001	$(1-p)(1-p)(1-p)p$	1
0010	$(1-p)(1-p)p(1-p)$	1
0011	$(1-p)(1-p)pp$	2
0100	$(1-p)p(1-p)(1-p)$	1
0101	$(1-p)p(1-p)p$	2
0110	$(1-p)pp(1-p)$	2
0111	$(1-p)ppp$	3
1000	$p(1-p)(1-p)(1-p)$	1
1001	$p(1-p)(1-p)p$	2
1010	$p(1-p)p(1-p)$	2
1011	$p(1-p)pp$	3
1100	$pp(1-p)(1-p)$	2
1101	$pp(1-p)p$	3
1110	$ppp(1-p)$	3
1111	$pppp$	4

그림 3.1 확률변수 $X \sim B(4,\ p)$에 대한 설명

화하면, $X \sim B(n,\ p)$에 대하여 $P(X=x)=\binom{n}{x}p^x(1-p)^{n-x},\ x=0,1,\cdots,n$과 같다. 베르누이 확률변수는 기대값 p를 가지므로 $B(n,\ p)$ 확률변수의 기대값은

$$E(X)=E(X_1)+\cdots+E(X_n)=p+\cdots+p=np$$

이며, 베르누이 확률변수의 분산은 $p(1-p)$이며, 서로 독립이므로

$$\begin{aligned}\mathrm{Var}(X) &= \mathrm{Var}(X_1)+\cdots+\mathrm{Var}(X_n)\\ &= p(1-p)+\cdots+p(1-p)=np(1-p)\end{aligned}$$

이항분포(Binomial Distribution)

다음과 같은 실험을 고려하자.

- n 베르누이 시행
- 시행은 상호 독립
- 각각은 p의 일정한 성공확률을 가진다.

이 경우 성공의 총수를 나타내는 확률변수 X는 모두 n과 p를 가지는 이항분포를 따르며, $X \sim B(n,\ p)$로 표현한다.
$B(n,\ p)$ 확률변수의 확률질량함수는

$$P(X=x)=\binom{n}{x}p^x(1-p)^{n-x},\ x=0,1,2,\ldots,n \text{ 이며}$$

$$E(X)=np \qquad \mathrm{Var}(X)=np(1-p)$$

[그림 3.2]는 $B(8,\ 0.5)$ 확률변수의 확률질량함수 및 누적분포함수를 설명하고 있다. 이 경우에

$$P(X=3)=\binom{8}{3}\times 0.5^3\times(1-0.5)^5=\frac{8!}{3!\,5!}\times 0.5^8=0.219$$

이며,

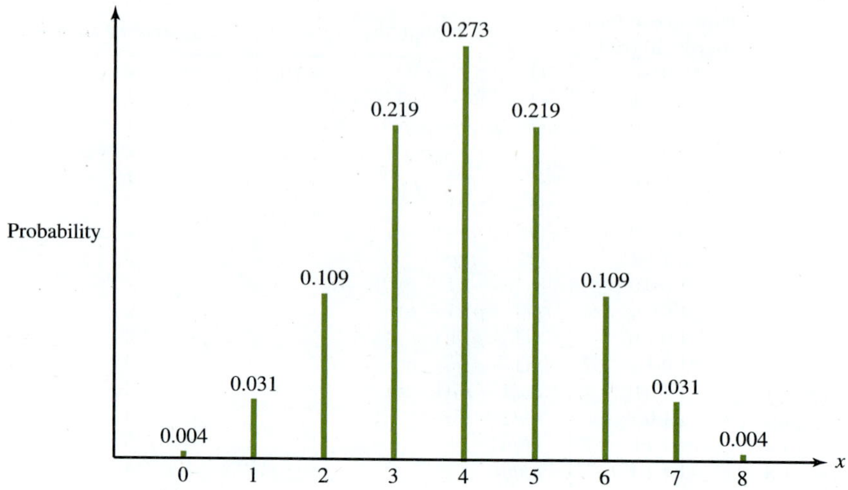

x	0	1	2	3	4	5	6	7	8
$P(X \le x)$	0.004	0.035	0.144	0.363	0.636	0.855	0.965	0.996	1.000

그림 3.2
$B(8, 0.5)$ 확률변수의 확률질량함수 및 누적분포함수

$$\begin{aligned} P(X \le 1) &= P(X=0) + P(X=1) \\ &= \binom{8}{0} \times 0.5^0 \times (1-0.5)^8 + \binom{8}{1} \times 0.5^1 \times (1-0.5)^7 \\ &= \frac{8!}{0!\,8!} \times 0.5^8 + \frac{8!}{1!\,7!} \times 0.5^8 = 0.004 + 0.031 = 0.035 \end{aligned}$$

이항 분포는 좌우대칭 분포이며, 따라서 $B(n, p)$ 분포는 모수 n의 특정값에 대하여 좌우대칭이다.

좌우대칭 이항분포(Symmetric Binomial Distribution)

$B(n, 0.5)$ 분포는 모수 n의 특정값에 대해 좌우대칭이다. 이 경우 분포는 기대값 $n/2$에 대하여 좌우대칭이 된다.

[그림 3.3]은 $B(8, 1/3)$ 확률변수의 확률질량함수 및 누적분포함수를 설명하고 있다. 이 경우

$$P(X=3) = \binom{8}{3} \times \left(\frac{1}{3}\right)^3 \times \left(1-\frac{1}{3}\right)^5 = \frac{8!}{3!\,5!} \times \left(\frac{1}{3}\right)^3 \times \left(\frac{2}{3}\right)^5 = 0.273$$

이며,

$$\begin{aligned} P(X \le 1) &= P(X=0) + P(X=1) \\ &= \binom{8}{0} \times \left(\frac{1}{3}\right)^0 \times \left(1-\frac{1}{3}\right)^8 + \binom{8}{1} \times \left(\frac{1}{3}\right)^1 \times \left(1-\frac{1}{3}\right)^7 \\ &= \frac{8!}{0!\,8!} \times \left(\frac{2}{3}\right)^8 + \frac{8!}{1!\,7!} \times \left(\frac{1}{3}\right) \times \left(\frac{2}{3}\right)^7 = 0.039 + 0.156 = 0.195 \end{aligned}$$

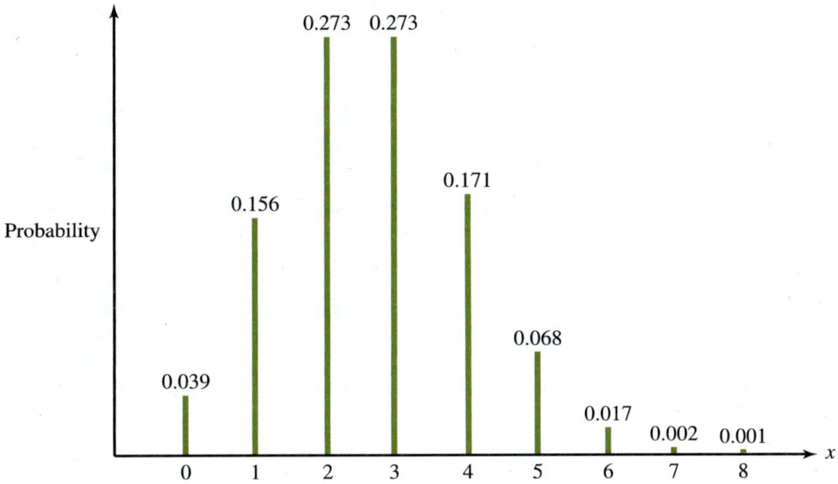

x	0	1	2	3	4	5	6	7	8
$P(X \leq x)$	0.039	0.195	0.468	0.741	0.912	0.980	0.997	0.999	1.000

그림 3.3
B(8, 1/3) 확률 변수의 확률질량 함수 및 누적 분포함수

한 개의 공정한 주사위를 8번 던져 5 또는 6의 눈이 나오면 \$1의 상금을 받는 게임을 고려해보자. 상금을 받을 확률분포는 $B(8, 1/3)$과 같으며, 총 \$4의 상금을 받을 확률은 $P(X=4)=0.171$이며, \$2 이하의 상금을 받을 확률은 $P(X \leq 2)=0.468$이다. 상금액에 대한 기대값 및 분산은 다음과 같다:

$$E(X) = np = 8 \times \frac{1}{3} = \$2.67\ , \quad \mathrm{Var}(X) = np(1-p) = 8 \times \frac{1}{3} \times \frac{2}{3} = 1.78\ .$$

3.1.3 이항분포의 예제

예제 17 우유 용기 내용물(Milk Container Contents)

이전의 설명에서 1개의 우유 용기 내의 내용물이 함량미달일 확률은 0.26임을 알 수 있었다. 우유 용기는 한 박스당 20개로 구성되어 있으며 서로 다른 두 우유 용기는 상호 독립이라고 할 때, 박스당 함량미달일 우유 용기의 수는 모수 $n=20$, $p=0.261$인 이항분포를 따르게 된다. 이는 개개 우유 용기가 확률 $p=0.261$의 함량미달 확률을 가지는 베르누이 시행이기 때문이며([그림 3.4] 참조), 박스당 함량미달인 우유 용기의 기대값 및 분산은

$$E(X) = np = 20 \times 0.261 = 5.22$$

$$\mathrm{Var}(X) = np(1-p) = 20 \times 0.261 \times 0.739 = 3.86$$

와 같다. 따라서 표준편차 $\sigma = \sqrt{3.86} = 1.96$이 된다. 박스 내의 함량미달 우유 용기 개수의 확률질량함수는 [그림 3.5]에 제시되어 있다. 박스가 정확히 7개의 함량미달인 우유 용기를 포함할 확률은

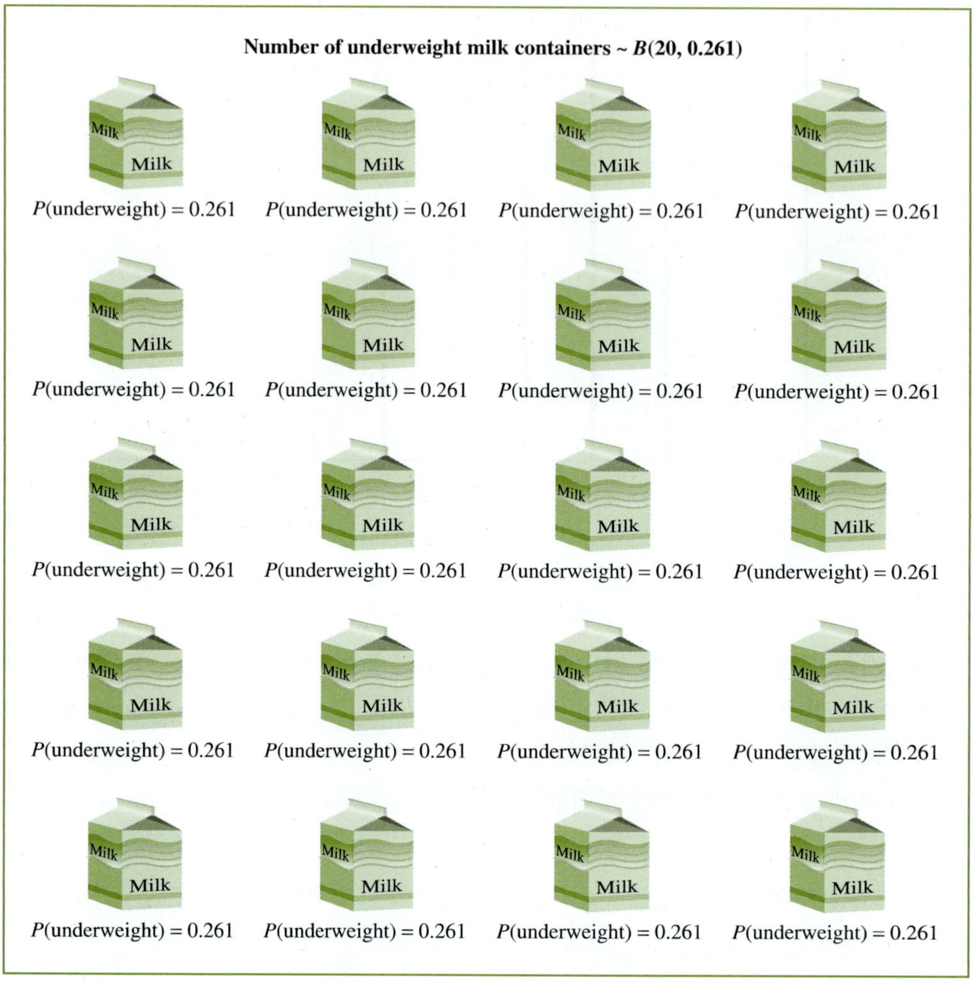

그림 3.4
함량미달인 내용물을 포함하는 우유 용기의 총수는 n=20, p=0.261인 이항분포를 따름

$$P(X=7)=\binom{20}{7}\times 0.261^7 \times 0.739^{13} = \frac{20!}{7!\ 13!}\times 0.261^7 \times 0.739^{13} = 0.125$$

이며, 박스가 최대 3개의 함량미달 용기를 포함할 확률은

$$\begin{aligned}
P(X \le 3) &= P(X=0)+P(X=1)+P(X=2)+P(X=3) \\
&= \binom{20}{0}\times 0.261^0 \times 0.739^{20} + \binom{20}{1}\times 0.261^1 \times 0.739^{19} \\
&\quad + \binom{20}{2}\times 0.261^2 \times 0.739^{18} + \binom{20}{3}\times 0.261^3 \times 0.739^{17} \\
&= 0.0024 + 0.0167 + 0.0559 + 0.1185 = 0.1935
\end{aligned}$$

이다.

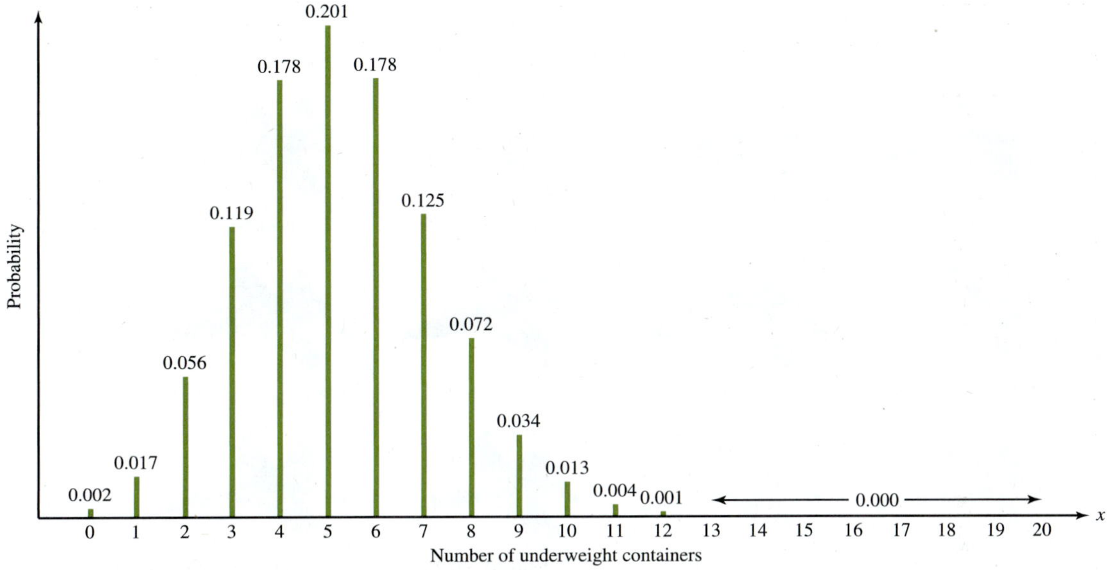

x	0	1	2	3	4	5	6	7	8	9	10	11	12	13	···	20
$P(X \le x)$	0.002	0.019	0.075	0.194	0.372	0.573	0.751	0.876	0.948	0.982	0.995	0.999	1.000	1.000	···	1.000

그림 3.5
함량미달인 내용물을 포함하는 우유 용기 수에 대한 확률질량함수 및 누적분포함수

예제 24 공군 전투대대(Air Force Scrambles)

한 공군 요격전대는 항상 비상출격 준비를 갖춘 16대의 항공기로 구성되어 있다. 하지만 비행기의 엔진에 문제가 많아서, 출격해야 하지만 고장이 발생하여 출격을 못할 확률은 0.25이다. 전투대대 사령관은 얼마나 많은 비행기가 출격명령 즉시 이륙할 수 있을지에 관심을 가지고 있다. [그림 3.6]에서처럼 성공적으로 출격할 수 있는 비행기의 수는 $n=16$, $p=0.75$인 이항분포를 따른다. 각각의 비행기는 성공확률 $p=0.75$인 베르누이 시행을 따른다고 볼 수 있다. 성공적으로 출격할 수 있는 비행기의 기대 댓수 및 분산은

$$E(X) = np = 16 \times 0.75 = 12$$

$$\mathrm{Var}(X) = np(1-p) = 16 \times 0.75 \times 0.25 = 3$$

이 되며 표준편차 $\sigma = \sqrt{3} = 1.73$대이다. [그림 3.7]에서 보듯이 정확히 12대의 비행기가 성공적으로 출격할 확률은

$$P(X=12) = \binom{16}{12} \times 0.75^{12} \times 0.25^{4} = \frac{16!}{12!\,4!} \times 0.75^{12} \times 0.25^{4} = 0.225$$

이며, 최소 14대가 성공적으로 출격할 확률은

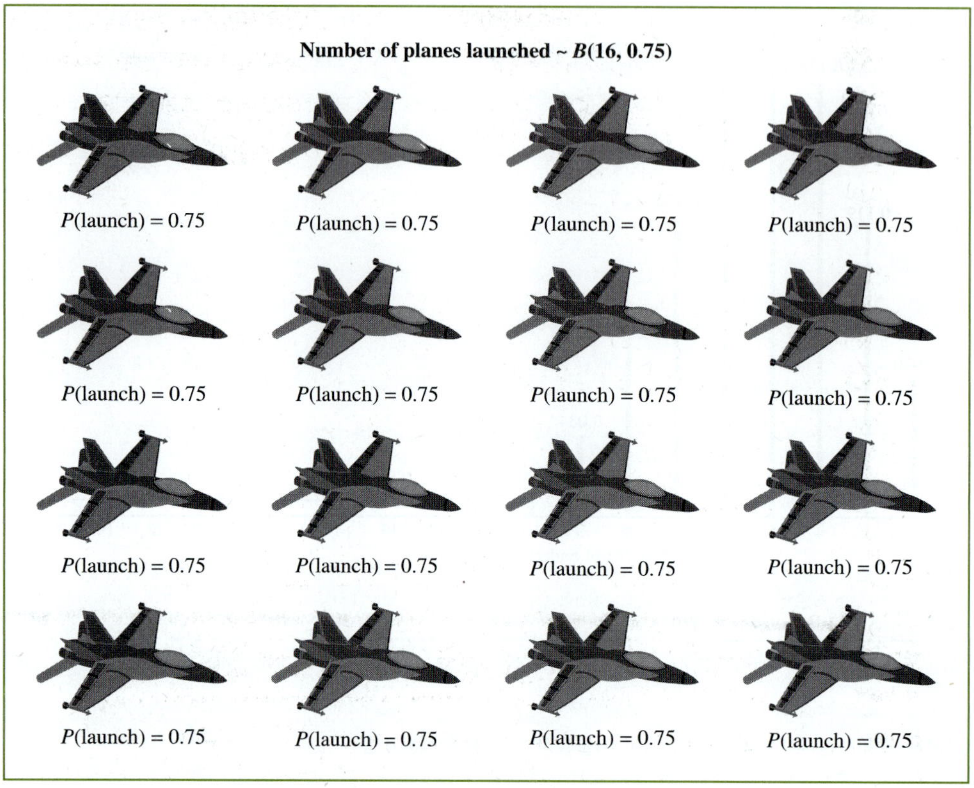

그림 3.6
정시에 이륙하는 전투기 총수는 n=16, p=0.75인 이항분포를 따름

$$\begin{aligned} P(X \geq 14) &= P(X = 14) + P(X = 15) + P(X = 16) \\ &= \binom{16}{14} \times 0.75^{14} \times 0.25^{2} + \binom{16}{15} \times 0.75^{15} \times 0.25^{1} \\ &\quad + \binom{16}{16} \times 0.75^{16} \times 0.25^{0} \\ &= 0.134 + 0.054 + 0.010 = 0.198 \end{aligned}$$

이 된다.

기회 게임 공정한 동전 1개를 n번 던져 나오는 앞면의 개수를 X라고 할 때, X는 모수 n, $p=0.5$인 이항분포를 따른다. 이때 나오는 앞면의 기대값 및 분산은

$$E(X) = np = \frac{n}{2},\ \mathrm{Var}(X) = np(1-p) = \frac{n}{4}$$

이 된다. 앞면의 비율 $Y=X/n$의 기대값 및 분산은

$$E(Y) = \frac{E(X)}{n} = \frac{1}{2},\ \mathrm{Var}(Y) = \frac{\mathrm{Var}(X)}{n^2} = \frac{1}{4n}$$

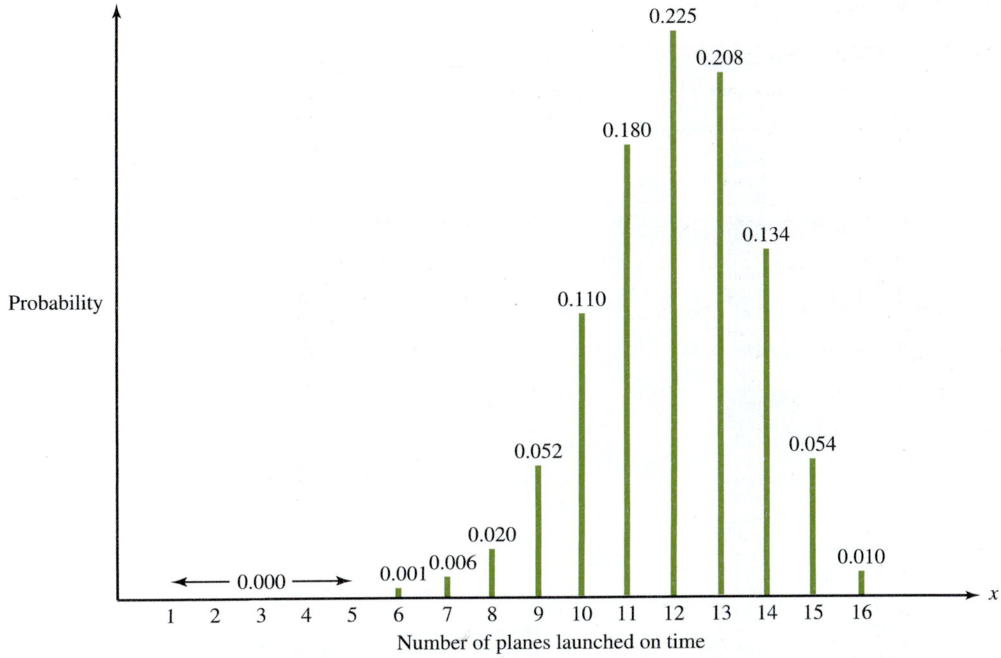

x	0	1	2	3	4	5	6	7	8	9	10	11	12	13	14	15	16
$P(X \le x)$	0.000	0.000	0.000	0.000	0.000	0.000	0.001	0.007	0.027	0.079	0.189	0.369	0.594	0.802	0.936	0.990	1.000

그림 3.7
정시에 이륙하는 전투기 수에 대한 확률질량함수 및 누적분포함수

와 같다. 보는 바와 같이, 나오는 앞면의 비율의 기대값은 한 개의 동전을 던질 때 앞면의 기대값과 같고, 앞면 비율의 분산은 던지는 횟수 n이 증가할수록 감소한다. 사실, 동전을 던지면 던질수록 앞면의 횟수는 기대값 $n/2$에 대하여 넓게 퍼져 있지만, 나오는 앞면의 비율은 기대값 1/2에 대하여 더욱 뭉치게 된다. [그림 3.8]은 80개의 동전 던지기 결과를 보여주고 있는데, [그림 3.9]에서 보듯이 예상대로 나오는 앞면 비율의 변동은 던지는 횟수가 증가할수록 줄어든다는 것을 알 수 있다. 보통, 일련의 독립인 베르누이 시행의 성공 비율은 다음과 같은 결과로 요약될 수 있다.

베르누이 시행의 성공 비율(Proportion of Successes in Bernoulli Trials)

확률변수 X를 성공확률 p인 독립 베르누이 시행의 성공 횟수, 즉 $X \sim B(n, p)$, 로 정의할 때, 성공 비율 $Y = X/n$의 기대값 및 분산은

$$E(Y) = p\,, \quad \mathrm{Var}(Y) = \frac{p(1-p)}{n}$$

이며, 비율 Y의 분산은 n이 증가할수록 감소한다. 즉 Y는 시행 횟수 n이 증가할수록 성공확률 p에 대하여 더욱더 근접하게 된다.

n	Result of *n*th coin toss	Number of heads in first *n* coin tosses	Proportion of heads in first *n* coin tosses
1	tail	0	0.000
2	head	1	0.500
3	head	2	0.667
4	head	3	0.750
5	tail	3	0.600
6	head	4	0.667
7	head	5	0.714
8	head	6	0.750
9	head	7	0.778
10	tail	7	0.700
11	head	8	0.727
12	tail	8	0.667
13	tail	8	0.615
14	tail	8	0.571
15	head	9	0.600
16	head	10	0.625
17	tail	10	0.588
18	tail	10	0.556
19	tail	10	0.526
20	head	11	0.550
21	head	12	0.571
22	head	13	0.591
23	head	14	0.609
24	tail	14	0.583
25	tail	14	0.560
26	tail	14	0.538
27	tail	14	0.519
28	tail	14	0.500
29	tail	14	0.483
30	tail	14	0.467
31	tail	14	0.452
32	tail	14	0.438
33	tail	14	0.424
34	tail	14	0.412
35	head	15	0.429
36	tail	15	0.417
37	head	16	0.432
38	tail	16	0.421
39	head	17	0.436
40	tail	17	0.425
41	head	18	0.439
42	tail	18	0.429
43	tail	18	0.419
44	head	19	0.432
45	head	20	0.444
46	tail	20	0.435
47	tail	20	0.426
48	tail	20	0.417
49	tail	20	0.408
50	tail	20	0.400
51	head	21	0.412
52	tail	21	0.404
53	tail	21	0.396
54	tail	21	0.389
55	head	22	0.400
56	tail	22	0.393
57	head	23	0.404
58	tail	23	0.397
59	head	24	0.407
60	head	25	0.417
61	head	26	0.426
62	tail	26	0.419
63	head	27	0.429
64	head	28	0.438
65	head	29	0.446
66	tail	29	0.439
67	tail	29	0.433
68	head	30	0.441
69	head	31	0.449
70	head	32	0.457
71	tail	32	0.451
72	tail	32	0.444
73	head	33	0.452
74	tail	33	0.446
75	head	34	0.453
76	head	35	0.461
77	tail	35	0.455
78	head	36	0.462
79	tail	36	0.456
80	head	37	0.463

그림 3.8 80 동전던지기 결과

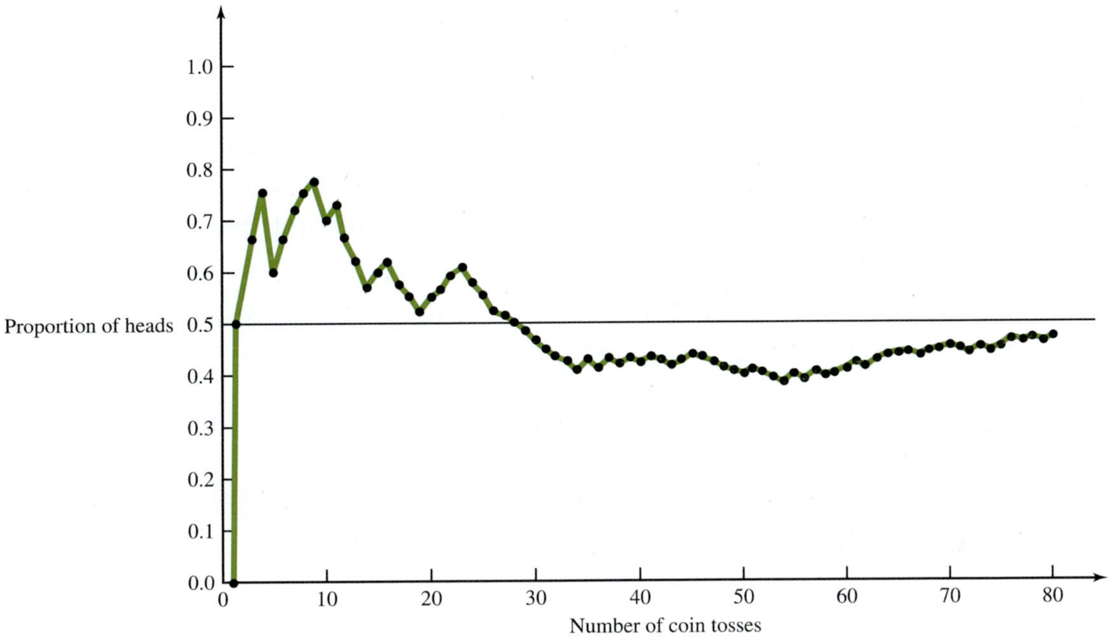

그림 3.9
80 동전던지기에 대한 앞면 비율의 그래프.

이 결과는 미지의 성공확률 p를 추정(estimation)하는 문제를 다루는 7장에서 유용하게 사용되며, 큰 수 n에 대하여 정규분포(Normal Distribution)를 통하여 이항확률을 계산하는 근사방법은 5.3.1절에서 다룬다.

연습문제

3.1.1 $X \sim B(10, 0.12)$ 일 때 다음을 구하라.
(a) $P(X=3)$ (b) $P(X=6)$
(c) $P(X \leq 2)$ (d) $P(X \geq 7)$
(e) $E(X)$ (f) $\mathrm{Var}(X)$

3.1.2 $X \sim B(7, 0.8)$ 일 때 다음을 구하라.
(a) $P(X=4)$ (b) $P(X \neq 2)$
(c) $P(X \leq 3)$ (d) $P(X \geq 6)$
(e) $E(X)$ (f) $\mathrm{Var}(X)$

3.1.3 B(6, 0.5) 및 B(6,0.7) 분포의 확률질량함수에 대한 선 그래프를 작성하고 선 그래프에 기대값 및 표준편차를 표시하라.

3.1.4 어떤 석궁이 과녁 중앙을 맞출 확률이 0.09이며, 총 9발의 화살을 쏜다. 각각의 시도는 상호 독립이라고 할 때 다음을 구하라.
(a) 정확히 2발을 과녁 중앙에 맞출 확률
(b) 적어도 2발을 과녁 중앙에 맞출 확률. 또한 과녁 중앙에 맞힌 화살의 기대값을 구하라.

3.1.5 어떤 퀴즈는 총 10문제로 구성되며, 각각의 문제는 5가지 문항이 있다. 학생은 그중 7문제 이상을 맞추면 퀴즈에 통과한다. 학생이 퀴즈에 통과할 확률을 구하라. 만약 각각의 문제에 대하여 3개의

오답을 제거한 후 나머지 2문항 중 답을 선택한다고 할 때 학생이 퀴즈에 통과할 확률을 구하라.

3.1.6 180명의 종업원이 일하는 회사 A에 감기 바이러스가 만연하고 있다. 감기 몸살로 인해 종업원들이 병가를 낼 확률이 $p=0.35$라고 하면 병가를 낼 종업원의 비율에 대한 기대값 및 분산을 구하라. 또한 일반적으로 가장 큰 분산을 가지게 하는 비율 p를 구하라.

3.1.7 회사 A는 주문의 60%를 인터넷으로 받는다. 18개의 독립적인 주문에 대하여

(a) 8~10까지의 주문을 인터넷으로 받을 확률을 구하라.

(b) 4 이하의 주문을 인터넷으로 받을 확률을 구하라.

3.2 기하분포(Geometric Distribution) 및 음이항분포(Negative Binomial Distribution)

3.2.1 기하분포(Geometric Distribution)의 정의

성공확률 p를 가지는 일련의 독립 베르누이 시행을 고려해보자. 이항분포는 고정된 시행 횟수 n회에 대하여 성공 횟수의 분포를 명시하지만, 종종 첫 번째 성공이 발생할 때까지 실시해야만 하는 총 시행 횟수에 관심을 가질 때가 있다. 그러한 확률변수는 모수 p를 가지는 기하분포(geometric distribution)를 따른다고 할 수 있으며 다음과 같은 확률질량함수를 가진다.

$$P(X=x)=(1-p)^{x-1}\,p,\quad x=1,2,3,4,\ldots$$

이 확률밀도함수는 x번째 시행에서 성공 p를 가지므로, 처음의 $(x-1)$째까지는 실패를 가지는 것으로 쉽게 설명할 수 있다. 기하분포의 평균 및 분산은

$$E(X)=\frac{1}{p},\quad \mathrm{Var}(X)=\frac{1-p}{p^2}$$

이며, 누적분포함수는

$$\begin{aligned}P(X\le x)&=\sum_{i=1}^{x}P(X=i)=\sum_{i=1}^{x}(1-p)^{i-1}\,p\\&=p\big(1+(1-p)+(1-p)^2+\cdots+(1-p)^{x-1}\big)\\&=p\times\frac{1-(1-p)^x}{1-(1-p)}=1-(1-p)^x.\end{aligned}$$

[그림 3.10]은 $p=1/2$, [그림 3.11]은 $p=1/5$일 때 기하분포를 나타낸다. $p=1/2$일 때 $E(X)=2$이며, $p=1/5$일 때 $E(X)=5$이다. 확률값들은 이름에서 알 수 있듯이 감소형 기하급수(geometric series)를 가진다.

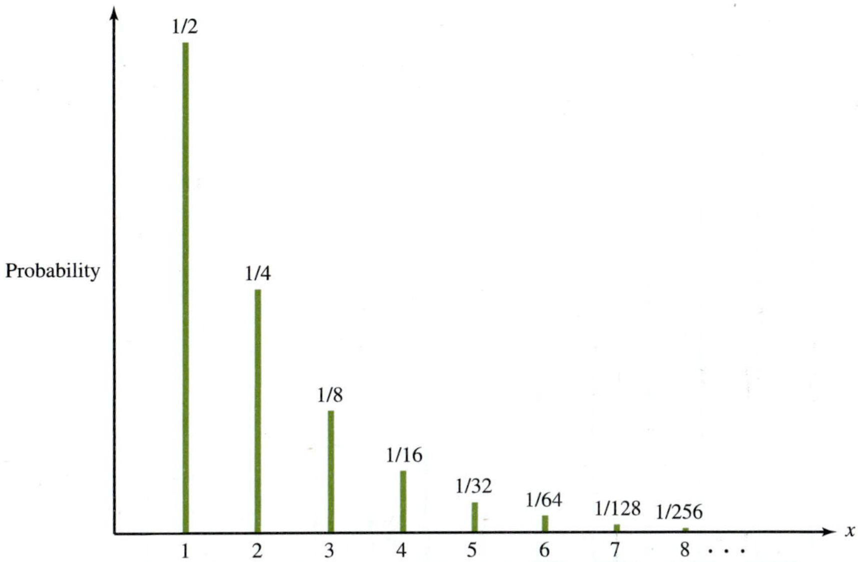

x	1	2	3	4	5	6	7	8	· · ·
$P(X \le x)$	1/2	3/4	7/8	15/16	31/32	63/64	127/128	255/256	· · ·

그림 3.10 모수 p=1/2인 기하분포의 확률질량함수 및 누적분포함수

기하분포(Geometric Distribution)

성공확률 p를 가지는 일련의 독립 베르누이 시행에서 첫번째 성공이 발생할 때까지 실시해야만 하는 총 시행 횟수는 모수 p를 가지는 기하분포를 가지며, 그 확률질량함수는

$$P(X=x)=(1-p)^{x-1}\,p\,,\quad x=1,\,2,\,3,\,4,\,\ldots$$

이며, 누적분포함수는

$$P(X \le x)=1-(1-p)^{x}$$

이다. 모수 p를 가지는 기하분포의 평균 및 분산은 각각

$$E(X)=\frac{1}{p}\qquad\qquad \mathrm{Var}(X)=\frac{1-p}{p^2}$$

3.2.2 음이항분포(Negative Binomial Distribution)의 정의

기하분포를 일반화한 경우로서, r번째 성공이 발생할 때까지 총 시행횟수를 고려하기로 한다. 이 경우 적합한 분포는 모수 p와 r을 가지는 음이항분포(negative binomial distribution)를 가지며, 확률질량함수는

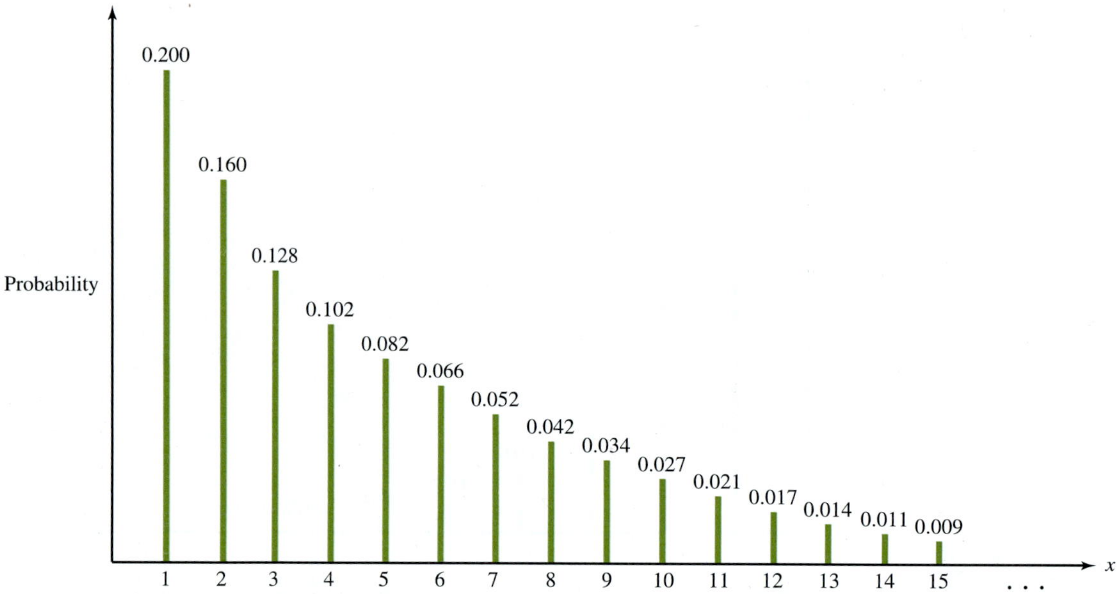

x	1	2	3	4	5	6	7	8	9	10	11	12	13	14	15	···
$P(X \le x)$	0.200	0.360	0.488	0.590	0.672	0.738	0.790	0.832	0.866	0.893	0.914	0.931	0.945	0.956	0.965	···

그림 3.11
모두 p=1/5인 기하분포의 확률질량함수 및 누적분포함수

$$P(X=x)=\binom{x-1}{r-1}(1-p)^{x-r}p^r,\ x=r,\ r+1,\ \cdots$$

와 같다. 이 확률질량함수는 다음과 같이 설명될 수 있다. x번째 시행에서 r번째 성공이 발생하므로 처음 $(x-1)$ 시행은 $(r-1)$ 성공과 $(x-r)$의 실패로 이루어져 있다. 이 사건의 확률은 이항분포 $\binom{x-1}{r-1}(1-p)^{x-r}p^{r-1}$로 계산할 수 있다. 마지막 x번째 성공확률이 p이므로 이 확률을 곱함으로써 음이항분포 확률질량함수를 구할 수 있다.

음이항분포(Negative Binomial Distribution)

성공확률 p를 가지는 일련의 독립 베르누이 시행에서 r번째 성공이 발생할 때까지 총 시행 횟수는 모수 p와 r을 가지는 음이항분포를 가진다. 음이항분포의 확률질량함수는

$$P(X=x)=\binom{x-1}{r-1}(1-p)^{x-r}p^r,\ x=r,\ r+1,\ \cdots$$

이며, 평균 및 분산은 각각

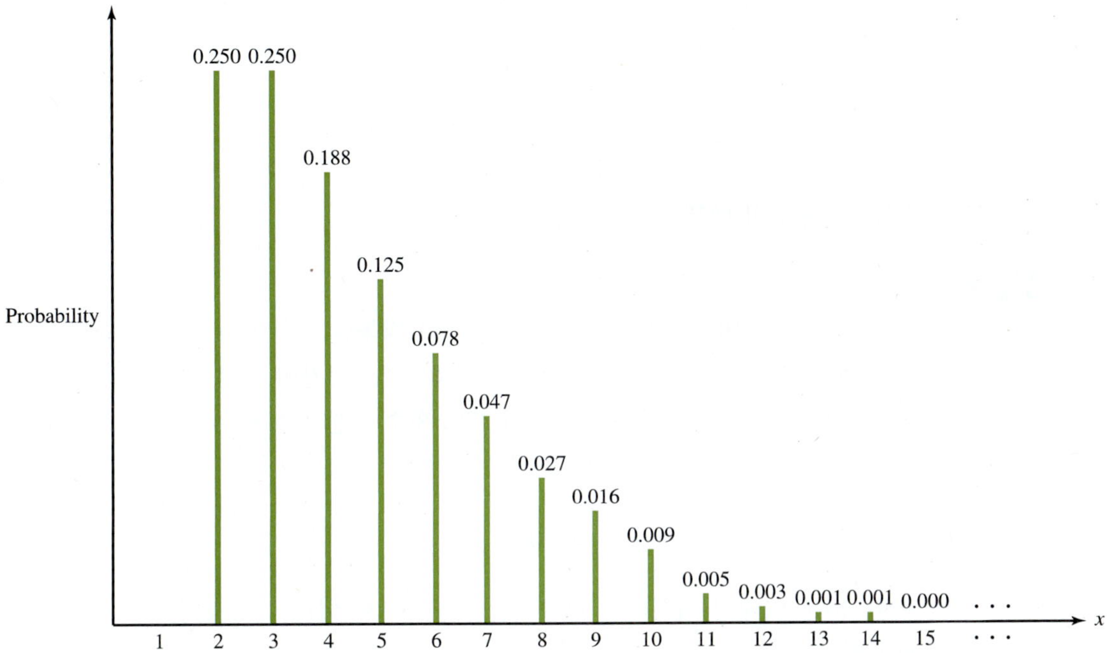

x	2	3	4	5	6	7	8	9	10	11	12	13	14	15	···
$P(X \leq x)$	0.250	0.500	0.688	0.813	0.891	0.938	0.965	0.981	0.990	0.995	0.998	0.999	1.000	1.000	···

그림 3.12
모수 p=1/2, r=2인 음이항분포의 확률질량함수 및 누적분포함수

$$E(X) = \frac{r}{p} \qquad \mathrm{Var}(X) = \frac{r(1-p)}{p^2}$$

[그림 3.12]는 $p=1/2$, $r=2$일 때 음이항분포를 설명하고 있다. 이 분포는 앞면이 2번 나타날 때까지 동전던지기 시행 횟수를 모형화하며, 예로서 단지 2번의 동전 던지기 시행에서 앞면이 두 번 나타날 확률은

$$P(X=2) = \binom{1}{1} \times 0.5^0 \times 0.5^2 = \frac{1}{4}$$

이며, 앞면을 2번 가지기 위하여 총 5번 시행이 필요할 확률은

$$P(X=5) = \binom{4}{1} \times 0.5^3 \times 0.5^2 = \frac{1}{8}$$

즉, 이 확률은 4가지의 결과 TTTHH, TTHTH, THTTH, HTTTH의 합으로 나타난다. 2번의 앞면이 나올 때까지 동전 던지기 시행 횟수의 기대값은

$$E(X) = \frac{r}{p} = \frac{2}{0.5} = 4$$

와 같다.

3.2.3 기하 및 음이항분포의 예제

예제 24 공군 전투대대(Air Force Scrambles)

이전 예제에서 비행기의 엔진이 성공적으로 작동할 확률이 0.75였다. 엔진 작동에 실패할 경우 재시도하기 전에 5분 동안의 대기 시간이 필요하다. 비행기 한 대의 엔진이 성공적으로 작동할 때까지 시도 횟수의 분포는 모수 $p=0.75$인 기하분포이다. 예를 들어, 세 번째 시도만에 성공적으로 엔진을 작동시킬 확률은

$$P(X = 3) = 0.25^2 \times 0.75 = 0.047$$

이며, 10분 이내에 비행기를 이륙시킬 확률은 3회 이하의 시도 횟수를 요구하기 때문에

$$P(X \leq 3) = 1 - 0.25^3 = 0.984.$$

또한 엔진을 작동시킬 기대 시도 횟수는 $E(X)=1/p=1/0.75=1.33$이 된다.

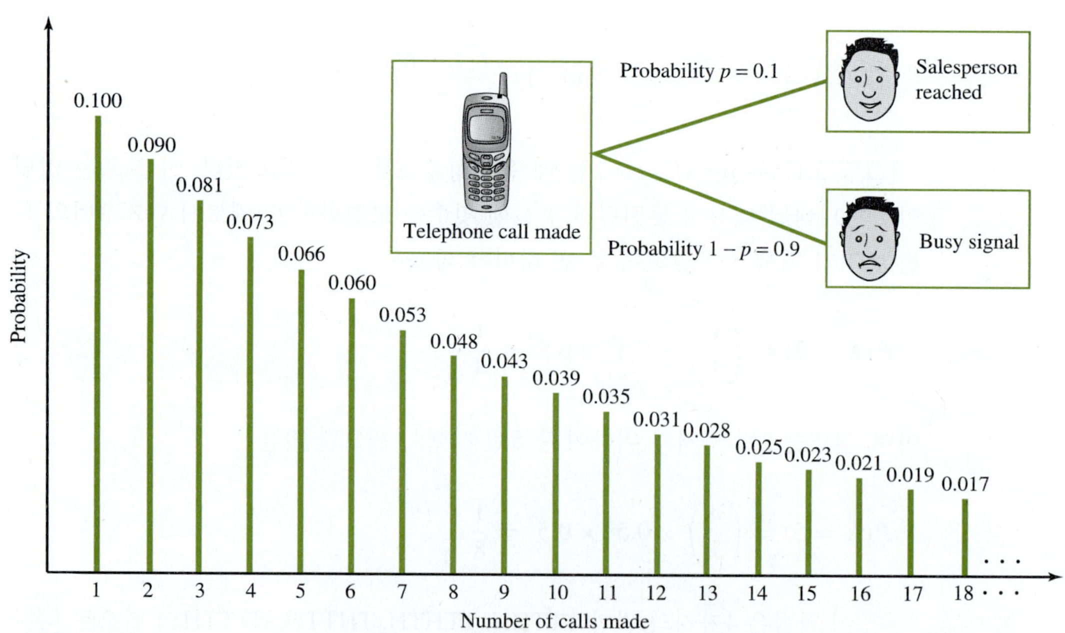

그림 3.13
모수 $p=0.1$인 기하분포의 확률질량함수: 티켓을 구입할 때까지 전화시도 횟수의 분포

예제 25 전화 티켓 판매(Telephone Ticket Sales)

특정 이벤트에 대한 전화 티켓 판매는 일정 시간 동안에 전화를 받는 전화 판매원에 의해 이루어진다. 고객은 판매원이 자유로운 시간에 통화하여 티켓을 살 수 있다. 이 기회의 확률이 0.1이라고 할 때, 전화 판매원과 통화할 때까지 전화 시도 횟수의 분포는 $p=0.1$인 기하분포로서, 관심의 대상은 첫 번째 성공(전화 통화)까지의 시도 횟수이다. 5번째 시도만에 전화 통화할 확률은

$$P(X=5)=0.9^4\times 0.1=0.066$$

이며([그림 3.14] 참조), 전화 통화가 이루어질 때까지 기대 시도 횟수는 $E(X)=1/p=1/0.1=10$회이다. 또한 15번 이상의 전화 통화 시도가 필요할 확률은

$$P(X\geq 15)=1-P(X\leq 14)=1-\left(1-0.9^{14}\right)=0.9^{14}=0.229$$

이다.

예제 12 직원 채용(Personnel Recruitment)

3명의 신규 직원을 고용하고 싶은 한 회사가 있다. 인터뷰한 응시자가 합격할 확률이 0.6이라고 하자([그림 3.15] 참조). 그 회사가 3명을 고용하기 위하여 실시해

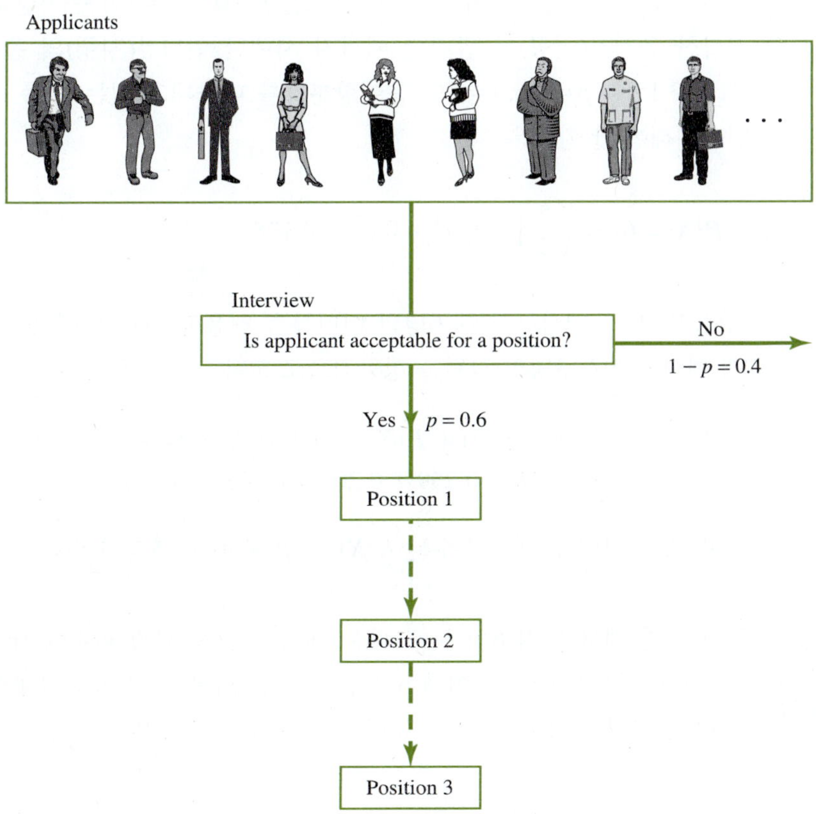

그림 3.14 3명을 고용할 때까지 인터뷰한 응시자의 수는 $p=0.6$, $r=3$인 음이항분포를 따름

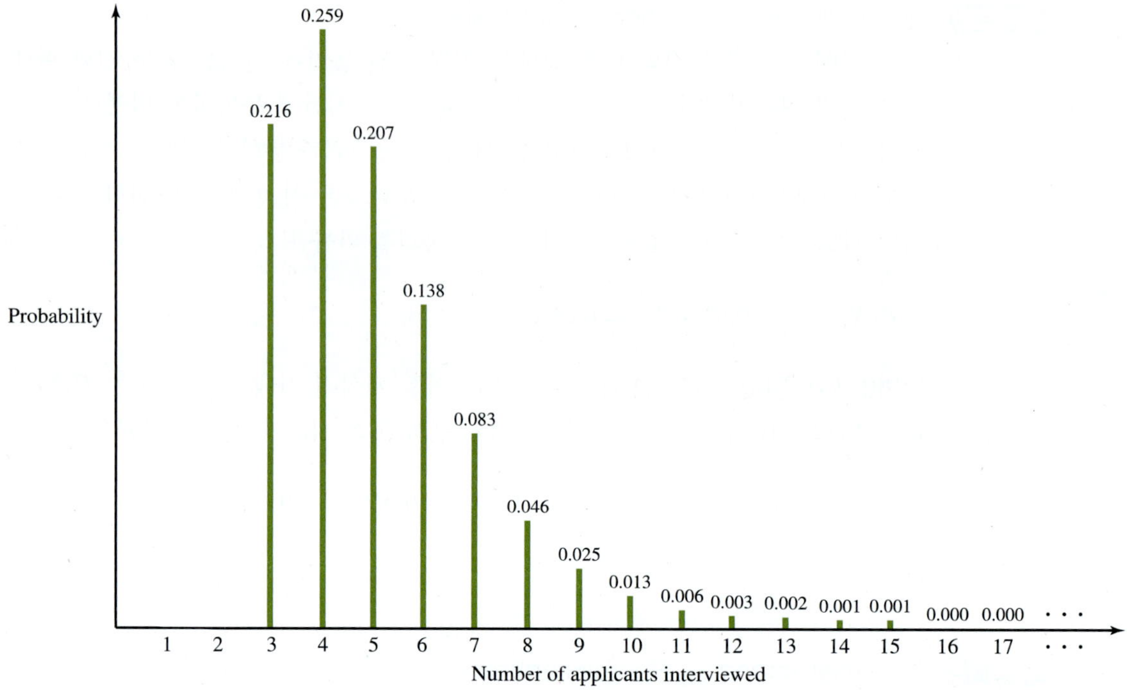

그림 3.15
모수 p=0.6, r=3인 음이항분포의 확률질량함수: 인터뷰한 응시자의 수에 대한 분포

야만 하는 총 인터뷰의 수에 대한 분포는 $p=0.6$, $r=3$인 음이항분포로서, 3명의 적합한 응시자(성공)를 발견할 때까지 시행한 인터뷰(시행)의 총수에 해당한다. [그림 3.15]는 $p=0.6$, $r=3$인 음이항분포를 나타내고 있는데, 총 6명의 응시자를 인터뷰해야 할 확률은

$$P(X = 6) = \binom{5}{2} \times 0.4^3 \times 0.6^3 = 0.138$$

이다. 만약 그 회사는 최대 6명의 인터뷰를 허용할 만큼의 예산을 확보하고 있다면, 예산 내에서 3명의 직원을 성공적으로 고용할 확률은

$$\begin{aligned} P(X \leq 6) &= P(X = 3) + P(X = 4) + P(X = 5) + P(X = 6) \\ &= 0.216 + 0.259 + 0.207 + 0.138 = 0.820 \end{aligned}$$

이며, 또한 기대 응시자의 수는 $E(X)=r/p=3/0.6=5$명이 된다.

기회 게임 주사위 한 개를 던져 6의 눈이 나올 때까지 던진 시행 횟수에 대한 분포는 모수 $p=1/6$인 기하분포이다. 이때 6의 눈이 처음 나올 때까지의 기대값은 $E(X)=1/p=6$이며, 6번째 시도까지 6의 눈이 나오지 않을 확률은

$$P(X \geq 7) = 1 - P(X \leq 6) = 1 - \left(1 - \left(\frac{5}{6}\right)^6\right) = \left(\frac{5}{6}\right)^6 = 0.335$$

가 된다. 다음으로 6의 눈이 두 번 나올 때까지 던진 주사위의 총 횟수는 $p=1/6$, $r=2$인 음이항분포로 기대값 $E(X)=r/p=12$이며, 네 번째 시도 내에 두 번째 6의 눈이 나올 확률은

$$\begin{aligned} P(X \leq 4) &= P(X=2) + P(X=3) + P(X=4) \\ &= \binom{1}{1} \times \left(\frac{5}{6}\right)^0 \times \left(\frac{1}{6}\right)^2 + \binom{2}{1} \times \left(\frac{5}{6}\right)^1 \times \left(\frac{1}{6}\right)^2 \\ &\quad + \binom{3}{1} \times \left(\frac{5}{6}\right)^2 \times \left(\frac{1}{6}\right)^2 \\ &= 0.028 + 0.046 + 0.058 = 0.132 \end{aligned}$$

이다.

연습문제

3.2.1 확률변수 X가 모수 $p=0.7$인 기하분포를 따른다고 할 때 다음 확률을 구하라.

(a) $P(X=4)$ (b) $P(X=1)$

(c) $P(X \leq 5)$ (d) $P(X \geq 8)$

3.2.2 확률변수 X가 모수 $p=0.6$, $r=3$인 음이항분포를 따른다고 할 때 다음 확률을 구하라.

(a) $P(X=5)$ (b) $P(X=8)$

(c) $P(X \leq 7)$ (d) $P(X \geq 7)$

3.2.3 확률변수 X가 모수 $p=0.7$인 기하분포를 따른다고 할 때

$$E(X) = \sum_{x=1}^{\infty} x P(X=x) = \frac{1}{p}$$

$$E(X^2) = \sum_{x=1}^{\infty} x^2 P(X=x) = \frac{2}{p^2} - \frac{1}{p}$$

임을 보이고

$$\mathrm{Var}(X) = \frac{1-p}{p^2}$$

임을 유도하라.

3.2.4 연습문제 3.1.4를 다시 고려한다.

(a) 석궁이 활을 쏴서 4번째 시도만에 처음으로 과녁의 중앙을 맞출 확률을 구하라.

(b) 석궁이 활을 쏴서 10번째 시도에 3번째로 과녁의 중앙을 맞출 확률을 구하라.

(c) 처음으로 과녁 중앙을 맞출 시도에 대한 기대값을 구하라.

(d) 3번째로 과녁 중앙을 맞출 시도에 대한 기대값을 구하라.

3.2.5 낙하산을 통해 비행기로부터 공급하는 의약품 박스가 정확한 위치에 떨어질 확률이 0.37이라고 할 때 다음 물음에 답하라. 단 각각의 시도는 상호 독립임

을 가정한다.

(a) 정확한 위치에 떨어뜨리기 위하여 평균 몇 번을 시도해야만 하는가?

(b) 전염병이 창궐하는 어떤 지역에 충분한 의약품을 공급하기 위해서는 3 박스가 필요하다. 충분한 의약품을 공급하기 위하여 평균 몇 번을 시도해야만 하는가?

(c) 충분한 의약품을 공급하기 위하여 10번 시도할 확률을 구하라.

(d) 정확한 위치에 의약품을 공급하기 위하여 10번 시도할 확률을 구하라.

3.2.6 한 어부가 낚시를 하여 물고기를 낚았을 때 그중 어린 치어를 잡을 확률이 0.23이며 잡은 어린 치어는 다시 방류하여 돌려보낸다. 하지만 다 자란 성어는 잡아서 요리해 먹을 수 있다.

(a) 성어를 낚기 전까지 어부가 잡은 물고기 수의 기대값을 구하라.

(b) 다섯 번째로 낚인 물고기가 처음으로 어린 치어일 확률을 구하라.

(c) 만약 어부가 점심식사로 3마리의 물고기를 원할 때 5번째 물고기를 낚은 후에 점심식사를 위하여 낚시를 중단할 확률을 구하라.

(d) 만약 어부가 8마리 물고기를 낚았다고 하면, 그 8마리가 점심식사용으로 충분할 확률을 구하라(즉, 8마리 중 성어의 수가 3마리 이상이 될 확률).

3.2.7 연습문제 3.1.7을 다시 고려한다.

(a) 5번째 주문만에 처음으로 인터넷 주문이 들어올 확률을 구하라.

(b) 8번째 받은 주문이 4번째 인터넷 주문이 될 확률을 구하라.

3.2.8 (공정한) 주사위를 던져 6의 눈이 3번째 시도만에 처음으로 나올 때까지 주사위 던지기를 계속한다고 할 때 총 주사위 던지는 횟수의 기대값을 구하라.

3.2.9 5번째 앞면이 나올때까지 동전 던지기를 계속한다고 할 때 정확히 10번 동전 던지기를 시도할 확률을 구하라.

3.3 초기하분포(Hypergeometric Distribution)

3.3.1 초기하분포(hypergeometric distribution)의 정의

N 아이템 중 r개가 관심대상인 결과를 가지는 경우를 고려해보자. 예로서 생산된 N 제품 중 r개가 불량품에 해당하는 경우를 가정할 수 있다. 또한 항아리에 N개의 공이 들어 있을 때, 그중 r개가 빨간색 공인 경우도 이에 해당한다. 만약 그중 한 개를 임의로 선택하여 관심대상의 결과를 가질 확률은 $p=r/N$이 된다. 만약 n 아이템을 복원(with replacement)방법으로 임의 추출하였을 때 그중 불량품의 개수를 X라고 하면 $X \sim B(n, r/N)$이 될 것이다. 하지만 n 아이템을 비복원(without replacement)으로 임의 추출할 경우, 이항분포를 적용할 수 없다. 왜냐하면 성공확률, 즉 관심의 결과를 가질 확률은 더이상 일정하지 않기 때문이다. 대신 적합한 분포는 초기하분포(hypergeometric distribution)이며, 확률질량함수는

$$P(X=x)=\frac{\binom{r}{x}\times\binom{N-r}{n-x}}{\binom{N}{n}},\quad \max(0,\ n+r-N)\le x\le\min(n,\ r)$$

와 같다. 불량품의 개수 x는 양수이므로 $n+r-N$보다 작아야 하며, 샘플 크기 n은 적어도 $n-(N-r)$개의 불량품을 포함해야 하기 때문에 불량품이 아닌 개수 $N-r$보다 커야만 한다. 또한 불량품의 개수 x는 샘플 크기 n과 총 불량품의 개수 r 중 작은 수보다 절대 클 수 없다.

초기하분포(Hypergeometric Distribution)

초기하분포의 확률질량함수는

$$P(X=x)=\frac{\binom{r}{x}\times\binom{N-r}{n-x}}{\binom{N}{n}},\quad \max(0,\ n+r-N)\le x\le\min(n,\ r)$$

이며, 기대값 및 분산은 각각

$$E(X)=\frac{nr}{N},\quad \mathrm{Var}(X)=\left(\frac{N-n}{N-1}\right)\times n\times\frac{r}{N}\times\left(1-\frac{r}{N}\right)$$

이다. 초기하분포는 주관심 대상인 r 아이템을 포함하고 있는 크기 N의 모집단으로부터 n개의 확률표본을 비복원으로 추출하였을 때 주관심 대상인 아이템의 수에 대한 분포를 나타내기 위하여 사용한다.

3.3.2 초기하분포의 예제

예제 17 우유 용기 내용물(Milk Container Contents)

우유 용기 16개가 1개의 박스에 포장되어 배달된다. 6개의 함량미달인 우유 용기를 포함하는 박스 1개가 선택되어 임의로 5개의 우유 용기가 개봉된다고 할 때, 검사자에 의해 선택된 함량미달인 우유 용기의 수에 대한 분포는 $N=16$, $r=6$ 및 $n=5$인 초기하분포와 같다([그림 3.16] 참조).

예를 들어, 검사자가 정확히 2개의 함량미달인 우유 용기를 선택할 확률은

$$P(X=2)=\frac{\binom{6}{2}\times\binom{10}{3}}{\binom{16}{5}}=\frac{\left(\frac{6!}{2!\,4!}\right)\times\left(\frac{10!}{3!\,7!}\right)}{\left(\frac{16!}{5!\,11!}\right)}=0.412$$

이며, 검사자에 의해 선택된 함량미달인 용기의 기대값은 $E(X)=\frac{nr}{N}=\frac{5\times16}{16}=$

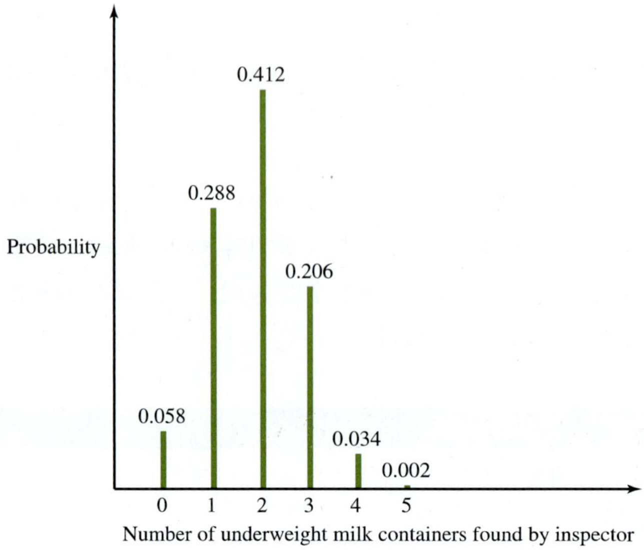

그림 3.16 검사자 표본 내에 함량미달인 내용물을 포함하는 우유 용기 수에 대한 확률질량함수

1.875이다.

예제 26 물고기 표식 및 재포획(Fish Tagging and Recapture)

작은 호수에 50마리의 물고기가 서식한다. 하루는 어부가 이 중 10마리를 잡아 표식을 부착하여 다시 돌려보냈다. 다음날 어부는 8마리의 물고기를 잡을 때까지 낚시를 하고 잡은 고기는 물통에 따로 보관한다. 8마리 중 표식이 부착된 물고기 수를 센다고 할 때, 표식이 부착된 물고기의 수의 분포는 초기하 분포이다. 왜냐하면 잡힌 물고기들은 따로 관리하므로 비복원추출에 해당되기 때문이다. 물고기가 잡힐 확률은 동일하다고 가정할 때 이 경우 $N=50$, $r=10$, $n=8$이며, 이튿날 3마리의 표식이 부착된 물고기들이 잡힐 확률은

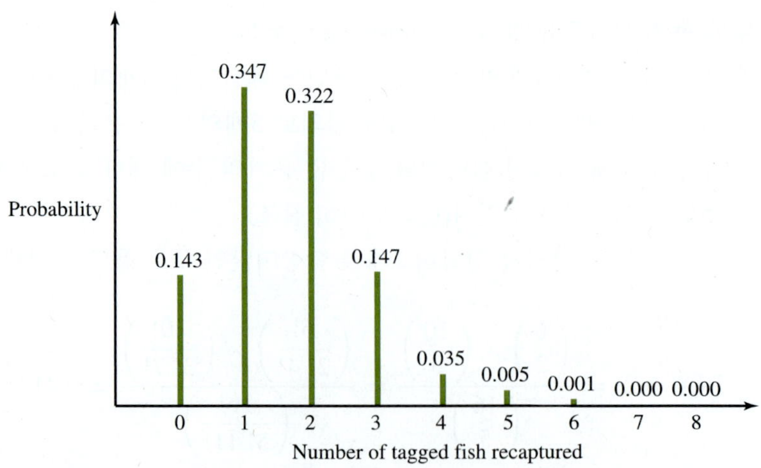

그림 3.17 재포획한 표식이 있는 물고기 수에 대한 확률질량함수

$$P(X=3)=\frac{\binom{10}{3}\times\binom{40}{5}}{\binom{50}{8}}=\frac{\left(\frac{10!}{3!\,7!}\right)\times\left(\frac{40!}{5!\,35!}\right)}{\left(\frac{50!}{8!\,42!}\right)}=0.147$$

이며, 표식이 부착된 잡힌 물고기의 수에 대한 기대값은 $E(X)=\frac{nr}{N}=\frac{8\times10}{50}=$ 1.6와 같다([그림 3.17] 참조).

기회 게임 하나의 카드묶음에서 6장의 카드를 비복원(without replacement)으로 임의 추출하였을 때 나타날 수 있는 하트(heart)의 카드 수는 $N=52$, $r=13$, $n=6$인 초기하분포를 따른다. 하트의 기대수는

$$E(X)=\frac{nr}{N}=\frac{6\times13}{52}=1.5$$

이다. 또한 이 경우 나타날 수 있는 에이스(Ace)의 수는 $N=52$, $r=4$, $n=6$인 초기하분포로서, 에이스의 기대수는

$$E(X)=\frac{nr}{N}=\frac{6\times4}{52}=0.462$$

이다.

연습문제

3.3.1 확률변수 X가 모수 $N=11$, $r=6$, $n=7$인 초기하분포를 따른다고 할 때 다음 확률을 구하라.

(a) $P(X=4)$ (b) $P(X=5)$

(c) $P(X\le 3)$

3.3.2 어떤 위원회에는 8명의 보수 성향의 위원과 7명의 진보 성향의 위원으로 구성되어 있다. 이 위원회의 한 분과는 5명의 위원으로 구성된다. 이 분과에 소속된 보수 성향의 위원 수에 대한 확률질량함수를 구하고 선 그래프로 나타내라.

3.3.3 16명의 남자와 18명의 여자로부터 임의로 12명의 사람을 선택하여 배심원단을 구성한다. 그 배심원단에 정확히 7명의 여자를 포함할 확률을 구하라. 만약 1,600명의 여자와 1,800명의 남자로부터 12명의 사람을 선택하여 배심원단을 구성한다고 가정하자. 이 경우 배심원단에 정확히 7명의 여자를 포함할 확률을 계산하라. 단 초기하분포 확률을 구하기 위하여 이항분포의 근사화를 사용하도록 하라.

3.3.4 5장의 카드를 52장의 카드묶음으로부터 임의로 비복원추출한다고 할 때 그 중 3장의 그림카드가 포함될 확률을 구

하라. 또한 13장의 카드를 임의로 비복원 추출할 때 뽑히는 그림카드 수에 대한 기대값 및 분산을 구하라.

3.3.5 N개 중 i유형의 수를 $r_i(1 \leq i \leq k)$라고 하면 $r_1 + \cdots + r_k = N$이 된다. N개 중 n개를 비복원추출하여 X_i를 i유형의 개수로 정의하면 $X_1 + \cdots + X_k = n$이 된다. 이때 X_i는 다변량 초기하(multivariate hypergeometric) 분포를 가진다. 다변량 초기하 분포의 확률질량함수는

$$P(X_1 = x_1, \ldots, X_k = x_k) = \frac{\binom{r_1}{x_1} \times \cdots \times \binom{r_k}{x_k}}{\binom{N}{n}}$$

임을 설명하라. 또한 한 박스에 4개의 빨간 공, 5개의 파란 공, 6개의 녹색 공이 있다. 이 중 5개의 공을 임의로 선택하여 항아리에 담는다고 할 때 1개의 빨간 공, 2개의 파란 공, 2개의 녹색 공을 포함할 확률을 구하라.

3.3.6 접시에 15개의 케잌 조각이 있다. 그중 9개는 초콜렛 케잌이며 6개는 딸기 케잌이다. 한 어린이가 그중 5개를 선택하여 먹는다고 했을 때 남은 초콜렛 케잌의 수가 5개에서 7개 사이에 있을 확률을 구하라.

3.3.7 (a) 박스에 8개의 빨간 공과 8개의 파란 공이 있다. 이 중 4개를 비복원으로 추출한다고 할 때 2개의 빨간 공과 2개의 파란 공이 선택될 확률을 구하라.

(b) 박스에 50,000개의 빨간 공과 50,000개의 파란 공이 있다. 이 중 4개를 비복원으로 추출한다고 할 때 2개의 빨간 공과 2개의 파란 공이 선택될 확률을 추정하라.

3.3.8 지하수 오염을 조사하기 위해서 연구자는 25곳의 가능한 지역을 물색하여 구멍을 뚫어 지하수를 끌어올린다. 연구자에게 알려지지 않았지만 정보에 의해 이 중 19곳은 지하수 오염 정도가 심하고, 6곳은 지하수 오염 정도가 미미하다. 연구자는 예산상의 이유로 5곳만 지하수를 채취할 수 있기 때문에 25곳 중 임의로 5곳을 선택하였다. 5곳 중 적어도 4군데가 지하수 오염이 심할 장소일 확률을 구하라.

3.4 포아송분포(Poisson Distribution)

3.4.1 포아송분포(Poisson Distribution)의 정의

종종 특정 시간 또는 특정 공간 범위 내에 발생하는 사건의 수를 나타내는 확률변수를 정의하는 것이 유용할 때가 있다. 예를 들어, 아이템 한 개에 포함되어 있는 결점(defect)의 수, 어떤 물질에서 방출되는 방사선 원소의 수, 일정 시간 동안 전화국 교환원이 받는 전화 통화의 수 등이다. 이러한 경우에 적합한 분포가 바로 포아송분포(Poisson distribution)이다. 포아송분포를 갖는 확률변수 X의 확률질량함수는

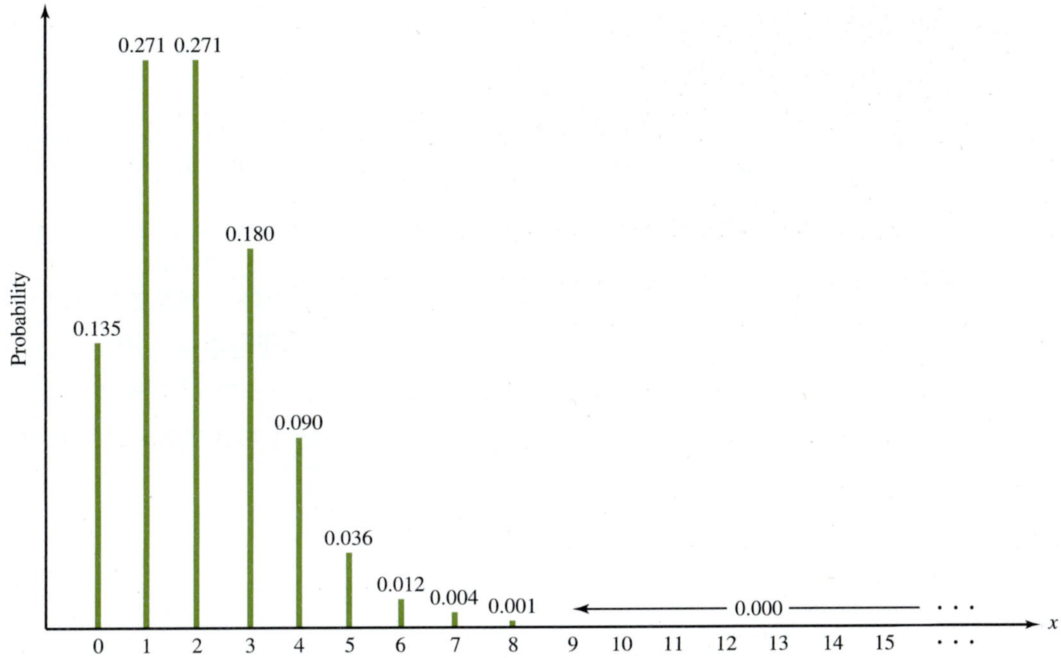

x	0	1	2	3	4	5	6	7	8	9	···
$P(X \le x)$	0.135	0.406	0.677	0.857	0.947	0.983	0.995	0.999	1.000	1.000	···

그림 3.18
모수 $\lambda=2.0$인 포아송 확률변수에 대한 확률질량함수 및 누적분포함수

$$P(X=x)=\frac{e^{-\lambda}\lambda^x}{x!},\ x=0,1,2,\cdots$$

로 정의되며 이때 λ는 포아송분포의 모수에 해당한다. 모수 λ를 가지는 포아송분포는 $X \sim P(\lambda)$로 표기하며, X는 모수 λ를 가지는 포아송분포를 따름을 의미한다. 이때,

$$\begin{aligned}\sum_{x=0}^{\infty}P(X=x)&=\sum_{x=0}^{\infty}\frac{e^{-\lambda}\lambda^x}{x!}=e^{-\lambda}\left(\frac{1}{1}+\frac{\lambda}{1}+\frac{\lambda^2}{2!}+\frac{\lambda^3}{3!}+\frac{\lambda^4}{4!}+\cdots\right)\\&=e^{-\lambda}\times e^{\lambda}=1\end{aligned}$$

이므로, 확률질량함수로서 적합함을 알 수 있다. 포아송분포의 기대값 및 분산은 $E(X)=\mathrm{Var}(X)=\lambda$이다.

포아송분포(Poisson Distribution)

모수 λ를 가지며 포아송분포를 따르는 확률변수 X는 $X \sim P(\lambda)$로 나타내며 그 확률질량함수는

$$P(X = x) = \frac{e^{-\lambda}\,\lambda^x}{x!}, \quad x = 0, 1, 2, \ldots$$

이다. 포아송분포는 특정 시간 또는 특정 공간 범위 내에 발생하는 사건의 수를 나타내기 위하여 종종 사용되며, 포아송분포를 따르는 확률변수 X의 평균과 분산은 λ로 서로 같다.

[그림 3.18]은 모수 $\lambda=2$인 포아송분포의 확률질량함수와 누적분포함수를 나타내며, [그림 3.19]는 모수 $\lambda=5$인 포아송분포의 확률질량함수와 누적분포함수를 나타낸다. 포아송분포의 평균과 분산이 같으므로, λ가 크면 클수록 기대값도 크고 또한 넓게 퍼져 있는 모양을 나타낸다. 확률값 계산의 예로서 $\lambda=2$일 때

$$P(X = 3) = \frac{e^{-2} \times 2^3}{3!} = \frac{0.135 \times 8}{6} = 0.180$$

이며, $\lambda=5$일 때

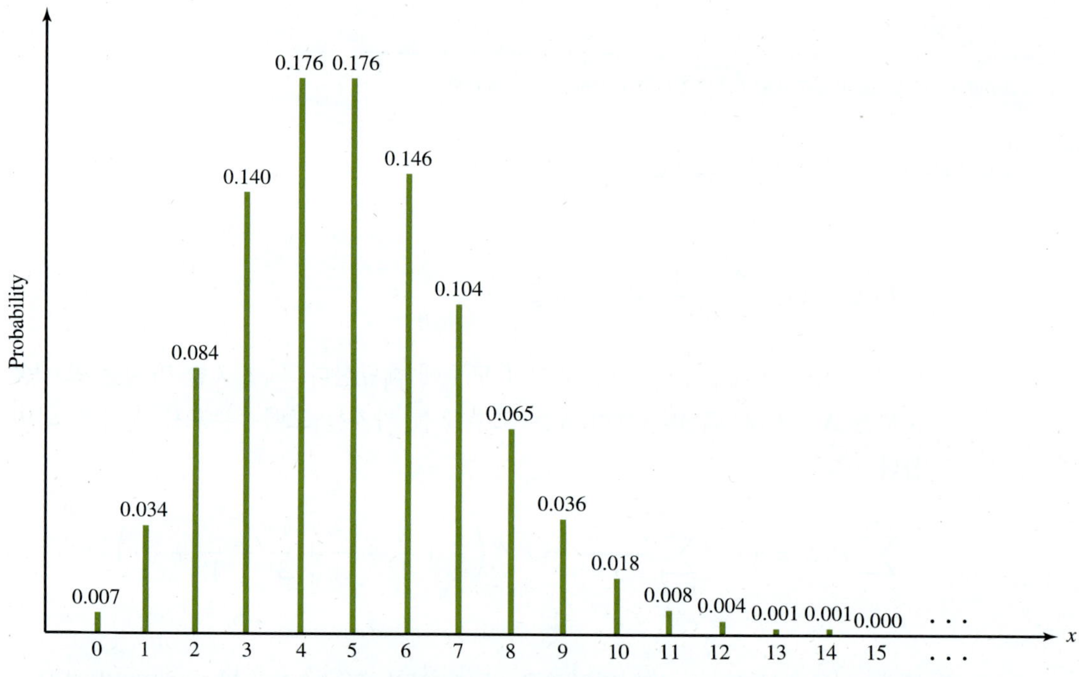

x	0	1	2	3	4	5	6	7	8	9	10	11	12	13	14	15	...
$P(X \le x)$	0.007	0.041	0.125	0.265	0.441	0.617	0.763	0.867	0.932	0.968	0.986	0.994	0.998	0.999	1.000	1.000	...

그림 3.19
모수 λ=5.0인 포아송 확률변수에 대한 확률질량함수 및 누적분포함수

$$\begin{aligned} P(X \le 2) &= P(X=0) + P(X=1) + P(X=2) \\ &= \frac{e^{-5} \times 5^0}{0!} + \frac{e^{-5} \times 5^1}{1!} + \frac{e^{-5} \times 5^2}{2!} \\ &= e^{-5}\left(\frac{1}{1} + \frac{5}{1} + \frac{25}{2}\right) = 0.125 \end{aligned}$$

와 같다. 포아송분포는 매우 큰 수 $n(\gg 150)$에 대하여, 성공확률 $p(\ll 0.01)$가 아주 작을 때 $B(n,\ p)$의 근사분포로 사용될 수 있다. 이 경우 이항분포의 기대값 np가 포아송분포의 모수 λ가 된다.

3.4.2 포아송분포의 예제

예제 3 소프트웨어 에러(Software Errors)

특정 소프트웨어에 포함되어 있는 에러의 수는 $\lambda=3$인 포아송분포를 따른다. 이는 에러의 수의 기대값이 3이며, 에러의 수의 분산도 또한 3임을 의미한다. 에러의 수에 대한 분포는 [그림 3.20]에 잘 설명되어 있으며, 에러가 하나도 없을 확률은

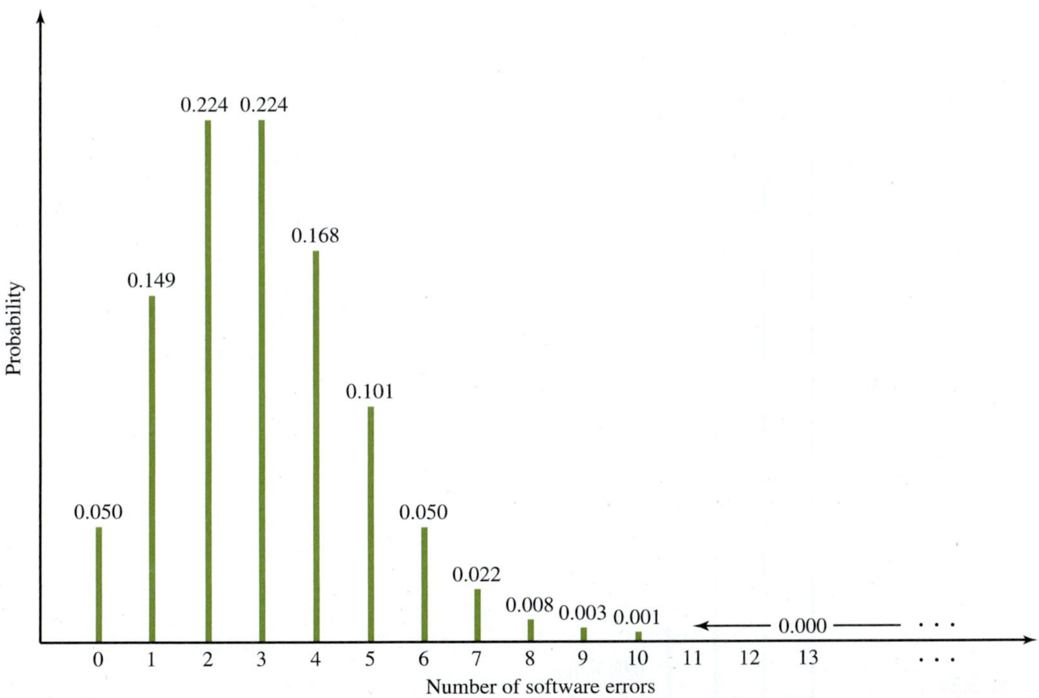

x	0	1	2	3	4	5	6	7	8	9	10	11	12	13	···
$P(X \le x)$	0.050	0.199	0.423	0.647	0.815	0.916	0.966	0.988	0.996	0.999	1.000	1.000	1.000	1.000	···

그림 3.20
모수 $\lambda=3$인 포아송분포의 확률질량함수 및 누적분포함수: 소프트웨어 에러 수에 대한 분포

$$P(X=0)=\frac{e^{-3}\times 3^0}{0!}=e^{-3}=0.050$$

이며, 3개 이상의 에러를 포함할 확률은

$$\begin{aligned}P(X\geq 3)&=1-P(X=0)-P(X=1)-P(X=2)\\&=1-\frac{e^{-3}\times 3^0}{0!}-\frac{e^{-3}\times 3^1}{1!}-\frac{e^{-3}\times 3^2}{2!}\\&=1-e^{-3}\left(\frac{1}{1}+\frac{3}{1}+\frac{9}{2}\right)=1-0.423=0.577\end{aligned}$$

이다.

예제 27 유리판 결점수(Glass Sheet Flaws)

어떤 유리회사의 품질관리 엔지니어는 유리판의 제조 상태가 완전한지를 점검한다. 만약 유리판이 포함하는 결점(flaw)의 수가 $\lambda=0.5$인 포아송분포를 따른다고 가정하자([그림 3.21] 참조). 유리판이 결점을 하나도 포함하지 않을 확률은

$$P(X=0)=\frac{e^{-0.5}\times 0.5^0}{0!}=e^{-0.5}=0.607$$

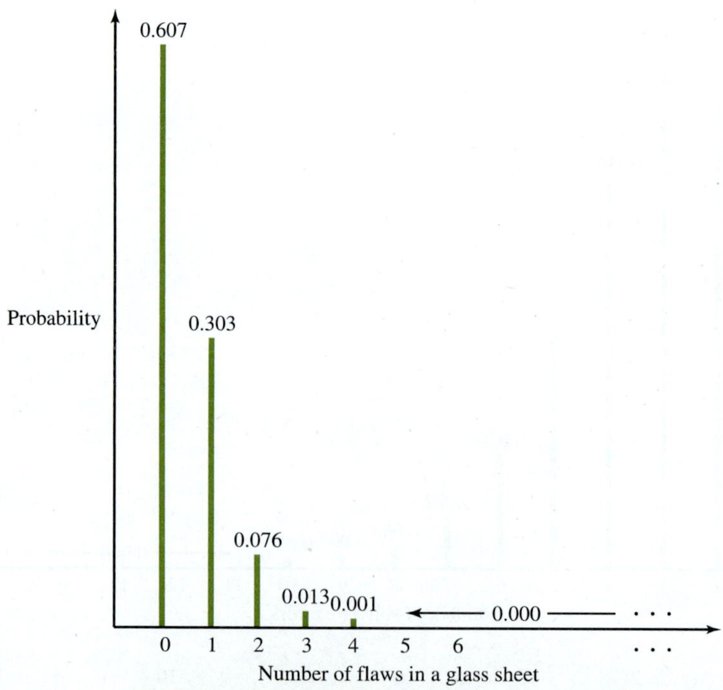

x	0	1	2	3	4	5	6	···
$P(X\leq x)$	0.607	0.910	0.986	0.999	1.000	1.000	1.000	···

그림 3.21 모수 $\lambda=0.5$인 포아송분포의 확률질량함수 및 누적분포함수: 유리판 내의 결점의 수에 대한 분포

즉, 제조된 유리판의 약 61%가 완전한 상태임을 알 수 있다. 만약 2개 이상의 결점을 포함하는 유리판은 스크랩 처리되어 재활용된다고 할 때, 이 확률은

$$P(X \geq 2) = 1 - P(X=0) - P(X=1) = 1 - \frac{e^{-0.5} \times 0.5^0}{0!} - \frac{e^{-0.5} \times 0.5^1}{1!}$$
$$= 1 - e^{-0.5}\left(\frac{1}{1} + \frac{0.5}{1}\right) = 1 - 0.910 = 0.090$$

결국 제조된 유리판의 약 9%가 스크랩 처리됨을 알 수 있다.

예제 28 병원 응급실 도착(Hospital Emergency Room Arrivals)

A병원 응급실에서는 매주 평균 약 47명의 골절환자들이 도착한다. 골절 사고는 매일 동일한 가능성을 가지고 발생한다고 가정할 수 있으며, 따라서 매일 평균 47/7=6.71명의 환자를 예상할 수 있다. 만약 골절환자의 수를 모형화할 수 있는 분포를 선택할 때, $\lambda = 6.71$인 포아송분포를 사용할 수 있다고 하자. 만약 병원 관리자가 매일 10명까지의 골절환자를 서비스할 수 있도록 응급실 자원을 배분하도록 계획을 세웠다면, 10명 이하의 골절환자가 응급실에 도착할 확률은

$$P(X \leq 10) = \sum_{x=0}^{10} \frac{e^{-6.71} \times 6.71^x}{x!}$$
$$= e^{-6.71}\left(\frac{1}{1} + \frac{6.71}{1} + \frac{6.71^2}{2!} + \frac{6.71^3}{3!} + \cdots + \frac{6.71^{10}}{10!}\right) = 0.921$$

로서, 응급실은 결국 약 8% 정도, 즉 1년에 약 29일 정도 추가적인 응급실 자원을 확보해야 할 것으로 예측할 수 있다.

연습문제

3.4.1 $X \sim P(3, 2)$ 일 때 다음 확률을 구하라.

(a) $P(X=1)$ (b) $P(X \leq 3)$

(c) $P(X \geq 6)$ (d) $P(X=0 \mid X \leq 3)$

3.4.2 $X \sim P(2, 1)$ 일 때 다음 확률을 계산하라.

(a) $P(X=0)$ (b) $P(X \leq 2)$

(c) $P(X \geq 5)$ (d) $P(X=1 \mid X \leq 2)$

3.4.3 $X \sim P(\lambda)$ 일 때

$$E(X) = \sum_{x=0}^{\infty} xP(X=x) = \lambda$$

이며,

$$E(X^2) - E(X) = E(X(X-1))$$
$$= \sum_{x=0}^{\infty} x(x-1)P(X=x) = \lambda^2$$

임을 보여라. 또한 위의 결과를 이용하여 $\mathrm{Var}(x) = \lambda$ 임을 보여라.

3.4.4 한 장의 세라믹 타일 내의 균열의 수는 평균 $\lambda = 2.4$인 포아송분포를 따른다. 타일 내에 균열이 하나도 없을 확률은? 또한 한 장의 타일 내에 4개 이상의 균열을 포함할 확률은?

3.4.5 100m 길이의 광학 케이블 내에 평균적으로 약 25개의 결점을 포함한다. 1m의 케이블 내에 결점이 하나도 없을 확률을 포아송분포를 이용하여 구하라. 또한 1m 케이블 내에 1개 이하의 결점을 포함할 확률을 구하라.

3.4.6 모수 $\lambda = np$인 포아송분포는 $B(n,\ p)$을 근사하기 위하여 사용할 수 있다고 본문에서 언급한 바 있다(이 경우 n이 매우 크며 성공확률 p는 매우 작음). 500개의 전기 스위치를 담은 박스가 있다. 각각의 전기 스위치가 불량일 확률이 0.005일 때, 박스가 3개 이하의 불량 스위치를 포함할 확률을 구하라.

3.4.7 어떤 스캐닝 프로세스에서 잘못 기록되는 정보의 수는 평균 $\lambda = 9.2$인 포아송분포를 따른다.

(a) 잘못 기록된 정보의 수가 6과 10 사이에 있을 확률을 구하라.

(b) 잘못 기록된 정보의 수가 4개 이하일 확률을 구하라.

3.5 다항분포(Multinomial Distribution)

3.5.1 다항분포(multinomial distribution)의 정의

일반적으로 이항분포는 일련의 베르누이 시행, 즉 2가지 결과를 가지는 실험으로부터 유도되는 반면에, 다항분포(multinomial distribution)는 각각의 시행이 3가지 이상의 결과를 가지는 이항분포의 일반화된 분포로 생각할 수 있다.

다항분포(Multinomial Distribution)

개개의 시행이 k가지 결과를 가지며 각각의 확률이 $p_1, \cdots, p_k$, $(p_1 + \cdots + p_k = 1)$ 인 n번의 독립시행을 고려해보자. 확률변수 $X_1, \cdots, X_k$는 k개의 결과의 발생 빈도수를 나타낸다고 할 때, 이 확률변수들은 다항분포를 가지며 결합확률질량함수는

$$P(X_1 = x_1, \ldots, X_k = x_k) = \frac{n!}{x_1! \cdots x_k!} \times p_1^{x_1} \times \cdots \times p_k^{x_k}$$

와 같다. 이때 x_i는 음이 아닌 값을 가지며 $x_1 + \cdots + x_k = n$이 된다. 확률변수 $X_1, \cdots, X_k$ 각각의 기대값 및 분산은 $E(X_i) = np$, $\mathrm{Var}(X_i) = np_i(1-p_i)$이지만, 그 확률변수들은 서로 독립은 아니다.

이 확률질량함수는 이항분포로부터 일반화하여 유도할 수 있는데, 만약 X_1

$= x_1, \cdots, X_k = x_k$ 일 경우, 시행 x_i는 확률 p_i와 함께 결과 i를 취하며 따라서 k시행들의 실험을 통하여 구현했을 경우 $p_1^{x_1} \times \cdots \times p_k^{x_k}$의 확률값을 가지며, n 시행 결과의 총 가능한 경우의 수는 $\frac{n!}{x_1! \cdots x_k!}$가 된다. 확률변수 X_i는 확률 p_i를 가지는 i결과의 실행의 수를 나타내기 때문에 X_i의 주변분포는 $X_i \sim B(n, p_i)$가 되며, 결국 $E(X_i) = np_i$ 그리고 $\text{Var}(X_i) = np_i(1-p_i)$가 된다. 하지만 확률변수 $X_1, \cdots, X_k$는 상호 독립이 아님을 명심하라.

3.5.2 다항분포의 예제

예제 1 기계고장(Machine Breakdowns)

기계의 고장은 전기적, 기계적 그리고 오작동에 의한 고장으로 인해 발생하며 각각 0.2, 0.5, 0.3의 확률을 가진다. 기계 수리를 책임지고 있는 엔지니어는 다음 10번의 고장 원인을 예측하고자 한다. 만약 X_1은 전기적 고장의 수, X_2는 기계적 고장의 수 그리고 X_3를 오작동에 의한 고장의 수로 정의하고($X_1 + X_2 + X_3 = 10$), 세 가지 고장 원인으로 인해 발생하는 고장들은 상호 독립적으로 발생한다고 할 때, X_1, X_2, X_3는 다항분포를 따르며 확률질량함수는

$$P(X_1 = x_1, X_2 = x_2, X_3 = x_3) = \frac{10!}{x_1!\, x_2!\, x_3!} \times 0.2^{x_1} \times 0.5^{x_2} \times 0.3^{x_3}$$

가 된다. 예를 들어, 3개의 전기적 고장, 5개의 기계적 고장, 2개의 오작동에 의한 고장의 확률은

$$P(X_1 = 3, X_2 = 5, X_3 = 2) = \frac{10!}{3!\,5!\,2!} \times 0.2^3 \times 0.5^5 \times 0.3^2 = 0.057$$

이며, 전기적 고장의 기대값은 $E(X_1) = np_1 = 10 \times 0.2 = 2$이며, 기계적 고장의 기대값 및 오작동에 의한 고장의 기대값은 각각 $E(X_2) = np_2 = 10 \times 0.5 = 5$, $E(X_3) = np_3 = 10 \times 0.3 = 3$과 같다. 만약 엔지니어가 2개 이하의 전기적 고장이 발생할 확률을 알고자 한다면 다음과 같이 구할 수 있다:

$$\begin{aligned} P(X_1 \le 2) &= P(X_1 = 0) + P(X_1 = 1) + P(X_1 = 2) \\ &= \binom{10}{0} \times 0.2^0 \times 0.8^{10} + \binom{10}{1} \times 0.2^1 \times 0.8^9 \\ &\quad + \binom{10}{2} \times 0.2^2 \times 0.8^8 \\ &= 0.107 + 0.268 + 0.302 = 0.677. \end{aligned}$$

예제 29 약 알레르기 반응(Drug Allergies)

A약으로 처방받은 환자들은 알레르기를 유발할 위험을 가지고 있다. 그 약에 대

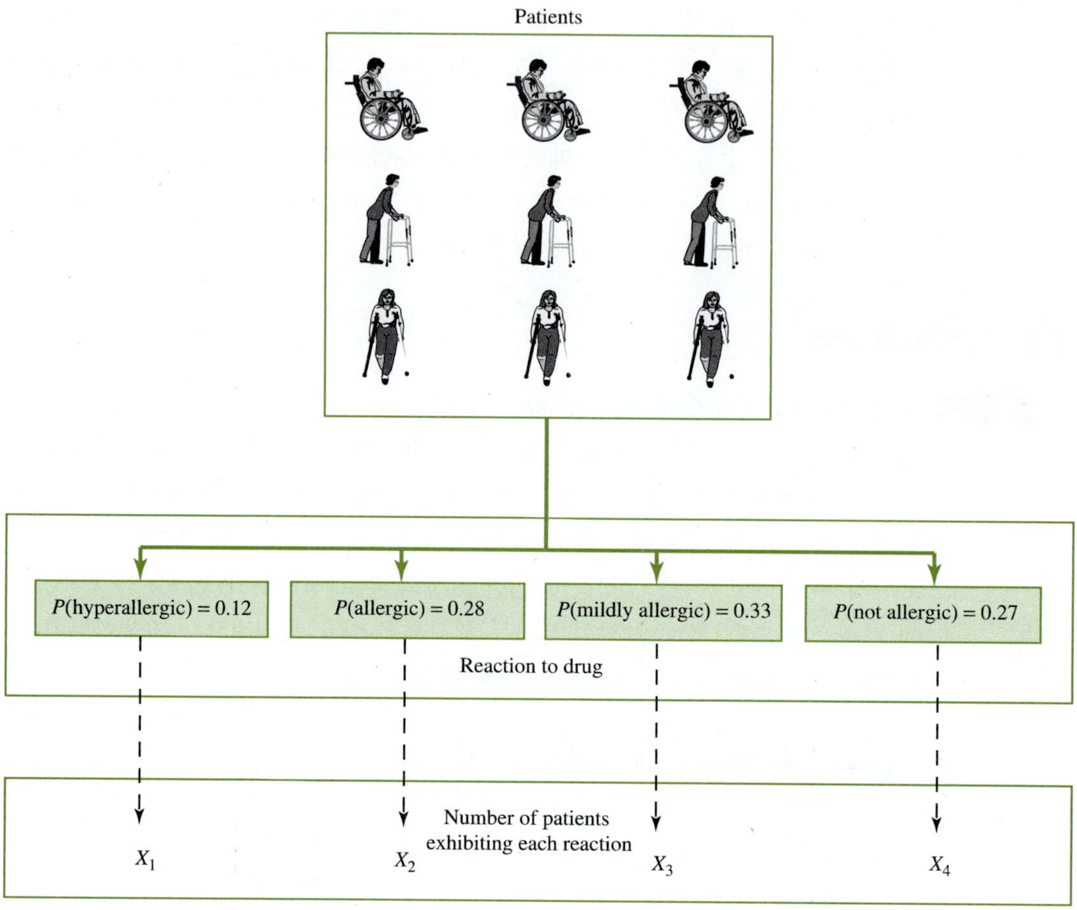

그림 3.22
A약에 대하여 4가지 약물반응을 보이는 각각의 환자의 수는 다항분포를 따름

한 환자의 약물 반응을 의사들은 초과민(hyperallergic), 과민(allergic), 경미(mildly allergic), 알레르기 반응 없음(not allergic)으로 분류하며, 각각의 확률은 0.12, 0.28, 0.33, 0.27로 구하였다. [그림 3.22]에서처럼 9명의 환자에게 약 A를 투약한다고 한다. 만약 X_1, X_2, X_3, X_4를 네 가지 유형의 약물 반응을 나타내는 환자의 수로 정의하며, 개개 환자의 약물 반응은 다른 환자들의 반응과는 독립이라고 한다면, X_1, X_2, X_3, X_4는 다항분포를 따르며, 확률질량함수는

$$P(X_1 = x_1, X_2 = x_2, X_3 = x_3, X_4 = x_4) = \frac{9!}{x_1!\, x_2!\, x_3!\, x_4!} \times 0.12^{x_1} \times 0.28^{x_2} \times 0.33^{x_3} \times 0.27^{x_4}$$

와 같다. 예로서 2명의 환자가 초과민, 1명의 환자가 과민, 4명의 환자가 경미한 반응, 2명의 환자가 알레르기 반응을 보이지 않을 확률은

$$P(X_1=2, X_2=1, X_3=4, X_4=2)$$
$$=\frac{9!}{2!\ 1!\ 4!\ 2!}\times 0.12^2\times 0.28^1\times 0.33^4\times 0.27^2=0.013$$

이다. 초과민 알레르기 반응 환자에 대한 기대값은 $E(X_1)=np_1=9\times 0.12=1.08$, 과민 알레르기 반응 환자에 대한 기대값은 $E(X_2)=np_2=9\times 0.28=2.52$, 경미 알레르기 반응 환자에 대한 기대값은 $E(X_3)=np_3=9\times 0.33=2.97$, 그리고 알레르기 반응을 보이지 않는 환자에 대한 기대값은 $E(X_4)=np_4=9\times 0.27=2.43$와 같다.

기회 게임 8장의 카드를 52장의 카드묶음으로부터 임의로 복원추출한다. 4가지 다른 무늬로부터 각각 2장씩 뽑힐 확률을 구하고 싶다면, 복원추출이므로 4가지 무늬가 뽑힐 확률은 동일한 가능성을 가진다. 따라서 하트(heart)의 수(X_1), 클럽(club)의 수(X_2), 다이아몬드(diamond)의 수(X_3), 스페이드(spade)의 수(X_4)는 다항분포를 따르며 확률밀도함수는

$$P(X_1=x_1, X_2=x_2, X_3=x_3, X_4=x_4)$$
$$=\frac{8!}{x_1!\ x_2!\ x_3!\ x_4!}\times\left(\frac{1}{4}\right)^{x_1}\times\left(\frac{1}{4}\right)^{x_2}\times\left(\frac{1}{4}\right)^{x_3}\times\left(\frac{1}{4}\right)^{x_4}$$

이며, $X_1+X_2+X_3+X_4=8$이므로,

$$P(X_1=x_1, X_2=x_2, X_3=x_3, X_4=x_4)=\frac{8!}{x_1!\ x_2!\ x_3!\ x_4!}\times\left(\frac{1}{4}\right)^8$$

이 된다. 3장의 하트, 2장의 클럽, 2장의 다이아몬드, 1장의 스페이드를 뽑을 확률은

$$P(X_1=3, X_2=2, X_3=2, X_4=1)=\frac{8!}{3!\ 2!\ 2!\ 1!}\times\left(\frac{1}{4}\right)^8=\frac{105}{4096}=0.026.$$

또한 각 무늬로부터 카드가 뽑힐 기대값은 $E(X_i)=np_i=8\times 1/4=2$이며, 확률은

$$P(X_1=2, X_2=2, X_3=2, X_4=2)=\frac{8!}{2!\ 2!\ 2!\ 2!}\times\left(\frac{1}{4}\right)^8=\frac{315}{8192}=0.038.$$

연습문제

3.5.1 어떤 타이어 판매점에는 3종류(A,B,C 유형)의 타이어를 판매한다. 고객이 A 유형을 선택할 확률은 0.23, B 유형은 0.48, C 유형을 선택할 확률은 0.29이다.

(a) 방문하는 11명의 고객들이 A 유형은 4세트, B 유형은 5세트, C 유형은 2세트를 구매할 확률을 구하라.
(b) A 유형의 타이어가 방문한 7명의 고객에게 3세트 이하로 판매될 확률을 구하라.

3.5.2 (공정한) 주사위를 15번 던진다고 할 때 다음 확률을 계산하라.
(a) 정확히 3번 6의 눈, 3번 5의 눈이 나올 경우
(b) 정확히 3번 6의 눈, 3번 5의 눈, 4번 4의 눈이 나올 경우
(c) 정확히 2번 6의 눈이 나올 확률을 구하고, 6의 눈의 수에 대한 기대값을 구하라.

3.5.3 연습문제 3.1.4를 다시 고려한다. 궁수가 과녁 중앙을 맞출 확률이 0.09이다. 또한 궁수가 과녁을 완전히 빗나가게 쏠 확률이 0.12라고 가정한다. 만약 궁수가 8번 화살을 쏜다고 할 경우 다음 확률을 계산하라. 단 각각의 시도는 상호독립이다.
(a) 정확히 2번 과녁 중앙을 맞추고 1번 과녁을 완전히 빗나갈 경우
(b) 정확히 1번 과녁 중앙을 맞추고 2번 과녁을 완전히 빗나갈 경우
(c) 적어도 2번 과녁 중앙을 맞출 확률을 구하고, 또한 궁수가 과녁을 완전히 빗나가게 쏠 기대 횟수를 구하라.

3.5.4 연습문제 3.1.7을 다시 고려한다. 회사는 60%의 주문을 인터넷을 통해 받는다. 인터넷으로 받는 주문의 30%는 대량주문이며, 인터넷 외의 주문의 40%는 대량주문이다. 8개의 독립적인 주문 중에서 2개의 대량 인터넷주문, 2개의 소량 인터넷주문, 2개의 대량 인터넷외 주문, 2개의 소량 인터넷외 주문이 들어올 확률을 구하라.

CHAPTER 4

연속형 확률분포(Continuous Probability Distributions)

모든 연속형 확률분포는 4장 및 5장에서 소개한다. 연속형 확률변수의 확률밀도함수는 모수에 의해 구체화되며 분포의 평균 및 분산은 이들 모수의 함수 형태로 나타난다. 이 장에서는 가장 단순한 연속형 확률분포인 균일분포(Uniform distribution)가 먼저 소개되며, 다음으로 고장률(failure rate)이나 대기시간을 모형화하는데 적합한 지수분포(Exponentail distribution)를 소개한다. 지수분포를 일반화한 감마분포(Gamma distribution)와 와이블분포(Weibull distribution), 그리고 비율(proportion)을 모형화하는데 사용되는 베타분포(Beta distribution) 등이 이 장에서 소개된다. 연속형 분포로서 실생활에서 가장 많이 사용되는 정규분포(Normal distribution)는 5장에서 자세히 설명한다.

4.1 균일분포(Uniform Distribution)

4.1.1 균일분포(Uniform Distribution)의 정의

가장 단순한 연속형 분포로는 균일분포(uniform distribution)가 있으며([그림 4.1] 참조), 균일분포는 두 점 a와 b 사이에 평평한 확률밀도함수를 갖는다. a와 b 두 점 사이의 균일분포는 $X \sim U(a, b)$로 표기하며, 이 구간 내의 면적이 1이 되어야 하므로 높이는 $1/(b-a)$에 해당한다. 따라서 확률밀도함수는 $x \in [a, b]$에서

$$f(x) = \frac{1}{b-a}$$

이 되며, 그 밖의 구간에서 $f(x)=0$이 된다. 누적분포함수는

$$F(x) = \int_{y=a}^{x} \frac{1}{b-a}\, dy = \frac{x-a}{b-a}, \quad a \le x \le b$$

와 같다.

확률변수 $X \sim U(a, b)$는 $[a, b]$ 구간에서 특정값을 취할 가능성이 모두 동일함

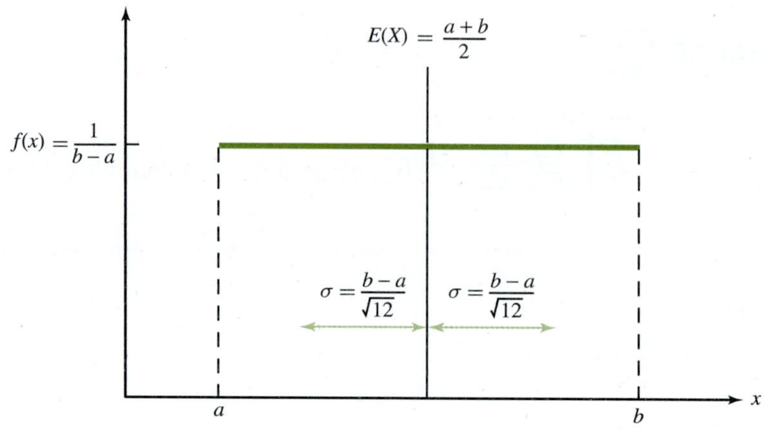

그림 4.1 $U(a,\ b)$ 분포의 확률밀도함수

을 의미한다. 더 정확히 표현하자면, 확률변수가 구간 $[a, b]$에서 길이 δ인 구간을 포함할 확률이 $\delta/(b-a)$가 된다. $U(0, 1)$ 분포를 표준균일분포(standard uniform distribution)라 하며, 변수변환을 통해 $U(a, b)$는 $U(0, 1)$로 표현할 수 있다. 만약 $X \sim U(a, b)$이면

$$Y = \frac{X-a}{b-a} \sim U(0, 1)$$

가 됨을 알 수 있다. 균일분포는 좌우대칭 분포이므로 기대값은 중앙값 $E(X) = (a+b)/2$가 되며,

$$E(X^2) = \int_a^b x^2 \frac{1}{b-a}\, dx = \frac{b^3 - a^3}{3(b-a)} = \frac{a^2 + ab + b^2}{3}$$

이므로, $U(a, b)$의 분산은

$$\mathrm{Var}(X) = E(X^2) - (E(X))^2 = \frac{a^2 + ab + b^2}{3} - \frac{(a+b)^2}{4} = \frac{(b-a)^2}{12}$$

이다. 따라서 $b-a$가 크면 클수록, 즉 $[a, b]$ 구간이 넓으면 넓을수록 분산은 증가하여 넓게 퍼진 형태로 나타난다.

균일분포(uniform distribution)

두 점 a와 b 사이에 평평한 확률밀도함수를 가지는 확률변수 X는 균일분포를 따르며 확률밀도함수는

$$f(x) = \frac{1}{b-a}, \quad a \le x \le b$$

이며, $X \sim U(a, b)$로 표현한다. 누적분포함수는

$$F(x) = \frac{x-a}{b-a}, \quad a \le x \le b$$

이며

$$E(X) = \frac{a+b}{2} \qquad \mathrm{Var}(X) = \frac{(b-a)^2}{12}.$$

4.1.2 균일분포의 예제

예제 30 진주조개 양식(Pearl Oyster Farming)

진주조개를 열어 진주의 크기를 측정하였다. 각 조개들은 $U(0, 10)$ 분포를 가지는 직경(단위: mm)을 가지는 진주를 포함하고 있다. 따라서 진주 직경의 기대값은 5mm, 분산은

$$\mathrm{Var}(X) = \frac{(10-0)^2}{12} = 8.33$$

이 되며, 표준편차는 $\sigma = \sqrt{8.33} = 2.89$mm이다([그림 4.2] 참조).

실제로 4 mm 이상의 직경을 가지는 진주만이 시장에서 가치를 인정받아 팔릴 수 있다고 했을 때, 그 확률은

$$P(X \geq 4) = 1 - F(4) = 1 - 0.4 = 0.6$$

이 된다. 만약 어부가 10개의 조개를 채집한다고 가정하자. 확률변수 Y를 그중 시장 가치가 있는 진주의 수라 정의했을 때, 각각의 조개로부터 나오는 진주는 서로 독립이며, Y는 $n=10$, $p=0.6$인 이항분포를 따르게 된다. 그중 적어도 8개가 가치를 인정받아 시장에 팔릴 확률은

$$\begin{aligned} P(Y \geq 8) &= P(Y=8) + P(Y=9) + P(Y=10) \\ &= \binom{10}{8} \times 0.6^8 \times 0.4^2 + \binom{10}{9} \times 0.6^9 \times 0.4^1 + \binom{10}{10} \times 0.6^{10} \times 0.4^0 \\ &= 0.121 + 0.040 + 0.006 = 0.167. \end{aligned}$$

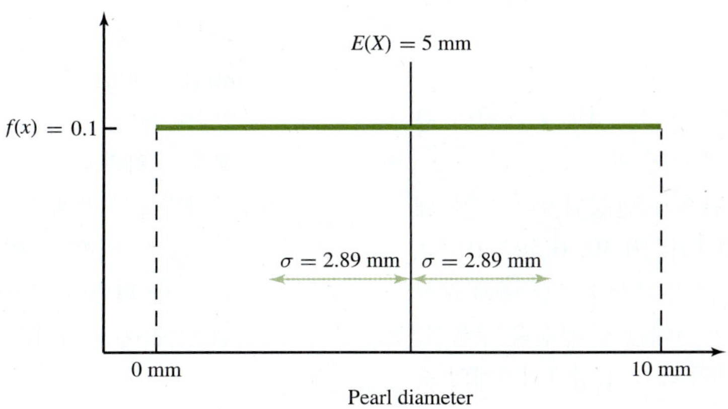

그림 4.2 진주 직경의 분포

기회 게임 2.2절에서 소개된 다이얼 회전 게임에서 각도 θ와 상금액 X는 균일분포를 갖는다. $\theta \sim U(0, 180)$, $X \sim U(0, 1000)$ 이며, 따라서

$$E(\theta) = 90, \quad E(X) = 500$$

이며, 분산은

$$\mathrm{Var}(\theta) = \frac{(180-0)^2}{12} = 2{,}700\ , \quad \mathrm{Var}(X) = \frac{(1000-0)^2}{12} = 83{,}333$$

이다. 따라서 표준편차는 각각 $\sigma_\theta = \sqrt{2{,}700} = 51.96$, $\sigma_X = \sqrt{83{,}333} = 288.7$와 같다.

연습문제

4.1.1 $X \sim U(-3, 8)$ 일 때 다음 물음에 답하라.

(a) $E(X)$ (b) X의 표준편차

(c) 상한사분위수 (d) $P(0 \le X \le 4)$

4.1.2 1.5V에 충전하는 새 전지는 현실적으로 1.43V와 1.60V 사이에서 균일분포를 갖는다.

(a) 전압의 기대값을 구하라.

(b) 전압의 표준편차를 구하라.

(c) 전압의 누적분포함수를 구하라.

(d) 전지가 1.48V 이하의 전압을 가질 확률을 구하라.

(e) 한 박스가 50개의 전지를 담고 있다고 하며, 1.5V 이하의 전압을 가지는 박스 내의 전지의 수의 기대값 및 분산을 구하라.

4.1.3 컴퓨터 난수발생기는 0과 1 사이의 균일분포에서 숫자를 생성한다.

(a) 20개의 난수가 발생되었다고 할 때 [0.00, 0.30], [0.30, 0.50], [0.50, 0.75] 및 [0.75, 1.00] 구간 내에 포함되는 수의 기대값 및 분산을 구하라.

(b) 이 4구간의 각각에 정확히 5개의 숫자가 포함될 확률을 구하라.

4.1.4 빌딩 건축 주변에 널려 있는 나무조각의 길이(단위:m)는 0.0과 2.5 사이에서 균일분포를 갖는다.

(a) 길이의 기대값 및 분산을 구하라.

(b) 25개의 나무조각 중 적어도 20개의 길이가 1m 이상일 확률을 구하라.

4.1.5 어떤 회사의 종업원의 평가점수는 60점과 100점 사이에서 균일분포를 따른다.

(a) 6명의 종업원이 평가를 받는다고 할 때 그 절반이 85점 이상의 점수를 받을 확률을 구하라.

(b) 6명의 종업원이 평가를 받는다고 할 때 그들 중 2명이 80점 이하, 2명이 80점과 90점 사이의 점수를, 나머지 2명이 90점 이상의 점수를 받을 확률을 구하라.

(c) 종업원들이 차례로 평가를 받는다고 할 때, 3명이 90점 이상의 점수를 받는 것을 확인하기 전에 필요한 종업원 수에 대한 기대값을 구하라.

4.2 지수분포(Exponential Distribution)

4.2.1 지수분포(exponential distribution)의 정의

지수분포(exponential distribution)는 $x \geq 0$의 상태공간을 가지며, 종종 고장이나 대기시간 혹은 도착간 시간(inter-arrival time)을 모형화하기 위하여 사용된다. 그 확률밀도함수는

$$f(x) = \lambda e^{-\lambda x}, \quad x \geq 0$$

이며, $x < 0$에 대하여 $f(x) = 0$이 된다. 확률밀도함수는 모수 $\lambda > 0$에 의해 결정되며, 누적분포함수는 $x \geq 0$에 대하여

$$F(x) = \int_0^x \lambda e^{-\lambda y}\, dy = 1 - e^{-\lambda x}$$

모수 λ를 가지는 지수분포의 기대값은

$$E(X) = \int_0^\infty x\lambda e^{-\lambda x}\, dx = \frac{1}{\lambda}$$

이며,

$$E(X^2) = \int_0^\infty x^2 \lambda e^{-\lambda x}\, dx = \frac{2}{\lambda^2}$$

이므로,

$$\mathrm{Var}(X) = E(X^2) - E(X)^2 = \frac{2}{\lambda^2} - \frac{1}{\lambda^2} = \frac{1}{\lambda^2}$$

이 된다. 지수분포의 표준편차는 $\sigma_X = \sqrt{1/\lambda^2} = 1/\lambda$, 즉 기대값과 같다.

지수분포(exponential distribution)

모수 $\lambda > 0$을 가지는 지수분포의 확률밀도함수는

$$f(x) = \lambda e^{-\lambda x}, \quad x \geq 0$$

이며, 누적분포함수는

$$F(x) = 1 - e^{-\lambda x}, \quad x \geq 0.$$

지수분포는 고장시간과 대기시간을 모형화하는데 주로 사용되며, 기대값 및 분

산은 각각

$$E(X) = \frac{1}{\lambda}, \qquad \mathrm{Var}(X) = \frac{1}{\lambda^2}$$

[그림 4.3]은 $\lambda = 1$, [그림 4.4]는 $\lambda = 1/2$일 때 지수분포의 확률밀도함수를 보여주고 있다. 그림에서 보듯이 확률밀도함수는 지수열화(exponential decay) 형태를 띠고 있다. 지수분포의 p 백분위수는 $F(x) = p$를 만족하는 x 값으로 $-\ln(1-p)/\lambda$가 된다. 특히 중앙값은

$$-\frac{\ln(1.0 - 0.5)}{\lambda} = \frac{0.693}{\lambda} = 0.693 \times E(X)$$

와 같다. 중앙값이 기대값보다 작다는 것은 확률밀도함수가 오른쪽 꼬리 부분으로 긴 형태를 가지고 있음을 의미한다.

4.2.2 지수분포의 무기억성(Memoryless property)

지수분포의 중요한 측면은 무기억성(memoryless property)으로 만약 X가 모수 λ인 지수분포라면, 임의의 고정된 값 x_0에 대하여 $X \geq x_0$ 조건하에 $X - x_0$의 분포도 역시 모수 λ인 지수분포를 따르는 것을 나타낸다. 바꿔 말하면, 만약 X를 어떤 사건이 발생할 때까지 소요시간을 나타내는 확률변수로 정의하고 특정 시점 x_0까지 그 사건이 발생하지 않았다고 한다면, x_0 시점 이후에 그 사건이 발생할 때까

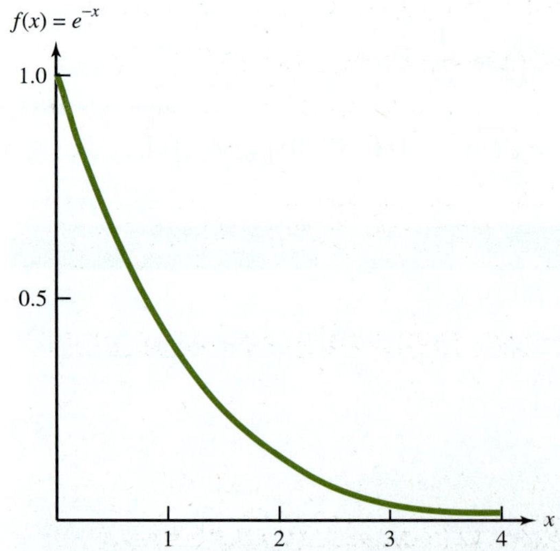

그림 4.3
모수 $\lambda = 1$인 지수분포의 확률밀도함수

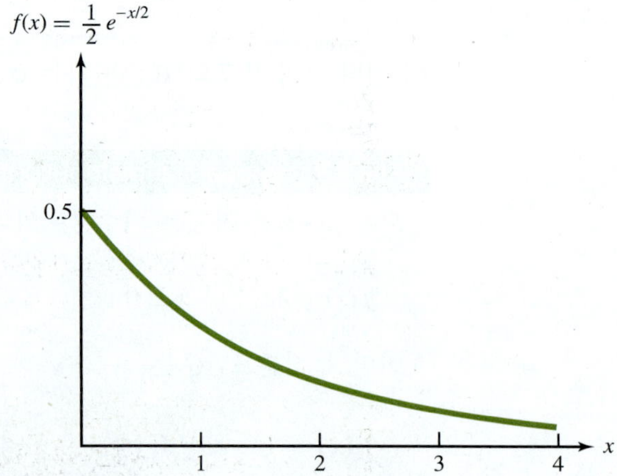

그림 4.4
모수 $\lambda = 1/2$인 지수분포의 확률밀도함수

지 추가적으로 기다리는 시간은 역시 모수 λ인 지수분포를 따른다. 그러한 프로세스는 시간 x_0이 벌써 경과한 후에 그 프로세스는 x_0에서 마치 0 시점에서 새로 시작하는 것처럼 움직이게 된다.

지수분포의 무기억성은 다음과 같이 표현할 수도 있다. 만약 X가 모수 λ인 지수분포를 따른다면,

$$P(X \geq x) = 1 - F(x) = e^{-\lambda x}$$

이며, 확률변수 Y를 x_0 이후에 사건이 발생할 때까지의 경과시간으로 정의하면

$$P(Y \geq y) = P(X \geq x_0 + y \mid X \geq x_0) = \frac{P(X \geq x_0 + y)}{P(X \geq x_0)} = \frac{e^{-\lambda(x_0+y)}}{e^{-\lambda x_0}} = e^{-\lambda y}$$

즉, Y는 모수 λ인 지수분포를 따른다. 도식적인 의미에서, 무기억성은 [그림 4.5]에서 보듯이 어떤 시점 x_0 이후에 지수분포의 확률밀도함수의 영역은 전체 확률밀도함수를 척도화(scaling)한 영역과 같다.

만약 여러분이 버스를 기다리고 있으며 기다리는 시간(단위: 분) $\lambda=0.2$인 지수분포를 따른다고 하면 평균 대기시간은 $1/\lambda=5$분이 된다. 그러나 1분 후 버스가 도착하지 않았다고 하면 추가적으로 기다리는 시간은 4분이 아니라 5분이 된다. 사실 당신이 아무리 오래 기다렸다고 할지라도 버스가 아직 도착하지 않는 한, 당신이 기대할 수 있는 추가 대기시간은 5분이 될 것이다!

지수분포의 무기억성은 많은 프로세스를 모형화하는데 매력적이지만, 무기억성을 가지지 않는 많은 다른 프로세스를 모형화하는 데 적합하지 않다. 다음

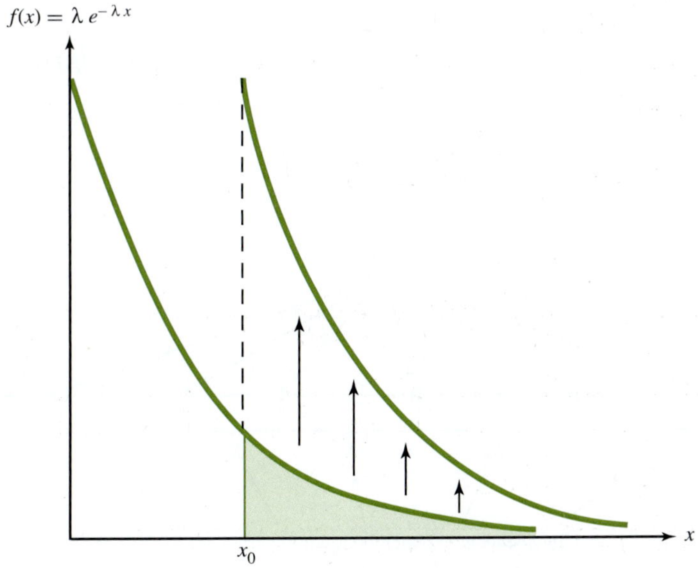

그림 4.5 지수분포의 무기억성에 대한 설명

절에서 설명할 감마분포와 와이블분포는 지수분포를 일반화한 분포로서 무기억성을 가지지 않는 프로세스를 표현하는데 유용하게 사용된다. 무기억성을 가지는 연속형 확률분포로는 지수분포가 유일하며, 특히 전자부품이 랜덤한 전압의 변동으로 인해 고장이 발생한다고 한다면, 그 고장시간의 분포를 나타내는데 지수분포가 적합하다. 그런 경우에는 무기억성 속성이 적합할 수 있기 때문이다.

4.2.3 포아송 과정(Poisson Process)

확률과정(stochastic process)은 일련의 랜덤사건으로 간주될 수 있다. 특히 단순한 확률과정은 시간에 따라 발생하는 연속적인 사건으로 구성되며, 그 경우 확률과정은 구간의 확률분포를 명시함으로써 구체화될 수 있다. 모수 λ를 가지는 포아송 과정은 이러한 인접한 두 사건의 발생 시간이 서로 독립이며 모수 λ를 가지는 지수분포를 따르는 확률변수로 정의되는 과정이다([그림 4.6] 참조).

포아송 과정의 예로서 스위치보드(switch board)에 걸려오는 통화의 도착시간이나 한 순수한 물질에 포함된 이물질의 위치 등이 있으며, 포아송 과정의 또 다른 예는 이 절 후반에서 주로 다룰 것이다. 이 모든 경우에 포아송 과정은 사건 사이의 경과 시간 혹은 거리는 서로 독립이며 지수분포를 따른다는 가정을 기본으로 한다. 따라서 포아송 과정에서 두 사건 사이의 평균 대기시간은 $1/\lambda$이 되며, 또한 길이 t를 가지는 고정된 시간 구간에 발생하는 사건의 수는 λt가 된다. 더욱이 일정 시간 구간 내에서 발생하는 사건의 수는 평균 λt인 포아송분포를 갖는다. 바꾸어 말하면 확률변수 X를 길이 t를 갖는 고정된 시간 구간 내에 발생하는 사건의 수로 정의하면,

$$X \sim P(\lambda t)$$

가 된다([그림 4.7] 참조). 이러한 과정을 포아송 과정이라 부르는 것도 이런 연유에서이다.

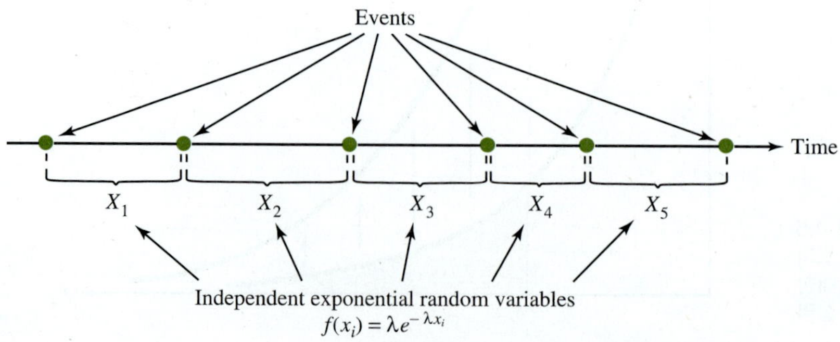

그림 4.6 포아송 과정: 도착한 기간은 모수 λ인 독립지수분포를 따름

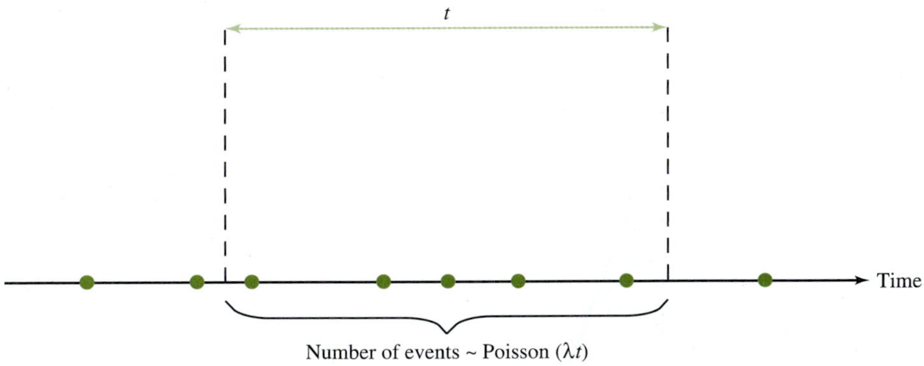

그림 4.7 포아송 과정: 길이 t인 시간구간 내에 발생하는 사건의 수는 평균 λt인 포아송 분포를 따름

4.2.4 지수분포의 예제

예제 31 대양에서 난파선 위치 찾기(Shipwreck Hunts)

난파선 인양을 위하여 인양팀이 배가 좌초했으리라 추측되는 대양의 특정 위치에서 탐사작업을 벌이고 있다. 인양팀장의 경험으로 비추어, 난파선의 위치를 정확히 파악하는 데에는 평균 20일이 걸린다. 팀장은 지수분포의 무기억성이 적합하다고 판단하였다. 왜냐하면 광대한 바다에서 며칠간 소득없이 탐사를 했을 경우 그러한 결과는 미래에 난파선의 위치를 파악하는데 큰 도움을 주지 않으리라는 판단에서이다. 따라서 난파선의 위치를 파악하는데 걸리는 시간은 모수

$$\lambda = \frac{1}{E(X)} = \frac{1}{20} = 0.05$$

인 지수분포로 모형화가 가능하다.

인양팀을 지원하고 있는 계약자는 만약 인양 착수 첫주 내에 난파선의 위치를 찾아내면 큰 보너스를 주겠다고 약속했다. 그 확률은

$$P(X \leq 7) = F(7) = 1 - e^{-0.05 \times 7} = 0.30$$

이다. 하지만 인양팀에 주어진 시간은 4주로, 그 기한 내에 찾지 못하면 지원이 끊겨 인양 업무를 중단하여야만 한다. 그 확률은

$$P(X \geq 28) = 1 - F(28) = e^{-0.05 \times 28} = 0.25$$

와 같다([그림 4.8] 참조).

예제 32 강철 대들보 균열(Steel Girder Fractures)

엔지니어는 강철 대들보 모서리에 미세한 균열(fracture)을 검사하고 있다. 대들보는 10m 길이이며 개개 대들보마다 평균 42개의 균열을 가지는 것으로 밝혀졌다. 만약 하나의 대들보가 42개의 균열을 포함한다면, 균열 사이에 43개의 틈(gap)이

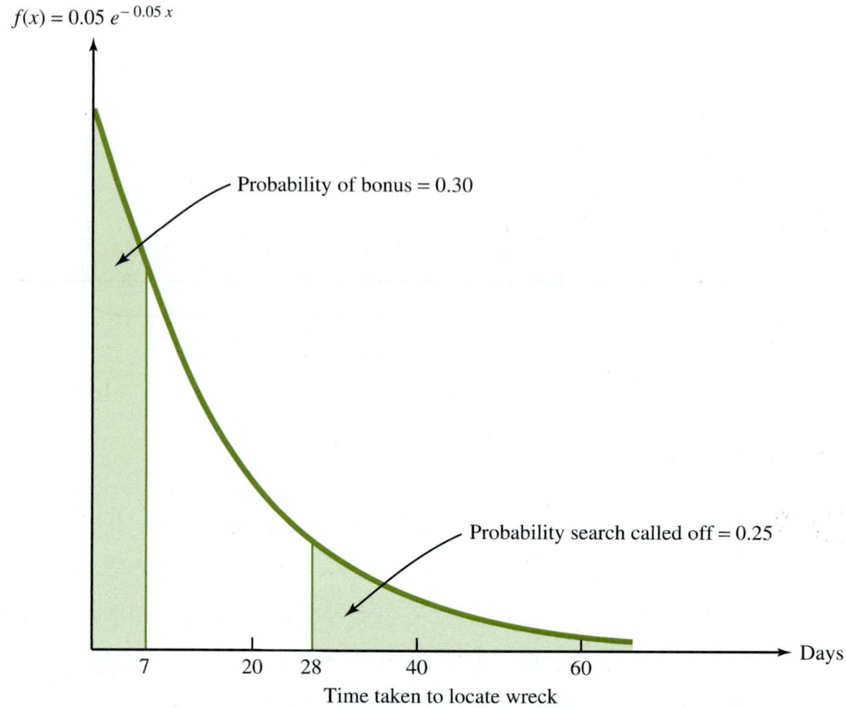

그림 4.8
인양작업 예에 대한 확률밀도함수

있으며, 그 틈 사이의 평균 길이는 10/43=0.23m가 된다. 균열들은 대들보 위에 랜덤하게 분포되어 있으며, 따라서 엔지니어는 특정 대들보 위의 균열의 위치를 $\lambda=1/0.23=4.3$인 포아송 과정으로 모델링할 수 있다. 이 모델에 따라 인접한 두 균열 사이의 틈의 길이는 $\lambda=4.3$인 지수분포를 가지며([그림 4.9] 참조), 틈이 10cm보다 작을 확률은

$$P(X \leq 0.10) = F(0.10) = 1 - e^{-4.3\times 0.10} = 0.35$$

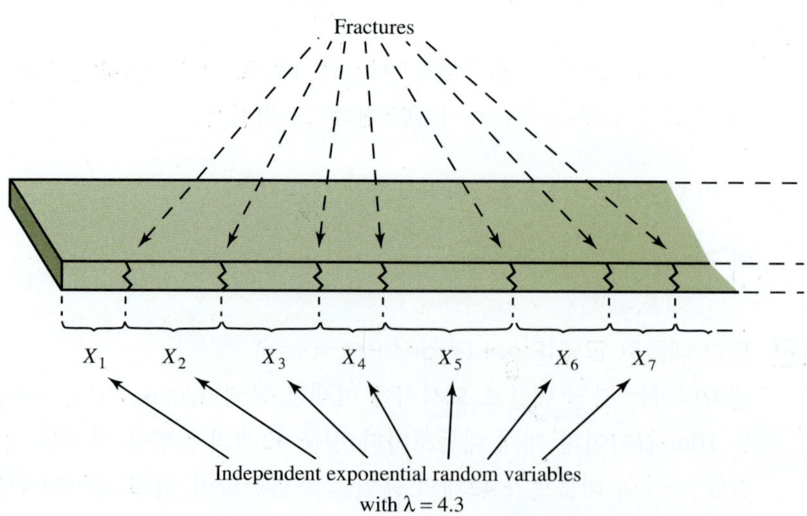

그림 4.9
포아송 과정: 강철 대들보 위의 균열 위치를 모형화

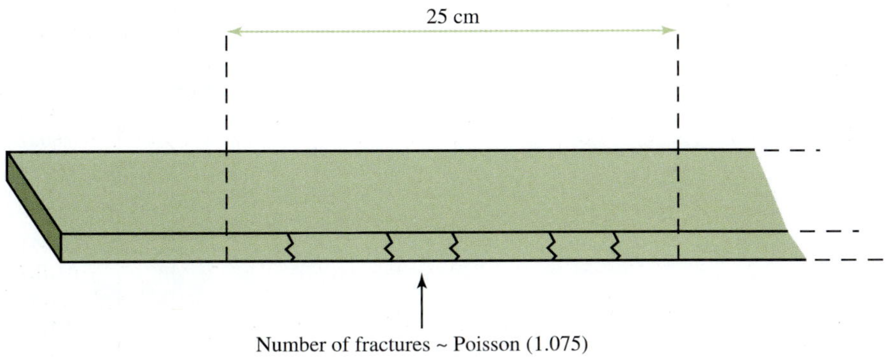

그림 4.10 25cm 강철 대들보 일부분 내에 존재하는 균열의 수는 평균 1.075인 포아송분포를 따름

이며, 또한 틈이 30cm보다 클 확률은

$$P(X \geq 0.30) = 1 - F(0.30) = e^{-4.3\times 0.30} = 0.28$$

이다. 만약 25cm의 대들보 일부분이 선택되었다고 하면, 그 시편이 포함하는 균열의 수는 평균

$$\lambda \times 0.25 = 4.3 \times 0.25 = 1.075$$

인 포아송분포를 따른다([그림 4.10] 참조). 그 시편이 적어도 2개 이상의 균열을 포함할 확률은

$$\begin{aligned} P(X \geq 2) &= 1 - P(X = 0) - P(X = 1) \\ &= 1 - \frac{e^{-1.075} \times 1.075^0}{0!} - \frac{e^{-1.075} \times 1.075^1}{1!} \\ &= 1 - 0.341 - 0.367 = 0.292 \end{aligned}$$

이다.

예제 9 자동차 차체 조립라인(Car Body Assembly Line)

자동차 패널(panel) 제조 과정을 책임지고 있는 엔지니어는 패널 제조라인으로 운반되는 금속판을 관리하고 있다. 금속판은 하나씩 운송되며 원하는 크기만큼 절단될 수 있다. 평균 약 96장의 금속판이 1시간 동안 패널 제조라인으로 운반되며, 엔지니어는 금속의 도착시간을 포아송 과정으로 나타내기로 하였다. 도착간 평균 기다리는 시간은 60/96=0.625분으로 따라서 $\lambda=1/0.625=1.6$으로 금속판 도착간 기다리는 시간은 $t=1.6$이며 독립 지수분포를 가정한다([그림 4.11] 참조).

예를 들면, 도착간 3분 이상 기다릴 확률은

$$P(X \geq 3) = 1 - F(3) = e^{-1.6\times 3} = 0.008$$

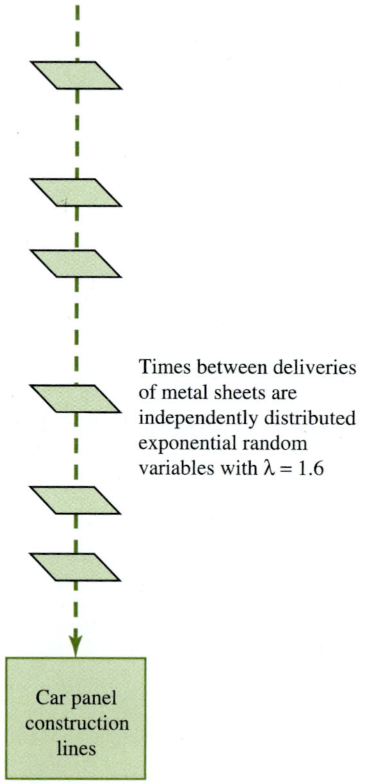

그림 4.11
포아송 과정: 패널 제조라인으로 운반되는 금속판의 도착시간을 모형화

$X \sim$ Poisson (24.0)	
x	$P(x \le x)$
7	0.0000
8	0.0002
9	0.0004
10	0.0011
11	0.0025
12	0.0054
13	0.0107
14	0.0198
15	0.0344
16	0.0563
17	0.0871
18	0.1283
19	0.1803
20	0.2426
21	0.3139
22	0.3917
23	0.4728
24	0.5540
25	0.6319
26	0.7038
27	0.7677
28	0.8225
29	0.8679
30	0.9042
31	0.9322
32	0.9533
33	0.9686
34	0.9794
35	0.9868
36	0.9918
37	0.9950
38	0.9970
39	0.9983
40	0.9990
41	0.9995
42	0.9997
43	0.9998
44	0.9999
45	1.0000

그림 4.12
평균 24.0을 가지는 포아송 확률변수의 누적분포함수

이며, 특정 15분 사이에 패널 제조라인에 도착하는 금속판의 수는 평균

$$\lambda \times 15 = 1.6 \times 15 = 24.0$$

인 포아송분포를 따른다. [그림 4.12]는 이 포아송분포의 누적분포함수를 보여주고 있는데, 15분 동안 16장 이하가 도착할 확률은 약 0.056이다. 반면 15분 동안 32장 이하가 도착할 확률은 약 0.95가 된다.

연습문제

4.2.1 $X \sim \exp(\lambda)$ 라고 할 때 적분을 활용하여 다음을 보여라.

(a) $E(X) = 1/\lambda$　　(b) $E(X^2) = 2/\lambda^2$

4.2.2 당신이 한 친구를 기다리고 있다고 하자. 당신이 기다리는 시간(단위:분)은 모수 $\lambda = 0.1$인 지수분포를 따른다.

(a) 당신이 기다리는 시간의 기대값을 구하라.

(b) 당신이 10분 이상 기다릴 확률을 구하라.

(c) 당신이 5분 이하 기다릴 확률을 구하라.

(d) 당신이 5분 동안 친구를 기다렸다고 하자. 당신이 추가로 기다리는 시간의 분포는 무엇인가? 이 경우 당신의 총 기다리는 시간이 15분 이상일 확률을 구하라.

(e) 당신이 기다리는 시간이 $U(0, 20)$ 분포를 따른다고 가정한다. 당신이 5분 동안 기다렸다고 할 때 추가로 기다리는 시간의 분포는 무엇인가?

4.2.3 어떤 기계는 고장이 발생하면 수리하여 다시 사용할 수 있다. 이때 고장간의 시간(단위:일)은 모수 $\lambda = 0.2$인 지수분포를 따른다고 한다.

(a) 고장들간 시간에 대한 기대값을 구하라.

(b) 고장들간 시간에 대한 표준편차를 구하라.

(c) 고장을 수리하여 사용하다가 다음 고장이 발생할 때까지 적어도 1주일 동안 사용할 확률을 구하라.

(d) 그 기계가 6일 동안 고장이 나지 않고 잘 사용했다고 하면 그 기계를 추가로 적어도 2일 동안 고장없이 사용할 확률을 구하라.

4.2.4 어떤 연구자는 발아시간(단위:일)이 독립적으로 $\lambda = 0.31$인 지수분포를 따르는 12개의 씨앗을 심었다.

(a) 어떤 1개의 씨앗에 발아시간이 5일 이하일 확률을 구하라.

(b) 5일 전에 발아할 씨앗 수의 기대값 및 분산을 구하라.

(c) 9개 이하의 씨앗이 5일 전에 발아할 확률을 구하라.

4.2.5 Laplace 분포로도 불리는 이중지수분포(double exponential distribution)의 확률밀도함수는

$$f(x) = \frac{1}{2}\lambda e^{-\lambda|x-\theta|}, \quad -\infty \le x \le \infty$$

이며, 두 모수 λ와 θ를 포함하고 있다. 이 분포의 기대값을 구하라. 만약 $\lambda = 3$, $\theta = 2$이라고 할 때 다음 확률을 구하라.

(a) $P(X \le 0)$　　(b) $P(X \ge 1)$

4.2.6 어떤 광섬유 내의 결점은 포아송 과정을 따라 분포하며, 두 결점간의 거리는 $\lambda = 2m^{-1}$인 지수분포를 따른다.

(a) 결점들간 거리에 대한 기대값을 구하라.

(b) 두 결점 사이의 거리가 1m 이하일 확률을 구하라.

(c) 3m 길이의 광섬유 내의 결점 수의 분포는 무엇인가?

(d) 3m 길이의 광섬유가 4개 이하의 결점 수를 포함할 확률을 구하라.

4.2.7 어떤 엔지니어는 흑연 표본에 스트레스를 가하여 그중 약 90%가 5시간 내에

파손되는 것을 관찰하였다.

(a) 파손될 때까지 시간이 지수분포를 따른다고 할 때 모수 λ를 결정하라.

(b) 어떤 표본의 파손이 3시간 내에 발생할 확률을 구하라.

4.2.8 모수 $\lambda = 0.8$인 포아송 과정을 고려하기로 한다.

(a) 두 인접 사건 사이의 시간이 1.5 이상일 확률을 구하라.

(b) 적어도 세 사건이 2시간 내에 발생할 확률을 구하라.

4.2.9 전화통화 간의 시간(단위:분)은 모수 $\lambda = 0.3$인 지수분포로 모형화할 수 있다. 각각의 통화간 시간 간격은 상호독립이라고 할 때, 10통화 중 2통화는 1분 이하, 4통화는 1분과 3분 사이, 나머지 4통화는 3분 이상 지속될 확률을 구하라.

4.2.10 고객들이 어떤 상점에 도착하는 시간(단위:분)은 $\lambda = 0.2$인 포아송 과정을 따른다.

(a) 두 연속적인 도착시간 간격이 6분 이하일 확률을 구하라.

(b) 정확히 3 도착이 10분 내에 발생할 확률을 구하라.

4.2.11 어떤 금속 탐지기가 땅위를 훑고 지나가면서 신호를 감지할 때, $\lambda = 0.022$/m인 포아송 과정을 따른다. 100m 거리 내에서 1 이하의 신호를 감지할 확률을 구하라.

4.2.12 90개의 동일한 전기회로를 고온에서 고장이 발생하였는지 검사하고자 한다. 50번째 고장이 263분 후에 발생하였고, 고장시간이 지수분포로 모형화할 수 있다면 80번째 고장은 언제 발생하겠는가?

4.3 감마분포(Gamma Distribution)

4.3.1 감마분포(Gamma Distribution)의 정의

감마분포(gamma distribution)는 신뢰성 이론(reliability theory) 같은 분야에서 중요하게 응용되는 분포로서 포아송 과정을 분석하는데 사용되기도 한다. $x \geq 0$의 상태공간에 대하여 감마분포의 확률밀도함수는

$$f(x) = \frac{\lambda^k x^{k-1} e^{-\lambda x}}{\Gamma(k)}$$

이며, $x < 0$에 대하여 $f(x) = 0$이 된다. 감마분포는 모수 $k > 0$와 $\lambda > 0$에 의해 결정되며, 함수 $\Gamma(k)$는 감마함수(gamma function)로서 확률밀도함수의 총면적이 1이 되도록 하기 위해 필요하다.

감마함수(gamma function)

감마함수는

$$\Gamma(k) = \int_0^\infty x^{k-1}e^{-x}\,dx$$

로 정의되며, $\Gamma(1)=1$, $\Gamma(1/2)=\sqrt{\pi}$ 이다. 일반적으로 $k>1$에 대하여

$$\Gamma(k) = (k-1)\,\Gamma(k-1)$$

이며, n이 양의 정수일 때

$$\Gamma(n) = (n-1)!$$

이다. 하지만 이런 특별한 경우를 제외하고는 감마함수에 대한 closed form은 존재하지 않는다.

$k=1$일 때, 감마분포는 모수 λ를 가지는 지수분포가 된다. 감마분포의 평균 및 분산은 다음과 같다.

$$E(X) = \frac{k}{\lambda},\quad \mathrm{Var}(X) = \frac{k}{\lambda^2}$$

감마분포(Gamma Distribution)

모수 $k>0$와 $\lambda>0$을 갖는 감마분포의 확률밀도함수는

$$f(x)=\begin{cases}\dfrac{\lambda^k x^{k-1}e^{-\lambda x}}{\Gamma(k)} & x\ge 0\\ 0 & x<0\end{cases}$$

이며, 이때 $\Gamma(k)$는 감마함수이다. 감마분포의 평균 및 분산은

$$E(X) = \frac{k}{\lambda},\quad \mathrm{Var}(X) = \frac{k}{\lambda^2}$$

감마분포의 모수 k는 형상모수(shape parameter)라 하고, λ는 척도모수(scale parameter)라 한다. [그림 4.13]은 $\lambda=1$, $k=1, 3, 5$일 때 확률밀도함수를 보여주고 있는데, 형상모수가 증가함에 따라 밀도함수의 정점은 오른쪽으로 이동함을 알 수 있다. [그림 4.14]는 $\lambda=1, 2, 3$, $k=3$일 때의 확률밀도함수로서, λ가 어떻게 분포함수를 척도화하는지를 설명하고 있다. k가 양의 정수일 때 감마분포는 독립인 지수 확률변수들의 합으로 나타낼 수 있는데, $X_1, \ldots, X_k$가 모수 λ인 지

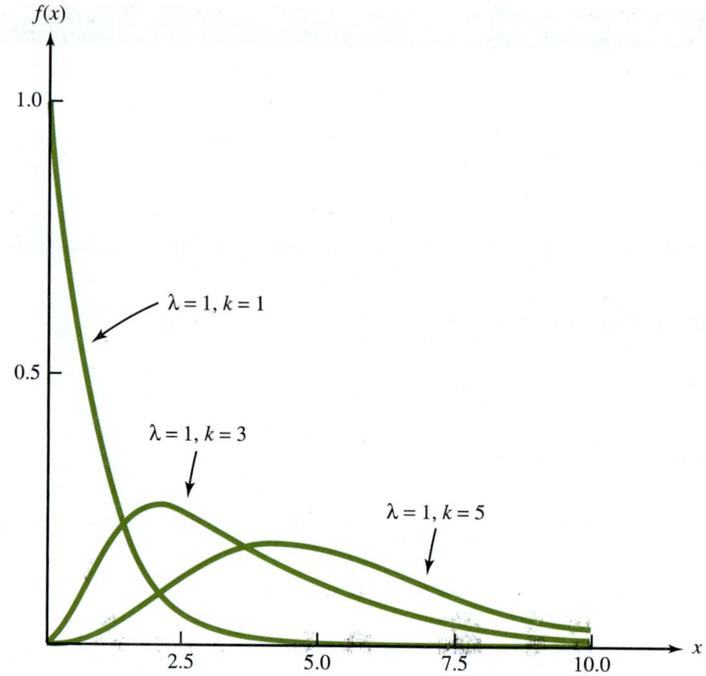

그림 4.13
감마분포의 확률밀도함수

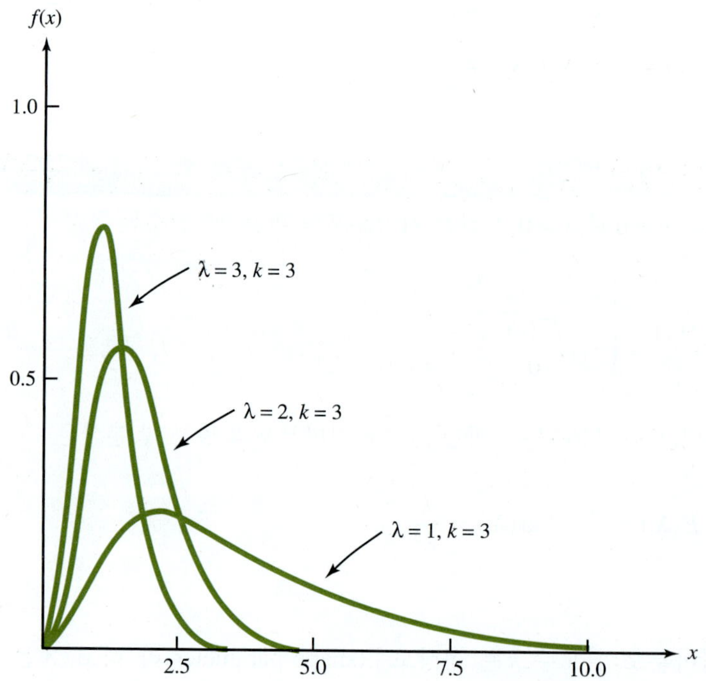

그림 4.14
감마분포의 확률밀도함수

수분포를 따르는 독립 확률변수라고 하면 확률변수 $X = X_1 + \cdots + X_k$ 는 모수 k와 λ 를 가지는 감마분포를 따른다. 이는 모수 λ 인 포아송 과정을 의미하는데, k 사건이 발생할 때까지 걸리는 시간은 모수 λ 와 k인 감마분포가 된다.

4.3.2 감마분포 예제

예제 32 강철 대들보 균열(Steel Girder Fractures)

확률변수 X를 [그림 4.15]처럼 대들보 한쪽 끝으로부터 5번째 균열이 발생한 지점까지의 길이라고 하자. 균열의 위치를 포아송 과정으로 나타냈을 때 확률변수 X는 $k=5$, $\lambda=4.3$인 감마분포를 따른다. 5번째 균열까지 기대 거리는 따라서

$$E(X)=\frac{k}{\lambda}=\frac{5}{4.3}=1.16\text{ m}$$

가 되며, 이 분포의 5 백분위수는 통계 소프트웨어를 활용하여 $F(0.458)=0.05$, 즉 $x_{0.05}=0.458$m로 구할 수 있다. 또한 1m 내에 5개의 균열을 포함할 확률은 $F(1)=0.4296$으로 약 43%인데, 이 확률은 또한 포아송분포를 사용하여 구할 수 있다. 대들보 수는 평균 $\lambda\times1=4.3$인 포아송분포를 따르며, 대들보 1m 내에 5번째 균열이 있을 확률은 처음 1m 구간 내에 적어도 5개 이상의 균열이 있을 확률과 같다. 즉,

$$P(Y\geq5)=0.4296$$

으로 $Y\sim P(4.3)$이다.

예제 9 자동차 차체 조립 라인(Car Body Assembly Line)

자동차 패널 제조공정을 책임지고 있는 엔지니어는 20장의 금속판이 패널 제조 라인으로 운송될 때까지 걸리는 시간에 관심이 있다. 포아송 과정하에 걸리는 시간 X는 $k=20$, $\lambda=1.6$인 감마분포를 따른다. X의 기대값 및 분산은 각각

$$E(X)=\frac{k}{\lambda}=\frac{20}{1.6}=12.5 \qquad \text{Var}(X)=\frac{k}{\lambda^2}=\frac{20}{1.6^2}=7.81$$

이며, 표준편차는 $\sigma=\sqrt{7.81}=2.80$분이다([그림 4.16] 참조).

소프트웨어를 활용하여

$$F(17.42)=0.95,\quad F(15)=0.8197$$

을 구할 수 있으며, 20장의 금속판이 18분 내에 도착할 가능성은 약 95%이며, 15

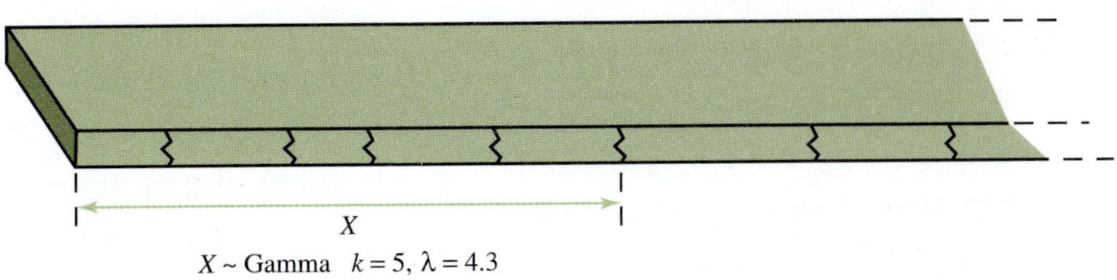

그림 4.15 5번째 균열까지의 거리는 $k=5$, $\lambda=4.3$인 감마분포를 따름

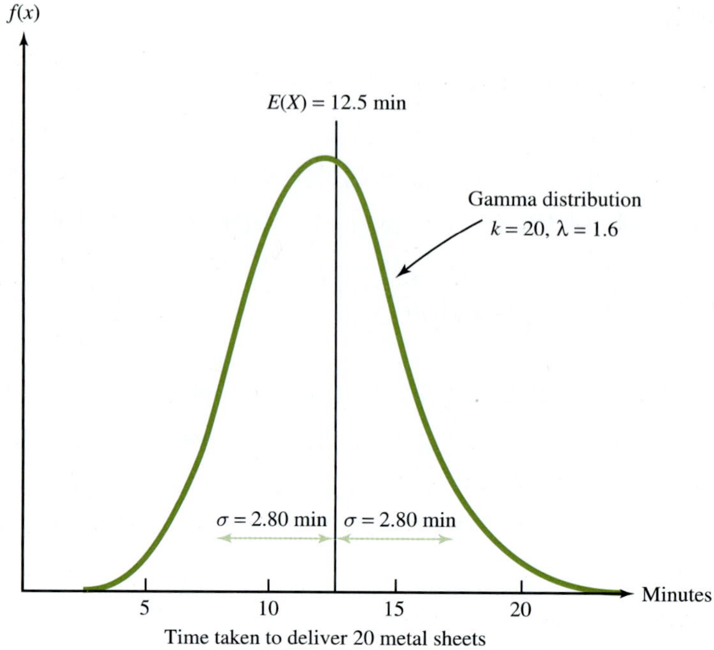

그림 4.16 20장의 금속판이 패널 제조라인에 도착할 때까지 걸리는 시간에 대한 확률밀도 함수

분 내에 모두 도착할 확률은 약 0.82가 된다. 두번째 확률은 포아송분포를 통해 역시 구할 수 있는데, 15분 동안에 도착하는 금속판의 수의 확률은 $1-0.1803=0.8197$로, 이 시간 구간 동안 20장 이상이 도착할 확률과 같다.

연습문제

4.3.1 적분을 이용하여 $\Gamma(k)=(k-1)\Gamma(k-1)$, $k>1$임을 보여라. 또한 $\Gamma(0.5)=\sqrt{\pi}$ 임을 활용하여 $\Gamma(5.5)$를 구하라.

4.3.2 $X_1, \cdots, X_2$가 모수 λ인 지수분포를 따르는 독립 확률변수라고 할 때 $X=X_1+\cdots+X_k$는 모수 k와 λ인 감마분포를 가진다.

(a) 위의 사실을 활용하여 감마분포의 평균 및 분산을 구하라.

(b) X는 모수 k_1와 λ, Y는 모수 k_2와 λ를 가지는 감마분포이며, k_1과 k_2는 양의 정수이다. X와 Y가 상호독립이라고 할 때 $Z=X+Y$는 모수 k_1+k_2 및 λ인 감마분포를 따름을 설명하라.

4.3.3 통계 소프트웨어를 활용하여 다음의 모수값을 갖는 감마분포의 $x=3$에서의 확률밀도함수, 누적분포함수 및 중앙값을 구하라.

a) $k=3.2$, $\lambda=0.8$

b) $k=7.5$, $\lambda=5.3$

c) $k=4.0$, $\lambda=1.4$

4.3.4 연습문제 4.2.6을 다시 고려한다. 만약 5개의 인접한 결점이 광섬유 내에 존재한다고 할 때 다음 물음에 답하라.

(a) 첫 번째 결점과 다섯 번째 결점 사이의 거리의 분포를 구하라.

(b) 첫 번째 결점과 다섯 번째 결점 사이의 거리의 기대값을 구하라.

(c) 첫 번째 결점과 다섯 번째 결점 사이의 거리의 표준편차를 구하라.

(d) 첫 번째 결점과 다섯 번째 결점 사이의 거리가 3m 이상이다. 이 확률은 감마분포 혹은 포아송분포를 활용하여 구할 수 있음을 설명하라.

4.3.5 어떤 조립라인에 작업자가 특정 작업을 끝마칠 시간(단위:분)은 $k=44$, $\lambda=0.7$인 감마분포를 따른다.

(a) 이 작업을 끝마칠 시간의 평균 및 표준편차를 구하라.

(b) 이 작업을 1시간 내에 끝마칠 확률을 통계 소프트웨어를 활용하여 구하라.

4.4 와이블분포(Weibull Distribution)

4.4.1 와이블분포(Weibull Distribution)의 정의

와이블분포(Weibull distribution)는 고장시간이나 대기시간을 모형화 하는데 사용되며, $x \geq 0$에 대하여 확률밀도함수

$$f(x) = a\,\lambda^a\,x^{a-1}\,e^{-(\lambda x)^a}$$

이며, $x<0$에 대하여 $f(x)=0$이 된다. 와이블분포는 모수 $a>0$와 $\lambda>0$에 의해 결정되며, $a=1$일 때 지수분포가 된다. 와이블분포의 누적분포함수는

$$F(x) = \int_0^x a\,\lambda^a\,y^{a-1}\,e^{-(\lambda y)^a}\,dy = 1 - e^{-(\lambda x)^a}$$

이며, 기대값 및 분산은 아래에 주어져 있다.

와이블분포(Weibull Distribution)

모수 $a>0$와 $\lambda>0$을 가지는 와이블분포의 확률밀도함수는

$$f(X) = \begin{cases} a\lambda^a x^{a-1} e^{-(\lambda x)^a} & x \geq 0 \\ 0 & x < 0 \end{cases}$$

이며, 누적분포함수는

$$F(x) = 1 - e^{-(\lambda x)^a},\ x \geq 0$$

이다. 와이블분포의 기대값 및 분산은

$$E(X) = \frac{1}{\lambda}\,\Gamma\left(1+\frac{1}{a}\right)$$

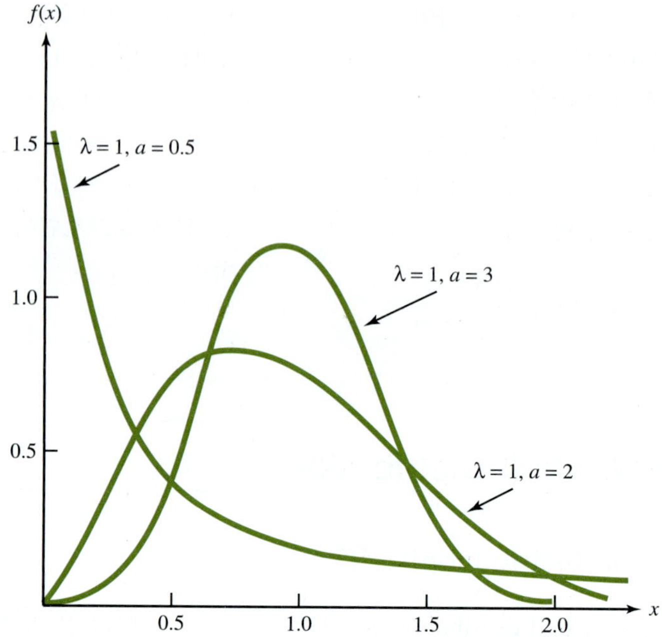

그림 4.17 와이블분포의 확률밀도함수

$$\mathrm{Var}(X) = \frac{1}{\lambda^2}\left\{\Gamma\left(1+\frac{2}{a}\right) - \Gamma\left(1+\frac{1}{a}\right)^2\right\}$$

이며, 이때 $\Gamma(\cdot)$는 감마함수이다.

감마분포에서처럼 와이블분포의 모수 λ는 척도모수라 하며, a는 형상모수라 부른다. 와이블분포가 많은 응용 분야에서 유용하게 쓰이는 이유는 두 모수값을 변화시켜 다양한 형태의 분포를 표현할 수 있다는 것인데, [그림 4.17]은 $\lambda=1$일 때 다양한 a의 값에 따른 확률밀도함수의 형태를 나타내고 있으며, [그림 4.18]은 $a=3$일 때 다양한 λ의 값에 따른 확률밀도함수의 변화를 보여주고 있다.

와이블분포의 p 분위수는 $(-\ln(1-p))^{1/a}/\lambda$로, 그 유도 과정은 생략하기로 한다.

4.4.2 와이블분포 예제

예제 33 박테리아 수명(Bacteria Lifetimes)

확률변수 X는 고온에서 박테리아의 수명을 나타낸다고 할 때, X는 $a=2$, $\lambda=0.1$인 와이블분포를 따른다. 이 와이블분포는 [그림 4.19]에 나타나 있다. 박테리아의 기대수명은

$$E(X) = \frac{1}{0.1} \times \Gamma\left(1+\frac{1}{2}\right) = 10 \times \frac{1}{2} \times \Gamma\left(\frac{1}{2}\right) = 10 \times \frac{1}{2} \times \sqrt{\pi} = 8.86 \text{ 분}$$

이며, 분산은

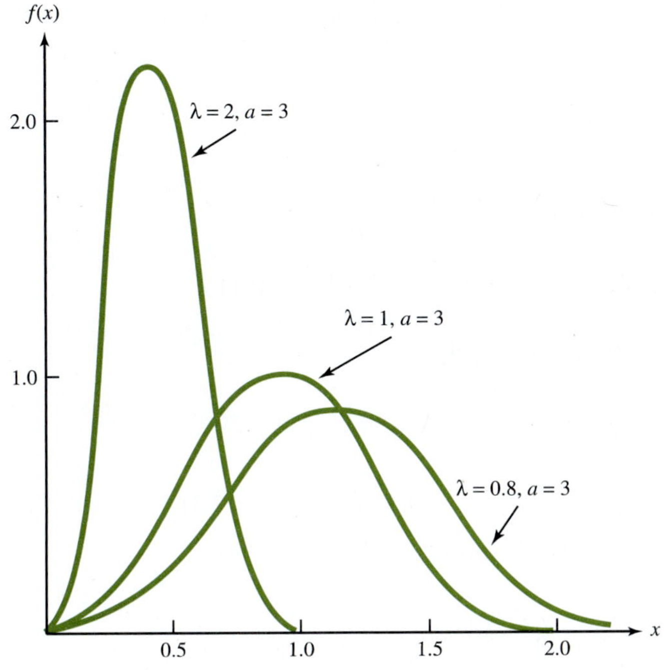

그림 4.18
와이블분포의 확률밀도함수

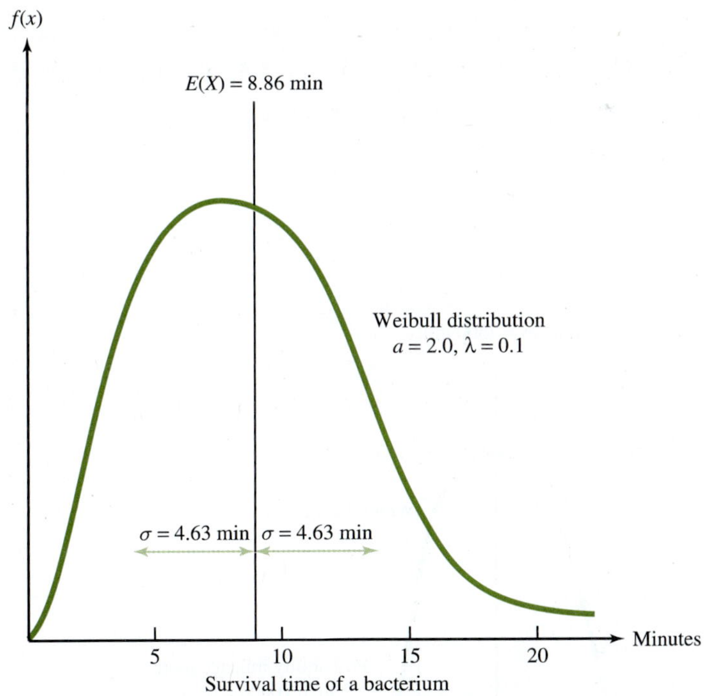

그림 4.19
박테이라 생존 시간의 분포

$$\mathrm{Var}(X) = \frac{1}{0.1^2} \times \left\{ \Gamma\left(1+\frac{2}{2}\right) - \Gamma\left(1+\frac{1}{2}\right)^2 \right\}$$

$$= 100 \times \left\{ 1 - \left(\frac{\sqrt{\pi}}{2}\right)^2 \right\} = 21.46$$

이며, 따라서 표준편차는 $\sigma = \sqrt{21.46} = 4.63$분이다. 박테리아가 5분 안에 죽을 확률은

$$P(X \leq 5) = F(5) = 1 - e^{-(0.1 \times 5)^2} = 0.22$$

이며, 15분 이상 생존할 확률은

$$P(X \geq 15) = 1 - F(15) = e^{-(0.1 \times 15)^2} = 0.11$$

이다. 만약 $F(x) = 0.95$이면,

$$0.95 = 1 - e^{-(0.1 \times x)^2}$$

이며 따라서 $x_{0.95} = 17.31$, 즉 95 백분위수는 17.31분으로 박테리아 그룹군에 대하여 그중 95%가 죽을 시간은 약 17.3분이 된다.

예제 34 자동차 브레이크 패드 마모(Car Brake Pad Wear)

새로운 재료로 만들어진 브레이크 패드의 성능을 측정하기 위해 자동차 시내주행 시험을 실시하였다. 확률변수 X는 브레이크 패드가 닳아 없어질 때까지의 마일리지(단위: 1,000마일)를 나타내며, $a = 3.5$, $\lambda = 0.12$인 와이블분포를 따른다([그림 4.20] 참조). 이 마일리지의 중앙값은

$$0.5 = F(x) = 1 - e^{-(0.12 \times x)^{3.5}}$$

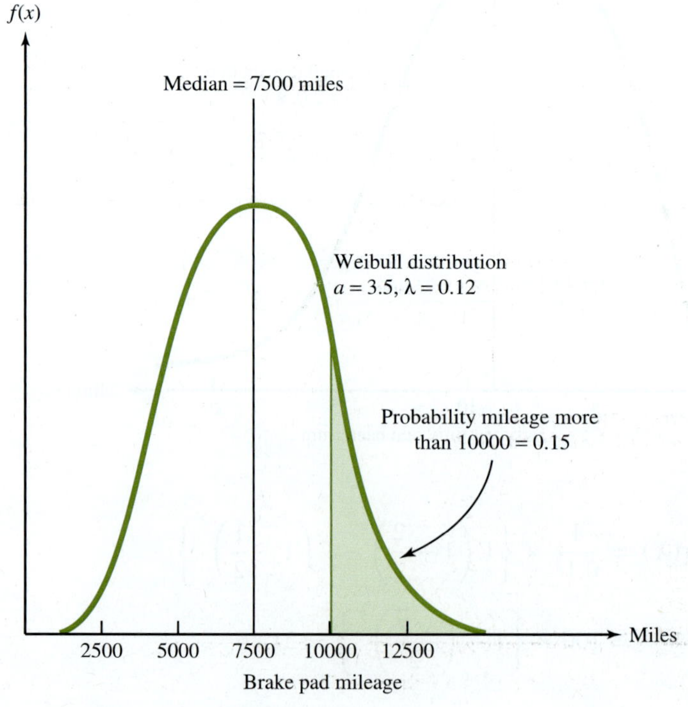

그림 4.20 브레이크 패드 마일리지의 분포

으로 $x_{0.5}=7.50$이다. 결국 브레이크 패드의 절반은 7,500마일 이상 주행할 수 없음을 의미한다. 브레이크 패드가 10,000 마일 이상 버틸 확률은

$$P(X \geq 10) = 1 - F(10) = e^{-(0.12\times 10)^{3.5}} = 0.15$$

이다.

연습문제

4.4.1 와이블분포의 기대값과 분산을 구하기 위해 감마함수의 정의를 활용하라.

4.4.2 확률변수 X는 모수 $a=4.9$, $\lambda=0.22$인 와이블분포를 따른다고 할때 다음 물음에 답하라.

(a) 분포의 중앙값을 구하라.

(b) 분포의 하한사분위수 및 상한사분위수를 구하라.

(c) $P(2 \leq X \leq 7)$을 구하라.

4.4.3 고온의 스트레스를 받고 있는 전기회로의 고장(단위:시간)은 모수 $a=3$, $\lambda=0.5$인 와이블분포를 따른다.

(a) 회로 고장시간의 중앙값을 구하라.

(b) 회로 고장시간의 99 백분위수를 구하라.

(c) 회로 고장시간의 기대값 및 분산을 구하라.

(d) 전기회로는 독립인 3개의 백업회로를 가진다고 할 때, 적어도 하나의 전기회로가 3시간 후에도 고장나지 않고 생존할 확률을 구하라.

4.4.4 어떤 생물학자는 한 세포의 형성시간(단위:분)에 관심이 있다. 한 세포는 두 개의 새로운 세포로 분할하며, 분할시간은 모수 $a=0.4$, $\lambda=0.5$인 와이블분포로 모형화할 수 있다.

(a) 이 분포의 중앙값을 구하라.

(b) 이 분포의 하한사분위수 및 상한사분위수를 구하라.

(c) 이 분포의 95 백분위수 및 99 백분위수를 구하라.

(d) 세포의 수명이 3~5분 사이일 확률을 구하라.

4.4.5 어떤 기계부품의 수명(단위:분)은 모수 $a=1.5$, $\lambda=0.03$인 와이블분포를 따른다.

(a) 이 기계부품의 중앙값, 상한사분위수 및 99 백분위수를 구하라.

(b) 500개의 독립부품을 고려할 때 30분 후에도 고장나지 않고 작동하는 기계부품 수의 평균 및 분산을 구하라.

4.4.6 어떤 의사는 특정 치료를 하여 환자가 치유되는 시간을 조사하였다. 82명의 환자에 대해 치료하여 7일 후 조사한 결과 그들 중 9명이 치유된 것을 확인할 수 있었다. 나머지 73명에 대하여 동일한 치료를 하여 14일 후 조사한 결과 15명이 치유가 되었다. 치유시간이 와이블분포로 모형화할 수 있다고 할 때 치유시간의 중앙값을 구하라.

4.5 베타분포(Beta Distribution)

4.5.1 베타분포(Beta Distribution)의 정의

상태공간 $0 \le x \le 1$에서 정의되는 베타분포(beta distribution)는 비율(proportion)을 모형화하기 위해 종종 사용된다.

베타분포(Beta Distribution)

모수 $a>0$, $b>0$를 가지는 베타분포의 확률밀도함수는

$$f(x)=\begin{cases}\dfrac{\Gamma(a+b)}{\Gamma(a)\Gamma(b)}x^{a-1}(1-x)^{b-1} & 0\le x\le 1\\ 0 & elsewhere\end{cases}$$

이며, 비율을 모형화하는데 유용하게 사용된다. 베타분포의 기대값 및 분산은 각각

$$E(X)=\frac{a}{a+b},\quad \mathrm{Var}(X)=\frac{ab}{(a+b)^2(a+b+1)}$$

[그림 4.21]은 $a=b=0.5$, $a=b=2$일 때 베타분포의 확률밀도함수를 설명하고 있다. 그 형태들은 상당히 다르지만 $x=0.5$를 중심으로 좌우대칭인 것을 알 수 있다. 실제로 $a=b$인 베타분포는 모두 좌우대칭인 형태를 지닌다. [그림 4.22]는 $a=0.5$, $b=2$, $a=4$, $b=2$일 때의 베타분포의 확률밀도함수를 나타낸다.

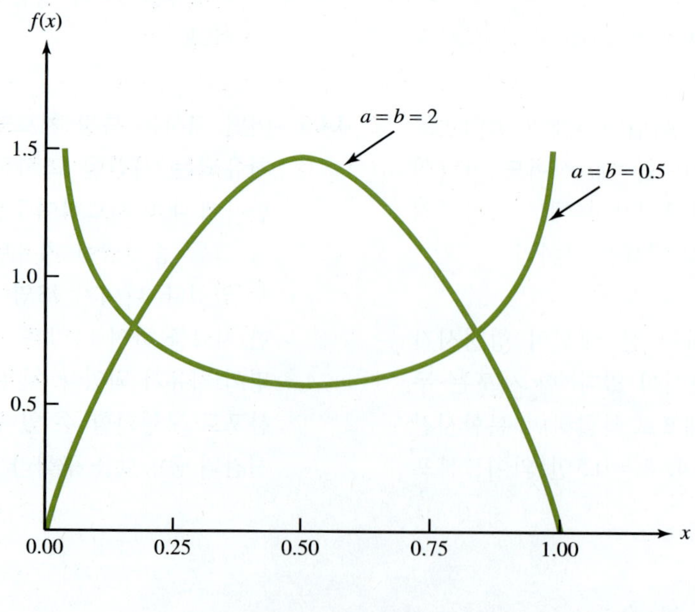

그림 4.21 베타분포의 확률밀도함수

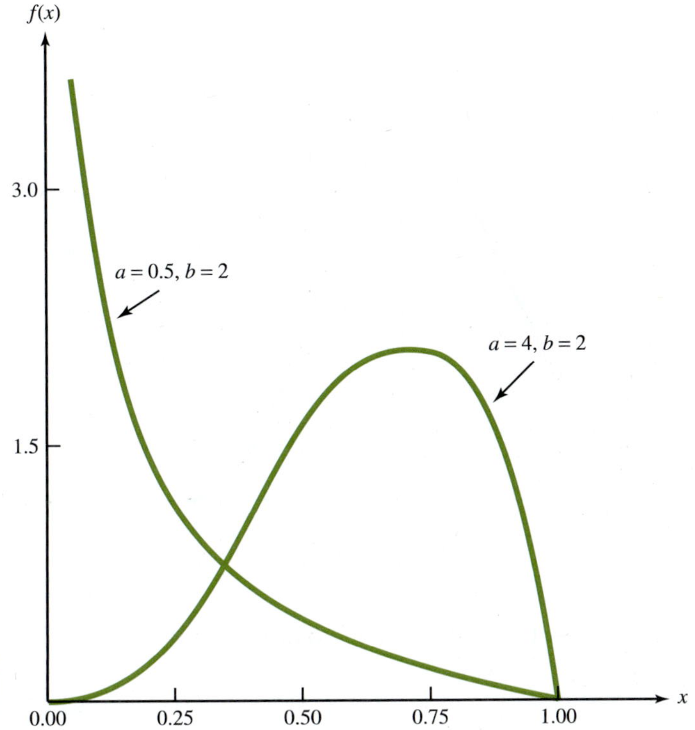

그림 4.22 베타분포의 확률밀도함수

4.5.2 베타분포 예제

예제 35 주식가격(Stock Prices)

월스트리트 애널리스트는 주식시장의 주가에 대한 모델을 수립하고자 한다. 애널리스트는 특정 주식들을 선택하여 투자 리스트를 작성하였으며, 특정한 날에 가격이 증가한 리스트 주식들의 비율은 모수 a와 b에 의해 결정되는 베타분포로 모형화하였다. 모수 a와 b는 다양한 경제적, 정치적 요인들에 의해 결정되어지는데, 애널리스트는 매일 다음날의 주식가격을 모형화하기 위하여 그 모수의 적정값을 예측한다. 월요일에 애널리스트는 다음날의 적정 모수값으로 $a=5.5$, $b=4.2$를 예측하였다. 그렇다면 이것은 결국 화요일의 예측된 주가에 어떻게 반영되는가? 화요일에 주가가 증가한 주식의 비율은 [그림 4.23]에 나타나 있다. 그 비율에 대한 기대값 및 분산은

$$E(X) = \frac{5.5}{5.5+4.2} = 0.57$$

$$\mathrm{Var}(X) = \frac{5.5 \times 4.2}{(5.5+4.2)^2 \times (5.5+4.2+1)} = 0.0229$$

이며, 따라서 표준편차 $\sigma = \sqrt{0.0229} = 0.15$가 된다. 주가가 오른 주식이 리스트 전체의 75% 이상일 확률은

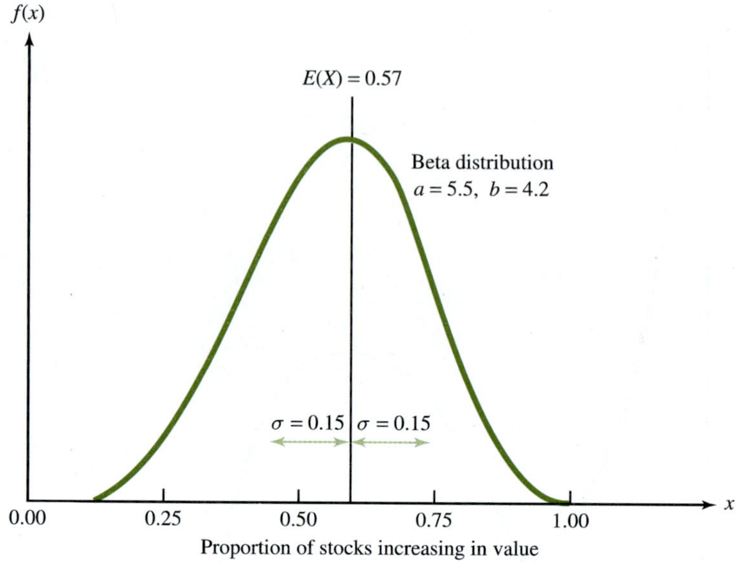

그림 4.23 주가가 오른 주식 비율의 분포

$$P(X \geq 0.75) = 1 - F(0.75) = 1 - 0.881 = 0.119$$

이다. 이때 확률은 직접 손으로 구하기 힘들며, 대신 소프트웨어를 활용하여 구할 수 있다.

예제 36 벌 군락(Bee Colonies)

여왕벌 한 마리가 새로운 벌집을 만들기 위해 벌 군락을 떠나면, 일벌의 일부는 그 여왕벌을 따라 떠난다. 곤충학자는 여왕벌을 따라 떠나는 일벌의 비율 X를 모

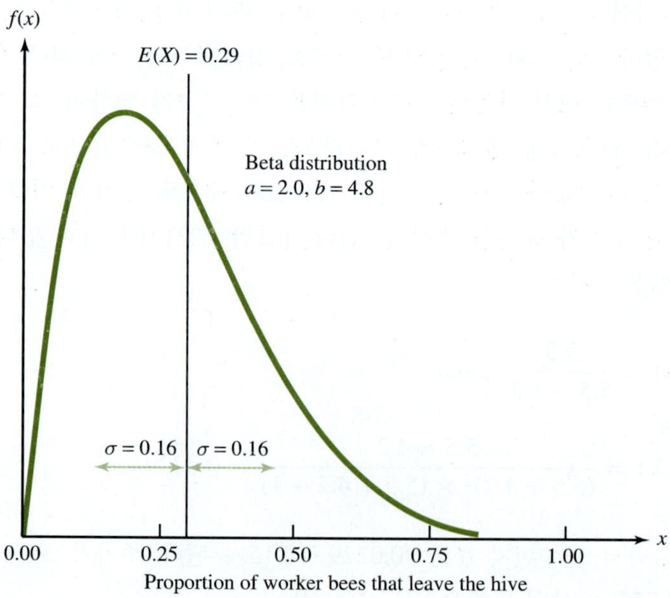

그림 4.24 여왕벌을 따라 군락을 떠나는 일벌의 비율에 대한 분포

수 $a=2.0$, $b=4.8$을 가지는 베타분포로 모형화하였다. 그 분포는 [그림 4.24]에 나타나 있다. 여왕벌을 따라 떠나는 일벌의 비율에 대한 기대값은

$$E(X) = \frac{2.0}{2.0+4.8} = 0.29$$

이며, 이 비율에 대한 분산은

$$\text{Var}(X) = \frac{2.0 \times 4.8}{(2.0+4.8)^2 \times (2.0+4.8+1)} = 0.0266$$

으로, 표준편차는 $\sigma = \sqrt{0.0266} = 0.16$이다. 여왕벌을 따라 떠나는 일벌의 비율이 절반 이상일 확률은, 소프트웨어를 활용하여

$$P(X \geq 0.5) = 1 - F(0.5) = 1 - 0.878 = 0.122$$

와 같이 구할 수 있다.

연습문제

4.5.1 다음의 확률밀도함수를 고려해보자.

$$f(x) = Ax^3\,(1-x)^2, \quad 0 \leq x \leq 1$$

(a) A의 값을 구하라.

(b) 이 분포의 평균 및 분산을 구하라.

(c) 이 확률밀도함수는 베타분포의 확률밀도함수로서, 베타분포의 모수 a와 b를 결정하라.

4.5.2 다음의 베타분포의 확률밀도함수를 고려해보자.

$$f(x) = Ax^9\,(1-x)^3,\ 0 \leq x \leq 1$$

(a) 모수 a와 b를 결정하라.

(b) (a)를 활용하여 A의 값을 결정하라.

(c) 이 분포의 기대값을 구하라.

(d) 이 분포의 표준편차를 구하라.

(e) 이 분포의 누적분포함수를 계산하라.

4.5.3 다음의 모수를 갖는 베타분포의 $x=0.5$에서의 확률밀도함수 및 누적분포함수를 구하고, 또한 상한사분위수를 구하라.

(a) $a=3.3$, $b=4.5$

(b) $a=0.6$, $b=1.5$

(c) $a=2$, $b=6$

4.5.4 어떤 화학 배치(batch)의 순도는 퍼센트로 표현 가능하며, $100X$와 같다.
이때 X는 모수 $a=7.2$, $b=2.3$인 베타분포를 따른다고 할 때

(a) 순도의 기대값 및 분산을 구하라.

(b) 그 배치가 90% 이상의 순도를 가질 확률을 구하라.

4.5.5 어떤 합금 내에 주석의 비율은 모수 $a=8.2$, $b=11.7$인 베타분포를 따른다고 할 때

(a) 합금 내 주석 비율의 기대값을 구

하라.

(b) 합금 내 주석 비율의 표준편차를 구하라.

(c) 합금 내 주석 비율의 중앙값을 구하라.

CHAPTER 5

정규분포(Normal Distribution)

이 장에서는 정규분포(normal distribution)를 다룬다. 정규분포는 가우시안 분포(Gaussian distribution)라고도 하며, 모든 연속형 분포 중에서 가장 중요하고 또한 많은 통계적 추론(statsitical inference)의 기본 분포로서 폭넓게 사용된다. 정규분포는 실제 오차들의 분포나 많은 자연 현상들을 직접 모형화하는데 타당한 근거를 제시해 주며, 또한 5.3절에서 설명할 중심극한정리(Central Limit Theorem)에 의해 표본평균의 분포를 근사하는데 유용하게 사용된다.

5.1 정규분포를 통한 확률계산 (Probability Calculations Using the Normal Distribution)

5.1.1 정규분포의 정의

정규분포(Normal distribution)

정규분포 혹은 가우시안 분포의 확률밀도함수는

$$f(x) = \frac{1}{\sigma\sqrt{2\pi}}\, e^{-(x-\mu)^2/2\sigma^2}, \quad -\infty \le x \le \infty$$

이며, 두 모수 μ와 σ에 의해 결정된다. 정규분포의 평균과 분산은 각각

$$E(X) = \mu, \quad \mathrm{Var}(X) = \sigma^2$$

로서, 확률밀도함수는 평균 μ에 의해 좌우대칭인 종모양(bell-shape) 형태를 띠고 있다. 평균이 μ이며 분산이 σ^2인 정규분포를 따르는 확률변수 X에 대해 $X \sim N(\mu, \sigma^2)$로 표기한다.

[그림 5.1] 은 $\mu=5$, $\sigma=2$와 $\mu=10$, $\sigma=2$인 두 정규분포의 확률밀도함수를 보여주고 있는데, 분산이 같으면 평균이 변하더라도 분포의 모양이 변하지 않음

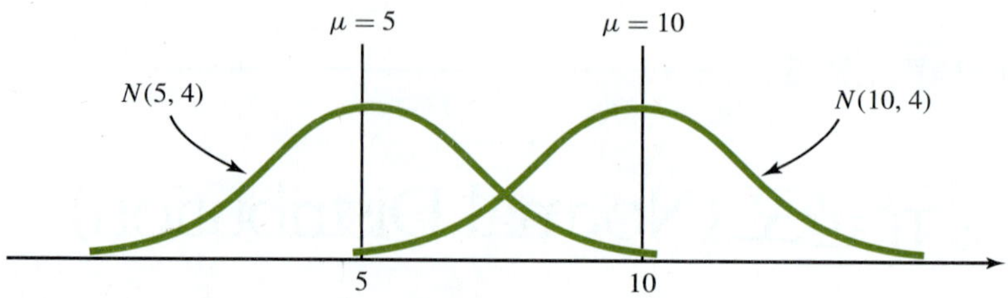

그림 5.1 정규분포에서 평균 변화의 효과

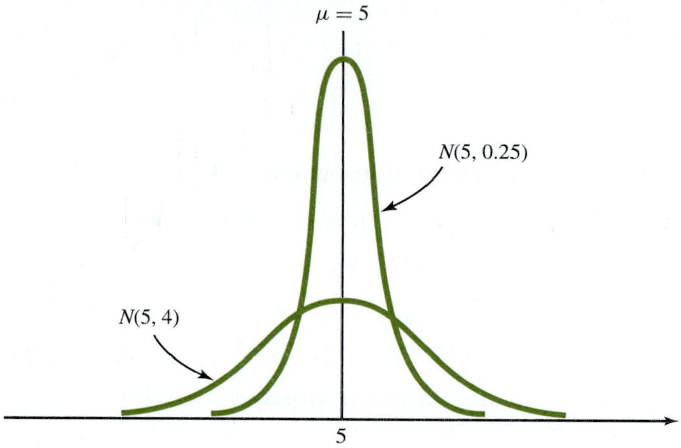

그림 5.2 정규분포에서 분산 변화의 효과

을 알 수 있다. 반면에 [그림 5.2]는 $\mu=5$, $\sigma=2$와 $\mu=5$, $\sigma=0.5$인 두 확률분포함수를 비교하고 있으며, 분포의 중심 위치는 변하지 않고 대신 분포의 모양이 변함을 알 수 있다. 분포의 분산 σ^2의 값이 클수록 길고 평평한 종모양 형태를 띠며, 반대로 σ^2의 값이 작을수록 가늘고 뾰족한 종모양 형태를 띠게 된다.

5.1.2 표준정규분포(Standard Normal Distribution)

평균이 0이며 분산이 1인 정규분포를 표준정규분포(standard normal distribution)라 한다. 표준정규분포의 확률밀도함수는 $\phi(x)$로 표기하고

$$\phi(x) = \frac{1}{\sqrt{2\pi}} e^{-x^2/2}, \quad -\infty \le x \le \infty$$

와 같다([그림 5.3] 참조).

표준정규분포의 누적분포함수는 $\Phi(x)$로 표기하고

$$\Phi(x) = \int_{-\infty}^{x} \phi(y)\, dy$$

와 같이 계산한다([그림 5.4] 참조). 표준정규분포의 누적분포함수는 [그림 5.5]처럼 S자 형태의 곡선으로 나타난다. 표준정규분포는 $x=0$을 중심으로 좌우대칭이므로 $\Phi(0)=0.5$이며, $x \to \infty$ 일 때 $\Phi(x)$는 1로 접근하고, $x \to -\infty$ 일 때 0으로 접

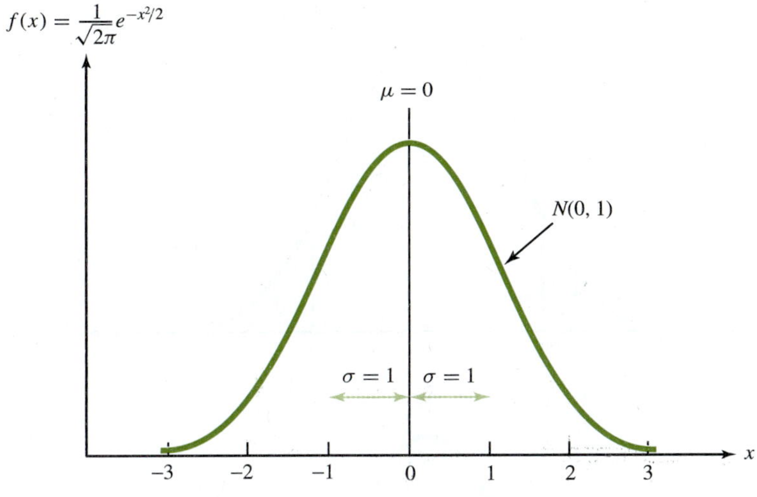

그림 5.3
표준정규분포의 확률밀도함수

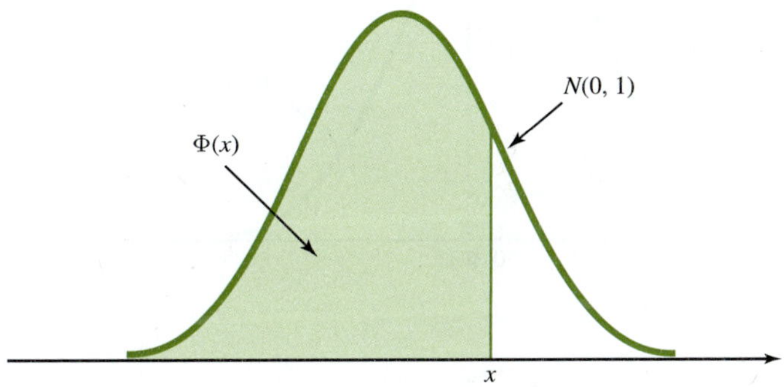

그림 5.4
$\Phi(x)$는 표준정규분포의 누적분포함수를 의미함

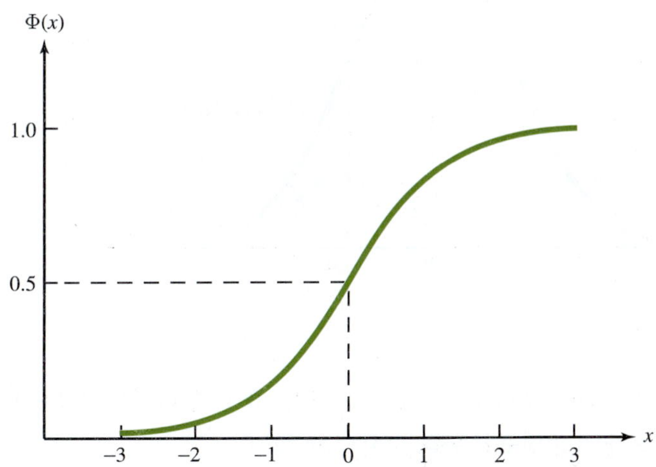

그림 5.5
표준정규분포의 누적분포함수

근한다. 0을 중심으로 좌우대칭이라는 의미는 만약 확률변수 Z가 표준정규분포를 따른다면

$$1 - \Phi(x) = P(Z \geq x) = P(Z \leq -x) = \Phi(-x)$$

이다([그림 5.6] 참조). 이는 $\Phi(x) + \Phi(-x) = 1$이므로 쉽게 입증할 수 있다. 표준

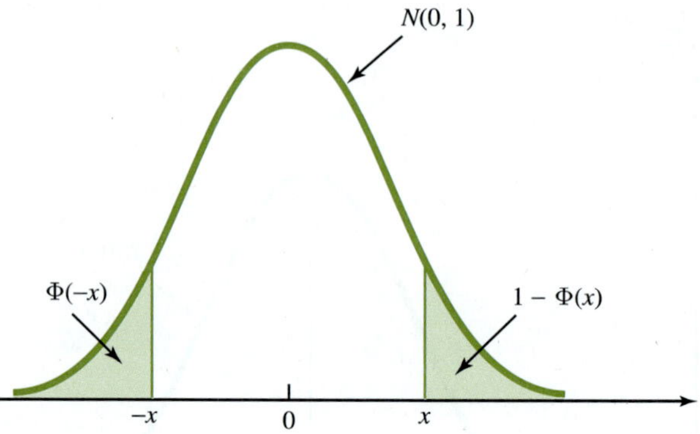

그림 5.6
$\Phi(-x)=1-\Phi(x)$

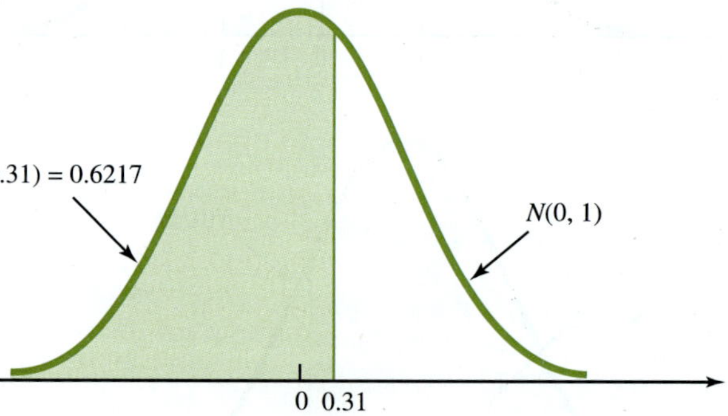

그림 5.7
표준정규분포에 대한 확률계산 I

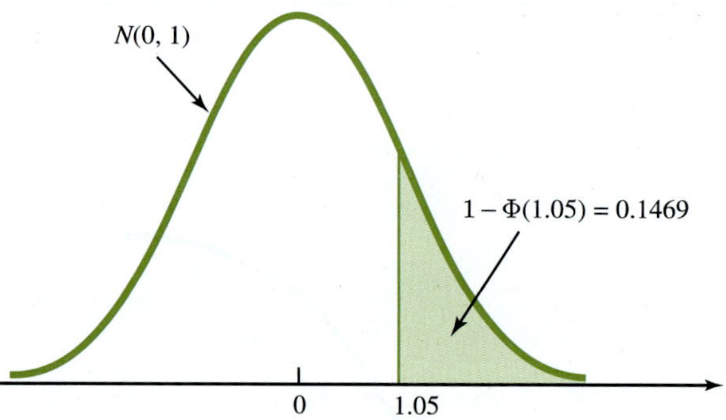

그림 5.8
표준정규분포에 대한 확률계산 II

정규분포의 누적분포함수 $\Phi(x)$는 부록의 [표 I]에 나타냈다. [표 I]의 사용예로서, 확률변수 Z가 표준정규분포를 따른다고 할 때

$$P(Z \le 0.31) = \Phi(0.31) = 0.6217$$

이며([그림 5.7] 참조).

$$P(Z \ge 1.05) = 1 - \Phi(1.05) = 1 - 0.8531 = 0.1469$$

이다([그림 5.8] 참조). 또한

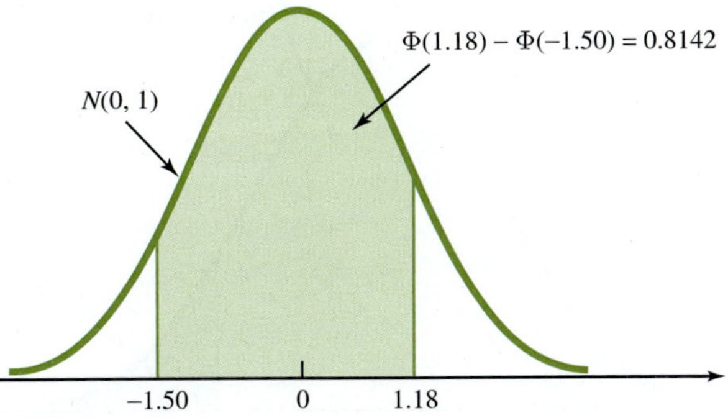

그림 5.9
표준정규분포의 확률계산 III

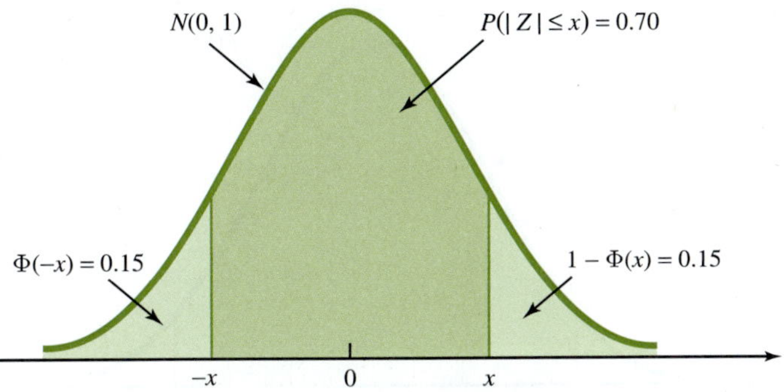

그림 5.10
표준정규분포의 좌우대칭 꼬리 부분

$$P(-1.50 \le Z \le 1.18) = \Phi(1.18) - \Phi(-1.50) = 0.8810 - 0.0668 = 0.8142$$

와 같다([그림 5.9] 참조).

[표 I]은 표준정규분포의 백분위수(percentile)를 구하는데 사용할 수도 있다. 예를 들면

$$\Phi(x) = 0.8$$

을 만족하는 x값은 [표 I]에서 $\Phi(0.84) = 0.7995$이며 $\Phi(0.85) = 0.8023$이므로, $x_{0.8}$은 0.84와 0.85 사이에서 값을 가진다. 만약 x값이 $P(|X| \le x) = 0.7$이라면, 표준정규분포는 좌우대칭이기 때문에 $\Phi(-x) = 0.15$이며([그림 5.10] 참조), 따라서 구하고자 하는 x는 [표 I]로부터 1.03과 1.04 사이의 값을 가짐을 알 수 있다. 표준정규분포의 백분위수는 매우 자주 사용되어, $\alpha (< 0.5)$에 대하여 $(1-\alpha) \times 100$ 백분위수는 z_α로 표기하고,

$$\Phi(z_\alpha) = 1 - \alpha$$

에 해당한다([그림 5.11] 참조). 이 백분위수 값의 일부는 [표 I]에 주어져 있다. z_α는 표준정규분포의 임계값(critical point)이라고도 한다. 표준정규분포를 따르는 확률변수 Z에 대하여 $Z \sim N(0, 1)$이라면

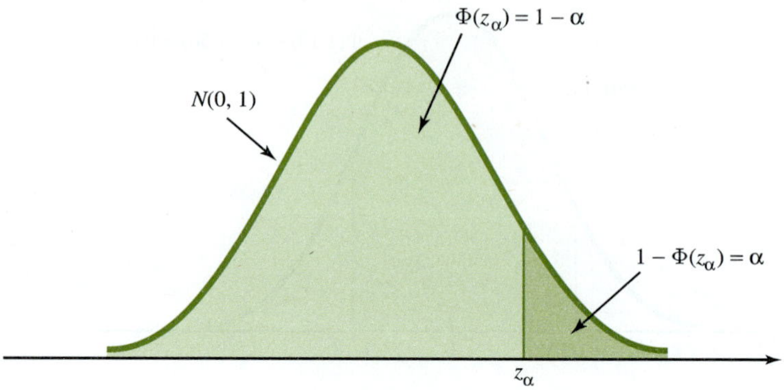

그림 5.11
표준정규분포의 임계값 z_α

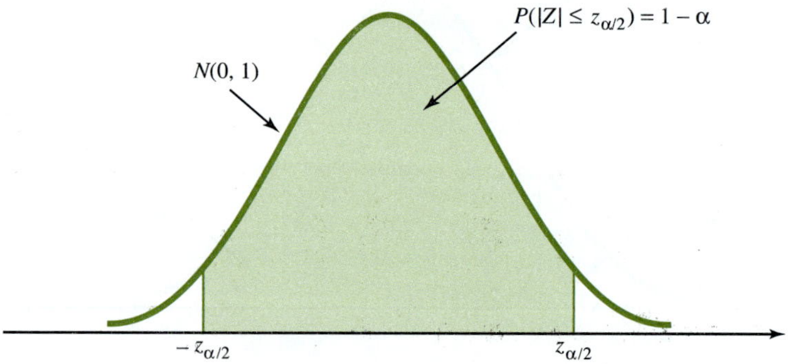

그림 5.12
표준정규분포의 임계값 $z_{\alpha/2}$

$$
\begin{aligned}
P(|Z| \le z_{\alpha/2}) &= P(-z_{\alpha/2} \le Z \le z_{\alpha/2}) \\
&= \Phi(z_{\alpha/2}) - \Phi(-z_{\alpha/2}) = (1 - \alpha/2) - \alpha/2 = 1 - \alpha
\end{aligned}
$$

가 된다([그림 5.12] 참조).

5.1.3 정규분포의 확률계산

정규분포의 중요한 결과로는 만약 $X \sim N(\mu, \sigma^2)$이면 변수변환된 확률변수 $Z = (X - \mu)/\sigma$는 표준정규분포를 따른다는 것이다. 이 결과는 어떠한 정규분포라도 척도와 위치를 적당히 변화시켜 표준정규분포로 나타낼 수 있다는 것을 의미한다. 확률변수 Z는 확률변수 X의 표준화 형태(standardized version)라고도 하며, 예를 들면

$$
\begin{aligned}
P(a \le X \le b) &= P\left(\frac{a-\mu}{\sigma} \le \frac{X-\mu}{\sigma} \le \frac{b-\mu}{\sigma}\right) \\
&= P\left(\frac{a-\mu}{\sigma} \le Z \le \frac{b-\mu}{\sigma}\right) \\
&= \Phi\left(\frac{b-\mu}{\sigma}\right) - \Phi\left(\frac{a-\mu}{\sigma}\right)
\end{aligned}
$$

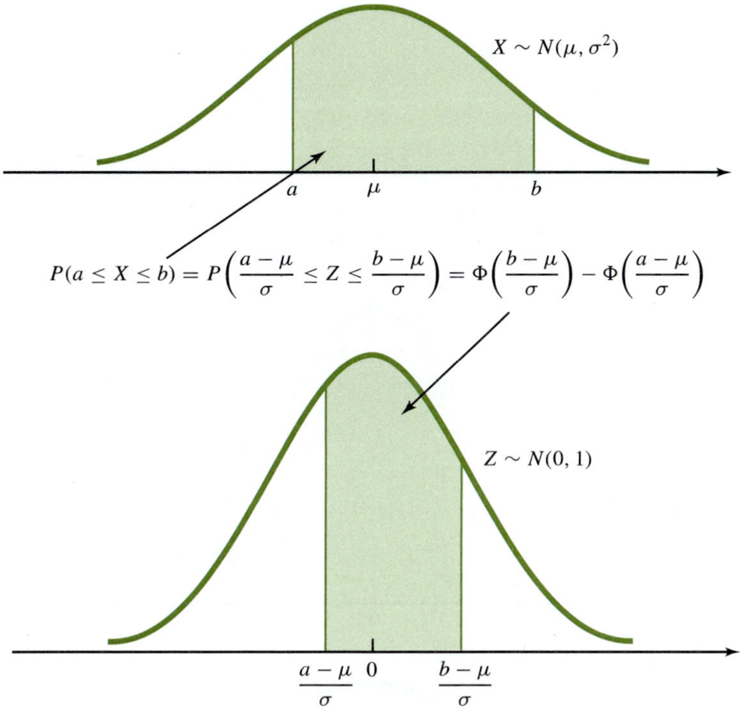

그림 5.13 정규확률을 $\Phi(x)$에 연관 시키는 과정

와 같이 계산할 수 있다([그림 5.13] 참조). 이러한 방법으로 일반적인 정규분포의 확률값을 [표 I]을 사용하여 구할 수 있다.

정규분포의 확률계산(Probability Calculations for Normal Distributions)

만약 $X \sim N(\mu, \sigma^2)$이면

$$Z = \frac{X-\mu}{\sigma} \sim N(0, 1)$$

확률변수 Z는 확률변수 X의 표준화 형태(standardized version)라고 한다. 일반적인 정규분포의 확률값은

$$P(a \le X \le b) = \Phi\left(\frac{b-\mu}{\sigma}\right) - \Phi\left(\frac{a-\mu}{\sigma}\right)$$

와 같은 관계식을 통해서 표준정규분포의 누적분포함수 $\Phi(x)$와 연관시킬 수 있다.

이 결과의 예로서 $X \sim N(3, 4)$라고 할 때

$$P(X \le 6) = P(-\infty \le X \le 6) = \Phi\left(\frac{6-3}{2}\right) - \Phi\left(\frac{-\infty-3}{2}\right)$$
$$= \Phi(1.5) - \Phi(-\infty) = 0.9332 - 0 = 0.9332$$

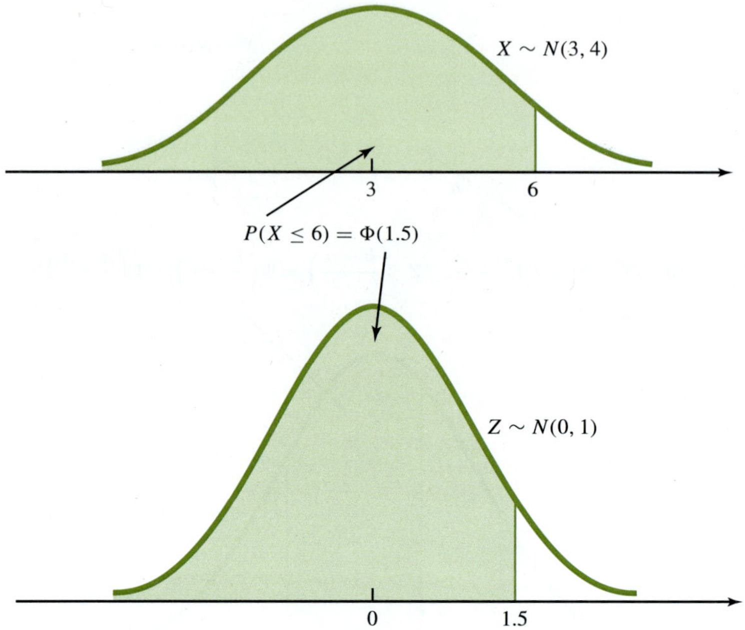

그림 5.14
정규분포의 확률 값을 계산하기 위한 표준정규분포의 활용 I

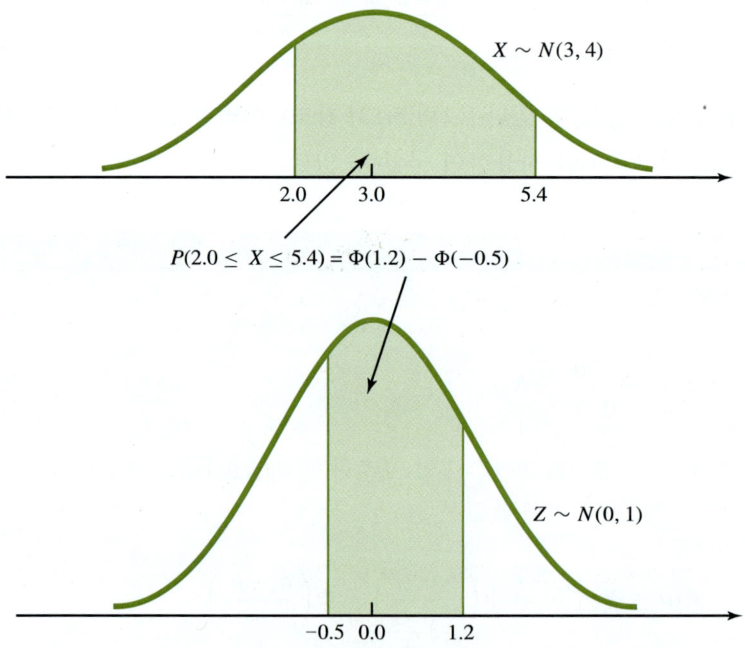

그림 5.15
정규분포의 확률 값을 계산하기 위한 표준정규분포의 활용 II

이다([그림 5.14] 참조). 또한

$$P(2.0 \leq X \leq 5.4) = \Phi\left(\frac{5.4 - 3.0}{2.0}\right) - \Phi\left(\frac{2.0 - 3.0}{2.0}\right)$$
$$= \Phi(1.2) - \Phi(-0.5) = 0.8849 - 0.3085 = 0.5764$$

이다([그림 5.15] 참조).

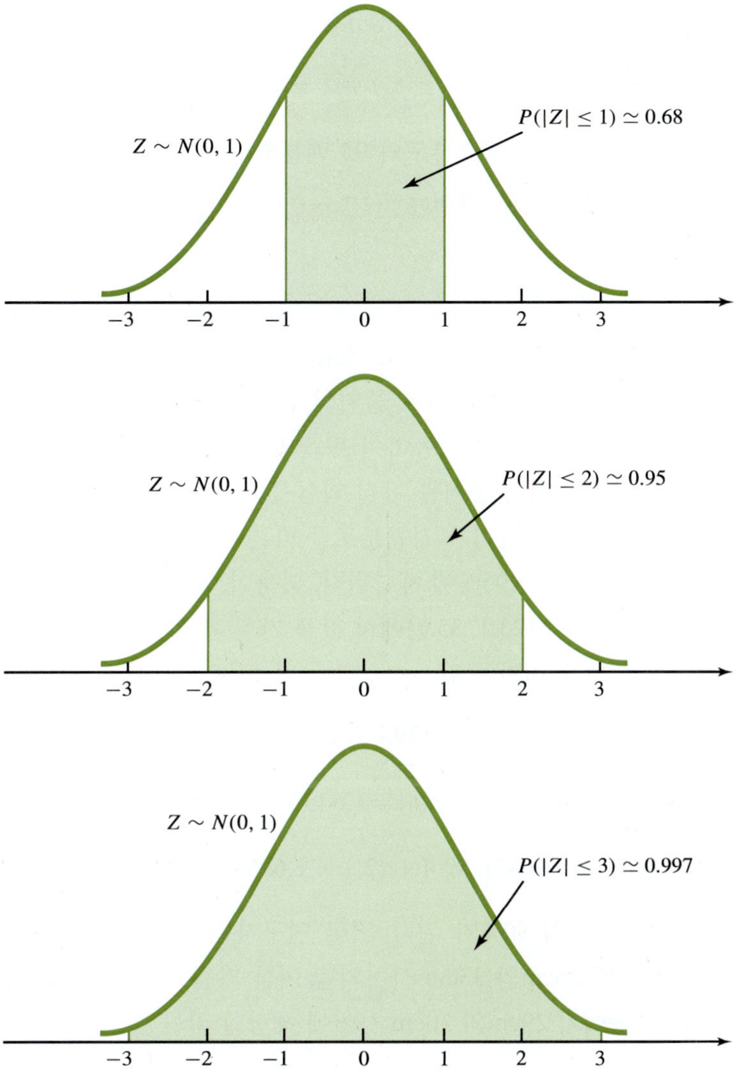

그림 5.16 정규분포에서 평균의 1, 2, 3 표준편차 내의 확률값

일반적으로 $X \sim N(\mu, \sigma^2)$이면

$$P(\mu - c\sigma \leq X \leq \mu + c\sigma) = P(-c \leq Z \leq c)$$

이며, $Z \sim N(0, 1)$이다. [그림 5.16]에서 보는 바와 같이 [표 I]에서 $c=1$일 때 위의 확률은 약 68%이며, $c=2$일 때 약 95%, $c=3$일 때 약 99.7%가 된다. 위와 같은 계산 방식은 아래와 같이 요약될 수 있다.

정규확률변수(Normal Random Variables)

- 정규확률변수가 평균의 1 표준편차(σ) 내에 값을 취할 확률은 약 68%이다.
- 정규확률변수가 평균의 2 표준편차(σ) 내에 값을 취할 확률은 약 95%이다.
- 정규확률변수가 평균의 3 표준편차(σ) 내에 값을 취할 확률은 약 99.7%이다.

$N(\mu, \sigma^2)$의 백분위수도 표준정규분포의 백분위수와 밀접하게 연관되어 있는데

$$P(X \le \mu + \sigma z_\alpha) = P(Z \le z_\alpha) = 1 - \alpha$$

이다. 예를 들면, 표준정규분포의 95 백분위수는 $Z_{0.05} = 1.645$이므로, $N(3, 4)$ 분포의 95 백분위수는 $\mu + \sigma z_{0.05} = 3 + (2 \times z_{0.05}) = 3 + (2 \times 1.645) = 6.29$가 된다.

5.1.4 예제

예제 18 토마토 줄기 높이(Tomato Plant Heights)

토마토를 심은지 3주 후 토마토 줄기의 높이는 평균이 29.4cm, 표준편차가 2.1cm이다. 체비세프 부등식을 이용하여 평균의 2표준편차 내의 높이를 가질 확률, 즉 구간 [25.2, 33.6] 내의 높이를 가질 확률을 구하였을 때 적어도 75% 이상이었다. 하지만 토마토 줄기 높이가 정규분포를 따른다면 이 확률은 보다 정확히 구할 수 있으며, 그 확률은 약 95%에 해당한다. 더욱이, 토마토 줄기 높이가 평균의 3표준편차 이내, 즉 구간 [23.1, 35.7]에서 값을 가질 확률은 약 99.7%가 된다. 일반화하여 토마토 줄기 높이가 구간

$$[\mu - \sigma z_{\alpha/2}, \mu + \sigma z_{\alpha/2}] = [29.4 - 2.1 z_{\alpha/2}, 29.4 + 2.1 z_{\alpha/2}]$$

에 속할 확률은 $1 - \alpha$이다. $z_{0.05} = 1.645$이므로 토마토 줄기 높이가

$$[29.4 - (2.1 \times 1.645), 29.4 + (2.1 \times 1.645)] = [25.95, 32.85]$$

에 속할 확률은 약 90%가 된다. 결국 연구자는 10개 중 9개의 토마토를 심었을 경우 3주 내에 26cm와 33cm 사이의 높이를 가질 것이라고 예측할 수 있다. 토마토 줄기의 높이가 29cm와 30cm 사이에 해당할 확률은

$$\begin{aligned} P(29.0 \le X \le 30.0) &= \Phi\left(\frac{30.0 - \mu}{\sigma}\right) - \Phi\left(\frac{29.0 - \mu}{\sigma}\right) \\ &= \Phi\left(\frac{30.0 - 29.4}{2.1}\right) - \Phi\left(\frac{29.0 - 29.4}{2.1}\right) \\ &= \Phi(0.29) - \Phi(-0.19) = 0.6141 - 0.4247 = 0.1894 \end{aligned}$$

이다([그림 5.17] 참조).

예제 37 콘크리트 벽돌 무게(Concrete Block Weights)

A 회사는 집을 지을 때 사용하는 콘크리트 벽돌을 만들고 있다. 개개 벽돌들의 무게는 평균이 $\mu = 11.0$kg이며 표준편차 $\sigma = 0.3$kg인 정규분포를 따른다. $z_{0.005} = 2.576$이므로 회사가 만드는 콘크리트가 구간

$$\begin{aligned} [\mu - \sigma z_{0.005}, \mu + \sigma z_{0.005}] &= [11.0 - (0.3 \times 2.576), 11.0 + (0.3 \times 2.576)] \\ &= [10.23, 11.77] \end{aligned}$$

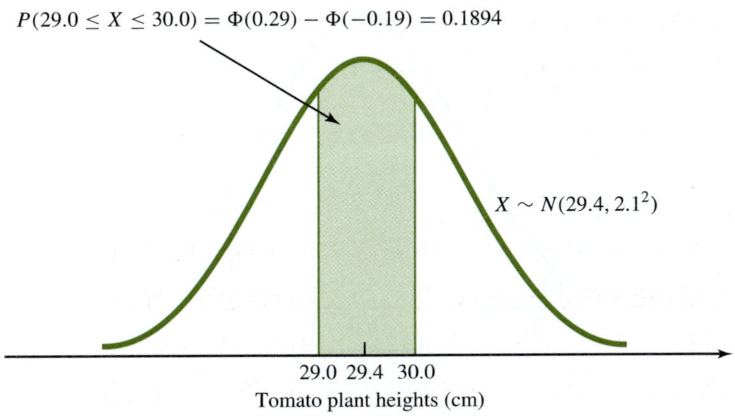

그림 5.17 토마토 줄기 높이의 확률밀도함수

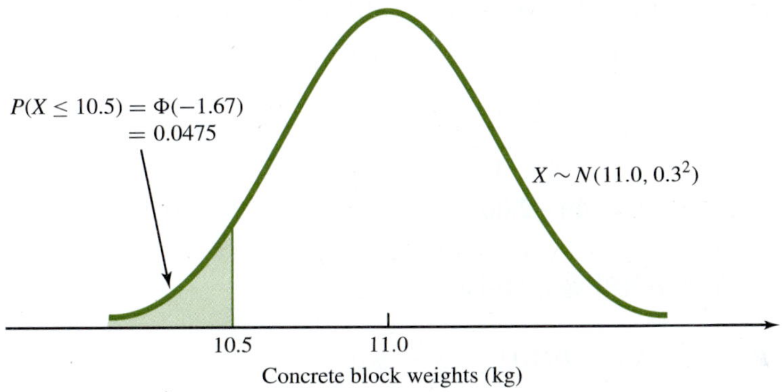

그림 5.18 콘크리트 벽돌 무게의 확률밀도함수

내의 무게를 가질 확률은 99%가 된다. 콘크리트 벽돌이 10.5kg 이하의 무게를 가질 확률은

$$
\begin{aligned}
P(X \le 10.5) &= P(-\infty \le X \le 10.5) = \Phi\left(\frac{10.5-\mu}{\sigma}\right) - \Phi\left(\frac{-\infty-\mu}{\sigma}\right) \\
&= \Phi\left(\frac{10.5-11.0}{0.3}\right) - \Phi\left(\frac{-\infty-11.0}{0.3}\right) \\
&= \Phi(-1.67) - \Phi(-\infty) = 0.0475 - 0 = 0.0475
\end{aligned}
$$

이다([그림 5.18] 참조). 결국 20개 중 약 1개의 콘크리트가 10.5kg 이하의 무게를 가질 것으로 예측할 수 있다.

예제 35 월스트리트 주가(Wall Street Stock Prices)

월스트리트(Wall Street) 애널리스트는 A사 주식의 연수익률은 평균 $\mu = 8.0\%$이며 표준편차 $\sigma = 1.5\%$인 정규분포를 따르는 것으로 추정하였다. 애널리스트는 만약 연수익률이 5% 이상이면 만족(satisfactory), 10% 이상이면 훌륭(excellent)한 것으로 분류하였다. A사 주식이 만족스럽지 못할(unsatisfactory) 확률은

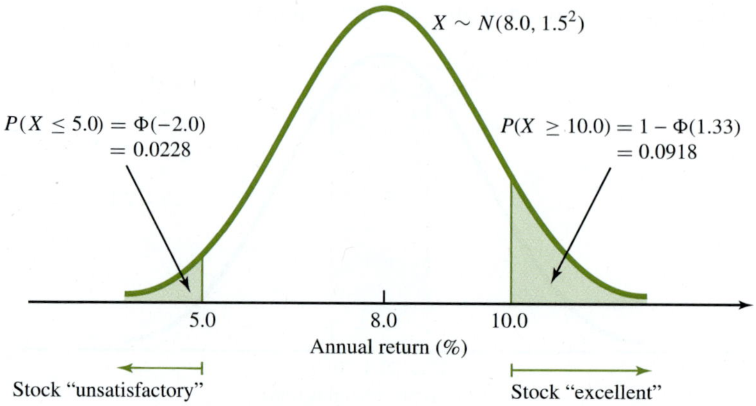

그림 5.19 A사 주식의 연수익률에 대한 확률밀도함수

$$\begin{aligned}P(X \le 5.0) &= P(-\infty \le X \le 5.0)\\ &= \Phi\left(\frac{5.0-\mu}{\sigma}\right) - \Phi\left(\frac{-\infty-\mu}{\sigma}\right)\\ &= \Phi\left(\frac{5.0-8.0}{1.5}\right) - \Phi\left(\frac{-\infty-8.0}{1.5}\right)\\ &= \Phi(-2.00) - \Phi(-\infty) = 0.0228 - 0 = 0.0228\end{aligned}$$

이며, A사 주식이 훌륭하다고 판단될 확률은

$$\begin{aligned}P(10.0 \le X) &= P(10.0 \le X \le \infty)\\ &= \Phi\left(\frac{\infty-\mu}{\sigma}\right) - \Phi\left(\frac{10.0-\mu}{\sigma}\right)\\ &= \Phi\left(\frac{\infty-8.0}{1.5}\right) - \Phi\left(\frac{10.0-8.0}{1.5}\right)\\ &= \Phi(\infty) - \Phi(1.33) = 1 - 0.9082 = 0.0918\end{aligned}$$

이다([그림 5.19] 참조).

연습문제

5.1.1 $Z \sim N(0, 1)$ 일 때 다음을 구하라.

(a) $P(Z \le 1.34)$

(b) $P(Z \ge -0.22)$

(c) $P(-2.19 \le Z \le 0.43)$

(d) $P(0.09 \le Z \le 1.76)$

(e) $P(|Z| \le 0.38)$

(f) $P(Z \le x) = 0.55$를 만족하는 x의 값

(g) $P(Z \ge x) = 0.72$를 만족하는 x의 값

(h) $P(|Z| \le x) = 0.31$를 만족하는 x의 값

5.1.2 $Z \sim N(0, 1)$ 일 때 다음을 구하라.

(a) $P(Z \le -0.77)$

(b) $P(Z \ge 0.32)$

(c) $P(-3.09 \le Z \le -1.59)$

(d) $P(-0.82 \le Z \le 1.80)$

(e) $P(|Z| \ge 0.91)$

(f) $P(Z \le x) = 0.23$를 만족하는 x의 값

(g) $P(Z \ge x) = 0.51$를 만족하는 x의 값

(h) $P(|Z| \ge x) = 0.42$를 만족하는 x의 값

5.1.3 $X \sim N(-7, 14)$ 일 때 다음을 구하라.

(a) $P(X \leq 0)$

(b) $P(X \geq -10)$

(c) $P(-15 \leq X \leq -1)$

(d) $P(-5 \leq X \leq 2)$

(e) $P(|X+7| \geq 8)$

(f) $P(X \leq x) = 0.75$를 만족하는 x의 값

(g) $P(X \geq x) = 0.27$를 만족하는 x의 값

(h) $P(|X+7| \leq x) = 0.44$를 만족하는 x의 값

5.1.4 $X \sim N(\mu, \sigma^2)$ 일 때, $P(X \leq 5) = 0.8$이며 $P(X \geq 0) = 0.6$이라고 한다. μ와 σ^2의 값을 구하여라.

5.1.5 $X \sim N(\mu, \sigma^2)$ 일 때 다음이 성립함을 보여라.

$$P(X \leq \mu + \sigma z_\alpha) = 1 - \alpha$$

$$P(\mu - \sigma z_{\alpha/2} \leq X \leq \mu + \sigma z_{\alpha/2}) = 1 - \alpha$$

5.1.6 분포 $N(0, 1)$의 상한 사분위수와 하한 사분위수를 구하라. 그리고 분포 $N(0, 1)$와 분포 $N(\mu, \sigma^2)$에 대한 사분위범위수를 각각 구하라.

5.1.7 1-kg짜리 설탕 포대에 포함되어 있는 설탕의 양은 평균이 $\mu = 1.03$kg, 표준편차 $\sigma = 0.014$kg인 정규분포를 따른다.

(a) 무게가 작게 측정되는 설탕 포대의 비율은 어떠한가?

(b) 새로 들여온 기계로 설탕을 채우는 경우, 한 포대에 담겨지는 설탕은 평균 $\mu = 1.05$kg, 표준편차 $\sigma = 0.016$kg의 정규분포를 따른다고 한다면 무게가 적게 측정되는 설탕 포대의 비율은 늘어날까 혹은 줄어들까?

(c) 각각의 경우에 있어서, 1-kg 이상의 양이 들어 있는 포대의 기대값을 구하라.

5.1.8 어떤 기계에 의해 제조되는 철판의 두께는 평균이 4.3mm, 표준편차가 0.12mm인 정규분포를 따른다.

(a) 철판 두께의 상한 사분위수와 하한 사분위수는 얼마인가?

(b) 철판의 두께가 $[4.3-c, 4.3+c]$ 내의 구간에 포함될 확률이 80%일 때 c의 값을 구하라.

5.1.9 화학 혼합물의 밀도는 평균이 0.0046, 분산이 9.6×10^{-8}인 정규분포를 따른다.

(a) 혼합 밀도가 0.005 이하일 확률을 구하라.

(b) 혼합 밀도가 0.004와 0.005 사이에 있을 확률을 구하라.

(c) 밀도수준의 10 백분위수를 구하라.

(d) 밀도수준의 99 백분위수를 구하라.

5.1.10 특정 온도하에서 구리선 1m의 저항은 평균 $\mu = 23.8$, 분산 $\sigma^2 = 1.28$인 정규분포를 따른다고 한다.

(a) 구리선 1m의 저항이 23.0보다 작을 확률을 구하라.

(b) 구리선 1m의 저항이 24.0보다 클 확률을 구하라.

(c) 구리선 1m의 저항이 24.2와 24.5사이에 있을 확률을 구하라.

(d) 저항 수준의 상한 사분위수를 구하라.

(e) 저항 수준의 95 백분위수를 구하라.

5.1.11 기계로 채워진 가방의 무게는 표준편차 0.05kg인 정규분포를 따르고 평균은 작업자에 의해 결정된다. 어떤 수준에서

10kg보다 가벼운 가방이 단지 1%만 요구된다면 평균은 어떻게 결정되어야 하는가?

5.1.12 어떤 회사에서 생산되는 특정 기계부품은 너비가 평균 $\mu=2{,}600$, 표준편차 $\sigma=0.6$을 따르는 정규분포를 한다.

(a) 기계의 너비가 2,599와 2,601의 범위 밖에 있을 확률을 구하라.

(b) 만약 회사가 2,599와 2,601의 범위 밖에 있는 기계부품을, 구매자에게 1,000개 중 1개를 넘지 않도록 보장하고 싶어한다면 σ의 값을 얼마나 줄여야 하는가?

5.1.13 평균이 1,320이고 표준편차가 15인 정규분포를 따르는 서로 독립인 벽돌의 무게를 고려해보자. 여기서 10개의 벽돌을 임의로 추출했을 때, 정확히 세 개의 벽돌의 무게가 1,300보다 작게 측정될 확률과 정확히 네 개의 벽돌이 1,300과 1,330 사이에서 측정될 확률, 그리고 정확히 세 개의 벽돌의 무게가 1,330보다 크게 측정될 확률을 구하라.

5.1.14 어떤 제조부품은 그 강도가 표준편차가 4.2인 정규분포를 따른다. 그 강도의 평균은 작업자에 의해서 결정된다. 그 강도가 100보다 작을 확률이 정확히 95%가 되게 하기 위해서는 평균강도의 수준이 얼마가 되어야 하는가?

5.2 정규확률변수의 선형결합 (Linear Combinations of Normal Random Variables)

5.2.1 정규확률변수의 선형결합의 분포

이 절에서는 정규분포의 중요한 성질 중 하나인 정규확률변수의 선형결합 역시 정규분포를 따른다는 것을 배울 것이다. 가장 단순한 경우로

$$Y = aX + b$$

의 평균 및 분산을 고려해보자. 만약 X가 정규분포를 따른다면 선형함수 Y 역시 정규분포를 따른다. 이 결과는 [그림 5.20]에 설명되어 있으며, 요약하면 다음과 같다.

정규확률변수의 선형 함수(Lienar Functions of Normal Random Variables)

만약 $X \sim N(\mu, \sigma^2)$이고, a, b가 상수일 때

$$Y = aX + b \sim N(a\mu + b, a^2\sigma^2)$$

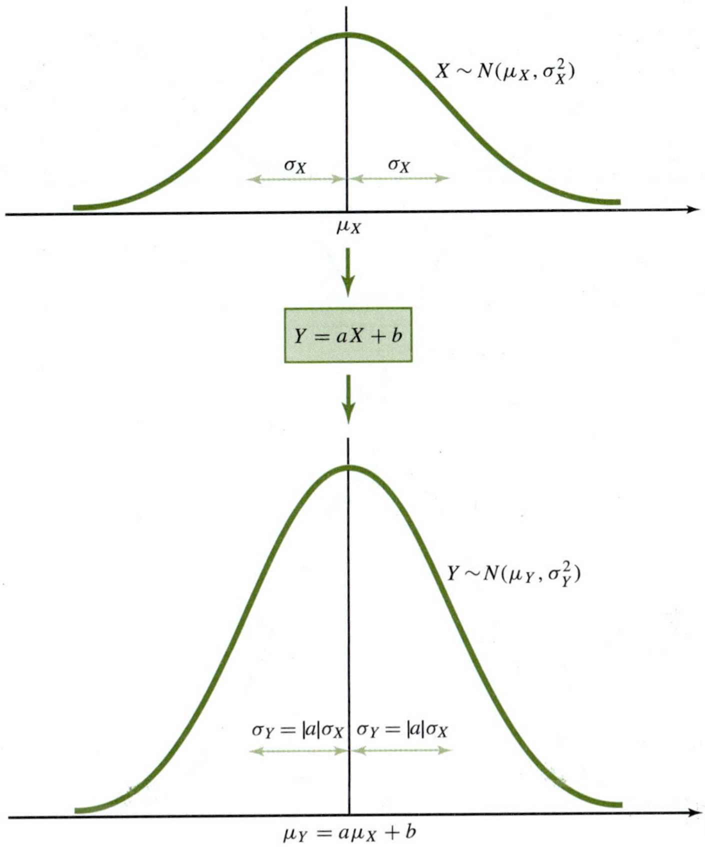

그림 5.20 정규확률변수의 선형함수

만약 $a = 1/\sigma$ 이고 $b = -\mu/\sigma$ 이면 X의 선형함수 Y는 5.1.3절에서 설명한 것처럼 표준정규분포를 따름을 알 수 있다. 두 독립인 확률변수의 합과 관련된 단순한 경우가 [그림 5.21]에 묘사되어 있으며, 그 결과는 다음과 같다.

두 독립인 정규확률변수들의 합(Sum of Two Independent Normal Random Variables)

만약 $X_1 \sim N(\mu_1, \sigma_1^2)$ 이고 $X_2 \sim N(\mu_2, \sigma_2^2)$ 이라고 하며 X_1, X_2가 서로 독립일 때

$$Y = X_1 + X_2 \sim N\left(\mu_1 + \mu_2, \sigma_1^2 + \sigma_2^2\right)$$

주목할 만한 사실은, 두 정규확률변수가 서로 독립이 아니더라도 그들의 합은 여전히 정규분포를 따르며, 두 정규확률변수의 합의 분산은 두 변수들의 공분산에 의해 결정된다.

지금까지의 결과들은 다음의 일반적인 결과로 표현 가능하다.

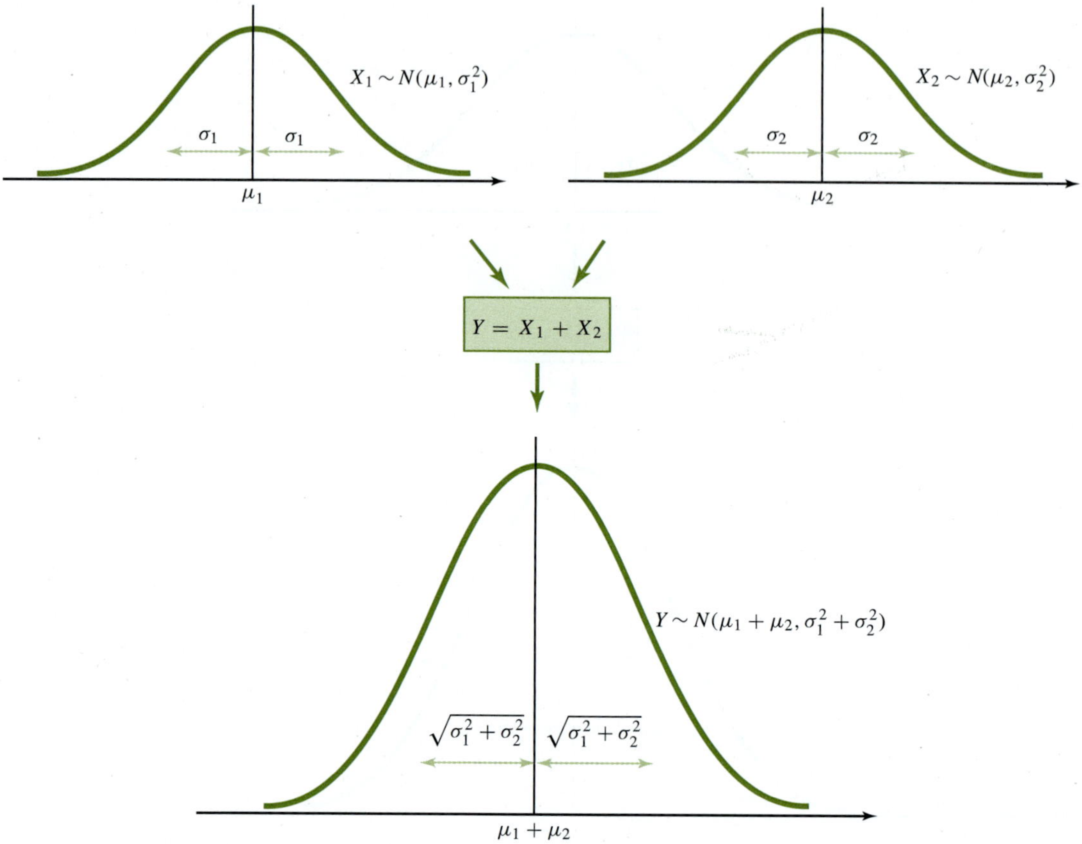

그림 5.21
두 독립인 정규확률변수의 합

독립인 정규확률변수들의 선형결합
(Linear Combinations of Independent Normal Random Variables)

$X_i \sim N(\mu_i, \sigma_i^2)$, $1 \le i \le n$ 인 독립인 확률변수들에 대하여 a_i와 b가 상수일 때

$$Y = a_1X_1 + \cdots + a_nX_n + b \sim N(\mu, \sigma^2)$$

이며,

$$\mu = a_1\mu_1 + \cdots + a_n\mu_n + b, \quad \sigma^2 = a_1^2\sigma_1^2 + \cdots + a_n^2\sigma_n^2$$

이 결과를 특별히 응용한 결과가 독립인 $N(\mu, \sigma^2)$를 따르는 확률변수들의 평균 $\bar{X}$의 경우이다. $b=0$, $a_1=1/n$, $\mu_i=\mu$, 그리고 $\sigma_i^2=\sigma^2$ 와 함께 위의 결과를 적용했을 때 $\bar{X}$는 $E(\bar{X})=\mu$, $\text{Var}(\bar{X})=\sigma^2/n$ 인 정규분포를 따르게 된다.

독립인 정규확률변수들의 평균(Averaging Independent Normal Random Variables)

$X_i \sim N(\mu, \sigma^2), 1 \le i \le n$ 이 독립이면, 그들의 평균 $\bar{X}$는

$$\bar{X} \sim N\left(\mu, \frac{\sigma^2}{n}\right)$$

이때 주목할 사실은 산술평균을 취하게 되면 분산은 σ^2/n으로 줄어들고, $\bar{X}$는 개개의 확률변수 X_i보다 기대값 μ로 더욱 근접한다는 것이다. 이러한 경향은 n을 증가시켜 더욱더 많은 X_i의 평균을 취하게 되면 더더욱 뚜렷하게 나타난다.

예로서, 정규확률변수가 평균의 1 표준편차 내의 값을 취할 확률이 약 68%로

$$P(\mu - \sigma \le X_i \le \mu + \sigma) = 0.68$$

이며, 만약 $n=10$일 때

$$\bar{X} \sim N\left(\mu, \frac{\sigma^2}{10}\right)$$

이며,

$$P(\mu - \sigma \le \bar{X} \le \mu + \sigma) = \Phi\left(\frac{\sigma}{\sqrt{\sigma^2/10}}\right) - \Phi\left(-\frac{\sigma}{\sqrt{\sigma^2/10}}\right)$$
$$= \Phi(3.16) - \Phi(-3.16) = 0.9992 - 0.0008 = 0.9984$$

으로, $N(\mu, \sigma^2)$인 확률변수가 $[\mu-\sigma, \mu+\sigma]$ 구간에 존재할 확률이 약 68%이지만, 10개의 독립인 확률변수들의 평균이 이 구간 내에 존재할 확률은 약 99.8% 이상이 된다.

5.2.2 예제

예제 23 피스톤 헤드 제조(Piston Head Construction)

피스톤 헤드의 반경을 나타내는 확률변수 X_1은 평균 30.00mm, 표준편차가 0.05mm이며, 실린더 내부 반경 X_2는 평균 30.25mm, 표준편차는 0.06mm이다. 피스톤 헤드와 실린더 사이의 틈 $Y = X_2 - X_1$은

$$\mu = 30.25 - 30.00 = 0.25$$

$$\sigma^2 = 0.05^2 + 0.06^2 = 0.0061\,.$$

만약 피스톤 헤드 반경과 실린더 반경이 정규분포를 따른다면 틈새 Y는 정규확률변수인 X_1과 X_2의 선형결합이므로 역시 정규분포를 따르며

$$Y \sim N(0.25, 0.0061)$$

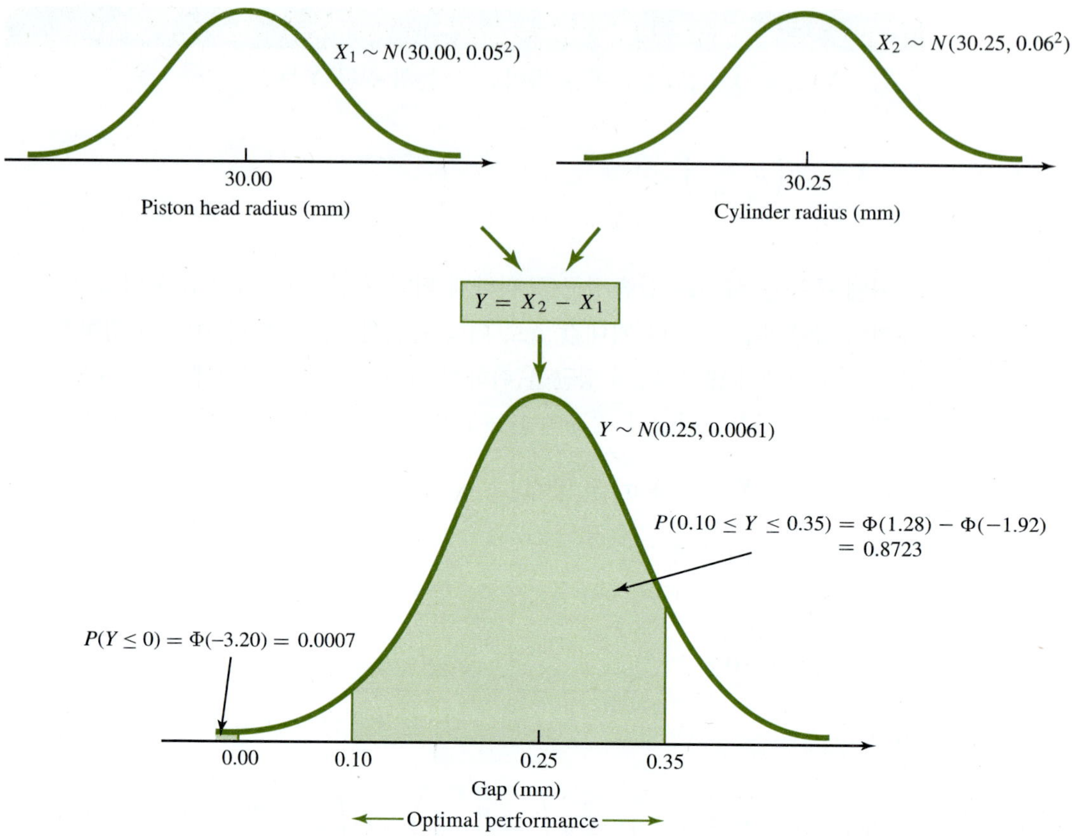

그림 5.22
피스톤 헤드 제조에 대한 확률밀도함수

이다. 피스톤 헤드가 실린더에 맞지 않을 확률은

$$P(Y \leq 0) = \Phi\left(\frac{0 - 0.25}{\sqrt{0.0061}}\right) = \Phi(-3.20) = 0.0007$$

이다([그림 5.22] 참조). 0.10~0.35mm이면 최적이라고 할 때 최적일 확률은

$$\begin{aligned} P(0.10 \leq Y \leq 0.35) &= \Phi\left(\frac{0.35 - 0.25}{\sqrt{0.0061}}\right) - \Phi\left(\frac{0.10 - 0.25}{\sqrt{0.0061}}\right) \\ &= \Phi(1.28) - \Phi(-1.92) = 0.8997 - 0.0274 = 0.8723 \end{aligned}$$

이 될 것이다.

예제 18 토마토 줄기 높이(Tomato Plant Heights)

20개 토마토 줄기 높이의 평균에 대한 분포를 구하고자 한다. 개개 토마토 줄기 높이의 분포는

$$X_i \sim N(29.4, 2.1^2) = N(29.4, 4.41)$$

이며, 20개 토마토 줄기 높이의 평균은

$$\bar{X} \sim N\left(29.4, \frac{4.41}{20}\right) = N(29.4, 0.2205)$$

이다. $z_{0.025} = 1.96$이므로, 토마토 줄기 높이가 구간

$$[29.4 - (1.96 \times \sqrt{0.2205}), 29.4 + (1.96 \times \sqrt{0.2205})] = [28.48, 30.32]$$

내에 포함될 확률은 95%가 된다. 토마토 줄기 높이의 평균의 표준편차 $\sigma = \sqrt{0.2205} = 0.47$cm로 개개 높이의 표준편차 $\sigma = 2.10$cm보다 훨씬 작다.

예제 37 콘크리트 벽돌 무게(Concrete Block Weights)

콘크리트 벽은 [그림 5.23]에서처럼 24개의 콘크리트 벽돌로 만들어진다. 벽의 총 무게의 분포를 구하고자 할 때, 개개 콘크리트 벽돌의 무게 X_i, $1 \le i \le 24$는

$$X_i \sim N(11.0, 0.3^2) = N(11.0, 0.09)$$

이며, 따라서 벽의 무게 Y는

$$Y = X_1 + \cdots + X_{24} \sim N(\mu, \sigma^2)$$

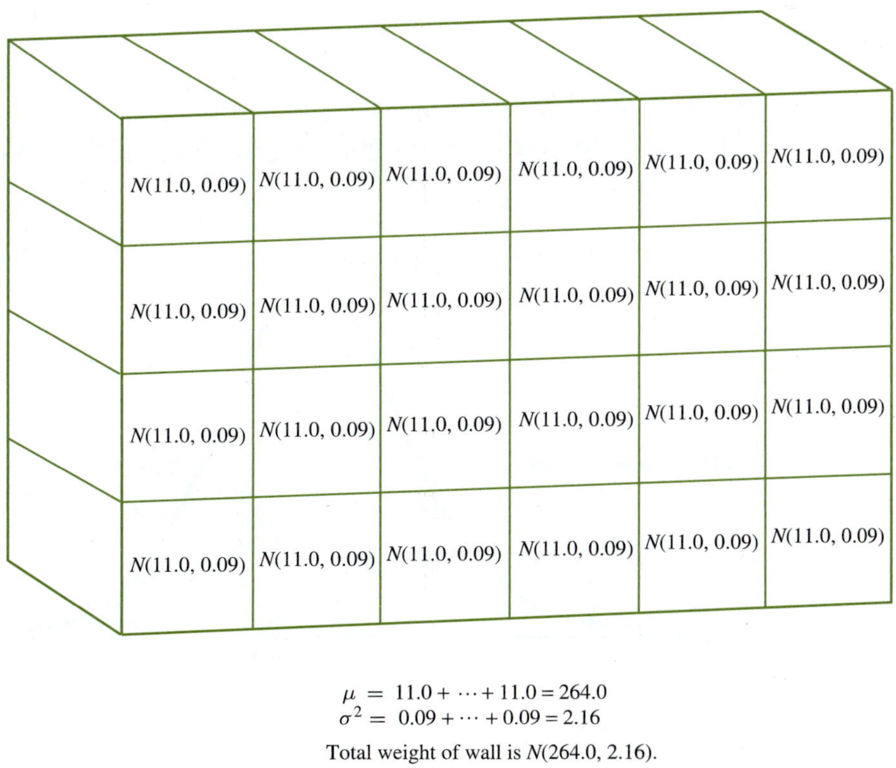

그림 5.23 벽의 총 무게에 대한 분포

으로

$$\mu = 11.0 + \cdots + 11.0 = 264.0\,,\ \ \sigma^2 = 0.09 + \cdots + 0.09 = 2.16$$

이 되며, 표준편차 $\sigma = \sqrt{2.16} = 1.47$kg이다. 콘크리트 벽이 평균의 3 표준편차이내의 무게를 가질 구간은

$$[264.0 - (3 \times 1.47), 264.0 + (3 \times 1.47)] = [259.59, 268.41]$$

이 될 것이다.

예제 35 월스트리트 주식 가격(Wall Street Stock Prices)

A 회사 주식의 연수익률을 나타내는 확률변수 $X_A \sim N(8.0, 1.5^2) = N(8.0, 2.25)$이며, B 회사 주식의 연수익률을 나타내는 확률변수 $X_B \sim N(9.5, 4.00)$이며, X_A와 X_B는 상호 독립이라고 한다.

B 회사 주식이 만족스럽지 못할 확률은

$$P(X_B \leq 5.0) = \Phi\left(\frac{5.0 - 9.5}{2.0}\right) = \Phi(-2.25) = 0.0122$$

이며, 훌륭한 것으로 판명될 확률은

$$P(10.0 \leq X) = 1 - \Phi\left(\frac{10.0 - 9.5}{2.0}\right) = 1 - \Phi(0.25) = 1 - 0.5987 = 0.4013$$

이다([그림 5.24] 참조).

B 회사 주식이 A 회사 주식의 연수익률을 능가할 확률은 $Y = X_B - X_A$라 할 때

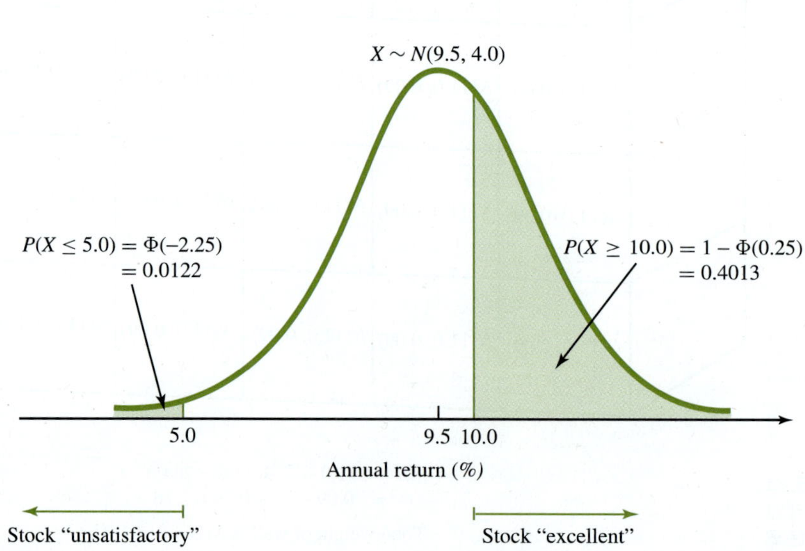

그림 5.24 B사의 연수익률에 대한 확률밀도함수

$$Y \sim N(9.5 - 8.0, 4.00 + 2.25) = N(1.5, 6.25)$$

이며, 따라서 구하는 확률은

$$P(Y \geq 0) = 1 - \Phi\left(\frac{0 - 1.5}{\sqrt{6.25}}\right) = 1 - \Phi(-0.6) = 1 - 0.2743 = 0.7257$$

이다. B 회사 주식의 연수익률이 A 회사 주식의 연수익률보다 2% 이상 높을 확률은

$$P(Y \geq 2.0) = 1 - \Phi\left(\frac{2.0 - 1.5}{\sqrt{6.25}}\right) = 1 - \Phi(0.2) = 1 - 0.5793 = 0.4207 .$$

예제 38 화학 혼합물 농도수준 결정(Chemical Concentration Levels)

화학용액의 농도수준 C를 측정하는데 두 가지 방법이 있다. 방법 A의 측정변수 $X_A \sim N(C, 2.97)$이며, X_A가 구간

$$[C - (3 \times \sqrt{2.97}), C + (3 \times \sqrt{2.97})] = [C - 5.17, C + 5.17]$$

내에 포함될 확률은 99.7%가 된다. 방법 B는 다른 분석 방법을 이용하는데 측정변수 $X_B \sim N(C, 1.62)$이며 같은 방식으로 X_B가 99.7%의 확률을 가지는 구간은

$$[C - (3 \times \sqrt{1.62}), C + (3 \times \sqrt{1.62})] = [C - 3.82, C + 3.82]$$

이 된다.

방법 B의 변동은 방법 A보다 작기 때문에 방법 B로부터 읽어들이는 값 x_B가 방법 A로부터 읽어들이는 값 x_A보다 정확하다고 말할 수 있다. 하지만 측정값 x_A를 완전히 무시할 수 없기 때문에 두 측정값 x_A와 x_B를 조합하는 것이 바람직하다. 새로운 값

$$y = px_A + (1 - p)x_B$$

으로 정의하고, p는 각각의 조합비율로 0과 1 사이의 값을 취할 때, 확률변수

$$Y = pX_A + (1 - p)X_B \sim N(\mu_Y, \sigma_Y^2)$$

이며

$$\mu_Y = pE(X_A) + (1 - p)E(X_B) = pC + (1 - p)C = C$$

$$\sigma_Y^2 = p^2\text{Var}(X_A) + (1 - p)^2\text{Var}(X_B) = p^2 2.97 + (1 - p)^2 1.62$$

와 같다. 이 경우 분산 σ_Y^2을 최소화하는 p의 값을 구하기 위해 p에 대하여 미분하면

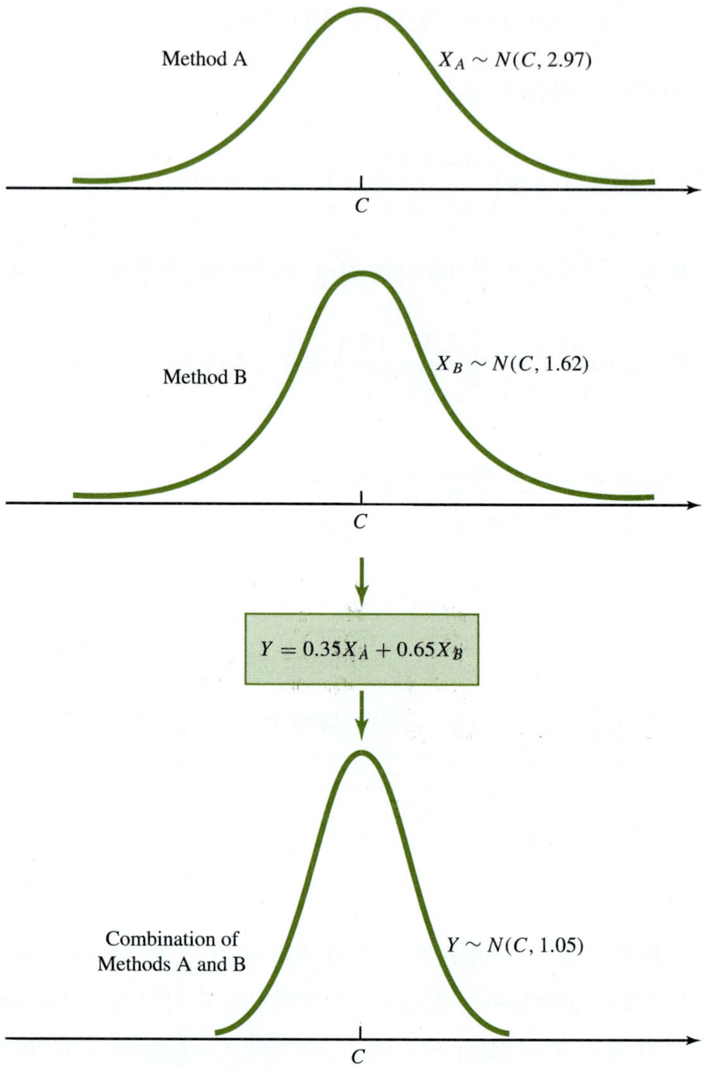

그림 5.25
화학 혼합물 농도 수준에 대한 확률밀도함수

$$\frac{d\sigma_Y^2}{dp} = 5.94p - 3.24(1 - p) = 0$$

을 만족하는 $p=0.35$로 분산을 최소화하는 최적의 비율이라 말할 수 있다. 이 경우

$$\sigma_Y^2 = (0.35^2 \times 2.97) + (0.65^2 \times 1.62) = 1.05$$

으로 방법 A와 방법 B 두 경우보다 분산이 더 작게 된다([그림 5.25] 참조). 결론적으로, 농도수준의 최적의 추정치는

$$y = 0.35x_A + 0.65x_B$$

이 되며, 측정값이 구간

$$[C-(3\times\sqrt{1.05}),\ C+(3\times\sqrt{1.05})]=[C-3.07,\ C+3.07]$$

이내에 포함될 확률은 99.7%가 된다.

연습문제

5.2.1 $X \sim N(3.2, 6.5)$, $Y \sim N(-2.1, 3.5)$ 그리고 $Z \sim N(12.0, 7.5)$ 이다. 각각은 서로 독립인 확률변수라고 할 때 다음의 확률을 구하라.

(a) $X+Y \geq 0$

(b) $X+Y-2Z \leq -20$

(c) $3X+5Y \geq 1$

(d) $4X-4Y+2Z \leq 25$

(e) $|X+6Y+Z| \geq 2$

(f) $|2X-Y-6| \leq 1$

5.2.2 서로 독립이고 표준정규분포를 따르는 확률변수 X_i를 고려해보자.

(a) $P(|X_i| \leq 0.5)$를 구하라.

(b) 만약 $\bar{X}$가 확률변수 n개에 대한 평균값이라고 한다면 $P(|\bar{X}| \leq 0.5)$를 구하라.

(c) n개의 확률변수들이 평균 $\bar{X}$에 대해서 다음을 만족시키는 n의 최소값을 구하라.

$P(|\bar{X}| \leq 0.5) \geq 0.99$

5.2.3 어떤 기계는 A타입의 2부분과 B타입의 3부분의 끝부분끼리 이어져 구성되어 있다. A타입의 부품 길이는 mm 단위로 서로 독립이며 $N(37.0, 0.49)$를 따르는 확률변수이며, B타입의 부품 길이는 $N(24.0, 0.09)$를 따르는 확률변수이다. 기계의 길이가 144mm와 147mm 사이에 있을 확률을 구하라.

5.2.4 (a) $X_1 \sim N(\mu_1, \sigma_1^2)$, $X_2 \sim N(\mu_2, \sigma_2^2)$ 이며 서로 독립이라면 다음

$$Y = pX_1 + (1-p)X_2$$

의 분산을 구하고

$$p = \frac{\frac{1}{\sigma_1^2}}{\frac{1}{\sigma_1^2}+\frac{1}{\sigma_2^2}}$$

일 때 분산이 최소화된다는 것을 보여라. 이 경우 Y의 분산은 얼마인가?

(b) 더 일반적인 경우에 대해서, $X_i \sim N(\mu_i, \sigma_i^2)$, $1 \leq i \leq n$이고 X_i는 서로 독립이다. 또한 $Y = p_1X_1 + \cdots + p_nX_n$ $(p_1 + \cdots + p_n = 1)$를 만족한다고 할 때, Y의 분산을 최소화하는 p_i의 값을 구하고 그때 분산을 구하라.

5.2.5 뮤추얼펀드 I에 투자된 \$$x$에 대해 1년 후 가치가 다음과 같은 분포를 따른다: $X_I \sim N(1.05x, 0.0002x^2)$. 그리고 뮤추얼펀드 II에 투자된 \$$x$에 대해서는 다음의 분포를 따른다:

$$X_{II} \sim N(1.05x,\ 0.0003x^2).$$

당신이 \$1,000를 투자하려고 하는데, 뮤추얼펀드 I에는 \$$y$, 뮤추얼펀드 II에는 \$$(1000-y)$를 투자한다.

(a) 1년 후에 당신의 투자금액에 대한 기대 가치는 얼마가 될 것인가?

(b) 1년 후에 당신의 투자금액에 대한 총 투자가치의 분산을 구하라.

(c) 1년 후에 당신의 투자금액에 대한 총 투자가치 분산을 최소화하는 y의 값을 구하라. 또한 만약 당신이 이러한 보수적인 투자 성향을 가지고 있다면 1년 후 투자금액의 총 투자가치가 $1,060 이상이 될 확률은 얼마인가?

5.2.6 문제 5.1.7에서처럼, 설탕 포대들의 무게가 $N(1.03, 0.014^2)$의 정규분포를 따른다. 한 박스에는 총 22개의 설탕 포대가 있다고 할 때

(a) 박스에 들어 있는 설탕의 총 무게에 대한 분포를 명시하라.

(b) 박스 안에 있는 설탕의 총 무게의 상한 사분위수와 하한 사분위수를 구하라.

5.2.7 문제 5.1.12에서, 기계 부품의 너비는 평균 $\mu=2600$, 표준편차 $\sigma=0.6$인 정규분포를 따른다. 조립단계에서 이 부품들 중 네 개는 서로 다른 부분의 슬롯에 나란히 맞춰져야 한다.

(a) 그 슬롯의 너비가 10,402.5라고 할 때, 임의로 선택된 4 부품이 슬롯에 정확히 맞춰질 확률을 구하라.

(b) 더 일반적인 경우에 대해서, 슬롯의 너비는 평균 $\mu=10{,}402.5$, 표준편차 $\sigma=0.4$인 정규분포에 따라 변한다고 하자. 임의로 선택된 4 부품이 슬롯에 정확히 맞춰질 확률을 구하라.

5.2.8 $X_1, \cdots, X_{15}$는 $N(4.5, 0.88)$을 따르는 독립인 확률변수라고 하자. 그 평균을 $\bar{X}$라고 할 때,

(a) $P(4.2 \le \bar{X} \le 4.9)$를 계산하라.

(b) $P(4.5-c \le \bar{X} \le 4.5+c) = 0.99$를 만족하는 c의 값을 구하라.

5.2.9 다섯 명의 학생들은 수업조교와 면담을 하기 위해 대기하고 있다. 수업조교는 쉬는 시간 없이 한 번에 한 명씩 면담을 한다. 한 학생이 수업조교와 면담을 하는 시간은 평균 8분, 표준편차 2분을 따르는 정규분포를 따르고 학생들이 면담을 하는 시간은 서로 독립이라고 할 때

(a) 수업조교가 다섯 명의 학생과 면담하는 총 시간이 45분을 초과할 확률을 구하라.

(b) 수업조교가 첫 번째 학생과 면담을 하며 시간이 지나는 동안 갑자기 두통을 느끼기 시작했다. 그가 두통을 느끼는 시간은 평균 28분, 표준편차 5분인 정규분포를 따르고 그 시간은 학생들과 면담을 하는 시간과는 독립이라고 한다면 수업조교가 세 번째 학생과 면담을 끝낸 시점에서 두통을 느낄 확률은 얼마인가?

5.2.10 A타입의 부품은 그 높이가 평균 190, 표준편차 10을 따르는 정규분포를 따르며 서로 독립이다. B타입의 부품은 그 높이가 평균 150이고 표준편차가 8인 정규분포를 따르며 역시 서로 독립이다. A타입의 부품 네 개를 쌓은 높이가 B타입의 부품 다섯 개를 쌓은 높이보다 높을 확률을 구하라.

5.2.11 작업자 1이 업무를 하는 시간은 평균 13분, 표준편차 0.5분을 따르는 정규분포를 따르고 서로 독립이다. 작업자 2가 업무를 하는 시간은 평균 17분, 표준편차 0.6인 정규분포를 따르며 역시 서로 독립이다. 또한 작업자 1과 작업자 2의 업무시간은 서로 독립이다. 두 작업자는 동일한 시간에 업무를 시작했고 그들의 업무가 끝났을 때 즉시 또 다른 업무를

시작한다. 작업자 2가 세 번째 업무를 끝마치기 전에 작업자 1이 그의 네 번째 업무를 끝마쳤을 확률을 구하라.

5.2.12 전선의 일부를 잘랐을 때 잘린 전선의 길이는 평균 7.2m, 표준편차 0.11m인 정규분포를 따른다. 만약 전선의 일부가 정확히 절반으로 잘려졌다고 한다면 잘린 두 부분의 길이에 대한 평균과 표준편차를 구하라.

5.2.13 다 자란 나무의 특정 부분으로부터 얻은 사용 가능한 원목의 양은 평균 63,400, 표준편차 2,500인 정규분포를 따른다고 할 때

(a) 20개의 나무로부터 얻은 사용 가능한 원목의 총 양에 대한 평균과 표준편차를 구하라.

(b) 30개의 나무로부터 얻은 사용 가능한 원목의 평균 양에 대한 평균과 표준편차를 구하라.

5.2.14 한 화학자는 폴리머 합성물질의 탄성도(elasticity)에 대한 목표값을 정할 수 있다. 탄성도에 대한 결과치는 평균이 목표값과 같고, 표준편차가 47인 정규분포를 따른다.

(a) 만약 탄성도가 800보다 작을 확률이 10%가 되도록 하기 위해서는 목표값을 얼마로 정해야 하는가?

(b) 목표값으로 850이 사용되었다고 하자. 그렇다면 10개의 표본들에 대한 평균 탄성도가 875보다 작을 확률을 구하라.

5.3 정규분포를 활용한 분포의 근사화(Approximating Distributions with the Normal Distribution)

정규분포의 매우 유용한 특성은 특정 다른 분포들의 확률에 대한 훌륭한 근사값을 제공해준다는 점이다. 가장 흔한 예로서 정규분포는 이항분포를 근사하는데 이용될 수 있다. 만약 이항분포의 모수 n이 아주 클 때, 누적분포함수를 계산하는데 많은 시간이 걸린다. 하지만 이 이항분포의 확률을 상응하는 정규분포의 확률을 통해 아주 잘 근사할 수 있다. 중심극한정리(Central limit theorem)는 정규분포가 확률변수들의 분포와는 무관하게 독립이면서 동일한 분포만 따른다면 확률변수들의 평균의 분포를 근사하는데 적합하다는 것을 입증해주고 있다.

5.3.1 이항분포의 정규 근사화

이항분포의 확률밀도함수는 3.1절에서 설명한 바와 같이 종모양 형태로 정규분포의 확률밀도함수와 비슷한 것을 발견할 수 있다. 실제로 이항분포의 모수 n이 매우 크고 성공확률 p가 거의 0이나 1에 가까울 때, 정규분포가 이항분포의 확률값의 근사(approximation)을 위하여 사용될 수 있다는 것이 입증되었다. 이항분포

$B(n, p)$의 기대값은 np, 분산은 $np(1-p)$로, 이 분포는 동일한 기대값 및 분산을 가지는 정규분포, 즉

$$N(np, np(1-p))$$

로 근사할 수 있다.

예를 들면, $X \sim B(16, 0.5)$ 일 때, X의 기대값은 8, 분산은 4이다. 이 분포에 대한 확률밀도함수와 정규분포 $Y \sim N(8, 4)$의 확률밀도함수가 [그림 5.26]에 나타나 있는데, 확률변수 X는 이산형 확률분포를 따르고, Y는 연속형 확률분포를 따름에도 불구하고, 각각의 확률밀도함수는 매우 비슷함을 알 수 있다.

두 분포가 얼마나 비슷한지를 알아보기 위하여 $B(16, 0.5)$와 $N(8, 4)$의 일부 확률값을 비교해보자. 이항분포가 5 이하의 값을 가질 확률은

$$P(X \leq 5) = \sum_{x=0}^{5} \binom{16}{x} \times 0.5^x \times 0.5^{16-x} = 0.1051$$

이며, 정규분포를 이용하여 이 확률값을 근사할 때 최선의 방법은 $\Pr(Y \leq 5.5)$를 계산하는 것이다. [그림 5.27]에서처럼, 연속형 분포를 이용하여 이산형인 이항분

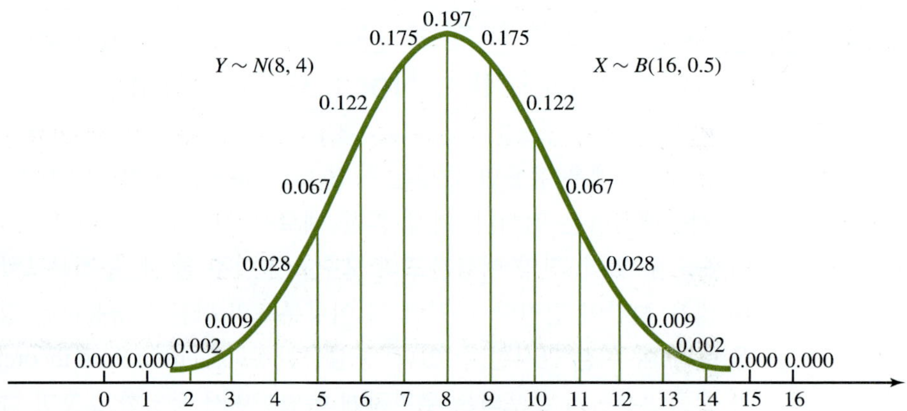

그림 5.26 $B(16, 0.5)$ 확률변수와 $N(8, 4)$ 확률변수에 대한 확률밀도함수의 비교

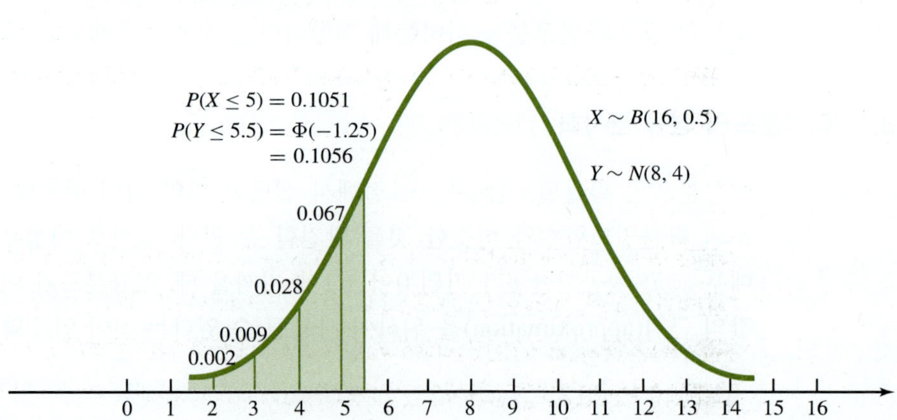

그림 5.27 정규분포로부터 $P(X \leq 5)$의 근사

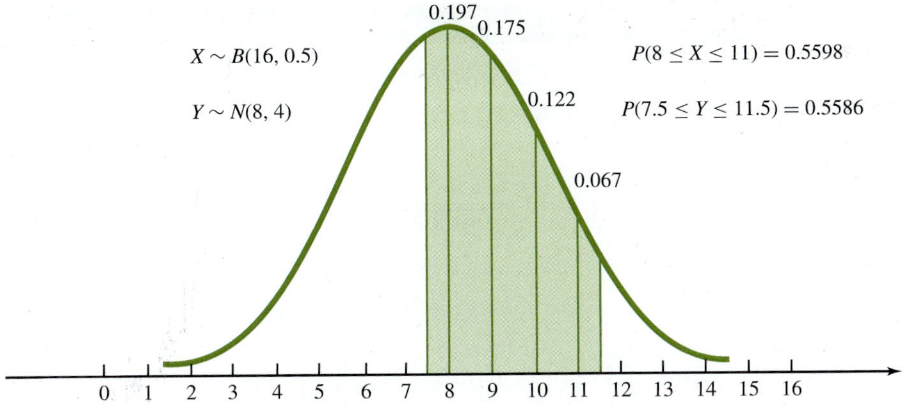

그림 5.28 정규분포로부터 $P(8 \le X \le 11)$의 근사

포를 근사하는 것을 개선하기 위하여 0.5의 연속화 보정(continuity correction)값을 더함을 주목할 필요가 있다. 정규분포로부터 얻어진 근사확률값은

$$P(Y \le 5.5) = \Phi\left(\frac{5.5-\mu}{\sigma}\right) = \Phi\left(\frac{5.5-8.0}{2.0}\right) = \Phi(-1.25) = 0.1056$$

로서 정규분포를 통해 근사한 값이 매우 훌륭하게 이항분포의 값과 일치함을 볼 수 있다. 또 다른 예로, [그림 5.28]에 나타난 것처럼 이항분포가 8과 11 사이의 값을 가질 확률을 구하면

$$P(8 \le X \le 11) = \sum_{x=8}^{11} \binom{16}{x} \times 0.5^x \times 0.5^{16-x} = 0.5598$$

이며, 연속화 보정을 통해 정규분포로 근사화하면,

$$\begin{aligned} P(7.5 \le Y \le 11.5) &= \Phi\left(\frac{11.5-\mu}{\sigma}\right) - \Phi\left(\frac{7.5-\mu}{\sigma}\right) \\ &= \Phi\left(\frac{11.5-8.0}{2.0}\right) - \Phi\left(\frac{7.5-8.0}{2.0}\right) \\ &= \Phi(1.75) - \Phi(-0.25) = 0.9599 - 0.4013 = 0.5586 \end{aligned}$$

이 된다. 마찬가지로 정규분포로 이항분포를 근사한 값은 서로 상당히 일치함을 볼 수 있다. 이항분포의 정규 근사는 이항분포의 모수 n이 증가할수록 정확도가 높아진다. 하지만 주어진 n에 대하여 성공확률 p가 0 또는 1에 가까울수록 정규 근사화는 정확하지 않을 수 있다. 그 정확도는 n의 값에 달려 있으며 일반적으로 근사화는 $np \ge 5$이며 또한 $n(1-p) \ge 5$일 때 적합하다고 알려져 있다.

이항분포의 정규근사화(Normal Approximation to the Binomial Distribution)

$B(n, p)$ 분포의 확률값은 $N(np, np(1-p))$ 분포에 의해 근사화될 수 있다. 만약 $X \sim B(n, p)$일 때

$$P(X \le x) \simeq \Phi\left(\frac{x + 0.5 - np}{\sqrt{np(1-p)}}\right)$$

이며

$$P(X \ge x) \simeq 1 - \Phi\left(\frac{x - 0.5 - np}{\sqrt{np(1-p)}}\right)$$

이 근사화는 $np \ge 5$이며 $np(1-p) \ge 5$일 때 효과적이다.

기회 게임 (공정한) 동전을 n번 던진다고 하자. 나오는 앞면의 수 X의 분포는 $B(n, 0.5)$이다. 만약 $n = 100$일 때 45와 55 사이의 앞면의 수를 가질 확률은 얼마인가? 정규분포를 이용하여 이 확률값을

$$P(45 \le X \le 55) \simeq P(44.5 \le Y \le 55.5)$$

와 같이 근사할 수 있으며 이 경우 $Y \sim N(50, 25)$이다. 이 확률값은

$$\begin{aligned}\Phi\left(\frac{55.5 - 50.0}{\sqrt{25}}\right) - \Phi\left(\frac{44.5 - 50.0}{\sqrt{25}}\right) &= \Phi(1.1) - \Phi(-1.1) \\ &= 0.8643 - 0.1357 = 0.7286\end{aligned}$$

결과적으로 100번 동전을 던졌을 때 0.45와 0.55 사이에 앞면이 나올 비율은 약 0.73임을 알 수 있다. 고정된 n값에 대하여, $X \sim B(n, 0.5)$는 $Y \sim N(n/2, n/4)$를 통해 근사할 수 있다. 일반적으로 0.45와 0.55 사이에 앞면이 나올 비율에 대한 확률값은

$$\begin{aligned}P(0.45n \le X \le 0.55n) &\simeq P(0.45n - 0.5 \le Y \le 0.55n + 0.5) \\ &= \Phi\left(\frac{0.55n + 0.5 - 0.5n}{\sqrt{n/4}}\right) - \Phi\left(\frac{0.45n - 0.5 - 0.5n}{\sqrt{n/4}}\right) \\ &= \Phi\left(0.1\sqrt{n} + \frac{1}{\sqrt{n}}\right) - \Phi\left(-0.1\sqrt{n} - \frac{1}{\sqrt{n}}\right)\end{aligned}$$

이다. 다양한 n값에 대하여 이 확률값을 구한 것이 [그림 5.29]에 잘 나타나 있는데, n의 값이 증가할수록 극한값 1에 점점 가까워짐을 주목할 필요가 있다.

Number of tosses	$P(0.45 \le X/n \le 0.55)$
$n = 100$	73%
$n = 150$	81%
$n = 200$	86%
$n = 500$	98%
$n = 750$	99.4%
$n = 1000$	99.9%

그림 5.29
n번 동전을 던졌을 때 0.45와 0.55 사이의 앞면 비율의 확률

5.3.2 중심극한정리(Central Limit Theorem)

서로독립이며 동일한 분포를 따르는(*i.i.d*) 확률변수 $X_1, ..., X_n$이 있다고 하자. 이 확률변수들의 기대값 및 분산은 각각

$$E(X_i) = \mu \qquad \mathrm{Var}(X_i) = \sigma^2$$

이며, 만약 $\bar{X} = (X_1 + \cdots + X_n)/n$ 일 때 2.6.2절에 유도한 결과를 이용하여

$$E(\bar{X}) = \mu \qquad \mathrm{Var}(\bar{X}) = \frac{\sigma^2}{n}$$

이다. 만약 $X_i \sim N(\mu, \sigma^2)$이면 5.2.1절에서처럼

$$\bar{X} \sim N\left(\mu, \frac{\sigma^2}{n}\right)$$

이 된다. 요약하면 일련의 독립인 확률변수들의 평균이 μ이며 분산이 σ^2인 동일한 분포에서 얻어졌을 때, 그들의 평균은 기대값 μ, 분산 σ^2/n을 가지며, 만약 개개의 확률변수들이 정규분포를 따른다면 그들의 평균도 정규분포를 따른다.

중심극한정리(Central limit theorem)는 개개 확률변수 X_i의 실제분포와는 상관없이 평균 $\bar{X}$의 분포는 $N(\mu, \sigma^2/n)$ 분포로 아주 잘 근사할 수 있다는 것을 보여준다. 바꿔 말하면, 독립이며 동일한 분포를 따르는 확률변수들의 평균은 항상 근사적으로 정규분포를 따른다. 근사의 정확도는 n이 증가할수록, 즉 더 많은 확률변수들의 평균을 취할수록 증가한다.

일반적으로, 그 근사화는 $n \ge 30$일 때 적절하지만 때로는 훨씬 작은 값의 n에 대하여 근사화가 유용할 때가 있는데, 특히 확률변수 X_i의 분포가 종모양의 정규분포 곡선과 상당히 비슷한 확률밀도함수를 가질 때 그러하다.

만약 $\bar{X} \sim N(\mu, \sigma^2/n)$일 때

$$X_1 + \cdots + X_n \sim N(n\mu, n\sigma^2)$$

이며, 중심극한정리는 확률변수들의 합 $X_1 + \cdots + X_n$의 분포가 $N(n\mu, n\sigma^2)$ 분포에 근사함을 입증하기 위하여 이용될 수 있다. 중심극한정리는 모든 확률이론을

넘어 모든 수학 영역 중에서 가장 중요한 정리 중 하나로 받아들여지고 있다.

중심극한정리는 왜 관측된 많은 자연 현상들이 정규분포와 비슷한 분포를 가지는지를 잘 설명해준다. 왜냐하면 자연 현상들은 많은 작은 확률사건의 총합으로 생각할 수 있기 때문이다.

중심극한정리는 또한 왜 정규분포가 이항분포를 잘 근사할 수 있는지를 설명해준다. $X \sim B(n, p)$일 때

$$X = X_1 + \cdots + X_n$$

으로서, 확률변수 X_i는 모수 p를 가지는 독립인 베르누이 분포를 가진다. 베르누이 확률변수의 평균은 $E(X_i)=p$이며, 분산 $\mathrm{Var}(X_i)=p(1-p)$이므로, 중심극한정리는 X의 분포가 $N(np,\ np(1-p))$ 분포로 근사될 수 있음을 지적하고 있다.

중심극한정리(Central Limit Theorem)

서로 독립이며 동일한 분포를 따르는 확률변수 $X_1, \cdots, X_n$의 평균이 μ, 분산이 σ^2라고 할 때 그 확률변수들의 산술평균 $\bar{X}$는

$$\bar{X} \sim N\left(\mu, \frac{\sigma^2}{n}\right)$$

분포를 따른다. 동일하게 그 확률변수들의 합 $X_1 + \cdots + X_n$은

$$N(n\mu, n\sigma^2)$$

로 근사할 수 있다.

중심극한정리는 일련의 독립이며 동일한 분포를 따르는 확률변수들의 평균에 대한 확률값을 근사하는데 매우 편리한 방법을 제공한다. 이 평균의 정확한 분포는 보통 복잡한 형태를 가지지만, 근사 확률값은 정규분포를 활용하여 쉽게 구할 수 있다. 중심극한정리는 개개 표본 관측치들의 정확한 분포와는 상관없이 표본의 평균은 정규분포를 따름을 지적하고 있기 때문에 이 책의 뒷장에서 배우게 될 통계적 분석 방법들에 대한 중요한 결과를 내포하고 있다.

5.3.3 정규 근사화 예제

예제 17 우유 용기 내용물(Milk Container Contents)

우유 용기가 함량미달일 확률은 0.261이었다. 결국 20개의 용기가 들어 있는 1박스 내에 함량미달인 용기의 수는 $B(20, 0.261)$ 분포를 따른다. 이 분포는

$$Y \sim N(20 \times 0.261,\ 20 \times 0.261 \times (1 - 0.261)) = N(5.22, 3.86)$$

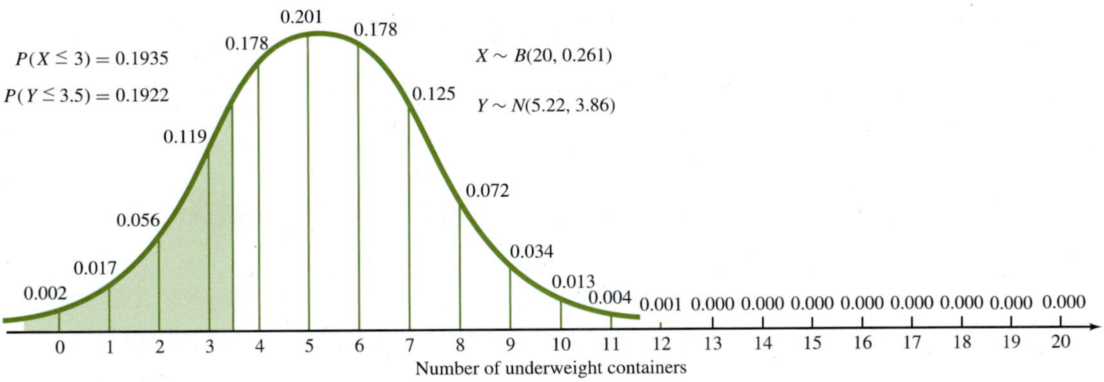

그림 5.30
정규분포로 함량미달인 용기 수의 분포를 근사화

에 의해 근사화될 수 있다. [그림 5.30]은 Y의 확률밀도함수와 함께 X의 확률질량함수를 보여주고 있는데, 서로 잘 어울리고 있음을 알 수 있다. 한 박스가 3개 이하의 함량미달의 용기를 포함할 확률은 3.1.3절에서 $P(X \leq 3) = 0.1935$와 같이 구해졌으며, 이 확률에 대한 정규 근사값은

$$P(Y \leq 3.5) = \Phi\left(\frac{3.5 - 5.22}{\sqrt{3.86}}\right) = \Phi(-0.87) = 0.1922$$

로서 0.1935와 매우 비슷한 값을 가진다.

만약 25박스의 우유가 슈퍼마켓에 배달된다고 가정해보자. 함량미달의 용기의 수에 대한 분포를 구하기 위해 총 500개의 우유 용기가 있으므로 함량미달의 용기의 수 X는 $B(500, 0.261)$ 분포를 따른다. 이 분포는

$$Y \sim N(500 \times 0.261,\ 500 \times 0.261 \times (1 - 0.261)) = N(130.5, 96.44)$$

로 근사할 수 있다. 500개의 우유 용기 중 적어도 150개가 함량미달일 확률은

$$\begin{aligned} P(X \geq 150) \simeq P(Y \geq 149.5) &= 1 - \Phi\left(\frac{149.5 - 130.5}{\sqrt{96.44}}\right) \\ &= 1 - \Phi(1.93) = 1 - 0.9732 = 0.0268. \end{aligned}$$

예제 39 소 예방접종(Cattle Inoculations)

소들이 서로 질병이 번지는 것을 막기 위해 예방접종을 한다. A 백신을 소에게 투여하였을 때 심각한 부작용을 일으킬 확률이 0.0005라고 한다. 만약 이 백신을 500,000마리 소떼에게 투여하였다고 하면 부작용을 일으킬 소의 수 X는 모수 $n = 500{,}000$이며 $p = 0.0005$인 이항분포를 따른다. 따라서

$$E(X) = 500{,}000 \times 0.0005 = 250$$

$$\mathrm{Var}(X) = 500{,}000 \times 0.0005 \times 0.9995 = 249.9$$

이며, 이 분포는 $Y \sim N(250, 249.9)$로 근사할 수 있다. 정규분포에서 평균에 대하여 3 표준편차 내의 부작용을 일으킬 소의 수에 대한 구간은

$$[250 - (3 \times \sqrt{249.9}),\ 250 + (3 \times \sqrt{249.9})] = [202.6, 297.4]$$

이 된다. 결국, 이 백신을 500,000마리의 소떼에게 투여하였을 때, 200~300마리 사이의 소떼가 부작용을 일으킬 것이라고 적어도 99.7% 확신할 수 있다.

예제 27 유리판 결점수(Glass Sheet Flaws)

어떤 유리판 내의 결점의 수는 $\lambda = 0.5$인 포아송분포를 따름을 알았다. 이는 $\mu = \sigma^2 = 0.5$임을 의미한다. 100장의 유리판 내의 총 결점의 수 X의 분포에 대하여 알아보자. 100장의 유리판 내의 기대 결점수는 $100 \times \mu = 50$이며, 분산은 $100 \times \sigma^2 = 50$이다. 중심극한정리에 의해 X의 분포는 $N(50, 50)$에 의해 근사될 수 있다. 100장의 유리판 내에 40 이하의 결점을 가질 확률은

$$P(X \le 40) \simeq \Phi\left(\frac{40 - 50}{\sqrt{50}}\right) = \Phi(-1.41) = 0.0793$$

약 8%가 된다.

중심극한정리는 또한 100장의 유리판에 대하여 유리판 1장마다의 평균 결점의 수 $\bar{X}$는 $N(\mu, \sigma^2/100) = N(0.5, 0.005)$에 의해 근사할 수 있으며, 이 평균이 0.45와 0.55 사이에 존재할 확률은

$$P(0.45 \le \bar{X} \le 0.55) \simeq \Phi\left(\frac{0.55 - 0.50}{\sqrt{0.005}}\right) - \Phi\left(\frac{0.45 - 0.50}{\sqrt{0.005}}\right)$$
$$= \Phi(0.71) - \Phi(-0.71) = 0.7611 - 0.2389 = 0.5222$$

으로, 약 52%가 된다.

예제 30 진주 조개 양식(Pearl Oyster Farming)

조개가 적어도 4mm 직경, 즉 시장에 팔 수 있는 가치를 지니는 크기의 진주를 만들어낼 확률은 0.6이다. 적어도 100개의 시장가치를 가지는 진주를 생산할 것을 99% 신뢰하기 위하여 얼마나 많은 조개가 필요한지를 알아보자. 만약 조개 양식업자가 n개의 조개를 양식한다면, 시장가치를 가지는 조개의 수는 $X \sim B(n, 0.6)$이며, 이 분포는 $Y \sim N(0.6n, 0.24n)$에 의해 근사될 수 있다. 적어도 1,000개의 진주가 4mm 이상의 직경을 가질 확률은

$$P(X \geq 1000) \simeq P(Y \geq 999.5) = 1 - \Phi\left(\frac{999.5 - 0.6n}{\sqrt{0.24n}}\right)$$

이며, $1 - \Phi(x) \geq 0.99$ 혹은 $\Phi(x) \leq 0.01$이 되므로, [표 I]에서 $x \leq -2.33$이다. 따라서

$$\frac{999.5 - 0.6n}{\sqrt{0.24n}} \leq -2.33$$

으로 $n \geq 1746$ 이 된다.

결론을 말하자면, 양식업자는 시장가치를 지니는 진주를 적어도 1,000개 이상 생산할 것을 99% 신뢰하기 위해서는 약 1,750개의 진주를 양식해야만 한다. 이 경우 시장가치를 지니는 진주의 기대수는 $1750 \times 0.6 = 1050$이며, 표준편차는 $\sqrt{1750 \times 0.6 \times 0.4} = 20.5$이다. 개개 진주의 직경의 평균 및 분산은 각각 $\mu = 5.0$, $\sigma^2 = 8.33$임을 알고 있다, 만약 1,050개의 진주가 얻어진다고 한다면 진주 평균 직경은 $\mu = 5.0$, 분산은 $\sigma^2/1050 = 8.33/1050 = 0.00793$이 된다. 중심극한정리에 의해 진주의 평균직경이 평균의 3표준편차 내의 값을 가질 것을 약 99.7% 신뢰할 수 있는 구간은

$$[5.0 - (3 \times \sqrt{0.00793}), 5.0 + (3 \times \sqrt{0.00793})] = [4.7, 5.3]$$

이다.

연습문제

5.3.1 다음의 확률을 정확한 방법과 정규근사 방법으로 구하라.

(a) $P(X \geq 8)$, $X \sim B(10, 0.7)$

(b) $P(2 \leq X \leq 7)$, $X \sim B(15, 0.3)$

(c) $P(X \leq 4)$, $X \sim B(9, 0.4)$

(d) $P(8 \leq X \leq 11)$, $X \sim B(14, 0.6)$

5.3.2 공정한 동전을 n번 던진다고 할 때 앞면이 나오는 비율에 대한 확률이 0.49와 0.51 사이에 있을 확률을 추정하고, 특히 $n = 100$, 200, 500, 1000 그리고 2000인 경우에 대해서도 추정하라.

5.3.3 공정한 주사위를 1,000회 던지는 실험을 한다고 할 때

(a) 6의 눈이 나오는 횟수가 150에서 180 사이에 있을 확률을 근사하라.

(b) 공정하게 n번 주사위를 던졌을 때 6의 눈이 최소 50번 나올 확률이 최소 99%가 된다고 할 때 n이 가질 수 있는 가장 작은 값을 구하라.

5.3.4 어떤 질병에 관한 테스트에서, 치명적인 양성반응 결과는 허용된 125번의 테스트 중에서 대략 1번 정도 나온다. 만약 이 테스트를 15,000명에 대해 시행했다

고 할 때, 135명 이상의 사람들이 치명적인 양성반응의 결과를 판정받을 확률을 근사하라.

5.3.5 텔레비전 세트에 대한 품질검사에도 불구하고 구매자가 새로 구매한 텔레비전 세트가 사용하기 전에 작동하지 않을 확률이 0.0007이다. 만약 회사가 1년에 250,000개의 텔레비전 세트를 판매하였다면, 그 해에 불량 텔레비전 세트를 구입할 구매자의 수가 200명을 넘지 않을 확률을 근사하라.

5.3.6 4지선다 시험문제들이 있다고 하자.

(a) 만약 60개의 질문이 있을 때, 한 학생이 대답한 답 중에서 적어도 30개가 정답일 확률을 구하라.

(b) 학생의 정답률이 최소 35%되는 것을 99%수준에서 신뢰하기 위해서는 몇 개의 질문이 준비되어야 하는가?

5.3.7 문제 3.1.7에서, 이 회사는 인터넷으로 주문을 받는 경우가 60%이다. 다음해에 들어올 것으로 예상되는 1,500 주문 중에서 인터넷으로 받을 것으로 예상할 수 있는 주문의 개수가 최소 925일 확률을 근사하라.

5.3.8 연습문제 4.7.10을 다시 고려해보자. 화학 용액의 농도는 $a=18$, $b=11$인 베타분포를 따른다고 한다. 독립인 20 화학 용액의 평균 농도가 0.60과 0.65 사이일 확률을 근사하라.

5.3.9 어떤 코스에서 수용 가능한 인원은 기껏해야 240명이다. 그러나 1,550장의 초대장이 발송되었다. 만약 초대장을 받은 사람이 그 코스에 참석할 확률이 0.135이며 서로 독립이라고 할 때 코스에 참석한 사람들의 수가 수용 가능 인원을 초과할 확률을 계산하라.

5.3.10 건전지의 수명은 서로 독립이며 평균이 84일인 지수분포를 따른다. 350개의 임의로 선택된 건전지 중에서 적어도 55개가 그 수명이 60일에서 100일 사이에 있을 확률을 구하라.

5.3.11 전기부품의 고장시간은 모수 $\lambda=0.056$과 $a=2.5$를 갖는 와이블분포를 따른다. 500개의 부품들을 임의로 선택하였을 때, 500개 중에 최소한 125개 부품의 고장시간이 20보다 클 확률을 근사하라.

5.3.12 어떤 부품들의 무게는 890과 892 사이에서 독립적이고 균일하게 분포되어 있다.

(a) 부품들의 무게를 하나씩 측정한다고 할 때, 여섯 번째로 무게가 나가는 부품이 891.2보다 무게가 더 나가는 세 번째 부품일 확률을 구하라.

(b) 만약 박스에 200개의 부품들이 들어 있다면 그들 중 적어도 절반이 890.7보다 무게가 더 나갈 확률을 구하라.

5.3.13 어떤 특정한 음식물 보관 방법을 사용할 때, 음식물이 부패하기까지 걸리는 시간은 평균이 8일인 지수분포를 갖는다. 만약 열흘 후에 임의로 100개의 표본을 추출하여 검사하였다면, 부패한 것으로 검출된 음식물 용기의 개수에 대한 기대값과 표준편차는 얼마인가? 적어도 그중 75개가 부패한 음식물을 포함하고 있을 확률을 구하라.

5.4 정규분포와 연관된 분포 (Distributions Related to the Normal Distribution)

5.4.1 대수정규분포(Lognormal Distribution)

변수변환된 확률변수 $Y = \ln(X)$가 평균이 μ, 분산이 σ^2인 정규분포를 따른다면 확률변수 X는 모수 μ와 σ^2를 가지는 대수정규분포(lognormal distribution)를 따른다.

대수정규분포(Lognormal Distribution)

만약 $Y = \ln(X) \sim N(\mu, \sigma^2)$이면 확률변수 X는 모수 μ와 σ^2를 가지는 대수정규분포를 따른다. X의 확률밀도함수는

$$f(x) = \begin{cases} \dfrac{1}{\sqrt{2\pi}\,\sigma x} e^{-(\ln(x)-\mu)^2/2\sigma^2} & x \ge 0 \\ 0 & x < 0 \end{cases}$$

이며, 누적분포함수는

$$F(x) = \Phi\left(\frac{\ln(x) - \mu}{\sigma}\right)$$

와 같다. 대수정규분포의 평균 및 분산은 각각

$$E(X) = e^{\mu + \sigma^2/2}, \quad \text{Var}(X) = e^{2\mu+\sigma^2}\left(e^{\sigma^2} - 1\right).$$

대수정규분포의 누적분포함수는 표준정규분포의 누적분포함수 $\Phi(x)$를 이용하여 쉽게 계산할 수 있는데,

$$P(X \le x) = P(\ln(X) \le \ln(x)) = P\left(\frac{Y-\mu}{\sigma} \le \frac{\ln(x)-\mu}{\sigma}\right)$$
$$= \Phi\left(\frac{\ln(x)-\mu}{\sigma}\right)$$

[그림 5.31]은 모수 $\mu = \sigma = 1$; $\mu = 2,\ \sigma = 1$; $\mu = 1,\ \sigma = 0.5$일 때 대수정규분포의 확률밀도함수를 나타내고 있다. 이 분포들은 점차적으로 감소하는 긴 우측 꼬리 형태를 띠고 있으며, 이는 대수정규분포의 일반적인 특성이다. 대수정규분포의 누적분포함수는 중앙값이 e^{μ}로 항상 평균값보다 작은데, 이는 대수정규분포가 긴 우측 꼬리를 지니고 있기 때문이다.

보통 $F(x) = 1 - \alpha$는

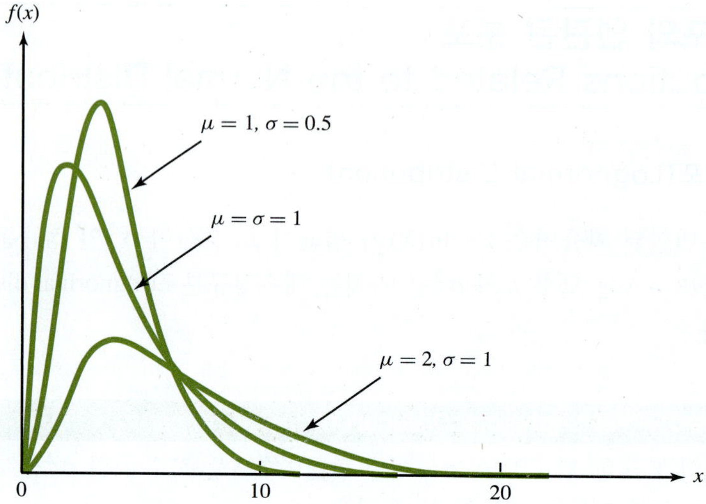

그림 5.31
대수정규분포의 확률밀도함수

$$\Phi\left(\frac{\ln(x)-\mu}{\sigma}\right)=1-\alpha$$

을 의미하며, 따라서

$$\frac{\ln(x)-\mu}{\sigma}=z_\alpha$$

로서, z_α는 표준정규분포의 임계값에 해당한다. 이는 대수정규분포의 $(1-\alpha)$ 분위수가 $x=e^{\mu+\sigma z_\alpha}$ 임을 의미한다.

예제 40 테스트 반응시간(Testing Reaction times)

한 실험자의 반응시간(단위: 초), 즉 어떤 자극이 주어졌을 때 실험자가 반응하는데 걸리는 시간은 $\mu=-0.35$, $\sigma=0.2$인 대수정규분포에 의해 모형화될 수 있다고 한다. 이 분포는 [그림 5.32]에 주어져 있다.

평균 반응시간은

$$E(X)=e^{-0.35+0.2^2/2}=0.719 \text{ 초}$$

이며, 반응시간의 분산은

$$\text{Var}(X)=e^{-(2\times0.35)+0.2^2}\left(e^{0.2^2}-1\right)=0.021$$

이다. 또한 중앙값은 $e^{-0.35}=0.705$초이다. 반응시간이 0.6초보다 작을 확률은

$$P(X\leq0.6)=\Phi\left(\frac{\ln(0.6)+0.35}{0.2}\right)=\Phi(-0.80)=0.2119$$

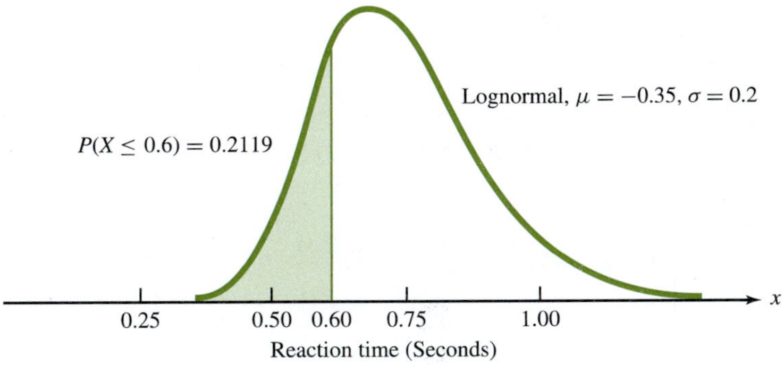

그림 5.32
반응시간에 대한 확률밀도함수

이며, 반응시간의 5 백분위수는

$$P(X \le x) = \Phi\left(\frac{\ln(x) + 0.35}{0.2}\right) = 0.05$$

을 만족하는 x로서

$$\frac{\ln(x) + 0.35}{0.2} = -1.645$$

즉 $x=0.507$초이다. 결국 반응시간의 약 5%는 0.51초보다 작음을 알 수 있다.

5.4.2 카이제곱분포(Chi-Square Distribution)

확률변수 X가 표준정규분포를 따른다고 할 때 확률변수 $Y = X^2$ 은 자유도(degree of freedom) 1인 카이제곱분포(chi-square distribution)를 따른다. 일반화하면, 확률변수 $X_i \sim N(0, 1), 1 \le i \le n$일 때

$$Y = X_1^2 + \cdots + X_n^2$$

은 자유도 n인 카이제곱분포를 따르게 된다.

카이제곱분포 자유도는 보통 그리스 문자 ν로 나타내는데, 자유도 ν는 양의 정수값을 가진다. 기호

$$X \sim \chi_\nu^2$$

는 확률변수 X가 자유도 ν를 가지는 카이제곱분포를 따른다는 것을 의미하며, 만약

$$X_1 \sim \chi_{\nu_1}^2 \text{ 이며, } \quad X_2 \sim \chi_{\nu_2}^2$$

이며 상호 독립일 때, 표준정규확률변수들의 제곱의 합

$$Y = X_1 + X_2 \sim \chi^2_{\nu_1+\nu_2}$$

와 같다.

카이제곱분포는 모수 $\lambda=1/2$, $k=\nu/2$를 가지는 감마분포이며, 확률밀도함수는

$$f(x)=\begin{cases}\dfrac{1}{2^{\nu/2}\Gamma(\nu/2)}x^{\nu/2-1}e^{-x/2} & x\ge 0\\ 0 & x<0\end{cases}$$

카이제곱분포(Chi-Square Distribution)

자유도 ν인 카이제곱 확률변수 X는

$$X = X_1^2 + \cdots + X_\nu^2$$

를 통해 생성시킬 수 있다, 이때 X_i는 독립인 표준정규 확률변수이다. 카이제곱분포는 모수 $\lambda=1/2$, $k=\nu/2$인 감마분포이며, 따라서 기대값 ν, 분산 2ν를 갖는다.

[그림 5.33]은 자유도 $\nu=5, 10, 15$일 때 카이제곱분포를 설명하고 있다. 자유도가 증가할수록 분포는 더욱더 좌우대칭이며, 더욱더 퍼져 있음을 주목할 필요가 있다. 자유도 ν를 가지는 카이제곱분포는 ν개의 독립이며 동일분포를 따르는 표준정규분포 확률변수들의 합에 의해 생성할 수 있기 때문에, 중심극한정리에 의해 큰 수 ν에 대하여 카이제곱분포는 $N(\nu, 2\nu)$로 근사할 수 있다. 카이제곱분포의 임계값은 $\chi^2_{\alpha,\nu}$로 표기하며,

$$P\left(X \ge \chi^2_{\alpha,\nu}\right) = \alpha$$

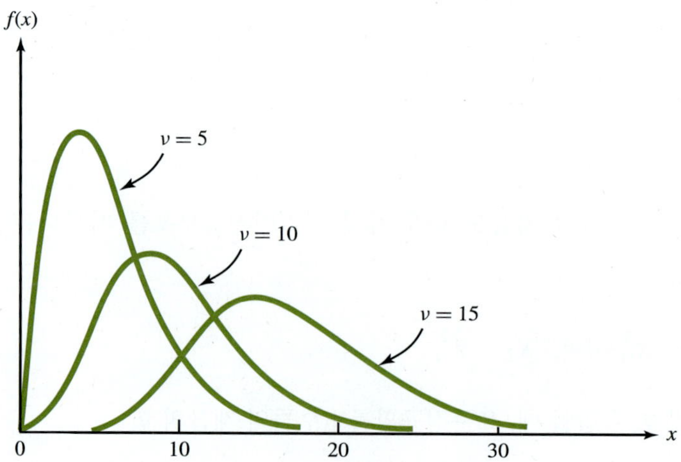

그림 5.33 카이제곱분포의 확률밀도함수

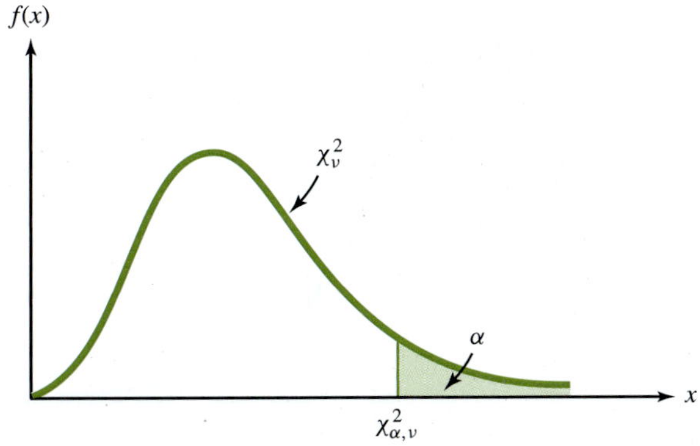

그림 5.34 카이제곱분포의 임계값 $\chi^2_{\alpha,\nu}$

로 정의한다. 이때 X는 자유도 ν인 카이제곱분포를 갖는다([그림 5.34] 참조). [표 II]는 다양한 α 및 ν에 대하여 임계값을 제공하고 있다. 이러한 임계값은 8장, 10장에서 다룰 통계적 추론(statistical inference)에 중요하게 이용될 것이다.

5.4.3 t-분포(t-distribution)

표준정규분포를 따르는 확률변수를 독립인 χ^2_ν/ν의 제곱근으로 나눈 확률변수는 자유도 ν를 가지는 t-분포(t-distribution)를 따른다. 이를

$$t_\nu \sim \frac{N(0,1)}{\sqrt{\chi^2_\nu/\nu}}$$

로 나타내며, 종종 Student의 t-분포라고 하기도 한다.

Historical note

Wiliam Sealey Gosset(1876~1937)은 영국 옥스퍼드 대학에서 수학 및 화학을 전공하였다. 1899년 그가 아일랜드 더블린으로 옮겼을 때 기네스맥주(Guiness Brewery)에서 통계원으로 일하게 되었다. 보리와 홉의 품질을 연구하는 과정에서 Gosset은 t-분포를 사용할 것을 제안하였다. 기네스 회사는 종업원들이 그들 자신의 연구 결과를 외부에 발표하는 것을 금지하였기 때문에 그는 'Student' 라는 필명으로 학술지에 그의 아이디어를 발표하였다. t-분포가 Student의 t-분포로 종종 언급되는 이유가 여기에 있다.

[그림 5.35]는 표준정규분포와 함께 자유도 5를 가지는 t-분포를 나타내고 있다. t-분포는 표준정규분포와 매우 흡사한 형태로서 0을 중심으로 좌우대칭인 종모양 형태를 지니지만 사실은 표준정규분포보다 약간은 평평한 형태이다. 그러나 자유도 ν가 증가할수록 t-분포는 더욱더 표준정규분포와 가깝게 되어, 표준정규분포는 $\nu \to \infty$일 때 t-분포의 극한분포가 된다.

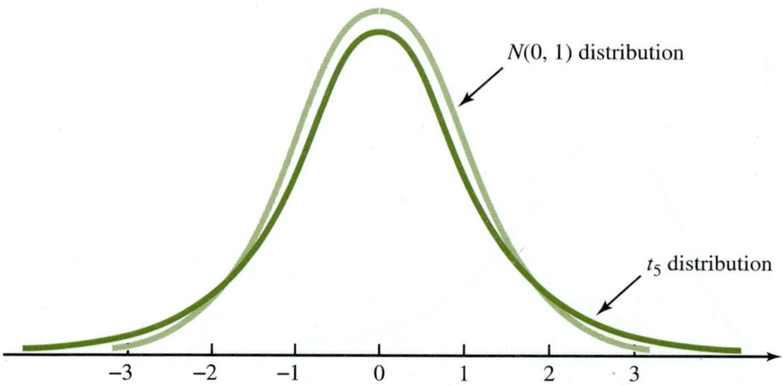

그림 5.35
t-분포와 표준정규분포의 비교

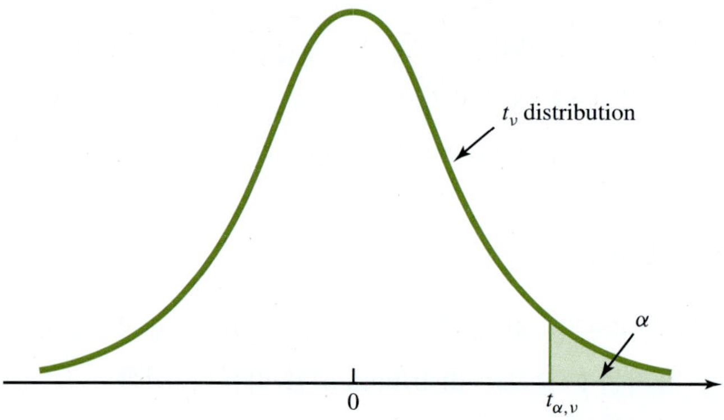

그림 5.36
t-분포의 임계값 $t_{\alpha,\nu}$

t-분포(t-distribution)

자유도 ν를 가지는 t-분포는

$$t_\nu \sim \frac{N(0,1)}{\sqrt{\chi_\nu^2/\nu}}$$

로 정의되며, $N(0, 1)$과 χ_ν^2 확률변수들은 서로 독립이다. t-분포는 표준정규분포와 비슷하지만 약간은 평평한 형태를 띠고 있다. $\nu \to \infty$일 때 t-분포는 표준정규분포가 되는 경향이 있다.

t-분포의 임계값은 $t_{\alpha,\nu}$로 나타내며,

$$P(X \geq t_{\alpha,\nu}) = \alpha$$

로 정의된다. 이때 확률변수 X는 자유도 ν를 가지는 t-분포를 따른다([그림 5.36] 참조). 다양한 ν 및 $\alpha \leq 0.1$에 대하여 몇몇 임계값들이 [표 III]에 주어져 있다. t-분포는 좌우대칭이므로 $t_{1-\alpha,\nu} = -t_{\alpha,\nu}$임을 주목하라. 더욱이 만약 X가 자유도 ν인 t-분포를 따른다면

$$P(|X| \leq t_{\alpha/2,\nu}) = P(-t_{\alpha/2,\nu} \leq X \leq t_{\alpha/2,\nu}) = 1 - \alpha$$

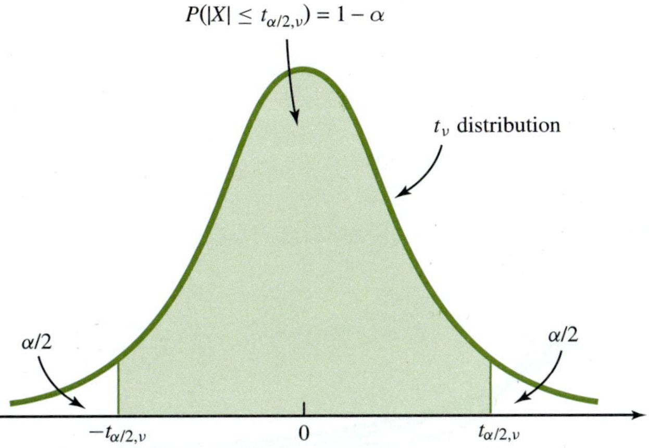

그림 5.37
t-분포의 임계값
$t_{\alpha/2,\,\nu}$

가 된다([그림 5.37] 참조).

[표 III]의 마지막 행은 $\nu=\infty$와 함께 표준정규분포에 해당한다. 고정된 α값에 대하여 자유도 ν가 증가할수록 임계값 $t_{\alpha,\nu}$는 $t_{\alpha,\infty}=z_\alpha$가 됨을 알 수 있다. 예를 들면, $\alpha=0.05$일 때 $t_{0.05,5}=2.015$, $t_{0.05,10}=1.812$, $t_{0.05,25}=1.708$, 그리고 $t_{0.05,\infty}=z_{0.05}=1.645$이다. t-분포와 이들 임계값들은 8장, 9장, 12장 및 13장에서 다룰 통계적 추론에 중요하게 사용될 것이다.

5.4.4 F-분포(F-distribution)

두 독립인 카이제곱 분포를 따르는 확률변수들을 각각 해당하는 자유도로 나누었을 때 그 비율은 F-분포(F-distribution)를 따른다. 이 비율은

$$F_{\nu_1,\nu_2} \sim \frac{\chi^2_{\nu_1}/\nu_1}{\chi^2_{\nu_2}/\nu_2}$$

로 나타낸다. F-분포는 분자의 카이제곱 분포의 자유도 ν_1과 분모의 카이제곱분포의 자유도 ν_2를 가지게 된다. 일반적으로 F_{ν_1,ν_2}분포는 F_{ν_2,ν_1}분포와 다름을 명심할 필요가 있다. F-분포는 $X\ge 0$의 상태공간을 가지며, 오른쪽으로 긴 꼬리보양의 단봉우리(unimodal) 형태를 띠고 있다. [그림 5.38]은 자유도 $\nu_1=\nu_2=5$, $\nu_1=5$이고 $\nu_2=25$, $\nu_1=\nu_2=25$인 F-분포의 확률밀도함수를 나타내고 있다. F_{ν_1,ν_2}분포의 기대값은 $\nu_2/(\nu_2-2)$ ($\nu_2\ge 3$일 때)이며 아주 큰 ν_2값에 대하여 이 기대값은 1이 된다. 자유도 ν_1과 ν_2가 커질 때 F-분포의 분산은 작아지며, 확률밀도함수는 1을 중심으로 점점 더 날카로운 스파이크(spike) 모양을 띠고 있다.

F-분포(F-distribution)

자유도 ν_1과 ν_2를 가지는 F 분포는

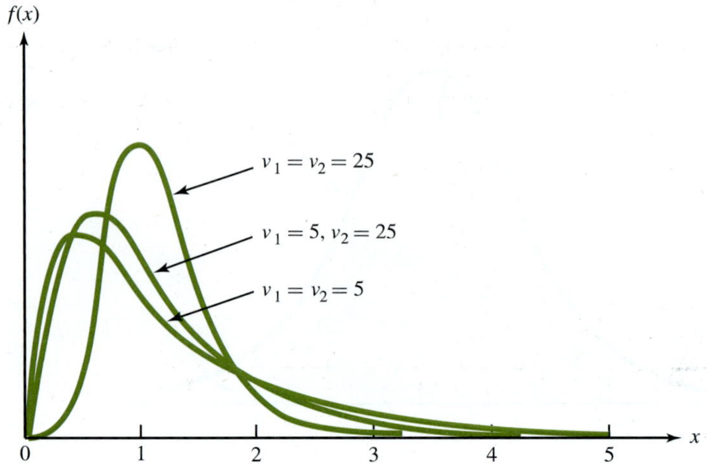

그림 5.38
F–분포의 확률밀도함수

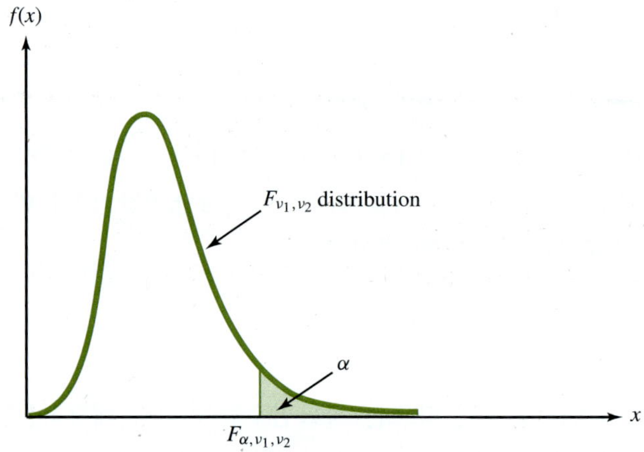

그림 5.39
F–분포의 임계값 F_{α,ν_1,ν_2}

$$F_{\nu_1,\nu_2} \sim \frac{\chi^2_{\nu_1}/\nu_1}{\chi^2_{\nu_2}/\nu_2}$$

로 정의하며, 두 카이제곱 분포를 따르는 확률변수들은 상호 독립이다. F–분포는 $X \geq 0$의 상태공간을 가지며, 기대값은 1에 가깝고 자유도 ν_1과 ν_2가 증가할수록 분산은 감소한다.

F 분포의 임계값은 F_{α,ν_1,ν_2}로 표기하며([그림 5.39] 참조), [표 IV]는 $\alpha = 0.10$, 0.05, 0.01에 대하여 일부 임계값을 제공하고 있다. F 분포의 정의에 의해

$$F_{1-\alpha,\nu_1,\nu_2} = \frac{1}{F_{\alpha,\nu_2,\nu_1}}$$

이기 때문에 [표 IV]는 $\alpha = 0.90$, 0.95, 0.99에 대하여 F_{α,ν_1,ν_2}값을 구하기 위해 또

한 사용될 수 있다. F 분포 및 이들 임계값들은 11장, 12장, 13장 및 14장에서 다룰 통계적 추론에서 역시 중요하게 사용될 것이다.

5.4.5 다변량 정규분포(Multivariate Normal Distribution)

두 확률변수 (X, Y)에 대하여 이변량 정규분포(bivariate normal distribution)는 4개의 모수를 가진다. 즉, 확률변수 X와 Y의 주변분포의 평균 (μ_X, μ_Y)과 분산 (σ_X^2, σ_Y^2) 및 두 확률변수들의 상관계수 $\rho(-1 \leq \rho \leq 1)$를 의미한다. 이변량 정규분포의 중요한 특징은 두 주변분포 및 조건부 확률분포 또한 정규분포를 따른다는 것이다. 두 확률변수 X와 Y는 $\rho = 0$일 때 독립이며, 이 경우 X와 Y의 결합확률밀도함수는 두 정규 주변분포의 곱과 같다. 만약 두 주변분포가 표준정규분포, 즉 $\mu_X = \mu_Y = 0$이며 $\sigma_X^2 = \sigma_Y^2 = 1$일 때, X와 Y의 결합확률밀도함수는

$$f(x, y) = \frac{1}{2\pi} e^{-(x^2+y^2)/2}, \quad -\infty < x,\ y < \infty$$

와 같다([그림 5.43] 참조]).

보통 상관계수 ρ를 가지는 X와 Y의 결합확률밀도함수는

$$f(x, y) = \frac{1}{2\pi\sqrt{1-\rho^2}} e^{-(x^2+y^2-2\rho xy)/2(1-\rho^2)}, \quad -\infty < x,\ y < \infty$$

이며, 이때 X와 Y는 정규분포를 따른다. $\rho = 0.8$일 때 이 확률밀도함수를 두 측면에서 바라본 그림이 [그림 5.41]에 나타나 있다.

이변량 정규분포는 보다 일반적인 다변량 정규분포(multivariate normal distribution)로 확장될 수 있다.

$$\mathbf{X} \sim N_k(\boldsymbol{\mu}, \boldsymbol{\Sigma})$$

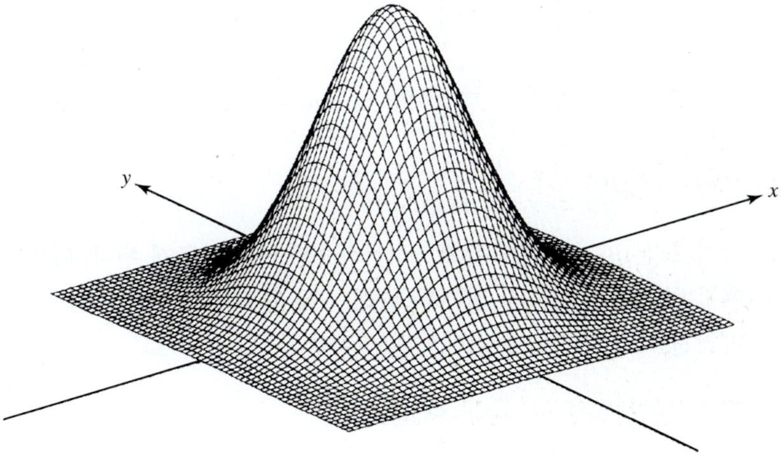

그림 5.40
상관계수 $\rho=0$인 이변량 정규분포

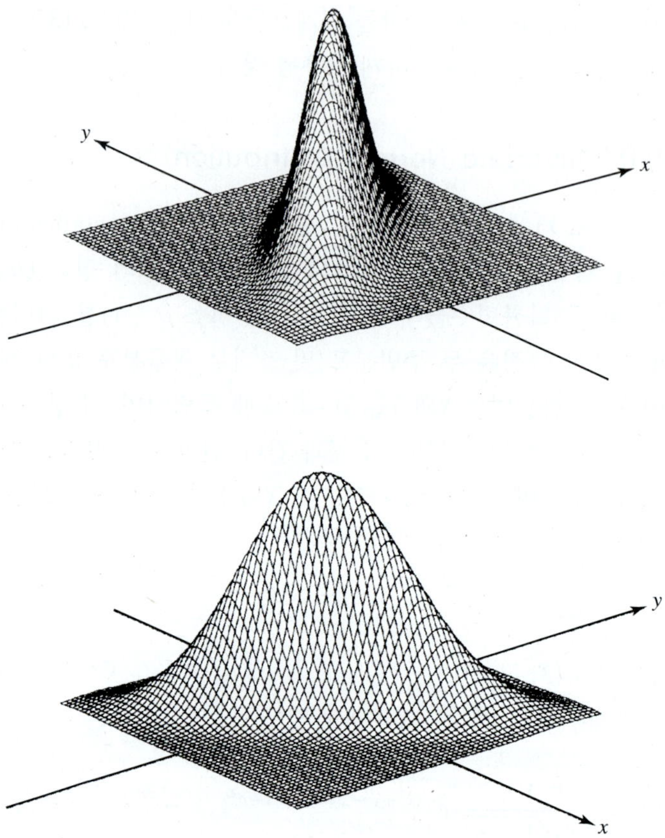

그림 5.41
상관계수 ρ=0.8인 이변량 정규분포

는 확률변수의 벡터 $\boldsymbol{X}=(X_1, \cdots, X_k)$가 평균 벡터 $\boldsymbol{\mu}=(\mu_1, \cdots, \mu_k)$와 분산-공분산 행렬 $\boldsymbol{\Sigma}$를 따르는 k차원의 다변량 정규분포를 따름을 의미한다. 분산-공분산 행렬은 좌우대칭인 $k \times k$ 행렬로서 대각선 요소들은 σ_i^2, 확률변수 X_i의 주변분포의 분산이며, 비대각선 요소들은 확률변수들의 공분산에 해당한다.

$\boldsymbol{X}$의 결합확률밀도함수는

$$f(\mathbf{x}) = \left(\frac{1}{2\pi}\right)^{k/2} \left(\frac{1}{|\boldsymbol{\Sigma}|}\right)^{1/2} e^{-(\boldsymbol{x}-\boldsymbol{\mu})'\Sigma^{-1}(\boldsymbol{x}-\boldsymbol{\mu})/2}$$

이며, $|\boldsymbol{\Sigma}|$는 행렬 $\boldsymbol{\Sigma}$의 행렬식(determinant)이다. 이때 확률변수 X_i의 주변분포는

$$X_i \sim N\left(\mu_i, \sigma_i^2\right)$$

이며, 모든 조건부 확률분포 또한 정규분포를 따르게 된다. 다변량 정규분포는 통계적 방법들의 이론적 전개를 위해 매우 중요하게 사용되며 자세한 내용은 이 책 범위 밖이기 때문에 여기에서는 생략한다.

연습문제

5.4.1 확률변수 X는 모수 $\mu=1.2$와 $\sigma=1.5$인 대수정규분포를 따른다고 할 때
(a) $E(X)$를 구하라.
(b) $\text{Var}(X)$를 구하라.
(c) X의 하한 사분위수를 구하라.
(d) X의 상한 사분위수를 구하라.
(e) X의 사분위 범위수를 구하라.
(f) $P(5 \le X \le 8)$를 구하라.

5.4.2 확률변수 X는 모수 $\mu=-0.3$와 $\sigma=1.1$인 대수정규분포를 따른다. 다음을 구하라.
(a) $E(X)$
(b) $\text{Var}(X)$
(c) X의 하한 사분위수
(d) X의 상한 사분위수
(e) X의 사분위범위수
(f) $P(0.1 \le X \le 7.0)$

5.4.3 양의 상태공간에 서로 독립이고 동일분포를 따르는 확률변수 X_i의 집합을 고려할 때, 중심극한정리는 확률변수 $X=X_i \times \cdots \times X_n$가 n의 값이 커질수록 근사적으로 대수정규분포를 갖는 이유를 설명하라.

5.4.4 한 연구자는 박테리아 번식에 관한 연구를 하고 있다. 박테리아가 번식을 한 1일 후, 그 번식량은 $\mu=2.3$과 $\sigma=0.2$의 모수를 갖는 대수정규분포를 따른다.
(a) 1일 후 번식량에 대한 기대값을 구하라.
(b) 1일 후 번식량에 대한 중앙값을 구하라.
(c) 1일 후 번식량에 대한 상한 사분위수를 구하라.
(d) 1일 후 번식량이 15보다 클 확률을 구하라.
(e) 1일 후 번식량이 6보다 작을 확률을 구하라.

5.4.5 컴퓨터를 이용하여 아래의 임계값들을 구하라. 그리고 주어진 [표 II]와 같은지 확인하라.
(a) $\chi^2_{0.10,9}$ (b) $\chi^2_{0.05,20}$
(c) $\chi^2_{0.01,26}$ (d) $\chi^2_{0.90,5}$
(e) $\chi^2_{0.95,6}$

5.4.6 컴퓨터를 이용하여 아래의 임계값들을 구하라.
(a) $\chi^2_{0.12,8}$ (b) $\chi^2_{0.54,19}$ (c) $\chi^2_{0.023,32}$
만약 확률변수 X가 자유도 12인 카이제곱분포를 따른다고 할 때, 컴퓨터를 이용하여 다음을 구하라.
(d) $P(X \le 13.3)$
(e) $P(9.6 \le X \le 15.3)$

5.4.7 컴퓨터를 이용하여 아래의 임계값들을 구하라. 그리고 주어진 [표 III]과 같은지 확인하라.
(a) $t_{0.10,7}$ (b) $t_{0.05,19}$
(c) $t_{0.01,12}$ (d) $t_{0.025,30}$
(e) $t_{0.005,4}$

5.4.8 컴퓨터를 이용하여 아래의 임계값들을 구하라. 그리고 주어진 [표 IV]와 같은지 확인하라.
(a) $F_{0.10,9,10}$ (b) $F_{0.05,6,20}$
(c) $F_{0.01,15,30}$ (d) $F_{0.05,4,8}$
(e) $F_{0.01,20,13}$

5.4.9 확률변수 X는 자유도가 ν인 t-분포를 따른다고 할 때, 확률변수 $Y=X^2$가 자유도 1과 ν를 갖는 F-분포를 따르는 이

유를 설명하라.

5.4.10 (a) 자유도가 23인 t 확률변수가 $-x$와 x 사이에 있을 확률이 0.90이라고 할 때, x의 값을 구하라.

(b) 자유도가 60인 t 확률변수가 y보다 클 확률이 0.975라고 할 때, y의 값을 구하라.

(c) 자유도가 29인 카이제곱 확률변수가 19.768과 42.557 사이에 있을 확률을 구하라.

5.4.11 $F_{5,20}$ 확률변수가 4.00보다 큰 값을 가질 확률이

(a) 10%보다 큰 경우

(b) 5%와 10% 사이에 있는 경우

(c) 1%와 5% 사이에 있는 경우

(d) 1%보다 작은 경우

를 구하라.

5.4.12 t_{35} 확률변수가 2.50보다 큰 값을 가질 확률이

(a) 10%보다 큰 경우

(b) 5%와 10% 사이에 있는 경우

(c) 1%와 5% 사이에 있는 경우

(d) 1%보다 작은 경우

를 구하라.

5.4.13 표를 이용하여 아래의 값을 구하라.

(a) $P(t_{21} \leq 2.3)$

(b) $P(\chi_6^2 \geq 13.0)$

(c) $P(t_{10} \leq -1.9)$

(d) $P(t_7 \geq -2.7)$

5.4.14 표를 이용하여 아래의 값을 구하라.

(a) $p(t_{16} \leq 1.9)$

(b) $P(\chi_{25}^2 \geq 42.1)$

(c) $P(F_{9,14} \leq 1.8)$

(d) $P(-1.4 \leq t_{29} \leq 3.4)$

CHAPTER 6

기술통계

5장까지는 확률질량함수나 확률밀도함수를 이용하여 확률변수에 대한 속성을 어떻게 이해할 수 있는지 설명했다. 이러한 목적을 위해서는 확률질량함수나 확률밀도함수는 알고 있다고 가정하였다. 하지만 대부분의 경우에는 확률변수에 대한 확률질량함수나 확률밀도함수는 실험자에게 알려져 있지 않다. 따라서 실험자가 가장 먼저 해야 할 일 중 하나는 고려 중인 확률변수에 대한 확률분포를 찾아내는 일이다. 이것은 확률변수와 관련된 자료 집합을 수집함으로써 가능하다. 이러한 자료 집합으로부터 확률분포의 속성들을 이끌어내는 것을 통계적 추론(statistical inference)이라고 한다.

이 장에서는 여러 기본적인 자료 조사 방법과 전체 모집단(population)으로부터 자료 표본을 수집하는 방법에 대해 설명한다. 자료를 도표상에 표현하는 기본적인 방법과 자료의 요약통계량(summary statistics)을 어떻게 계산하는지도 이 장에서 중점적으로 다룬다.

6.1 실험(Experimentation)

6.1.1 표본(Sample)

이전의 예제 1에서 전기적 요인, 기계적 요인 또는 작동자의 오작동에 의한 고장으로 분류된 기계고장에 대하여 다루었다. 고장 확률질량함수, 즉 각 세 요인에 의한 확률값은 기계의 고장 특성을 요약하고 있다. 하지만 실제로 확률질량함수는 알려져 있지 않은 경우가 대부분이다. 기계고장의 가능성을 완전하게 이해하기 원한다면 무엇보다도 먼저 확률질량함수를 추정해야만 한다. 이것은 기계고장 자료를 수집하여, 각각의 고장 요인에 대해서 얼마나 많은 고장이 있었는지를 기록함으로써 가능할 수 있다.

일반적으로 (연속)확률변수 X를 알고자 하는 실험자는 확률밀도함수 $f(x)$가 알려져 있다고 가정한다. 예제 17을 보면 확률변수 X는 우유 용기 내의 우유의 양이라고 할 수 있다. 확률밀도함수 $f(x)$는 확률변수 X의 통계적 속성에 관한 모든 정보를 담고 있지만 실험자에게는 알려져 있지 않다. 다시 말해 확률밀도함수는 실험자가 찾고자 하는 '실험의 본질' 적인 내용을 담고 있다.

이를 위해 실험자는 확률변수 X의 관측치인 표본(sample) $x_1, x_2, ..., x_n$을 구하게 된다. 우유 용기 예제에서 표본은 n개의 우유 용기들의 내용물 무게에 해당한다. 이러한 자료들의 관측치들은 확률밀도함수 $f(x)$에 의해 결정되기 때문에, 자료의 적절한 분석을 통해 실험자는 $f(x)$를 감지할 수 있게 된다. [그림 6.1]에서와 같은 분석 과정을 통계적 추론(ststaitical inference)이라고 한다.

가장 주의해야 할 점은 자료가 적절한 방법에 의해 수집되어야 한다는 것이다. 통계학자들이 종종 거론하는 "쓰레기 자료는 쓰레기 결과를 낳는다"는 표현은 부정확하거나 저질 자료의 통계적 분석은 필연적으로 잘못된 결과를 낳는다는 것을 지적하고 있다. 표본의 질을 판단하기 위해서 관측값들을 추출한 모집단을 표현적인 방법을 통해 상상하는 것이 종종 유용할 때가 있다. 예를 들어, 우유 용기 내용물 예제에서 모집단은 모든 우유 용기로 생각할 수 있다. 대표표본(representative sample)은 무작위로 우유 용기를 확률표본으로 취함으로써 얻을 수 있다. 만약에 우유회사가 우유 주입기계를 3대 보유하고 있는데 그중에 2대의 기계에 의해 채워진 우유 용기만 선택하는 것은 대표적이지 않을 수 있다.

왜냐하면 용기 내의 우유의 양은 어느 기계에 의해 채워졌는지에 따라 달라질 수 있기 때문이다. 실제로 통계적 분석을 목적으로 11장(분산분석)에서 소개될 방법을 이용하여 3대의 기계 중에 어떤 기계에 차이가 있는지를 알아낼 수가 있다. 모집단의 개념은 포괄적이며 실험자가 조사하고자 하는 목적에 따라 달라진다. 예를 들어, 만일 실험자가 3대의 주입기계들의 주입량이 서로 다른지를 알고자 한다면 개념적으로 3개의 모집단과 3개의 표본이 있다고 보는 것이 좋다. 각각 3대의 기계에 의해 채워진 우유 용기들이 3개의 서로 다른 모집단을 이루고 있고, 임의표본들은 각각 3대의 주입기계로부터 얻어진 우유 용기들을 임의로 선택함으로써 각각 얻을 수 있다.

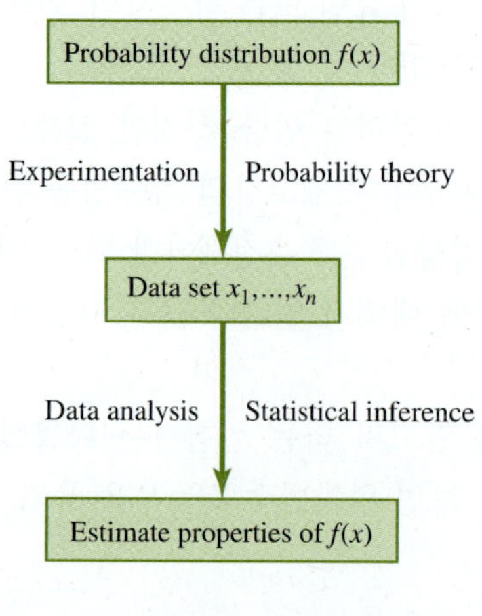

그림 6.1 확률이론과 통계적 추론 간의 관계

모집단(Population)과 표본(Sample)

모집단(Population)은 어떤 확률분포로부터 관찰될 수 있는 모든 관측값들을 의미한다. 표본(Sample)은 실험자가 알려지지 않은 확률분포를 조사하기 위해 사용하는 모집단의 부분집합이다. 확률표본(Random Sample)은 모집단에서 임의로 선택된 표본이며, 표본이 모집단을 대표한다는 것을 입증하기 위해 사용된다.

자료의 관측값 $x_1, x_2, \ldots, x_n$에는 여러 가지 종류가 있는데, 여러 범주로부터 기록된 범주형(categorical) 자료나 다양한 종류의 관측값을 가지고 있는 명목(nominal) 자료가 있다. 기계적 결함, 전기적 결함, 오작동으로 인한 고장으로 분류된 기계고장은 범주형 자료의 한 좋은 예이다. 수치적(numerical) 자료는 정수 혹은 실수값으로 구성되며. 다음의 예제에서 볼 수 있듯이 자료의 종류를 파악하는 것은 어떠한 분석 방법을 선택할 것인가 영향을 미치기 때문에 중요하다.

6.1.2 예제

예제 1 기계고장(Machine Breakdowns)

기계를 책임지고 있는 엔지니어가 1년 동안의 모든 고장을 기록하였다. 총 46번의 고장이 발생하였는데 그중 9번은 전기적 고장, 24번은 기계적 고장, 나머지 13번은 오작동으로 인한 고장이었다. 자료는 [그림 6.2]에 나와 있으며, 세 요인에 의한 각각의 고장률을 추정할 수 있다.

이 자료는 세 범주 중 하나의 값을 갖는 46개의 범주형 관측치로 구성되어 있다.

$$x_1, x_2, \ldots, x_{46} \in \{\text{전기적 고장, 기계적 고장, 오작동}\}$$

하지만 이 자료는 [그림 6.2]와 같이 각 범주의 발생빈도를 요약하여 기록할 수 있다. 1년 동안 발생한 46개의 고장은 관측치 표본에 해당한다. 이 표본으로부터 얻을 수 있는 모집단은 무엇인가? 다소 혼란스러운 질문이지만 이것은 실제 자료를 얻은 1년과 그 이전과 미래에 일어날 고장들을 함께 고려한다면 모집단을 파악하는데 도움이 된다.

Breakdown cause	Frequency
Electrical	9
Mechanical	24
Misuse	13
Total	46

그림 6.2
기계고장 데이터 집합

실제로 여기서 엔지니어가 가장 민감하게 고려해야 할 것은 표본이 모집단을 대표하게끔 수집되었는지 확인하는 것이다. 이 판단은 자료 분석의 목적이 정해진 후에 결정될 수 있다. 만일 미래에 일어날 고장의 종류와 고장 횟수를 분석하기 위해 실험을 수행하였다면 적절한 질문은 다음과 같다.

1	3	4	7	2	7	5	5	2	2	4	2	4	3	2
2	7	1	3	3	2	5	0	0	1	2	5	5	4	1
3	2	6	3	8	2	2	3	1	6	3	4	1	2	5
1	3	3	3	2	1	2	5	5	4	1	4	3	1	0
2	1	2	4	4	5	3	3	4	0	5	2	5	6	2
5	3	3	3	1										

그림 6.3 박스 내에 포함된 결함 컴퓨터 칩의 개수에 대한 데이터 집합

"수집한 올해의 자료가 미래를 얼마나 대표하는가?"

이 질문은 어느 하나라도 자료가 모집단을 대표하지 않을 수 있게 하는 요인이 있는지 파악함으로써 쉽게 답할 수 있다. 예를 들어, 기계가 올해에는 숙련된 조작자에 의해 작동되다가 내년에는 경험이 없는 견습생에 의해 작동된다면 오작동에 의한 고장의 수는 증가하리라 예측할 수 있다. 비슷하게 만일 내년에는 생산 증가량 목표를 달성하기 위해 기계가 올해보다 훨씬 빠르게 작동된다면 기계적 요인에 의한 고장이 증가하리라 기대할 수 있다.

예제 2 컴퓨터 칩 결함(Defective Computer Chips)

500개씩 컴퓨터 칩을 박스에 담아 판매하는 회사의 예를 고려해보자. 어떻게 하면 한 박스에 들어 있는 결함 칩 개수에 대한 확률분포를 알 수 있겠는가? [그림 6.3]에 확률표본 80상자에 대해서 결함이 있는 칩의 개수를 센 표본이 주어져 있다. 박스당 결함 칩의 개수에 대한 알려지지 않은 확률분포의 속성들을 찾아내는 것이 무엇보다 중요하다.

여기서 다루는 모집단은 어떤 기간 동안 생산된 모든 컴퓨터 칩 박스가 될 것이다. 80개 표본에 대한 대표성은 80개의 상자가 임의로 선택되었다는, 즉 확률표본임을 입증함에 의해 확인할 수 있다. 예를 들어 만일 각 상자에 일련번호를 지정했을 때 난수표 혹은 컴퓨터의 난수생성기로 80개 상자를 선정하여 확률표본을 얻을 수 있다.

이와는 다르게 상자들이 창고에 보관되어 있을 때 상자가 놓여 있는 통로와 선반을 임의로 고르고 다시 임의로 각 선반에서 뽑아낼 수 있다. 다르게는 생산라인에서 매 100번째 상자를 표본으로 고를 수 있다. 표본으로 고른 각 상자들 안에 들어 있는 500개의 칩은 모두 결함이 있는지 없는지 검사해야 한다. 관찰값 $x_1, x_2, \ldots, x_{80}$는 0에서 500 사이의 정수를 가질 것이다. 자료를 요약하는 좋은 방법은 [그림 6.4]와 같이 결함 칩의 빈도를 기록하는 것이다.

Number of defective chips	Frequency
0	4
1	12
2	18
3	17
4	10
5	12
6	3
7	3
8	1
≥ 9	0
Total	80

그림 6.4
결함 컴퓨터 칩의 데이터 집합

50.08	49.81	50.00
49.78	50.02	50.03
50.02	50.26	49.92
50.02	49.90	50.07
50.13	50.01	49.89
49.74	50.04	49.99
49.84	50.01	50.01
49.97	49.79	50.09
49.93	50.36	49.90
50.02	50.21	50.05
50.05	50.17	49.95
49.94	50.12	50.20
50.19	50.00	50.03
49.86	50.01	49.92
50.03	49.85	50.02
50.04	49.93	49.97
49.96	49.84	50.27
49.90	50.20	49.77
49.87	49.94	50.07
50.13	49.74	50.07

그림 6.5 금속 실린더 직경 데이터 집합 (단위: mm)

1.958	1.951	2.107	2.092	1.955	2.162	2.168	2.134	1.971
2.072	2.049	2.017	2.117	1.977	2.034	2.062	2.110	1.974
1.992	2.018	2.135	2.107	2.084	2.169	2.085	2.018	1.977
2.116	1.988	2.066	2.126	2.167	1.969	2.198	2.078	2.119
2.088	2.172	2.133	2.112	2.066	2.128	2.142	2.042	2.050
2.102	2.000	2.188	1.960	2.128				

그림 6.6 우유 중량 데이터 집합 (단위: mm)

예제 14 금속 실린더 생산(Metal Cylinder Production)

생산되는 실린더 지름의 실제 확률분포를 구하기 위하여 60개의 실린더 확률표본을 선정하고 지름을 측정했으며 측정 자료는 [그림 6.5]에 주어져 있다. 모집단은 (일정기간 동안) 생산된 모든 실린더 집합이거나 혹은 한 생산라인에만 국한된다면 한 생산라인에서 생산되는 모든 실린더가 될 것이다. 표본을 이루고 있는 임의로 뽑은 60개의 실린더들은 대표성을 가진다. 이 경우에 관찰값 $x_1, x_2, \ldots, x_{60}$는 실린더 지름이고, mm 단위의 두 자리 소수점을 가지는 데이터로 표현된다.

예제 17 우유 용기 내용물(Milk Container Contents)

50개의 우유 용기로 구성된 확률표본을 골라 함유된 우유의 중량을 측정했으며 측정 자료는 [그림 6.6]에 주어져 있다. 모집단은 생산된 모든 우유 용기이며 임의로 선정된 표본은 모집단을 대표한다. 이 경우에 관찰값 $x_1, x_2, \ldots, x_{50}$은 우유의 양이고 리터 단위의 세 자리 소수점을 가지는 데이터로 표현된다.

연습문제

CD에 첨부된 DS로 표시된 각각의 파일의 자료에 대해서 다음 질문에 답하라.

(a) 표본이 얻어진 모집단을 정의하라. 표본이 대표성을 가진다고 생각하는가?

(b) 자료를 해석하는데 고려해야 할 다른 요소가 있는가? 자료를 해석하기에 앞서 표본을 수집한 방법에 문제가 있는지 조사해야 할 사항이 있는가?

6.1.1 DS 6.1.1는 6면체 주사위를 굴려서 얻은 결과를 나타낸다.

6.1.2 텔레비전 세트 품질
어느 금요일 아침 TV 제조회사의 품질 담당자는 선적해야 할 TV들의 화질의 등급을 매겼다. DS 6.1.2에 표현된 것처럼 등급은 '완벽함', '좋음', '만족', '불량' 으로 나타낸다.

6.1.3 눈동자 색깔
DS 6.1.3은 컴퓨터 프로그래밍 수업을 수강하는 학생들의 눈동자 색깔에 대한 자료이다.

6.1.4 음식점 서비스 시간
어느 토요일에 연구자는 패스트푸드 음식점의 고객에게 식사가 제공되는 시간을 기록하였다. DS 6.1.4는 오후 2:00에서 3:00 사이에 고객에게 음식이 전달되는데 걸리는 시간을 초 단위로 측정하였다.

6.1.5 과일 부패
여름에 한 슈퍼마켓에서는 출하된 복숭아를 매일 선적받는다. 슈퍼마켓의 품질 담당자는 선적받은 복숭아 중에 임의로 48개의 복숭아가 담겨 있는 상자 하나를 골라 '부패' 되어 진열대에 내놓을 수 없는 복숭아의 개수를 기록한다. DS 6.1.5는 55일간 기록한 자료이다.

6.1.6 전화교환대 활동
한 연구자는 1분 동안 전화교환기에 걸려온 전화 통화의 수를 기록한다. 1분의 간격은 근무주간 동안 공평하게 선택되었다. 연구자가 기록한 자료는 DS 6.1.6에 기록되어 있다.

6.1.7 아스팔트 자갈 무게
건축업자는 한 회사에서 많은 양의 아스팔트 자갈을 구입하였다. 임의로 선택한 아스팔트 자갈 표본의 무게는 DS 6.1.7에 기록되어 있다.

6.1.8 스프레이 페인팅 공정
자동차 패널이 기계에 의해 칠해진다. 검사원은 생산라인에서 20개마다 1개의 패널을 뽑아서 특정 지점의 페인트 두께를 측정한다. 그 결과가 DS 6.1.8에 나와 있다.

6.1.9 플라스틱 패널 구부림 능력
플라스틱 패널의 구부림 능력을 조사하기 위해 변형이 발생하는 구부림 각도를 측정하였다. 연구자는 80개의 플라스틱 패널에 대하여 측정기로 변형 각도를 측정하였다. 결과는 DS 6.1.9에 주어져 있다.

6.2 자료 표현(Data Presentation)

자료를 수집한 후에 실험자가 해야 할 일은 자료를 잘 표현할 수 있는 방법을 찾는 것이다. 이 장에서는 자료를 그림으로 표현하는 여러가지 기법에 대해 알아보기로 한다. 일반적으로 표를 통해서는 많은 정보를 얻기 어려운 반면에 그림 또는 그래프로 자료를 나타내면 많은 유용한 정보를 얻을 수 있다. "보는 것이 수천 번의 말보다 가치가 있다"는 말처럼 그림 혹은 그래프는 적어도 수백만 개의 숫자를 나열하는 것보다 가치가 있을 수 있다.

6.2.1 막대그림(Bar Chart)과 파레토 차트(Pareto Chart)

막대그림은 범주형 자료를 표현하는 가장 단순한 방법으로서 각각의 범주를 나타내는 막대들은 길이로서 빈도의 비율을 표현한다. 파레토 차트는 각 범주에 해당하는 빈도를 내림차순으로 정렬한 막대그림으로 품질관리에서 많이 쓰인다.

예제 1 기계고장(Machine Breakdowns)

[그림 6.7]은 46개의 기계고장 자료에 대한 막대그림이다.

예제 41 인터넷 상거래(Internet Commerce)

인터넷을 기반으로 한 웹사이트에서 상품을 판매하는 어떤 회사의 관리자는 고객들이 서비스에 만족하는가를 파악하는 것에 관심이 많다. 따라서 관리자는 [그림 6.8]과 같이 일정한 기간 동안 받은 불만 제기를 주문의 배송 지연(late delivery), 손상된 제품의 배달(damaged product), 잘못된 상품 배달(wrong product), 결제 과정의 오류(billing error), 기타 불만(other) 등으로 분류하였다. 수

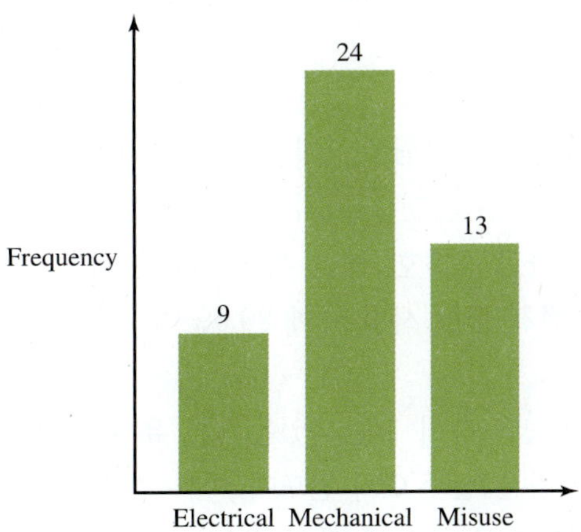

그림 6.7
기계고장 데이터 집합에 대한 막대그림

Cause of complaint	Frequency
Late delivery	481
Damaged product	134
Wrong product	83
Billing error	44
Other	21
Total	763

그림 6.8
인터넷 회사에 대한 고객불만 데이터 집합

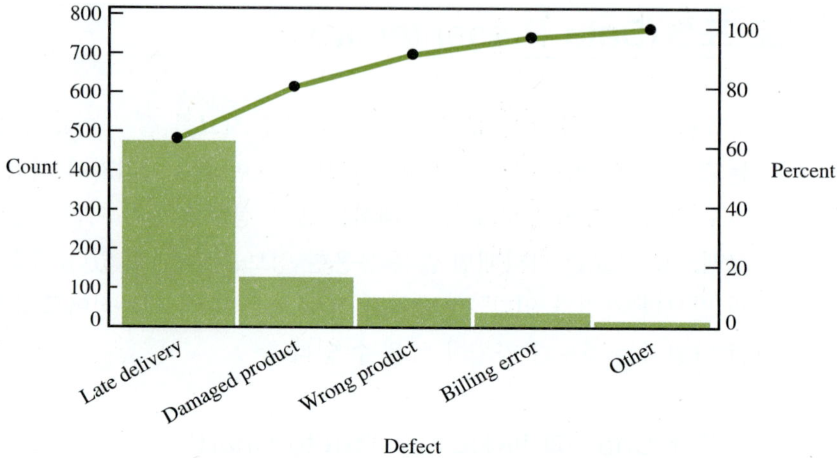

Count	481	134	83	44	21
Percent	63.0	17.6	10.9	5.8	2.8
Cumulative %	63.0	80.6	91.5	97.2	100.0

그림 6.9
인터넷 회사에 대한 고객 불만의 파레토 차트

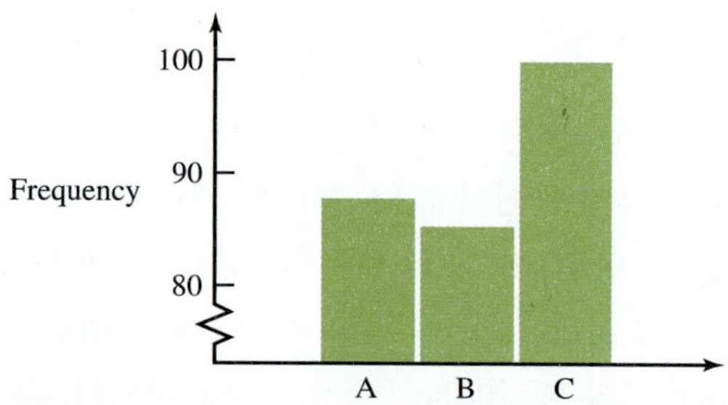

그림 6.10
절단된 X축을 가지는 막대그림

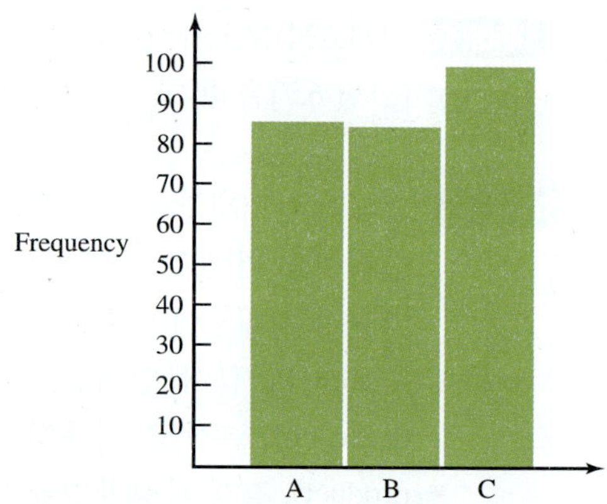

그림 6.11
절단되지 않은 X축을 가지는 막대그림

집한 자료에 대한 파레토 차트는 [그림 6.9]에 나타나 있다. 파레토 차트는 발생빈도를 내림차순으로 정렬하여 누적 갯수를 나타내는 선과 함께 막대그림으로 표현한 그림이다. 예를 들어 가장 주요한 불만 제기 내용은 배송 지연과 손상된 제품 배달이었고 그 비율은 전체 불만 사항 중에 80.6%에 달함을 파레토 차트를 통해 쉽게 파악할 수 있다.

막대그림을 이용할 때는 빈도축이 절단되었는지를 유심히 살펴보아야만 한다. [그림 6.10]에 있는 막대그림은 범주 C의 빈도가 다른 범주보다 두 배 정도 많은 것으로 보인다. 하지만 빈도축이 중간에 잘려서 0에서부터 시작하지 않고 있다. [그림 6.11]은 모든 축의 구간을 보여주고 있는 막대그림이다.

6.2.2 파이 차트(Pie Chart)

파이 차트는 그림 형태로 범주형 자료 빈도를 나타내는 또 다른 방법이다. 파이 차트는 각각의 범주에서 얻은 자료들의 전체 비율을 강조한다. 만일 n개의 자료 중에 어떤 범주에 r개가 관찰되었다면 해당 범주는 전체 파이 중에서 $r/n \times 360°$의 조각을 차지하게 된다. 파이 조각의 각도가 의미하는 것은 여러 범주 중에서 빈도의 비율을 나타낸다. 파이 차트가 매우 단순한 도구이기는 하지만 그 효용성은 실로 지대하다.

예제 1 기계고장(Machine Breakdowns)

[그림 6.12]는 46개의 기계고장에 대한 파이 차트이다. 이 차트로부터 기계적 요인에 의해 절반 이상의 고장이 발생함을 쉽게 파악할 수 있다.

예제 41 인터넷 상거래(Internet Commerce)

[그림 6.13]은 어떤 인터넷 회사의 고객이 제기한 불만에 대한 파이 차트를 나타내고 있다. 주문의 배송 지연이 대부분의 고객 불만 요인으로 보인다.

6.2.3 히스토그램(Histogram)

히스토그램은 막대그림과 비슷해 보이지만 범주형 자료보다는 수치형 자료를 표현하는데 주로 많이 쓰인다. 막대그림에서는 X축이 여러 범주를 나열하고 있지만 히스토그램에서 X축은 값의 범위를 나타낸다. 히스토그램은 전체 자료에서 해당 대역(bandwidth)의 관측치의 수를 비율로 나타낸 여러 막대들로 이루어져 있다. 히스토그램을 작성하는데 유의해야 할 점은 적절한 대역을 선택해야만 한다는 것이다.

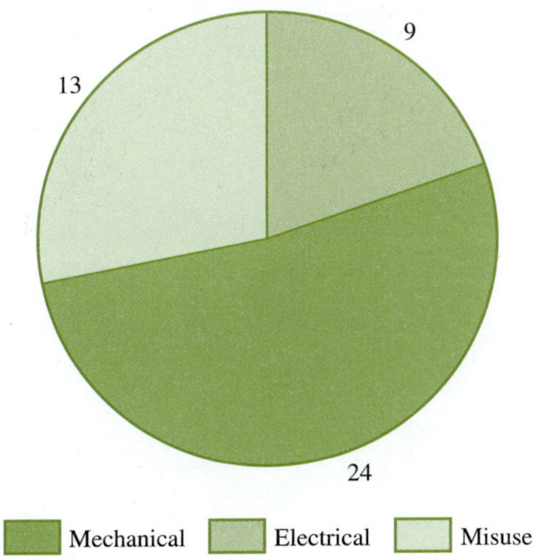

그림 6.12
기계고장 데이터 집합에 대한 파이 차트

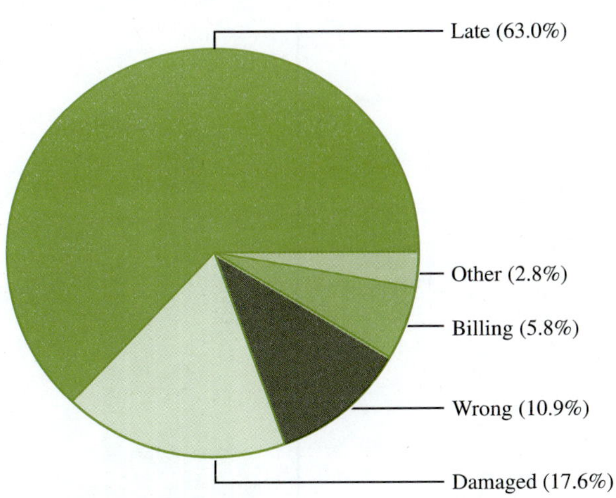

그림 6.13
인터넷 회사에 대한 고객불만의 파이 차트

예제 2 컴퓨터 칩 결함(Defective Computer Chips)

[그림 6.14]는 80개의 상자에서 발견된 결함 칩의 수를 나타낸 [그림 6.4]의 자료를 히스토그램으로 나타낸 것이다. 자료 관측치들이 0, 1, 2, ⋯, 8로 이루어진 정수이기 때문에 히스토그램의 대역은 다음과 같이 정할 수 있다.

$$(-0.5, 0.5], (0.5, 1.5], \ldots, (7.5, 8.5]$$

히스토그램에 따르면 4상자에서는 결함 칩이 발견되지 않고 12개의 상자에서는 1개의 결함 칩이 발견되었다는 식으로 자료가 나타나 있다. [그림 6.14]의 히스토그램은 상자에 들어 있는 결함 칩 수에 대한 확률질량함수를 그림 형태로 보여주고 있다. 확률질량함수는 2,3까지 증가하여 최고점을 이루고 그 이후로 빠르게 감소한다. 다시 말하면 실제 확률질량함수는 히스토그램을 완만한 형태로 나타낸 것으로 생각할 수 있다. 여기서 제기되는 중요한 질문은 "히스토그램의 모양이 확률밀도함수의 형태에 얼마나 근접해 있는가"이다. 이 질문에 대한 답은 추후에 몇 가지 통계적 추론기법들을 이용하여 다루기로 한다.

예제 14 금속 실린더 생산(Metal Cylinder Production)

[그림 6.15]는 [그림 6.5]에 주어진 금속 실린더 직경 자료에 대한 히스토그램이다. 대역은 0.04mm로 선택하였다. [그림 6.16]은 대역이 0.10mm와 0.02mm가 되었을 때 히스토그램이 어떻게 변하는지 보여준다.

히스토그램을 작성할 때 만일에 대역이 너무 크다면 자료가 가지고 있는 구조를 정확히 표현하기 힘들다. 반대로 대역폭이 너무 좁다면 히스토그램은 너무 촘촘해지고 대역간 간격이 넓어질 것이다. 이 자료에 대해서는 0.04mm의 대역이 가장 적당해 보인다.

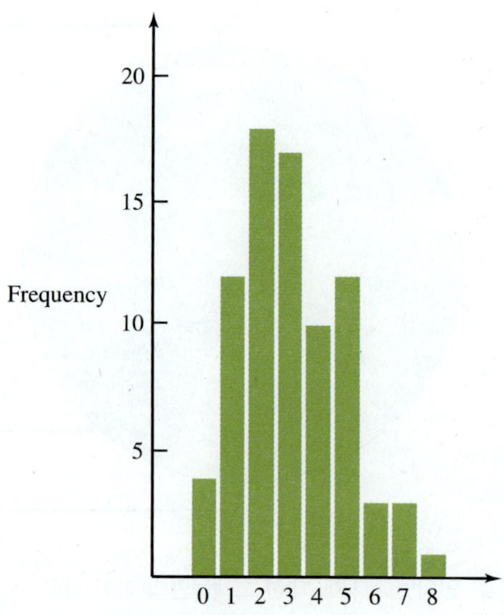

그림 6.14 컴퓨터 칩 데이터 집합에 대한 히스토그램

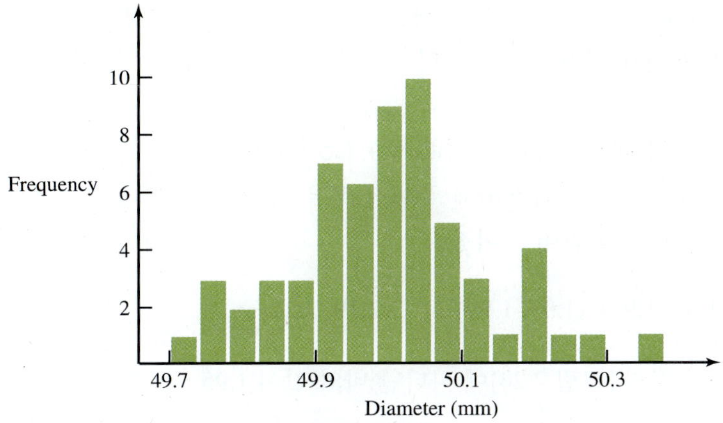

그림 6.15
금속 실린더 직경에 대한 히스토그램

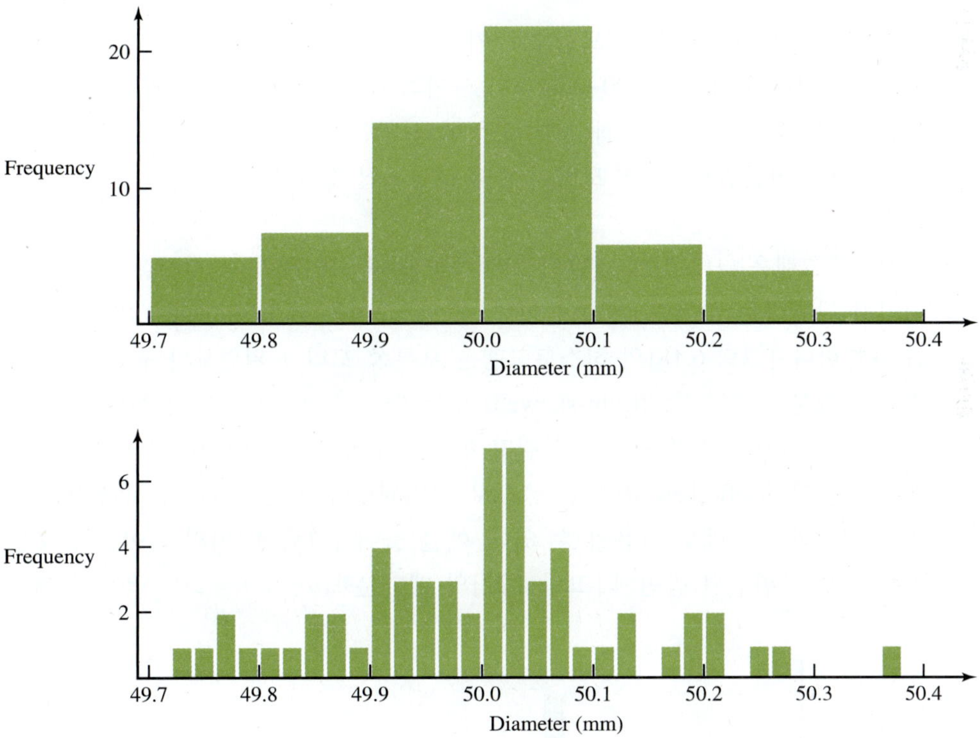

그림 6.16
서로 다른 대역(bandwidth)을 가지는 금속 실린더 직경에 대한 히스토그램

[그림 6.15]의 히스토그램은 알려져 있지 않은 실린더 지름에 대한 확률밀도함수의 형태를 표현하고 있다. 실제의 확률밀도함수는 히스토그램의 모양과 유사한 완만한 형태의 곡선일 것이다. 실제로 확률밀도함수가 대칭인지를 검토할 때, 50.00mm 부근에서 상당히 대칭을 이루고 있기 때문에 대칭이라고 판단할 수 있다. 2.2.2절에 금속 실린더의 확률밀도함수가 $49.5 \le x \le 50.5$에서 $f(x) = 1.5 - 6(x - 50.0)^2$로 주어졌을 때의 그림이 [그림 2.21]에 주어져 있다. 히스토그

램은 [그림 2.21]에 주어진 확률밀도함수보다 길고 평평한 꼬리를 가지며, 정규분포의 형태와 꽤 비슷해 보인다.

예제 17 우유 용기 내용물(Milk Container Contents)

[그림 6.17]은 [그림 6.6]에 주어진 우유 중량 자료에 대한 히스토그램이다. 대역구간은 다음과 같이 주어졌다.

(1.95, 1.97], (1.97, 1.99], . . . , (2.19, 2.21]

2.2.2절의 [그림 2.24]에 나타난 바와 같이 $1.95 \le x \le 2.20$ 에서

$$f(x) = 40.976 - 16x - 30e^{-x}$$

가 우유 중량에 대한 확률밀도함수로 가정되었다. [그림 6.17]에 주어진 히스토그램은 2.12리터 지점과 2.00~2.04리터 사이의 패인 지점을 제외하면 [그림 2.24]의 확률밀도함수와 꽤 비슷해 보이지만 좀더 많은 표본을 토대로 히스토그램을 나타낸다면 확률밀도함수의 모양이 좀더 분명해질 것이다.

히스토그램을 나타낼 때 일반적으로 가장 먼저 고려해야 할 사항은 그것이 대칭인지 판단하는 것이다. 대칭이 아닌 히스토그램은 왜도(skewness)로 그 정도를 표현한다. [그림 6.18]의 히스토그램은 오른쪽 꼬리가 왼편보다 훨씬 길고 평평하기 때문에 우측편위(right-skewed) 또는 양으로 편위되었다고 한다. 비슷하게 왼쪽 꼬리가 오른쪽보다 훨씬 길고 평평하기 때문에 [그림 6.19]의 히스토그램은 좌측편위(left-skewed) 또는 음으로 편위되었다고 한다. 왜도는 확률밀도함수를 설명하는 데에도 사용될 수 있다. 예를 들어, [그림 4.19]의 와이블 분포는 약간 양으로 편위된 반면에 [그림 4.22]의 베타분포($a=4$, $b=2$)는 음으로 편위

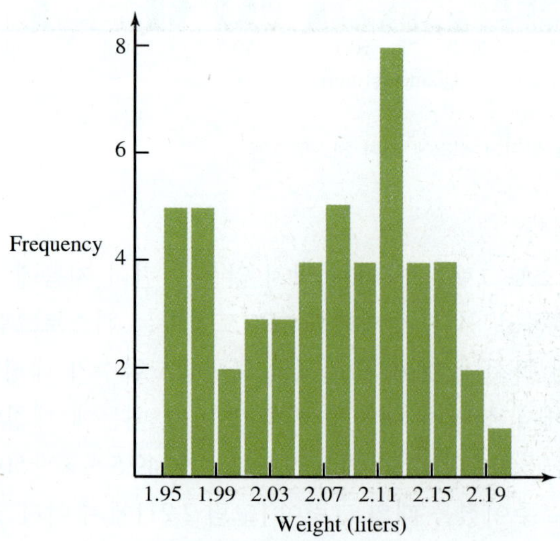

그림 6.17 우유 중량에 대한 히스토그램

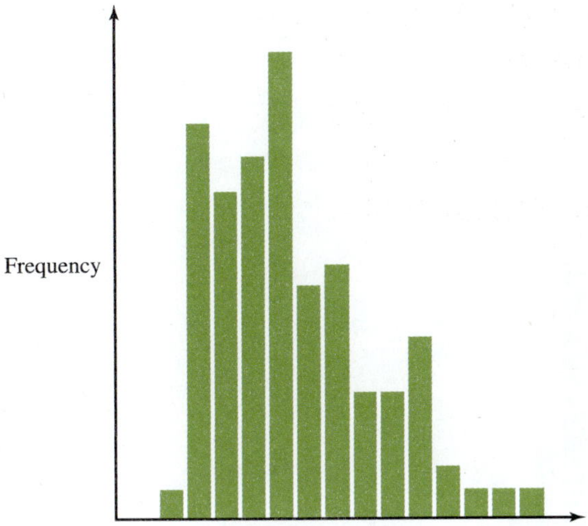

그림 6.18
양의 왜도를 가지는 히스토그램

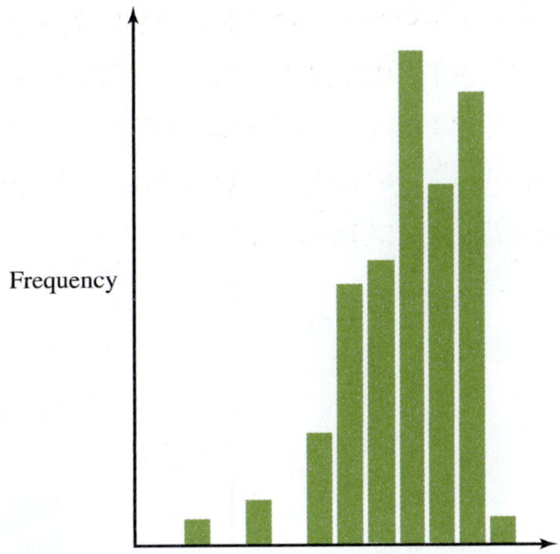

그림 6.19
음의 왜도를 가지는 히스토그램

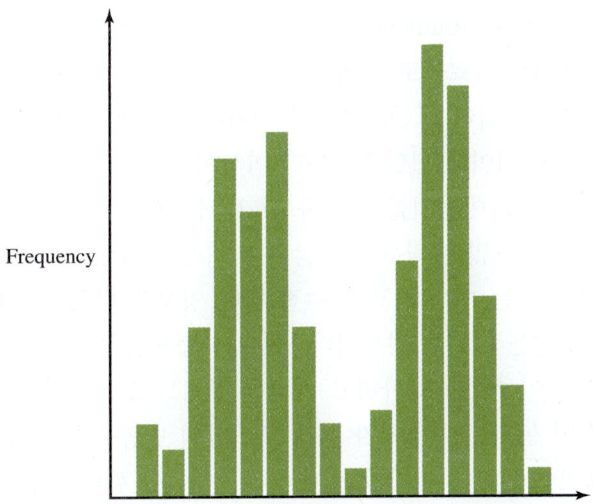

그림 6.20
쌍봉 분포에 대한 히스토그램

되었다.

물론 모든 히스토그램이 단봉(unimodal) 형태를 띠지는 않는다. [그림 6.20]은 두 개의 정점을 가지기 때문에 쌍봉(bimodal) 형태를 띤다. 이러한 히스토그램은 2개의 서로 다른 확률분포가 결합된 경우로, 예를 들면 '사람들'의 어떤 속성을 측정한 자료의 경우 남자와 여자의 자료로 구분하는 것이 더욱 유용할 수 있다.

6.2.4 이상치(Outlier)

자료를 도식적으로 표현할 때 종종 다른 자료들과는 동떨어져서 '이상하게' 보이는 값들이 있다. 예를 들어 [그림 6.21]의 히스토그램을 살펴보자. 그림을 보면 4.5 부근의 값들을 제외하면 중심이 0인 꽤 대칭적인 분포로 나타난다. 4.5 부근

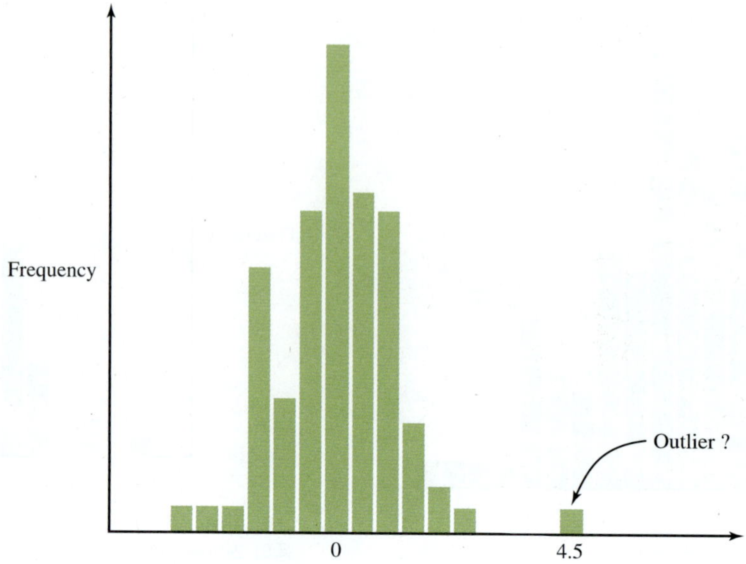

그림 6.21 이상치를 포함하는 데이터 집합에 대한 히스토그램

의 이런 자료들을 이상치(outlier)라고 하는데, 일반적으로 이상치들은 다른 자료들과 분리되어 보이는 자료들로 정의할 수 있다.

그러면 이상치는 데이터 집합으로부터 제거해야만 할까? 보통 어떤 통계적 기법을 적용하기 전에 데이터 집합으로부터 이상치들을 제거해야만 하는가는 민감한 문제이다. 실험자는 이상치를 인지하고 그것들이 특별한 의미를 포함하고 있는지 살펴보아야 한다. 많은 경우에 이상치는 기재 오류이기 때문에 수정이 가능하다. 또 다른 경우로는 다른 자료가 수집될 때 영향을 미치지 않던 다른 특수한 조건이 자료에 영향을 미치는 경우이다. 여기서 중요한 점은 실험자는 도식적 표현을 통해 자료의 이상치를 알아내고 적절한 방법으로 그것들을 처리할 수 있어야 한다. 기본적인 논지는 이상치가 실제 모집단의 변동을 표현하는 것인지 또는 다른 '외부' 요인에 의한 것인지를 자세히 검토해야만 한다는 점이다.

연습문제

6.2.1 직물 종류

DS 6.2.1은 직물 종류에 대한 자료 집합이다. 막대그림과 파이차트를 작성하라.

6.2.2 소프트웨어 평가

DS 6.2.2는 60명의 사용자 그룹으로부터 받은 새로운 소프트웨어에 대한 평가 자료이다. 막대그림과 파이차트를 작성하라.

6.2.3 피스톤 막대 길이

DS 6.2.3은 30개의 피스톤 막대의 길이이다. 적절한 구간의 범위를 정하여 히스토그램을 작성하라. 데이터 집합에 이상치가 있는지 확인하라.

6.2.4 체력훈련 코스 완주시간

DS 6.2.4는 25명의 학생에 대하여 체력훈련 코스를 완주하는데 걸린 시간이다.

적절한 구간의 범위를 정하여 히스토그램을 그려라. 데이터 집합에 이상치가 있는지 확인하라.

통계 소프트웨어를 사용하여 위의 각각의 자료에 대한 적절한 도식적 방법으로 나타내되 둘 이상의 적절한 방법을 사용하라. 이상치로 생각되는 관측값이 있으면 설명하라. 데이터 집합에 대한 그림들이 무엇을 설명하고 있는지도 말하라.

6.2.5 DS 6.1.1에 주어진 주사위 자료

6.2.6 텔레비전세트 품질
DS 6.1.2에 주어진 텔레비전 화면 등급 자료

6.2.7 눈동자 색깔
DS 6.1.3에 주어진 눈동자의 색깔 자료

6.2.8 음식점 서비스 시간
DS 6.1.4에 주어진 서비스 시간 자료

6.2.9 과일 부패
DS 6.1.5에 주어진 복숭아의 부패 자료

6.2.10 전화교환대 활동
DS 6.1.6에 주어진 교환대에서 받은 전화 자료

6.2.11 아스팔트 자갈 무게
DS 6.1.7에 주어진 아스팔트 자갈 무게 자료

6.2.12 스프레이 페인팅 공정
DS 6.1.8에 주어진 페인트 두께 자료

6.2.13 플라스틱 패널 구부림 능력
DS 6.1.9에 주어진 플라스틱 패널 구부림 능력 자료

6.2.14 막대그림과 히스토그램의 차이점을 설명하라.

6.3 표본 통계량(Sample Statistics)

표본 평균, 표본 중앙값, 표본 표준편차와 같은 표본 통계량은 확률분포에 대한 요약척도를 제공하는 기대값, 중앙값, 분산처럼 자료의 요약척도를 나타낸다.

6.3.1 표본 평균(Sample Mean)

자료의 표본 평균 $\bar{x}$는 단순히 관측치들의 (산술)평균값이다. n개의 관측치 $x_1, \ldots, x_n$에 대하여 표본 평균은

$$\bar{x} = \frac{\sum_{i=1}^{n} x_i}{n}$$

이다. 표본 평균은 자료의 '중간값(middle value)'을 나타낸다고 볼 수도 있는데

0.9	1.3	1.8	2.5	2.6	2.8	3.6	4.0	4.1	4.2
4.3	4.3	4.6	4.6	4.6	4.7	4.8	4.9	4.9	5.0

Sample mean $\bar{x} = \frac{0.9+\cdots+5.0}{20} = 3.725$

Sample median $\frac{4.2+4.3}{2} = 4.25$

Sample trimmed mean $\frac{1.8+\cdots+4.9}{16} = 3.90$

그림 6.22 설명 데이터 집합

이것은 X의 확률분포의 '중간값' 을 표현하는 기대값 $E(X)$와 같은 의미이다. 또한 표본 평균 $\bar{x}$는 관측 자료의 알려지지 않은 확률 분포에 대한 기대값의 추정값으로 볼 수 있다. 통계적 추정은 7장에서 더 자세히 다룬다.

[그림 6.22]는 20개의 관측값에 대한 표본 평균이 $\bar{x} = 3.725$임을 보여주고 있다.

6.3.2 표본 중앙값(Sample Median)

표본 중앙값은 정렬된 자료들의 '중앙' 에 위치한 값이다. 예를 들어 31개의 관측치들이 있을 때 표본 중앙값은 16번째로 큰 값이 된다. 따라서 중앙값보다 크거나 작은 값들은 각각 15개씩 존재하게 된다. 만약 30개의 관측치들이 있다면 표본 중앙값은 일반적으로 15번째와 16번째 값의 평균값으로 구하여진다.

표본 중앙값은 관측 자료들의 미지의 확률분포에 대한 중앙값의 추정값으로 볼 수 있다. 표본 평균과 표본 중앙값의 관계는 확률분포의 기대값과 중앙값의 관계와 동일하다. 좌우대칭인 표본에서는 표본 평균과 표본 중앙값이 대체로 같지만 표본이 양의 왜도를 가진다면 표본 평균이 표본 중앙값보다 클 것이고, 반대로 음의 왜도를 갖는다면 표본 중앙값이 표본 평균보다 클 것이다.

예를 들어, 프로스포츠 운동선수의 연봉의 표본을 고려해보자. 몇몇 운동선수들은 나머지 운동선수들보다 훨씬 많은 연봉을 받을 것이고, 따라서 이 표본은 양의 왜도를 가질 것이다. 그렇다면 이때의 '평균 연봉' 은 어떻게 될까? 평균연봉은 소수의 매우 큰 연봉을 받는 선수들에 의해 영향을 받아서 나머지 대부분의 선수들의 연봉보다 클 것이다. 하지만 연봉의 중앙값은 평균 연봉보다 작을 것이고 이것은 '평균 연봉' 을 표현하는데 좀더 적절할지도 모른다. 왜냐하면 절반의 운동선수들은 중앙값보다 적은 연봉을 받을 것이고 나머지 절반의 운동선수들은 중앙값보다 많은 연봉을 받기 때문이다.

[그림 6.22]에서 10번째와 11번째 관측치가 4.2와 4.3이고, 따라서 표본 중앙값은 4.25가 된다. 이는 표본 평균 3.725보다 크며 따라서 표본은 음의 왜도를 갖는다.

6.3.3 표본 절사평균(Sample Trimmed Mean)

절사평균은 가장 크거나 가장 작은 관측치들을 제거한 후 얻은 평균값이다. 일반적으로 하위 10%와 상위 10%의 자료를 제거한 10% 절사평균이 가장 많이 사용된다. 예를 들어 $n=50$인 관측값이 있으면 가장 큰 5개의 값과 가장 작은 5개의 값을 제거하고 나머지 40개의 값으로만 평균값을 구한 것이 절사평균이 된다.

평균과 비교하여 절사평균이 갖는 장점은 자료의 꼬리값에 영향을 덜 받는다는 것이다. 특히 자료가 이상치를 포함하고 있을 경우 일반적인 표본 평균에서는 이 이상치들에 영향을 많이 받지만 절사평균에서는 이상치가 제거되기 때문에 영향을 받지 않는다. 반면에 표본의 꼬리 부분이 유효한 의미를 지닐 수 있는데, 정상적인 값을 제거하기 때문에 절사평균을 수행하는 것은 '낭비' 일지도 모른다. 절사평균은 종종 자료의 미지의 확률분포의 기대값에 대한 강건(robust) 추정량이라고도 하는데, 이는 자료의 가장 크거나 가장 작은 값들에 민감하지 않기 때문이다.

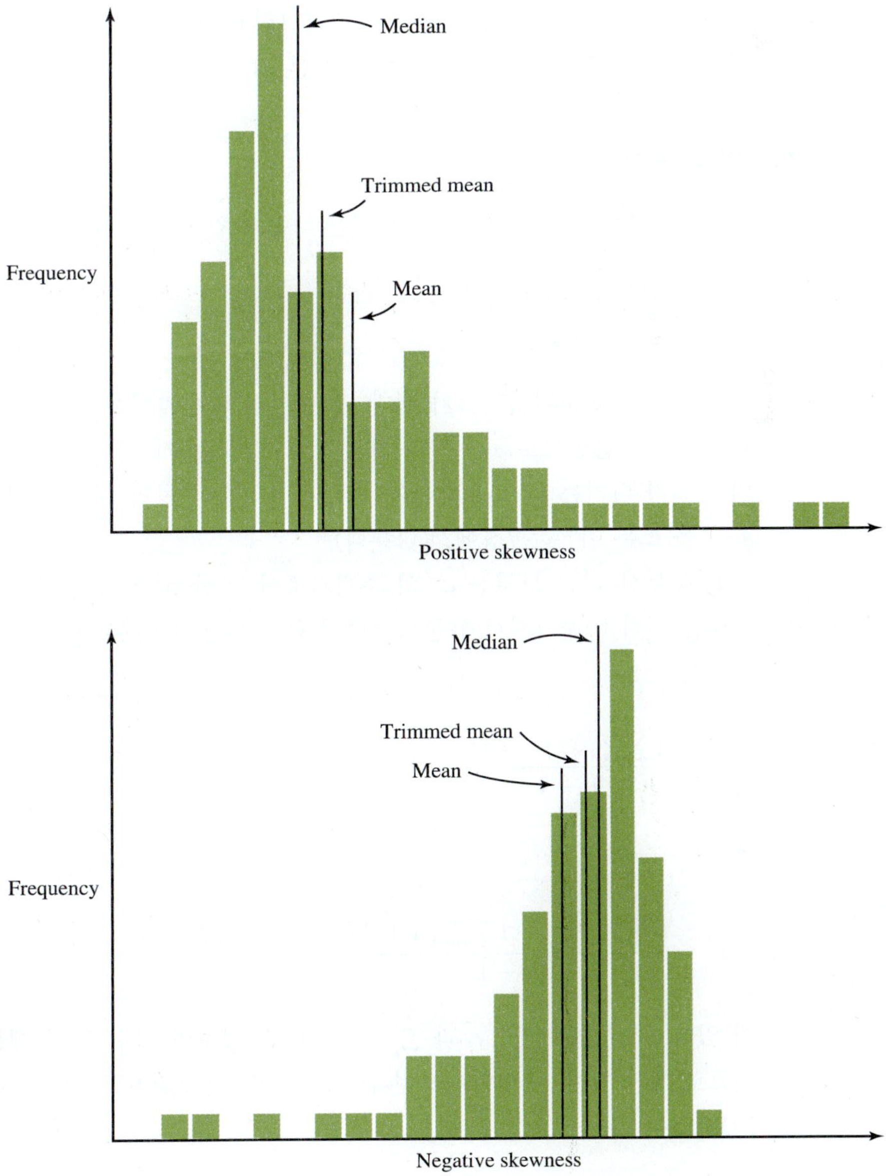

그림 6.23 양의 왜도 및 음의 왜도를 갖는 데이터 집합에서 표본 평균, 중앙값 및 절사평균들의 관계

[그림 6.22]의 절사평균은 2개의 가장 큰 값과 2개의 가장 작은 값을 제거한 16개의 자료들에 대한 평균을 계산하였다. 그 값은 표본 평균 3.725보다 큰 3.90이다. 하지만 중앙값 4.25보다는 작다. 중앙값보다 작은 것은 자료가 음의 왜도를 갖기 때문이며 일반적으로 절사평균은 [그림 6.23]에서와 같이 양의 왜도와 음의 왜도를 갖는 자료에 대하여 표본 평균과 표본 중앙값의 절충안으로 많이 고려되기도 한다.

6.3.4 표본 최빈값(Sample Mode)

표본 최빈값은 범주형 또는 이산형 자료에서 관측치 중 가장 많은 빈도수를 갖는 값으로 정의된다. 다시 말해 표본 최빈값은 가장 빈도가 큰 값이고, 가장 높은 확률을 갖는 추정값으로 생각할 수 있다. [그림 6.14]는 상자에 포함된 불량 칩의 수에 대한 히스토그림인데 관찰치들의 표본 최빈값은 상자당 2개임을 알 수 있다.

6.3.5 표본 분산(Sample Variance)

자료 관찰값 $x_1, \cdots, x_n$의 표본 분산은 다음과 같이 정의된다.

$$s^2 = \frac{\sum_{i=1}^{n}(x_i - \bar{x})^2}{n-1}$$

그리고 표본 표준편차는 s가 된다. 표본 분산의 분자항은 관측치 x_i와 표본 평균 $\bar{x}$의 차의 제곱합으로 표현된다. 또한 s^2의 분모는 자료의 양이 매우 많아지면 거의 차이가 나지는 않으나 n이 아니라 $n-1$임을 주목할 필요가 있다 (n이 아니라 $n-1$을 쓰는 이유는 7장에서 다룬다).

표본 분산 s^2는 모분산 σ^2의 추정치로서, 분산 σ^2가 확률분포의 변동성을 나타내는 것과 마찬가지로 표본의 변동성을 나타낸다. 표본 분산을 구하는 또 다른 계산식으로는

$$s^2 = \frac{\left(\sum_{i=1}^{n} x_i^2\right) - n\bar{x}^2}{n-1}$$

혹은

$$s^2 = \frac{\left(\sum_{i=1}^{n} x_i^2\right) - \left(\sum_{i=1}^{n} x_i\right)^2/n}{n-1}$$

이 있다. 이것들은 $\sum_{i=1}^{n} x_i^2$과 $\sum_{i=1}^{n} x_i$에 대한 정보만 알면 되기 때문에 s^2을 직접 손으로 계산하여 구할 때 가장 손쉬운 방법이다. [그림 6.22]에 주어진 자료에서 $\bar{x}=3.725$이며,

$$\sum_{i=1}^{20} x_i^2 = 0.9^2 + \cdots + 5.0^2 = 308.61$$

이므로 표본 분산은

$$s^2 = \frac{308.61 - (20 \times 3.725^2)}{19} = 1.637$$

이 되고 따라서 표본 표준편차는 $s = \sqrt{1.637} = 1.279$이다.

6.3.6 표본 분위수(Sample Quantile)

p 번째 표본 분위수는 표본의 비율 p에 해당하는 표본들보다는 크고 비율 $1-p$에 해당되는 표본들보다는 작은 값으로, 미지의 확률분포의 p 번째 분위의 추정치이다. 표본 백분위수(percentile)라는 용어는 종종 표본 분위수를 좀더 정확히 표현할 때 사용한다. 표본 중앙값은 표본의 50 백분위수에 해당한다. 그리고 표본의 상위(upper) 사분위수와 하위(lower) 사분위수는 각각 75 백분위수와 25 백분위수를 의미한다. 표본 사분위범위(interquarile range)는 표본의 상한(upper)과 하한(lower) 사분위수의 차에 해당한다.

표본 분위수는 일반적으로 두 관측치들의 적절한 가중 평균치를 나타낸다. 예를 들어 표본 상한 사분위수는 [그림 6.22]에서 15번째 큰 관측값은 4.6이고 16번째 큰 관측값은 4.7이다. 그러한 경우 표본의 상한 사분위수는

$$\left(\frac{1}{4} \times 4.6\right) + \left(\frac{3}{4} \times 4.7\right) = 4.675$$

로 주어진다. 반면에 5번째 큰 관측값은 2.6이고 6번째 큰 값은 2.8이므로 표본의 하한 사분위수는

$$\left(\frac{3}{4} \times 2.6\right) + \left(\frac{1}{4} \times 2.8\right) = 2.65$$

이다. 통계 프로그램마다 서로 다른 방법으로 가중치를 줄 수 있지만, 두 관측치의 가중치는 분위수의 비율 p에 따라 결정될 수 있다. 중요한 것은 표본 사분위수는 적당한 두 인접한 값들의 사이에서 결정된다는 점이다.

6.3.7 상자그림(Boxplot)

상자그림은 표본 중앙값, 상한과 하한 사분위수 및 최대, 최소 관측치들을 도식적으로 표현한 그림이다. [그림 6.24]와 같이 상자의 양 끝단은 각각 상한과 하한 사

분위수를 나타내고 상자 안의 수직선은 표본 중앙값을 나타낸다. 상자 밖으로 뻗어나간 수평선의 양 끝은 관측치들 중 최대값과 최소값을 나타낸다.

상자그림은 간단하며 직관적으로 자료를 표현해준다. 관측치들의 절반이 상자 내에 존재하고 나머지 절반은 상자 밖에 존재한다. 만일 히스토그램이 좌우 완전 대칭이라면 상자 밖의 두 직선은 길이가 같을 것이다. 그리고 상자 안의 수직선 역시 상자의 정중앙에 위치할 것이다. 만일 자료가 비대칭(skewed)으로 분포한다면 두 직선의 길이는 서로 다를 것이며 중앙값 역시 상자의 중간에 위치하지 않을 것이다.

[그림 6.25]는 [그림 6.22]에 주어진 자료들을 상자그림으로 나타낸 것이다. 그림에서 상자의 왼쪽이 오른쪽보다 훨씬 긴 것을 볼 수 있으며 또한 중앙값이 상자 중앙에서 오른쪽에 치우쳐 있는 것으로 미루어 자료들이 음의 왜도(negative skewness)를 가짐을 알 수 있다.

보다 많은 정보를 표현하기 위해 여러 가지 추가 사항들이 상자그림에 포함될 수 있다. 만일 다량이거나 극소수의 관측치들이 이상치로 의심된다고 한다면 [그림 6.26]처럼 별표(asterisk)로 표현하고 그것들을 표현하기 위해 수직선을 길게 늘어뜨릴 필요가 없다. 몇몇 통계 소프트웨어들은 사용자가 임의로 상자그림을 수정할 수 있도록 해주기도 한다. 예를 들면 수평선에 10 백분위수와 90 백분위수를 나타내기 위해 상자 밖의 수평선에 표시를 추가할 수 있다.

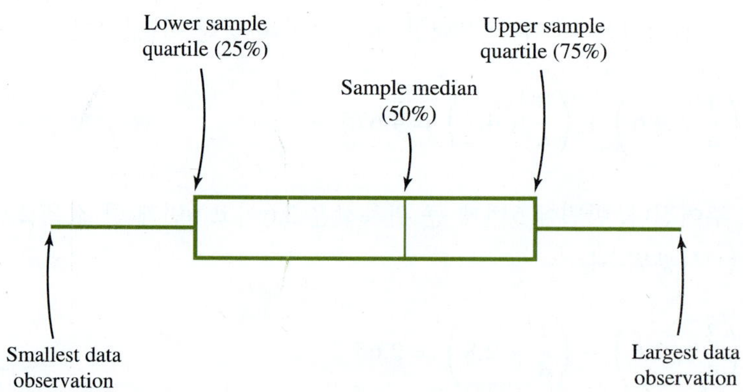

그림 6.24
데이터 집합에 대한 상자그림

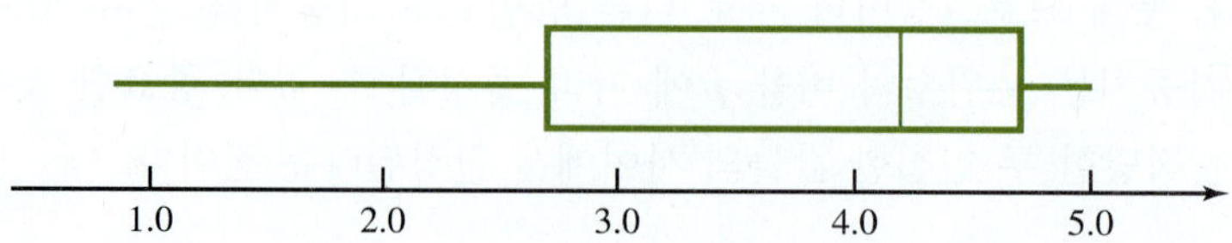

그림 6.25
[그림 6.22]의 데이터 집합에 대한 상자그림

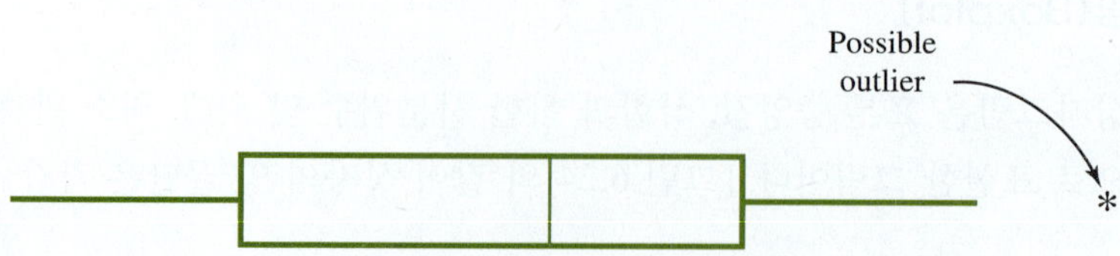

그림 6.26
이상치를 포함하고 있는 상자그림

6.3.8 변동계수(Coefficient of Variation)

표본 평균 $\bar{x}$와 표본 표준편차 s는 관측치 자료와 동일한 단위로 측정되며, 각각 자료의 중간값과 데이터 집합의 흩어짐 정도에 대한 정보를 제공해준다는 것을 설명했다. 때때로 자료의 중간값에 대한 흩어짐의 상대적 정도를 고려하는 것이 유용할 때가 있다. 이 정도는 변동계수(coefficient of variation)

$$CV = \frac{s}{\bar{x}}$$

에 의해 측정 가능하며, 양의 무단위(unitless) 값을 가진다. 변동계수는 보통 표본 평균에 대한 변동성 측면에서 서로 다른 자료들을 비교하고자 할 때 유용하며, 큰 변동계수 값은 표본 평균에 비해 표본 표준편차가 상대적으로 큼을 의미하게 된다. 변동계수는 또한 확률분포에도 적용할 수 있는데 $CV = \sigma/\mu$ 처럼 구할 수 있다. 예를 들어, 변동계수가 이항분포에서는 $\sqrt{(1-p)/np}$, 포아송분포에서는 $1/\sqrt{\lambda}$, 지수분포에서는 1, 감마분포에서는 $1/\sqrt{k}$ 이 된다.

6.3.9 예제

예제 42 코끼리와 쥐(Elephants and Mice)

어떤 동물학자가 서로 다른 동물들의 몸무게에 변화에 관심을 가지고 있다. 데이터에 의하면 다 자란 아프리카 숫 코끼리의 몸무게 표본 평균 $\bar{x}_e$=4550kg이고, 표본 표준편차 s_e=150kg이다. 또 다른 데이터를 고려하면 쥐의 몸무게 표본 평균 $\bar{x}_m$=30g이고 표본 표준편차 s_m=1.67g이다.

두 동물을 비교했을 때 코끼리 몸무게의 평균은 쥐의 몸무게 평균보다 분명히 더 크다. 왜냐하면 코끼리의 몸무게가 쥐의 몸무게보다 더 나가기 때문이다. 그러나 코끼리의 변동계수

$$CV_e = \frac{s_e}{\bar{x}_e} = \frac{150}{4550} = 0.033$$

이다. 반면 쥐의 변동계수는

$$CV_m = \frac{s_m}{\bar{x}_m} = \frac{1.67}{30} = 0.056$$

이다. 결론적으로 평균 몸무게를 고려했을 때 쥐는 코끼리보다 평균에 비해 더 변동적이라고 말할 수 있다.

예제 17 우유 용기 내용물(Milk Container Contents)

[그림 6.27]은 우유 중량 자료에 대하여 Minitab으로 상자그림을 얻은 결과이다. 상자그림이 여러 표본 통계량들과 함께 나와 있는데, 표본 평균은 2.0727리터, 표

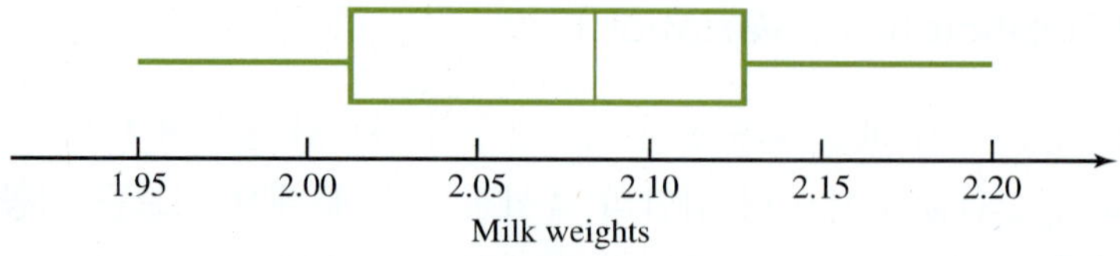

그림 6.27 우유 중량 데이터 집합에 대한 상자그림 및 요약통계량

Sample size = 50
Sample mean = 2.0727
Sample trimmed mean = 2.0730
Sample standard deviation = 0.0711
Sample maximum = 2.1980
Sample upper quartile = 2.1280
Sample median = 2.0845
Sample lower quartile = 2.0127
Sample minimum = 1.9510

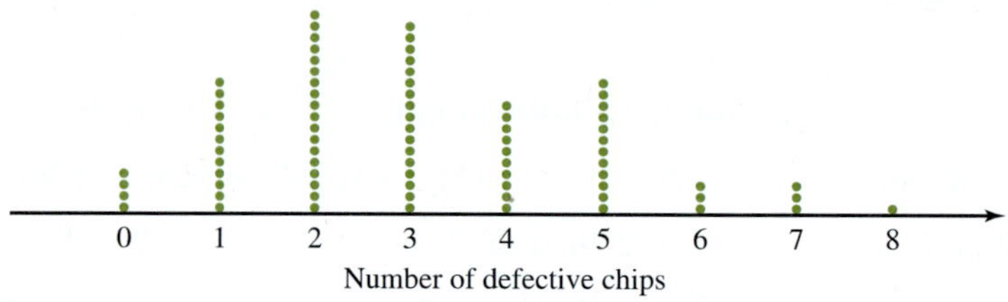

그림 6.28 컴퓨터 칩 데이터 집합에 대한 점그림 및 요약통계량

Sample size = 80
Sample mean = 3.075
Sample trimmed mean = 3.014
Sample standard deviation = 1.813
Sample maximum = 8
Sample upper quartile = 4
Sample median = 3
Sample lower quartile = 2
Sample minimum = 0

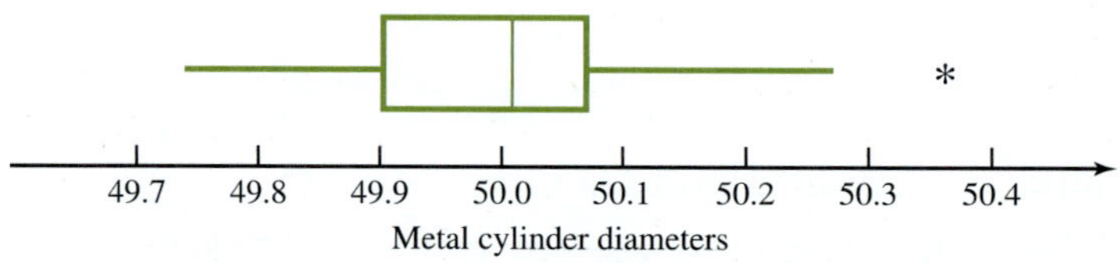

그림 6.29 금속 실린더 직경 데이터 집합에 대한 상자그림 및 요약통계량

Sample size = 60
Sample mean = 49.999
Sample trimmed mean = 49.996
Sample standard deviation = 0.134
Sample maximum = 50.360
Sample upper quartile = 50.070
Sample median = 50.010
Sample lower quartile = 49.905
Sample minimum = 49.740

본 중앙값은 2.0845리터, 표본 10% 절사평균은 2.0730리터로 모두 비슷한 값을 가진다. 이것은 자료가 좌우대칭임을 확인해주고 있으며 [그림 6.27]의 히스토그램을 통해서도 확인할 수 있다.

표본 표준편차는 0.0711리터이며, 상한(Q3)과 하한(Q1) 표본 사분위수는 각각 2.1280리터와 2.0127리터이다. 마지막으로 가장 작은 관측치는 1.9510이고 가장 큰 관측치는 2.1980이다.

예제 2 컴퓨터 칩 결함(Defecfive Computer Chips)

[그림 6.28]은 컴퓨터 칩 자료에 대한 Minitab 결과이다. 표본 중앙값은 3이고 하한 및 상한 표본 사분위수는 각각 2와 4이다. 이것은 적어도 검사한 박스들의 절반은 2개와 4개 사이의 결함을 가진다는 것을 알려주고 있다. 표본 평균은 3.075이고 표본 표준편차는 1.813이다.

예제 14 금속 실린더 생산(Matal Cylinder Production)

[그림 6.29]는 표본 통계량과 더불어 상자그림을 보여주고 있다. 표본 평균

49.999mm와 표본 중앙값이 50.01mm이 매우 근접한 값을 가진다. 이것은 [그림 6.15]의 히스토그램에서도 나타나듯이 자료가 대칭임을 나타낸다. 표본 표준편차는 0.134mm이고 상한 및 하한 표본 사분위수는 각각 50.070mm와 49.905mm이다.

마지막으로 상자그림은 두 개 또는 그 이상의 모집단들을 도식적으로 비교할 때 유용한 도구임을 기억할 필요가 있다. [그림 9.25]는 동일한 기준하에 얻어진 두 표본들의 상자그림이며, [그림 11.12]는 여섯 개 표본들에 대하여 상자그림을 이용하여 비교하였다.

연습문제

6.3.1 DS 6.3.1에 주어진 자료를 보자. 표본 평균, 표본 중앙값, 표본 절사평균, 표본 표준편차를 손으로 계산하라. 그리고 표본 사분위수의 상한과 하한을 계산하고 상자그림을 그려라.

6.3.2 피스톤 막대 길이
DS 6.2.3에 주어진 30개의 피스톤 막대 길이 자료를 보자. 표본 평균, 표본 중앙값, 표본 절사평균, 표본 표준편차를 손으로 계산하라. 그리고 표본 사분위수의 상한과 하한을 계산하고 상자그림을 그려라.

6.3.3 체력훈련 코스 완주시간
DS 6.2.4에 주어진 체력훈련 코스의 완주시간 자료를 보자. 표본 평균, 표본 중앙값, 표본 절사평균, 표본 표준편차를 손으로 계산하라. 그리고 표본 사분위수의 상한과 하한을 계산하고 상자그림을 그려라.

통계 소프트웨어를 사용하여 위의 자료들의 표본 통계량들과 상자그림을 구하여라. 표본통계량과 상자그림을 통해 자료의 무엇을 알 수 있는가?

6.3.4 DS 6.1.1에 주어진 주사위 자료

6.3.5 음식점 서비스 시간
DS 6.1.4에 주어진 서비스 시간 자료

6.3.6 과일 부패
DS 6.1.5에 주어진 복숭아의 부패 자료

6.3.7 전화교환대 활동
DS 6.1.6에 주어진 교환대에서 받은 전화 자료

6.3.8 아스팔트 자갈 무게
DS 6.1.7에 주어진 아스팔트 자갈 무게 자료

6.3.9 스프레이 페인팅 공정
DS 6.1.8에 주어진 페인트 두께 자료

6.3.10 플라스틱 패널 구부림 능력
DS 6.1.9에 주어진 플라스틱 패널 구부림 능력 자료

6.3.11 다음과 같이 6 7 12 18 22와 여섯 번째 값 x가 있다고 하자. 6개 자료의 표준편차를 최소화하는 x값을 구하라.

6.4 예제(Example)

예제 43 회전 압착기 자투리(Rolling Mill Scrap)

[그림 6.30]에서처럼 회전 압착기 공정은 원하는 두께와 강도가 얻어질 때까지 청동 금속 주괴(ingot)를 반복적으로 가열하고 회전하여 냉각하는 과정을 반복한다. 회전기계를 거친 후에 금속판의 바깥면과 네 귀퉁이에 있는 깨지거나 손상된 부분을 제거한다. 몇몇은 소실되기도 하지만 대부분의 이러한 자투리 조각들은 재활용된다.

회사의 입장에서는 이러한 과정 중에 얻어지는 자투리 양을 예측하여 유용한 정보를 얻고자 한다. [그림 6.31]에서 95개의 관측치 자료는 회전기계를 한 번 거치는 동안에 얻어지는 95개의 제품들에 대한 자투리 %를 보여주고 있다. 확률변수로서 자투리 %는 다음과 같이 정의된다.

$$\text{자투리\%} = \left(1 - \frac{\text{완성된 판 무게}}{\text{초기 주괴 무게}}\right) \times 100\%$$

[그림 6.32]와 [그림 6.33]은 이 자료에 대한 요약 통계량과 더불어 히스토그램과 상자그림을 보여주고 있다. 히스토그램 및 상자그림은 모두 자료가 약간 음의 왜도를 가짐을 보여준다. 이 결과는 표본 평균 20.81%가 표본 중앙값 21.05%보다 약간 작은 것과 일치한다. 예상대로 표본 절사평균 20.91%는 표본 평균과 표본 중앙값 사이에 존재한다. 하지만 가장 작은 관측값 7.69%는 이상치로 간주되

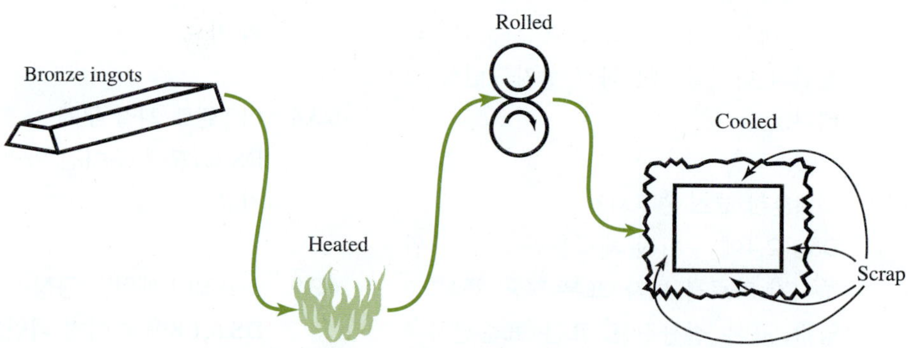

그림 6.30 회전 압착기 공정

20.00	17.64	23.21	22.22	13.33	23.17	22.56	15.79	20.00
28.57	27.27	23.53	23.81	21.95	27.73	13.51	27.73	21.05
21.05	15.79	23.81	21.05	22.22	28.57	26.83	20.00	25.47
17.50	21.05	19.05	11.11	21.05	15.67	28.57	27.27	21.95
16.67	25.00	21.57	29.41	16.50	20.96	20.96	17.65	22.22
11.76	11.76	14.77	14.77	15.79	23.81	20.69	10.71	21.95
20.00	22.48	16.19	12.98	20.00	20.00	21.05	7.69	23.53
16.67	25.00	16.67	20.00	24.44	18.70	18.70	18.70	18.70
21.59	29.17	12.50	16.49	25.00	26.31	30.56	22.49	24.24
21.05	20.00	14.63	25.47	23.53	25.00	26.00	25.00	18.74
25.00	25.00	28.57	15.49	15.57				

그림 6.31 회전 압착기 공정으로부터 자투리 데이터 (단위: %)

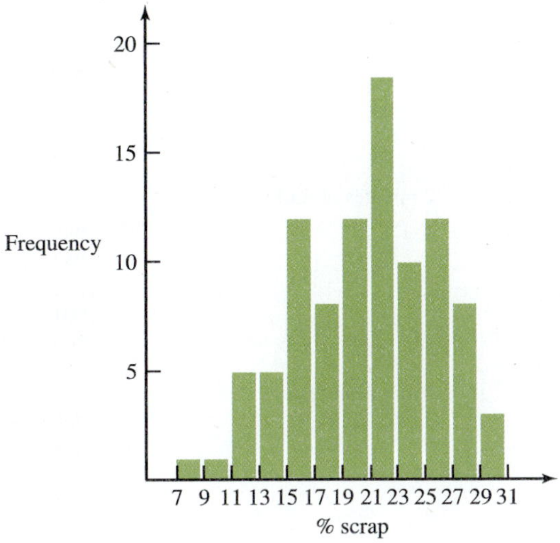

그림 6.32 회전 압착기 자투리 데이터 집합에 대한 히스토그램

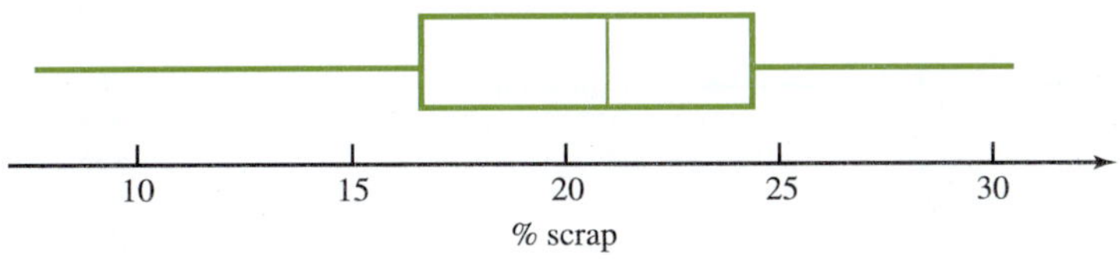

그림 6.33 회전 입착기 자투리 데이터 집합에 대한 상자그림 및 요약통계량

Sample size = 95	Sample standard deviation = 4.878	Sample median = 21.050
Sample mean = 20.810	Sample maximum = 30.560	Sample lower quartile = 16.670
Sample trimmed mean = 20.913	Sample upper quartile = 24.440	Sample minimum = 7.690

어진다. 이 값이 제거되면 자료는 훨씬 더 대칭적으로 보일 것이다. 마지막으로 표본 표준편차가 4.878%이고, 자료의 절반은 표본의 하한 사분위수 16.67%와 상한 사분위수 24.44% 사이에 속해 있음을 알 수 있다.

예제 44 육군 체력 측정 테스트(Army Physical Fitness Test)

[그림 6.34]와 같이 육군의 체력 측정 테스트는 2분 동안의 팔굽혀펴기, 2분간의 윗몸 일으키기 후에 2마일의 달리기로 이루어져 있다. [그림 6.35]는 남자 장교 그룹에 대한 초단위로 기록된 84개의 자료이다. [그림 6.36]은 이 자료에 대한 요약 통계량과 더불어 상자그림과 히스토그램을 보여주고 있다.

히스토그램과 상자그림은 달리기가 느린 몇몇의 사람들 때문에 오른쪽 꼬리가 길어져 자료가 약간 양의 왜도를 가짐을 나타낸다. 이에 따라서 평균 달리기 시간은 857.7초(14분 17.7초)로 중앙값인 850.0초(14분 10.0초)보다 좀 느리게 나타난다. 또한 이 자료에 대해서는 특별한 이상치는 발견되지 않았다.

표본 표준편차는 81.98초이고 표본의 하한 사분위수는 808.5초(13분 28.5초)이며 상한 사분위수는 900.5초(15분 0.5초)로 이 구간 사이에 달리기 시간자료의 절반이 속해 있음을 알 수 있다. 가장 빨리 달린 사람은 703.0초(11분 43.0초)의 기록을 가지고 있고, 가장 느리게 달린 사람은 1078.0초(17분 58.0초)이다.

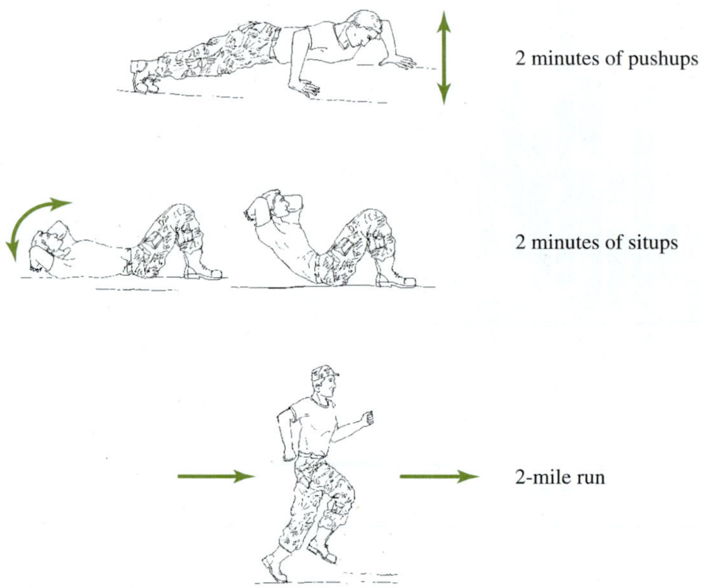

그림 6.34
육군 체력 측정 테스트

847	880	870
887	905	931
879	895	930
919	720	808
816	712	828
814	703	719
814	741	707
855	792	934
980	808	939
954	761	977
1078	785	896
1001	801	921
766	810	815
916	1013	838
798	882	854
782	861	1063
836	845	1024
837	865	780
791	883	813
838	881	850
853	921	902
840	816	906
740	837	865
763	1056	886
778	1034	881
855	774	825
875	821	821
868	850	832

그림 6.35
달리기 시간 데이터 집합
(단위: 초)

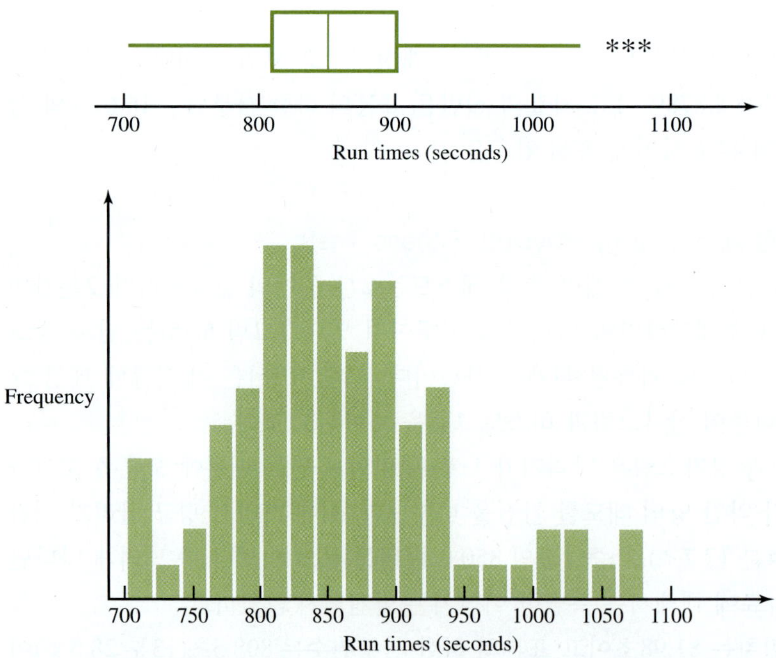

Sample size = 84
Sample mean = 857.70
Sample trimmed mean = 854.93
Sample standard deviation = 81.98
Sample maximum = 1078.00
Sample upper quartile = 900.50
Sample median = 850.00
Sample lower quartile = 808.50
Sample minimum = 703.00

그림 6.36
달리기 시간 데이터 집합에 대한 상자그림, 히스토그램 및 요약통계량

예제 45 직물의 흡수 특성(Fabric Water Absorption Properties)

면직물의 흡수 특성을 알아보기 위하여 실험을 수행하였다. 흡수 정도는 직물을 염색하는데 중요한 요인이다. 실험 기계장치의 형태가 [그림 6.37]에 나타나 있는데, 세탁되어 표백된 면직물이 수직으로 물이 뿌려지는 두 롤러 사이를 지난다. 면직물의 물 흡수 정도는 다음과 같이 정의된다.

$$\text{흡수 정도\%} = \left(\frac{\text{최종 직물 무게}}{\text{초기 직물 무게}} - 1 \right) \times 100\%$$

[그림 6.38]은 평방인치당 10파운드의 무게로 압력을 가하면서 분당 24회의 속도로 회전하는 두 롤러 사이를 지난 면직물의 15개 흡수(단위:%) 관측치 자료이다. [그림 6.39]는 이 자료에 대한 상자그림과 점그림(dotplot), 그리고 요약 통계

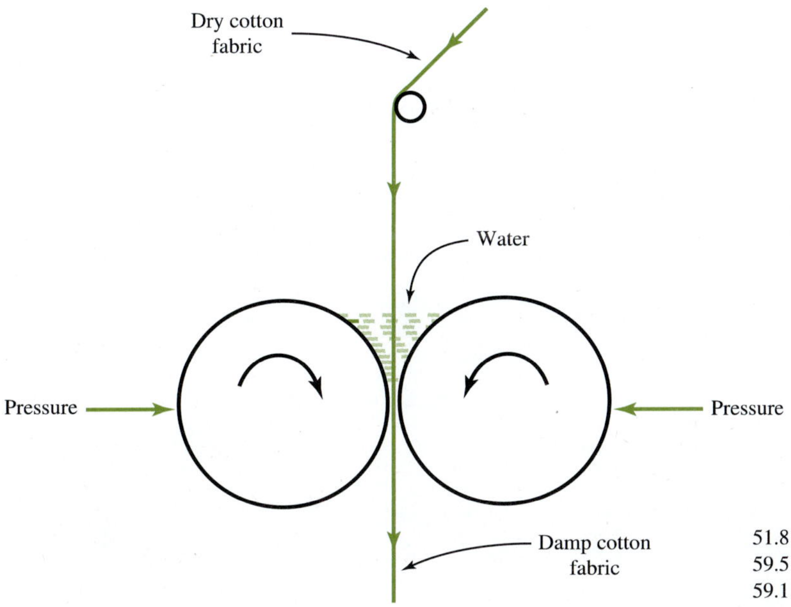

그림 6.37
직물의 흡수 실험 장치

51.8	61.8	57.3	54.5	64.0
59.5	61.2	64.9	54.5	70.2
59.1	55.8	65.4	60.4	56.7

그림 6.38
직물의 흡수 데이터 집합(단위: %)

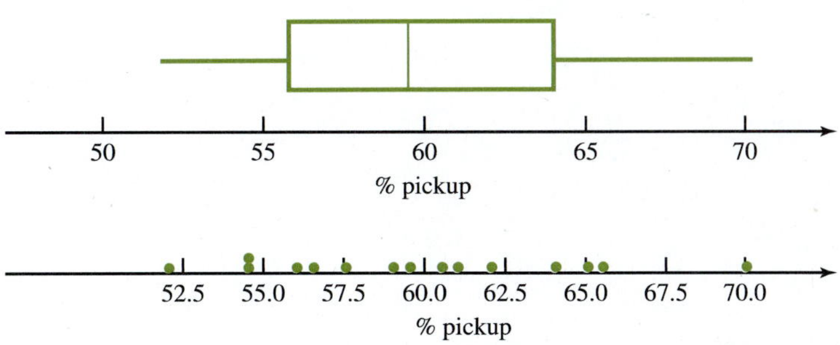

Sample size = 15
Sample mean = 59.81
Sample trimmed mean = 59.62
Sample standard deviation = 4.94
Sample maximum = 70.20
Sample upper quartile = 64.00
Sample median = 59.50
Sample lower quartile = 55.80
Sample minimum = 51.80

그림 6.39
직물의 흡수 데이터 집합에 대한 상자그림, 점그림 및 요약 통계량

량을 제시하고 있다. 점그림은 직선 위에 관측치들을 단순하게 기록한 것으로서 자료의 수가 매우 적을 때는 점그림이 히스토그램보다 자료를 더 잘 표현해줄 수 있다. 점그림은 최대 관측치 70.2가 나머지 다른 자료들과 많이 동떨어져 있음을 보여주고 있다. 상자그림에서는 이상치가 나타나지 않으나 점그림에서는 이 값이 이상치로 다루어질 수 있다. 마지막으로 표본평균과 중앙값, 절사평균은 대체로 동일함을 알 수 있다.

CHAPTER 7

통계적 추정과 표본 분포

추정량(Estimator)은 이 장에서 설명하는 통계적인 추정(statistical inference)을 위해 필요한 가장 기본적인 논리를 제공한다. 이미 앞서 제시한 기술통계학에 의하면, 모집단의 특징을 나타내는 모수(parameter)와 표본의 특징을 표현하는 통계량(statistics) 간에는 중요한 차이점이 존재한다. 이 장에서는 통계적 추론의 가장 본질적인 문제인 "모수를 추정하는" 방법을 명시할 것이며, 다양한 "바람직한 추정량의 특성"이 고려될 것이다. 마지막으로, 일반적인 추정량들의 표본 분포와 바람직한 추정량을 묘사하는 일반적인 기법들을 설명한다.

7.1 점추정(Point Estimation)

7.1.1 모수(Parameter)

우선 모수와 통계량의 차이점에 대해 명확히 구분하는 것이 중요하다. 모수(parameter)는 일반적으로 θ로 표현하는데 특정하게 관측하고자 하는 확률분포의 특성으로 확률분포의 평균 μ와 분산 σ^2가 될 수 있을 것이다. 연속적인 확률분포의 경우 관심사가 될 수 있는 또 다른 모수들은 그 확률분포의 다양한 분위수가 될 수도 있고, 이산적인 확률분포의 경우 특정 범주의 확률값이 모수로서 관심 대상이 될 수 있다.

모수는 보편적인 모집단에 대하여 주 관심사의 정도를 표현하는 것으로 생각할 수 있다. 이전의 1~5장에서는 확률분포의 모수값들이 주어졌다는 전제하에서 확률값을 계산하였다. 그러나 실제 상황에서는 모수가 알려져 있지 않은 경우가 대부분이다. 왜냐하면 모집단으로부터 관찰된 값들로 구하는 확률분포 역시 알려져 있지 않은 경우가 대부분이기 때문이다. 실험자의 목표는 이러한 모수들에 대한 가능한 한 많은 정보를 찾아 모집단을 특징짓는 기본적인 확률분포에 대하여 이해하는 것이다.

모수(Parameter)

모수(θ)는 통계적 추론에서 미지의 확률 분포의 특성이라고 말할 수 있다. 예를 들면, 모수는 평균이나 분산이 될 수 있으며 또는 확률 분포의 특정한 분위수가 될 수도 있다. 모수는 알려져 있지 않는 경우가 대부분이며, 통계적 추론의 목표 중의 하나는 그러한 모수들을 표본을 통해 추정하는 것이다.

예제 1 기계고장(Machine Breakdowns)

기계의 오작동으로 인하여 고장이 발생할 확률을 p_0라고 하자. p_0는 기계가 고장나는 원인(오작동)과 관련한 확률분포에 의존하기 때문에 이 확률분포에 대한 모수라고 할 수 있다. 여기서 모수 p_0는 알려지지 않은 양이지만, 실제로 기계에 고장이 발생한 원인에 대한 기록들로부터 추정할 수 있다.

예제 43 회전 압착기 자투리(Rolling Mill Scrap)

μ와 σ^2을 각각 주괴가 회전기를 통과할 때 발생하는 자투리(단위:%)의 확률분포에 대한 평균과 분산으로 정의한다. 이들은 회전공정으로부터 발생하는 자투리들에 대하여 알려져 있지 않는 확률분포를 결정짓는 미지의 모수들이다. 또 다른 관심있는 모수는 상한과 하한 사분위수가 될 수 있다.

예제 45 직물 흡수 특성(Fabric Water Absorption Properties)

이 예제에서 μ와 σ^2는 각각 직물의 흡수 정도(단위:%)에 대하여 알려져 있지 않은 확률분포를 결정짓는 모수라고 가정한다. 이 모수들은 미지이며, 흡수 정도를 실제로 측정한 관측치들로부터 추정될 수 있다.

7.1.2 통계량(Statistics)

모수가 모집단 또는 확률분포의 특성을 표현하는데 반하여, 통계량(statistic)은 모집단으로부터 추출한 표본에 대한 특성을 반영한다고 볼 수 있다. 특히 통계량은 관측 데이터 집합에 대한 함수로서 정의할 수 있는데, 모수와는 대조적으로 통계량은 관측값들을 취하게 되고, 따라서 통계량은 알려진 어떠한 것으로 간주할 수 있다. 하지만 통계적 추정의 관점에서 볼 때 통계량이 실제로 자기 자신의 확률분포를 가지는 확률변수들의 관측치라는 것을 기억할 필요가 있다.

예를 들어, 어떤 특정한 확률분포 $f(x)$로부터 크기가 n인 관측치들을 수집한 표본이 있다고 하자. 기록된 자료들의 값들 $(x_1, x_2, ..., x_n)$은 n개의 확률변수 집합 $(X_1, X_2, ..., X_n)$의 관측치이며 각각 확률분포 $f(x)$를 갖는다. 일반적으로 통계량은 확률변수들의 함수인 $A(X_1, ..., X_n)$로 표현이 가능하다. 통계량의 관측값 $A(x_1, ..., x_n)$은 관측치인 $x_1, ..., x_n$로부터 계산할 수 있다.

물론, 일반적인 통계량으로 표본 평균과 표본 분산을 고려할 수 있을 것이다. 표본 평균과 표본 분산은 각각

$$\bar{X} = \frac{X_1 + \cdots + X_n}{n}, \qquad S^2 = \frac{\sum_{i=1}^{n}(X_i - \bar{X})^2}{n-1}$$

이며, $x_1, \ldots, x_n$가 주어졌을 때, 이 통계량들은 6장에서 설명한 바와 같이 다음과 같은 관측값들을 갖는다.

$$\bar{x} = \frac{x_1 + \cdots + x_n}{n}, \qquad s^2 = \frac{\sum_{i=1}^{n}(x_i - \bar{x})^2}{n-1}$$

연속적인 자료의 경우 유용하게 사용되는 통계량으로서 표본 분위수나 표본 절사평균도 있을 수 있다. 이산적인 자료의 경우에는 범주 빈도수가 관심 대상이 되는 통계량이 될 수 있다.

통계량(Statistics)

통계적 추론에서 통계량은 표본의 특성을 양으로 표현한 것이다. 통계량의 예로서 표본 평균, 표본 분산 및 표본의 특정 분위수가 될 수 있다. 통계량은 확률변수로서 실제 관측된 자료 집합으로부터 계산되며, 알려지지 않은 모수를 추정하는 데 주로 사용된다.

7.1.3 추정(Estimation)

추정(estimation)이란 추출된 표본으로부터 모집단의 성질을 조사하기 위해서 표본에 포함된 정보를 이용하는 절차이다. 알려지지 않은 모수(θ)의 점추정치는 θ 값을 "가장 잘 예측"한다는 의미로서 통계량 $\hat{\theta}$를 사용한다. 표본으로부터 계산된 점추정치($\hat{\theta}$)와 알려지지 않은 모수(θ)의 관계는 [그림 7.1]에 제시되어 있다. 모수 위에 쓰여진 모자 기호($\hat{\theta}$)는 모수의 추정치에 대한 통계적 표현이다.

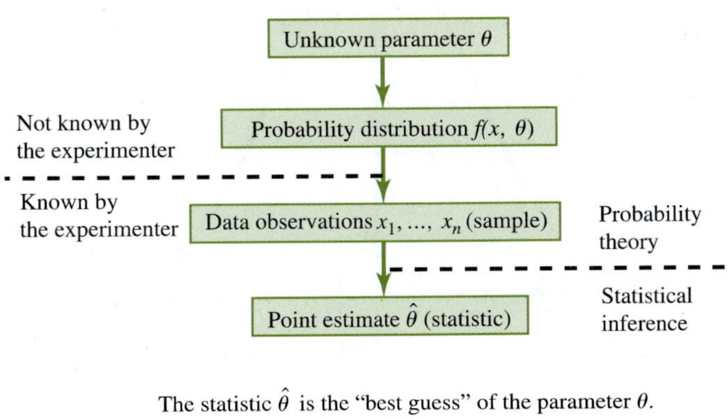

그림 7.1 점추정치 $\hat{\theta}$와 미지의 모수 θ와의 관계

물론, 실험자는 일반적으로 점추정치가 알려지지 않은 모수와 정확히 일치할 것을 기대하지는 않는다. 하지만 좋은 점추정치들은 알려지지 않은 모수의 실제 값들에 대한 좋은 지표로서 선택되어질 수 있다. 그러나 어떤 특정 상황에서 특정 모수에 대한 좋은 점추정치가 하나가 아닌 둘 이상 존재할 수 있다.

점추정치들은 단지 계산하는 자료의 질에 따라 좋은 추정치일 수도 있고 혹은 나쁜 추정치일 수도 있다는 것을 명심할 필요가 있다. 또한 추정하여야 하는 모수와 관련하여 표본이 모집단을 얼마나 잘 설명할 수 있는가가 특히 중요하다. 만약 데이터 집합이 명확한 이상치를 포함하고 있다고 한다면 점추정치를 구하기에 앞서 이러한 관측치들을 그 데이터 집합으로부터 제거해야만 할 것이다.

모수의 점추정치(Point Estimates of Parameters)

알려지지 않은 모수(θ)에 대한 점추정치는 모수의 값을 '가장 잘 예측' 하는 통계량($\hat{\theta}$)으로서, 이러한 모수의 점추정치는 하나 이상이 될 수도 있다.

점추정치에 관한 간단한 예제로서, 확률 분포의 평균 μ에 대한 점추정치는 그 확률분포로부터 얻은 관측 자료들에 대한 표본 평균 $\bar{x}$이다. 이러한 경우에는 [그림 7.2]에서 볼 수 있듯이 $\hat{\mu}=\bar{x}$ 을 의미한다.

예제 1 기계 고장(Machine Breakdowns)

기계의 오작동으로 인하여 고장이 발생할 확률을 p_0라고 하자. 만약에 n개의 기계고장 확률표본이 기록되었으며 그중 x_0가 오작동으로 인한 고장이라고 하자. [그림 7.3]에 설명된 것처럼 통계량 x_0/n는 미지의 모수 p_0에 대한 점추정치가 되며 이는

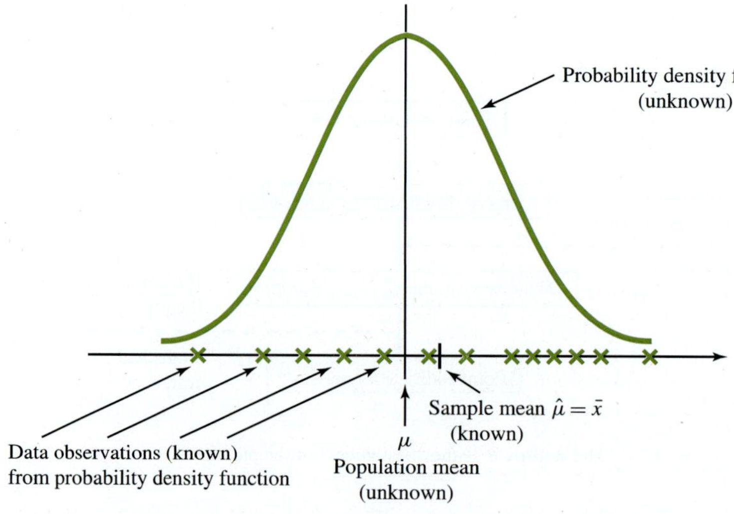

그림 7.2
표본 평균으로 모평균의 추정

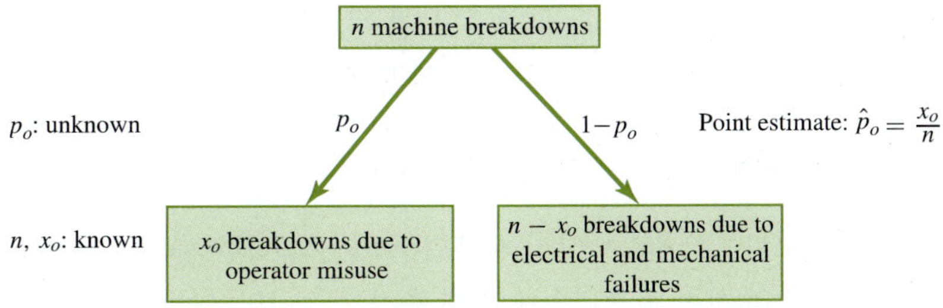

그림 7.3 작업자 오작동에 기인한 기계고장 확률의 추정

$$\hat{p}_o = \frac{x_o}{n}$$

와 같이 표현할 수 있다. 이 예제에서 $n=46$, $x_0=13$이므로, 점추정치는

$$\hat{p}_o = \frac{13}{46} = 0.28$$

이 된다.

예제 43 회전 압착기 자투리(Rolling Mill Scrap)

주어진 자투리(단위: %)에 대한 확률표본 $x_1, ..., x_n$에 대하여 미지의 모집단의 모수인 평균 μ, 분산 σ^2의 점추정치는 각각

$$\hat{\mu} = \bar{x} = \frac{x_1 + \cdots + x_n}{n} \qquad \hat{\sigma}^2 = s^2 = \frac{\sum_{i=1}^{n}(x_i - \bar{x})^2}{n-1}$$

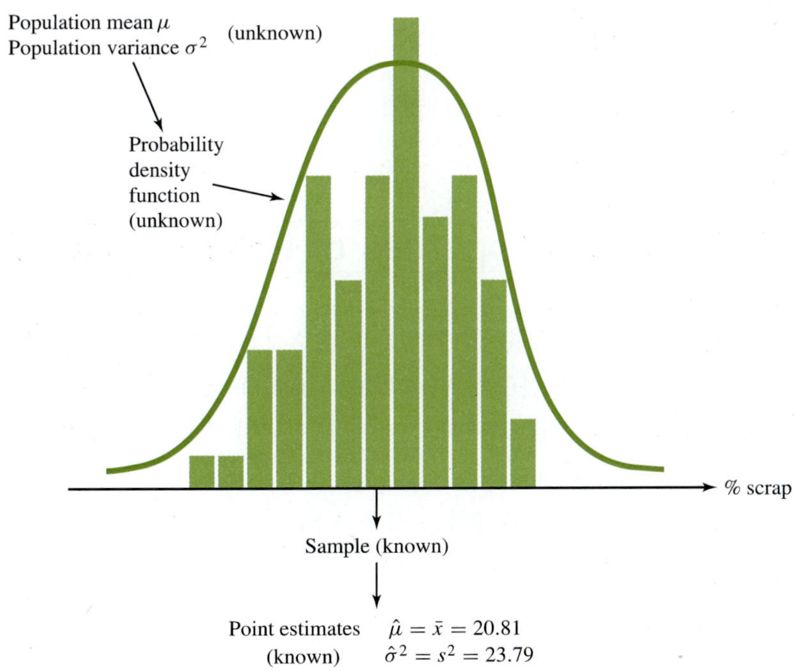

그림 7.4 회전 압착기 자투리의 모평균 및 모분산의 추정

이 된다. 즉 표본 평균과 표본 분산이 각각 모평균과 모분산의 점추정치가 된다. [그림 6.31]에 주어진 데이터 집합에 대하여 점추정치는 각각

$$\hat{\mu} = 20.81 \qquad \hat{\sigma}^2 = 4.878^2 = 23.79$$

이며 ([그림 7.4] 참조), 상한 사분위수 $\theta_{0.75}$와 하한 사분위수 $\theta_{0.25}$는 표본의 상한 사분위수와 하한 사분위수에 의해 추정 가능하며, 이는 각각

$$\hat{\theta}_{0.75} = 24.44 \qquad \hat{\theta}_{0.25} = 16.67$$

이다. 그렇다면 표본 절사평균을 표본 평균 $\bar{x}$ 대신 모평균 μ의 점추정치로 사용 가능할까? 이는 모수 μ에 대하여 1개 이상의 가능한 점추정치가 있음을 의미하며, 둘다 모평균 μ에 대한 훌륭한 점추정치가 될 수 있다. 설명한 바와 같이 표본 절사평균은 이상치에 대하여 민감하지 않는 보다 강건(robust)한 추정량이다.

예제 45 직물 흡수 특성(Fabric Water Absorption Properties)

[그림 6.38]에 주어진 흡수(단위:%) 관측치에 대하여 모수 μ와 σ^2의 추정치를 구하기 전에 이상치를 제거해야만 하는가? [그림 6.39]의 점그림은 가장 큰 관측치가 이상치로 의심할 수 있음을 보여주고 있다. 하지만 데이터 개수가 단지 15개로, 그 관측치가 특이한 값인지 아닌지를 분명하게 알 수가 없다. 따라서 실험자는 이 관측치를 체크하여 어떠한 이상한 점도 발견할 수 없다면 이 관측치를 포함해야만 하며, 모든 15개의 관측치를 토대로 점추정치를 구할 수 있다. 이 경우 점추정치는 각각

$$\hat{\mu} = 59.81 \qquad \hat{\sigma}^2 = 4.94^2 = 24.40$$

이다.

7.2 점추정치의 특성(Properties of Point Estimates)

이 절에서는 어떤 모수에 대한 좋은 점추정치를 결정하는데 필요한 두 가지 기본적인 기준, 즉 불편추정치(unbiased estimate)와 최소분산추정치(minimum variance estimate)를 고려하고자 한다. 이러한 기준들은 우리가 점추정치로 어떤 통계량을 사용할 것인지 결정하는데 도움을 준다. 일반적으로 어떤 모수에 대한 점추정치가 여러 개 존재하는 경우가 있는데, 이러한 기준은 사용 가능한 점추정치들을 비교하는데 사용될 수 있다.

7.2.1 불편추정치(Unbiased Estimates)

$E(\hat{\theta}) = \theta$ 를 만족하는 경우 모수에 대한 점추정량은 편의(bias)가 없다고 한다. 점추정치는 확률분포로부터의 확률변수의 관측치라는 것을 명심해야 한다. 불편성(unbiasedness)은 점추정치가 추정된 모수의 값(θ)을 갖는 확률분포를 가질 것을 요구한다. 만약 점추정치가 불편추정치이고 대칭적인 확률분포를 갖는다면 [그림 7.5]에 예시된 것처럼 될 것이다. 그러나 확률분포가 [그림 7.6]과 같다면 편의추정치라고 한다.

불편성은 명백히 점추정이 가져야만 할 좋은 특성이다. 만약 점추정치가 편의되지 않았다면 편의(bias)

$$\text{bias} = E(\hat{\theta}) - \theta$$

는 0이 될 것이다. 만약 두 개의 서로 다른 점추정치를 비교할 때, 비록 분산이 선택에 영향을 미칠 수 있지만 일반적으로 편의의 절대값이 작은 것을 선택한다.

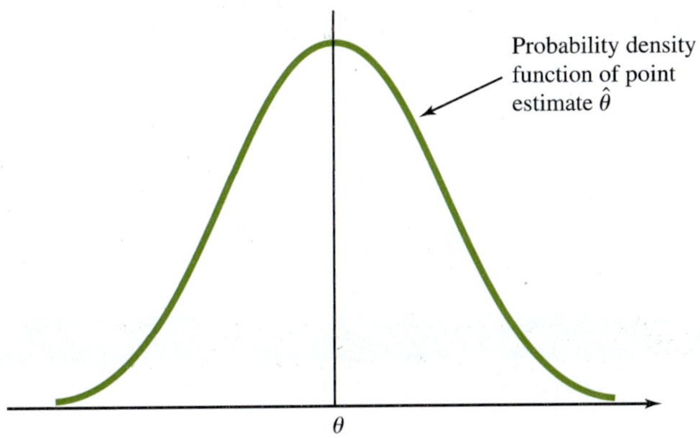

그림 7.5
불편 점추정치 $\hat{\theta}$

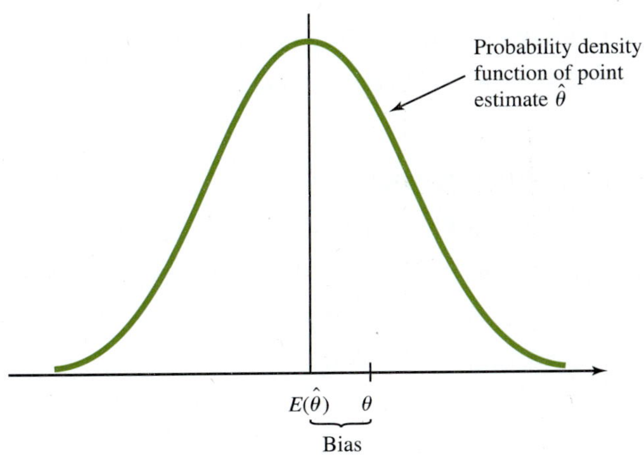

그림 7.6
편의 점추정치 $\hat{\theta}$

불편(Unbiased) 및 편의(Biased) 추정치

$E(\hat{\theta}) = \theta$ 인 경우, 점추정치 $\hat{\theta}$는 불편추정치라고 한다.
불편성은 점추정치가 지녀야 할 좋은 특성 중의 하나이다. 만약 점추정치가 편의되었다면 편의는 다음과 같이 표현될 수 있다.

$$\text{bias} = E(\hat{\theta}) - \theta$$

모든 다른 조건들이 일정하다면, 점추정치의 편의 절대값이 작을수록 더 좋은 추정치라 할 수 있다.

일반적인 점추정치들은 그들이 불편성을 갖는지를 결정하기 위해 면밀하게 살펴볼 필요가 있다. 우선 일련의 베르누이 시행(성공확률 p : 알려지지 않은 일정한 상수)을 고려해보자. 우리가 알지 못하는 모수 p는 일련의 시행을 행하여 얼마나 많은 성공이 나타나는지 결과를 관찰함으로써 추정할 수 있다.

만약 n번 시행을 실시하여 확률변수 X를 관찰된 성공의 수로 정의할 때, p의 점추정치는 명백히 $\hat{p} = X/n$ 이 된다. 하지만 이것을 과연 불편추정치라고 할 수 있을까?

성공 횟수를 나타내는 확률변수 X는 이항분포 $X \sim B(n, p)$를 따른다. 그러므로 확률변수 X의 기대값은 $E(X) = np$가 된다. 그리고

$$E(\hat{p}) = E\left(\frac{X}{n}\right) = \frac{1}{n}E(X) = \frac{1}{n}np = p$$

가 되므로 $\hat{p} = X/n$ 은 실제로 성공확률 p에 대한 불편추정치라고 할 수 있다.

성공확률의 점추정치(Point Estimate of a Success Probability)

$X \sim B(n, p)$ 인 확률변수 X를 고려해보자.

$$\hat{p} = \frac{X}{n}$$

는 성공확률 p의 불편추정치이다. 즉 일정한 성공확률 p를 가지는 일련의 베르누이 시행에서 관측된 성공의 비율이 성공확률의 불편추정치가 된다.

예제 1 기계고장(Machine Breakdowns)

기계 오작동으로 인한 고장의 수를 X_0라고 하면 $X_0 \sim B(n, p_0)$이며, 점추정치는 $\hat{p} = X_0/n$ 이 되며, 이는 p_0의 불편추정치가 된다. 평균이 μ이며 분산이 σ^2인 확률분포로부터 얻은 관측치들의 확률표본을 $X_1, X_2, ..., X_n$라고 할 때 표본평균 $\hat{\mu} = \bar{X}$ 가 모평균 μ에 대한 불편추정치인지 검토하기로 한다. 실제로 $E(X_i) = \mu$, $1 \le i \le n$ 이며

$$E(\hat{\mu}) = E(\bar{X}) = \frac{1}{n}E\left(\sum_{i=1}^{n} X_i\right) = \frac{1}{n}\sum_{i=1}^{n} E(X_i) = \frac{1}{n}n\mu = \mu$$

이므로 명백히 $\hat{\mu} = \bar{X}$ 는 모평균 μ에 대한 불편추정치가 된다.

모집단 평균에 대한 점추정(Point Estimate of a Population Mean)

만약 $X_1, X_2, ..., X_n$가 평균이 μ인 확률분포로부터 얻은 확률표본이라고 할 때, 표본평균 $\hat{\mu} = \bar{X}$ 는 모평균 μ에 대한 불편추정치이다.

표본의 절사평균은 모평균 μ의 불편추정치일까? 만약 관측된 자료의 확률분포가 대칭이라면 맞지만 확률분포가 비대칭인 경우 모평균 μ의 불편추정치가 아니다. 나아가 표본 중앙값은 일반적으로 확률분포가 비대칭일 경우 모집단의 중앙값에 대한 불편추정치가 아니다.

그러나 이러한 사실이 표본 중앙값을 모집단 중앙값의 점추정치로서 사용할 수 없다는 것을 반드시 의미하지는 않으며 표본 중앙값보다 더 좋은 점추정치가 존재하는지에 따라 달라질 수 있다. 예를 들면 또 다른 점추정치가 표본 중앙값보다 편의가 더 작을 수 있기 때문이다.

또 한 가지 중요한 사실은 표본분산 S^2는 모집단의 분산 σ^2의 불편추정치라는 점이다. 왜냐하면

$$\begin{aligned}
E(S^2) &= \frac{1}{n-1}E\left(\sum_{i=1}^{n}(X_i - \bar{X})^2\right) \\
&= \frac{1}{n-1}E\left(\sum_{i=1}^{n}((X_i - \mu) - (\bar{X} - \mu))^2\right) \\
&= \frac{1}{n-1}E\left(\sum_{i=1}^{n}(X_i - \mu)^2 - 2(\bar{X} - \mu)\sum_{i=1}^{n}(X_i - \mu) + n(\bar{X} - \mu)^2\right) \\
&= \frac{1}{n-1}E\left(\sum_{i=1}^{n}(X_i - \mu)^2 - n(\bar{X} - \mu)^2\right) \\
&= \frac{1}{n-1}\left(\sum_{i=1}^{n}E((X_i - \mu)^2) - nE((\bar{X} - \mu)^2)\right)
\end{aligned}$$

이때 $E(X_i) = \mu$ 이므로

$$E((X_i - \mu)^2) = \mathrm{Var}(X_i) = \sigma^2$$

이며, 또한 $E(\bar{X}) = \mu$ 이므로 따라서

$$E((\bar{X}-\mu)^2) = \text{Var}(\bar{X}) = \frac{\sigma^2}{n}$$

가 된다. 이를 위 식에 대입하여 정리하면

$$E(S^2) = \frac{1}{n-1}\left(\sum_{i=1}^{n}\sigma^2 - n\left(\frac{\sigma^2}{n}\right)\right) = \sigma^2$$

로서 S^2는 σ^2의 불편추정치가 됨을 알 수 있다.

모집단 분산에 대한 점추정(Point Estimate of a Population Variance)

만약 $X_1, X_2, \ldots, X_n$가 분산 σ^2를 가지는 확률분포로부터 추출된 확률표본이라고 하면, 표본분산

$$\hat{\sigma}^2 = S^2 = \frac{\sum_{i=1}^{n}(X_i - \bar{X})^2}{n-1}$$

는 모분산 σ^2에 대한 불편 점추정치이다.

사실, 불편성은 S^2의 분모로서 n이 아닌 $n-1$을 선택한 이유를 명백히 보여주고 있다. 만약 분모로서 n을 선택하였다고 한다면 점추정치는

$$\hat{\sigma}^2 = \frac{\sum_{i=1}^{n}(X_i - \bar{X})^2}{n}$$

이며, 이 추정치의 기대값은

$$E(\hat{\sigma}^2) = \left(\frac{n-1}{n}\right)\sigma^2$$

로서 편의추정치가 된다. 이때 편의는

$$E(\hat{\sigma}^2) - \sigma^2 = \left(\frac{n-1}{n}\right)\sigma^2 - \sigma^2 = -\frac{\sigma^2}{n}$$

가 되며 표본의 수 n이 클수록, 편의는 작아질 것이다. 그리고 충분히 큰 표본에 대해서 표본 분산을 구하기 위해서 $n-1$이나 n 어떤 것으로 나누든지 그다지 중요하지 않다. 하지만 일반적으로 불편성 기준은 표본분산 S^2의 분모로서 $n-1$을 사용할 것을 의미하고 있다.

예제 42 회전 압착 자투리(Rolling Mill Scrap)

표본 평균과 표본 분산에 대한 점추정치는 각각 $\hat{\mu}=20.81$과 $\hat{\sigma}^2=23.79$로서 각각 불편추정치로 관측된 값들이다. 이것들은 자투리(%) 양에 대한 모평균과 모분산에 대한 의미있는 추정치가 된다.

7.2.2 최소분산 추정치(Minimum Variance Estimate)

점추정치 $\hat{\theta}$에 대한 기대값 $E(\hat{\theta})$뿐만 아니라, 점추정치의 분산 $\mathrm{Var}(\hat{\theta})$을 고려해 보는 것도 중요하다. 일반적으로 바람직한 불편추정치는 가능하면 작은 분산을 가져야만 한다. 예를 들면, 두 개의 점추정치 $\hat{\theta}_1$와 $\hat{\theta}_2$가 [그림 7.7]에서처럼 θ를 중심으로 좌우대칭적인 분포를 가진다고 가정하자. 그렇다면 두 점추정치는 모두 θ에 대한 불편추정치라고 할 수 있다. 하지만 둘 중 어느 것이 더 좋은 점추정치라고 말할 수 있을까? 이 경우 $\mathrm{Var}(\hat{\theta}_1) > \mathrm{Var}(\hat{\theta}_2)$이기 때문에, $\hat{\theta}_2$가 $\hat{\theta}_1$보다 더 좋은 추정치라고 할 수 있을 것이다. $\hat{\theta}_2$는 $\hat{\theta}_1$보다 실제 모수인 θ에 더 근접한다는 의미에서 더 좋은 추정치가 될 수 있다. 이는 수학적으로 다음과 같이 표현할 수 있다 ([그림 7.8] 참조).

$$P(|\hat{\theta}_1 - \theta| \le \delta) < P(|\hat{\theta}_2 - \theta| \le \delta)$$

이 부등식은 점추정치 $\hat{\theta}_2$이 모수 θ로부터 δ만큼 떨어져 있을 확률이 점추정치 $\hat{\theta}_1$가 모수 θ로부터 δ만큼 떨어져 있을 확률보다 크다는 것을 의미한다.

최선의 가능한 상황은 불편성을 만족하고, 최소분산을 갖도록 추정치를 구성하는 것이다. 다른 불편추정치들보다 작은 분산을 갖는 불편추정치를 최소분산불편추정치(MVUE : Minimum Variance Unbiased Estimate)라고 한다. 이러한 최소분산불편추정치는 확실히 좋은 추정치라고 말할 수 있으며, 훌륭한 수학적 이론들은 다양한 문제들에 대한 MVUE를 발견하기 위한 노력으로부터 더더욱 발전되어 왔다. 만약 $X_1, X_2, \ldots, X_n$이 각각 독립적이고 평균이 μ이며 분산이 σ^2인 정규분포를 따른다고 할 때, 표본평균 $\bar{X}$가 μ에 대한 최소분산불편추정치라는 것이 알려져 있다.

불편추정치의 효율(efficiency)은 점추정치의 분산과 최소분산불편추정치의 분산의 비율로서 계산 가능한데, 이러한 경우 최소분산불편추정치는 가장 효율적인 점추정치로서 묘사될 수 있다. 일반화하면 두 개의 불편추정치의 상대효율

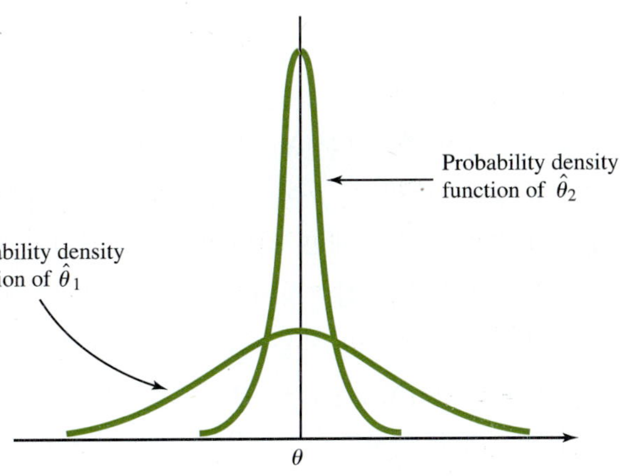

그림 7.7 불편추정치 $\hat{\theta}_2$는 불편추정치 $\hat{\theta}_1$보다 분산이 작기 때문에 더 좋은 추정치임을 설명

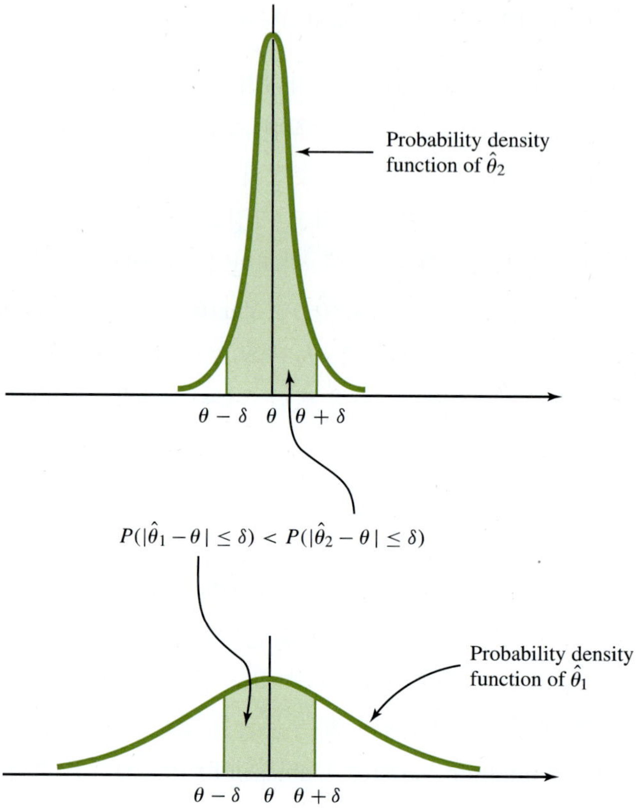

그림 7.8
$\hat{\theta}_2$은 $\hat{\theta}_1$보다 더 좋은 점추정치에 해당

(relative efficiency)은 그들의 분산비율로 정의될 수 있다.

> **상대효율(Relative Efficiency)**
>
> 불편추정치 $\hat{\theta}_2$에 대한 불편추정치 $\hat{\theta}_1$의 상대효율(relative efficiency)은
>
> $$\frac{\mathrm{Var}(\hat{\theta}_2)}{\mathrm{Var}(\hat{\theta}_1)}$$
>
> 로 정의할 수 있다.

상대효율에 대한 간단한 예제로, 평균이 μ이며 분산이 σ^2인 서로 동질적이고 독립적인 분포에서 추출한 확률표본 $X_1, X_2, ..., X_{20}$을 고려해보자. 표본 평균 $\bar{X} = (X_1 + \cdots + X_{20})/20$은 모평균 μ에 대한 불편추정치이다. 하지만 $\bar{X}_{10} = (X_1 + \cdots + X_{10})/10$ 또한 μ에 대한 또 하나의 불편추정치가 될 수 있다. 그렇다면 둘 중 어떤 점추정치가 더 좋은 점추정치가 될 수 있을까? 직관적으로 우리는 점추정치 $\bar{X}_{10}$이 전체 자료의 절반만 사용하였기 때문에 좋은 점추정치가 아니라고 생각할 수 있다. 결론적으로 $\bar{X}_{10}$은 μ를 추정하기 위해 이용 가능한 모든 정보를 사용하지 않았다. 그럼에도 불구하고 $\bar{X}_{10}$은 μ에 대한 불편추정치이고 따라서 불

편성 기준은 우리가 점추정치 $\bar{X}$와 $\bar{X}_{10}$ 중 어떤 것이 더 좋은 점추정치인지 구별해주지 못한다. 하지만 $\bar{X}$가 $\bar{X}_{10}$보다 더 좋은 추정치인 이유는 더 작은 분산을 가지고 있기 때문이다. $\text{Var}(\bar{X}) = \sigma^2/20$ 이며 $\text{Var}(\bar{X}_{10}) = \sigma^2/10$ 이므로, 불편추정치 $\bar{X}$에 대한 불편추정치 $\bar{X}_{10}$의 상대효율은

$$\frac{\text{Var}(\bar{X})}{\text{Var}(\bar{X}_{10})} = \frac{1}{2}$$

이다.

예제 38 화학혼합물 농도 수준 결정(Chemical Concentration Levels)

화학자는 어떤 화학물의 농도 수준 C를 추정하기 위해서 독립적인 두 척도 X_A와 X_B를 고려하였다. 각각의 척도에 대한 분포는 $X_A \sim N(C, 2.97)$이며 $X_B \sim N(C, 1.62)$이다. 앞에서 배운 바와 같이, 우리는 화학자가 어떻게 농도 수준 C의 최적 점추정치를 구할 수 있는지 좀더 충분히 이해할 필요가 있다.

$\hat{C}_A = X_A$와 $\hat{C}_B = X_B$를 미지의 농도 수준 C의 점추정치라고 할 때 이 두 추정치의 기대값은 각각

$$E(\hat{C}_A) = C \qquad E(\hat{C}_B) = C$$

으로 모두 불편추정치이다. 그러나

$$\text{Var}(\hat{C}_A) = 2.97 \qquad \text{Var}(\hat{C}_B) = 1.62$$

으로 $\hat{C}_B$가 $\hat{C}_A$보다 더 효율적이다. 사실 $\hat{C}_B$에 대한 $\hat{C}_A$의 상대효율은

$$\frac{\text{Var}(\hat{C}_B)}{\text{Var}(\hat{C}_A)} = \frac{1.62}{2.97} = 0.55$$

으로, $\text{Var}(\hat{C}_B)$는 $\text{Var}(\hat{C}_A)$보다 좋은 점추정치라고 할 수 있다.

다음으로 상수 a와 b에 대하여 점추정치

$$\hat{C} = a\hat{C}_A + b\hat{C}_B$$

를 고려해보자. $\hat{C}$를 $\hat{C}_B$보다 좋은 점추정치가 되도록 하기 위하여 a와 b의 값을 결정하기로 한다. 먼저

$$E(\hat{C}) = aE(\hat{C}_A) + bE(\hat{C}_B) = (a+b)C$$

이므로 C의 불편추정치가 되기 위해 $a+b=1$이어야만 한다. $a = p$ 및 $b = 1-p$로 놓으면

$$\hat{C} = p\hat{C}_A + (1-p)\hat{C}_B$$

이 되며, $\hat{C}$ 의 분산을 최소화하는 p의 값은 0.35가 된다. 결국

$$\hat{C} = 0.35\hat{C}_A + 0.65\hat{C}_B$$

이며 $\text{Var}(\hat{C}) = 1.05$이다. 이는 $\hat{C}_B$보다 좋은 점추정치이며 $\hat{C}$에 대한 $\hat{C}_B$의 상대 효율은

$$\frac{\text{Var}(\hat{C})}{\text{Var}(\hat{C}_B)} = \frac{1.05}{1.62} = 0.65\,.$$

어떤 경우에는 서로 다른 기대값과 분산을 가지는 두 점추정치를 비교하는 것이 유용할 때가 있다. 예를 들어 [그림 7.9]에서 점추정치 $\hat{\theta}_1$는 점추정치 $\hat{\theta}_2$보다 편의가 작지만 분산은 크다. 이러한 경우에 평균제곱오차(Mean Square Error: MSE)를 최소화하는 점추정치를 선택하는데 평균제곱오차는 다음과 같이 정의된다.

$$\text{MSE}(\hat{\theta}) = E((\hat{\theta} - \theta)^2)$$

평균제곱오차는 관심을 가지는 모수값에 대하여 점추정치의 제곱편차의 기대값으로서

$$\begin{aligned}\text{MSE}(\hat{\theta}) &= E((\hat{\theta} - \theta)^2) \\ &= E(((\hat{\theta} - E(\hat{\theta})) + (E(\hat{\theta}) - \theta))^2) \\ &= E((\hat{\theta} - E(\hat{\theta}))^2) + 2(E(\hat{\theta}) - \theta)E(\hat{\theta} - E(\hat{\theta})) + (E(\hat{\theta}) - \theta)^2\end{aligned}$$

이다. 하지만

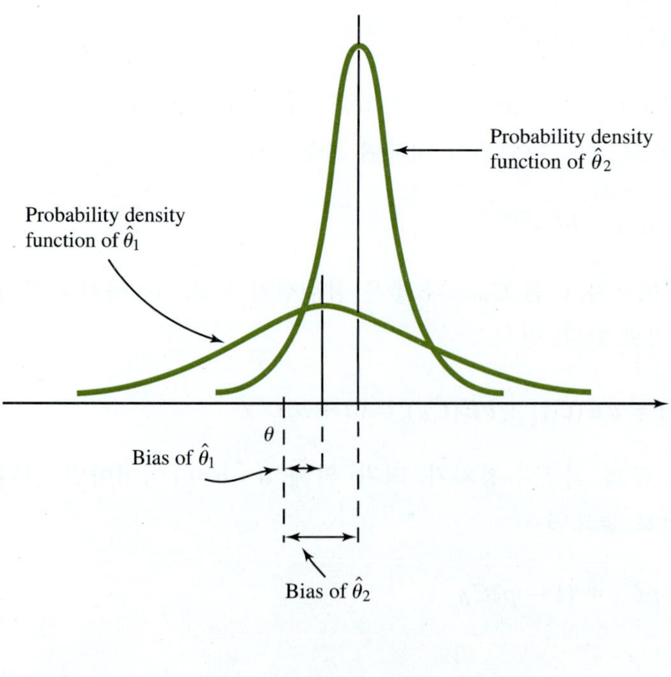

그림 7.9 서로 다른 편의 및 분산을 가지는 두 점추정치의 비교

$$E(\hat{\theta} - E(\hat{\theta})) = E(\hat{\theta}) - E(\hat{\theta}) = 0$$

이므로

$$\text{MSE}(\hat{\theta}) = E((\hat{\theta} - E(\hat{\theta}))^2) + (E(\hat{\theta}) - \theta)^2 = \text{Var}(\hat{\theta}) + \text{bias}^2$$

가 된다. 즉 점추정치의 평균제곱오차는 분산과 편의의 제곱의 합으로 표현된다. 불편추정치에 대하여 평균제곱오차는 단순히 추정치의 분산과 같다.

예를 들면 [그림 7.9]에서

$$\hat{\theta}_1 \sim N(1.1\theta, 0.04\theta^2) \qquad \hat{\theta}_2 \sim N(1.2\theta, 0.02\theta^2)$$

을 고려할 때, $\hat{\theta}_1$의 평균제곱오차는

$$\text{MSE}(\hat{\theta}_1) = 0.04\theta^2 + (0.1\theta)^2 = 0.05\theta^2$$

이며, 동일한 계산 방식에 의해 $\hat{\theta}_2$의 평균제곱오차는

$$\text{MSE}(\hat{\theta}_2) = 0.02\theta^2 + (0.2\theta)^2 = 0.06\theta^2$$

이다. 따라서 점추정치 $\hat{\theta}_1$가 $\hat{\theta}_2$보다 좋은 추정치가 된다.

마지막으로, 어떤 하나의 점추정치의 특성은 점추정치를 구성하는 표본 크기 n에 의존한다는 것을 명심할 필요가 있다. 특히 좋은 점추정치는 표본 크기 n이 증가할수록 그 분산은 줄어든다. 표본 크기가 커지면 커질수록 점추정치의 분산이 0으로 근사하는지, 불편추정치가 되거나 편의가 0으로 근사하는지(그러한 점추정치는 일치(consistent)하다고 한다) 확인할 수 있다면 충분히 표본 크기를 크게 함으로써 점추정치를 보다 정확하게 만들 수 있을 것이다.

연습문제

7.2.1 $E(X_1) = \mu$, $\text{Var}(X_1) = 10$, $E(X_2) = \mu$, 그리고 $\text{Var}(X_2) = 15$일 때 다음과 같은 점추정치를 고려해보자.

$$\hat{\mu}_1 = \frac{X_1}{2} + \frac{X_2}{2}$$

$$\hat{\mu}_2 = \frac{X_1}{4} + \frac{3X_2}{4}$$

$$\hat{\mu}_3 = \frac{X_1}{6} + \frac{X_2}{3} + 9$$

(a) 각 점추정치들의 편의를 계산하라. 그중에 불편추정치는 어느 것인가?

(b) 각 점추정치들의 분산을 계산하라. 그중에 가장 분산이 작은 추정치는 어느 것인가?

(c) 각 점추정치들의 평균제곱오차를 계산하라. $\mu = 8$일 때, 어느 점추정치의 평균제곱오차가 가장 작은가?

7.2.2 $E(X_1)=\mu$, $\mathrm{Var}(X_1)=7$, $E(X_2)=\mu$, $\mathrm{Var}(X_2)=13$, $E(X_3)=\mu$, 그리고 $\mathrm{Var}(X_3)=20$일 때 다음의 점추정치를 고려해보자.

$$\hat{\mu}_1=\frac{X_1}{3}+\frac{X_2}{3}+\frac{X_3}{3}$$
$$\hat{\mu}_2=\frac{X_1}{4}+\frac{X_2}{3}+\frac{X_3}{5}$$
$$\hat{\mu}_3=\frac{X_1}{6}+\frac{X_2}{3}+\frac{X_3}{4}+2$$

(a) 각 점추정치들의 편의를 계산하라. 그중에 불편추정치는 어느 것인가?

(b) 각 점추정치들의 분산을 계산하라. 그중에 가장 분산이 작은 추정치는 어느 것인가?

(c) 각 점추정치들의 평균제곱오차를 계산하라. $\mu=3$일 때, 어느 점추정치의 평균제곱오차가 가장 작은가?

7.2.3 $E(X_1)=\mu$, $\mathrm{Var}(X_1)=4$, $E(X_2)=\mu$, $\mathrm{Var}(X_2)=6$에 대하여

(a) $\hat{\mu}_1=X_1/2+X_2/2$의 분산을 구하여라.

(b) $\hat{\mu}=pX_1+(1-p)X_2$의 분산을 최소화시키는 p의 값을 구하라.

(c) 당신이 찾은 최소 분산을 갖는 점추정치를 토대로 $\hat{\mu}_1$에 대한 상대 효율을 계산하라.

7.2.4 $\mathrm{Var}(X_1)=1$, $\mathrm{Var}(X_2)=7$일 때, 문제 7.2.3에 다시 답하여라.

7.2.5 독립적인 일련의 확률변수 $X_1, X_2, \ldots X_n$가 각각 기대값이 μ, 분산이 σ^2이다. 다음의 점추정치 $\hat{\mu}=a_1X_1+\cdots+a_nX_n$($a_1, \ldots, a_n$은 상수)를 고려해보자.

(a) 점추정치가 μ에 대한 불편추정치가 되기 위해서 만족해야 하는 상수 a_i의 조건은 무엇인가?

(b) 이 조건에 의하면, 점추정치의 분산을 최소화시키는 상수 a_i의 값은 무엇인가?

7.2.6 만약

$$\hat{\theta}_1 \sim N(1.13\theta, 0.02\theta^2)$$
$$\hat{\theta}_2 \sim N(1.05\theta, 0.07\theta^2)$$
$$\hat{\theta}_3 \sim N(1.24\theta, 0.005\theta^2)$$

일 때 어떤 것이 θ를 추정하기 위해 가장 선호되는 점추정치인가?

7.2.7 $X \sim N(\mu, \sigma^2)$이고, 고정된 상수 μ_0에 대해서 점추정치가 $\hat{\mu}=X+\mu_0/2$일 때, $|\mu-\mu_0|\le\sqrt{3}\sigma$의 조건하에서 이 점추정치가 X보다 평균제곱오차가 더 작음을 보여라. μ가 μ_0에 근접할 때, 이 점추정치가 X보다 더 작은 평균제곱오차를 가진다는 사실을 설명하라.

7.2.8 $X \sim B(10, p)$ 그리고 점추정치 $\hat{p}=X/11$에 대해서 생각해보자.

(a) 이 점추정치의 편의는 얼마인가?

(b) 이 점추정치의 분산은 얼마인가?

(c) 이 점추정치의 평균제곱오차가 $(10p-9p^2)/121$임을 보여라.

(d) $p\le 21/31$일 때, 이 평균제곱오차가 $X/10$의 평균제곱오차보다 작음을 보여라.

7.2.9 표준편차가 5.39인 모수 θ의 추정치를 X_1이라고 하자. 그리고 X_2는 표준편차가 9.43인 모수 θ의 추정치라고 하자. 만약 두 추정치 X_1, X_2가 독립이라고 한다면, 추정치 $X_1+X_2/2$의 표준편차는 얼마가 되겠는가?

7.3 표본분포(Sampling Distribution)

지금부터 표본비율 $\hat{p}$, 표본평균 $\bar{X}$ 및 표본분산 S^2의 확률분포 또는 표본분포에 대하여 자세히 알아보기로 한다.

7.3.1 표본비율(Sample Proportion)

만약 $X \sim B(n, p)$이면 성공확률 p에 대한 불편추정치는 $\hat{p} = X/n$이 된다. 이 추정치는 n번의 시행에 대하여 관측된 성공 비율을 표현한 것으로서 일반적으로 표본비율이라고 지칭된다. 시행 횟수 n이 충분이 크다면 이항분포에 대한 정규 근사는 X와 $\hat{p}$이 정규분포를 따름을 의미한다. 이항분포에서 $\mathrm{Var}(X) = np(1-p)$이므로

$$\mathrm{Var}(\hat{p}) = \frac{p(1-p)}{n}$$

가 된다.

표본비율(Sample Proportion)

$X \sim B(n, p)$이면, 표본비율 $\hat{p} = X/n$는 다음과 같은 근사분포를 갖는다.

$$\hat{p} \sim N\left(p, \frac{p(1-p)}{n}\right)$$

$\hat{p}$의 표준편차는 표준오차(standard error)라고도 하며

$$\text{s.e.}(\hat{p}) = \sqrt{\frac{p(1-p)}{n}}$$

이다. 표준오차는 점추정치 $\hat{p}$의 정확성을 나타내는 지표로서 표준오차가 작을수록 점추정치가 더 정확해지는데 이는 p의 실제값에 대하여 더 작은 변동성을 갖기 때문이다. 여기서 표준오차는 표본 크기 n의 제곱근에 대해 반비례한다는 것을 주목할 필요가 있다. 표본 크기가 커짐에 따라 표준오차는 작아지게 되고 $\hat{p}$는 성공확률 p에 대한 더 정확한 추정치가 될 수 있다.

물론 성공확률 p가 알려져 있지 않기 때문에 p에 의존하는 표준오차 또한 실제로 알려지지 않은 값이다. 그러나 보통 p를 관측값 $\hat{p} = X/n$로 대체함으로써 표준오차를 추정하게 된다. 즉

$$\text{s.e.}(\hat{p}) = \sqrt{\frac{\hat{p}(1-\hat{p})}{n}} = \frac{1}{n}\sqrt{\frac{x(n-x)}{n}}.$$

예제 1 기계고장(Machine Breakdowns)

오작동으로 인해 46대의 기계 중 13대가 고장났다고 하면, 오작동으로 인한 기계 고장 확률의 점추정치는 $\hat{p}_0 = 13/46 = 0.28$이며 표준오차는

$$\text{s.e.}(\hat{p}_o) = \frac{1}{n}\sqrt{\frac{x_o(n-x_o)}{n}} = \frac{1}{46}\sqrt{\frac{13\times(46-13)}{46}} = 0.066.$$

예제 39 소 예방접종(Cattle Inoculations)

백신이 심각한 부작용을 일으킬 확률을 p라고 하며 알려지지 않았다고 하자. 만약 $n = 500{,}000$마리의 소에게 이 백신을 주입시켜 $x = 372$마리에게 부작용이 발생하였다고 한다면 p에 대한 점추정치는 $\hat{p} = 372/500{,}000 = 7.44\times10^{-4}$ 이고, 표준오차는

$$\text{s.e.}(\hat{p}) = \frac{1}{500{,}000}\sqrt{\frac{372\times(500{,}000-372)}{500{,}000}} = 3.86\times10^{-5}$$

이 된다.

5.3.3절에서 도출한 결과와 비교해보면, 확률이론과 통계적 추정에서 사용하는 방법의 차이를 구별할 수 있다. 5.3.3절에서는 부작용이 발생할 확률 p는 이미 알고 있는 값이었으며 확률이론을 통해 부작용으로 고통받는 소가 몇 마리인지 예측하였다. 하지만 통계적 추론에서는 부작용으로 고통받는 소가 몇 마리인지를 실제로 관찰함으로써 부작용이 발생할 확률 p를 추정한다.

기회 게임

편의가 있을 것으로 짐작되는 어떤 동전이 가질 수 있는 편의를 조사하기 위해, 그 동전을 여러 차례 던져 다음의 두 가지 시나리오를 고려해보기로 한다.

시나리오 1 : 동전을 100회 던져 앞면이 40회 나왔다.
시나리오 2 : 동전을 1,000회 던져 앞면이 400회 나왔다.

어느 경우에나, 동전의 앞면이 나올 확률은 $\hat{p} = 0.4$로 추정된다. 하지만 시나리오 2에서는 시나리오 1보다 동전을 던진 횟수가 훨씬 많다. 따라서 우리는 시나리오 2에서 얻은 점추정치가 시나리오 1에서 얻은 점추정치보다 더 정확하다고 말할 수 있을 것이다. 수학적으로 이것은 시나리오 1에서보다 시나리오 2에서 더 작은 표준오차를 가진다는 것을 반영하고 있다. 시나리오 1의 표준오차는

$$\text{s.e.}(\hat{p}) = \frac{1}{100}\sqrt{\frac{40\times(100-40)}{100}} = 0.0490$$

이고, 시나리오 2의 표준오차는

$$\text{s.e.}(\hat{p}) = \frac{1}{1000}\sqrt{\frac{400 \times (1000-400)}{1000}} = 0.0155$$

이다. 표본 크기를 10배로 증가한 결과, 표준오차는 $\sqrt{10} = 3.16$만큼 감소되었다.

7.3.2 표본평균(Sample Mean)

평균이 μ이며 분산 σ^2를 가지는 독립적이고 동질적인 확률분포로부터 추출한 확률표본 $X_1, X_2, ..., X_n$들의 집합을 고려해보자. 5.3.2절에서 확인한 바와 같이 중심극한정리는 표본평균 $\bar{X}$가 근사분포 $\bar{X} \sim N(\mu, \sigma^2/n)$를 가진다는 것을 말하고 있다. 이 결과는 확률변수 X_i가 정규분포를 따를 때는 정확히 성립하게 된다.

표본평균(Sample Mean)

모집단으로부터 관측된 확률표본 $X_1, X_2, ..., X_n$가 평균이 μ, 분산 σ^2를 가진다고 할 때, 중심극한정리에 의해 표본평균 $\hat{\mu} = \bar{X}$는 다음과 같은 분포로 근사할 수 있다.

$$\hat{\mu} = \bar{X} \sim N\left(\mu, \frac{\sigma^2}{n}\right)$$

표본평균의 표준오차는

$$\text{s.e.}(\bar{X}) = \frac{\sigma}{\sqrt{n}}$$

으로 표본 크기의 제곱근에 반비례한다. 따라서 표본 크기가 두 배가 된다면 표준오차는 $\sqrt{2} = 0.71$만큼 감소하게 된다. 또한 표준오차를 절반으로 줄이기 위해서는 표본 크기는 4배가 되어야 한다. 만약 표본 크기로 $n = 20$을 사용하였다면 $\hat{\mu} = \bar{X}$의 값이 실제 평균인 μ의 $\sigma/4$ 내에 놓이게 될 확률이 얼마나 될까? 정규분포의 성질을 이용하여 이 확률은 다음과 같이 구할 수 있다.

$$\begin{aligned} P\left(\mu - \frac{\sigma}{4} \le \bar{X} \le \mu + \frac{\sigma}{4}\right) &= P\left(\mu - \frac{\sigma}{4} \le N\left(\mu, \frac{\sigma^2}{20}\right) \le \mu + \frac{\sigma}{4}\right) \\ &= P\left(-\frac{\sqrt{20}}{4} \le N(0,1) \le \frac{\sqrt{20}}{4}\right) \\ &= \Phi(1.12) - \Phi(-1.12) \\ &= 0.8686 - 0.1314 = 0.7372. \end{aligned}$$

그러나 만약 표본 크기로 $n = 40$이 사용된다면, 이 확률은

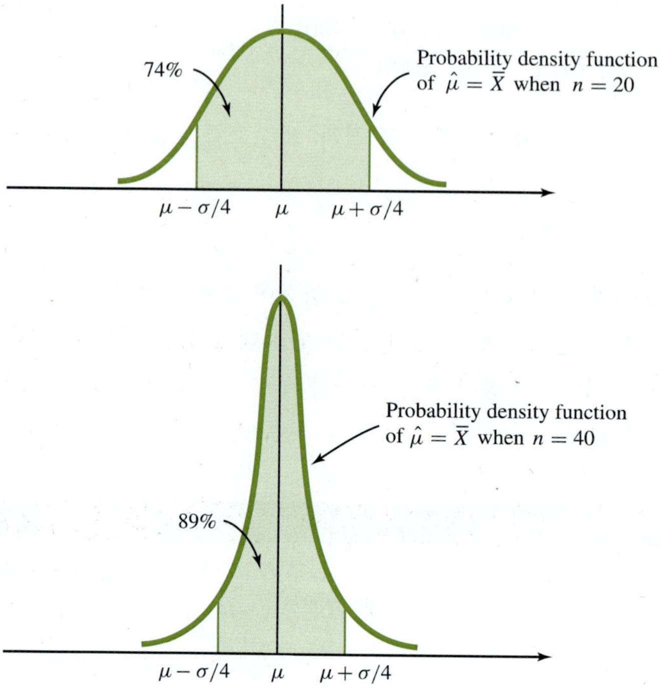

그림 7.10
표본 크기 증가에 따른 $\hat{\mu} = \bar{X}$의 정확도의 증가

$$P\left(-\frac{\sqrt{40}}{4} \le N(0,1) \le \frac{\sqrt{40}}{4}\right) = \Phi(1.58) - \Phi(-1.58)$$
$$= 0.9429 - 0.0571 = 0.8858$$

로 증가하게 된다. 이 확률값들은 [그림 7.10]에 잘 나타나 있는데 더 큰 크기의 표본으로부터 얻은 결과가 더 정확한 값을 갖는다고 말할 수 있다. 모집단의 표준편차 σ는 알려지지 않은 경우가 대부분이기 때문에 관측된 표본 표준편차인 s로 대체하여 표현할 수 있다. 따라서 관측된 표본평균인 $\bar{x}$의 표준오차는 다음과 같이 계산될 수 있다.

$$\text{s.e.}(\bar{x}) = \frac{s}{\sqrt{n}}$$

예제 42 회전 압착 자투리(Rolling Mill Scrap)

표본평균 $\hat{\mu} = \bar{x} = 20.81$의 표준오차는

$$\text{s.e.}(\bar{x}) = \frac{s}{\sqrt{n}} = \frac{4.878}{\sqrt{95}} = 0.500$$

이다.

예제 43 육군 체력검사 테스트(Army Physical Fitness Test)

표본평균 $\hat{\mu} = \bar{x} = 857.7$의 표준오차는

$$\text{s.e.}(\bar{x}) = \frac{s}{\sqrt{n}} = \frac{81.98}{\sqrt{84}} = 8.94$$

이다.

예제 45 직물 흡수 특성(Fabric Water Absorption Properties)

표본평균 $\hat{\mu} = \bar{x} = 59.81$에 대한 표준오차는

$$\text{s.e.}(\bar{x}) = \frac{s}{\sqrt{n}} = \frac{4.94}{\sqrt{15}} = 1.28$$

이다.

7.3.3 표본분산(Sample Variance)

평균이 μ이며 분산이 σ^2인 모집단으로부터 얻은 확률표본 $X_1, X_2, ..., X_n$에 대하여

$$\hat{\sigma}^2 = S^2 = \frac{\sum_{i=1}^{n}(X_i - \bar{X})^2}{n-1}$$

에 대하여 고려해보자.

표본분산(Sample Variance)

만약 $X_1, X_2, ..., X_n$이 평균이 μ이며 분산이 σ^2인 정규분포를 따른다고 할 때 표본분산 S^2는 다음을 만족한다.

$$S^2 \sim \sigma^2 \frac{\chi^2_{n-1}}{(n-1)}$$

S^2는 척도요소(scaling factor)가 $\sigma^2/(n-1)$이고 자유도가 $n-1$인 카이제곱(χ^2) 확률분포를 따른다. 표본 크기가 n이면 카이제곱 확률분포의 자유도는 $n-1$임을 기억하라. 이러한 분포의 결과는 정규 모집단의 평균을 추정하는 문제에 있어서 매우 중요하다. 위에서 본 바와 같이 표본평균 $\hat{\mu} = \bar{x}$의 표준오차는 $\sigma/\sqrt{n}$로서 미지의 모분산 σ^2에 대해 의존한다. 하지만 표본분산 S^2의 경우에는 그러한 문제점들을 극복할 수 있게 된다. 미지의 모분산 σ^2을 제거함으로써 t-분포를 사용할 수 있게 된다. 표본평균의 분포 $\bar{X} \sim N(\mu, \sigma^2/n)$는 다음과 같이 표현할 수 있다.

$$\frac{\sqrt{n}}{\sigma}(\bar{X} - \mu) \sim N(0, 1)$$

또한 $S/\sigma \sim \sqrt{\chi^2_{n-1}/(n-1)}$이고 따라서

$$\frac{\sqrt{n}(\bar{X} - \mu)}{S} = \frac{\frac{\sqrt{n}}{\sigma}(\bar{X} - \mu)}{\left(\frac{S}{\sigma}\right)} \sim \frac{N(0, 1)}{\sqrt{\frac{\chi^2_{n-1}}{(n-1)}}} \sim t_{n-1}$$

t-분포의 자유도는 표본 크기 n보다 하나 더 작다는 것을 주목하라. 주어진 μ에 대하여 $\sqrt{n}(\bar{X} - \mu)/S$는 t-통계량이라고 한다.

t-통계량 (t-statistic)

만약 $X_1, X_2, ..., X_n$이 평균이 μ인 정규분포를 따른다고 할 때

$$\frac{\sqrt{n}(\bar{X} - \mu)}{S} \sim t_{n-1}$$

실제로 실험자는 n의 값, 표본평균 $\bar{x}$ 및 표본분산 S^2을 자료를 통해 구할 수 있으므로 μ를 제외한 $\sqrt{n}(\bar{X} - \mu)/S$의 모든 값을 알고 있는 것과 같다. 이러한 사실은 8장에서 설명할 내용으로서, 실험자가 μ에 대한 추정을 하는데 매우 유용하게 사용할 수 있다.

7.3.4 시뮬레이션 실험 : 표본분포의 고찰

실험자가 미지의 모평균과 모분산을 가지는 정규분포를 따르는 어떤 확률변수에 대해 측정한다고 하자. 이 경우 시뮬레이션 방법을 이용하여 평균과 분산의 특정값을 얻을 수 있다. 더욱 흥미로운 사실은, 실제로 실험자가 얻을 수 있는 관측치는 하나에 국한되지만 시뮬레이션을 통해서는 여러 가지의 가능한 표본들을 만들어낼 수 있다는 것이다. 이렇게 시뮬레이션을 통해 실험을 수행하는 것은 우리가 이번 장에서 논의한 모수의 추정에 관한 표본분포를 검증할 수 있도록 해준다.

$\mu = 10$,이고 $\sigma^2 = 3$이라고 가정해보자. 실험자가 표본의 크기가 $n = 30$인 표본을 추출하기로 하였다. 컴퓨터를 이용하여 시뮬레이션할 수 있는데 이는 간단하게 $N(10, 3)$인 분포로부터 30개의 임의의 관측치들을 얻는 것으로 묘사할 수 있다. 이러한 시뮬레이션을 통해 얻은 30개의 관측치들은 [그림 7.11]에 묘사된 것과 같이 $\bar{x} = 10.589$이고 $s^2 = 3.4622$로 나타났다. 따라서 실험자는 $\hat{\mu} = 10.589$와 $\hat{\sigma}^2 = 3.4622$를 각각의 모수로 추정할 것이다. 실제 모수값에 대한 우리의 지식에 미루어, 우리는 실험자가 그다지 잘못 생각하고 있지 않다는 것을 알 수 있다.

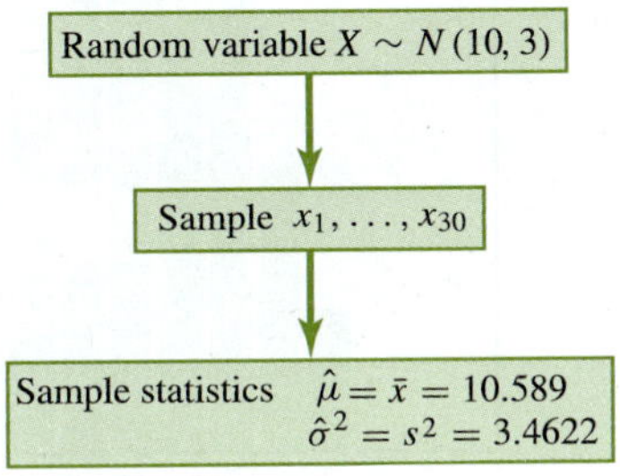

그림 7.11
30개의 시뮬레이션 샘플

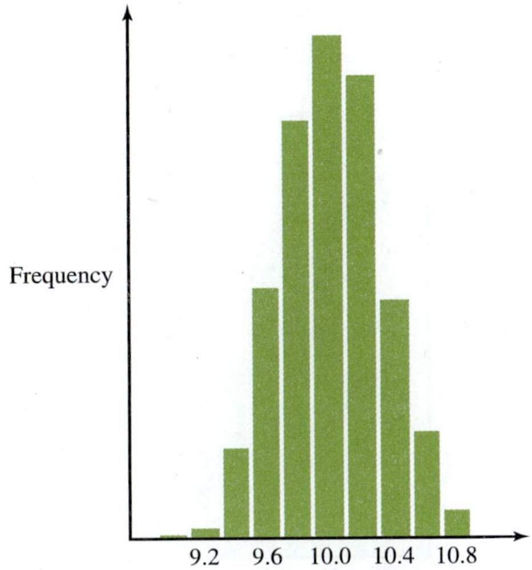

그림 7.12
$\bar{x}$ 의 500 시뮬레이션 값들의 히스토그램

우리가 자료 관측치들을 서로 다른 표본에 대해 시뮬레이션을 한다고 가정해 보자. 특별히 500개의 표본을 시뮬레이션한다고 하자. 각 표본은 30개의 자료 관측치들을 포함하고 있으므로, 이 시뮬레이션에서는 $N(10, 3)$으로부터 15,000개의 확률표본들이 시뮬레이션될 것이다. 각 표본에 대하여 우리는 $\bar{x}$와 s^2의 값을 계산해낼 수 있다.

[그림 7.12]는 시뮬레이션을 통해 얻은 500개의 표본평균 $\bar{x}$의 값에 대한 히스토그램을 보여주고 있다. 이 장에서 설명한 표본분포의 관점에서 보면, 표본평균 $\bar{x}$는 $\mu = 10$이고 $\sigma^2/n = 3/30 = 0.1$인 정규분포로부터 관측된 것이라고 할 수 있다. [그림 7.12]의 히스토그램은 정규분포와 비슷한 형태를 갖고 있는 것처럼 보이며 실제로 500개의 $\bar{x}$값의 평균은 10.006이고 표본분산은 0.091이다. 따라서 시뮬레이션의 결과는 이론과 잘 맞는다고 할 수 있다.

500번에 걸친 시뮬레이션에서 $\bar{x}$의 최대값은 10.876이며 최소값은 9.073이다. 그러나 250번에 걸친 시뮬레이션에 대해서 $\bar{x}$는 9.8과 10.2 사이에서 존재한다. [그림 7.13]은 표본분산 s^2를 시뮬레이션한 500개 표본값에 대한 히스토그램을 나타내고 있다. 이 장에서 제시한 표본분포 이론에 따르면 표본분산의 분포는 다음과 같다.

$$\sigma^2 \frac{\chi^2_{n-1}}{(n-1)} = 3 \times \frac{\chi^2_{29}}{29}$$

[그림 7.13]에 있는 히스토그램은 카이제곱 분포가 양의 왜도를 가짐을 보여주고 있다. 표본분산 s^2의 500회에 걸친 시뮬레이션 값들의 평균은 3.068이고, 그 값들의 절반은 2.54와 3.56 사이에서 값을 갖는다. 시뮬레이션 값들 중 가장 큰 값

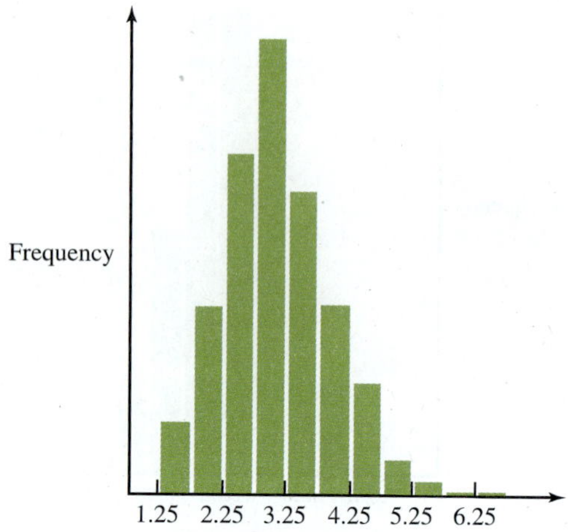

그림 7.13
s^2의 500 시뮬레이션 값들의 히스토그램

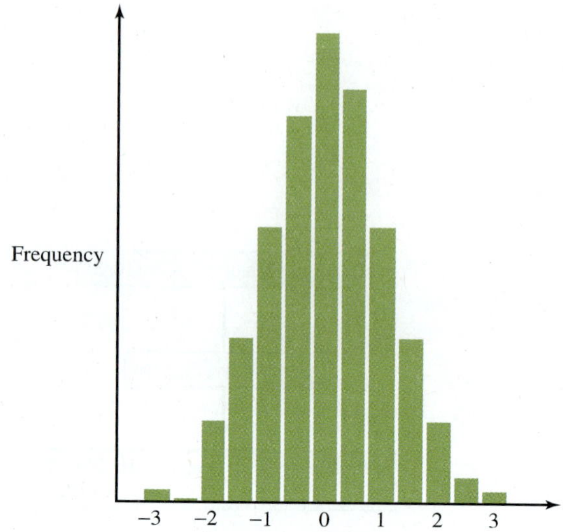

그림 7.14
500 시뮬레이션된 t–통계량의 히스토그램

은 6.75이고, 가장 작은 값은 1.33이다.

실제의 값인 $\sigma^2 = 3$을 추정하기 위하여 실험자가 구한 $\hat{\sigma}^2$의 값은 σ^2에 얼마나 근접할 수 있을까? 이것은 운에 달려 있다. 실험자가 구한 점추정치는 [그림 7.13]에 나와 있는 히스토그램에 의한 카이제곱 분포로부터의 임의의 관측치이다.

마지막으로 t–통계량

$$\frac{\sqrt{n}(\bar{x} - \mu)}{s} = \frac{\sqrt{30}(\bar{x} - 10)}{s}$$

을 고려할 때 [그림 7.14]는 이러한 t–통계량에 대한 500개의 시뮬레이션한 값들에 대한 히스토그램을 보여주고 있다. 이 장에서 제시한 이론에 따르면 t–통계량들은 자유도가 29($= n - 1 = 30 - 1$)인 t–분포를 가지며 이 분포는 분산이 약간 큰 표준정규분포와 매우 유사하다. 실제로 [그림 7.14]의 히스토그램은 정규분포에 비슷한 모양을 보이고 있다. 500개의 t–통계량들은 평균 0.0223과 분산 0.96을 갖는다. 이러한 사실은 일반적인 이론에 부합되며 추가적인 시뮬레이션 실험은 8.1.4장에서 계속 설명한다.

연습문제

7.3.1 $X_1 \sim B(n_1, p)$, $X_2 \sim B(n_2, p)$인 두 개의 확률변수를 고려해보자. 성공확률 p를 추정하기 위해서 점추정치 X_2/n_2에 대한 X_1/n_1의 상대효율을 구하라.

7.3.2 평균 μ, 분산 $\sigma^2 = 1$인 정규 분포를 따르는 확률표본 $X_1, X_2, \ldots, X_n$을 고려해보자.

(a) 만약 $n = 10$일 때, $|\mu - \bar{X}| \leq 0.3$일 확

률은 얼마인가?

(b) $n=30$일 때, 이 확률은 얼마가 될 것인가?

7.3.3 평균 μ, 분산 $\sigma^2=7$인 정규 분포를 따르는 확률표본 $X_1, X_2, ..., X_n$을 고려해보자.

(a) 만약 $n=15$일 때, $|\mu-\bar{X}|\leq 0.4$ 일 확률은 얼마인가?

(b) $n=50$일 때, 이 확률은 얼마가 될 것인가?

7.3.4 분산 $\sigma^2=5$인 정규 분포를 따르는 확률표본 $X_1, X_2, ..., X_n$을 고려해보자. $n=31$이라고 할 때

(a) $P(S^2\leq c)=0.90$을 만족시키는 c의 값을 구하라.

(b) $P(S^2\leq c)=0.95$을 만족시키는 c의 값을 구하라.

7.3.5 $n=21$, $\sigma^2=32$라고 할 때, 7.3.4의 질문에 답하라.

7.3.6 평균 μ인 정규 분포를 따르는 확률표본 $X_1, X_2, ..., X_n$을 고려해보자. $n=16$이라고 할 때

(a) $P(|4(\bar{X}-\mu)/s|\leq c)=0.95$를 만족하는 c의 값을 구하라.

(b) $P(|4(\bar{X}-\mu)/s|\leq c)=0.99$를 만족하는 c의 값을 구하라.

7.3.7 평균 μ인 정규 분포를 따르는 확률표본 $X_1, X_2, ..., X_n$을 고려해보자. $n=21$이라고 할 때

(a) $P(|(\bar{X}-\mu)/s|\leq c)=0.95$를 만족하는 c의 값을 구하라.

(b) $P(|(\bar{X}-\mu)/s|\leq c)=0.99$를 만족하는 c의 값을 구하라.

7.3.8 소비자 조사에 따르면, 모집단을 대표하는 표본 450명에 대하여 234명의 소비자들이 B 상품보다 A 상품을 선호한다고 한다. B 상품보다 A 상품을 선호하는 모든 소비자들의 비율을 p라고 할 때 p에 대한 불편 점추정치를 구하고 점추정치의 표준오차를 구하라.

7.3.9 35종의 면사(cotton thread) 인장강도를 측정했다. 이 표본의 평균은 $\bar{x}=974.3$이고 표본의 분산은 $s^2=452.1$이다. 면사의 모평균 인장강도에 대한 점추정치를 구하고 그 점추정치의 표준오차를 계산하라.

7.3.10 DS 6.1.1에 주어진 주사위 문제를 고려해보자. 6이 나올 확률에 대한 점추정치는 무엇인가? 그리고 그 점추정치의 표준오차는 얼마인가?

7.3.11 텔레비전 세트 품질

DS 6.1.2.에 주어진 텔레비전 세트 화질 데이터 집합을 고려해보자. 텔레비전 화질이 만족스러울 확률에 대한 점추정치는 무엇인가? 그리고 그 점추정치의 표준오차는 얼마인가?

7.3.12 눈동자 색깔

DS 6.1.3에 주어진 눈동자 색깔에 대한 데이터 집합을 고려해보자. 어떤 학생의 눈이 파란색일 확률에 대한 점추정치를 구하고 그 점추정치의 표준오차를 구하라.

7.3.13 음식점 서비스 시간

DS 6.1.4에 주어진 서비스 시간에 대한 데이터 집합을 고려해보자. 평균 서비스 시간에 대한 점추정치는 무엇인가? 그리고 그 점추정치의 표준오차는 얼마인가?

7.3.14 과일 부패

DS 6.1.5.에 주어진 부패된 복숭아에 대한 데이터 집합을 고려해보자. 한 박스당 부패된 복숭아의 평균 개수에 대한 점추정치를 구하고 그 점추정치의 표준오차를 계산하라.

7.3.15 전화교환대 활동

DS 6.1.6에 주어진 교환대에 의해 수신되어지는 통화 수에 대한 데이터 집합을 고려해보자. 분당 수신되는 평균 횟수에 대한 점추정치를 구하고 그 점추정치의 표준오차를 계산하라.

7.3.16 아스팔트 자갈 무게

DS 6.1.7에 주어진 아스팔트 자갈 무게에 대한 데이터 집합을 고려해보자. 평균 아스팔트 자갈 무게에 대한 점추정치를 구하고 그 점추정치의 표준오차을 계산하라.

7.3.17 스프레이 페인트 공정

DS 6.1.8에 주어진 페인트 두께에 대한 데이터 집합을 고려해보자. 평균 페인트 두께에 대한 점추정치는 무엇인가? 그리고 그 점추정치의 표준오차는 얼마인가?

7.3.18 플라스틱 패널 구부림 능력

DS 6.1.9에 주어진 플라스틱 패널의 구부림 정도에 대한 데이터 집합을 고려해보자. 평균 변형각도에 대한 점추정치를 구하고 그 점추정치의 표준오차를 계산하라.

7.3.19 실험자에게 알려져 있지는 않지만 어떤 불량 부품을 생산하는 프로토타입 에칭 절차에 대한 확률이 $p=0.24$이라고 한다. 실험자는 표본에 대한 100회의 임의 추출을 시험하였다. 그리고 각각이 불량 부품인지 아닌지를 찾아냈다. p에 대한 실험자의 점추정치가 실제 값의 0.05 범위 안에 있을 확률은 무엇인가? 실험자가 이러한 실험을 200회 시행하였다면, 확률은 어떻게 변하겠는가?

7.3.20 어떤 전자부품의 전기 용량이 평균 $\mu=174$, 표준편차 $\sigma=2.8$인 정규분포를 갖는다고 한다. 만약 어떤 기술자가 $n=30$의 부품의 표본을 선택해서 그들의 전기 용량을 측정했다면, μ에 대한 기술자의 점추정치가 구간 (173, 175) 안에 포함될 확률이 얼마인가?

7.3.21 실험자에게 알려져 있지는 않지만, 동전을 던져 앞면이 나올 확률이 $p=0.63$이라고 한다. 실험자가 p를 추정하기 위해서 동전을 300회 던지는 실험을 하였다. p에 대한 실험자의 점추정치가 (0.62, 0.64)인 구간 안에 포함될 확률은 얼마인가?

7.3.22 벽돌의 무게가 평균 $\mu=110.0$, 표준편차 $\sigma=0.4$인 정규분포를 따른다고 하자. 만약 임의로 선별된 22개의 벽돌의 무게를 측정하여 μ에 대한 점추정치의 결과가 구간 (109.9, 110.1) 안에 포함될 확률은 얼마인가?

7.3.23 어떤 과학자는 프로세스로부터 산출된 결함이 있는 아이템의 비율이 12.6%라고 보고했다. 만약 이 과학자의 추정이 프로세스로부터 360개의 임의 표본에 대한 실험에 근거한 것이라면, 이 과학자의 추정에 대한 표준오차는 얼마인가?

7.3.24 부품의 무게가 평균 $\mu=341$, 표준편차 $\sigma=2$인 정규분포를 따른다고 가정하

자. 실험자는 평균 μ를 추정하기 위해서 부품 20개에 대한 무게를 측정하였다. μ에 대한 실험자의 추정치가 341.5보다 작을 확률은 얼마인가?

7.3.25 실험자에게 알려져 있지는 않지만 냉경주철(Chilled cast iron)의 부식률이 표준편차 5.2를 가진다고 한다. 실험자는 냉경주철의 임의 표본 18개에 대한 부식률을 측정하고 평균부식률을 추정하였다. 실험자의 추정치가 올바른 값으로부터 2 이상 떨어질 확률은 얼마인가?

7.3.26 임의의 1,400명의 피고인들을 대상으로, 원고 상대방에 대해 합의를 할지 안 할지에 대한 여론조사를 실시한다고 하자. 합의를 하는 전체 비율에 대한 추정치의 표준오차가 가질 수 있는 최대값을 구하라.

7.3.27 실험자에게 알려져 있지는 않지만 어떤 부품의 고장 시간이 모수 $\lambda=0.02$(분당)인 지수 분포를 따른다고 한다. 실험자는 11개의 부품들을 가지고 실험을 한 결과, 그들 중 얼마나 많은 부품들이 1시간 이상 생존하는지 조사하였다. 이것은 어떤 부품이 1시간 이상 지속될 것인지에 대한 확률을 추정하는 실험이다. 실험자의 추정치가 실제값의 0.05의 범위 안에 포함될 확률을 구하라.

7.3.28 어떤 특정한 방법에 의해 준비된 식료품의 pH 수준은 $\sigma=0.82$를 가지는 정규분포를 따른다. 실험자가 임의의 n개 식료품들에 대한 표본 평균 pH 수준을 이용하여 실제 평균 pH 수준을 추정하려고 한다.

(a) 만약 표본의 크기가 $n=5$라면, 실험자의 추정치가 실제 평균값의 0.5 내에 포함될 확률은 얼마인가?

(b) 만약 표본의 크기가 $n=10$이라면, 실험자의 추정치가 실제 평균값의 0.5 내에 포함될 확률은 얼마인가?

(c) 실험자의 추정치가 실제값으로부터 0.5의 범위 안에 들어갈 확률이 적어도 99%가 되려고 하면, 표본의 크기 n을 얼마로 해야 하는가?

7.3.29 어떤 회사는 광대한 하수도 시스템을 통해 3,288개의 유량계를 설치했다. 회사에 알려져 있지는 않지만 이 중 592개의 유량계는 허용한계를 초과해서 작동하고 있고 반면에 2,696개의 유량계들은 규정에 맞게 작동되고 있다. 이 회사는 표본 20개를 조사해서 허용한계를 초과해서 작동되는 유량계의 비율 p를 추정하기로 결정했다.

(a) p에 대한 회사의 추정치가 실제값의 0.1구간 안에 포함될 확률은 얼마인가?

(b) 2,012개의 유량계는 쉽게 접근할 수 있으나 1,276개의 유량계는 쉽게 접근할 수 없다. 게다가 쉽게 접근할 수 있는 유량계 중 184개만이 허용한계를 초과해서 작동한다. 만약 이 회사가 추출한 표본 20개가 쉽게 접근할 수 있는 유량계들로부터의 표본값이기 때문에 편의가 존재한다고 한다면, 이 회사가 추정한 p의 추정치가 실제값으로부터 0.1의 구간 안에 포함될 확률은 얼마인가?

7.4 모수 추정치의 구축(Constructing Parameter Estimates)

이전의 절에서는 성공확률, 모평균 및 모분산에 대한 점추정치와 그에 대한 이론을 자세히 다루었다. 이 절에서는 추정치를 구하는 일반적인 두 가지 방법인 적률법(method of moments)과 최우추정법(maximum likelihood estimation)을 설명한다.

7.4.1 적률법(Method of Moments)

한 개의 모수에 대한 적률법 점추정 (Method of Moments Point Estimate for One Parameter)

확률분포로부터 추출한 확률표본 $x_1, x_2, ..., x_n$들로 구성된 데이터 집합이 미지의 모수 θ에 의존한다고 한다면, 모수의 점추정치 $\hat{\theta}$의 적률법은

$$\bar{x} = E(X)$$

를 풀어 구할 수 있다. 다시 말해 표본평균과 모평균을 같다고 놓고 점추정치를 구하는 것이다.

이 추정 방법의 적용 예로서, 베르누이 관측치들의 집합 $x_1, x_2, ..., x_n$(성공($x_i=1$)의 확률 p와 실패($x_i=0$)의 확률 $1-p$)에 대해서 생각해보자. 베르누이 분포의 기대값은 $E(X)=p$ 이므로 p에 대한 적률법 점추정치는 $\bar{x}=p$를 풀어서 구할 수 있다. 이는 일반적인 점추정치 $\hat{p}=x/n$를 보여주고 있다. 이때 x는 1의 값을 갖는 관측 자료의 수이다.

두 개의 모수에 대한 적률법 점추정 (Method of Moments Point Estimates for Two Parameters)

확률분포로부터 추출한 확률표본 $x_1, x_2, ..., x_n$들로 구성된 데이터 집합이 미지의 두 모수에 의존한다고 한다면, 두 모수의 적률법 점추정치는

$$\bar{x} = E(X) \qquad s^2 = \mathrm{Var}(X)$$

를 풀어 구할 수 있다.

정규분포를 따르는 자료에 대하여 적률법으로 두 모수를 추정하는 방법을 알아보자. $N(\mu, \sigma^2)$ 분포에 대해서 $E(X)=\mu$ 이며 $\mathrm{Var}(X)=\sigma^2$ 이기 때문에 적률법은 $\bar{x}=\hat{\mu}$ 이며 $s^2=\hat{\sigma}^2$ 임을 바로 보여준다. 일반적으로 적률법은 의미있는 점추정치 값을 구하기 위한 단순하고 쉬운 방법으로 알려져 있다. 하지만 그다지 간단하지 않은데 다음의 자료 관측치들을 고려해보자.

2.0 2.4 3.1 3.9 4.5 4.8 5.7 9.9

이들은 $U(0, \theta)$ 분포로부터 얻어진 자료이다. 이러한 경우 균일분포의 상한 끝점이 추정해야 할 미지의 모수가 되는데 $U(0, \theta)$ 분포의 기대값이 $E(X)=\theta/2$ 이고, 표본평균이 $\bar{x}=4.5375$이기 때문에, 점추정치 θ의 적률법 추정치는 $4.5375=\theta/2$로부터 얻을 수 있다. 즉, $\hat{\theta}=2\times4.5375=9.075$가 된다. 이 경우 자료들 중에 9.9는 $\hat{\theta}$을 초과한다, 반면에 모수 θ는 모든 자료값들보다 반드시 커야만 한다. 이는 적률법으로부터 구한 점추정치가 특별한 경우에는 맞지 않을 수도 있음을 예시하고 있다.

적률법은 3개 이상의 모수에 대하여 모집단의 적률인 $E(X-\mu)^k$, $k \geq 3$을 일반화하여 구할 수 있다. 하지만 그다지 많이 사용되지는 않는다.

7.2.4 최우추정법(Maximum Likelihood Estimate)

최우추정법(maximum likelihood estimate)은 점추정치를 구하기 위하여 가장 많이 사용하는 방법이다. 최우추정법은 상당한 이론적 정당성을 제공하고 있는데 미지의 모수 θ에 의존하는 확률밀도함수 $f(x, \theta)$로부터 추출한 확률표본의 관측치 $x_1, x_2, ..., x_n$을 고려해보자. 관측된 자료들의 결합밀도함수는 우도(likelihood)로서 다음과 같이 정의될 수 있다.

$$f(x_1, \ldots, x_n, \theta) = f(x_1, \theta) \times \cdots \times f(x_n, \theta)$$

하나의 모수에 대한 최우추정치(Maximum Likelihood Estimate for One Parameter)

어떤 데이터 집합이 모수 θ에 의존하는 확률밀도함수 $f(x, \theta)$로부터 추출한 확률표본의 관측치 $x_1, x_2, ..., x_n$로 구성되어 있다면, 모수의 **최우추정치** $\hat{\theta}$는 다음과 같은 우도함수를 최대화함에 의해 구할 수 있다.

$$L(x_1, \ldots, x_n, \theta) = f(x_1, \theta) \times \cdots \times f(x_n, \theta)$$

우도함수를 최대화하기 위하여 일반적으로 우도함수를 모수에 대해서 미분하는 방법을 사용한다. 그러나 종종 미분을 하기 전에, 우도함수에 자연로그를 취하는 것이 더 편리하다. 자연로그는 단조함수이기 때문에 로그우도함수를 최대화하는 것은 우도함수를 최대화하는 것과 동일하게 된다.

최우추정방법을 설명하기 위하여 앞에서 다룬 베르누이 시행으로부터 얻은 관측치 $x_1, x_2, \cdots, x_n$(성공($x_i=1$)의 확률 p와 실패($x_i=0$)의 확률 $1-p$)에 대해 고려해보자. 이 경우, 확률질량함수는 $f(1, p)=p$, $f(0, p)=1-p$가 된다. 요약하면,

$$f(x_i, p) = p^{x_i}(1-p)^{1-x_i}$$

이며, 우도함수는 따라서

$$L(x_1, \ldots, x_n, p) = \prod_{i=1}^{n} p^{x_i}(1-p)^{1-x_i} = p^x(1-p)^{n-x}$$

이때 $x = x_1 + \cdots + x_n$ 이고 최우추정치 $\hat{p}$는 로그우도함수를 최대화함으로써 구할 수 있다. 로그우도함수는

$$\ln(L) = x\ln(p) + (n-x)\ln(1-p)$$

이며

$$\frac{d\ln(L)}{dp} = \frac{x}{p} - \frac{n-x}{1-p}$$

을 0으로 놓고 풀면 $\hat{p} = x/n$ 이 된다. 결국 최우추정 방법은 성공확률에 대한 일반적인 추정치를 제공한다.

두 모수에 대한 최우추정(Maximum Likelihood Estimate for Two Parameters)

어떤 데이터 집합이 미지의 두 모수에 의존하는 확률밀도함수 $f(x, \theta_1, \theta_2)$로부터 추출한 확률표본의 관측치 $x_1, x_2, ..., x_n$로 구성되어 있다면, 두 모수의 **최우추정치** $\hat{\theta}_1$과 $\hat{\theta}_2$는 확률분포들의 곱으로 표현되는 다음과 같은 우도함수를 최대화하여 구할 수 있다.

$$L(x_1, \ldots, x_n, \theta_1, \theta_2) = f(x_1, \theta_1, \theta_2) \times \cdots \times f(x_n, \theta_1, \theta_2)$$

결합확률분포를 최대화하기 위해 앞에서 설명한 바와 같이, 로그우도함수를 θ_1과 θ_2에 대해 미분하여 그 결과를 0으로 놓고 풀게 된다. 정규분포는 두 개의 모수를 가지는 대표적인 분포로서 다음과 같은 확률밀도함수를 갖는다.

$$f(x, \mu, \sigma^2) = \frac{1}{\sqrt{2\pi}\sigma} e^{-(x-\mu)^2/2\sigma^2}$$

정규 관측치들의 집합에 대한 우도함수는

$$L(x_1, \ldots, x_n, \mu, \sigma^2) = \prod_{i=1}^{n} f(x_i, \mu, \sigma^2)$$
$$= \left(\frac{1}{2\pi\sigma^2}\right)^{n/2} \exp\left\{-\sum_{i=1}^{n}(x_i-\mu)^2/2\sigma^2\right\}$$

가 되고, 로그우도함수는

$$\ln(L) = -\frac{n}{2}\ln(2\pi\sigma^2) - \frac{\sum_{i=1}^{n}(x_i-\mu)^2}{2\sigma^2}$$

이다. 각각의 모수 μ와 σ^2로 미분하면

$$\frac{d\ \ln(L)}{d\mu} = \frac{\sum_{i=1}^{n}(x_i-\mu)}{\sigma^2},\quad \frac{d\ \ln(L)}{d\sigma^2} = -\frac{n}{2\sigma^2} + \frac{\sum_{i=1}^{n}(x_i-\mu)^2}{2\sigma^4}$$

$d\ln(L)/d\mu = 0$으로 하면 $\hat{\mu} = \bar{x}$이며, $d\ln(L)/d\sigma^2 = 0$으로 하면 $\hat{\sigma}^2 = \sum_{i=1}^{n}(x_i-\hat{\mu})^2/n = \sum_{i=1}^{n}(x_i-\bar{x})^2/n$으로 이들은 두 모수 μ와 σ^2에 대한 최우추정치가 된다. 여기서 주목할 것은 분산의 추정치에 대하여 분모가 $n-1$ 대신 n이라는 것이다.

적률 점추정치에서와 같이 최우추정 방법을 통해 구한 점추정치들은 의미있는 점추정치가 되며, 표본 크기가 충분히 클 때, 최우추정치들은 매우 좋은 성질들을 가진다는 것을 이론적으로 확인할 수 있다. 만약 추정하고자 하는 모수가 3개 이상일 때 최우추정 방법은 위의 방법을 일반화하여 손쉽게 구할 수 있다.

위에서 언급한 두 추정 방법은 특별한 경우를 제외하고는 일반적으로 동일한 점추정치를 제공한다. 정규분포의 분산에 대한 최우추정의 예에서와 같이, 최우추정 방법을 통해 구한 점추정치가 불편성을 만족하지 않는 경우가 있지만 표본 크기가 증가할수록 이러한 편의는 감소하게 된다.

7.4.3 예제

예제 27 유리판 결점수(Glass Sheet Flaws)

유리판 제조회사에서는 품질검사를 위하여 30장의 임의로 선택된 유리판에 대하여 결점의 수를 기록한다. 이들 자료값들은 [그림 7.15]에 나타나 있다. 만약 유리판당 결점의 수가 포아송분포를 따른다고 한다면, 모수인 λ의 값을 추정해보자.

확률변수 X가 모수가 λ인 포아송분포를 따른다고 한다면, $E(X) = \lambda$이므로 적률법을 사용하여 모수를 추정하면 $\hat{\lambda} = \bar{x}$가 될 것이다. 이는 다음에서처럼 최우추정을 통해서도 역시 구할 수 있다. 관측된 자료 x_i의 확률질량함수는 $f(x_i, \lambda) = e^{-\lambda}\lambda^{x_i}/x_i!$이며 따라서 우도함수는

$$L(x_1, \ldots, x_n, \lambda) = \prod_{i=1}^{n} f(x_i, \lambda) = \frac{e^{-n\lambda}\lambda^{(x_1+\cdots+x_n)}}{(x_1! \times \cdots \times x_n!)}$$

그림 7.15
유리판 결점 데이터 집합

0	1	1	1	0	0	0	2	0	1	0	1	0	0	0
0	0	1	0	2	0	0	3	1	2	0	0	1	0	0

가 되고, 로그우도함수는

$$\ln(L) = -n\lambda + (x_1 + \cdots + x_n)\ln(\lambda) - \ln(x_1! \times \cdots \times x_n!)$$

가 된다. 따라서 $d\ln(L)/d\lambda = -n + (x_1 + \cdots + \cdots x_n)/\lambda$ 을 0으로 놓고 풀게 되면 $\hat{\lambda} = \bar{x}$ 가 된다. [그림 7.15]의 30개의 자료에 대한 표본평균은 0.567이므로, 점추정치 $\hat{\lambda} = 0.567$이며, 각 관측치는 분산 λ를 가지므로 $\text{Var}(\bar{X}) = \lambda/n$ 이다. 따라서 포아송 모수 λ의 최우추정치의 표준오차는

$$\text{s.e.}(\hat{\lambda}) = \sqrt{\frac{\hat{\lambda}}{n}}$$

로 계산될 수 있으며, 점추정치 $\hat{\lambda} = 0.567$를 사용하여 표준오차는

$$\text{s.e.}(\hat{\lambda}) = \sqrt{\frac{0.567}{30}} = 0.137$$

이다.

예제 26 물고기 표식 및 재포획(Fishing Tagging and Recapture)

레벨을 부착하여 표시한 물고기를 다시 잡는 것은 물고기 모집단의 크기를 추정하는 하나의 방법이다. 어떤 어부가 호수에 있는 N마리의 물고기의 수를 추정하고 싶어한다. 34마리의 물고기에 표시를 한 후에 그 물고기들을 다시 호수에 방류하였다. 일정 시간이 경과한 후에 낚시를 하여 그 어부가 표시가 없는 물고기 50마리와 표시가 있는 물고기 9마리를 잡았다고 한다면, 호수에 있는 물고기 전체 개체수에 대한 직관적인 점추정치는 다음과 같다.

$$\hat{N} = \frac{34 \times 50}{9} \simeq 189$$

이 점추정치는 호수 안의 표시가 있는 물고기의 비율이 어부가 잡은 표시가 있는 물고기의 비율과 대충 일치한다는 가정을 바탕으로 하고 있다. 이 점추정치는 적률법을 이용한 점추정치와 동일하다. 모든 물고기들이 잡힐 가능성이 동일하다는 가정하에 어부가 잡은 50마리의 물고기 중에서 표시가 있는 물고기의 숫자, 즉 X에 대한 분포는 $r = 34$이며 $n = 50$인 초기하분포이다. 이 경우 N은 미지의 모집단의 크기로서 X의 기대값은

$$E(X) = \frac{nr}{N} = \frac{50 \times 34}{N}$$

이고, N에 대한 적률법 점추정치는 관측치 $x = 9$일 때 방정식을 통해 구할 수 있

그림 7.16 꿀벌 군집 데이터 집합

0.28	0.32	0.09	0.35	0.45	0.41	0.06	0.16	0.16	0.46	0.35
0.52	0.29	0.31								

다. 여기에서 주의해야 할 것은 단 하나의 관측치 x만 있다는 사실이다. 따라서 이 경우 x는 $\bar{x}$임을 의미한다. 만약 이항분포를 초기하분포로 근사하면 비슷한 점추정치를 구할 수 있다. 이 경우 성공확률 $p = r/N$는 $\hat{N} = r/\hat{p}$를 이용하여 $\hat{p} = x/n = 9/50$와 같이 추정할 수 있다.

예제 36 꿀벌 군집(Bee Colonies)

어떤 곤충학자는 여왕벌과 함께 군집을 떠난 일벌의 비율에 대한 자료를 수집하였다. 14개의 군집으로부터 구한 자료는 [그림 7.16]과 같다. 만약 곤충학자가 이 비율을 모형화하기 위해 베타분포를 사용하고자 한다면 모수를 어떻게 추정해야 하는지 알아보자. 가장 단순한 방법은 적률법을 사용하는 것으로 모수 a와 b를 갖는 베타분포의 기대값과 분산은 각각

$$E(X) = \frac{a}{a+b}, \quad \text{Var}(X) = \frac{ab}{(a+b)^2(a+b+1)}$$

이다. 관측된 14군집의 평균이 0.3007이며 분산은 0.01966으로, 점추정치 $\hat{a}$와 $\hat{b}$는 결국 다음의 방정식의 해와 같다.

$$\frac{a}{a+b} = 0.3007, \quad \frac{ab}{(a+b)^2(a+b+1)} = 0.01966$$

따라서 $\hat{a} = 2.92$, $\hat{b} = 6.78$이 된다.

연습문제

7.4.1 포아송분포로부터 수집된 23개의 관측치로부터 구한, 그리고 표본 평균은 $\bar{x} = 5.63$이다. 포아송분포의 모수에 대한 점추정치를 구하고 표준오차를 구하여라.

7.4.2 베타분포로부터 수집된 관측치들의 집합을 고려해보자. 표본들의 평균 $\bar{x} = 0.782$, 표본들의 분산 $s^2 = 0.0083$이다. 베타분포의 모수에 대한 점추정치를 구하라.

7.4.3 독립적인 데이터 집합 $x_1, \ldots, x_n$은 알려지지 않은 모수 λ를 갖는 지수분포를 따른다. 적률법과 최우추정을 이용하여 두 방법 모두 점추정치 $\hat{\lambda} = 1/\bar{x}$이 됨을 보여라.

7.4.4 만약 확률변수들 $X_1, \ldots, X_k$가 모수 n과 $p_1, \ldots, p_k$을 갖는 다항분포라고 할 때, 최우추정치 $\hat{p}_i$, $1 \leq i \leq k$를 구하고자 한다. 우도함수

$$L(x_1, \ldots, x_k, p_1, \ldots, p_k) = \frac{n!}{x_1! \cdots x_k!} p_1^{x_1} \cdots p_k^{x_k}$$

를 $p_1 + \cdots + p_k = 1$이라는 제약조건하에서 최대화시키고 최우추정치 $\hat{p}_i$을 구하라.

7.4.5 독립적인 데이터 집합 $x_1, ..., x_n$은 $k=5$이고 미지의 모수 λ를 갖는 감마분포를 따른다고 한다. 적률법과 최우추정법을 사용했을 때, 두 방법 모두 점추정치 $\hat{\lambda} = 5/\bar{x}$ 임을 보여라.

CHAPTER 8

단일 모평균의 추론(Inferences on a Population Mean)

특정 모집단으로부터 추출한 연속형 관측치를 대상으로 단일 표본 분석을 위한 확률 이론과 추정 방법들이 이 장에서 설명된다. 모평균 μ의 추론 절차, 즉 신뢰구간과 가설검정 방법 또한 이 장에서 설명된다. t-구간 및 t-검정이라 불리는 이 방법들은 통계적 추론에 널리 이용되는 가장 기본적인 방법이다.

8.1 신뢰구간(Confidence Intervals)

8.1.1 신뢰구간의 계산

이 장에서는 어떤 미지의 연속형 확률분포로부터 추출한 확률표본 $x_1, ..., x_n$의 분석에 대한 내용 중 주로 미지의 모평균에 대한 통계적 방법론이 논의된다. [그림 6.5]의 금속 실리콘 직경에 대한 자료는 모평균 μ을 조사하기 위한 전형적인 자료 중 하나이다.

μ에 대한 신뢰구간은 모수 μ가 존재할 것 같은 구간으로서 점추정치인 $\hat{\mu} = \bar{x}$와 이 추정치의 표준오차 $s/\sqrt{n}$의 단순한 조합으로 표현할 수 있다. 신뢰구간은 일반적으로 $1-\alpha$로 표현되는 신뢰수준과 관련이 있다. 이 신뢰수준은 실제로 모수 μ가 구간 안에 존재할 것을 확신할 수 있는 수준을 의미하며 90%, 95%, 99%의 신뢰수준 혹은 0.10, 0.05, 0.01의 유의수준(α)을 사용하는 것이 보통이다.

신뢰구간(Confidence Intervals)

미지의 모수 θ에 대한 신뢰구간은 그 모수가 존재할 것 같은 구간으로, 미지의 모수를 포함하고 있을 확률의 척도인 신뢰수준 $1-\alpha$와 연관이 있다.

이 절에서 설명할 t-구간 혹은 가설검정을 포함한 t-절차는 다양한 상황에서 모평균을 추정하는데 적절한 방법이다. 기술적으로 이러한 절차를 수행하기 위해서는 표본평균이 정규분포를 따라야 하며 실제로 표본 크기가 30 이상일 경우 중심극한정리에 의하여 정규화 가정이 타당하다. 하지만 표본 크기가 30 이하일 경우 자료가 정규분포를 따를 경우에만 이를 만족시킬 수 있다. 만약 자료가 정규분포를 따르지 않을 경우에는 t-구간은 자료의 분포에 민감하여 비모수적 추론 같은 다른 방법이 사용될 수 있다.

모평균의 추정(Inferences on a Population Mean)

t-절차에 기반한 모평균의 추정 방법은 표본 크기가 30 이상이거나 만약 표본 크기가 작을 경우 확률표본들이 정규분포를 따를 경우에 적절한 방법이다. 정규분포를 따르지 않는 작은 수의 표본에 대해서는 비모수적 방법 등이 적용될 수 있다.

가장 일반적으로 사용되는 표본평균 $\bar{x}$와 표본 표준편차 s를 갖는 n개의 연속형 자료 관측치에 기반한 모평균에 대한 신뢰구간은 양측 t-구간으로

$$\mu \in \left(\bar{x} - \frac{t_{\alpha/2,n-1}s}{\sqrt{n}}, \bar{x} + \frac{t_{\alpha/2,n-1}s}{\sqrt{n}}\right)$$

와 같다. [그림 8.1]과 같이 신뢰구간의 중심은 $\hat{\mu} = \bar{x}$이고 양쪽으로 임계값 $t_{\alpha/2,\ n-1}$와 $\hat{\mu}$의 표준편차의 곱만큼 범위가 연장된다. 따라서 신뢰구간이 다음과 같이 표현될 수 있다는 것을 이해하는 것도 유용할 것이다.

$$\mu \in (\hat{\mu} - \text{임계값} \times \text{s.e.}(\hat{\mu}),\ \hat{\mu} + \text{임계값} \times \text{s.e.}(\hat{\mu}))$$

양측 t-구간(Two-Sided t-Interval)

표본평균이 $\bar{x}$이며 표본 표준편차가 s인 n개의 연속형 자료의 표본에 대한 신뢰수준 $1-\alpha$을 가지는 모평균의 양측 신뢰구간은 다음과 같다.

$$\mu \in \left(\bar{x} - \frac{t_{\alpha/2,n-1}s}{\sqrt{n}}, \bar{x} + \frac{t_{\alpha/2,n-1}s}{\sqrt{n}}\right)$$

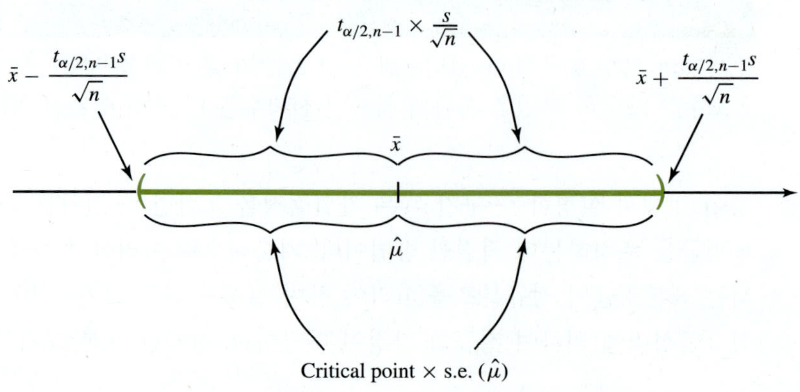

그림 8.1
양측 t-구간

이 구간은 양측 t-구간 혹은 분산을 모를 경우의 신뢰구간으로 널리 알려져 있다.

신뢰구간의 길이

$$L = \frac{2\, t_{\alpha/2,n-1} s}{\sqrt{n}} = 2 \times \text{임계값} \times \text{s.e.}(\hat{\mu})$$

는 $\hat{\mu}$의 표준편차에 비례한다. $\hat{\mu}$의 표준편차가 감소함에 따라 $\hat{\mu}=\bar{x}$는 μ에 대한 정확한 추정값이 되고, 신뢰구간의 길이는 짧아진다. 또한 신뢰구간의 길이 L은 임계값 $t_{\alpha/2,\,n-1}$에 좌우된다. 이 임계값은 다음과 같이 정의된다.

$$P(X \geq t_{\alpha/2,n-1}) = \alpha/2$$

이때 확률변수 X는 자유도 $n-1$를 가지는 t-분포를 따르며 신뢰구간은 위의 임계값을 결정하는 신뢰수준 $1-\alpha$에 좌우된다. 신뢰수준이 커지면 커질수록 임계값 $t_{\alpha/2,\,n-1}$은 신뢰구간이 더 넓어지도록 하기 위하여 커지게 된다. 이 관계는 [그림 8.2]에 설명되어 있는데 다음과 같이 정리할 수 있다.

더 높은 신뢰수준은 더 넓은 신뢰구간을 요구한다.

마지막으로 임계값의 자유도는 표본 크기 n보다 1이 작다는 것에 유의하라.

신뢰구간의 길이에 대한 신뢰수준의 영향
(Effect of the Confidence Level on the Confidence Interval Length)

신뢰구간의 길이는 임계값에 영향을 주는 신뢰수준 $1-\alpha$에 의존한다. 만약 신뢰수준 $1-\alpha$가 증가하게 되면, 신뢰구간의 길이 또한 증가한다.

예제 17 우유 용기 내용물(Milk Container Contents)

[그림 6.6]에 우유 용기 중량에 대한 자료가 제시되어 있으며 이 자료의 요약 통계량은 [그림 6.27]에 주어져 있다. 신뢰수준 95%의 신뢰구간을 구하고자 한다면, 이 경우 $\alpha=0.05$이며 임계값은 $t_{\alpha/2,\,n-1}=t_{0.025,\,49}=2.0096$으로 신뢰구간은

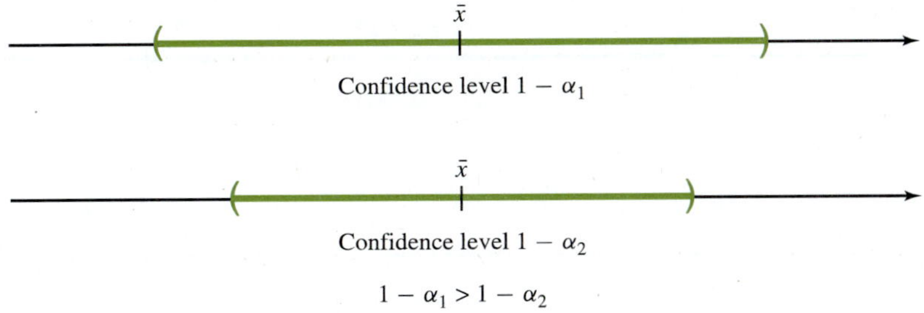

그림 8.2 더 높은 신뢰수준은 더 넓은 신뢰구간을 요구함

$$\left(\bar{x} - \frac{t_{\alpha/2,n-1}s}{\sqrt{n}},\ \bar{x} + \frac{t_{\alpha/2,n-1}s}{\sqrt{n}}\right)$$
$$= \left(2.0727 - \frac{2.0096 \times 0.0711}{\sqrt{50}},\ 2.0727 + \frac{2.0096 \times 0.0711}{\sqrt{50}}\right)$$
$$= (2.0525, 2.0929)$$

이 된다. 이는 실험자가 우유 용기 내용물의 평균이 약 2.053리터와 2.093리터 사이에 있다는 것을 95% 신뢰할 수 있음을 의미한다. $t_{0.005,49} = 2.680$를 이용하여 신뢰수준 99%의 신뢰구간을 구하면

$$\left(2.0727 - \frac{2.680 \times 0.0711}{\sqrt{50}},\ 2.0727 + \frac{2.680 \times 0.0711}{\sqrt{50}}\right) = (2.0457,\ 2.0996)$$

이고, 동일하게 $t_{0.05,49} = 1.6766$부터 신뢰수준 90%의 신뢰구간을 구하면

$$\left(2.0727 - \frac{1.6766 \times 0.0711}{\sqrt{50}},\ 2.0727 + \frac{1.6766 \times 0.0711}{\sqrt{50}}\right) = (2.0558,\ 2.0895)$$

와 같다.

위의 세 가지 신뢰구간은 [그림 8.3]에 제시되어 있으며 신뢰수준이 증가함에 따라 신뢰구간의 길이도 증가함을 알 수 있다.

예제 14 금속 실린더 생산(Metal Cylinder Production)

[그림 6.5]는 60개의 금속 실린더의 지름에 대한 자료로서 이 자료에 대한 요약 통계량은 [그림 6.29]에 주어져 있다. 신뢰구간을 구할 때 필요한 임계값은 [그림 8.4]에 제시되어 있는데 90% 신뢰수준에 대한 신뢰구간은 $t_{0.05,59} = 1.671$로부터

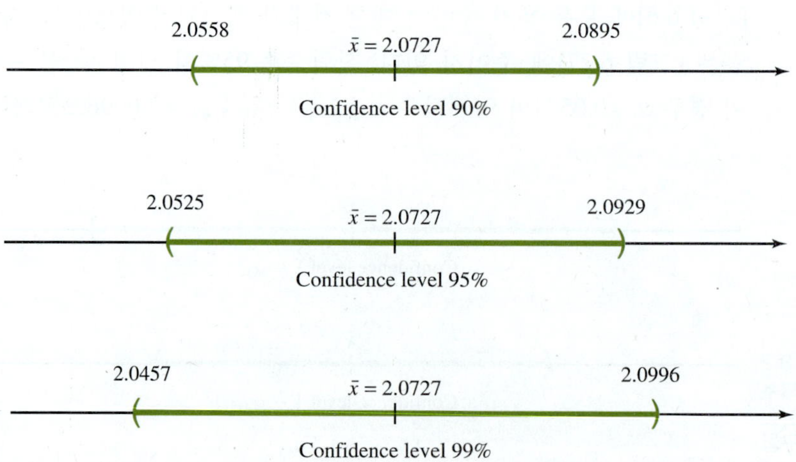

그림 8.3 평균 우유 용기 내용물에 대한 신뢰구간

$$\left(49.999-\frac{1.671\times 0.134}{\sqrt{60}},\,49.999+\frac{1.671\times 0.134}{\sqrt{60}}\right)=(49.970,\,50.028)$$

이며, 95% 신뢰수준에 대한 신뢰구간은 $t_{0.025,\,59}=2.001$로부터

$$\left(49.999-\frac{2.001\times 0.134}{\sqrt{60}},\,49.999+\frac{2.001\times 0.134}{\sqrt{60}}\right)=(49.964,\,50.034)$$

이다. 마지막으로 신뢰수준 99%에 대한 신뢰구간은 $t_{0.005,\,59}=2.662$로부터

$$\left(49.999-\frac{2.662\times 0.134}{\sqrt{60}},\,49.999+\frac{2.662\times 0.134}{\sqrt{60}}\right)=(49.953,\,50.045)$$

와 같다([그림 8.5] 참조).

이 절에서 소개된 양측 t-구간을 간단히 증명해보자. 7.3.3절의 결과로부터

$$\frac{\sqrt{n}(\bar{X}-\mu)}{S}\sim t_{n-1}$$

이며 t-분포의 임계값의 정의는 다음과 같다.

$$P\left(-t_{\alpha/2,n-1}\le\frac{\sqrt{n}(\bar{X}-\mu)}{S}\le t_{\alpha/2,n-1}\right)=1-\alpha$$

그림 8.4
평균 금속 실린더 직경의 양측 신뢰구간을 구하기 위한 임계값

Sample size $n = 60$	
Confidence level 90%:	$t_{0.05,59} = 1.671$
Confidence level 95%:	$t_{0.025,59} = 2.001$
Confidence level 99%:	$t_{0.005,59} = 2.662$

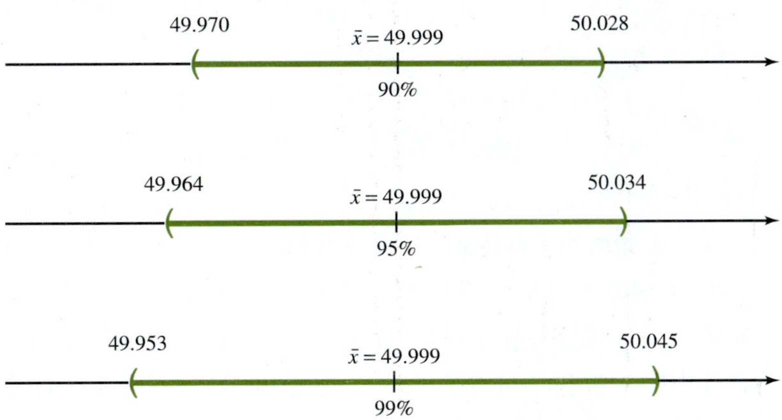

그림 8.5
평균 금속 실린더 직경에 대한 신뢰구간

하지만 부등식 $-t_{\alpha/2,\,n-1} \le \sqrt{n}\,(\bar{X}-\mu)/S$은 $\mu \le \bar{X} + (t_{\alpha/2,\,n-1}S)/\sqrt{n}$와 같이 쓸 수 있고, $\sqrt{n}\,(\bar{X}-\mu)/S \le t_{\alpha/n,\,n-1}$는 $\bar{X} - (t_{\alpha/2,\,n-1}S)/\sqrt{n} \le \mu$로 쓸 수 있기 때문에

$$P\left(\bar{X} - \frac{t_{\alpha/2,n-1}S}{\sqrt{n}} \le \mu \le \bar{X} + \frac{t_{\alpha/2,n-1}S}{\sqrt{n}}\right) = 1-\alpha$$

가 된다.

이 확률식은 모수값 μ가 양측 t-구간 사이에 존재할 확률이 $1-\alpha$임을 보여주고 있다. 여기서 μ는 고정값이지만 신뢰구간의 경계는 랜덤특성치라는 점을 기억할 필요가 있다. 따라서 이 확률식은 고정값 μ를 포함하는 신뢰구간을 가질 확률이 $1-\alpha$라고 해석 가능하다.

엄밀히 말하면 확률변수 X_i가 정규분포를 따를 경우에만 $\sqrt{n}\,(\bar{X}-\mu)/S$는 t-분포를 따른다. 그럼에도 불구하고 이 절의 도입부에서 설명한 바와 같이 중심극한정리에 의해서 표본 크기가 충분히 클 경우 $\bar{X}$는 대략 정규분포를 따르게 되고 실제 관측자료의 분포를 고려할 필요없이 t-구간을 구하는 것이 실용적이다. 표본 크기가 작고 관측자료의 분포가 정규분포가 아닐 경우에는 비모수적 신뢰구간이 구하여질 수 있으나 자세한 내용은 생략한다.

8.1.2 신뢰구간에 대한 표본 크기의 영향

표본 크기 n은 신뢰구간의 길이

$$L = \frac{2\,t_{\alpha/2,n-1}\,s}{\sqrt{n}}$$

에 중요한 영향을 미친다.

신뢰구간에 대한 표본 크기의 영향
(Effect of the Sample Size on Confidence Intervals)

특정 임계값에 대하여 신뢰구간의 길이 L은 표본 크기 n의 제곱근에 반비례한다.

$$L \propto \frac{1}{\sqrt{n}}$$

따라서 표본 크기가 4배로 커지게 되면 신뢰구간의 길이는 절반으로 작아진다. 비록 그 영향은 극히 작지만, 임계값 $t_{\alpha/2,\,n-1}$ 또한 표본 크기 n에 영향을 받는다. 표본 크기 n이 증가함에 따라 임계값 $t_{\alpha/2,\,n-1}$은 표준 정규분포의 임계값 $z_{\alpha/2}$에 근접하며 그 값은 작아지게 된다. 예를 들면 유의수준 $\alpha=0.05$에서 자유도(=표

본 크기−1)에 따라 임계값은 다음과 같다([표 Ⅲ] 참조).

$$t_{0.025,10} = 2.228$$
$$t_{0.025,20} = 2.086$$
$$t_{0.025,30} = 2.042$$
$$t_{0.025,\infty} = z_{0.025} = 1.960$$

간단한 계산 과정을 통해 특정 길이를 가지는 신뢰구간을 구하기 위해 필요한 최소 표본 크기 n을 구할 수 있다. L_0 이하의 신뢰구간을 갖기 위한 최소 표본 크기는

$$n \geq 4 \times \left(\frac{t_{\alpha/2,n-1} s}{L_0} \right)^2$$

와 같다.

예를 들어 어떤 실험자가 특정 공정으로부터 생산되는 플라스틱 시트 두께의 평균에 대한 신뢰구간의 길이가 $L_0 = 2.0$mm 이하가 되길 원한다. 이전의 실험으로부터 플라스틱 시트의 두께에 대한 표준편차가 4.0mm 이하이며 임계값 $t_{0.025,\,n-1}$이 2.1보다 작을 것으로 예상된다면 결과적으로 이 실험자는 다음과 같은 표본 크기가 필요함을 예상할 수 있다.

$$n \geq 4 \times \left(\frac{t_{\alpha/2,n-1} s}{L_0} \right)^2 = 4 \times \left(\frac{2.1 \times 4.0}{2.0} \right)^2 = 70.56$$

다시 말해 실험자의 요구를 만족시키기 위하여 최소 71개의 플라스틱 시트 표본이 필요함을 알 수 있다. 동일한 방법으로 기존의 표본으로부터 계산된 신뢰구간의 길이로부터 특정 길이만큼 신뢰구간을 줄이기 위한 추가 표본의 크기 역시 계산할 수 있다. 이 경우 기존의 표본으로부터 구해진 $t_{\alpha/2,\,n-1}$과 s값이 근사치로서 사용될 수 있다.

예를 들면 표본 표준편차 s를 가지는 기존의 n_1개의 표본이 있다고 한다면

$$L = \frac{2\, t_{\alpha/2,n_1-1} s}{\sqrt{n_1}}$$

와 같은 길이를 가지는 신뢰구간을 구할 수 있다. 만약 실험자가 신뢰구간의 길이를 $L_0 < L$로 줄이기 위해서 표본을 추가하기로 결정했다면, 실험자는 총 표본 크기 n이 다음과 같다면 충분하다고 예상할 수 있게 된다.

$$n \geq 4 \times \left(\frac{t_{\alpha/2,n_1-1} s}{L_0} \right)^2$$

따라서 $n - n_1$이 추가적으로 필요한 표본 크기가 된다.

예제 17 우유 용기 내용물(Milk Container Contents)

50개의 우유 용기 표본으로부터 구한 용기 내용물 평균에 대한 99% 신뢰구간은 (2.0457, 2.0996)이다. 이 구간의 길이는 2.0996−2.0457=0.0539리터로서 만약 실험자가 99% 신뢰구간의 길이가 0.04리터보다 작도록 하고자 할 경우 얼마나 많은 추가 표본을 필요로 하는가?

이전의 분석에서 적용된 $t_{0.005,\,49}=2.680$와 $s=0.0711$을 이용하여 다음의 총 표본 크기를 구할 수 있다.

$$n \ge 4 \times \left(\frac{t_{\alpha/2,n-1}s}{L_0}\right)^2 = 4 \times \left(\frac{2.680 \times 0.0711}{0.04}\right)^2 = 90.77$$

따라서 만약 최소한 91−50=41개의 우유 용기 표본을 추가한다면 0.04리터보다 작은 길이를 갖는 신뢰구간을 구할 수 있음을 예상할 수 있다.

예제 14 금속 실린더 생산(Metal Cylinder Production)

60개의 금속 실린더 표본으로부터 $L=0.092$mm 길이를 가지는 99%의 신뢰구간 (49.953, 50.045)을 얻을 수 있다. 같은 신뢰수준에서 $L=0.08$mm 길이 이하의 신뢰구간을 구하기 위하여 얼마나 많은 추가 표본이 필요한지를 알아보자.

$t_{0.005,\,59}=2.662$와 $s=0.134$를 이용하여 총 표본 크기는 다음과 같이 구할 수 있다.

$$n \ge 4 \times \left(\frac{t_{\alpha/2,n-1}s}{L_0}\right)^2 = 4 \times \left(\frac{2.662 \times 0.134}{0.08}\right)^2 = 79.53 \simeq 80$$

따라서 기술자는 신뢰구간의 길이를 $L=0.08$mm 이하로 줄이기 위하여 최소 80−60=20개의 추가 실린더 표본이 필요함을 예상할 수 있다.

8.1.3 추가 예제

예제 43 회전 압착기 자투리(Rolling Mill Scrap)

회전압착기를 통과하는 95개 주괴(Ingot) 표본의 자투리(단위: %)의 평균 $\bar{x}$는 20.810이며 표본 표준편차 s는 4.878이다. $t_{0.05,\,94}=1.6612$이므로 자투리 평균에 대한 신뢰수준 90%의 신뢰구간은

$$\left(\bar{x} - \frac{t_{\alpha/2,n-1}s}{\sqrt{n}},\ \bar{x} + \frac{t_{\alpha/2,n-1}s}{\sqrt{n}}\right)$$
$$= \left(20.810 - \frac{1.6612 \times 4.878}{\sqrt{95}},\ 20.810 + \frac{1.6612 \times 4.878}{\sqrt{95}}\right) = (19.978,\ 21.641)$$

와 같다. 동일하게 신뢰수준 99%에 대한 신뢰구간을 구하면 (19.494, 22.126)이다.

이 결과를 통해 엔지니어는 자투리 평균이 19.5%와 22% 사이 어딘가에 있음을 99% 신뢰할 수 있게 된다. 이것은 특정 기간 동안 예상되는 자투리의 총량을 나타내기 때문에 회전압착기를 관리하는 관리자에게 중요한 정보가 된다.

예제 44 육군 체력검사 테스트(Army Physical Fitness Test)

총 84회 달리기 시간의 평균 $\bar{x}=857.70$이며 표준편차 $s=81.98$이다. $t_{0.025,83}=1.9890$으로부터 달리기 시간 평균에 대한 신뢰수준 95%의 신뢰구간은

$$\left(\bar{x}-\frac{t_{\alpha/2,n-1}s}{\sqrt{n}},\ \bar{x}+\frac{t_{\alpha/2,n-1}s}{\sqrt{n}}\right)$$
$$=\left(857.70-\frac{1.9890\times 81.98}{\sqrt{84}},\ 857.70+\frac{1.9890\times 81.98}{\sqrt{84}}\right)=(839.91,\ 875.49)$$

이며, $t_{0.005,83}=2.6364$로부터 달리기 시간 평균에 대한 신뢰수준 99%의 신뢰구간은

$$\left(857.70-\frac{2.6364\times 81.98}{\sqrt{84}},\ 857.70+\frac{2.6364\times 81.98}{\sqrt{84}}\right)=(834.12,\ 881.28)$$

이다. 결국 평균 달리기 시간이 834초에서 882초 사이에 있을 것을 99% 확신할 수 있으며, 839초에서 876초 사이에 있을 것을 95% 확신할 수 있다.

예제 45 직물 흡수 특성(Fabric Water Absorption Properties)

총 15 직물 표본의 흡수 정도(단위: %)는 평균이 $\bar{x}=59.81$이고 표준편차 $s=4.94$이다. $t_{0.005,14}=2.9769$로부터 흡수 정도 평균의 신뢰수준 99%의 신뢰구간은

$$\left(\bar{x}-\frac{t_{\alpha/2,n-1}s}{\sqrt{n}},\ \bar{x}+\frac{t_{\alpha/2,n-1}s}{\sqrt{n}}\right)$$
$$=\left(59.81-\frac{2.9769\times 4.94}{\sqrt{15}},\ 59.81+\frac{2.9769\times 4.94}{\sqrt{15}}\right)=(56.01,\ 63.61)$$

이 결과는 직물의 평균 흡수 정도는 56%에서 64% 사이에 존재함을 99% 확신할 수 있음을 보여준다. 만약 직물 엔지니어가 99% 신뢰수준에서 신뢰구간의 길이가 $L_0=5\%$를 넘지 않는 좀더 정확한 결과를 원할 경우 $t_{0.005,14}=2.9769$와 $s=4.94$를 이용하여 표본 크기를 다음과 같이 구할 수 있다.

$$n\geq 4\times\left(\frac{t_{\alpha/2,n-1}s}{L_0}\right)^2=4\times\left(\frac{2.9769\times 4.94}{5}\right)^2=34.6$$

따라서 신뢰구간의 길이를 $L_0=5\%$ 이하로 하기 위하여 적어도 35−15=20개의 관측값이 더 필요함을 예상할 수 있다.

8.1.4 시뮬레이션 실험 : 신뢰구간의 검토

7.3.4절 시뮬레이션 실험을 통해 신뢰구간의 확률적 특성을 설명하였다. 30개의 초기 표본 관측값을 시뮬레이션을 통해 발생시켰을 경우 표본 평균은 $\bar{x}=10.589$이고 표본 표준편차는 $s=\sqrt{3.4622}=1.861$이다. $t_{0.025,\,29}=2.0452$로부터 신뢰수준 95%의 신뢰구간은

$$\left(10.589-\frac{2.0452\times 1.861}{\sqrt{30}},\ 10.589+\frac{2.0452\times 1.861}{\sqrt{30}}\right)=(9.89,\ 11.28)$$

우리는 이 30개의 관측값이 평균 $\mu=10$으로부터 생성되었다는 것을 알고 있다. 따라서 이 신뢰구간이 사실상 실제 μ 값을 포함하고 있음을 알 수 있다. 이런 생성된 관측값으로부터 계산된 신뢰구간은 $\mu=10$을 포함하고 있을 확률이 95%이다. 여기에서 $\mu=10$은 고정된 값이고 신뢰구간의 9.89와 11.28과 같은 상한과 하한값은 생성된 데이터들에 의존하는 확률변수이다. [그림 8.6]은 시뮬레이션을 통해 생성한 500개의 표본으로부터 구한 몇몇 95% 신뢰구간을 나타내고 있는데, 예를 들어 시뮬레이션 1에서의 표본의 평균 $\bar{x}=10.3096$이고 $s=1.25211$이며 신뢰수준 95%의 신뢰구간은

$$\left(10.3096-\frac{2.0452\times 1.25211}{\sqrt{30}}, 10.3096+\frac{2.0452\times 1.25211}{\sqrt{30}}\right)$$
$$=(9.8421, 10.7772)$$

이다. 이 신뢰구간은 참값인 $\mu=10$을 포함하고 있지만, 시뮬레이션 24와 시뮬레이션 37의 신뢰구간 (10.2444, 11.2548)와 (8.6925, 9.8505)는 참값 $\mu=10$을 포함하지 않는다. 개개 시뮬레이션은 95%의 신뢰구간을 제공하지만 이것은 그 신뢰구간이 참값 $\mu=10$을 포함하지 않을 확률이 0.05라는 것을 의미하고 있음을 알아야 한다. 시뮬레이션은 서로 독립이기 때문에 500번의 시뮬레이션에서 $\mu=10$을 포함하지 않는 신뢰구간의 수는 $n=500$이고 $p=0.05$인 이항분포를 따른다. 이때 기대값은 $np=500\times 0.05=25$이다. [그림 8.7]의 그래프는 이 신뢰구간들을 표현한 것으로 신뢰구간의 길이는 표본 표준편차 s에 따라 변하게 된다. 실제로 데이터 한 개로부터 얻은 95% 신뢰구간이 참값 μ를 포함할 확률은 95%이다.

8.1.5 단측 신뢰구간(One-Sided Confidence Intervals)

모평균 μ의 상한이나 하한을 구하고자 한다면 단측 신뢰구간이 유용하다.

Simulation	$\bar{x}$	s	Confidence interval Lower bound	Upper bound
1	10.3096	1.25211	9.8421	10.7772
2	10.0380	1.85805	9.3442	10.7318
3	9.4313	1.52798	8.8608	10.0019
4	9.5237	1.99115	8.7802	10.2671
5	9.8644	1.78138	9.1993	10.5296
6	9.9980	1.75209	9.3438	10.6523
7	10.0151	1.67648	9.3891	10.6410
8	9.5657	2.02599	8.8092	10.3222
9	9.9897	1.96631	9.2555	10.7239
10	9.8570	1.73049	9.2108	10.5032
11	10.2514	2.16112	9.4444	11.0584
12	10.1104	1.80382	9.4368	10.7839
13	10.0157	1.41898	9.4859	10.5455
14	10.3813	1.38312	9.8648	10.8977
15	9.4689	1.94572	8.7432	10.1954
16	9.7135	1.62459	9.1069	10.3201
17	10.2732	1.82360	9.5923	10.9542
18	9.6372	1.74860	8.9842	10.2901
19	10.1828	1.83197	9.4987	10.8668
20	10.2726	1.45160	9.7305	10.8146
21	9.9432	1.74806	9.2905	10.5959
22	10.1797	1.84898	9.4893	10.8701
23	10.2311	1.59639	9.6351	10.8272
24	10.7496	1.35291	10.2444	11.2548
25	10.2216	1.85089	9.5305	10.9127
26	10.3936	1.80703	9.7189	11.0684
27	10.1002	1.79356	9.4305	10.7699
28	10.0762	1.53233	9.5040	10.6484
29	10.2444	1.87772	9.5433	10.9456
30	10.2307	2.22136	9.4012	11.0601
31	10.3165	1.95971	9.5848	11.0483
32	9.9352	2.15672	9.1298	10.7405
33	10.1056	1.36460	9.5961	10.6152
34	10.3469	1.53834	9.7725	10.9213
35	10.0949	1.62171	9.4893	10.7004
36	10.0132	1.81789	9.3344	10.6920
37	9.2715	1.55059	8.6925	9.8505
38	10.0483	1.40464	9.5238	10.5728
39	9.8531	2.07755	9.0773	10.6289
40	9.8680	1.18785	9.4244	10.3115
41	10.0369	1.64264	9.4236	10.6503
42	9.8179	1.91046	9.1046	10.5313
43	10.4725	1.57621	9.8839	11.0610
44	9.8642	1.68885	9.2336	10.4949
45	10.2753	2.02283	9.5199	11.0306
46	9.8033	1.95644	9.0728	10.5338
47	10.0100	1.57821	9.4207	10.5993
48	9.9486	1.75946	9.2916	10.6056
49	9.9372	1.55260	9.3574	10.5169
50	9.7926	1.52264	9.2128	10.3724
⋮	⋮	⋮	⋮	⋮
500	9.6115	1.59441	9.0161	10.2068

Confidence interval does not contain $\mu = 10$ (simulations 24 and 37)

그림 8.6 시뮬레이션 결과로부터 신뢰구간의 구축

$$\frac{\sqrt{n}(\bar{X} - \mu)}{S} \sim t_{n-1}$$

이기 때문에 임계값 $t_{\alpha,n-1}$의 정의는 다음과 같다.

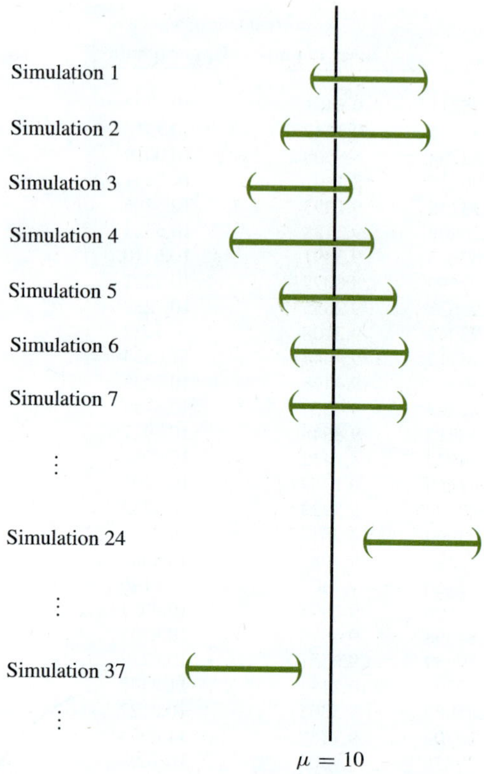

그림 8.7

$$P\left(-t_{\alpha,n-1} \leq \frac{\sqrt{n}(\bar{X}-\mu)}{S}\right) = 1-\alpha$$

이것은 $1-\alpha$ 신뢰수준을 가지는 μ의 단측 신뢰구간

$$P\left(\mu \leq \bar{X} + \frac{t_{\alpha,n-1}S}{\sqrt{n}}\right) = 1-\alpha$$

를 만족시키기 위해 다음과 같이 쓸 수 있다.

$$\mu \in \left(-\infty, \bar{x} + \frac{t_{\alpha,n-1}s}{\sqrt{n}}\right)$$

이 신뢰구간은 모평균 μ에 대한 상한값을 제공하며 동일하게

$$P\left(\frac{\sqrt{n}(\bar{X}-\mu)}{S} \leq t_{\alpha,n-1}\right) = 1-\alpha$$

로부터

$$P\left(\bar{X} - \frac{t_{\alpha,n-1}S}{\sqrt{n}} \leq \mu\right) = 1-\alpha$$

와 같고 이는 역시 μ에 대한 신뢰수준 $1-\alpha$를 가지는 단측 신뢰구간

$$\mu \in \left(\bar{x} - \frac{t_{\alpha,n-1}s}{\sqrt{n}}, \infty\right)$$

을 구할 수 있다. 이 신뢰구간은 모평균 μ에 대한 하한을 제공하며, 위의 두 신뢰구간들을 단측 t-구간이라고 한다.

단측 t-구간(One-Sided t-Interval)

표본평균 $\bar{x}$와 표본 표준편차 s인 n개의 연속형 관측치로부터 구한 모평균 μ에 대한 신뢰수준 $1-\alpha$을 가지는 단측 신뢰구간

$$\mu \in \left(-\infty, \bar{x} + \frac{t_{\alpha,n-1}s}{\sqrt{n}}\right)$$

은 모평균 μ에 대한 상한을 제공하고

$$\mu \in \left(\bar{x} - \frac{t_{\alpha,n-1}s}{\sqrt{n}}, \infty\right)$$

은 모평균 μ에 대한 하한을 제공한다. 이 신뢰구간들은 단측 t-구간이라고 한다.

[그림 8.8]에 단측 t-구간과 양측 t-구간을 서로 비교해 놓았다. $t_{\alpha,n-1} < t_{\alpha/2,n-1}$이므로 단측 t-구간에서의 상한 또는 하한값은 양측 t-구간에서의 경계값 보다 $\hat{\mu} = \bar{x}$에 더 가까운 값을 제공한다.

예제 46 병원 작업자 방사선 노출(Hospital Worker Radiation Exposures)

환자들에게 주기적으로 방사성 추적물(tracers)을 주사하는 병원 작업자는 환자의 피부로부터 유출되는 방사성에 노출될 위험을 지니고 있다. 이러한 노출의 정도를 평가하기 위해 방사성 추적물을 주입한 $n=28$명의 환자로부터 50cm 떨어진 거리에서 방사성 수준을 측정하였다. 표본 평균 $\bar{x}=5.145$이며 표본 표준편차 s

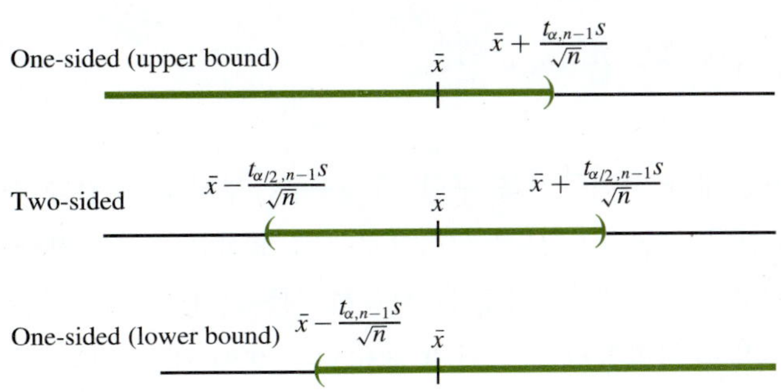

그림 8.8 단측 및 양측 신뢰구간의 비교

$=0.7524$라고 할 때, 임계값 $t_{0.01,27}=2.473$를 이용해 μ의 상한을 제공하는 99% 단측 신뢰구간을 구하면

$$\mu \in \left(-\infty, \bar{x}+\frac{t_{\alpha,n-1}s}{\sqrt{n}}\right)=\left(-\infty, 5.145+\frac{2.473 \times 0.7524}{\sqrt{28}}\right)=(-\infty, 5.496)$$

으로 환자로부터 50cm 떨어진 거리에서 측정한 평균 방사성 수준이 약 5.5 이하일 것을 실험자는 99% 확신할 수 있다.

8.1.6 z-구간(z-Intervals)

특별한 경우 실험자는 신뢰구간을 구할 때 표본 표준편차 s 대신 기지의 모집단 표준편차 σ를 사용하기를 원할 수 있다. 이 경우 양측 신뢰구간에서 $t_{\alpha/2,n-1}$ 대신에 표준정규 임계값 $z_{\alpha/2}$를 사용한다.

양측 z-구간(Two-Sided z-Interval)

만약 실험자가 표본 평균 $\bar{x}$를 가지는 n개의 표본과 기지의 모집단 표준편차 σ를 이용하여 모평균 μ에 대한 신뢰구간을 구할 때, 양측 z-구간이라 불리는 신뢰구간을 구하면 다음과 같다.

$$\mu \in \left(\bar{x}-\frac{z_{\alpha/2}\sigma}{\sqrt{n}}, \bar{x}+\frac{z_{\alpha/2}\sigma}{\sqrt{n}}\right)$$

만약 기지의 모집단 표준편차 σ를 이용해 단측 신뢰구간을 구할 경우, $t_{\alpha,n-1}$ 대신에 임계값 z_α를 사용한다.

단측 z-구간(One-Sided z-Interval)

표본평균 $\bar{x}$인 n개의 표본과 기지의 모집단 표준편차 σ로부터 모평균 μ에 대한 신뢰수준 $1-\alpha$를 가지는 단측 신뢰구간을 구하면

$$\mu \in \left(-\infty, \bar{x}+\frac{z_\alpha\sigma}{\sqrt{n}}\right), \quad \mu \in \left(\bar{x}-\frac{z_\alpha\sigma}{\sqrt{n}}, \infty\right)$$

이며, 이를 단측 z-구간이라고 한다.

모평균 μ에 대한 신뢰구간을 구할 때, z-구간보다 t-구간을 사용하는 경우가 대부분이다. 만약 실험자가 사전 실험으로부터 모집단의 표준편차 σ에 대한 정보를 알고 신뢰구간을 구할 때 이 값을 사용하기를 원한다면 z-구간을 구하는 것이 적절하다. 그러나 실험자가 모집단의 표준편차 σ에 대한 어느 정도 추측이 가능

하다고 해도 표본 표준편차 s를 이용하여 t-구간을 구하는 것이 더 적절하다.

하지만 충분히 큰 표본에 대하여 $t_{\alpha, n-1}$와 z_α는 거의 차이가 없으며, 따라서 $s=\sigma$일 경우 z-구간이나 t-구간의 차이는 거의 없다. 결과적으로 z-구간은 표본 크기가 큰 경우의 신뢰구간을, t-구간은 표본 크기가 작은 경우의 신뢰구간으로 생각하는 것이 타당하다. t-구간에서와 마찬가지로 z-구간에서도 표본평균 $\bar{x}$는 정규분포로부터 추출한 관측치의 평균이어야만 한다. 표본 크기가 작은 경우 이 평균값은 정규분포를 따르지 않을 가능성이 높으며 따라서 비모수적 절차를 이용하는 것이 현명하다.

Computer Note

일반적으로 소프트웨어 패키지에서는 t-구간과 z-구간을 선택할 수 있다. 이 구간은 다른 방법으로 분산미지(variance unknown)과 분산기지(variance known) 구간으로 표현될 수 있다. z-구간을 선택한 경우 σ값을 가정하여 명시해야만 하며, 또한 '양측'과 '단측' 신뢰구간을 선택할 수 있다. 마지막으로 신뢰수준 $1-\alpha$ 값을 정하는 것도 잊지 말아야 한다.

연습문제

8.1.1 31개 자료 관측치의 표본평균은 $\bar{x}=53.42$이고 표본 표준편차 $s=3.05$이다. 모평균 μ에 대한 95% 양측 t-구간을 구하라.

8.1.2 41개의 임의의 유리판 표본에 대하여 두께를 측정하였다. 표본평균은 $\bar{x}=3.04$mm이고 표본 표준편차는 $s=0.124$mm이었다. 유리 두께 평균의 99% 양측 t-구간을 구하라. 유리 두께의 평균이 2.90mm라는 것이 적절하다고 생각하는가?

8.1.3 20개 양모섬유 표본의 절단 강도의 평균은 $\bar{x}=436.5$이고 표본 표준편차가 $s=11.90$이다. 모집단의 평균 절단 강도 μ에 대한 90%, 95%, 99% 양측 t-구간을 구하고 이들의 길이를 비교하라. 모집단의 평균 절단 강도가 450.0이라는 것이 적절하다고 생각하는가?

8.1.4 16개 1kg 설탕 포대 확률표본을 얻었고 이들의 무게를 측정하였다. 표본 평균 $\bar{x}=1.053$kg이고 표본 표준편차 $s=0.058$kg이다. 평균 설탕 포대 무게에 대한 99% 양측 t-구간을 구하라. 이 평균이 1.025kg이라는 것이 타당하다고 생각하는가?

8.1.5 28개 관측치 표본 평균 $\bar{x}=0.0328$이다. 만약에 실험자가 이미 알고 있는 모집단의 표준편차 $\sigma=0.015$를 사용하고 싶어한다. 이때 모평균 μ에 대한 95% 양측 신뢰구간을 구하라.

8.1.6 10개 진흙 혼합물 표본의 탄성이 측정되었고 이 표본 평균은 $\bar{x}=19.50$이다. 만약 실험자가 기존의 실험으로부터 얻

어진 탄성값의 모 표준편차 $\sigma=1.0$을 사용하길 원한다면 이때 평균 탄성 μ에 대한 90%, 95% 그리고 99% 양측 구간을 구하고 그 길이를 비교하라. 평균 탄성이 20.0이라는 것이 적절하다고 생각하는가?

8.1.7 실험자가 모집단의 표준편차가 10.0보다는 크지 않을 것이라고 생각하고 모평균의 95% 양측 t-구간의 길이가 최대 5.0이길 원한다면 몇 개의 표본을 얻어야 하는가?

8.1.8 실험자가 특정 길이의 구리선의 평균 저항에 대한 99% 양측 t-구간의 길이가 최대 0.2ohms이기를 원한다. 만약 이 저항의 표준편차가 0.15ohms보다 크지 않을 것을 알고 있다고 한다면 이때 몇 개의 표본을 얻어야 하는가?

8.1.9 문제 8.1.1에서 사용된 31개의 데이터 관측치에서 모평균 μ의 95% 양측 t-구간의 길이가 $L_0=2.0$를 초과하지 않기 위해서 얼마나 많은 추가 표본이 필요한가?

8.1.10 문제 8.1.2에서 사용된 41개의 유리 시트 표본에서 평균 시트 두께의 99% 양측 t-구간의 길이가 $L_0=0.05$mm을 초과하지 않기를 바란다면 얼마나 많은 추가 표본이 필요한가?

8.1.11 문제 8.1.3에서 사용된 20개의 절단강도 측정치에서 절단 강도의 평균의 99% 양측 t-구간의 길이가 $L_0=10.0$을 초과하지 않기 위해 필요한 추가 표본의 개수는?

8.1.12 임의의 30개 관측 데이터의 평균 $\bar{x}=14.62$이고 표본 표준편차 $s=2.98$이다. 모평균 μ의 단측 95% t-구간이 $\mu\in(-\infty, c)$임을 만족하기 위한 c값을 구하라. 또한 $\mu\geq 16$은 적절한지 논하라.

8.1.13 임의의 61개 병에 담긴 화학용액 표본의 용액 농도를 측정하였다. 표본 평균 $\bar{x}=0.768$이고 표본 표준편차 $s=0.0231$이다. 평균 용액농도 μ에 대한 99% 단측 t-구간이 $\mu\in(c, \infty)$을 만족하기 위한 c를 구하라. 이 용액의 평균 농도가 0.765보다 작은가?

8.1.14 19개 표본 데이터 관측치의 평균 $\bar{x}=11.80$이다. 만약 실험자가 알려진 모집단의 표준편차 $\sigma=2.0$을 사용하길 원한다면 모평균 μ에 대한 95% 단측 신뢰구간이 $\mu\in(c, \infty)$를 만족하기 위한 c값을 구하라.

8.1.15 임의의 시간에 연구실에서 측정된 29개 표본의 방사선 지수의 평균은 $\bar{x}=415.7$이다. 만약 사용자가 이전의 실험으로부터 알려진 모집단의 방사선 지수의 표준편차 $\sigma=10.0$를 이용하기를 원한다. 이때 이 평균 방사선 지수 μ의 99% 단측 신뢰구간이 $\mu\in(-\infty, c)$를 만족하기 위한 c값을 구하라. 이 방사선 지수의 평균이 418.0보다 크다고 말할 수 있는가?

8.1.16 임의로 16개의 화학 혼합물의 pH 지수가 측정되었고 이 표본의 평균은 $\bar{x}=6.861$이고 표본 표준편차 $s=0.440$이다. 이 화학 혼합물의 평균 pH 지수의 신뢰구간이 (6.668, 7.054)일 때의 신뢰수준은 얼마인가?

8.1.17 냉각주철(chilled castion)은 높은 수준

의 강도와 내구성을 필요로 하는 기계 부품 등에 사용된다. 냉각주철의 부식 특성을 연구하는 실험에서 10개의 냉각 주철 표본을 통해 평균 부식률 $\bar{x}=2.752$과 표본 표준편차 $s=0.280$를 얻었다. 이 냉각주철의 평균 부식률에 대한 99% 양측 신뢰구간을 구하라. 평균 부식률이 3.1이라는 것이 적절한가?

문제 8.1.18~8.1.22는 데이터 집합으로부터 통계량을 구해 평균에 대한 신뢰구간을 구할 수 있다. 통계 소프트웨어 패키지를 이용해 신뢰구간을 구하고 결과를 분석하라.

8.1.18 음식점 서비스 시간
DS 6.1.4의 데이터를 이용하라.

8.1.19 전화교환대 활동
DS 6.1.6의 데이터를 이용하라.

8.1.20 아스팔트 자갈 무게
DS 6.1.7의 데이터를 이용하라.

8.1.21 스프레이 페인팅 공정
DS 6.1.8의 데이터를 이용하라.

8.1.22 플라스틱 패널 구부림 능력
DS 6.1.9의 데이터를 이용하라.

8.1.23 어떤 화학 공정의 9개 배치의 생산량을 측정해보니 표본 평균은 2.843이고 표본 표준편차는 0.150이다. 실험자가 이 생산 공정의 평균 생산량의 신뢰구간이 $(2.773, \infty)$라고 할 때 신뢰수준을 구하라.

8.1.24 다음의 데이터를 이용하라.

34 45 27 33 38 41 45 29
30 39 34 40 28 33 36

(a) 표본의 중앙값을 구하라.
(b) 모평균에 대한 99% 양측 신뢰구간을 구하라.

8.1.25 임의로 14개의 화학용액 표본을 얻었고 각각의 농도를 측정하였다. 표본의 평균은 5437.2이고 표본의 표준편차는 376.9이다.
(a) 평균 강도에 대한 95% 양측 신뢰구간을 구하라.
(b) 평균 강도의 95% 양측 신뢰구간의 길이가 300보다 작게 하기 위해 필요한 추가 표본의 크기는 얼마인가?

8.1.26 부츠 생산자는 가죽의 질을 검사한다. 실험자는 이 가죽의 변형에 대한 기존의 연구로부터 표준편차가 0.2031보다 크지 않을 것이라는 알고 95% 신뢰구간의 길이가 0.1을 초과하지 않기를 원한다. 몇 개의 표본이 필요한가?

8.2 가설검정(Hypothesis Testing)

8.2.1 가설

지금까지는 미지의 모평균 μ에 대하여 점추정치 및 신뢰구간을 구하는 방법을 학습하였다. 이 장에서는 실험자가 특정 가설의 진실성을 측정하기 위한 가설검정을 다룬다. 예를 들어 실험자가 가설 $\mu=20$인지 관심이 있다고 하자. 만약 이 고정값을 μ_0라고 할 때 이 실험자의 주장에 대한 귀무가설(null hypothesis)은 다음과 같다.

$$H_0 : \mu = \mu_0$$

이 가설이란 용어는 이 주장이 적절한 데이터에 의해서 검증될 수 있음을 의미한다. 위의 귀무가설에 대한 대립가설(alternative hypothesis)은 다음과 같다.

$$H_A : \mu \neq \mu_0$$

대립가설이 μ_0보다 크거나 작은 μ 값을 모두 고려하기 때문에 양측검정에 해당하며 단측검정은 귀무가설로서 모평균 μ의 상한 또는 하한값 μ_0을 고려한다.

하나의 모평균에 대한 가설검정(Hypothesis Tests of a Population Mean)

특정값 μ_0에 대한 양측 가설검정은

$$H_0 : \mu = \mu_0 \quad \text{versus} \quad H_A : \mu \neq \mu_0$$

을 검정하며 단측 가설검정은

$$H_0 : \mu \leq \mu_0 \quad \text{versus} \quad H_A : \mu > \mu_0$$

혹은

$$H_0 : \mu \geq \mu_0 \quad \text{versus} \quad H_A : \mu < \mu_0$$

을 검정한다.

예제 47 흑연-에폭시 혼합물(Graphite-Epoxy Composites)

어떤 공급자는 흑연-에폭시 혼합물 제품의 장력 강도가 40이 될 것을 수요자로부터 요구받고 있다. 따라서 제품 표본을 추출하여 장력 강도를 측정하는데 다음과 같은 가설을 검증하고자 한다.

$$H_0 : \mu = 40 \quad \text{versus} \quad H_A : \mu \neq 40$$

여기에서 μ는 실제 평균 장력 강도이다.

예제 14 금속 실린더 생산(Metal Cylinder Production)

직경 50mm의 금속 실린더를 만드는 기계가 있다. 기계의 능력과는 별개로 생산된 실린더 자체의 변동이 존재하며 만약에 평균 실린더 직경 μ가 원래 의도한 값을

갖는다면 기계가 정확한 실린더를 제조하고 있다고 볼 수 있다. 이 경우의 가설은

$$H_0 : \mu = 50 \quad \text{versus} \quad H_A : \mu \neq 50$$

으로 양측가설이 된다.

예제 48 자동차 연료 효율(Car Fuel Efficiency)

자동차를 만드는 어떤 생산자는 고속도로에서 1갤런으로 평균 35마일을 달릴 수 있도록 자동차를 설계하였다. 소비자 그룹에서는 연료 효율성을 측정하기 위하여 고속도로 환경에서 임의로 이 회사에서 만든 자동차들을 선택하여 실험을 실시하였다. μ를 실제 1갤런에 갈 수 있는 평균 마일을 의미한다고 하면 소비자 그룹은 다음과 같은 단측 가설검증에 관심이 있을 것이다.

$$H_0 : \mu \geq 35 \quad \text{versus} \quad H_A : \mu < 35$$

이때 귀무가설은 차에 대하여 연료 효율성에 대한 생산자의 주장이 만족됨을 의미한다.

예제 45 직물 흡수 정도 특성(Fabric Water Absorption Properties)

만약 섬유의 수분 흡수율이 55% 이하일 경우에는 염색에 적절하지 않다고 가정한다. 과연 고려 중인 면섬유가 염색에 적절한지에 대한 문제는 다음과 같은 단측 가설로 나타낼 수 있다.

$$H_0 : \mu \leq 55\% \quad : \quad H_A : \mu > 55\%$$

이때 μ는 면섬유의 실제 평균 수분 흡수율을 의미한다. 귀무가설은 섬유가 염색에 적절하지 않음을 의미하며 대립가설은 섬유가 염색에 적절하다는 것을 의미한다.

단측가설에서 귀무가설과 대립가설을 선택하는 데에는 상당한 주의가 필요하다. 예를 들어 위의 직물 수분 흡수에 관한 예제에서 왜 면섬유가 염색에 적절하다는 귀무가설을 선택하지 않았는가? 이 문제에 대해서는 아래의 p-값을 해석하는 부분에서 중점적으로 다룬다.

8.2.2 p-값의 해석

귀무가설의 참과 거짓은 p-값을 통해 측정할 수 있으며, p-값은 0과 1 사이의 확률값을 갖는다. 이 p-값은 관측된 유의수준이라고도 하는데 데이터 집합으로부터 p-값을 구하는 과정은 [그림 8.9]에 제시되어 있다. p-값을 귀무가설이 참일 확률로 보면 p-값이 작을수록 귀무가설이 타당하지 않음을 의미하게 된다.

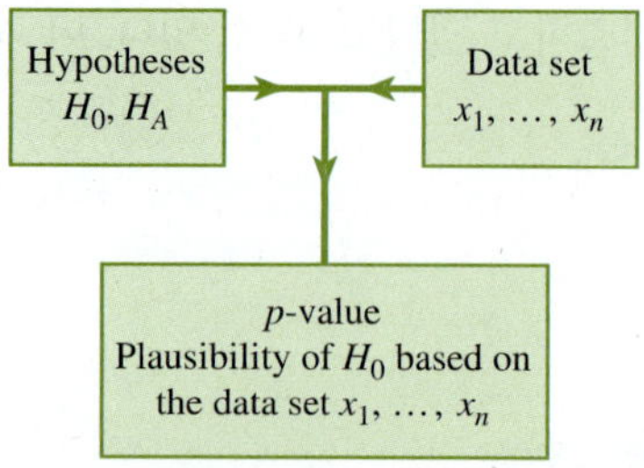

그림 8.9
p-값의 구축

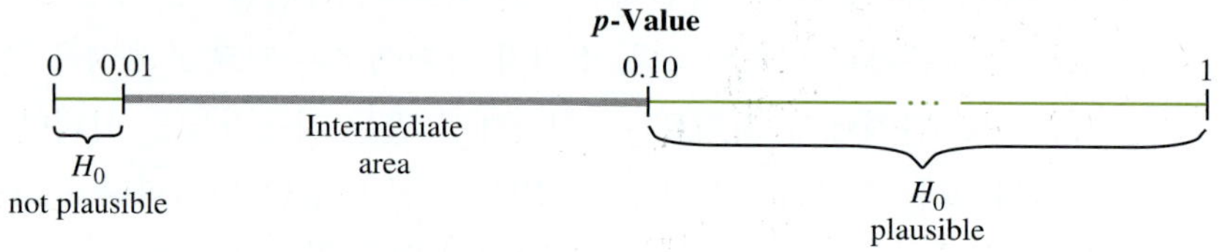

그림 8.10
p-값의 해석

p-값(p-Values)

자료로부터 p-값을 계산함으로써 귀무가설 H_0가 참임을 측정할 수 있다. 작은 p-값은 귀무가설이 타당하지 않을 확률이 높다는 것을 의미한다.

[그림 8.10]은 실험자가 서로 다른 수준의 p-값을 어떻게 해석할 수 있는지를 예시하고 있는데, 만약 p-값이 1% 이하로 매우 작다면 귀무가설이 맞지 않다는 결론을 내릴 수 있다. 따라서 실험자는 대립가설 H_A가 진실이라고 생각할 수 있다.

귀무가설의 기각(Rejection of the Null Hypothesis)

0.01보다 작은 p-값은 일반적으로 귀무가설 H_0가 신빙성이 없다는 것을 나타내며 따라서 대립가설 H_A가 받아들여지게 된다.

만약 10%보다 큰 p-값이 얻어졌다면 귀무가설이 신빙성이 없다는 결론을 내릴 만한 충분한 근거가 없음을 나타낸다. 이 경우에는 대립가설을 기각하고 귀무가설을 채택한다. 하지만 그 귀무가설 외에도 다른 많은 귀무가설이 존재할 수 있기 때문에 많은 귀무가설들이 받아들여질 수 있다. 따라서 귀무가설을 채택하는 것은 자료가 귀무가설을 거절할 수 있는 충분한 근거를 제공하지 못하지만 그것이 귀무가설이 사실임을 증명하는 것 또한 아님을 명심할 필요가 있다.

귀무가설의 채택(Acceptance of the Null Hypothesis)

0.10보다 큰 p-값은 일반적으로 귀무가설 H_0가 신빙성이 있으며, 따라서 H_0를 채택한다. 하지만 이것이 반드시 귀무가설이 사실임을 증명했다는 것을 의미하지는 않는다.

1%~10% 범위 내의 p-값은 귀무가설이 타당하지 않다는 어떠한 근거가 있지만 이 근거가 절대적이지는 않음을 나타낸다. 가끔은 0.05를 기준으로 p-값이 0.05보다 클 경우 귀무가설을 채택하고 0.05보다 작을 때는 귀무가설을 기각하기도 한다.

중간의 p-값(Intermediate p-Values)

1%~10% 범위 내의 p-값은 일반적으로 귀무가설이 타당하지 않다는 근거가 있는 것으로 받아들일 수 있지만 그 근거가 반드시 결정적이지는 않다.

다음과 같은 양측 가설검정 문제를 고려해보자.

$$H_0 : \mu = \mu_0 \quad \text{versus} \quad H_A : \mu \neq \mu_0$$

위의 가설검정 문제에서 귀무가설을 기각한다는 것은 $\mu \neq \mu_0$을 의미한다. 하지만 귀무가설을 채택한다는 것이 μ가 μ_0라는 것이 신빙성이 있다는 것을 의미하지 μ가 μ_0라는 것을 증명한 것은 아니라는 점이다.

단측 가설검정 문제

$$H_0 : \mu \leq \mu_0 \quad \text{versus} \quad H_A : \mu > \mu_0$$

에 대하여 귀무가설의 기각은 실험자가 $\mu > \mu_0$ 결론을 내릴 수 있게 한다. 그러나 마찬가지로 귀무가설을 채택할 경우 $\mu \leq \mu_0$가 신빙성이 있다는 것을 의미하지만 이것을 완벽하게 증명한 것은 아니다. 따라서 단측검정 문제에서 어떤 것을 귀무가설로 선택할지를 결정할 때 $\mu > \mu_0$을 증명하기 위해서는 이를 대립가설로 선택하는 것이 필요하다. 이것은 반대의 $\mu \leq \mu_0$이 신빙성이 없다는 것을 증명함으로써 성립될 수 있기 때문이다. 기억해야 할 것은 귀무가설이 진실임을 증명할 수는 없지만 신빙성이 없다는 것은 보일 수 있다는 점이다.

예제 47 흑연-에폭시 혼합물(Graphite-Epoxy Composites)

이 문제에서 $\mu = 40$이라는 공급자의 주장이 잘못된 것임을 증명하는 것이 필요하다. 따라서 다음을 귀무가설로 설정하는 것이 적절하다.

$$H_0 : \mu = 40$$

0.01보다 작은 p-값은 이 귀무가설이 신빙성이 없다는 것을 증명하고 이것은 공급자의 주장이 적절하지 못하다는 것을 의미한다. 만약 p-값이 충분히 작지 않다면 공급자의 주장이 잘못되었다는 충분한 근거가 없다고 결론내릴 수 있다.

공급자가 죄가 있다는 것을 입증하기 전까지 공급자는 결백하다는 것을 인지해야만 한다. 이러한 의미에서 유죄(대립가설 $H_A : \mu \neq 40$)가 신빙성이 없다는 것을 입증함으로써 성립될 수 있다. 만약 결백하다는 것이 신빙성이 있다면(큰 p-값), 귀무가설은 받아들여지고 공급자는 무죄가 된다. 여기서 중요한 점은 무죄 방면이 유죄를 증명하는 것을 실패했다는 것이지 반드시 결백함을 입증한 것은 아니라는 점이다.

예제 14 금속 실린더 생산(Metal Cylinder Production)

이 문제에서 질문은 기계가 정확한 실린더 직경을 갖게끔 보정이 되어 있는가 하는 점이다. 따라서 대립가설로

$$H_A : \mu \neq 50$$

을 세우며 작은 p-값에 대해 귀무가설 $H_0 : \mu = 50$을 기각하며, 큰 p-값에 대해 귀무가설을 채택하고 실험자는 기계가 정확히 보정되지 않았다는 근거가 없다고 결론을 내릴 수 있다.

예제 48 자동차 연료 효율(Car Fuel Efficiency)

소비자 그룹은 자동차 생산자의 주장이 틀렸다는 것을 증명하고 싶어한다. 만약 $\mu < 35$이라면 생산자의 주장은 틀린 것이며 따라서 이를 대립가설로 채택하게 된다. 다음의 단측 가설검정

$$H_0 : \mu \geq 35 \text{ versus } H_A : \mu < 35$$

을 통해 만약 p-값이 충분히 작다면 귀무가설을 기각하고 소비자 그룹은 생산자의 주장이 틀렸다는 것을 증명하게 된다. 큰 p-값은 생산자의 주장이 틀렸다는 충분한 근거를 발견할 수 없음을 의미한다.

예제 45 직물 흡수 특성(Fabric Water Absorption Properties)

면섬유가 염색에 적절한가를 판단하는 문제는 실험자가 $\mu > 55\%$임을 보이는 것으로 요약할 수 있다. 이 질문의 답은 다음과 같은 단측 가설검정 문제와 같다.

$$H_0 : \mu \leq 55 \text{ versus } H_A : \mu > 55$$

p-값이 충분히 작다면 귀무가설은 기각되고 면섬유는 염색에 적절하다는 것이 입증되는 반면에 큰 p-값은 그 면섬유가 염색에 적절하지 않다는 것을 의미한다.

8.2.3 p-값의 계산

관측된 자료로부터 특정 귀무가설에 대한 p-값은 다음과 같이 정의할 수 있다.

p-값은 귀무가설이 참일 경우에 이 데이터 집합이나 더 나쁜 자료가 얻어질 확률을 말한다. 이 정의에는 두 가지 중요한 요소가 포함되어 있다:

(1) 관측 자료나 더 나쁜 자료
(2) 귀무가설이 참일 경우

첫 번째 요소에서 더 나쁘다는 의미는 실제 관측 자료보다 더 귀무가설이 신빙성이 없도록 하는 자료를 의미한다. 두 번째 요소는 귀무가설이 참이라는 가정에서 확률이 계산된다는 점이다.

p-값의 정의(Definition of p-Value)

관측된 자료를 기반으로 어떤 귀무가설 H_0에 대한 p-값은 귀무가설이 참일 때 그 데이터 집합이나 혹은 더 나쁜 자료를 얻을 확률로 정의된다. 더 나쁘다는 의미는 실제 관측자료보다 더 귀무가설이 신빙성이 없도록 하는 자료를 의미한다.

이 p-값의 정의에 따라 귀무가설 H_0가 참일 때 0.01보다 작은 p-값은 관측된(혹은 더 나쁜) 자료가 관측될 확률이 0.01보다 작다는 의미이다. 이는 만약 귀무가설이 참일 때 실험자가 그 데이터 집합을 얻을 가능성이 없으며 따라서 귀무가설이 신빙성이 없다는 것을 의미하게 된다. 달리 표현하면 만약 귀무가설 H_0가 참일 때 0.10보다 큰 p-값은 그 자료가 관측될 확률이 최소한 0.10 이상이라는 것을 의미하고 결국 이 귀무가설은 받아들여질 수 있다.

양측검정 문제

양측 가설검정 문제

$$H_0 : \mu = \mu_0 \text{ versus } H_A : \mu \neq \mu_0$$

에 대하여 n개의 관측 자료를 얻었고 이 표본의 평균과 표준편차는 각각 $\bar{x}$ 및 s라고 한다. 자료와 귀무가설이 일치하는가는 다음과 같은 t-통계량을 통해 평가할 수 있다.

$$t = \frac{\sqrt{n}(\bar{x} - \mu_0)}{s}$$

표본 평균이 가정된 모평균 μ_0과 정확히 일치할 경우 $\bar{x} = \mu_0$이므로 이 t-통계량 값은 0이 된다. 데이터 집합과 귀무가설의 불일치도는 [그림 8.11]에서처럼 t-통계량의 절대값 $|t|$가 증가할수록 증가하게 된다. 따라서 어떤 데이터 집합으로부터 구한 t-통계량의 절대값 $|t|$보다 큰 값을 가진다면 이 데이터는 더 나쁜(worse) 의미로 해석할 수 있다. 따라서 이 경우 p-값은 귀무가설 $\mu = \mu_0$로부터 생성된 데이터의 절대값이 $|t|$보다 큰 t-통계량을 가질 확률로 해석된다. 그러나 만약 $\bar{x}$와 s가 $\mu = \mu_0$에서 생성된 데이터의 표본 평균과 표준편차라고 한다면, t-

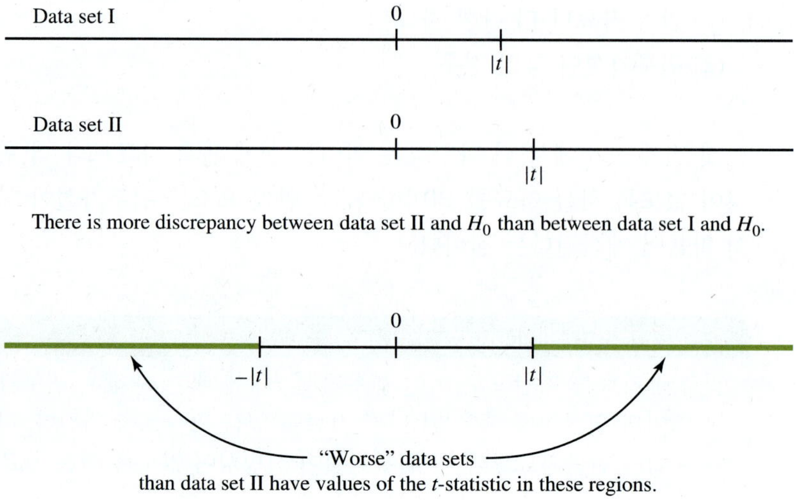

그림 8.11 양측검정문제에서 데이터 집합과 H_0간 불일치의 측정

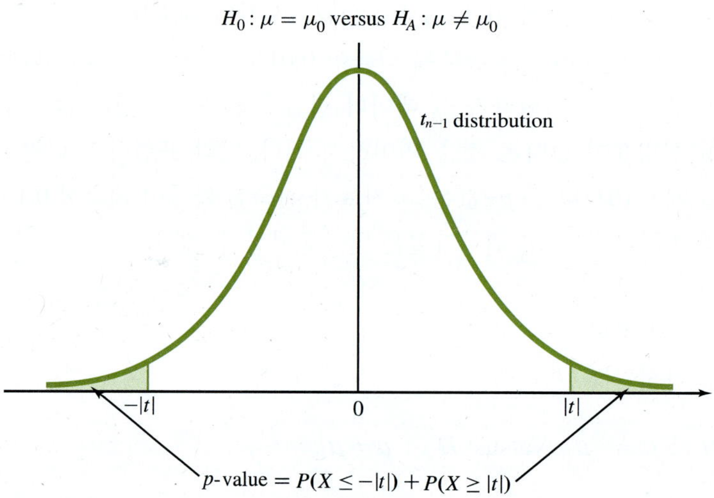

그림 8.12 양측 t-검정에 대한 p-값

통계량 $\sqrt{n}(\bar{x}-\mu_0)/s$은 자유도 $n-1$을 가지는 t-분포로부터 도출된 값이며, 이 통계량에 대한 p-값은 다음과 같다.

$$p\text{-값} = P(X \geq |t|) + P(X \leq -|t|)$$

이때 X는 [그림 8.12]에서와 같이 자유도 $n-1$을 가지는 t-분포를 따른다. t-분포는 좌우대칭이기 때문에

$$P(X \geq |t|) = P(X \leq -|t|)$$

이며 p-값은 다음과 같이 계산할 수 있다([그림 8.13] 참조).

$$p\text{-값} = 2 \times P(X \geq |t|)$$

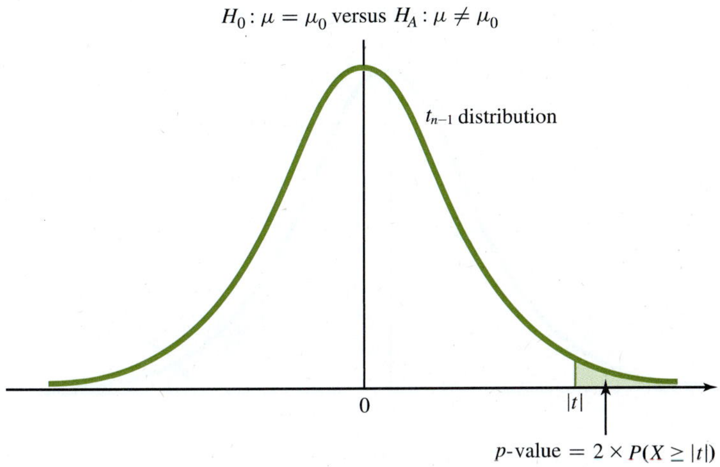

그림 8.13
양측 t-검정에 대한 p-값

이러한 검정 절차를 양측 t-검정이라고 한다.

양측 t-검정(Two-Sided t-Test)

표본 평균 $\bar{x}$와 표본 표준편차 s인 n개의 관측 데이터에 대한 양측 검정

$$H_0 : \mu = \mu_0 \quad \text{versus} \quad H_A : \mu \neq \mu_0$$

에서의 p-값은

$$p\text{-값} = 2 \times P(X \geq |t|)$$

이며 X는 자유도 $n-1$을 가지는 t-분포를 따르며 검정통계량

$$t = \frac{\sqrt{n}(\bar{x} - \mu_0)}{s}$$

는 t-통계량이라고 하며 이 검정절차를 양측 t-검정이라고 한다.

양측 가설검정 $H_0 : \mu = 10.0$ versus $H_A : \mu \neq 10.0$에서 만약 $\bar{x} = 10.6$이고 $s = 1.61$인 15개의 관측값을 얻었다면 t-통계량은 다음과 같다.

$$t = \frac{\sqrt{n}(\bar{x} - \mu_0)}{s} = \frac{\sqrt{15}(10.6 - 10.0)}{1.61} = 1.44$$

따라서 t-통계량이 1.44보다 크거나 혹은 −1.44보다 작은 데이터 집합은 더 나쁜 데이터 집합에 해당되며 p-값은

$$p\text{-값} = 2 \times P(X \geq 1.44)$$

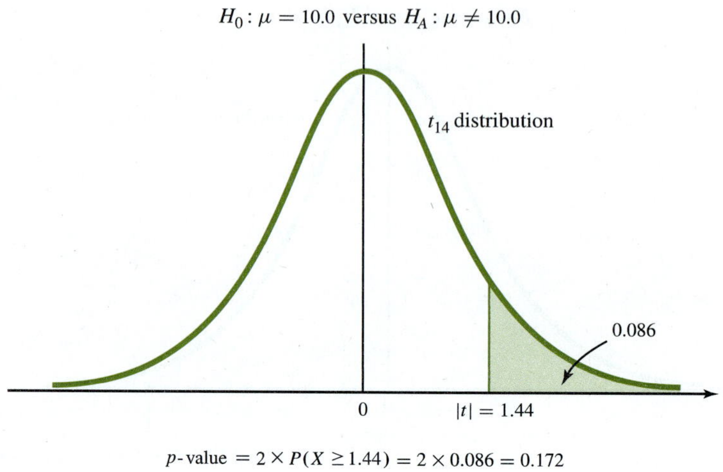

그림 8.14
양측 p–값 계산

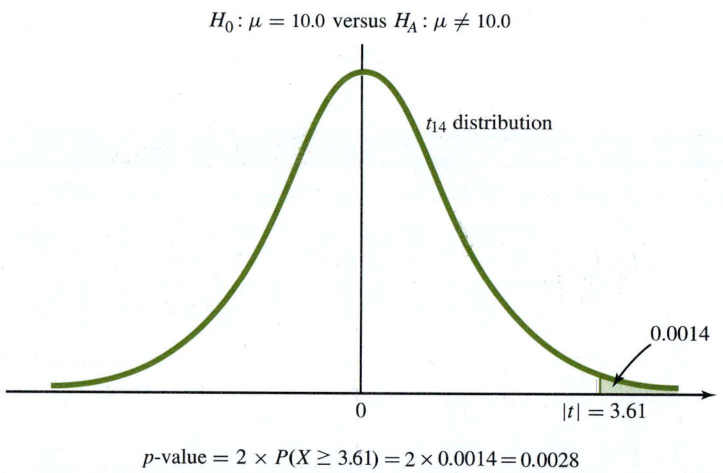

그림 8.15
양측 p–값 계산

으로 확률변수 X는 자유도 $n-1=14$인 t–분포를 따른다. 컴퓨터 프로그램을 이용하여 계산한 p–값은 다음과 같다([그림 8.14] 참조).

$$p\text{-값} = 2 \times 0.086 = 0.172$$

0.10보다 큰 p–값은 귀무가설을 채택해야만 한다는 것을 의미한다. 즉 관측된 자료를 토대로 $\mu=10.0$이 신빙성이 없다는 충분한 근거가 없음을 의미한다. 만약 $\bar{x}=11.5$인 경우 [그림 8.15]와 같이 t–통계량은

$$t = \frac{\sqrt{15}(11.5 - 10.0)}{1.61} = 3.61$$

이며 이에 대한 p–값은

$$p\text{-값} = 2 \times P(X \geq 3.61) = 2 \times 0.0014 = 0.0028$$

으로 p−값이 0.01보다 작기 때문에 실험자는 귀무가설이 신빙성이 없다는 결론을 내릴 수 있다.

예제 47 흑연−에폭시 혼합물(Graphite−Epoxy Composites)

임의로 30개의 흑연-에폭시 혼합물을 선택하여 장력을 측정해보니 표본평균 $\bar{x}=38.518$이고 표본 표준편차 $s=2.299$이다. $\mu_0=40.0$로부터 계산된 t−통계량은

$$t=\frac{\sqrt{30}(38.518-40.0)}{2.299}=-3.53$$

이다. 이 문제는 양측검정 문제이므로 p−값은

$$p\text{-값}=2\times P(X\geq|-3.53|)=2\times P(X\geq 3.53)$$

이 된다. 이때 X는 자유도 $n-1=29$인 t−분포를 따른다. 이 값을 구하면 [그림 8.16]에서처럼

$$p\text{-값}=2\times 0.0007=0.0014$$

으로 p−값이 매우 작기 때문에 귀무가설은 기각되어 평균 장력은 주장한 40이 아니라는 충분한 근거가 있다고 말할 수 있다. 사실상 $\bar{x}=38.518<\mu_0=40.0$이기 때문에 실제 평균 장력 강도가 주장한 것보다 작을 것으로 판단된다.

예제 14 금속 실린더 생산(Metal Cylinder Production)

$\bar{x}=49.99856$이고 $s=0.1334$인 60개의 금속 실린더 직경 자료로부터 $\mu_0=50.0$에 대한 t−통계량은

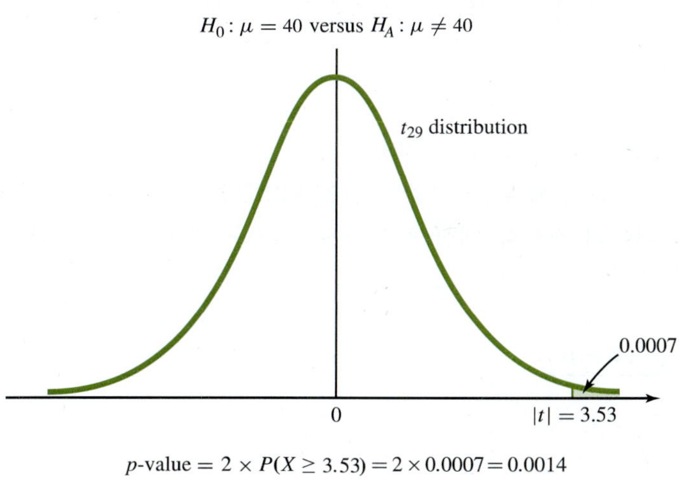

그림 8.16 흑연−에폭시 혼합물 예제에 대한 p−값 계산

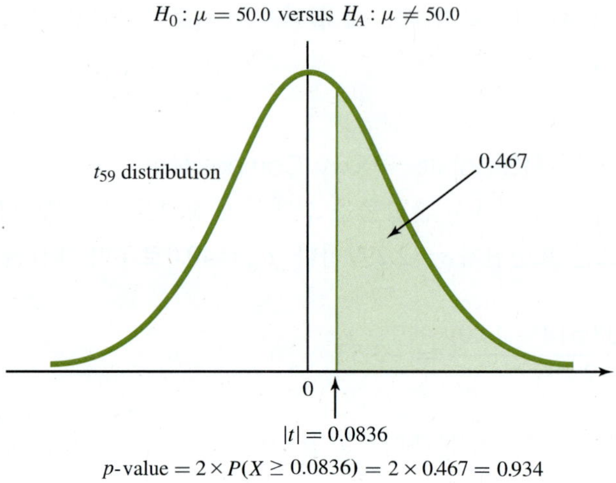

그림 8.17 금속 실린더 직경에 대한 p-값 계산

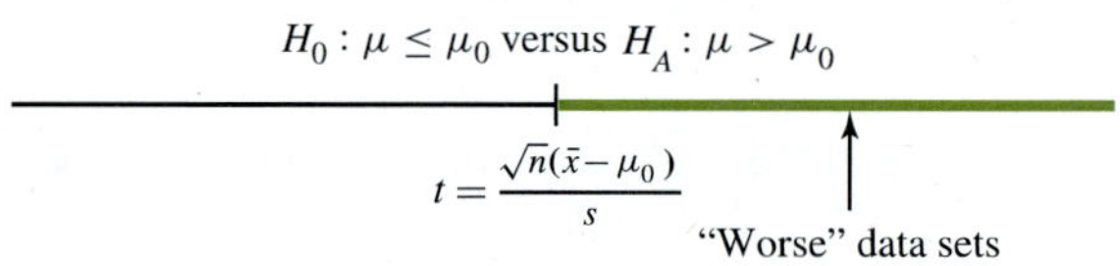

그림 8.18 단측 검정 문제에 대한 '더 나쁜' 데이터 집합

$$t = \frac{\sqrt{60}(49.99856 - 50.0)}{0.1334} = -0.0836$$

이며 위의 양측검정 문제에 대한 p-값은

$$p\text{-값} = 2 \times P(X \geq 0.0836)$$

으로 X는 자유도 $n-1=59$인 t-분포를 따르므로 [그림 8.17]에서처럼

$$p\text{-값} = 2 \times 0.467 = 0.934$$

이다. p-값이 아주 큰 값이기 때문에 $\mu = 50.0$이라는 귀무가설은 채택되며 관측자는 금속 실린더를 생산하는 기계가 정확히 보정되지 않았다는 충분한 근거가 없다는 결론을 내릴 수 있다.

단측검정 문제(One-sided Problem)

단측 가설검정 문제의 p-값을 계산할 때 양방향이 아닌 한 방향으로의 더 나쁜(worse) 데이터 집합에 대한 정의를 포함한다. 예를 들면 [그림 8.18]과 같이 t-통계량

$$t = \frac{\sqrt{n}(\bar{x} - \mu_0)}{s}$$

와 단측가설

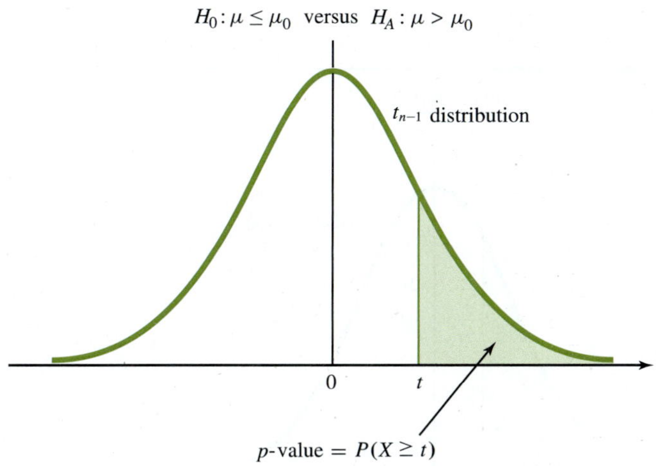

그림 8.19 단측 가설검정 문제에 대한 *p*-값 계산

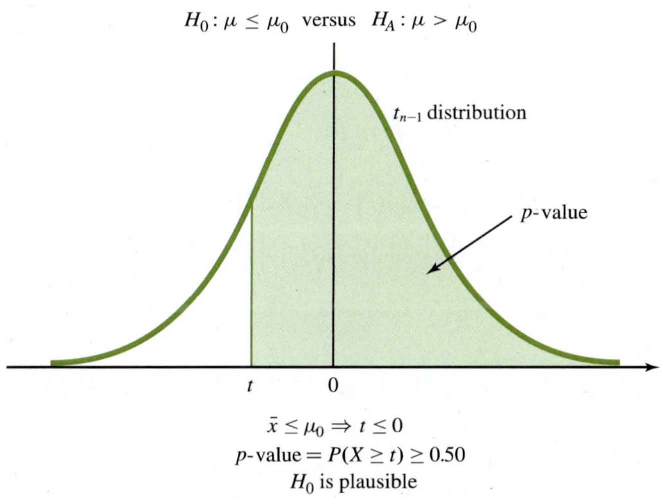

그림 8.20 단측 *t*-검정에 대한 0.50 보다 큰 *p*-값

$$H_0 : \mu \leq \mu_0 \quad \text{versus} \quad H_A : \mu > \mu_0$$

을 토대로 할 때 더 나쁜(worse) 데이터 집합은 t값보다 더 큰 t-통계량을 포함하고 있다. [그림 8.19]에서와 같이 이 경우 p-값은 다음과 같이 계산할 수 있다.

$$p\text{-값} = P(X \geq t)$$

이때 확률변수 X는 자유도 $n-1$을 가지는 t-분포를 따른다. 이 검정방법은 단측 t-검정이라고 하며, $\bar{x} \leq \mu_0$이면, $t \leq 0$이고 p-값은 0.5보다 커서 귀무가설은 채택된다([그림 8.20] 참조). 이 경우 귀무가설이 신빙성이 없다는 충분한 근거가 없기 때문에 p-값을 계산할 필요는 없다. 하지만 $\bar{x} > \mu_0$이면 $\bar{x}$가 μ_0에 얼마나 근접한지를 평가하여 귀무가설의 신빙성 유무를 판단할 수 있기 때문에 p-값을 계산하는 것이 필요하다.

또다른 단측 가설검정

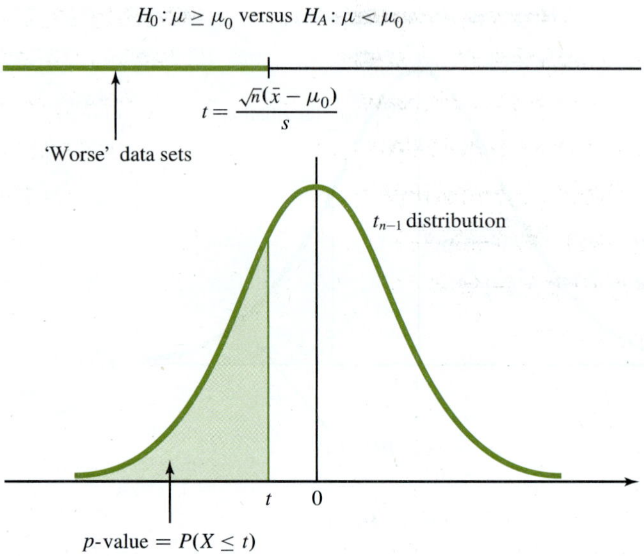

그림 8.21
단측 검정 문제에 대한 p-값 계산

$$H_0 : \mu \geq \mu_0 \quad \text{versus} \quad H_A : \mu < \mu_0$$

에 대하여 더 나쁜 데이터 집합은 [그림 8.21]에서와 같이 t값보다 더 작은 t-통계량을 가지는 자료를 말하며 이 경우 p-값은

$$p\text{-값} = P(X \leq t)$$

와 같이 계산할 수 있다. 만약 $\bar{x} \geq \mu_0$이면, 귀무가설은 분명히 신빙성이 있으며 특별히 p-값을 계산할 필요는 없다.

단측 t-검정(One-Sided t-Test)

표본 평균 $\bar{x}$와 표본 표준편차 s를 갖는 n개의 관측치를 토대로 한 단측 가설검정

$$H_0 : \mu \leq \mu_0 \quad \text{versus} \quad H_A : \mu > \mu_0$$

에 대한 p-값은

$$p\text{-값} = P(X \geq t)$$

이며, 또다른 단측 가설검정

$$H_0 : \mu \geq \mu_0 \quad \text{versus} \quad H_A : \mu < \mu_0$$

의 p-값은

$$p\text{-값} = P(X \leq t)$$

이다. 이때 확률변수 X는 자유도 $n-1$인 t-분포를 따르고 t-통계량은

$$t = \frac{\sqrt{n}(\bar{x} - \mu_0)}{s}$$

와 같다. 이 검정절차는 단측 t-검정이라고 한다.

다음의 단측 가설검정 문제를 고려해보자.

$$H_0 : \mu \leq 125.0 \quad \text{versus} \quad H_A : \mu > 125.0$$

[그림 8.22]에서와 같이 관측된 표본의 평균이 $\bar{x}=122.3$일 때 p-값을 계산하면 표본 평균이 귀무가설에 포함된 값이기 때문에 p-값이 0.5보다 크다는 것을 알 수 있으며 따라서 정확한 p-값을 구할 필요는 없다. 다음으로 $\bar{x}=128.4$와 $s=16.9$인 20개의 자료를 대신 적용해보면 $\bar{x}=128.4>\mu_0=125.0$이므로 이 자료는 귀무가설이 거짓일 수 있을 가능성을 내포하고 있다. 이 귀무가설의 타당성을 검토하기 위하여 t-통계량을 구하면

$$t = \frac{\sqrt{20}(128.4 - 125.0)}{16.9} = 0.90$$

이며, 이 검정 통계량 값에 대한 p-값은

$$p\text{-값} = P(X \geq 0.90) = 0.190$$

와 같다([그림 8.23] 참조). 이때 X는 자유도 $n-1=19$인 t-분포를 따르는 확률변수이다. p-값을 근거로 귀무가설은 채택되며 실험자는 모평균이 $\mu_0=125.0$보다 크다는 충분한 근거를 제시하지 못한다고 결론내릴 수 있다.

하지만 표본 평균이 $\bar{x}=137.8$일 때 t-통계량은

$$t = \frac{\sqrt{20}(137.8 - 125.0)}{16.9} = 3.39$$

이며 p-값은

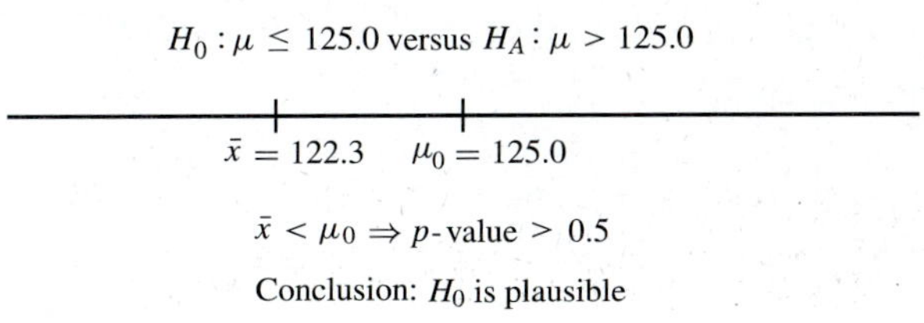

그림 8.22 단측 t-검정에 대하여 0.50보다 큰 p-값

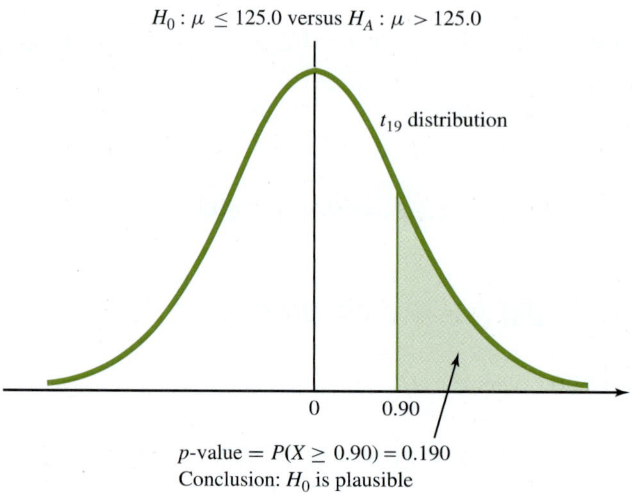

그림 8.23
단측 t-검정에 대한 p-값 계산

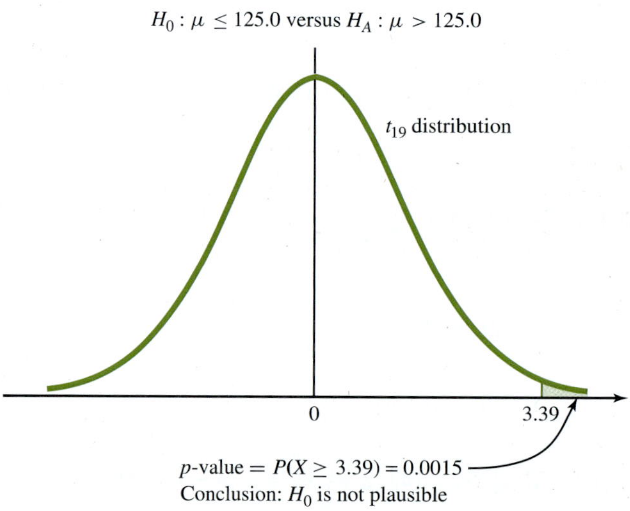

그림 8.24
단측 t-검정에 대한 p-값 계산

$$p\text{-값} = P(X \geq 3.39) = 0.0015$$

으로([그림 8.24] 참조), 이 경우 귀무가설은 기각되고 실험자는 모집단이 $\mu_0 =$ 125.0보다 크다고 확신할 수 있다.

예제 48 자동차 연료 효율(Car Fuel Efficiency)

다양한 고속도로 운전 조건에서 운행된 20대의 자동차 연비를 측정한 결과 표본 평균 $\bar{x} = 34.271$(마일/갤런)이고 표본 표준편차는 $s = 2.915$(마일/갤런)이었다. $\mu_0 = 35.0$일 때 t-통계량은

$$t = \frac{\sqrt{20}(34.271 - 35.0)}{2.915} = -1.119$$

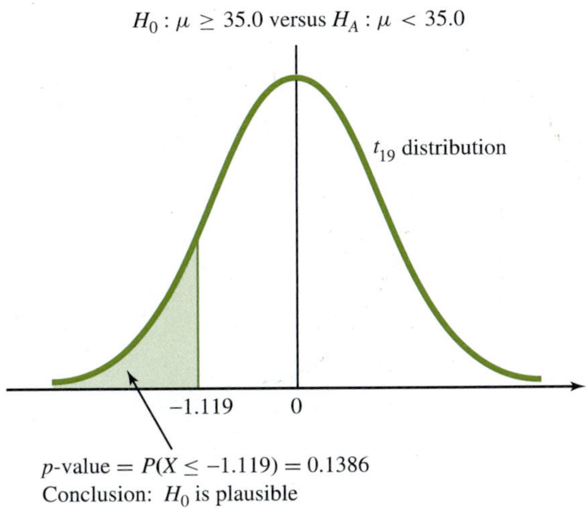

그림 8.25 자동차 연료 효율 문제에 대한 p-값 계산

이며 대립가설이 $H_A: \mu < 35$일 때 p-값은

$$p\text{-값} = P(X \leq -1.119)$$

으로([그림 8.25] 참조), 이때 X는 자유도 $n-1=19$인 t-분포를 따르는 확률변수이다. p-값이 0.1386으로 0.10보다 크므로 우리는 귀무가설 $H_0: \mu \geq 35.0$을 채택한다. 비록 $\bar{x}=34.271$이 $\mu_0 = 35.0$보다 작지만 이 데이터 집합은 소비자 그룹이 자동차의 평균 연비가 35보다 작다고 결론내릴 충분한 근거를 제시하지 못한다.

예제 45 직물 흡수 특성(Fabric Water Absorpton Properties)

$\bar{x}=59.81\%$이고 $s=4.94\%$인 15개 흡수율(단위: %) 자료가 있다. $\mu_0=55\%$일 때 t-통계량은

$$t = \frac{\sqrt{15}(59.81 - 55.0)}{4.94} = 3.77$$

이며 대립가설이 $H_A: \mu > 55$일 때 p-값은

$$p\text{-값} = P(X \geq 3.77) = 0.0010$$

이다([그림 8.26] 참조), 이때 X는 자유도 $n-1=14$인 t-분포를 따르는 확률변수이다. 이처럼 작은 p-값은 귀무가설이 기각되어야 하며 따라서 $\mu > 55$, 즉 면섬유는 염색에 적절하다고 말할 수 있는 충분한 근거가 있다고 결론내릴 수 있다.

예제 49 모래분사 페이트 제거법(Sand Blast Paint Removal)

모래분사는 제품의 표면에 손상을 입히지 않고 페인트를 제거하기 위한 편리한 방법이다. 이 방법의 효율성은 사용되는 모래 종류, 모래 입자의 크기, 분사 압력,

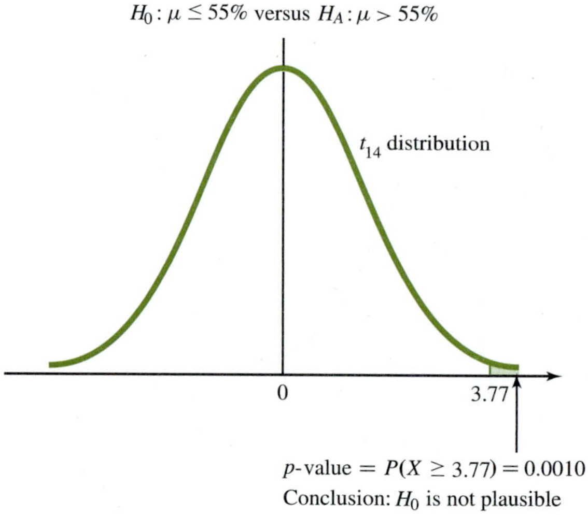

그림 8.26
직물 흡수 정도 특성 예제에 대한 p-값 계산

Data and Question
Data set of blast times in minutes: 10.3 9.3 11.2 8.8 9.5 9.0
Question: What evidence is there that the average blast time is less than 10 minutes?

Stage I: Data Summary
Sample average $n = 6$, sample mean $\bar{x} = 9.683$, sample standard deviation $s = 0.906$.

Stage II: Determination of Suitable Hypotheses
Since the objective is to assess whether there is sufficient evidence to conclude that $\mu < 10$, this should be the alternative hypothesis.
$H_0 : \mu \geq 10$ versus $H_A : \mu < 10$.

Stage III: Calculation of the Test Statistic
$t = \frac{\sqrt{n}(\bar{x}-\mu_0)}{s} = \frac{\sqrt{6}(9.683-10.000)}{0.906} = -0.857$

Stage IV: Expression for the *p*-value
p-value $= P(X \leq -0.857)$
where the random variable X has a t-distribution with $n - 1 = 5$ degrees of freedom.

Stage V: Evaluation of the *p*-value
Table III gives $t_{0.10,5} = 1.476$, and consequently it is known that the p-value is larger than 0.10.
Alternatively, exact computer calculation gives the p-value as 0.216.

Stage VI: Decision
Since the p-value is larger than 0.10, the null hypothesis is accepted.

Stage VII: Conclusion
This data set does not provide sufficient evidence to establish that the average blast time is less than 10 minutes.

그림 8.27
모래분사 페인트 제거법 예제에 대한 가설검정 절차의 설명

분사 거리, 및 분사 각도 등과 같은 요인에 따라 달라진다. [그림 8.27]은 특정 분사 방법으로 동일한 페인트의 두께를 가진 표본들로부터 페인트를 제거하는데 걸리는 시간(단위: 분)을 검정하기 위한 절차를 설명하고 있다. 이는 평균 분사 시간이 10분보다 작은지를 평가하는 것이고 가설검정의 각 단계는 이전과 동일하다.

8.2.4 유의수준(Significance Levels)

가설검정은 유의수준(혹은 크기(size)) α 에 의해 정의된다. [그림 8.28]처럼 유의

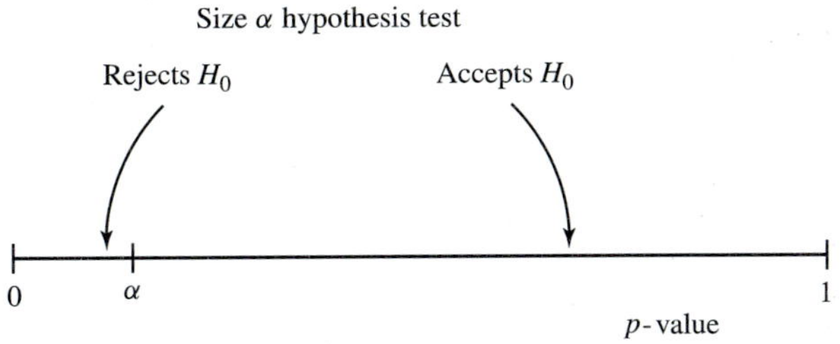

그림 8.28
크기 α 가설검정에 대한 의사결정 원칙

	H_0 true	H_0 false
H_0 accepted	No error ☺ ✓	Type II error ☹ ✖
H_0 rejected	Type I error ☹ ✖	No error ☺ ✓

그림 8.29
가설검정에 대한 에러 분류

수준 α에 대한 가설검정은 α보다 작은 p-값을 가질 경우 귀무가설 H_0가 기각되고 α보다 큰 p-값을 가질 경우 귀무가설 H_0가 채택된다.

유의수준 α는 제1종 오류(Type I error)라고 하며, [그림 8.29]에서 보는 바와 같이 귀무가설이 참임에도 불구하고 그것을 기각할 확률을 의미한다. 제2종 오류(Type Ⅱ error)는 귀무가설이 거짓임에도 불구하고 귀무가설을 채택할 확률이다. 제1종 오류, 즉 유의수준 α가 작다는 것은 귀무가설을 보호하기 위하여 귀무가설이 거짓이라는 충분한 근거가 있을 때에만 기각하도록 할 것을 의미한다. 보통 8.2.2절에서 주어진 p-값의 설명력과 더불어 유의수준 $\alpha=0.10$, 0.05 및 0.01을 사용하는 것이 일반적이다. p-값이 0.10보다 크면 유의수준 $\alpha=0.10$, 0.05 및 0.01로 모두 귀무가설을 채택한다. 동일하게 p-값이 0.01보다 작으면 $\alpha=0.10$, 0.05 및 0.01로 모두 귀무가설을 기각한다. p-값이 0.01과 0.10 사이일 때는 유의수준 $\alpha=0.10$로 귀무가설을 기각하지만 $\alpha=0.01$으로는 귀무가설을 채택한다. 유의수준 $\alpha=0.05$인 가설검정에서는 p-값이 0.05보다 작거나 큼에 따라 귀무가설을 기각 또는 채택하게 된다.

가설검정의 유의수준(Significance Level of a Hypothesis Test)

유의수준 α의 가설검정에서 p-값이 α보다 작을 때에는 귀무가설을 기각하고, α보다 클 경우에는 귀무가설을 채택한다. 유의수준 α를 제1종 오류(Type I error)라고 하며 이는 귀무가설이 참임에도 불구하고 귀무가설을 기각할 확률이다.

일반적으로 p-값은 유의수준 α로 가설을 검정하여 귀무가설을 채택하거나 기각하는 것보다 더 많은 정보를 제공해준다. 만약 p-값을 알고 있다면 어떠한 유의수준에서도 α값과 p-값을 비교하여 가설검정을 수행할 수 있기 때문이다. 하지만 유의수준 α의 가설검정을 통해 귀무가설을 채택하거나 기각하는 것은 p-값의 하한(p-값 $\geq \alpha$) 또는 상한(p-값 $< \alpha$)만을 제공해준다. 보통 통계 프로그램을 이용하여 정확한 p-값을 구할 수 있다.

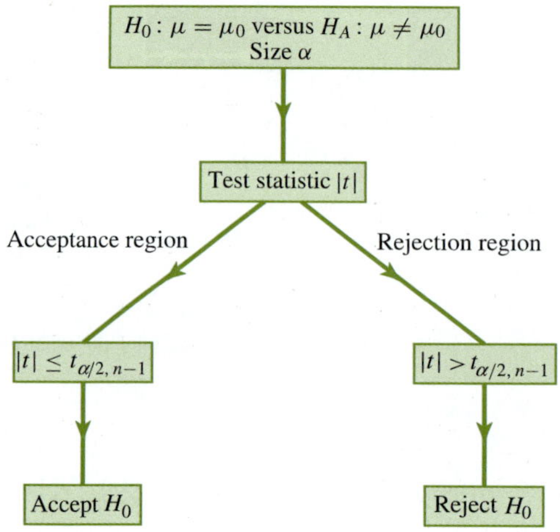

그림 8.30
크기 α 양측 t−검정

양측검정 문제(Two-Sided Problems)

t−통계량

$$t = \frac{\sqrt{n}(\bar{x} - \mu_0)}{s}$$

에 대하여 유의수준 α의 양측 가설검정은 [그림 8.30]에 나타난 바와 같이 검정통계량 $|t|$가 기각역(rejection region) $|t| > t_{\alpha/2, n-1}$에 속하느냐 채택역(acceptance region) $|t| \leq t_{\alpha/2, n-1}$에 속하는가에 따라 결정된다. 이는 양측 가설검정 문제에서 p−값이 $2 \times P(X \geq |t|)$이며, 임계값 $t_{\alpha/2, n-1}$은

$$P(X \geq t_{\alpha/2,n-1}) = \frac{\alpha}{2}$$

으로 만약 $|t| \leq t_{\alpha/2, n-1}$일 때에는 p−값이 α보다 크고 $|t| > t_{\alpha/2, n-1}$일 때에는 p−값이 α보다 작기 때문이다. 바꿔 말하면 검정통계량 $|t|$와 임계값 $t_{\alpha/2, n-1}$을 비교하는 것은 p−값과 α를 비교하는 것과 같다.

하나의 모평균에 대한 양측 가설검정
(Two-Sided Hypothesis Test for a Population Mean)

유의수준 α로 양측가설

$$H_0 : \mu = \mu_0 \quad \text{versus} \quad H_A : \mu \neq \mu_0$$

을 검정할 경우 검정통계량 $|t|$가 기각역 $|t| > t_{\alpha/2, n-1}$에 포함될 경우 귀무가설을 기각하고 채택역 $|t| \leq t_{\alpha/2, n-1}$에 포함될 경우 귀무가설을 채택한다.

양측 가설검정에 대한 예로서 $n=18$개의 관측치를 얻었다고 하자. [표 III]으로

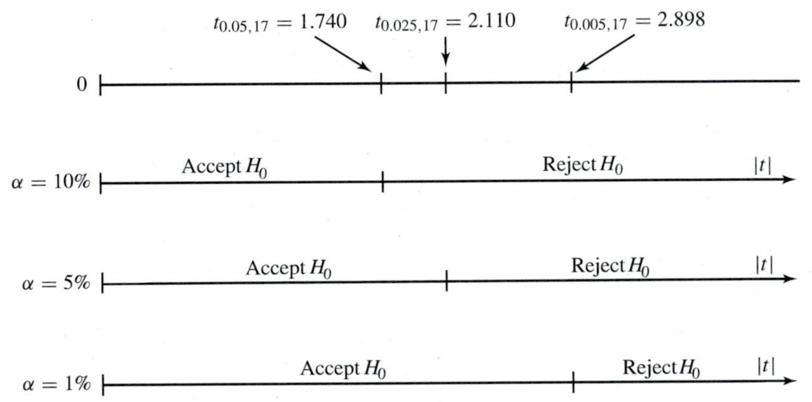

그림 8.31
고정된 유의수준 하의 가설검정

부터 임계값을 구하면 유의수준 $\alpha = 0.10$일 경우 $t_{0.05,17} = 1.740$, $\alpha = 0.05$일 경우 $t_{0.025,17} = 2.110$, $\alpha = 0.01$일 경우 $t_{0.005,17} = 2.898$와 같다([그림 8.31] 참조). 만약 검정통계량 $|t| = 3.24$일 때 유의수준 $\alpha = 0.10$, 0.05 및 0.01에 대하여 검정통계량이 임계값보다 크므로 귀무가설을 기각하며 실제 p-값이 0.01보다 작음을 알 수 있다. 만약 검정통계량 $|t| = 1.625$일 때 유의수준 $\alpha = 0.10$, 0.05 및 0.01에 대하여 검정통계량이 임계값보다 작으므로 귀무가설을 채택하며 실제 p-값은 0.10보다 큼을 알 수 있다. $1.740 \le |t| \le 2.898$ 내의 검정통계량은 0.01과 0.10 사이의 p-값을 가진다. 예로서 만약 $|t| = 2.021$이면, $\alpha = 0.10$로 귀무가설을 기각하고 $\alpha = 0.05$ 또는 $\alpha = 0.01$로 귀무가설을 채택한다.

예제 47 흑연-에폭시 혼합물(Graphite-Epoxy Composites)

이 예제에 대한 검정통계량은 $|t| = 3.53$로 [표 III]으로부터 유의수준 $\alpha = 0.10$일 때 임계값은 $t_{0.05,29} = 1.669$이며, $\alpha = 0.05$일 때 $t_{0.025,29} = 2.045$, $\alpha = 0.01$일 때 $t_{0.005,29} = 2.756$으로 위의 검정통계량 값이 모든 임계값보다 크기 때문에 모든 유의수준에 대하여 귀무가설을 기각하게 된다. 이는 p-값이 0.01보다 작다는 것을 의미하는데 이전의 분석에서 p-값이 0.0014라는 것을 확인하였다.

예제 14 금속 실린더 생산(Metal Cylinder production)

금속 실린더 직경 데이터에 대한 검정통계량은 $|t| = 0.0836$으로 유의수준 $\alpha = 0.10$일 때 임계값은 $t_{0.05,59} = 1.671$이며, $\alpha = 0.05$일 때 $t_{0.025,59} = 2.001$, $\alpha = 0.01$일 때 임계값은 $t_{0.005,29} = 2.662$으로 위의 검정통계량 값이 모든 임계값보다 작기 때문에 모든 유의수준에 대하여 귀무가설을 채택하게 된다. 따라서 p-값이 0.10보다 크다는 것을 알 수 있으며 실제로 구한 p-값은 0.934였다.

예제 50 엔진 오일 점도(Engine Oil Viscosity)

엔진 오일은 $\mu_0 = 85.0$의 평균 점도를 유지해야만 한다. 25개의 점도 표본으로부터 표본 평균 $\bar{x}=88.3$과 표본 표준편차 $s=7.49$를 얻었다. 실제 평균 점도가 요구 조건을 만족시키는지 알아보기 위한 가설검정 문제는

$$H_0 : \mu = 85.0 \quad \text{versus} \quad H_A : \mu \neq 85.0$$

와 같으며, $\mu_0=85.0$일 경우 t-통계량은

$$t = \frac{\sqrt{25}(88.3 - 85.0)}{7.49} = 2.203$$

으로 유의수준 $\alpha=0.10$일 때 임계값은 $t_{0.05,\,24}=1.711$, $\alpha=0.05$일 때 $t_{0.025,\,24}=2.064$, $\alpha=0.01$일 때 $t_{0.005,\,24}=2.797$으로([표 III] 참조), $\alpha=0.01$일 경우를 제외하고는 위의 검정통계량 값이 두 임계값보다 크기 때문에 유의수준 $\alpha=0.10$ 및 0.05에서 귀무가설을 기각한다. 이 결과로부터 p-값이 0.01과 0.05 사이에 존재한다는 것을 알 수 있으며 실제로 p-값을 구하면

$$p\text{-값} = 2 \times P(X \geq 2.203) = 2 \times 0.0187 = 0.0374$$

으로, 이때 X는 자유도 24인 t-분포를 따르는 확률변수이다. 정리하면 평균 점도가 85.0이 아닐 어느 정도 증거를 가지고 있지만 절대적인 것은 아니기 때문에 실험자는 더 정확한 결론을 도출하기 위해 더 많은 표본으로 추가 실험을 하기를 원할지도 모른다.

신뢰구간과 가설검정 사이에는 중요한 관련이 있는데, 가설검정은 신뢰구간을 해석하는데 추가적인 통찰력을 제공해 줄 수 있다. 신뢰수준 $1-\alpha$로 μ에 대한 양측 신뢰구간을 구하는 문제는 크기 α로 다음과 같은 가설

$$H_0 : \mu = \mu_0 \quad \text{versus} \quad H_A : \mu \neq \mu_0$$

에서 귀무가설을 채택하게 하는 μ_0의 값을 구하는 문제와 같다. 만약 양측 가설검정에서 p-값이 α보다 크다면 신뢰수준 $1-\alpha$로 μ에 대한 양측 신뢰구간이 μ_0를 포함한다는 것을 의미한다. 양측 신뢰구간과 가설검정과의 관계는 [그림 8.32]에 자세히 설명되어 있다.

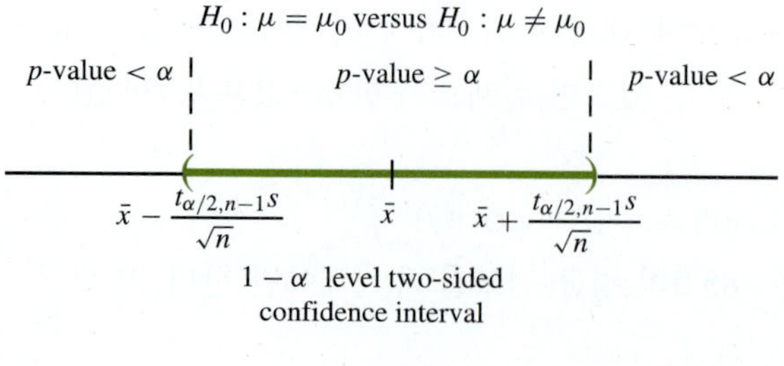

그림 8.32 양측 문제에서 가설검정과 신뢰구간과의 관계

신뢰구간과 가설검정과의 관계
(Relationship Between Confidence Intervals and Hypothesis Tests)

양측 가설검정

$$H_0 : \mu = \mu_0 \quad \text{versus} \quad H_A : \mu \neq \mu_0$$

에 대한 p-값이 α보다 크다면 μ_0값은 신뢰수준 $1-\alpha$에서 양측 신뢰구간 내에 존재한다. 역으로 신뢰수준 $1-\alpha$의 신뢰구간 내에 μ_0가 포함되어 있다면 크기 α의 가설검정에서 귀무가설을 채택하고 μ_0가 포함되지 않는다면 크기 α의 가설검정은 귀무가설을 기각한다.

무엇보다도 다음을 기억하는 것이 중요하다.

μ에 대한 신뢰수준 $1-\alpha$의 신뢰구간을 구하는 것은 유의수준 α로 가설검정을 하는 것보다 더 많은 정보를 준다.

이것은 크기 α로 $H_0 : \mu = \mu_0$에 대한 가설검정을 하는 문제는 μ에 대한 신뢰수준 $1-\alpha$의 신뢰구간을 구하여 μ_0가 그 구간 내에 존재하는지를 평가함으로써 해결할 수 있기 때문이다. 따라서 신뢰구간은 모든 가능한 μ_0에 대하여 가설검정을 표현할 수 있다. 또한 고정된 유의수준 하에서 신뢰구간, p-값 및 가설검정간의 관계를 명확히 이해하는 것도 중요하다. 일반적으로 특정 가설에 대하여 신뢰구간과 p-값은 가장 유용한 통계적 추론을 제공해준다.

예제 47 흑연-에폭시 혼합물(Graphite-Epoxy Cowposites)

$t_{0.005,\,29}=2.756$으로부터 평균 장력 강도에 대한 99% 양측 신뢰구간을 구하면

$$\left(\bar{x}-\frac{t_{\alpha/2,n-1}s}{\sqrt{n}},\ \bar{x}+\frac{t_{\alpha/2,n-1}s}{\sqrt{n}}\right)$$
$$=\left(38.518-\frac{2.756\times 2.299}{\sqrt{30}},\ 38.518+\frac{2.756\times 2.299}{\sqrt{30}}\right)=(37.36,\ 39.67)$$

으로 이 신뢰구간이 $\mu_0=40.0$을 포함하고 있지 않기 때문에 가설검정 $H_0 : \mu=40.0$ versus $H_A : \mu \neq 40.0$에서 $\alpha=0.01$로 귀무가설을 기각하는 것과 동일하다(이 경우 p-값은 0.0014이다). 실제로 99% 신뢰구간은 $37.36 \le \mu_0 \le 39.67$에 대하여 양측가설 문제 $H_0 : \mu = \mu_0$ versus $H_A : \mu \neq \mu_0$는 0.01보다 큰 p-값을 가진다는 것을 의미한다.

예제 14 금속 실린더 생산(Metal Cylinder production)

8.1.1절에서 구한 평균 실린더 직경의 90% 양측 t-구간은 (49.970, 50.028)으로 이 구간은 $\mu_0=50.0$을 포함하고 있기 때문에 유의수준 $\alpha=0.10$으로 양측가설

$H_0: \mu = 50.0$ versus $H_A: \mu \neq 50.0$의 귀무가설을 채택하게 된다. 실제로 90% 신뢰구간은 $49.970 \leq \mu_0 \leq 50.028$에 대하여 양측가설 문제 $H_0: \mu = \mu_0$ versus $H_A: \mu \neq \mu_0$는 0.10보다 큰 p-값을 가진다는 것을 의미한다.

예제 50 엔진 오일 점도(Engine Oil Viscosity)

$t_{0.025, 24} = 2.064$로부터 평균 오일 점도에 대한 95% 양측 t-구간을 구하면

$$\left(88.3 - \frac{2.064 \times 7.49}{\sqrt{25}}, 88.3 + \frac{2.064 \times 7.49}{\sqrt{25}}\right) = (85.21, 91.39)$$

이며, $t_{0.005, 24} = 2.797$로부터 평균 오일 점도에 대한 99% 양측 t-구간을 구하면

$$\left(88.3 - \frac{2.797 \times 7.49}{\sqrt{25}}, 88.3 + \frac{2.797 \times 7.49}{\sqrt{25}}\right) = (84.11, 92.49)$$

이다. $\mu_0 = 85.0$은 99% 신뢰구간 내에 존재하지만 95% 신뢰구간의 밖에 존재한다. 이는 양측가설 $H_0: \mu = 85.0$ versus $H_A: \mu \neq 85.0$이 0.01과 0.05 사이의 p-값(실제로 0.0374)을 갖는다는 것을 의미한다.

단측 가설검정 문제(One-Sided Problems)

단측 가설검정 문제에서 신뢰구간, p-값 및 유의수준간의 관계는 양측 가설검정 문제와 동일하다. 단측가설

$$H_0: \mu \leq \mu_0 \quad \text{versus} \quad H_A: \mu > \mu_0$$

에 대한 크기 α의 가설검정은 검정통계량 $t = \sqrt{n}(\bar{x} - \mu_0)/s$가 임계값 $t_{\alpha, n-1}$보다 클 경우 귀무가설을 기각하고 작을 경우 귀무가설을 채택한다. [그림 8.33]에서와

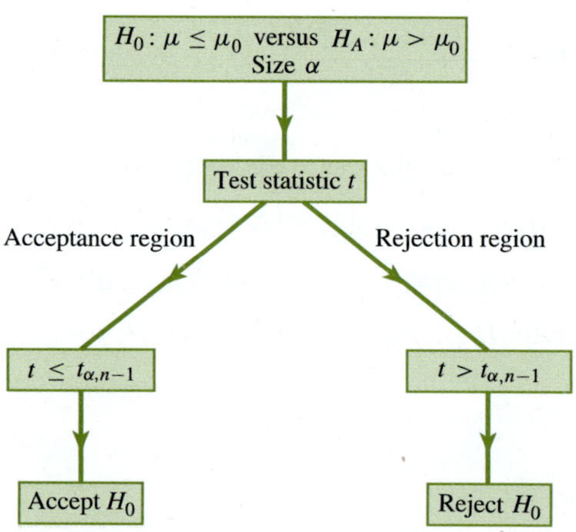

그림 8.33
크기 α 단측 t-검정

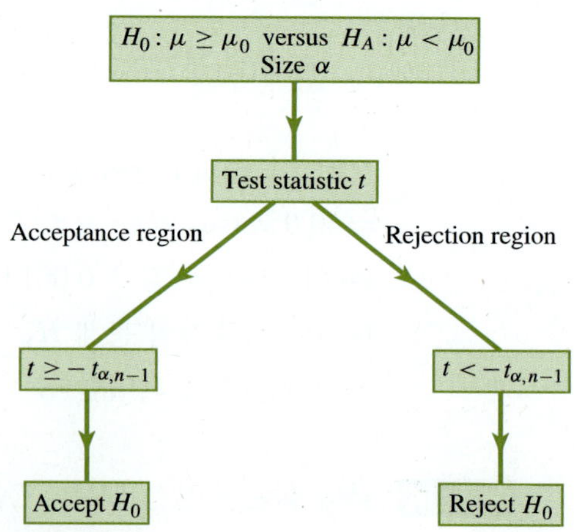

그림 8.34
크기 α 단측 t-검정

같이 기각역은 $t > t_{\alpha, n-1}$이고 채택역은 $t \le t_{\alpha, n-1}$가 된다.

또 다른 단측가설

$$H_0 : \mu \ge \mu_0 \quad \text{versus} \quad H_A : \mu < \mu_0$$

에 대한 크기 α의 가설검정은 기각역 $t < -t_{\alpha, n-1}$과 채택역 $t \ge -t_{\alpha, n-1}$을 가진다([그림 8.34] 참조). 위의 두 단측 가설검정 문제에 대하여 $p-$값이 α보다 작을 때 귀무가설을 기각하고 α보다 큰 경우에 귀무가설을 채택한다.

단측 신뢰구간과 단측 가설검정 문제와의 관계를 설명하면 [그림 8.35]에서처럼 신뢰수준 $1-\alpha$에 대한 단측 신뢰구간

$$\mu \in \left(-\infty, \bar{x} + \frac{t_{\alpha,n-1}s}{\sqrt{n}}\right)$$

은 단측가설

$$H_0 : \mu \ge \mu_0 \quad \text{versus} \quad H_A : \mu < \mu_0$$

의 $p-$값이 α보다 큰 μ_0값들로 이루어져 있다. 동일하게 [그림 8.36]에서처럼 신뢰수준 $1-\alpha$의 단측 신뢰구간

$$\mu \in \left(\bar{x} - \frac{t_{\alpha,n-1}s}{\sqrt{n}}, \infty\right)$$

은 단측가설

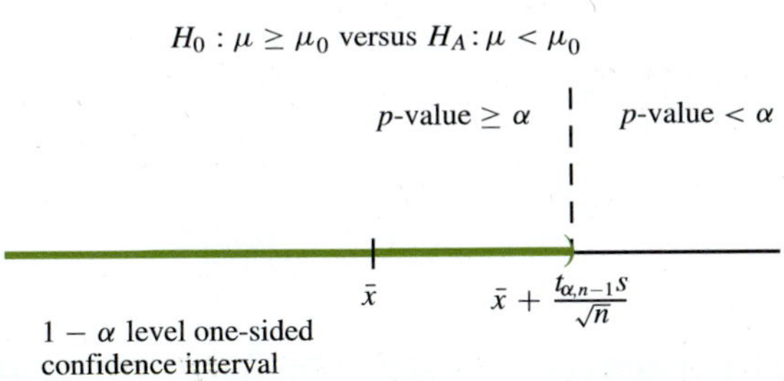

그림 8.35 단측 문제에서 가설 검정과 신뢰구간과의 관계

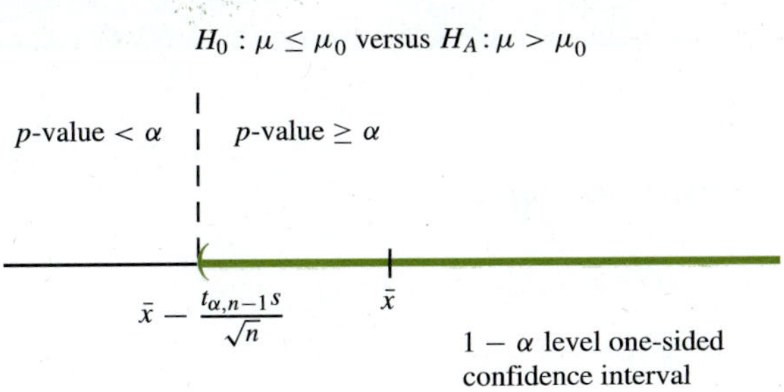

그림 8.36 단측 문제에서 가설 검정과 신뢰구간과의 관계

Hypothesis tests H_0: $\mu = \mu_0$ versus H_A: $\mu \neq \mu_0$ and confidence intervals $\left(\bar{x} - \frac{t_{\alpha/2,n-1}s}{\sqrt{n}}, \bar{x} + \frac{t_{\alpha/2,n-1}s}{\sqrt{n}}\right)$
Hypothesis tests H_0: $\mu \geq \mu_0$ versus H_A: $\mu < \mu_0$ and confidence intervals $\left(-\infty, \bar{x} + \frac{t_{\alpha,n-1}s}{\sqrt{n}}\right)$
Hypothesis tests H_0: $\mu \leq \mu_0$ versus H_A: $\mu > \mu_0$ and confidence intervals $\left(\bar{x} - \frac{t_{\alpha,n-1}s}{\sqrt{n}}, \infty\right)$

	Significance Levels			Confidence Levels		
p-Value	$\alpha = 0.10$	$\alpha = 0.05$	$\alpha = 0.01$	$1-\alpha = 0.90$	$1-\alpha = 0.95$	$1-\alpha = 0.99$
≥ 0.10	accept H_0	accept H_0	accept H_0	contains μ_0	contains μ_0	contains μ_0
0.05–0.10	reject H_0	accept H_0	accept H_0	does not contain μ_0	contains μ_0	contains μ_0
0.01–0.05	reject H_0	reject H_0	accept H_0	does not contain μ_0	does not contain μ_0	contains μ_0
< 0.01	reject H_0	reject H_0	reject H_0	does not contain μ_0	does not contain μ_0	does not contain μ_0

그림 8.37 양측 및 단측 문제에서 가설 검정과 신뢰구간 과의 관계

$$H_0 : \mu \leq \mu_0 \quad \text{versus} \quad H_A : \mu > \mu_0$$

의 p−값이 α보다 큰 μ_0값들로 이루어져 있다. [그림 8.37]은 신뢰구간, p−값, 양측 및 단측 가설검정에서의 유의수준간의 관계를 정리하고 있다.

하나의 모평균에 대한 단측 추론 (One-Sided Inferences on a Population Mean) ($H_0 : \mu \leq \mu_0$)

단측 가설

$$H_0 : \mu \leq \mu_0 \quad \text{versus} \quad H_A : \mu > \mu_0$$

에 대한 크기 α의 가설검정은 $t > t_{\alpha, n-1}$일 때 귀무가설을 기각하고, $t \leq t_{\alpha, n-1}$일 때 귀무가설을 채택한다. 신뢰수준 $1-\alpha$에 대한 단측 신뢰구간

$$\mu \in \left(\bar{x} - \frac{t_{\alpha,n-1}s}{\sqrt{n}}, \infty\right)$$

는 위의 단측 가설검정에서의 p−값이 α보다 큰 μ_0값들로 이루어져 있다.

하나의 모평균에 대한 단측 추론 (One-Sided Inferences on a Population Mean) ($H_0 : \mu \geq \mu_0$)

단측 가설

$$H_0 : \mu \geq \mu_0 \quad \text{versus} \quad H_A : \mu < \mu_0$$

에 대한 크기 α의 가설검정은 $t < t_{\alpha, n-1}$일 때 귀무가설을 기각하고, $t \geq -t_{\alpha, n-1}$일 때 귀무가설을 채택한다. 신뢰수준 $1-\alpha$에 대한 단측 신뢰구간

$$\mu \in \left(-\infty, \bar{x} + \frac{t_{\alpha,n-1}s}{\sqrt{n}}\right)$$

는 위의 단측 가설검정에서의 p−값이 α보다 큰 μ_0값들로 이루어져 있다.

예제 48 자동차 연료 효율(Car Fuel Efficiency)

이 경우의 단측가설

$$H_0 : \mu \geq 35.0 \quad \text{versus} \quad H_A : \mu < 35.0$$

에 대한 검정통계량은 $t=-1.119$으로 임계값 $-t_{0.10,19}=-1.33$보다 크므로 유의수준 $\alpha=0.10$로 귀무가설을 채택한다. 이는 이전에 p−값이 0.1386으로 유의수준 $\alpha=0.10$보다 크게 나온 분석 결과와 일치하고 있다.

또한 90% 단측 t−구간은

$$\mu \in \left(-\infty, \bar{x} + \frac{t_{\alpha,n-1}s}{\sqrt{n}}\right) = \left(-\infty, 34.271 + \frac{1.328 \times 2.915}{\sqrt{20}}\right) = (-\infty, 35.14)$$

으로 이 구간은 $\mu_0=35.0$을 포함하고 있다. 이 구간은 다음의 가설

$$H_0 : \mu \geq \mu_0 \quad \text{versus} \quad H_A : \mu < \mu_0$$

이 0.10보다 큰 p−값을 가지는 μ_0는 $\mu_0 \leq 35.14$임을 의미한다.

예제 45 직물 흡수 정도 특성(Fabric Water Absorption Properties)

단측가설

$$H_0 : \mu \leq 55\% \quad \text{versus} \quad H_A : \mu > 55\%$$

에 대한 t−통계량은 $t=3.77$으로 임계값 $t_{0.01,14}=2.624$보다 크기 때문에 유의수준 $\alpha=0.01$로 귀무가설을 기각한다. 이는 이전에 p−값이 0.0010으로 유의수준 $\alpha=0.01$보다 작게 나온 분석 결과와 일치하고 있다.

또한 평균 흡수율 μ에 대한 99% 단측 t−구간은

$$\mu \in \left(\bar{x} - \frac{t_{\alpha,n-1}s}{\sqrt{n}}, \infty\right) = \left(59.81 - \frac{2.624 \times 4.94}{\sqrt{15}}, \infty\right) = (56.46, \infty)$$

으로 예상한 바와 같이 $\mu_0=55.0$를 포함하지 않는다. 이 신뢰구간은 다음의 단측 가설

$$H_0 : \mu \leq \mu_0 \quad \text{versus} \quad H_A : \mu > \mu_0$$

이 0.01보다 작은 p-값을 가지는 μ_0는 $\mu_0 \le 56.46$임을 의미한다.

예제 46 병원 작업자 방사성 노출(Hospital Worker radiation Exposures)

평균 방사선 노출 수준 μ에 대한 99% 단측 t-구간은 $(-\infty, 5.496)$으로 이는 다음의 단측가설

$$H_0 : \mu \ge \mu_0 \quad \text{versus} \quad H_A : \mu < \mu_0$$

이 $\mu_0 > 5.496$에 대한 p-값이 0.01보다는 작고 $\mu_0 \le 5.496$에 대해서는 0.01보다 큼을 의미한다.

검정력 수준(Power Levels)

가설검정에서의 유의수준 α는 귀무가설이 참임에도 불구하고 귀무가설을 기각하는 제1종 오류라고 설명했다([그림 8.29] 참조). 이 확률을 줄이기 위해서는 가설검정시 보다 작은 유의수준을 적용해야만 한다. 하지만 대립가설이 참임에도 불구하고 귀무가설을 채택하는 제2종 오류 또한 함께 고려하는 것이 좋다.

가설검정의 검정력(Power of a Hypothesis Test)

가설검정의 검정력은 귀무가설이 거짓일 때 귀무가설을 기각할 확률로서

검정력=1−제2종오류 (Type Ⅱ error) 확률

과 같다.

검정력은 크면 클수록 좋다. 따라서 큰 검정력 수준과 더 짧은 신뢰구간은 모두 실험의 정확도가 향상됨을 의미한다. 그러나 [그림 8.38]에서처럼 실험자는

1) 표본의 크기 n, 유의수준 α 그리고 가설검정의 검정력 중 단지 두 개만을 선

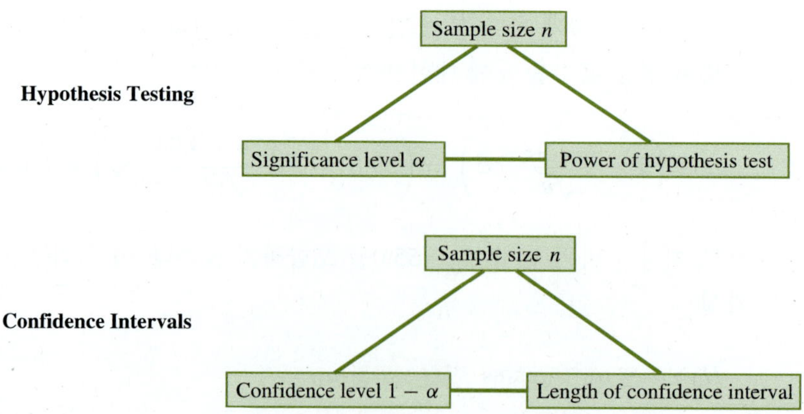

그림 8.38 두 개의 값은 나머지 하나의 값을 결정함

택할 수 있으며

2) 표본의 크기 n, 신뢰수준 $1-\alpha$ 그리고 신뢰구간 길이 중 단지 두 개만을 선택할 수 있다.

왜냐하면 위의 속성 중에 두 개의 값을 정했다면 나머지 세 번째 속성은 자동으로 결정되기 때문이다. 일반적으로 표본 크기 n과 유의수준 α로 가설검정의 검정력이 결정되거나 표본 크기 n과 신뢰수준을 결정하여 나머지 신뢰구간의 길이를 결정하게 된다. 가끔은 실험자가 특정 유의수준 및 검정력 수준을 얻고자 필요한 표본 크기 n을 구하는 경우도 있다. 하지만 8.1.2절에서처럼 원하는 신뢰구간의 길이 하에서 표본 크기를 결정하는 것이 편리하다. 그리고 고정된 유의수준 α에서 표본 크기 n이 증가함에 따라 가설검정의 검정력도 함께 증가한다는 것을 이해하는 것도 중요하다.

검정력과 표본 크기와의 관계(Relationship Between Power and Sample Size)

고정된 유의수준 α에서 표본 크기 n이 증가함에 따라 가설검정의 검정력도 함께 증가한다.

8.2.5 z-검정(z-Tests)

표본 표준편차 s 대신에 기지의 모집단의 표준편차 σ를 사용하기를 원할 때 t-검정과 비슷한 검정절차를 사용할 수 있는데 이를 z-검정이라 하고 $\mu=\mu_0$일 때 표준정규분포를 이용하여 다음과 같은 검정통계량을 구할 수 있다.

$$z = \frac{\sqrt{n}(\bar{x} - \mu_0)}{\sigma}$$

위의 검정통계량을 이용해 양측 가설검정 문제에서의 p-값을 구하면

$$p\text{-값} = 2 \times P(X \geq |z|)$$

으로 이때 X는 표준정규분포를 따르는 확률변수이다. 따라서 표준정규분포의 누적분포함수 $\Phi(x)$를 이용하여 이 값은

$$p\text{-값} = 2 \times (1 - \Phi(|z|)) = 2 \times \Phi(-|z|)$$

와 같이 표현할 수 있다. 또한 단측 가설검정 문제에서 p-값은

$$p\text{-값} = P(X \geq z) = 1 - \Phi(z)$$

또는

$$p\text{-값} = P(X \le z) = \Phi(z)$$

이 된다. 고정된 유의수준 α에 대한 양측 가설검정 문제에서는 임계값 $z_{\alpha/2}$을, 단측 가설검정 문제에서는 임계값 z_α을 사용한다.

양측 z-검정(Two-Sided z-Test)

표본평균이 $\bar{x}$이고 기지의 모집단 표준편차 σ에 대하여 n개의 관측값에 기반한 양측 가설

$$H_0 : \mu = \mu_0 \quad \text{versus} \quad H_A : \mu \neq \mu_0$$

에 대한 p-값은

$$p\text{-값} = 2 \times \Phi(-|z|)$$

이다. $\Phi(x)$는 표준정규분포의 누적분포함수이며

$$z = \frac{\sqrt{n}(\bar{x} - \mu_0)}{\sigma}$$

는 z-통계량으로 이 검정절차를 양측 z-검정이라고 한다.
검정통계량 $|z|$가 기각역 $|z| > z_{\alpha/2}$에 포함될 경우 크기 α의 가설검정에서 귀무가설 H_0를 기각하고 채택역 $|z| \le z_{\alpha/2}$에 포함될 경우 귀무가설 H_0를 채택한다.
신뢰수준 $1-\alpha$에 대한 양측 신뢰구간

$$\mu \in \left(\bar{x} - \frac{z_{\alpha/2}\sigma}{\sqrt{n}}, \bar{x} + \frac{z_{\alpha/2}\sigma}{\sqrt{n}} \right)$$

은 유의수준 α의 가설검정 문제에서 p-값이 α보다 큰 μ_0값들로 이루어져 있다.

단측 z-검정(One-Sided z-Test) ($H_0 : \mu \le \mu_0$)

표본평균이 $\bar{x}$이고 기지의 모집단 표준편차 σ에 대하여 n개의 관측값에 기반한 단측가설

$$H_0 : \mu \le \mu_0 \quad \text{versus} \quad H_A : \mu > \mu_0$$

에 대한 p-값은

$$p\text{-값} = 1 - \Phi(z)$$

으로 이 검정절차를 단측 z-검정이라고 한다. 이 경우 검정통계량 z에 대하여 $z > z_\alpha$일 경우 귀무가설을 기각하고 $z \le z_\alpha$일 경우 귀무가설을 채택한다.

신뢰수준 $1-\alpha$에 대한 단측 신뢰구간

$$\mu \in \left(\bar{x} - \frac{z_\alpha \sigma}{\sqrt{n}}, \infty\right)$$

은 유의수준 α의 가설검정 문제에서 p-값이 α보다 큰 μ_0값들로 이루어져 있다.

단측 z-검정(One-Sided z-Test) ($H_0 : \mu \geq \mu_0$)

표본평균이 $\bar{x}$이고 기지의 모집단 표준편차 σ에 대하여 n개의 관측값에 기반한 단측가설

$$H_0 : \mu \geq \mu_0 \quad \text{versus} \quad H_A : \mu < \mu_0$$

에 대한 p-값은

$$p\text{-값} = \Phi(z)$$

으로, 검정통계량 z에 대하여 $z < -z_\alpha$일 경우 귀무가설을 기각하고 $z \geq -z_\alpha$일 경우 귀무가설을 채택한다.
신뢰수준 $1-\alpha$에 대한 단측 신뢰구간

$$\mu \in \left(-\infty, \bar{x} + \frac{z_\alpha \sigma}{\sqrt{n}}\right)$$

은 유의수준 α의 가설검정 문제에서 p-값이 α보다 큰 μ_0값들로 이루어져 있다.

Computer Note

통계 소프트웨어에서 t-검정(분산이 미지인 경우)과 z-검정(분산이 기지인 경우)의 사용 방법을 익히며 μ_0값 및 $H_A : \mu < \mu_0$, $H_A : \mu \neq \mu_0$ 또는 $H_A : \mu > \mu_0$ 중 어느 것을 대립가설로 할 것인지 결정해야만 한다. 만약 z-검정을 사용하고자 한다면 모집단의 표준편차 σ도 결정해야 한다. 일반적으로 소프트웨어는 정확한 p-값을 제공하기 때문에 따로 유의수준 α를 결정할 필요가 없다.

연습문제

8.2.1 표본 평균이 $\bar{x} = 57.74$와 표본 표준편차가 $s = 11.20$인 18개의 관측 표본이 있다. 다음의 가설검정 문제를 풀어라.

(a) $H_0 : \mu = 55.0$ versus $H_A : \mu \neq 55.0$

(b) $H_0 : \mu \geq 65.0$ versus $H_A : \mu < 65.0$

이 경우에 p-값를 표현하라. 또한 통계 소프트웨어를 활용하여 정확한 p-값을 구하라.

8.2.2 표본 평균이 $\bar{x}=5532$와 표본 표준편차가 $s=287.8$인 39개의 관측 표본이 있다. 다음의 가설검정 문제를 풀어라.

(a) $H_0: \mu = 5680$ versus $H_A: \mu \neq 5680$

(b) $H_0: \mu \leq 5450$ versus $H_A: \mu > 5450$

이 경우에 p-값을 표현하라. 또한 통계 소프트웨어를 활용하여 정확한 p-값을 구하라.

8.2.3 표본 평균이 $\bar{x}=2.879$인 13개의 관측 표본이 있다. 만약 알려진 모집단의 표준편차 $\sigma=0.325$를 사용하길 원한다면 이때 다음의 가설검정 문제에 대한 p-값을 구하라.

(a) $H_0 : \mu = 3.0$ versus $H_A : \mu \neq 3.0$

(b) $H_0 : \mu \geq 3.1$ versus $H_A : \mu < 3.1$

8.2.4 표본 평균이 $\bar{x}=87.90$인 44개의 관측 표본이 있다. 만약 기지의 모집단의 표준편차 $\sigma=5.90$를 사용하길 원한다면 이때 다음의 가설검정 문제에 대한 p-값을 구하라.

(a) $H_0: \mu = 90.0$ versus $H_A: \mu \neq 90.0$

(b) $H_0: \mu \leq 86.0$ versus $H_A: \mu > 86.0$

8.2.5 다음의 양측가설

$$H_0: \mu = 3.0\text{mm} \text{ versus } H_A: \mu \neq 3.0\text{mm}$$

에서 μ는 유리판들의 평균 두께이다. 41개의 유리판으로 구성된 표본에 대하여 각각의 두께를 측정하였다.

(a) 유의수준 $\alpha=0.10$에서 어떤 t-통계량 값에 대하여 귀무가설을 채택할 수 있는가?

(b) 유의수준 $\alpha=0.01$에서 어떤 t-통계량 값에 대하여 귀무가설을 기각할 수 있는가?

또한 41개의 표본으로부터 표본평균 $\bar{x}=3.04$mm이고, 표본 표준편차 $s=0.124$mm을 얻었다.

(c) 유의수준이 $\alpha=0.10$, $\alpha=0.01$일 때 귀무가설을 채택할 수 있는가?

(d) p-값을 표현하고, 정확한 p-값을 통계 소프트웨어를 활용하여 구하라.

8.2.6 다음의 양측가설

$$H_0: \mu = 430.0 \text{ versus } H_A: \mu \neq 430.0$$

에서 μ는 평균 양모섬유 다발의 절단 강도이다. 20개의 양모섬유 다발의 절단 강도를 측정하였다.

(a) 유의수준 $\alpha=0.10$에서 어떤 t-통계량 값에 대하여 귀무가설을 채택할 수 있는가?

(b) 유의수준 $\alpha=0.01$에서 어떤 t-통계량 값에 대하여 귀무가설을 기각할 수 있는가?

또한 20개의 표본으로부터 표본평균 $\bar{x}=436.5$이고, 표본 표준편차가 $s=11.90$를 얻었다.

(c) 유의수준이 $\alpha=0.10$, $\alpha=0.01$일 때 귀무가설을 채택할 수 있는가?

(d) p-값을 표현하고, 정확한 p-값을 통계 소프트웨어를 활용하여 구하라.

8.2.7 다음의 양측가설

$$H_0: \mu = 1.025\text{kg} \text{ versus } H_A: \mu \neq 1.025\text{kg}$$

에서 μ는 1kg 설탕 포대의 평균 무게이다. 16개의 설탕 포대 표본에 대하여 무게를 측정하였다.

(a) 유의수준 $\alpha=0.10$에서 어떤 t-통계량 값에 대하여 귀무가설을 채택할 수 있는가?

(b) 유의수준 $\alpha=0.01$에서 어떤 t-통계량 값에 대하여 귀무가설을 기각할 수 있는가?

또한 16개의 표본으로부터 표본평균 $\bar{x}$

$=1.053$kg이고 표본 표준편차 $s=0.058$ kg을 얻었다.

(c) 유의수준이 $\alpha=0.10$, $\alpha=0.01$일 때 귀무가설을 채택할 수 있는가?

(d) p-값을 표현하고, 정확한 p-값을 통계 소프트웨어를 활용하여 구하라.

8.2.8 다음의 양측가설

$$H_0 : \mu = 20.0 \text{ versus } H_A : \mu \neq 20.0$$

에서 μ는 진흙 혼합물의 평균탄성이다. 10개의 진흙 혼합물 표본에 대하여 탄성을 측정하였다. 이때 진흙 혼합물 모집단의 탄성 표준편차 $\sigma=1.0$를 사용한다고 할 때

(a) 유의수준 $\alpha=0.10$에서 어떤 z-통계량에 대하여 귀무가설을 채택할 수 있는가?

(b) 유의수준 $\alpha=0.01$에서 어떤 z-통계량에 대하여 귀무가설을 기각할 수 있는가?

또한 10개의 표본으로부터 표본평균 $\bar{x}=19.50$을 얻었다.

(c) 유의수준이 $\alpha=0.10$, $\alpha=0.01$일 때 귀무가설을 채택할 수 있는가?

(d) 정확한 p-값을 계산하라.

8.2.9 다음의 단측가설

$$H_0 : \mu \le 0.065 \text{ versus } H_A : \mu > 0.065$$

에서 μ는 화학용액의 평균 농도이다. 61개의 화학용액 표본에 대하여 농도를 측정하였다.

(a) 유의수준 $\alpha=0.10$에서 어떤 t-통계량에 대하여 귀무가설을 채택할 수 있는가?

(b) 유의수준 $\alpha=0.01$에서 어떤 t-통계량에 대하여 귀무가설을 기각할 수 있는가?

또한 61개의 표본으로부터 표본평균 $\bar{x}=0.0768$이고 표본 표준편차 $s=0.0231$를 얻었다.

(c) 유의수준이 $\alpha=0.10$, $\alpha=0.01$일 때 귀무가설을 채택할 수 있는가?

(d) p-값을 표현하고, 정확한 p-값을 통계 소프트웨어를 활용하여 구하라.

8.2.10 다음의 단측가설

$$H_0 : \mu \ge 420.0 \text{ versus } H_A : \mu < 420.0$$

에서 μ는 연구실 내의 평균 방사성 수준이다. 29개 표본에 대하여 방사성 수준을 측정하였다. 만약 모집단의 방사선 수준의 표준편차 $\sigma=10.0$를 사용하고자 한다면

(a) 유의수준 $\alpha=0.10$에서 어떤 z-통계량에 대하여 귀무가설을 채택할 수 있는가?

(b) 유의수준 $\alpha=0.01$에서 어떤 z-통계량에 대하여 귀무가설을 기각할 수 있는가?

또한 29개의 표본으로부터 표본 평균 $\bar{x}=415.7$을 얻었다.

(c) 유의수준이 $\alpha=0.10$, $\alpha=0.01$일 때 귀무가설을 채택할 수 있는가?

(d) 정확한 p-값을 계산하라.

8.2.11 어떤 기계는 44.350mm 길이의 금속판을 절단하도록 세팅이 되어 있다. 24개의 금속판을 임의로 선택하여 길이를 측정한 결과 표본 평균이 $\bar{x}=44.364$mm이고, 표본 표준편차가 s$=0.019$mm였다. 기계가 잘못 세팅되었다는 어떤 증거가 있는가?

8.2.12 어떤 푸드 제조업자는 소비자가 제품을 구입할 때 평균 유효 기간이 120일 이하라고 주장하고 있다. 36개의 품목을

임의로 선택하여 유통 기간을 조사한 결과 표본 평균이 $\bar{x}=122.5$일이고 표본 표준편차가 $s=13.4$일이었다. 제조업자의 주장이 타당한지 검토하라.

8.2.13 어떤 화학공장은 근로 환경에서 황 수준 평균이 12.50을 초과하지 않기를 원한다. 15번 황 수준을 임의로 측정한 결과 표본 평균은 $\bar{x}=14.82$이고 표본 표준편차는 $s=2.91$이었다. 이 화학공장이 근로규약을 위반하고 있다는 증거가 있는지 검토하라.

8.2.14 어떤 전기 모터를 만드는 회사는 그들이 만드는 전기 모터가 산업표준인 25% 이상의 효율성을 제공한다고 광고하고 있다. 소비자 그룹은 23개의 전기 모터 표본을 임의로 선택하여 효율을 측정한 결과 표본 평균은 $\bar{x}=22.8\%$이고, 표본 표준편차 $s=8.72\%$를 얻었다. 이 회사의 광고가 타당한지 검토하라.

8.2.15 연습문제 8.1.17에서 10개의 냉각주철 표본의 평균 부식률은 $\bar{x}=2.752$이고, 표본 표준편차 $s=0.280$이었다. 냉각주철의 평균 부식률이 2.5보다 크다고 할 수 있는지 검토하라.

8.2.16 음식점 서비스 시간

DS 6.1.4은 어떤 음식점의 서비스 시간 자료이다. 패스트푸드 음식점 매니저는 조사가 시행되었을 때 평균 서비스 시간은 65초 미만이라고 주장하였다. 이 주장이 타당한지 검토하라.

8.2.17 전화교환대 활동

DS 6.1.6은 교환대에서 수신한 전화 수신 자료이다. 교환대의 관리자는 분당 평균 전화량이 13건 이상으로 추가적인 직원을 보충해야 한다고 주장하고 있다. 이 주장이 타당한지 검토하라.

8.2.18 아스팔트 자갈 무게

DS 6.1.7은 아스팔트 자갈 무게 자료이다. 그 자갈들은 평균 1.1kg의 평균 무게를 가지고 있어야 한다. 자갈들이 기준을 만족하고 있는지 검토하라.

8.2.19 스프레이 페인팅 공정

DS 6.1.8은 스프레이 페인팅 공정에서 페인트의 두께 자료이다. 스프레이 페인팅 기계는 평균 0.225mm의 두께로 페인트를 뿌려야 한다. 이 스프레이 페인팅 기계가 제대로 작동하고 있는지 검토하라.

8.2.20 플라스틱 패널 구부림 능력

DS 6.1.9는 플라스틱 패널의 구부림 능력 자료이다. 이 플라스틱 패널은 변형 없이 최소한 9.5° 이상 구부러져야만 한다. 이러한 설계 요구 사항을 만족시키고 있는지 검토하라.

8.2.21 임의로 16개의 전지 표본을 선택하여 전압을 측정한 결과 표본 평균은 $\bar{x}=239.13$이고 표본 표준편차는 $s=2.80$이었다. 전지 전압이 최소한 238.5 이상이라는 충분한 근거가 있는지 검토하라.

8.2.22 양측 t-절차가 수행되었다. 표 III을 이용하여 다음 조건에 대한 p-값의 경계값을 구하라.

a) $n=12,\ t=3.21$

b) $n=24,\ t=1.96$

c) $n=30,\ t=3.88$

8.2.23 어떤 회사는 그들이 제조하는 부품이 평균 82.50mm의 길이를 갖고 있다고

주장한다. 이 주장이 타당한지 검토하기 위하여 임의로 25개 표본을 추출하여 길이를 측정한 결과 표본 평균이 $\bar{x}=82.40$이고, 표본 표준편차는 $s=0.14$이다. 부품의 평균 길이가 82.50과 다르다고 주장할 수 있는 충분한 근거가 있는지 검정하라.

8.2.24 임의의 25개 부품 표본을 얻었고 그들의 무게를 측정하였다. 이 표본 평균은 71.97g이고 표본 표준편차는 7.44g이다. 이 부품의 평균이 70g보다 크다는 것을 증명할 가설검정을 수행하여라.

8.2.25 임의의 28개 플라스틱 표본에 대하여 절단 강도를 측정한 결과 표본 평균은 7.442이고 표본 표준편차는 0.672이었다. 평균 절단 강도가 7.000이 아니라는 근거가 있는지 가설검정을 수행하라.

8.2.26 임의의 25개 표본으로부터 고장 시간을 측정한 결과, 표본 평균은 53.43시간이고 표본 표준편차는 3.93시간이었다. 평균 고장 시간이 50시간 이상이라고 말할 수 있는 충분한 근거가 있는지 가설 검정을 수행하라.

8.2.27 알려지지 않은 고장률 μ에 대하여 고장률이 25보다 작다고 할 수 있는지를 알아보고자 한다. 이 분석에 필요한 귀무가설과 대립가설은 무엇인가?

8.2.28 [표 III]을 이용하여 다음 t-통계량 값에 대한 p-값이 1%보다 작은지, 1%와 10% 사이인지 혹은 10% 이상인지를 알아보라.

(a) $H_0 : \mu=10,\ H_A : \mu\neq 10,\ n=20,$ $\bar{x}=12.49,\ s=1.32$

(b) $H_0 : \mu\leq 3.2,\ H_A : \mu>3.2,\ n=43,$ $\bar{x}=3.03,\ s=0.11$

(c) $H_0 : \mu\geq 85,\ H_A : \mu<85,$ $n=16,\ \bar{x}=73.43,\ s=16.44$

8.2.29 연어 요리의 독성

특정 저장 조건하에서 연어 요리가 독성을 가지게 되는데 걸리는 시간을 조사하고자 한다. 8개의 표본에 대한 자료가 DS 8.2.1에 주어져 있다.

(a) 연어 요리가 독성을 갖는데 걸리는 평균 시간이 11일 이상이라고 할 수 있는지 가설 검정을 수행하라.

(b) 이 저장 조건에서 연어 요리가 독성을 갖는데 걸리는 평균 시간에 대한 99% 양측 신뢰구간을 구하라.

8.3 단원 정리

[그림 8.39]에 모평균 μ에 대한 적절한 추론 절차를 정리하였다. 이 절차는 추론 방법을 선택할 때 다음의 두 가지 질문에 대한 답을 포함하고 있다.

첫 번째 질문은 t-검정절차 혹은 z-검정절차 중 어떤 것이 적절한지에 대한 것이다. 일반적으로 거의 대부분 t-검정절차를 이용하지만 만약 사전 분석을 통해 모집단의 표본편차 σ를 알고 있다면 z-검정절차가 적절하다. 표본 크기가 큰 경우 $s\simeq\sigma$이므로 t-검정절차와 z-검정절차가 거의 동일하다.

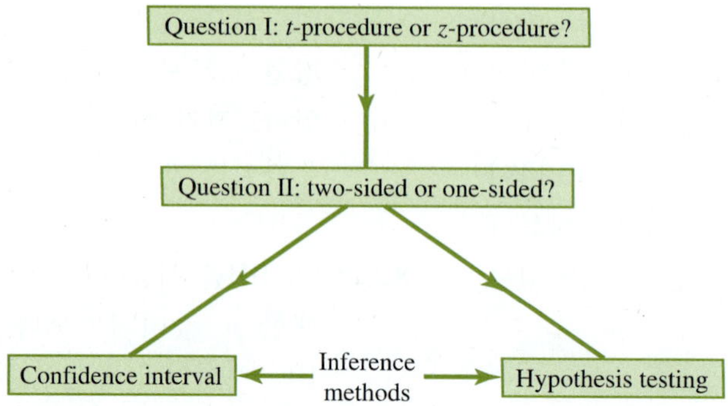

그림 8.39
하나의 모평균에 대한 추론의 의사결정 과정

t-procedure (sample size $n \geq 30$ or a small sample size with normally distributed data; variance unknown)		
One-sided	**Two-sided**	**One-sided**
$1-\alpha$ level Confidence Intervals		
$\left(-\infty, \bar{x} + \frac{t_{\alpha,n-1}s}{\sqrt{n}}\right)$	$\left(\bar{x} - \frac{t_{\alpha/2,n-1}s}{\sqrt{n}}, \bar{x} + \frac{t_{\alpha/2,n-1}s}{\sqrt{n}}\right)$	$\left(\bar{x} - \frac{t_{\alpha,n-1}s}{\sqrt{n}}, \infty\right)$
Hypothesis Testing: test statistic $t = \frac{\sqrt{n}(\bar{x}-\mu_0)}{s}$; $X \sim t_{n-1}$		
$H_0: \mu \geq \mu_0, H_A: \mu < \mu_0$	$H_0: \mu = \mu_0, H_A: \mu \neq \mu_0$	$H_0: \mu \leq \mu_0, H_A: \mu > \mu_0$
p-value = $P(X \leq t)$	p-value = $2 \times P(X \geq \vert t \vert)$	p-value = $P(X \geq t)$
Size α hypothesis tests		
accept H_0: $t \geq -t_{\alpha,n-1}$ / reject H_0: $t < -t_{\alpha,n-1}$	accept H_0: $\vert t \vert \leq t_{\alpha/2,n-1}$ / reject H_0: $\vert t \vert > t_{\alpha/2,n-1}$	accept H_0: $t \leq t_{\alpha,n-1}$ / reject H_0: $t > t_{\alpha,n-1}$

그림 8.40
t-절차의 요약

표본 크기가 30보다 작을 경우에는 표본 관측치의 분포가 대략 정규분포를 따라야 하며 표본 크기가 30보다 클 경우에는 중심극한정리에 의해 표본 관측치의 실제 분포에 상관없이 위의 검정 절차가 유효하다.

표본 크기가 작은 경우 관측치들이 정규분포를 따르지 않더라도 t-검정절차가 일반적으로 공정한 결과를 제공하며 달리 비모수적 추론이 대안이 될 수 있다.

두 번째 질문은 양측 검정절차와 단측 검정절차 중 어떤 것이 더 적절한지에 대한 것이다. 일반적으로 양측 검정 방법이 적절하지만 단지 모평균의 상한 또는 하한에 대한 추론을 원한다면 단측 검정 방법이 더 효과적인 분석이 된다.

[그림 8.40]과 [그림 8.41]에 t-검정절차와 z-검정절차에 대한 사용 방법을 각각 정리하였다. 모평균에 대한 신뢰구간은 일반적으로 실험 결과를 정리하는 가장 좋은 방법으로 모평균이 가질 가능성이 있는 값들의 범위를 제공하고 이해하기도 쉽다. 하지만 특정한 모평균 μ_0에 관심이 있다면 이 특정한 값이 얼마나 타당한지 평가하기 위해 p-값을 계산하는 것도 유용하다.

z-procedure		
(sample size $n \geq 30$ or a small sample size with normally distributed data; variance known)		
One-sided	**Two-sided**	**One-sided**
$1-\alpha$ level Confidence Intervals		
$\left(-\infty, \bar{x}+\frac{z_\alpha \sigma}{\sqrt{n}}\right)$	$\left(\bar{x}-\frac{z_{\alpha/2}\sigma}{\sqrt{n}}, \bar{x}+\frac{z_{\alpha/2}\sigma}{\sqrt{n}}\right)$	$\left(\bar{x}-\frac{z_\alpha \sigma}{\sqrt{n}}, \infty\right)$
Hypothesis Testing: test statistic $z=\frac{\sqrt{n}(\bar{x}-\mu_0)}{\sigma}$		
$H_0: \mu \geq \mu_0, H_A: \mu < \mu_0$	$H_0: \mu = \mu_0, H_A: \mu \neq \mu_0$	$H_0: \mu \leq \mu_0, H_A: \mu > \mu_0$
p-value $= \Phi(z)$	p-value $= 2 \times \Phi(-\lvert z\rvert)$	p-value $= 1-\Phi(z)$
Size α hypothesis tests		
accept H_0 $z \geq -z_\alpha$ reject H_0 $z < -z_\alpha$	accept H_0 $\lvert z\rvert \leq z_{\alpha/2}$ reject H_0 $\lvert z\rvert > z_{\alpha/2}$	accept H_0 $z \leq z_\alpha$ reject H_0 $z > z_\alpha$

그림 8.41
z–절차의 요약

특정한 유의수준 α에 대한 가설검정은 귀무가설을 채택 또는 기각할지 결정하기 위해 사용할 수 있다. 하지만 이 방법은 신뢰구간을 구하거나 p–값을 계산하는 것보다는 더 적은 정보를 제공한다. 일반적으로 유의수준 α의 가설검정은 신뢰수준 $1-\alpha$에 대한 신뢰구간을 구하거나 가설에 대한 정확한 p–값을 계산함으로써 수행될 수 있다.

마지막으로 적절한 표본 크기를 결정하는 문제에 있어 표본 크기가 크다면 정확한 통계적 분석이 가능하지만 비용이 많이 발생한다. 특정 표본 크기에서의 정확도를 평가하는 가장 편리한 방법은 모평균 μ에 대한 양측 신뢰구간의 길이를 추정하는 것이다.

CHAPTER 9

두 모평균의 비교

9.1 서론(Introduction)

9.1.1 두 표본 문제

이 장에서는 중요한 통계적 문제 중 하나인 두 확률분포를 비교하는 방법에 대하여 설명한다. 이 문제는 일반적으로 모집단 A에서 얻어진 표본 $x_1, ..., x_n$과 모집단 B에서 얻어진 표본 $y_1, ..., y_m$을 분석하기 때문에 두 표본 문제라고도 한다.

자료 관측치 x_i의 표본은 누적분포함수 $F_A(x)$를 가지는 모집단 A로부터 독립적으로 추출했으며, 자료 관측치 y_i의 표본은 누적분포함수 $F_B(y)$를 가지는 모집단 B로부터 독립적으로 추출한 것이다. 두 데이터의 표본 크기 n과 m은 일반적으로 같지만 꼭 같을 필요는 없다.

대체로 두 확률분포 $F_A(x)$와 $F_B(y)$간 차이가 있다는 증거를 제시하기 위하여 [그림 9.1]에서와 같이 두 확률분포의 평균 μ_A와 μ_B를 비교하여 그 차이를 보이게 된다. 따라서 만약 $\mu_A = \mu_B$이라면 두 모집단은 같은 평균값을 가지며, 이것은 두 모집단이 동일하다는 결론을 내릴 수 있는 충분한 근거가 된다. 또한 [그림 9.2]에서처럼 두 모집단의 분산을 비교하는 것도 더 많은 정보를 제공할 수 있다. 만약 자료를 분석하여 $\mu_A \neq \mu_B$라는 충분한 근거를 제공한다면 이것은 두 확률분포가 서로 다름을 의미한다.

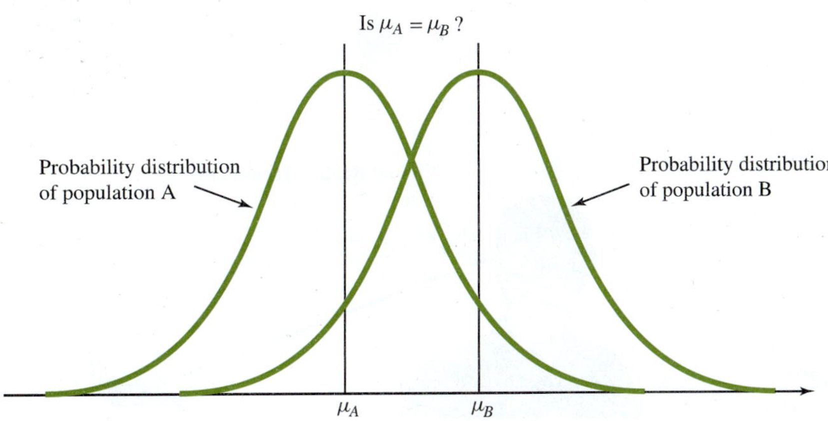

그림 9.1
두 확률분포 평균의 비교

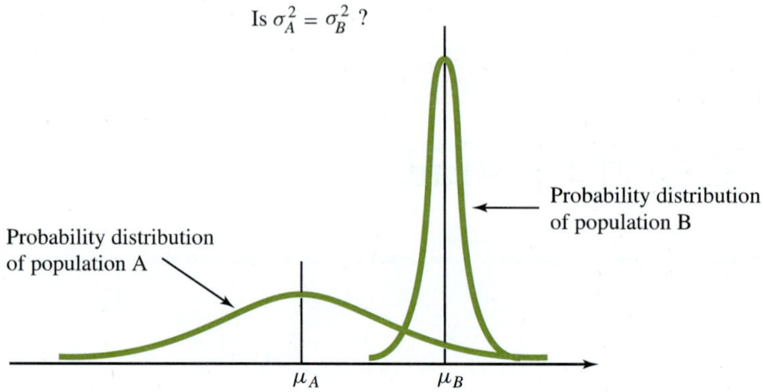

그림 9.2
두 확률분포 분산의 비교

예제 51 고소공포증 치료(Acrophobia Treatments)

고소공포증을 치료하는 가장 표준적인 방법은 [그림 9.3]에서처럼 고소공포증 환자에게 높은 장소에 있는 것을 상상하게 하거나 그들을 실제로 높은 장소로 데리고 감으로써 환자들에게 높이에 대한 공포에 덜 민감하도록 하는 것이다. 가상현실을 이용하는 새로 제시된 치료법은 환자들의 머리에 디스플레이 장치를 씌워 그들이 빌딩 위에 있는 것처럼 보이도록 하고 그 빌딩 주변을 돌아다닐 수 있도록 하는 것이다. 이 장치는 실제로 그들이 안전한 장소에 있지만 높은 빌딩 사이를 돌아다닌 것처럼 보이도록 한다.

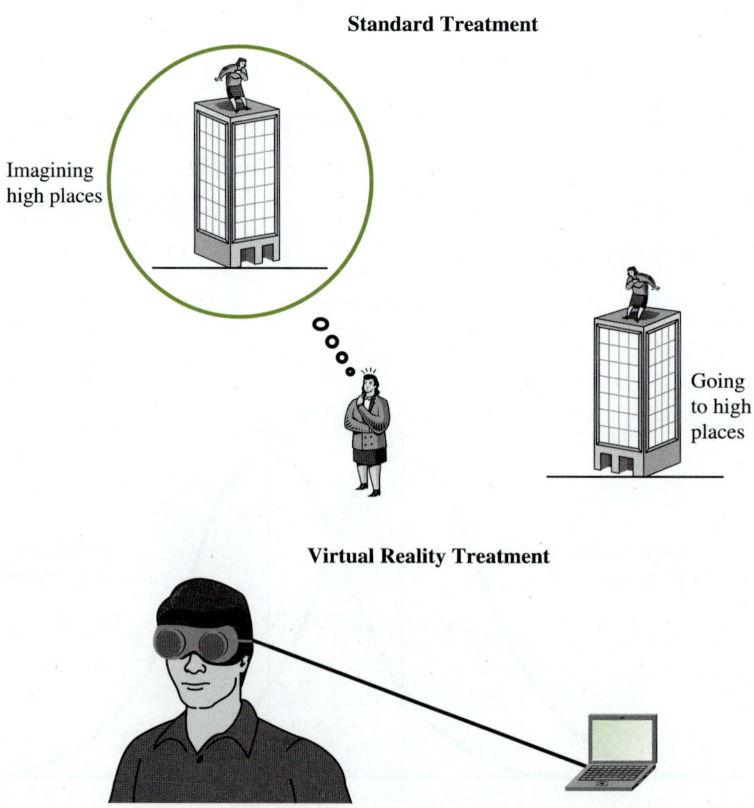

그림 9.3
고소공포증 치료

이 새로운 치료법이 효과가 있는지 평가하는 하는 실험에서 고소공포증을 갖고 있는 30명의 환자그룹에게 각각 두 가지 치료법 중에 임의로 하나의 치료법을 적용하였다. 따라서 15명의 환자는 표준 치료법인 치료법 A를 받았고 나머지 15명의 환자는 새로운 치료법인 치료법 B를 받았다. 치료의 결과로 환자들이 얼마나 증세가 좋아졌는지를 점수로 평가하였다.

$x_1, \cdots, x_{15}$는 기존의 치료법을 적용받은 환자들의 점수이고 $y_1, \cdots, y_{15}$는 새로운 치료법을 적용 받은 환자들의 점수이다. 이 예제에서 두 모평균 μ_A와 μ_B를 비교함으로써 새로운 치료법이 기존의 표준 치료법과 차이가 있는지를 알 수 있다.

예제 51은 기존의 치료법을 적용받은 환자 그룹과 같은 통제그룹(control group)을 사용하는 좋은 예이다. 대체로 통제그룹은 새로운 절차나 치료법에 반하여 측정되는 그룹을 말한다. [그림 9.4]에서처럼 새로운 치료법과 표준 치료법간에 피실험자의 위치 혹은 피실험자 자체를 임의로 추출하는 것이 좋은데, 임의추출은 예상치 못한 편의를 줄이는데 도움이 된다.

통제그룹은 새로운 치료 또는 약품의 효능을 조사하는 의학이나 임상에서 중요하게 사용된다. 이 실험에서 통제그룹 환자들은 사실상 아무런 치료도 받지 않는 위약(placebo)에 의해 관리된다. 예를 들면 어떤 그룹의 절반에게 테스트하려는 새로운 알약을 주고 나머지 절반에게는 아무런 의학 효과가 없지만 똑같이 보

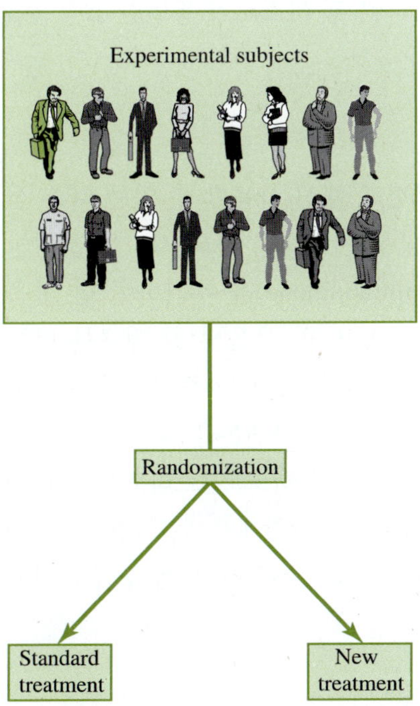

그림 9.4
두 처리간 실험대상의 랜덤화

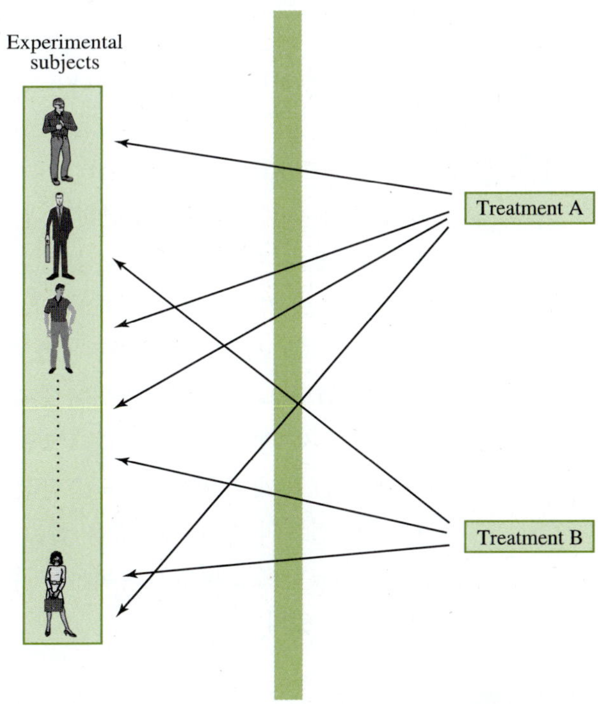

그림 9.5
맹검 실험(blind test)

이는 알약을 준다. 환자 스스로는 어떠한 치료법을 받고 있는지 모르는 맹검시험(blind test)을 수행하는 것 또한 좋은 방법이다([그림 9.5] 참조). 주로 이 실험은 테스트를 수행하는 사람조차도 어느 환자가 어떤 치료를 받는지 모르는 이중맹검법(double blind test)으로 수행된다.

이중맹검법은 환자나 실험자가 어떤 현상이 일어나야 한다는 잠재의식이나 희망이 실험 결과에 영향을 미칠 수 있는 편의를 경감시킬 수 있다. 물론 맹검 조건으로 수행할 수 없는 실험도 존재한다. 고소공포증에 대한 예제 51에서 환자들은 그들이 새로운 가상현실 치료법을 받고 있는지 분명히 알 수 있다. 하지만 여전히 환자들이 어떤 치료법을 적용받고 있는지 인식하지 못하는 방법을 이용하는 것이 편의를 줄이기 위하여 더 좋을 것이다.

예제 52 고령토 제조 공정(Kaolin Processing)

하얀 진흙인 고령토는 불순물을 제거하기 위해 하소로 안에서 만들어진다. 고령토 생산에서 중요한 특성은 종이 제품이나 도자기, 페인트 및 화장품과 같은 사용 목적에 적합하도록 밝기를 결정하는 것이다.

어떤 고령토 생산 공장은 두개의 하소로를 가지고 있고 이 공장의 관리자는 이것이 고령토 생산에 동일한 효율성을 지니는지 평가하고자 한다. 고령토 한 덩어리를 둘로 나누어 두 하소로에 투입하여 각각 만든 동일한 제품 중 12개를 임의로 추출하였다. 각각의 하소로를 A와 B라고 하고 하소로 A에서 얻어진 12개 표본의 밝기 측정치는 $x_1, \ldots, x_{12}$, 하소로 B에서 얻어진 12개 표본의 밝기 측정치는 $y_1, \ldots, y_{12}$라 한다. 두 모평균 μ_A와 μ_B를 비교하여 두 하소로가 동일한 효율성을 가지고 있는지를 검토할 수 있다.

예제 53 칡넝쿨 펄프(Kudzu Pulping)

화학 엔지니어는 종이를 생산하기 위하여 나무펄프 대신 사용할 수 있는 다른 섬유질을 찾는 것에 관심을 가진다. 미국 남부 많은 지역에서 빨리 자라는 칡넝쿨의 유용성을 평가하는 실험에서 안트라퀴논(anthraquinone)을 추가하여 한 묶음의 칡 펄프를 만들고 안트라퀴논을 추가하지 않고 또 한 묶음의 칡 펄프를 만들었다. 실험의 목적은 안트라퀴논을 추가하는 것이 펄프 수율을 증가시키는데 도움을 주는지 평가하는 것이다. [그림 9.6]에서처럼 안트라퀴논을 추가하지 않은(통제그룹) 20개 펄프의 수율 측정값을 $x_1, \cdots, x_{20}$이라 하고, 안트라퀴논을 추가한 25개 펄프의 수율 측정값을 $y_1, \cdots, y_{25}$라 한다. 이 실험에서 두 모평균 μ_A와 μ_B를 비교함으로써 안트라퀴논을 추가하는 것이 펄프 수율에 도움을 주는지를 평가할 수 있다.

예제 54 신경 전도 속도(Nerve Conductivity Speeds)

어떤 신경학자는 사람의 말초신경 질환이 신경시스템 전도 속도에 영향을 주는

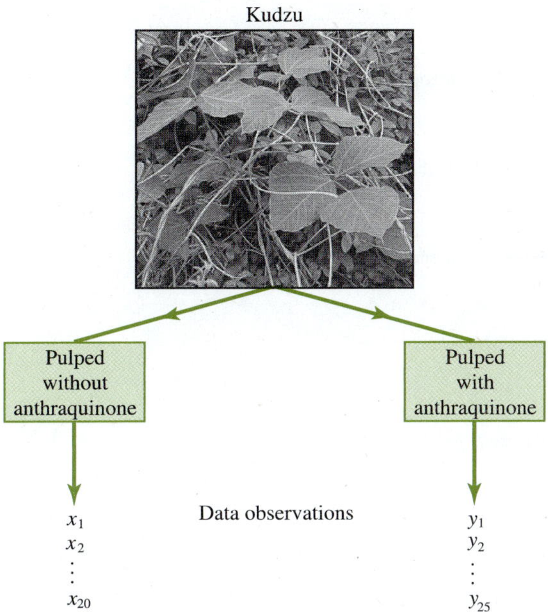

그림 9.6
칡넝쿨 펄프 실험

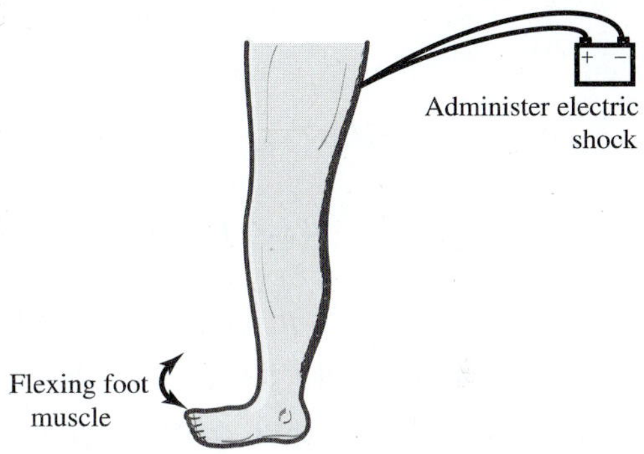

그림 9.7
신경 선도 실험

가를 조사하려고 한다. [그림 9.7]에서처럼 신경의 전달 속도는 환자의 다리에 전기 충격을 주어 그 환자의 다리 근육이 수축되는데 걸리는 시간으로 측정된다.

건강한 $n=32$명의 신경 전달 속도가 측정되었고 말초신경 질환이 있는 $m=27$명의 신경 전달 속도가 또한 측정되었다. 이 실험에서 두 모평균 μ_A과 μ_B을 비교함으로써 말초신경질환이 신경 시스템의 전도 속도에 미치는 영향을 분석할 수 있다.

예제 45 직물 흡수 특성(Fabric Water Absoption Properties)

[그림 6.37]의 실험 장치로 롤러의 분당 회전수와 압력을 변화시킬 수 있다. 만약 롤러가 분당 24회 회전할 때 압력을 제곱인치당 10파운드에서 제곱인치당 20파운드로 바꾸는 것이 섬유의 수분 흡수율에 영향을 주는가를 조사하려고 한다.

이 문제는 제곱인치당 10파운드의 압력에서 섬유의 수분 흡수율 자료 관측치인 x_i와 제곱인치당 20파운드의 압력에서 섬유의 수분 흡수율 자료 관측치인 y_i를 통해서 평가할 수 있다. 다시 말해 두 모평균 μ_A와 μ_B를 비교함으로써 압력의 변화가 섬유의 평균 수분 흡수율에 영향을 미치는지 평가할 수 있다.

미지의 모수 μ_A와 μ_B의 비교는 $\mu_A-\mu_B$에 대한 신뢰구간을 구하는 것을 포함한다. 이 신뢰구간의 중심은 $\mu_A-\mu_B$의 점추정값인 $\bar{x}-\bar{y}$이다. [그림 9.8]에서처럼 이 신뢰구간은 모평균 μ_A와 μ_B가 같은지에 대한 정보를 제공하기 때문에 이 신뢰구간이 0을 포함하고 있는가를 검토하는 것이 중요하다.

두 모평균 μ_A와 μ_B가 같다는 주장의 신빙성을 평가하는 더 직접적인 방법은

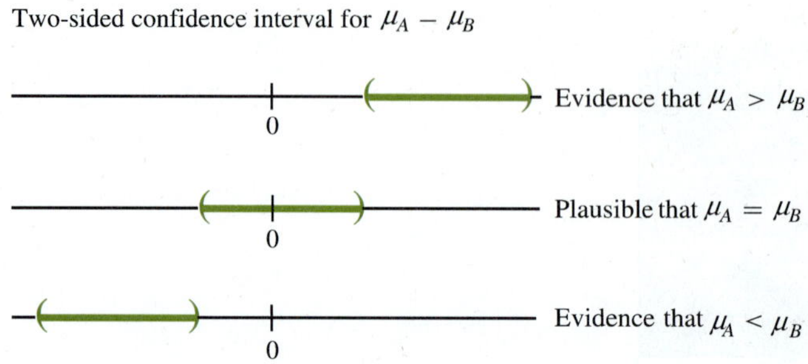

그림 9.8 $\mu_A - \mu_B$의 신뢰구간에 대한 해석

다음의 가설

$$H_0 : \mu_A = \mu_B \quad \text{versus} \quad H_A : \mu_A \neq \mu_B$$

에 대한 p-값을 구하는 것이다. 0.01보다 작은 p-값은 귀무가설이 타당하지 않음을 의미하여 따라서 두 모집단의 평균은 차이가 있다는 충분한 근거가 있다는 결론을 내릴 수 있다. 반대로 0.10보다 큰 p-값은 두 모집단 평균의 차이가 있다는 주장에 대한 충분한 근거가 없음을 나타낸다. 이 가설검정 문제는 데이터를 통해 모평균이 차이가 난다는 충분한 증거를 제시하지 못하면 두 모평균은 같다고 고려하는 것이 적절하다는 것을 표현하기 위해서 사용하였다.

9.1.2 쌍체표본(Paired Samples) 대 독립표본(Independent Samples)

두 모집단을 비교하기 위해 자료를 얻어 분석할 경우 실험 계획에 더 많은 주의를 기울일 필요가 있다. 이때 실험 계획이라 함은 데이터를 얻는 방법을 의미하며 이 장에서는 쌍체표본과 독립표본을 구별하여 각각의 데이터에 맞는 분석 방법에 대해 설명한다. 쌍체표본의 장점은 두 모집단간의 차이 이외의 다른 요인에 의한 영향을 경감시킬 수 있다는 것이다. 이 개념은 다음 예제를 통해 자세히 설명한다.

예제 55 심장 박동수 감소(Heart Rate Reductions)

환자의 심장 박동수를 임시적으로 낮출 수 있는 신약을 기존의 약과 비교하려고 한다. 휴식중인 환자에게 신약을 복용시키고 5분이 지난 후에 그 환자의 박동수가 줄어든 비율을 측정하였다. 약에 반응하는 능력은 환자마다 다르기 때문에 어떤 날은 하나의 약을 40명의 환자들에게 각각 복용시키고 그 다음날은 나머지 다른 약을 동일한 환자들에게 복용시키는 쌍체실험을 수행하였다. 이틀 동안의 실험은 약이 단지 일시적인 영향을 주기 때문에 carry-over 효과가 없다는 사실을 확인시켜준다. 그럼에도 불구하고 더 확실한 실험을 위하여 [그림 9.9]에서처럼 두 약의 복용 순서는 임의로 선택하였고, 각각의 환자들이 두 약을 복용한 후에 심장 박동수가 감소되는 비율을 토대로 약의 효능을 검토하였다.

	Day 1	Day 2	Difference
patient 1	standard drug x_1	new drug y_1	$z_1 = x_1 - y_1$
patient 2	new drug y_2	standard drug x_2	$z_2 = x_2 - y_2$
patient 3	standard drug x_3	new drug y_3	$z_3 = x_3 - y_3$
patient 4	new drug y_4	standard drug x_4	$z_4 = x_4 - y_4$
⋮	⋮	⋮	⋮
patient 39	standard drug x_{39}	new drug y_{39}	$z_{39} = x_{39} - y_{39}$
patient 40	new drug y_{40}	standard drug x_{40}	$z_{40} = x_{40} - y_{40}$

그림 9.9
심장 박동수 감소 실험

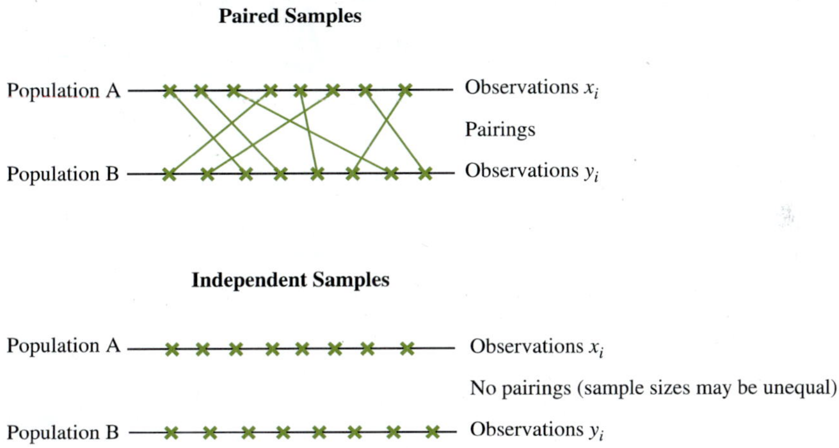

그림 9.10
쌍체표본과 독립 표본의 차이

이 예제에서처럼 쌍체표본으로부터 구한 데이터는 다음과 같은 형식을 갖는다.

$$(x_1, y_1), (x_2, y_2), \ldots, (x_n, y_n)$$

이 데이터는 두 치료법을 모두 적용받은 피실험자로부터 얻어진 것으로 x_i는 치료법 A를 적용받은 i번째 실험자로부터 구한 측정치이며, y_i는 치료법 B를 적용받은 동일한 i번째 실험자로부터 구한 측정치이다. 두 치료법의 비교는 다음의 쌍체표본에 대한 차이를 기반으로 한다.

$$z_i = x_i - y_i \qquad 1 \leq i \leq n$$

쌍체표본을 이용한 분석에서는 모집단 A와 모집단 B의 표본 크기 n과 m은 반드시 같아야 한다. 쌍체인 표본과 쌍체가 아닌 표본의 차이점은 [그림 9.10]과 같다. 쌍체방법은 블로킹(blocking)이라고 하는 실험 계획의 개념을 적용한 특별한 예이다. 이것은 실험의 목적인 특정 비교를 저해하는 변동의 원인을 블록을 이용하여 제거(block out)하는 것이다. 블로킹을 이용하는 실험 계획과 분석 방법은 11.2절에서 자세히 설명한다.

예제 55에서 의학 연구원은 두 약의 효능이 각각의 환자마다 꽤 차이가 있다는 것을 알고 있다. [그림 9.11]에서처럼 80명의 환자들 중 임의로 선택된 각각의 40

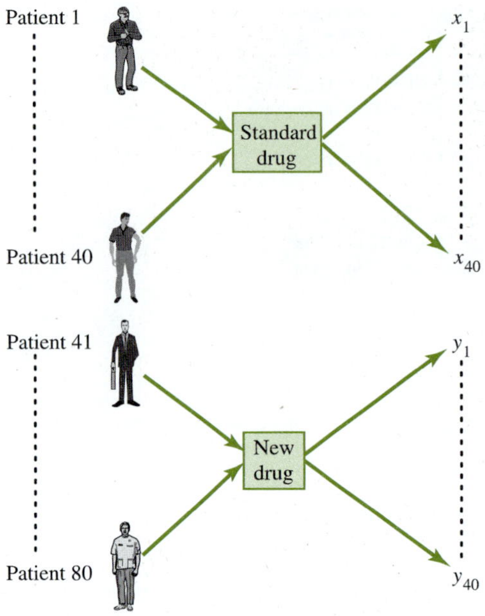

그림 9.11
심작 박동수 경감 실험에 대한 비쌍체 설계

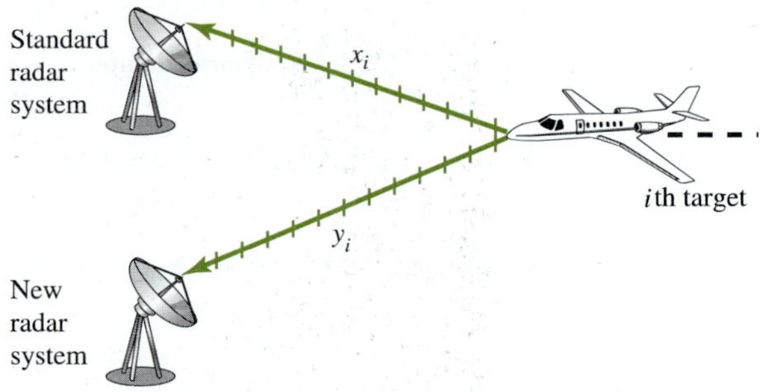

그림 9.12
레이더 감지 실험

명의 환자 그룹에게 임의로 하나의 약만을 복용시키는 경우를 한번 고려해보자. 만약 새로운 약이 기존의 약보다 더 좋은 효과를 보인다고 할 때 이것은 새로운 약을 복용한 환자들이 약물 치료를 더 잘 받아들일 수 있을 능력을 지니고 있을 가능성도 내포하고 있다. 이처럼 환자들간의 변동성은 두 약의 효능 차이를 구별하기 힘들게 하기 때문에 쌍체실험을 수행하여 각각의 환자에 대한 두 측정치의 차이점을 알아봄으로써 환자들간의 변동성을 상쇄시킬 수 있다. 이처럼 쌍체실험은 관측 데이터로부터 더 많은 정보를 제공한다는 점에서 더 효과적인 방법이라고 할 수 있다.

예제 56 레이더 감지 시스템(Radar Detection Systems)

비행물체를 관측하는 새로운 레이더 시스템을 표준 시스템과 비교하여 검증하고자 한다. 서로 다른 대기조건에서 서로 다른 목표물이 비행을 하여 목표물이 처음으로 관측되었을 때의 목표물과 레이더간의 거리가 측정된다. 분명히 이 실험에는 만약 두 레이더 시스템이 동시에 작동할 때에 서로에게 영향을 주지 않는다면 두 시스템이 같은 목표물을 같은 시간에 관측하는 쌍체실험이 적당하다. 이 경우 [그림 9.12]에서처럼 데이터 관측치는 (x_i, y_i)들로 구성되는데 x_i는 i번째 목표물을 표준 레이더 시스템이 관측했을 때 레이더와 목표물간의 거리이며, y_i는 i번째 목표물을 새로운 레이더 시스템이 관측했을 때 이 레이더와 목표물간의 거리이다.

이 실험에 대한 비쌍체(unpaired) 설계는 하나의 레이더 시스템에 실험 목표물들을 비행하게끔 하고 다른 레이더 시스템에 동일한 목표물(혹은 추가적인 새로운 목표물)을 임의로 재비행하도록 하는 것이다. 이 두 레이더 시스템을 비교하는 것은 대기 조건과 같은 변화 가능한 실험 조건들에 의해 그 차이가 모호하게 될 가능성이 있다.

정리하면 환자들의 약에 대한 잠재의식의 변동성이나 목표물의 관측력 변동성과 같은 외부의 변동 요인을 제거하고자 한다면 쌍체실험을 하는 것이 좋다. 하지만 불행하게도 문제의 특성상 쌍체실험이 불가능한 경우가 많다.

예를 들면 고소공포증에 대한 두 치료법을 비교한 예제 51에서 어떤 한 치료법은 몇몇 사람들에게 더 큰 효과를 가져 올 수 있다. 즉 환자들간의 변동성이 존재할 가능성이 크다. 하지만 이 실험은 한 가지 치료법을 적용받고 두 번째 치료법을 적용받기 전에 원래의 상태대로 되돌릴 수 없기 때문에 쌍체방식으로 실험을 할 수 없다. 만약 예제 56에서 같은 장소에서 같은 시간에 두 레이더 시스템을 작동할 경우 두 레이더 시스템간 간섭이 존재한다면 쌍체설계는 적합하지 않다.

9.2 쌍체표본의 분석(Analysis of Paired Samples)

9.2.1 방법론

쌍체표본

$$(x_1, y_1), (x_2, y_2), \ldots, (x_n, y_n)$$

에 대한 분석은 다음과 같이 단일표본 문제로 바꿀 수 있다.

$$z_i = x_i - y_i \qquad 1 \leq i \leq n$$

이때 관측치 z_i들은 서로 독립이고 미지의 평균 μ를 갖는 동일한 확률분포로부터 얻어진다. 미지의 평균 μ에 대한 추론은 8장에서 설명한 단일표본 기법을 $z_1, \ldots, z_n$에 적용할 수 있다.

모수 μ는 두 치료법 A와 B 사이의 평균적인 차이로 해석할 수 있다. 양의 μ값은 모집단 A의 평균 μ_A가 모집단 B의 평균 μ_B보다 크도록 확률변수 X_i가 확률변수 Y_i보다 큰 경향을 가지고 있음을 의미한다. 반대로 음의 μ값은 $\mu_A < \mu_B$임을 의미한다. 이 분석을 위하여 다음의 가설이 일반적으로 많이 사용된다.

$$H_0 : \mu = 0 \quad \text{versus} \quad H_A : \mu \neq 0$$

만약 귀무가설이 믿을 만하다면 이것은 모집단 A와 모집단 B의 확률분포의 평균간에 차이가 있다는 충분한 근거가 없다는 것을 의미한다. 이를 간단한 모델식으로 표현할 수 있는데, i번째 실험 대상에 치료법 A를 적용하였을 때 얻은 관측치 x_i는 치료법 A의 영향인 μ_A과 i번째 실험 대상의 영향인 γ_i 그리고 임의의 오차 ϵ_i^A의 합으로 생각할 수 있다.

$$x_i = \mu_A + \gamma_i + \epsilon_i^A$$

동일하게 i번째 실험 대상에 치료법 B를 적용하였을 때 얻은 관측치 y_i는 치료법 B의 영향인 μ_B과 i번째 실험 대상의 영향인 γ_i 그리고 임의의 오차 ϵ_i^B의 합으로 생각될 수 있다.

$$y_i = \mu_B + \gamma_i + \epsilon_i^B$$

위 모델 식들에서 데이터를 쌍체비교하는 것은 실험 대상의 영향인 γ_i가 같음을 의미한다. 또한 μ_A, μ_B와 γ_i는 고정된 미지의 모수인 반면 오차항인 ϵ_i^A와 ϵ_i^B는 평균이 0인 확률변수의 집합으로부터 추출한 관측치이다.

이 모델의 설명을 통해 z_i는 다음과 같이 표현할 수 있다.

$$z_i = \mu_A - \mu_B + \epsilon_i^{AB}$$

이때 오차항은 다음과 같다.

$$\epsilon_i^{AB} = \epsilon_i^A - \epsilon_i^B$$

이 오차항은 평균이 0인 분포로부터의 관측치이기 때문에 z_i는 결과적으로 실험 대상의 영향인 γ_i에 의존하지 않는 평균 $\mu = \mu_A - \mu_B$인 분포에서의 관측치에 해당한다.

9.2.2 예제

예제 55 심장 박동수 감소 (Heart Rate Reductions)

[그림 9.13]에 40명의 실험 대상으로부터 얻은 표준약에 대한 심장박동의 감소율 x_i와 신약에 대한 값인 y_i 그리고 이 둘의 차이 z_i를 정리하였다. 우선 환자들은 약에 대하여 반응하는 능력이 다르다는 것을 이해할 필요가 있다. 어떤 환자들은 심장박동 감소치가 20%인 반면 다른 어떤 환자들은 40%를 넘기도 한다. 이러한 반응치 변동은 쌍체실험이 적합함을 확인시켜주고 있다. 자료 관측치 z_i의 초기 연구에서 40개 관측치 중 30개가 음의 값을 가지고 있다. 이 결과는 신약이 평균적으로 더 큰 영향을 줄 것이라는 $\mu = \mu_A - \mu_B < 0$을 가정하게 만든다. 음의 표본 평균인 $\bar{z} = -2.655$, 표본 표준편차 $s = 3.730$로부터 $\mu = 0$일 때의 t-통계량은

Patient	Standard drug x_i	New drug y_i	$z_i = x_i - y_i$
1	28.5	34.8	−6.3
2	26.6	37.3	−10.7
3	28.6	31.3	−2.7
4	22.1	24.4	−2.3
5	32.4	39.5	−7.1
6	33.2	34.0	−0.8
7	32.9	33.4	−0.5
8	27.9	27.4	0.5
9	26.8	35.4	−8.6
10	30.7	35.7	−5.0
11	39.6	40.4	−0.8
12	34.9	41.6	−6.7
13	31.1	30.8	0.3
14	21.6	30.5	−8.9
15	40.2	40.7	−0.5
16	38.9	39.9	−1.0
17	31.6	30.2	1.4
18	36.0	34.5	1.5
19	25.4	31.2	−5.8
20	35.6	35.5	0.1
21	27.0	25.3	1.7
22	33.1	34.5	−1.4
23	28.7	30.9	−2.2
24	33.7	31.9	1.8
25	33.7	36.9	−3.2
26	34.3	27.8	6.5
27	32.6	35.7	−3.1
28	34.5	38.4	−3.9
29	32.9	36.7	−3.8
30	29.3	36.3	−7.0
31	35.2	38.1	−2.9
32	29.8	32.1	−2.3
33	26.1	29.1	−3.0
34	25.6	33.5	−7.9
35	27.6	28.7	−1.1
36	25.1	31.4	−6.3
37	23.7	22.4	1.3
38	36.3	43.7	−7.4
39	33.4	30.8	2.6
40	40.1	40.8	−0.7

그림 9.13 심장 박동수 감소 데이터 집합

$$t = \frac{\sqrt{n}(\bar{z} - \mu)}{s} = \frac{\sqrt{40} \times (-2.655)}{3.730} = -4.50$$

이며, 이를 토대로 한 양측 가설검정 문제

$$H_0 : \mu = 0 \quad \text{versus} \quad H_A : \mu \neq 0$$

에 대한 p−값은

$$p\text{-값} = 2 \times P(X > 4.50) \simeq 0.0001$$

으로, 이때 확률변수 X는 자유도 39인 t−분포를 따른다.

이 결과로부터 $\mu=0$이라는 주장이 타당하지 않다는 것을 알 수 있으며, 따라서 신약은 표준약과는 다른 영향을 준다는 충분한 근거가 있다는 결론을 내리게 된다. 임계값 $t_{0.005,39}=2.7079$으로부터 두 약의 평균 영향의 차이에 대한 99% 양측 신뢰구간은

$$\begin{aligned}\mu = \mu_A - \mu_B &\in \left(\bar{z} - \frac{t_{0.005,39}s}{\sqrt{40}}, \bar{z} + \frac{t_{0.005,39}s}{\sqrt{40}}\right)\\ &= \left(-2.655 - \frac{2.7079 \times 3.730}{\sqrt{40}}, -2.655 + \frac{2.7079 \times 3.730}{\sqrt{40}}\right)\\ &= (-4.252, -1.058)\end{aligned}$$

으로, 신약이 표준약보다 평균적으로 1%에서 4.25% 사이에서 심장 박동수를 감소시킨다는 결론을 내릴 수 있다.

예제 56 레이더 감지 시스템(Radar Detection Systems)

[그림 9.14]는 24개 목표물에 대한 레이더 관측거리(단위: 마일) 측정값을 보여주고 있다. x_i는 표준 시스템에 대한 관측값이고 y_i는 새로운 시스템에 대한 관측값이다. 목표물에 대한 관측 능력은 어떤 목표물에 대해서는 45마일에서부터 다른 어떤 것은 55마일을 넘을 정도로 차이가 있음을 보여주는데 쌍체실험이 적합함을 알 수 있다. 두 관측값의 차 z_i는 표본 평균 $\bar{z}=-0.261$과 표본 표준편차 $s=$

Target	Standard radar system x_i	New radar system y_i	$z_i = x_i - y_i$
1	48.40	51.14	−2.74
2	47.73	46.48	1.25
3	51.30	50.90	0.40
4	50.49	49.82	0.67
5	47.06	47.99	−0.93
6	53.02	53.20	−0.18
7	48.96	46.76	2.20
8	52.03	54.44	−2.41
9	51.09	49.85	1.24
10	47.35	47.45	−0.10
11	50.15	50.66	−0.51
12	46.59	47.92	−1.33
13	52.03	52.37	−0.34
14	51.96	52.90	−0.94
15	49.15	50.67	−1.52
16	48.12	49.50	−1.38
17	51.97	51.29	0.68
18	53.24	51.60	1.64
19	55.87	54.48	1.39
20	45.60	45.62	−0.02
21	51.80	52.24	−0.44
22	47.64	47.33	0.31
23	49.90	51.13	−1.23
24	55.89	57.86	−1.97

그림 9.14 레이더 감지 시스템 데이터 집합(감지되었을 경우 목표물 거리(단위: 마일))

1.305를 갖는다. $\mu = 0$일 때 t-통계량은

$$t = \frac{\sqrt{n}(\bar{z} - \mu)}{s} = \frac{\sqrt{24} \times (-0.261)}{1.305} = -0.980$$

이며, 새로운 레이더 시스템이 표준 시스템보다 더 먼 거리의 목표물을 관측할 수 있는지 알아보기 위하여 단측가설

$$H_0 : \mu \geq 0 \quad \text{versus} \quad H_A : \mu < 0$$

을 검정할 경우 p-값은

$$P(X \leq -0.980) = 0.170$$

으로 확률변수 X는 자유도 23인 t-분포를 따른다. 이처럼 큰 p-값은 새로운 레이더 시스템이 표준 레이더 시스템보다 더 먼 거리의 목표물을 관측할 수 있다는 충분한 근거를 제공하지 않음을 알 수 있다.

연습문제

9.2.1 생산라인 조립 방법

DS 9.2.1은 두 조립 방법 중 어떤 것이 평균적으로 더 빠른지에 대한 쌍체실험 자료이다. 임의로 조립라인에서 35명의 작업자 표본으로부터 표준 방법(방법 A)을 통해 조립하는데 걸리는 시간과 새로운 방법(방법 B)을 통해 조립하는데 걸리는 시간(단위: 초)을 조사하였다. 이 데이터를 분석하고 새로운 조립 방법이 표준 조립 방법과 다른지를 설명하라. 왜 비쌍체(unpaired) 실험 대신 쌍체실험을 수행하였는지 논하라.

9.2.2 적혈구의 내피세포 증착 과정

어떤 연구자는 혈관의 가장 깊숙한 곳에 적혈구가 어떻게 내피세포에 증착하였는지에 대하여 관심을 가지고 있다. 14개의 혈액 표본을 얻었고 각각의 표본을 반으로 나누어 혈액 표본의 반에는 종류 A의 내피 단층상에 혈액 표본을 두었으며 나머지 반에는 종류 B의 내피 단층상에 혈액 표본을 두었다. DS 9.2.2에 mm^2당 증착된 적혈구 세포수를 나타냈다. 다른 시뮬레이션 조건이 적혈구 세포의 증착에 영향을 준다는 충분한 근거가 있는지 판단하라.

9.2.3 타이어 마모

새로운 타이어가 표준 타이어보다 더 천천히 마모되는지를 평가하고자 한다. 20개 트럭을 선택하여 새로운 타이어를 각각의 트럭의 앞바퀴 중 하나에 설치하였고 표준 타이어는 나머지 다른 앞바퀴에 설치하였다. 두 종류 타이어의 좌우 위치는 임의로 결정하였다. 트럭들을 다양한 도로 환경에서 주행하여 마모된 타이어 홈의 깊이(단위: mm)를 측정하였다. DS 9.2.3에 실험 결과 자료를 정리하였는데 데이터를 분석하고 결론을 제시하라. 왜 비쌍체(unpaired) 실험

대신에 쌍체실험을 수행하였는지 설명하라.

9.2.4 미분적분학 강의 방법

미분적분학에 대한 새로운 수업 방법을 평가하고자 한다. 80명의 학생들을 40개 짝으로 나누었는데 짝지어진 두 학생은 대략 비슷한 수학 성적을 가지고 있다. 이 짝을 임으로 나누어 한 명은 표준 수업 방법을 사용하는 섹션 A에, 다른 한 명은 새로운 수업 방법을 사용하는 섹션 B에 할당하였다. 강의 과정의 마지막에 모든 학생들은 동일한 시험을 치루었는데 그들의 점수는 DS 9.2.4와 같다. 이 데이터를 분석하고 새로운 수업 방법을 표준 방법과 비교하여 결론을 제시하라. 왜 비쌍체(unpaired) 실험 대신에 쌍체실험을 수행하였는지 설명하라.

9.2.5 방사성 탄소 연대 측정법

독립적으로 운영되는 두 연구소에서 방사성 탄소 연대 측정법을 이용하여 역사적 연대 측정 서비스를 제공하고 있다. 하지만 어떤 한 연구소는 다른 연구소보다 연대 측정을 더 오래 전 것으로 추정하는 경향이 있다. 이러한 가정을 평가하기 위해서 18개 유물 표본들을 각각 반으로 나누어 한쪽은 연구소 A에 보내고 나머지 반은 연구소 B로 보냈다. 이 두 연구소에게 각각의 유물에 대한 10년을 단위로 하여 연대 측정의 결과를 요구하였으며 그 결과는 DS 9.2.5와 같다. 한 연구소가 연대 측정을 더 오래된 것으로 하는 경향이 있다는 충분한 근거가 있는지를 판단하여라.

9.2.6 골프공 설계

어떤 스포츠용품 제조자는 일반 골프공보다 더 멀리 나갈 수 있도록 특별한 홈(dimple) 구조를 이용한 새로운 골프공을 개발하였다. 이 신제품을 평가하기 위해 24명의 골퍼에게 10개의 새 공과 10개의 일반 공을 골프채로 치도록 하였다. 피로도나 바람의 영향을 줄이기 위해 임의로 실험을 수행하여 비거리를 측정하였다. DS 9.2.6은 24명 골퍼들의 두 종류의 공에 대한 10개 샷의 평균 비거리(단위: 야드)를 나타낸다. 이 실험으로부터 어떠한 결론을 내릴 수 있는지를 평가하고 쌍체실험을 수행하는 것이 왜 좋은가를 설명하라.

9.2.7 자극반응 시간

자극반응 시간을 측정하기 위해서 두 절차 A와 B를 비교하는 실험을 수행하였다. 10명의 지원자가 이 실험에 참가하였는데, DS 9.2.7과 같이 각각의 지원자에게 절차 A와 절차 B에 의한 자극이 각각 한 번씩 주어졌고 이에 대한 반응 시간을 측정하였다. 절차 A와 B의 반응 시간이 다르다고 할 수 있는지를 논하여라.

9.2.8 항생제 효능

어떤 박테리아 8개 균을 배양하여 반으로 나누어 한쪽에는 표준 항생물질을 투여하고 다른 반쪽은 새로운 항생물질을 투여하였다. DS 9.2.8은 박테리아를 죽이는데 걸리는 시간을 나타내고 있는데, 적절한 가설을 세우고 새로운 항생물질이 표준 항생물질보다 더 빨리 박테리아를 죽일 수 있는지를 검정하라.

9.2.9 산화우라늄 제거

계면활성제 첨가가 자성화된 강철 솜 수액에서 산화우라늄 입자를 제거하는 능력에 영향을 주는지를 평가하고자 한다. 6 산화우라늄에 오염된 물을 각각 반으로 나누어 한쪽에 계면활성제를 첨가하였다. 12개 표본으로부터 자성화된 강철 솜을 통과하기 전과 후의 산화우라늄 수준을 측정하여 감소된 산화우라늄 수준을 계산한 결과 데이터는 DS 9.2.9에 제시되어 있다. 계면활성제를 추가하는 것이 자성화된 강철 솜의 산화우라늄 입자 제거 능력에 영향을 주는지 가설검정을 수행하라.

9.3 독립표본의 분석(Analysis of Independent Samples)

이 절에서는 두 독립인 비쌍체 표본의 분석에 대해서 설명한다. 데이터는 [그림 9.15]에서처럼 모집단 A로부터 얻어진 표본 평균 $\bar{x}$, 표본 표준편차 s_x인 n개의 관측치 x_i와 모집단 B로부터 얻어진 표본 평균 $\bar{y}$, 표본 표준편차 s_y인 m개의 관측치 y_i로 구성되어 있다.

모평균 차 $\mu_A - \mu_B$에 대한 점추정값은 $\bar{x} - \bar{y}$이며, 두 모집단의 분산을 σ_A^2와 σ_B^2라고 할 때 $\text{Var}(\bar{x}) = \sigma_A^2/n$과 $\text{Var}(\bar{y}) = \sigma_B^2/m$로부터 이 점추정값은 표준오차

$$\text{s.e.}(\bar{x} - \bar{y}) = \sqrt{\frac{\sigma_A^2}{n} + \frac{\sigma_B^2}{m}}$$

를 갖는다.

두 모평균의 평균차 $\mu_A - \mu_B$에 대한 추정의 세 가지 절차는 아래에 정리되어 있으며 이는 $\bar{x} - \bar{y}$의 표준오차가 어떻게 추정되는가에 따라 달라진다.

첫 번째 일반 절차(general procedure)에서의 표준오차는 다음과 같이 추정될 수 있다.

$$\text{s.e.}(\bar{x} - \bar{y}) = \sqrt{\frac{s_x^2}{n} + \frac{s_y^2}{m}}$$

두 번째 합동분산(pooled variance) 절차는 두 모집단의 분산 σ_A^2와 σ_B^2는 같다는 가정에 근거하며 이 경우의 표준오차는

$$\text{s.e.}(\bar{x} - \bar{y}) = s_p\sqrt{\frac{1}{n} + \frac{1}{m}}$$

으로, s_p^2은 공통의 모분산에 대한 추정값에 해당한다. 이 두 절차는 2표본 t-검정

그림 9.15 두 독립표본 분석에 대한 요약통계량

	Sample size	Sample mean	Sample standard deviation
Population A	n	$\bar{x}$	s_x
Population B	m	$\bar{y}$	s_y

이라고 한다.

마지막으로 2표본 z-검정은 모분산 σ_A^2와 σ_B^2를 안다고 가정할 경우에 사용될 수 있다. 각각의 경우에서 표준오차의 추정값을 선택하는 것은 p-값과 임계값을 계산하는데 영향을 준다. 처음 두 경우에서는 서로 다른 자유도를 갖는 t-분포가 적절하고 마지막 경우는 표준정규분포가 사용된다.

일반적으로 1표본 t-검정과 1표본 z-검정에서처럼 2표본 t-검정은 데이터가 정규분포를 따른다는 가정을 기반으로 한다. 표본 크기가 클 경우 중심극한정리에 의하여 표본 평균은 정규분포를 따르게 되며 t-검정은 적절한 검정방법이 될 수 있다. 표본 크기가 작은 경우 데이터가 어느 정도 정규분포를 따른다면 이러한 검정 역시 타당하지만 정규분포를 확실히 따르지 않을 경우 비모수적 절차를 사용할 수 있다.

9.3.1 일반절차

모평균차 $\mu_A - \mu_B$에 대한 추론의 일반적인 방법은 점추정값 $\bar{x} - \bar{y}$와 이 점추정값의 표준오차

$$\text{s.e.}(\bar{x} - \bar{y}) = \sqrt{\frac{s_x^2}{n} + \frac{s_y^2}{m}}$$

를 이용하는 것이다. 이 경우 p-값과 임계값은 t-분포로부터 계산될 수 있는데, 이 t-분포의 자유도 ν는

$$\nu = \frac{\left(\frac{s_x^2}{n} + \frac{s_y^2}{m}\right)^2}{\frac{s_x^4}{n^2(n-1)} + \frac{s_y^4}{m^2(m-1)}}$$

와 같이 계산할 수 있으며, 이 값이 정수가 아닌 경우 ν보다 작은 가장 큰 정수로 정의할 수 있다. 그다지 정확한 방법은 아니지만 이 자유도는 $\nu = \min(n, m) - 1$와 같이 구할 수도 있다.

$\mu_A - \mu_B$에 대한 신뢰수준 $1 - \alpha$에서의 양측 신뢰구간은 [그림 9.16]에서의 표준 형식

$$\mu \in (\hat{\mu} - \text{임계값} \times \text{s.e.}(\hat{\mu}), \hat{\mu} + \text{임계값} \times \text{s.e.}(\hat{\mu}))$$

을 토대로 $\mu = \mu_A - \mu_B$에 대하여

$$\mu_A - \mu_B \in \left(\bar{x} - \bar{y} - t_{\alpha/2,\nu}\sqrt{\frac{s_x^2}{n} + \frac{s_y^2}{m}}, \bar{x} - \bar{y} + t_{\alpha/2,\nu}\sqrt{\frac{s_x^2}{n} + \frac{s_y^2}{m}}\right)$$

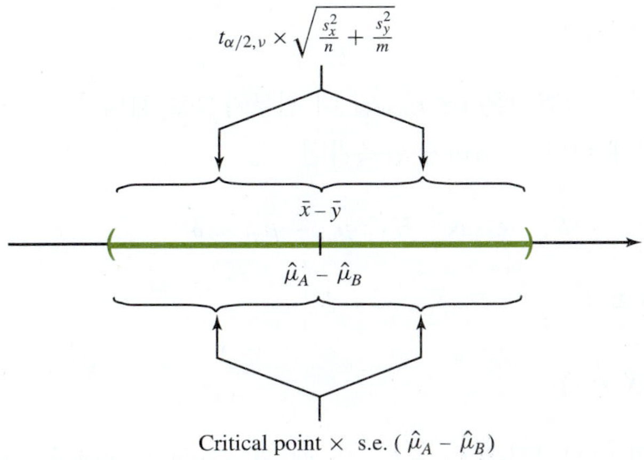

그림 9.16
두 표본 양측 t−구간

이다. 또한 신뢰수준 $1-\alpha$ 에서의 단측 신뢰구간 상한은

$$\mu_A - \mu_B \in \left(-\infty, \bar{x} - \bar{y} + t_{\alpha,\nu}\sqrt{\frac{s_x^2}{n} + \frac{s_y^2}{m}}\right)$$

이며, 단측 신뢰구간 하한은

$$\mu_A - \mu_B \in \left(\bar{x} - \bar{y} - t_{\alpha,\nu}\sqrt{\frac{s_x^2}{n} + \frac{s_y^2}{m}}, \infty\right)$$

와 같이 구할 수 있다. 특정값 δ(일반적으로 $\delta=0$)에 대한 양측가설

$$H_0 : \mu_A - \mu_B = \delta \quad \text{versus} \quad H_A : \mu_A - \mu_B \neq \delta$$

를 위한 t−통계량은

$$t = \frac{\bar{x} - \bar{y} - \delta}{\sqrt{\frac{s_x^2}{n} + \frac{s_y^2}{m}}}$$

이며, 이 값에 대한 양측 p−값은 다음과 같이 계산될 수 있다.

$$p\text{-값} = 2 \times P(X > |t|)$$

이때 확률변수 X는 자유도 ν인 t−분포를 따르며, 크기 α의 가설검정은 $|t| \leq t_{\alpha/2,\nu}$일 때 귀무가설을 채택하고 $|t| > t_{\alpha/2,\nu}$일 때 귀무가설을 기각한다.

단측가설

$$H_0 : \mu_A - \mu_B \leq \delta \quad \text{versus} \quad H_A : \mu_A - \mu_B > \delta$$

에 대한 p−값은

$$p\text{-값} = P(X > t)$$

이며 크기 α의 가설검정은 $t \le t_{\alpha,\nu}$일 때 귀무가설을 채택하고 $t > t_{\alpha,\nu}$일 때 귀무가설을 기각하게 된다. 동일하게 단측가설

$$H_0 : \mu_A - \mu_B \ge \delta \quad \text{versus} \quad H_A : \mu_A - \mu_B < \delta$$

에 대한 p-값은

$$p\text{-값} = P(X < t)$$

이며 크기 α의 가설검정은 $t \ge -t_{\alpha,\nu}$일 때 귀무가설을 채택하고 $t < t_{\alpha,\nu}$일 때 귀무가설을 기각하게 된다.

예로서, $n = 24$, $\bar{x} = 9.005$, $s_x = 3.438$와 $m = 34$, $\bar{y} = 11.864$, $s_y = 3.305$인 데이터를 얻었다고 하자. 이 경우 가설

$$H_0 : \mu_A = \mu_B \quad \text{versus} \quad H_A : \mu_A \ne \mu_B$$

에 대한 t-통계량은

$$t = \frac{\bar{x} - \bar{y}}{\sqrt{\frac{s_x^2}{n} + \frac{s_y^2}{m}}} = \frac{9.005 - 11.864}{\sqrt{\frac{3.438^2}{24} + \frac{3.305^2}{34}}} = -3.169$$

이며, 이 값에 대한 양측 p-값은

$$p\text{-값} = 2 \times P(X > 3.169)$$

와 같다. 확률변수 X는 자유도

$$\nu = \frac{\left(\frac{3.438^2}{24} + \frac{3.305^2}{34}\right)^2}{\frac{3.438^4}{24^2 \times 23} + \frac{3.305^4}{34^2 \times 33}} = 48.43$$

인 t-분포를 따른다. 정수 $\nu = 48$에 대하여 [그림 9.17]에서처럼

$$p\text{-값} \simeq 2 \times 0.00135 = 0.0027$$

이 되며, 이는 귀무가설이 타당하다는 충분한 근거가 없음을 의미한다. 따라서 $\mu_A \ne \mu_B$라는 결론을 내릴 수 있다. 임계값 $t_{0.005,48} = 2.6822$로부터 모평균차에 대한 99% 양측 신뢰구간은

$$\mu_A - \mu_B \in \left(9.005 - 11.864 - 2.6822\sqrt{\frac{3.438^2}{24} + \frac{3.305^2}{34}},\right.$$

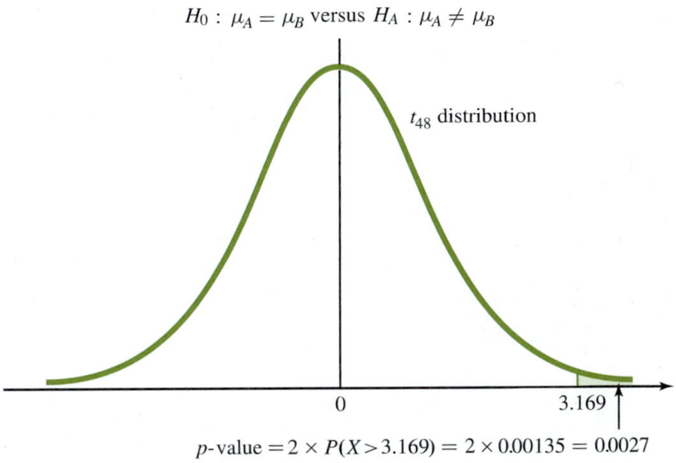

그림 9.17
양측 p-값의 계산

p-Value	Hypothesis Testing $H_0 : \mu_A - \mu_B = \delta$ versus $H_A : \mu_A - \mu_B \neq \delta$			Confidence Intervals $\left(\bar{x} - \bar{y} - t_{\alpha/2,\nu}\sqrt{\frac{s_x^2}{n} + \frac{s_y^2}{m}},\ \bar{x} - \bar{y} + t_{\alpha/2,\nu}\sqrt{\frac{s_x^2}{n} + \frac{s_y^2}{m}}\right)$		
	Significance Levels			Confidence Levels		
	$\alpha = 0.10$	$\alpha = 0.05$	$\alpha = 0.01$	$1 - \alpha = 0.90$	$1 - \alpha = 0.95$	$1 - \alpha = 0.99$
≥ 0.10	accept H_0	accept H_0	accept H_0	contains δ	contains δ	contains δ
0.05– 0.10	reject H_0	accept H_0	accept H_0	does not contain δ	contains δ	contains δ
0.01– 0.05	reject H_0	reject H_0	accept H_0	does not contain δ	does not contain δ	contains δ
< 0.01	reject H_0	reject H_0	reject H_0	does not contain δ	does not contain δ	does not contain δ

그림 9.18
두 표본 양측 문제에서 가설검정과 신뢰구간과의 관계

$$9.005 - 11.864 + 2.6822\sqrt{\frac{3.438^2}{24} + \frac{3.305^2}{34}}\Bigg)$$
$$= (-5.28, -0.44)$$

이며, 이 신뢰구간은 0을 포함하지 않기 때문에 가설검정의 결과와 일치하고 있다. 2표본 문제에서의 신뢰구간, p-값 및 신뢰수준 α에 대한 가설검정간의 관계는 1표본 문제와 동일하다. 신뢰수준 α의 가설검정은 p-값이 α보다 작을 경우 귀무가설을 기각하고, α보다 클 경우 귀무가설을 채택한다. 또한 $\mu_A - \mu_B$에 대한 신뢰수준 $1 - \alpha$에서의 신뢰구간은 귀무가설 $H_0 : \mu_A - \mu_B = \delta$에 대한 p-값이 α보다 클 경우 δ를 포함하게 된다. 2표본에 대한 이러한 관계들은 [그림 9.18]에 정리되어 있다.

2표본 t-절차(분산이 다른 경우)(Two-Sample t-Procedure(Equal Variances))

모집단 A로부터 얻은 표본평균이 $\bar{x}$이고 표본 표준편차가 s_x인 크기 n의 표본과 모집단 B로부터 얻은 표본평균이 $\bar{y}$이고 표본 표준편차가 s_y인 크기 m의 표본을 고려해보자. 모평균차 $\mu_A - \mu_B$에 대한 신뢰수준 $1 - \alpha$에서의 양측 신뢰구간은

$$\mu_A - \mu_B \in \left(\bar{x} - \bar{y} - t_{\alpha/2,\nu}\sqrt{\frac{s_x^2}{n} + \frac{s_y^2}{m}},\ \bar{x} - \bar{y} + t_{\alpha/2,\nu}\sqrt{\frac{s_x^2}{n} + \frac{s_y^2}{m}} \right)$$

이며 자유도는

$$\nu = \frac{\left(\frac{s_x^2}{n} + \frac{s_y^2}{m}\right)^2}{\frac{s_x^4}{n^2(n-1)} + \frac{s_y^4}{m^2(m-1)}}$$

와 같이 계산할 수 있다. 신뢰수준 $1-\alpha$ 에서의 단측 신뢰구간은 상한에 대하여

$$\mu_A - \mu_B \in \left(-\infty, \bar{x} - \bar{y} + t_{\alpha,\nu}\sqrt{\frac{s_x^2}{n} + \frac{s_y^2}{m}} \right)$$

이며, 하한에 대하여

$$\mu_A - \mu_B \in \left(\bar{x} - \bar{y} - t_{\alpha,\nu}\sqrt{\frac{s_x^2}{n} + \frac{s_y^2}{m}}, \infty \right)$$

이다. 귀무가설 $H_0: \mu_A - \mu_B = \delta$ 에 대한 t-통계량은

$$t = \frac{\bar{x} - \bar{y} - \delta}{\sqrt{\frac{s_x^2}{n} + \frac{s_y^2}{m}}}$$

이며 p-값은 $2 \times P(X > |t|)$와 같다. 이때 확률변수 X는 자유도 ν를 가지는 t-분포를 따른다. 단측 p-값은 $P(X > t)$ 혹은 $P(X < t)$로 계산되며, 크기 α의 양측 가설검정은 $|t| \le t_{\alpha/2,\nu}$일 때 귀무가설을 채택하고 $|t| > t_{\alpha/2,\nu}$일 때 귀무가설을 기각한다. 또한 크기 α의 단측 가설검정은 $t > t_{\alpha,\nu}$ 또는 $t < t_{\alpha,\nu}$의 기각역을 갖는다. 이러한 절차는 합동분산이 없는 2표본 t-검정(two-sample t-test without a pooled variance)이라고 한다.

9.3.2 합동분산 절차

위에 설명된 절차는 표본 크기가 작고 데이터가 정규분포를 따르지 않는 경우를 제외하고 항상 사용될 수 있으며 특히 모집단의 분산 σ_A^2와 σ_B^2가 다를 경우에 적절한 방법이다. 하지만 어떤 경우에서는 $\sigma_A^2 = \sigma_B^2$이란 가정이 필요할 때가 있는데 이 경우 합동분산(pooled variance)을 토대로 분석을 진행할 수 있다. 만약 모분산 $\sigma_A^2 = \sigma_B^2 = \sigma^2$ 인 경우 합동분산의 추정치는

$$\hat{\sigma}^2 = s_p^2 = \frac{(n-1)s_x^2 + (m-1)s_y^2}{n+m-2}$$

이다. $\bar{x}-\bar{y}$의 표준오차는

$$\text{s.e.}(\bar{x}-\bar{y}) = \sqrt{\frac{\sigma_A^2}{n} + \frac{\sigma_B^2}{m}} = \sigma\sqrt{\frac{1}{n} + \frac{1}{m}}$$

인데, 이 값은

$$\text{s.e.}(\bar{x}-\bar{y}) = s_p\sqrt{\frac{1}{n} + \frac{1}{m}}$$

을 통해 추정 가능하다. 합동분산 추정치를 사용할 경우 p-값과 임계값은 자유도 $n+m-2$인 t-분포로부터 계산되는데, 예를 들어 $\mu_A - \mu_B$에 대한 신뢰수준 $1-\alpha$에서의 양측 신뢰구간은

$$\mu_A - \mu_B \in \left(\bar{x} - \bar{y} - t_{\alpha/2,n+m-2}\, s_p\sqrt{\frac{1}{n} + \frac{1}{m}},\ \bar{x} - \bar{y} + t_{\alpha/2,n+m-2}\, s_p\sqrt{\frac{1}{n} + \frac{1}{m}}\right)$$

이 된다.

다시 $n=24$, $\bar{x}=9.005$, $s_x=3.438$와 $m=34$, $\bar{y}=11.864$, $s_y=3.305$인 데이터를 고려해보자. 두 표본 표준편차는 비슷하므로 모분산이 동일하다고 가정하기에 타당하며 이 경우 합동 표준편차의 추정값은 다음과 같다.

$$s_p = \sqrt{\frac{(n-1)s_x^2 + (m-1)s_y^2}{n+m-2}} = \sqrt{\frac{(23 \times 3.438^2) + (33 \times 3.305^2)}{24+34-2}} = 3.360.$$

가설 $H_0: \mu_A = \mu_B$ versus $H_A: \mu_A \neq \mu_B$에 대한 t-검정통계량은

$$t = \frac{\bar{x}-\bar{y}}{s_p\sqrt{\frac{1}{n} + \frac{1}{m}}} = \frac{9.005 - 11.864}{3.360\sqrt{\frac{1}{24} + \frac{1}{34}}} = -3.192$$

이며 양측 p-값은

$$p\text{-값} = 2 \times P(X > 3.192) \simeq 2 \times 0.00115 = 0.0023$$

으로 확률변수 X는 [그림 9.19]에서처럼 자유도 $n+m-2=56$인 t-분포를 따른다. 임계값 $t_{0.005,56}=2.6665$로부터 모평균 차에 대한 99% 양측 신뢰구간을 구하면

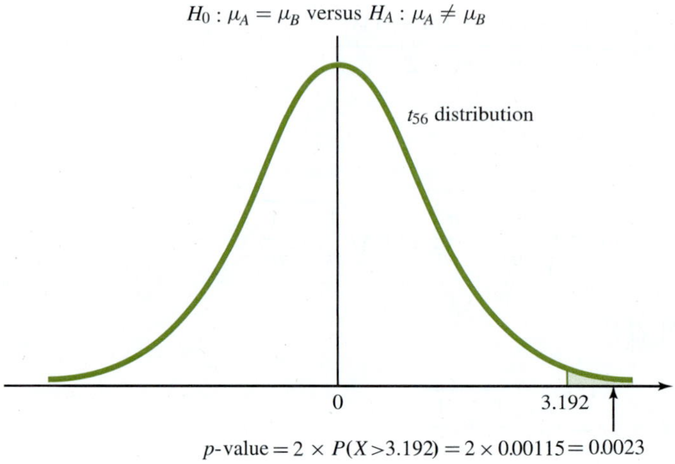

그림 9.19 양측 p-값의 계산

$$\mu_A - \mu_B \in \left(9.005 - 11.864 - 2.6665 \times 3.360 \times \sqrt{\frac{1}{24} + \frac{1}{34}},\right.$$
$$\left. 9.005 - 11.864 + 2.6665 \times 3.360 \times \sqrt{\frac{1}{24} + \frac{1}{34}}\right)$$
$$= (-5.25, -0.47)$$

와 같다.

모분산이 동일한지 동일하지 않은지에 대한 평가는 기존 연구나 표본 표준편차 s_x와 s_y의 비교를 바탕으로 이루어져야 한다. 일반적으로 합동분산의 추정치를 이용하거나 이용하지 않는 경우 결과는 대략 비슷하게 나타나는데 만약 그 결과가 확연히 다르다면 이것은 표본표준편차 s_x와 s_y가 크게 다르기 때문이다. 따라서 모분산의 동일성 가정이 필요하지 않은 일반적인 절차를 이용하는 것이 더 적절할 것이다.

2표본 t-절차(분산이 동일한 경우)(Two-Sample t-Procedure(Equal Variances))

모집단 A로부터 얻은 표본 평균이 $\bar{x}$이고 표본 표준편차가 s_x인 크기 n의 표본과 모집단 B로부터 얻은 표본 평균이 $\bar{y}$이고 표본 표준편차가 s_y인 크기 m의 표본을 고려해보자. 만약 모집단의 분산 σ_A^2과 σ_B^2이 같다고 가정한다면 합동분산은 다음과 같이 구할 수 있다.

$$s_p^2 = \frac{(n-1)s_x^2 + (m-1)s_y^2}{n+m-2}$$

모평균 $\mu_A - \mu_B$에 대한 신뢰수준 $1-\alpha$에서의 양측 신뢰구간은

$$\mu_A - \mu_B \in \left(\bar{x} - \bar{y} - t_{\alpha/2,n+m-2}\, s_p\sqrt{\frac{1}{n} + \frac{1}{m}},\ \bar{x} - \bar{y} + t_{\alpha/2,n+m-2}\, s_p\sqrt{\frac{1}{n} + \frac{1}{m}}\right)$$

이며, 단측 신뢰구간은 하한에 대하여

$$\mu_A - \mu_B \in \left(\bar{x} - \bar{y} - t_{\alpha,n+m-2}\, s_p\sqrt{\frac{1}{n} + \frac{1}{m}}, \infty\right)$$

이며, 상한에 대하여

$$\mu_A - \mu_B \in \left(-\infty, \bar{x} - \bar{y} + t_{\alpha,n+m-2}\, s_p\sqrt{\frac{1}{n} + \frac{1}{m}}\right)$$

이다. 귀무가설 $H_0: \mu_A - \mu_B = \delta$ 에 대한 t-검정통계량은

$$t = \frac{\bar{x} - \bar{y} - \delta}{s_p\sqrt{\frac{1}{n} + \frac{1}{m}}}$$

이며, 양측 p-값은 $2 \times P(X > |t|)$로 계산되고 확률변수 X는 자유도 $n+m-2$인 t-분포를 따른다. 또한 단측 p-값은 $P(X > t)$ 혹은 $P(X < t)$이다. 크기 α의 양측 가설검정에 대하여 $|t| \le t_{\alpha/2,\, n+m-2}$일 경우 귀무가설을 채택하고 $|t| > t_{\alpha/2,\, n+m-2}$일 경우 귀무가설을 기각한다. 또한 크기 α의 단측 가설검정은 $t > t_{\alpha,\, n+m-2}$ 또는 $t < -t_{\alpha,\, n+m-2}$의 기각역을 갖는다. 이러한 절차는 합동분산 추정값을 이용한 2표본 t-검정이라고 한다.

9.3.3 *z*-절차

2표본 *z*-절차(Two-Sauple *z*-Procedure)

모집단 A로부터 얻은 표본 평균이 $\bar{x}$이고 표본 표준편차가 s_x인 크기 n의 표본과 모집단 B로부터 얻은 표본평균이 $\bar{y}$이고 표본 표준편차가 s_y인 크기 m의 표본을 다시 고려해보자. 이때 모분산은 각각 σ_A^2와 σ_B^2로 알려져 있다고 가정하자. 이 경우 모평균차 $\mu_A - \mu_B$에 대한 신뢰수준 $1-\alpha$에서의 양측 신뢰구간은

$$\mu_A - \mu_B \in \left(\bar{x} - \bar{y} - z_{\alpha/2}\sqrt{\frac{\sigma_A^2}{n} + \frac{\sigma_B^2}{m}}, \bar{x} - \bar{y} + z_{\alpha/2}\sqrt{\frac{\sigma_A^2}{n} + \frac{\sigma_B^2}{m}}\right)$$

이며, 단측 신뢰구간은 상한에 대하여

$$\mu_A - \mu_B \in \left(-\infty, \bar{x} - \bar{y} + z_{\alpha}\sqrt{\frac{\sigma_A^2}{n} + \frac{\sigma_B^2}{m}}\right)$$

이며, 하한에 대하여

$$\mu_A - \mu_B \in \left(\bar{x} - \bar{y} - z_\alpha \sqrt{\frac{\sigma_A^2}{n} + \frac{\sigma_B^2}{m}}, \infty \right)$$

이다. 귀무가설 $H_0 : \mu_A - \mu_B = \delta$ 에 대한 z-통계량은

$$z = \frac{\bar{x} - \bar{y} - \delta}{\sqrt{\frac{\sigma_A^2}{n} + \frac{\sigma_B^2}{m}}}$$

으로, 양측 p-값은 $2 \times \Phi(-|z|)$와 같이 계산되며 단측 p-값은 각각 $1 - \Phi(z)$ 및 $\Phi(z)$가 된다.

크기 α의 양측 가설검정은 $|z| \leq z_{\alpha/2}$일 때 귀무가설을 채택하고 $|z| > z_{\alpha/2}$일 때 귀무가설을 기각하게 된다. 또한 크기 α의 단측 가설검정은 $z > z_\alpha$ 또는 $z < -z_\alpha$의 기각역을 갖는다. 이 절차들을 일반적으로 2표본 z-검정이라고 한다.

2표본 z-검정은 표본 표준편차 s_x와 s_y 대신에 기지의 모집단 표준편차 σ_A와 σ_B를 이용하고자 할 때 사용하며, 이 경우에 p-값과 임계값은 표준정규분포로부터 계산된다.

1표본에 대한 절차처럼 큰 표본 크기에 대한 2표본 t-검정은 본질적으로 2표본 z-검정과 동일하며, 2표본 z-검정은 큰 표본에 대한 절차로 2표본 t-검정은 작은 표본에 대한 절차로서 생각할 수 있다.

9.3.4 예제

예제 51 고소공포증 치료법(Acrophobia Treatments)

[그림 9.20]에 표준 치료법을 받은 15명의 환자들에 대한 점수와 새로운 치료법을 받은 15명의 환자들에 대한 점수를 나타냈다. 높은 점수는 환자의 상태가 많이 좋아졌음을 의미한다. 이 실험은 서로 다른 두 그룹에 대하여 실험을 수행하였기 때문에 비쌍체(unpaired) 실험에 해당한다.

[그림 9.21]은 이 두 표본에 대한 통계량 및 상자그림으로서 새로운 치료법의 점수가 표주 치료법의 점수보다 더 높다는 것을 보여주고 있다. 실제로 새로운 치료법의 점수 평균은 $\bar{y} = 51.20$이며 표준 치료법의 점수 평균은 $\bar{x} = 47.47$이다. 그렇다면 이 차이는 통계적으로 유의하다고 말할 수 있을까?

두 표본의 표준편차는 각각 $s_x = 11.40$와 $s_y = 10.09$으로 비슷하며, 상자그림 또한 두 표본들의 변동성이 대충 비슷하다는 것을 보여주고 있다. 따라서 두 집단의 모분산은 모르지만 대략 비슷하다고 판단할 수 있기 때문에 합동분산을 사용하는 것이 타당하다. 그렇다면 새로운 치료법이 표준 치료법보다 더 좋다고 할 수 있는지를 평가하기 위해 다음의 단측 가설검정 문제를 고려해보자.

$$H_0 : \mu_A \geq \mu_B \quad \text{versus} \quad H_A : \mu_A < \mu_B$$

Standard treatment x_i	New treatment y_i
33	65
54	61
62	37
46	47
52	45
42	53
34	53
51	69
26	49
68	42
47	40
40	67
46	46
51	43
60	51

그림 9.20
고소공포증 치료 데이터 집합

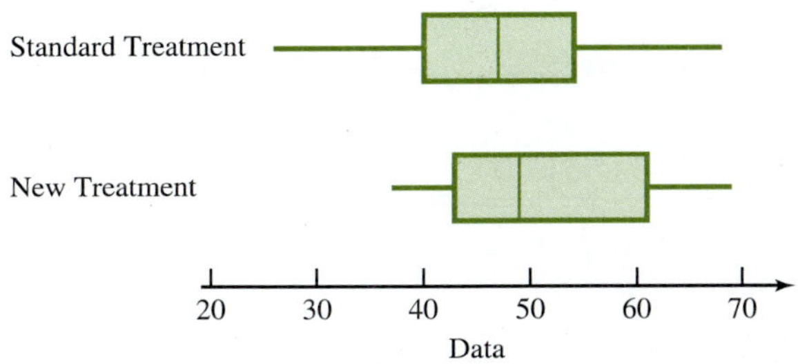

Standard Treatment
Sample size = 15
Sample mean = 47.47
Sample standard deviation = 11.40

New Treatment
Sample size = 15
Sample mean = 51.20
Sample standard deviation = 10.09

그림 9.21
고소공포증 치료 데이터 집합에 대한 기술통계량 및 상자그림

만약 일반적인(unpooled) t-절차를 사용한다면 이 절차에 대한 자유도는

$$\nu = \frac{\left(\frac{11.40^2}{15} + \frac{10.09^2}{15}\right)^2}{\frac{11.40^4}{15^2 \times 14} + \frac{10.09^4}{15^2 \times 14}} = 27.59$$

와 같이 계산할 수 있으며 이 값보다 작은 가장 큰 정수인 $\nu = 27$가 최종 자유도가 된다. t-통계량은

$$t = \frac{47.47 - 51.20}{\sqrt{\frac{11.40^2}{15} + \frac{10.09^2}{15}}} = -0.949$$

이며 이 값에 대한 단측 p-값은

$$p\text{-값} = P(X < -0.949) = 0.175$$

이다. 확률변수 X는 자유도 $\nu = 27$인 t-분포를 따른다.

[표 III]으로부터 $t_{0.01,27} = 2.473$임을 알 수 있으며 99% 단측 신뢰구간은

$$\mu_A - \mu_B \in \left(-\infty, 47.47 - 51.20 + 2.473\sqrt{\frac{11.40^2}{15} + \frac{10.09^2}{15}}\right)$$
$$= (-\infty, 5.99)$$

이다.

또다른 분석으로서 합동분산을 고려할 경우 자유도는 $\nu = n + m - 2 = 28$이며

이 합동분산의 추정값은

$$s_p^2 = \frac{(14 \times 11.40^2) + (14 \times 10.09^2)}{28} = 115.88$$

이며 공동 표준편차는 $s_p = \sqrt{115.88} = 10.76$이다. 이 경우 t-통계량은

$$t = \frac{47.47 - 51.20}{10.76\sqrt{\frac{1}{15} + \frac{1}{15}}} = -0.946$$

으로 일반절차일 경우와 거의 비슷하다. 단측 p-값은

$$p\text{-값} = P(X < -0.946) = 0.175$$

으로 확률변수 X는 자유도 $\nu = 28$인 t-분포를 따른다. 이 합동분산을 토대로 99% 단측 신뢰구간을 구하면 $\mu_A - \mu_B \in (-\infty, 5.97)$가 된다.

일반절차 및 합동분산을 고려하여 분석하였을 때 모두 0.175의 p-값을 제공한다. 따라서 귀무가설을 기각할 수 있는 충분한 근거가 없다는 결론, 즉 새로운 치료법이 표준 치료법보다 평균적으로 더 낫다는 근거가 충분하지 않다는 결론을 내릴 수 있다. 99% 단측 신뢰구간에서 표준 치료법이 새로운 치료법보다 최대 6%까지 더 좋다는 결론을 제시한다. 이 사실은 새로운 치료법이 표준 치료법보다 더 좋다는 결론을 내릴 수 없음을 재차 확인시켜주고 있다. 통계적 추론에 익숙하지 않은 실험자는 $\bar{y} > \bar{x}$을 통해 새로운 치료법이 표준 치료법보다 더 좋다고 주장할 수 있지만 통계적 검정을 통해 이런 주장은 정당하지 않다는 것을 알 수 있다. 표본의 변동성을 토대로 한 표본 평균의 차이를 비교할 때 p-값이 크다면 이는 관측된 차이가 실제 치료법의 차이 때문이 아닌 임의적 결과에 의해 발생하였다고 결론 내릴 수 있다.

예제 52 고령토 제조 공정(Kaolin Processing)

[그림 9.22]은 두 개의 하소로에서 생산된 고령토의 밝기 측정 데이터로서 이 두 표본은 상호 독립이고 쌍체표본이 아니다. [그림 9.23]은 이 두 표본의 통계량과 상자그림을 포함하고 있다. 이 두 표본의 평균은 각각 $\bar{x} = 91.558$, $\bar{y} = 92.500$이며 표본 표준편차는 $s_x = 2.323$와 $s_y = 1.563$로서 변동성이 약간 서로 다르다. 두 모평균의 차가 통계적으로 유의한지 비교하기 위해 양측가설

$$H_0 : \mu_A = \mu_B \quad \text{versus} \quad H_A : \mu_A \neq \mu_B$$

을 검정하고자 한다. 이 문제에 대하여 일반절차를 이용하는 것이 타당하며 자유도는

Calciner A x_i	Calciner B y_i
88.4	92.6
93.2	93.2
87.4	89.2
94.3	94.8
93.0	93.3
94.3	94.0
89.0	93.2
90.5	91.7
90.8	91.5
93.1	92.0
92.8	90.7
91.9	93.8

그림 9.22
고령토 제조 공정 데이터 집합

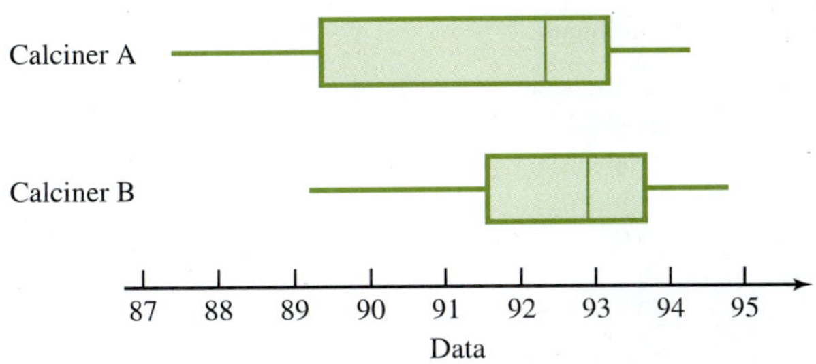

Calciner A
Sample size = 12
Sample mean = 91.558
Sample standard deviation = 2.323

Calciner B
Sample size = 12
Sample mean = 92.500
Sample standard deviation = 1.563

그림 9.23
고령토 제조 공정 데이터 집합에 대한 기술 통계량 및 상자그림

$$\nu = \frac{\left(\frac{2.323^2}{12} + \frac{1.563^2}{12}\right)^2}{\frac{2.323^4}{12^2 \times 11} + \frac{1.563^4}{12^2 \times 11}} \simeq 19.3$$

와 같이 계산될 수 있는데 이 값보다 작은 가장 큰 정수 $\nu = 19$가 자유도가 된다. t-통계량은

$$t = \frac{91.558 - 92.500}{\sqrt{\frac{2.323^2}{12} + \frac{1.563^2}{12}}} = -1.165$$

으로 양측 p-값은

$$p\text{-값} = 2 \times P(X > 1.165) = 0.258$$

이다. 여기에서 확률변수 X는 자유도 19인 t-분포를 따른다. 결론으로 두 하소로에서 생산된 고령토의 평균 밝기가 차이가 있다는 충분한 근거가 없다고 결론내릴 수 있다.

예제 53 칡넝쿨 펄프(Kudzu Pulping)

[그림 9.24]는 안트라퀴논 첨가가 없는 $n = 20$개 칡 펄프의 수율(단위: %) 측정치 x_i와 안트라퀴논을 첨가한 $m = 25$개 칡 펄프의 수율 측정치 y_i를 포함하고 있다. [그림 9.25]에 이 데이터에 대한 통계량 및 상자그림으로서 안트라퀴논을 첨가함으로써 평균 수율을 증가시킬 수 있음을 보여주고 있다. 표본 평균은 각각 $\bar{x} = 38.55$, $\bar{y} = 44.17$이며 표본 표준편차는 $s_x = 3.627$와 $s_y = 3.994$이다. 두 표본의 표준편차가 유사함으로 보아 합동분산을 사용하는 것이 타당함을 알 수 있다.

안트라퀴논을 첨가함으로써 수율을 증가시킬 수 있는지를 평가하기 위해서 단

Without anthraquinone x_i	With anthraquinone y_i
39.7	43.5
42.4	41.6
34.6	47.9
35.6	39.0
40.6	48.9
41.0	49.2
37.9	46.2
30.2	49.5
44.5	50.3
43.0	37.6
36.0	41.0
35.7	40.4
38.9	47.4
38.2	48.3
39.8	49.4
40.3	44.4
35.7	42.0
41.3	41.0
42.2	38.5
33.5	39.4
	42.6
	46.9
	46.0
	42.3
	41.2

그림 9.24
칡넝쿨 펄프 데이터 집합

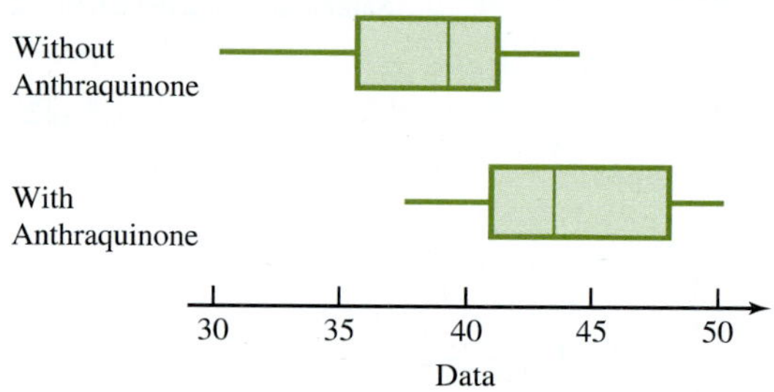

Without Anthraquinone
Sample size = 20
Sample mean = 38.55
Sample standard deviation = 3.627

With Anthraquinone
Sample size = 25
Sample mean = 44.17
Sample standard deviation = 3.994

그림 9.25
칡넝쿨 펄프 데이터 집합에 대한 요약통계량 및 상자그림

측가설

$$H_0 : \mu_A \geq \mu_B \quad \text{versus} \quad H_A : \mu_A < \mu_B$$

을 검정하고자 한다. 이때 μ_A는 안트라퀴논을 첨가하지 않았을 때의 평균 수율을 의미하고 μ_B는 안트라퀴논을 첨가하였을 경우의 평균 수율을 의미한다. 합동분산의 추정값은

$$s_p^2 = \frac{(19 \times 3.627^2) + (24 \times 3.994^2)}{43} = 14.72$$

로부터 $s_p = \sqrt{14.72} = 3.836$이고, t-통계량은

$$t = \frac{38.55 - 44.17}{3.836\sqrt{\frac{1}{20} + \frac{1}{25}}} = -4.884$$

으로서 단측 p-값은

$$p\text{-값} = P(X < -4.884)$$

이 된다. 확률변수 X는 자유도 $v=n+m-2=43$인 t-분포를 따른다. p-값이 0.0001보다 작으므로 안트라퀴논을 첨가함으로써 수율을 증가시킬 수 있는 충분한 근거가 있다고 결론내릴 수 있다.

임계값 $t_{0.01,43}=2.4163$으로부터 평균수율 차에 대한 99% 단측 신뢰구간은

$$\mu_A - \mu_B \in \left(-\infty, \bar{x} - \bar{y} + t_{\alpha,n+m-2} s_p \sqrt{\frac{1}{n} + \frac{1}{m}}\right)$$
$$= \left(-\infty, 38.55 - 44.17 + 2.4163 \times 3.836 \times \sqrt{\frac{1}{20} + \frac{1}{25}}\right)$$
$$= (-\infty, -2.84)$$

으로 안트라퀴논을 첨가함으로써 최소한 수율을 평균 2.8% 증가시킬 수 있다.

예제 54 신경 전도 속도(Nerve Conductivity Speeds)

[그림 9.26]은 신경전도 속도에 대한 관측 데이터로 [그림 9.27]에 이 데이터에 대한 기초통계량 및 상자그림을 나타냈다. 이 상자그림은 신경장애를 겪고 있는 환자가 평균적으로 더 느린 전도 속도 및 더 큰 변이성을 가지고 있음을 보여주고 있다. 표본 평균은 각각 $\bar{x}=53.994$, $\bar{y}=48.594$이며 표본 표준편차는 $s_x=0.974$와 $s_y=2.490$이다. 이 경우 두 표본의 변동성에 차이가 나므로 합동분산을 사용하는 것이 적절하지 않으며 따라서 일반절차를 사용하기로 한다. [그림 9.28]에 이 통계적 분석 절차를 정리했는데 p-값이 아주 작아 두 그룹의 신경전도 속도가 다르다는 충분한 근거를 제시한다. 모평균차에 대한 99% 양측 신뢰구간은 $\mu_A-\mu_B\in(4.01, 6.79)$이고 결과적으로 말초신경 장애자는 4.0~6.8 m/s의 평균 신경전도도가 뒤처진다고 할 수 있다. 또한 신경장애를 겪고 있는 환자들의 신경전도 속도가 건강한 환자들의 신경전도 속도보다 변동이 더 크다는 것 또한 유의할 필요가 있다.

Healthy subjects x_i	Nerve disorder subjects y_i
52.20	50.68
53.81	47.49
53.68	51.47
54.47	48.47
54.65	52.50
52.43	48.55
54.43	45.96
54.06	50.40
52.85	45.07
54.12	48.21
54.17	50.06
55.09	50.63
53.91	44.99
52.95	47.22
54.41	48.71
54.14	49.64
55.12	47.09
53.35	48.73
54.40	45.08
53.49	45.73
52.52	44.86
54.39	50.18
55.14	52.65
54.64	48.50
53.05	47.93
54.31	47.25
55.90	53.98
52.23	
54.90	
55.64	
54.48	
52.89	

그림 9.26
신경 전도 속도 데이터 집합

예제 45 직물 흡수 특성(Fabric Water Absorption Properties)

제곱인치당 10파운드의 압력에서 $n=15$개의 흡

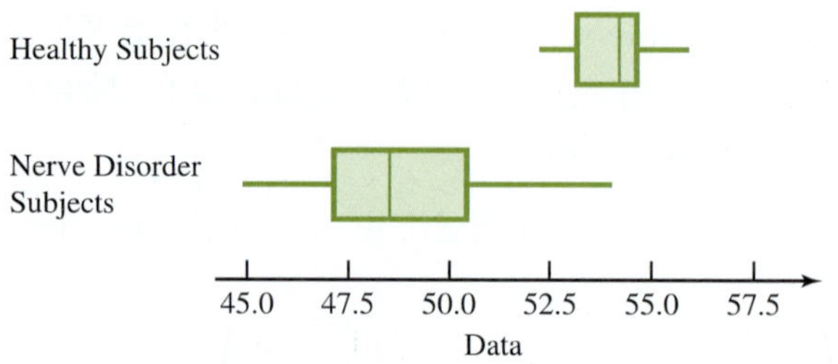

Healthy Subjects
Sample size = 32
Sample mean = 53.994
Sample standard deviation = 0.974

Nerve Disorder Subjects
Sample size = 27
Sample mean = 48.594
Sample standard deviation = 2.490

그림 9.27 신경 전도 속도 데이터 집합에 대한 기술 통계량 및 상자그림

Stage I: Data Summary
Healthy subjects:
sample average $n = 32$, sample mean $\bar{x} = 53.994$, sample standard deviation $s_x = 0.974$
Nerve disorder subjects:
sample average $m = 27$, sample mean $\bar{y} = 48.594$, sample standard deviation $s_y = 2.490$

Stage II: Determination of Suitable Hypotheses
Question: Is there sufficient evidence to establish that the nerve conductivity speeds are different for the two groups of subjects?
Use a two-sided procedure: $H_0 : \mu_A = \mu_B$ versus $H_A : \mu_A \neq \mu_B$.

Stage III: Determination of a Suitable Test Procedure
The sample standard deviations $s_x = 0.974$ and $s_y = 2.490$ are very different so use the general (unequal variances) procedure.

Stage IV: Degrees of freedom

$$\frac{\left(\frac{0.974^2}{32}+\frac{2.490^2}{27}\right)^2}{\frac{0.974^4}{32^2\times 31}+\frac{2.490^4}{27^2\times 26}} = 32.69$$

Use $\nu = 32$ degrees of freedom.

Stage IV: Calculation of the Test Statistic

$$t = \frac{53.994-48.594}{\sqrt{\frac{0.974^2}{32}+\frac{2.490^2}{27}}} = 10.61$$

Stage VI: Expression for the p-value
p-value $= 2 \times P(X \geq 10.61) \simeq 0$
where the random variable X has a t-distribution with 32 degrees of freedom.

Stage VII: Decision
Since the p-value is less than 0.01, the null hypothesis is rejected.

Stage VIII: Conclusion
This data set provides sufficient evidence to establish that the average nerve conductivity speeds are different for healthy subjects and for nerve disorder subjects.

Stage IX: Confidence Interval
Question: How different are the two groups?
Critical point: $t_{0.005,32} = 2.738$
99% confidence interval:

$$\mu_A - \mu_B \in 53.994 - 48.594 \pm 2.738\sqrt{\frac{0.974^2}{32}+\frac{2.490^2}{27}} = (4.01, 6.79)$$

그림 9.28 신경 전도 속도 분석

수율(%)과 20파운드 압력에서의 $n = 15$개 의 흡수율(%) 값을 [그림 9.29]에 정리하였다. [그림 9.30]에 이 데이터에 대한 상자그림 및 기초통계량을 정리하였는데 상자그림은 두 표본의 변동성은 비슷하지만 낮은 압력에서 더 큰 수분 함유량을 갖는다는 것을 보여주고 있다. 표본평균은 각각 $\bar{x} = 59.807$, $\bar{y} = 48.560$이며 표본 표준편차는 $s_x = 4.943$와 $s_y = 4.991$이다. 합동분산을 이용하고자 할 때 합동분산

10 lb/in² x_i	20 lb/in² y_i
51.8	55.6
61.8	44.6
57.3	46.7
54.5	45.8
64.0	49.9
59.5	51.9
61.2	44.1
64.9	52.3
54.5	51.0
70.2	39.9
59.1	51.6
55.8	42.5
65.4	45.5
60.4	58.0
56.7	49.0

그림 9.29
직물 흡수 특성 데이터 집합

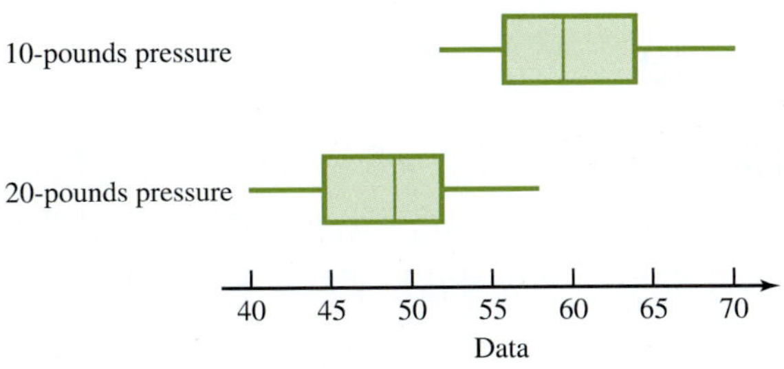

10-Pounds Pressure
Sample size = 15
Sample mean = 59.807
Sample standard deviation = 4.943

20-Pounds Pressure
Sample size = 15
Sample mean = 48.560
Sample standard deviation = 4.991

그림 9.30
직물 흡수 특성 데이터 집합에 대한 상자그림 및 요약 통계량

의 추정값은

$$s_p^2 = \frac{(14 \times 4.943^2) + (14 \times 4.991^2)}{28} = 24.67$$

으로 표준편차는 $s_p = \sqrt{24.67} = 4.967$와 같다. 이 경우 t-통계량은

$$t = \frac{59.807 - 48.560}{4.967\sqrt{\frac{1}{15} + \frac{1}{15}}} = 6.201$$

으로 모평균이 동일하다는 귀무가설에 대한 양측 p-값은

$$p\text{-값} = 2 \times P(X > 6.201) \simeq 0$$

이다. 확률변수 X는 자유도 $n+m-2=28$인 t-분포를 따르며 결론으로 압력의 변화가 평균 수분 흡수율에 영향을 준다는 충분한 근거가 있다고 결론내릴 수 있다.

[표 III]으로부터 얻어진 임계값 $t_{0.005,28}=2.763$과 더불어 모평균차에 대한 99% 양측 신뢰구간은

$$\mu_A - \mu_B \in \left(59.807 - 48.560 - 2.763 \times 4.967 \times \sqrt{\frac{1}{15} + \frac{1}{15}},\right.$$
$$\left. 59.807 - 48.560 + 2.763 \times 4.967 \times \sqrt{\frac{1}{15} + \frac{1}{15}}\right)$$
$$= (6.24, 16.26)$$

이다. 롤러간 제곱인치당 10파운드에서 20파운드로 압력을 증가시킬 경우 평균적으로 6.2~16.3%의 수분 흡수율을 감소시킬 수 있음을 알 수 있다.

9.3.5 표본 크기의 계산

적절한 표본의 크기 n과 m을 결정하거나 주어진 표본 크기를 토대로 정확도를 구하는 문제는 모평균차 $\mu_A - \mu_B$에 대한 양측 신뢰구간의 길이를 구함으로써 쉽게 해결될 수 있다. 일반적인 t−절차의 신뢰구간 길이는

$$L = 2\, t_{\alpha/2,\nu}\sqrt{\frac{s_x^2}{n} + \frac{s_y^2}{m}}$$

이며, L_0보다 크지 않는 신뢰구간을 구하기 위해 필요한 최소 표본 크기를 추정하기 위해서는 모분산 σ_A^2와 σ_B^2의 값을 추정하는 것이 중요하다. 이때

$$L_0 \geq 2\, t_{\alpha/2,\nu}\sqrt{\frac{\sigma_A^2}{n} + \frac{\sigma_B^2}{m}}$$

를 만족하는 표본 크기 n과 m이 적당한데 여기에서 사용되는 임계값 $t_{\alpha/2,\nu}$은 요구되는 신뢰수준 $1-\alpha$에 달려 있으며 만약 같은 표본 크기 $n=m$을 갖길 원한다면 위의 부등식은 표본 크기에 대하여

$$n = m \geq \frac{4\, t_{\alpha/2,\nu}^2 \left(\sigma_A^2 + \sigma_B^2\right)}{L_0^2}$$

와 같이 표현될 수 있다. 예를 들면 두 종류의 플라스틱 판의 평균 두께 차이에 대한 99% 양측 신뢰구간의 길이가 $L_0 = 5.0$보다 작기를 원한다고 가정해보자. 기존의 경험을 통해 종류 A판 두께의 표준편차는 $\sigma_A = 4.0$mm보다 크지 않으며, 종류 B판 두께의 표준편차는 $\sigma_B = 2.0$mm보다 크지 않다는 것을 알고 있다. [표 III]을 통해 $\nu \geq 30$인 경우 임계값 $t_{0.005,\nu}$는 2.75보다 크지 않음을 알고 이를 통해 표본 크기는

$$n = m \geq \frac{4 \times 2.75^2 \times (4.0^2 + 2.0^2)}{5.0^2} = 24.2$$

와 같이 추정할 수 있다. 동일하게 초기 표본으로부터 구한 신뢰구간의 길이를 줄이고자 추가로 표본을 얻고자 할 때 위의 계산식이 사용될 수 있으며 다음 예제를 통해 자세히 설명한다.

예제 45 직물 흡수 특성(Fabric Water Absorption Properties)

표본 크기 $n = m = 15$에 대하여 두 압력 수준에서의 평균 수분흡수율 차이에 대

한 99% 신뢰구간은 $\mu_A - \mu_B \in (6.24, 16.26)$이며 신뢰구간의 길이는 10% 이상이다. 99% 신뢰구간의 길이를 $L_0 = 4\%$보다 작도록 하기 위해 얼마나 더 많은 추가 표본이 필요한지 알아보자. 초기 표본에 대한 표준편차는 각각 $s_x = 4.943$, $s_y = 4.991$이며 임계값 $t_{0.005, 28} = 2.763$을 식

$$n = m \geq \frac{4\, t^2_{\alpha/2, \nu} \left(\sigma_A^2 + \sigma_B^2\right)}{L_0^2}$$

에 대입하면

$$n = m \geq \frac{4 \times 2.763^2 \times (4.943^2 + 4.991^2)}{4.0^2} = 94.2$$

와 같다. 결과적으로 위의 신뢰구간 길이를 만족하기 위해서는 총 $n = m = 95$의 표본이 필요하며 따라서 각각 80개의 추가 표본이 필요하다.

연습문제

9.3.1 두 치료법 A와 B를 비교하고자 치료법 A로부터 데이터 관측치 x_i를 얻고 치료법 B로부터 데이터 관측치 y_i를 얻었다. $\bar{x} > \bar{y}$ 임이 확인되었고 따라서 치료법 A는 평균적으로 치료법 B보다 큰 값을 갖는다고 결론을 내렸다면 이 결론이 타당한지를 논하라.

9.3.2 비쌍체 2표본 문제에서 모집단 A로부터 $n = 14$, $\bar{x} = 32.45$, $s_x = 4.30$인 관측치를 얻었고 모집단 B로부터 $m = 14$, $\bar{y} = 41.45$, $s_y = 5.23$인 관측치를 얻었다.

(a) 합동분산을 구하고 $\mu_A - \mu_B$에 대한 99% 양측 신뢰구간을 구하라.

(b) 모분산이 같다는 가정이 없을 경우 $\mu_A - \mu_B$에 대한 99% 양측 신뢰구간을 구하라.

(c) 모분산이 같다는 가정이 없을 경우 양측가설 $H_0 : \mu_A = \mu_B$ versus $H_A : \mu_A \neq \mu_B$을 유의수준 $\alpha = 0.01$으로 검정하라.

9.3.3 비쌍체 2표본 문제에서 모집단 A로부터 $n = 8$, $\bar{x} = 675.1$, $s_x = 44.76$인 관측치를 얻었고 모집단 B로부터 $m = 17$, $\bar{y} = 702.4$, $s_y = 38.94$인 관측치를 얻었다.

(a) 합동분산을 구하고 $\mu_A - \mu_B$에 대한 99% 양측 신뢰구간을 구하라.

(b) 모분산이 같다는 가정이 없을 경우 $\mu_A - \mu_B$에 대한 99% 양측 신뢰구간을 구하라.

(c) 모분산이 같다는 가정이 없을 경우 양측가설 $H_0 : \mu_A = \mu_B$ versus $H_A : \mu_A \neq \mu_B$을 유의수준 $\alpha = 0.01$으로 검정하라.

9.3.4 비쌍체 2표본 문제에서 모집단 A로부터 $n = 10$, $\bar{x} = 7.76$, $s_x = 1.07$인 관측치를 얻었고 모집단 B로부터 $m = 9$, $\bar{y} = 6.88$, $s_y = 0.62$인 관측치를 얻었다.

(a) 모분산이 같다는 가정이 없을 경우에 $\mu_A - \mu_B$에 대한 99% 단측 신뢰구간 $\mu_A - \mu_B \in (c, \infty)$을 구하라.

(b) 신뢰수준 95%가 사용될 때 c의 값은 증가하는가 감소하는가?

(c) 모분산이 같다는 가정이 없을 경우 단측가설 $H_0 : \mu_A \leq \mu_B$ versus $H_A : \mu_A > \mu_B$을 유의수준 $\alpha = 0.01$로 검정하라.

9.3.5 비쌍체 2표본 문제에서 모집단 A로부터 $n = 13$, $\bar{x} = 0.0548$, $s_x = 0.00128$인 관측치를 얻었고 모집단 B로부터 $m = 15$, $\bar{y} = 0.0569$, $s_y = 0.00096$인 관측치를 얻었다.

(a) 합동분산을 구하고 $\mu_A - \mu_B$에 대한 95% 단측 신뢰구간 $\mu_A - \mu_B \in (c, \infty)$을 구하라.

(b) 합동분산 방법을 이용하여 단측가설 $H_0 : \mu_A \geq \mu_B$ versus $H_A : \mu_A \geq \mu_B$을 유의수준 $\alpha = 0.05$으로 검정하라.

9.3.6 프로세스 A를 이용해 만들어진 $n = 41$개의 유리판의 두께를 측정하여 $\bar{x} = 3.04$mm와 $s_x = 0.124$mm를 얻었다. 추가로 프로세스 B를 이용해 만들어진 $m = 41$개의 유리판의 두께를 측정하여 $\bar{y} = 3.12$mm와 $s_x = 0.137$mm를 얻었다. 합동분산 방법을 이용하여 다음의 질문에 답하라.

(a) 유의수준 $\alpha = 0.01$으로 양측가설 $H_0 : \mu_A = \mu_B$ versus $H_A : \mu_A \neq \mu_B$을 검정하라.

(b) 두 프로세스로부터 생산된 유리판의 평균 두께 차이에 대한 99% 양측 신뢰구간을 구하라.

(c) 두 프로세스로부터 생산된 유리판의 평균 두께가 다르다고 할 수 있는 충분한 근거가 있는가?

9.3.7 $n = 20$개 면섬유 다발의 절단 강도 표본 평균이 $\bar{x} = 436.5$이고 표본 표준편차는 $s_x = 11.90$이다. 그리고 추가로 얻은 $m = 25$개 합성섬유 다발의 절단 강도 표본 평균이 $\bar{y} = 452.8$이고 표본 표준편차는 $s_y = 4.61$이다. 두 모분산이 같다는 가정이 없을 경우에 다음의 질문에 답하라.

(a) 유의수준 $\alpha = 0.01$으로 양측가설 $H_0 : \mu_A = \mu_B$ versus $H_A : \mu_A \neq \mu_B$을 검정하라. 여기에서 μ_A는 면섬유 다발의 평균 절단 강도를 의미하고 μ_B는 합성섬유 다발의 평균 절단 강도를 의미한다.

(b) $\mu_A - \mu_B$에 대한 상한값을 제공하는 99% 단측 신뢰구간을 구하라.

(c) 합성섬유 다발의 평균 절단 강도가 면섬유 다발의 평균 절단 강도보다 크다고 할 수 있는 충분한 근거가 있는가?

9.3.8 A 브랜드 $n = 16$개의 1kg 설탕 포대 무게의 표본 평균 $\bar{x} = 1.053$kg이고 표본 표준편차 $s_x = 0.058$kg이다. B 브랜드 $m = 16$개의 1kg 설탕 포대 무게의 표본 평균 $\bar{y} = 1.071$kg이고 표본 표준편차는 $s_y = 0.062$kg이다. B 브랜드 설탕 포대가 A 브랜드 설탕 포대보다 무겁다고 할 수 있는 충분한 근거가 있는지 $a = 0.05$로 검정하라.

9.3.9 비쌍체 2표본 문제에서 모집단 A로부터 $n = 47$, $\bar{x} = 100.85$인 관측치를 얻었고 모집단 B로부터 $m = 62$, $\bar{y} = 89.32$인 관측치를 얻었다. 그리고 모집단의 표준편차로 $\sigma_A = 25$와 $\sigma_B = 20$을 이용하길 원한다고 가정하자.

(a) 가설검정 문제 $H_0 : \mu_A = \mu_B + 3.0$ versus $H_A : \mu_A \neq \mu_B + 3.0$에 대한 정확한 p-값을 구하라.

(b) $\mu_A - \mu_B$에 대한 90% 양측 신뢰구간을 구하라.

9.3.10 비쌍체 2표본 문제에서 모집단 A로부터 $n=38$, $\bar{x}=5.782$인 관측치를 얻었고 모집단 B로부터 $m=40$, $\bar{y}=6.443$인 관측치를 얻었다. 그리고 모집단의 표준편차로 $\sigma_A=\sigma_B=2.0$을 이용하길 원한다고 가정하자.

(a) 가설 $H_0: \mu_A \geq \mu_B$ versus $H_A: \mu_A < \mu_B$에 대한 정확한 p-값을 구하라.

(b) $\mu_A-\mu_B$에 대한 상한값을 제공하는 99% 단측 신뢰구간을 구하라.

9.3.11 A 종류 고령토 혼합물 $n=10$에 대하여 탄성을 측정한 결과 표본 평균은 $\bar{x}=19.50$이다. 또한 B 종류 고령토 혼합물 $m=12$에 대하여 탄성을 측정한 결과 표본 평균은 $\bar{y}=18.64$이다. 두 종류 고령토에 대한 탄성의 표준편차로 $\sigma_A=\sigma_B=1.0$을 이용하길 원한다고 가정하자.

(a) 두 종류 고령토의 평균 탄성이 같다는 귀무가설에 대한 양측 p-값을 구하라.

(b) 두 종류 고령토의 평균 탄성 차에 대한 90%, 95% 및 99% 양측 신뢰구간을 구하라.

9.3.12 모집단 A로부터 얻어진 관측치의 표준편차는 10.0보다 크지 않고 모집단 B로부터 얻어진 관측치의 표준편차는 15.0보다 크지 않을 것이라고 가정하였을 때 모평균의 차이에 대한 99% 양측 신뢰구간의 길이가 $L_0=10.0$보다 크지 않기를 원한다. 두 모집단으로부터 서로 같은 몇 개의 표본을 얻는 것이 적절한가?

9.3.13 두 종류의 구리전선의 평균 저항에 대한 95% 양측 신뢰구간의 길이가 $L_0=1.0$ohms를 넘지 않기를 원한다. 만약 두 종류의 구리전선의 표준편차가 1.2ohms을 넘지 않을 것이라고 한다면, 두 종류의 구리전선으로부터 서로 같은 몇 개의 표본을 얻는 것이 적절한가?

9.3.14 연습문제 9.3.2의 표본 크기가 $n=m=14$인 데이터를 다시 고려해보자. 만약 모평균 차이에 대한 99% 양측 신뢰구간의 길이가 $L_0=5.0$를 초과하지 않기를 원한다면 얼마나 많은 추가 표본을 필요로 하는가?

9.3.15 연습문제 9.3.6의 표본 크기가 $n=m=41$인 유리판 두께 데이터를 다시 고려해보자. 만약 두 공정으로부터 생산된 유리판의 평균 두께 차이에 대한 99% 양측 신뢰구간의 길이가 $L_0=0.1$mm를 초과하지 않기를 원한다면 두 공정으로부터 얼마나 많은 추가 표본을 얻는 것이 타당한가?

9.3.16 냉열주석의 부식 특성이 크롬합금에 의해 얼마나 영향을 받는지 조사하고자 한다. 0.1% 크롬이 함유된 $n=12$개 냉열주석 표본의 부식률에 대한 표본 평균은 $\bar{x}=2.462$이고 표본 표준편차는 $s_x=0.315$이다. 반면 0.2% 크롬이 함유된 $m=13$개 냉열주석 표본의 부식률에 대한 표본 평균은 $\bar{y}=2.296$이고 표본 표준편차는 $s_y=0.297$이다.

(a) 크롬의 함유 비율이 냉열주석의 부식률에 영향을 주는지 가설을 세우고 검정하라.

(b) 두 가지 크롬의 함유 비율에 따른 냉열주석의 평균 부식률의 차이에 대한 99% 양측 신뢰구간을 구하라.

9.3.17 아스팔트 자갈 무게

DS 6.1.7은 생산자 A의 도로포장용 아스팔트 자갈 표본의 무게 데이터이고

DS 9.3.1은 다른 생산자 B의 도로포장용 아스팔트 자갈 표본의 무게 데이터이다. 두 생산자의 도로포장용 아스팔트 자갈 무게에 차이가 있는지 검정하라.

9.3.18 스프레이 페인팅 공정
생산라인 A로부터 얻어진 페인트 두께 데이터는 DS 6.1.8에, 생산라인 B로부터 얻어진 페인트 두께 데이터는 DS 9.3.2에 주어져 있다. 두 페이트 두께를 비교하려고 한다. 어떠한 결론을 내릴 수 있는가?

9.3.19 발 뒷꿈치 충격 실험
장거리 육상선수가 흔히 경험하는 육체적 장애는 큰 수직 반작용 중력에 관련되어 있다. 그리고 이 영향을 최소화하는 것이 최근의 스포츠 수명 측정 분야 연구의 중요한 목적이다. DS 9.3.3은 표준 런닝머신 위에서 뛴 선수의 발 뒷꿈치가 받는 충격을 측정한 데이터와 충격 흡수 기능이 있는 런닝머신 위에서 뛴 선수의 발꿈치가 받는 충격을 측정한 데이터이다. 이 충격 흡수 기능이 발 뒷꿈치가 받는 충격을 줄이는 효과가 있는지 검정하라.

9.3.20 표백제 실험
의류산업계에서 표백은 생산 과정에서 중요한 요소로 일반적으로 염소표백이 매우 효과적인 방법으로 알려져 있지만 환경친화적이지 못하다. 대신 과산화수소를 포함한 다양한 표백 방법이 개발되고 있는데 DS 9.3.4에 낮은 농도와 높은 농도, 두 수준의 과산화수소의 표백 효과 실험 결과를 포함하고 있다. 관측치는 과산화수소를 이용해 표백한 다양한 의류의 표백 정도를 나타낸다. 이 데이터에 대한 결론을 $\alpha=0.05$로 도출하라.

9.3.21 음식점 서비스 시간
DS 6.1.4는 토요일 오후 2시부터 3시까지 패스트푸드 식당을 이용한 고객의 서비스 시간 데이터이며, DS 9.3.5는 같은 날 아침 9시부터 10시까지 패스트푸드 식당을 이용한 고객의 서비스 시간 데이터이다. 이 데이터들을 토대로 서로 다른 두 시간대에서 서비스 시간의 차이를 보이는지 결론을 도출하라.

9.3.22 임의로 선택된 표준 공정으로부터 생산된 14개 제품 표본의 절단 강도는 평균이 56.43이고 표준편차는 6.30이다. 또한 임의로 선택된 새로운 공정으로부터 생산된 20개 제품 표본의 절단 강도는 평균이 62.11이고 표준편차는 7.15이다. 새로운 공정은 평균적으로 표준공정에서보다 더 큰 절단 강도를 갖는 제품을 생산하는지 가설검정을 수행하라.

9.3.23 임상 실험
두 약을 비교하기 위하여 간단한 임상 실험을 수행하였다. 총 20명의 환자를 10명씩 두 그룹으로 나누어 한 그룹에는 A약을 복용하도록 하였고 다른 그룹에는 B약을 복용하도록 하였다. DS 9.3.6은 환자들의 반응 데이터로서 A약은 평균적으로 B약보다 더 큰 반응을 준다는 충분한 근거가 있는지 가설검정을 수행하라.

9.3.24 어느 운동선수의 트랙 달리기 시간을 기록하였다. 그녀는 8개의 아침 달리기 시간 기록을 가지고 있고 이들의 평균은 132.52분이고 표준편차는 1.31분이다. 그리고 오후에 뛰었을 때의 10개의 달리기 시간 기록은 평균이 133.87분이고 표준편차는 1.72분이다.
(a) 아침과 오후의 기록의 차이가 있다

는 주장이 타당한지 가설검정을 수행하라.

(b) 아침과 오후의 달리기 시간의 평균 차이에 대한 99% 양측 신뢰구간을 구하라.

9.3.25 모집단 A로부터 얻은 10개 관측치 표본의 평균은 152.30이고 표준편차는 1.83이다. 그리고 모집단 B로부터 얻은 8개 관측치 표본의 표준편차는 1.94이다. 만약 대립가설 $H_A: \mu_A > \mu_B$를 갖는 단측 가설문제의 p-값이 1%보다 작도록 하기 위한 모집단 B의 관측치 표본평균은 얼마가 되어야 하는가?

9.4 단원 정리

2표본 문제의 설계 및 분석에서의 첫 번째 질문은 그것이 쌍체비교인지 비쌍체비교인지를 판단하는 것이다. 만약 변동성의 이질적인 원인을 확인할 수 있다면 가능한 한 쌍체실험을 하는 것이 적절하다. 쌍체실험의 분석은 개개 짝의 차이를 통해서 1표본 문제로 간단하게 만들 수 있다.

쌍체실험을 설계해야 할 충분한 이유가 없거나 쌍체실험이 현실적으로 가능하지 못한 경우 두 독립적인 비쌍체 분석을 하게 되는데, 이 경우에도 실험 대상을 임의로 선정하거나 맹검실험 혹은 이중맹검실험을 하는 것이 좋다.

독립인 두 표본에 대하여 2표본 t-검정이나 2표본 z-검정을 수행할 수 있는데 2표본 t-검정은 합동분산을 이용하거나 혹은 이용하지 않고 수행할 수 있다. 이 두 t-절차는 [그림 9.31]과 [그림 9.32]에 정리하였는데 합동분산 절차는 모집단의 분산 σ_A^2와 σ_B^2가 같다고 가정하는 반면 일반적인 절차는 모집단의 분산에 대한 어떠한 가정도 하지 않는다. 비록 만약 두 모집단의 분산이 비슷하다면 합동분산 방법이 더 정확한 분석 결과를 제공하지만 일반적으로 일반절차를 사용하는 것이 가장 안전한 방법이다.

2표본 z-검정은 [그림 9.33]에 정리하였다. 이는 모집단의 분산 σ_A^2와 σ_B^2가 알려져 있는 경우 사용할 수 있는데 1표본 문제에서와 같이 표본 크기 n과 m이 증가할 때 2표본 t-검정의 극한분포로서 사용할 수 있다. 이러한 의미에서 이를 큰 표본(large-sample) 절차라고도 한다.

2표본 절차는 양측이나 단측 문제에 모두 적용할 수 있고 신뢰구간을 구하고 p-값을 계산하거나 고정된 신뢰수준에 대한 가설검정을 수행하는데 사용될 수 있다. 1표본 절차에서와 같이 2표본 절차는 데이터가 정규분포를 따른다는 가정에 기반을 두지만 표본 크기가 충분히 크다면 중심극한정리에 의해 이 절차가 타당하다.

표본 크기의 계산은 표본의 크기가 제공하는 두 모평균의 차이 $\mu_A - \mu_B$에 대

Two-sample t-procedure – general procedure		
(sample sizes $n, m \geq 30$ or small sample sizes with normally distributed data)		
$\nu = \dfrac{\left(\frac{s_x^2}{n}+\frac{s_y^2}{m}\right)^2}{\frac{s_x^4}{n^2(n-1)}+\frac{s_y^4}{m^2(m-1)}}$		
One-sided	**Two-sided**	**One-sided**
$1-\alpha$ level Confidence Intervals		
$\left(-\infty, \bar{x}-\bar{y}+t_{\alpha,\nu}\sqrt{\frac{s_x^2}{n}+\frac{s_y^2}{m}}\right)$	$\left(\bar{x}-\bar{y}-t_{\alpha/2,\nu}\sqrt{\frac{s_x^2}{n}+\frac{s_y^2}{m}}, \bar{x}-\bar{y}+t_{\alpha/2,\nu}\sqrt{\frac{s_x^2}{n}+\frac{s_y^2}{m}}\right)$	$\left(\bar{x}-\bar{y}-t_{\alpha,\nu}\sqrt{\frac{s_x^2}{n}+\frac{s_y^2}{m}}, \infty\right)$
Hypothesis Testing: test statistic $t = \frac{\bar{x}-\bar{y}-\delta}{\sqrt{\frac{s_x^2}{n}+\frac{s_y^2}{m}}}$; $X \sim t_\nu$		
$H_0: \mu_A - \mu_B \geq \delta, H_A: \mu_A - \mu_B < \delta$	$H_0: \mu_A - \mu_B = \delta, H_A: \mu_A - \mu_B \neq \delta$	$H_0: \mu_A - \mu_B \leq \delta, H_A: \mu_A - \mu_B > \delta$
p-value $= P(X < t)$	p-value $= 2 \times P(X > \|t\|)$	p-value $= P(X > t)$
Size α hypothesis tests		
accept H_0 $t \geq -t_{\alpha,\nu}$ reject H_0 $t < -t_{\alpha,\nu}$	accept H_0 $\|t\| \leq t_{\alpha/2,\nu}$ reject H_0 $\|t\| > t_{\alpha/2,\nu}$	accept H_0 $t \leq t_{\alpha,\nu}$ reject H_0 $t > t_{\alpha,\nu}$

그림 9.31
일반적인 2 표본 t-절차의 요약

한 양측 신뢰구간의 길이를 고려함으로써 쉽게 수행할 수 있다. 이 계산은 모집단의 분산 σ_A^2와 σ_B^2의 추정값 혹은 상한값을 필요로 하지만 만약 후속 연구가 계획중이라면 초기 연구에서 얻어진 표본이 이 추정값에 이용될 수 있다.

마지막으로 위에서 언급된 추정 절차는 모평균 μ_A와 μ_B 사이의 차이인 두 모집단 확률분포간 위치의 차이를 평가하기 위해서 고안된 것이라는 것을 기억해야 한다. 그러나 두 모집단의 분산 σ_A^2와 σ_B^2의 차이가 있는지 없는지를 인식하는 것 또한 중요하다. 두 분산을 비교하는 검정절차는 모집단 분포의 정규성에 의존한다. 실제적으로 두 표본의 상자그림이나 히스토그램을 비교해서 두 표본의 변동성에 분명한 차이가 있는가를 인식하는 것이 실용적이고 적절한 방법이다.

Two-sample t-procedure – pooled variance procedure

(sample sizes $n, m \geq 30$ or small sample sizes with normally distributed data)

Assumption: $\sigma_A^2 = \sigma_B^2$ $\quad s_p^2 = \frac{(n-1)s_x^2+(m-1)s_y^2}{n+m-2}$

One-sided	Two-sided	One-sided
$1-\alpha$ level Confidence Intervals		
$\left(-\infty, \bar{x}-\bar{y}+t_{\alpha,n+m-2}s_p\sqrt{\frac{1}{n}+\frac{1}{m}}\right)$	$\left(\bar{x}-\bar{y}-t_{\alpha/2,n+m-2}s_p\sqrt{\frac{1}{n}+\frac{1}{m}}, \bar{x}-\bar{y}+t_{\alpha/2,n+m-2}s_p\sqrt{\frac{1}{n}+\frac{1}{m}}\right)$	$\left(\bar{x}-\bar{y}-t_{\alpha,n+m-2}s_p\sqrt{\frac{1}{n}+\frac{1}{m}}, \infty\right)$
Hypothesis Testing: test statistic $t = \frac{\bar{x}-\bar{y}-\delta}{s_p\sqrt{\frac{1}{n}+\frac{1}{m}}}$; $X \sim t_{n+m-2}$		
$H_0: \mu_A-\mu_B \geq \delta$, $H_A: \mu_A-\mu_B < \delta$	$H_0: \mu_A-\mu_B = \delta$, $H_A: \mu_A-\mu_B \neq \delta$	$H_0: \mu_A-\mu_B \leq \delta$, $H_A: \mu_A-\mu_B > \delta$
p-value $= P(X < t)$	p-value $= 2 \times P(X > \vert t\vert)$	p-value $= P(X > t)$
Size α hypothesis tests		
accept H_0: $t \geq -t_{\alpha,n+m-2}$; reject H_0: $t < -t_{\alpha,n+m-2}$	accept H_0: $\vert t\vert \leq t_{\alpha/2,n+m-2}$; reject H_0: $\vert t\vert > t_{\alpha/2,n+m-2}$	accept H_0: $t \leq t_{\alpha,n+m-2}$; reject H_0: $t > t_{\alpha,n+m-2}$

그림 9.32
합동분산 2 표본 t–절차의 요약

Two-sample z-procedure

(sample sizes $n, m \geq 30$ or small sample sizes with normally distributed data; variances known)

One-sided	Two-sided	One-sided
$1-\alpha$ level Confidence Intervals		
$\left(-\infty, \bar{x}-\bar{y}+z_\alpha\sqrt{\frac{\sigma_A^2}{n}+\frac{\sigma_B^2}{m}}\right)$	$\left(\bar{x}-\bar{y}-z_{\alpha/2}\sqrt{\frac{\sigma_A^2}{n}+\frac{\sigma_B^2}{m}}, \bar{x}-\bar{y}+z_{\alpha/2}\sqrt{\frac{\sigma_A^2}{n}+\frac{\sigma_B^2}{m}}\right)$	$\left(\bar{x}-\bar{y}-z_\alpha\sqrt{\frac{\sigma_A^2}{n}+\frac{\sigma_B^2}{m}}, \infty\right)$
Hypothesis Testing: test statistic $z = \frac{\bar{x}-\bar{y}-\delta}{\sqrt{\frac{\sigma_A^2}{n}+\frac{\sigma_B^2}{m}}}$		
$H_0: \mu_A-\mu_B \geq \delta$, $H_A: \mu_A-\mu_B < \delta$	$H_0: \mu_A-\mu_B = \delta$, $H_A: \mu_A-\mu_B \neq \delta$	$H_0: \mu_A-\mu_B \leq \delta$, $H_A: \mu_A-\mu_B > \delta$
p-value $= \Phi(z)$	p-value $= 2 \times \Phi(-\vert z\vert)$	p-value $= 1-\Phi(z)$
Size α hypothesis tests		
accept H_0: $z \geq -z_\alpha$; reject H_0: $z < -z_\alpha$	accept H_0: $\vert z\vert \leq z_{\alpha/2}$; reject H_0: $\vert z\vert > z_{\alpha/2}$	accept H_0: $z \leq z_\alpha$; reject H_0: $z > z_\alpha$

그림 9.33
2 표본 z–절차의 요약

CHAPTER 10

이산형 자료분석(Discrete Data Analysis)

8장과 9장에서 연속형 확률변수에 대한 모집단 평균의 추론 방법에 이어 10장에서는 이산형 확률변수의 모집단 확률에 대한 추론 문제를 다룬다. 이산형 확률변수는 소프트웨어에 발생하는 오류의 개수 등 셀 수 있는 값들에 대한 것이다. 또한 어떤 제품의 품질 수준은 상, 중, 하로 구분할 수 있고 고장은 기계고장, 전기고장 또는 사용자 오작동 등으로 구분할 수 있다. 이산형 자료분석은 보통 어떤 범주에 해당하는 데이터를 하나의 사건에 대응시키기 때문에 범주형 자료분석(categorical data analysis)이라고도 한다.

10.1 모비율의 추정(Inferences on a Population Proportion)

관심 있는 미지의 모집단의 비율을 p라고 하자. 예를 들면 모집단을 특정 기계에 의해 제조된 모든 제품이라고 할 때 비율 p를 고장품의 비율로 정의할 수 있다. 만약 n개의 관측값들 중에서 무작위로 표본을 추출했다면 관측값들은 고장률이 p이며 고장 개수가 x인 이항분포로 표현 가능하며 모수 n과 확률 p를 갖게 된다([그림 10.1] 참조).

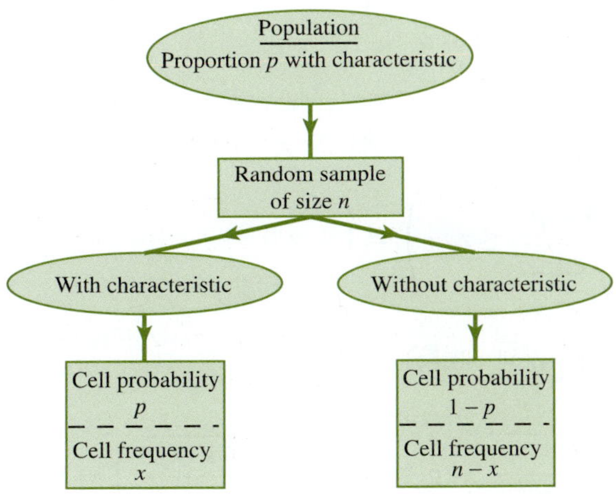

그림 10.1 이진(binary) 데이터의 발생

$$X \sim B(n, p)$$

모집단으로부터 나온 관측값들은 관심 있는 특성을 포함하느냐 그렇지 않느냐 두 가지 값을 갖는 이산형 확률변수로서, 관심 있는 특성을 포함할 확률은 p가 된다. 각각에 대한 돗수는 두 범주 각각에 포함된 관측값의 갯수 x와 $n-x$가 된다. 7.3.1절에서처럼 성공확률 p는 표본비율

$$\hat{p} = \frac{x}{n}$$

로 추정하며, $E[\hat{p}] = p$이고 $\mathrm{Var}(\hat{p}) = p(1-p)/n$이다. 만약 n이 충분히 크다면 표본비율은 다음과 같이 정규분포로 근사화할 수 있다.

$$\hat{p} \sim N\left(p, \frac{p(1-p)}{n}\right)$$

이를 표준화하면

$$\frac{\hat{p} - p}{\sqrt{\frac{p(1-p)}{n}}} \sim N(0, 1)$$

와 같고 이와 같은 정규근사는 np와 $n(1-p)$가 5 이상일 때(x와 $n-x$가 5보다 큰 경우) 적합하다.

10.1.1 모비율에 대한 신뢰구간

모비율 p에 대한 양측 및 단측 신뢰구간은 아래와 같이 표현할 수 있다.

양측 신뢰구간

만약 $Z \sim N(0, 1)$이라면 유의수준 α에 대하여

$$P(-z_{\alpha/2} \le Z \le z_{\alpha/2}) = 1 - \alpha$$

이며 따라서

$$P\left(-z_{\alpha/2} \le \frac{\hat{p} - p}{\sqrt{\frac{p(1-p)}{n}}} \le z_{\alpha/2}\right) = 1 - \alpha$$

이 된다. 신뢰수준 $1-\alpha$에 대하여

$$P\left(\hat{p} - z_{\alpha/2}\sqrt{\frac{p(1-p)}{n}} \le p \le \hat{p} + z_{\alpha/2}\sqrt{\frac{p(1-p)}{n}}\right) = 1 - \alpha$$

이다. 이때 추정치 $\hat{p}$에 대한 표준오차는

$$\text{s.e.}(\hat{p}) = \sqrt{\frac{p(1-p)}{n}}$$

이다. 하지만 이 신뢰구간은 s.e.$(\hat{p})$가 미지의 확률 p에 의존하기 때문에 타당하지 않으며 p의 추정값 $\hat{p}$으로 대체함으로써 s.e.$(\hat{p})$를 추정하는 것이 일반적이다. 따라서

$$\text{s.e.}(\hat{p}) = \sqrt{\frac{\hat{p}(1-\hat{p})}{n}} = \frac{1}{n}\sqrt{\frac{x(n-x)}{n}}$$

이며 x는 크기가 n인 임의표본에서 추출한 성공의 개수에 해당한다.

모비율에 대한 양측 신뢰구간(Two-Sided Confidence Intervals for a Population Proportion)

만일 확률변수 X가 이항분포 $B(n, p)$를 따른다면, 확률변수의 관측치 x를 토대로 한 성공확률 p의 신뢰수준 $1-\alpha$에 대한 양측 신뢰구간은

$$p \in \left(\hat{p} - z_{\alpha/2}\sqrt{\frac{\hat{p}(1-\hat{p})}{n}},\ \hat{p} + z_{\alpha/2}\sqrt{\frac{\hat{p}(1-\hat{p})}{n}}\right)$$

와 같다. 성공확률에 대한 추정치는 $\hat{p} = x/n$ 이므로 이 신뢰구간은 다음과 같이 표현할 수 있다.

$$p \in \left(\hat{p} - \frac{z_{\alpha/2}}{n}\sqrt{\frac{x(n-x)}{n}},\ \hat{p} + \frac{z_{\alpha/2}}{n}\sqrt{\frac{x(n-x)}{n}}\right)$$

x와 $n-x$가 5 이상이라면 위와 같은 정규 근사화가 적절하며 이 신뢰구간의 상한이 1보다 크면 1로 하고, 하한이 0보다 작으면 0으로 한다.

예제 57 건물 외벽 파손(Building Tile Cracks)

어떤 건물의 외벽을 수많은 작은 타일들로 장식하였다. 이 타일들은 일반적으로 시멘트 재질의 합성수지 혼합물을 이용하여 건물에 부착하는데 시간이 흐를수록 합성수지 혼합물은 수축하기도 하고 팽창하기도 한다. 그 결과 타일은 깨지거나 갈라질 수 있다. 따라서 건설 기술자는 이 건물에 대하여 발생할지 모르는 타일에 의한 손실을 측정해야 할 문제에 직면해 있다. 이 건물에 부착한 타일의 개수는 5,000,000개인데 파손된 타일을 교체하거나 수리하는데 발생하는 비용은 상당하다. 따라서 [그림 10.2]에서처럼 임의로 1,250개의 타일을 샘플링하여 전체 중에서 균열이 발생한 타일의 비율인 p를 알아보고자 한다. $n=1250$개의 표본 중에서 $x=98$개의 타일이 파손되었기 때문에 전체 파손 비율은 다음과 같이 추정할 수 있다.

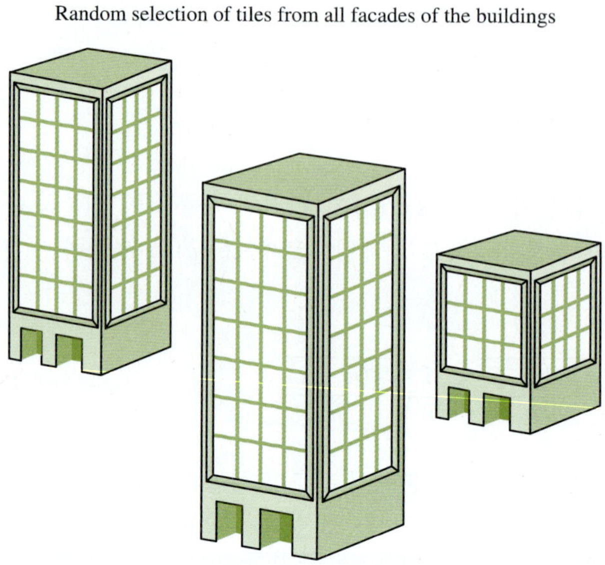

그림 10.2 빌딩들로부터 추출한 n=1250 타일의 확률표본

$$\hat{p} = \frac{x}{n} = \frac{98}{1250} = 0.0784$$

임계값 $z_{0.005}=2.576$를 이용하여 99% 양측 신뢰구간을 구하면

$$\begin{aligned} p \in & \left(\hat{p} - \frac{z_{\alpha/2}}{n}\sqrt{\frac{x(n-x)}{n}},\ \hat{p} + \frac{z_{\alpha/2}}{n}\sqrt{\frac{x(n-x)}{n}}\right) \\ &= \left(0.0784 - \frac{2.576}{1250}\sqrt{\frac{98\times(1250-98)}{1250}},\ 0.0784 + \frac{2.576}{1250}\sqrt{\frac{98\times(1250-98)}{1250}}\right) \\ &= (0.0784 - 0.0196,\ 0.0784 + 0.0196) = (0.0588,\ 0.0980) \end{aligned}$$

이다. 결국 $n=1250$으로부터 파손된 타일의 실제 비율에 대한 99% 양측 신뢰구간은 5.88~9.80%로서 만약 건물에 부착된 총 타일의 개수가 5,000,000이라면, 파손되었다고 할 수 있는 타일의 개수를 $0.06\times5{,}000{,}000=300{,}000$개와 $0.10\times5{,}000{,}000=500{,}000$개 사이라고 추정할 수 있다.

예제 58 제초제 유통 기한(Overage Weedkiller Product)

어떤 화학회사는 농장이나 잔디에 사용할 수 있는 제초제를 생산한다. 그 회사는 제초제 제조 후 제초제가 최대의 효과를 발휘할 수 있는 최적 기간이 있다는 것을 알고 있다. 이 기간이 지난 후 제초제를 사용하면 효율적이지 못하다는 것도 알고 있다. 이처럼 제초제가 제대로 기능을 발휘할 수 있는 기간이 지난 후 고객이 구매할 때 그 효용성을 보장하기 위해서는 그 제초제가 진열장에서 얼마나 오래 진열되었는지 확인해야 한다. 실제로 전국적으로 표본을 추출해서 검사하는 것은 불가능하다. 그 회사는 진열장에 진열되어 있는 제초제 중 효과를 제대로 발휘할 수 없는 기간이 지난 제품이 얼마나 있는지 그 비율인 p에 관심이 있다. 검사원은 $n=54{,}965$개 중에서 $x=2{,}779$개가 그 기간이 지난 것으로 확인했다면, 실제 기능이 노후된 제초제의 비율은

$$\hat{p} = \frac{2779}{54{,}965} = 0.0506$$

으로 추정할 수 있다. $z_{0.005}=2.576$을 이용하여 99% 양측 신뢰구간을 구하면

$$p \in \left(0.0506 - \frac{2.576}{54{,}965}\sqrt{\frac{2779 \times (54{,}965 - 2779)}{54{,}965}},\right.$$
$$\left. 0.0506 + \frac{2.576}{54{,}965}\sqrt{\frac{2779 \times (54{,}965 - 2779)}{54{,}965}}\right)$$
$$= (0.0506 - 0.0024, 0.0506 + 0.0024) = (0.0482, 0.0530)$$

이다. 따라서 그 회사는 전체 진열된 제초제 중 약 4.8~5.3%가 노후되었다고 추정할 수 있다.

기회 게임 7.3.1절에서 설명한 동전 던지기 게임을 다시 고려해보자.

시나리오 1 : 100번의 동전 던지기 시행에서 앞면이 나온 횟수가 40회인 경우
시나리오 2 : 1,000번의 동전 던지기 시행에서 앞면이 나온 횟수가 400회인 경우

위의 두 가지 경우에서, 동전의 앞면을 얻게 될 확률은 $\hat{p}=0.4$로 추정되지만 추정치의 표준오차는 시나리오 1보다는 시나리오 2의 경우에 훨씬 작다는 것을 안다.

시나리오 1의 경우, p에 대한 95% 양측 신뢰구간은

$$p \in \left(\hat{p} - z_{\alpha/2}\sqrt{\frac{\hat{p}(1-\hat{p})}{n}}, \hat{p} + z_{\alpha/2}\sqrt{\frac{\hat{p}(1-\hat{p})}{n}}\right)$$
$$= \left(0.4 - 1.96\sqrt{\frac{0.4 \times (1-0.4)}{100}}, 0.4 + 1.96\sqrt{\frac{0.4 \times (1-0.4)}{100}}\right)$$
$$= (0.4 - 0.096, 0.4 + 0.096) = (0.304, 0.496)$$

이다. 그러나 시나리오 2의 경우 p에 대한 95% 양측 신뢰구간은

$$p \in \left(0.4 - 1.96\sqrt{\frac{0.4 \times (1-0.4)}{1000}}, 0.4 + 1.96\sqrt{\frac{0.4 \times (1-0.4)}{1000}}\right)$$
$$= (0.4 - 0.030, 0.4 + 0.030) = (0.370, 0.430)$$

으로 훨씬 더 신뢰구간의 길이가 짧아진다. 이 두 신뢰구간들은 [그림 10.3]에 주

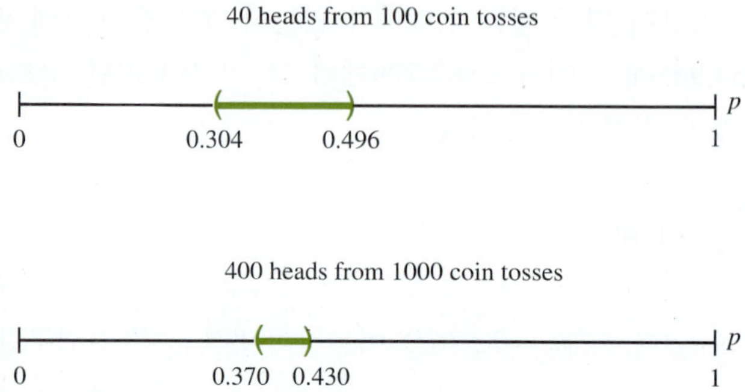

그림 10.3 편의된 동전을 던질 경우 앞면 비율 p에 대한 신뢰구간

어져 있다. 시나리오 2에서 볼 수 있듯이 n의 값이 클수록 p에 대한 신뢰구간은 짧아지는 결과가 나온다는 것을 명심해야 한다. 이는 추정치 $\hat{p}$의 정확도가 증가한다는 사실을 반영한다. 실제로, 고정된 $\hat{p}$의 값 및 고정된 신뢰수준 하에서 신뢰구간 길이는 표본 크기 n의 제곱근에 반비례한다.

단측 신뢰구간

실험자가 모비율의 상한 혹은 하한에만 관심이 있다면, 모비율 p에 대한 신뢰구간은 양측 신뢰구간보다는 단측 신뢰구간을 사용하여야 한다. 단측 신뢰구간은 임계값 $z_{\alpha/2}$를 사용하는 대신 z_α를 사용한다. 이 점을 제외하고는 양측 신뢰구간을 구하는 방법과 유사하다.

만약 $Z \sim N(0, 1)$일 때, $P(Z \leq z_\alpha) = 1 - \alpha$가 되며

$$P\left(\frac{\hat{p} - p}{\sqrt{\frac{p(1-p)}{n}}} \leq z_\alpha\right) = 1 - \alpha$$

가 된다. 이는 다음과 같이 다시 쓸 수 있다.

$$P\left(\hat{p} - z_\alpha\sqrt{\frac{p(1-p)}{n}} \leq p\right) = 1 - \alpha$$

따라서

$$p \in \left(\hat{p} - z_\alpha\sqrt{\frac{p(1-p)}{n}}, 1\right)$$

이 p의 하한에 대한 $1 - \alpha$ 신뢰수준을 갖는 단측 신뢰구간이 된다. 동일하게 $P(-z_\alpha \leq Z) = 1 - \alpha$로 표현할 수 있으며

$$P\left(-z_\alpha \leq \frac{\hat{p} - p}{\sqrt{\frac{p(1-p)}{n}}}\right) = 1 - \alpha$$

이므로

$$P\left(p \leq \hat{p} + z_\alpha\sqrt{\frac{p(1-p)}{n}}\right) = 1 - \alpha$$

가 된다. 따라서

$$p \in \left(0,\ \hat{p} + z_\alpha\sqrt{\frac{p(1-p)}{n}}\right)$$

이 p의 상한에 대한 $1-\alpha$ 신뢰수준을 갖는 단측 신뢰구간이 된다. 양측 신뢰구간에서처럼 p의 값이 알려져 있지 않기 때문에 추정치 $\hat{p} = x/n$을 대신 사용할 수 있다.

모비율에 대한 단측 신뢰구간(One-Sided Confidence Intervals for a Population Proportion)

만일 확률변수 X가 이항분포 $B(n,\ p)$를 따른다면, 확률변수의 관측치 x를 토대로 한 성공확률 p의 신뢰수준 $1-\alpha$에 대한 단측 신뢰구간은

$$p \in \left(\hat{p} - z_\alpha\sqrt{\frac{\hat{p}(1-\hat{p})}{n}},\ 1\right) \quad \text{또는} \quad p \in \left(0,\ \hat{p} + z_\alpha\sqrt{\frac{\hat{p}(1-\hat{p})}{n}}\right)$$

이다. 성공확률의 추정치는 $\hat{p} = x/n$이며 이 신뢰구간들은 확률 p에 대한 하한과 상한을 각각 제공한다. 관측한 성공 횟수를 이용하여 다음과 같이 나타낼 수 있다.

$$p \in \left(\hat{p} - \frac{z_\alpha}{n}\sqrt{\frac{x(n-x)}{n}},\ 1\right) \quad \text{또는} \quad p \in \left(0,\ \hat{p} + \frac{z_\alpha}{n}\sqrt{\frac{x(n-x)}{n}}\right)$$

위의 정규 근사화는 x와 $n-x$가 5보다 큰 경우 적합하다.

예제 39 젖소 예방접종(Cattle Inoculations)

백신 접종을 받은 $n = 500{,}000$마리의 젖소 중 $x = 372$마리가 치명적인 부작용을 겪고 있는 것으로 나타났다. 백신 접종으로 인한 부작용이 발생할 확률 p에 대한 추정치는

$$\hat{p} = \frac{372}{500{,}000} = 7.44 \times 10^{-4}$$

가 된다. 정부의 안전규정을 만족시키기 위해 백신을 제조하는 회사들은 부작용이 발생할 확률에 대한 상한값을 제공해야만 한다. 임계값 $z_{0.01}=2.326$을 이용하여 p에 대한 99% 단측 신뢰구간을 구하면

$$p \in \left(0,\ \hat{p} + \frac{z_\alpha}{n}\sqrt{\frac{x(n-x)}{n}}\right)$$
$$= \left(0,\ 0.000744 + \frac{2.326}{500{,}000}\sqrt{\frac{372 \times (500{,}000 - 372)}{500{,}000}}\right)$$
$$= (0,\ 0.000744 + 0.000090) = (0,\ 0.000834)$$

와 같다([그림 10.4] 참조). 즉 99% 신뢰수준에서 백신 부작용이 발생할 확률이 8.34×10^{-4}보다 크지 않다고 주장할 수 있다.

확률 p에 대한 상한은 그에 상응하는 확률 $1-p$에 대한 하한을 구하는데 사용할 수 있다. 따라서 부작용이 발생하지 않을 확률은 최소 0.999166이라고 할 수 있다.

10.1.2 모비율에 대한 가설검정

$B(n, p)$를 따르는 확률변수 X로부터 얻은 관측치 x는 성공확률 p에 관한 가설을 검정하기 위해 사용할 수 있다. 특정값 p_0에 대하여 양측가설

$$H_0 : p = p_0 \quad \text{versus} \quad H_A : p \neq p_0$$

은 모집단의 미지의 성공확률 p와 p_0의 차이가 유의한지를 검정한다.

단측가설은

$$H_0 : p \geq p_0 \quad \text{versus} \quad H_A : p < p_0$$

또는

$$H_0 : p \leq p_0 \quad \text{versus} \quad H_A : p > p_0$$

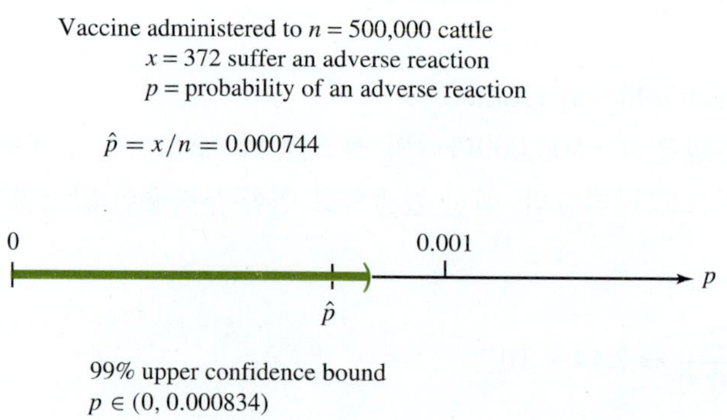

그림 10.4 젖소 백신으로부터 부작용이 발생할 확률에 대한 99% 상한 신뢰한계

이 검정될 수 있다. 이러한 가설검정에 대한 p-값은 이항분포의 누적분포함수를 이용하여 구할 수 있지만 충분히 큰 n에 대하여

$$\frac{\hat{p} - p}{\sqrt{\frac{p(1-p)}{n}}}$$

은 근사적으로 표준정규분포를 따르며 만약 $p = p_0$가 성립한다면 z-통계량

$$z = \frac{\hat{p} - p_0}{\sqrt{\frac{p_0(1-p_0)}{n}}}$$

은 표준정규분포의 관측치로 생각할 수 있다. 위의 식은 다음과 같이 표현할 수 있다.

$$z = \frac{x - np_0}{\sqrt{np_0(1 - p_0)}}$$

양측 가설검정

양측가설

$$H_0 : p = p_0 \quad \text{versus} \quad H_A : p \neq p_0$$

의 검정통계량에 대한 정확한 p-값은 보통 다음처럼 구하여진다.

$\hat{p} = x/n > p_0$ 인 경우

$$p\text{-값} = 2 \times P(X \geq x)$$

이며 $\hat{p} = x/n < p_0$ 인 경우

$$p\text{-값} = 2 \times P(X \leq x)$$

이때 확률변수 X는 $B(n, p_0)$를 따른다.

이는 다음과 같은 p-값의 정의로부터 유출될 수 있다. p-값은 귀무가설이 참일 때 이 데이터 집합이나 더 나쁜(worse) 데이터 집합을 얻을 확률이다. 결국 [그림 10.5]처럼 p-값의 정의에서 더 나쁜(worse)의 의미는 관측된 것보다 np_0로부터 훨씬 멀리 떨어진 확률변수 X의 값을 나타내고 있다.

$\hat{p}$에 대한 분포의 정규근사화가 적절한 경우(np_0와 $n(1-p_0)$가 모두 5보다 큰 경우), 통계량은 다음과 같이 계산할 수 있다.

$$z = \frac{\hat{p} - p_0}{\sqrt{\frac{p_0(1-p_0)}{n}}} = \frac{x - np_0}{\sqrt{np_0(1 - p_0)}}$$

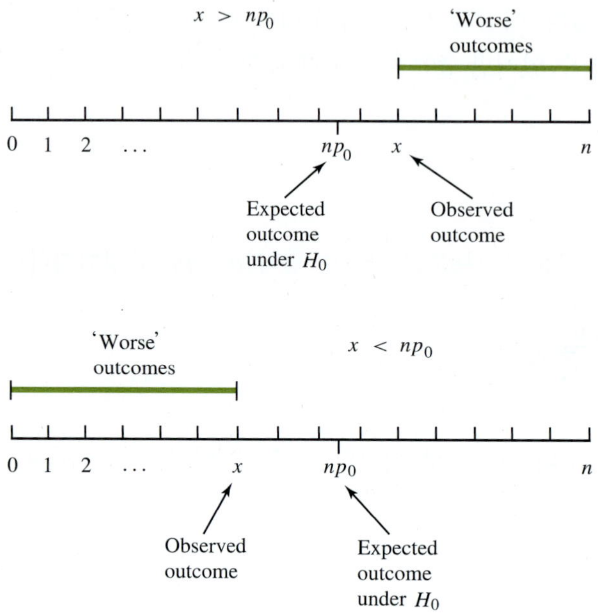

그림 10.5 양측 가설 검정의 구축

p-값은 확률변수 Z가 표준정규분포를 따를 때 $z>0$인 경우

$$p\text{-값} = 2 \times P(Z \geq z)$$

이며 $z<0$인 경우

$$p\text{-값} = 2 \times P(Z \leq z)$$

가 된다([그림 10.6] 참조). 두 가지의 경우에서 p-값은

$$p\text{-값} = 2 \times \Phi(-|z|)$$

로 표현 가능하다. 여기서 $\Phi(\cdot)$는 표준정규분포의 누적분포함수를 의미한다.

정규근사화는 z-통계량의 분자 부분에 0.5를 더하거나 뺌으로써 연속적인 값으로 보정할 수 있다. 만약 $x - np_0 > 0.5$라면 z-통계량은

$$z = \frac{x - np_0 - 0.5}{\sqrt{np_0(1 - p_0)}}$$

을 사용할 수 있으며 $x - np_0 < -0.5$이면

$$z = \frac{x - np_0 + 0.5}{\sqrt{np_0(1 - p_0)}}$$

을 사용할 수 있다. 연속보정은 z-통계량 값을 0에 가깝도록 만들기 위해 사용된다. 연속보정의 효과는 표본 크기 n이 커지면 커질수록 작아지게 된다.

$$H_0: p = p_0,\ H_A: p \neq p_0$$

$$z = \frac{\hat{p} - p_0}{\sqrt{\frac{p_0(1-p_0)}{n}}} = \frac{x - np_0}{\sqrt{np_0(1 - p_0)}}$$

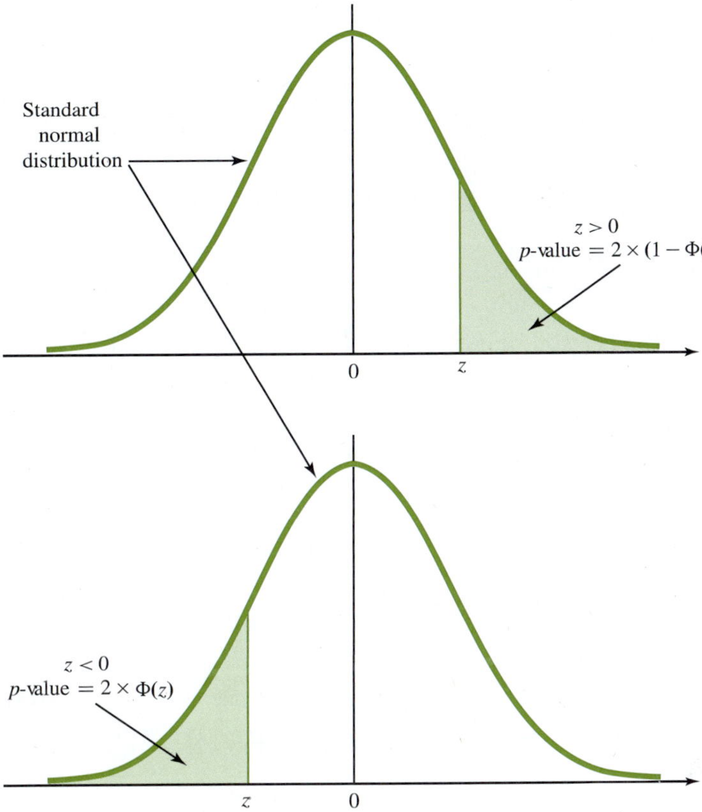

그림 10.6 양측 가설 검정에 대한 p−값 계산

고정된 크기 α에 대한 가설검정은 α값과 p−값을 비교함으로써 수행할 수 있는데 귀무가설에 대한 p−값이 α보다 클 때 귀무가설을 채택한다. 이는 즉 채택역이 $|z| \leq z_{\alpha/2}$임을 의미하며 p−값이 α보다 작을 때 귀무가설은 기각되며 기각역은 $|z| > z_{\alpha/2}$가 된다.

모비율에 대한 양측 가설검정 (Two-Sided Hypothesis Tests for a Population Proportion)

$B(n, p)$를 갖는 확률변수 X로부터 얻은 관측치 x는 성공확률 p에 관한 가설을 검정하기 위해 사용될 수 있다. 특정값 p_0에 대해 양측가설

$$H_0 : p = p_0 \quad \text{versus} \quad H_A : p \neq p_0$$

에 대한 검정은 p−값을 통해 가능한데 정확한 p−값은 보통 다음처럼 계산되어 진다.

$\hat{p} = x/n > p_0$인 경우

p-값 $= 2 \times P(X \geq x)$

$\hat{p} = x/n < p_0$인 경우

p-값 $= 2 \times P(X \leq x)$

이며 확률변수 X는 $B(n,\ p_0)$를 따른다.
$\hat{p}$에 대한 분포의 정규 근사화가 가능할 때 (np_0와 $n(1-p_0)$가 모두 5보다 큰 경우) p−값은 다음과 같이 구할 수 있다.

p-값 $= 2 \times \Phi(-|z|)$

이때 $\Phi(\cdot)$는 표준정규분포의 누적분포함수를 의미하며 z−통계량은

$$z = \frac{\hat{p} - p_0}{\sqrt{\frac{p_0(1-p_0)}{n}}} = \frac{x - np_0}{\sqrt{np_0(1-p_0)}}$$

이다. 정규 근사화는 z−통계량의 분자 부분에 0.5를 더하거나 뺌으로써 연속적인 값으로 보정할 수 있다. 만약 $x - np_0 > 0.5$라면 $x - np_0 - 0.5$가 분자에 사용될 수 있으며, $x - np_0 < -0.5$라면 $x - np_0 + 0.5$가 사용될 수 있다.
고정된 크기 α에 대한 가설검정은 α값과 p−값을 비교함으로써 수행할 수 있는데 귀무가설에 대한 p−값이 α보다 클 때 귀무가설을 채택하며 채택역은 $|z| \leq z_{\alpha/2}$이 된다. p−값이 α보다 작을 때 귀무가설은 기각되며 기각역은 $|z| > z_{\alpha/2}$가 된다.

예제 59 새끼 주머니쥐의 성별(Opossum Progeny Genders)

어떤 생물학자는 주머니쥐가 태어날 때 동일한 가능성을 가지고 암컷과 수컷이 태어나는지 관심을 갖고 있다. 실험을 실시하여 관찰한 결과 태어난 23마리 중에서 수컷은 14마리, 암컷은 9마리였다. 수컷 주머니쥐가 태어날 확률을 p라고 하고 23마리 중 수컷의 수를 확률변수 X라고 정의하면, X는 이항분포 $B(23,\ p)$를 따르게 된다. 관심 대상이 되는 가설은

$$H_0 : p = 0.5 \quad \text{versus} \quad H_A : p \neq 0.5$$

이 될 것이다. 전체 $n = 23$마리 중 수컷이 $x = 14$였다면, 수컷이 태어날 확률은

$$\hat{p} = \frac{14}{23} = 0.609$$

로서 $p_0 = 0.5$보다 큰 값이다. 따라서 [그림 10.7]에서처럼 이항분포로부터 구한 정확한 p−값은

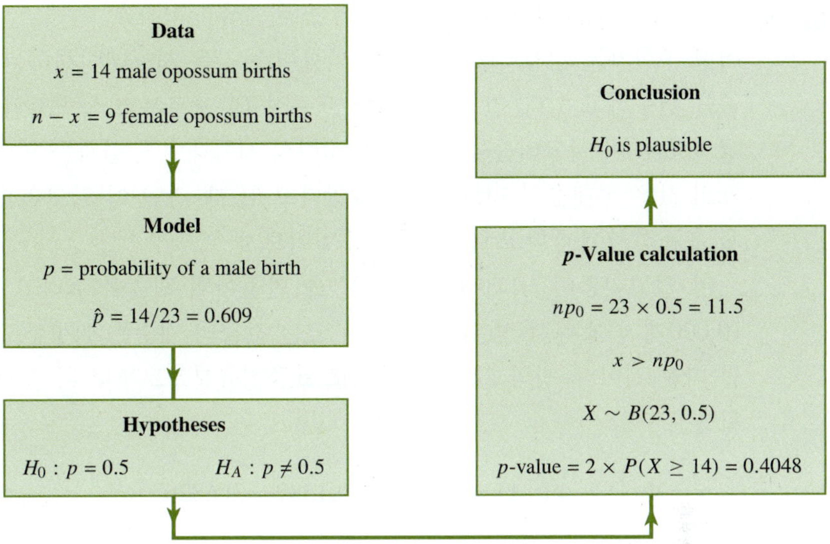

그림 10.7 새끼 주머니쥐 성별 예제에 대한 정확한 p-값 계산

$$p\text{-값} = 2 \times P(X \geq 14)$$

이므로, p-값$=2\times0.2024=0.4048$이 된다. 이 경우 X는 이항분포 $B(23,\ 0.5)$를 따르는 확률변수이다. 하지만 $n(1-p_0)=23\times0.5=11.5>5$ 이므로 X의 정규분포로의 근사화가 가능하다. 연속보정을 한 z-통계량 값은

$$z = \frac{x - np_0 - 0.5}{\sqrt{np_0(1-p_0)}} = \frac{14 - (23 \times 0.5) - 0.5}{\sqrt{23 \times 0.5 \times (1.0 - 0.5)}} = 0.83$$

이 된다. [표 I]의 정규분포표로부터 p-값을 구하면

$$p\text{-값} = 2 \times \Phi(-0.83) = 2 \times 0.2033 = 0.4066$$

으로 이항분포로부터 구한 p-값과 그다지 큰 차이가 없다. 이처럼 큰 p-값은 귀무가설이 타당하다는 증거이며 따라서 생물학자는 암컷과 수컷의 탄생 비율이 서로 다르다는 결론을 내릴 충분한 근거가 없음을 알 수 있다.

그러나 이 실험은 단지 23마리 표본에 대한 관측치를 토대로 한 것이며, p의 값의 범위는 넓게 분포할 수 있다는 것을 명심할 필요가 있다. 임계값 $z_{0.025}=1.96$을 이용하여 p에 대한 95% 양측 신뢰구간을 구하면

$$\begin{aligned} p &\in \left(\hat{p} - \frac{z_{\alpha/2}}{n}\sqrt{\frac{x(n-x)}{n}},\ \hat{p} + \frac{z_{\alpha/2}}{n}\sqrt{\frac{x(n-x)}{n}}\right) \\ &= \left(0.609 - \frac{1.96}{23}\sqrt{\frac{14\times(23-14)}{23}},\ 0.609 + \frac{1.96}{23}\sqrt{\frac{14\times(23-14)}{23}}\right) \\ &= (0.609 - 0.199,\ 0.609 + 0.199) = (0.410,\ 0.808) \end{aligned}$$

로서 전체 중 수컷의 비율은 약 0.4~0.8임을 알 수 있다.

예제 60 확률변수 시뮬레이션(Random Variable Simulations)

어떤 수학자는 컴퓨터를 이용하여 확률변수 값을 시뮬레이션하는 다양한 알고리즘을 연구하고 있다. 알고리즘 A는 표준정규분포로부터 독립적인 관측치들을 발생시켰다. 이 알고리즘을 통해 10,000번의 시뮬레이션 결과를 얻었고, 그중 6,702개의 값은 절대값이 1보다 크지 않았다고 할 때 과연 이 알고리즘은 시뮬레이션을 훌륭히 수행했다고 할 수 있는지 알아보자.

이 알고리즘이 −1과 1 사이의 값을 만들어낼 확률을 p라고 하자. 그렇다면 10,000개 중에서 이 범위 위에 놓여 있는 값들의 개수는 이항분포 $B(10,000,\ p)$를 따를 것이다. 만약 그 값이 실제로 표준정규분포로부터 나온 관측치라면 성공확률은

$$p = \Phi(1) - \Phi(-1) = 0.8413 - 0.1587 = 0.6826$$

와 같다. 따라서 관심이 되는 양측가설은

$$H_0 : p = 0.6826 \quad \text{versus} \quad H_A : p \neq 0.6826$$

이며 $n = 10,000$이므로 정규 근사화가 가능하기 때문에 z−통계량을 구하면

$$z = \frac{6702 - (10,000 \times 0.6826) + 0.5}{\sqrt{10,000 \times 0.6826 \times (1.0000 - 0.6826)}} = -2.65$$

와 같다. 이 경우 연속보정 0.5는 크게 중요하지 않다. [표 I]을 통해 p−값을 구하면

$$p\text{-값} = 2 \times \Phi(-2.65) = 2 \times 0.0040 = 0.0080$$

로서 이 값은 매우 작기 때문에 귀무가설을 기각하며, 이 알고리즘이 표준정규분포 확률변수를 시뮬레이션하는데 적절하지 않다고 할 수 있다.

단측 가설검정

단측 가설검정에 대한 p−값 계산은 명확하지 않다. 정확한 p−값을 구하려면 이항분포의 꼬리 부분의 확률을 참고로 하여 구해야 하지만 보통 정규분포를 이용하여 근사할 수 있다. 이 경우 단측 문제의 방향에 따라 0.5 또는 −0.5의 연속보정을 이용해야만 한다.

모비율에 대한 단측검정(One-Sided Hypothesis Tests for a Population Proportion)

만약 확률변수 X가 이항분포 $B(n,\ p)$를 따른다면, 가설검정 문제

$$H_0 : p \geq p_0 \quad \text{versus} \quad H_A : p < p_0$$

에 대한 정확한 p-값은 관측된 확률변수의 값 x에 근거하여 다음과 같이 표현된다.

$$p\text{-값} = P(X \leq x),$$

여기서 확률변수 X는 이항분포 $B(n, p_0)$를 따른다. 이에 대한 정규근사화를 시키면

$$p\text{-값} = \Phi(z)$$

가 된다. $\Phi(\cdot)$은 표준정규누적분포함수를 의미한다.
그리고 z통계량은

$$z = \frac{x - np_0 + 0.5}{\sqrt{np_0(1-p_0)}}$$

가 된다.
α의 크기에 따라 $z \geq -z_\alpha$인 경우 귀무가설은 채택된다.
그리고 $z < -z_\alpha$인 경우에는 기각된다.

가설검정을 다음과 같이 설정할 경우,

$$H_0: p \leq p_0 \quad \text{versus} \quad H_A: p > p_0$$

p-값는

$$p\text{-값} = P(X \geq x) = 1 - \Phi(z)$$

가 되고,

$$z = \frac{x - np_0 - 0.5}{\sqrt{np_p(1-p_0)}}$$

가 된다.
α의 크기에 따라, $z \leq z_\alpha$인 경우 귀무가설은 채택되며 $z > z_\alpha$인 경우 귀무가설은 기각된다.

예제 57 건물 외벽 파손(Building Tile Cracks)

건물 타일의 10% 이상이 파손된 경우, 타일을 부착한 건설회사 측에서 보수비용을 지불하도록 하는 법적 규정이 마련되어 있다. 표본조사를 해보니 1,250개의 타일 중 98개가 파손되었다. 건설회사 측에서 건물 보수비용을 지불해야 하는가?

건설 기술자는 이 문제에 대해 다음과 같이 접근했다. 만약 타일이 파손될 확률이 p라고 한다면 단측가설은 다음과 같다.

$$H_0: p \geq 0.1 \quad \text{versus} \quad H_A: p < 0.1$$

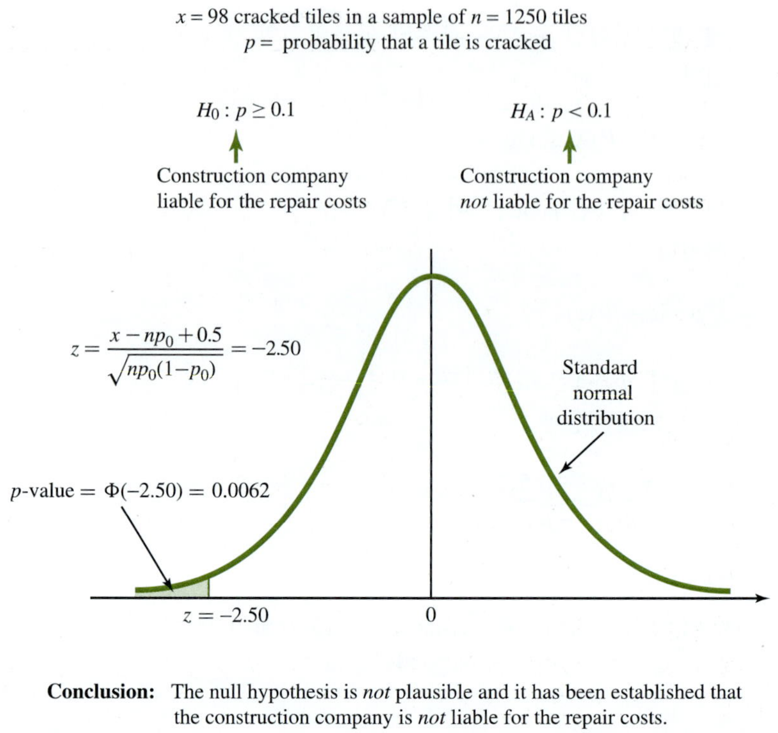

그림 10.8
건물 외벽 파손 예제에 대한 가설 검정 분석

귀무가설은 건설회사가 보수비용을 지불해야 한다는 것이고, 대립가설은 어떠한 보수비용도 지불할 책임이 없다는 것이다. 따라서 귀무가설의 기각은 건설회사가 어떠한 비용적 책임을 갖지 않는 것을 보장하는 것이다.

이 확률은 정규 근사화가 가능하고, $n=1250$, $x=98$일 때 z-통계량은

$$z = \frac{x - np_0 + 0.5}{\sqrt{np_0(1-p_0)}} = \frac{98 - (1250 \times 0.1) + 0.5}{\sqrt{1250 \times 0.1 \times (1.0 - 0.1)}} = -2.50$$

이며 이 검정통계량에 대한 p-값은

$$p\text{-값} = \Phi(-2.50) = 0.0062$$

가 된다. [그림 10.8]에서처럼 귀무가설에 대한 신빙성은 떨어지며 따라서 이는 건설회사가 보수비용을 지불할 법적 책임이 없다는 것을 보여주고 있다.

예제 39 젖소 예방접종(Cattle Inoculations)

백신 접종으로 심각한 부작용을 겪는 젖소의 수가 1,000마리 중에 1마리 이상 나오지 않는다면 그 백신은 안전하며 널리 사용될 수 있다고 하자. 다시 말하면 심각한 부작용을 일으킬 확률이 0.001 이하가 될 때 그 백신은 사용 가능하다. 이 경우 검정해야 할 가설은 단측가설로서

$$H_0 \quad p \geq 0.001 \quad \text{versus} \quad H_A : p < 0.001$$

이 된다.

전체 젖소 $n=500{,}000$마리 중에 부작용을 나타낸 젖소는 $x=372$마리로 부작용 확률에 대한 99% 단측 신뢰구간은 $p \in (0, 0.000834)$와 같다. 신뢰구간의 상한은 $p_0=0.001$보다 작은 것으로 나타났다. 이는 단측가설에 대한 p-값이 1%보다 작다는 것을 의미한다. 실제로 정규 근사화를 이용해 z-통계량을 구하면

$$z = \frac{372 - (500{,}000 \times 0.001) + 0.5}{\sqrt{500{,}000 \times 0.001 \times (1.000 - 0.001)}} = -5.70$$

로서 상응하는 p-값은

$$p\text{-값} = \Phi(-5.70) \simeq 0$$

으로 결국 귀무가설은 신뢰할 만하지 못한 것으로 나타난다. 즉 부작용에 대한 확률은 1,000마리 중 1마리 이하이기 때문에 백신을 널리 사용하도록 승인할 수 있다는 것을 의미한다.

기회 게임

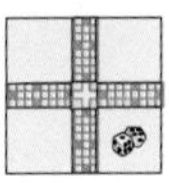

주사위를 10번 던져서 6의 눈이 단지 한 번만 나왔다고 할 때 그 주사위는 6의 눈이 나올 확률이 다른 눈이 나올 확률보다 작다고 할 수 있는지 알아보자. 주사위를 던져 6의 눈이 나올 확률을 p라고 할 때 관심이 있는 가설은 단측가설로서

$$H_0 : p \geq \frac{1}{6} \quad \text{versus} \quad H_A : p < \frac{1}{6}$$

와 같다. 만약 귀무가설이 채택된다면 그 주사위에서 6의 눈이 나올 가능성이 작다고 할 수 없을 것이다.

$n=10$이고 $x=1$인 경우 p-값은 다음과 같이 계산할 수 있다.

$$p\text{-값} = P(X \leq 1)$$

이때 확률변수 X는 $B(10, 1/6)$을 따른다. p-값을 계산하면 0.4845로 귀무가설을 채택하며 따라서 6의 눈이 나올 가능성이 1/6보다 작다는 결론은 타당하지 않다고 할 수 있다.

그렇다면 시행 횟수를 20회로 늘린다면 어떻게 될까? 이 경우 X는 $B(20, 1/6)$을 따르며 p-값은

$$p\text{-값} = P(X \leq 1) = 0.1304$$

이 된다. 이 역시 6의 눈이 나올 기회가 1/6보다 작다는 결론을 합리화하지 못한다. [그림 10.9]는 시행 횟수 n에 따라 p-값이 어떻게 달라지는지를 보여주고 있다.

One 6 is obtained in n rolls of a die. Is the die weighted to *reduce* the chance of scoring a 6?
p = probability of scoring a 6

$H_0 : p \geq 1/6$ $\quad\quad$ $H_A : p < 1/6$
↑
Die weighted to reduce chance of scoring a 6

$$X \sim B(n, 1/6)$$

$$p\text{-value} = P(X \leq 1)$$

n	p-value
10	0.4845
20	0.1304
30	0.0295
40	0.0061
50	0.0012

그림 10.9
주사위 예제에 대한 p-값

Inferences on a Population Proportion

Observe x successes from n trials $\quad$ p = probability of success $\quad$ $\hat{p} = x/n$

Two-sided $1-\alpha$ level confidence interval (both x and $n-x$ larger than 5)

$$p \in \left(\hat{p} - z_{\alpha/2}\sqrt{\frac{\hat{p}(1-\hat{p})}{n}},\ \hat{p} + z_{\alpha/2}\sqrt{\frac{\hat{p}(1-\hat{p})}{n}}\right) = \left(\hat{p} - \frac{z_{\alpha/2}}{n}\sqrt{\frac{x(n-x)}{n}},\ \hat{p} + \frac{z_{\alpha/2}}{n}\sqrt{\frac{x(n-x)}{n}}\right)$$

One-sided $1-\alpha$ level confidence intervals (both x and $n-x$ larger than 5)

$$p \in \left(\hat{p} - z_{\alpha}\sqrt{\frac{\hat{p}(1-\hat{p})}{n}},\ 1\right) = \left(\hat{p} - \frac{z_{\alpha}}{n}\sqrt{\frac{x(n-x)}{n}},\ 1\right)$$

$$p \in \left(0,\ \hat{p} + z_{\alpha}\sqrt{\frac{\hat{p}(1-\hat{p})}{n}}\right) = \left(0,\ \hat{p} + \frac{z_{\alpha}}{n}\sqrt{\frac{x(n-x)}{n}}\right)$$

Hypothesis testing $\quad X \sim B(n, p_0)$

$H_0: p = p_0, \quad H_A: p \neq p_0$

$x - np_0 > 0.5 \quad z = \frac{x - np_0 - 0.5}{\sqrt{np_0(1-p_0)}} \quad p\text{-value} = 2 \times P(X \geq x) \simeq 2 \times (1 - \Phi(z))$

$x - np_0 < -0.5 \quad z = \frac{x - np_0 + 0.5}{\sqrt{np_0(1-p_0)}} \quad p\text{-value} = 2 \times P(X \leq x) \simeq 2 \times \Phi(z)$

$H_0: p \geq p_0, \quad H_A: p < p_0$

$z = \frac{x - np_0 + 0.5}{\sqrt{np_0(1-p_0)}} \quad p\text{-value} = P(X \leq x) \simeq \Phi(z)$

$H_0: p \leq p_0, \quad H_A: p > p_0$

$z = \frac{x - np_0 - 0.5}{\sqrt{np_0(1-p_0)}} \quad p\text{-value} = P(X \geq x) \simeq 1 - \Phi(z)$

그림 10.10
하나의 모비율에 대한 추론과정의 요약

만약 주사위를 30회 던진다면 p-값이 약 3% 정도로 이전과는 양상이 달라지며, 40회 시행할 경우 p-값이 1% 이하로 낮아지면서 6의 눈이 나올 확률이 1/6 이하라고 말할 수 있다.

[그림 10.10]에 모비율 p에 대한 신뢰구간 설정과 가설검정 과정을 요약하였다. 고정된 크기 α 하에서 가설검정은 p-값을 이용하여 수행할 수 있는데 일반적으로 신뢰수준 $1-\alpha$ 하에서 p에 대한 신뢰구간을 구할 때 그 구간이 특정 가설값

p_0를 포함할 경우 α보다 p-값이 크다는 것을 암시하고 있다. 하지만 때로는 $\sqrt{p(1-p)/n}$를 사용하기 때문에 이러한 일반적인 원칙과 다를 수 있다. 보통 신뢰구간을 설정할 경우 p 대신 $\hat{p}$를 사용하고 가설검정에서는 p 대신 p_0을 사용한다.

10.1.3 표본 크기의 계산

표본의 크기 n은 모비율 p 추정의 정확도에 영향을 준다. 어떤 표본을 추출하기 전 특정 표본 크기에 의해 영향을 받는 정확도의 정도를 측정하는 것은 유용하다. 게다가 초기에 결정한 표본 크기로 결과를 관찰한 이후 정확도를 높이기 위하여 얼마나 많은 추가적인 표본이 필요할지 결정하는 것이 필요할 때가 있다.

가설검정 관점에서 볼 때 표본 크기를 증가시키면 고정된 유의수준 α에 대해서 검정력이 증가하게 된다. 이는 귀무가설이 거짓일 때 귀무가설을 기각할 수 있는 가능성이 크다는 의미이다. 하지만 표본 크기 n에 의해서 영향을 받는 정확도를 측정할 때 가장 편리한 방법은 모비율 p에 대한 양측 신뢰구간 길이인 L을 고려하는 것이다. 신뢰수준 $1-\alpha$가 사용된다면 신뢰구간의 길이는 다음과 같다.

$$L = 2z_{\alpha/2}\sqrt{\frac{\hat{p}(1-\hat{p})}{n}}$$

따라서 신뢰구간의 길이 L을 얻기 위해 필요한 표본의 크기는

$$n = \frac{4z_{\alpha/2}^2\hat{p}(1-\hat{p})}{L^2}$$

이 된다. 표본 크기 n이 증가함에 따라 신뢰구간의 길이 L이 감소하거나 혹은 신뢰수준 $1-\alpha$가 증가한다.

필요로 하는 표본 크기를 구하기 위해서는 $\hat{p}(1-\hat{p})$를 알아야 하지만 실제로 이는 알려지지 않은 값이다. [그림 10.11]에서는 $p(0<p<1)$에 대하여 $p(1-p)$가 어떻게 변하는지 보여주고 있는데 $p=1/2$일 때 최대값 1/4을 얻는다. 따라서 최악의 시나리오는 $\hat{p}(1-\hat{p})=1/4$이며 이때 요구되는 표본 크기는

$$n = \frac{z_{\alpha/2}^2}{L^2}$$

이 된다.

만약 $\hat{p}$의 값이 0.5와 다르다면 위의 방법은 적합하지 않고 정하여진 신뢰구간의 길이 L을 가질 때 특정값 p^*에 대하여 p^*보다 작거나($p^*<0.5$) 클 경우($p^*>0.5$) 표본의 크기는 다음을 만족한다.

$$n \simeq \frac{4z_{\alpha/2}^2 p^*(1-p^*)}{L^2}$$

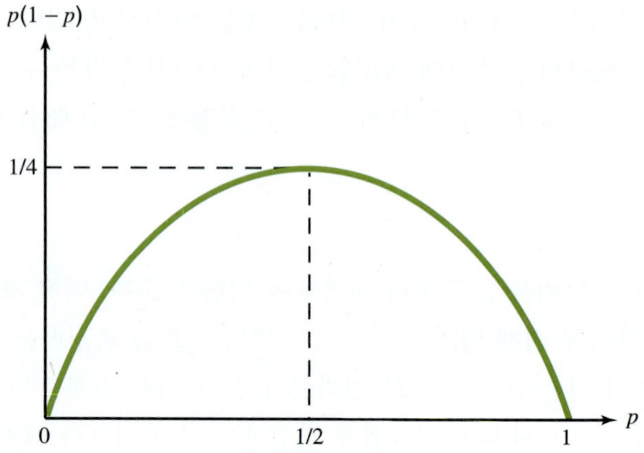

그림 10.11
$p(1-p)$의 값

예제 61 정책 여론조사(Political Polling)

어떤 지방 신문사는 시장의 시 운영 방식에 대하여 잘하고 있다고 응답하는 구독자의 비율 p에 대해서 알고자 한다. 신문사는 '±3% 오차의 정확도'를 가지고 결과를 얻고자 할 때 얼마나 많은 독자에 대하여 설문조사를 실시하여야만 할까?

우선 고려해야 할 사항은 응답하지 않는 독자들을 제외시킬지 결정하는 일이다. 따라서 표본 결과들은 응답한 n명을 토대로 잘하고 있다고 응답하는 x명과 그렇지 않은 $n-x$명의 사람들로 구성될 것이며 [그림 10.12]에서처럼 $\hat{p}= x/n$로 추정하게 된다.

여론 조사원들은 $L=6\%$를 초과하지 않는 범위에서 p에 대한 99% 신뢰구간을 구

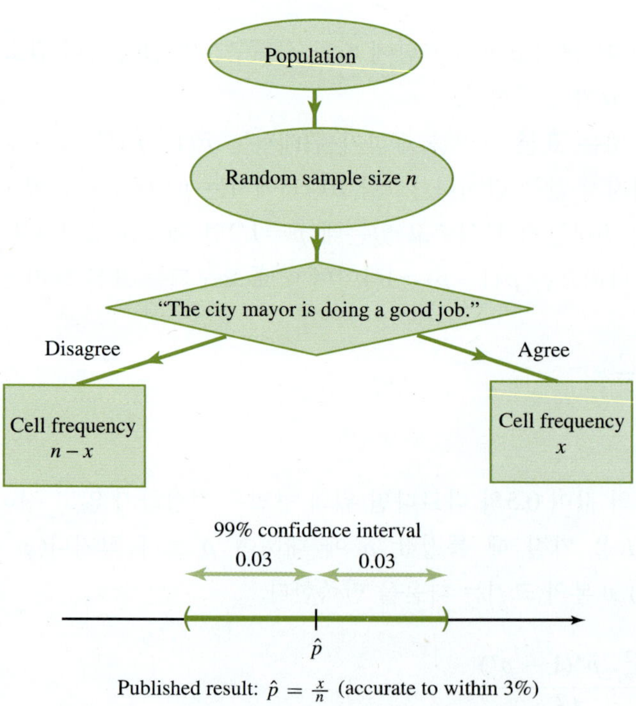

그림 10.12
정책 여론조사 예제

하면 원하는 정확도를 얻을 수 있을 것이다(신뢰구간은 $\hat{p} \pm 3\%$이므로). 만약 $\hat{p}=$ 0.5로 최악의 시나리오를 고려할 경우 $z_{0.005}=2.576$이므로 요구되는 표본 크기는

$$n = \frac{z_{\alpha/2}^2}{L^2} = \frac{2.576^2}{0.06^2} = 1843.3$$

즉 신문사는 최소 1,844명의 구독자들에 대하여 설문조사를 실시해야만 한다. 실제로 각종 여론조사에서 "1,000명의 응답자들을 대상으로 ±3%의 표본오차로"라는 보조 설명을 볼 수 있을 것이다. 이는 $\hat{p}=0.5$의 최악의 시나리오에서, 표본 크기는 신뢰수준이 $1-\alpha$이며 신뢰구간이 $\hat{p} \pm 3\%$인 결과를 가진다는 것이다.

예제 57 건물 외벽 파손(Building Tile Cracks)

파손된 외벽 타일의 모비율에 대한 99% 양측 신뢰구간은 다음과 같다.

$$p \in (0.0588, 0.0980)$$

이 일을 취급하는 변호사는 99% 신뢰수준으로 1% 이내에 해당하는 파손된 외벽 타일의 비율을 알고자 한다. 얼마나 많은 추가적인 표본이 필요할까?

변호사의 요구는 신뢰구간의 길이 $L=2\%$와, 99%의 신뢰수준 하에서 만족될 수 있다. 언급한 신뢰구간에 근거하여 $\hat{p}$은 $p^*=0.1$보다 작을 것으로 예상되기 때문에 전체 표본 크기는 다음과 같이 추정될 수 있다.

$$n \simeq \frac{4z_{\alpha/2}^2 p^*(1-p^*)}{L^2} = \frac{4 \times 2.576^2 \times 0.1 \times (1.0-0.1)}{0.02^2} = 5972.2$$

즉 약 6,000개의 타일이 필요하며 초기 타일 표본 개수가 1,250개였으므로 요구조건을 만족하기 위해서는 추가로 4,750개의 타일 표본을 추출하여야 할 것이다.

추가로 표본을 추출한 결과, 4,750개 중 308개의 타일이 파손되었다고 가정하자. 초기 1,250개 중 파손된 타일 개수가 98개였으므로 총 $n=6000$개 중 파손된 타일은 $x=308+98=406$개가 될 것이다. 따라서

$$\hat{p} = \frac{406}{6000} = 0.0677$$

이며 p에 대한 99% 양측 신뢰구간은

$$p \in \left(\hat{p} - \frac{z_{\alpha/2}}{n}\sqrt{\frac{x(n-x)}{n}}, \hat{p} + \frac{z_{\alpha/2}}{n}\sqrt{\frac{x(n-x)}{n}}\right)$$

$$= \left(0.0677 - \frac{2.576}{6000}\sqrt{\frac{406 \times (6000-406)}{6000}}, 0.0677 + \frac{2.576}{6000}\sqrt{\frac{406 \times (6000-406)}{6000}}\right)$$

$$= (0.0677 - 0.0084, 0.0677 + 0.0084) = (0.0593, 0.0761)$$

이다. 신뢰구간의 길이가 약 1.7% 정도이고 이는 요구되는 2%의 길이보다는 짧다는 것을 확인할 수 있다. 결론적으로 전체 파손된 타일의 비율은 최소 99% 신뢰수준에서 6.8%±1% 이내로 보고될 수 있을 것이다.

연습문제

10.1.1 $x=11$은 $B(32, p)$에서 추출한 관측치라고 할 때

(a) p에 대한 99% 양측 신뢰구간을 구하라.

(b) p에 대한 95% 양측 신뢰구간을 구하라.

(c) p에 대한 상한을 제공하는 99% 단측 신뢰구간을 구하라.

(d) 다음의 가설검정

$$H_0 : p = 0.5 \text{ versus } H_A : p \neq 0.5$$

에 대하여 이항분포의 꼬리 부분 확률을 이용하여 p-값을 계산하고 정규 근사화를 통한 p-값과 비교하라.

10.1.2 $x=21$은 $B(27, p)$에서 추출한 관측치라고 할 때

(a) p에 대한 99% 양측 신뢰구간을 구하라.

(b) p에 대한 95% 양측 신뢰구간을 구하라.

(c) p에 대한 하한을 제공하는 99% 단측 신뢰구간을 구하라.

(d) 다음의 가설

$$H_0 : p \leq 0.6 \text{ versus } H_A : p > 0.6$$

에 대하여 이항분포의 꼬리 부분 확률을 이용하여 p-값을 계산하고 정규 근사화를 통한 p-값과 비교하라.

10.1.3 0 또는 1의 난수를 생성하고자 한다. 이때 모든 값들은 독립이다. 난수 생성의 실험에서 50,000개의 값들을 생성한 결과, 그중 0은 25,264개였다.

(a) 난수를 생성할 때 0과 1을 발생할 확률이 다른지 가설을 세우고, p-값을 구하라.

(b) 난수 생성에 의해 0이 생성될 확률인 p에 대한 99% 양측 신뢰구간을 구하라.

(c) 위에서 구한 신뢰구간의 길이가 0.005을 넘지 않도록 하기 위하여 생성해야 할 추가 난수의 개수는 몇 개인가?

10.1.4 비행기로부터 낙하하는 패키지를 탐지하기 위해 개발된 새로운 레이더 시스템을 고려해보자. 일련의 시험 결과, 레이더에 의해 탐지된 패키지는 44번 중 35번이다. 레이더가 성공적으로 떨어진 패키지를 탐지할 수 있는 확률에 대한 95% 하한 신뢰한계를 구하라.

10.1.5 두 가지 실험이 수행되었다. 첫 번째 실험은 주사위를 50번 굴려서 6의 눈이 두 번 나왔다. 그리고 두 번째 실험에서는 주사위를 100번 굴려서 6의 눈이 네 번 나왔다. 어떤 실험에서 6의 눈이 나올 확률이 더 작다는 주장을 가장 잘 설명할 수 있겠는가? (힌트 : 합리적인 가설을 세우고, 두 실험으로부터 얻어진 p-값을 비교하라.)

10.1.6 주사위를 100번 던진 결과 6의 눈을 21

회 얻었다. 6의 눈이 나올 확률이 1/6이라는 귀무가설은 $\alpha = 0.05$ 수준에서 기각될 수 있는지 판단하라.

10.1.7 어떤 법정은 다섯 지역에 대한 사법 재판권을 가지고 있다. 그리고 배심원들은 이 다섯 지역의 대표로서 자격 요건을 갖추어야만 한다. 한 조사원은 그가 살고 있는 지역에 배심원으로서의 자격을 갖춘 사람이 그 지역 총 인구의 14 % 정도가 있다고 한다. 그러나 지난 5년 동안 기록된 자료에 의하면 그의 지역에 속하는 1,368명 중에 단지 122명만이 배심원이 되었다. 이러한 구성은 배심원들이 전체 인구로부터 임의로 선택되지 않았다는 합리적인 증거가 된다고 생각하는지 검정하라.

10.1.8 어떤 특정한 질병에 대한 의학 스크리닝(medical screening) 실험에서, 324명 중 23명이 양성 결과가 나왔다. 그 스크리닝 실험은 양성 결과가 잘못되었을 확률인 p가 10%보다 크지 않을 때 채택할 수 있다. 가설

$$H_0 : p \geq 0.1 \text{ versus } H_A : p < 0.1$$

에 대한 p-값을 계산하고 p에 대한 99% 상한 신뢰한계를 구하라. 또한 스크리닝 실험을 채택할 수 있을지 판단하라.

10.1.9 95%의 신뢰수준에서 오차가 ±1%인 모비율 p를 얻고 싶다. 확률 p가 0.5라면 필요한 표본의 개수가 몇 개가 되어야 하는가? 모비율 p의 값이 0.75보다 크다고 가정할 수 있는가?

10.1.10 99%의 신뢰수준에서 오차가 ±2%인 모비율 p를 얻고 싶다. 확률 p가 0.5라면 필요한 표본의 개수가 몇 개가 되어야 하는가? 모비율 p의 값이 0.40보다 크다고 가정할 수 있는가?

10.1.11 어떤 생명공학 실험에서 120번의 실험 중 73번의 성공적인 결과를 얻었다. 이러한 조건에서 성공확률에 대한 99% 양측 신뢰구간을 구하라. 만약 이 확률의 정확도가 ±5%가 되어야 한다면, 얼마나 많은 추가적인 실험을 더 해야만 하는가?

10.1.12 어떤 작업자는 100,000개의 컴퓨터 칩을 전달받았다. 임의로 200개의 칩을 추출한 결과 그중 8개가 불량으로 발견되었다. 전달받은 컴퓨터 칩 중에서 불량품의 총 개수에 대한 95% 상한 신뢰한계를 구하라.

10.1.13 어떤 유리관은 1.1기압의 압력 차이를 견딜 수 있도록 설계되었다. 실험 결과 20개의 유리관 중 12개는 1.5기압의 압력 차이를 견디는 것으로 나타났다. 유리관이 1.5기압의 압력차를 견딜 수 있는 확률에 대한 95% 양측 신뢰구간을 구하라.

10.1.14 국지적인 재해가 발생한 후, 연방 원조 프로그램의 감사는 임의로 선택된 85건의 지원 중 17건이 지원자의 사기 또는 처리 과정 중 발생한 실수로 밝혀졌다. 만약 연방 원조 프로그램에 지원한 건수가 7,607이라고 할 때, 실수가 있을 것으로 예상되는 지원의 총 수에 대한 95% 하한 신뢰한계를 구하라.

10.1.15 어떤 시의원이 더 많은 학교를 짓고자 세금을 인상하는 안에 대한 지원을 받기 위하여 여론조사 샘플 수를 몇 명으로 할지 조언을 구한다고 하자. 그 시의

원은 95% 신뢰수준에서 ±5% 오차범위 이내로 측정하고자 한다. 만약 그 의원이 당신에게 사람들이 그 제안에 대해 찬반투표를 실시하도록 한다면 몇 명의 사람들을 추출해야 하는가? 세 명 중에서 한 명보다 적은 사람들이 세금 인상에 동의한다고 할 때 몇 명의 사람들을 추출해야 하는가?

10.1.16 어떤 날 웹사이트를 방문하는 방문자 542명 중 22명이 광고업체 중 한 곳에서 제공하는 링크를 따라서 웹사이트를 방문한다고 하자. 웹사이트 사용자가 그 광고업체가 제공하는 링크를 따라 방문할 확률에 대한 99% 양측 신뢰구간을 구하라.

10.1.17 모비율 p에 대한 양측 신뢰구간을 구성하는 또 다른 방법은 다음과 같다.

$$\frac{|\hat{p}-p|}{\sqrt{\frac{p(1-p)}{n}}} \le z_{\alpha/2}$$

이 부등식의 양변에 제곱근을 취하고, p에 대한 이차식을 풀어 다음과 같은 결과를 보일 수 있다.

$$l \le p \le u$$

이때

$$l = \frac{2x + z_{\alpha/2}^2 - z_{\alpha/2}\sqrt{4x(1-x/n) + z_{\alpha/2}^2}}{2(n + z_{\alpha/2}^2)}$$

$$u = \frac{2x + z_{\alpha/2}^2 + z_{\alpha/2}\sqrt{4x(1-x/n) + z_{\alpha/2}^2}}{2(n + z_{\alpha/2}^2)}$$

이 결과는 $p \in (l, u)$이 p에 대한 신뢰수준 $1-\alpha$에서의 양측 신뢰구간을 의미한다. 이 신뢰구간은 $\hat{p}$를 중심으로 갖지 않는다. 만약 $x=14$가 $B(39, p)$인 분포로부터 추출한 하나의 관측치라고 할 때 이 방법으로 구한 99% 양측 신뢰구간과 표준적인 방법으로 구한 99% 양측 신뢰구간을 비교하라.

10.1.18 전기 절연체의 유전체 고장 강도는 절연체가 탐지 가능한 양전류가 누출되기 시작할 때의 전압으로 정의된다. 그리고 이의 안전을 고려하는 것은 매우 중요하다. 어떤 실험에서 특정 형태의 절연체 62개를 180℃ 하에서 시험하여 그중 13개의 유전체 고장 강도는 특정 임계수준보다 낮은 것으로 나타났다.

(a) 위 실험에서 이 유전체 고장 강도가 특정 임계수준보다 낮을 확률이 5%보다 크다고 결론내릴 수 있는지 검정하고자 할 때 알맞은 가설을 세우라.

(b) 이 절연체의 유전체 고장 강도가 특정 임계수준보다 낮을 확률에 대하여 하한을 제공하는 95% 단측 신뢰구간을 구하라.

10.1.19 생산라인에서 제조된 210개 부품으로 구성된 표본 중 품질검사를 통과하지 못한 부품이 31개 검출되었다. 생산라인에서 품질검사를 통과하지 못할 부품들의 비율에 대한 99% 양측 신뢰구간을 구하라.

10.1.20 임의로 추출한 38명의 휠체어 사용자들에게 A타입과 B타입 중 선호하는 쿠션의 종류가 무엇인지 물었다. 그들 중 28명은 A타입을, 10명은 B타입을 선호하는 것으로 나타났다. A타입의 쿠션이 B타입의 쿠션보다 적어도 두 배 이상 인기가 있다고 결론내릴 수 있는지 가설을 세우고 검정하라.

10.1.21 어떤 신문은 유권자들이 선호하는 후보자들에 대한 설문조사 결과를 발표하였다. 이의 표본오차가 ±3.5%이고 총 조사 대상은 793명이었다. 오차에 대한 이러한 값들이 어떻게 계산되었는지 설명하라.

10.2 두 모비율의 비교(Comparing Two Population Proportions)

지금부터 두 모비율을 비교하는 문제를 고려하기로 한다. 모집단 A로부터 관측된 데이터들의 성공확률을 p_A, 모집단 B로부터 관측된 데이터들의 성공확률을 p_B라고 하자. 확률변수 X를 크기가 n인 모집단 A의 표본에서 관측된 성공 횟수라고 하고 $X \sim B(n, p_A)$로 표현한다. 동일하게 확률변수 Y를 크기가 m인 모집단 B의 표본에서 관측된 성공 횟수라고 하고 $Y \sim B(m, p_B)$라고 표현한다. 이 단원의 목적은 두 모비율간 차이를 추론하는 것이다. 그 차이는 확률변수 X와 Y의 관측치 x와 y에 근거한 $p_A - p_B$를 의미한다.

이에 대한 가장 좋은 접근 방법은 $p_A - p_B$에 대한 양측 신뢰구간을 계산하는 것이다. [그림 10.13]에서처럼 만약 신뢰구간이 0을 포함한다면 $p_A = p_B$, 즉 두 모비율간 차이가 없다고 할 수 있다. 하지만 만약 신뢰구간이 양의 값만을 포함한다면 이는 $p_A > p_B$라는 사실을 만족하고, 모집단 A가 B보다 더 큰 성공확률 혹은 비율을 갖는다는 것을 의미한다. 이와는 반대로 신뢰구간이 음의 값만을 포함하고 있다면 $p_A < p_B$라는 사실을 만족하고, 모집단 A는 B보다 더 작은 성공확률 혹은 비율을 갖는다는 것을 의미한다.

만일 실험자가 두 모비율이 다른지 알고자 한다면 다음의 가설검정을 고려하는 것이 타당하다.

$$H_0 : p_A = p_B \quad \text{versus} \quad H_A : p_A \neq p_B$$

다른 한편으로 단측 가설검정을 고려할 수 있고, 두 모비율의 차이인 $p_A - p_B$에 대한 단측 신뢰구간을 구할 수 있다. 두 모비율의 불편점추정량은 $\hat{p}_A = x/n$, $\hat{p}_B = y/m$이고 따라서 $p_A - p_B$에 대한 불편추정량은

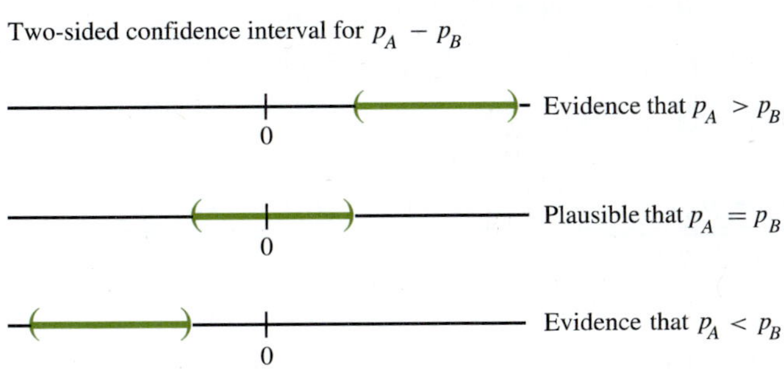

그림 10.13 p_A−p_B에 대한 신뢰구간의 해석

$$\hat{p}_A - \hat{p}_B = \frac{x}{n} - \frac{y}{m}$$

이 된다. 또한

$$\text{Var}(\hat{p}_A) = \frac{p_A(1-p_A)}{n}, \quad \text{Var}(\hat{p}_B) = \frac{p_B(1-p_B)}{m}$$

이므로 각 확률변수 X와 Y가 독립일 때 다음을 만족한다.

$$\text{Var}(\hat{p}_A - \hat{p}_B) = \text{Var}(\hat{p}_A) + \text{Var}(\hat{p}_B) = \frac{p_A(1-p_A)}{n} + \frac{p_B(1-p_B)}{m}$$

큰 표본(large-sample)의 신뢰구간 설정 및 가설검정은 표준정규분포를 이용한 z−통계량을 바탕으로 한다. 그러나 [그림 10.14]에서와 같이 분산 부분에 포함되어 있는 미지의 모비율 p_A와 p_B는 그 점추정치로 대체되어야 하며 따라서 z−통계량은 다음과 같이 구할 수 있다.

$$z = \frac{(\hat{p}_A - \hat{p}_B) - (p_A - p_B)}{\sqrt{\frac{\hat{p}_A(1-\hat{p}_A)}{n} + \frac{\hat{p}_B(1-\hat{p}_B)}{m}}} = \frac{(\hat{p}_A - \hat{p}_B) - (p_A - p_B)}{\sqrt{\frac{x(n-x)}{n^3} + \frac{y(m-y)}{m^3}}}$$

귀무가설 $H_0: p_A = p_B$에서 가설검정을 하는 경우, 전체 성공확률에 대한 합동(pooled) 추정치는 $\hat{p} = (x+y)/(n+m)$이 되며, 이는 분산 부분에서 미지의 모비율인 p_A와 p_B로 표현될 수 있는데

$$z = \frac{\hat{p}_A - \hat{p}_B}{\sqrt{\hat{p}(1-\hat{p})\left(\frac{1}{n} + \frac{1}{m}\right)}}$$

와 같다.

Confidence Interval Construction

$\hat{p}_A = \frac{x}{n}$ $\quad$ $\hat{p}_B = \frac{y}{m}$

Use

$$z = \frac{(\hat{p}_A - \hat{p}_B) - (p_A - p_B)}{\sqrt{\frac{\hat{p}_A(1-\hat{p}_A)}{n} + \frac{\hat{p}_B(1-\hat{p}_B)}{m}}}$$

Hypothesis Testing

$H_0 : p_A = p_B$

Pooled estimate $\hat{p} = \frac{x+y}{n+m}$

Use

$$z = \frac{\hat{p}_A - \hat{p}_B}{\sqrt{\hat{p}(1-\hat{p})(\frac{1}{n} + \frac{1}{m})}}$$

그림 10.14
두 비율 p_A와 p_B의 비교

10.2.1 두 모비율 차에 대한 신뢰구간

충분히 큰 표본의 크기 n과 m에 대하여 z−통계량은 표준정규분포로부터 관측된 값으로 다음과 같이 선택될 수 있다.

$$z = \frac{(\hat{p}_A - \hat{p}_B) - (p_A - p_B)}{\sqrt{\frac{\hat{p}_A(1-\hat{p}_A)}{n} + \frac{\hat{p}_B(1-\hat{p}_B)}{m}}} = \frac{(\hat{p}_A - \hat{p}_B) - (p_A - p_B)}{\sqrt{\frac{x(n-x)}{n^3} + \frac{y(m-y)}{m^3}}}$$

간단히 말하면 np_A, $n(1-p_A)$, mp_B, $m(1-p_B)$이 모두 5보다 큰 표본 크기에

대하여 정규 근사화가 가능하다. 즉 $x, n-x, y$ 그리고 $m-y$가 5보다 큰 경우에 만족될 수 있다. $p_A - p_B$에 대한 양측 및 단측 신뢰구간은 일반 경우처럼 표준정규분포로부터 선택된 임계치와 z-통계량을 통해 얻을 수 있다.

두 모비율 차에 대한 신뢰구간
(Confidence Intervals for the Difference of Two Population Proportions)

확률변수 X가 분포 $B(n, p_A)$를 따르고 확률변수 Y가 분포 $B(m, p_B)$를 따른다고 할 때, 성공확률의 차 $p_A - p_B$에 대한 신뢰수준 $1-\alpha$의 근사된 양측 신뢰구간은 다음과 같다.

$$p_A - p_B \in \left(\hat{p}_A - \hat{p}_B - z_{\alpha/2}\sqrt{\frac{\hat{p}_A(1-\hat{p}_A)}{n} + \frac{\hat{p}_B(1-\hat{p}_B)}{m}},\right.$$
$$\left.\hat{p}_A - \hat{p}_B + z_{\alpha/2}\sqrt{\frac{\hat{p}_A(1-\hat{p}_A)}{n} + \frac{\hat{p}_B(1-\hat{p}_B)}{m}}\right)$$

이때 추정된 성공확률은 각각 $\hat{p}_A = x/n$ 및 $\hat{p}_B = y/m$이며 신뢰구간은 다음과 같이 표현할 수 있다.

$$p_A - p_B \in \left(\hat{p}_A - \hat{p}_B - z_{\alpha/2}\sqrt{\frac{x(n-x)}{n^3} + \frac{y(m-y)}{m^3}},\right.$$
$$\left.\hat{p}_A - \hat{p}_B + z_{\alpha/2}\sqrt{\frac{x(n-x)}{n^3} + \frac{y(m-y)}{m^3}}\right)$$

신뢰수준 $1-\alpha$에서 근사 단측 신뢰구간은

$$p_A - p_B \in \left(\hat{p}_A - \hat{p}_B - z_{\alpha}\sqrt{\frac{\hat{p}_A(1-\hat{p}_A)}{n} + \frac{\hat{p}_B(1-\hat{p}_B)}{m}}, 1\right)$$
$$= \left(\hat{p}_A - \hat{p}_B - z_{\alpha}\sqrt{\frac{x(n-x)}{n^3} + \frac{y(m-y)}{m^3}}, 1\right)$$

및

$$p_A - p_B \in \left(-1, \hat{p}_A - \hat{p}_B + z_{\alpha}\sqrt{\frac{\hat{p}_A(1-\hat{p}_A)}{n} + \frac{\hat{p}_B(1-\hat{p}_B)}{m}}\right)$$
$$= \left(-1, \hat{p}_A - \hat{p}_B + z_{\alpha}\sqrt{\frac{x(n-x)}{n^3} + \frac{y(m-y)}{m^3}}\right)$$

인데 이러한 근사치는 $x, n-x, y$ 및 $m-y$가 모두 5보다 클 때 적합하다.

예제 57 건물 외벽 파손(Building Tile Cracks)

두 건물의 외벽 파손 정도에 대한 예제를 다시 고려할 때 건물 A에서는 전체 $n=$ 6,000개 중에 $x=406$개에서 외벽 파손이 발견되었다. 건물 A와 동일한 시기에 만들어진 건물 B의 외벽 재질은 같지만 접착제 성분은 달라 합성수지로 만들어졌다. 건축 시공자는 외벽 타일 파손에 영향을 주는 접착제의 팽창력 및 응축 성질에 관심을 가지고 있다. [그림 10.15]에서처럼 건물 B의 $m=2{,}000$개의 표본을 대상으로 실험한 결과 $y=83$개의 파손이 확인되었다. 건물 A의 타일이 파손될 확률을 p_A, 건물 B의 타일이 파손될 확률을 p_B라고 할 때 $\hat{p}_A = x/n = 406/6000 = 0.0677$이며 $\hat{p}_B = y/m = 83/2000 = 0.0415$가 된다. 따라서 $z_{0.005} = 2.576$을 이용해 이 확률들의 차에 대한 99% 양측 신뢰구간을 구하면

$$
\begin{aligned}
p_A - p_B \in &\left(\hat{p}_A - \hat{p}_B - z_{\alpha/2}\sqrt{\frac{x(n-x)}{n^3} + \frac{y(m-y)}{m^3}},\right.\\
&\left.\hat{p}_A - \hat{p}_B + z_{\alpha/2}\sqrt{\frac{x(n-x)}{n^3} + \frac{y(m-y)}{m^3}}\right)\\
&= \left(0.0677 - 0.0415 - 2.576\sqrt{\frac{406 \times (6000-406)}{6000^3} + \frac{83 \times (2000-83)}{2000^3}},\right.\\
&\left.0.0677 - 0.0415 + 2.576\sqrt{\frac{406 \times (6000-406)}{6000^3} + \frac{83 \times (2000-83)}{2000^3}}\right)\\
&= (0.0262 - 0.0142,\ 0.0262 + 0.0142) = (0.0120,\ 0.0404)
\end{aligned}
$$

이다. 이 신뢰구간은 양의 값만을 포함하므로 $p_A > p_B$임을 나타내고 따라서 건물

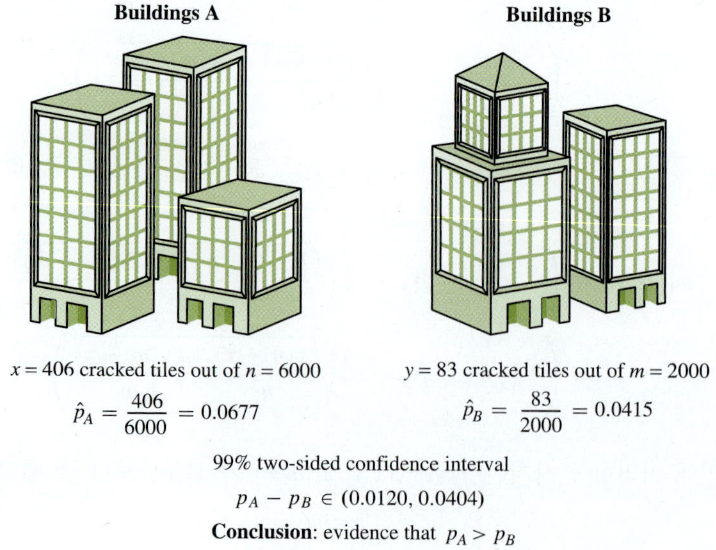

그림 10.15 건물 외벽 파손 예제에 대한 분석

B의 접착제 성분이 건물 A의 접착제 성분보다 더 좋다고 할 수 있다. 특히 이 신뢰구간은 건물 A에 사용된 접착제가 건물 B에 사용된 접착제보다 약 1.2~4.0% 정도 더 파손이 많이 발생함을 보여주고 있다.

예제 58 제초제 유통기한(Overaqe Weedkiller Product)

화학회사 A는 자신들이 만든 살충제가 유통기간이 초과했는지 또한 경쟁사 B사보다 얼마나 유통기간이 더 경과했는지 그 비율을 알고자 한다. 검사원은 A회사의 $n=54{,}965$개의 살충제를 조사했고 그중 $x=2{,}779$개가 유통기간이 초과했다는 것을 알았다. 따라서

$$\hat{p}_A = \frac{x}{n} = \frac{2779}{54{,}965} = 0.0506$$

가 된다. 또한 그는 B회사의 $m=47{,}892$개의 살충제를 조사했고 그중 $y=3{,}298$개가 유통기간이 초과했다는 것을 알았다. 따라서

$$\hat{p}_B = \frac{y}{m} = \frac{3298}{47{,}892} = 0.0689$$

이며, 이 확률들의 차에 대한 99% 양측 신뢰구간은

$$p_A - p_B \in \left(\begin{array}{l} \hat{p}_A - \hat{p}_B - z_{\alpha/2}\sqrt{\dfrac{x(n-x)}{n^3} + \dfrac{y(m-y)}{m^3}}, \\ \hat{p}_A - \hat{p}_B + z_{\alpha/2}\sqrt{\dfrac{x(n-x)}{n^3} + \dfrac{y(m-y)}{m^3}} \end{array} \right)$$

$$= \left(\begin{array}{l} 0.0506 - 0.0689 - 2.576\sqrt{\dfrac{2779\times(54{,}965-2779)}{54{,}965^3} + \dfrac{3298\times(47{,}892-3298)}{47{,}892^3}}, \\ 0.0506 - 0.0689 + 2.576\sqrt{\dfrac{2779\times(54{,}965-2779)}{54{,}965^3} + \dfrac{3298\times(4{,}892-3298)}{47{,}892^3}} \end{array} \right)$$

$$= (-0.0183 - 0.0038, -0.0183 + 0.0038) = (-0.0221, -0.0145)$$

으로 이 신뢰구간은 음의 값만을 포함하므로 $p_A < p_B$임을 알 수 있다. 따라서 회사 B가 회사 A보다 유통기간이 경과한 제품을 판매할 비율이 더 높다고 할 수 있으며 그 차이가 약 1.4~2.2%임을 보여주고 있다.

10.2.2 두 모비율 차에 대한 가설검정

어떤 실험자가 두 모비율 p_A와 p_B가 다른지 알고자 한다면 다음과 같은 양측 가설검정을 고려하는 것이 타당하다.

$$H_0 : p_A = p_B \quad \text{versus} \quad H_A : p_A \neq p_B$$

귀무가설은 두 비율이 같다는 것을 의미하므로 $\hat{p}_A - \hat{p}_B$의 분산 추정치에 공통의 성공확률에 대한 합동(pooled) 추정치 $\hat{p} = (x+y)/(n+m)$를 적용시키는 것이 타당하다. 충분히 큰 표본 크기에서 z-통계량

$$z = \frac{\hat{p}_A - \hat{p}_B}{\sqrt{\hat{p}(1-\hat{p})\left(\frac{1}{n}+\frac{1}{m}\right)}}$$

은 귀무가설이 참일 경우 표준정규분포를 따르며 p-값 계산은 아래와 같이 수행할 수 있다.

두 모비율의 동질성에 대한 가설검정
(Hypothesis Tests of the Equality of Two Population Proportions)

x를 $B(n, p_A)$에서의 관측치라고 하고 y를 $B(m, p_B)$에서의 관측치라고 할 때 양측 가설검정 문제

$$H_0 : p_A = p_B \quad \text{versus} \quad H_A : p_A \neq p_B$$

의 p-값은 다음과 같다.

$$p\text{-값} = 2 \times \Phi(-|z|)$$

이때

$$z = \frac{\hat{p}_A - \hat{p}_B}{\sqrt{\hat{p}(1-\hat{p})\left(\frac{1}{n}+\frac{1}{m}\right)}}$$

이며, $\hat{p} = (x+y)/(n+m)$이다.
크기 α의 가설검정은 $|z| \leq z_{\alpha/2}$일 때 귀무가설을 채택하고 $|z| > z_{\alpha/2}$일 때 기각한다.
단측 가설검정 문제

$$H_0 : p_A - p_B \geq 0 \quad \text{versus} \quad H_A : p_A - p_B < 0$$

의 p-값은

$$p\text{-값} = \Phi(z)$$

이며, 크기 α의 가설검정은 $z \geq -z_\alpha$일 때 귀무가설을 채택하고 $z < -z_\alpha$일 때 기각한다. 또다른 단측 가설검정

$$H_0 : p_A - p_B \leq 0 \quad \text{versus} \quad H_A : p_A - p_B > 0$$

에 대한 p-값은

$$p\text{-값} = 1 - \Phi(z)$$

이며, 크기 α의 가설검정은 $z \leq z_\alpha$일 때 귀무가설을 채택하고 $z > z_\alpha$일 때 기각한다.

예제 61 정책 여론조사(Political Polling)

시장이 시 운영을 잘하고 있는지 설문조사를 실시하고자 한다. 지역신문은 연령에 따라 의견이 다를 수 있는지 알고자 하며 따라서 무작위로 추출한 표본에 대하여 연령에 따른 정보를 수집하였다. 설문조사 결과 18~39세의 연령대 $n=952$명 중 $x=627$명이 잘하고 있다고 응답했으며 40세 이상에서는 $m=1{,}043$명 중 $y=421$명이 잘하고 있다고 응답했다([그림 10.16] 참조). 젊은 연령대에서 잘하고 있다고 동의한 비율 p_A의 추정치는

$$\hat{p}_A = \frac{627}{952} = 0.659$$

이며, 중년층 이상에서 잘하고 있다고 동의한 비율 p_B의 추정치는

$$\hat{p}_B = \frac{421}{1043} = 0.404$$

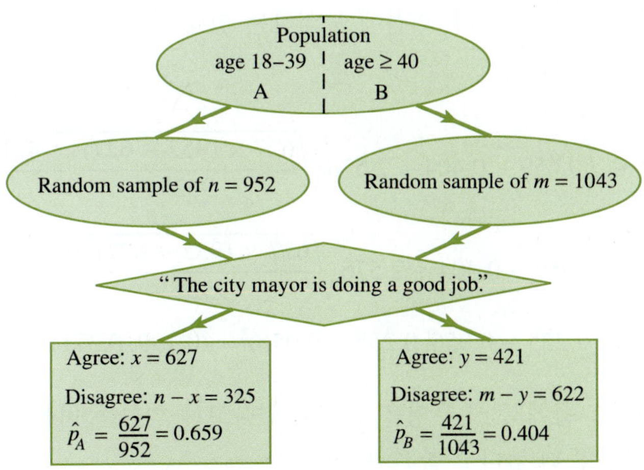

$H_0 : p_A = p_B,\ H_A : p_A \neq p_B$

Pooled estimate $\hat{p} = \dfrac{627+421}{952+1043} = 0.525$

$z = 11.39$, p-value $= 2 \times \Phi(-11.39) \simeq 0$

Conclusion: The null hypothesis is not plausible. There is evidence that the proportion agreeing with the statement differs between the two age groups.

그림 10.16 정책 여론조사 예제

이다. 서로 다른 연령대의 두 그룹간 지지하는 정도에 차이가 있는지 알아보고자 한다. 이는 다음의 양측 가설검정을 통해 확인할 수 있다.

$$H_0 : p_A = p_B \quad \text{versus} \quad H_A : p_A \neq p_B$$

귀무가설을 채택할 경우 연령에 따라 시 운영을 잘하고 있다고 동의하는 정도가 다르다는 충분한 근거를 제시하지 못하게 된다.

전체 비율에 대한 합동 추정치는

$$\hat{p} = \frac{x+y}{n+m} = \frac{627+421}{952+1043} = 0.525$$

이며 z−통계량은

$$\begin{aligned} z &= \frac{\hat{p}_A - \hat{p}_B}{\sqrt{\hat{p}(1-\hat{p})\left(\frac{1}{n}+\frac{1}{m}\right)}} \\ &= \frac{0.659-0.404}{\sqrt{0.525\times(1.000-0.525)\times\left(\frac{1}{952}+\frac{1}{1043}\right)}} = 11.39 \end{aligned}$$

으로 p−값은 다음과 같다.

$$p\text{-값} = 2\times\Phi(-11.39) \simeq 0$$

결국 귀무가설은 전혀 신뢰할 만하지 못하며 연령대별로 동의하는 정도에 차이가 있음을 알 수 있다. 의견에 동의하는 연령대별 비율차에 대한 99% 양측 신뢰구간은

$$\begin{aligned} p_A - p_B \in &\left(0.659-0.404-2.576\sqrt{\frac{627\times(952-627)}{952^3}+\frac{421\times(1043-421)}{1043^3}},\right. \\ &\left.0.659-0.404+2.576\sqrt{\frac{627\times(952-627)}{952^3}+\frac{421\times(1043-421)}{1043^3}}\right) \\ &= (0.255-0.056, 0.255+0.056) = (0.199, 0.311) \end{aligned}$$

으로 젊은 그룹에서 시 운영을 잘하고 있다고 동의하는 비율이 중년 그룹보다 약 20~30% 정도 더 높다고 할 수 있다.

[그림 10.17]에 두 모비율을 비교하기 위한 가설 검정 및 신뢰구간을 구하는 방법을 요약하였다.

Population A	**Population B**
x successes out of n trials p_A = probability of success $\hat{p}_A = \frac{x}{n}$	y successes out of m trials p_B = probability of success $\hat{p}_B = \frac{y}{m}$

Two-sided 1−α level confidence interval

$$p_A - p_B \in \left(\hat{p}_A - \hat{p}_B - z_{\alpha/2}\sqrt{\frac{\hat{p}_A(1-\hat{p}_A)}{n} + \frac{\hat{p}_B(1-\hat{p}_B)}{m}},\ \hat{p}_A - \hat{p}_B + z_{\alpha/2}\sqrt{\frac{\hat{p}_A(1-\hat{p}_A)}{n} + \frac{\hat{p}_B(1-\hat{p}_B)}{m}}\right)$$

$$= \left(\hat{p}_A - \hat{p}_B - z_{\alpha/2}\sqrt{\frac{x(n-x)}{n^3} + \frac{y(m-y)}{m^3}},\ \hat{p}_A - \hat{p}_B + z_{\alpha/2}\sqrt{\frac{x(n-x)}{n^3} + \frac{y(m-y)}{m^3}}\right)$$

One-sided 1−α level confidence interval

$$p_A - p_B \in \left(\hat{p}_A - \hat{p}_B - z_{\alpha}\sqrt{\frac{\hat{p}_A(1-\hat{p}_A)}{n} + \frac{\hat{p}_B(1-\hat{p}_B)}{m}},\ 1\right) = \left(\hat{p}_A - \hat{p}_B - z_{\alpha}\sqrt{\frac{x(n-x)}{n^3} + \frac{y(m-y)}{m^3}},\ 1\right)$$

$$p_A - p_B \in \left(-1,\ \hat{p}_A - \hat{p}_B + z_{\alpha}\sqrt{\frac{\hat{p}_A(1-\hat{p}_A)}{n} + \frac{\hat{p}_B(1-\hat{p}_B)}{m}}\right) = \left(-1,\ \hat{p}_A - \hat{p}_B + z_{\alpha}\sqrt{\frac{x(n-x)}{n^3} + \frac{y(m-y)}{m^3}}\right)$$

Hypothesis Testing

$$\hat{p} = \frac{x+y}{n+m} \qquad z = \frac{\hat{p}_A - \hat{p}_B}{\sqrt{\hat{p}(1-\hat{p})\left(\frac{1}{n}+\frac{1}{m}\right)}}$$

$H_0: p_A - p_B \geq 0, H_A: p_A - p_B < 0$	$H_0: p_A = p_B, H_A: p_A \neq p_B$	$H_0: p_A - p_B \leq 0, H_A: p_A - p_B > 0$
p-value = $\Phi(z)$	p-value = $2 \times \Phi(-\lvert z\rvert)$	p-value = $1 - \Phi(z)$
Size α test accept $H_0: z \geq -z_\alpha$ reject $H_0: z < -z_\alpha$	Size α test accept $H_0: \lvert z\rvert \leq z_{\alpha/2}$ reject $H_0: \lvert z\rvert > z_{\alpha/2}$	Size α test accept $H_0: z \leq z_\alpha$ reject $H_0: z > z_\alpha$

그림 10.17
두 모비율 비교하기 위한 추론 절차의 요약(x, $n-x$, m 및 $m-y$가 모두 5보다 클 때 유효함)

연습문제

10.2.1 $B(37, p_A)$로부터 관측치 $x=14$를 얻었고, $B(26, p_B)$로부터 관측치 $y=7$을 얻었다고 할 때

(a) $p_A - p_B$에 대한 99% 양측 신뢰구간을 구하라.

(b) $p_A - p_B$에 대한 95% 양측 신뢰구간을 구하라.

(c) $p_A - p_B$에 대한 99% 단측 신뢰구간의 하한을 구하라.

(d) 다음 가설검정 문제에 대한 p-값을 계산하라.

$$H_0: p_A = p_B \text{ versus } H_A: p_A \neq p_B$$

10.2.2 $B(302, p_A)$로부터 관측치 $x=261$을 얻었고, $B(454, p_B)$로부터 다른 관측치 $y=401$을 얻었다고 할 때

(a) $p_A - p_B$에 대한 99% 양측 신뢰구간을 구하라.

(b) $p_A - p_B$에 대한 90% 양측 신뢰구간을 구하라.

(c) $p_A - p_B$에 대한 99% 단측 신뢰구간의 상한을 구하라.

(d) 다음 가설검정 문제에 대한 p-값을 계산하라.

$$H_0 : p_A = p_B \text{ versus } H_A : p_A \neq p_B$$

10.2.3 비행기로부터 낙하하는 패키지를 탐지하는 두 레이더 시스템의 능력을 비교하였다. 일련의 실험에서 시스템 A는 44개 중 35개를 탐지하였고, 시스템 B는 52개 중 36개를 탐지했다.

(a) 레이더 시스템이 낙하하는 패키지를 성공적으로 탐지할 확률 차에 대한 99% 양측 신뢰구간을 구하라.

(b) 두 레이더 시스템의 탐지 효율이 동일한지 양측가설검정에 대한 p-값을 구하라.

10.2.4 주사위 A를 50번 던져 6의 눈이 4번 나왔고, 주사위 B를 50번 던져 6의 눈이 10번 나왔다.

(a) 두 주사위에서 6의 눈이 나올 확률 차에 대한 99% 양측 신뢰구간을 구하라.

(b) 6의 눈이 나올 확률이 같은지 양측 가설검정에 대한 p-값을 구하라.

(c) 주사위 A를 500번 던져 6의 눈이 40번 나왔고, 주사위 B를 500번 던져 6의 눈이 100번 나온 경우에 대하여 위의 (a)~(b)에 답하라.

10.2.5 효소(enzyme)와 단백질(protein) 같은 생화학 분자의 재생 및 정제를 위하여 적합한 수정(crystal)제를 생산한다. 최적조건을 결정하기 위한 실험에서 종자 수정제 없는 특정 용액에 대하여 60번 시도 중 27번이 24시간 내에 수정이 발생하였고 종자 수정제가 있는 특정 용액에 대하여 60번 시도 중 36번이 24시간 내에 수정이 발생하였다. 종자 수정제가 있음으로 인해 수정이 24시간 내에 발생할 확률을 증가시킨다는 근거가 있는지 단측 신뢰구간을 구하고 단측 p-값을 구하라.

10.2.6 특정 질병을 치료하기 위해 일반 약물과 새로운 약물을 비교하고자 한다. 임상 실험을 위하여 200명의 환자를 대상으로 임의로 두 그룹으로 나누고 한 그룹에는 표준 약물을, 나머지 그룹에는 새로운 약물을 투여하였다. 새로운 약물을 투여한 100명의 환자 중 83명의 환자의 상태가 호전된 반면 표준 약물치료를 받은 환자 100명 중 72명만 상태가 호전되었다. 새로운 약물이 표준 약물보다 효과가 뛰어나다고 할 수 있는지 단측 p-값을 계산하고 또한 단측 신뢰구간을 구하라.

10.2.7 텔레비전 세트를 만드는 두 생산라인이 있다. 특정 기간 동안 생산라인 A에서는 1,128세트 중 23대가 불량이었으며, 생산라인 B에서는 962세트 중 24대가 불량이었다. 두 생산라인간 불량률 차에 대한 양측 p-값을 계산하고 양측 신뢰구간을 구하라.

10.2.8 어떤 생명공학 실험에서 표준절차를 사용한 120번 중 73번은 성공적인 결과를 얻은 반면 새로운 절차를 사용한 120번의 시도에서는 101번의 성공적인 결과를 얻었다. 새로운 절차가 표준적인 절차보다 더 좋은 결과를 가져온다고 할 수 있는가?

10.2.9 어떤 제조회사는 컴퓨터 칩을 공급하는 공급자 둘 중에 하나를 선택해야만 한다. 공급자 A가 공급하는 200개 임의 표본을 검사한 결과 그중 8개가 불량이

었고, 공급자 B가 공급하는 250개 중 13개가 불량이었다. 둘 중 어떤 공급자를 선택해야 할지 양측 추론절차를 활용하라.

10.2.10 국지적으로 발생한 재해로 인한 연방 구호 프로그램의 감사는 재해가 발생한 후 처음 2주 동안 지원을 요청한 임의의 85건의 지원요청 중 사기 또는 처리 실수로 인해 17건의 오류가 발생했다. 그러나 임의로 선택된 132건의 지원요청 중에는 재해 발생 후 처음 2주보다 늦게 지원하였고 이때 오류 발생은 16건이었다. 이를 통해 재해 발생 후 초반에 지원을 요청하는 경우가 오류가 더 많이 발생한다고 할 수 있는지 유의수준 $\alpha=0.05$로 검정하라.

10.2.11 두 스캐닝 기계를 비교하고자 한다. 기계 A를 이용하여 스캔한 아이템 185개 중 159개는 오류가 발생하지 않았다. 기계 B를 이용하여 스캔한 아이템 185개 중 138개는 오류가 발생하지 않았다. 오류가 발생하지 않을 확률이 기계 B에서보다 기계 A가 더 높다고 할 수 있는가?

10.2.12 문제 10.1.16을 다시 고려하자. 542명 중 22명의 방문자가 광고업체 중 한 곳에서 제공한 링크를 따라 특정 웹사이트를 방문했다. 한편 광고를 수정한 후 하루에 601명 중 64명의 방문자가 동일한 링크를 따라서 그 웹사이트를 방문했다고 할 때 광고를 수정함으로써 더 많은 고객을 유인할 수 있다는 충분한 근거가 있는가?

10.2.13 문제 10.1.18을 다시 고려하자. 180℃에서 특정 형태의 62개 절연체 중 유전체 고장강도가 특정 임계수준보다 낮은 것이 13개 발견되었다. 또한 250℃ 하에서 동일 형태의 70개 절연체 중 특정 임계수준보다 낮은 유전체 고장 강도가 20개 발견되었다.

(a) 이 실험에서 180℃에서보다 250℃에서 임계수준을 밑도는 유전체 고장 강도가 발견될 확률이 더 크다고 할 수 있는지 단측 가설검정을 실시하라.

(b) 180℃와 250℃에서 특정 임계수준을 밑도는 유전체의 고장 강도를 갖는 절연체가 발견될 확률 차에 대한 99% 양측 신뢰구간을 구하라.

10.2.14 250명의 환자 그룹을 임의의 두 집단으로 각각 125명씩 나누어 첫 번째 그룹에는 A 치료법을 받아 그중 72명의 상태가 호전되었다. 또다른 그룹의 125명의 환자는 B 치료법을 받아 그중 60명의 상태가 호전되었다고 할 때 두 치료법간 차이가 있는지 가설검정을 실시하라.

10.2.15 어떤 회사는 두 제품에 대한 고장 분석을 시행하고 있다. 처음 제품에 대해서는 243개의 제품 중 사용 오류로 인해 76개 제품에 대하여 고장이 발견되었고, 두 번째 제품에서는 320개의 제품 중 사용 오류로 인해 122개의 제품에 대하여 고장이 발견되었다. 사용 오류로 인한 두 제품에서 고장이 발생할 확률 차에 대한 99% 양측 신뢰구간을 구하라. 신뢰구간에 근거하여 두 제품간 고장 확률 차이가 있다고 할 수 있는가?

10.3 일원 분할표에 대한 적합도 검정(Goodness of Fit Tests for One-Way Contingency Tables)

이 절에서는 두 수준보다도 큰 수준수를 가지는 분류(classification) 기법을 설명한다. 데이터 집합은 서로 다른 셋 이상의 결과 중 하나에 포함된다고 가정한다. 이항분포가 두 수준에 대한 분류 방법으로 적합하다고 하면 다항분포는 셋 이상에 대한 분류 방법으로 적합하다. 가설검정은 다항분포가 어떤 특정 확률값을 가지는지 평가하기 위하여 묘사되며, 특히 동질성 검정은 이 절의 주 관심 대상이다. 적합도 검정은 카이제곱 검정이 주로 사용될 것이다.

10.3.1 일원 분류법

[그림 10.18]의 데이터 집합을 고려하자. n 개의 관측치 각각은 k 범주(혹은 셀이라고 함)들 중 하나로 분류된다. 그 결과 셀 돗수는 각각 $x_1, ..., x_k$ 이며 $x_1 + \cdots + x_k = n$을 만족한다. 전체 표본의 크기가 n으로 고정되어 있을 때 이러한 데이터 집합은 각각의 셀에 속할 확률 $p_1, ..., p_k$ ($p_1 + \cdots + p_k = 1$)을 가지는 다항분포로 모형화할 수 있다. 셀 돗수 x_i는 $B(n, p_i)$로부터의 관측치이며 i번째 셀의 확률 p_i는 다음과 같이 추정된다.

$$\hat{p}_i = \frac{x_i}{n}$$

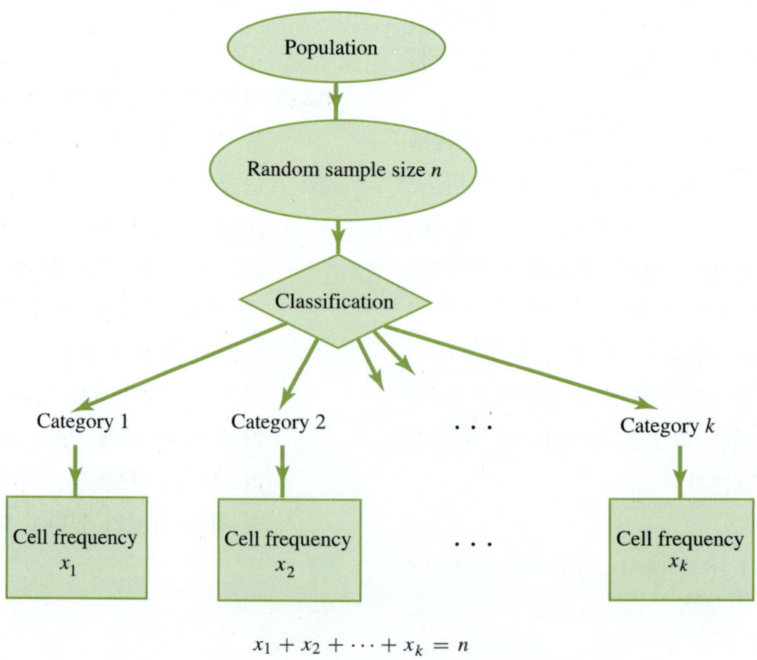

그림 10.18 일원 분류 (One-way classification)

10.1절에서 사용한 방법들은 특정 셀에 대한 확률 p_i을 추론하는데 사용될 수 있지만 여기에서는 개별적인 경우보다 전체적인 경우 특정 셀 확률값($p_i^*, \cdots, p_k^*$)을 고려할 때 유용하다. 즉 특정 $p_1^*, \cdots, p_k^*$에 대하여 귀무가설($H_0: p_i = p_i^*$, $1 \le i \le k$)을 검증하고자 할 경우 카이제곱 적합도 검정을 도입할 수 있다. 이 경우 그 확률들의 동질성 여부가 우리들의 주된 관심사이며, 이는 k개 셀 확률들이 모두 같다는 것을 의미한다. 따라서

$$p_i^* = \frac{1}{k} \qquad 1 \le i \le k$$

이며 이 가설검정 문제는 기본적으로 단측이 아닌 양측검정 문제임을 명심할 필요가 있다(이에 대한 단측 문제는 존재하지 않는다).

예제 1 기계 고장(Machine Breakdowns)

$n = 46$개 중에서 고장이 난 기계들에 대해서, 전기적인 결함으로 인한 고장은 $x_1 = 9$, 기계적 결함으로 인한 고장은 $x_2 = 24$, 그리고 오작동으로 인한 고장은 $x_3 = 13$이다. 세 종류의 고장들에 대한 확률은 각각 $p_1^* = 0.2$, $p_2^* = 0.5$, $p_3^* = 0.3$라는 의견에 대해서 카이제곱 적합도 검정을 실행하면 그 신뢰 정도를 알 수 있다.

예제 13 공장 작업장 내 사고(Factory Floor Accidents)

공장 작업장에서 발생하는 사고를 줄이기 위해 새로운 안전운동을 시도하고자 한다. 우선 공장 관리자는 그 주에 작업장에서 발생한 사고 기록을 훑어본 결과 [그림 10.19]에 나타난 것처럼 일주일 동안 총 사고 횟수가 $n = 270$이라는 것을 알게 되었다. 이에 따르면 특히 월요일과 금요일에 사고가 더 많이 발생한 것으로 나타났다. 만일 이것이 사실이라면 월요일과 금요일에 특히 주의할 필요가 있으며, 그날 발생하는 사고를 줄이기 위해서 모종의 조치를 취해야만 할 것이다.

그렇다면 이 자료들은 월요일과 금요일에 사고 건수가 다른 요일보다 더 빈번하게 발생한다고 할 수 있는가? 이 경우 귀무가설은

$$H_0 : p_i = \frac{1}{5} \qquad 1 \le i \le 5$$

으로 사건발생 확률이 모든 요일에 동일하다는 것을 말해준다. 만약 이 가설을 뒷받침할 수 있다면 특정 요일에 사고가 더 많이 발생한다고 할 수 없을 것이다.

그림 10.19 공장 작업장 내 사고 요인

Day of week	Monday	Tuesday	Wednesday	Thursday	Friday	
Number of accidents	65	43	48	41	73	$n = 270$

귀무가설

$$H_0 : p_i = p_i^* \qquad 1 \le i \le k$$

에 대한 가설검정은 관측된 셀 돗수 (x_1, ..., x_k)를 기대 셀 돗수(e_1, ..., e_k)와 비교함으로써 수행할 수 있다. [그림 10.20]에서 관측된 셀 돗수 x_i는 단순히 각 셀에서 관측한 자료값이며 기대 셀 돗수 e_i는 다음과 같이 구하여진다.

$$e_i = np_i^* \qquad 1 \le i \le k$$

즉 기대 셀 돗수 e_i는 귀무가설이 참일 경우, 다항확률변수 $X_1, \cdots, X_k$에 대한 기대값으로 x_i처럼 정수일 필요는 없지만 다음을 만족해야만 한다.

$$e_1 + e_2 + \cdots + e_k = n$$

적합도검정(goodness of fit test)은 x_i와 e_i간 차이를 비교함으로써 수행할 수 있는데 이 값들의 차이가 작을수록 귀무가설의 신뢰도는 높아지며 반대로 그 차이가 커질수록 귀무가설의 신뢰도는 낮아진다.

두 값들의 차를 계산하는 통계량으로는 아래 두 가지의 카이제곱 통계량이 주로 사용되는데 p-값은 카이제곱분포로부터 구할 수 있다.

$$X^2 = \sum_{i=1}^{k} \frac{(x_i - e_i)^2}{e_i} \qquad\qquad G^2 = 2\sum_{i=1}^{k} x_i \ln\left(\frac{x_i}{e_i}\right).$$

전자는 피어슨(Pearson) 카이제곱 통계량이라 하고, 후자는 우도비(likelihood ratio) 카이제곱 통계량이라고 한다. 이 통계량들은 모두 양의 값을 가지며 그 값이 클수록 두 값들간 차이가 크다는 것을 의미한다. $x_i = e_i$, $1 \le i \le k$ 일 때 $X^2 = G^2 = 0$이며 이는 완전히 적합함을 의미한다. 위 두 카이제곱 통계량은 서로 다른 수학적 접근 방법을 통해 유도되었으며 어떤 통계량이 더 낫다고 말하기는 힘들다.

p-값은 카이제곱 통계량 X^2와 G^2을 자유도가 $k-1$인 카이제곱 분포와 비교

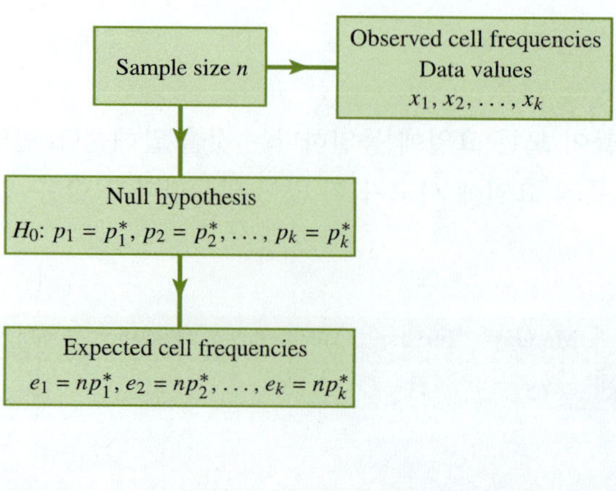

그림 10.20
관측된 셀 돗수와 기대 셀 돗수

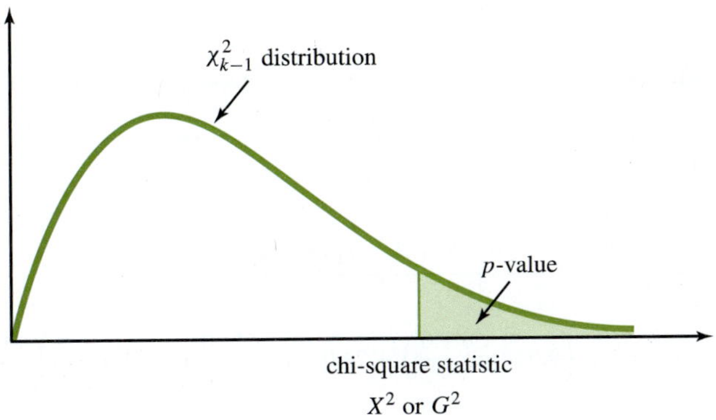

그림 10.21 카이제곱 적합도 검정에 대한 p-값 계산

$p\text{-value} = P(\chi^2_{k-1} \geq X^2)$
or
$p\text{-value} = P(\chi^2_{k-1} \geq G^2)$

함으로써 구할 수 있는데

$$p\text{-값} = P\left(\chi^2_{k-1} \geq X^2\right)$$

또는

$$p\text{-값} = P\left(\chi^2_{k-1} \geq G^2\right)$$

와 같다([그림 10.21] 참조). 유의수준 α에서의 가설검정은 카이제곱 통계량이 임계값 $\chi^2_{\alpha,\,k-1}$보다 크지 않을 경우 귀무가설을 채택하고, 큰 경우 귀무가설을 기각하게 된다. 피어슨 카이제곱 통계량 X^2의 값과 우도비 카이제곱 통계량 G^2의 값은 일반적으로 매우 유사하므로 어떤 것을 사용해도 좋다.

p-값의 계산은 큰 표본 크기에 대한 검정 통계량으로 점근(asymptotic) 카이제곱 분포를 토대로 산출하며, 기대 셀 돗수 e_i의 크기가 5보다 클 경우 적합하다. 만약 그 기대값이 5보다 작으면 다른 셀들과 통합하여 기대 셀 돗수가 최소 5이상 되도록 해주는 것이 좋다.

예제 1 기계 고장(Machine Breakdowns)

귀무가설 $H_0: p_1 = 0.2,\ p_2 = 0.5,\ p_3 = 0.3$를 고려해보자. 이 귀무가설에서 기대 셀 돗수는 각각

$$e_1 = np_1^* = 46 \times 0.2 = 9.2$$
$$e_2 = np_2^* = 46 \times 0.5 = 23.0$$
$$e_3 = np_3^* = 46 \times 0.3 = 13.8$$

이며([그림 10.22] 참조), 카이제곱 통계량은

$$H_0 : p_1 = 0.2,\ p_2 = 0.5,\ p_3 = 0.3$$

	Electrical	Mechanical	Operator misuse	
Observed cell frequencies	$x_1 = 9$	$x_2 = 24$	$x_3 = 13$	$n = 46$
Expected cell frequencies	$e_1 = 46 \times 0.2 = 9.2$	$e_2 = 46 \times 0.5 = 23.0$	$e_3 = 46 \times 0.3 = 13.8$	$n = 46$

Pearson chi-square statistic: $X^2 = \dfrac{(9.0-9.2)^2}{9.2} + \dfrac{(24.0-23.0)^2}{23.0} + \dfrac{(13.0-13.8)^2}{13.8} = 0.0942$

Likelihood ratio chi-square statistic: $G^2 = 2 \times \left(9.0 \times \ln\left(\dfrac{9.0}{9.2}\right) + 24.0 \times \ln\left(\dfrac{24.0}{23.0}\right) + 13.0 \times \ln\left(\dfrac{13.0}{13.8}\right)\right) = 0.0945$

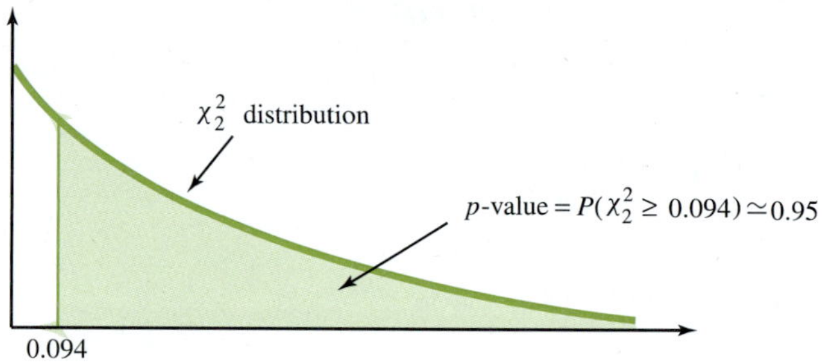

Conclusion: Null hypothesis is plausible

그림 10.22
기계고장 예제에 대한 적합도 검정

$$X^2 = 0.0942 \text{ 혹은 } G^2 = 0.0945$$

이다. 이 값들은 자유도 $k-1=3-1=2$인 카이제곱분포와 비교할 수 있고, p-값은

$$p\text{-값} \simeq P\left(\chi_2^2 \geq 0.094\right) = 0.95$$

와 같다. 이처럼 큰 p-값은 귀무가설이 신뢰할 만하며 이는 관측된 셀 돗수 x_1, x_2, x_3와 기대 셀 돗수 e_1, e_2, e_3의 값이 매우 비슷한 것을 통해 짐작할 수 있다. 물론 귀무가설이 신뢰할 만하다는 것은 귀무가설이 사실임을 증명하는 것과는 다른 의미이다.

한편 동질성 검정, 즉 고장에 대한 서로 다른 세 원인의 발생 가능성이 동일한지 알아보고자 할 때 기대 셀 돗수는

$$e_1 = e_2 = e_3 = \frac{46}{3} = 15.33$$

로 서로 같고 피어슨의 카이제곱 통계량은

$$X^2 = \frac{(9.00-15.33)^2}{15.33} + \frac{(24.00-15.33)^2}{15.33} + \frac{(13.00-15.33)^2}{15.33} = 7.87$$

이며 위의 동질성 검정에 대한 p-값은

$$p\text{-값} = P\left(\chi_2^2 \geq 7.87\right) \simeq 0.02$$

으로 그 발생 가능성이 동일하다는 가설은 타당하지 않음을 알 수 있다.

일원-분할표에 대한 적합도 검정 (Goodness of Fit Tests for One-Way Contingency Tables)

k 개 셀 및 미지의 셀 확률 $p_1, ..., p_k$을 가지는 다항분포를 고려해보자. 관측된 셀 돗수 $(x_1, ..., x_k, x_1 + \cdots + x_k = n)$ 집합에 대한 귀무가설은 다음과 같다.

$$H_0 : p_i = p_i^* \qquad 1 \leq i \leq k$$

이는 셀 확률들이 특정값 $p_1^*, \cdots, p_k^*$을 갖는다는 것을 의미하며 p-값은 다음과 같이 계산할 수 있다.

$$p\text{-값} = P\left(\chi_{k-1}^2 \geq X^2\right) \quad \text{혹은} \quad p\text{-값} = P\left(\chi_{k-1}^2 \geq G^2\right)$$

카이제곱 검정 통계량은

$$X^2 = \sum_{i=1}^{k} \frac{(x_i - e_i)^2}{e_i} \quad \text{및} \quad G^2 = 2\sum_{i=1}^{k} x_i \ln\left(\frac{x_i}{e_i}\right)$$

으로 기대 셀 돗수

$$e_i = np_i^* \qquad 1 \leq i \leq k$$

와 같이 구할 수 있다. 위의 두 가지 계산 방식에 의해 도출되는 p-값은 일반적으로 비슷한 값을 가지며, e_i 값이 각각 5보다 클 경우 적절한 것으로 알려져 있다.
크기 α를 가지는 가설검정의 경우 $X^2 \leq \chi^2_{\alpha, k-1}$(또는 $G^2 \leq \chi^2_{\alpha, k-1}$)일 때 귀무가설이 채택되며 $X^2 > \chi^2_{\alpha, k-1}$(또는 $G^2 > \chi^2_{\alpha, k-1}$)일 경우 귀무가설은 기각된다.

예제 13 공장 작업장 내 사고(Factory Floor Accidents)

귀무가설

$$H_0 : p_i = \frac{1}{5} \qquad 1 \leq i \leq 5$$

에 대한 기대 셀 돗수는

$$e_1 = e_2 = e_3 = e_4 = e_5 = \frac{270}{5} = 54$$

$$H_0 : p_1 = p_2 = p_3 = p_4 = p_5 = \frac{1}{5}$$

	Monday	Tuesday	Wednesday	Thursday	Friday	
Observed cell frequencies	$x_1 = 65$	$x_2 = 43$	$x_3 = 48$	$x_4 = 41$	$x_5 = 73$	$n = 270$
Expected cell frequencies	$e_1 = 270 \times \frac{1}{5} = 54$	$e_2 = 270 \times \frac{1}{5} = 54$	$e_3 = 270 \times \frac{1}{5} = 54$	$e_4 = 270 \times \frac{1}{5} = 54$	$e_5 = 270 \times \frac{1}{5} = 54$	$n = 270$

Pearson chi-square statistic: $X^2 = \frac{(65-54)^2}{54} + \frac{(43-54)^2}{54} + \frac{(48-54)^2}{54} + \frac{(41-54)^2}{54} + \frac{(73-54)^2}{54} = 14.95$

Likelihood ratio chi-square statistic: $G^2 = 2 \times \left(65 \times \ln\left(\frac{65}{54}\right) + 43 \times \ln\left(\frac{43}{54}\right) + 48 \times \ln\left(\frac{48}{54}\right) + 41 \times \ln\left(\frac{41}{54}\right) + 73 \times \ln\left(\frac{73}{54}\right)\right) = 14.64$

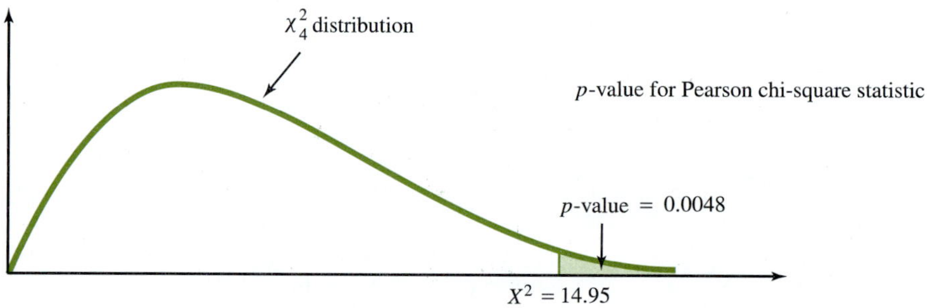

Conclusion: Null hypothesis is *not* plausible.

그림 10.23
공장 작업장 내 사고 예제에 대한 적합도 검정

이 된다. [그림 10.23]에서처럼 카이제곱 통계량은 각각 $X^2 = 14.95$ 및 $G^2 = 14.64$로서 자유도 $k-1 = 5-1 = 4$인 카이제곱 분포와 비교해보면 다음과 같은 p-값을 얻을 수 있다.

$$p\text{-값} \simeq P(\chi_4^2 \geq 14.95) = 0.0048 \quad \text{및} \quad p\text{-값} \simeq P(\chi_4^2 \geq 14.64) = 0.0055$$

p-값이 매우 작으므로 동질성에 대한 귀무가설은 신뢰할 만하지 못하다는 결론을 내릴 수 있다. 즉 공장 작업장에서 발생하는 사고들이 요일별로 동일하게 발생하지 않는다고 결론내릴 수 있다. 특히 월요일과 금요일에 사고 발생률이 높기 때문에 그 요일들에 특별한 주의가 요구된다.

10.3.2 분포가정에 대한 검정

적합도 검정은 자료가 특정 분포에 대한 독립적인 관측치들로 구성되어 있을 때 신뢰 정도를 검정하기 위해 사용될 수 있다. 관측된 셀 돗수 x_i은 각 셀에 할당된 관측치들의 숫자를 의미하며 e_i는 특정 확률분포에서 각 셀에 할당될 것으로 기대되는 돗수를 나타낸다.

다음의 예제들은 소프트웨어에서 발생하는 에러가 포아송분포를 따르는지, 자동차를 운행할 경우 교체하기 전까지 브레이크 패드의 주행 거리가 지수분포를 따르는지, 또한 콘크리트 벽돌의 무게가 정규분포를 따르는지 등을 검정하는 방법을 묘사하고 있다. 각각의 경우에 대하여 귀무가설은 데이터들이 특정 분포를 따른다는 것이고 결국 귀무가설을 기각한다는 것은 특정 분포에 대한 가정이 잘못되었음을 의미한다. 귀무가설을 채택할 경우 특정 분포에 대한 가정이 신뢰할 만하다는 것을 의미하지만 꼭 데이터의 분포가 특정 분포라고 확정지을 수는 없다. 만약 표본의 크기가 충분히 크지 않다면 적합도 검정은 효력을 발휘하지 못할지도 모르기 때문에 충분히 큰 표본을 이용해야만 믿을 수 있는 결과를 도출할 수 있을 것이다.

예제 3 소프트웨어 에러(Software Errors)

[그림 10.24]는 총 $n=85$개의 소프트웨어 에러 횟수를 나타내고 있다. 예를 들어 소프트웨어 제품 중 3개는 발생한 오류가 없는 반면 14개 제품에서는 1개의 에러가 발생했다. 이때 발생한 에러가 평균 $\lambda=3$인 포아송분포를 따른다고 할 수 있는가?

포와송분포를 토대로 기대 셀 돗수를 구할 수 있다. 확률변수 X가 평균 $\lambda=3$인 포아송분포를 갖는다면

$$e_1 = n \times P(X=0) = 85 \times \frac{e^{-3} \times 3^0}{0!} = 4.23$$

$$e_2 = n \times P(X=1) = 85 \times \frac{e^{-3} \times 3^1}{1!} = 12.70$$

으로 이 기대값 중 어떤 값들은 5보다 작기 때문에 셀을 [그림 10.24]와 같이 그룹화하는 것이 적절하다. 결국 $k=6$개의 셀이 필요하고 각각의 기대 돗수들은 5보다 크게 된다. 피어슨 χ^2 통계량은

$$\begin{aligned} X^2 &= \frac{(17.00-16.93)^2}{16.93} + \frac{(20.00-19.04)^2}{19.04} + \frac{(25.00-19.04)^2}{19.04} \\ &\quad + \frac{(14.00-14.28)^2}{14.28} + \frac{(6.00-8.57)^2}{8.57} + \frac{(3.00-7.14)^2}{7.14} \\ &= 5.12 \end{aligned}$$

이며 자유도 $k-1=6-1=5$인 χ^2 분포와 비교한 결과, p-값은 다음과 같다.

$$p\text{-값} = P\left(\chi_5^2 \geq 5.12\right) = 0.40$$

Number of errors found in a software product	0	1	2	3	4	5	6	7	8	
Frequency	3	14	20	25	14	6	2	0	1	$n = 85$

H_0 : number of errors X has a Poisson distribution with mean $\lambda = 3.0$

Cell	Expected cell frequency	
$X = 0$	$e_1 = 85 \times P(X = 0) = 85 \times \frac{e^{-3} \times 3^0}{0!} = 4.23$	Group
$X = 1$	$e_2 = 85 \times P(X = 1) = 85 \times \frac{e^{-3} \times 3^1}{1!} = 12.70$	Group
$X = 2$	$e_3 = 85 \times P(X = 2) = 85 \times \frac{e^{-3} \times 3^2}{2!} = 19.04$	
$X = 3$	$e_4 = 85 \times P(X = 3) = 85 \times \frac{e^{-3} \times 3^3}{3!} = 19.04$	
$X = 4$	$e_4 = 85 \times P(X = 4) = 85 \times \frac{e^{-3} \times 3^4}{4!} = 14.28$	
$X = 5$	$e_5 = 85 \times P(X = 5) = 85 \times \frac{e^{-3} \times 3^5}{5!} = 8.57$	
$X = 6$	$e_6 = 85 \times P(X = 6) = 85 \times \frac{e^{-3} \times 3^6}{6!} = 4.28$	Group
$X = 7$	$e_7 = 85 \times P(X = 7) = 85 \times \frac{e^{-3} \times 3^7}{7!} = 1.84$	Group
$X = 8$	$e_8 = 85 \times P(X = 8) = 85 \times \frac{e^{-3} \times 3^8}{8!} = 0.69$	Group
$X \geq 9$	$e_9 = 85 \times P(X \geq 9) = 0.33$	Group
	$n = 85.0$	

After grouping

Number of errors	0–1	2	3	4	5	≥ 6	
Observed cell frequency	$x_1 = 17$	$x_2 = 20$	$x_3 = 25$	$x_4 = 14$	$x_5 = 6$	$x_6 = 3$	$n = 85$
Expected cell frequency	$e_1 = 16.93$	$e_2 = 19.04$	$e_3 = 19.04$	$e_4 = 14.28$	$e_5 = 8.57$	$e_6 = 7.14$	$n = 85$

그림 10.24
소프트웨어 에러 예제에 대한 적합도 검정

이는 소프트웨어에서 발생하는 에러 횟수가 평균 $\lambda = 3$인 포아송분포를 따른다는 것을 설명하는데 상당히 신뢰할 만하다고 할 수 있다.

데이터를 토대로 다음과 같이 매우 일반적인 귀무가설을 고려해보자.

H_0 : 소프트웨어에서 발생하는 오류의 횟수는 포아송분포를 갖는다.

기대 셀 돗수 e_i는 평균으로 $\lambda = \bar{X} = 2.76$인 포아송분포를 이용하여 계산할 수 있고 그에 따른 p-값은 자유도가 $k-1-1=4$인 χ^2 분포로부터 계산할 수 있다.

예제 34 자동차 브레이크 패드 마모(Car Brake Pad Wear)

자동차 브레이크 패드를 교체할 때까지 얼마나 주행했는지 자료를 수집하여 [그림 10.25]에 정리하였다. 전체 $n=232$개 자료에 대하여 주행 거리를 여섯 범주 중 하나로 분류하였다. 목적은 교체하기 전까지 주행한 브레이크 패드의 거리를 지

Brake pad wearout mileage in 1000-mile units	0.0–5.0	5.0–7.5	7.5–10.0	10.0–12.5	12.5–15.0	>15 0	
Frequency	81	48	41	36	22	4	$n = 232$

H_0 : wearout mileage X has an exponential distribution with parameter $\lambda = 1/\bar{x} = 1/7.6 = 0.1316$

Cell	**Expected cell frequency**
$0.0 < X \leq 5.0$	$e_1 = 232 \times P(X \leq 5.0) = 232 \times (1 - e^{-0.1316\times 5}) = 111.8$
$5.0 < X \leq 7.5$	$e_2 = 232 \times P(5.0 < X \leq 7.5) = 232 \times (e^{-0.1316\times 5} - e^{-0.1316\times 7.5}) = 33.6$
$7.5 < X \leq 10.0$	$e_3 = 232 \times P(7.5 < X \leq 10.0) = 232 \times (e^{-0.1316\times 7.5} - e^{-0.1316\times 10}) = 24.4$
$10.0 < X \leq 12.5$	$e_4 = 232 \times P(10.0 < X \leq 12.5) = 232 \times (e^{-0.1316\times 10} - e^{-0.1316\times 12.5}) = 17.4$
$12.5 < X \leq 15.0$	$e_5 = 232 \times P(12.5 < X \leq 15.0) = 232 \times (e^{-0.1316\times 12.5} - e^{-0.1316\times 15}) = 12.5$
$15.0 < X$	$e_6 = 232 \times P(15.0 < X) = 232 \times e^{-0.1316\times 15} = 32.3$
	$n = 232$

그림 10.25 자동차 브레이크 패드 마모 예제에 대한 적합도 검정

수분포로 모형화할 수 있는지 알아보는 것이다. 연구원은 브레이크 패드의 평균 주행거리를 1,000마일 단위로 계산하여, $\bar{x} = 7.6$을 얻었다. 따라서 이 자료는 모수 $\lambda = 1/7.6 = 0.1316$를 갖는 지수분포를 통해 검정할 수 있다. 기대 셀 돗수는 [그림 10.25]에 역시 정리되어 있는데 예를 들면

$$e_1 = n \times P(X \leq 5) = 232 \times (1 - e^{-0.1316\times 5}) = 111.8$$

으로 확률변수 X는 모수 $\lambda = 0.1316$을 갖는 지수분포를 따른다. 또한

$$e_2 = n \times P(5 \leq X \leq 7.5) = 232 \times (e^{-0.1316\times 5} - e^{-0.1316\times 7.5}) = 33.6$$

이 된다. 관측 돗수와 기대 돗수를 확인하면 상당히 다른 것을 알 수 있는데 피어슨 χ^2 통계량을 구한 결과

$$\begin{aligned} X^2 &= \frac{(81.0-111.8)^2}{111.8} + \frac{(48.0-33.6)^2}{33.6} + \frac{(41.0-24.4)^2}{24.4} \\ &\quad + \frac{(36.0-17.4)^2}{17.4} + \frac{(22.0-12.5)^2}{12.5} + \frac{(4.0-32.3)^2}{32.3} \\ &= 77.78 \end{aligned}$$

으로 자유도 4인 χ^2 분포와 비교하여 p-값을 구하면

$$p\text{-값} = P\left(\chi_4^2 \geq 77.78\right) \simeq 0$$

으로 지수분포를 이용하여 브레이크 패드의 주행 거리를 모형화하는 것은 적당하지 못함을 알 수 있다. 실제로 지수분포는 브레이크 패드의 주행 거리가 5,000

마일 이하의 개수와 15,000마일 이상의 개수를 과대평가하는 경향이 있다. 특히 후자의 경우 지수분포의 위쪽 꼬리 부분 확률값을 크게 만드는 지수분포의 무기억성 성질(memoryless property)과 깊은 연관이 있다.

예제 37 콘크리트 벽돌 무게(Concrete Block Weights)

[그림 10.26]은 콘크리트 벽돌 중 임의로 선택된 $n=125$개에 대하여 오름차순으로 정렬하였다. 콘크리트 벽돌의 무게가 정규분포를 따른다고 할 수 있는가?

자료를 통하여 구한 표본 평균은 $\bar{x}=10.94$이며 표본 표준편차는 $s=0.286$이다. 따라서 평균 $\mu=10.94$이고 표준편차 $\sigma=0.286$인 정규분포에 대한 검정을 수행할 수 있다. 만약 여섯 개의 셀을 다음과 같이

$$(-\infty, 10.54], (10.54, 10.74], (10.74, 10.94], (10.94, 11.14], (11.14, 11.34], (11.34, \infty)$$

의 구간으로 나누었다고 할 때 관측된 셀 돗수 x_i와 기대 셀 돗수 e_i는 [그림

10.10	10.34	10.39	10.42	10.48	10.48	10.49	10.52	10.52
10.54	10.55	10.57	10.59	10.59	10.59	10.61	10.61	10.62
10.64	10.65	10.67	10.68	10.69	10.69	10.70	10.70	10.70
10.71	10.72	10.72	10.73	10.74	10.74	10.74	10.74	10.75
10.75	10.75	10.76	10.78	10.79	10.79	10.79	10.79	10.80
10.80	10.80	10.81	10.82	10.82	10.84	10.85	10.86	10.87
10.89	10.89	10.91	10.91	10.92	10.93	10.93	10.93	10.93
10.95	10.97	10.99	11.00	11.01	11.01	11.02	11.02	11.03
11.03	11.04	11.04	11.04	11.05	11.05	11.06	11.06	11.07
11.08	11.08	11.08	11.08	11.08	11.08	11.08	11.09	11.09
11.10	11.10	11.11	11.12	11.13	11.13	11.14	11.14	11.15
11.16	11.16	11.17	11.17	11.17	11.18	11.18	11.20	11.21
11.22	11.26	11.27	11.30	11.31	11.32	11.33	11.34	11.35
11.40	11.41	11.43	11.55	11.57	11.58	11.58	11.61	

Summary statistics: $\bar{x} = 10.94$, $s = 0.286$

H_0 : block weight, X, has a $N(10.94, 0.286^2)$ distribution

Cell	Observed Cell Frequency	Expected Cell Frequency	
$-\infty < X \le 10.54$	$x_1 = 10$	$e_1 = 125 \times P(X \le 10.54) = 125 \times \Phi\left(\frac{10.54-10.94}{0.286}\right)$	$= 10.12$
$10.54 < X \le 10.74$	$x_2 = 25$	$e_2 = 125 \times P(10.54 < X \le 10.74) = 125 \times \left(\Phi\left(\frac{10.74-10.94}{0.286}\right) - \Phi\left(\frac{10.54-10.94}{0.286}\right)\right)$	$= 20.15$
$10.74 < X \le 10.94$	$x_3 = 28$	$e_3 = 125 \times P(10.74 < X \le 10.94) = 125 \times \left(\Phi\left(\frac{10.94-10.94}{0.286}\right) - \Phi\left(\frac{10.74-10.94}{0.286}\right)\right)$	$= 32.23$
$10.94 < X \le 11.14$	$x_4 = 35$	$e_4 = 125 \times P(10.94 < X \le 11.14) = 125 \times \left(\Phi\left(\frac{11.14-10.94}{0.286}\right) - \Phi\left(\frac{10.94-10.94}{0.286}\right)\right)$	$= 32.23$
$11.14 < X \le 11.34$	$x_5 = 18$	$e_5 = 125 \times P(11.14 < X \le 11.34) = 125 \times \left(\Phi\left(\frac{11.34-10.94}{0.286}\right) - \Phi\left(\frac{11.14-10.94}{0.286}\right)\right)$	$= 20.15$
$11.34 < X$	$x_6 = 9$	$e_6 = 125 \times P(11.34 < X) = 125 \times \left(1 - \Phi\left(\frac{11.34-10.94}{0.286}\right)\right)$	$= 10.12$
	$n = 125$		$n = 125$

그림 10.26
콘크리트 벽돌 무게 예제에 대한 적합도 검정

10.26]과 같다. 예를 들면 10.54kg 이하의 벽돌이 10개 있다고 하면 $x_1 = 10$이다. X를 평균 $\mu = 10.94$, 표준편차 $\sigma = 0.286$인 정규분포를 따르는 확률변수라고 할 때

$$e_1 = n \times P(X \leq 10.54) = 125 \times \Phi\left(\frac{10.54 - 10.94}{0.286}\right) = 125 \times 0.0810 = 10.12$$

가 된다. 동일하게 10.54~10.74kg 구간 내에 포함되는 벽돌이 25개 있다면 $x_2 = 25$이며

$$\begin{aligned} e_2 &= n \times P(10.54 < X \leq 10.74) \\ &= 125 \times \left(\Phi\left(\frac{10.74 - 10.94}{0.286}\right) - \Phi\left(\frac{10.54 - 10.94}{0.286}\right)\right) \\ &= 125 \times (0.2422 - 0.0810) \\ &= 20.15 \end{aligned}$$

가 된다. 피어슨 χ^2 통계량은

$$\begin{aligned} X^2 &= \frac{(10.00 - 10.12)^2}{10.12} + \frac{(25.00 - 20.15)^2}{20.15} + \frac{(28.00 - 32.23)^2}{32.23} \\ &\quad + \frac{(35.00 - 32.23)^2}{32.23} + \frac{(18.00 - 20.15)^2}{20.15} + \frac{(9.00 - 10.12)^2}{10.12} \\ &= 2.32 \end{aligned}$$

으로, 자료로부터 정규분포의 모수 두 개가 추정되었기 때문에 자유도는 $k - 1 - 2 = 3$인 χ^2 분포와 비교하게 되고 p-값은

$$p\text{-값} = P\left(\chi_3^2 \geq 2.32\right) = 0.51$$

으로 콘크리트 벽돌의 무게가 정규분포를 따른다는 것을 의미한다.

이 검정은 구간 설정에 있어 다소 임의적인 것처럼 보인다. 이 예제에서는 꼬리 구간을 제외하고 동일한 길이로 선택되었다. 일반적으로 기대 셀 돗수가 모두 동일하도록 구간을 선택한다.

한편 정규성을 검정하는 다른 방법들이 있지만 적합도 검정에 비해 다소 민감하다. 또한 [그림 12.7] 같은 정규확률 그림도 단순하면서도 효과적인 방법이 될 수 있다.

연습문제

10.3.1 DS 10.3.1에 $n=500$개 주사위를 던진 결과가 주어져 있다.

(a) 주사위가 공정하다면 기대되는 셀 돗수는 어떠한가?

(b) 주사위가 공정한지에 대하여 피어슨 χ^2 통계량 X^2를 구하라.

(c) 주사위가 공정한지에 대하여 우도비 χ^2 통계량 G^2을 구하라.

(d) 이 통계량들에 대한 p-값을 구하고 주사위가 공정하다는 귀무가설에 대하여 $\alpha=0.01$로 가설을 검정하라.

(e) 6의 눈이 나올 확률에 대한 90% 양측 신뢰구간을 계산하라.

10.3.2 DS 10.3.2에 6의 눈을 얻기까지 던진 주사위 횟수를 보여주고 있다. 만약 6의 눈이 나올 확률이 1/6이라면 6이 나올 때까지 던진 주사위 횟수는 모수 $p=1/6$을 갖는 기하분포를 따르게 된다. 이 분포가 타당하지 검정을 수행하라.

10.3.3 타이어 판매

타이어 판매점에서는 A, B 및 C 세 종류의 타이어를 판매한다. 주인은 A 종류가 B 종류보다 두 배, B 종류가 C 종류보다 두 배만큼 더 선택된다고 추측하고 있다.

(a) 올해 판매 자료인 DS 10.3.3을 근거로 할 때 이 추측은 믿을 만한가?

(b) 고객이 A 종류의 타이어를 선택할 확률에 대한 99% 양측 신뢰구간을 구하라.

10.3.4 배심원 선정

법정에서는 다섯 지역에 사법권을 행사할 수 있는데 A 지역에서 14%, B 지역에서 22%, C 지역에서 35%, D 지역에서 16%, 그리고 E 지역에서 13%의 사람들이 배심원으로서의 자격 요건을 갖추고 있다. DS 10.3.4에 5년 동안 선택된 배심원의 거주 지역이 명시되어 있다. 배심원으로 가능한 인원 중에서 임의로 선택되지 않았다는 증거가 존재하는가?

10.3.5 감염 회복

DS 10.3.5에 감염을 치료하는데 있어 특정 치료의 효율성을 조사하기 위해서 일련의 임상실험 결과를 보여주고 있다.

(a) 감염이 완전히 치유될 가능성이 50%이고 감염치료에 효과가 없을 가능성이 10%라고 말하는 것은 적절한가?(G^2 통계량을 구하라.)

(b) 감염이 완전히 치유될 확률에 대한 95% 양측 신뢰구간을 구하라.

10.3.6 청량음료의 조합에 대한 미각시험

어떤 음료회사는 청량음료를 생산하기 위하여 세 가지 조합을 가진다. DS 10.3.6에 참가자들이 어떤 조합을 좋아하는지에 대한 결과를 보여주고 있다. 세 가지를 동일하게 혼합한 것이 인기가 많다고 할 수 있는가?

10.3.7 병원 응급실

DS 10.3.7에 한 시간 동안 병원 응급실에 도착하는 횟수를 나타내고 있다. 도착 횟수를 평균 $\lambda=7$을 갖는 포아송분포로 모형화하는 것이 타당한가?

10.3.8 방사능 입자 방출

DS 10.3.8은 어떤 물질로부터 방출되어 나오는 방사능 입자수로 1분 동안 카운터를 통과하는 수를 의미한다. 이를 포아송분포로 모형화하는 것이 타당하다는 어떤 증거가 있는가?

10.3.9 조개 진주 등급
조개 진주 등급은 A, B, C 및 D등급으로 나눈다. 이는 직경이 각각 9~10, 7~9, 5~7 및 0~5mm에 해당되는데(DS 10.3.9 참조), 진주 직경이 0~10mm 사이에서 균일분포(uniform distribution)를 따른다고 할 수 있는가?

10.3.10 포토복사 기계 고장
DS 10.3.10는 포토복사 기계의 고장 시간 간격에 대한 자료들을 보여주고 있다. 이들 시간 간격들이 평균 5일인 지수분포를 따른다고 모형하는 것이 타당한가?

10.3.11 광케이블 결점
DS 10.3.11은 하나의 광케이블에서 발견되는 결점간 거리에 대한 자료를 보여주고 있다. 이 결점간 거리들은 평균이 2m인 지수분포를 따른다고 모형하는 것이 타당한가?

10.3.12 생산라인의 변동성
DS 10.3.12는 1kg 설탕 포대의 실제 무게에 대한 자료를 보여주고 있다. 이 무게는 평균 $\mu = 1.03$kg, 표준편차 $\sigma = 0.01$kg을 갖는 정규분포로 모형화하는 것이 타당한가?

10.3.13 식물 유전변이
어떤 생물학 실험에서 많은 양의 식물을 재배하고 있다. 각 식물의 줄기 길이는 크거나 작은 두 가지로 분류하고, 꽃이 피는 위치는 굴대 혹은 끝부분 두 가지로 분류한다. 전체적으로 412개가 키가 크고 끝부분에 꽃이 피는 식물들이고, 121개가 키가 크고 굴대에 꽃이 피는 식물들이며, 148개는 키가 작고 끝부분에 꽃이 피는 식물들, 46개는 키가 작고 굴대에 꽃이 피는 식물이다. 일반적으로 알려진 유전이론에 따르면 이러한 네 가지의 특징들을 보이는 식물들에 대한 확률들은 상대적으로 9:3:3:1이라고 한다. 이 데이터 집합은 일반적으로 알려진 유전이론을 뒷받침하는가?

10.3.14 205명의 소비자를 대상으로 세 가지 제품 중 그들이 선호하는 제품을 고르도록 하였다. 제품 A는 83명, 제품 B는 75명, 그리고 제품 C는 47명의 소비자가 선택하였다. 세 제품이 선택될 확률이 동일하다는 결론을 입증할 충분한 근거가 있는가?

10.3.15 화학물질 산성도
어떤 화학물질의 산성도는 '매우 높다', '높다', '보통이다', '낮다', '매우 낮다'로 구분할 수 있다. 생산된 화학물질 630개의 표본으로부터 분류해 놓은 결과는 DS 10.3.13에 정리되어 있다.
(a) 산성도가 '보통이다'라고 나올 확률이 0.80이라는 귀무가설에 대하여 양측 가설검정을 시행하라.
(b) 산성도가 '매우 높다'라고 나올 확률이 0.04이고 '높다'일 확률이 0.06, '보통이다'일 확률이 0.80, 그리고 '낮다'일 확률이 0.06, '매우 낮다'일 확률이 0.04라고 한다면 이 데이터들은 이를 잘 설명하고 있는가?

10.3.16 특정 저장 조건에서 건전지가 충전되는 시간을 측정하는 실험을 한다. 전체 125개의 건전지들은 같은 수준에서 충전되고 지정된 조건에 저장된다. 24시간 후

에 모든 125개의 건전지가 테스트되었고 그중 12개는 임계수준 미달이었다. 그 후 24시간이 지난 다음 남아 있는 113개의 건전지에 대한 테스트가 또 다시 시행되었고 그 결과 임계수준 미달은 53개로 나타났다. 마지막으로 또 24시간 이후에 다시 테스트가 시행된 결과 남아 있는 60개 중 39개의 건전지가 임계수준 미달로 밝혀졌다. 위와 같은 충전 조건에서 충전이 임계수준 이하로 떨어질 때까지 걸리는 시간이 모수 $\lambda = 0.065$, $a = 0.45$를 갖는 와이블분포를 따른다고 한다. 실험의 결과가 위의 주장을 만족한다고 할 수 있는가?

10.3.17 상어 공격

DS 10.3.14은 지난 76년 동안 해변에서 발생한 상어 공격 횟수를 나타낸다. 연간 상어의 공격 횟수가 평균이 2.5인 포아송분포를 따른다고 할 수 있는가?

10.4 이원 분할표에 대한 독립성 검정(Testing for Independence in Two-Way Contingency Tables)

10.4.1 이원 분류법

이원 분할표는 두 개의 서로 다른 범주에서 어떤 객체집합을 동시에 분류하는 방법을 요약한다. 만약 첫 번째 범주가 r 수준, 두 번째 범주가 c 수준을 갖는다고 한다면 [그림 10.27]에서처럼 자료들은 돗수들의 집합 형태로 표에 나타낼 수 있다.

$$x_{ij} \qquad 1 \le i \le r \qquad 1 \le j \le c$$

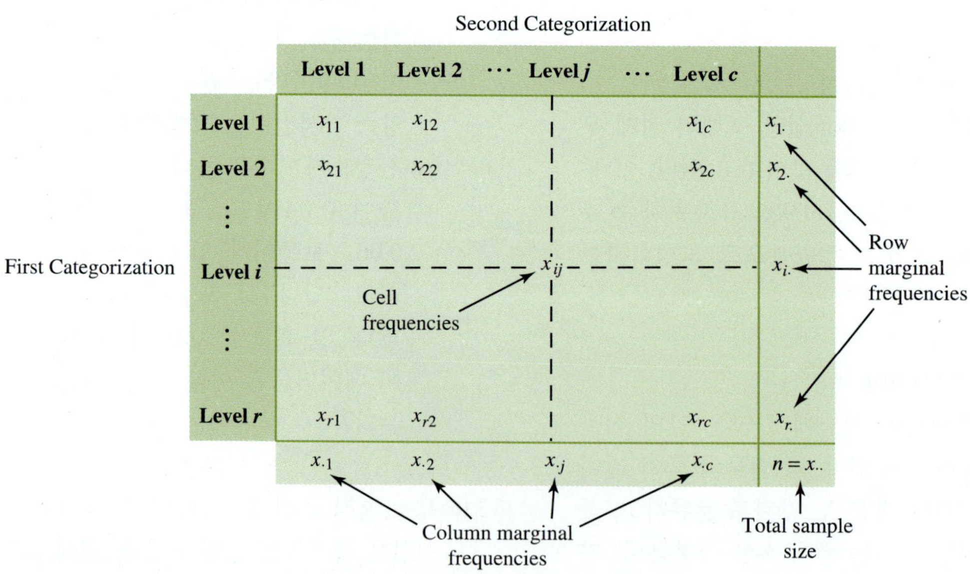

그림 10.27
$(r \times c)$ 이원 분할표

셀 돗수 x_{ij}는 첫 번째 범주의 i번째 수준과 두 번째 범주의 j번째 수준에서 관측한 객체의 수를 의미한다. 이러한 형태의 데이터 집합은 $(r\times c)$ 분할표(Contingency Table)라고 한다. 행의 주변돗수(marginal frequency) $x_{1.}, \ldots, x_{r.}$는 다음과 같이 정의된다.

$$x_{i\cdot} = \sum_{j=1}^{c} x_{ij} \qquad 1 \le i \le r$$

즉 첫 번째 범주에 대한 r개의 수준 각각에 대한 빈도들의 합이 된다. 동일한 방법으로 열의 주변돗수 $x_{.1}, \ldots, x_{.c}$는 다음과 같이 정의된다.

$$x_{\cdot j} = \sum_{i=1}^{r} x_{ij} \qquad 1 \le j \le c$$

따라서 표본 크기 n은

$$n = x_{\cdot\cdot} = \sum_{j=1}^{c} x_{\cdot j} = \sum_{i=1}^{r} x_{i\cdot}$$

이 된다.

예제 29 약 알레르기 반응(Drug Allergies)

환자들의 알레르기 반응을 유발하는 세 가지 종류의 약물이 있다. 환자 집단은 $n=300$명으로 100명의 환자들로 구성된 세 개의 그룹을 임의로 구성하였다. 그리고 각 집단에게는 세 가지의 약물 중 하나만을 투여한다. 환자들은 과민 알레르기, 알레르기, 경미한 알레르기 및 알레르기 반응 없음의 네 가지로 분류된다.

[그림 10.28]에 실험 결과를 표시한 3×4 분할표가 나타나 있다. 행에 대한 주변돗수인 $x_{i\cdot}$는 정확히 100명의 환자에 대해 실험하였으므로 100이라는 것을 기억하라. 대조적으로, 열에 대한 한계 빈도인 $x_{\cdot j}$는 서로 다른 알레르기 수준 각각에 대한 환자들의 수를 나타낸다. 그리고 이는 실험을 수행하기에 앞서 고정된 값은 아니다.

Reaction

Type of Drug		Hyperallergic	Allergic	Mildly allergic	No allergy	
	Drug A	$x_{11}=11$	$x_{12}=30$	$x_{13}=36$	$x_{14}=23$	$x_{1\cdot}=100$
	Drug B	$x_{21}=8$	$x_{22}=31$	$x_{23}=25$	$x_{24}=36$	$x_{2\cdot}=100$
	Drug C	$x_{31}=13$	$x_{32}=28$	$x_{33}=28$	$x_{34}=31$	$x_{3\cdot}=100$
		$x_{\cdot 1}=32$	$x_{\cdot 2}=89$	$x_{\cdot 3}=89$	$x_{\cdot 4}=90$	$n=x_{\cdot\cdot}=300$

그림 10.28
약 알레르기 반응 데이터 집합

예제 58 제초제 유통기한(Overage Weedkiller Product)

전국적으로 $n=54,965$개의 제초제에 대한 검사를 실시한 결과, 그중 2,779개가 유통기간이 초과한 것으로 밝혀졌다. 그 제초제는 세 가지 용량으로 나누는데(소, 중, 대), 검사시 실험 대상에 대한 용량을 기록해둔다. 따라서 전체 데이터 집합은 [그림 10.29]에서처럼 2×3 분할표 형태로 나타난다. 이 분할표의 주변돗수는 검사를 실시하기 전에 고정된 값이 아니다.

예제 57 건물 외벽 파손(Building Tile Cracks)

이원 분할표의 가장 일반적인 형태는 2×2 분할표로 두 개의 범주와 두 개의 수준으로 구성된다. 이는 10.2절에서 설명한 두 모비율을 비교하는 문제 등에 일반적으로 적용할 수 있다. [그림 10.30]은 건물 A와 B에서 파손된 타일에 대한 조사 결과들을 2×2 분할표를 통해서 표현할 수 있음을 보여주고 있다. 여기서 열에 대한 주변돗수는 $x_{\cdot1}=6,000$ 그리고 $x_{\cdot2}=2,000$으로 고정되어 있으며 두 건물에서 선택된 표본의 크기를 나타낸다.

10.4.2 독립성 검정

이원 분할표를 이용한 가장 일반적인 검정절차 중 하나는 두 범주에 대한 독립성을 검정하는 것이다. 독립적이라는 것에 대한 정확한 해석은 독립이 특정한 분할표에 의존한다는 것을 의미하지만 본질적으로는 서로 관련이 없는 두 개의 범주를 제공하는 각 요인들 사이의 관계를 말한다.

열과 행에 대한 주변돗수가 고정되어 있는 이원 분할표의 형태도 존재하는데, 이는 열과 행의 수준에 대한 확률분포 사이의 동질성에 대한 검정이라고 할 수 있다. 이러한 경우 귀무가설은 이 확률분포들이 모두 같다는 것을 의미하며, 독립성 검정은 귀무가설의 독립성을 검정하며 p-값은 χ^2 검정을 통해서 구할 수 있다.

Size of Container

Age of Product		Small	Medium	Large	
	Underage	$x_{11}=15595$	$x_{12}=25869$	$x_{13}=10722$	$x_{1\cdot}=52186$
	Overage	$x_{21}=612$	$x_{22}=856$	$x_{23}=1311$	$x_{2\cdot}=2779$
		$x_{\cdot1}=16207$	$x_{\cdot2}=26725$	$x_{\cdot3}=12033$	$n=x_{\cdot\cdot}=54965$

그림 10.29 노후된 제초제 데이터 집합

Location

Tile Condition		Buildings A	Buildings B	
	Undamaged	$x_{11}=5594$	$x_{12}=1917$	$x_{1\cdot}=7511$
	Cracked	$x_{21}=406$	$x_{22}=83$	$x_{2\cdot}=489$
		$x_{\cdot1}=6000$	$x_{\cdot2}=2000$	$n=x_{\cdot\cdot}=8000$

그림 10.30 건물 외벽 파손 데이터 집합

예제 29 약 알레르기 반응(Drug Allergies)

이 예제에서 약의 종류와 그에 대한 반응이 독립적이라는 귀무가설은 세 가지 약물 각각에 대해서 나타나는 다양한 알레르기 반응이 나타날 가능성이 모두 동일하다는 의미로서 해석될 수 있다. [그림 10.31]에서처럼 어떤 약을 복용했느냐와는 상관없이 네 가지 반응이 나타날 확률값 p_1, p_2, p_3 및 p_4가 동일한 값을 가진 다는 것을 의미한다.

만약 독립성에 대한 귀무가설이 기각되면 이는 세 종류의 약은 네 종류의 반응에 대한 서로 다른 확률값을 갖는 것으로 결론내릴 수 있으며, 따라서 세 종류의 약은 유발하는 반응이 서로 같다고 간주할 수 없게 됨을 의미한다.

예제 58 제초제 유통기한(Overage Weedkiller Product)

이 예제에서 독립성은 용기 용량에 따라 유통기간을 초과할 비율이 모두 동일한 확률로 발생한다는 의미로 해석할 수 있다. p_s을 소용기의 확률, p_m을 중용기의 확률, p_l을 대용기의 확률이라고 할 때 독립성에 대한 귀무가설은 [그림 10.32]처럼 표현할 수 있다.

No Independence

	Probability of hyperallergic		Probability of allergic		Probability of mildly allergic		Probability of no allergy	
Drug A	p_1^A	+	p_2^A	+	p_3^A	+	p_4^A	= 1
Drug B	p_1^B	+	p_2^B	+	p_3^B	+	p_4^B	= 1
Drug C	p_1^C	+	p_2^C	+	p_3^C	+	p_4^C	= 1

Independence

	Probability of hyperallergic		Probability of allergic		Probability of mildly allergic		Probability of no allergy	
All drugs	p_1	+	p_2	+	p_3	+	p_4	= 1

그림 10.31 약 알레르기 예제에 대한 독립성

No Independence

Container Size

	Small	Medium	Large
Probability of underage	$1-p_s$	$1-p_m$	$1-p_l$
Probability of overage	p_s	p_m	p_l

Independence $H_0 : p_s = p_m = p_l$

	All containers
Probability of underage	$1-p$
Probability of overage	p

그림 10.32 제초제 유통기한 예제에 대한 독립성

$$H_0 : p_s = p_m = p_l$$

이 예제에서 독립성 검정은 이항 모수(binomial parameter)인 성공확률들이 모두 동일한지 검정하게 된다. 만약 독립성에 대한 귀무가설이 기각되면, 세 용기에 대하여 유통기간이 초과할 확률이 모두 동일하지 않다고 결론내릴 수 있다.

예제 57 건물 외벽 파손(Building Tile Cracks)

이 예제에서 독립성은 건물 A의 외벽 타일이 파손될 확률 p_A가 건물 B의 외벽 타일이 파손될 확률인 p_B와 같음을 의미한다. 결과적으로 이 예제에서 독립성을 검정하는 것은 10.2.2절에서 언급한 두 이항 모수들이 서로 같은지 검정하는 문제와 동일한 것으로 볼 수 있다.

독립성에 대한 가설검정은 피어슨 통계량 또는 우도비(likelihood ratio) χ^2 적합도 검정통계량을 통해 수행할 수 있다. $r \times c$ 셀 각각에 대하여 기대 돗수는 다음과 같이 구할 수 있다.

$$e_{ij} = \frac{x_{i\cdot} x_{\cdot j}}{n}$$

따라서 ij-셀의 기대 돗수는 i번째 행의 주변돗수와 j번째 열의 주변돗수의 곱을 표본 크기인 n으로 나눔에 의해 구할 수 있다. 한 가지 명심해야 할 것은 p-값을 계산하는데 사용되는 χ^2 분포의 자유도는 $(r-1) \times (c-1)$이라는 것이다.

이원 분할표에서 독립성 검정
(Testing for Independence in a Two-Way Contingency Table)

셀 돗수 x_{ij}을 갖는 $r \times c$ 분할표를 토대로 두 범주간 독립성 검정은 피어슨 χ^2 통계량

$$X^2 = \sum_{i=1}^{r} \sum_{j=1}^{c} \frac{(x_{ij} - e_{ij})^2}{e_{ij}}$$

또는 우도비 χ^2 통계량

$$G^2 = 2 \sum_{i=1}^{r} \sum_{j=1}^{c} x_{ij} \ln \left(\frac{x_{ij}}{e_{ij}} \right)$$

을 통해 수행할 수 있다. 이 경우 기대 돗수는

$$e_{ij} = \frac{x_{i\cdot} x_{\cdot j}}{n}$$

이며 $x_{i\cdot}$는 i번째 행의 주변 돗수, $x_{\cdot j}$는 j번째 열의 주변 돗수, n은 전체 표본

크기를 나타낸다.
p-값은

$$p\text{-값} = P\left(\chi_{\nu}^2 \geq X^2\right)$$

또는

$$p\text{-값} = P\left(\chi_{\nu}^2 \geq G^2\right)$$

이며 자유도

$$\nu = (r-1) \times (c-1)$$

와 같다.
유의수준이 α일 때 위의 카이제곱 통계량이 임계값 $\chi_{\alpha,\nu}^2$보다 작다면 독립이라는 귀무가설을 채택하며, 반대로 $\chi_{\alpha,\nu}^2$보다 크다면 귀무가설을 기각한다.

예제 29 약 알레르기 반응(Drug Allergies)

[그림 10.33]에 각 셀 돗수, 피어슨 카이제곱 통계량 $X^2=6.391$ 및 우도비 카이제곱 통계량 $G^2=6.450$을 정리하였다. p-값을 계산하기 위한 자유도는 $(r-1)\times(c-1)=2\times3=6$이므로 p-값은

$$p\text{-값} = P\left(\chi_6^2 \geq 6.391\right) \simeq 0.38$$

	Hyperallergic	Allergic	Mildly allergic	No allergy	
Drug A	$x_{11}=11$ $e_{11}=\frac{100\times32}{300}=10.67$	$x_{12}=30$ $e_{12}=\frac{100\times89}{300}=29.67$	$x_{13}=36$ $e_{13}=\frac{100\times89}{300}=29.67$	$x_{14}=23$ $e_{14}=\frac{100\times90}{300}=30.00$	$x_{1.}=100$
Drug B	$x_{21}=8$ $e_{21}=\frac{100\times32}{300}=10.67$	$x_{22}=31$ $e_{22}=\frac{100\times89}{300}=29.67$	$x_{23}=25$ $e_{23}=\frac{100\times89}{300}=29.67$	$x_{24}=36$ $e_{24}=\frac{100\times90}{300}=30.00$	$x_{2.}=100$
Drug C	$x_{31}=13$ $e_{31}=\frac{100\times32}{300}=10.67$	$x_{32}=28$ $e_{32}=\frac{100\times89}{300}=29.67$	$x_{33}=28$ $e_{33}=\frac{100\times89}{300}=29.67$	$x_{34}=31$ $e_{34}=\frac{100\times90}{300}=30.00$	$x_{3.}=100$
	$x_{.1}=32$	$x_{.2}=89$	$x_{.3}=89$	$x_{.4}=90$	$n=x_{..}=300$

$$\begin{aligned}\text{Pearson chi-square statistic: } X^2 &= \frac{(11.00-10.67)^2}{10.67}+\frac{(30.00-29.67)^2}{29.67}+\frac{(36.00-29.67)^2}{29.67}+\frac{(23.00-30.00)^2}{30.00}\\ &+\frac{(8.00-10.67)^2}{10.67}+\frac{(31.00-29.67)^2}{29.67}+\frac{(25.00-29.67)^2}{29.67}+\frac{(36.00-30.00)^2}{30.00}\\ &+\frac{(13.00-10.67)^2}{10.67}+\frac{(28.00-29.67)^2}{29.67}+\frac{(28.00-29.67)^2}{29.67}+\frac{(31.00-30.00)^2}{30.00}\\ &= 6.391\end{aligned}$$

그림 10.33
약 알레르기 반응 데이터 집합

와 같다. 이처럼 큰 p-값은 독립성에 대한 귀무가설이 신뢰할 만하며 세 종류의 약이 유발할 수 있는 알레르기 반응 방식이 서로 다르다고 결론 내릴 수 있을 만한 충분한 근거가 없음을 의미한다.

예제 58 제초제 유통기한(Overage Weedkiller Product)

용기 크기에 따른 유통기간 경과 비율에 대한 추정값은

$$\hat{p}_s = \frac{612}{16,207} = 0.038$$
$$\hat{p}_m = \frac{856}{26,725} = 0.032$$
$$\hat{p}_l = \frac{1311}{12,033} = 0.109$$

이다. 이 추정치들이 통계적으로 유의한 차이를 보이는지 알아보기 위하여 독립성 검정을 실시하기로 한다. [그림 10.34]는 각 셀간 기대 돗수 및 우도비 χ^2 통계량 $G^2=930.8$ 계산 과정을 보여주고 있는데, 자유도 $(2-1)\times(3-1)=2$를 반영하여 계산한 p-값은

$$p\text{-값} = P\left(\chi_2^2 \geq 930.8\right) \simeq 0$$

으로 독립성에 대한 귀무가설은 명백하게 신뢰할 만하지 못함을 알 수 있다. 또한 자료는 큰 용기에 대한 유통기간 경과 확률이 다른 용기의 경우보다 상대적으로

	Small	Medium	Large	
Underage	$x_{11} = 15595$ $e_{11} = \frac{52186\times16207}{54965} = 15387.58$	$x_{12} = 25869$ $e_{12} = \frac{52186\times26725}{54965} = 25373.80$	$x_{13} = 10722$ $e_{13} = \frac{52186\times12033}{54965} = 11424.62$	$x_{1\cdot} = 52186$
Overage	$x_{21} = 612$ $e_{21} = \frac{2779\times16207}{54965} = 819.42$	$x_{22} = 856$ $e_{22} = \frac{2779\times26725}{54965} = 1351.20$	$x_{23} = 1311$ $e_{23} = \frac{2779\times12033}{54965} = 608.38$	$x_{2\cdot} = 2779$
	$x_{\cdot1} = 16207$	$x_{\cdot2} = 26725$	$x_{\cdot3} = 12033$	$n = x_{\cdot\cdot} = 54965$

Likelihood ratio chi-square statistic: $$G^2 = 2\times\left(15595\ln\left(\frac{15595}{15387.58}\right) + 25869\ln\left(\frac{25869}{25373.80}\right) + 10722\ln\left(\frac{10722}{11424.62}\right) + 612\ln\left(\frac{612}{819.42}\right) + 856\ln\left(\frac{856}{1351.20}\right) + 1311\ln\left(\frac{1311}{608.38}\right)\right) = 930.8$$

그림 10.34
제초제 유통기한 데이터 집합에 대한 분석

상당히 큼을 보여주고 있다.

어떤 화학회사의 지난해 조사 결과에 따르면, 살충제 중에서 소용기가 26.3%, 중용기가 52.5%, 대용기가 21.2% 판매되었다고 한다. 이는 다음과 같이 표현할 수 있다.

$$\bar{p} = 0.263p_s + 0.525p_m + 0.212p_l$$

이 값에 대한 추정치는

$$\begin{aligned}\hat{\bar{p}} &= 0.263\hat{p}_s + 0.525\hat{p}_m + 0.212\hat{p}_l \\ &= (0.263 \times 0.038) + (0.525 \times 0.032) + (0.212 \times 0.109) = 0.050\end{aligned}$$

이며 분산은

$$\text{Var}(\hat{\bar{p}}) = (0.263^2 \times \text{Var}(\hat{p}_s)) + (0.525^2 \times \text{Var}(\hat{p}_m)) + (0.212^2 \times \text{Var}(\hat{p}_l))$$

이 된다. 만약 세 가지 크기 용기에 대한 생산 총수가 p_s, p_m, 및 p_l가 세 이항모수의 추정치가 되도록 고정되어 있다고 한다면 $\text{Var}(\hat{p}_s)$의 추정치는

$$\frac{\hat{p}_s(1-\hat{p}_s)}{x_{\cdot 1}} = \frac{x_{11}x_{21}}{x_{\cdot 1}^3} = \frac{15{,}595 \times 612}{16{,}207^3}$$

이 된다. 동일하게 $\text{Var}(\hat{p}_m)$과 $\text{Var}(\hat{p}_l)$을 추정하면

$$\text{Var}(\hat{p}_m) = \frac{25{,}869 \times 856}{26{,}725^3}$$

및

$$\text{Var}(\hat{p}_l) = \frac{10{,}722 \times 1311}{12{,}033^3}$$

와 같다. 이를 통해 $\hat{\bar{p}}$의 표준오차를 구하면

$$s.e.(\hat{\bar{p}}) = \sqrt{\text{Var}(\hat{\bar{p}})} = 0.0009$$

이 된다. $z_{0.005} = 2.576$을 이용하여 $\bar{p}$에 대한 99% 양측 신뢰구간을 구하면

$$\bar{p} \in (0.050 - (2.576 \times 0.0009), 0.050 + (2.576 \times 0.0009)) = (0.048, 0.052)$$

으로 전체 매출 중 약 4.8~5.2%가 유통기간이 경과한 제품이라고 예측할 수 있다.

예제 57 건물 외벽 파손(Building Tile Cracks)

[그림 10.35]에 기대 돗수를 계산하는 과정을 정리하였다. 피어슨 χ^2 통계량을 구하면

$$X^2 = \frac{(5594.00 - 5633.25)^2}{5633.25} + \frac{(1917.00 - 1877.75)^2}{1877.75} + \frac{(406.00 - 366.75)^2}{366.75} + \frac{(83.00 - 122.25)^2}{122.25} = 17.896$$

이며 자유도가 $(2-1)\times(2-1)=1$인 χ^2-분포와 비교하여 p-값을 구하면

$$p\text{-값} = P\left(\chi_1^2 \geq 17.896\right) \simeq 0$$

이 된다. 결국 두 건물의 외벽이 파손될 확률 p_A와 p_B가 서로 같다고 할 만한 근거가 전혀 없음을 알 수 있으며 이 결과는 전에 계산한 신뢰구간 $p_A - p_B \in (0.0120, 0.0404)$이 0을 포함하지 않기 때문에 그 결과와 일치한다. 마지막으로, 이러한 종류의 2×2 분할표에 대하여 피어슨 카이제곱 통계량을 구하는 쉬운 방법은

$$X^2 = \frac{n(x_{11}x_{22} - x_{12}x_{21})^2}{x_{1\cdot}x_{\cdot 1}x_{2\cdot}x_{\cdot 2}}$$

으로 이 방법을 통해 피어슨 χ^2 통계량을 구하면

$$X^2 = \frac{8000 \times ((5594 \times 83) - (1917 \times 406))^2}{7511 \times 6000 \times 489 \times 2000} = 17.896$$

으로 동일한 결과를 얻을 수 있다.

	Buildings A	Buildings B	
Undamaged	$x_{11} = 5594$ $e_{11} = \frac{7511\times6000}{8000} = 5633.25$	$x_{12} = 1917$ $e_{12} = \frac{7511\times2000}{8000} = 1877.75$	$x_{1\cdot} = 7511$
Cracked	$x_{21} = 406$ $e_{21} = \frac{489\times6000}{8000} = 366.75$	$x_{22} = 83$ $e_{22} = \frac{489\times2000}{8000} = 122.25$	$x_{2\cdot} = 489$
	$x_{\cdot 1} = 6000$	$x_{\cdot 2} = 2000$	$n = x_{\cdot\cdot} = 8000$

그림 10.35 건물 외벽 파손 데이터 집합에 대한 분석

연습문제

10.4.1 회로기판 품질

어떤 컴퓨터 제조회사는 네 곳의 공급처에서 전기 회로기판을 공급받고 있다. 200개의 표본을 각 공급자들이 공급하는 회로기판으로부터 임의로 추출했으며 그 데이터는 DS 10.4.1에 나타나 있다. 네 공급처에서 공급하는 회로기판에 대한 불량률이 동일한지 검토하고자 할 때

(a) 기대 돗수를 계산하라.

(b) 피어슨 χ^2 통계량 X^2를 계산하라.

(c) 우도비 χ^2 통계량 G^2를 계산하라.

(d) 카이제곱 통계량을 이용하여 p-값을 계산하라.

(e) $\alpha = 0.05$로 불량률이 동일하다는 귀무가설을 기각할 수 있는가?

(f) 공급자 A가 공급하는 제품의 불량률에 대한 95% 양측 신뢰구간을 구하라.

(g) 공급자 B와 C가 공급하는 제품의 불량률 차에 대한 95% 양측 신뢰구간을 구하라.

10.4.2 비료 비교

어떠한 비료없이 자란 묘목과 두 가지 비료 중 하나를 사용하여 기른 묘목이 있다. 일정 기간 경과 후 묘목의 성장은 네 가지 중 한 가지로 분류할 수 있고 DS 10.4.2에 정리하였다. 묘목의 성장이 세 가지 비교 조건에서 동일한지 검정을 실시하라.

10.4.3 청량음료 혼합물에 대한 시음 결과

DS 10.4.3은 세 연령층으로부터 200명의 표본을 추출하여 시음을 실시한 결과를 보여준다. 세 연령층의 시음 대상자들은 그들이 선호하는 세 가지 혼합물에 대해서 질문을 받았다. 서로 다른 혼합물에 대한 선호도가 연령에 따라 다른지 검정을 실시하라.

10.4.4 전기모터 품질 검사

어떤 공장에서 전기모터를 조립하는 다섯 생산라인을 가지고 있다. 180개의 표본을 각 생산라인으로부터 임의로 추출하여 품질검사를 실시한 결과를 DS 10.4.4에 정리하였다.

(a) 다섯 생산라인의 검사 통과율이 다르다고 할 수 있는 증거가 있는가?

(b) 생산라인 1과 2의 검사 통과율 차에 대한 95% 양측 신뢰구간을 구하라.

10.4.5 고객 만족도 조사

어떤 에어컨 공급업체는 에어컨의 설치 및 유지보수를 책임질 네 명의 기술자들을 고용하였다. 기술자들의 방문 후 설문조사를 통해 A/S에 대한 만족도를 조사하는데 그 결과는 DS 10.4.5에 주어져 있다. 각 기술자들에 대한 만족도의 차이가 있는지 검정을 실시하라.

10.4.6 2×2 분할표에 대한 피어슨 χ^2 통계량은 다음과 같이 쓸 수 있음을 보여라.

$$X^2 = \frac{n(x_{11}x_{22} - x_{12}x_{21})^2}{x_{1\cdot}x_{\cdot1}x_{2\cdot}x_{\cdot2}}$$

10.4.7 임상 실험

DS 10.4.6은 두 환자에 대하여 특정 질병으로부터 회복되는 속도를 비교하는 2×2 분할표를 보여주고 있다. p_s는 일반 약물을 투여한 경우 환자가 1주일 이내에 회복될 확률을, p_n은 새로운 약물을 투여한 경우 환자가 1주일 이내에 회복될 확률을 나타낸다.

(a) $p_s \neq p_n$의 근거가 있는지 피어슨 χ^2 통계량을 사용하여 검정을 실시하라.

(b) $p_s - p_n$에 대한 99% 양측 신뢰구간을 구하라.

10.4.8 반도체 공정의 이온에칭 기술

반도체 공정에서 Reactive Ion Etching은 반도체 표면에 충격을 가하여 불순물들을 제거하는 공정이다. 이 기술을 이용하여 반도체들을 제조한 후 그 구조가 완전한지 불안전한지, 에치의 깊이가 만족할 만한지 아닌지에 대해 시험을 실시하였다. 그 결과 1,078개가 완전한 구조를 가지며 에치 깊이 또한 만족할 만한 것으로 나왔다. 544개의 경우에는 완전한 구조지만 에치 깊이는 만족스럽지 않는 것으로 나왔다. 또 253개의 경우는 불완전한 구조지만 에치 깊이가 만족스럽게 나왔고 마지막으로 111개의 경우에는 구조와 에치 깊이 모두가 만족스럽지 못할 수준으로 나왔다. 피어슨 χ^2 통계량을 이용해 구조와 에치 깊이간 관련성에 대해 검정을, 즉 두 요인들이 서로 독립적이라고 할 수 있는지 검정하라.

10.4.9 고객 품질보증 구매

어떤 회사의 판매 기록은 A 유형의 제품에 대하여 총 89개 판매 중 38개에 대하여 보증기간을 연장한 부가서비스를 구매하였고, B 유형에 대하여 총 150개 판매 중 62개에 대하여 보증기간을 연장한 부가서비스를 구매하였다. 또한 C 유형에 대하여 총 111개 판매 중 37개에 대하여 보증기간을 연장한 부가서비스를 구매하였다. 제품 유형에 따라 보증기간을 연장한 부가서비스를 구매할 확률이 동일한지 검정을 실시하라.

10.4.10 아스팔트 하중 시험

세 가지 유형의 아스팔트에 대하여 실험을 실시하였다. 각 유형의 아스팔트 표본에 대하여 고온의 하중을 반복적으로 주어 균열을 측정하였다. 그 결과 A 유형에 대하여 57개의 표본 중 9개가 심각한(severe) 균열이 발생하였고, 17개가 중간 수준(medium)의 균열이, 나머지 31개가 경미한(minor) 균열을 보였다. B 유형에 대하여 총 49개 중 4개가 심각한 균열, 9개가 중간 수준의 균열, 나머지 36개가 경미한 균열을 보였으며, 또한 C 유형에 대하여 총 90개의 표본 중 15개가 심각한 균열을, 19개가 중간 수준의 균열을, 나머지 56개가 경미한 균열을 보였다. 이 실험을 통해 아스팔트 유형에 따라 균열 양상이 다르게 나타난다고 할 수 있는지 검정을 실시하라.

CHAPTER 11

분산분석 (Analysis of Variance)

9장에서 다룬 두 모집단 평균을 비교하는 방법을 이 장에서는 셋 이상의 모집단 평균을 비교하는 문제로 확대하여 설명한다.

이 장의 주목적은 모집단 평균들이 동일하다는 어떠한 근거가 있는지를 확인하는 것이며, 만약 근거가 있다면 어떤 모집단이 다른지, 또한 얼마만큼 다른지를 보여주는 것이다. 일련의 다수 모집단으로부터 추출된 독립적인 표본의 집합을 완전확률화설계(completely randomized design)라고 하며, 분산분석(ANOVA: analysis of variance)이라는 통계적 방법을 통해 분석할 수 있다. 이에 대해서는 이 장의 첫 부분에서 설명한다.

셋 이상의 모집단으로부터 블러킹(blocking)은 실험 계획을 개선시키기 위한 아주 중요한 개념이다. 블러킹을 통합한 일련의 다수 모집단을 비교하는 실험계획을 확률화 블럭설계(randomized block design)라고 하며 이 장의 2절에서 설명한다.

11.1 1요인 분산분석(One-Factor Analysis of Variance)

11.1.1 일원배치법(one-factor layouts)

실험자가 미지의 모평균 $\mu_1, \mu_2, ..., \mu_k$를 가지는 k 모집단에 관심을 가지고 있다고 가정하자. 만약 $k=1$, 즉 오직 하나의 모집단이 관심의 대상이라면 8장에서 설명한 하나의 표본추론 방법이 적용 가능하며, $k=2$일 때, 9장에서 다룬 두 표본 비교가 적합하다. 이 장에서 설명할 일원 분산분석(analysis of variance)은 셋 이상의 모집단($k \geq 3$)을 비교하는데 적합한 방법이다.

실험자의 목적은 [그림 11.1]에 설명되어 있는 것처럼 k 모집단 각각으로부터 취한 데이터 샘플을 토대로 미지의 k 모집단 평균 μ_i에 대한 추론을 하는 것이다. 이 데이터 집합에서 관측치 x_{ij}는 i번째 모집단에서 추출한 j번째 관측치를 나타낸다. n_i개의 관측치로 구성되어 있는 모집단 i로부터 취한 샘플은 따라서 $x_{i1}, \cdots, x_{in_i}$이

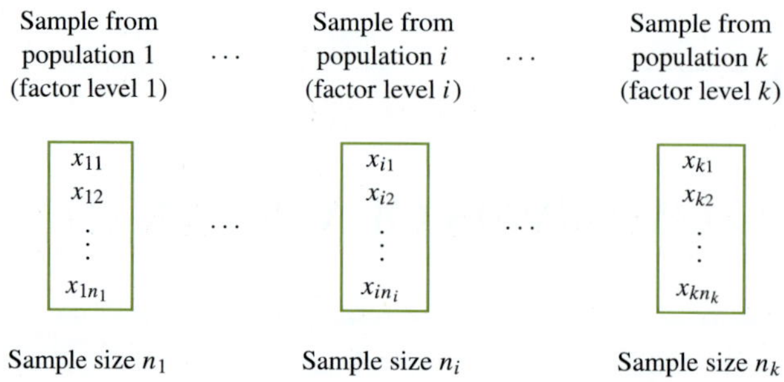

그림 11.1 일원 배치(One factor layout)

다. 만약 n_1, ..., n_k가 모두 같다면, 이 데이터 집합은 균형(balanced)되어 있다고 하며, 다르다면 불균형(unbalanced)되어 있다고 한다. 총 데이터 개수

$$\mu_1, \mu_2, \ldots, \mu_k$$

와 같다. 이러한 종류의 데이터 집합을 일원배치법(one-factor layout)이라고 한다. 하나의 요인은 k 모집단에 상응하는 k 수준(level)을 가진다고 한다. 실험은 k 표본들 사이에 편의가 없도록 실행되어야 하며 일반적으로 임의추출 방법(random sampling)을 통해 이러한 편의는 제거할 수 있다. 만약 k 모집단에 총 n_T개의 샘플을 배분하여 실험을 실행하고자 한다면, 이러한 배분은 임의적인 방법으로 하는 것이 적합하다. 이것을 염두에 둔 일원배치를 완전확률화설계(completely randomized design)라고 한다.

분산분석은 다음과 같은 모델링을 가정한다.

$$x_{ij} = \mu_i + \epsilon_{ij}$$

이때 에러항 ϵ_{ij}는 상호 독립이며,

$$\epsilon_{ij} \sim N(0, \sigma^2)$$

이다. 따라서 관측치 x_{ij}는 고정된 미지의 모평균 μ_i와 랜덤 오차항 ϵ_{ij}로 구성되어 있으며, ϵ_{ij}는 평균이 0, 분산이 σ^2인 정규분포를 따른다고 가정한다. 다르게 표현하면, x_{ij}는 $N(\mu_i, \sigma^2)$ 분포로부터 취한 관측치라 생각할 수 있다.

이때 미지의 에러분산 σ^2는 모든 k 모집단에 항상 같음을 주목하라. 따라서 분산분석은 9.3.2절에서 소개한 두 모집단 비교시 합동분산(pooled variance) 절차와 유사하다. 이 모델링 가정의 중요성 및 가능한 모델링 완화에 대해서는 11.1.6절에서 다룬다. 미지의 모집단 평균 μ_i의 점 추정은 [그림 11.2]에서처럼

$$\hat{\mu}_i = \bar{x}_{i\cdot} = \frac{x_{i1} + \cdots + x_{in_i}}{n_i} \qquad 1 \le i \le k$$

와 같이 나타낸다. 일부의 모평균간에 차이가 있는지 평가하기 위해 가설검정을

할 수 있으며, 귀무가설은

$$H_0 : \mu_1 = \cdots = \mu_k$$

와 같다. 따라서 대립가설은 적어도 두 모평균은 같지 않다로 나타낼 수 있으며, 어떤 i와 j에 대하여

$$H_A : \mu_i \neq \mu_j$$

로 나타낸다.

귀무가설을 채택하면 결국 어떠한 모평균도 서로 다르지 않다는 것을 의미하며, 귀무가설을 기각할 경우 적어도 일부 모평균은 다르다는 증거가 있음을 의미한다.

$$x_{1j} \sim N(\mu_1, \sigma^2) \qquad 1 \le j \le n_1$$

$$\hat{\mu}_1 = \bar{x}_{1\cdot} = \frac{x_{11} + \cdots + x_{1n_1}}{n_1}$$

$$\vdots$$

$$x_{ij} \sim N(\mu_i, \sigma^2) \qquad 1 \le j \le n_i$$

$$\hat{\mu}_i = \bar{x}_{i\cdot} = \frac{x_{i1} + \cdots + x_{in_i}}{n_i}$$

$$\vdots$$

$$x_{kj} \sim N(\mu_k, \sigma^2) \qquad 1 \le j \le n_k$$

$$\hat{\mu}_k = \bar{x}_{k\cdot} = \frac{x_{k1} + \cdots + x_{kn_k}}{n_k}$$

그림 11.2
모평균의 추정

예제 62 동맥파열(Collapse of Blocked Arteries)

동맥경화증은 주요한 성인병 중 하나로 동맥의 내부 벽에 플러그가 쌓이면서 피의 흐름을 방해한다. 이러한 장해는 혈류 사이에 압력의 차이를 야기시키며, 결국은 치명적인 결과를 초래한다. 한 실험자가 협착증세(stenosis)로 인한 동맥이 파열되는 현상을 관찰하기 위해 실리콘으로 동맥을 만들었다. 그 일부분이 [그림 11.3]에 나타나 있으며, 협착량은

$$\text{stenosis} = 1 - \frac{d}{d_0}$$

와 같이 측정된다. 실험자는 세 수준

level 1: stenosis = 0.78
level 2: stenosis = 0.71
level 3: stenosis = 0.65

와 같이 설정하고, 각 협착 수준마다 실리콘 동맥을 통해 피와 유사한 액체를 투입하여 튜브가 파열되는 유량의 비율(ml/초)을 측정하였다. 실험은 반복을 허용하였으며, 결과 데이터는 [그림 11.4]와 같다.

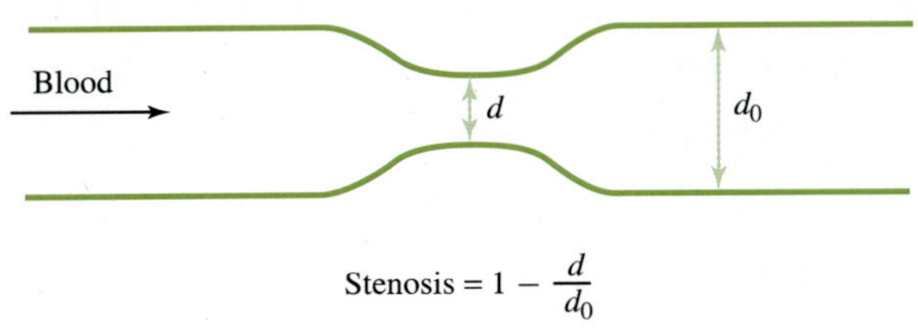

그림 11.3
동맥 실리콘 모형 내의 협착량

Amount of Stenosis

Flowrates in ml/s when artery model collapses

Level 1	Level 2	Level 3
10.6	11.7	19.6
9.7	12.7	15.1
10.2	12.6	15.6
14.3	16.6	19.2
10.6	16.3	18.7
11.0	14.7	13.0
13.1	19.5	18.9
10.8	16.8	18.0
14.3	15.1	18.6
10.4	15.2	16.6
8.3	13.2	
	14.8	
	14.4	
	17.6	

$$\hat{\mu}_1 = \bar{x}_{1.} = \frac{10.6 + \cdots + 8.3}{11} = 11.209$$

$$\hat{\mu}_2 = \bar{x}_{2.} = \frac{11.7 + \cdots + 17.6}{14} = 15.086$$

$$\hat{\mu}_3 = \bar{x}_{3.} = \frac{19.6 + \cdots + 16.6}{10} = 17.330$$

그림 11.4
동맥 파열 실험 데이터 집합

고려중인 요인은 협착의 양이며, $k=3$ 수준을 갖는다. 표본 크기는 $n_1=11$, $n_2=14$, $n_3=10$으로 서로 같지 않으며, 따라서 데이터 집합은 불균형 데이터에 속한다. 미지의 모집단 평균 μ_1은 협착 수준 1에서의 동맥이 파열될 때까지의 평균 유량의 비율이며, μ_2와 μ_3는 협착 수준 2와 3에서의 동맥이 파열될 때까지의 평균 유량의 비율에 해당한다. [그림 11.4]에서처럼, 모집단의 평균은

$$\hat{\mu}_1 = \bar{x}_{1.} = 11.209$$
$$\hat{\mu}_2 = \bar{x}_{2.} = 15.086$$
$$\hat{\mu}_3 = \bar{x}_{3.} = 17.330$$

과 같이 추정되었다. 결과적으로, 데이터에 의해 협착의 양이 증가할수록 동맥이 파열될 때까지의 평균 유량의 비율은 감소함을 알 수 있다. 과연 이것은 통계적으로 유의한 결과일까? 이 문제는 다음과 같은 가설검정을 통해 검토될 수 있다.

$$H_0 : \mu_1 = \mu_2 = \mu_3$$

예제 63 도로 표면 혼합물(Roadway Base Aggregates)

도로의 아스팔트 표면 바로 아래에는 자갈과 부스러진 돌멩이로 구성된 기본 재료층이 깔려 있다. 이 혼합물층의 탄성계수(resilient modulus)는 혼합물이 스트레스에 노출되었을 때 변형이 어떻게 발생하는지에 대한 척도이다. 또한 이는 도로가 압력에 반응하는 방식에 대한 중요한 특성을 반영하고 있다. 한 건설 엔지니어는 이 혼합물질을 공급하는 네 곳의 공급자를 검토 중인데, 각각의 공급자들은 서로 다른 네 지역에서 원재료를 수급하고 있다. 그는 서로 다른 네 지역에서 얻은 혼합물이 서로 다른 탄성계수값을 갖는지 평가하고 싶다. 네 지역 각각으로부터 10개의 혼합물 표본을 임의로 선택하여 탄성계수를 측정하였다. 측정한 탄성계수 데이터는 [그림 11.5]에 주어져 있다. 이 경우 요인은 혼합물을 추출한 지역에 해

Supplier

Resilient modulus measurements	Location 1	Location 2	Location 3	Location 4
	30,060	31,280	29,950	30,430
	28,740	30,380	29,190	28,120
	29,140	30,620	31,870	30,310
	29,090	29,650	30,010	31,650
	30,220	28,080	28,490	29,770
	31,120	27,920	31,600	33,100
	31,360	27,420	29,450	28,680
	28,300	28,860	32,890	31,730
	29,750	29,850	31,170	31,480
	33,350	30,550	29,470	32,960

$$\hat{\mu}_1 = \bar{x}_{1\cdot} = \frac{30{,}060 + \cdots + 33{,}350}{10} = 30{,}113$$

$$\hat{\mu}_2 = \bar{x}_{2\cdot} = \frac{31{,}280 + \cdots + 30{,}550}{10} = 29{,}461$$

$$\hat{\mu}_3 = \bar{x}_{3\cdot} = \frac{29{,}950 + \cdots + 29{,}470}{10} = 30{,}409$$

$$\hat{\mu}_4 = \bar{x}_{4\cdot} = \frac{30{,}430 + \cdots + 32{,}960}{10} = 30{,}823$$

그림 11.5 도로 표면 혼합물 실험에 대한 데이터 집합

당하며, $k=4$ 수준을 갖는다. 이 실험은 $n_1 = n_2 = n_3 = n_4 = 10$인 균형된 실험이며, 미지의 모 평균 μ_1, μ_2, μ_3 및 μ_4는 각각의 네 지역으로부터 추출한 혼합물의 평균 탄성계수값이다. 표본평균은

$$\hat{\mu}_1 = \bar{x}_{1\cdot} = 30,113$$
$$\hat{\mu}_2 = \bar{x}_{2\cdot} = 29,461$$
$$\hat{\mu}_3 = \bar{x}_{3\cdot} = 30,409$$
$$\hat{\mu}_4 = \bar{x}_{4\cdot} = 30,823$$

이며 귀무가설은

$$H_0 : \mu_1 = \mu_2 = \mu_3 = \mu_4$$

로 평균 탄성계수값들은 네 지역 모두 같음을 나타낸다.

예제 64 카펫 섬유 혼방(Carpet Fiber Blends)

섬유 엔지니어는 최상의 품질 카펫을 생산하기 위하여 6개의 서로 다른 카펫 혼방(fiber blends)을 조사하고 있다. 고려중인 여섯 혼방은

유형 1 : nylon 섬유 A
유형 2 : nylon 섬유 B
유형 3 : nylon-acrylic 혼방
유형 4 : polyester 혼방 A
유형 5 : polyester 혼방 B

Carpet Fiber Blends

	Type 1	Type 2	Type 3	Type 4	Type 5	Type 6
Carpet scores	6.5	9.8	5.3	5.1	6.2	6.3
	5.4	7.6	4.6	6.7	4.8	7.5
	5.0	7.0	4.4	6.5	5.5	5.4
	5.4	8.9	5.9	6.5	5.1	7.2
	4.3	6.9	5.1	8.3	4.9	5.4
	4.6	7.7	5.8	4.9	4.8	7.9
	5.5	6.9	5.5	6.0	3.9	5.6
	4.0	8.3	5.2	5.5	4.7	6.5
	5.1	6.3	4.5	4.7	4.4	6.1
	7.0	9.7	6.5	6.7	5.2	9.2
	3.7	7.9	4.7	5.5	4.2	6.7
	5.9	8.0	4.9	7.5	4.5	7.8
	4.4	6.9	3.9	5.8	5.4	8.3
	5.0	5.5		7.6	3.6	6.8
	7.0	7.9		8.8		6.2
	5.3	7.3		6.5		

$$\hat{\mu}_1 = \bar{x}_{1.} = \frac{6.5 + \cdots + 5.3}{16} = 5.26$$

$$\hat{\mu}_2 = \bar{x}_{2.} = \frac{9.8 + \cdots + 7.3}{16} = 7.66$$

$$\hat{\mu}_3 = \bar{x}_{3.} = \frac{5.3 + \cdots + 3.9}{13} = 5.10$$

$$\hat{\mu}_4 = \bar{x}_{4.} = \frac{5.1 + \cdots + 6.5}{16} = 6.41$$

$$\hat{\mu}_5 = \bar{x}_{5.} = \frac{6.2 + \cdots + 3.6}{14} = 4.80$$

$$\hat{\mu}_6 = \bar{x}_{6.} = \frac{6.3 + \cdots + 6.2}{15} = 6.86$$

그림 11.6 카펫 섬유 혼방 예제에 대한 데이터 집합

유형 6 : polypropylene 섬유

이며, 일정 시간이 경과한 후에 서로 다른 혼방으로 짜여진 카펫에 대하여 전문가 집단이 카펫의 품질점수를 매겼다. 전문가 집단이 평가한 각 카펫 표본의 평균 점수들이 [그림 11.6]에 주어져 있다. 높은 점수는 그만큼 높은 품질점수를 의미한다. 이 실험에서 요인은 카펫을 제조하기 위하여 사용한 혼방의 유형이며, $k=6$ 수준을 갖는다. 이 실험은 불균형된 실험에 해당한다. 미지의 모평균의 추정치는 다음과 같다

$$\hat{\mu}_1 = \bar{x}_{1.} = 5.26$$
$$\hat{\mu}_2 = \bar{x}_{2.} = 7.66$$
$$\hat{\mu}_3 = \bar{x}_{3.} = 5.10$$
$$\hat{\mu}_4 = \bar{x}_{4.} = 6.41$$
$$\hat{\mu}_5 = \bar{x}_{5.} = 4.80$$
$$\hat{\mu}_6 = \bar{x}_{6.} = 6.86$$

어떤 혼방이 다른 혼방에 비해 좋은 증거가 있는지 검정하기 위한 귀무가설로서

$$H_0 : \mu_1 = \mu_2 = \mu_3 = \mu_4 = \mu_5 = \mu_6$$

이며, 이는 평균 품질이 모든 여섯 혼방 유형에 대하여 동일함을 나타낸다. 이 귀무가설의 기각은 결국 어떤 혼방은 다른 혼방에 비해 품질이 우수하다고 결론을 내릴 수 있는 것이다.

11.1.2 총제곱합의 분할

처리제곱합(Treatment Sum of Squares)

모든 모평균 μ_i가 같다는 귀무가설에 대한 평가는 모평균의 추정치 $\hat{\mu}_i = \bar{x}_{i\cdot}$를 토대로 하고 있다. 만약 모든 관측치의 평균이

$$\bar{x}_{\cdot\cdot} = \frac{n_1\bar{x}_{1\cdot} + \cdots + n_k\bar{x}_{k\cdot}}{n_T} = \frac{x_{11} + \cdots + x_{kn_k}}{n_T}$$

와 같이 추정된다면, 이 변동은 통계량

$$\text{SSTr} = \sum_{i=1}^{k} n_i(\bar{x}_{i\cdot} - \bar{x}_{\cdot\cdot})^2$$

에 의해 측정될 수 있다. 이를 처리제곱합(sum of squares for treatments)이라 하며, 처리들은 고려중인 요인 수준에 해당한다. 따라서 k 수준을 가지는 요인 배치는 k 처리들을 비교하는 문제로 생각할 수 있으며, 처리제곱합 SSTr은 요인 수준 또는 처리들간의 변동에 대한 요약 척도이다.

처리제곱합 SSTr은 요인수준간의 변동성의 척도이다.

SSTr은 다음과 같이 달리 전개할 수 있다.

$$\begin{aligned}\text{SSTr} &= \sum_{i=1}^{k} n_i(\bar{x}_{i\cdot} - \bar{x}_{\cdot\cdot})^2 = \sum_{i=1}^{k} n_i\bar{x}_{i\cdot}^2 - 2\sum_{i=1}^{k} n_i\bar{x}_{i\cdot}\bar{x}_{\cdot\cdot} + \sum_{i=1}^{k} n_i\bar{x}_{\cdot\cdot}^2 \\ &= \sum_{i=1}^{k} n_i\bar{x}_{i\cdot}^2 - 2n_T\bar{x}_{\cdot\cdot}^2 + n_T\bar{x}_{\cdot\cdot}^2 = \sum_{i=1}^{k} n_i\bar{x}_{i\cdot}^2 - n_T\bar{x}_{\cdot\cdot}^2\end{aligned}$$

오차제곱합(Error Sum of Squares)

일원배치를 분석하는데 있어 고려해야 할 또다른 중요한 점은 k 요인 수준 내의 변동의 양으로서, 이 변동은 오차항 ϵ_{ij}의 분산 σ^2에 기인하며, 통계량

$$\text{SSE} = \sum_{i=1}^{k}\sum_{j=1}^{n_i}(x_{ij} - \bar{x}_{i\cdot})^2$$

을 통해 측정 가능하며, 이는 오차제곱합(error sum of squares)이라고 한다.

$$\sum_{j=1}^{n_i}(x_{ij} - \bar{x}_{i.})^2$$

은 요인의 i번째 수준에서 그들의 평균 $\bar{x}_{i.}$과 관측치 x_{ij}의 변동을 나타내며, 오차제곱합 SSE는 이 요소들을 모든 k 수준에 대하여 더함으로써 구할 수 있다. 이때 오차제곱합 SSE는 k 수준간(between k levels)의 변동이 아닌 k 수준 내(within k levels)에서의 변동을 나타냄을 주목하라.

오차제곱합 SSE는 요인 수준 내의 변동에 대한 척도이다.

만약 i 요인 수준에서의 관측치 $x_{i1}, \ldots, x_{in_i}$가 $x_{i1}+c, \ldots, x_{in_i}+c$로 대체 가능하다면, 즉 c의 양만큼 모두 이동한다면 SSE는 변하지 않는다. 왜냐하면 i 수준 내의 변동은 바뀌지 않기 때문이다. 하지만 i 수준에 대한 평균은 변하며 따라서 SSTr도 변하게 될 것이다.

오차제곱합 SSE는 다음과 같이 전개할 수 있다.

$$\begin{aligned}\text{SSE} &= \sum_{i=1}^{k}\sum_{j=1}^{n_i}(x_{ij} - \bar{x}_{i.})^2 = \sum_{i=1}^{k}\sum_{j=1}^{n_i}x_{ij}^2 - 2\sum_{i=1}^{k}\sum_{j=1}^{n_i}x_{ij}\bar{x}_{i.} + \sum_{i=1}^{k}\sum_{j=1}^{n_i}\bar{x}_{i.}^2 \\ &= \sum_{i=1}^{k}\sum_{j=1}^{n_i}x_{ij}^2 - 2\sum_{i=1}^{k}n_i\bar{x}_{i.}^2 + \sum_{i=1}^{k}n_i\bar{x}_{i.}^2 = \sum_{i=1}^{k}\sum_{j=1}^{n_i}x_{ij}^2 - \sum_{i=1}^{k}n_i\bar{x}_{i.}^2\end{aligned}$$

총제곱합(Total Sum of Squares)

만약 k 요인 수준이 무시된다고 가정하면 데이터들은 크기 n_T를 갖는 하나의 큰 표본의 집합으로 생각할 수 있으며, 이 표본 내의 총변동은

$$\text{SST} = \sum_{i=1}^{k}\sum_{j=1}^{n_i}(x_{ij} - \bar{x}_{..})^2$$

으로 나타낼 수 있으며, 이를 총제곱합(total sum of squares)이라고 한다. 총제곱합은 전체 표본평균 $\bar{x}_{..}$에 대하여 각각의 관측치 x_{ij}의 차의 제곱의 합이다.

총제곱합 SST는 데이터 집합 내의 총 변동에 대한 척도이다.

총제곱합은 또한 다음과 같이 전개될 수 있다.

$$\text{SST} = \sum_{i=1}^{k}\sum_{j=1}^{n_i}(x_{ij} - \bar{x}_{..})^2 = \sum_{i=1}^{k}\sum_{j=1}^{n_i}x_{ij}^2 - 2\sum_{i=1}^{k}\sum_{j=1}^{n_i}x_{ij}\bar{x}_{..} + \sum_{i=1}^{k}\sum_{j=1}^{n_i}\bar{x}_{..}^2$$

$$= \sum_{i=1}^{k}\sum_{j=1}^{n_i} x_{ij}^2 - 2n_T\bar{x}_{..}^2 + n_T\bar{x}_{..}^2 = \sum_{i=1}^{k}\sum_{j=1}^{n_i} x_{ij}^2 - n_T\bar{x}_{..}^2$$

SSTr, SSE, 및 SST에 대한 또 다른 표현으로

$$\text{SST} = \text{SSTr} + \text{SSE}$$

임을 쉽게 증명할 수 있다.

요약하면, 일원배치에서 관측치들에 대한 총변동은 SST에 의해 측정될 수 있으며, SST는 두 요소, 즉 요인 수준간의 변동의 척도인 처리제곱합 SSTr과 요인 수준 내의 변동의 척도인 오차제곱합 SSE로 분할할 수 있다([그림 11.7] 참조).

p-값(p-Value)

귀무가설 $H_0: \mu_1 = \cdots = \mu_k$ 에 대한 타당성은 처리제곱합 SSTr와 오차제곱합 SSE의 상대적 크기에 달려 있다. 귀무가설에 대한 p-값을 계산하는 방식은 11.1.3절에서 설명한 바와 같이 분산분석표에 나와 있다. 하지만 처리제곱합과 오차제곱합이 어떻게 p-값에 영향을 미치는지 이해하는 것은 도움이 된다.

일원배치법의 유용한 그래픽적인 표현은 일련의 상자도표(box plot)로서, 각각의 요인 수준에 대하여 상자그림이 같은 축에 그려져 있다. [그림 11.8]은 $k=3$ 수준에 대하여 상자도표를 나타내고 있다. 표본평균 $\bar{x}_{i.}$는 대략 각 상자그림의 중심에 나타나며, 따라서 상자그림간 위치의 차이는 표본평균 $\bar{x}_{i.}$들간의 차이에 해당한다. 처리제곱합 SSTr은 그런 연유로 인해 상자그림간의 위치의 변동성에 대한 척도가 된다. 반면에 상자그림의 길이는 서로 다른 요인 수준 내의 변동성을 지시하고 있으며, 따라서 오차제곱합 SSE는 [그림 11.8]에서 보는 바와 같이 상자그림의 길이에 달려 있다.

[그림 11.9]는 p-값이 처리제곱합 SSTr과 오차제곱합 SSE를 어떻게 변화시키는지를 보여주고 있다. 기본 시나리오는 제곱합 중 하나를 증가시키거나 감소시키는 방식으로 네 가지 시나리오 중 하나의 시나리오에 포함시킬 수 있다. 시나리오 I에서 상자그림은 동일한 길이를 가지지만 서로 멀리 떨어져 있는 경우이다.

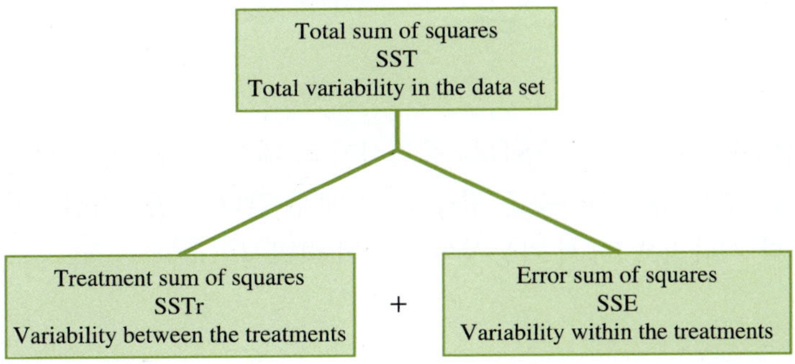

그림 11.7 완전확률화설계에서 총제곱합의 분할

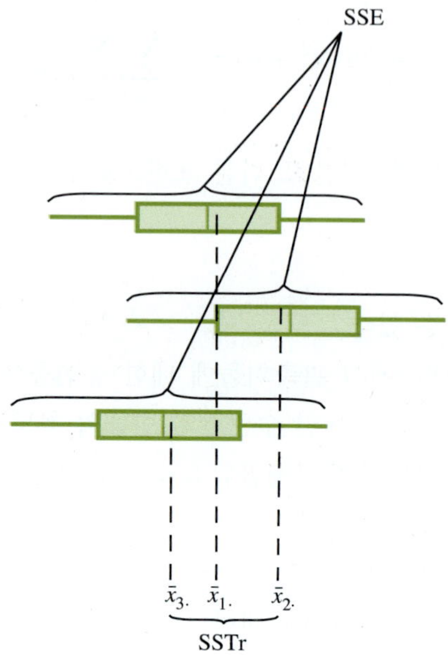

그림 11.8 처리제곱합 및 오차제곱합의 해석

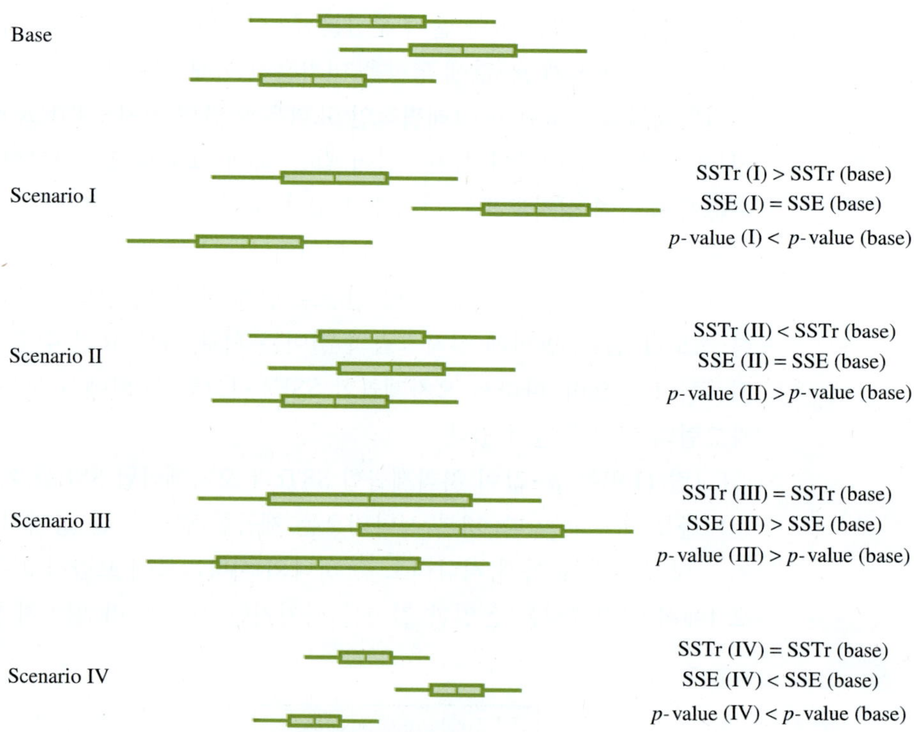

그림 11.9 처리제곱합과 오차제곱합에 대하여 p-값의 의존성

이 경우는 처리제곱합 SSTr을 증가시키고, 대신 오차제곱합 SSE는 그대로 유지시키는 경우이다. 인자수준 평균 μ_i가 모두 같다는 귀무가설은 기본 시나리오에서보다 시나리오 I에서 가능성이 낮으며 따라서

$$p-\text{값}(\text{I}) < p-\text{값}(\text{기본})$$

시나리오 II에서는 상자그림이 동일한 길이를 가지며, 대신 기본 시나리오보다 가깝게 함께 있는 경우이다. 이는 처리제곱합 SSTr이 감소하고, 오차제곱합 SSE가 일정하게 유지되는 경우이다. 이 시나리오에서 요인 수준의 평균 μ_i가 모두 같다는 귀무가설은 기본 시나리오보다 더 가능성이 높으며 따라서

$$p-\text{값(II)} > p-\text{값(기본)}$$

시나리오 III에서는 기본 시나리오와 같이 동일한 중심 위치를 갖지만 상자그림 길이가 기본 시나리오보다 긴 경우이다. 이 시나리오는 오차제곱합 SSE가 증가하는 대신 처리제곱합 SSTr이 일정하게 유지되는 경우이다. 상대적으로 SSTr의 크기는 SSE에 비해 감소하며 결국 귀무가설의 가능성은 기본 시나리오에서보다 더 큰 경우에 해당한다. 따라서

$$p-\text{값(III)} > p-\text{값(기본)}$$

마지막으로 시나리오 IV는 중심 위치는 기본 시나리오와 같고 대신 상자그림 길이가 기본 시나리오보다 짧은 경우이다 이 시나리오는 오차제곱합 SSE가 감소하고 처리제곱합 SSTr이 일정하게 유지되는 경우로서, 상대적으로 SSTr의 크기는 SSE에 비해 증가하여 결국 귀무가설의 가능성은 기본 시나리오보다 더 작은 경우에 해당한다. 따라서

$$p-\text{값(IV)} < p-\text{값(기본)}$$

일원배치법의 제곱합 분할(Sum of Squares Partition for One-Factor Layout)

일원배치법에서 데이터 관측치들의 총변동은 총제곱합 SST에 의해 측정되며,

$$\text{SST} = \sum_{i=1}^{k}\sum_{j=1}^{n_i}(x_{ij} - \bar{x}_{..})^2 = \sum_{i=1}^{k}\sum_{j=1}^{n_i}x_{ij}^2 - n_T\bar{x}_{..}^2$$

와 같다. 총제곱합은 두 가지 요소, 즉

$$\text{SST} = \text{SSTr} + \text{SSE}$$

로 분할 가능하며, 처리제곱합 SSTr은

$$\text{SSTr} = \sum_{i=1}^{k}n_i(\bar{x}_{i.} - \bar{x}_{..})^2 = \sum_{i=1}^{k}n_i\bar{x}_{i.}^2 - n_T\bar{x}_{..}^2$$

와 같고, 이는 요인 수준간의 변동을 의미한다. 오차제곱합 SSE는

$$\text{SSE} = \sum_{i=1}^{k}\sum_{j=1}^{n_i}(x_{ij} - \bar{x}_{i.})^2 = \sum_{i=1}^{k}\sum_{j=1}^{n_i}x_{ij}^2 - \sum_{i=1}^{k}n_i\bar{x}_{i.}^2$$

와 같으며, 이는 요인 수준 내의 변동을 나타내는데 사용된다. 직관적으로 요인 수준 평균 μ_i가 모두 같다는 귀무가설은 SSTr과 SSE간의 상대적 크기에 의해 결정됨을 알 수 있다.

예제 62 동맥 파열(Collapse of Blocked Arteries)

[그림 11.10]은 세 가지 서로 다른 협착 수준에서의 동맥이 파열될 때까지의 유량의 비율에 대한 상자그림이다. 상자그림은 협착 수준이 높아질수록 유량 비율은 현격히 감소하는 것을 보여주고 있다.

$\bar{x}_{1\cdot}=11.209$, $\bar{x}_{2\cdot}=15.086$, $\bar{x}_{3\cdot}=17.330$이며,

$$\bar{x}_{\cdot\cdot} = \frac{10.6 + \cdots + 16.6}{35} = 14.509$$

$$\sum_{i=1}^{k}\sum_{j=1}^{n_i} x_{ij}^2 = 10.6^2 + \cdots + 16.6^2 = 7710.39$$

이므로 총제곱합

$$\text{SST} = \sum_{i=1}^{k}\sum_{j=1}^{n_i} x_{ij}^2 - n_T\bar{x}_{\cdot\cdot}^2 = 7710.39 - (35 \times 14.509^2) = 342.5.$$

처리제곱합

$$\begin{aligned}\text{SSTr} &= \sum_{i=1}^{k} n_i\bar{x}_{i\cdot}^2 - n_T\bar{x}_{\cdot\cdot}^2 \\ &= (11 \times 11.209^2) + (14 \times 15.086^2) + (10 \times 17.330^2) - (35 \times 14.509^2) \\ &= 204.0\end{aligned}$$

이다. 따라서 오차제곱합 SSE는

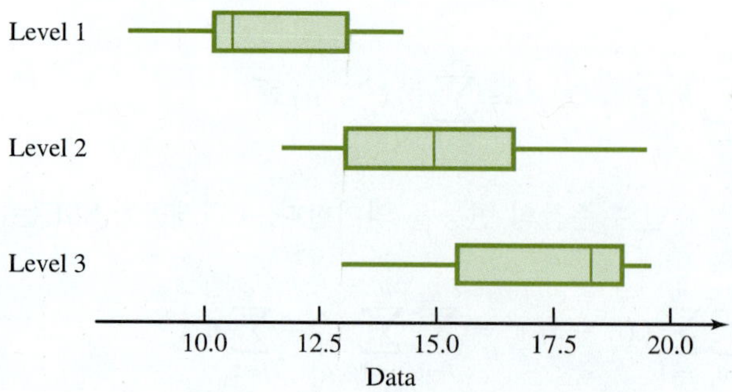

그림 11.10 동맥 파열 데이터 집합에 대한 상자그림

$$\text{SSE} = \text{SST} - \text{SSTr} = 342.5 - 204.0 = 138.5$$

예제 63 도로 표면 혼합물(Roadway Base Aggregates)

[그림 11.11]은 네 곳의 서로 다른 지역으로부터 추출한 자갈 혼합물 표본들의 탄성계수값에 대한 상자그림이다. 상자그림에서 보면 네 지역의 평균간에는 별달리 큰 차이가 없으나 지역 2에서의 평균값이 다른 세 곳에 비해 작음을 알 수 있다.

$\bar{x}_{1\cdot}=30{,}113$, $\bar{x}_{2\cdot}=29{,}461$, $\bar{x}_{3\cdot}=30{,}409$ 및 $\bar{x}_{4\cdot}=30{,}823$이며

$$\bar{x}_{\cdot\cdot} = \frac{30{,}060 + \cdots + 32{,}960}{40} = 30{,}201.5$$

이며

$$\sum_{i=1}^{k}\sum_{j=1}^{n_i} x_{ij}^2 = 30{,}060^2 + \cdots + 32{,}960^2 = 36{,}573{,}858{,}000.$$

따라서 총제곱합

$$\begin{aligned}\text{SST} &= \sum_{i=1}^{k}\sum_{j=1}^{n_i} x_{ij}^2 - n_T\bar{x}_{\cdot\cdot}^2 = 36{,}573{,}858{,}000 - (40 \times 30{,}201.5^2)\\ &= 88{,}633{,}910\end{aligned}$$

이며 처리제곱합

$$\begin{aligned}\text{SSTr} &= \sum_{i=1}^{k} n_i\bar{x}_{i\cdot}^2 - n_T\bar{x}_{\cdot\cdot}^2\\ &= (10 \times 30{,}113^2) + (10 \times 29{,}461^2) + (10 \times 30{,}409^2)\\ &\quad + (10 \times 30{,}823^2) - (40 \times 30{,}201.5^2)\\ &= 9{,}854{,}910.\end{aligned}$$

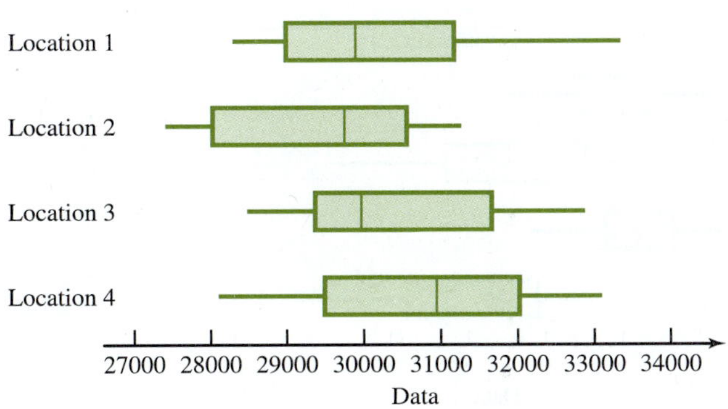

그림 11.11 도로 표면 혼합물 데이터 집합에 대한 상자그림

오차제곱합 SSE는 제곱합의 분할에 의해

$$\text{SSE} = \text{SST} - \text{SSTr} = 88{,}633{,}910 - 9{,}854{,}910 = 78{,}779{,}000$$

예제 64 카펫 섬유 혼방(Carpet Fiber Blends)

[그림 11.12]는 6가지 섬유 유형으로 직조한 카펫의 품질점수에 대한 상자그림이다. 서로 다른 섬유 유형에 따라 차이를 관측할 수 있으며, 특히 유형 2, 4 및 6이 1, 3, 5에 비해 품질점수가 높게 관측된다. 총제곱합은 위의 예제들과 동일하게 계산하여 다음과 같이 얻었다.

$$\text{SST} = 181.889$$
$$\text{SSTr} = 97.219$$
$$\text{SSE} = 84.670$$

11.1.3 분산분석표(Analysis of Variance Table)

처리제곱합 SSTr은 k 자유도를 가지며 평균처리제곱합

$$\text{MSTr} = \frac{\text{처리제곱합}}{\text{자유도}} = \frac{\text{SSTr}}{k-1}.$$

오차제곱합 SSE는 $(n_T - k)$ 자유도를 가지며, 평균오차제곱합

$$\text{MSE} = \frac{\text{오차제곱합}}{\text{자유도}} = \frac{\text{SSE}}{n_T - k}.$$

이때, 평균오차제곱합 MSE는

$$\text{MSE} \sim \sigma^2 \frac{\chi^2_{n_T - k}}{n_T - k}$$

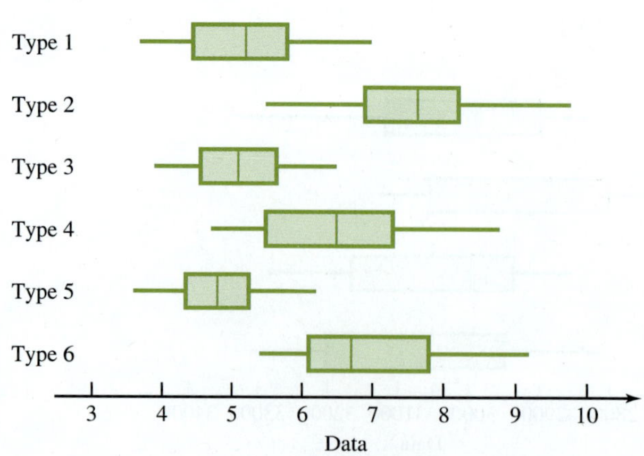

그림 11.12 카펫 섬유 혼방 데이터 집합에 대한 상자그림

이며

$$E\left(\chi^2_{n_T-k}\right) = n_T - k$$

이므로,

$$E(\text{MSE}) = \sigma^2$$

으로서 MSE는 오차분산 σ^2의 불편추정량(unbiased estimate)이다. 종종 MSE는 $\hat{\sigma}^2$으로 쓰기도 한다. i 번째 요인 수준에서 분산의 추정치는

$$s_i^2 = \frac{\sum_{j=1}^{n_i}(x_{ij} - \bar{x}_{i.})^2}{n_i - 1}$$

이며,

$$\text{SSE} = \sum_{i=1}^{k}(n_i - 1)s_i^2$$

으로 나타낼 수 있다. 결국

$$\text{MSE} = \hat{\sigma}^2 = \frac{(n_1 - 1)s_1^2 + \cdots + (n_k - 1)s_k^2}{n_T - k}$$

으로 k 수준 각각의 분산추정치에 대한 가중평균과 같다. 평균처리제곱합의 기대값

$$E(\text{MSTr}) = \sigma^2 + \frac{\sum_{i=1}^{k} n_i(\mu_i - \bar{\mu})^2}{k - 1}$$

이며 $\bar{\mu} = (n_1\mu_1 + \cdots + n_k\mu_k)/n_T$ 이다. 만약 요인 수준 평균 μ_i가 모두 같다면

$$E(\text{MSTr}) = \sigma^2$$

와 같다. 만약 μ_i가 모두 같다면, 평균처리제곱합 MSTr의 분포는

$$\text{MSTr} \sim \sigma^2 \frac{\chi^2_{k-1}}{k - 1}$$

이며, 이 결과는 귀무가설 $H_0: \mu_1 = \cdots = \mu_k$ 의 p-값을 계산하는 방법을 도출하는데 사용될 수 있다.

귀무가설이 사실일 때, F-통계량

$$F = \frac{\text{MSTr}}{\text{MSE}}$$

은 $\chi^2_{k-1}/(k-1)$ 확률변수를 $\chi^2_{n_T-k}/(n_T-k)$ 확률변수로 나눈 것과 같은 분포를 따르며, 결국 F_{k-1,n_T-k} 분포를 따를 것이다. 달리 표현하면

$$F = \frac{\text{MSTr}}{\text{MSE}} \sim F_{k-1,n_T-k}$$

와 같다. 귀무가설의 가능성은 F−통계량의 관측치가 F_{k-1,n_T-k} 분포값과 비교하여 얼마나 다른지에 따라 결정될 수 있다. 더욱이 MSTr은 요인 수준들의 평균 μ_i가 서로 다를 때 귀무가설 하에서 보다 큰 기대값을 갖기 때문에 F−통계량 값이 커지게 될 것이며, 이는 귀무가설의 신빙성에 의문을 갖게 될 것이 분명하다. p−값은

$$p\text{-값} = P(X \geq F)$$

와 같이 정의되며, 이때 X는 F_{k-1,n_T-k} 분포를 따른다([그림 11.13] 참조). 일원 분산분석은 [그림 11.14]의 분산분석표에 나타나 있다. 첫 번째 열은 자유도, 두 번째 열은 제곱합, 그리고 세 번째 열은 평균제곱합을 나열하고 있다. 이때 총자유도는 n_T-1이며, 처리에 대한 자유도는 $k-1$, 결과적으로 오차에 대한 자유도는 $(n_T-1)-(k-1)=n_T-k$와 같다. 네 번째 열은 F−통계량을 나타내며, 다섯 번째 열은 이 F−통계량 값에 대한 p−값을 포함하고 있다.

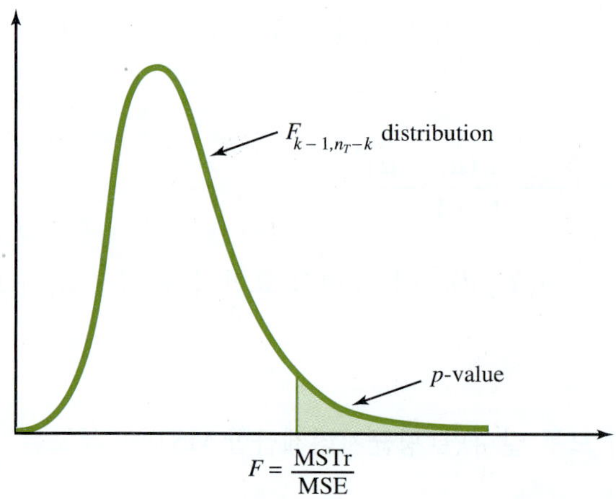

그림 11.13
일원 분산분석표에 대한 p−값 계산

Source	Degrees of freedom	Sum of squares	Mean squares	F-statistic	p-value
Treatments	$k-1$	SSTr	$\text{MSTr} = \frac{\text{SSTr}}{k-1}$	$F = \frac{\text{MSTr}}{\text{MSE}}$	$P(F_{k-1,n_T-k} \geq F)$
Error	n_T-k	SSE	$\text{MSE} = \frac{\text{SSE}}{n_T-k}$		
Total	n_T-1	SST			

그림 11.14
일원 분산분석표

일원배치에 대한 F-검정(F-Tests for One-Factor Layout)

k 수준과 총 표본 크기 n_T를 가지는 일원배치에서 처리는 $(k-1)$ 자유도를 가지며, 오차는 (n_T-k) 자유도를 가진다. 평균제곱합은 제곱합을 해당하는 자유도로 나눔으로써 다음과 같이 얻을 수 있다.

$$\text{MSTr} = \frac{\text{SSTr}}{k-1} \qquad \text{MSE} = \frac{\text{SSE}}{n_T - k}$$

요인 수준의 평균 μ_i가 모두 같다는 귀무가설에 대한 p-값은

$$p\text{-값} = P(X \geq F)$$

이며, 이때

$$F = \frac{\text{MSTr}}{\text{MSE}}$$

로서, 확률변수 X는 F_{k-1, n_T-k} 분포를 따른다.

예제 62 동맥 파열(Collapse of Blocked Arteries)

처리에 대한 자유도는 $k-1=3-1=2$이며 처리에 대한 평균제곱합은 따라서

$$\text{MSTr} = \frac{\text{SSTr}}{2} = \frac{204.0}{2} = 102.0$$

이다. 오차에 대한 자유도는 $n_T-k=35-3=32$이며, 오차에 대한 평균제곱합은

$$\text{MSE} = \frac{\text{SSE}}{32} = \frac{138.5}{32} = 4.33$$

으로, F-통계량은

$$F = \frac{\text{MSTr}}{\text{MSE}} = \frac{102.0}{4.33} = 23.6$$

이며, 이 값에 해당하는 p-값은

$$p\text{-값} = P(X \geq 23.6) \simeq 0$$

으로, X는 $F_{2,32}$ 분포를 가진다. 결국 파열하기까지 평균 유량의 비율은 협착의 세 수준에서 모두 같다는 귀무가설은 타당하지 않고 협착 수준에 따라 달라짐을 알 수 있다. [그림 11.15]는 이 데이터에 대한 분산분석표를 보여준다.

그림 11.15 동맥 파열 실험에 대한 분산분석표

Source	Degrees of freedom	Sum of squares	Mean squares	*F*-statistic	*p*-value
Stenosis level	2	204.02	102.01	23.57	0.000
Error	32	138.47	4.33		
Total	34	342.49			

그림 11.16 도로 표면 혼합물 실험에 대한 분산분석표

Source	Degrees of freedom	Sum of squares	Mean squares	*F*-statistic	*p*-value
Locations	3	9854910	3284970	1.50	0.2307
Error	36	78779000	2188306		
Total	39	88633910			

그림 11.17 카펫 섬유 혼방 실험에 대한 분산분석표

Source	Degrees of freedom	Sum of squares	Mean squares	*F*-statistic	*p*-value
Carpet type	5	97.219	19.444	19.290	0.000
Error	84	84.670	1.008		
Total	89	181.889			

예제 63 도로 표면 혼합물(Roadway Base Aggregates)

[그림 11.16]은 이 예제에 대한 분산분석표로서

$$\text{MSTr} = \frac{\text{SSTr}}{k-1} = \frac{9,854,910}{3} = 3,284,970$$

$$\text{MSE} = \frac{\text{SSE}}{n_T - k} = \frac{78,779,000}{36} = 2,188,306$$

이며, 따라서 F−통계량

$$F = \frac{\text{MSTr}}{\text{MSE}} = \frac{3,284,970}{2,188,306} = 1.50$$

이며, 이 값에 해당하는 p−값은

$$p\text{-값} = P(X \geq 1.50) = 0.231$$

으로, X는 $F_{3,36}$분포를 따른다. 이 p−값은 귀무가설이 타당하다는 것을 의미하며, 엔지니어는 한 지역으로부터 추출한 혼합물은 다른 지역으로부터 추출한 혼합물과 다르다는 결론을 내릴 어떠한 근거도 갖지 못한다.

예제 64 카펫 섬유 혼방(Carpet Fiber Blends)

[그림 11.17]은 서로 다른 카펫 혼방의 비교에 대한 분산분석표로서,

$$\text{MSTr} = \frac{\text{SSTr}}{k-1} = \frac{97.219}{5} = 19.444$$

$$\text{MSE} = \frac{\text{SSE}}{n_T - k} = \frac{84.670}{84} = 1.008$$

이며, 결국 F-통계량

$$F = \frac{\text{MSTr}}{\text{MSE}} = \frac{19.444}{1.008} = 19.290$$

으로, 이에 해당하는 p-값은

$$p\text{-값} = P(X \geq 19.29) \simeq 0$$

이며, 이때 X는 $F_{5,84}$ 분포를 따른다. 결국 섬유 엔지니어는 어떤 카펫 혼방은 다른 것에 비해 우수하다고 결론을 내릴 수 있다. 그렇다면 어떤 것이 얼마만큼 좋은지 알 수 있을까? 이 문제는 다음 절에서 다룬다.

11.1.4 요인수준 평균의 쌍체비교(Pairwise Comparisons of the Factor Level Means)

분산분석을 실시하여, 요인수준 평균 μ_i가 모두 같다는 귀무가설을 기각할 때, 어떤 평균이 얼마만큼 다른지를 보여주기 위하여 요인수준 평균에 대한 쌍체비교를 할 수 있다. 이러한 신뢰구간을 종종 Turkey의 다중비교(multiple comparison) 절차라고 한다. k 수준에 대하여 총 $k(k-1)/2$쌍의 차이

$$\mu_{i_1} - \mu_{i_2} \qquad 1 \leq i_1 < i_2 \leq k$$

가 존재한다.

요인수준 평균의 쌍체비교(Pairwise Comparisons of the Factor Level Means)

분산분석을 실시하여, 요인수준 평균 μ_i가 모두 같다는 귀무가설을 기각할 때, 다음과 같이 $1-\alpha$ 신뢰수준으로 $k(k-1)/2$쌍의 요인수준 평균의 차에 대한 동시 신뢰구간(simultaneous confidence intervals)을 계산하는 것이 유용하다.

$$\mu_{i_1} - \mu_{i_2} \in \left(\bar{x}_{i_1\cdot} - \bar{x}_{i_2\cdot} - \frac{s\, q_{\alpha,k,\nu}}{\sqrt{2}} \sqrt{\frac{1}{n_{i_1}} + \frac{1}{n_{i_2}}},\ \bar{x}_{i_1\cdot} - \bar{x}_{i_2\cdot} + \frac{s\, q_{\alpha,k,\nu}}{\sqrt{2}} \sqrt{\frac{1}{n_{i_1}} + \frac{1}{n_{i_2}}} \right)$$

임계값 $q_{\alpha,k,\nu}$는 모수 k와 자유도 $\nu = n_T - k$, $s = \hat{\sigma} = \sqrt{\text{MSE}}$를 가지는 studentized 범위분포의 상한 α값이다([표 V] 참조).
이 동시 신뢰구간은 전반적으로 $1-\alpha$ 신뢰수준을 가지며, 어떤 요인수준 평균이 얼마만큼 다른지를 제시하여 준다.

위의 신뢰구간은 9.3.2절에서 설명한 두 모집단 평균을 비교하기 위한 합동분산(pooled variance)의 추정치를 토대로 한 t-구간과 비슷하다. 차이는 임계치 $t_{\alpha/2,\nu}$ 대신 $q_{\alpha,k,\nu}/\sqrt{2}$를 사용한다는 것이며, t-구간은 $1-\alpha$의 개개의 신뢰수준을 가지지만 동시 신뢰구간의 집합은 $1-\alpha$의 전반적인 신뢰수준을 가진다. 이러한 전반적인 신뢰수준은 실험자가 $k(k-1)/2$개의 신뢰구간 모두가 각각의 모수값 $\mu_{i_1}-\mu_{i_2}$를 포함할 $1-\alpha$의 신뢰수준을 가짐을 의미하며, 이는 임계값 $t_{\alpha/2,\nu}$보다 큰 값을 가지는 $q_{\alpha,k,\nu}/\sqrt{2}$의 값에 의해 달성된다. 만약 $\mu_{i_1}-\mu_{i_2}$에 대한 신뢰구간이 0을 포함한다면, 수준평균 i_1과 i_2가 다르다는 증거가 없음을 의미한다. 하지만 $\mu_{i_1}-\mu_{i_2}$에 대한 신뢰구간이 0을 포함하지 않는다면, i_1과 i_2의 수준평균이 다름을 의미하며, 더욱이 그 신뢰구간은 요인수준 평균이 얼마만큼 다른지를 나타내게 된다.

만약 분산분석 결과 요인수준 평균 μ_i가 모두 같다는 귀무가설을 기각할 경우, 수준평균 중 적어도 하나는 0을 포함하지 않는 신뢰구간을 가지게 될 것이다. 만약 분산분석 결과 10%보다 큰 p-값과 함께 귀무가설을 채택할 경우 모든 신뢰구간은 0을 포함하며, 어떠한 요인 평균도 서로 다르다는 결론을 내릴 수 없게 될 것이다. 이러한 경우 신뢰구간을 구할 아무런 이유도 없다. 이러한 신뢰구간에 대한 한 가지 특성은 요인수준 k가 증가할수록 임계값 $q_{\alpha,k,\nu}$도 또한 증가하며, 따라서 신뢰구간은 더욱 넓어지게 될 것이다.

예제 62 동맥 파열(Collapse of Blocked Arteries)

$$s=\hat{\sigma}=\sqrt{\text{MSE}}=\sqrt{4.33}=2.080$$

이며, 임계값 $q_{0.05,3,32}$로=3.48서 [표 V] 또는 컴퓨터를 활용하여 구할 수 있다. 처리수준 평균에 대한 쌍체 신뢰구간은

$$\mu_1-\mu_2\in\left(11.209-15.086-\frac{2.080\times3.48}{\sqrt{2}}\sqrt{\frac{1}{11}+\frac{1}{14}},\right.$$
$$\left.11.209-15.086+\frac{2.080\times3.48}{\sqrt{2}}\sqrt{\frac{1}{11}+\frac{1}{14}}\right)$$
$$=(-3.877-2.062,\ -3.877+2.062)=(-5.939,\ -1.814)$$

$$\mu_1-\mu_3\in\left(11.209-17.330-\frac{2.080\times3.48}{\sqrt{2}}\sqrt{\frac{1}{11}+\frac{1}{10}},\right.$$
$$\left.11.209-17.330+\frac{2.080\times3.48}{\sqrt{2}}\sqrt{\frac{1}{11}+\frac{1}{10}}\right)$$
$$=(-6.121-2.236,\ -6.121+2.236)=(-8.357,\ -3.884)$$

$$\mu_2 - \mu_3 \in \left(15.086 - 17.330 - \frac{2.080 \times 3.48}{\sqrt{2}}\sqrt{\frac{1}{14} + \frac{1}{10}},\right.$$
$$\left. 15.086 - 17.330 + \frac{2.080 \times 3.48}{\sqrt{2}}\sqrt{\frac{1}{14} + \frac{1}{10}}\right)$$
$$= (-2.244 - 2.119, -2.244 + 2.119) = (-4.364, -0.125)$$

위의 세 신뢰구간 모두가 0을 포함하지 않으며, 실험 결과를 통해 세 가지 협착 수준 각각이 파열될 때까지의 서로 다른 평균 유량의 비율을 가짐을 알 수 있다. 더욱이 수준 1(0.78)의 협착에 대한 평균유율은 수준 2(0.71)의 협착에 대한 평균 유량률보다 적어도 1.8ml/s 낮고, 수준 3(0.65)보다 적어도 3.9ml/s 낮다. 동일하게 수준 2의 평균 유량률은 수준 3보다 적어도 0.1ml/s 정도 낮음을 알 수 있다.

예제 63 도로 표면 혼합물(Roadway Base Aggregates)

네 지역으로부터 추출된 혼합물의 평균탄성계수간의 어떠한 차이도 없다고 결론을 내렸다. 따라서 실험자는 $\mu_{i_1} - \mu_{i_2}$에 대한 신뢰구간도 0을 포함함을 알 수 있다. 이 실험은 균형된 실험으로 표본 크기가 n으로 서로 같으며, 신뢰구간은

$$\mu_{i_1} - \mu_{i_2} \in \left(\bar{x}_{i_1 \cdot} - \bar{x}_{i_2 \cdot} - \frac{s\, q_{\alpha,k,\nu}}{\sqrt{n}}, \bar{x}_{i_1 \cdot} - \bar{x}_{i_2 \cdot} + \frac{s\, q_{\alpha,k,\nu}}{\sqrt{n}}\right)$$

으로 모두 같은 길이를 가진다. 가장 큰 표본평균은 $\bar{x}_{4.} = 30,823$, 가장 작은 표본평균은 $\bar{x}_{2.} = 29,461$이며 $s = \hat{\sigma} = \sqrt{\text{MSE}} = \sqrt{2,188,305} = 1479$이며 임계값 $q_{0.05,4,36} = 3.81$으로 $\mu_4 - \mu_2$에 대한 신뢰구간은

$$\mu_4 - \mu_2 \in \left(30,823 - 29,461 - \frac{1479 \times 3.81}{\sqrt{10}}, 30,823 - 29,461 + \frac{1479 \times 3.81}{\sqrt{10}}\right)$$
$$= (1362 - 1782, 1362 + 1782) = (-420, 3144)$$

예상한대로 이 신뢰구간은 0을 포함하며 μ_2와 μ_4가 서로 다르다는 결론을 내릴 수 없다.

예제 64 카펫 섬유 혼방(Carpet Fiber Blends)

[그림 11.18]은 이 데이터 집합에 대한 쌍체 신뢰구간을 보여주고 있다. 총 $k(k-1)/2 = 6 \times 5/2 = 15$ 신뢰구간들이 존재하며, 5개는 0을 포함하고 10개는 0을 포함하지 않는다. 이 결과들을 [그림 11.19]에서처럼 개념적으로 표현하는 것이 유용한데, 표본평균 $\bar{x}_{i\cdot}$는 선 위에 표시되어 있으며, 이 예제에서는 5, 3, 1, 4, 6 그리고 2의 순서로 표시된다. $\mu_{i_1} - \mu_{i_2}$에 대한 신뢰구간이 0을 포함하는 경우 두 요인수준 i_1과 i_2는 선으로 연결된다. 이 예제에서는 $\mu_1 - \mu_3$, $\mu_1 - \mu_5$, $\mu_3 - \mu_5$에

The critical point is $q_{0.05,6,84} = 4.12$ and $s = \hat{\sigma} = \sqrt{MSE} = 1.004$ so

$$\mu_i - \mu_j \in \bar{x}_{i.} - \bar{x}_{j.} \pm \frac{1.004 \times 4.12}{\sqrt{2}} \sqrt{\frac{1}{n_i} + \frac{1}{n_j}}$$

$\mu_1 - \mu_2$ (−3.44, −1.37)				
$\mu_1 - \mu_3$ (−0.94, 1.25) **contains 0**	$\mu_2 - \mu_3$ (1.47, 3.66)			
$\mu_1 - \mu_4$ (−2.19, −0.12)	$\mu_2 - \mu_4$ (0.22, 2.28)	$\mu_3 - \mu_4$ (−2.41, −0.22)		
$\mu_1 - \mu_5$ (−0.61, 1.53) **contains 0**	$\mu_2 - \mu_5$ (1.79, 3.93)	$\mu_3 - \mu_5$ (−0.83, 1.43) **contains 0**	$\mu_4 - \mu_5$ (0.54, 2.68)	
$\mu_1 - \mu_6$ (−2.66, −0.55)	$\mu_2 - \mu_6$ (−0.25, 1.85) **contains 0**	$\mu_3 - \mu_6$ (−2.87, −0.65)	$\mu_4 - \mu_6$ (−1.50, 0.60) **contains 0**	$\mu_5 - \mu_6$ (−3.15, −0.97)

그림 11.18 카펫 섬유 혼방 실험에 대한 동시 신뢰구간

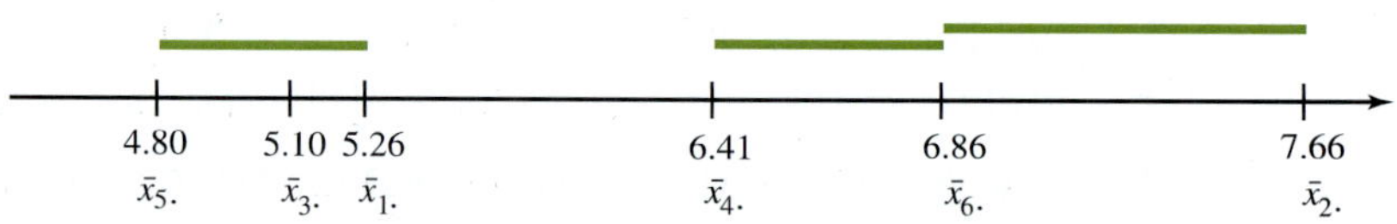

그림 11.19 카펫 섬유 혼방 실험에 대한 개념적 표현

대한 신뢰구간들이 0을 포함하며, 따라서 $\bar{x}_{1.}$, $\bar{x}_{3.}$ 및 $\bar{x}_{5.}$ 사이에 연속선이 그어진다. 또한 $\mu_2 - \mu_6$와 $\mu_4 - \mu_6$에 대한 신뢰구간이 0을 포함하므로, $\bar{x}_{2.}$와 $\bar{x}_{6.}$ 그리고 $\bar{x}_{4.}$와 $\bar{x}_{6.}$ 사이에 선이 그어지게 된다. $\mu_2 - \mu_4$에 대한 신뢰구간은 0을 포함하지 않기 때문에 이 선들은 $\bar{x}_{6.}$에 대하여 불연속이며, $\bar{x}_{2.}$와 $\bar{x}_{4.}$ 사이에 어떠한 선도 필요가 없다.

[그림 11.19]의 다이어그램을 토대로 결론을 도출하면, 최상의 섬유 유형은 유형 2(nylon fiber type B) 또는 유형 6(polypropylene fiber)이며, 섬유 엔지니어는 이 둘 중 어떤 것이 좋은지 차이를 발견하기 위하여 보다 정밀하게 두 섬유 유형을 조사하는 것이 필요하다.

11.1.5 표본 크기 결정(Sample Size Determination)

일원분산분석의 민감도(sensitivity)는 k 표본 크기 $n_1, \ldots, n_k$에 달려 있다. 구체적으로 말하면, 모든 요인수준 평균이 같다는 귀무가설의 검정역(power of test)은 표본 크기가 증가할수록 증가하게 된다. 이 검정역은 귀무가설이 거짓일 때 귀무가설을 기각할 확률로서 서로 다른 요인수준 평균 μ_i에 대하여 실험자가 이미 요인수준 평균이 다르다는 증거를 갖고 있기 때문에 분산분석표에서 작은 p-값을 가질 확률은 표본 크기 n_i가 증가할수록 증가하게 된다. 표본 크기의 증가는 또한 쌍체 신뢰구간의 길이를 감소시킨다.

쌍체 신뢰구간의 길이는 표본 크기 n_i가 서로 다른 경우

$$L = \sqrt{2}\, s q_{\alpha,k,\nu} \sqrt{\frac{1}{n_{i_1}} + \frac{1}{n_{i_2}}}$$

와 같다. 균형된 실험의 경우 표본 크기가 n으로 모두 같으며 따라서

$$L = \frac{2 s q_{\alpha,k,\nu}}{\sqrt{n}}$$

이다. 신뢰구간 길이 L은 표본 크기 n의 제곱근에 반비례한다. 즉,

$$L \propto \frac{1}{\sqrt{n}}$$

과 같다. 예를 들면, 신뢰구간 길이를 반으로 줄이려고 할 때, 표본 크기는 4배 증가시켜야만 한다. 만약 실험자가 신뢰구간의 길이가 L보다 작게 하고자 할 때 필요한 표본 크기

$$n \simeq \frac{4 s^2 q_{\alpha,k,\nu}^2}{L^2}$$

와 같으며, s는 추정치 $\hat{\sigma}$을 대신 사용한다. 또한 주지할 사실은 요인수준의 수 k가 증가할수록 임계값 $q_{\alpha,k,\nu}$가 커지며, 결국 보다 많은 샘플 크기가 요구된다.

예제 63 도로 표면 혼합물(Roadway Base Aggregates)

균형된 실험에 대하여 쌍체 신뢰구간의 길이는 모두 같으며

$$L = \frac{2 s q_{\alpha,k,\nu}}{\sqrt{n}} = \frac{2 \times 1479 \times 3.81}{\sqrt{10}} = 3564$$

이다. 엔지니어는 신뢰구간의 길이를 2000으로 줄이고 싶다. 이 경우 만약 모든 쌍체 신뢰구간이 0을 포함하여 혼합물 유형간 차이가 없다고 한다면 엔지니어는 탄성계수 평균값간의 차이가 있는지를 알 수 있을 것이며 이는 2000을 초과해서는 안 된다. 초기 실험으로부터 $s = 1479$, $q_{0.05,4,36} = 3.81$임을 알았으며, 따라서 요구되는 샘플 크기는

$$n \simeq \frac{4 s^2 q_{\alpha,k,\nu}^2}{L^2} = \frac{4 \times 1479^2 \times 3.81^2}{2000^2} = 31.8$$

이다. 이미 각 혼합물 유형에 따라 10개의 관측치를 얻었기 때문에 추가로 약 22개의 표본을 각 혼합물 유형으로부터 추출해야만 한다.

11.1.6 모형의 가정(Model Assumptions)

일원배치에 대한 분산분석은 관측치가 독립이며 동일한 정규분포를 따르며, 또한 공통의 동일한 분산을 가진다는 모형에 대한 가정을 기초로 한다. 실험자는 이 가정 중 어떤 부분이 일치하지 않는지 적합한 방식에 따라 검토해야만 한다.

관측치들의 독립성은 데이터가 수집되는 방식으로부터 판단되어질 수 있다. k 요인 수준간 실험 단위를 임의로 배치하는 것은 독립성을 보장하는데 도움을 줄 수 있다. 만약 표본 크기가 충분히 크다면 각 요인수준 내 관측치들에 대한 히스토그램은 분포가 정규분포인지 아닌지 분명히 식별할 수 있도록 해줄 수 있다. 하지만 분산분석은 관측치들의 분포에 상당히 강건(robust)하며 분포가 정규분포로부터 크게 벗어나지 않는다면 상당히 정확한 결과를 제공한다.

k 요인수준 각각에 대하여 분산의 동일성은 각 요인수준에서 표본 분산 s_i^2들을 비교하거나 관측치들에 대한 상자그림의 길이를 비교함에 의해 판단될 수 있다. 분산분석은 분산들이 서로 많이 다르지 않는다면 꽤 정확한 결과를 제공한다. 만약 한 요인의 분산이 다른 하나의 요인에 비해 5배 이상 다르다면 한 번에 한 쌍씩 k 요인수준간 쌍체비교를 90%와 같은 작은 개개 신뢰수준(individual confidence interval)을 사용하는 것이 좋다.

연습문제

11.1.1 [표 IV]를 이용하여 다음의 확률이 10%보다 큰지, 5%와 10% 사이인지, 1%와 5% 사이인지 혹은 1%보다 작은지 판단하라. 그리고 컴퓨터 패키지를 이용하여 정확한 확률을 구하라.

(a) $P(X \geq 4.2)$ X는 $F_{4,15}$분포를 따른다.

(b) $P(X \geq 2.3)$ X는 $F_{7,30}$분포를 따른다.

(c) $P(X \geq 31.7)$ X는 $F_{3,10}$분포를 따른다.

(d) $P(X \geq 9.3)$ X는 $F_{3,12}$분포를 따른다.

(e) $P(X \geq 0.9)$ X는 $F_{6,60}$분포를 따른다.

11.1.2 [그림 11.20]의 분산분석표의 빈칸을 채워라. 그리고 p-값을 계산하라.

11.1.3 [그림 11.21]의 분산분석표의 빈칸을 채우고 p-값을 계산하라.

Source	Degrees of freedom	Sum of squares	Mean squares	F-statistic	p-value
Treatments	?	?	111.4	?	?
Error	23	461.9	?		
Total	28	?			

그림 11.20 분산분석표

Source	Degrees of freedom	Sum of squares	Mean squares	F-statistic	p-value
Treatments	7	?	?	5.01	?
Error	?	?	3.62		
Total	29	?			

그림 11.21 분산분석표

11.1.4 어느 균형된 실험계획은 각각의 $k=7$의 요인수준에 대해서 $n=12$의 표본 크기를 갖는다. 총 제곱합 SST$=133.18$이고 표본평균은 $\bar{x}_{1}.=7.75$, $\bar{x}_{2}.=8.41$, $\bar{x}_{3}.=8.07$, $\bar{x}_{4}.=8.30$, $\bar{x}_{5}.=8.17$, $\bar{x}_{6}.=8.81$, $\bar{x}_{7}.=8.32$이다. 이 실험의 분산분석표를 구하라(힌트: SSTr을 계산하고 SST에서 이 값을 빼서 SSE를 구하라). 또한 $p-$값을 계산하라.

11.1.5 $k=4$의 요인수준을 비교하는 어느 실험에서 $n_1=12$와 $\bar{x}_{1}.=16.09$, $n_2=8$와 $\bar{x}_{2}.=21.55$, $n_3=13$와 $\bar{x}_{3}.=16.72$, $n_4=11$와 $\bar{x}_{4}.=17.57$를 갖고 총 제곱합은 SST$=485.53$이다. 이 실험의 분산분석표를 구하고 $p-$값을 계산하라.

11.1.6 $k=3$ 요인수준을 비교하는 어느 실험에서 $n_1=17$와 $\bar{x}_{1}.=32.30$, $n_2=20$와 $\bar{x}_{2}.=34.06$, $n_3=18$와 $\bar{x}_{3}.=32.02$을 갖는다. 또한 $\sum_{i=1}^{3}\sum_{j=1}^{n_i}x_{ij}^2=59,843.21$이다. 이 실험의 분산분석표를 구하고 $p-$값을 계산하라.

11.1.7 어느 균형된 실험에서 $k=4$의 요인수준에 대해서 각각 $n=14$개의 관측치 표본을 갖는다. 각각의 네 가지 요인수준에 대한 평균과 분산은 $\bar{x}_{1}.=0.705$와 $s_1^2=0.766\times10^{-3}$, $\bar{x}_{2}.=0.715$와 $s_2^2=1.276\times10^{-3}$, $\bar{x}_{3}.=0.684$와 $s_3^2=2.608\times10^{-3}$, $\bar{x}_{4}.=0.692$와 $s_4^2=1.725\times10^{-3}$이다. 이 실험의 분산분석표를 구하고 $p-$값을 계산하라.

11.1.8 어느 균형된 실험에서 $k=3$ 요인수준에 대해서 각각 $n=11$개의 관측치 표본을 갖는다. 각각의 세 가지 요인수준에 대한 평균은 $\bar{x}_{1}.=48.05$, $\bar{x}_{2}.=44.74$, $\bar{x}_{3}.=49.11$이고 MSE$=4.96$이다.

(a) 총 신뢰수준이 95%인 요인 수준에 대한 쌍체 신뢰구간을 구하라.

(b) 요인수준의 평균이 다르거나 차이가 없다는 것을 보여주는 다이어그램을 만들어라.

(c) 이 쌍체 신뢰구간의 길이를 2.0 이하로 하기 위한 추가 표본의 크기는 얼마인가?

11.1.9 어느 균형된 실험에서 $k=6$ 요인수준에 대해서 각각 $n=6$개의 관측치 표본을 갖는다. 각각의 요인수준에 대한 평균은 $\bar{x}_{1}.=136.3$, $\bar{x}_{2}.=152.1$, $\bar{x}_{3}.=125.7$, $\bar{x}_{4}.=130.2$, $\bar{x}_{5}.=142.3$, $\bar{x}_{6}.=128.0$이고 MSE$=15.95$이다.

(a) 총 신뢰수준이 95%인 요인수준에 대한 쌍체 신뢰구간을 구하라.

(b) 요인수준의 평균이 다르거나 차이가 없다는 것을 보여주는 다이어그램을 만들어라.

(c) 이 쌍체 신뢰구간의 길이를 10.0 이하로 하기 위한 추가 표본의 크기는 얼마인가?

11.1.10 만약 일원배치법의 각각의 관측치 x_{ij}가 $ax_{ij}+b$로 대체되었다면 분산분석표에서의 $p-$값에 어떠한 변화가 있는가?

11.1.11 DS 11.1.1의 데이터 집합을 이용하여

(a) 표본평균 $\bar{x}_{i}.$을 계산하라.

(b) 총평균 $\bar{x}..$를 계산하라.

(c) 처리제곱합 SSTr을 구하라.

(d) $\sum_{i=1}^{k}\sum_{j=1}^{n_i}x_{ij}^2$을 구하라.

(e) 총제곱합 SST를 구하라.

(f) 오차제곱합 SSE를 구하라.

(g) 분산분석표를 구하고 이때의 $p-$값을 구하라.

(h) 요인수준 평균치에 대한 총 신뢰구간이 95%인 쌍체 신뢰구간을 구하라.

(i) 요인수준의 평균이 다르거나 차이가 없다는 것을 보여주는 다이어그램을 만들어라.

(j) 이 쌍체신뢰구간의 길이를 1.0 이하로 하기 위한 추가 표본의 크기는 얼마인가?

11.1.12 DS 11.1.2의 데이터 집합을 이용하여 문제 11.1.11의 (a)~(i)를 구하라.

11.1.13 어느 공장은 동일한 두께를 가지는 유리판을 생산하는 세 개의 생산라인을 가지고 있다. 어느 품질관리자는 각각의 생산라인에서 $n=30$개의 유리판 표본을 얻었고 이들의 두께를 측정하였다. 첫 번째 생산라인에서 얻은 유리판의 표본평균은 $\bar{x}_{1\cdot}=3.015$mm 이고 표본편차는 $s_1=0.107$mm이다. 두 번째 생산라인에서 얻은 유리판의 표본평균은 $\bar{x}_{2\cdot}=3.018$mm이고 $s_2=0.155$mm이고, 세 번째 생산라인에서 얻은 유리판의 표본평균은 $\bar{x}_{3\cdot}=2.996$mm이고 $s_3=0.132$mm이다. 이 품질관리자는 어떠한 결론을 내릴 수 있는지 가설을 세우고 검정하라.

11.1.14 어느 소매회사의 관리자는 요일별로 전화로 신용카드번호 승인을 받는데 걸리는 시간이 차이가 있는지를 조사하려고 한다. 이 관리자는 다음의 결과를 얻었다. 월요일의 표본의 수는 $n_1=20$이고 표본평균은 $\bar{x}_{1\cdot}=20.44$초이고 표본 편차는 $s_1=1.338$초이다. 그리고 수요일의 경우는 $n_2=15$, $\bar{x}_{2\cdot}=16.33$, $s_2=1.267$이고 금요일의 경우는 $n_3=18$, $\bar{x}_{3\cdot}=15.34$, $s_3=1.209$이다. 이 관리자는 어떠한 결론을 내릴 수 있는지 가설을 세우고 검정하라.

11.1.15 적외선 복사 에너지 수준 측정

DS 11.1.3의 자료는 에너지원에 대한 다양한 적외선 복사에너지 수준을 특정 미터법으로 측정한 것이다. 이 미터법 제작자는 배경 복사에너지 수준이 측정치에 어떠한 영향을 미치는가에 대해서 조사하고자 한다. 이 제작자는 어떠한 결론을 내릴 수 있는지 가설을 세우고 검정하라.

11.1.16 키보드 키 배치 실험

DS 11.1.4는 세 가지 종류의 키보드를 가지고 숫자 키를 이용하여 수치 계산을 하는데 사용되는 시간을 측정한 것이다. 서로 다른 키보드 키 배열이 숫자 계산을 하는데 걸리는 시간에 영향을 주는가에 대해서 직접 분석하라.

11.1.17 폴리머 확산

어느 화학공학자는 폴리메털 메타크리레이트(PMMA) 입자가 안정제 폴리비닐 pyrrolidone(PVP)이 있을 때 확산 중합에 의해서 어떻게 생성되는지를 알고 싶어 한다. DS 11.1.5는 세 가지 양의 안정제를 통한 다양한 실험을 통해 얻어진 평균 입자의 직경 데이터이다. 안정제의 양이 어떻게 평균 입자의 직경에 영향을 미치는지 분산분석표를 작성하고 서로 다른 안정제 수준간 쌍체비교를 실시하라.

11.1.18 컴퓨터 조립 방법

어느 컴퓨터 생산자는 세 가지 서로 다른 생산 방법을 사용하는 라인을 가지고 있다. 이 방법들은 작업 순서 및 생산라인의 배치에 따라 다르며 품질관리자는 세 가지 방법에 대해 각각 30개의 표본을 얻었고 조립 시간을 기록하였다. 결과들이 DS 11.1.6에 주어졌는데 어떤 조립 방법이 다른 방법들보다 빠르다는 근거가 있는지 분산분석표를 작성하고, 서로 다른 조립방법간 쌍체비교를 하라.

11.1.19 어느 혼합물의 강도에 영향을 주는 세 가지 촉매를 비교하였다. 촉매 A를 사용하여 8개 혼합물 표본의 강도를 측정한 결과 표본평균은 42.91이고 표본표준편차는 5.33이었다. 촉매 B가 사용되었을 경우 11개 혼합물 표본 강도의 표본평균은 44.03이고 표본표준편차는 4.01이고, 촉매 C가 사용되었을 경우 10개 혼합물 표본의 강도의 표본평균은 43.72이고 표본표준편차는 5.10이었다. 분산분석표를 작성하고 세 가지 촉매가 혼합물의 강도에 영향을 미치는지 확인하라.

11.1.20 DS 11.1.7은 5가지 방법으로 만들어진 제품의 품질점수를 비교하기 위한 일원배치법 자료이다.

(a) 분산분석표를 만들어라.

(b) 방법들의 영향에 대한 쌍체비교를 하고 이를 그래프로 나타내라. 어떤 방법으로부터의 평균이 가장 높으며 또한 어떤 방법으로부터의 평균이 가장 낮은가?

11.1.21 5가지 방법을 비교하기 위한 일원배치법에서 결과적으로 $n_1=10$, $\bar{x}_{1\cdot}=46.09$, $n_2=9$, $\bar{x}_{2\cdot}=42.21$, $n_3=9$, $\bar{x}_{3\cdot}=55.32$, $n_4=7$, $\bar{x}_{4\cdot}=54.62$, $n_5=10$, $\bar{x}_{5\cdot}=38.79$, $s=\hat{\sigma}=4.33$을 제공한다. 이 방법들의 평균 μ_i, $1 \le i \le 5$의 쌍체비교를 하고 다이어그램을 작성하라. 어떤 방법으로부터의 평균 μ_i가 가장 크며 또 가장 작은가?

11.1.22 금속 합금 비교

어떤 실험을 통해 네 가지 금속 합금을 비교하였다. 각각의 합금으로부터 다양한 표본들을 추출, 강도를 측정하여 다음의 데이터를 얻었다.

Type A: 표본 크기 8, 표본평균 10.50, 표본 표준편차 1.02

Type B: 표본 크기 8, 표본평균 9.22, 표본 표준편차 0.86

Type C: 표본 크기 9, 표본평균 6.32, 표본 표준편차 1.13

Type D: 표본 크기 6, 표본평균 11.39, 표본 표준편차 0.98

(a) 분산분석표를 작성하라. 이 분산분석표를 통해서 어떠한 귀무가설을 검정할 수 있는지 명시하고 p-값을 구하라.

(b) 서로 다른 합금 종류의 차이에 대하여 그래프를 그리고 어느 합금 종류가 가장 강도가 높고 또 낮은지를 명시하라.

11.1.23 환자 수술시간 조사

비슷한 조건을 가지고 있는 30명의 환자를 6명의 의사가 5명씩 치료하도록 임의로 배정하였다. 이 의사들이 환자들을 수술하는데 걸리는 시간을 측정하여 DS 11.1.8에 정리하였다. 분산분석표를 작성하고 어느 의사가 가장 빠르고 또 가장 느린지를 밝혀라.

11.1.24 강물 내의 대장균 수

DS 11.1.9는 어떤 강의 5개 지역에서 각각 얻은 4개 표본 내의 대장균의 양을 나타낸다. 다른 5개 지역에서 대장균의 양이 다르다는 충분한 증거가 있는지를 논하고 5개 지역의 대장균 차이에 대한 그래프를 그려라. 또한 어떤 지역에 대장균이 가장 많고 또 가장 적은지를 명시하라.

11.1.25 치료법 1에 대해서 7개의 관측치를 얻었고 이 값의 합은 327.8이다. 치료법 2에 대해서 8개의 관측치를 얻었고 이 값의 합은 381.3이고 치료법 3에 대해서 얻은 7개의 관측치의 합은 337.0, 치료법 4에 대해서 얻은 6개의 관측치의 합은 292.9이다. 이 실험에 대한 분산분석표의 p-값은 1%라고 할 때

(a) 분산분석표를 구하라.

(b) 치료법 평균에 대한 총 신뢰수준이 95%이 되도록 쌍체 신뢰구간을 구하고 이에 대한 그래프를 그려라.

11.2 확률화 블럭설계(Randomized Block Designs)

11.2.1 블럭을 포함한 일원배치

두 모평균의 비교는 9장에서 설명했으며, 독립적인 표본과 쌍체표본에 대한 구분 또한 학습했다. 쌍체표본에서는 각 관측치 쌍에 대하여 비교하였는데 완전확률화 블럭설계(complete randomized block design)는 쌍체표본의 연장으로 k 모집단의 평균 또는 요인수준들에 대한 비교를 위하여 도입될 수 있다.

확률화 블럭설계는 b 블럭으로 구성되어 있으며 각 블럭마다 k 요인 수준들로부터 각각 하나의 관측치를 포함한다. 블럭 내의 관측치를 비교함으로써 요인수준 평균을 비교할 수 있다.

쌍체데이터는 다른 외적인 요인으로부터 기인하는 변동을 제거함으로써 두 모집단 평균에 대하여 보다 정확한 비교가 가능하게 하는 것처럼, 블럭설계는 블럭변수로부터 기인하는 변동을 제거함으로써 k 요인수준 평균들에 대하여 보다 정확한 비교가 가능하도록 한다. 이 장에서 논의될 예제는 블럭변수를 포함하며, 일반적으로 블럭변수는 실험이 수행되는 날짜, 실험을 수행하는 사람 또는 실험에 사용되는 원재료의 배치(batch) 등을 포함한다.

[그림 11.22]는 k 요인수준을 비교하기 위한 확률화 블럭설계로부터 얻은 데이터를 보여주고 있다. 총 b 블럭이 있으며, 데이터 구조는 각 요인수준 내에 b 관측치를 가지는 균형된 일원배치와 비슷하다. 하지만 확률화 블럭설계에서 관측 데이터 x_{ij}는 i번째 요인수준에서 j번째 블럭으로부터 얻은 관측치를 의미하게 된다.

요인수준 표본평균은

$$\bar{x}_{i\cdot} = \frac{x_{i1} + \cdots + x_{ib}}{b} \qquad 1 \le i \le k$$

이며 블럭의 표본평균은

$$\bar{x}_{\cdot j} = \frac{x_{1j} + \cdots + x_{kj}}{k} \qquad 1 \le j \le b$$

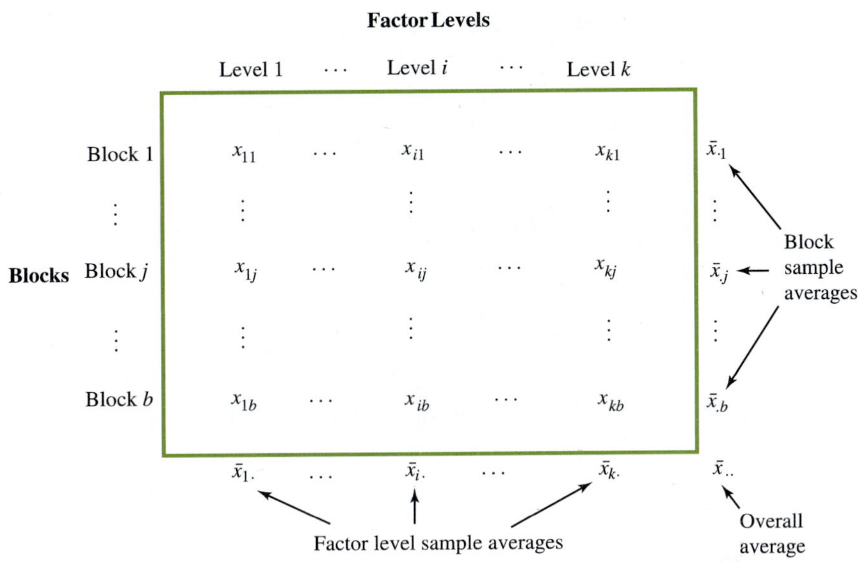

그림 11.22 확률화 블럭 설계의 데이터 집합

와 같다. 총 관측치는 $n_T = kb$ 이며, 총평균

$$\bar{x}_{\cdot\cdot} = \frac{\bar{x}_{1\cdot} + \cdots + \bar{x}_{k\cdot}}{k} = \frac{\bar{x}_{\cdot 1} + \cdots + \bar{x}_{\cdot b}}{b} = \frac{x_{11} + \cdots + x_{kb}}{kb}$$

이다. 관측치를 모형화하기 위한 일반적인 형태는

$$x_{ij} = \mu_{ij} + \epsilon_{ij}$$

이며, 이때 μ_{ij}는 ij셀 내의 관측치의 평균에 해당한다. 오차항 ϵ_{ij}는 독립이며 $\epsilon_{ij} \sim N(0, \sigma^2)$이다. 즉 오차항은 독립이며 평균이 0, 공통분산이 σ^2인 정규분포를 따른다고 가정한다. 따라서 관측치 x_{ij}는 $N(\mu_{ij}, \sigma^2)$로부터 얻은 관측치라고 생각할 수 있다.

셀 평균을 표현하기 위한 다른 간편한 방법으로서는

$$\mu_{ij} = \mu + \alpha_i + \beta_j$$

이며, μ는 셀 평균에 대한 총평균(overall average)에 해당한다. 모수 $\alpha_1, \ldots, \alpha_k$는 요인효과(factor effect)라 하며 $\beta_1, \ldots, \beta_b$는 블럭효과(block effect)라고 한다. 이때

$$\alpha_1 + \cdots + \alpha_k = 0, \quad \beta_1 + \cdots + \beta_b = 0$$

을 만족하며, 위의 제약조건하에

$$E(\bar{x}_{\cdot\cdot}) = \frac{\sum_{i=1}^{k}\sum_{j=1}^{b} E(x_{ij})}{kb} = \frac{\sum_{i=1}^{k}\sum_{j=1}^{b} \mu_{ij}}{kb}$$

$$= \frac{\sum_{i=1}^{k}\sum_{j=1}^{b} (\mu + \alpha_i + \beta_j)}{kb} = \mu$$

$$E(\bar{x}_{i\cdot}) = \frac{\sum_{j=1}^{b} E(x_{ij})}{b} = \frac{\sum_{j=1}^{b} \mu_{ij}}{b}$$
$$= \frac{\sum_{j=1}^{b}(\mu + \alpha_i + \beta_j)}{b} = \mu + \alpha_i$$

$$E(\bar{x}_{\cdot j}) = \frac{\sum_{i=1}^{k} E(x_{ij})}{k} = \frac{\sum_{i=1}^{k} \mu_{ij}}{k}$$
$$= \frac{\sum_{i=1}^{k}(\mu + \alpha_i + \beta_j)}{k} = \mu + \beta_j$$

위의 결과는 결국 모수들에 대한 불편추정량이

$$\hat{\mu} = \bar{x}_{\cdot\cdot}$$
$$\hat{\alpha}_i = \bar{x}_{i\cdot} - \bar{x}_{\cdot\cdot}$$
$$\hat{\beta}_j = \bar{x}_{\cdot j} - \bar{x}_{\cdot\cdot}$$

와 같음을 의미하고 있다. 따라서 셀 평균에 대한 추정치는

$$\hat{\mu}_{ij} = \hat{\mu} + \hat{\alpha}_i + \hat{\beta}_j = \bar{x}_{i\cdot} + \bar{x}_{\cdot j} - \bar{x}_{\cdot\cdot}$$

가 된다. 이 모형에 대하여 요인수준 평균은 $\mu+\alpha_1, \ldots, \mu+\alpha_k$로 간주될 수 있으며, 요인효과 α_i는 i번째 요인수준 평균과 총평균 μ와의 차이에 해당한다. 요인효과 α_i가 모두 0일 때, 요인수준 평균은 모두 같으며 따라서 가설설정

$$H_0 : \alpha_1 = \cdots = \alpha_k = 0$$

은 k 요인수준들의 평균에 서로 차이가 없음을 의미한다. 이 귀무가설의 기각은 k 요인수준 평균들이 모두 같지 않다는 증거가 있음을 나타낸다. 동일하게 블럭효과 β_j는 j번째 블럭수준과 총평균 μ와의 차이를 의미한다.

예제 55 심장 박동수 감소(Heart Rate Reductions)

환자들의 심장박동수를 순간적으로 줄일 수 있는 신약을 평가하는 실험에서, 신약의 세 가지 복용량 수준이 비교되었다. 신약을 기존의 약과 비교할 때, 환자들 간 약의 효능에 대한 변동성을 제거하기 위하여 이전에는 쌍체설계 방법을 고려하였다. 동일하게 신약에 대한 세 가지 복용량 수준을 비교하기 위하여 확률화 블럭설계를 도입하였다. 이 경우 블럭은 서로 다른 환자들이 된다.

세 가지 복용량 수준(저(low), 중(medium), 고(high))이 임의로 각각의 환자들에게 투입되었다. 한 복용 수준에서 다른 복용 수준으로의 잔재효과(carryover effect)가 없도록 적정한 주의 조처가 각 환자들에게 주어졌다. 복용 후 5분 후에 심장박동수가 감소되는 퍼센트를 측정하였으며 관측데이터 집합은 [그림 11.23]

그림 11.23
약 복용 후 5분 내 심장 박동수 감소율(단위: %)

		Drug Dosage Level			
		Low	**Medium**	**High**	**Averages**
Patient	**1**	12.2	16.5	25.4	18.033
	2	29.3	34.7	29.4	31.133
	3	14.1	26.1	34.0	24.733
	4	18.5	33.3	21.7	24.500
	5	32.9	36.9	43.0	37.600
	6	15.3	32.6	32.1	26.667
	7	26.1	28.9	40.9	31.967
	8	22.8	28.6	31.1	27.500
Averages		21.400	29.700	32.200	27.767

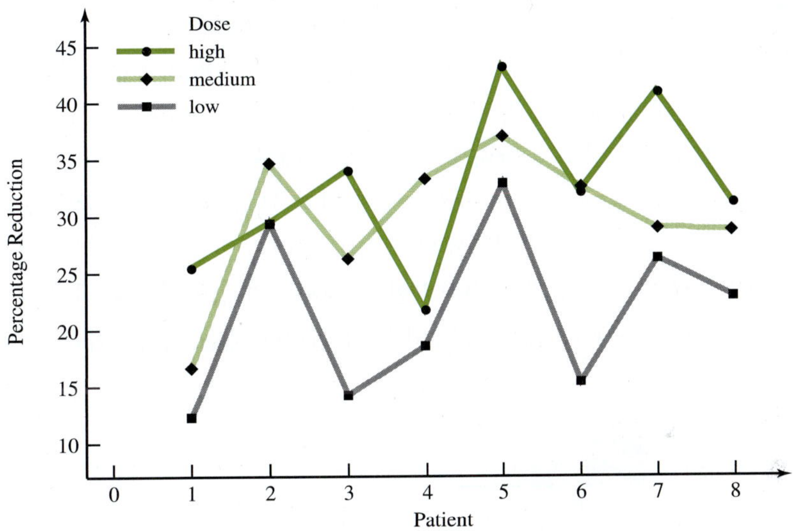

그림 11.24
심장 박동수 감소 데이터 집합에 대한 그래프 표현

과 같다.

위의 경우 $k=3$ 요인수준에 대하여 총 8명의 환자, 즉 $b=8$이 되는 확률화 블럭설계에 해당한다. [그림 11.24]는 데이터집합에 대한 그림으로, 8명의 환자는 임의로 1부터 8까지 부여하였기 때문에 x축은 아무런 의미도 갖지 않는다.

이 그래프에서 요인수준에 대한 표본평균은

$$\bar{x}_{1.} = 21.4, \qquad \bar{x}_{2.} = 29.7, \qquad \bar{x}_{3.} = 32.2$$

로서 복용량이 낮은 수준에서 중간이거나 높은 수준에서보다 적은 심장박동수 감소율을 보이고 있다. 과연 이 차이가 통계적으로 의미가 있는지를 살펴보기 위하여

$$H_0 : \alpha_1 = \alpha_2 = \alpha_3 = 0$$

와 같은 귀무가설에 대한 검정을 실시할 수 있다. 귀무가설을 채택할 경우 이는 복용량 수준은 평균적인 심장박동수 감소율에 어떠한 영향도 주지 않음을 의미

하게 되며, 반대로 귀무가설을 기각하는 경우 서로 다른 복용량 수준은 심장박동수 감소율에 대하여 서로 다른 평균효과를 가짐을 의미한다. [그림 11.24]에서 보면 블럭 표본평균 $\bar{x}_{\cdot j}$는 블럭(환자)에 따라 변하며, 이는 약의 효능이 환자에 따라 상당히 다름을 의미하고 있다. 결국 이것은 블럭설계가 적합하다는 것을 입증하며, 만약 완전 임의설계 방법으로 24명의 환자를 각각 8명의 환자씩 세 그룹으로 나누어 각 그룹마다 한 가지 복용량 수준으로 약을 투입할 경우, 환자간의 약의 효능에 따른 변동성으로 인하여 약의 투입량에 따른 정확한 비교가 힘들어지게 된다.

예제 65 밀 유형의 비교(Comparing Types of Wheat)

농학과 관련한 실험에서 예전부터 블러킹(blocking)이 많이 사용되어 왔다. 5군데 농경지에서 네 종류의 밀을 재배하는 실험을 고려해보자. [그림 11.25]에서처럼 경작 조건이 장소에 따라 다를 수 있기 때문에 농경지를 블럭으로 고려하는 것이 타당하다. 각 농경지는 4단위로 분할되어, 네 종류의 밀이 각 농경지 내의 4단위에 임의로 할당된다. 이 실험에서 블럭이 고려되지 않는다면 서로 다른 네 종류의 밀이 서로 다른 농경지에 경작되어, 농경지간의 변동성으로 인해 밀 종류에 따른 비교가 힘들게 된다. [그림 11.26]은 이 실험에 대한 경작수확률 데이터를 나타내며,

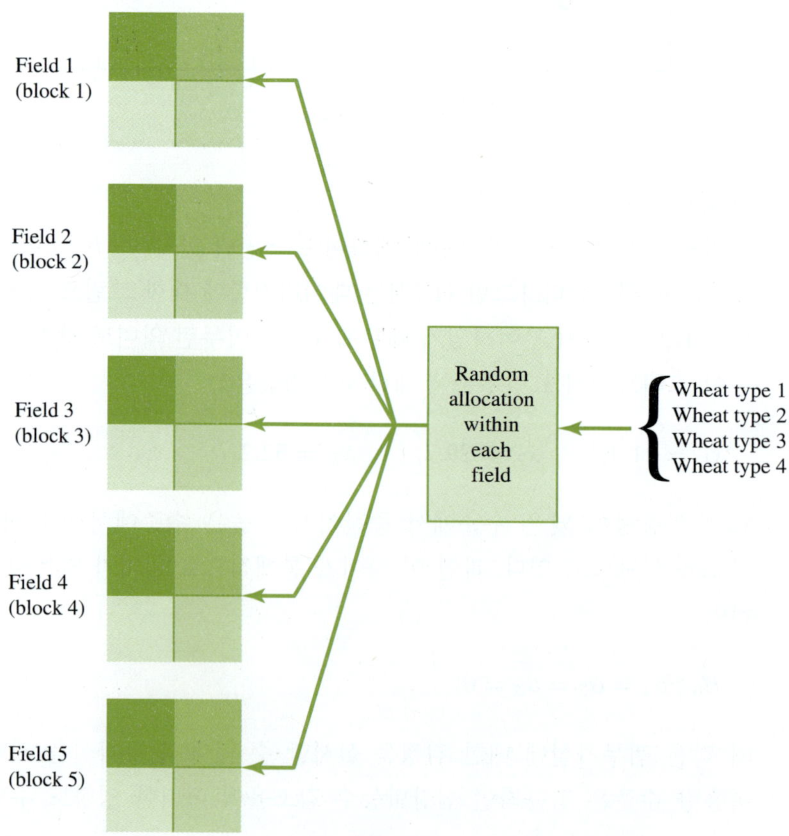

그림 11.25
밀 유형의 비교 실험에서 블럭으로 농경지를 사용함

Wheat Types

		Type 1	Type 2	Type 3	Type 4	Averages
Field	1	164.4	184.3	161.2	185.8	173.925
	2	145.0	142.1	110.8	135.4	133.325
	3	152.5	159.6	168.6	154.1	158.700
	4	138.5	137.2	134.9	123.2	133.450
	5	161.7	160.4	166.1	159.9	162.025
Averages		152.420	156.720	148.320	151.680	152.285

그림 11.26 밀 실험에 대한 수확률 데이터 집합

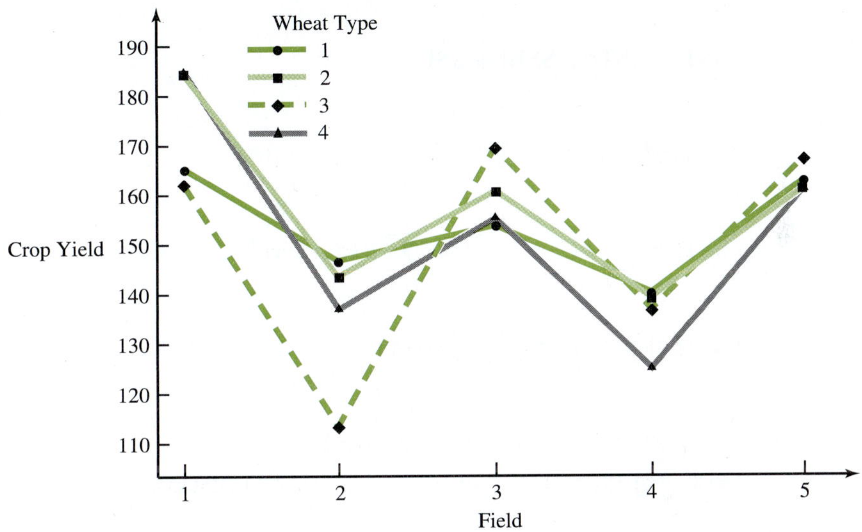

그림 11.27 밀 실험에서 수확률에 대한 그래프 표현

[그림 11.27]은 결과에 대한 도시적인 표현으로서 종류 2가 가장 큰 평균수확률($\bar{x}_{2\cdot}=156.72$)을 나타내고 있다. 종류 2와 다른 종류의 밀과의 수확률의 차이가 유의한지 알아보기 위하여 다음과 같은 귀무가설에 대한 검정을 실시할 수 있다.

$$H_0 : \alpha_1 = \alpha_2 = \alpha_3 = \alpha_4 = 0$$

11.2.2 총제곱합의 분할

총제곱합(Total Sum of Squares)

완전임의 일원배치법에서처럼 총제곱합

$$\text{SST} = \sum_{i=1}^{k}\sum_{j=1}^{b}(x_{ij}-\bar{x}_{\cdot\cdot})^2 = \sum_{i=1}^{k}\sum_{j=1}^{b}x_{ij}^2 - kb\bar{x}_{\cdot\cdot}^2$$

는 관측 데이터에 대한 총변동을 측정한다. 그러나 [그림 11.30]에서 보는 바와 같이 확률화 블럭설계에서 SST는 처리제곱합(SSTr), 블럭제곱합(SSBl), 그리고 오차제곱합(SSE) 3가지 요소로 분할될 수 있다. 즉

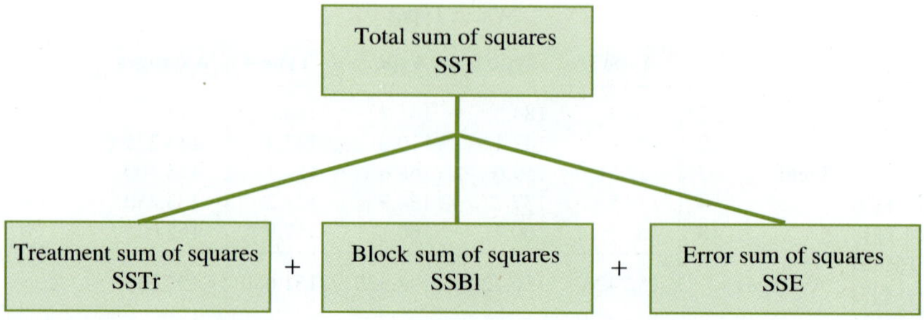

그림 11.30 확률화 블럭 설계에 대한 총제곱합 분할

$$\text{SST} = \text{SSTr} + \text{SSBl} + \text{SSE}$$

처리제곱합(Treatment Sum of Squares)

$$\text{SSTr} = \sum_{i=1}^{k} b(\bar{x}_{i.} - \bar{x}_{..})^2 = \sum_{i=1}^{k} b\bar{x}_{i.}^2 - kb\bar{x}_{..}^2$$

은 k 요인수준간 변동을 측정한다.

블럭제곱합(Block Sum of Squares)

블럭제곱합 SSBl은 b 블럭간 변동의 정도를 나타내며

$$\text{SSBl} = \sum_{j=1}^{b} k(\bar{x}_{.j} - \bar{x}_{..})^2 = \sum_{j=1}^{b} k\bar{x}_{.j}^2 - kb\bar{x}_{..}^2$$

오차제곱합(Error Sum of Squares)

오차제곱합 SSE는 관측치 x_{ij}와 추정된 셀 평균 $\hat{\mu}_{ij}$와의 차이 제곱합으로서 SSE는 총제곱합으로부터 처리제곱합과 블럭제곱합을 뺌에 의해 구할 수 있다.

$$\text{SSE} = \sum_{i=1}^{k}\sum_{j=1}^{b}(x_{ij} - \hat{\mu}_{ij})^2 = \sum_{i=1}^{k}\sum_{j=1}^{b}(x_{ij} - \bar{x}_{i.} - \bar{x}_{.j} + \bar{x}_{..})^2$$

$$\begin{aligned}\text{SSE} &= \text{SST} - \text{SSTr} - \text{SSBl} \\ &= \left(\sum_{i=1}^{k}\sum_{j=1}^{b} x_{ij}^2 - kb\bar{x}_{..}^2\right) - \left(\sum_{i=1}^{k} b\bar{x}_{i.}^2 - kb\bar{x}_{..}^2\right) - \left(\sum_{j=1}^{b} k\bar{x}_{.j}^2 - kb\bar{x}_{..}^2\right) \\ &= \sum_{i=1}^{k}\sum_{j=1}^{b} x_{ij}^2 - \sum_{i=1}^{k} b\bar{x}_{i.}^2 - \sum_{j=1}^{b} k\bar{x}_{.j}^2 + kb\bar{x}_{..}^2\end{aligned}$$

확률화 블럭설계에 대한 제곱합 분할

k 요인수준과 b 블럭을 포함하는 확률화 블럭설계에서 총제곱합

$$\text{SST} = \sum_{i=1}^{k}\sum_{j=1}^{b}(x_{ij} - \bar{x}_{..})^2 = \sum_{i=1}^{k}\sum_{j=1}^{b}x_{ij}^2 - kb\bar{x}_{..}^2$$

은 데이터 집합 내의 총변동을 측정한다. 총제곱합은 처리제곱합, 블럭제곱합 및 오차제곱합으로 분할할 수 있다.
처리제곱합은 요인수준간 변동성을 측정하며

$$\text{SSTr} = \sum_{i=1}^{k} b(\bar{x}_{i.} - \bar{x}_{..})^2 = \sum_{i=1}^{k} b\bar{x}_{i.}^2 - kb\bar{x}_{..}^2$$

와 같다.
블럭제곱합은 블럭 간 변동성을 측정하며

$$\text{SSBl} = \sum_{j=1}^{b} k(\bar{x}_{.j} - \bar{x}_{..})^2 = \sum_{j=1}^{b} k\bar{x}_{.j}^2 - kb\bar{x}_{..}^2$$

와 같다. 오차제곱합은 다음과 같이 구할 수 있다

$$\text{SSE} = \sum_{i=1}^{k}\sum_{j=1}^{b}(x_{ij} - \bar{x}_{i.} - \bar{x}_{.j} + \bar{x}_{..})^2$$

$$= \sum_{i=1}^{k}\sum_{j=1}^{b}x_{ij}^2 - \sum_{i=1}^{k} b\bar{x}_{i.}^2 - \sum_{j=1}^{b} k\bar{x}_{.j}^2 + kb\bar{x}_{..}^2$$

예제 55 심장박동수 감소(Heart Rate Reductions)

$$\bar{x}_{..} = \frac{12.2 + \cdots + 31.1}{24} = 27.7667$$

$$\sum_{i=1}^{3}\sum_{j=1}^{8}x_{ij}^2 = 12.2^2 + \cdots + 31.1^2 = 20{,}065.76$$

총제곱합은

$$\text{SST} = 20{,}065.76 - (3 \times 8 \times 27.7667^2) = 1562.05$$

이며 처리제곱합은

$$\text{SSTr} = 8 \times (21.40^2 + 29.70^2 + 32.20^2) - (3 \times 8 \times 27.7667^2) = 511.41$$

이다. 블럭제곱합은

$$\text{SSBl} = 3 \times (18.033^2 + \cdots + 27.500^2) - (3 \times 8 \times 27.7667^2) = 724.68$$

이며, 오차제곱합은

$$\text{SSE} = \text{SST} - \text{SSTr} - \text{SSBl} = 1562.05 - 511.41 - 724.68 = 325.96$$

와 같다.

예제 65 밀 유형의 비교(Comparing Types of Wheat)

$$\bar{x}_{..} = \frac{164.4 + \cdots + 159.9}{20} = 152.285$$

$$\sum_{i=1}^{4}\sum_{j=1}^{5} x_{ij}^2 = 164.4^2 + \cdots + 159.9^2 = 470{,}643.92$$

총제곱합은

$$\text{SST} = 470{,}643.92 - (4 \times 5 \times 152.285^2) = 6829.51$$

이며 처리제곱합은

$$\text{SSTr} = 5 \times (152.42^2 + 156.72^2 + 148.32^2 + 151.68^2) - (4 \times 5 \times 152.285^2)$$
$$= 178.87$$

이다. 블럭제곱합은

$$\text{SSBl} = 4 \times (173.925^2 + \cdots + 162.025^2) - (4 \times 5 \times 152.285^2) = 5274.10$$

이다. 마지막으로 오차제곱합은

$$\text{SSE} = \text{SST} - \text{SSTr} - \text{SSBl} = 6829.5 - 178.9 - 5274.2 = 1376.44$$

와 같다.

11.2.3 분산분석표

완전임의설계처럼 확률화 블럭설계에 대한 평균제곱합은 제곱합을 해당하는 자유도로 나눠줌으로써 구할 수 있다. 처리는 $(k-1)$ 자유도를 가지기 때문에, 평균처리제곱합은

$$\text{MSTr} = \frac{\text{SSTr}}{k-1}$$

이며, $(b-1)$ 자유도를 가지는 블럭에 대한 평균제곱합은

$$\text{MSBl} = \frac{\text{SSBl}}{b-1}$$

이다. 오차에 대한 자유도는 $(k-1)(b-1)$이며, 따라서 오차에 대한 평균제곱합

$$\text{MSE} = \frac{\text{SSE}}{(k-1)(b-1)}$$

이다. 오차에 대한 평균제곱합 MSE는

$$\text{MSE} \sim \sigma^2 \frac{\chi^2_{(k-1)(b-1)}}{(k-1)(b-1)}$$

분포를 따르며, MSE는 오차분산 σ^2에 대한 불편추정량으로서 $\hat{\sigma}^2$으로 쓰기도 한다. 또한,

$$E(\text{MSTr}) = \sigma^2 + b\,\frac{\sum_{i=1}^{k}\alpha_i^2}{k-1},\quad E(\text{MSBl}) = \sigma^2 + k\,\frac{\sum_{j=1}^{b}\beta_j^2}{b-1}$$

이며, 귀무가설 $H_0: \alpha_1 = \cdots = \alpha_k = 0$하에 처리에 대한 평균제곱합의 기대값

$$E(\text{MSTr}) = \sigma^2$$

이 된다. 귀무가설이 참일 때, F-통계량

$$F_T = \frac{\text{MSTr}}{\text{MSE}}$$

은 $F_{k-1,(k-1)(b-1)}$ 분포를 따르며, 결국 귀무가설에 대한 p-값은 다음과 같이 계산할 수 있다.

$$p\text{-값} = P(X \geq F_T)$$

이때 X는 $F_{k-1,(k-1)(b-1)}$ 분포를 따르는 확률변수이다. 동일하게 블럭에 대한 F-통계량은

$$F_B = \frac{\text{MSBl}}{\text{MSE}}$$

이며,

$$p\text{-값} = P(X \geq F_B)$$

으로서, X는 $F_{b-1,(k-1)(b-1)}$ 분포를 따르는 확률변수이다. p-값은 블럭효과 β_j가 모두 0이라는 귀무가설에 대한 타당성을 측정한다. 달리 말해 p-값은 블럭들이 서로 식별 가능한지에 대한 가능성을 검정하기 위한 척도로서 사용될 수 있음을 의미한다. 이러한 확률화 블럭설계에 대한 분산분석표는 [그림 11.31]에 제시되어 있다.

Source	Degrees of freedom	Sum of squares	Mean squares	F-statistic	p-value
Treatments	$k-1$	SSTr	$\text{MSTr} = \frac{\text{SSTr}}{k-1}$	$F_T = \frac{\text{MSTr}}{\text{MSE}}$	$P(F_{k-1,(k-1)(b-1)} \geq F_T)$
Blocks	$b-1$	SSBl	$\text{MSBl} = \frac{\text{SSBl}}{b-1}$	$F_B = \frac{\text{MSBl}}{\text{MSE}}$	$P(F_{b-1,(k-1)(b-1)} \geq F_B)$
Error	$(k-1)(b-1)$	SSE	$\text{MSE} = \frac{\text{SSE}}{(k-1)(b-1)}$		
Total	$kb-1$	SST			

그림 11.31
확률화 블럭설계에 대한 분산분석표

확률화 블럭설계에 대한 F-검정(F-Tests for a Randomized Block Design)

k 요인수준과 b 블럭을 포함하는 확률화 블럭설계에서 처리는 $(k-1)$ 자유도를 가지며, 블럭은 $(b-1)$, 오차는 $(k-1)(b-1)$ 자유도를 가진다. 따라서

$$\text{MSTr} = \frac{\text{SSTr}}{k-1}$$

$$\text{MSBl} = \frac{\text{SSBl}}{b-1}$$

$$\text{MSE} = \frac{\text{SSE}}{(k-1)(b-1)}$$

요인수준 평균들이 모두 같다는 귀무가설에 대한 p-값은

$$p\text{-값} = P(X \geq F_T)$$

와 같이 표현되며 X는 $F_{k-1,(b-1)(k-1)}$ 분포를 따르는 확률변수이다. F-통계량

$$F_T = \frac{\text{MSTr}}{\text{MSE}}$$

와 같으며, 동일하게 블럭에 대한 p-값

$$p\text{-값} = P(X \geq F_B)$$

이며, X는 $F_{b-1,(b-1)(k-1)}$ 분포를 따르는 확률변수이며, F-통계량

$$F_B = \frac{\text{MSBl}}{\text{MSE}}$$

이다.

예제 55 심장박동수 감소(Heart Rate Reductions)

[그림 11.32]는 이 예제에 대한 분산분석표를 나타낸다. 처리(복용량)에 대한 자유도는 $k-1=2$로서 평균제곱합

그림 11.32 심장 박동수 감소 실험에 대한 분산분석표

Source	Degrees of freedom	Sum of squares	Mean squares	F-statistic	p-value
Dose level	2	511.41	255.71	10.98	0.001
Person	7	724.68	103.53	4.45	0.009
Error	14	325.96	23.28		
Total	23	1562.05			

$$\text{MSTr} = \frac{\text{SSTr}}{2} = \frac{511.41}{2} = 255.71$$

이다. 블럭(사람)에 대한 자유도는 $b-1=7$로서 블럭에 대한 평균제곱합

$$\text{MSBl} = \frac{\text{SSBl}}{7} = \frac{724.68}{7} = 103.53$$

이다. 오차에 대한 자유도는 $(k-1)(b-1)=14$이며, 오차에 대한 평균제곱합

$$\text{MSE} = \hat{\sigma}^2 = \frac{\text{SSE}}{14} = \frac{325.96}{14} = 23.28$$

이며, 따라서 처리에 대한 F-통계량

$$F_T = \frac{\text{MSTr}}{\text{MSE}} = \frac{255.71}{23.28} = 10.98$$

으로 이 값에 대한 p-값$= p(X \geq 10.98) \simeq 0.001$이 된다. 이때 X는 $F_{2,14}$분포를 따르는 확률변수로서 p-값이 상당히 작다는 것은 귀무가설 $H_0: \alpha_1 = \alpha_2 = \alpha_3 = 0$이 타당하지 않다는 것을 의미하며, 따라서 서로 다른 복용량 수준은 심장박동수를 감소시키는데 서로 다른 평균효과를 가지는 것으로 실험을 통해 판단할 수 있다. 블럭(사람)에 대한 p-값은 0.009로서, 이 값은 블럭효과가 있음을, 즉 사람마다 신약에 대한 반응이 차이가 있음을 나타낸다.

예제 65 밀 유형의 비교(Comparing Types of Wheat)

[그림 11.33]은 이 예제에 대한 분산분석표로서

$$\text{MSTr} = \frac{\text{SSTr}}{k-1} = \frac{178.87}{3} = 59.62$$

$$\text{MSBl} = \frac{\text{SSBl}}{b-1} = \frac{5274.10}{4} = 1318.55$$

$$\text{MSE} = \hat{\sigma}^2 = \frac{\text{SSE}}{(k-1)(b-1)} = \frac{1376.44}{12} = 114.70$$

처리에 대한 F-통계량

Source	Degrees of freedom	Sum of squares	Mean squares	F-statistic	p-value
Wheat type	3	178.87	59.62	0.52	0.6766
Field	4	5274.10	1318.55	11.50	0.0005
Error	12	1376.44	114.70		
Total	19	6829.51			

그림 11.33
밀 비교 실험에 대한 분산분석표

$$F_T = \frac{\text{MSTr}}{\text{MSE}} = \frac{59.62}{114.70} = 0.52$$

이며, 이 F−값에 대한 p−값$= p(X \geq 0.52) = 0.6766$이다($X$는 $F_{3,12}$분포를 따르는 확률변수이다). 큰 p−값은 귀무가설 $H_0: \alpha_1 = \alpha_2 = \alpha_3 = \alpha_4 = 0$이 타당함을 의미하며, 결국 네 종류의 밀에 대하여 평균수확량에 차이가 있다는 결정적인 근거를 이 실험은 제시하지 못함을 알 수 있다. 하지만 블럭(경작지)에 대한 p−값은 0.0005로서, 5군데 경작지에 대한 수확량은 서로 다르며, 이는 경작지를 블럭으로 다루는 것이 타당하다는 것을 보여주고 있다.

11.2.4 요인수준 평균의 쌍체비교

확률화 블럭설계에서 요인수준들의 평균에 대한 쌍체 차의 동시 신뢰구간을 계산하는 방법은 11.1.4절의 임의 일원배치법에서와 동일하다.

확률화 블럭설계에서 요인수준 평균에 대한 쌍체비교(Pairwise Comparisons of Factor Level Means in a Randomized Block Design)

확률화 블럭설계에서 분산분석을 실시하여 요인수준 평균들이 모두 같다는 귀무가설이 기각될 때 $1-\alpha$ 신뢰수준으로 $k(k-1)/2$ 쌍의 요인수준 평균의 차에 대한 동시 신뢰구간(simultaneous confidence intervals)을 다음과 같이 구할 수 있다.

$$\mu_{i_1} - \mu_{i_2} \in \left(\bar{x}_{i_1\cdot} - \bar{x}_{i_2\cdot} - \frac{s\, q_{\alpha,k,\nu}}{\sqrt{b}},\ \bar{x}_{i_1\cdot} - \bar{x}_{i_2\cdot} + \frac{s\, q_{\alpha,k,\nu}}{\sqrt{b}} \right)$$

임계값 $q_{\alpha,k,\nu}$는 모수 k와 자유도 $\nu = (k-1)(b-1)$를 가지는 studentized 범위분포의 상한 α값이며([표 V] 참조), $s = \hat{\sigma} = \sqrt{\text{MSE}}$이다. 이 동시 신뢰구간은 전반적으로 $1-\alpha$ 신뢰수준을 가지며, 어떤 요인수준 평균이 얼마만큼 다른지 제시하여 준다.

쌍체 신뢰구간은 모두 같은 길이를 가지며

$$L = \frac{2s\, q_{\alpha,k,\nu}}{\sqrt{b}}$$

와 같다. 쌍체 신뢰구간의 길이는 블럭수 b의 제곱근에 반비례하며, 임의 블럭설계에서 표본 크기를 결정하는 문제는 사용할 수 있는 블럭의 수를 결정하는 문제로 귀결될 수 있다.

예제 55 심장박동수 감소(Heart Rate Reductions)

95%의 총 신뢰수준으로 신뢰구간을 구하기 위하여 임계치가 필요한데 $q_{0.05,3,14} = 3.70$와 같다. 따라서 $sq_{0.05,3,14}/\sqrt{b} = (\sqrt{23.28} \times 3.70)/\sqrt{8} = 6.31$이므로 신뢰구간은

$$\mu_1 - \mu_2 \in (21.40 - 29.70 - 6.31, 21.40 - 29.70 + 6.31) = (-14.61, -1.99)$$
$$\mu_1 - \mu_3 \in (21.40 - 32.20 - 6.31, 21.40 - 32.20 + 6.31) = (-17.11, -4.49)$$
$$\mu_2 - \mu_3 \in (29.70 - 32.20 - 6.31, 29.70 - 32.20 + 6.31) = (-8.81, 3.81)$$

이다. 중간의 복용량 수준은 낮은 복용량 수준보다 약 2.0%~14.6%의 평균 심장박동수를 감소시키며, 높은 복용량 수준은 낮은 복용량 수준보다 약 4.5%~17.1%의 평균 심장박동수를 감소시킴을 알 수 있다. 그러나 높은 복용량 수준과 중간 복용량 수준에서 평균 심장박동수 감소율에 차이가 있다는 근거는 없는 것으로 나타난다([그림 11.35] 참조).

11.2.5 모형의 가정(Model Assumptions)

이 장에서 제시된 확률화 블럭설계에 대한 분산분석은 다음과 같은 모형에 대한 기본 가정을 전제로 한다

$$x_{ij} = \mu + \alpha_i + \beta_j + \epsilon_{ij}$$

이때 오차항 ϵ_{ij}는 독립적으로 $N(0, \sigma^2)$ 분포를 따른다고 가정한다. 공동분산 독립성, 정규화 가정은 11.1절의 완전 임의설계에서와 비슷하나 확률화 블럭설계에서는 요인수준과 블럭간에 교호작용(interaction)이 없다는 또 하나의 가정이 필요하다. 달리 말해 요인수준 효과간의 차이는 각각의 블럭에서 같다고 가정하게 된다. 확률화 블럭설계의 분석은 14.1절에서 설명할 반복이 없는 이원배치의 분석과 동일하다. 교호작용과 잔차분석(residual analysis)을 통한 모델가정에 대한 검토는 14장에서 주로 설명하며 이 장에서는 생략하기로 한다.

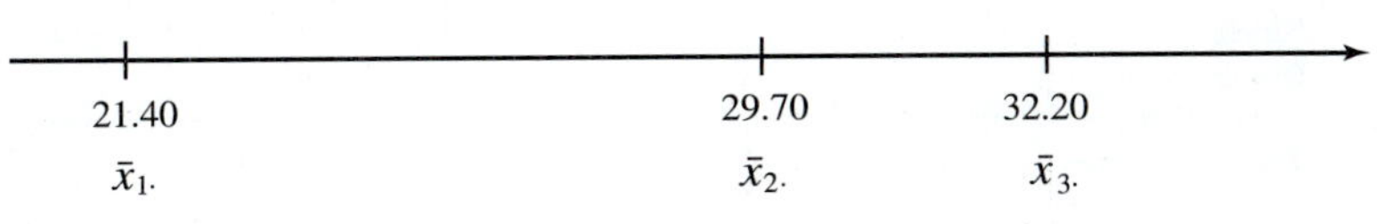

그림 11.35 심장 박동수 감소 실험 결과의 개념적 표현

연습문제

11.2.1 [그림 11.37]의 분산분석표의 빈칸을 채우고 p-값을 구하라.

11.2.2 [그림 11.38]의 분산분석표의 빈칸을 채우고 p-값을 구하라.

11.2.3 어떤 확률화 블럭설계 실험에서 $k=4$ 요인수준과 $b=10$개의 블럭을 가지고 있다. 총 제곱합은 SST=3736.64이고 블럭 제곱합은 SSBl=2839.97이다. 요인수준의 표본평균은 $\bar{x}_{1\cdot}=45.12$, $\bar{x}_{2\cdot}=42.58$, $\bar{x}_{3\cdot}=43.10$, $\bar{x}_{4\cdot}=41.86$이다. 분산분석표를 구하고 이때 p-값을 구하라.

11.2.4 어떤 확률화 블럭설계 실험에서 $k=5$ 요인수준과 $b=15$개의 블럭을 가지고 있다. 총 제곱합 SST=1947.89이고 블럭 제곱합은 SSBl=1527.12이다. 요인수준의 표본평균은 $\bar{x}_{1\cdot}=21.50$, $\bar{x}_{2\cdot}=22.51$, $\bar{x}_{3\cdot}=26.08$, $\bar{x}_{4\cdot}=21.03$, $\bar{x}_{5\cdot}=23.43$이라고 할 때 분산분석표를 구하고 이때 p-값을 구하라.

11.2.5 어떤 확률화 블럭설계 실험에서 $k=3$ 요인수준과 $b=8$개의 블럭을 가지고 있다. 블럭 제곱합은 SSBl=50.19이고 요인수준의 표본평균은 $\bar{x}_{1\cdot}=5.93$, $\bar{x}_{2\cdot}=4.62$, $\bar{x}_{3\cdot}=4.78$이며 $\sum_{i=1}^{3}\sum_{j=1}^{8}x_{ij}^2=691.44$이다.

(a) 분산분석표를 구하고 이때 p-값을 구하라.

(b) 총 신뢰수준이 95%인 서로 다른 요인수준의 평균에 대한 쌍체 신뢰구간을 구하라.

11.2.6 어떤 확률화 블럭설계 실험에서 첫 번째 블럭에서의 관측치 x_{i1}은 $x_{i1}+c$로 대체되었다고 가정했을 경우 분산분석표에서 어떤 숫자가 변하는지 명시하라.

11.2.7 DS 11.2.1의 자료에 대하여 다음을 구하라.

(a) 요인수준의 표본평균 $\bar{x}_{i.}$

(b) 블럭 표본평균 $\bar{x}_{.j}$

(c) 총평균 $\bar{x}_{..}$

(d) 처리제곱합 SSTr

(e) 블럭제곱합 SSBl

(f) $\sum_{i=1}^{k}\sum_{j=1}^{b}x_{ij}^2$

(g) 총 제곱합 SST

(h) 오차제곱합 SSE

Source	Degrees of freedom	Sum of squares	Mean squares	F-statistic	p-value
Treatments	?	?	?	3.02	?
Blocks	9	?	?	?	?
Error	?	?	1.12		
Total	39	64.92			

그림 11.37 분산분석표

Source	Degrees of freedom	Sum of squares	Mean squares	F-statistic	p-value
Treatments	?	?	3.77	3.56	?
Blocks	?	?	?	?	?
Error	?	51.92	?		
Total	63	122.47			

그림 11.38 분산분석표

(i) 분산분석표와 p−값

(j) 총 신뢰수준이 95%인 서로 다른 요인수준 평균차에 대한 쌍체 신뢰구간

(k) 요인수준의 평균차에 대한 다이어그램

(l) 만약 총 신뢰수준이 95%일 경우 요인수준 평균차에 대한 쌍체 신뢰구간의 길이가 2.0보다 작길 원할 경우 더 필요한 표본의 크기

11.2.8 DS 11.2.2의 자료에 대하여 문제 11.2.7의 (a)~(k)를 구하라. 만약 실험자가 총 신뢰수준이 95%일 경우 요인수준 평균차에 대한 쌍체 신뢰구간의 길이가 4.0보다 작길 원할 경우 더 필요한 표본의 크기는 얼마인가?

11.2.9 고령토 비교

DS 11.2.3은 $k=3$ 하소로에서 만들어진 $b=7$개의 고령토 배치의 밝기를 측정한 것이다. 이 하소로 운전자는 하소로의 효율성을 평가하고 싶어한다. 분산분석을 수행하고 결론을 논하라.

11.2.10 비행물체 레이더 탐지

비행물체를 관측하기 위한 $k=3$ 레이더 시스템을 비교하기 위해서 확률화 블럭설계 실험을 수행하였다. 총 $b=8$개의 물체가 레이더에서 관측되었을 때의 거리가 DS 11.2.4에 기록되었다. 레이더 시스템간 차이가 있는지 분석을 수행하라.

11.2.11 골프 클럽 비교

총 $b=9$명의 골퍼가 $k=4$ 종류의 드라이버를 이용하여 골프공을 쳤다. DS 11.2.5는 이 공이 날아간 직선거리를 나타내는데 드라이버간 차이가 있는지 분석을 수행하라.

11.2.12 생산라인 조립 방법

어떤 생산 기업은 전동 모터에 적용되는 세 가지 조립 방법 중 어떠한 방법이 가장 효율적인가를 분석하려고 한다. 이 공장의 전문가들 사이에 어느 정도의 변동성이 존재하기 때문에 이 실험에서 작업자를 블러킹 변수로 결정했다. $k=3$ 조립 방법에 대하여 각각 임의로 선택된 $b=10$명의 작업자를 훈련시켰고 적절한 연습 후에 각각의 방법에 대하여 시간을 측정하였다. 이 결과 데이터는 DS 11.2.6에 제공되었다. 조립 방법간 차이가 있는지 분석을 수행하고 차이가 있다고 하면 어느 조립 방법이 가장 빠른지 명시하라.

11.2.13 부동산 중개인

어떤 부동산 중개인 사무실에 5명의 중개인이 있고 관리자는 누가 가장 뛰어난지를 결정하고 싶어한다. DS 11.2.7에 주어진 자료는 작년에 각각의 에이전트가 매달 번 수수료로 구성되어 있다. 부동산 거래 건수는 매달마다 차이가 있기 때문에 매니저는 달을 블러킹 변수로 사용하기로 결정했다. 중개인간 능력에 차이가 있는지 분석을 수행하고 차이가 있다고 하면 어떤 중개인이 가장 뛰어난지 명시하라.

11.2.14 세제 세탁력 점수 비교

어떤 화학공장에서 $k=4$ 세제를 비교하기 위한 확률화 블럭설계 실험을 수행하였다. $b=20$벌의 옷이 다양한 방법으로 더럽혀져 정확하게 네 개의 조각으로 나누어 각각 네 개의 세제로 세탁하였다. 이 다른 옷들은 블러킹 변수로 선택될 수 있으며 세탁 후 각각의 청결함을 측정, 점수를 매겨 DS 11.2.8에 정리하였다. 이때 높은 점수는 더 청결한 옷

을 의미한다. 세제간 세탁 능력에 차이가 있는지 분석을 수행하고 차이가 있다고 하면 어떤 세제가 가장 좋은지 명시하라.

11.2.15 다음의 확률화 블럭설계 실험의 분산분석표를 고려하라.

(a) 이 분산분석표의 빈칸을 채워라.

(b) 처리 표본평균이 $\bar{x}_{1.}=0.810$, $\bar{x}_{2.}=0.630$, $\bar{x}_{3.}=0.797$, $\bar{x}_{4.}=0.789$라고 한다. 95% 신뢰수준에서 처리 2가 다른 처리수준보다 더 작은 평균값을 갖는다는 충분한 근거가 있는지 논하라.

Source	df	SS	MS	F	p-value
Treatments	3	0.151	?	?	?
Blocks	?	?	0.054	?	?
Error	18	?	?		
Total	?	0.644			

11.2.16 어떤 확률화 블럭설계 실험은 $k=3$ 요인수준과 $b=4$의 블럭을 갖는다. 총 제곱합은 SST$=203.565$이고 $s=1.445$이다. 요인수준 평균은 $\bar{x}_{1.}=107.68$, $\bar{x}_{2.}=109.86$, $\bar{x}_{3.}=111.63$이라고 할 때 분산분석표를 작성하라.

11.2.17 k개의 처리를 비교하기 위한 b개의 블럭을 갖는 확률화 블럭설계 실험을 고려하기로 한다. 각각의 데이터 값 x_{ij}가 상수 $a>0$와 c인 $ax_{ij}+c$로 대체된다고 가정하자. 예를 들어 만약 온도가 반응변수라면 기준이 화씨에서 섭씨로 바뀌는 것이다. 이 경우 분산분석표에서 어떤 값이 바뀌는지 명시하라.

11.2.18 네 가지 요인수준을 갖는 어떤 확률화 블럭설계 실험에서 표본평균 $\bar{x}_{1.}=763.9$, $\bar{x}_{2.}=843.9$, $\bar{x}_{3.}=711.3$, $\bar{x}_{4.}=788.2$이다. 그리고 7개의 블럭이 있고 SSBl$=13492.3$, SSE$=7052.8$이라고 할 때 분산분석표를 작성하고 p-값을 구하라.

11.2.19 지하수 오염 정도

다른 네 곳의 지역에서 지하수의 오염 정도를 측정하는 실험을 수행하였다. DS 11.2.9는 서로 다른 네 곳의 5가지 서로 다른 지점에서의 오염 정도를 나타내고 있는데, 네 지역의 오염 정도가 서로 다르다는 근거가 있는지 분석을 실시하고 만약 차이가 있다고 하면 네 지역 오염 정도의 차이를 설명할 수 있는 그래프를 그려라.

CHAPTER 12

단순선형회귀 및 상관(Simple Linear Regression and Correlation)

이 장에서 소개될 선형회귀 및 상관은 통계 데이터 분석에서 역사적으로 중요한 한 부분을 장식하였다. 한 개 이상의 변수를 다룰 때, 실험자는 특정 변수가 하나 또는 그 이상의 다른 변수와 어떤 관계를 가지는지에 대해 관심을 가질 경우가 있다. 이러한 관계식은 종속변수(dependent variable)의 기대값과 설명변수(explanatory variable) 또는 독립변수(independent variable) 집합간의 함수적 관계식을 발견함으로써 모형화가 가능하다.

선형회귀는 종속변수의 기대값을 일련의 설명변수들의 선형결합(linear combination)으로 모형화하는 기법이다. 이러한 선형모형은 분석하기 쉽기 때문에 많은 상황에 적용되고 있다. 이 장에서 소개될 단순선형회귀는 단지 하나의 설명변수로 모형을 구축하는 방법이며, 13장에서 소개될 다중선형회귀(multiple linear regression)는 둘 이상의 설명변수를 가지고 선형모형을 구축하는 방법이다. 선형회귀모형은 상관계수(correlation coefficient)와 밀접한 관계가 있는데, 상관계수는 두 변수들 간의 결합 정도를 나타내며 이 장의 마지막 부분에서 자세하게 설명한다.

12.1 단순선형회귀모형(Simple Linear Regression Model)

12.1.1 모형의 정의 및 가정(Model Definition and Assumptions)

다음과 같이 쌍체데이터로 구성된 데이터 집합을 고려해보자.

$$(x_1, y_1), \ldots, (x_n, y_n)$$

예를 들면, x_i는 n명의 성인 남성으로 구성된 랜덤 표본에 대하여 i번째 남성의 키를 나타내며, y_i는 몸무게를 나타낸다. 이 두 변수 (x_i, y_i)들이 어떻게 연관되어 있는지 통계적으로 모형화가 가능하며, 특히 단순선형회귀모형에서는

$$y_i = \beta_0 + \beta_1 x_i + \epsilon_i$$

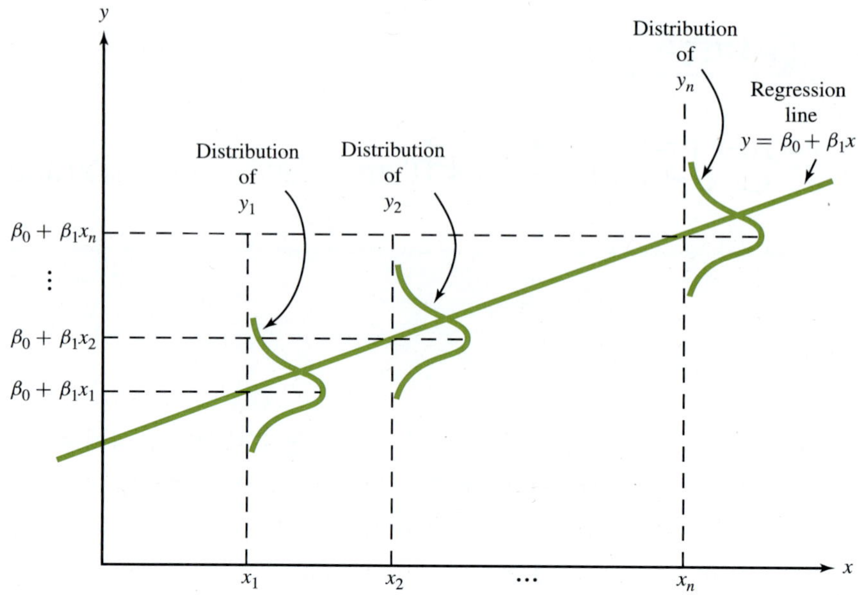

그림 12.1
단순선형회귀 모형

와 같다. 종속변수(dependent variable) y_i의 관측치는 설명변수(explanatory variable) (x_i)의 선형함수 $\beta_0+\beta_1 x_i$와 오차항 ϵ_i로 구성된다. 오차항 $\epsilon_1, ..., \epsilon_n$은 일반적으로 특정 오차분산 σ^2에 대하여 $N(0, \sigma^2)$ 분포로부터 추출한 독립인 관측치라고 가정한다.

이는 [그림 12.1]에서 설명된 것처럼 관측치 $y_1, ..., y_n$은 독립인 확률변수

$$Y_i \sim N(\beta_0 + \beta_1 x_i, \sigma^2)$$

로부터 뽑은 관측치임을 의미한다. 이때 $E(Y_i)=\beta_0+\beta_1 x_i$로서, 종속변수의 기대값은 설명변수 값에 대한 선형함수로서 모형화된다.

많은 경우에 어떤 변수가 종속변수 y가 되고 어떤 변수가 설명변수 x가 될지 특정한 기준이 없다. 성인의 키와 몸무게의 관계를 조사할 때, 키 혹은 몸무게가 종속변수가 될 수 있다. 하지만 만약 한 변수가 다른 변수의 구체적 결과로서 나타난다고 한다면, 분명히 전자는 종속변수 y가 되고, 후자는 독립변수 x가 되어야만 한다.

종속변수와 설명변수 간의 관계식을 결정하는 미지의 모수 β_0와 β_1는 데이터 집합으로부터 추정할 수 있다. 이 과정을 "직선을 데이터 집합에 적합(fitting a straight line)한다"고 하며, β_0은 절편(intercept)을, β_1은 기울기(slope)를 나타내는 모수이다. 세 번째 미지의 모수인 오차분산 σ^2은 역시 데이터 집합으로부터 추정할 수 있는데, [그림 12.2]에서 보듯이 데이터 값 (x_i, y_i)가 라인 $y=\beta_0+\beta_1 x$ 근처에 가까이 있을수록 σ^2은 감소하게 된다.

기울기 모수인 β_1은 종속변수의 기대값이 설명변수 x와 얼마나 연관되어 있는지를 나타내기 때문에 특별한 관심이 요구되며, 만약 $\beta_1=0$이라면 평행 라인으로서 설명변수 내의 변화는 종속변수의 분포에 어떠한 영향도 주지 않는다. $\beta>0$이면, 설명변수 값이 증가할수록 종속변수 값은 증가하는 경향을 가지며,

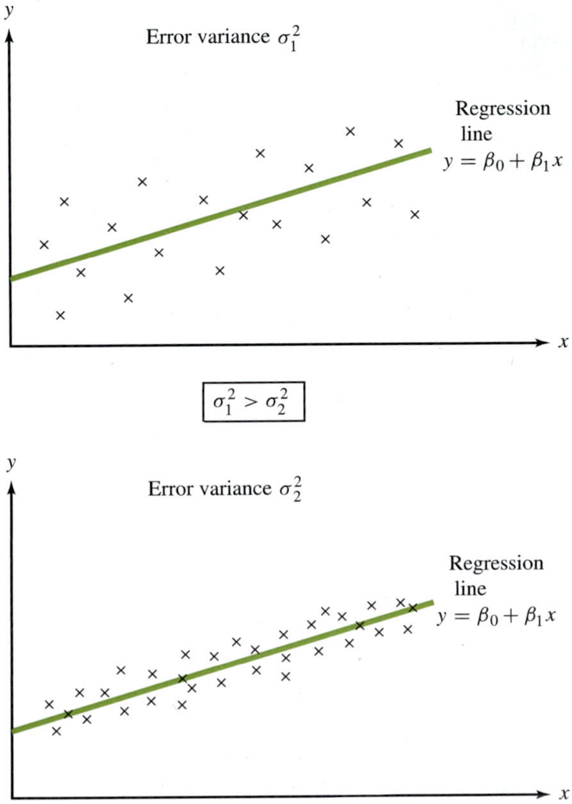

그림 12.2
오차분산 σ^2의 해석

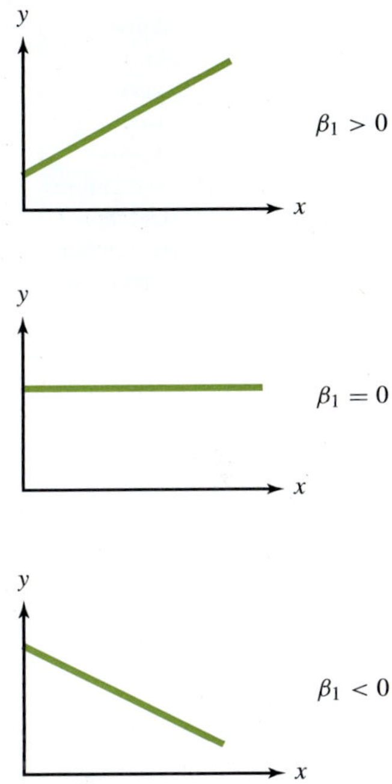

그림 12.3
기울기 모수 β_1의 해석

$\beta < 0$ 이면 설명변수 값이 증가할수록 역으로 종속변수 값이 감소하는 경향을 띠게 된다([그림 12.3] 참조). 분명히 성인 남성의 키와 몸무게의 관계에 있어 양의 기울기 값이 예상될 수 있을 것이다.

> **단순선형회귀모형(Simple Linear Regression Model)**
>
> 단순선형회귀모형
>
> $$y_i = \beta_0 + \beta_1 x_i + \epsilon_i$$
>
> 는 쌍체데이터 $(x_1, y_1), ..., (x_n, y_n)$을 통해 직선을 적합한다. 오차항 $\epsilon_1, ..., \epsilon_n$은 $N(0, \sigma^2)$ 분포로부터 추출한 독립인 관측치로 가정되며, 세 개의 미지의 모수, 절편 모수 β_0, 기울기 모수 β_1 및 오차분산 σ^2은 데이터 집합으로부터 추정된다.

11.1.2 예제(Examples)

예제 67 자동차 공장 전기 사용량(Car Plant Electricity Usage)

자동차 공장의 매니저는 공장의 전기사용량과 생산금액과의 관계에 대해 관심이

	Production ($ million)	Electricity usage (million kWh)
January	4.51	2.48
February	3.58	2.26
March	4.31	2.47
April	5.06	2.77
May	5.64	2.99
June	4.99	3.05
July	5.29	3.18
August	5.83	3.46
September	4.70	3.03
October	5.61	3.26
November	4.90	2.67
December	4.20	2.53

그림 12.5 자동차 공장 전기 사용량 데이터 집합

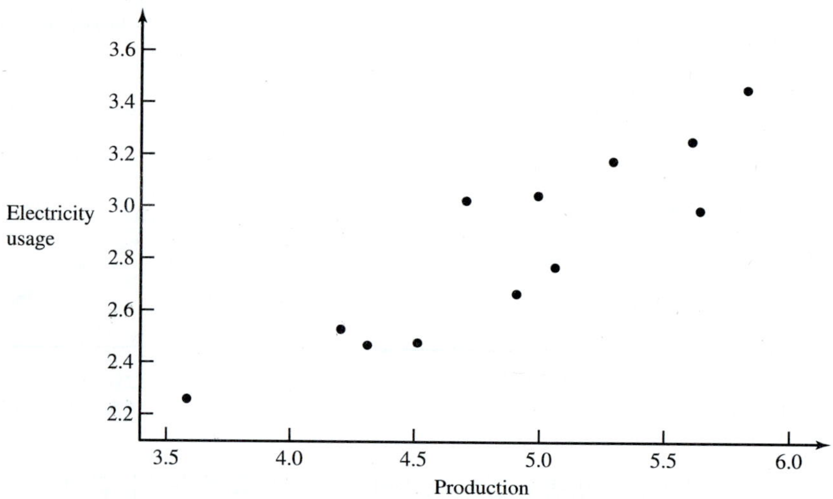

그림 12.6 자동차 공장 전기 사용량 데이터 집합의 산점도

있다. [그림 12.5]는 작년의 매월 공장의 생산금액과 전기사용량을 나타내는 데이터로 생산금액은 그 달에 생산된 자동차의 판매금액(단위: 백만 달러)을 산출하였다. [그림 12.6]의 데이터들에 대하여 선형직선을 적합하는 것이 타당함을 보여주고 있다. 이때 전기사용량을 종속변수 y로, 생산금액을 설명변수 x로 나타내며 선형모형

$$y_i = \beta_0 + \beta_1 x$$

는 매달의 생산금액을 통해 매달의 전기사용량을 추정할 수 있게끔 해준다. 이 예제에서 기울기 β_1은 생산금액을 1단위(백만 달러) 증가시켰을 때 전기사용량의 기대 증가분을 의미한다.

예제 68 나일강 유량(Nile River Flowrate)

[그림 12.7]은 수단으로부터 이집트를 경유하여 지중해로 흘러나가는 나일강에 대한 지도이다. Nasser 호수의 북단에 위치한 Aswan High 댐은 이집트 내의 나일

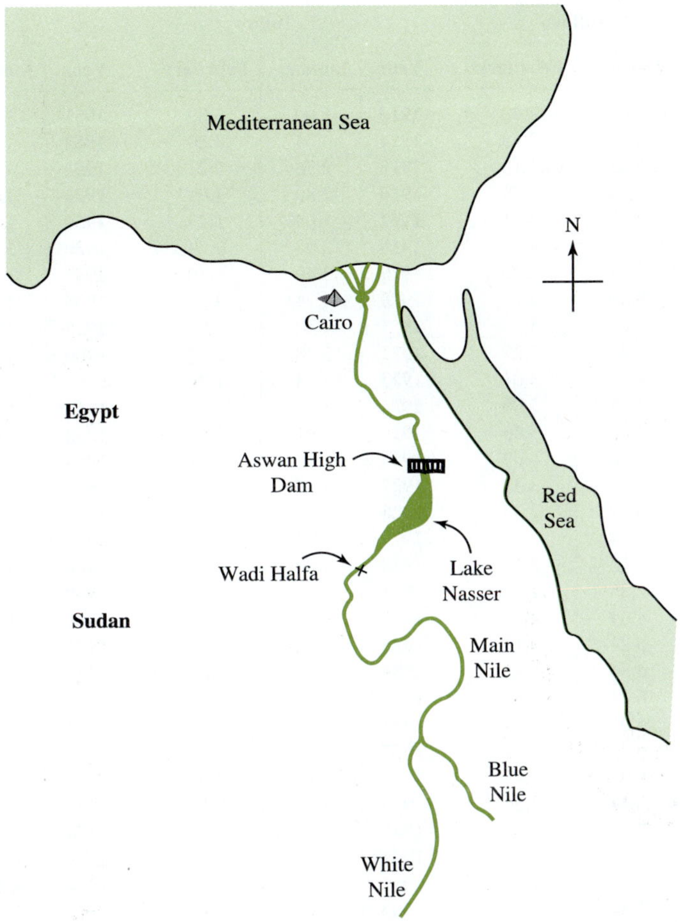

그림 12.7
나일강 분지

강에 접경해 있는 옥토 지역과 카이로 같은 중요한 지중해 연안의 지역에 공급할 물의 흐름을 조절한다. 댐 엔지니어가 댐을 통해 흘러나갈 물의 양을 결정하는 부분은 Nasser 호수의 저수량에 의해 전적으로 달려 있으며, 호수의 저수량은 또한 Wadi Halfa에서 호수로 유입되는 물의 양에 의해 결정된다. 이 점에서 Wadi Halfa에서 미래 나일강 유입량을 예측하는 것이 매우 유익하다 할 수 있다. 이집트 엔지니어들은 지난 100년간 나일강으로의 강물의 유입량을 측정했는데, [그림 12.8]은 1874년부터 1988년까지 Wadi Halfa에서 측정한 1월 및 2월 나일강으로의 강물의 유입량(단위: 10억m^3)을 나타낸다.

[그림 12.9]는 매월 유입량에 대한 요약 통계량이며, [그림 12.10]은 이 데이터들에 대한 산점도를 나타낸다. 1월과 2월의 유입량 간에 선형관계가 있음을 알 수 있는데 이는

$$y = \beta_0 + \beta_1 x$$

같은 선형식을 적합시킬 수 있음을 의미하기도 한다. 설명변수 x는 1월의 유입량

Year	Inflow January	Inflow February
1874	6.41	4.48
1875	4.18	2.43
1876	5.43	4.18
1877	3.38	1.89
1878	5.47	3.81
1879	5.24	4.19
1880	4.57	2.90
1881	3.46	2.13
1882	7.07	5.36
1883	6.48	5.25
1884	4.45	3.01
1885	4.55	3.06
1886	4.66	3.46
1887	5.16	4.09
1888	4.81	3.33
1889	3.77	2.33
1890	4.64	3.04
1891	5.12	3.18
1892	2.86	1.70
1893	4.09	2.41
1894	5.24	3.19
1895	4.84	3.17
1896	6.14	4.80
1897	5.01	3.29
1898	6.25	4.67
1899	5.93	4.48
1900	6.44	4.54
1901	4.34	3.10
1902	5.58	4.31
1903	1.94	1.23
1904	3.84	2.39
1905	3.38	1.96
1906	3.62	2.24
1907	4.50	3.43
1908	3.85	2.50
1909	3.69	2.68
1910	4.29	2.89
1911	3.60	2.25
1912	4.53	3.43

Year	Inflow January	Inflow February
1913	5.00	3.89
1914	4.34	3.20
1915	2.76	2.21
1916	2.89	1.91
1917	1.64	1.23
1918	3.98	2.74
1919	3.49	2.30
1920	4.74	3.79
1921	4.80	3.92
1922	3.28	2.42
1923	2.88	1.95
1924	3.28	2.16
1925	2.91	1.85
1926	3.14	2.01
1927	3.57	2.32
1928	3.25	2.14
1929	2.97	1.92
1930	3.60	2.50
1931	2.41	1.54
1932	3.28	2.18
1933	3.66	2.49
1934	2.46	1.67
1935	3.05	1.97
1936	3.84	3.14
1937	3.89	2.56
1938	3.77	2.62
1939	3.46	2.52
1940	3.11	2.15
1941	3.36	2.15
1942	4.02	3.28
1943	3.13	1.93
1944	2.24	1.53
1945	3.33	2.13
1946	3.15	1.89
1947	2.80	1.81
1948	2.65	1.68
1949	3.82	2.53
1950	4.33	3.67

Year	Inflow January	Inflow February
1951	3.71	2.77
1952	3.66	2.89
1953	3.94	3.00
1954	3.63	2.28
1955	3.23	1.91
1956	2.76	1.73
1957	3.12	1.75
1958	4.11	2.90
1959	3.59	2.89
1960	4.02	3.44
1961	2.63	1.80
1962	3.58	2.36
1963	3.68	2.64
1964	3.06	1.84
1965	4.34	3.37
1966	4.03	3.22
1967	5.13	3.96
1968	6.13	5.67
1969	4.58	3.61
1970	4.61	3.76
1971	4.94	4.28
1972	3.91	3.13
1973	4.03	3.19
1974	4.64	3.62
1975	4.45	3.73
1976	2.89	2.45
1977	3.57	2.57
1978	4.18	3.17
1979	4.71	3.93
1980	4.12	2.93
1981	5.76	3.53
1982	4.71	3.55
1983	3.63	2.82
1984	3.74	2.78
1985	3.94	2.85
1986	3.47	2.91
1987	3.88	4.01
1988	3.70	3.12

그림 12.8 나일강 유입량 (단위: 10억m^3)

January inflow	February inflow
n = 115	n = 115
Sample mean = 4.0252	Sample mean = 2.8960
Sample standard deviation = 1.0228	Sample standard deviation = 0.9163
Maximum = 7.07	Maximum = 5.67
Upper quartile = 4.64	Upper quartile = 3.44
Median = 3.85	Median = 2.85
Lower quartile = 3.33	Lower quartile = 2.16
Minimum = 1.64	Minimum = 1.23

그림 12.9 나일강 유입량에 대한 요약 통계량

이며, 종속변수 y는 2월의 유입량으로서 기울기 β_1은 1월 유입량을 1단위 증가시켰을 때 2월의 유입량의 기대증가분을 나타낸다.

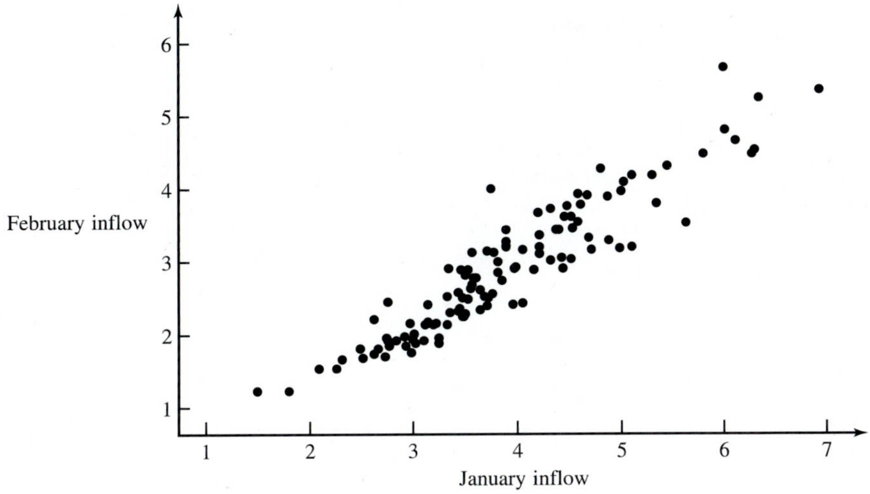

그림 12.10 나일강 유입량 데이터 집합에 대한 산점도

예제 44 육군 체력 검사(Army Physical Fitness Test)

6장의 육군체력검사 자료를 고려해보자. 데이터는 2분 동안 팔굽혀펴기를 한 후에 추가 2분 동안 실시한 윗몸 일으키기 결과와 2마일 달리기 결과를 나타냈다. 자료는 총 84명의 육군 장교에 대하여 실시하였는데, [그림 12.11]은 2마일 달리기 이전에 실시한 팔굽혀펴기 개수와 달리기 시간(단위: 초)을 정리한 자료이다.

Number of pushups	Two-mile run time (seconds)	Number of pushups	Two-mile run time (seconds)	Number of pushups	Two-mile run time (seconds)
60	847	50	880	70	870
53	887	70	905	55	931
60	879	69	895	55	930
55	919	125	720	80	808
60	816	80	712	78	828
78	814	99	703	78	719
74	814	80	741	68	707
70	855	61	792	45	934
46	980	50	808	45	939
50	954	55	761	47	977
50	1078	60	785	88	896
59	1001	60	801	70	921
62	766	65	810	80	815
64	916	66	1013	79	838
51	798	58	882	71	854
66	782	62	861	50	1063
73	836	60	845	50	1024
78	837	90	865	73	780
80	791	78	883	78	813
70	838	86	881	78	850
70	853	86	921	63	902
79	840	69	816	60	906
93	740	74	837	78	865
80	763	40	1056	78	886
78	778	40	1034	78	881
70	855	78	774	50	825
60	875	70	821	61	821
78	868	78	850	62	832

그림 12.11 육군 체력 검사 테스트 집합

Pushups	Run time
n = 84	n = 84
Sample mean = 67.79	Sample mean = 857.7
Sample standard deviation = 14.31	Sample standard deviation = 81.98
Maximum = 125	Maximum = 1078
Upper quartile = 78	Upper quartile = 900.5
Median = 69.5	Median = 850
Lower quartile = 59.25	Lower quartile = 808.5
Minimum = 40	Minimum = 703

그림 12.12 육군 체력 검사 테스트 데이터 집합에 대한 요약 통계량

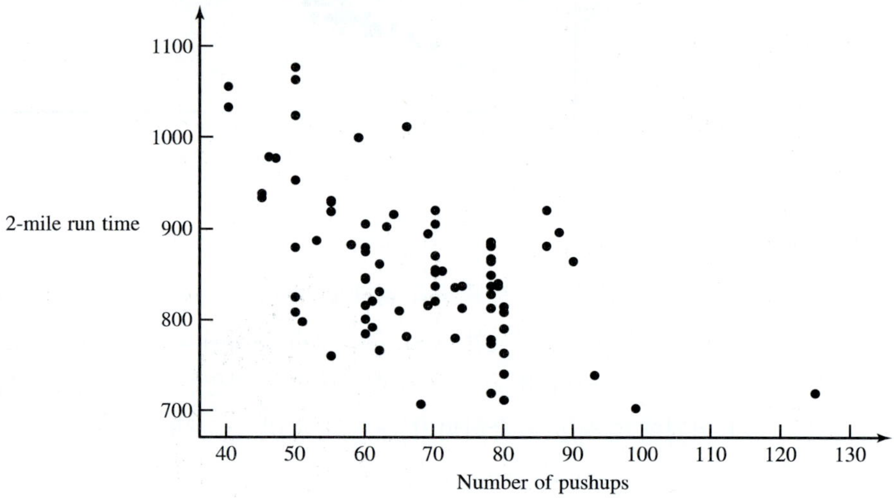

그림 12.13 육군 체력 검사 테스트 데이터 집합에 대한 산점도

[그림 12.12]는 팔굽혀펴기 개수와 달리기 시간에 대한 요약통계량이며, [그림 12.13]은 산점도를 나타내고 있는데, 달리기 시간(y)과 팔굽혀펴기 개수(x)간에는 선형모형

$$y = \beta_0 + \beta_1 x$$

가 적합하며 결국 달리기 시간은 팔굽혀펴기 개수의 함수로서 예측 가능하다.

연습문제

12.1.1 어느 종속변수 y는 독립변수 x와 $\beta_0 = 4.2$, $\beta_1 = 1.7$와 평균이 0이고 표본편차가 $\sigma = 3.2$인 정규분포를 따르는 오차항을 갖는 선형회귀모형을 따른다고 가정한다.

(a) $x = 10.0$일 때 종속변수의 기대값은 얼마인가?

(b) 독립변수가 3 증가할 때 종속변수는 얼마만큼 변하는가?

(c) $x = 5$일 때 종속변수가 12.0보다 클 확률은 얼마인가?

(d) $x = 8$일 때 종속변수가 17.0보다 작을 확률은 얼마인가?

(e) $x = 6$일 때 얻은 종속변수가 $x = 7$일

때 얻은 종속변수보다 클 확률은 얼마인가?

12.1.2 어느 화학용액의 순도 y는 촉매 x의 양과 $\beta_0 = 123.0$, $\beta_1 = -2.16$, 그리고 오차 표준편차가 $\sigma = 4.1$인 선형회귀모형을 따른다고 가정하자.

(a) 촉매의 수준이 20일 때 순도의 기대값은 얼마인가?

(b) 촉매의 수준이 10 증가할 때 순도의 기대값은 얼마만큼 변하는가?

(c) 촉매의 수준이 25일 때 순도가 60.0보다 작을 확률은 얼마인가?

(d) 촉매의 수준이 40일 때 순도가 30과 40 사이일 확률은 얼마인가?

(e) 촉매의 수준이 30일 때의 순도가 27.5일 때의 순도보다 작을 확률은 얼마인가?

12.1.3 콘크리트 표본의 공기 함유량 x와 표본의 유공성(porosity) y 사이의 관계가 $\sigma = 1.4$인 선형 회귀모형 $y = 5 + 0.9x$을 따른다.

(a) 공기의 함유량이 20일 때의 콘크리트의 유공성의 기대값은 얼마인가?

(b) 공기의 함유량이 5 줄어들 때 유공성의 기대값은 얼마만큼 줄어드는가?

(c) 공기의 함유량이 25일 때 유공성이 30 이하일 확률을 구하라.

(d) 네 개의 콘크리트 독립 표본이 공기의 함유량이 15일 때 평균 유공성이 17과 20일 사이일 확률은 얼마인가?

12.1.4 두 변수 사이의 관계를 단순 선형회귀모형을 이용하여 조사하려고 한다. 왜 얻어진 모델은 어떤 변수를 y 변수로 선택할지에 의존하는가? 어떠한 변수를 y 변수로 선택하여야 하는가?

12.1.5 어느 물질의 점도(viscosity) y와 온도 x 사이의 관계를 나타내는, $\sigma = 7.32$인 회귀모델 $y = 675.30 - 5.87x$을 고려해보자. 만약 이 물질의 표본이 온도 80에서 준비되었다면 이때 점도가 220보다 작을 확률은 얼마인가?

12.2 회귀직선 적합(Fitting the Regression Line)

12.2.1 모수 추정(Parameter Estimation)

회귀직선 $y = \beta_0 + \beta_1 x$를 데이터 $(x_1, y_1), \ldots, (x_n, y_n)$에 적합시키는 과정은 데이터들에 가장 근접한 직선을 찾는 과정이라고 할 수 있다. 근접성을 정의하는 방식에는 여러 가지가 있지만 가장 일반적인 방법은 직선과 데이터 관측치간의 수직차 $y_i - (\beta_0 + \beta_1 x_i)$, $1 \le i \le n$를 고려하는 것으로서, 이 수직차의 제곱합

$$Q = \sum_{i=1}^{n} (y_i - (\beta_0 + \beta_1 x_i))^2$$

을 최소화하는 직선을 선택하는 것이다([그림 12.14] 참조). 이 방법은 최소제곱적합(least squares fit)이라고 한다. 최소제곱적합 방법을 통해 구한 모수 추정치

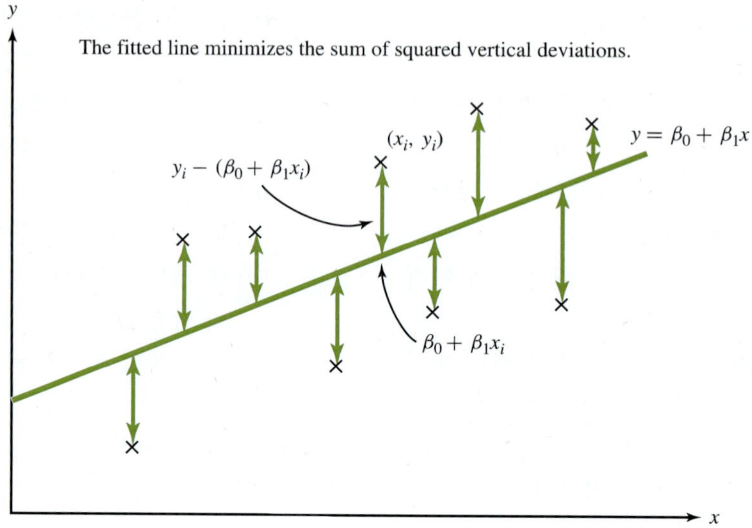

그림 12.14
최소제곱적합

$\hat{\beta}_0$와 $\hat{\beta}_1$는 정규분포를 따르는 오차항에 대하여 최우추정량(maximum likelihood estimates)이 된다. 이는 오차항 ϵ_i가

$$\frac{1}{\sqrt{2\pi}\sigma} e^{-\epsilon_i^2/2\sigma^2}$$

와 같은 확률밀도함수를 가지며, $\epsilon_1, \ldots, \epsilon_n$에 대한 결합밀도함수는

$$\left(\frac{1}{\sqrt{2\pi}\sigma}\right)^n e^{-\sum_{i=1}^n \epsilon_i^2/2\sigma^2}$$

이다. 이 우도(likelihood)는 $\sum_{i=1}^n \epsilon_i^2$ 을 최소화함에 의해 최대가 된다. $\epsilon_i = y_i - (\beta_0 + \beta_1 x_i)$ 이므로 최우추정량은 Q를 최소화하는 것과 일치하며 따라서 모수추정치 $\hat{\beta}_0$와 $\hat{\beta}_1$은 Q를 최소로 하는 값이 된다. 이 값들은 β_0와 β_1에 대하여 Q를 편미분하여 쉽게 구할 수 있는데

$$\frac{\partial Q}{\partial \beta_0} = -\sum_{i=1}^n 2(y_i - (\beta_0 + \beta_1 x_i)) = 0$$

$$\frac{\partial Q}{\partial \beta_1} = -\sum_{i=1}^n 2x_i(y_i - (\beta_0 + \beta_1 x_i)) = 0$$

을 만족하는 β_0와 β_1의 값이다. 모수 추정치 $\hat{\beta}_0$와 $\hat{\beta}_1$은

$$\sum_{i=1}^n y_i = n\beta_0 + \beta_1 \sum_{i=1}^n x_i, \quad \sum_{i=1}^n x_i y_i = \beta_0 \sum_{i=1}^n x_i + \beta_1 \sum_{i=1}^n x_i^2$$

을 만족하는 해답으로 이 두 방정식을 정규방정식(normal equations)이라고 한다.

결과적으로,

$$\hat{\beta}_1 = \frac{n\sum_{i=1}^{n} x_i y_i - \left(\sum_{i=1}^{n} x_i\right)\left(\sum_{i=1}^{n} y_i\right)}{n\sum_{i=1}^{n} x_i^2 - \left(\sum_{i=1}^{n} x_i\right)^2}$$

$$\hat{\beta}_0 = \frac{\sum_{i=1}^{n} y_i}{n} - \hat{\beta}_1 \frac{\sum_{i=1}^{n} x_i}{n} = \bar{y} - \hat{\beta}_1 \bar{x}$$

가 된다. 또한

$$S_{XX} = \sum_{i=1}^{n}(x_i - \bar{x})^2 = \sum_{i=1}^{n} x_i^2 - n\bar{x}^2 = \sum_{i=1}^{n} x_i^2 - \frac{\left(\sum_{i=1}^{n} x_i\right)^2}{n}$$

$$S_{XY} = \sum_{i=1}^{n}(x_i - \bar{x})(y_i - \bar{y}) = \sum_{i=1}^{n} x_i y_i - n\bar{x}\bar{y} = \sum_{i=1}^{n} x_i y_i - \frac{\left(\sum_{i=1}^{n} x_i\right)\left(\sum_{i=1}^{n} y_i\right)}{n}$$

이므로 모수추정치 $\hat{\beta}_1$은

$$\hat{\beta}_1 = \frac{S_{XY}}{S_{XX}}$$

와 같이 쓸 수 있다. 적합된 회귀직선은

$$y = \hat{\beta}_0 + \hat{\beta}_1 x$$

이며, 특정한 설명변수 값 x^*에 대하여 적합된 값은

$$\hat{y}|_{x^*} = \hat{\beta}_0 + \hat{\beta}_1 x^*$$

가 된다([그림 12.15] 참조). 관측치 x_i에 대하여 적합된 값은

$$\hat{y}_i = \hat{\beta}_0 + \hat{\beta}_1 x_i$$

이며, 오차분산 σ^2은 관측치 y_i와 적합된 값 $\hat{y}_i$의 차이를 고려함으로써 추정될 수 있다. 오차에 대한 제곱합은

$$\mathrm{SSE} = \sum_{i=1}^{n}(y_i - \hat{y}_i)^2 = \sum_{i=1}^{n}(y_i - (\hat{\beta}_0 + \hat{\beta}_1 x_i))^2$$

와 같이 정의되며, 오차분산에 대한 추정치 $\hat{\sigma}^2$은

$$\hat{\sigma}^2 = \frac{\mathrm{SSE}}{n-2} = \frac{\sum_{i=1}^{n}(y_i - (\hat{\beta}_0 + \hat{\beta}_1 x_i))^2}{n-2}$$

이다.

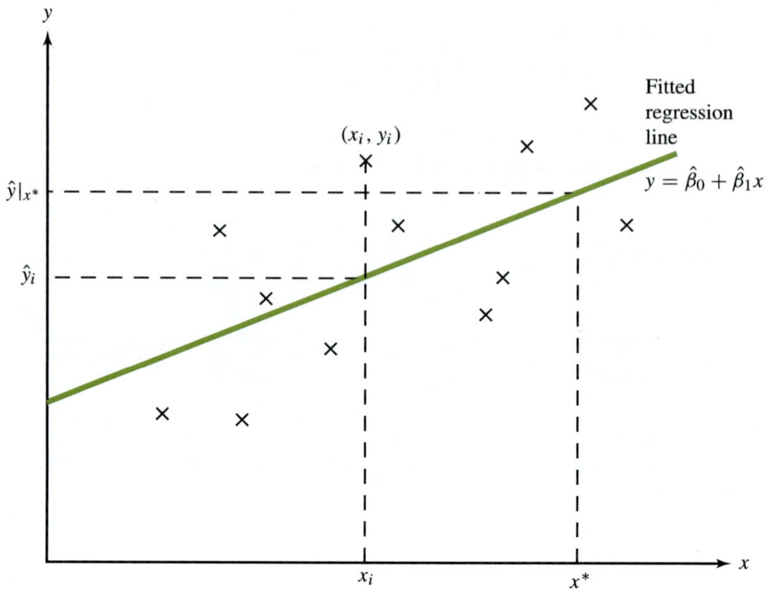

그림 12.15 회귀직선으로부터 적합한 값

$$\text{SSE} = \sum_{i=1}^{n} y_i^2 - \hat{\beta}_0 \sum_{i=1}^{n} y_i - \hat{\beta}_1 \sum_{i=1}^{n} x_i y_i$$

이므로

$$\hat{\sigma}^2 = \frac{\sum_{i=1}^{n} y_i^2 - \hat{\beta}_0 \sum_{i=1}^{n} y_i - \hat{\beta}_1 \sum_{i=1}^{n} x_i y_i}{n-2}$$

이며, 이는 계산식을 통해 손쉽게 구할 수 있다.

모수추정(Parameter Estimates)

단순선형회귀 모형에서 세 개의 미지의 모수에 대한 추정치는 다음과 같다.

$$\hat{\beta}_1 = \frac{n \sum_{i=1}^{n} x_i y_i - \left(\sum_{i=1}^{n} x_i\right)\left(\sum_{i=1}^{n} y_i\right)}{n \sum_{i=1}^{n} x_i^2 - \left(\sum_{i=1}^{n} x_i\right)^2} = \frac{\sum_{i=1}^{n}(x_i - \bar{x})(y_i - \bar{y})}{\sum_{i=1}^{n}(x_i - \bar{x})^2} = \frac{S_{XY}}{S_{XX}}$$

$$\hat{\beta}_0 = \bar{y} - \hat{\beta}_1 \bar{x}$$

$$\hat{\sigma}^2 = \frac{\text{SSE}}{n-2} = \frac{\sum_{i=1}^{n}(y_i - (\hat{\beta}_0 + \hat{\beta}_1 x_i))^2}{n-2}$$

$$= \frac{\sum_{i=1}^{n} y_i^2 - \hat{\beta}_0 \sum_{i=1}^{n} y_i - \hat{\beta}_1 \sum_{i=1}^{n} x_i y_i}{n-2}$$

12.2.2 예제

예제 67 자동차 공장 전기 사용량(Car Plant Electricity Usage)

이 예제에서 $n=12$이며

$$\sum_{i=1}^{12} x_i = 4.51 + \cdots + 4.20 = 58.62$$

$$\sum_{i=1}^{12} y_i = 2.48 + \cdots + 2.53 = 34.15$$

$$\sum_{i=1}^{12} x_i^2 = 4.51^2 + \cdots + 4.20^2 = 291.2310$$

$$\sum_{i=1}^{12} y_i^2 = 2.48^2 + \cdots + 2.53^2 = 98.6967$$

$$\sum_{i=1}^{12} x_i y_i = (4.51 \times 2.48) + \cdots + (4.20 \times 2.53) = 169.2532$$

이며, 따라서 기울기 모수 β_i에 대한 추정치는

$$\begin{aligned}\hat{\beta}_1 &= \frac{n\sum_{i=1}^{n} x_i y_i - \left(\sum_{i=1}^{n} x_i\right)\left(\sum_{i=1}^{n} y_i\right)}{n\sum_{i=1}^{n} x_i^2 - \left(\sum_{i=1}^{n} x_i\right)^2} \\ &= \frac{(12 \times 169.2532) - (58.62 \times 34.15)}{(12 \times 291.2310) - 58.62^2} = 0.49883\end{aligned}$$

이며, 절편모수 β_0에 대한 추정치는

$$\hat{\beta}_0 = \bar{y} - \hat{\beta}_1\bar{x} = \frac{34.15}{12} - \left(0.49883 \times \frac{58.62}{12}\right) = 0.4090$$

이다. 따라서 적합된 회귀모형은

$$y = \hat{\beta}_0 + \hat{\beta}_1 x = 0.409 + 0.499x$$

가 된다. 적합된 직선식이 관측 데이터와 함께 [그림 12.16]에 나타나 있다. 만약 5.5(백만 달러) 가치의 자동차가 내달에 생산 예정이라고 한다면, 공장 매니저는 전기 사용량이

$$\hat{y}|_{5.5} = 0.409 + (0.499 \times 5.5) = 3.1535$$

와 같이 될 것으로 예측할 수 있다. 적합된 회귀모형은 데이터 집합에 속하는 x_i 값에 가까운 x값에 대하여 최적의 모형이며, 따라서 3.5(백만 달러)와 6.0(백만

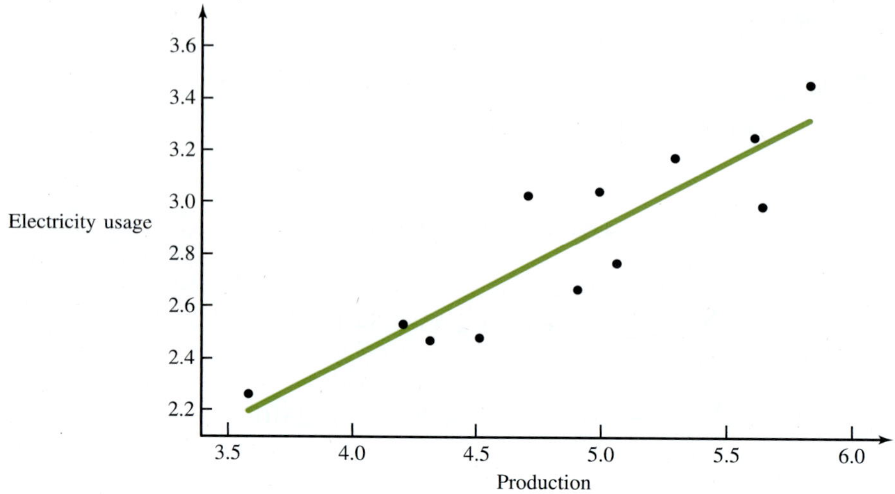

그림 12.16
자동차 공장 전기 사용량 데이터 집합에 대한 적합직선 그림

달러) 사이의 생산수준에서 이 회귀모형을 사용해야만 한다. 이 범위수준 외의 x 값에 대하여 y값을 예측하는 것을 외삽(extrapolation)이라고 하며, 외삽을 할 경우 정확하지 못한 결과가 나올지 모른다. 예를 들면 내달에 8(백만 달러)의 생산수준까지 올리고 싶다면 추정된 전기 사용량은

$$\hat{y}|_{8.0} = 0.409 + (0.499 \times 8.0) = 4.401$$

이 된다. $x = 3.5$와 $x = 6.0$ 구간 내에서 전기 사용량은 생산수준에 대한 관계를 가정하는 것이 타당할 수 있지만 $x = 6.0$보다 큰 값에 대해서 이러한 선형관계가 유효하지 않을 수 있기 때문에 이 결과는 정확한 예측이 아닐 수 있다. [그림 12.17]은 이러한 위험성을 설명하고 있다.

이 문제에 대한 오차분산은

$$\hat{\sigma}^2 = \frac{\sum_{i=1}^{n} y_i^2 - \hat{\beta}_0 \sum_{i=1}^{n} y_i - \hat{\beta}_1 \sum_{i=1}^{n} x_i y_i}{n-2}$$
$$= \frac{98.6967 - (0.4090 \times 34.15) - (0.49883 \times 169.2532)}{10} = 0.0299$$

이며 따라서 $\hat{\sigma} = \sqrt{0.0299} = 0.1729$이다.

예제 68 나일강 유량(Nile River Flowrate)

이 문제에서는 $n = 115$이며

$$\sum_{i=1}^{115} x_i = 6.41 + \cdots + 3.70 = 462.90$$
$$\sum_{i=1}^{115} y_i = 4.48 + \cdots + 3.12 = 333.04$$

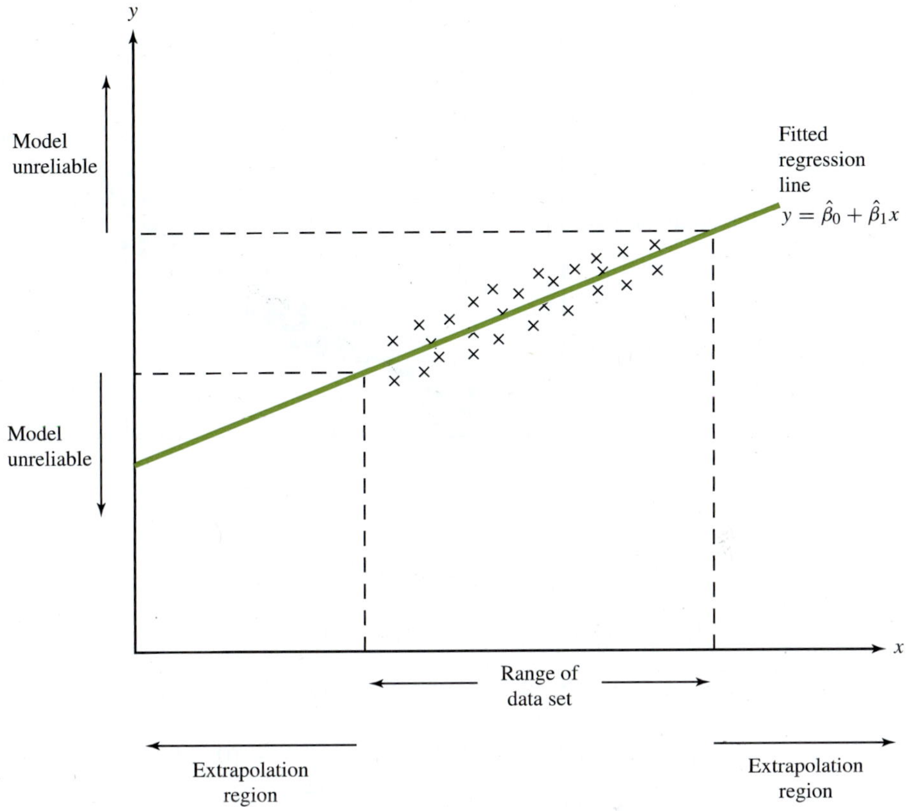

그림 12.17
외삽의 위험

$$\sum_{i=1}^{115} x_i^2 = 6.41^2 + \cdots + 3.70^2 = 1982.5264$$

$$\sum_{i=1}^{115} y_i^2 = 4.48^2 + \cdots + 3.12^2 = 1060.2076$$

$$\sum_{i=1}^{115} x_i y_i = (6.41 \times 4.48) + \cdots + (3.70 \times 3.12) = 1440.2743$$

이다. 모수 추정치

$$\hat{\beta}_1 = \frac{(115 \times 1440.2743) - (462.90 \times 333.04)}{(115 \times 1982.5264) - 462.90^2} = 0.8362$$

$$\hat{\beta}_0 = \frac{333.04}{115} - \left(0.8362 \times \frac{462.90}{115}\right) = -0.4698$$

이며, 적합된 선형회귀모형은

$$y = \hat{\beta}_0 + \hat{\beta}_1 x = -0.470 + 0.836x$$

가 된다. 적합된 직선은 데이터와 함께 [그림 12.18]에 나타나 있다. 만약 1월의

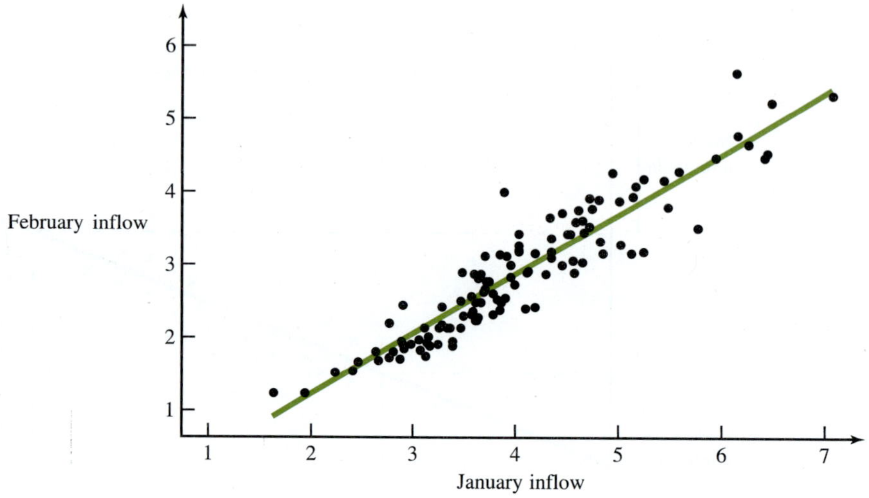

그림 12.18 나일강 유량의 데이터 집합에 대한 적합직선 그림

유입량이 5(십억m^3)라면 2월의 유입량은

$$\hat{y}|_5 = -0.470 + (0.836 \times 5) = 3.71$$

으로 예측될 수 있다. 마지막으로 오차분산의 추정치

$$\hat{\sigma}^2 = \frac{1060.2076 - (-0.4698 \times 333.04) - (0.8362 \times 1440.2743)}{113} = 0.1092$$

이다.

예제 44 육군 체력 검사(Army Physical Fitness Test)

이 경우 $n = 84$이며

$$\sum_{i=1}^{84} x_i = 60 + \cdots + 62 = 5694$$

$$\sum_{i=1}^{84} y_i = 847 + \cdots + 832 = 72{,}047$$

$$\sum_{i=1}^{84} x_i^2 = 60^2 + \cdots + 62^2 = 402{,}972$$

$$\sum_{i=1}^{84} y_i^2 = 847^2 + \cdots + 832^2 = 62{,}352{,}661$$

$$\sum_{i=1}^{84} x_i y_i = (60 \times 847) + \cdots + (62 \times 832) = 4{,}828{,}432$$

이다. 모수 추정치는

$$\hat{\beta}_1 = \frac{(84 \times 4{,}828{,}432) - (5694 \times 72{,}047)}{(84 \times 402{,}972) - 5694^2} = -3.2544$$

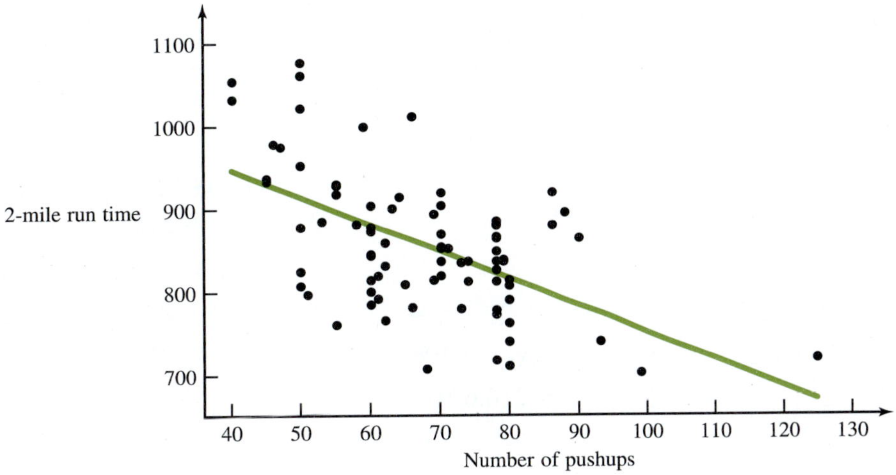

그림 12.19
육군 체력 검사 테스트 데이터 집합에 대한 선형직선 그림

$$\hat{\beta}_0 = \frac{72{,}047}{84} - \left(-3.2544 \times \frac{5694}{84}\right) = 1078.30$$

이다. 적합된 직선모형은 따라서

$$y = \hat{\beta}_0 + \hat{\beta}_1 x = 1078 - 3.254x$$

와 같다. 적합된 직선식은 데이터와 함께 [그림 12.19]에 나타나 있다. $x = 70$회 팔굽혀펴기를 실시한 장교에 대하여 기대할 수 있는 달리기 시간은

$$\hat{y}|_{70} = 1078 - (3.254 \times 70) = 850.22$$

으로서, 14분 10초에 해당한다. 오차분산의 추정치는

$$\hat{\sigma}^2 = \frac{62{,}352{,}661 - (1078.30 \times 72{,}047) - (-3.2544 \times 4{,}828{,}432)}{82} = 4606.42$$

로서 표준편차 $\hat{\sigma} = \sqrt{4606.42} = 67.87$이다.

요약하면, 데이터의 집합에 대하여 선형회귀직선을 적합하는 방법은 매우 간단하며 실제적으로 유용하게 많이 사용된다. 그러나 이 단순한 모형을 사용할 때 주의해야 할 두 가지가 있다. 첫째는 전기사용량 예제에서 논의된 것처럼 외삽을 남용해서는 안 되며, 둘째는 비선형관계를 선형식으로 모형화하는 것이다. [그림 12.20]은 비선형 관계를 가지는 데이터 집합에 대하여 선형직선을 적합한 경우로서, 그 결과 선형모형은 분명히 정확하지 못한 결론을 도출할 것이다.

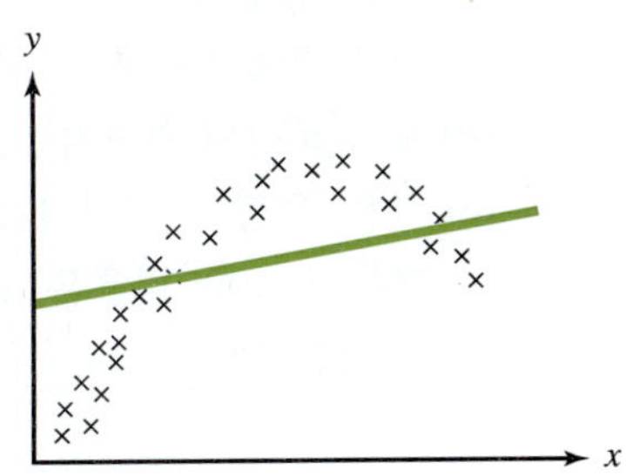

그림 12.20
비선형 관계에 잘못 적합된 선형 직선

연습문제

12.2.1 다음의 값들이 정규방정식을 만족시킴을 보여라.

$$\hat{\beta}_1 = \frac{S_{XY}}{S_{XX}}, \quad \hat{\beta}_0 = \bar{y} - \hat{\beta}_1\bar{x}$$

12.2.2 어떤 데이터 집합은 $n=20$, $\sum_{i=1}^{20} x_i = 8.552$, $\sum_{i=1}^{20} y_i = 398.2$, $\sum_{i=1}^{20} x_i^2 = 5.196$, $\sum_{i=1}^{20} y_i^2 = 9356$, $\sum_{i=1}^{20} x_i y_i = 216.6$이다. $\hat{\beta}_0$, $\hat{\beta}_1$, 그리고 $\hat{\sigma}^2$을 계산하라. $x=0.5$일 때 적합치를 구하라.

12.2.3 어떤 데이터 집합은 $n=30$, $\sum_{i=1}^{30} x_i = -67.11$, $\sum_{i=1}^{30} y_i = 1322.7$, $\sum_{i=1}^{30} x_i^2 = 582.0$, $\sum_{i=1}^{30} y_i^2 = 60{,}600$, $\sum_{i=1}^{30} x_i y_i = -3840$이다. $\hat{\beta}_0$, $\hat{\beta}_1$, 및 $\hat{\sigma}^2$을 계산하라. $x=-2.0$일 때 적합치를 구하라.

12.2.4 석유 유정 시추 비용

석유 산업에서는 석유를 채취하기 위한 구멍을 뚫는데 사용되는 비용을 평가하는 것이 중요하다. DS 12.2.1은 총 비용과 필리핀에 위치한 16개 해안의 석유 유정의 깊이를 나타낸다.

(a) 종속변수가 비용이고 깊이가 독립변수인 선형회귀모형을 적합시켜라.

(b) 이 모델을 통해 깊이가 1,000피트 더 증가할 경우 비용은 얼마만큼 증가할지 예측하라.

(c) 석유 유정의 깊이가 10,000피트일 경우 필요한 비용은 얼마인가?

(d) 오차 분산의 추정치는 얼마인가?

(e) 석유 유정의 깊이가 20,000피트일 경우 필요한 비용은 얼마라고 말할 수 있는가?

12.2.5 트럭 짐 하차 시간

어느 창고 관리자는 에어컨이 창고에 설치되었을 경우에 노동효율성이 향상되는가에 대한 가능성을 분석하고자 한다. DS 12.2.2의 데이터 집합은 다양한 온도 수준에서 트럭에서 짐을 내리는데 걸리는 시간을 기록한 것이다.

(a) 종속변수가 시간이고 온도가 독립변수인 선형회귀모형을 구하라.

(b) 오차 분산의 추정치를 구하라.

(c) 이 모델은 온도가 증가하면 짐을 내리는데 걸리는 시간 역시 증가함을 보여주는가?

(d) 온도가 72°F일 경우 예측된 하차 시간은 얼마인가?

12.2.6 에어로빅 운동 데이터

DS 12.2.3은 20명의 남성 표본의 에어로빅 운동에 대한 데이터로서, 기구를 통해서 매 호흡마다 들이마시는 산소의 양을 측정하였다. 각 단위당 최대 사용되는 산소의 양은 사람의 몸무게를 고려해서 정해지고 이 값은 VO2-max로 정의된다.

(a) VO2-max가 종속변수이고 나이가 독립변수인 선형회귀모형을 구하라.

(b) $\hat{\beta}_1$의 부호는 어떠한가? 나이가 5살이 많을 때 VO2-max의 변화는 어떠한가?

(c) 50살 남성의 VO2-max 값을 예측하라.

(d) 15살 소년의 에어로빅 운동에 대하여 이 모델은 어떠한 정보를 주는가?

(e) 오차 분산의 추정치를 구하라.

12.2.7 부동산 세금 감정가

어느 부동산 중개인은 특정 지역에서 임의로 선택된 새로 지어진 주택의 크기와 감정가, 그리고 세금에 관련된 DS

12.2.4의 데이터를 수집했다.

(a) 종속변수가 감정가이고 주택의 크기가 독립변수인 선형회귀모형을 구하라.

(b) 주택의 크기가 2,600제곱피트일 경우 가격을 예측하라.

(c) 주택의 크기가 100제곱피트 증가할 경우 가격의 변화를 예측하라.

(d) 오차 분산의 추정치를 구하라.

12.2.8 컴퓨터 시스템 관리

큰 규모의 컴퓨터 시스템을 설치하는 동안 어떠한 특정 작업, 그중에서도 프로그램을 바꾸는 것이 얼마나 오래 걸리는지 아는 것이 유용하다. 이와 같은 작업이 걸리는 시간을 정확히 아는 것은 효과적인 계획과 설치 작업을 위한 중요한 요소이다. DS 12.2.5의 데이터 집합은 전문가가 예측한 수행 시간과 실제로 걸린 시간 자료이다.

(a) 실제 작업시간이 종속변수이고 추정된 작업 시간이 독립변수인 선형회귀모델을 구하라.

(b) 추정된 시간이 1시간 증가할 경우 실제 작업 시간은 얼마나 증가할 것인가? 이 전문가는 작업 시간을 과소평가했는가? 혹은 과대평가했는가? 만약 추정된 시간이 7시간일 때 실제 소모될 시간은 얼마인가?

(c) 추정된 시간이 15시간일 경우 이 모델은 실제 필요한 시간에 대해서 어떠한 정보를 주는가?

(d) 오차 분산의 추정치를 구하라.

12.2.9 진공 변환기 보빈 저항

DS 12.2.6의 데이터 집합은 자동차 산업에서 사용되는 진공 변환기 보빈의 온도와 저항간의 관련 데이터이다.

(a) 종속변수가 저항이고 독립변수가 온도인 선형회귀모형을 구하라.

(b) 온도가 69°F일 경우의 저항을 예측하라.

(c) 온도가 5도 증가할 경우 저항의 변화를 예측하라.

(d) 오차 분산의 추정치를 구하라.

12.3 기울기 모수 β_1에 대한 추론(Inferences on the Slope Parameter β_1)

12.3.1 추론 과정(Inference Procedures)

기울기 모수 β_1은 설명변수 x와 종속변수 y간의 관계에 대한 특성을 결정짓기 때문에 특별한 관심의 대상이 된다. 따라서 기울기 모수에 대한 신뢰구간을 구하거나 기울기 모수가 특정값을 취하는지에 대한 가설검정을 실시하는 것이 유용할 수 있다. β_1은 미지의 모수로서 우리가 모르는 실제 회귀직선의 기울기를 나타내는데, 데이터로부터 구한 이 기울기의 점 추정치는

$$\hat{\beta}_1 = \frac{S_{XY}}{S_{XX}}$$

이며,

$$S_{XY} = \sum_{i=1}^{n}(x_i - \bar{x})(y_i - \bar{y}) = \sum_{i=1}^{n}(x_i - \bar{x})y_i - \bar{y}\sum_{i=1}^{n}(x_i - \bar{x})$$
$$= \sum_{i=1}^{n}(x_i - \bar{x})y_i - 0 = \sum_{i=1}^{n}(x_i - \bar{x})y_i$$

이므로

$$\hat{\beta}_1 = \sum_{i=1}^{n} c_i y_i, \quad c_i = \frac{x_i - \bar{x}}{S_{XX}}$$

가 된다. 따라서 점추정치 $\hat{\beta}_1$은 확률변수 $\Sigma_{i=1}^{n} c_i Y_i$의 구현된 값으로서 확률변수 $Y_i \sim N(\beta_0 + \beta_1 x_i, \sigma^2), 1 \le i \le n$가 된다.

점추정치 $\hat{\beta}_1$의 기대값은

$$E(\hat{\beta}_1) = E\left(\sum_{i=1}^{n} c_i Y_i\right) = \sum_{i=1}^{n} c_i E(Y_i) = \sum_{i=1}^{n} c_i(\beta_0 + \beta_1 x_i)$$
$$= \beta_0 \frac{\sum_{i=1}^{n}(x_i - \bar{x})}{S_{XX}} + \beta_1 \frac{\sum_{i=1}^{n}(x_i - \bar{x})x_i}{S_{XX}}$$
$$= 0 + \beta_1 \frac{\sum_{i=1}^{n} x_i^2 - n\bar{x}^2}{S_{XX}} = \beta_1 \frac{S_{XX}}{S_{XX}} = \beta_1$$

즉 $\hat{\beta}_1$은 기울기 모수 β_1에 대한 불편추정량이다. 더욱이

$$\text{Var}(\hat{\beta}_1) = \text{Var}\left(\sum_{i=1}^{n} c_i Y_i\right) = \sum_{i=1}^{n} c_i^2 \text{Var}(Y_i) = \sigma^2 \sum_{i=1}^{n} c_i^2$$
$$= \sigma^2 \sum_{i=1}^{n} \frac{(x_i - \bar{x})^2}{S_{XX}^2} = \frac{\sigma^2}{S_{XX}^2} \sum_{i=1}^{n}(x_i - \bar{x})^2 = \frac{\sigma^2}{S_{XX}^2} S_{XX} = \frac{\sigma^2}{S_{XX}}$$

이며 따라서 $\hat{\beta}_1$의 표준오차는

$$\text{s.e.}(\hat{\beta}_1) = \frac{\sigma}{\sqrt{S_{XX}}}$$

으로서 $\hat{\sigma}/\sqrt{S_{XX}}$로 추정될 수 있다. 사실 $\hat{\beta}_1$은 정규확률변수 Y_i의 선형결합이기 때문에 정규분포를 따르며

$$\hat{\beta}_1 \sim N\left(\beta_1, \frac{\sigma^2}{S_{XX}}\right)$$

이다.

흥미로운 점은 고정된 오차분산 σ^2에 대하여 S_{XX}의 값이 증가할수록 점추정

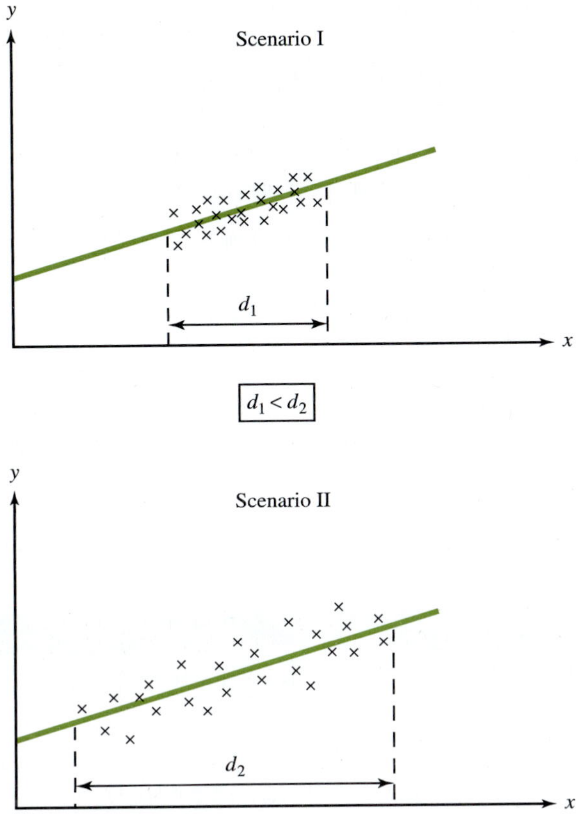

그림 12.21 기울기 모수 β_1은 관측치들이 더 퍼져 있음에 따라 S_{XX}가 커지므로 시나리오 I에서보다 시나리오 II에서 더 정확히 추정된다

치 $\hat{\beta}_1$의 분산은 줄어든다는 것이다. [그림 12.21]에 나타난 바와 같이 설명변수 x_i의 값이 더 퍼져 있을수록 이 현상은 뚜렷하게 나타나는데, x_i의 값이 더 퍼져 있을수록 회귀직선을 적합하는데 더 큰 레버리지(leverage) 효과를 가지며, 결국 기울기 추정치 $\hat{\beta}_1$은 더욱 정확해질 것이다. 기울기 모수 $\hat{\beta}_1$에 대한 정규분포는 다음과 같이 표준화 가능하다.

$$\frac{\hat{\beta}_1 - \beta_1}{\sqrt{\frac{\sigma^2}{S_{XX}}}} \sim N(0, 1)$$

또한 오차분산의 추정치

$$\hat{\sigma}^2 \sim \sigma^2 \frac{\chi^2_{n-2}}{n-2}$$

로서 σ^2 대신에 $\hat{\sigma}^2$을 이용하여

$$\frac{\hat{\beta}_1 - \beta_1}{\sqrt{\frac{\hat{\sigma}^2}{S_{XX}}}} \sim t_{n-2}$$

가 된다. 이를 이용하여 β_1에 대한 양측신뢰구간을 구하면

$$\beta_1 \in (\hat{\beta}_1 - \text{임계값} \times \text{s.e.}(\hat{\beta}_1),\ \hat{\beta}_1 + \text{임계값} \times \text{s.e.}(\hat{\beta}_1))$$

이며, 임계값은 자유도가 $(n-2)$인 t-분포부터 구한다.

귀무가설 $H_0 : \beta_1 = 0$은 회귀직선이 평행하며 종속변수는 설명변수에 영향을 받지 않는지를 검정하는 것이다. $\beta_1 = 0$과 함께 t-통계량은

$$t = \frac{\hat{\beta}_1}{\text{s.e.}(\hat{\beta}_1)} = \frac{\hat{\beta}_1}{\sqrt{\frac{\hat{\sigma}^2}{S_{XX}}}} = \frac{\hat{\beta}_1 \sqrt{S_{XX}}}{\hat{\sigma}}$$

와 같고, 일반적으로 통계 소프트웨어 결과물들은 이 가설검정에 대한 양측 p-값을 포함하고 있다. 컴퓨터 결과물들은 또한 β_0에 대한 귀무가설 $H_0 : \beta_0 = 0$의 양측 p-값을 포함하고 있는데, 이 가설에 대한 검정은 특별히 중요하지는 않다.

기울기 모수 β_1에 대한 추론

단순선형회귀모형에서 기울기 모수에 대하여 $1-\alpha$ 신뢰수준을 가지는 양측 신뢰구간은

$$\beta_1 \in \left(\hat{\beta}_1 - t_{\alpha/2,n-2} \times \text{s.e.}(\hat{\beta}_1), \hat{\beta}_1 + t_{\alpha/2,n-2} \times \text{s.e.}(\hat{\beta}_1)\right)$$

이며, 이는

$$\beta_1 \in \left(\hat{\beta}_1 - \frac{\hat{\sigma}\ t_{\alpha/2,n-2}}{\sqrt{S_{XX}}}, \hat{\beta}_1 + \frac{\hat{\sigma}\ t_{\alpha/2,n-2}}{\sqrt{S_{XX}}}\right)$$

와 같다. $1-\alpha$ 유의 수준을 가지는 단측 신뢰구간은

$$\beta_1 \in \left(-\infty, \hat{\beta}_1 + \frac{\hat{\sigma}\ t_{\alpha,n-2}}{\sqrt{S_{XX}}}\right), \quad \beta_1 \in \left(\hat{\beta}_1 - \frac{\hat{\sigma}\ t_{\alpha,n-2}}{\sqrt{S_{XX}}}, \infty\right)$$

이다. 특정값 b_1에 대한 양측검정

$$H_0 : \beta_1 = b_1 \quad \text{versus} \quad H_A : \beta_1 \neq b_1$$

에 대한 검정통계량은

$$t = \frac{\hat{\beta}_1 - b_1}{\sqrt{\frac{\hat{\sigma}^2}{S_{XX}}}}$$

이며, p-값$= 2 \times P(X > |t|)$와 같다. 이때 X는 자유도 $n-2$를 가지는 t-분포 확률변수이다. 크기 α 검정은 $|t| > t_{\alpha/2,\, n-1}$일 때 위 귀무가설을 기각한다.

특정값 b_1에 대한 단측가설

$$H_0 : \beta_1 \geq b_1 \quad \text{versus} \quad H_A : \beta_1 < b_1$$

에 대한 $p-$값$= P(X < t)$ 이며, 크기 α 검정은 $t < -t_{\alpha/2, n-1}$일 때 귀무가설을 기각한다.
또다른 단측 가설

$$H_0 : \beta_1 \leq b_1 \quad \text{versus} \quad H_A : \beta_1 > b_1$$

에 대한 $p-$값$= P(X > t)$ 이며, 크기 α 검정은 $t > t_{\alpha, n-2}$일 때 귀무가설을 기각한다.

예제 67 자동차 공장 전기 사용량(Car Plant Electricity Vsaye)

이 예제에 대하여

$$S_{XX} = \sum_{i=1}^{12} x_i^2 - \frac{\left(\sum_{i=1}^{12} x_i\right)^2}{12} = 291.2310 - \frac{58.62^2}{12} = 4.8723$$

이며, 기울기 모수에 대한 점추정치 $\hat{\beta}_1$의 표준오차는

$$\text{s.e.}(\hat{\beta}_1) = \frac{\hat{\sigma}}{\sqrt{S_{XX}}} = \frac{0.1729}{\sqrt{4.8723}} = 0.0783$$

이다. 귀무가설 $H_0 : \beta_1 = 0$에 대한 $t-$검정통계량은

$$t = \frac{\hat{\beta}_1}{\text{s.e.}(\hat{\beta}_1)} = \frac{0.49883}{0.0783} = 6.37$$

이며, 이 값에 대한 $p-$값은

$$p\text{-값} = 2 \times P(X > 6.37) \simeq 0$$

으로, 이때 X는 자유도 10인 $t-$분포를 따르는 확률변수이다. 이처럼 작은 $p-$값은 귀무가설이 타당하지 않다는 것을 의미하고 있으며, 따라서 기울기 모수는 0이 아니라고 결론내릴 수 있다. 달리 말하자면 전기 사용량의 분포는 생산 수준에 따라 영향을 받는다고 결론내릴 수 있다.

$t_{0.005, 10} = 3.169$와 함께 기울기 모수에 대한 99% 양측 신뢰구간은

$$\beta_1 \in (\hat{\beta}_1 - \text{임계값} \times \text{s.e.}(\hat{\beta}_1),\ \hat{\beta}_1 + \text{임계값} \times s.e.(\hat{\beta}_1))$$
$$= (0.49883 - 3.169 \times 0.0783,\ 0.49883 + 3.169 \times 0.0783) = (0.251,\ 0.747)$$

이 된다.

예제 68 나일강 유량(Nile River Flowrate)

이 예제에 대하여

$$S_{XX} = \sum_{i=1}^{115} x_i^2 - \frac{\left(\sum_{i=1}^{115} x_i\right)^2}{115} = 1982.5264 - \frac{462.9^2}{115} = 119.2533$$

이며 기울기 모수에 대한 표준오차는

$$\text{s.e.}(\hat{\beta}_1) = \frac{\hat{\sigma}}{\sqrt{S_{XX}}} = \frac{\sqrt{0.1092}}{\sqrt{119.2533}} = 0.03026$$

와 같다. 귀무가설 $H_0 : \beta_1 = 0$에 대한 t-검정통계량은

$$t = \frac{\hat{\beta}_1}{\text{s.e.}(\hat{\beta}_1)} = \frac{0.8362}{0.03026} = 27.63$$

이며, 양측 p-값은

$$p\text{-값} = 2 \times P(X > 27.63) \simeq 0$$

으로서, X는 자유도 113인 t-분포를 따르는 확률변수이다. 이처럼 작은 p-값은 기울기 모수가 0이 아니며, 2월의 유입량에 대한 분포는 1월의 유입량과 깊은 관련이 있음을 의미하고 있다.

$t_{0.005, 113} = 2.620$이므로, 기울기 모수에 대한 99% 양측 신뢰구간은

$$\beta_1 \in (0.8362 - 2.620 \times 0.03026, 0.8362 + 2.620 \times 0.03026) = (0.757, 0.915)$$

이다. 즉 1월 한 달 동안 10억m^3만큼의 유입량이 증가할 경우 2월에 약 750~920 백만m^3만큼의 물 유입량이 될 것으로 기대할 수 있다.

예제 44 육군 체력 검사(Army Physical Fitness Test)

$$S_{XX} = \sum_{i=1}^{84} x_i^2 - \frac{\left(\sum_{i=1}^{84} x_i\right)^2}{84} = 402{,}972 - \frac{5694^2}{84} = 17{,}000.14$$

기울기 모수에 대한 표준오차는

$$\text{s.e.}(\hat{\beta}_1) = \frac{\hat{\sigma}}{\sqrt{S_{XX}}} = \frac{\sqrt{4606.42}}{\sqrt{17{,}000.14}} = 0.52054$$

이다. 귀무가설 $H_0 : \beta_1 = 0$에 대한 t-검정통계량은

$$t = \frac{\hat{\beta}_1}{\text{s.e.}(\hat{\beta}_1)} = \frac{-3.2544}{0.52054} = -6.25$$

이며, 이 값에 대한 양측 p-값은

$$p\text{-값} = 2 \times P(X > 6.25) \simeq 0$$

으로서, X는 자유도 82인 t분포를 따르는 확률변수이다. 이처럼 작은 p-값은 기울기 모수가 0이 아니며, 달리기 시간의 분포는 팔굽혀펴기 개수와 깊은 연관이 있음을 말하고 있다. $t_{0.005,82} = 2.637$와 함께 β_1에 대한 99% 양측 신뢰구간은

$$\beta_1 \in (-3.254 - 2.637 \times 0.5205, -3.254 + 2.637 \times 0.5205) = (-4.63, -1.88)$$

로서, 팔굽혀펴기를 추가로 하나 더할 경우 이는 약 1.88~4.63초 달리기 시간의 감소를 기대할 수 있다.

예제 69 두개골 원주(Cranial Circumferences)

어떤 인류학자는 성인의 두개골 원주가 손가락 중지의 길이와 연관되어 있는지 관심이 있다. [그림 1.22]는 $n = 20$ 임의의 선택한 사람들에 대하여 얻은 측정값

Cranial circumference (cm)	Finger length (cm)
58.5	7.6
54.2	7.9
57.2	8.4
52.7	7.7
55.1	8.6
60.7	8.6
57.2	7.9
58.8	8.2
56.2	7.7
60.7	8.1
53.5	8.1
60.7	7.9
56.3	8.1
58.1	8.2
56.6	7.8
57.7	7.9
59.2	8.3
57.9	8.0
56.8	8.2
55.4	7.9

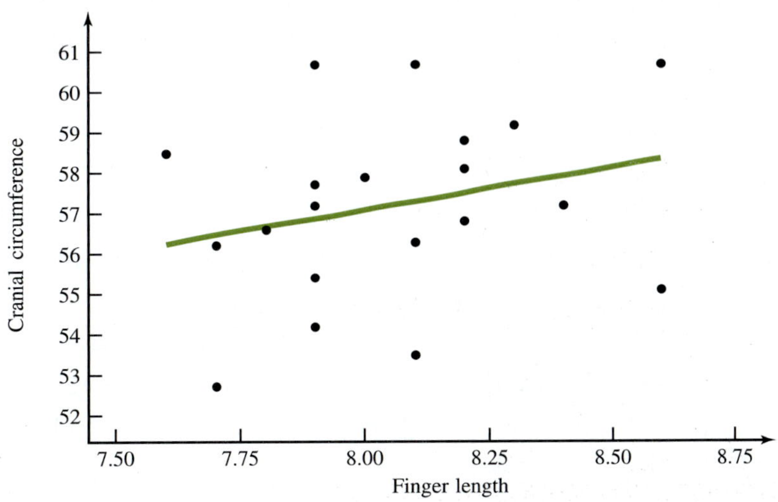

그림 12.22
두개골 원주 예제에 대한 데이터 집합 및 적합된 회귀직선 그림

으로 두개골 원주를 종속변수로, 손가락 길이를 설명변수로 한 적합된 회귀직선을 포함하고 있다. 선형직선이 적합되었을 때 기울기 모수 추정치 $\hat{\beta}_1=2.086$이며 이는 손가락 길이가 1cm 추가로 길어짐에 따라 두개골 원주의 기대값이 약 2cm 증가함을 제시하고 있다. 이 점추정치에 대한 표준오차는 s.e.($\hat{\beta}_1$)=1.862로서 귀무가설 $H_0:\beta_1=0$에 대한 t-검정통계량은

$$t=\frac{\hat{\beta}_1}{\text{s.e.}(\hat{\beta}_1)}=\frac{2.086}{1.862}=1.12$$

이며 , 이 t-값에 대한 p-값은

$$p\text{-값}=2\times P(X>1.12)=0.277$$

로서 X는 자유도 18인 t-분포를 따르는 확률변수이다. 이처럼 큰 p-값은 귀무가설 $H_0:\beta_1=0$이 믿을 만하며 따라서 두개골 원주와 손가락 길이간 관련이 있다는 충분한 근거가 없음을 의미한다. 다시 말해 적합된 회귀직선은 통계적으로 유의하지 않다. 인류학자는 이 두 변수들 간에 어떠한 관련이 없다고 결론을 내려야 하지만 반드시 이것이 두 변수간 어떠한 관계가 없다는 것을 입증하지는 못한다. 아마 더 많은 표본을 수집하여 관련 근거를 조사해야 할지 모른다.

연습문제

12.3.1 $n=18$인 단순선형회귀 분석에서 추정치 $\hat{\beta}_1=0.522$는 s.e.($\hat{\beta}_1$)=0.142를 갖는다.

(a) 기울기 모수 β_1에 대한 99% 양측 신뢰구간을 구하라.

(b) 귀무가설 $H_0:\beta_1=0$에 대한 양측 가설을 검정하라.

12.3.2 $n=22$인 단순선형회귀분석에서 추정치 $\hat{\beta}_1=56.33$는 s.e.($\hat{\beta}_1$)=3.78를 갖는다.

(a) 기울기 모수 β_1에 대한 95% 양측 신뢰구간을 구하라.

(b) 귀무가설 $H_0:\beta_1=50.0$에 대한 양측 가설을 검정하라.

12.3.3 석유 유정 시추 비용

DS 12.2.1의 석유 유정 시추 비용 데이터를 이용하여

(a) $\hat{\beta}_1$의 표준오차를 구하라.

(b) 기울기 모수 β_1에 대한 95% 양측 신뢰구간을 구하라.

(c) 귀무가설 $H_0:\beta_1=0$을 검정하라.

12.3.4 트럭 짐 하차 시간

DS 12.2.2의 창고에서의 트럭 짐 하차 시간 데이터를 이용하여

(a) $\hat{\beta}_1$의 표준오차를 구하라.

(b) 기울기 모수 β_1에 대한 90% 양측 신뢰구간을 구하라.

(c) 귀무가설 $H_0: \beta_1 = 0$을 검정하라.

(d) 이 분석은 온도가 높을 때 하차시간이 더 오래 걸리지 않는다는 증거를 제공하는가? 에어컨의 설치가 작업 효율성을 증가시킨다는 것을 나타내는가?

12.3.5 에어로빅 운동 데이터

DS 12.2.3의 에어로빅 운동 측정치 데이터를 이용하여

(a) $\hat{\beta}_1$의 표준오차를 구하라.

(b) 상한값을 제공하는 기울기 모수 β_1에 대한 95% 단측 신뢰구간을 구하라.

(c) 귀무가설 $H_0: \beta_1 = 0$을 검정하라. 이것은 평균 에어로빅 운동량이 나이가 어릴수록 감소한다는 것을 나타내는가?

12.3.6 부동산 세금 감정가

DS 12.2.4의 부동산 세금 감정가 데이터를 이용하여

(a) $\hat{\beta}_1$의 표준오차를 구하라.

(b) 기울기 모수 β_1에 대한 99% 양측 신뢰구간을 구하라.

(c) 귀무가설 $H_0: \beta_1 = 0$을 검정하라.

12.3.7 컴퓨터 시스템 관리

DS 12.2.5의 컴퓨터 시스템 관리 데이터를 이용하여

(a) $\hat{\beta}_1$의 표준오차를 구하라.

(b) 기울기 모수 β_1에 대한 95% 양측 신뢰구간을 구하라.

(c) 왜 귀무가설 $H_0: \beta_1 = 1$이 특별히 관심있는가? 귀무가설을 검정하라.

12.3.8 진공변환기 보빈 저항

DS 12.2.6의 진공변환기 보빈 저항 데이터를 이용하여

(a) $\hat{\beta}_1$의 표준오차를 구하라.

(b) 기울기 모수 β_1에 대한 99% 양측 신뢰구간을 구하라.

(c) 귀무가설 $H_0: \beta_1 = 0$을 검정하라. 저항이 온도에 따라 증가하는 명백한 근거가 있는가?

12.3.9 단순회귀직선이 쌍체데이터 (x_i, y_i)에 적합되어 $\hat{\beta}_1 = 54.87$, s.e$(\hat{\beta}_1) = 21.20$을 얻었다. 귀무가설 $H_0: \beta_1 = 0$에 대하여 p-값이 (a) 10% 이상 (b) 1%~10% (c) 1% 이하인지 답하라.

12.3.10 세라믹 굽기 절차

몇몇 세라믹 표본이 서로 다른 굽기 시간에서 제조되었다. 표본의 밀도가 DS 12.3.1에 정리되어 있는데, 세라믹 밀도가 굽기 시간에 의해 영향을 받는지 단순선형회귀모형을 적합시켜라.

12.4 회귀직선에 대한 추론(Inferences on the Regression Line)

12.4.1 추론 과정(Inference Procedures)

특정 설명변수 값 x^*에 대하여, 참 회귀직선

$$\beta_0 + \beta_1 x^*$$

는 종속변수의 기대값을 명시한다. 따라서 확률변수 $Y|x^*$는 설명변수가 x^*일 때 종속변수의 값을 의미하며

$$E(Y|_{x^*}) = \beta_0 + \beta_1 x^*$$

가 된다. x^*에서 평균반응치의 점추정치는

$$\begin{aligned}\hat{y}|_{x^*} &= \hat{\beta}_0 + \hat{\beta}_1 x^* = (\bar{y} - \hat{\beta}_1 \bar{x}) + \hat{\beta}_1 x^* = \bar{y} + \hat{\beta}_1 (x^* - \bar{x}) \\ &= \bar{y} + \sum_{i=1}^{n} \frac{(x_i - \bar{x}) y_i}{S_{XX}} (x^* - \bar{x}) = \sum_{i=1}^{n} \left(\frac{1}{n} + \frac{(x_i - \bar{x})(x^* - \bar{x})}{S_{XX}} \right) y_i\end{aligned}$$

이다. 이 추정치는 확률변수

$$\sum_{i=1}^{n} \left(\frac{1}{n} + \frac{(x_i - \bar{x})(x^* - \bar{x})}{S_{XX}} \right) Y_i$$

로부터 추출된 관측치로서 $Y_i \sim N(\beta_0 + \beta_1 x_i, \sigma^2)$, $1 \leq i \leq n$이다. 이는 정규 확률변수 Y_i의 선형결합이기 때문에 마찬가지로 정규분포를 따르며, 기대값과 분산은 각각 $\beta_0 + \beta_1 x^*$ 및 $\sigma^2 (1/n + (x^* - \bar{x})^2 / S_{XX})$이 된다. 따라서 $\hat{\beta}_0 + \hat{\beta}_1 x^*$는 x^*에서의 기대반응치 $\beta_0 + \beta_1 x^*$에 대한 불편추정량이며 표준오차

$$\text{s.e.}(\hat{\beta}_0 + \hat{\beta}_1 x^*) = \sigma \sqrt{\frac{1}{n} + \frac{(x^* - \bar{x})^2}{S_{XX}}}$$

을 가지며, 데이터를 통해

$$\text{s.e.}(\hat{\beta}_0 + \hat{\beta}_1 x^*) = \hat{\sigma} \sqrt{\frac{1}{n} + \frac{(x^* - \bar{x})^2}{S_{XX}}}$$

와 같이 추정될 수 있다. 이 추정된 표준오차로부터

$$\frac{(\hat{\beta}_0 + \hat{\beta}_1 x^*) - (\beta_0 + \beta_1 x^*)}{\text{s.e.}(\hat{\beta}_0 + \hat{\beta}_1 x^*)} \sim t_{n-2}$$

이 된다.

종속변수의 기대값에 대한 추론
(Inferences on the Expected Value of the Dependent Variable)

$\beta_0 + \beta_1 x^*$에 대한 $(1 - \alpha)$ 신뢰수준을 가지는 양측 신뢰구간은

$$\begin{aligned}\beta_0 + \beta_1 x^* \in (&\hat{\beta}_0 + \hat{\beta}_1 x^* - t_{\alpha/2, n-2} \times \text{s.e.}(\hat{\beta}_0 + \hat{\beta}_1 x^*), \\ &\hat{\beta}_0 + \hat{\beta}_1 x^* + t_{\alpha/2, n-2} \times \text{s.e.}(\hat{\beta}_0 + \hat{\beta}_1 x^*))\end{aligned}$$

이며

$$\text{s.e.}(\hat{\beta}_0 + \hat{\beta}_1 x^*) = \hat{\sigma}\sqrt{\frac{1}{n} + \frac{(x^* - \bar{x})^2}{S_{XX}}}$$

이다. $(1-\alpha)$ 신뢰수준을 가지는 단측 신뢰구간은 상한에 대하여

$$\beta_0 + \beta_1 x^* \in (-\infty, \hat{\beta}_0 + \hat{\beta}_1 x^* + t_{\alpha,n-2} \times \text{s.e.}(\hat{\beta}_0 + \hat{\beta}_1 x^*))$$

이며, 하한에 대하여

$$\beta_0 + \beta_1 x^* \in (\hat{\beta}_0 + \hat{\beta}_1 x^* - t_{\alpha,n-2} \times \text{s.e.}(\hat{\beta}_0 + \hat{\beta}_1 x^*), \infty)$$

이다.

$\beta_0 + \beta_1 x^*$에 대한 가설검정은 t-통계량

$$t = \frac{(\hat{\beta}_0 + \hat{\beta}_1 x^*) - (\beta_0 + \beta_1 x^*)}{\text{s.e.}(\hat{\beta}_0 + \hat{\beta}_1 x^*)}$$

을 자유도 $n-2$를 가지는 t-분포와 비교함으로써 수행될 수 있다.

점추정치 $\hat{\beta}_0 + \hat{\beta}_1 x^*$의 표준오차는 x^*값에 의존하기 때문에 $x^* = \bar{x}$일 때 최소의 표준오차 $s.e.(\hat{\beta}_0 + \hat{\beta}_1 x^*) = \hat{\sigma}/\sqrt{n}$을 가진다. 표준오차는 x^*가 $\bar{x}$로부터 멀어질수록 증가한다. 직관적으로 판단하면 적합 회귀직선이 데이터 집합의 중앙에서 가장 정확하며, 가장자리로 갈수록 정확도가 떨어진다는 것을 의미하고 있다. 다른 한편으로 적합된 선형직선 주변에 신뢰밴드(confidence bands)를 구하는 것이 유용한데, 신뢰밴드는 설명변수의 서로 다른 값에서 기대 반응치에 대한 개개의 신뢰구간으로 구성된다. 신뢰구간의 길이는 $\hat{\beta}_0 + \hat{\beta}_1 x^*$의 표준오차에 비례하므로 신뢰밴드는 $x^* = \bar{x}$에서 가장 좁으며 x^*가 $\bar{x}$에서 멀어질수록 점점 넓어지게 된다. 표본 크기 n이 커짐에 따라 $\hat{\beta}_0 + \hat{\beta}_1 x^*$의 표준오차는 0에 근접하며, 이는 n이 커질수록 S_{XX} 또한 커지는 경향 때문이다. 이는 보다 더 많은 관측치 (y_i, x_i)가 이용 가능하기 때문에 $\hat{y} = \hat{\beta}_0 + \hat{\beta}_1 x^*$가 참회귀직선 $y = \beta_0 + \beta_1 x$의 정확한 추정치가 됨을 의미한다.

마지막으로 $x^* = 0$은 절편 모수 β_0에 대한 추론을 가능하게 하며 $(1-\alpha)$ 신뢰수준에서 β_0에 대한 양측 신뢰구간은

$$\beta_0 \in \left(\hat{\beta}_0 - t_{\alpha/2,n-2}\hat{\sigma}\sqrt{\frac{1}{n} + \frac{\bar{x}^2}{S_{XX}}}, \hat{\beta}_0 + t_{\alpha/2,n-2}\hat{\sigma}\sqrt{\frac{1}{n} + \frac{\bar{x}^2}{S_{XX}}}\right)$$

이다. 귀무가설 $H_0:\beta_0=0$에 대한 양측 p-값은

$$p\text{-값} = 2 \times P(X > |t|)$$

로서, 이때 X는 $(n-2)$ 자유도를 가지는 t-분포를 따르는 확률변수이며, t-통계량은

$$t = \frac{\hat{\beta}_0}{\hat{\sigma}\sqrt{\frac{1}{n} + \frac{\bar{x}^2}{S_{XX}}}}$$

와 같다.

예제 67 자동차 공장 전기 사용량(Car Plant Electricity Usage)

이 예제에 대하여

$$\text{s.e.}(\hat{\beta}_0 + \hat{\beta}_1 x^*) = \hat{\sigma}\sqrt{\frac{1}{n} + \frac{(x^* - \bar{x})^2}{S_{XX}}} = 0.1729 \times \sqrt{\frac{1}{12} + \frac{(x^* - 4.885)^2}{4.8723}}$$

$t_{0.025,10}=2.228$와 함께 $\beta_0+\beta_1 x^*$에 대한 95% 신뢰구간은

$$\beta_0 + \beta_1 x^* \in \left(0.409 + 0.499x^* - 2.228 \times 0.1729 \times \sqrt{\frac{1}{12} + \frac{(x^* - 4.885)^2}{4.8723}},\right.$$
$$\left. 0.409 + 0.499x^* + 2.228 \times 0.1729 \times \sqrt{\frac{1}{12} + \frac{(x^* - 4.885)^2}{4.8723}}\right)$$

이며, $x^*=5$일 때

$$\begin{aligned}\beta_0 + 5\beta_1 &\in (0.409 + (0.499 \times 5) - 0.113, 0.409 + (0.499 \times 5) + 0.113)\\ &= (2.79, 3.02)\end{aligned}$$

로서, 월 생산이 5백만 달러 수준일 때 기대 전기 사용량은 약 2.8~3.0kWh 수준이 될 것으로 예측할 수 있다. [그림 12.23]은 개개 95% 신뢰구간으로부터 얻어진 적합된 회귀직선의 신뢰밴드로서, 예상대로 $\bar{x}=4.885$에서 가장 좁고 데이터의 가장자리로 갈수록 넓어지는 것을 볼 수 있다. 참회귀직선 $y=\beta_0+\beta_1 x$는 이 신뢰밴드 내의 어느 곳에 위치하고 있다고 생각하면 편리할 것이다.

예제 68 나일강 유량(Nile River Flowrate)

적합된 회귀직선의 표준오차는

$$\text{s.e.}(\hat{\beta}_0 + \hat{\beta}_1 x^*) = \sqrt{0.1092} \times \sqrt{\frac{1}{115} + \frac{(x^* - 4.0252)^2}{119.25}}$$

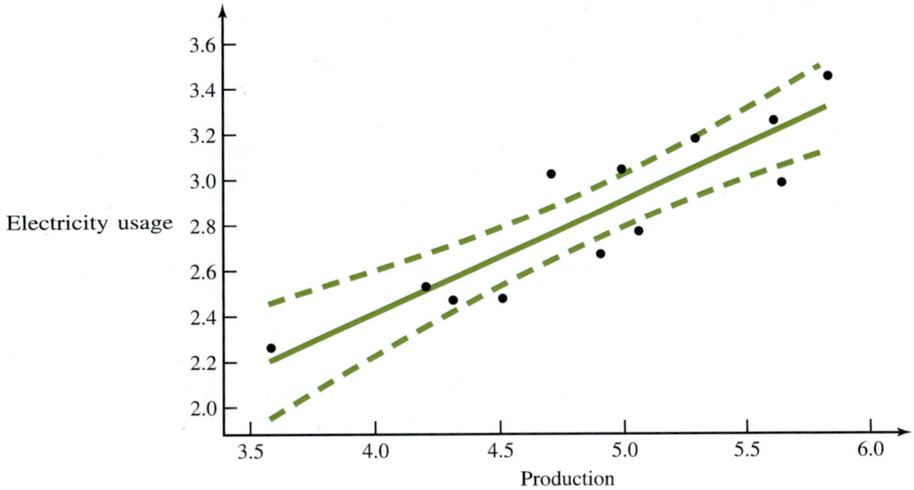

그림 12.23
자동차 공장 전기 사용량 데이터 집합에 대한 신뢰밴드

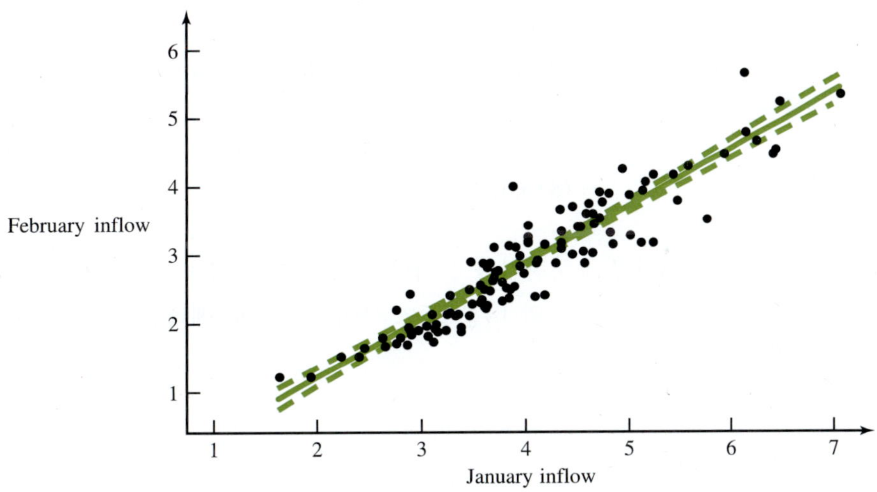

그림 12.24
나일강 유량 데이터 집합에 대한 신뢰밴드

이며, 적합된 회귀직선에 대한 95% 신뢰구간은 $t_{0.025,113}=1.9812$를 이용하여,

$$\beta_0+\beta_1 x^* \in \left(-0.470+0.836x^*-1.9812\times\sqrt{0.1092}\times\sqrt{\frac{1}{115}+\frac{(x^*-4.0252)^2}{119.25}},\right.$$
$$\left.-0.470+0.836x^*+1.9812\times\sqrt{0.1092}\times\sqrt{\frac{1}{115}+\frac{(x^*-4.0252)^2}{119.25}}\right)$$

이다.

이 신뢰구간을 이용하여 [그림 12.24]에서와 같은 신뢰밴드를 구할 수 있다. $n=115$ 관측치로부터 구한 신뢰밴드는 전 데이터 범위 내에서 상당히 근접하며 따라서 댐 엔지니어는 구한 회귀직선이 상당히 정확함을 알 수 있을 것이다.

예제 44 육군 체력 검사(Army Physical Fitness Test)

이 예제에서 적합된 회귀직선의 표준오차는

$$\text{s.e.}(\hat{\beta}_0 + \hat{\beta}_1 x^*) = 67.87 \times \sqrt{\frac{1}{84} + \frac{(x^* - 67.79)^2}{17{,}000}}$$

이며, 95% 신뢰밴드는 $t_{0.025,\,82} = 1.9893$을 활용하여

$$\beta_0 + \beta_1 x^* \in \left(1078 - 3.254x^* - 1.9893 \times 67.87 \times \sqrt{\frac{1}{84} + \frac{(x^* - 67.79)^2}{17{,}000}},\right.$$
$$\left. 1078 - 3.254x^* + 1.9893 \times 67.87 \times \sqrt{\frac{1}{84} + \frac{(x^* - 67.79)^2}{17{,}000}}\right)$$

이다([그림 12. 25] 참조). $x^* = 70$ 팔굽혀펴기 횟수에 대하여

$$\begin{aligned}\beta_0 + 70\beta_1 &\in (1078 - (3.254 \times 70) - 14.91,\ 1078 - (3.254 \times 70) + 14.91) \\ &= (835.3,\ 865.1)\end{aligned}$$

이다. 70회 팔굽혀펴기를 실시한 장교에 대한 기대 2마일 달리기 시간은 835~865로서 약 13분 55초와 14분 25초 사이일 것으로 예측할 수 있다.

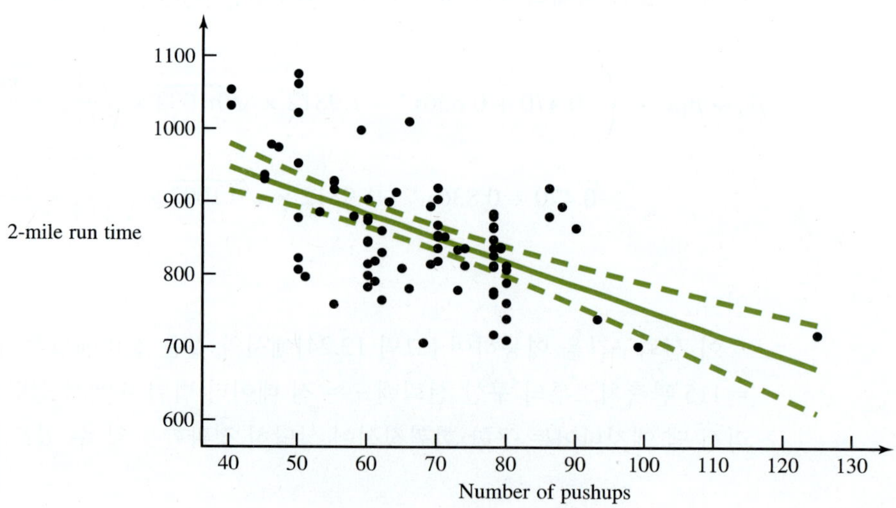

그림 12.25 육군 체력 검사 데이터 집합에 대한 신뢰밴드

연습문제

12.4.1 다음의 확률변수

$$\sum_{i=1}^{n}\left(\frac{1}{n}+\frac{(x_i-\bar{x})(x^*-\bar{x})}{S_{XX}}\right)Y_i$$

및

$$Y_i \sim N(\beta_0+\beta_1 x_i, \sigma^2), \quad 1 \le i \le n$$

는 기대값 $\beta_0+\beta_1 x^*$와 분산 $\sigma^2(1/n+(x^*-\bar{x})^2/S_{XX})$을 가짐을 보여라.

12.4.2 단순선형회귀분석에서 $n=17$ 데이터를 통해 $\hat{\beta}_0=12.08$, $\hat{\beta}_1=34.60$, $\hat{\sigma}^2=17.65$을 얻었다. 만약 $S_{XX}=1096$이고 $\bar{x}=53.2$일 경우, $x^*=40.0$에서의 기대반응값의 95% 양측 신뢰구간을 구하라.

12.4.3 단순선형회귀분석에서 $n=24$ 데이터를 통해 $\hat{\beta}_0=-7.80$, $\hat{\beta}_1=2.23$, $\hat{\sigma}^2=1.76$을 얻었다. 만약 $S_{XX}=543.5$이고 $\bar{x}=10.8$일 경우, $x^*=13.6$에서의 기대반응값의 95% 양측 신뢰구간을 구하라.

12.4.4 석유 유정 시추 비용
DS 12.2.1의 데이터를 이용하여 석유 유정의 깊이가 9,500피트일 경우 기대비용의 95% 양측 신뢰구간을 구하라.

12.4.5 에어로빅 운동 데이터
DS 12.2.3의 데이터를 이용하여 50세 남성의 VO2-max의 95% 양측 신뢰구간을 구하라.

12.4.6 부동산 세금 감정가
DS 12.2.4의 데이터를 이용하여 주택의 크기가 3,200제곱 피트일 경우의 평균 감정가에 대한 99% 양측 신뢰구간을 구하라.

12.4.7 컴퓨터 시스템 관리
DS 12.2.5의 데이터를 이용하여 추정된 작업 시간이 7시간일 경우의 상한값을 제공하는 실제 작업 시간의 95% 단측 신뢰구간을 구하라.

12.4.8 진공 변환기 보빈 저항
DS 12.2.6의 데이터를 이용하여 진공 변환기 보빈의 온도가 70°F일 경우 평균저항의 99% 양측 신뢰구간을 구하라.

12.4.9 어느 물질의 강도와 밀도의 관계를 조사하기 위해서 단순회귀분석을 수행했다. 8개의 물질 표본이 준비되었고 각각의 밀도는 11.2, 12.5, 13.4, 14.9, 16.0, 16.6, 17.9, 20.1이고 이들의 강도를 측정하여 추정치 $\hat{\beta}_0=75.32$, $\hat{\beta}_1=0.0674$, $\hat{\sigma}^2=0.0543$를 얻었다. 물질의 밀도가 15일 경우의 평균 강도에 대한 95% 양측 신뢰구간을 구하라.

12.4.10 다음의 데이터의 x를 입력변수로, y를 출력변수로 이용하여 선형회귀모형을 적용하여 $\hat{\beta}_0$, $\hat{\beta}_1$, $\hat{\sigma}^2$를 구하고 입력변수가 35일 경우 출력변수의 기대값에 대한 99% 양측 신뢰구간을 구하라.

x	y
37.0	65.0
36.4	67.2
35.8	70.3
34.3	71.9
33.7	73.8
32.1	75.7
31.5	77.9

12.5 미래 반응치에 대한 예측구간 (Prediction Intervals for Future Response Values)

12.5.1 추론 과정(Inference Procedures)

실험자에게 가장 중요한 이슈 중의 하나는 반응변수 y의 미래값을 예측하는 것으로, 설명변수 값이 x^*일 때 미래의 반응치 y를 결정하는 것이다. 이러한 경우 미래의 반응치 $y|_{x^*}$에 대하여 예측구간(prediction interval)을 구하는 것이 효과적이며, 예측구간은 특정 미지의 모수에 대한 신뢰구간처럼 주어진 신뢰수준에서 미래 반응값에 대한 영역을 명시하게 된다.

모형에 대한 일정한 가정하에서 미래 반응치 $y|_{x^*}$는 오차항과 더불어 회귀직선 $\beta_0+\beta_1 x^*$ 위의 한 점으로 구성되어 있다. 따라서 x^*에서 미래 반응치에 대한 추론을 할 경우 두 종류의 불확실성이 존재하게 된다. 첫 번째는 x^*에서 회귀직선 값 내에 존재하는 불확실성이며, 두 번째는 오차항 내에 존재하는 불확실성이다. 적합된 회귀직선위의 값 $\hat{\beta}_0+\hat{\beta}_1 x^*$는 x^*에서 기대반응치의 점추정치이기 때문에 총 변동은

$$\text{Var}(\hat{\beta}_0+\hat{\beta}_1 x^*)+\sigma^2=\sigma^2\left(\frac{1}{n}+\frac{(x^*-\bar{x})^2}{S_{XX}}\right)+\sigma^2=\sigma^2\left(\frac{n+1}{n}+\frac{(x^*-\bar{x})^2}{S_{XX}}\right)$$

이 된다.

미래 반응치에 대한 예측구간(Prediction Intervals for Future Response Values)

$(1-\alpha)$ 신뢰수준에서 $y|_{x^*}$에 대한 양측 예측구간(prediction interval)은

$$y|_{x^*}\in\left(\hat{\beta}_0+\hat{\beta}_1 x^*-t_{\alpha/2,n-2}\hat{\sigma}\sqrt{\frac{n+1}{n}+\frac{(x^*-\bar{x})^2}{S_{XX}}},\right.$$
$$\left.\hat{\beta}_0+\hat{\beta}_1 x^*+t_{\alpha/2,n-2}\hat{\sigma}\sqrt{\frac{n+1}{n}+\frac{(x^*-\bar{x})^2}{S_{XX}}}\right)$$

이며, 단측 예측구간은 상한에 대하여

$$y|_{x^*}\in\left(-\infty,\hat{\beta}_0+\hat{\beta}_1 x^*+t_{\alpha,n-2}\hat{\sigma}\sqrt{\frac{n+1}{n}+\frac{(x^*-\bar{x})^2}{S_{XX}}}\right)$$

이며, 하한에 대하여

$$y|_{x^*} \in \left(\hat{\beta}_0 + \hat{\beta}_1 x^* - t_{\alpha,n-2}\hat{\sigma}\sqrt{\frac{n+1}{n} + \frac{(x^* - \bar{x})^2}{S_{XX}}}, \infty \right)$$

이다.

설명변수의 특정값 x^*에서 미래 반응치에 대한 예측구간과 x^*에서 회귀직선에 대한 신뢰구간의 차이점을 이해하는 것은 중요하다. x^*에서 회귀직선은 x^*에서 기대 반응치를 말하며, 회귀직선에 대한 신뢰구간의 길이는 표본 크기 n이 커질수록 줄어든다는 것을 기억할 필요가 있다. 이에 반해 미래 반응치에 대한 예측구간은 설명변수가 x^*일 때 특정값에서의 종속변수의 예측구간으로서 회귀직선에 대한 신뢰구간보다 넓어지게 된다. 표본 크기 n이 증가할수록 예측구간의 길이는 감소하지만 반드시 0이 되는 것은 아니다. 짧은 예측구간은 $n \to \infty$일 때

$$y|_{x^*} \in \left(\hat{\beta}_0 + \hat{\beta}_1 x^* - t_{\alpha/2,n-2}\hat{\sigma}, \hat{\beta}_0 + \hat{\beta}_1 x^* + t_{\alpha/2,n-2}\hat{\sigma} \right)$$

로서 회귀직선이 아무리 정확하게 예측되더라도 $y|_{x^*}$의 오차항은 항상 σ^2의 고정분산값을 갖는다.

미래 반응치에 대한 예측밴드(prediction band)는 회귀직선에 대한 신뢰밴드를 구하는 방법과 동일하게 구할 수 있다. 미래 반응치에 대한 예측밴드는 회귀직선에 대한 신뢰밴드보다 항상 넓지만 신뢰밴드처럼 $\bar{x}$에서 가장 좁고 데이터 가장자리에 가면 갈수록 넓어지는 모양을 취한다.

예제 67 자동차 공장 전기 사용량(Car Plant Electricity Usage)

미래반응치 $y|_{x^*}$에 대한 95% 예측구간은 $t_{0.025,10} = 2.228$을 이용하여

$$y|_{x^*} \in \left(0.409 + 0.499x^* - 2.228 \times 0.1729 \times \sqrt{\frac{13}{12} + \frac{(x^* - 4.885)^2}{4.8723}}, \right.$$
$$\left. 0.409 + 0.499x^* + 2.228 \times 0.1729 \times \sqrt{\frac{13}{12} + \frac{(x^* - 4.885)^2}{4.8723}} \right)$$

와 같이 구할 수 있으며, $x^* = 5$일 때 이 예측구간은

$$\begin{aligned} y|_5 &\in (0.409 + (0.499 \times 5) - 0.401, 0.409 + (0.499 \times 5) + 0.401) \\ &= (2.50, 3.30) \end{aligned}$$

이 된다.

내달 생산량이 5백만 달러 상당일 때, 95% 신뢰수준에서 내달의 전기 사용량은 2.5~3.3kWh가 될 것임을 이 예측구간을 통해 알 수 있다. 이전에 $x^* = 5$에서

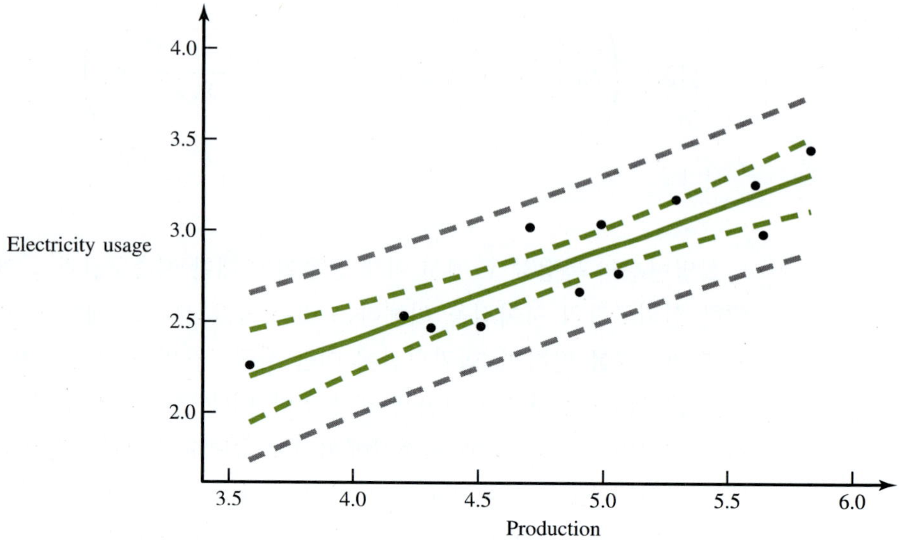

그림 12.26 자동차 공장 전기 사용량 데이터 집합에 대한 예측밴드 및 신뢰밴드

95% 신뢰구간은 (2.8, 3.0)으로서, 예측구간이 더 넓은 것을 예제를 통해 확인할 수 있다. [그림 12.26]은 미래 반응치에 대한 예측밴드가 회귀직선에 대한 신뢰밴드와 더불어 나타나 있는데, 두 밴드 모두 $\bar{x}=4.885$에서 가장 좁으며, 예측밴드가 신뢰밴드보다 더 넓은 것을 볼 수 있다.

예제 68 나일강 유량(Nile River Flowrate)

미래반응치에 대한 95% 예측구간은 $t_{0.025,10}=1.9812$를 활용하여

$$y|_{x^*} \in \left(-0.470+0.836x^* - 1.9812 \times \sqrt{0.1092} \times \sqrt{\frac{116}{115} + \frac{(x^*-4.0252)^2}{119.25}}, \right.$$
$$\left. -0.470+0.836x^* + 1.9812 \times \sqrt{0.1092} \times \sqrt{\frac{116}{115} + \frac{(x^*-4.0252)^2}{119.25}} \right)$$

와 같이 구할 수 있으며, $x^*=3$일 때, 이 예측구간은

$$y|_3 \in (-0.470 + (0.836 \times 3) - 0.660, -0.470 + (0.836 \times 3) + 0.660)$$
$$= (1.38, 2.70)$$

이 된다. 따라서 특정 해에 1월의 유입량이 3(10억m^3)일 때 2월 유입량은 1.38~2.70(10억m^3)이 될 것임을 95% 신뢰수준으로 예측할 수 있다([그림 12. 27] 참조).

예제 44 육군 체력 검사(Army Physical Fitness Test)

미래반응치에 대한 95% 예측구간은 $t_{0.025,113}=1.9893$임을 활용하여

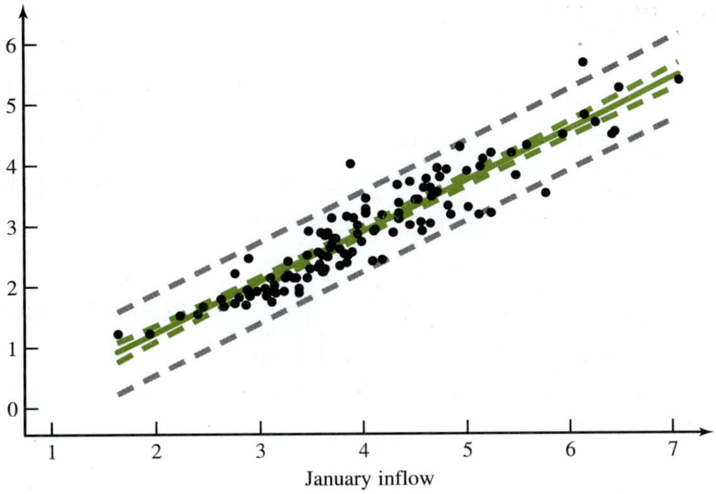

그림 12.27 나일강 유량 데이터 집합에 대한 예측밴드 및 신뢰밴드

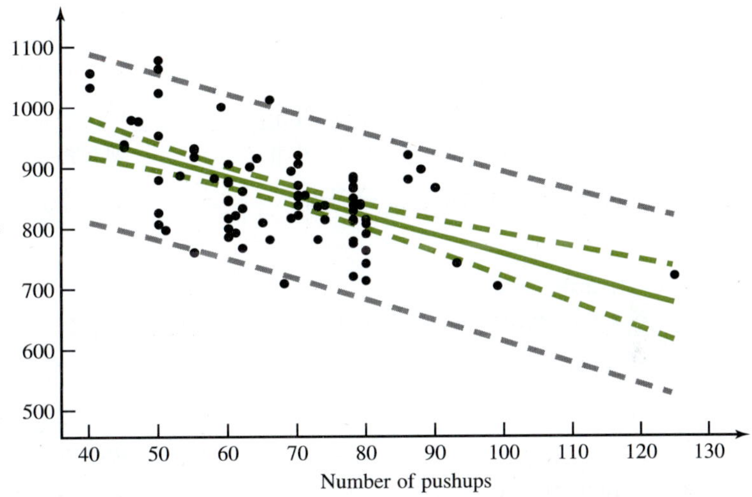

그림 12.28 육군체력 검사 데이터 집합에 대한 예측밴드 및 신뢰밴드

$$y|_{x^*} \in \left(1078 - 3.254x^* - 1.9893 \times 67.87 \times \sqrt{\frac{85}{84} + \frac{(x^* - 67.79)^2}{17{,}000}},\right.$$

$$\left.1078 - 3.254x^* + 1.9893 \times 67.87 \times \sqrt{\frac{85}{84} + \frac{(x^* - 67.79)^2}{17{,}000}}\right)$$

와 같이 구할 수 있으며, $x^* = 70$일 때, 이 예측구간은

$$\begin{aligned} y|_{70} &\in (1078 - (3.254 \times 70) - 135.83,\ 1078 - (3.254 \times 70) + 135.83) \\ &= (714.4,\ 986.1) \end{aligned}$$

이 된다. 이전에 70회 팔굽혀펴기를 한 장교에 대한 기대 2마일 달리기 시간의 95% 신뢰구간이 13분 55초에서 14분 25초 이내인 반면, 95% 예측구간은 11분 54초에서 16분 27초로 신뢰구간보다 넓게 된다([그림 12. 28] 참조).

연습문제

12.5.1 단순회귀분석에서 $n=17$ 데이터를 통해 $\hat{\beta}_0=12.08$, $\hat{\beta}_1=34.60$, $\hat{\sigma}^2=17.65$을 얻었다. 만약 $S_{XX}=1096$이고 $\bar{x}=53.2$일 경우, $x^*=40.0$에서의 95% 양측 예측구간을 구하라.

12.5.2 단순회귀분석에서 $n=24$ 데이터를 통해 $\hat{\beta}_0=-7.80$, $\hat{\beta}_1=2.23$, $\hat{\sigma}^2=1.76$을 얻었다. 만약 $S_{XX}=543.5$이고 $\bar{x}=10.8$일 경우, $x^*=13.6$에서의 95% 양측 예측구간을 구하라.

12.5.3 석유 유정 시추 비용
DS 12.2.1의 데이터를 이용하여 석유 유정의 깊이가 9,500피트일 경우 기대 비용의 95% 양측 예측구간을 구하라.

12.5.4 에어로빅 운동 데이터
DS 12.2.3의 데이터를 이용하여 50세 남성의 VO2-max의 95% 양측 예측구간을 구하라.

12.5.5 부동산 세금 감정가
DS 12.2.4의 데이터를 이용하여 주택의 크기가 3,200제곱피트일 경우 평균 감정가에 대한 99% 양측 예측구간을 구하라.

12.5.6 컴퓨터 시스템 관리
DS 12.2.5의 데이터를 이용하여 추정된 작업 시간이 7시간일 경우 상한값을 제공하는 실제 작업 시간의 95% 단측 예측구간을 구하라.

12.5.7 진공 변환기 보빈 저항
DS 12.2.6의 데이터를 이용하여 진공 변환기 보빈의 온도가 70°F일 경우 평균저항의 99% 양측 예측구간을 구하라.

12.5.8 화학실험에서의 촉매의 양(x)과 수율(y)이 단순선형회귀모형을 이용하여 분석되었다. 총 30개의 관측치 (x_i, y_i)를 통해서 다음의 모델의 얻었다.

$$y=51.98+3.44x$$

오차제곱합은 $\sum_{i=1}^{30} e_i^2=329.77$이고 $\sum_{i=1}^{30} x_i=603.36$, $\sum_{i=1}^{30} x_i^2=12578.22$이다. 촉매 수준 22에 대한 추가 실험을 계획하고 있다면 이때의 수율에 대한 신뢰수준 95%의 양측 예측구간을 구하라.

12.5.9 다음의 데이터의 x를 입력 변수로, y를 출력 변수로 정하여 선형회귀모형을 적용시켰다. $\hat{\beta}_0$, $\hat{\beta}_1$, $\hat{\sigma}^2$를 구하고 입력변수가 20일 경우의 출력변수값에 대한 99% 양측 예측구간을 구하라.

x	y
17.1	45.9
18.4	48.2
19.8	50.3
20.3	50.9
21.6	52.8
22.1	55.5
23.5	57.9

12.6 분산분석표(The Analysis of Variance Table)

12.6.1 제곱합 분할(Sum of Squares Decomposition)

11장에서 설명한 일원배치에서처럼 분산분석표가 단순선형회귀분석에서도 작성될 수 있다. 이 분산분석표는 종속변수 y 내의 변동성을 기본으로 하며 귀무가설 $H_0 : \beta_1 = 0$에 대한 검정을 제공한다.

총변동

$$\mathrm{SST} = \sum_{i=1}^{n} (y_i - \bar{y})^2$$

은 종속변수값 내의 총변동을 측정하며 $(n-1)$의 자유도를 갖는다. SST는 S_{YY}로 또한 표기되기도 하는데, [그림 12.29]에서 보는 바와 같이 자유도 1을 갖는 회귀제곱합 SSR과 자유도 $(n-2)$를 갖는 오차제곱합 SSE로 분할된다. 회귀제곱합

$$\mathrm{SSR} = \sum_{i=1}^{n} (\hat{y}_i - \bar{y})^2$$

은 적합된 회귀직선에 대하여 설명되어질 수 있는 종속변수 내의 변동량을 측정한다. 오차제곱합

$$\mathrm{SSE} = \sum_{i=1}^{n} (y_i - \hat{y}_i)^2$$

는 적합된 회귀직선에 대한 변동성을 측정한다. 이 세 가지의 변동성 요인은 [그림 12. 30]에 설명되어 있다.

평균제곱합은

$$\mathrm{MSR} = \frac{\mathrm{SSR}}{1} = \mathrm{SSR}\ , \ \ \mathrm{MSE} = \frac{\mathrm{SSE}}{n-2} = \hat{\sigma}^2 \sim \sigma^2 \frac{\chi^2_{n-2}}{n-2}$$

와 같다.

단순선형회귀분석에서 만들어지는 분산분석표는 [그림 12.31]과 같다. 귀무가설 $H_0 : \beta_1 = 0$하에 회귀제곱합 SSR~χ^2_1 이며 따라서 F−통계량

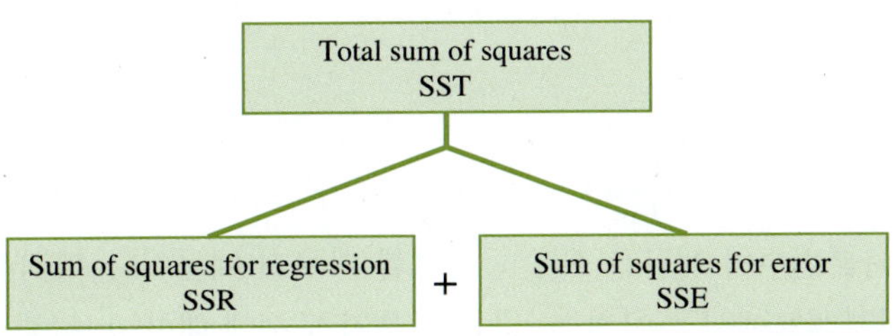

그림 12.29 회귀분석에서 제곱합 분할

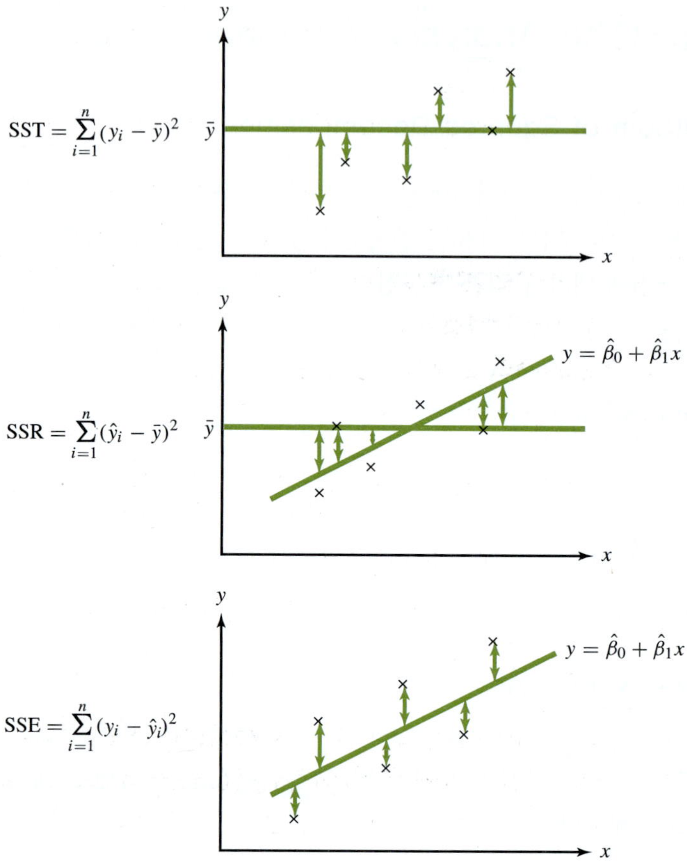

그림 12.30
단순선형회귀에 대한 제곱합

Source	Degrees of freedom	Sum of squares	Mean squares	F-statistic	p-value
Regression **Error**	1 $n-2$	SSR SSE	MSR = SSR $\hat{\sigma}^2$ = MSE = SSE/$(n-2)$	F = MSR/MSE	$P(F_{1,n-2} > F)$
Total	$n-1$	SST			

그림 12.31
단순선형회귀분석에 대한 분산분석표

$$F = \frac{\text{MSR}}{\text{MSE}} \sim F_{1,n-2}$$

이 되며, 양측 p값은 p−값$= P(X > F)$ 로서 X는 $F_{1,n-2}$분포를 따르는 확률변수이다. 이 p−값은 12.3절에서 구한 t−통계량

$$t = \frac{\hat{\beta}_1\sqrt{S_{XX}}}{\hat{\sigma}}$$

를 토대로 한 p−값과 일치한다. 왜냐하면 $t^2 = F$ 로서 $(n-2)$ 자유도를 갖는 t−분포를 따르는 확률변수의 제곱은 $F_{1,n-2}$ 분포를 따르기 때문이다. 따라서 단순선형회귀분석의 분산분석표에서 주어진 p−값은 기울기 모수에 대한 p−값과 항상 같게 된다.

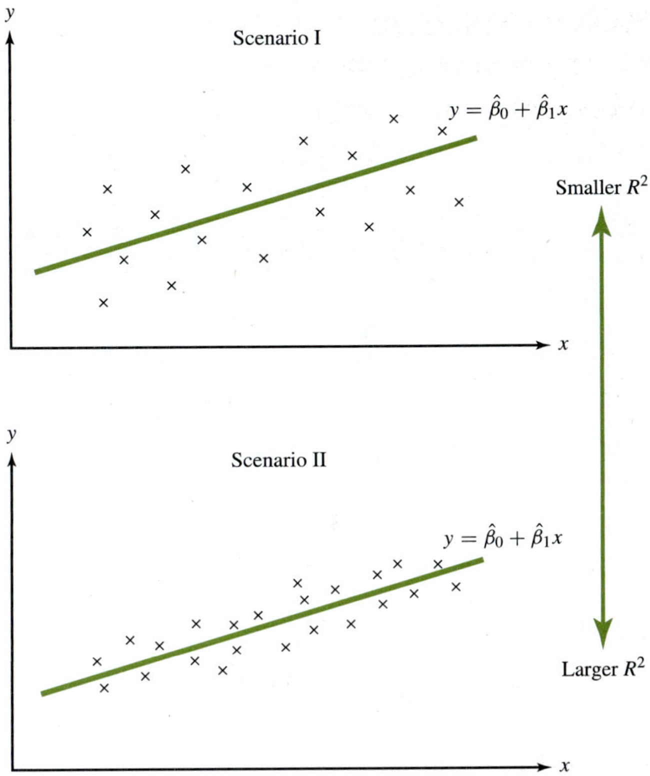

그림 12.32 결정계수 R^2은 시나리오 I에서 보다 시나리오 II에서 더 크다.

총변동에 대하여 적합된 회귀직선에 의해 설명되어질 수 있는 변동의 비율은

$$R^2 = \frac{\text{SSR}}{\text{SST}} = 1 - \frac{\text{SSE}}{\text{SST}} = \frac{1}{1 + \frac{\text{SSE}}{\text{SSR}}}$$

로서, 이를 결정계수(coefficient of determination)라고 한다. 결정계수는 0과 1 사이의 값을 가지며, R^2 값이 클수록 데이터들이 적합된 직선 주변에 분포하게 된다([그림 12.32 참조). R^2값이 작다는 것은 반드시 적합된 회귀직선이 쓸모없다는 것을 의미하지는 않는다. 큰 오차분산 σ^2으로 인해 R^2값이 작아질 수 있지만 적합된 회귀직선이 정확하거나 보다 많은 정보를 제공할지 모르기 때문이다.

결정계수(Coefficient of Determination) R^2

종속변수 내의 총변동은 총제곱합

$$\text{SST} = \sum_{i=1}^{n} (y_i - \bar{y})^2$$

에 의해 측정되며, 회귀직선에 의해 설명되는 변동, 즉 회귀제곱합

$$\text{SSR} = \sum_{i=1}^{n} (\hat{y}_i - \bar{y})^2$$

과 회귀직선에 대한 변동, 즉 오차제곱합

$$\text{SSE} = \sum_{i=1}^{n} (y_i - \hat{y}_i)^2$$

으로 분할할 수 있다. 총변동에 대하여 회귀직선에 의해 설명되는 비율을 결정계수(coefficient of determination)라고 하며

$$R^2 = \frac{\text{SSR}}{\text{SST}} = 1 - \frac{\text{SSE}}{\text{SST}} = \frac{1}{1 + \frac{\text{SSE}}{\text{SSR}}}$$

와 같이 정의되고 0과 1 사이의 값을 갖는다.

12.6.2 예제

예제 67 자동차 공장 전기 사용량(Car Plant Electicity Usage)

이 예제에 대한 분산분석표는 [그림 12.33]에 주어져 있다. F-통계량

$$F = \frac{\text{MSR}}{\text{MSE}} = \frac{1.2124}{0.0299} = 40.53$$

으로 기울기 모수에 대한 t-통계량 $t = 6.37$의 제곱과 같다. 결정계수는

$$R^2 = \frac{\text{SSR}}{\text{SST}} = \frac{1.2124}{1.5115} = 0.802$$

로서 전기 사용량 내의 변동의 약 80%를 생산 수준의 변화가 설명하고 있는 것을 알 수 있다.

예제 68 나일강 유량(Nile River Flowrate)

이 예제에 대한 분산분석표는 [그림 12.34]에 주어져 있다. F-통계량은

$$F = \frac{\text{MSR}}{\text{MSE}} = \frac{83.379}{0.109} = 763.250$$

으로, 기울기 모수에 대한 t-통계량 $t = 27.627$의 제곱과 같다. 결정계수

Source	Degrees of freedom	Sum of squares	Mean squares	F-statistic	p-value
Regression	1	1.2124	1.2124	40.53	0.000
Error	10	0.2991	0.0299		
Total	11	1.5115			

그림 12.33 자동차 전기 사용량 회귀직선에 대한 분산분석표

그림 12.34 나일강 유량 회귀직선에 대한 분산분석표

Source	Degrees of freedom	Sum of squares	Mean squares	F-statistic	p-value
Regression Error	1 113	83.379 12.344	83.379 0.109	763.250	0.000
Total	114	95.723			

그림 12.35 육군 체력 검사 회귀직선에 대한 분산분석표

Source	Degrees of freedom	Sum of squares	Mean squares	F-statistic	p-value
Regression Error	1 82	180051.10 377726.40	180051.10 4606.42	39.09	0.000
Total	83	557777.50			

$$R^2 = \frac{\text{SSR}}{\text{SST}} = \frac{83.379}{95.723} = 0.871$$

로 2월 유입량 내의 변동의 약 87%를 1월 유입량 내의 변화가 설명하고 있다.

예제 44 육군 체력 검사(Army Physical Fitness Test)

이 예제에 대한 분산분석표는 [그림 12.35]에 주어져 있다. F-통계량은

$$F = \frac{\text{MSR}}{\text{MSE}} = \frac{180{,}051.10}{4606.42} = 39.09$$

로서 이전의 예제에서처럼 이 값은 기울기 모수에 대한 t-통계량 $t = -6.25$의 제곱과 같다. 결정계수

$$R^2 = \frac{\text{SSR}}{\text{SST}} = \frac{180{,}051.10}{557{,}777.50} = 0.323$$

으로 2마일 달리기 시간 내의 변동의 약 32%가 팔굽혀펴기 개수에 의해 설명되고 있음을 알 수 있다.

연습문제

12.6.1 [그림 12.36]의 단순선형회귀분석에 대한 분산분석표의 빈칸을 채우고 p-값과 결정계수 R^2를 구하라.

12.6.2 [그림 12.37]의 분산분석표에 대해서 분산분석표의 빈칸을 채우고 p-값과 결정계수 R^2를 구하라.

Source	Degrees of freedom	Sum of squares	Mean squares	F-statistic	p-value
Regression Error	1 ?	? 576.51	? ?	2.32	?
Total	34	?			

그림 12.36 분산분석표

Source	Degrees of freedom	Sum of squares	Mean squares	F-statistic	p-value
Regression Error	1 19	? ?	? ?	6.47	?
Total	?	474.80			

그림 12.37
분산분석표

12.6.3 어떤 데이터 집합은 $n=10$, $\sum_{i=1}^{10} y_i = 908.8$, $\sum_{i=1}^{10} y_i^2 = 83.470$, $\hat{\sigma}^2 = 0.9781$이다. 분산분석표를 구하고 결정계수 R^2을 계산하라.

12.6.4 어떤 데이터 집합은 $n=25$, $\sum_{i=1}^{25} x_i = 1356.25$, $\sum_{i=1}^{25} y_i = -6225$, $\sum_{i=1}^{25} x_i^2 = 97{,}025$, $\sum_{i=1}^{25} y_i^2 = 10{,}414{,}600$, $\sum_{i=1}^{25} x_i y_i = -738{,}100$이다. 분산분석표를 구하고 결정계수 R^2을 계산하라.

12.6.5 석유 유정 시추 비용
DS 12.2.1의 데이터를 이용하여 분산분석표와 결정계수 R^2를 구하고 이때 F-통계량이 $H_0: \beta_1 = 0$을 검정하기 위한 t-통계량의 제곱과 같은지를 확인하라.

12.6.6 트럭 짐 하차 시간
DS 12.2.2의 데이터를 이용하여 분산분석표와 결정계수 R^2를 구하고 이때 F-통계량이 $H_0: \beta_1 = 0$을 검정하기 위한 t-통계량의 제곱과 같은지를 확인하라. 이때 p-값은 무엇을 의미하는가?

12.6.7 에어로빅 운동 데이터
DS 12.2.3의 데이터를 이용하여 분산분석표와 결정계수 R^2를 구하고 이 결정계수에 대해서 해석하라.

12.6.8 부동산 세금 감정가
DS 12.2.4의 데이터를 이용하여 분산분석표와 결정계수 R^2를 구하고 이때 F-통계량이 $H_0: \beta_1 = 0$을 검정하기 위한 t-통계량의 제곱과 같은지를 확인하라.

12.6.9 컴퓨터 시스템 관리
DS 12.2.5의 데이터를 이용하여 분산분석표와 결정계수 R^2를 구하고 이때 p-값을 해석하라.

12.6.10 진공 변환기 보빈 저항
DS 12.2.6의 데이터를 이용하여 분산분석표와 결정계수 R^2를 구하고 이때 F-통계량이 $H_0: \beta_1 = 0$을 검정하기 위한 t-통계량의 제곱과 같은지를 확인하라.

12.7 잔차분석(Residual Analysis)

12.7.1 잔차분석 방법

잔차(residual)는

$$e_i = y_i - \hat{y}_i, \quad 1 \le i \le n$$

로서, 종속변수 관측치(y_i)와 회귀직선을 통해 적합한 대응반응값 ($\hat{y}_i$)와의 차이로 정의된다. 이들 잔차들의 합은

$$\sum_{i=1}^{n} e_i = 0$$

이 된다(단, 절편모수 β_0가 모델에서 제외되는 경우는 제외). 잔차분석은 적합 모형이 좋은 모형인지, 모델에 대한 가정이 유효한지를 검토하기 위한 중요한 도구로서 활용된다. 잔차분석은 단순회귀모형에서 뿐만 아니라 13장에 소개될 다중회귀분석 및 14장의 실험계획법에서 훨씬 더 유용하게 사용될 수 있기 때문에 추후에 더 자세히 설명한다.

잔차분석은 다음과 같은 목적을 위하여 사용될 수 있다.

- 이상점(outlier)인 데이터를 규명
- 적합시킨 모형이 타당한지 규명
- 오차분산이 일정한지 검토
- 오차항이 정규분포를 따르는지 검토

단순선형회귀 문제에서 기초적인 잔차분석 방법은 잔차 e_i를 대응하는 설명변수의 값 x_i에 대하여 플롯하여 어떤 문제가 될 수 있는 징후가 있는지를 검토하는 것이다. [그림 12.38]은 랜덤 패턴의 산점도로서 모형에 대한 가정이 타당한 경우에 해당한다. 그러나 잔차그림에서 어떤 패턴을 가지거나 어떤 큰 절대값을 갖는 잔차의 발견은 적합한 회귀모형에 문제가 있을 가능성을 경고하고 있다.

데이터 (x_i, y_i)가 적합된 회귀모형에 의해 잘 예측될 수 없다면 그 데이터는 이상점으로 간주될 수 있다. 이상점들은 다른 데이터에 비해 적합된 회귀직선으로부터 멀리 떨어져 있으며, 결과적으로 이상점들의 잔차들은 큰 절대값을 갖게 된다([그림 12.39] 참조). 이상점을 판단하는 손쉬운 방법은 잔차를 오차 표준편차의 추정치 $\hat{\sigma}$으로 나눈 값(표준잔차(standardized residual)라 불림)의 절대값이 3보다 크면 이상점으로 간주할 수 있다. 만약 데이터가 이상점으로 판단되면 좀 더 자세히 조사할 필요가 있다. 이상 데이터가 다른 데이터들과 함께 모형화될 수

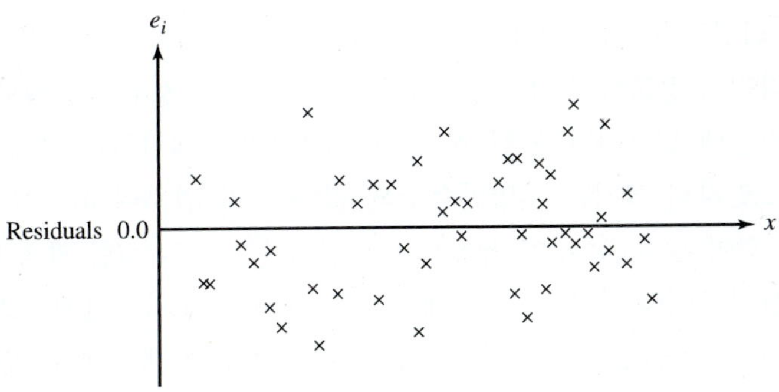

그림 12.38
랜덤 패턴의
잔차그림

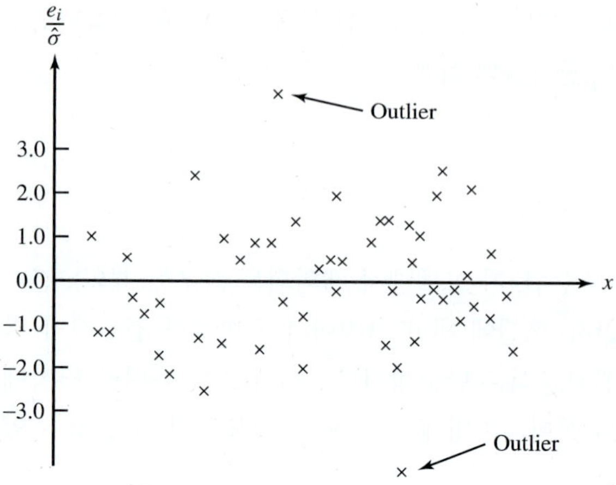

그림 12.39 이상점을 포함하고 있는 잔차그림

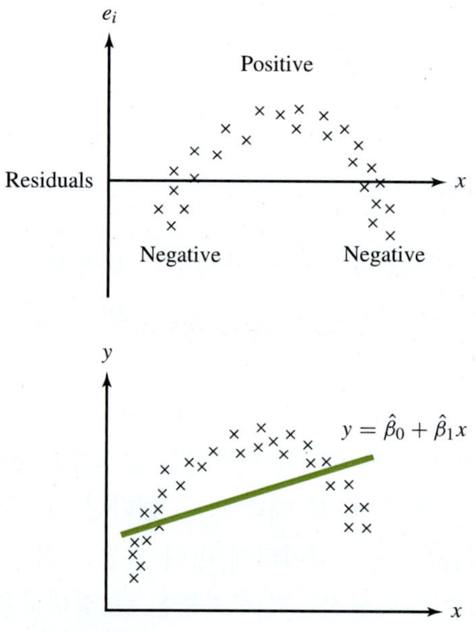

그림 12.40 양의 잔차 및 음의 잔차의 그룹은 선형모형이 적당하지 못함을 지적하고 있다

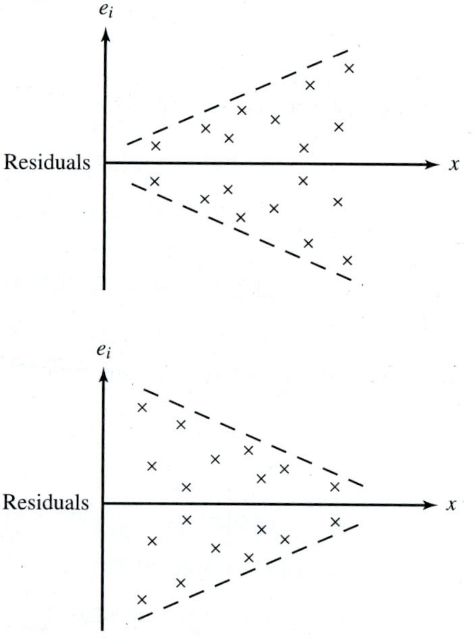

그림 12.41 일정하지 않는 오차분산을 가지는 깔때기 모양의 잔차그림

없다면 그 데이터는 제거하여야 하며, 그 데이터를 제외하고 다시 회귀직선을 적합시켜야만 한다.

만약 회귀직선이 [그림 12.40]에서처럼 양의 잔차와 음의 잔차로 그룹핑되어 나타난다면 선형모형이 적합하지 않을지 모른다. 이 경우 비선형모형이 데이터를 모델링하는데 필요하다. 또한 잔차그림이 [그림 12.41]처럼 깔때기(funnel) 모양일 경우, 잔차의 크기는 설명변수 x의 값에 따라 변하며 따라서 일정 오차분산 σ^2의 가정이 맞지 않다. 이 장에서 논의된 회귀직선의 적합 과정 및 추론 과정은 오차분산이 일정하다는 것을 전제로 하고 있지만 오차분산에 어느 정도 변동성이 있다 하더라도 상당히 분별력 있는 결과를 여전히 제공할 수 있다.

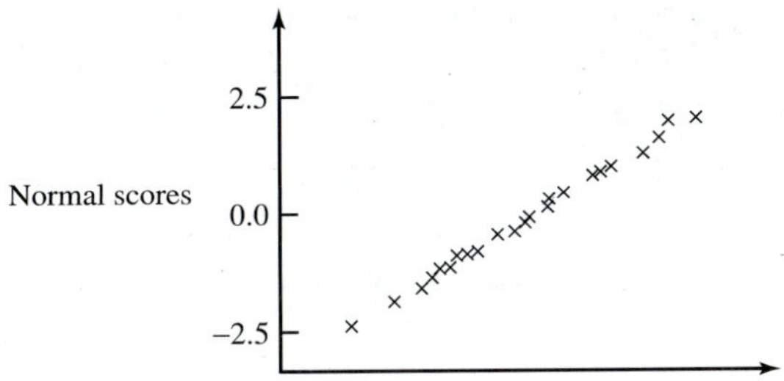

그림 12.42
정규분포로부터 시뮬레이션한 정규점수 그림(선형 패턴)

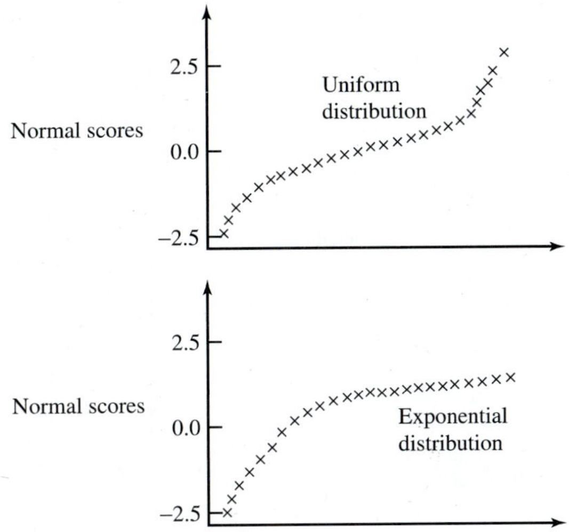

그림 12.43
정규분포가 아닌 분포로부터 시뮬레이션한 정규점수 그림 (비선형 패턴)

마지막으로, 잔차의 정규확률그림(normal probability plot)은 오차항 ϵ_i가 정규분포를 갖는지를 검토하기 위하여 사용될 수 있다. 정규확률그림에서 잔차 e_i는 각각의 정규점수(normal score)에 대하여 플롯되는데, 정규점수는 만약 잔차들이 정규분포를 따른다고 할 때 그들의 기대값으로 생각할 수 있다. i 번째로 작은(i 번째 순서통계량) 잔차의 정규점수는

$$\Phi^{-1}\left(\frac{i-\frac{3}{8}}{n+\frac{1}{4}}\right)$$

와 같다. 정규확률그림에서 [그림 12.42]에서처럼 많은 잔차들이 직선 부근에 분포하고 있다면, 잔차들이 정규분포를 잘 따른다고 볼 수 있다. 그러나 [그림 12.43]에서처럼 잔차들이 직선과 많은 차이를 보인다고 한다면 데이터의 분포가 정규분포가 아님을 의미한다. 오차항들의 정규성 결여는 실험자가 적합한 모형에 대하여 신중해야 하며 다른 모형화 접근 방법을 고려해야 한다는 것을 말하고 있다. 다른 모형화 접근 방법은 변수변환(variable transformation)을 포함하고 있으며, 12.8절에 이에 대한 일부 예제를 소개한다.

12.7.2 예제(Examples)

예제 68 나일강 유량(Nile River flowrate)

[그림 12.44]는 $e_i/\hat{\sigma}$과 1월 유입량 x_i에 대한 잔차그림으로서 전반적으로 회귀모형에 대한 가정을 만족하고 있음을 알 수 있다. 하지만 적어도 1개 이상의 이상점의 징후가 보인다. 예를 들어 1987에 1월 유입량 $x = 3.88$(10억m^3)에 대하여 2월

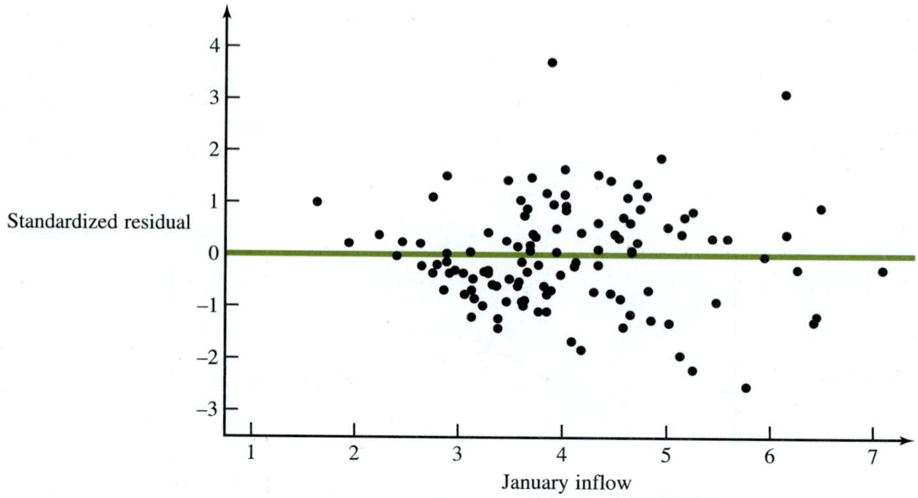

그림 12.44
나일강 유량 데이터 집합에 대한 표준화 잔차그림

유입량 $y=4.01$(10억m^3)이지만 회귀직선으로부터 예측한 2월 유입량은

$$\hat{y}|_5 = -0.470 + (0.836 \times 3.88) = 2.77$$

이며 잔차는 $e_i = y_i - \hat{y}_i = 4.01 - 2.77 = 1.24$이다. 표준화 잔차는

$$\frac{e_i}{\hat{\sigma}} = \frac{1.24}{\sqrt{0.1092}} = 3.75$$

로서 면밀히 조사할 필요가 있다. 또한 1968년 1월 유입량 $x=6.13$(10억m^3)에 대하여 $y=5.67$(10억m^3)로서 잔차는

$$e_i = y_i - \hat{y}_i = 5.67 - (-0.470 + (0.836 \times 6.13)) = 1.02$$

이며, 표준화 잔차는

$$\frac{e_i}{\hat{\sigma}} = \frac{1.02}{\sqrt{0.1092}} = 3.07$$

와 같다. 비록 결과에는 큰 영향을 미치지 않는다 하더라도 댐 엔지니어는 이 두 데이터들을 제거하고 나머지 113개 관측치에 대하여 회귀직선을 적합시키고자 할지 모른다. 잔차그림은 또한 1월 유입량이 증가할수록 오차분산이 약간 증가하는 경향을 보여주고 있다. 마지막으로 [그림 12.45]의 정규확률그림에서 데이터들이 직선 부근에 산포하며 따라서 오차항에 대한 정규성 가정이 타당함을 보여주고 있다. 또한 정규확률그림에서 오른쪽 윗부분의 두 점은 이전에 규명한 두 이상점과 같음에 주목하라.

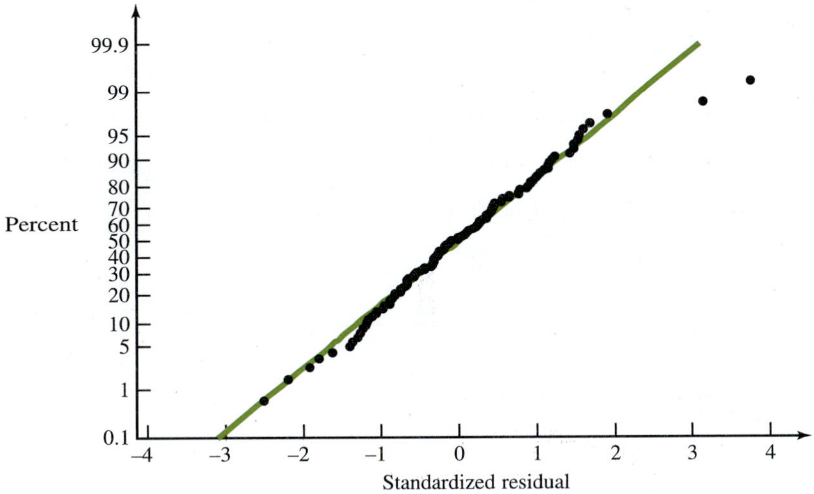

그림 12.45 나일강 유량 데이터 집합에 대한 표준화 잔차의 정규확률 그림

연습문제

12.7.1 석유 유정 시추 비용
DS 12.2.1의 데이터를 이용하여 석유 유정의 깊이에 대한 잔차를 그리고 이상점 가능성이 있는 데이터가 있는가를 확인하라. 이 잔차그림은 얻어진 회귀모형이 적절하지 않다는 것을 보여주는 어떤 패턴이 있는가?

12.7.2 트럭 짐 하차 시간
DS 12.2.2의 데이터를 이용하여 온도에 대한 잔차를 그리고 이상점 가능성이 있는 데이터가 있는가를 확인하라. 이 잔차그림은 얻어진 회귀모형이 적절하지 않다는 것을 보여주는 어떤 패턴이 있는가? 또한 정규확률그림을 그려라.

12.7.3 에어로빅 운동 데이터
DS 12.2.3의 데이터를 이용하여 나이에 대한 잔차를 그리고 이상점 가능성이 있는 데이터가 있는가를 확인하라. 이 잔차그림은 얻어진 회귀모형이 적절하지 않다는 것을 보여주는 어떤 패턴이 있는가?

12.7.4 부동산 세금 감정가
DS 12.2.4의 데이터를 이용하여 주택의 크기에 대한 잔차를 그리고 이상점 가능성이 있는 데이터가 있는가를 확인하라. 정규확률그림을 그리고 이를 해석하라. 이 분석을 통해서 어떠한 처리가 필요한지 말하라.

12.7.5 컴퓨터 시스템 관리
DS 12.2.5의 데이터를 이용하여 추정 시간에 대한 잔차를 그리고, 어떠한 정보를 얻을 수 있는지를 말하라.

12.7.6 진공 변환기 보빈 저항
DS 12.2.6의 데이터를 이용하여 온도에 대한 잔차를 그리고 이상점 가능성이 있는 데이터가 있는가를 확인하라. 이 잔차그림은 얻어진 회귀모형이 적절하지 않다는 것을 보여주는 어떤 패턴이 있는가?

12.8 변수변환(Variable Transformation)

많은 비선형 관계식은 설명변수와 종속변수 하나 혹은 양쪽을 함께 변환함에 의해 선형관계식으로 바꿀 수 있다. 일반적으로 로그변환이나 역수를 취하는 변수변환이 가장 유용하게 사용되는데([그림 12.46] 참조), 예를 들면 어떤 모수값 γ_0와 γ_1에 대하여 지수모형

$$y = \gamma_0 e^{\gamma_1 x}$$

는 양변에 로그를 취함으로써

$$\ln(y) = \ln(\gamma_0) + \gamma_1 x$$

로 변환 가능하며, $(x_i, \ln(y_i))$에 대하여 선형모형을 적합할 수 있다. 이때 적합된 선형모형에서 기울기 모수 β_1는 γ_1이며, 절편모수 β_0은 $\ln(\gamma_0)$에 해당한다. 비선형모형이 선형모형으로 변환될 경우, 선형회귀직선모형에 필요한 오차에 대한 가정들이 그대로 적용되어야 한다. 따라서 위의 지수모형 예제에서

$$\ln(y_i) = \ln(\gamma_0) + \gamma_1 x_i + \epsilon_i$$

이며, 오차항 ϵ_i는 $N(0, \sigma^2)$로부터 추출한 독립된 관측치라고 가정한다.

이러한 가정들은 일반적인 잔차분석 방법을 통해 검토될 수 있다. 하지만 원래의 지수모형에서

$$y = \gamma_0 e^{\gamma_1 x} \epsilon_i^*$$

로서 $\epsilon_i^* = e^{\epsilon_i}$이며, 원래의 모수 γ_i에 대한 추론은 기울기 모수 β_i를 통해 이루어질수 있음을 주목할 필요가 있다. 선형관계식으로 변환될 수 있는 모형은 보통 본질적 선형모형(intrinsically linear model)이라고 한다. 그러나 선형모형으로 변환될 수 없는 일부 모형들이 있다. 예를 들면

$$y = \gamma_0 e^{\gamma_1 x}$$

는 본질적 선형모형이 아니며, 비선형모형 기법을 통해 모형화 하여야만 한다.

예제 63 도로 표면 혼합물(Roadway Base Aggregates)

혼합물이 서로 다른 스트레스 수준에 놓였을 때, 각 스트레스 수준에서 계산된 탄성계수는 비선형 패턴을 보인다고 한다. [그림 12.47]에서 보는 바와 같이 $n=16$ 탄성계수 측정치 M_i가 서로 다른 용적 스트레스 변수 θ_i에서 측정되었을 때 탄성계수와 용적 스트레스 사이에는 비선형 관계를 보인다. 명백하게 선형모형을 적합

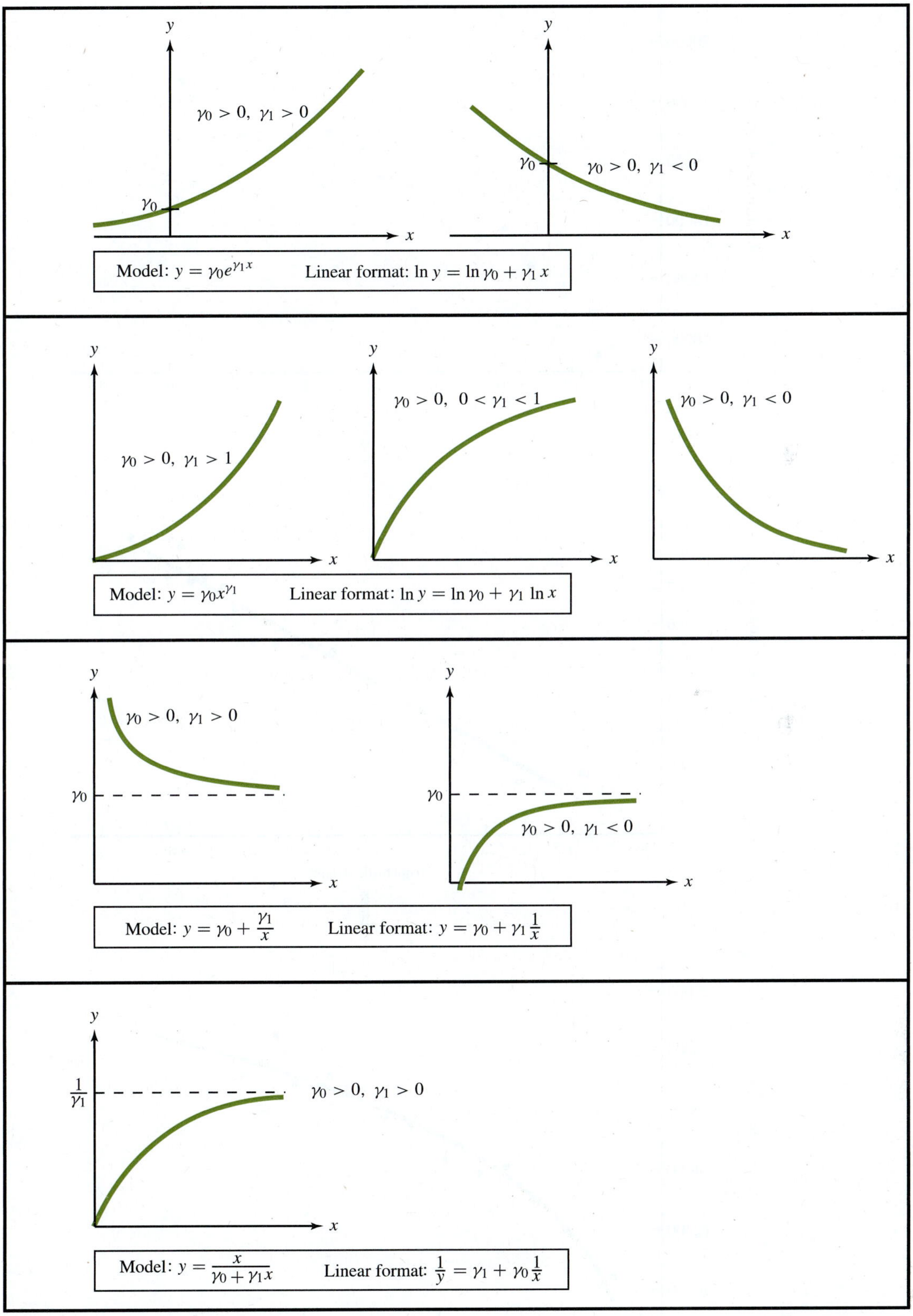

그림 12.46
일부 본질적 선형 모형들

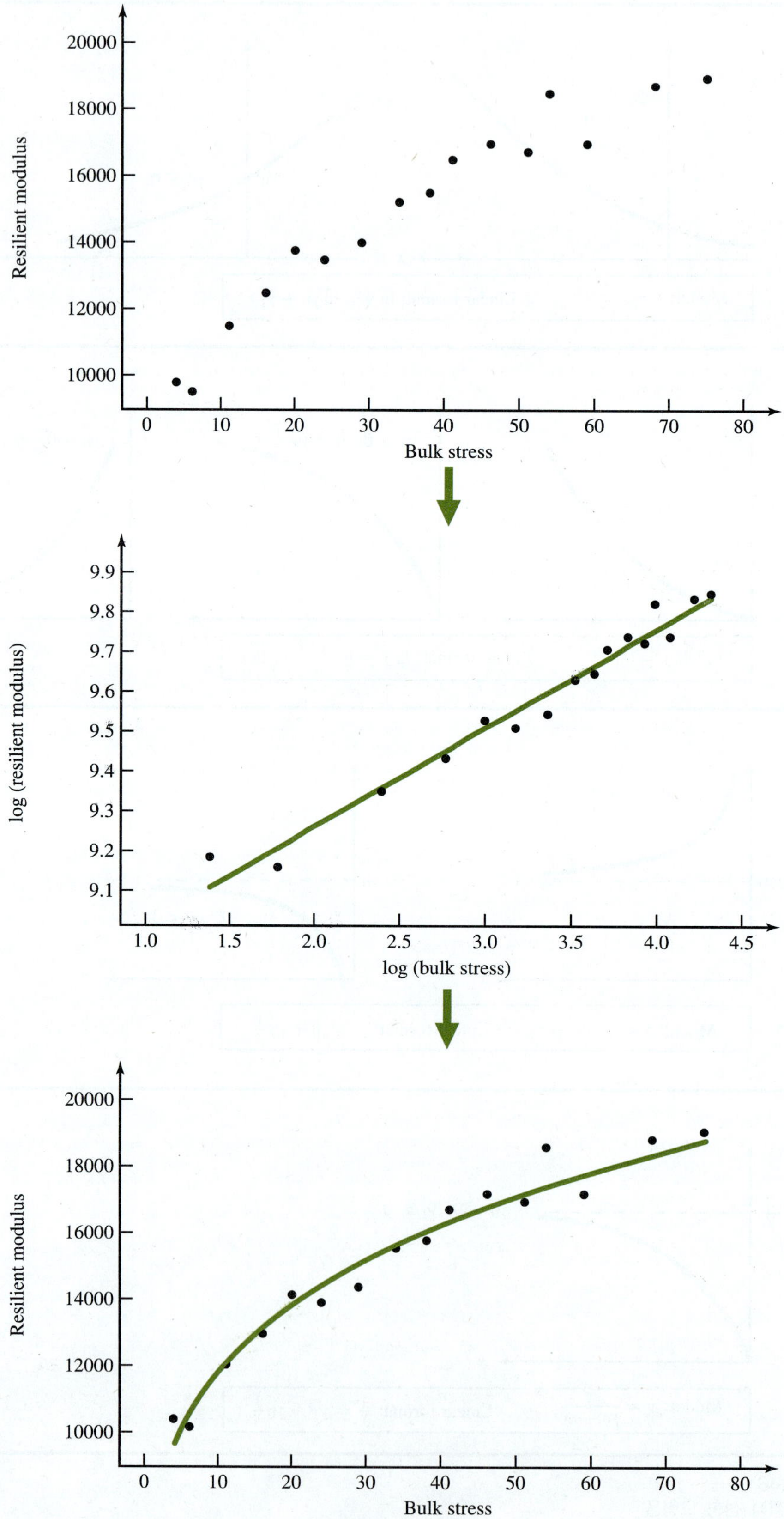

그림 12.47 도로 표면 혼합물 예제에 대한 비선형 변환

시키는 것이 적당하지 않다는 점을 알 수 있지만 본질적 선형모형

$$M = \gamma_0 \theta^{\gamma_1}$$

이 이 문제에 적용될 수 있다. 이때 γ_0와 γ_1은 미지의 모수이다. 로그 변환을 통해 다음과 같은 선형관계로 나타낼 수 있다.

$$y = \beta_0 + \beta_1 x$$

이때 $y = \ln(M)$, $x = \ln(\theta)$, $\beta_0 = \ln(\gamma_0)$, $\beta_1 = \gamma_1$이다. 변환된 변수 $y_i = \ln(M_i)$와 $x_i = \ln(\theta_i)$가 [그림 12.47]에 나타나 있는데 선형관계식이 적합함을 볼 수 있다. 적합된 직선식

$$y = 8.761 + 0.2494x$$

는 원래의 모형식으로 다시 변환 가능하며

$$M = 6380\ \theta^{0.2494}$$

와 같다. 이 관계식은 원래의 데이터와 함께 [그림 12.47]에 나타나 있다. $\hat{\beta}_1$에 대한 표준오차는 0.0122이며, $t_{0.025,14} = 2.145$를 이용하여 $\beta_1 = \gamma_1$에 대한 95% 신뢰구간을 구하면

$$\begin{aligned}\beta_1 = \gamma_1 &\in (0.2494 - (2.145 \times 0.0122), 0.2494 + (2.145 \times 0.0122)) \\ &= (0.223, 0.276)\end{aligned}$$

와 같다. $\hat{\beta}_0$에 대한 표준오차는 0.04175이며, β_0에 대한 95% 신뢰구간은

$$\begin{aligned}\beta_0 &\in (8.761 - (2.145 \times 0.04175), 8.761 + (2.145 \times 0.04175)) \\ &= (8.67, 8.85)\end{aligned}$$

이므로, $\gamma_0 = e^{\beta_0}$와 함께 γ_0에 대한 95% 신뢰구간은

$$\gamma_0 \in (e^{8.67}, e^{8.85}) = (5830, 6980)$$

이 된다.

연습문제

12.8.1 DS 12.8.1의 데이터에 대한 그래프를 그려라. 본질적으로 선형모형을 이 데이터에 적용하는 것이 적절한가? 변수의 변환이 필요한가? 변형된 변수를 이용하여 선형모형을 적용시키고 다시 원래의 변수를 이용하여 모델을 나타내라. $x = 2.0$일 때의 종속변수 y의 예측값은 얼마인가?

12.8.2 DS 12.8.2의 데이터에 대해서 그래프를 그려라. 본질적으로 선형모형을 이 데이터에 적용하는 것이 적절한가? 변수의 변환이 필요한가? 변형된 변수를 이용하여 선형모형을 적용시키고 다시 원래의 변수를 이용하여 모델을 나타내라.

12.8.3 세포 성장비율

DS 12.8.3은 어떤 생명공학자가 시간 t 마다 세포의 수 N을 세어서 어느 물질의 성장비율을 측정한 데이터이다. 다음의 모델

$$N = \gamma_0 e^{\gamma_1 t}$$

을 적용시키고 미지의 모수 γ_0와 γ_1의 95% 양측 신뢰구간을 구하라.

12.8.4 인공동맥

사람의 동맥 역할을 실리콘 튜브가 대신할 수 있는가를 조사하기 위한 실험에서 DS 12.8.4의 데이터를 얻었다. P는 튜브의 압력이고 A는 튜브의 단면적이다.

(a) $P = \gamma_0 A^{\gamma_1}$ 모형이 이 데이터에 적절함을 보여라.

(b) 적절한 변수변환을 하고 γ_0와 γ_1에 대한 점 추정치를 구하라.

(c) γ_0와 γ_1에 대한 95% 양측 신뢰구간을 구하라.

12.8.5 어느 실험자는 화학 공정에서의 온도와 수율에 관한 데이터를 가지고 있고 이를 다음의 모델에 적용시키고자 한다.

$$\text{yield} = \gamma_0 e^{\gamma_1 \text{temperature}}$$

$y = \ln(\text{yield})$와 $x = \text{temperature}$를 어떤 선형모형에 적용하여 $n = 25$, $\hat{\beta}_0 = 2.628$, $\hat{\beta}_1 = 0.341$, $\text{s.e.}(\hat{\beta}_1) = 0.025$를 얻었다. γ_0, γ_1을 구하고 γ_1에 대한 95% 양측 신뢰구간을 구하라.

12.8.6 다음의 $e^{y/\gamma_0} = \gamma_1 / x^2$ 모델을 어떻게 단순선형회귀모형으로 적용시킬 수 있는지를 설명하라. 어떻게 모수 추정치 $\hat{\gamma}_0$, $\hat{\gamma}_1$를 구할 것인가?

12.8.7 균열이 간 플라스틱 혼합물의 강도

플라스틱 혼합물의 균열은 강도에 영향을 준다. 이 강도와 균열의 길이와의 관계를 조사하기 위해서 연구자는 균열이 간 플라스틱 혼합물에 하중을 증가시켜 부러질 때의 하중을 DS 12.8.5에 기록하였다. 이때의 하중이 종속변수이고 균열의 길이가 독립변수인 선형회귀모형은 잔차가 양과 음의 값을 반복해서 나타나기 때문에 적절하지 않음을 보여라. 또한 다음의 모델

$$\text{breakage load} = \gamma_0 e^{\gamma_1 \times (\text{crack length})}$$

이 더 좋음을 보이고 이 모델을 이용하여 균열의 길이가 2.1일 때의 파괴하중의 기대값을 구하라.

12.9 상관분석(Correlation Analysis)

12.9.1 표본상관계수(Sample Correlation Coefficient)

두 변수 X와 Y의 상관관계는 상관계수(correlation coefficient)

$$\rho = \text{Corr}(X, Y) = \frac{\text{Cov}(X, Y)}{\sqrt{\text{Var}(X)\text{Var}(Y)}}$$

에 의해 측정될 수 있다(2.5.4절 참조). 일련의 쌍체데이터 (x_i, y_i), $1 \le i \le n$이 주어졌을 때 상관은 표본상관계수(sample correlation coefficient)를 통해 추정할 수 있다. 이 표본상관계수는 'Pearson 상관계수(Pearson's correlation coefficient)' 라고도 하며 다음과 같이 계산할 수 있다.

$$\begin{aligned} r &= \frac{S_{XY}}{\sqrt{S_{XX}}\sqrt{S_{YY}}} = \frac{\sum_{i=1}^{n}(x_i - \bar{x})(y_i - \bar{y})}{\sqrt{\sum_{i=1}^{n}(x_i - \bar{x})^2}\sqrt{\sum_{i=1}^{n}(y_i - \bar{y})^2}} \\ &= \frac{\sum_{i=1}^{n} x_i y_i - n\bar{x}\bar{y}}{\sqrt{\sum_{i=1}^{n} x_i^2 - n\bar{x}^2}\sqrt{\sum_{i=1}^{n} y_i^2 - n\bar{y}^2}} \end{aligned}$$

표본상관계수 r은 -1에서 1 사이의 값을 가지며 데이터들의 선형연관성의 크기를 측정한다. [그림 12.48]에서처럼 $r=0$일 때 두 변수간에는 어떤 선형 연관성도 없음을 의미하며 서로 독립이라고 생각할 수 있다. $r>0$일 때 두 변수 간에는 양의 상관성을 의미하며 한 변수값이 증가할 때 다른 변수값도 또한 증가하는 경

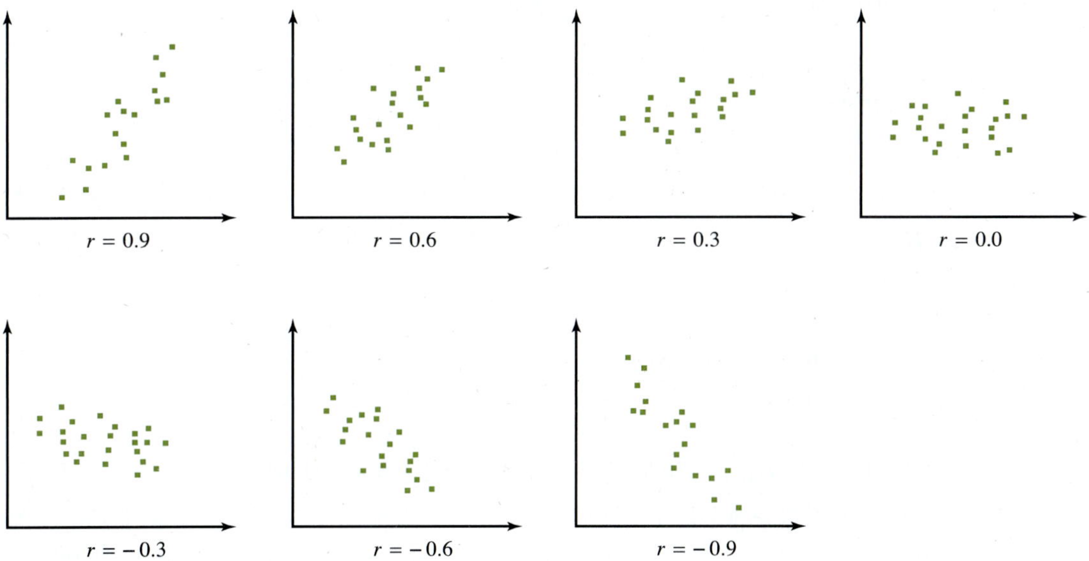

그림 12.48
표본상관계수 r의 설명

향이 있다. 반대로 $r<0$일 때 음의 상관성을 의미하며 한 변수값이 증가하면 다른 변수값이 감소하는 경향을 보인다. 표본상관계수가 1이나 −1에 가까울수록 보다 강한 선형관계를 나타낸다. $r=1$일 때 데이터들은 상향(upward) 기울기를 가지는 직선상에 위치하게 되며, $r=-1$일 때 데이터들은 하향(downward) 기울기를 가지는 직선상에 위치하게 된다.

표본상관계수는 적합된 회귀직선과 깊은 관계가 있다. 사실

$$\hat{\beta}_1 = \frac{S_{XY}}{S_{XX}}$$

이므로, 표본상관계수

$$r = \hat{\beta}_1 \sqrt{\frac{S_{XX}}{S_{YY}}}$$

와 같이 $\hat{\beta}_1$을 통해 표현할 수 있다. 표본상관계수는 기울기 모수 추정치 $\hat{\beta}_1$의 단순한 축적된 형태로서

$$r^2 = R^2$$

즉 표본상관계수의 제곱은 회귀모형의 결정계수와 같다.

상관계수 $\rho=0$일 때 두변수간에 어떠한 선형 연관성도 없음을 의미하기 때문에 다음과 같은 가설에 대한 검정은 특별한 관심을 요구한다.

$$H_0: \rho = 0 \ \text{ versus } \ H_A: \rho \neq 0$$

위의 가설에 대한 검정은 t−통계량

$$t = \frac{r\sqrt{n-2}}{\sqrt{1-r^2}}$$

을 통해 가능하며, 위의 t−통계량은 자유도 $(n-2)$인 t−분포를 가지며, 귀무가설 $H_0: \beta_1=0$에 대한 검정과 동일하다. 왜냐하면 귀무가설이 $H_0: \beta_1=0$에 대한 검정통계량

$$t = \frac{\hat{\beta}_1}{\text{s.e.}(\hat{\beta}_1)} = \frac{\hat{\beta}_1\sqrt{S_{XX}}}{\hat{\sigma}}$$

은 귀무가설 $H_0: \rho=0$에 대한 검정통계량과 일치하기 때문이다. 마찬가지로 $\hat{\beta}_1$에 대한 검정통계량은 회귀문제의 분산분석표에서 수행하는 검정통계량과 일치하므로 세 검정통계량을 유도함으로써 동일한 검정을 서로 다른 세 가지 방법으로 수행할 수 있다. 하지만 완전한 회귀분석보다는 단지 두 변수간의 상관관계만

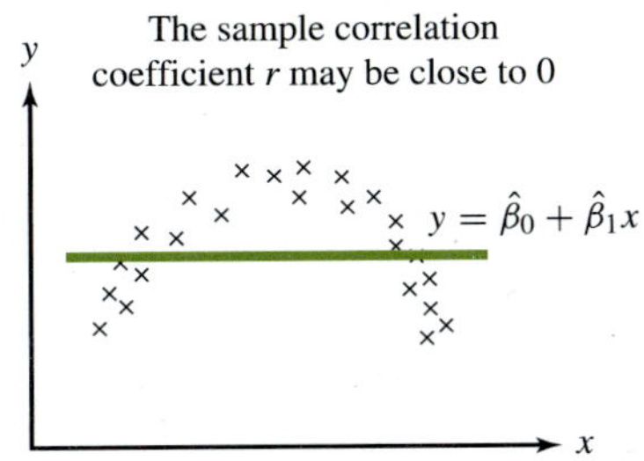

그림 12.49 비선형 관계에 대하여 잘못 적용된 표본상관계수

알고 싶을 때 표본상관계수 r을 통해 구한 t-통계량이 유용하다.

일반적으로 표본상관계수를 계산하기 전에 쌍체데이터 (x_i, y_i)의 산점도를 먼저 검토하는 것이 중요하다. 왜냐하면 두 변수간의 비선형관계는 표본상관계수를 아무 쓸모없이 만들 수 있기 때문이다. 표본상관계수 r은 단지 두 변수간의 선형관계의 정도만 측정하며, [그림 12.49]에서처럼 두 변수간에 비선형 관계를 가질 때 표본상관계수 r는 거의 0에 가까운 값을 가질 것이다.

표본상관계수(Sample Correlation Coefficient)

일련의 쌍체데이터 (x_i, y_i)에 대한 표본상관계수

$$r=\frac{S_{XY}}{\sqrt{S_{XX}}\sqrt{S_{YY}}}=\frac{\sum_{i=1}^{n}(x_i-\bar{x})(y_i-\bar{y})}{\sqrt{\sum_{i=1}^{n}(x_i-\bar{x})^2}\sqrt{\sum_{i=1}^{n}(y_i-\bar{y})^2}}$$
$$=\frac{\sum_{i=1}^{n}x_iy_i-n\bar{x}\bar{y}}{\sqrt{\sum_{i=1}^{n}x_i^2-n\bar{x}^2}\sqrt{\sum_{i=1}^{n}y_i^2-n\bar{y}^2}}$$

는 두 변수간의 선형연관성의 크기를 측정하며, 상관계수 ρ에 대한 추정치로 볼 수 있다.
확률변수 X와 Y가 이변량(bivariate) 정규분포를 가진다는 가정하에 다음과 같은 귀무가설

$$H_0:\rho=0$$

에 대한 가설검정은 t-통계량

$$t=\frac{r\sqrt{n-2}}{\sqrt{1-r^2}}$$

과 자유도 $(n-2)$를 가지는 t-분포와 비교함으로써 가능하다.
이 검정은 회귀분석에서 $H_0:\beta_1=0$의 검정과 동일하다.

12.9.2 예제(Examples)

예제 69 두개골 원주(Cranial Circumferences)

[그림 12.22]의 손가락 길이와 두개골 주변부 길이 데이터 집합에서

$$S_{YY} = 99.4574$$
$$S_{XY} = 3.10745$$
$$S_{XX} = 1.489505$$

이며 따라서 표본상관계수

$$r = \frac{S_{XY}}{\sqrt{S_{XX}}\sqrt{S_{YY}}} = \frac{3.10745}{\sqrt{1.489505} \times \sqrt{99.4574}} = 0.255$$

이며, 회귀분석에서 결정계수 $R^2 = r^2 = 0.065$임을 알 수 있다.

귀무가설 $H_0 : \rho = 0$에 대한 t-통계량

$$t = \frac{r\sqrt{n-2}}{\sqrt{1-r^2}} = \frac{0.255 \times \sqrt{18}}{\sqrt{1-0.255^2}} = 1.12$$

는 12.3절에서 구한 t-통계량

$$t = \frac{\hat{\beta}_1}{\text{s.e.}(\hat{\beta}_1)}$$

와 같다. 따라서 p-값은 0.277이며, 손가락 길이와 두개골 주변부 길이와는 어떤 연관성도 없다고 결론지을 수 있다,

예제 68 나일강 유량(Nile River Flowrate)

이 데이터 집합에 대한 표본상관계수는

$$r = \sqrt{R^2} = \sqrt{0.871} = 0.933$$

으로서 1월 유입량과 2월 유입량 간에는 강한 양의 선형관계가 존재함을 알 수 있다.

예제 44 육군 체력 검사(Army Physical Fitness Test)

이 데이터 집합에 대한 표본상관계수는

$$r = -\sqrt{R^2} = -\sqrt{0.3228} = -0.568$$

로서 팔굽혀펴기 개수와 2마일 달리기 시간간에는 음의 상관관계가 있음을 알 수 있다.

연습문제

12.9.1 만약 데이터가 $y_i = a + bx$, $1 \le i \le n$ 선상에 존재한다면 $b > 0$일 경우에는 표본의 상관계수 r은 1이고 $b < 0$일 경우에는 -1임을 보여라.

12.9.2 임의의 상수 a, b, c, d에 대해서

$$x_i^* = ax_i + b \quad \text{and} \quad y_i^* = cy_i + d$$

일 경우, 데이터 (x_i, y_i)의 표본의 상관계수는 (x_i^*, y_i^*)의 상관계수와 부호는 바뀔 수 있지만 같다는 것을 보여라.

문제 12.9.3부터 12.9.9에 대해서 표본의 상관계수 r을 구하고 표본상관계수로 표현되는 t-통계량 $t = r\sqrt{n-2}/\sqrt{1-r^2}$이 t-통계량 $t = \hat{\beta}_1/\text{s.e.}(\hat{\beta}_1)$와 같음을 보여라.

12.9.3 석유 유정 시추 비용
DS 12.2.1의 데이터를 이용하라.

12.9.4 트럭 짐 하차 시간
DS 12.2.2의 데이터를 이용하라.

12.9.5 에어로빅 운동 데이터
DS 12.2.3의 데이터를 이용하라.

12.9.6 부동산 세금 감정가
DS 12.2.4의 데이터를 이용하라.

12.9.7 컴퓨터 시스템 관리
DS 12.2.5의 데이터를 이용하라.

12.9.8 진공 변환기 보빈 저항
DS 12.2.6의 데이터를 이용하라.

12.9.9 세라믹 공정
DS 12.3.1의 데이터를 이용하라.

12.9.10 어느 표본의 y와 x간 상관계수는 0.3이다. 만약 y와 x간 단순선형회귀분석이 수행되었다면 추정된 기울기 모수의 부호는 양, 0, 음 중에 무엇인가? 기울기 모수가 유의한가에 대한 검정의 p-값은 어떠할까?

12.9.11 변수 A와 B가 양의 상관을 갖는다고 한다. B 내의 변화는 A 내의 변화를 야기시키지 않는다는 주장에 대한 가능한 설명을 제공하라.

CHAPTER 13

다중선형회귀(Multiple Linear Regression)

다중선형회귀모형은 단순선형회귀모형의 확장된 형태로서 종속변수 y와 둘 이상의 독립변수들의 선형함수에 대한 모형이다. 다중선형회귀분석의 개념은 12장에서 소개한 단순선형회귀 개념과 비슷하지만 대신 계산 과정이 복잡하다. 다중선형회귀모형을 수학적으로 표현하는 최선의 방법은 행렬을 이용하는 것이며, 13.3절에서 자세히 소개한다.

13.1 다중선형회귀의 소개 (Introduction to Multiple Linear Regression)

13.1.1 다중선형회귀모형(Multiple Linear Regression Model)

반응변수 y를 k개의 독립변수 $x_1, ..., x_k$의 함수로 모형화하는 문제를 고려해보자. 데이터 집합은

$$\begin{gathered}(y_1, x_{11}, x_{21}, \ldots, x_{k1})\\ \vdots \\ (y_n, x_{1n}, x_{2n}, \ldots, x_{kn})\end{gathered}$$

와 같으며, i번째 반응변수의 관측치 y_i는 k개의 독립변수 $x_1, x_2, ..., x_k$의 실측값 $x_{1i}, x_{2i}, ..., x_{ki}$와 함께 관측된다.

다중선형회귀에서 반응변수 값 y_i는

$$y_i = \beta_0 + \beta_1 x_{1i} + \cdots + \beta_k x_{ki} + \epsilon_i$$

를 통해 모형화가 가능한데, 계수 $\beta_0, ..., \beta_k$는 미지의 모수이며, 오차항 ϵ_i, $1 \le i \le n$은 $N(0, \sigma^2)$분포에서 추출한 독립 관측치라고 가정한다. $k=1$일 때 다중선형회귀모형은 12장에서 배운 단순선형회귀모형에 해당한다.

$\mathbf{x} = (x_1, ..., x_k)$에서 반응변수의 기대값은

$$E(Y|\mathbf{x}) = \beta_0 + \beta_1 x_1 + \cdots + \beta_k x_k$$

이다. 예를 들어, $k = 2$일 때 반응변수의 기대값은 평면

$$y = \beta_0 + \beta_1 x_1 + \beta_2 x_2$$

위에 놓이게 된다([그림 13.1] 참조). 모수 β_0는 절편모수이며, 모수 β_i는 다른 독립변수들이 고정되었을 때 i번째 독립변수 x_i가 반응변수 y에 어떻게 영향을 주는지 결정한다. 만약 $\beta_i > 0$이면 i번째 독립변수가 증가할 때 반응변수의 기대값도 증가하며 $\beta_i < 0$이면 i번째 독립변수가 증가할 때 반응변수의 기대값은 반대로 감소하게 된다. 한편 $\beta_i = 0$이면, 반응변수는 i번째 독립변수에 영향을 받지 않는다.

다중선형회귀모형은 일부 독립변수들의 함수 형태를 허용함으로써 다양한 함수관계를 허용할 수 있도록 해준다. 예로서 $k = 2$, $x_2 = x_1^2$일 때 반응변수의 기대값은

$$y = \beta_0 + \beta_1 x_1 + \beta_2 x_1^2$$

와 같은 2차항(quadratic) 회귀모형으로 표현할 수 있으며([그림 13.2] 참조), 이 모형은 반응변수를 독립변수들의 2차함수 형태로 연관시킬 수 있다. 더 일반적으로 표현하면 $x_i = x_1^i$에 대하여

$$y = \beta_0 + \beta_1 x_1 + \beta_2 x_1^2 + \cdots + \beta_k x_1^k$$

는 차수 k를 갖는 다항 회귀모형(polynomial regression model)으로 반응변수를 독립변수 x_1의 다항함수로 모형화한다.

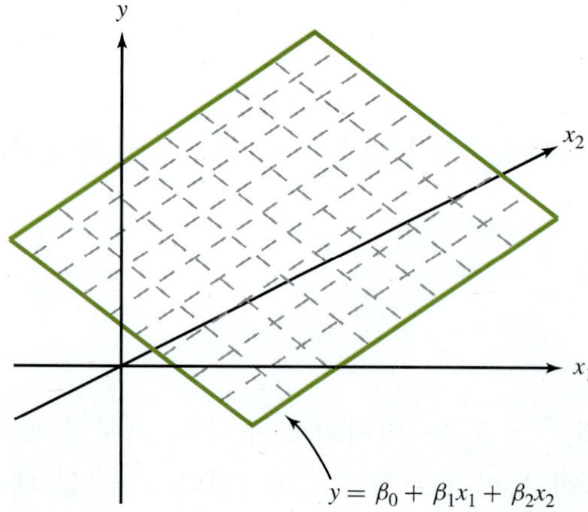

그림 13.1
두 독립변수를 가지는 다중선형회귀모형에 대한 반응변수의 기대값은 평면이다

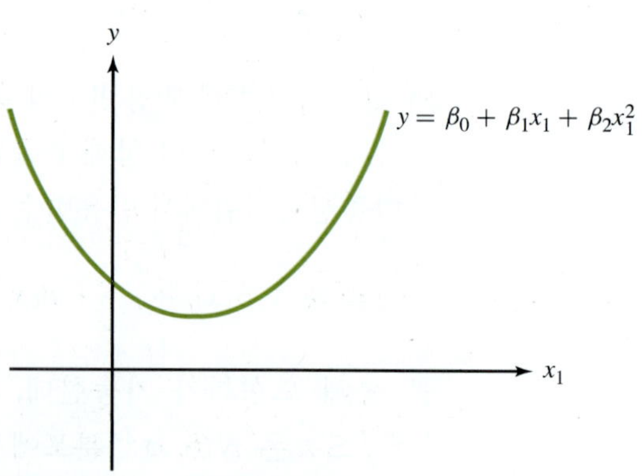

그림 13.2
2차항(quadratic) 회귀모형

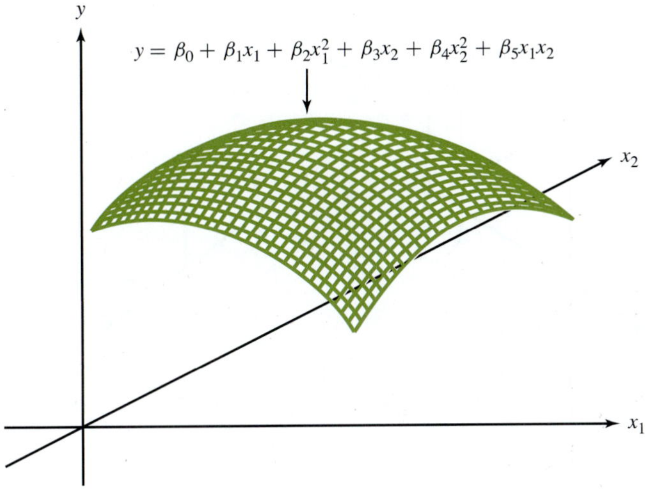

그림 13.3 전형적인 반응표면모형

두 독립변수 x_1과 x_2의 2차함수 모형

$$y = \beta_0 + \beta_1 x_1 + \beta_2 x_1^2 + \beta_3 x_2 + \beta_4 x_2^2 + \beta_5 x_1 x_2$$

에서 $x_1 x_2$는 두 독립변수 x_1과 x_2의 교차곱(cross product) 또는 교호작용 항(interaction term)이라고 하며 이모형은 반응표면모형(response surface model)이라 불린다([그림 13.3] 참조).

독립변수 x_i는 연속형 변수이거나 이산형 변수 모두 가능하며, 특히 독립변수가 어떤 영향의 유무를 가리키거나 두 수준 중 어떤 한 수준을 가리킬 때 그 변수를 지시변수(indicator variable)라고 한다. 예로서 반응변수가 한 사람에 대한 측정치라고 할 때, 그 사람의 성별을 나타내기 위하여 남자면 $x_i = 0$, 여자면 $x_i = 1$처럼 지시변수 x_i를 사용할 수 있다.

13.1.2 다중선형회귀모형의 적합

단순선형회귀에서처럼 모수 $\beta_0, \ldots, \beta_k$는 최소제곱 방법을 사용하여 추정한다. [그림 13.4]는 $k = 2$일 때 최소제곱 방법을 설명하고 있는데, 모수들은 데이터 관측치 y_i와 적합한 값 $\hat{\beta}_0 + \hat{\beta}_{1i} + \cdots + \hat{\beta}_k x_{ki}$와의 수직직선거리 제곱의 합을 최소화하도록 선택하게 된다. 정규분포를 따르는 ϵ_i에 대하여 모수들에 대한 최소제곱 추정치는 최우추정치(maximum likelihood estimate)와 같다.

제곱합

$$Q = \sum_{i=1}^{n} (y_i - (\beta_0 + \beta_1 x_{1i} + \cdots + \beta_k x_{ki}))^2$$

는 미지의 모수에 대하여 미분하여 0으로 놓음으로써 최소값을 구할 수 있다. β_0

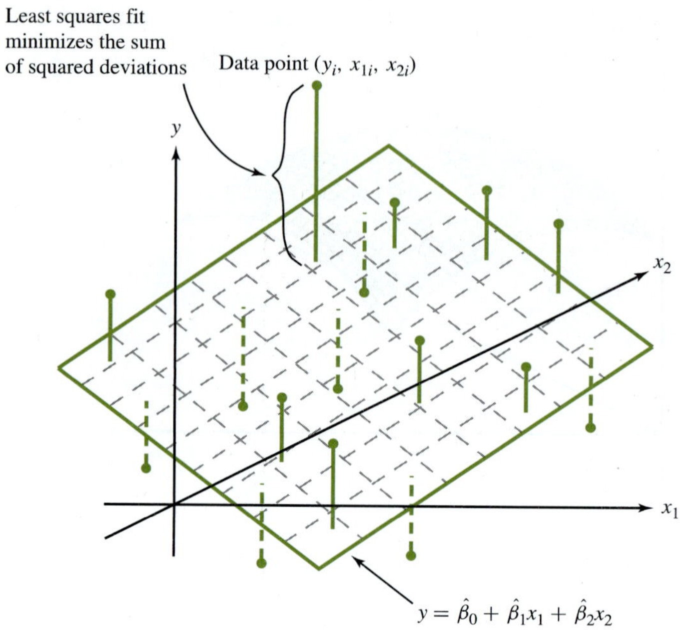

그림 13.4 두 독립변수를 가지는 다중선형 회귀모형에 대한 최소제곱 적합

에 대하여 Q를 미분하면

$$\frac{\partial Q}{\partial \beta_0} = -2\sum_{i=1}^{n}(y_i - (\beta_0 + \beta_1 x_{1i} + \cdots + \beta_k x_{ki}))$$

이며, β_j에 대하여 Q를 미분하면, $1 \leq j \leq k$,

$$\frac{\partial Q}{\partial \beta_j} = -2\sum_{i=1}^{n}x_{ji}(y_i - (\beta_0 + \beta_1 x_{1i} + \cdots + \beta_k x_{ki}))$$

이다. 두 방정식의 우변을 0으로 놓으면 다음과 같은 $(k+1)$ 방정식을 얻을 수 있다.

$$\begin{aligned}
\sum_{i=1}^{n} y_i &= n\beta_0 + \beta_1\sum_{i=1}^{n}x_{1i} + \beta_2\sum_{i=1}^{n}x_{2i} + \cdots + \beta_k\sum_{i=1}^{n}x_{ki} \\
\sum_{i=1}^{n} y_i x_{1i} &= \beta_0\sum_{i=1}^{n}x_{1i} + \beta_1\sum_{i=1}^{n}x_{1i}^2 + \beta_2\sum_{i=1}^{n}x_{2i}x_{1i} + \cdots + \beta_k\sum_{i=1}^{n}x_{ki}x_{1i} \\
&\vdots \\
\sum_{i=1}^{n} y_i x_{ki} &= \beta_0\sum_{i=1}^{n}x_{ki} + \beta_1\sum_{i=1}^{n}x_{1i}x_{ki} + \beta_2\sum_{i=1}^{n}x_{2i}x_{ki} + \cdots + \beta_k\sum_{i=1}^{n}x_{ki}^2
\end{aligned}$$

모수 추정치 $\hat{\beta}_0$, $\hat{\beta}_1$, ..., $\hat{\beta}_k$는 정규방정식(normal equations)이라 불리는 이 방정식들의 해이다. 이 방정식들을 행렬연산을 이용하여 풀 수 있는데 13.3절에서 자세히 다룬다.

13.1.3 적합모형의 분석(Analysis of the Fitted Model)

데이터 $(x_{1i}, \ldots, x_{ki})$에서 반응변수의 적합치는

$$\hat{y}_i = \hat{\beta}_0 + \hat{\beta}_1 x_{1i} + \cdots + \hat{\beta}_k x_{ki}$$

이며, i 번째 잔차는

$$e_i = y_i - \hat{y}_i$$

이다. 단순선형회귀에서처럼 오차제곱합은

$$\text{SSE} = \sum_{i=1}^{n} (y_i - \hat{y}_i)^2 = \sum_{i=1}^{n} e_i^2$$

으로 정의하며, 오차분산 σ^2의 추정치는

$$\text{MSE} = \hat{\sigma}^2 = \frac{\text{SSE}}{n-k-1}$$

로서 $\hat{\sigma}^2 \sim (\sigma^2 \cdot \chi^2_{n-k-1})/(n-k-1)$이다.

총제곱합

$$\text{SST} = \sum_{i=1}^{n} (y_i - \bar{y})^2$$

은 회귀제곱합

$$\text{SSR} = \sum_{i=1}^{n} (\hat{y}_i - \bar{y})^2$$

과 오차제곱합으로 나눌 수 있다. 즉

$$\text{SST} = \text{SSR} + \text{SSE}$$

다중회귀분석에 대한 분산분석표는 [그림 13.5]에 제시되어 있다. 단순선형회귀분석과의 차이점은 k개의 독립변수가 존재하므로 오차에 대한 자유도가 $(n-2)$

Source	Degrees of freedom	Sum of squares	Mean square	F-statistic	p-value
Regression **Error**	k $n-k-1$	SSR SSE	MSR = SSR/k MSE = SSE/$(n-k-1)$	F = MSR/MSE	$P(F_{k,n-k-1} > F)$
Total	$n-1$	SST			

그림 13.5
다중선형회귀모형에 대한 분산분석표

대신 $(n-k-1)$이라는 점이다. 분산분석표 안의 p-값은 귀무가설

$$H_0: \beta_1 = \cdots = \beta_k = 0$$

에 대한 것으로서 반응변수가 k개의 독립변수 중 어떤 변수와 연관이 있는지를 검정한다. p-값이 큰 값을 가질 경우 어떤 독립변수도 반응변수 y의 분포에 영향을 준다는 근거가 없음을 의미한다. 반대로 p-값이 작을 때 이는 반응변수가 독립변수 중 적어도 하나의 변수와 연관되어 있음을 의미한다.

결정계수

$$R^2 = \frac{\text{SSR}}{\text{SST}}$$

은 0과 1 사이의 값을 가지며 단순선형회귀에서와 마찬가지로 총변동 중 회귀모형에 의해 설명되어지는 정도를 나타낸다. 분산분석표 안의 F-통계량은 다음과 같이 나타낼 수 있다.

$$F = \frac{(n-k-1)R^2}{k(1-R^2)}$$

다중선형회귀모형에서 분산분석표
(Analysis of Variance Table for Multiple Linear Regression Problem)

다중선형회귀 문제의 분산분석표는 귀무가설

$$H_0: \beta_1 = \cdots = \beta_k = 0$$

에 대한 검정으로서, 반응변수가 k개의 독립변수 중 어떤 변수와 연관이 있는지를 검정한다. p-값은

$$p\text{-값} = P(X > F)$$

와 같이 정의하며, X는 k와 $(n-k-1)$ 자유도를 가지는 F-분포를 따르는 확률변수이다.
F-통계량은

$$F = \frac{\text{SSR}}{k\hat{\sigma}^2} = \frac{(n-k-1)R^2}{k(1-R^2)}$$

이다.

일반 통계 소프트웨어는 모수 추정치 $\hat{\beta}_0, \hat{\beta}_1, \ldots, \hat{\beta}_k$와 함께 각각의 표준오차 $\text{s.e.}(\hat{\beta}_0), \text{s.e.}(\hat{\beta}_1), \ldots, \text{s.e.}(\hat{\beta}_k)$을 제공하고 있는데, 회귀모형에서 어떤 독립변수

가 회귀모형에 포함되어야 하는지를 결정하기 위하여 이용할 수 있다. 만약 $\beta_i=0$일 경우, x_i 변수는 반응변수와 직접적인 연관이 없으며 따라서 회귀모형에서 제외될 수 있다.

$$H_0 : \beta_i = 0 \quad \text{versus} \quad H_A : \beta_i \neq 0$$

은 t-통계량

$$t = \frac{\hat{\beta}_i}{\text{s.e.}(\hat{\beta}_i)}$$

으로 검정 가능하며, t-통계량은 자유도 $(n-k-1)$인 t-분포를 따른다. 양측 p-값은

$$p\text{-값} = 2 \times P(X > |t|)$$

이며, 이때 X는 $(n-k-1)$ 자유도인 t-분포를 따르는 확률변수이다. 단순선형회귀 문제와 마찬가지로 절편 β_0에 대한 p-값은 그다지 중요하지 않다. 다른 모수들에 대하여 10%보다 큰 p-값은 해당하는 변수가 모형에서 제외될 수 있으며 1%보다 작은 p-값은 해당하는 변수가 모형에 반드시 포함되어야 함을 의미한다. 하지만 1%~10%의 p-값은 명확한 판단을 내릴 수 있기보다는 실험자의 판단이나 특별한 요구 사항에 따라 결정할 수 있다.

특정값 b_i에 대하여 보다 일반적인 가설

$$H_0 : \beta_i = b_i \quad \text{versus} \quad H_A : \beta_i \neq b_i$$

에 대한 검정은 t-통계량

$$t = \frac{\hat{\beta}_i - b_i}{\text{s.e.}(\hat{\beta}_i)}$$

을 통해 가능하며, t-통계량은 자유도 $(n-k-1)$을 가지는 t-분포를 따른다.

다중선형회귀모형에서 모형 적합은 k개의 독립변수 중 반응변수 y를 모형화하기 가장 적당한 부분집합을 찾는 과정으로서, 추론을 위하여 사용할 수 있는 최종 모형은 10%보다 작은 p-값을 갖는 독립변수들로 구성되어 있다. 최선의 모형을 찾아나갈 때는 모형으로부터 한 변수씩 제거하여 축소 모형의 p-값을 검토하여야 한다. 왜냐하면 하나의 독립변수를 제거하고 축소 모형을 적합하였을 때 다른 독립변수들의 p-값은 보통 변하기 때문이다.

일반적으로 모형 적합은 다음과 같이 진행할 수 있다. 먼저 모든 k개의 독립변수를 이용하여 모형을 적합시킨다. 만약 하나 또는 여러 개의 독립변수가 10%보

다 큰 p-값을 가지면, 그 p-값에 해당하는 변수를 제거한다. 다음으로 $(k-1)$ 또는 그 이하의 독립변수들로 축소 모형을 적합시킨다. 이와 같은 방법으로 프로세스를 계속 진행한다. 이 방법을 후진제거(backwards elimination) 모형화 과정이라고 한다. 또다른 방법으로 전진선택(forward selection) 모형화 과정이 있다. 이 방법은 처음에는 어떤 독립변수도 포함시키지 않고 모형을 적합한 후에 더 이상 변수 추가가 필요 없을 때까지 유의한 독립변수를 한 번에 하나씩 추가해 나가는 과정이다. 대부분의 통계 소프트웨어는 후진제거 및 전진선택 과정을 조합하여 순차적(stepwise) 과정 결과를 제공해준다.

모수 β_i에 대한 추론(Inferences on a Parameter β_i)

다중선형회귀모형에서 모수 β_i에 대한 추론은 $\hat{\beta}_i$와 표준오차 s.e.$(\hat{\beta}_i)$를 이용하여 할 수 있다. 구체적으로 특정값 b_i에 대하여 가설

$$H_0 : \beta_i = b_i \quad \text{versus} \quad H_A : \beta_i \neq b_i$$

에 대한 검정은 p-값

$$p\text{-값} = 2 \times P(X > |t|)$$

을 통해 할 수 있으며, X는 $(n-k-1)$ 자유도를 갖는 t-분포를 따르는 확률변수이다. t-통계량은

$$t = \frac{\hat{\beta}_i - b_i}{\text{s.e.}(\hat{\beta}_i)}$$

이며, β_i에 대한 $(1-\alpha)$ 신뢰구간은

$$\beta_i \in (\hat{\beta}_i - t_{\alpha/2,n-k-1}\text{s.e.}(\hat{\beta}_i), \hat{\beta}_i + t_{\alpha/2,n-k-1}\text{s.e.}(\hat{\beta}_i))$$

종종 독립변수의 특정 부분집합의 계수들이 0인지 아닌지 관심이 있는 경우가 있다. 예를 들면 다음과 같은 가설검정을 수행하길 원한다고 하자.

$$H_0 : \beta_{r+1} = \beta_{r+2} = \cdots = \beta_k = 0$$

위의 가설검정을 위하여 먼저 모든 모수 $\beta_1, \ldots, \beta_k$를 포함하여 완전모형(full model)을 적합시킨 후 오차제곱합 SSE_k를 구한다. 다음 $\beta_1, \ldots, \beta_r$과 함께 축소모형(reduced model)을 적합시킨 후 오차제곱합 SSE_r을 구한다. F-통계량

$$F = \frac{(n-k-1)(\text{SSE}_r - \text{SSE}_k)}{(k-r)\text{SSE}_k}$$

을 계산하고, p-값$= P(X > F)$을 이용하여 가설검정을 실시한다. 이때 X는 $(k-r)$ 및 $(n-k-1)$ 자유도를 갖는 F-분포 확률변수이다.

13.1.4 반응변수에 대한 추론(Inferences on the Response Variable)

일단 최종 모형이 결정되면 독립변수의 특정값에 대하여 반응변수에 대한 추론을 할 수 있다.

최종 모형이 k개의 독립변수 $x_1, \ldots, x_k$를 포함한다고 가정하자. 특정값 x_i^*들의 집합에 대한 반응변수의 적합치는

$$\hat{y}|_{\mathbf{x}^*} = \hat{\beta}_0 + \hat{\beta}_1 x_1^* + \cdots + \hat{\beta}_k x_k^*$$

로서 이는 특정 독립변수 값에 대하여 반응변수 y의 기대값에 해당한다. 이 기대값에 대한 $(1-\alpha)$ 신뢰구간은

$$\beta_0 + \beta_1 x_1^* + \cdots + \beta_k x_k^* \in (\hat{y}|_{\mathbf{x}^*} - t_{\alpha/2,n-k-1}\text{s.e.}(\hat{y}|_{\mathbf{x}^*}),\ \hat{y}|_{\mathbf{x}^*} + t_{\alpha/2,n-k-1}\text{s.e.}(\hat{y}|_{\mathbf{x}^*}))$$

와 같다. x_i^*에서 미래 관측치에 대한 예측구간은 12장과 동일하게 구할 수 있기 때문에 자세한 설명은 이 절에서 생략한다.

적합모형을 이용할 때 데이터 집합 범위 밖의 독립변수 값에 대하여 반응변수 값을 예측하는 외삽(extrapolation)은 특히 조심할 필요가 있다. [그림 13.6]에서처럼 독립변수 각각의 독립적인 범위 내에 대하여 적합모형이 타당한지 검토하는 것은 충분하지 않다. 왜냐하면 독립변수 각각의 범위 내에 존재한다 하더라도 외삽이 발생할 수 있기 때문이다.

마지막으로 선형모형에 대한 가정이 적합한지 검토해야만 하며, 이를 검토하기 위한 잔차그림이나 일반적인 방법에 대하여 13.4절에서 자세히 설명한다.

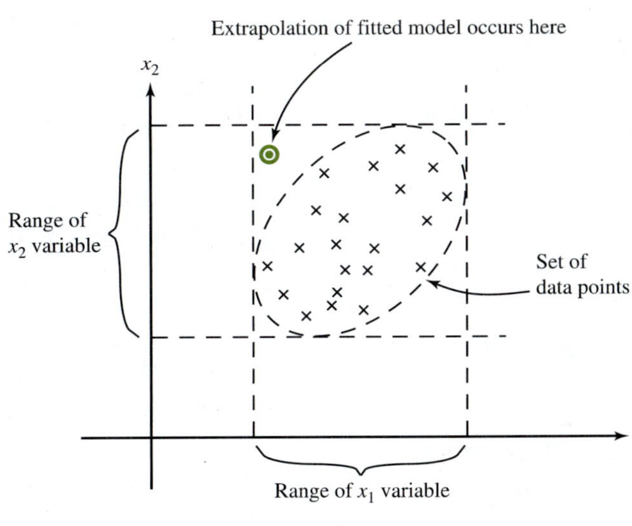

그림 13.6 적합모형의 외삽(extrapolation)은 두 변수 x_1과 x_2가 그들 각각의 범위 내에 존재한다 하더라도 발생할 수 있다

연습문제

13.1.1 다중선형회귀모형

$$y = \beta_0 + \beta_1 x_1 + \beta_2 x_2 + \beta_3 x_3$$

이 $n=30$ 관측치 데이터에 사용되었다. 총 제곱합은 SST=108.9이고 오차제곱합은 SSE=12.4이다.

(a) 결정계수 R^2을 구하라.

(b) 분산분석표를 작성하라.

(c) 오차 분산 $\hat{\sigma}^2$의 추정치를 구하라.

(d) 귀무가설 $H_0: \beta_1 = \beta_2 = \beta_3 = 0$의 p-값을 구하라.

(e) $\hat{\beta}_1 = 16.5$이고 s.e.$(\hat{\beta}_1) = 2.6$일 때 β_1에 대한 95% 양측 신뢰구간을 구하라.

13.1.2 다중선형회귀모형

$$y = \beta_0 + \beta_1 x_1 + \beta_2 x_2 + \beta_3 x_3 + \beta_4 x_4 + \beta_5 x_5 + \beta_6 x_6$$

이 $n=45$ 관측치 데이터에 사용되었다. 총 제곱합은 SST=11.62이고 오차제곱합은 SSE=8.95이다.

(a) 결정계수 R^2을 구하라.

(b) 분산분석표를 작성하라.

(c) 오차분산 $\hat{\sigma}^2$의 추정치를 구하라.

(d) 귀무가설 $H_0: \beta_1 = \beta_2 = \beta_3 = \beta_4 = \beta_5 = \beta_6 = 0$의 p-값을 구하라.

(e) $\hat{\beta}_3 = 1.05$이고 s.e.$(\hat{\beta}_3) = 0.91$일 때 β_3에 대한 95% 양측 신뢰구간을 구하라.

13.1.3 다중선형회귀모형

$$y = \beta_0 + \beta_1 x_1 + \beta_2 x_2 + \beta_3 x_3 + \beta_4 x_4$$

이 $n=12$ 관측치 데이터에 사용되었다.

(a) $\hat{\beta}_2 = 132.4$이고 s.e.$(\hat{\beta}_2) = 27.6$일 때 $\hat{\beta}_2$에 대한 95% 양측 신뢰구간을 구하라.

(b) 귀무가설 $H_0: \beta_2 = 0$의 p-값을 구하라.

13.1.4 다중선형회귀모형

$$y = \beta_0 + \beta_1 x_1 + \beta_2 x_2 + \beta_3 x_3$$

이 $n=15$ 관측치 데이터에 사용되었다.

(a) $\hat{\beta}_1 = 0.954$이고 s.e.$(\hat{\beta}_1) = 0.616$일 때 β_1에 대한 95% 양측 신뢰구간을 구하라.

(b) 귀무가설 $H_0: \beta_1 = 0$의 p-값을 구하라.

13.1.5 다중선형회귀모형

$$y = \beta_0 + \beta_1 x_1 + \beta_2 x_2 + \beta_3 x_3$$

이 $n=44$ 관측치 데이터에 대하여 사용되었고 표준오차 s.e.$(\hat{\beta}_1) = 1.03$, s.e.$(\hat{\beta}_2) = 22.8$, s.e.$(\hat{\beta}_3) = 0.671$를 갖는 모수 추정치 $\hat{\beta}_1 = 11.64$, $\hat{\beta}_2 = 132.9$, $\hat{\beta}_3 = 0.775$을 얻었다. x_1, x_2, x_3 중에서 어느 변수를 모형에서 빼야만 하는지 설명하라.

13.1.6 다중선형회귀모형

$$y = \beta_0 + \beta_1 x_1 + \beta_2 x_2 + \beta_3 x_3 + \beta_4 x_4 + \beta_5 x_5 + \beta_6 x_6$$

이 $n=23$ 관측치 데이터에 사용되었고 오차제곱합 1347.1을 얻었다. 그리고

$$y = \beta_0 + \beta_1 x_1 + \beta_2 x_2$$

을 적용하여 오차제곱합 1873.4를 얻었다. 다음의 귀무가설을 검정하라.

$$H_0 : \beta_3 = \beta_4 = \beta_5 = \beta_6 = 0$$

13.1.7 다중선형회귀모형

$$y = \beta_0 + \beta_1 x_1 + \beta_2 x_2 + \beta_3 x_3 + \beta_4 x_4 + \beta_5 x_5$$

이 $n=19$ 관측치 데이터에 사용되었고 오차제곱합 12.76을 얻었다. 그리고

$$y = \beta_0 + \beta_4 x_4 + \beta_5 x_5$$

을 적용하여 오차제곱합 28.33를 얻었다. 다음의 귀무가설을 검정하라.

$$H_0 : \beta_1 = \beta_2 = \beta_3 = 0$$

13.1.8 다중선형회귀모형

$$y = \beta_0 + \beta_1 x_1 + \beta_2 x_2$$

을 DS 13.1.1의 데이터에 적용시켰다.

(a) 모수 추정치가 $\hat{\beta}_0 = 7.280$, $\hat{\beta}_1 = -0.313$, $\hat{\beta}_2 = -0.1861$임을 만족하는 정규방정식을 작성하라.

(b) $x_1 = x_2 = 1$일 경우 반응변수의 기대값을 구하라.

13.1.9 다중선형회귀모형

$$y = \beta_0 + \beta_1 x_1 + \beta_2 x_2$$

이 $n=20$ 관측치 데이터에 사용되었고 모수 추정치 $\hat{\beta}_0 = 104.9$, $\hat{\beta}_1 = 12.76$, $\hat{\beta}_2 = 409.6$을 얻었다.

(a) $x_1 = 10$, $x_2 = 0.3$일 경우의 적합치를 구하라.

(b) 만약 이 적합치가 17.6의 표준오차를 갖는다면 이 적합치에 대한 95% 양측 신뢰구간을 구하라.

13.1.10 다중선형회귀모형

$$y = \beta_0 + \beta_1 x_1 + \beta_2 x_2 + \beta_3 x_3$$

이 $n=15$ 관측치 데이터에 사용되었고 모수 추정치 $\hat{\beta}_0 = 65.98$, $\hat{\beta}_1 = 23.65$, $\hat{\beta}_2 = 82.04$, $\hat{\beta}_3 = 17.04$을 얻었다.

(a) $x_1 = 1.5$, $x_2 = 1.5$, $x_2 = 2.0$일 경우의 적합치를 구하라.

(b) 만약 이 적합치가 2.55의 표준오차를 갖는다면 이 적합치에 대한 95% 양측 신뢰구간을 구하라.

13.1.11 다중선형회귀모형

$$y = \beta_0 + \beta_1 x_1 + \beta_2 x_2 + \beta_3 x_3$$

이 $n=20$ 관측치 데이터에 사용되었고 $\hat{\sigma} = 4.33$, $\Sigma_{i=1}^{20} y_i = -5.68$, $\Sigma_{i=1}^{20} y_i^2 = 694.09$를 얻었다.

분산분석표를 구하고 $p-$값을 구하라. 어떠한 가설이 이 $p-$값에 의해서 검정될 수 있는가? 또한 어느 정도의 y의 변동성이 이 모델로 설명되는가?

13.1.12 다중선형회귀모형

$$y = \beta_0 + \beta_1 x_1 + \beta_2 x_2 + \beta_3 x_3 + \beta_4 x_4$$

이 $n=22$ 관측치 데이터에 사용되었고 총제곱합 45.76, 오차제곱합 23.98을 얻었다.

(a) 결정계수 R^2을 구하라.

(b) 분산분석표를 작성하라.

(c) σ^2의 추정치를 구하라.

(d) 다음의 귀무가설에 대한 $p-$값은 얼마인가?

$$H_0 : \beta_1 = \beta_2 = \beta_3 = \beta_4 = 0$$

(e) 만약 $\hat{\beta}_2 = 183.2$이고 s.e.$(\hat{\beta}_2) = 154.3$일 경우, β_2에 대한 95% 양측 신뢰구간을 구하라.

13.2 다중선형회귀 예제(Examples of Multiple Linear Regression)

예제 70 화학물 수율(Chemical Yields)

어떤 화학 엔지니어는 다양한 온도 조건에서 화학 반응으로부터 얻어지는 화학물의 수율을 측정하였으며, 측정 데이터는 [그림 13.7]과 같다. 데이터 플롯을 통해 수율과 온도 사이에 관계가 있는 것처럼 보이며 실제로 직선을 적합시킴으로써 그 사실을 확인할 수 있다([그림 13.8] 참조). 적합한 직선은 높거나 낮은 온도조건에서 수율을 과소추정하고 중간 온도 조건에서는 수율을 과대추정하고 있음을 알 수 있다. 따라서 엔지니어는 다음과 같은 2차 모형을 시도하였다.

Yield	Temperature °C
85	90
76	100
114	110
143	120
164	130
281	140
306	150
358	160
437	170
470	180
649	190
702	200

그림 13.7
화학물 수율 데이터 집합

$$\text{수율} = \beta_0 + (\beta_1 \times \text{온도}) + (\beta_2 \times \text{온도}^2)$$

적합한 2차 모형은 [그림 13.9]에 실선으로 표시되어 있는데 곡선은 데이터들을 잘 설명하고 있음을 알 수 있다. 적합한 곡선 방정식은

$$\text{수율} = 293 - (6.14 \times \text{온도}) + (0.0411 \times \text{온도}^2)$$

이며, F-통계량은 326.41이다. 귀무가설 $H_0: \beta_1 = \beta_2 = 0$에 대한 p-값이 매우 작기 때문에 귀무가설이 타당하지 않다는 결론을 내릴 수 있다. 달리 말해 수율과 온도간에는 2차항 관계가 있다는 증거가 있으며 실제로 데이터를 플롯함으로써 확인할 수 있다.

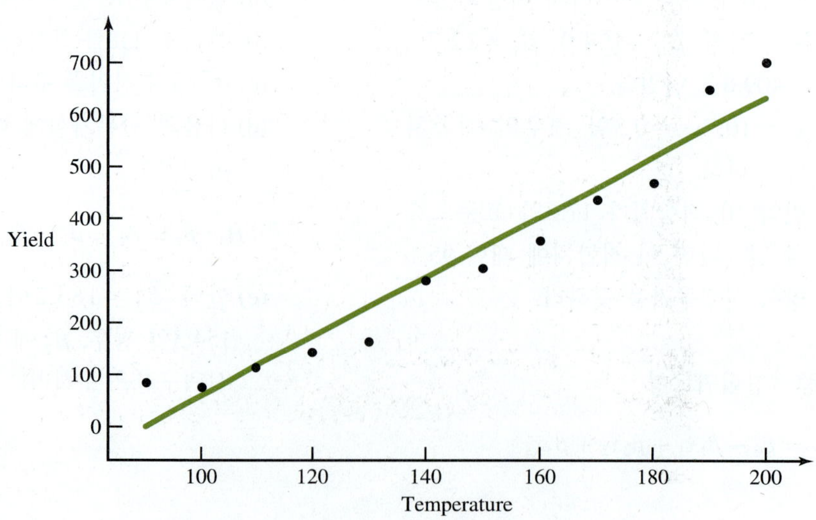

그림 13.8
화학물 수율 데이터 집합에 대한 만족스럽지 못한 선형모형

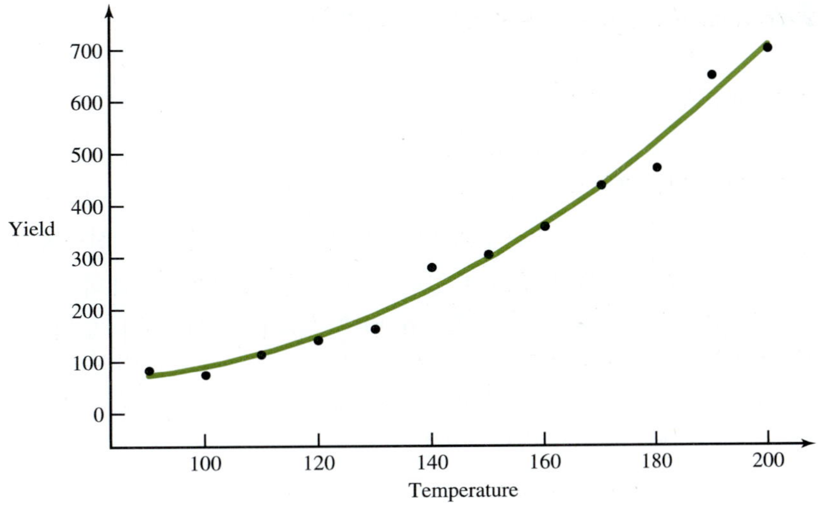

그림 13.9
화학물 수율 데이터 집합에 대한 2차 모형

$\hat{\beta}_2$에 대한 표준오차 s.e.($\hat{\beta}_2$)=0.007570이며 따라서 $H_0:\beta_2=0$에 대한 t-통계량은

$$t=\frac{\hat{\beta}_2}{\text{s.e.}(\hat{\beta}_2)}=\frac{0.041086}{0.007570}=5.43$$

이며, 이 통계량 값에 대한 p-값은

$$p\text{-값}=2\times P(X>5.43)\simeq 0$$

으로서, X는 자유도 $(n-k-1)=12-2-1=9$인 t-분포를 따르는 확률변수이다.

0에 가까운 p-값은 귀무가설이 맞지 않으며, 2차항이 모형을 잘 적합시키기 위하여 반드시 필요함을 알 수 있다. β_2에 대한 95% 양측 신뢰구간은 $t_{0.025,9}=2.262$를 이용하여

$$(0.041086-(2.262\times 0.007570),\ 0.041086+(2.262\times 0.007570))=(0.024,\ 0.058)$$

이다. 절편모수 β_0에 대한 p-값은 0.089이며, 이차항계수 β_1에 대한 p-값은 0.021로서 반드시 모형에서 제거할 필요가 없다. 최종적으로 115℃에서 수율의 예측값은

$$\text{수율}=293-(6.14\times 155)+(0.0411\times 155^2)=328.3$$

이며, 이 적합모형에 대한 표준오차는 11.72이므로, 155℃에서의 수율 기대값에 대한 95%신뢰구간은 (301, 355)이 된다. 또한 115℃에서 미래 수율에 대한 95% 예측구간은 (260, 397)이 되는데 이는 13.3절에 설명하는 분석방법을 확용하여 컴퓨터 소프트웨어를 통해 구할 수 있다.

예제 71 슈퍼마켓 배달(Supermarket Deliveries)

슈퍼마켓 매니저는 트럭으로부터 화물을 내리는데 얼마나 시간이 걸리는지 조사하고자 한다. [그림 13.10]에서처럼 화물을 내리는데 걸리는 시간은 화물의 부피 및 무게와 관련이 있다. 게다가 슈퍼마켓에는 오전근무와 밤근무 당번이 있어서 매니저는 당번 방식에 따라 하차 시간에 차이가 있을 수 있다고 생각하였다. 총 10번의 배달을 오전근무와 밤근무에 대해 각각 임으로 선택하였는데 그 데이터는 [그림 13.11]에 주어져 있다. 두 가지 근무 당번에 대하여 지시변수(indicator variable)를 사용, 오전근무는 0, 밤근무는 1로 나타냈다. 도입한 다중선형회귀모형은

$$y = \beta_0 + \beta_1 x_1 + \beta_2 x_2 + \beta_3 x_3$$

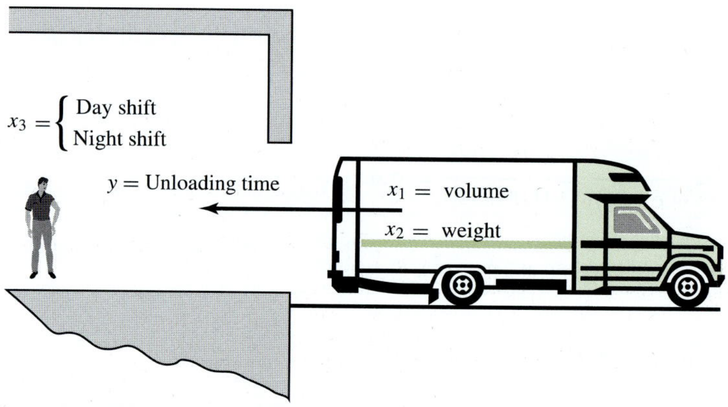

그림 13.10
슈퍼마켓 배달

Volume of load (m^3)	Weight of load (1000 kg)	Shift (0 day, 1 night)	Unloading time (minutes)
79	43	0	48
76	46	0	42
84	43	0	44
66	32	0	33
98	56	0	53
98	57	0	58
92	56	0	52
73	38	0	34
80	44	0	40
62	37	0	24
87	45	1	47
67	44	1	32
62	37	1	30
76	36	1	39
93	55	1	56
61	41	1	23
53	32	1	20
63	43	1	35
77	49	1	42
59	40	1	19

그림 13.11
슈퍼마켓 배달
데이터 집합

로서 y는 화물을 내리는데 걸리는 시간, x_1은 화물의 부피, x_2는 화물의 무게, x_3는 교대근무를 나타내는 지시변수에 해당한다. 통계 소프트웨어를 이용하여 F-통계량을 구하면 60.99이며, 귀무가설

$$H_0 : \beta_1 = \beta_2 = \beta_3 = 0$$

에 대한 p-값은 아주 작게 나타나 화물을 내리는데 걸리는 시간은 적어도 일부 독립변수와 연관이 있음을 알 수 있다. 그러나 개개의 계수 β_i를 독립적으로 고려하였을 때, 부피(β_1)는 p-값이 작지만 무게(β_2)의 p-값은 0.949, 교대근무(β_3)의 p-값은 0.691로 아주 크게 나타난다. 예를 들면, $\hat{\beta}_2=0.0137$, s.e.($\hat{\beta}_2$)$=0.2109$으로 t-통계량

$$t = \frac{\hat{\beta}_2}{\text{s.e.}(\hat{\beta}_2)} = \frac{0.0137}{0.2109} = 0.07$$

이며 p-값$=2\times P(X > 0.07)=0.949$이다. 이때 X는 자유도 $(n-k-1)=20-3-1=16$인 t-분포를 따르는 확률변수이다.

화물의 무게 및 교대근무에 대한 p-값이 크게 나타나 이 변수들은 모형으로부터 제거할 수 있으며 결국 화물의 부피 하나의 변수를 포함하여 단순선형회귀모형을 적합하는 것이 타당하다. [그림 13.12]는 최종 단순 선형회귀모형으로서 적합 모형식은

화물을 내리는데 걸리는 시간$=-24.2+(0.833\times$화물의 부피)

와 같다. 하지만 화물하차 시간과 화물의 무게와의 연관이 없다고 할 수 있을까? [그림 13.13]은 화물하차 시간과 화물의 무게에 대하여 단순선형회귀 모형을 적합한 그림으로서 기울기 모수는 확연하게 0이 아니며(t-통계량은 5.92), 두 변수

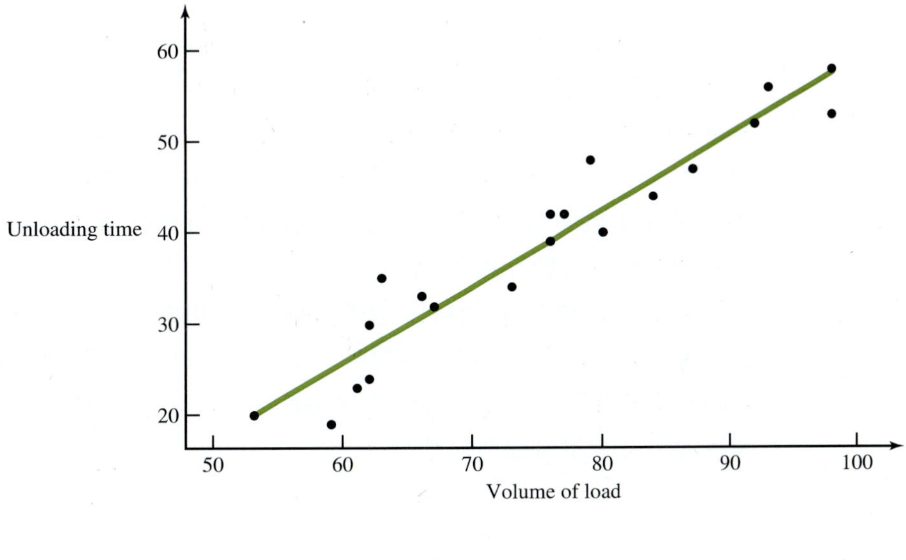

그림 13.12 슈퍼마켓 배달 데이터 집합에 대하여 화물하차 시간과 화물의 부피의 단순선형 회귀모형

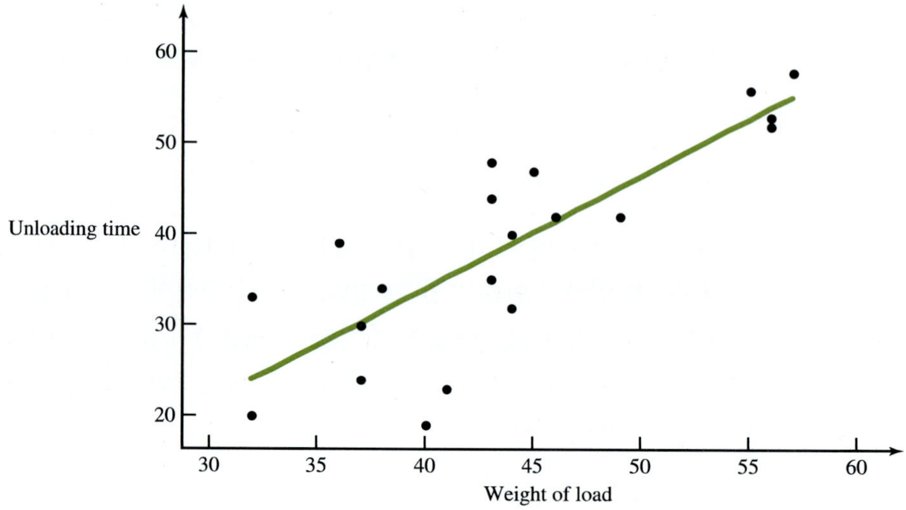

그림 13.13 슈퍼마켓 배달 데이터 집합에 대한 화물하차 시간과 화물의 무게의 단순선형 회귀모형

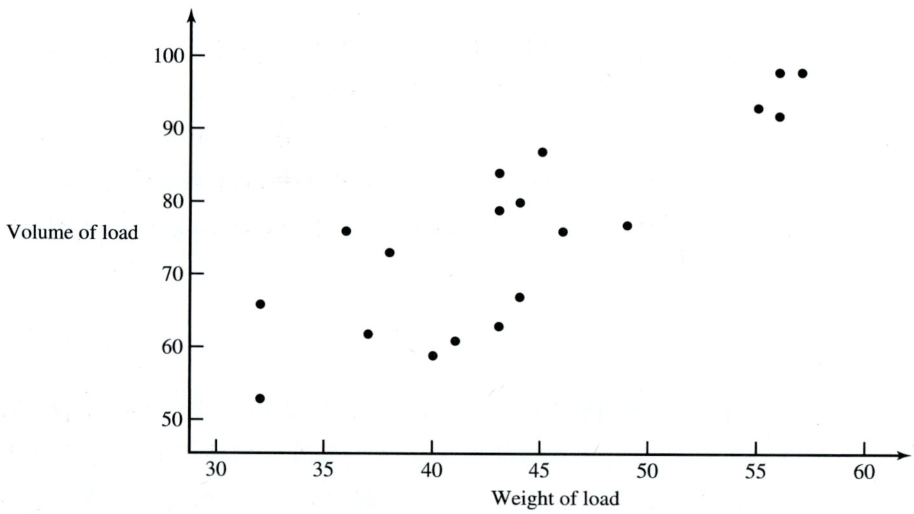

그림 13.14 슈퍼마켓 배달 데이터 집합에서 화물의 부피와 무게는 양으로 상관되어 있음

들이 양의 상관관계가 있음을 보여주고 있다. 그렇다면 왜 화물의 무게가 모형으로부터 탈락하였을까? [그림 13.14]는 화물의 부피와 화물의 무게에 대한 산점도로서 두 변수들이 양의 상관관계를 가지고 있다. 따라서 화물의 부피를 나타내는 변수가 모형에 포함되었을 때 화물의 무게를 나타내는 변수는 모형에 큰 도움을 주지 못하게 된다. 결국 부피변수는 무게변수에 대하여 대리(surrogate)처럼 행동하는 것으로 생각할 수 있는 것이다.

그렇다면 두 변수 중 하나를 선택할 때 어떤 변수를 선택해야만 하는가? 표본상관계수를 고려하였을 때 화물하차 시간과 화물의 부피에 대한 표본상관계수 $r=0.96$이며 화물의 무게에 대한 표본상관계수 $r=0.81$로서, 높은 상관계수를 가지는 부피가 모형에 포함되게 된다.

예제 72 잔디 품질(Turf Quality)

스포츠 목적을 위한 양질의 잔디를 제공하기 위하여 잔디 재배업자는 다양한 물의 양 및 비료를 대상으로 실험을 실시하였다. 총 $n=14$ 잔디 표본을 샘플링하여 점수를 부여하였다.

높은 점수는 그만큼 높은 품질의 잔디를 의미하며 결과 데이터는 [그림 13.15]와 같다. 데이터를 통해 점수와 물의 양 및 비료의 양간에는 곡선관계가 존재하며 너무 많은 물과 비료의 양에 대해서 점수가 오히려 더 낮아짐을 알 수 있다. 결과적으로 다음과 같은 반응표면모형(Response Surface)을 세울 수 있다.

$$y = \beta_0 + \beta_1 x_1 + \beta_2 x_1^2 + \beta_3 x_2 + \beta_4 x_2^2 + \beta_5 x_1 x_2$$

이 경우 y는 점수, x_1의 물의 양 수준, x_2는 비료 양 수준을 나타내는 변수이다. 이 모형을 데이터에 적합시켰을 때 모든 모수 $\beta_1, \ldots, \beta_5$에 대하여 p-값이 매우 작게 나타났으며, 따라서 모든 변수들이 모델에 포함된다. 최종 적합모형은

$$y = -144 + 24.2x_1 - 1.01x_1^2 + 11.5x_2 - 0.236x_2^2 - 0.270x_1 x_2$$

이며 [그림 13.16]에 나타나 있다. 점수는 $x_1=9.4$, $x_2=19.0$일 때 최대가 되며, 이 수준을 잔디를 재배하기 위한 최적조건의 추정치로 사용 가능하다.

예제 44 육군 체력 검사(Army Physical Fitness Test)

육군 체력검사 예제를 다시 고려해보자. [그림 13.17]은 윗몸일으키기 개수를 포함한 총 데이터를, [그림 13.18]은 윗몸일으키기 개수에 대한 요약 통계량을 나타

Quality score	Water level	Fertilizer level
72	9	26
71	12	20
62	6	20
32	15	24
48	15	16
37	13	28
68	13	12
27	11	32
46	11	8
48	7	32
46	5	28
41	5	12
38	3	24
34	3	16

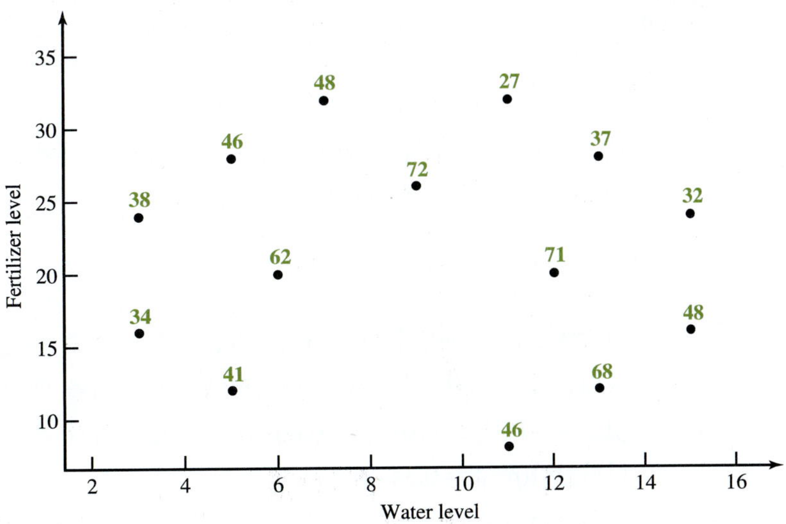

그림 13.15
잔디 품질 점수 데이터 집합 및 산점도

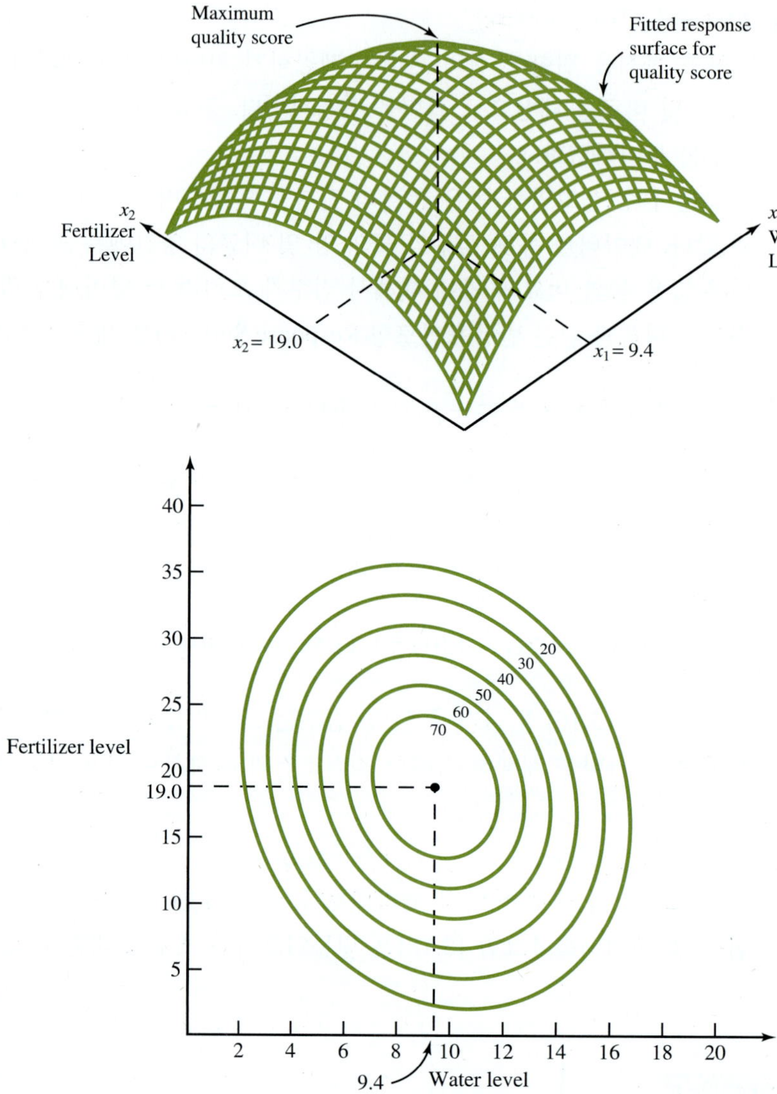

그림 13.16 잔디 품질 예제에 대하여 적합된 반응표면 모형

내고 있다. 참가자의 달리기 시간을 예측하기 위하여 팔굽혀펴기와 윗몸일으키기 개수를 이용, 다중선형회귀모형을 가정하면

$$y = \beta_0 + \beta_1 x_1 + \beta_2 x_2$$

와 같다. y는 달리기 시간, x_1은 팔굽혀펴기 개수 x_2는 윗몸일으키기 개수를 나타내는 변수이다. 이 모형을 데이터에 적합시켰을 때, 팔굽혀펴기 개수는 유의한 것으로 나타났으나(p−값$=0.0028$), 윗몸일으키기 개수는 유의하지 않은 것으로 나타났다(p−값$=0.3448$).

결국 x_2는 모델에서 제외하고 x_1 변수 홀로 단순선형회귀모형을 사용하여 달리기 시간을 예측할 수 있다.

2-mile run time (seconds)	Number of pushups	Number of situps	2-mile run time (seconds)	Number of pushups	Number of situps
847	60	83	882	58	57
887	53	67	861	62	67
879	60	70	845	60	61
919	55	60	865	90	82
816	60	71	883	78	72
814	78	83	881	86	80
814	74	70	921	86	77
855	70	69	816	69	56
980	46	48	837	74	68
954	50	55	1056	40	45
1078	50	48	1034	40	50
1001	59	61	774	78	76
766	62	71	821	70	70
916	64	65	850	78	70
798	51	62	870	70	61
782	66	64	931	55	60
836	73	69	930	55	73
837	78	80	808	80	66
791	80	90	828	78	62
838	70	78	719	78	78
853	70	85	707	68	70
840	79	86	934	45	45
740	93	91	939	45	45
763	80	100	977	47	51
778	78	78	896	88	65
855	70	48	921	70	71
875	60	60	815	80	84
868	78	73	838	79	81
880	50	50	854	71	82
905	70	67	1063	50	55
895	69	64	1024	50	50
720	125	95	780	73	78
712	80	80	813	78	71
703	99	92	850	78	80
741	80	80	902	63	60
792	61	68	906	60	60
808	50	50	865	78	84
761	55	52	886	78	82
785	60	49	881	78	82
801	60	59	825	50	59
810	65	54	821	61	56
1013	66	82	832	62	67

그림 13.17
육군 체력 검사 데이터 집합

Situps
n = 84
Sample mean = 68.29
Sample standard deviation = 13.05
Maximum = 100
Upper quartile = 80
Median = 68.5
Lower quartile = 59.25
Minimum = 45

그림 13.18
윗몸일으키기 개수에 대한 요약 통계량

하지만 [그림 13.19]에서 보는 것처럼 윗몸일으키기 개수는 달리기 시간과 음의 상관관계가 있음을 알 수 있다. 그렇다면 왜 x_2가 모형에서 제외되었을까? 그 이유는 윗몸일으키기 변수는 팔굽혀펴기 변수와 상관관계가 있기 때문이며([그림 13.20] 참조) 달리기 시간과 팔굽혀펴기 개수와의 표본상관계수 $r=-0.57$, 윗몸일으키기 개수와의 표본상관계수 $r=-0.50$으로 팔굽혀펴기 개수의 표본상관계수가 크므로 윗몸일으키기 개수의 대리(surrogate)로서 모형에 남게 된다.

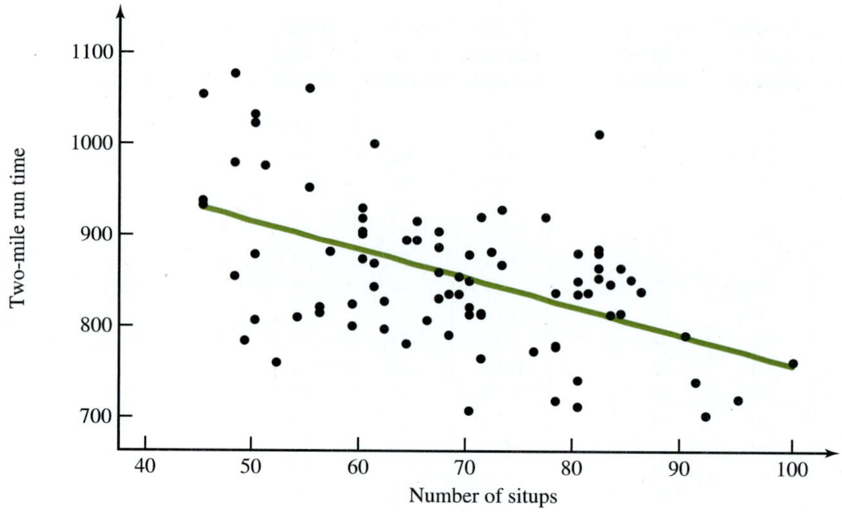

그림 13.19 육군 체력 검사 데이터 집합에 대하여 달리기 시간과 윗몸일으키기 개수의 단순선형회귀모형

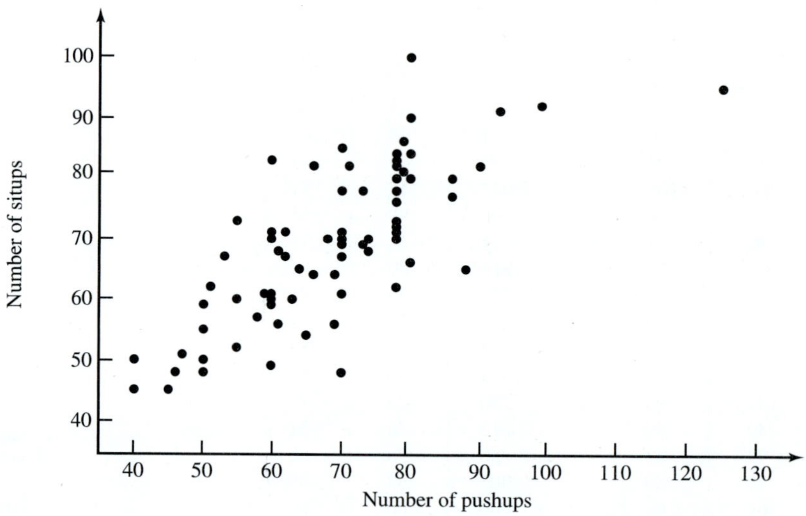

그림 13.20 육군 체력 검사 데이터 집합에 대하여 팔굽혀펴기 개수와 윗몸일으키기 개수는 양의 상관이 있음.

연습문제

13.2.1 경쟁 가격 전략

DS 13.2.1의 데이터 집합은 어느 회사의 판매량과 가격, 그리고 $n=10$개의 사분기 기간 동안 경쟁상품의 가격에 관련된 데이터이다. 이 데이터를 이용하여 판매량을 y로, 상품의 가격을 x_1, 경쟁 상품의 가격을 x_2로 하여 다음의 다중선형회귀모형에 적합시켰다.

$$y = \beta_0 + \beta_1 x_1 + \beta_2 x_2$$

(a) 이 회사의 판매량을 그 회사의 가격과 경쟁상품의 가격에 대하여 그래프를 그려라.

(b) 경쟁상품의 가격이 이 모델에 필요한가? 경쟁상품의 가격과 판매량의 표본 상관계수를 구하라. 경쟁상품의 가격과 이 회사의 가격의 표본 상관계수를 구하라.

(c) 이 회사의 가격과 판매량 사이의 표본 상관계수를 구하라. 이 회사의 가

격이 \$10.0일 경우 다음 사분기의 판매량을 예측하라.

13.2.2 최적 섬유질 강도에 대한 폴리머 농도
두 폴리머는 합성섬유 생산에 사용되는 요소이다. DS 13.2.2는 다른 농도를 갖는 두 폴리머로부터 얻어진 섬유의 강도 데이터이다. 이 실험은 폴리머의 기준농도인 0과 한 단위 높은 1과 한 단위 낮은 −1에서 실험되었다. y는 섬유의 강도이고 x_1은 폴리머 1의 농도, x_2는 폴리머 2의 농도이며 다음의 모델에 적합시켰다.

$$y = \beta_0 + \beta_1 x_1 + \beta_2 x_1^2 + \beta_3 x_2 + \beta_4 x_2^2 + \beta_5 x_1 x_2$$

어느 폴리머 농도에서 섬유의 강도가 가장 강해지는지 답하라.

13.2.3 석유 유정 시추 비용
DS 13.2.3의 데이터 집합은 지질학적 특징과 작업중단 시간, 장비 색인, 깊이, 비용의 변수를 포함하고 있다. 지질학적 특징은 시추 작업의 수월성을 나타낸다. 단단한 물질은 큰 점수를 갖는다. 작업중단 시간은 험한 날씨와 작업상 문제에 의해서 장비가 운행되지 않는 시간을 나타낸다. 장비 색인은 1980년의 장비를 하루 빌리는데 드는 비용과 비교된다. 따라서 색인 1은 1980년대의 대여 비용과 같다는 것을 나타내고 색인 2는 1980년대의 대여 비용보다 두 배 비싸다는 것을 나타낸다.

(a) 종속변수 y는 비용이고 x_1은 깊이, x_2는 지질학적 점수, x_3은 작업중단 시간, x_4는 장비 색인으로 하여 다음의 다중선회회귀 모델에 적합시키고 각각의 변수에 대해서 비용에 대한 그래프를 그려라.

$$y = \beta_0 + \beta_1 x_1 + \beta_2 x_2 + \beta_3 x_3 + \beta_4 x_4$$

(b) 왜 지질학점 점수를 이 모델에서 제거해야 하는지 설명하라. 비용(y)과 지질학적 특성(x_2) 사이의 상관계수를 구하라. 깊이(x_1)와 지질학적 점수(x_2)에 대한 상관계수를 구하라. 왜 지질학적 점수가 이 모형에서 필요하지 않다고 생각하는가?

(c) 다른 변수 중에 이 모형에서 제거해야하는 변수가 있는가? 최종 모델로 적절한 모형은 무엇인가?

13.2.4 에어로빅 운동 데이터
DS 13.2.4는 휴식시 개인의 심장박동과 체지방률, 몸무게, 나이 VO2−max의 변수를 포함하고 있다. 새로운 변수인 심장박동과 체지방률, 몸무게를 적용한 모형이 더 좋은 결과를 주는가? 어떠한 모형을 선택하는 것이 최선이라고 생각하는가?

13.2.5 어떤 범주형의 입력변수는 세 가지 수준을 가지고 있다. 이 변수를 다중선형회귀모형에 사용하기 위해서 어떠한 지시변수를 사용할 수 있는가?

13.2.6 y와 두 입력변수 x_1, x_2를 갖는 다중선형회귀모형을 고려해보자. x_1에 대한 p−값은 1%보다 작고 x_2에 대한 p−값은 10%보다 크다. 만약 y와 x_2에 대한 단순선형회귀분석을 수행했다고 가정할 때 이 단순선형회귀에서 x_2에 대한 p−값의 한계값을 설정하라.

13.3 다중선형회귀의 행렬연산공식(Matrix Algebra Formulation of Multiple Linear Regression)

13.3.1 행렬표현(Matrix Representation)

선형모형

$$y_i = \beta_0 + \beta_1 x_{1i} + \cdots + \beta_k x_{ki} + \epsilon_i$$

은 다음과 같이 행렬 형태로 쓸 수 있다.

$$\mathbf{Y} = \mathbf{X}\boldsymbol{\beta} + \boldsymbol{\epsilon}$$

이때 $\boldsymbol{Y}$는 $(n \times 1)$ 반응변수 벡터로서

$$\mathbf{Y} = \begin{pmatrix} y_1 \\ y_2 \\ \cdot \\ \cdot \\ \cdot \\ y_n \end{pmatrix}$$

이다. $\boldsymbol{X}$는 $n \times (k+1)$ 디자인행렬(design matrix)로서 독립변수들의 값을 포함하며

$$\mathbf{X} = \begin{pmatrix} 1 & x_{11} & x_{21} & \cdots & x_{k1} \\ 1 & x_{12} & x_{22} & \cdots & x_{k2} \\ \cdot & \cdot & \cdot & \cdots & \cdot \\ \cdot & \cdot & \cdot & \cdots & \cdot \\ \cdot & \cdot & \cdot & \cdots & \cdot \\ 1 & x_{1n} & x_{2n} & \cdots & x_{kn} \end{pmatrix}$$

이다. 모수 $\boldsymbol{\beta}$는 $(k+1) \times 1$ 벡터로서

$$\boldsymbol{\beta} = \begin{pmatrix} \beta_0 \\ \beta_1 \\ \cdot \\ \cdot \\ \cdot \\ \beta_k \end{pmatrix}$$

이며, $(n \times 1)$ 오차항벡터 $\boldsymbol{\epsilon}$는

$$\boldsymbol{\epsilon} = \begin{pmatrix} \epsilon_1 \\ \epsilon_2 \\ \cdot \\ \cdot \\ \cdot \\ \epsilon_n \end{pmatrix}$$

이다. 오차항 ϵ_i는 독립적인 $N(0, \sigma^2)$ 분포를 따르므로, 오차항 벡터 $\boldsymbol{\epsilon}$는 평균이 $\mathbf{0}$이며, 분산이 $\sigma^2 \mathbf{I}_n$인 다변량 정규분포를 따른다. 이때 $\mathbf{I}_n$은 $(n \times n)$ 단위행렬로서

$$\boldsymbol{\epsilon} \sim N_n(\mathbf{0}, \sigma^2 \mathbf{I}_n)$$

이므로, 반응벡터 $\boldsymbol{Y}$는

$$\mathbf{Y} \sim N_n(\mathbf{X}\boldsymbol{\beta}, \sigma^2 \mathbf{I}_n)$$

이며 따라서

$$E(\mathbf{Y}) = \mathbf{X}\boldsymbol{\beta}$$

이다.

예제 67 자동차 공장 전기 사용량(Car Plant Electricity Usage)

자동차 공장은 따뜻한 기후 조건인 남쪽 지역에 위치하여, 최적의 근무 온도조건 65°F를 맞추기 위하여 냉방 기능을 요구한다. 공장 매니저는 제품 생산뿐만 아니라 전기 사용량에 영향을 주는 에어컨의 양을 조사하고자 다음과 같은 냉각일수(cooling degree days: CDD)를 매달 계산하였다.

$$\text{CDD} = \sum_{\text{개월당 날수}} \max\{\text{하루평균기온} - 65, 0\}$$

이 변수는 매일 공장의 온도를 65°F로 맞추기 위하여 매달동안 요구되는 냉각 정도로 해석할 수 있다. 데이터의 집합은 [그림 13.21]에 주어져 있으며 다중선형 회귀모형

$$y = \beta_0 + \beta_1 x_1 + \beta_2 x_2$$

	Electricity usage (million kWh)	Production ($ million)	Cooling degree days
January	2.48	4.51	0
February	2.26	3.58	0
March	2.47	4.31	13
April	2.77	5.06	56
May	2.99	5.64	117
June	3.05	4.99	306
July	3.18	5.29	358
August	3.46	5.83	330
September	3.03	4.70	187
October	3.26	5.61	94
November	2.67	4.90	23
December	2.53	4.20	0

그림 13.21 자동차 공장 전기 사용량 데이터 집합

가 데이터를 모형화하기 위하여 제안되었다. y는 전기 사용량, x_1은 생산 수준, x_2는 CDD를 나타내는 변수이다. 이 경우 $n=12$이며 $k=2$가 된다. 반응 벡터와 디자인행렬은 각각

$$\mathbf{Y}=\begin{pmatrix}2.48\\2.26\\2.47\\2.77\\2.99\\3.05\\3.18\\3.46\\3.03\\3.26\\2.67\\2.53\end{pmatrix}\qquad \mathbf{X}=\begin{pmatrix}1 & 4.51 & 0\\1 & 3.58 & 0\\1 & 4.31 & 13\\1 & 5.06 & 56\\1 & 5.64 & 117\\1 & 4.99 & 306\\1 & 5.29 & 358\\1 & 5.83 & 330\\1 & 4.70 & 187\\1 & 5.61 & 94\\1 & 4.90 & 23\\1 & 4.20 & 0\end{pmatrix}$$

모수벡터 $\boldsymbol{\beta}$는

$$\boldsymbol{\beta}=\begin{pmatrix}\beta_0\\\beta_1\\\beta_2\end{pmatrix}$$

로서 β_i의 최소제곱 추정치는 제곱합 Q를 최소화하는 β_i의 값으로서, Q는 행렬 형태로

$$Q=(\mathbf{Y}-\mathbf{X}\boldsymbol{\beta})'(\mathbf{Y}-\mathbf{X}\boldsymbol{\beta})$$

와 같이 쓸 수 있다.

$(k+1)\times(k+1)$ 행렬 $\mathbf{X}'\mathbf{X}$는

$$\mathbf{X}'\mathbf{X}=\begin{pmatrix} n & \sum_{i=1}^n x_{1i} & \sum_{i=1}^n x_{2i} & \cdots & \sum_{i=1}^n x_{ki}\\ \sum_{i=1}^n x_{1i} & \sum_{i=1}^n x_{1i}^2 & \sum_{i=1}^n x_{1i}x_{2i} & \cdots & \sum_{i=1}^n x_{1i}x_{ki}\\ \sum_{i=1}^n x_{2i} & \sum_{i=1}^n x_{1i}x_{2i} & \sum_{i=1}^n x_{2i}^2 & \cdots & \sum_{i=1}^n x_{2i}x_{ki}\\ \cdot & \cdot & \cdot & \cdots & \cdot\\ \cdot & \cdot & \cdot & \cdots & \cdot\\ \cdot & \cdot & \cdot & \cdots & \cdot\\ \sum_{i=1}^n x_{ki} & \sum_{i=1}^n x_{1i}x_{ki} & \sum_{i=1}^n x_{2i}x_{ki} & \cdots & \sum_{i=1}^n x_{ki}^2 \end{pmatrix}$$

$(k+1)\times 1$ 벡터 $\mathbf{X}'\mathbf{Y}$는

$$\mathbf{X}'\mathbf{Y} = \begin{pmatrix} \sum_{i=1}^{n} y_i \\ \sum_{i=1}^{n} y_i x_{1i} \\ \cdot \\ \cdot \\ \cdot \\ \sum_{i=1}^{n} y_i x_{ki} \end{pmatrix}$$

13.1.2에서 유도한 정규방정식은 다음과 같이 표현할 수 있다.

$$\mathbf{X}'\mathbf{X}\boldsymbol{\beta} = \mathbf{X}'\mathbf{Y}$$

위의 행렬방정식은 독립변수들이 선형결합되지 않았다면 해를 찾을 수 있으며 최소제곱 추정치 $\hat{\boldsymbol{\beta}}$은 다음과 같다.

$$\hat{\boldsymbol{\beta}} = (\mathbf{X}'\mathbf{X})^{-1}\mathbf{X}'\mathbf{Y}$$

직선을 통해 적합한 값은

$$\hat{\mathbf{Y}} = \begin{pmatrix} \hat{y}_1 \\ \hat{y}_2 \\ \cdot \\ \cdot \\ \cdot \\ \hat{y}_n \end{pmatrix} = \mathbf{X}\hat{\boldsymbol{\beta}}$$

이며, $(n \times 1)$ 잔차벡터는

$$\mathbf{e} = \begin{pmatrix} e_1 \\ e_2 \\ \cdot \\ \cdot \\ \cdot \\ e_n \end{pmatrix} = \mathbf{Y} - \hat{\mathbf{Y}} = \begin{pmatrix} y_1 - \hat{y}_1 \\ y_2 - \hat{y}_2 \\ \cdot \\ \cdot \\ \cdot \\ y_n - \hat{y}_n \end{pmatrix}$$

이다. 오차제곱합은 $\text{SSE} = \mathbf{e}'\mathbf{e} = \sum_{i=1}^{n} e_i^2 = \sum_{i=1}^{n} (y_i - \hat{y}_i)^2$ 와 같이 계산할 수 있으며 오차분산의 추정치는

$$\hat{\sigma}^2 = \text{MSE} = \frac{\text{SSE}}{n-k-1}.$$

예제 67 자동차 공장 전기 사용량(Car Plant Electricity Usage)

이 예제에서

$$\sum_{i=1}^{12} x_{1i} = 4.51 + \cdots + 4.20 = 58.62$$

$$\sum_{i=1}^{12} x_{1i}^2 = 4.51^2 + \cdots + 4.20^2 = 291.231$$

$$\sum_{i=1}^{12} x_{2i} = 0 + 0 + 13 + \cdots + 23 + 0 = 1484$$

$$\sum_{i=1}^{12} x_{2i}^2 = 0^2 + 0^2 + 13^2 + \cdots + 23^2 + 0 = 392{,}028$$

$$\sum_{i=1}^{12} x_{1i}x_{2i} = (4.51 \times 0) + \cdots + (4.20 \times 0) = 7862.87$$

$$\mathbf{X'X} = \begin{pmatrix} n & \sum_{i=1}^n x_{1i} & \sum_{i=1}^n x_{2i} \\ \sum_{i=1}^n x_{1i} & \sum_{i=1}^n x_{1i}^2 & \sum_{i=1}^n x_{1i}x_{2i} \\ \sum_{i=1}^n x_{2i} & \sum_{i=1}^n x_{1i}x_{2i} & \sum_{i=1}^n x_{2i}^2 \end{pmatrix} = \begin{pmatrix} 12.0 & 58.6 & 1484.0 \\ 58.6 & 291.2 & 7862.8 \\ 1484.0 & 7862.8 & 392{,}028.0 \end{pmatrix}$$

따라서

$$(\mathbf{X'X})^{-1} = \begin{pmatrix} 6.82134 & -1.47412 & 3.74529 \times 10^{-3} \\ -1.47412 & 0.32605 & -9.5962 \times 10^{-4} \\ 3.74529 \times 10^{-3} & -9.5962 \times 10^{-4} & 7.6207 \times 10^{-6} \end{pmatrix}$$

이며,

$$\sum_{i=1}^{12} y_i = 2.48 + \cdots + 2.53 = 34.15$$

$$\sum_{i=1}^{12} y_i x_{1i} = (2.48 \times 4.51) + \cdots + (2.53 \times 4.20) = 169.2532$$

$$\sum_{i=1}^{12} y_i x_{2i} = (2.48 \times 0) + \cdots + (2.53 \times 0) = 4685.06$$

이므로

$$\mathbf{X'Y} = \begin{pmatrix} \sum_{i=1}^n y_i \\ \sum_{i=1}^n y_i x_{1i} \\ \sum_{i=1}^n y_i x_{2i} \end{pmatrix} = \begin{pmatrix} 34.15 \\ 169.2532 \\ 4685.06 \end{pmatrix}$$

이다. 모수 $\boldsymbol{\beta}$에 대한 추정치는

$$\hat{\boldsymbol{\beta}} = \begin{pmatrix} \hat{\beta}_0 \\ \hat{\beta}_1 \\ \hat{\beta}_2 \end{pmatrix} = (\mathbf{X}'\mathbf{X})^{-1}\mathbf{X}'\mathbf{Y}$$

$$= \begin{pmatrix} 6.82134 & -1.47412 & 3.74529 \times 10^{-3} \\ -1.47412 & 0.32605 & -9.5962 \times 10^{-4} \\ 3.74529 \times 10^{-3} & -9.5962 \times 10^{-4} & 7.6207 \times 10^{-6} \end{pmatrix} \begin{pmatrix} 34.15 \\ 169.2532 \\ 4685.06 \end{pmatrix}$$

$$= \begin{pmatrix} 0.99 \\ 0.35 \\ 0.0012 \end{pmatrix}$$

와 같다. 최종 적합 모형은

$$y = 0.99 + 0.35x_1 + 0.0012x_2$$

이며, 적합시킨 값의 벡터는

$$\hat{\mathbf{Y}} = \mathbf{X}\hat{\boldsymbol{\beta}} = \begin{pmatrix} 1 & 4.51 & 0 \\ 1 & 3.58 & 0 \\ 1 & 4.31 & 13 \\ 1 & 5.06 & 56 \\ 1 & 5.64 & 117 \\ 1 & 4.99 & 306 \\ 1 & 5.29 & 358 \\ 1 & 5.83 & 330 \\ 1 & 4.70 & 187 \\ 1 & 5.61 & 94 \\ 1 & 4.90 & 23 \\ 1 & 4.20 & 0 \end{pmatrix} \begin{pmatrix} 0.99 \\ 0.35 \\ 0.0012 \end{pmatrix} = \begin{pmatrix} 2.568 \\ 2.243 \\ 2.514 \\ 2.827 \\ 3.102 \\ 3.099 \\ 3.265 \\ 3.421 \\ 2.856 \\ 3.064 \\ 2.732 \\ 2.460 \end{pmatrix}$$

이며, 잔차는

$$\mathbf{e} = \mathbf{Y} - \hat{\mathbf{Y}} = \begin{pmatrix} 2.48 \\ 2.26 \\ 2.47 \\ 2.77 \\ 2.99 \\ 3.05 \\ 3.18 \\ 3.46 \\ 3.03 \\ 3.26 \\ 2.67 \\ 2.53 \end{pmatrix} - \begin{pmatrix} 2.568 \\ 2.243 \\ 2.514 \\ 2.827 \\ 3.102 \\ 3.099 \\ 3.265 \\ 3.421 \\ 2.856 \\ 3.064 \\ 2.732 \\ 2.460 \end{pmatrix} = \begin{pmatrix} -0.088 \\ 0.017 \\ -0.044 \\ -0.057 \\ -0.112 \\ -0.049 \\ -0.085 \\ 0.039 \\ 0.174 \\ 0.196 \\ -0.062 \\ 0.070 \end{pmatrix}$$

이다. 오차제곱합은

$$\text{SSE} = \mathbf{e}'\mathbf{e} = (-0.088)^2 + \cdots + 0.070^2 = 0.1142$$

이며, 오차분산의 추정치는

$$\hat{\sigma}^2 = \text{MSE} = \frac{\text{SSE}}{n-k-1} = \frac{0.1142}{9} = 0.0127$$

이며 표준편차는 $\hat{\sigma} = \sqrt{0.0127} = 0.113$이다.

모수추정치 $\hat{\boldsymbol{\beta}}$는 $\boldsymbol{\beta}$의 불편추정량으로 $E[\hat{\boldsymbol{\beta}}] = \boldsymbol{\beta}$이며, 분산–공분산 행렬이 $\sigma^2(\mathbf{X}'\mathbf{X})^{-1}$인 다변량 정규분포를 갖는다. 즉 $\hat{\boldsymbol{\beta}} \sim N_{k+1}(\boldsymbol{\beta}, \sigma^2(\mathbf{X}'\mathbf{X})^{-1})$.

$\hat{\beta}_i$의 표준오차는 행렬 $(\mathbf{X}'\mathbf{X})^{-1}$의 i번째 대각요소의 제곱근에 σ를 곱함으로써 구할 수 있다.

$\mathbf{x}^* = (1, x_1^*, x_2^*, ..., x_k^*)'$의 독립변수 값에서 반응변수의 적합값은

$$\hat{y}|_{\mathbf{x}^*} = \mathbf{x}^{*'}\hat{\boldsymbol{\beta}} = \hat{\beta}_0 + \hat{\beta}_1 x_1^* + \cdots + \hat{\beta}_k x_k^* \text{ 로서 } \mathbf{x}^{*'}\boldsymbol{\beta} = \beta_0 + \beta_1 x_1^* + \cdots + \beta_k x_k^*$$

의 추정치이다.

$\mathbf{x}^*$에서 반응변수의 기대값에 대한 $(1-\alpha)$ 신뢰구간은

$$\beta_0 + \beta_1 x_1^* + \cdots + \beta_k x_k^* \in (\hat{y}|_{\mathbf{x}^*} - t_{\alpha/2,n-k-1}\text{s.e.}(\hat{y}|_{\mathbf{x}^*}), \hat{y}|_{\mathbf{x}^*} + t_{\alpha/2,n-k-1}\text{s.e.}(\hat{y}|_{\mathbf{x}^*}))$$

이며,

$$\text{s.e.}(\hat{y}|_{\mathbf{x}^*}) = \hat{\sigma}\sqrt{\mathbf{x}^{*'}(\mathbf{X}'\mathbf{X})^{-1}\mathbf{x}^*}$$

와 같다. $\mathbf{x}^*$에서 반응변수의 기대값에 대한 $(1-\alpha)$ 예측구간은

$$(\hat{y}|_{\mathbf{x}^*} - t_{\alpha/2,n-k-1}\text{s.e.}(\hat{y}|_{\mathbf{x}^*} + \epsilon), \hat{y}|_{\mathbf{x}^*} + t_{\alpha/2,n-k-1}\text{s.e.}(\hat{y}|_{\mathbf{x}^*} + \epsilon))$$

이며,

$$\text{s.e.}(\hat{y}|_{\mathbf{x}^*} + \epsilon) = \hat{\sigma}\sqrt{1 + \mathbf{x}^{*'}(\mathbf{X}'\mathbf{X})^{-1}\mathbf{x}^*}$$

와 같다. 반응변수의 추정치

$$\hat{\mathbf{Y}} = \mathbf{X}\hat{\boldsymbol{\beta}} = \mathbf{X}(\mathbf{X}'\mathbf{X})^{-1}\mathbf{X}'\mathbf{Y} = \mathbf{H}\mathbf{Y}$$

이며 $(n \times n)$행렬 $\mathbf{H} = \mathbf{X}(\mathbf{X}'\mathbf{X})^{-1}\mathbf{X}'$는 모자행렬(hat matrix)이라 불린다. 잔차벡터 $\mathbf{e}$는 따라서 $\mathbf{e} = \mathbf{Y} - \hat{\mathbf{Y}} = \mathbf{Y} - \mathbf{H}\mathbf{Y} = (\mathbf{I}_n - \mathbf{H})\mathbf{Y}$이며 분산–공분산행렬 $\sigma^2(\mathbf{I}_n - \mathbf{H})$을 갖는다. i번째 잔차 e_i의 분산은 $\text{Var}(e_i) = \sigma^2(1-h_{ii})$이며, h_{ii}는 $\mathbf{H}$행렬의 i번째 대각 요소이다. 표준화 잔차는 결국 $e_i^* = e_i/(\hat{\sigma}\sqrt{1-h_{ii}})$와 같이 계산할 수 있다. 절대값이 3보다 큰 표준화 잔차는 회귀모형에 적합하지 못하며, 이상점으로 간주할 수 있다. 일반적으로 h_{ii}값은 매우 작기 때문에 표준화 잔차는 $e_i^* \simeq e_i/\hat{\sigma}$와 같이 근사할 수 있다.

예제 67 자동차 공장 전기 사용량(Car Plant Electricity Usage)

행렬 $(\mathbf{X'X})^{-1}$의 대각 요소들은 모수 추정치의 표준오차를 계산하는데 필요로 한다.

$$\text{s.e.}(\hat{\beta}_0) = \hat{\sigma} \times \sqrt{6.82134} = \sqrt{0.0127} \times \sqrt{6.82134} = 0.294$$
$$\text{s.e.}(\hat{\beta}_1) = \hat{\sigma} \times \sqrt{0.32605} = \sqrt{0.0127} \times \sqrt{0.32605} = 0.0643$$
$$\text{s.e.}(\hat{\beta}_2) = \hat{\sigma} \times \sqrt{7.6207 \times 10^{-6}} = \sqrt{0.0127} \times \sqrt{7.6207 \times 10^{-6}} = 3.11 \times 10^{-4}$$

귀무가설 $H_0 : \beta_1 = 0$에 대한 검정통계량

$$t = \frac{\hat{\beta}_1}{\text{s.e.}(\hat{\beta}_1)} = \frac{0.35}{0.0643} = 5.43$$

이며 p-값$= 2 \times P(X > 5.43) \simeq 0.0004$로서, X는 자유도 $n-k-1=9$를 가지는 t-분포 확률변수이다.

귀무가설 $H_0 : \beta_2 = 0$에 대한 검정통계량

$$t = \frac{\hat{\beta}_2}{\text{s.e.}(\hat{\beta}_2)} = \frac{0.0012}{3.11 \times 10^{-4}} = 3.82$$

이며 p-값$= 2 \times P(X > 3.82) \simeq 0.0042$로서 생산 수준과 CDD양 변수 모두 매월 전기 사용량을 예측하는 모형에 포함시켜야 한다.

만약 다음달에 5.5(백만 달러)의 생산 수준과 기후 예보를 통해 CDD가 150으로 예측되었다고 한다. $\mathbf{x}^* = (1, 5.5, 150)$에서 전기 사용량은

$$\hat{y}|_{\mathbf{x}^*} = \hat{\beta}_0 + 5.5\hat{\beta}_1 + 150\hat{\beta}_2 = 0.99 + (5.5 \times 0.35) + (150 \times 0.0012) = 3.09$$

이며

$$\begin{aligned} &\mathbf{x}^{*\prime}(\mathbf{X'X})^{-1}\mathbf{x}^* \\ &= (1, 5.5, 150)\begin{pmatrix} 6.82134 & -1.47412 & 3.74529 \times 10^{-3} \\ -1.47412 & 0.32605 & -9.5962 \times 10^{-4} \\ 3.74529 \times 10^{-3} & -9.5962 \times 10^{-4} & 7.6207 \times 10^{-6} \end{pmatrix}\begin{pmatrix} 1 \\ 5.5 \\ 150 \end{pmatrix} \\ &= 0.181 \end{aligned}$$

로서 이 적합된 값의 표준편차는

$$\text{s.e.}(\hat{y}|_{\mathbf{x}^*}) = \hat{\sigma}\sqrt{\mathbf{x}^{*\prime}(\mathbf{X'X})^{-1}\mathbf{x}^*} = \sqrt{0.0127} \times \sqrt{0.181} = 0.0479$$

이다.

$x_1 = 5.5$와 $x_2 = 150$에서 매월 평균 전기 사용량에 대한 95% 신뢰구간은 $t_{0.025,9} = 2.262$를 이용하여

$$(3.09 - 2.262 \times 0.0479),\ 3.09 + (2.262 \times 0.0479)) = (2.98, 3.20)$$

이다. 더욱이

$$\hat{\sigma}\sqrt{1+\mathbf{x}^{*\prime}(\mathbf{X}'\mathbf{X})^{-1}\mathbf{x}^*} = \sqrt{0.0127} \times \sqrt{1+0.181} = 0.122$$

이므로, $x_1=5.5$, $x_2=150$에서 매월 미래의 전기 사용량에 대한 95% 예측구간은

$$(3.09-(2.262\times 0.122),\ 3.09+(2.262\times 0.122)) = (2.81,\ 3.37)$$

이다. 마지막으로 첫 번째 데이터 관측치의 잔차는 $e_1=-0.088029$이며 모자행렬의 첫 번째 대각 요소가 $h_{11}=0.156721$이므로, 표준화 잔차는

$$e_1^* = \frac{e_i}{\hat{\sigma}\sqrt{1-h_{11}}} = \frac{-0.088029}{\sqrt{0.0127}\sqrt{1-0.156721}} = -0.851$$

이 된다.

연습문제

13.3.1 다음의 다중선형회귀모형

$$y = \beta_0 + \beta_1 x_1 + \beta_2 x_2$$

을 DS 13.3.1의 데이터에 적용시키는 것을 고려해보자.

(a) 종속변수 $\mathbf{Y}$의 (10×1) 관측값 벡터는 무엇인가?

(b) (10×3)의 행렬 $\mathbf{X}$는 무엇인가?

(c) (3×3)의 행렬 $\mathbf{X}'\mathbf{X}$는 무엇인가?

(d) (3×3)의 행렬 $(\mathbf{X}'\mathbf{X}^{-1})$는 무엇인가?

(e) (3×1)의 벡터 $\mathbf{X}'\mathbf{Y}$는 무엇인가?

(f) 모수 추정치가

$$\hat{\boldsymbol{\beta}} = \begin{pmatrix} 0 \\ 1 \\ 29/30 \end{pmatrix}$$

임을 보여라.

(g) 종속변수의 (10×1) 예측값 벡터 $\hat{\mathbf{Y}}$는 무엇인가?

(h) 잔차 $\mathbf{e}$의 (10×1)벡터는 무엇인가?

(i) 오자제곱합은 얼마인가?

(j) 오차분산의 추정치가 $\hat{\sigma}^2=17/15$임을 보여라.

(k) $\hat{\beta}_1$의 표준오차는 얼마인가? $\hat{\beta}_2$의 표준오차는 얼마인가? 두 독립변수 중 어떤 변수가 모형에서 제거되어야만 하는가?

(l) $x_1=1$이고 $x_2=2$일 경우의 종속변수의 적합치는 얼마인가? 이 적합치의 표준오차는 얼마인가? $x_1=1$이고 $x_2=2$일 경우의 종속변수의 기대값의 95% 신뢰구간을 구하라.

(m) $x_1=1$이고 $x_2=2$일 경우의 종속변수의 기대값의 95% 예측구간을 구하라.

13.3.2 다중선형회귀모형

$$y = \beta_0 + \beta_1 x_1 + \beta_2 x_2$$

을 DS 13.3.2의 데이터에 적용시키는 것을 고려해보자.

(a) 종속변수 $\mathbf{Y}$의 (8×1) 관측값 벡터는

무엇인가?

(b) (8×3)의 행렬 $\mathbf{X}$는 무엇인가?

(c) (3×3)의 행렬 $\mathbf{X}'\mathbf{X}$는 무엇인가?

(d) (3×3)의 행렬 $(\mathbf{X}'\mathbf{X}^{-1})$는 무엇인가?

(e) (3×1)의 벡터 $\mathbf{X}'\mathbf{Y}$는 무엇인가?

(f) 모수 추정치 $\hat{\boldsymbol{\beta}}$를 구하라.

(g) 종속변수의 (8×1) 예측값 벡터 $\hat{\mathbf{Y}}$는 무엇인가?

(h) (8×1) 잔차벡터 $\mathbf{e}$를 구하라.

(i) SSE=20.0임을 보여라.

(j) 오차분산의 추정치 $\hat{\sigma}^2$를 구하라

(k) $\hat{\beta}_1$의 표준오차는 얼마인가? $\hat{\beta}_2$의 표준오차는 얼마인가? 두 독립변수 중 어떤 변수가 모형에서 제거되어야만 하는가?

(l) $x_1=x_2=1$일 경우의 종속변수의 적합치는 얼마인가? 이 적합치의 표준오차는 얼마인가? $x_1=x_2=1$일 경우의 종속변수의 기대값의 95% 신뢰구간을 구하라.

(m) $x_1=x_2=1$일 경우의 종속변수의 기대값의 95% 예측구간을 구하라.

13.3.3 다중선형회귀모형

$$y=\beta_0+\beta_1x_1+\beta_2x_2+\beta_3x_3$$

을 DS 13.3.3의 데이터 집합에 적합시켰다. 행렬을 이용하여 모수 추정치 $\hat{\beta}_0$, $\hat{\beta}_1$, $\hat{\beta}_2$, $\hat{\beta}_3$를 구하라.

13.4 모형 타당성 평가(Evaluating Model Adequacy)

이 절에서는 회귀모형의 타당성을 평가하기 위한 다양한 진단(diagnosis) 방법을 제시한다. 이 방법들은 잔차그림뿐 아니라 적합한 회귀모형에 특히 큰 영향을 주는 개개의 데이터나 큰 표준화 잔차들을 가지는 데이터에 대한 면밀한 조사방법을 포함하고 있다.

13.4.1 독립변수들의 다중공선성(Multicolinearity)

독립변수간의 상관구조는 모형을 적합하는데 중요한 영향을 끼치기 때문에 독립변수들간의 표본 상관계수 r을 계산하는 것이 현명하다.

수학적 관점에서, 두 변수들의 상관관계가 매우 크다면 행렬 $\mathbf{X}'\mathbf{X}$는 거의 특이(singular)하며, $(\mathbf{X}'\mathbf{X})^{-1}$를 계산하는데 어려움이 있다. 일반적으로 모형을 적합하는데 계산상 어려움은 x_i 대신에 표준화 변수 $(x_i-\bar{x})/s_i$를 이용함으로써 최소화될 수 있다($\bar{x}$는 x_i의 평균, s_i는 x_i의 표준편차).

현실적인 관점에서 두 변수 x_i와 x_j가 밀접하게 상관관계에 있다면, 두 변수 모두 사용함으로써 모형에 큰 도움을 주지 못하기 때문에 두 변수 중 하나만 모형에 포함시켜야 한다. 이 점에서 독립변수 x_i가 모형에서 탈락된다고 해서 그 변수가 반응변수 y와 연관되지 않았다는 것을 의미하는 것이 아님은 이전에 설명하였다.

13.4.2 잔차분석

다중선형회귀모형에서 잔차분석에 대한 기본 개념은 12장의 단순선형회귀모형과 비슷하다. 하지만 다중선형회귀에서 데이터 및 적합모형의 도시적 표현방법이 충분하지 못하기 때문에 잔차분석은 더더욱 중요하다. 단순선형회귀에서 반응변수 대 독립변수에 대한 그림 및 적합한 직선식은 회귀분석에 대한 훌륭하게 요약된 도시적인 표현 양식을 제공해준다. 그러나 다중선형회귀에서는 고차원의 표현방식을 요구하기 때문에 동일한 그림을 얻을 수 없다.

[그림 13.22]와 같은 잔차 e_i 대 적합치 $\hat{y}_i$의 그림이나 e_i 대 독립변수 x_i값의 그림은 다중선형회귀모형에 대한 문제점을 경고할지 모른다. 잔차그림에서 만약에 데이터들이 랜덤 패턴이면 회귀모형에 별 문제가 없으나, 어떠한 패턴이나 경향이 나타난다면 면밀한 주의를 요한다. 예를 들면 깔때기(faannel) 모양의 패턴은 오차분산 σ^2가 균일하지 않음을 의미하며 일련의 사이클을 가지고 잔차가 변한다면 이차항 x_i^2이 필요하거나 오차항들이 독립적이지 못함을 의미한다([그림 13.23] 참조). 또한 정규확률지는 오차항들이 정규분포를 따르는지를 검토하기 위하여 사용할 수 있다.

표준화 잔차는 개별 데이터들이 모형을 잘 적합하고 있는지 규명하기 위하여 사용될 수 있다. 약 1%의 데이터들에 대하여 절대값이 2.5보다 큰 표준화 잔차를

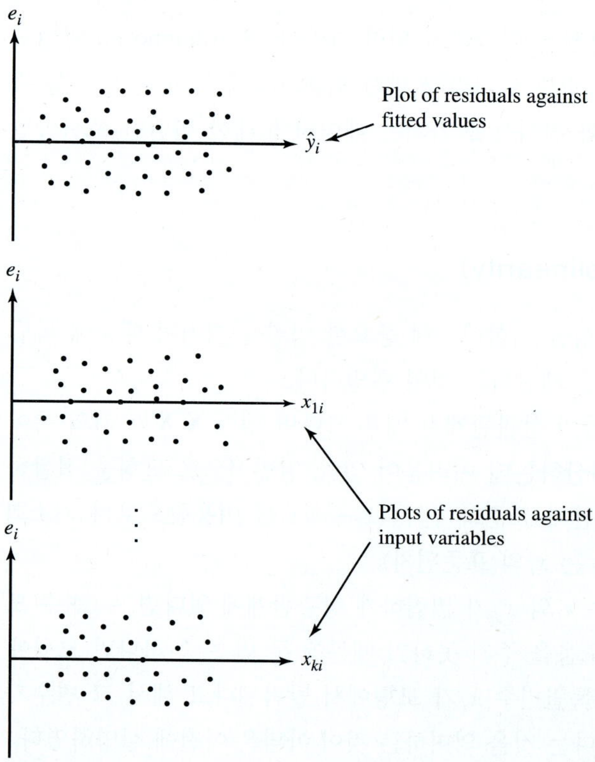

그림 13.22
다중선형회귀분석에서 잔차그림

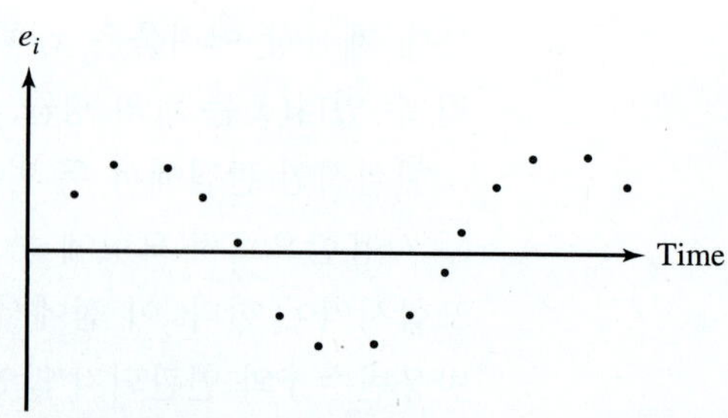

그림 13.23
시간에 따라 양의 상관을 가지는 데이터에 대한 잔차그림

예상할 수 있으므로, 그 데이터를 이상점(outlier)로 간주하여 제외하고 나머지 데이터를 가지고 모형을 다시 적합할 수 있다.

예제 71 슈퍼마켓 배달(Supermarket Deliveries)

단순선형회귀모형이 화물의 부피에 대하여 도입되었을 때 18번째 데이터가 표준화 잔차값 $e_i^* = 2.03$을 가지는 것으로 통계 소프트웨어를 활용하여 알 수 있었다. 이 관측치에서는 63m²의 부피에 대하여 35분의 하차시간이 기록되었는데 회귀모형을 통해 적합시킨 값은

$$\hat{y}|_{63} = -24.16 + (0.8328 \times 63) = 28.306$$

이며, 잔차는

$$e_i = y_i - \hat{y}_i = 35.0 - 28.306 = 6.694$$

이다. $h_{ii} = 0.093125$와 함께 표준화 잔차는

$$e_i^* = \frac{e_i}{\hat{\sigma}\sqrt{1-h_{ii}}} = \frac{6.694}{3.462\sqrt{1-0.093125}} = 2.03$$

와 같다. 이 값은 2보다 약간 크기 때문에 이 관측치에 대해 크게 신경 쓸 필요는 없다. 동일하게 20번째 무게 관측치에 대하여 하차시간에 회귀되었을 때 표준화 잔차는 $e_i^* = -2.18$인데, 회귀직선을 통해 적합한 값은

$$\hat{y}|_{40} = -16.08 + (1.250 \times 40) = 33.92$$

이며, 잔차

$$e_i = y_i - \hat{y}_i = 19.0 - 33.92 = -14.92$$

이므로 $h_{ii} = 0.062221$과 함께 표준화 잔차는

$$e_i^* = \frac{e_i}{\hat{\sigma}\sqrt{1-h_{ii}}} = \frac{-14.92}{7.065\sqrt{1-0.062221}} = -2.18$$

로서 절대값이 2보다 약간 크므로 크게 신경을 쓸 필요는 없을 것이다.

예제 72 잔디 품질(Turf Quality)

[그림 13.24]는 적합치 $\hat{y}_i$, 물 수준 x_{1i}, 비료수준 x_{2i}에 대하여 잔차 e_i의 그림을 보여주고 있다. 각 잔차그림은 데이터들이 랜덤 패턴을 보이고는 있지만 이는 회귀모형에 대하여 어떤 문제로 갖고 있지 않음을 의미하지는 않는다.

실험자가 충분한 데이터를 갖고 있다면 데이터 집합을 둘로 나누어 둘 중 단지 하나의 데이터 집합에 모형을 적합시키는 것이 좋은 모형화 절차이다. 그 후 적합

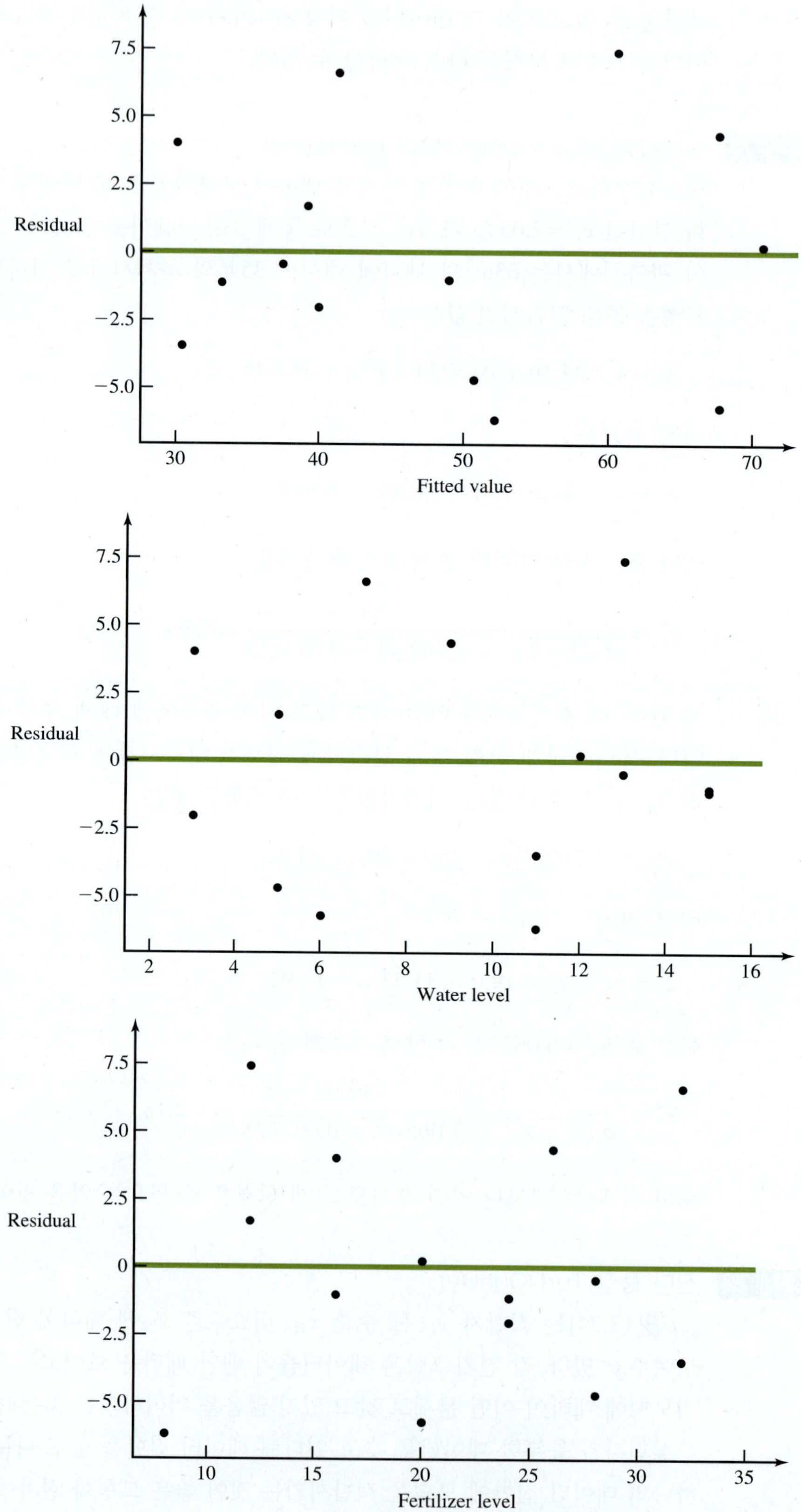

그림 13.24 잔디 품질 예제에 대한 잔차그림

시킨 모형을 나머지 데이터 집합에 적용하여 보편적으로 잔차를 구하는 공식에 따라 관측치와 적합된 값의 차로서 구할 수 있다. 하지만 이 경우 표준화 잔차는 잔차 e_i를 추정된 표준오차 $\hat{\sigma}$으로 나눔으로써 구할 수 있다. 이러한 모형화 접근 방법을 cross-validation이라고 하는데 첫 번째 데이터 집합으로부터 적합된 모형이 나머지 두 번째 데이터 집합의 데이터들에 대하여 훌륭한 모형을 제공하는지 확인할 수 있다.

13.4.3 영향점(Influential Points)

영향점은 적합모형에 대하여 예외적으로 큰 영향을 주는 독립변수 x_i의 값을 가리킨다. 이 경우 데이터가 정확하게 기록되었는지 먼저 검토해야 한다. 단순선형회귀에서는 단지 하나의 독립변수만 존재하기 때문에 영향점은 독립변수 값 중에서 가장 크거나 가장 작은 값에 해당한다([그림 13.25] 참조). 만약 2개 이상의 독립변수가 있다면 [그림 13.26]에서 보듯이 최상의 영향점은 설명변수 값들의 집합 중 가장자리에 위치한 점들이 된다. 데이터의 영향을 측정하는 최선의 방법은 모자행렬의 대각요소 h_{ii}를 통해서이며, 이때 h_{ii}는 영향값(leverage value)이라고 한다. 큰 영향값은 그 변수값이 영향력을 가지고 있음을 의미한다. 영향값들은 비음수이며, k 개의 독립변수가 있을 때

$$\sum_{i=1}^{n} h_{ii} = k + 1$$

이 된다. n 개의 데이터에서 평균 영향값은 $(k+1)/n$이며 일반적으로 $h_{ii} > 2(k+1)/n$이면 영향력이 있다고 하고, $h_{ii} > 3(k+1)/n$ 일 때 매우 영향력이 있다고 한다.

예제 44 육군 체력 검사(Army Physical Fitness Test)

달리기 시간의 반응변수와 팔굽혀펴기 및 윗몸일으키기 개수에 대한 2개의 독립변수를 고려하자. 24번째와 32번째 데이터들이 적합한 모형에 대해 큰 영향력을 가지고 있다고 할 수 있다. 이 두 점들은 [그림 13.20]에서 가장 위쪽과 가장 오른쪽 데이터로서 쉽게 발견할 수 있다. 24번째 데이터는 $h_{24,24} = 0.119$이며, 32번째

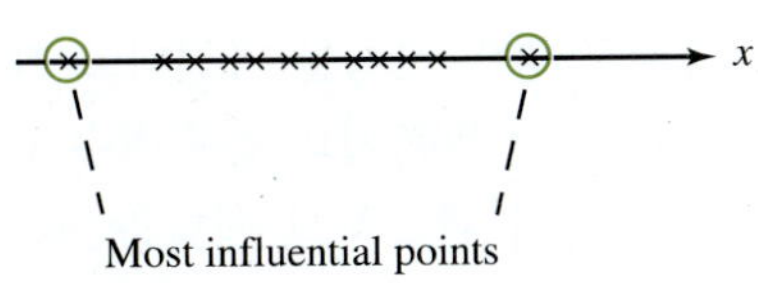

그림 13.25
단순선형회귀분석에 대한 영향점

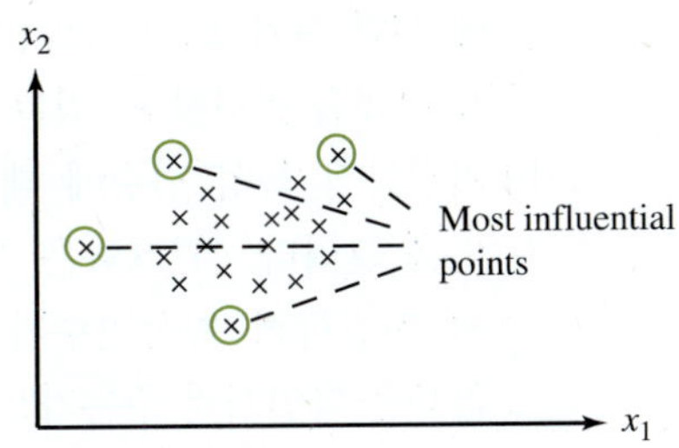

그림 13.26
두 독립변수를 가지는 다중선형회귀분석에서의 영향점

데이터는 $h_{32,32}=0.244$이다. $k=2$에 대하여 이 두 데이터들은

$$\frac{3(k+1)}{n}=\frac{9}{84}=0.107$$

보다 크기 때문에 매우 영향력이 있다고 할 수 있다. 12장에서 팔굽혀펴기 개수 하나를 가지고 단순선형회귀모형을 적합한 [그림 12.19]에서 32번째 데이터는 가장 오른쪽에 위치하므로, 회귀직선의 기울기를 결정하는데 매우 큰 영향력을 가지고 있음을 명백히 확인할 수 있다.

연습문제

13.4.1 예제 70 및 [그림 13.7]의 데이터를 고려해보자.

(a) 적합치 $\hat{y}_i$에 대한 잔차 e_i의 그림을 그려라. 온도 x_i에 대한 잔차 e_i의 그림을 그려라. 이 그림을 통해서 이 회귀분석의 문제점을 알아낼 수 있는가?

(b) 표준화 잔차를 구하라. 이들 중 특별히 큰 값이 있는가?

(c) 영향값 h_{ii}를 구하라. 어느 점이 적합된 회귀직선에 가장 큰 영향을 미치는가?

13.4.2 석유 유정 시추 비용

예제 13.2.3의 석유시추 비용 문제와 DS 13.2.3의 자료를 고려해보자. 비용을 종속변수라 하고 깊이와 작업중지시간(downtime)을 독립변수라고 가정해보자.

(a) 두 독립변수 각각에 대해서 적합치에 대한 잔차그림을 그려라. 이를 통해 무엇을 발견할 수 있는가?

(b) 지질학적 특성 변수에 대한 잔차그림을 그려라. 이 그림은 회귀분석에서 지질학적 특성변수가 필요하지 않음을 확인시켜 주는가?

(c) 이 회귀모형에 특히 큰 영향을 미치는 데이터가 있는지 확인하라.

(d) 표준화 잔차가 2.01인 점이 하나 있음을 확인하라.

13.4.3 에어로빅 운동 데이터

예제 13.2.4의 에어로빅 운동 문제와 DS 13.2.4의 자료를 고려해보자. VO2-max를 종속변수라 하고 심장박동과 체지방비율을 독립변수라고 가정해보자.

(a) 두 독립변수 각각에 대해서 적합치에 대한 잔차그림을 그려라. 이를 통해 무엇을 발견할 수 있는가?

(b) 몸무게 변수에 대한 잔차그림을 그려라. 이 그림은 회귀분석에 몸무게 변수가 필요하지 않음을 확인시켜 주는가?

(c) 이 회귀 모델에 특히 큰 영향을 미치는 점이 존재하지 않음을 확인하라.

(d) 표준화 잔차가 −2.15인 점이 하나 있음을 확인하라.

13.4.4 어떤 다중선형회귀모형에서 관측치 i는 양의 잔차를 가진다고 가정해보자. 만약 이 관측치의 종속변수 y_i가 증가한다면 이 관측치의 영향값 h_{ii}가 어떻게 변할지 논하라.

CHAPTER 14

다요인 실험계획 및 분석(Multifactor Experimental Design and Analysis)

화학공정에서의 수율은 서로 다른 많은 요인에 의해서 결정된다. 11장에서 설명한 분산분석에서는 반응변수와 다양한 수준을 갖는 단 하나의 요인의 관계에 대해서 고려하였다. 하지만 화학공정과 같은 상황에서는 둘 이상의 요인과 반응변수간의 관계를 동시에 평가하는 것이 더 유용하다. 이 장에서는 이러한 다요인 실험(multifactor experiments)에 대해서 고려한다.

14.1절에서는 2요인을 포함한 실험을 고려하며 분산분석 방법론은 2요인과 반응변수 간 관계구조를 분석할 수 있도록 확장한다. 여기에서 매우 중요한 점은 2요인 사이에 어떠한 교호작용 효과가 있는가를 평가하는 것이다. 셋 이상의 요인의 실험에 대한 방법론의 확장은 많은 요인이 반응변수에 유의한 영향을 주는지를 결정하기 위하여 사용되는 스크리닝(screening) 실험과 함께 14.2절에서 다룬다.

14.1 2요인 실험(Experiments with Two Factors)

가장 간단한 다요인 실험은 두 가지 요인에 대한 실험이다. 2요인 실험에 대한 분석은 14.1.2절에서 설명될 두 요인 사이의 교호작용에 대한 중요한 개념을 포함한다.

14.1.1 2요인 실험 계획(Two-Factor Experimental Designs)

2요인 실험은 반응변수가 두 요인에 어떠한 영향을 받는지를 평가하기 위해서 사용될 수 있다. 예제를 통해 이 실험을 설명하기로 한다.

예제 72 잔디 품질(Turf Quality)

잔디 생산업체는 비료의 종류 및 온도가 잔디의 품질에 영향을 주는가를 알고 싶어한다. 이 분석은 반응변수인 잔디의 품질 그리고 비료의 종류와 재배온도 2요인 실험을 통해서 수행할 수 있다.

예제 9 자동차 차체 조립 라인(Car Body Assembly Line)

자동화 차체 조립라인에서 사용되는 용접기계는 두 금속 차체 부분을 하나로 고정시킨다. 다음 단계로 넘어가기 전에 두 차체의 여러 부분을 용접하는데 용접강도와 효율성은 상당히 중요한 요소이다.

어떤 하나의 조립라인에는 3대의 기계가 있고 관리자는 이들의 성능의 동일성과 이 기계에서 사용하는 다양한 납땜 방법을 평가하고자 한다. 이 분석은 반응변수인 용접강도 및 기계와 납땜 종류 2요인 실험으로 수행할 수 있다.

예제 73 회사 운송비용(Company Transportation Costs)

어떤 회사는 그들의 제품 중 일부를 공장으로부터 수출되는 항구까지 도로를 이용하여 상당한 거리를 수송해야만 한다. 요구되는 운송시간은 운송에 대한 물류계획과 이 회사의 운송비용에 중요한 영향을 미친다. 이 회사의 관리자는 운송시간이 운전자가 선택하는 경로와 공장에서 이 화물이 출발하는 시간에 영향을 받는다는 것을 알고 있다. 이 문제를 분석하기 위해서 반응변수가 운송시간이고 운송경로와 출발시간 2요인 실험을 통해서 수행할 수 있다.

어떤 2요인 실험에서 두 가지 요인이 a개 수준을 갖는 요인 A와 b개 수준을 갖는 요인 B라고 하자. [그림 14.1]에서와 같이 이 실험에서는 $a \times b$개의 서로 다른 조합이 존재하고 이 조합을 실험배치(experimental configurations) 또는 셀(cell)이라고 한다. 어떤 확률화 실험계획에서 실험자는 ab개의 셀 각각으로부터 n개의 관측치를 얻게 된다. 따라서 이 실험에서 얻어지는 총 관측치는 다음과 같다.

$$n_T = abn$$

각각의 실험배치에서 얻어진 n개의 관측치는 반복측정치(replication measurements)라고 한다. 결국 실험으로부터 얻어진 데이터는 [그림 14.2]에서와 같이 다음의 값들로 이루어진다.

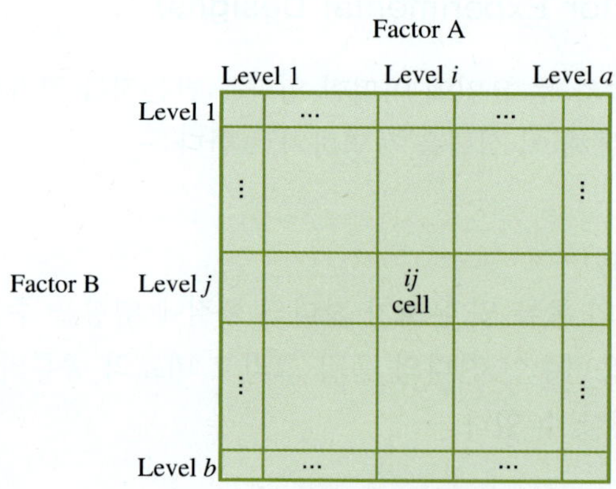

그림 14.1
(a×b) 실험배치를 가지는 2요인 실험

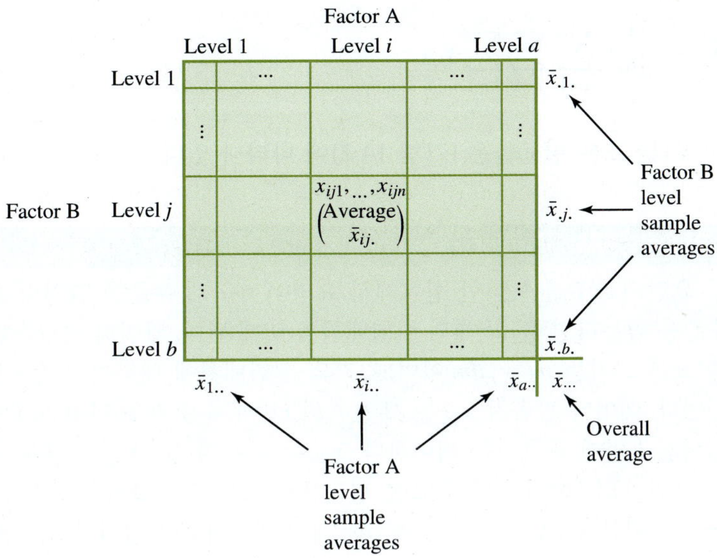

그림 14.2 2요인 실험에 대한 관측치 및 표본 평균

$$x_{ijk} \qquad 1 \le i \le a, 1 \le j \le b, 1 \le k \le n$$

x_{ijk}는 요인 A의 i번째 수준과 요인 B의 j번째 수준에서 얻어진 k번째 관측치이다. 각각의 ab개의 실험배치에서 얻어진 관측치의 평균인 셀 평균은

$$\bar{x}_{ij.} = \frac{x_{ij1} + x_{ij2} + \cdots + x_{ijn}}{n} = \frac{1}{n} \sum_{k=1}^{n} x_{ijk}$$

이다. 또한 요인 A에 대한 표본 평균

$$\bar{x}_{1..} \quad \bar{x}_{2..} \quad \bar{x}_{3..} \quad \ldots \quad \bar{x}_{a..}$$

은 다음과 같이 계산될 수 있다.

$$\bar{x}_{i..} = \frac{1}{bn} \sum_{j=1}^{b} \sum_{k=1}^{n} x_{ijk}$$

동일하게 요인 B에 대한 표본 평균

$$\bar{x}_{.1.} \quad \bar{x}_{.2.} \quad \bar{x}_{.3.} \quad \ldots \quad \bar{x}_{.b.}$$

은 다음과 같이 계산된다.

$$\bar{x}_{.j.} = \frac{1}{an} \sum_{i=1}^{a} \sum_{k=1}^{n} x_{ijk}$$

총 abn개의 데이터 관측치의 평균은

$$\bar{x}_{...} = \frac{1}{abn}\sum_{i=1}^{a}\sum_{j=1}^{b}\sum_{k=1}^{n} x_{ijk}$$

이며, 이들 표본 평균들은 [그림 14.2]에 나타나 있다.

2요인 실험(Two-Facfor Experinents)

두 요인 A와 B를 포함한 실험에서 요인 A가 a개 수준을 가지며 요인 B가 b개 수준을 갖는다면 총 ab개의 실험배치를 얻게 된다. 완전히 균형잡힌 실험에서는 총 표본 크기는 $n_T = abn$이며, 각각의 실험배치에 대하여 n개의 반복측정치를 얻었다. 데이터 관측치 x_{ijk}는 요인 A의 i번째 수준과 요인 B의 j번째 수준에서 얻어진 k번째 관측치를 의미한다. $\bar{x}_{ij\cdot}$는 각각의 셀 표본 평균을 의미하며, $\bar{x}_{i\cdot\cdot}$는 요인 A의 i번째 수준의 표본 평균을, $\bar{x}_{\cdot j\cdot}$는 요인 B의 j번째 수준의 표본 평균을 의미한다. 그리고 $\bar{x}_{...}$는 총 abn개의 데이터 관측치의 총평균을 의미한다.

예제 72 잔디 품질(Turf Quality)

관심 대상인 비료에 대하여 두 가지, 비료 1과 비료 2를, 재배온도에 대하여 높고 낮은 두 가지 조건을 고려한다. 비료의 종류는 요인 A라 하고 성장온도를 요인 B라고 가정하자. 각각의 요인은 두 가지 수준 $a=b=2$을 가지고 있기 때문에 총 $ab=4$가지 실험배치를 가지고 있다. 총 16개 잔디 표본을 얻었고 4개씩 셀에 임의로 배치하였다. 두 가지 비료 종류와 재배온도에 대해서 각각의 표본을 적용시켜 충분한 시간이 지난 후에 각각의 잔디 표본으로부터 품질점수를 얻었다. 결과 데이터는 [그림 14.3]과 같다. 이때 높은 점수는 더 좋은 품질의 잔디를 의미한다.

		Fertilizer Fertilizer 1	 Fertilizer 2	
Temperature	Low	$x_{111} = 40$ $x_{112} = 24$ $x_{113} = 31$ $x_{114} = 21$ $(\bar{x}_{11\cdot} = 29.00)$	$x_{211} = 47$ $x_{212} = 37$ $x_{213} = 41$ $x_{214} = 41$ $(\bar{x}_{21\cdot} = 41.50)$	$\bar{x}_{\cdot 1\cdot} = 35.250$
	High	$x_{121} = 46$ $x_{122} = 53$ $x_{123} = 48$ $x_{124} = 46$ $(\bar{x}_{12\cdot} = 48.25)$	$x_{221} = 84$ $x_{222} = 76$ $x_{223} = 77$ $x_{224} = 79$ $(\bar{x}_{22\cdot} = 79.00)$	$\bar{x}_{\cdot 2\cdot} = 63.625$
		$\bar{x}_{1\cdot\cdot} = 38.625$	$\bar{x}_{2\cdot\cdot} = 60.250$	$\bar{x}_{...} = 49.4375$

그림 14.3 잔디 품질 예제에 대한 데이터 집합

예제 9 자동차 차체 조립라인(Car Body Assembly line)

$a=3$ 수준의 기계들을 요인 A로, $b=4$ 수준의 납땜 방법을 요인 B로 정의한다. 결과적으로 $ab=12$개의 실험배치를 얻었고 이 실험은 각각의 실험배치에 대하여 $n=3$개의 용접이 수행되었다. 이때 얻어진 용접강도에 대한 데이터가 [그림 14.4]에 주어져 있다.

예제 73 회사 운송비용(Company Transportation Costs)

공장으로부터 항구까지 두 가지 운송경로, 즉 경로 1과 경로 2가 존재하고 트럭이 공장에서 출발하는 시간은 아침, 오후, 저녁으로 구분된다. 따라서 운송경로는 $a=2$인 요인 A가 되며 출발시간은 $b=3$인 요인 B로 나타낼 수 있다.

임의로 선택된 10대의 트럭이 각각의 3가지 출발시간에 출발하고 그중 임의로 5대의 트럭은 경로 1을 이용하고 나머지 5대의 트럭은 경로 2를 이용한다. 각각의 운송시간은 [그림 14.5]에 주어져 있다. 이 실험에는 $n=5$인 반복 관측치를 갖는 $ab=6$개의 실험배치를 통해 수행되었다.

14.1.2 2요인 실험 모형(Models for Two-Factor Experiments)

2요인 실험에서 관심 있는 미지의 모수는 셀 평균

Solder	Machine: Machine 1	Machine 2	Machine 3	
Solder 1	$x_{111}=4.12$ $x_{112}=4.21$ $x_{113}=6.11$ $(\bar{x}_{11\cdot}=4.81)$	$x_{211}=3.74$ $x_{212}=6.40$ $x_{213}=5.27$ $(\bar{x}_{21\cdot}=5.14)$	$x_{311}=6.17$ $x_{312}=3.79$ $x_{313}=4.47$ $(\bar{x}_{31\cdot}=4.81)$	$\bar{x}_{\cdot 1\cdot}=4.92$
Solder 2	$x_{121}=3.44$ $x_{122}=3.32$ $x_{123}=3.75$ $(\bar{x}_{12\cdot}=3.50)$	$x_{221}=3.93$ $x_{222}=4.41$ $x_{223}=4.98$ $(\bar{x}_{22\cdot}=4.44)$	$x_{321}=3.05$ $x_{322}=4.03$ $x_{323}=3.32$ $(\bar{x}_{32\cdot}=3.47)$	$\bar{x}_{\cdot 2\cdot}=3.80$
Solder 3	$x_{131}=6.09$ $x_{132}=4.46$ $x_{133}=3.38$ $(\bar{x}_{13\cdot}=4.64)$	$x_{231}=5.00$ $x_{232}=5.15$ $x_{233}=6.75$ $(\bar{x}_{23\cdot}=5.63)$	$x_{331}=4.88$ $x_{332}=4.49$ $x_{333}=3.49$ $(\bar{x}_{33\cdot}=4.29)$	$\bar{x}_{\cdot 3\cdot}=4.85$
Solder 4	$x_{141}=7.88$ $x_{142}=6.75$ $x_{143}=7.22$ $(\bar{x}_{14\cdot}=7.28)$	$x_{241}=6.43$ $x_{242}=5.87$ $x_{243}=8.50$ $(\bar{x}_{24\cdot}=6.93)$	$x_{341}=8.31$ $x_{342}=7.10$ $x_{343}=7.60$ $(\bar{x}_{34\cdot}=7.67)$	$\bar{x}_{\cdot 4\cdot}=7.30$
	$\bar{x}_{1\cdot\cdot}=5.06$	$\bar{x}_{2\cdot\cdot}=5.54$	$\bar{x}_{3\cdot\cdot}=5.06$	$\bar{x}_{\cdot\cdot\cdot}=5.22$

그림 14.4 자동차 차체 조립 라인 예제에 대한 데이터 집합

		Route		
		Route 1	Route 2	
	Morning	$x_{111} = 490$ $x_{112} = 553$ $x_{113} = 489$ $x_{114} = 504$ $x_{115} = 519$ $(\bar{x}_{11\cdot} = 511.0)$	$x_{211} = 485$ $x_{212} = 489$ $x_{213} = 475$ $x_{214} = 470$ $x_{215} = 459$ $(\bar{x}_{21\cdot} = 475.6)$	$\bar{x}_{\cdot 1 \cdot} = 493.3$
Period of Day	Afternoon	$x_{121} = 511$ $x_{122} = 490$ $x_{123} = 489$ $x_{124} = 492$ $x_{125} = 451$ $(\bar{x}_{12\cdot} = 486.6)$	$x_{221} = 456$ $x_{222} = 460$ $x_{223} = 464$ $x_{224} = 485$ $x_{225} = 473$ $(\bar{x}_{22\cdot} = 467.6)$	$\bar{x}_{\cdot 2 \cdot} = 477.1$
	Evening	$x_{131} = 435$ $x_{132} = 468$ $x_{133} = 463$ $x_{134} = 450$ $x_{135} = 444$ $(\bar{x}_{13\cdot} = 452.0)$	$x_{231} = 406$ $x_{232} = 422$ $x_{233} = 459$ $x_{234} = 442$ $x_{235} = 464$ $(\bar{x}_{23\cdot} = 438.6)$	$\bar{x}_{\cdot 3 \cdot} = 445.3$
		$\bar{x}_{1\cdot\cdot} = 483.2$	$\bar{x}_{2\cdot\cdot} = 460.6$	$\bar{x}_{\cdot\cdot\cdot} = 471.9$

그림 14.5
회사 운송비용 예제에 대한 운송시간(단위: 분)

		Factor A				
		Level 1		Level i		Level a
	Level 1	μ_{11}	$\cdots$	μ_{i1}	$\cdots$	μ_{a1}
		$\vdots$				$\vdots$
Factor B	Level j	μ_{1j}		μ_{ij}		μ_{aj}
		$\vdots$				$\vdots$
	Level b	μ_{1b}	$\cdots$	μ_{ib}	$\cdots$	μ_{ab}

그림 14.6
2요인 실험에서 셀 평균

$$\mu_{ij} \qquad 1 \le i \le a, 1 \le j \le b$$

이며, [그림 14.6]에서와 같이 각각의 ab개 실험배치에 대한 미지의 평균값이 존재하고 이 값들은 각 실험배치에서의 반응변수의 기대값을 나타낸다. 요인 A의 i번째 수준과 요인 B의 j번째 수준에서 얻어진 관측치는 평균이 μ_{ij}와 분산 σ^2의 정규분포로부터의 관측치로 정의할 수 있는데 따라서 관측치 x_{ijk}는 $N(\mu_{ij}, \sigma^2)$로부터의 관측치가 된다.

이 관측치는

$$x_{ijk} = \mu_{ij} + \epsilon_{ijk}$$

와 같이 표현 가능한데 오차항 ϵ_{ijk}는 $N(0, \sigma^2)$로부터의 관측치가 된다. 따라서 요인 A의 i번째 수준과 요인 B의 j번째 수준에서 얻어진 어떤 관측치는 미지의 셀평균 μ_{ij}와 평균이 0이고 분산 σ^2인 정규분포를 따르는 오차항으로 구성된다고 생각할 수 있다. 이 오차항은 각각 독립이라고 가정한다.

셀 평균은 각 셀의 표본평균

$$\hat{\mu}_{ij} = \bar{x}_{ij.}$$

를 통해 추정할 수 있다. 하지만 2요인 실험분석의 목적은 단지 ab개 셀평균 μ_{ij}를 추정하는 것만 아니라 이 셀 평균들의 구조를 평가하는 목적도 포함하고 있다. 이 구조는 반응변수의 기대값들이 고려중인 두 요인에 의해 어떠한 영향을 받는지를 설명하고 있다. 특히 다음의 세 가지 관계를 고려하는 것이 유용하다.

- 요인 A와 B 사이의 교호작용효과 (interaction effect)
- 요인 A의 주효과 (main effect)
- 요인 B의 주효과 (main effect)

만약 반응변수에 대한 하나의 요인의 효과가 다른 요인의 다양한 수준에서 다르게 나타날 경우 요인 A와 B간에는 교호작용효과가 있다는 것을 의미한다. 다시 말해서 두 요인 사이에 교호작용효과가 존재한다면 반응변수에 대해 이 각각의 요인들이 독립적으로 영향을 미치는 것이 아니라는 것을 의미한다.

두 요인 A와 B간에 교호작용효과가 존재하지 않는다면 이때 반응변수에 대한 요인 A의 서로 다른 수준이 주는 영향은 요인 A의 주효과이다. 다시 말해 요인 A의 주효과는 A의 수준 변화가 반응변수에 주는 영향을 평가하는 것이다. 두 요인 사이에 교호작용효과가 존재한다면 요인 A의 다른 수준에서 반응변수에 주는 영향은 요인 B의 수준에 의해서 결정되기 때문에 두 요인 사이에 교호작용효과가 없을 경우만 이 주효과를 고려하는 것이 타당하다. 마찬가지로 두 요인 A와 B 사이에 교호작용효과가 없을 경우 요인 B의 서로 다른 수준에서 반응변수에 주는 영향은 요인 B의 주효과이다.

2요인이 2수준($a = b = 2$)을 가지고 있는 경우의 셀 평균 μ_{ij}에 대한 그래프는 주효과와 교호작용간 이해하는데 도움을 줄 수 있다. 이 경우 4개의 실험배치와 4개의 셀평균 μ_{11}, μ_{12}, μ_{21}, μ_{22}을 얻을 수 있다. [그림 14.7]은 셀 평균들이 교호작용효과와 주효과에 영향을 받지 않는 상황을 보여주고 있다. 이 경우 반응변수의 기대값은 고려중인 2요인 모두에게 영향을 받지 않는다.

한편 [그림 14.8]은 교호작용효과와 요인 B의 주효과는 없지만 요인 A의 주효과만 존재하는 상황을 보여주고 있다. 이 경우에 셀 평균은 요인 A의 수준에 영향을 받지만 요인 B의 수준에 영향을 받지 않는다. 이 모형은 반응변수가 요인 A에만 영향을 받는다고 해석할 수 있다. 동일하게 [그림 14.9]는 반응변수가 요인

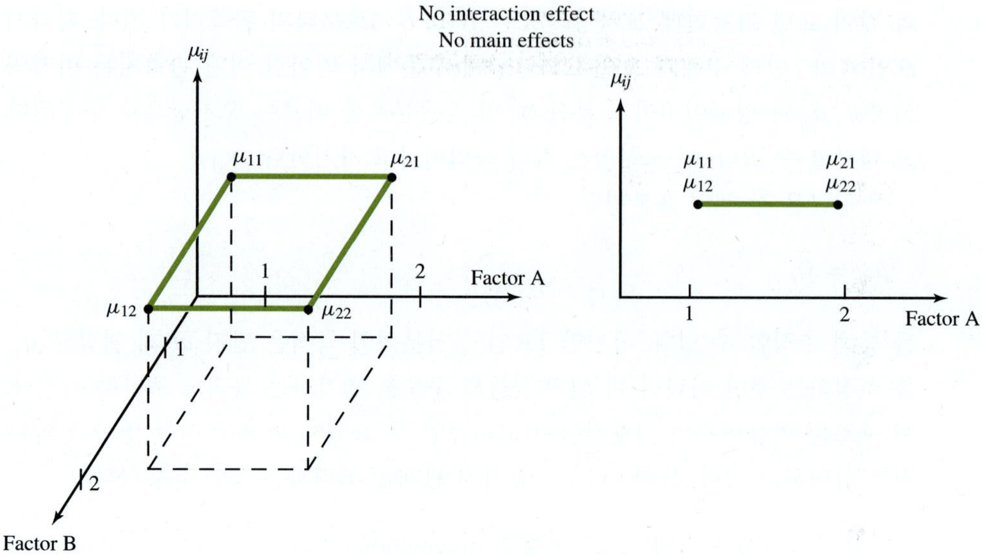

그림 14.7
2요인 실험에서 모형의 해석

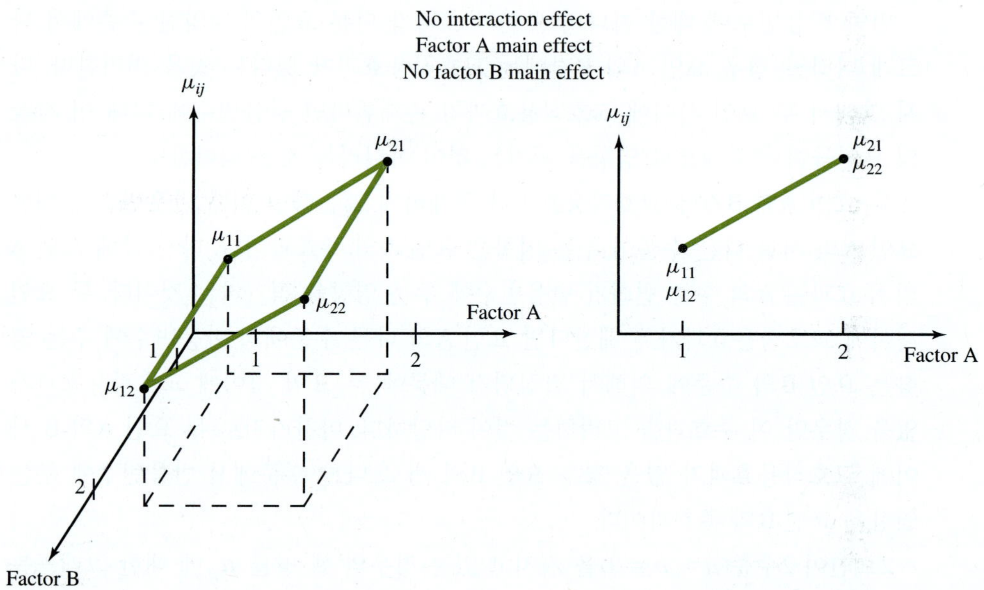

그림 14.8
2요인 실험에서 모형의 해석

B에만 영향을 받고 요인 A의 주효과 및 A와 B의 교호작용효과가 없는 경우이다.

[그림 14.10]은 교호작용효과는 없고 A와 B의 주효과만 존재하는 경우이며, [그림 14.11]은 교호작용효과가 존재하는 경우를 보여주고 있다. 이 두 경우 중요한 차이점은 교호작용효과가 없을 경우 오른쪽 도표의 선이 서로 평행하지만 교호작용효과가 있는 경우에는 선이 평행하지 않다.

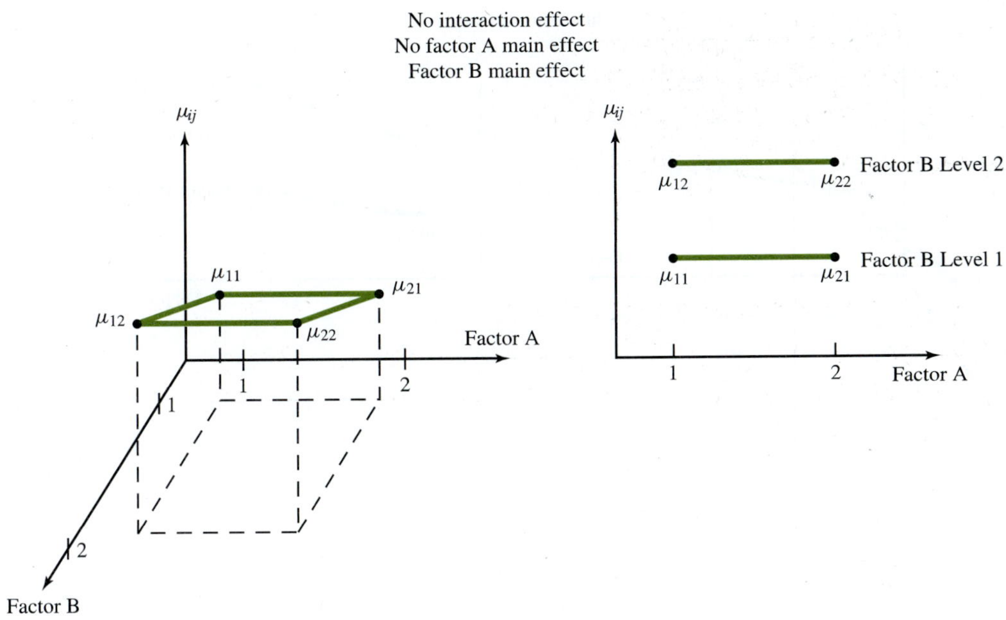

그림 14.9
2요인 실험에서 모형의 해석

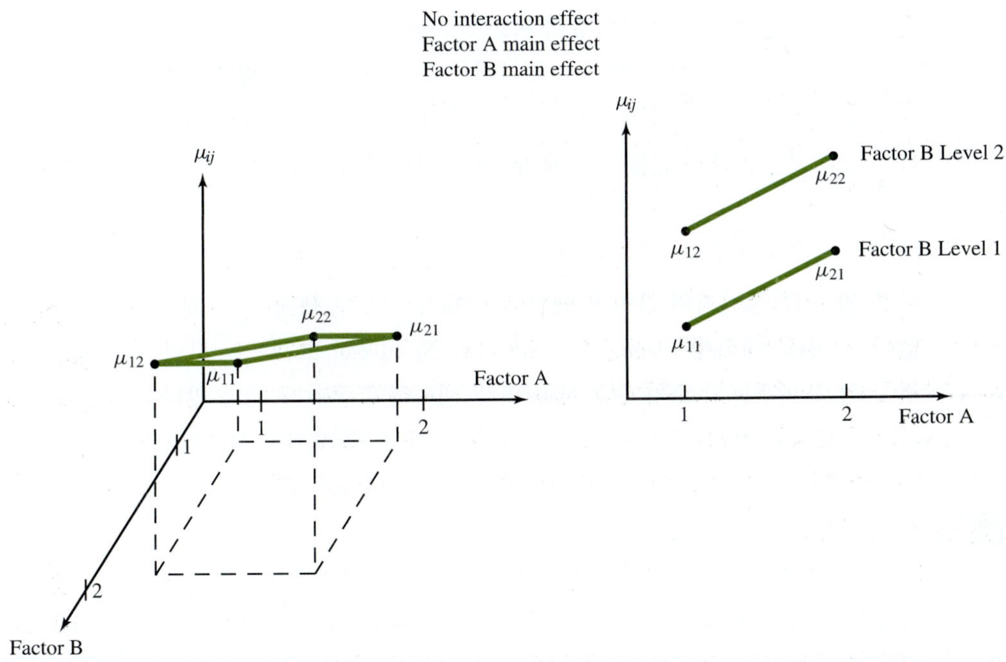

그림 14.10
2요인 실험에서 모형의 해석

$\mu_{11} - \mu_{12} = \mu_{21} - \mu_{22}$ 이기 때문에 이 선들이 평행할 경우 요인 B의 수준변화에 의한 셀 평균의 변화는 요인 A의 두 수준 모두에서 같다. 마찬가지로 $\mu_{11} - \mu_{21} = \mu_{12} - \mu_{22}$ 이기 때문에 이 선들이 평행할 경우 요인 A의 수준변화에 의한 셀 평

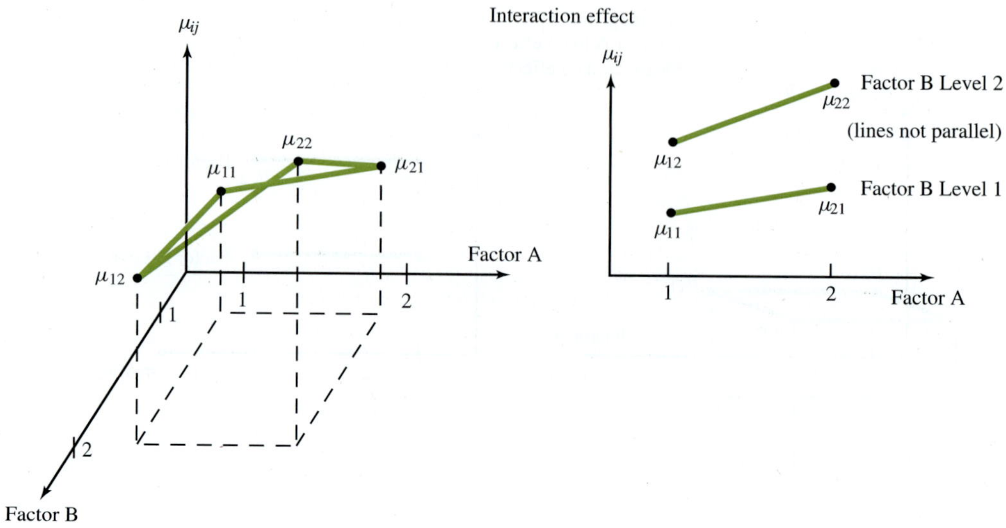

그림 14.11
2요인 실험에서 모형의 해석

균의 변화는 요인 B의 두 수준 모두에서 같다. 이것은 한 요인의 수준변화의 결과로서 일어나는 반응변수 기대값의 변화는 다른 모든 수준에서 같음을 의미한다.

이것은 두 요인이 반응변수에 독립적으로 영향을 주기 때문이다. 반대로 예를 들어 요인 B의 수준 변화에 의한 반응변수에 대한 영향은 요인 A의 두 수준에서 다른 교호작용효과가 있을 경우에 두 선은 평행하지 않다. 즉

$$\mu_{11} - \mu_{12} \neq \mu_{21} - \mu_{22}$$

물론 셀 평균은 미지의 값이기 때문에 실제적으로 이 셀 평균 그래프는 작성할 수 없다. 셀 평균 대신에 셀 표본평균 $\hat{\mu}_{ij} = \bar{x}_{ij.}$ 를 이용한 그래프는 그릴 수 있지만 이것은 셀 표본평균의 오차 변동성에 의해 해석하기 곤란할 때가 많다. 교호작용효과와 주효과를 해석하는 방법은 다음의 예제를 통해 자세히 설명하고자 한다.

예제 72 잔디 품질(Turf Quality)

[그림 14.12]에서는 교호작용효과와 요인의 주효과가 있는 경우와 없는 경우의 다양한 모델의 해석을 보여주고 있다. 낮은 재배온도에서는 비료 1이 평균적으로 비료 2보다 더 높은 품질의 잔디를 생산하고 높은 재배온도에서는 두 비료가 동일한 영향을 준다고 가정해보자. 이는 비료 (A)의 효과가 성장온도 (B)의 수준에 따라 달라지는 교호작용효과가 있는 경우에 해당한다.

예제 9 자동차 차체 조립라인(Car Body Assembly Line)

이 예제에서 교호작용효과는 서로 다른 3대의 기계에 대하여 4가지 납땜 방법의

<table>
<tr><td>Fertilizer main effect</td><td>No</td><td>Yes</td><td>No</td><td>Yes</td><td rowspan="2"></td></tr>
<tr><td>Temperature main effect</td><td>No</td><td>No</td><td>Yes</td><td>Yes</td></tr>
<tr><td>Interaction effect</td><td>No</td><td>No</td><td>No</td><td>No</td><td>Yes</td></tr>
<tr><td rowspan="2">Interpretation</td><td colspan="5">Quality of Turf</td></tr>
<tr><td>Does not depend on either fertilizer or temperature.</td><td>Depends on fertilizer but not on temperature.</td><td>Depends on tempera-ture but not on fertilizer.</td><td>Depends on both fertilizer and temperature. Independent influences.</td><td>Depends on both fertilizer and temperature. Influences not independent.</td></tr>
</table>

그림 14.12
잔디 품질 예제에 대한 모형 해석

상대적인 효율성으로 해석할 수 있다. 3대의 기계는 동일하여야 하기 때문에 이러한 현상은 일어날 것처럼 보이지 않는다. 만약 교호작용효과가 없다면 요인 A의 주효과가 있다는 것은 기계들이 사실상 다르게 운영된다는 것을 의미하고 요인 B의 주효과의 존재는 서로 다른 납땜 방법이 용접 강도에 영향을 준다는 것을 의미한다.

예제 73 회사 운송비용(Company Transportation Costs)

트럭이 공장에서 출발하는 시간과는 상관없이 경로 1이 평균적으로 경로 2보다 45분 더 걸린다고 가정하자. 운행경로 (A)는 출발시간 (B)의 모든 수준에서 동일하기 때문에 분명히 교호작용효과가 존재하지 않는다. 평균 운송시간이 두 경로에서 다르기 때문에 요인 A의 주효과가 분명히 존재한다. 만약 각각의 운행경로에서 평균 운송시간은 각각의 출발시간에서 동일하다면 요인 B의 주효과가 존재하지 않지만, 평균 운송시간이 다르다면 요인 B의 주효과가 존재한다.

교호작용효과와 주효과의 존재 유무는 모수 μ, α_i, β_j, $(\alpha\beta)_{ij}$를 통해서 수학적으로 나타낼 수 있다. 셀 평균 μ_{ij}는 다음과 같이 구성된다.

$$\mu_{ij} = \mu + \alpha_i + \beta_j + (\alpha\beta)_{ij}$$

이러한 모수들이 하나의 해를 갖도록 하기 위해 다음의 조건이 필요하다.

$$\sum_{i=1}^{a} \alpha_i = 0 \qquad \sum_{j=1}^{b} \beta_j = 0 \qquad \sum_{i=1}^{a} (\alpha\beta)_{ij} = 0 \qquad \sum_{j=1}^{b} (\alpha\beta)_{ij} = 0$$

예를 들면 모수 $(\alpha\beta)_{ij}$가 0이 아니라면 이것은 두 요인사이에 교호작용효과가 있다는 것을 나타내며 반대로 0이라면 교호작용효과가 없다는 것을 의미한다.

다음의 가설

$$H_0 : (\alpha\beta)_{ij} = 0 \quad \text{versus} \quad H_A : \text{some } (\alpha\beta)_{ij} \neq 0 \qquad 1 \leq i \leq a, 1 \leq j \leq b$$

는 두 요인간 교호작용효과가 있는지를 검정하게 되는데, 귀무가설은 교호작용효과가 없음을 의미하고 대립가설은 교호작용효과가 있다는 것을 의미한다. 만약 검정통계량에 대한 p-값이 크다면 교호작용효과가 없다는 주장이 타당하며 따라서 귀무가설을 채택할 수 있다. 만약 두 요인간 교호작용효과가 없다면 요인 A의 주효과는 모수 α_i를 고려함으로써 평가할 수 있으며 요인 B의 주효과는 모수 β_j를 고려함으로써 평가할 수 있다. 만약 모수 α_i가 0이라면 이것은 반응변수의 기대값이 요인 A의 수준변화에 영향을 받지 않음을 의미하며 0이 아니라면 반응변수의 기대값은 요인 A의 수준변화에 영향을 받음을 의미한다.

다음의 가설

$$H_0 : \alpha_i = 0 \quad 1 \leq i \leq a \qquad \text{versus} \qquad H_A : \text{some } \alpha_i \neq 0$$

은 반응변수가 요인 A에 의해 영향을 받는지를 검정하며, 귀무가설을 채택할 경우 반응변수가 요인 A에 영향을 받는다는 뚜렷한 증거가 없는 것으로 해석할 수 있다.

동일하게 다음의 가설

$$H_0 : \beta_j = 0 \quad 1 \leq j \leq b \qquad \text{versus} \qquad H_A : \text{some } \beta_j \neq 0$$

은 반응변수가 요인 B에 의해 영향을 받는지를 검정하며, 귀무가설을 채택할 경우 반응변수가 요인 B에 영향을 받는다는 뚜렷한 증거가 없는 것으로 해석할 수 있다.

14.1.3절에서는 이러한 가설들을 검정하기 위하여 분산분석이 어떻게 사용될 수 있는지를 설명하기로 한다.

2요인 실험 모형화(Modeling Two-Factor Experiments)

2요인 실험에서 관측치 x_{ijk}는 미지의 셀평균 μ_{ij}와 평균이 0이며 분산이 σ^2인 정규분포를 따르는 오차항 ϵ_{ijk}으로 구성된다. 셀평균 μ_{ij}는 각 실험배치에서 반응변수의 기대값을 나타내며 이 셀평균의 구조는 2요인이 반응변수에 어떻게 영향을 주는가를 결정한다. 2요인간 교호작용효과가 존재한다는 것은 2요인이 각각 독립적으로 영향을 미치지 않음을 의미하며, 교호작용효과가 없다면 2요인의 주 효과의 존재 유무는 각각의 요인이 반응변수에 영향을 미치는지 여부를 나타내게 된다.

14.1.3 분산분석표(Analysis of Variance Table)

분산분석표는 총 제곱합을 요인 A와 B의 주효과, 교호작용효과 및 오차항의 제곱합으로 분할하는 것을 기본으로 하고 있다. 모수 μ, α_i, β_j, $(\alpha\beta)_{ij}$의 점추정치는 이 제곱합들을 구하기 전에 먼저 구해야만 한다. 기본적으로

$$E(\bar{x}_{ij.}) = \frac{1}{n}\sum_{k=1}^{n} E(x_{ijk}) = \mu_{ij} = \mu + \alpha_i + \beta_j + (\alpha\beta)_{ij}$$

이며, α_i, β_j, $(\alpha\beta)_{ij}$의 합이 0인 조건은 다음을 의미한다.

$$\begin{aligned}
E(\bar{x}_{i..}) &= \frac{1}{bn}\sum_{j=1}^{b}\sum_{k=1}^{n} E(x_{ijk}) = \frac{1}{b}\sum_{j=1}^{b}\mu_{ij} \\
&= \frac{1}{b}\sum_{j=1}^{b}(\mu + \alpha_i + \beta_j + (\alpha\beta)_{ij}) = \mu + \alpha_i \\
E(\bar{x}_{.j.}) &= \frac{1}{an}\sum_{i=1}^{a}\sum_{k=1}^{n} E(x_{ijk}) = \frac{1}{a}\sum_{i=1}^{a}\mu_{ij} \\
&= \frac{1}{a}\sum_{i=1}^{a}(\mu + \alpha_i + \beta_j + (\alpha\beta)_{ij}) = \mu + \beta_j \\
E(\bar{x}_{...}) &= \frac{1}{abn}\sum_{i=1}^{a}\sum_{j=1}^{b}\sum_{k=1}^{n} E(x_{ijk}) = \frac{1}{ab}\sum_{i=1}^{a}\sum_{j=1}^{b}\mu_{ij} \\
&= \frac{1}{ab}\sum_{i=1}^{a}\sum_{j=1}^{b}(\mu + \alpha_i + \beta_j + (\alpha\beta)_{ij}) = \mu
\end{aligned}$$

이들 기대값들은 다음의 미지의 모수 μ, α_i, β_j, $(\alpha\beta)_{ij}$의 불편추정량을 유도하는데 사용될 수 있다.

$$\begin{aligned}
\hat{\mu} &= \bar{x}_{...} \\
\hat{\alpha}_i &= \bar{x}_{i..} - \hat{\mu} = \bar{x}_{i..} - \bar{x}_{...} \\
\hat{\beta}_j &= \bar{x}_{.j.} - \hat{\mu} = \bar{x}_{.j.} - \bar{x}_{...} \\
(\widehat{\alpha\beta})_{ij} &= \bar{x}_{ij.} - \hat{\mu} - \hat{\alpha}_i - \hat{\beta}_j = \bar{x}_{ij.} - \bar{x}_{i..} - \bar{x}_{.j.} + \bar{x}_{...}
\end{aligned}$$

요인의 주효과와 교호작용효과 제곱합은 다음에서 보이는 것처럼 모수 추정치 $\hat{\alpha}_i$, $\hat{\beta}_j$, $(\widehat{\alpha\beta})_{ij}$를 근거로 하고 있다.

총 제곱합(Total Sum of Squares)

2요인 실험의 총 제곱합은

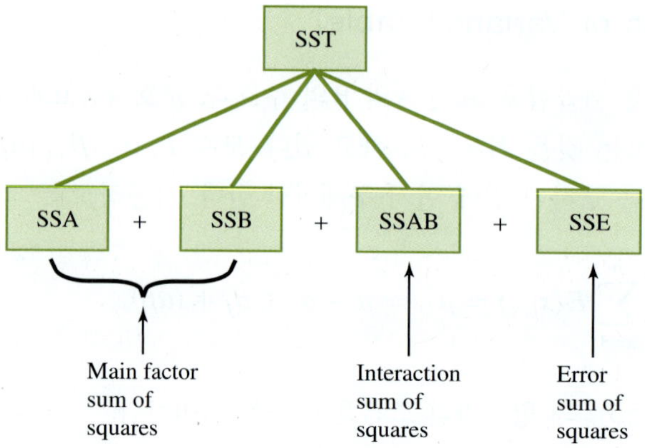

그림 14.13 2요인 실험에 대한 제곱합 분할

$$\text{SST} = \sum_{i=1}^{a}\sum_{j=1}^{b}\sum_{k=1}^{n}(x_{ijk} - \bar{x}_{...})^2 = \sum_{i=1}^{a}\sum_{j=1}^{b}\sum_{k=1}^{n} x_{ijk}^2 - abn\bar{x}_{...}^2$$

이며, 총 abn개의 관측치에 대하여 총평균 $\bar{x}_{...}$에 대한 변동성을 측정한다. [그림 14.13]에서처럼 총 제곱합은 요인 A의 주효과에 대한 제곱합 SSA와 요인 B의 주효과에 대한 제곱합 SSB, A와 B의 교호작용효과에 대한 제곱합 SSAB 및 오차 제곱합 SSE로 구성되어 있으며 다음을 만족한다.

$$\text{SST} = \text{SSA} + \text{SSB} + \text{SSAB} + \text{SSE}$$

A 요인 제곱합(Sum of Squares for Factor A)

요인 A의 주효과에 대한 제곱합 SSA는 추정된 모수값 $\hat{\alpha}_i$을 근거로 하여 요인 A의 주효과가 존재하는지를 측정한다. 이는

$$\text{SSA} = bn\sum_{i=1}^{a}\hat{\alpha}_i^2 = bn\sum_{i=1}^{a}(\bar{x}_{i..} - \bar{x}_{...})^2 = bn\sum_{i=1}^{a}\bar{x}_{i..}^2 - abn\bar{x}_{...}^2$$

와 같다.

B 요인 제곱합(Sum of Squares for Factor B)

요인 B의 주효과에 대한 제곱합 SSB는 추정된 모수값 $\hat{\beta}_j$을 근거로 하여 요인 B의 주효과가 존재하는지를 측정한다. 이는

$$\text{SSB} = an\sum_{j=1}^{b}\hat{\beta}_j^2 = an\sum_{j=1}^{b}(\bar{x}_{.j.} - \bar{x}_{...})^2 = an\sum_{j=1}^{b}\bar{x}_{.j.}^2 - abn\bar{x}_{...}^2$$

와 같다.

교호작용 제곱합(Sum of Squares for Interaction)

요인 A와 B간의 교호작용효과에 대한 제곱합 SSAB는 추정된 모수값 $(\widehat{\alpha\beta})_{ij}$을 근거로 하여 교호작용효과가 존재하는지를 측정하는데, 이는

$$\text{SSAB} = n\sum_{i=1}^{a}\sum_{j=1}^{b}(\widehat{\alpha\beta})_{ij}^2 = n\sum_{i=1}^{a}\sum_{j=1}^{b}(\bar{x}_{ij\cdot} - \bar{x}_{i\cdot\cdot} - \bar{x}_{\cdot j\cdot} + \bar{x}_{\cdot\cdot\cdot})^2$$

와 같다.

오차제곱합(Error Sum of Squares)

오차에 대한 제곱합 SSE는 ab개의 실험배치 각각의 셀 내에 존재하는 변동성을 측정한다. 이는 관측치 x_{ijk}의 셀 표본 평균 $\bar{x}_{ij\cdot}$에 대한 변동성을 근거로 하며

$$\text{SSE} = \sum_{i=1}^{a}\sum_{j=1}^{b}\sum_{k=1}^{n}(x_{ijk} - \bar{x}_{ij\cdot})^2 = \sum_{i=1}^{a}\sum_{j=1}^{b}\sum_{k=1}^{n}x_{ijk}^2 - n\sum_{i=1}^{a}\sum_{j=1}^{b}\bar{x}_{ij\cdot}^2$$

와 같다. 이 오차제곱합은 오차분산 σ^2을 추정하는데 사용된다.

이들 제곱합들은 [그림 14.14]에 있는 분산분석표를 작성하기 위하여 사용된다. 이 표에는 A 주효과, B 주효과, AB 교호작용효과, 오차 및 총제곱합이 존재한다. 평균 제곱합은 제곱합을 각각 해당하는 자유도로 나눔으로써 구할 수 있는데, 2요인 실험에 대한 자유도는 다음과 같다.

A 주효과에 대한 자유도 : $a-1$
B 주효과에 대한 자유도 : $b-1$
AB 교호작용효과에 대한 자유도 : $(a-1)(b-1)$
오차 자유도 : $ab(n-1)$
총 자유도 : $abn-1$

Source	Degrees of freedom	Sum of squares	Mean squares	*F*-statistics	*p*-value
Factor A	$a-1$	SSA	$\text{MSA} = \frac{\text{SSA}}{a-1}$	$F_A = \frac{\text{MSA}}{\text{MSE}}$	$P(F_{a-1,ab(n-1)} > F_A)$
Factor B	$b-1$	SSB	$\text{MSB} = \frac{\text{SSB}}{b-1}$	$F_B = \frac{\text{MSB}}{\text{MSE}}$	$P(F_{b-1,ab(n-1)} > F_B)$
AB interaction	$(a-1)(b-1)$	SSAB	$\text{MSAB} = \frac{\text{SSAB}}{(a-1)(b-1)}$	$F_{AB} = \frac{\text{MSAB}}{\text{MSE}}$	$P(F_{(a-1)(b-1),ab(n-1)} > F_{AB})$
Error	$ab(n-1)$	SSE	$\text{MSE} = \frac{\text{SSE}}{ab(n-1)}$		
Total	$abn-1$	SST			

그림 14.14
2요인 실험에 대한 분산분석표

회귀분석에서처럼 평균제곱오차 MSE는 오차분산의 추정치 $\hat{\sigma}^2$로 사용되며, χ^2 분포를 이용하여

$$\hat{\sigma}^2 = \text{MSE} = \frac{\text{SSE}}{ab(n-1)} \sim \sigma^2 \frac{\chi^2_{ab(n-1)}}{ab(n-1)}$$

와 같다. MSE는 오차분산에 대한 불편추정량으로서

$$E(\text{MSE}) = \sigma^2$$

이다. 또한 다른 평균 제곱합의 기대값은

$$E(\text{MSA}) = \sigma^2 + \frac{bn}{a-1} \sum_{i=1}^{a} \alpha_i^2$$

$$E(\text{MSB}) = \sigma^2 + \frac{an}{b-1} \sum_{j=1}^{b} \beta_j^2$$

$$E(\text{MSAB}) = \sigma^2 + \frac{n}{(a-1)(b-1)} \sum_{i=1}^{a}\sum_{j=1}^{b} (\alpha\beta)_{ij}^2$$

와 같다. 이 값들은 MSE와 연관되어 있으며 모수 α_i, β_j, $(\alpha\beta)_{ij}$이 0이 될 수 있는지를 나타낸다. 따라서 이들 값들은 교호작용효과와 2요인의 주효과가 존재하는지를 검정하기 위한 F-통계량을 구하기 위하여 사용된다.

교호작용효과에 대한 검정(Testing for Interaction Effects)

다음의 가설

$$H_0 : (\alpha\beta)_{ij} = 0 \quad 1 \le i \le a, 1 \le j \le b \quad \text{versus} \quad H_A : \text{some } (\alpha\beta)_{ij} \ne 0$$

는 교호작용의 유무를 평가하고 다음의 F-통계량을 구함으로써 수행할 수 있다.

$$F_{AB} = \frac{\text{MSAB}}{\text{MSE}}$$

교호작용이 없다는 귀무가설이 참일 경우 통계량 F_{AB}는 자유도 $(a-1)(b-1)$과 $ab(n-1)$인 F-분포를 따른다. F_{AB}의 값이 클 경우 이는 귀무가설이 참이 아니라는 것을 의미하며 p-값은

$$p\text{-값} = P(X > F_{AB})$$

와 같다. 이때 X는 자유도 $(a-1)(b-1)$과 $ab(n-1)$인 F-분포를 따르는 확률변수이다.

만약 이 교호작용효과에 대한 검정에서 p-값이 작을 경우 반응변수에 영향을 주는 두 요인이 서로 독립적으로 작용하지 않는다는 것을 의미한다. 반대로 p-값이 클 경우 교호작용효과가 없다는 것을 의미하고 따라서 2요인의 주효과가 존재하는지 가설검정을 수행하여야만 한다.

A 주효과에 대한 검정(Testing for Factor A Main Effects)

다음의 가설

$$H_0 : \alpha_i = 0 \quad 1 \leq i \leq a \qquad \text{versus} \qquad H_A : \text{some}\, \alpha_i \neq 0$$

은 요인 A의 주효과가 있는지를 검정하며 다음의 F-통계량을 구함으로써 수행할 수 있다.

$$F_A = \frac{\text{MSA}}{\text{MSE}}$$

A 주효과가 없다는 귀무가설이 참일 경우 통계량 F_A는 자유도가 $(a-1)$과 $ab(n-1)$인 F-분포를 따른다. F_A의 값이 클 경우 이는 귀무가설이 참이 아니라는 것을 의미하며 p-값은

$$p\text{-값} = P(X > F_A)$$

이다. X는 자유도가 $(a-1)$과 $ab(n-1)$인 F-분포를 따르는 확률변수이다.

B 주효과에 대한 검정(Testing for Factor B Main Effects)

다음의 가설

$$H_0 : \beta_j = 0 \quad 1 \leq j \leq b \qquad \text{versus} \qquad H_A : \text{some}\, \beta_j \neq 0$$

은 요인 B의 주효과가 있는지를 검정하며 다음의 F-통계량을 구함으로써 수행할 수 있다.

$$F_B = \frac{\text{MSB}}{\text{MSE}}$$

B 주효과가 없다는 귀무가설이 참일 경우 통계량 F_B는 자유도가 $(b-1)$과 $ab(n-1)$인 F-분포를 따른다. F_B의 값이 클 경우 이는 B 주효과가 없다는 귀무가설이 참이 아니라는 것을 의미하며 p-값은

$$p\text{-값} = P(X > F_B)$$

이다. X는 자유도가 $(b-1)$과 $ab(n-1)$인 F-분포를 따르는 확률변수이다.

Computer Note

일반 통계 소프트웨어는 2요인 실험에 대한 분산분석표를 작성해주며 위에 설명된 각각의 3가지 가설검정에 대한 p-값을 구해준다. 하지만 무엇보다 먼저 교호작용효과에 대한 가설검정의 p-값을 먼저 확인해야 하며, 교호작용효과가 있다고 한다면 요인 A와 B의 주효과에 대한 가설검정은 그다지 중요하지 않다.

예제 72 잔디 품질(Turf Quality)

[그림 14.15]는 2요인 문제에 대한 분산분석표로서 총평균은

$$\bar{x}_{...} = \frac{x_{111} + \cdots + x_{224}}{16} = \frac{40 + \cdots + 79}{16} = 49.4375$$

이며

$$\sum_{i=1}^{2}\sum_{j=1}^{2}\sum_{k=1}^{4} x_{ijk}^2 = 40^2 + \cdots + 79^2 = 44{,}865$$

$$\begin{aligned} \text{SST} &= \sum_{i=1}^{2}\sum_{j=1}^{2}\sum_{k=1}^{4} x_{ijk}^2 - (2 \times 2 \times 4 \times \bar{x}_{...}^2) \\ &= 44{,}865 - (16 \times 49.4375^2) = 5{,}759.9375 \end{aligned}$$

이다. 각각의 셀 평균은 다음과 같다.

$$\bar{x}_{11\cdot} = 29.00, \quad \bar{x}_{12\cdot} = 48.25, \quad \bar{x}_{21\cdot} = 41.50, \quad \bar{x}_{22\cdot} = 79.00$$

또한

$$\sum_{i=1}^{2}\sum_{j=1}^{2} \bar{x}_{ij\cdot}^2 = 29.00^2 + 48.25^2 + 41.50^2 + 79.00^2 = 11{,}132.3125$$

이므로 오차제곱합은

Source	Degrees of freedom	Sum of squares	Mean squares	F-statistic	p-value
Fertilizer	1	1870.6	1870.6	66.86	0.000
Temperature	1	3220.6	3220.6	115.11	0.000
Fertilizer*Temperature	1	333.1	333.1	11.90	0.005
Error	12	335.8	28.0		
Total	15	5759.9			

그림 14.15
잔디 품질 예제에 대한 분산분석표

$$\begin{aligned} SSE &= \sum_{i=1}^{2}\sum_{j=1}^{2}\sum_{k=1}^{4} x_{ijk}^2 - (4 \times \sum_{i=1}^{2}\sum_{j=1}^{2} \bar{x}_{ij\cdot}^2) \\ &= 44,865 - (4 \times 11,132.3125) = 335.75 \end{aligned}$$

와 같다. 각 비료수준에 대한 표본평균 $\bar{x}_{1..}=38.625$, $\bar{x}_{2..}=60.250$로부터 비료의 주효과에 대한 제곱합을 구하면

$$\begin{aligned} SSA &= (2 \times 4 \times \sum_{i=1}^{2} \bar{x}_{i..}^2) - (2 \times 2 \times 4 \times \bar{x}_{...}^2) \\ &= (2 \times 4 \times (38.625^2 + 60.250^2)) - (16 \times 49.4375^2) = 1870.5625 \end{aligned}$$

이다. 동일하게 각 재배온도 수준에 대한 표본평균 $\bar{x}_{.1.}=35.250$, $\bar{x}_{.2.}=63.625$로부터 재배온도의 주효과에 대한 제곱합을 구하면

$$\begin{aligned} SSB &= (2 \times 4 \times \sum_{j=1}^{2} \bar{x}_{.j.}^2) - (2 \times 2 \times 4 \times \bar{x}_{...}^2) \\ &= (2 \times 4 \times (35.250^2 + 63.625^2)) - (16 \times 49.4375^2) = 3220.5625 \end{aligned}$$

이다. 교호작용효과에 대한 제곱합 SSAB는 표본평균을 구하는 식으로부터 계산할 수 있지만 총제곱합으로부터 모든 다른 제곱합을 뺌으로써 다음과 같이 쉽게 구할 수 있다.

$$\begin{aligned} SSAB &= SST - SSA - SSB - SSE \\ &= 5759.9375 - 1870.5625 - 3220.5625 - 335.75 = 333.0625 \end{aligned}$$

이 제곱합들은 [그림 14.15]에 주어진 값들과 일치한다. 오차에 대한 자유도는

$$ab(n-1) = 2 \times 2 \times (4-1) = 12$$

이며 오차분산에 대한 추정값은

$$\hat{\sigma}^2 = MSE = \frac{SSE}{12} = \frac{335.75}{12} = 27.98$$

으로, 따라서 표준편차의 추정값은 $\hat{\sigma} = \sqrt{27.98} = 5.29$가 된다.

또한 교호작용효과 AB에 대한 자유도는 $(a-1)(b-1) = (2-1) \times (2-1) = 1$이며

$$MSAB = \frac{SSAB}{1} = SSAB = 333.1$$

으로 교호작용효과가 존재하는지 검정하기 위한 F-통계량은

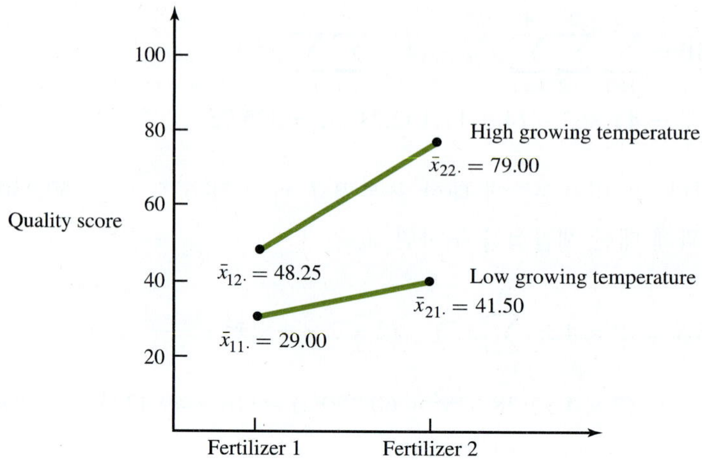

그림 14.16 잔디 품질 예제에서 셀 표본평균 그림

$$F_{AB} = \frac{\text{MSAB}}{\text{MSE}} = \frac{333.1}{27.98} = 11.90$$

와 같다. 이 검정통계량에 대한 p-값은

$$p\text{-값} = P(X > 11.90) = 0.005$$

으로 X는 자유도 1과 12인 F-분포를 따르는 확률변수이다. 이처럼 작은 p-값은 비료의 종류와 재배온도간 교호작용효과가 있다는 것을 의미하며 따라서 비료와 재배온도 각각의 주효과를 평가하는 것은 그다지 중요하지 않다.

잔디생산업체의 관리자는 이 실험을 통해 두 비료간 차이는 재배온도와 연관이 있음을 알았다. [그림 14.16]의 셀 표본평균에 대한 그림은 재배온도에 상관없이 비료 2가 비료 1보다 항상 더 높은 품질의 잔디를 생산하는 것으로 나타났지만 낮은 재배온도에서는 단지 10단위 품질의 증가를 보이는 반면 높은 재배온도에서는 약 30 단위의 증가를 보여주고 있다. 이것이 교호작용효과이며 4가지 실험배치 중 가장 높은 품질 점수를 나타내는 경우는 비료 2와 높은 재배온도를 적용한 경우이다.

예제 9 자동차 차체 조립라인(Car Body Assembly Cine)

[그림 14.17]은 용접 강도에 대한 2요인 실험의 분산분석표이다. 오차 자유도는

$$ab(n-1) = 3 \times 4 \times (3-1) = 24$$

이고 평균제곱오차는 $\hat{\sigma}^2 = \text{MSE} = 0.92142$이므로 따라서 추정된 오차의 표준편차 $\hat{\sigma} = \sqrt{0.92142} = 0.960$이다.

교호작용에 대한 자유도는

$$(a-1)(b-1) = (3-1) \times (4-1) = 6$$

Source	Degrees of freedom	Sum of squares	Mean squares	F-statistic	p-value
Machine	2	1.81455	0.90728	0.98	0.3882
Solder	3	58.84646	19.61549	21.29	0.0001
Machine*Solder	6	3.95829	0.65972	0.72	0.6404
Error	24	22.11420	0.92142		
Total	35	86.73350			

그림 14.17
자동차 차체 조립 라인 예제에 대한 분산분석표

이고 교호작용에 대한 평균제곱합은 MSAB = 0.65972이다. 교호작용효과가 있는지 검정하기 위한 F-통계량은

$$F_{AB} = \frac{\text{MSAB}}{\text{MSE}} = \frac{0.65972}{0.92142} = 0.72$$

이며 p-값은

$$p\text{-값} = P(X > 0.72) = 0.6404$$

이다. 이때 확률변수 X는 자유도 6과 24인 F-분포를 따른다.

이처럼 큰 p-값은 기계 (A)와 납땜 방법 (B) 사이에 교호작용효과가 없음을 의미하며 납땜 방법 차이는 세 기계 모두 같다고 할 수 있다. 이러한 경우 주효과에 대하여 평가를 해야만 한다.

기계의 주효과에 대한 자유도는 $a - 1 = 2$이고 A 주효과에 대한 F-통계량은

$$F_A = \frac{\text{MSA}}{\text{MSE}} = \frac{0.90728}{0.92142} = 0.98$$

이며 p-값은

$$p\text{-값} = P(X > 0.98) = 0.3882$$

이다. X는 자유도 2와 24인 F-분포를 따르는 확률변수이다. p-값이 크므로 기계의 주효과는 없는 것으로 나타난다.

마지막으로 B 주효과에 대한 자유도는 $b - 1 = 3$이고 F-통계량은

$$F_B = \frac{\text{MSB}}{\text{MSE}} = \frac{19.61549}{0.92142} = 21.29$$

이며 p-값은

$$p\text{-값} = P(X > 21.29) = 0.0001$$

와 같다. X는 자유도 3과 24를 가지는 F-분포를 따르는 확률변수이다. 이처럼

작은 p-값은 납땜 방법에 대한 주효과가 유의하며 서로 다른 납땜 방법이 평균 용접 강도에 차이를 준다는 결론을 내릴 수 있다.

결론적으로 이 실험은 3가지 기계는 용접 강도에 영향을 주지 못하는 반면에 납땜 방법은 영향을 준다. 이 경우 서로 다른 납땜 방법이 용접 강도에 어떠한 영향을 주는지 분석을 해야만 하는데 이는 14.1.4절에서 자세히 설명한다.

예제 73 회사 운송비용(Company Transportation Costs)

[그림 14.18]은 운송시간에 대한 2요인 실험의 분산분석표로서 교호작용효과에 대한 p-값은 0.430으로 운송경로와 출발시간간 교호작용효과가 없다는 것을 의미한다. 하지만 운송경로 주효과와 출발시간의 주효과에 대한 p-값은 각각 0.004와 0.000으로 운송시간이 운송경로와 출발시간 모두에 영향을 받는 것을 알 수 있다. 그럼에도 불구하고 교호작용효과가 없는 것으로 나타난 이유는 두 요인이 운송시간에 독립적으로 영향을 미치기 때문이다. 예를 들면 두 경로에 대한 평균 운송시간의 차이는 출발시간과는 상관없이 같다.

[그림 14.19]의 셀 표본평균 그림은 경로 1이 경로 2보다 약 20~25분 정도 더 오래 걸리며 트럭이 공장에서 더 늦게 출발할수록 더 짧은 운송시간을 가짐을 보여준다.

Source	Degrees of freedom	Sum of squares	Mean squares	F-statistic	p-value
Route	1	3830.7	3830.7	10.251	0.004
Period	2	11925.6	5962.8	15.956	0.000
Route*Period	2	653.6	326.8	0.874	0.430
Error	24	8968.8	373.7		
Total	29	25378.7			

그림 14.18
회사 운송비용 예제에 대한 분산분석표

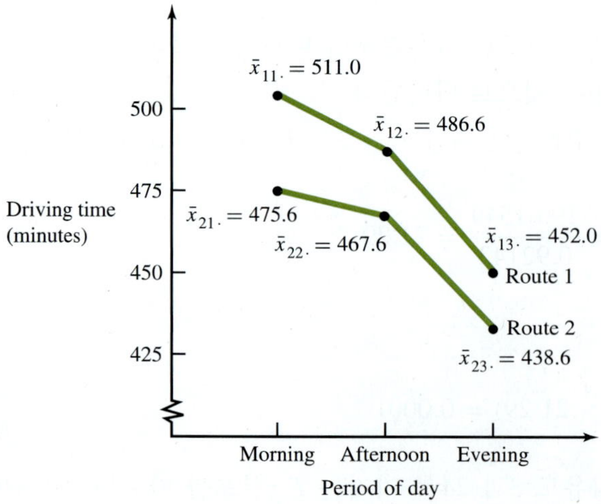

그림 14.19
회사 운송비용 예제에 대한 셀 표본평균 그림

14.1.4 요인수준 평균의 쌍체비교(Pairwise Comparisons of the Factor Level Means)

만약 2요인 실험을 통해 교호작용효과는 없지만 하나 혹은 그 이상의 주효과가 유의한 것으로 나타났다면 실험자는 쌍체비교(pairwise comparison)를 통해 반응변수가 요인 수준에 따라 어떻게 달라지는지를 평가할 수 있다. 11.1.4절에서 다룬 1요인 실험에서의 처리 평균의 비교, 11.2.4절에서 다룬 확률화 블럭설계실험에서의 처리평균의 비교처럼 요인수준 평균의 차에 대한 쌍체비교의 신뢰구간을 구할 수 있다.

만약 요인 A의 주효과가 존재한다면 A의 a 수준에 대한 반응변수의 기대값을 추정해야만 하는데 다음과 같이 생각될 수 있다.

$$\mu+\alpha_1, \ldots, \mu+\alpha_a$$

또한 A의 수준 i_1과 i_2에서의 기대값의 차이는 $\alpha_{i_1}-\alpha_{i_2}$로서 [표 V]에 주어진 임계값 $q_{\alpha,a,\nu}$를 이용하여 이 차이에 대한 $1-\alpha$ 동시신뢰구간(simultaneous confidence interval)은

$$\alpha_{i_1}-\alpha_{i_2} \in \left(\bar{x}_{i_1\cdot\cdot}-\bar{x}_{i_2\cdot\cdot}-\frac{s\, q_{\alpha,a,\nu}}{\sqrt{bn}}, \bar{x}_{i_1\cdot\cdot}-\bar{x}_{i_2\cdot\cdot}+\frac{s\, q_{\alpha,a,\nu}}{\sqrt{bn}}\right)$$

와 같다. 이때 $s=\hat{\sigma}=\sqrt{\text{MSE}}$ 이며 자유도 $\nu=ab(n-1)$ 이다.

만약 이 신뢰구간이 0을 포함하고 있다면 대응하는 요인 A의 두 수준에서 반응변수의 기대값은 차이가 없음을 의미한다.

만약 교호작용효과가 있을 경우 요인 A가 반응변수에 주는 영향은 요인 B 수준에 의존하므로 신뢰구간을 해석하기 힘들다. 마지막으로 만약 요인 A가 단지 두 수준 $a=2$를 갖는다면 $\alpha_1-\alpha_2$에 대한 신뢰구간을 얻게 되는데 이것은 9.3.2절에서 논의한 합동분산추정치를 이용하는 2표본 t-절차와 동일하다.

요인수준 평균의 쌍체비교(Pairwise Comparisons of the Factor Level Means)

2요인 실험에서 교호작용효과가 없을 경우 요인 A의 주효과를 비교하기 위해 다음의 신뢰구간을 사용할 수 있다.

$$\alpha_{i_1}-\alpha_{i_2} \in \left(\bar{x}_{i_1\cdot\cdot}-\bar{x}_{i_2\cdot\cdot}-\frac{s\, q_{\alpha,a,\nu}}{\sqrt{bn}}, \bar{x}_{i_1\cdot\cdot}-\bar{x}_{i_2\cdot\cdot}+\frac{s\, q_{\alpha,a,\nu}}{\sqrt{bn}}\right)$$

마찬가지로 요인 B의 주효과를 비교하기 위하여 다음의 신뢰구간을 사용할 수 있다.

$$\beta_{j_1}-\beta_{j_2} \in \left(\bar{x}_{\cdot j_1\cdot}-\bar{x}_{\cdot j_2\cdot}-\frac{s\, q_{\alpha,b,\nu}}{\sqrt{an}}, \bar{x}_{\cdot j_1\cdot}-\bar{x}_{\cdot j_2\cdot}+\frac{s\, q_{\alpha,b,\nu}}{\sqrt{an}}\right)$$

각 신뢰구간은 전체적으로 $1-\alpha$ 신뢰수준을 가지며 임계값에서 자유도 $\nu = ab(n-1)$ 이다. 이들 신뢰구간이 0을 포함할 경우 그 요인의 대응하는 두 수준에서 반응변수의 기대값은 차이가 없으며 반대로 0을 포함하지 않는다면 반응변수 기대값은 서로 다름을 의미한다.

예제 9 자동차 차체 조립라인(Car Body Assembly Line)

이 실험에서 생산기계와 납땜 방법 사이에 교호작용효과가 없으며 오직 납땜 방법 주효과만 있음을 알았다. $b=4$개의 서로 다른 납땜 방법의 쌍체비교를 통해 이들이 용접 강도에 어떠한 영향을 미치는지 알아보기로 한다. 네 가지 납땜 방법에 대한 표본 평균은 다음과 같다.

$$\bar{x}_{\cdot 1 \cdot} = 4.920, \quad \bar{x}_{\cdot 2 \cdot} = 3.803, \quad \bar{x}_{\cdot 3 \cdot} = 4.854, \quad \bar{x}_{\cdot 4 \cdot} = 7.296$$

또한 $q_{0.05,4,24}=3.90$이기 때문에 $(sq_{0.05,4,24})/\sqrt{an} = (0.960 \times 3.90)/\sqrt{3 \times 3} = 1.248$이다. 따라서 서로 다른 두 납땜 방법에 대한 차이의 신뢰구간은 다음과 같다.

$$\beta_1 - \beta_2 \in (4.920 - 3.803 - 1.248,\ 4.920 - 3.803 + 1.248) = (-0.131,\ 2.365)$$
$$\beta_1 - \beta_3 \in (4.920 - 4.854 - 1.248,\ 4.920 - 4.854 + 1.248) = (-1.182,\ 1.314)$$
$$\beta_1 - \beta_4 \in (4.920 - 7.296 - 1.248,\ 4.920 - 7.296 + 1.248) = (-3.624,\ -1.128)$$
$$\beta_2 - \beta_3 \in (3.803 - 4.854 - 1.248,\ 3.803 - 4.854 + 1.248) = (-2.299,\ 0.197)$$
$$\beta_2 - \beta_4 \in (3.803 - 7.296 - 1.248,\ 3.803 - 7.296 + 1.248) = (-4.741,\ -2.245)$$
$$\beta_3 - \beta_4 \in (4.854 - 7.296 - 1.248,\ 4.854 - 7.296 + 1.248) = (-3.690,\ -1.194)$$

이 중 납땜 방법 1, 2, 3의 세 가지 신뢰구간이 0을 포함하고 있기 때문에 이 세 가지 방법간 차이가 없다고 할 수 있다. 하지만 납땜 방법 4와 나머지 세 가지 방법을 비교한 신뢰구간은 모두 0을 포함하지 않기 때문에 납땜 방법 4는 용접강도가 나머지 세 방법과 다른 영향을 줌을 알 수 있다([그림 14.20] 참조).

정리하면 납땜 방법 1, 2, 3은 용접 강도에 같은 영향을 주지만 납땜 방법 4를 이용할 경우 다른 방법보다 최소한 1.1 단위 이상의 더 강한 용접 강도를 얻을 수 있다.

예제 73 회사 운송비용(Company Transportation Costs)

이 예제에서는 교호작용효과는 존재하지 않고 운송경로와 출발시간 두 주효과가 독립적으로 운송시간에 영향을 주는 것을 알았다. 두 경로에 대한 표본 평균은

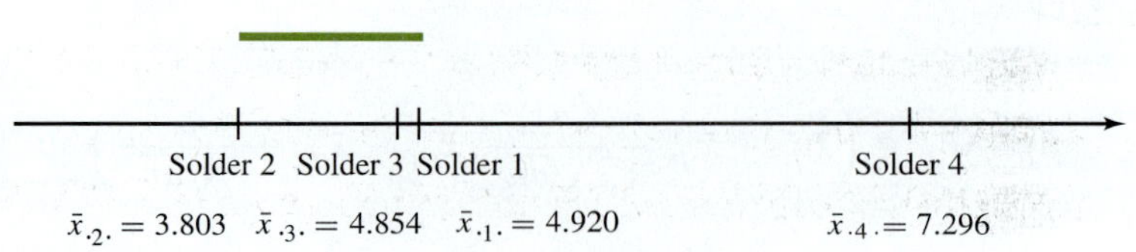

그림 14.20 자동차 차체 조립 라인 예제에 대한 납땜 방법의 비교

$$\bar{x}_{1..} = 483.2, \quad \bar{x}_{2..} = 460.6$$

이며 $q_{0.05,2,24}=2.92$이기 때문에 $(sq_{0.05,2,24})/\sqrt{bn}=(19.33\times 2.92)/\sqrt{3\times 5}=14.6$이다. 따라서 두 경로의 운송시간 기대값 차이에 대한 신뢰구간은 다음과 같다.

$$\alpha_1 - \alpha_2 \in (483.2 - 460.6 - 14.6, 483.2 - 460.6 + 14.6) = (8.0, 37.2)$$

경로 1이 평균적으로 최소한 8분에서 37분 정도 경로 2보다 더 오래 걸림을 알 수 있다. 교호작용이 없기 때문에 트럭이 공장에서 출발하는 시간과는 무관하게 이 결과가 유효하다. 만약 아침을 수준 1, 오후를 2, 밤을 3으로 정의한다고 할 때 이 3가지 출발시간에 대한 표본평균은

$$\bar{x}_{.1.} = 493.3, \quad \bar{x}_{.2.} = 477.1, \quad \bar{x}_{.3.} = 445.3$$

이며 $q_{0.05,3,24}=3.53$이기 때문에 $(sq_{0.05,3,24})/\sqrt{an}=(19.33\times 3.53)/\sqrt{2\times 5}=21.6$이다. 3가지 출발시간의 쌍체차이에 대한 신뢰구간은 다음과 같다.

$$\beta_1 - \beta_2 \in (493.3 - 477.1 - 21.6, 493.3 - 477.1 + 21.6) = (-5.4, 37.8)$$
$$\beta_1 - \beta_3 \in (493.3 - 445.3 - 21.6, 493.3 - 445.3 + 21.6) = (26.4, 69.6)$$
$$\beta_2 - \beta_3 \in (477.1 - 445.3 - 21.6, 477.1 - 445.3 + 21.6) = (10.2, 53.4)$$

이 경우는 [그림 14.21]에 정리되어 있는데, 출발시간이 아침과 오후일 경우 운송시간의 차이가 없는 반면에 트럭이 밤에 출발할 경우 다른 경우보다 더 짧은 운송시간을 갖는 것을 알 수 있다. 밤과 오후의 운송시간 기대값 차이는 10분~53분이며 밤과 아침의 운송시간 기대값 차이는 26분~69분이다.

14.1.5 모형화 과정 및 잔차분석(Modeling Procedures and Residual Analysis)

잔차분석은 모형에 대한 가정을 점검하며 특히 요인들이 반응변수의 변동성에 영향을 주는지 평가하기 위해서 사용될 수 있다. 잔차를 구하기 전에 모형이 적합한지를 먼저 체크해야만 하는데 일반적인 모형화 절차는 다음과 같다.

서로 다른 모형의 적합(Fitting Different Models)

2요인 실험에 대하여 모형

$$\mu_{ij} = \mu + \alpha_i + \beta_j + (\alpha\beta)_{ij}$$

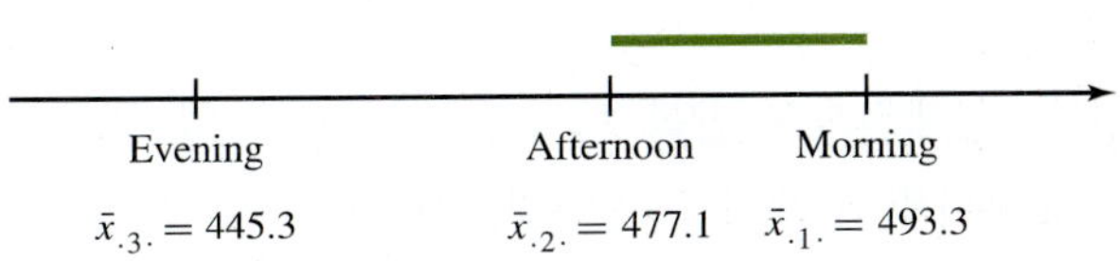

그림 14.21 회사 운송비용 예제에 대한 운송시간의 비교

은 셀 평균 μ_{ij}를 고려한다. 이 모형은 2요인의 주효과 및 교호작용을 모두 고려하였다. 만약 교호작용이 있다고 한다면 이는 적절한 모형이 될 것이다. 하지만 교호작용이 없다고 한다면

$$\mu_{ij} = \mu + \alpha_i + \beta_j$$

이 적합한 모형이 될 것이다. 이 모형은 교호작용의 모수 $(\alpha\beta)_{ij}$를 포함하지 않음을 주목하라. 교호작용과 요인 B의 주효과가 없고 대신 요인 A의 주효과만 있을 경우

$$\mu_{ij} = \mu + \alpha_i$$

가 적합한 모형이 될 것이며, 요인 B의 주효과만 있을 경우

$$\mu_{ij} = \mu + \beta_j$$

가 적합한 모형이 될 것이다. 이번에 교호작용 및 2요인 A와 B의 주효과 모두 없을 경우

$$\mu_{ij} = \mu$$

가 적합한 모형이 되며, 각각의 실험배치에서의 반응변수의 기대값은 모두 같음을 의미한다.

셀마다 하나의 관측치를 가지는 실험의 경우

각 셀당 하나의 관측치를 얻는 실험은 각각의 실험배치에서 반복관측치가 없는 경우로서 2 요인 실험의 특별한 경우에 해당한다. 이 경우 $ab(n-1)=0$인 오차 자유도를 가지기 때문에 교호작용의 존재 유무를 평가할 수 없고 주효과 분석은 교호작용이 없다는 전제하에 수행하여야 한다. 만약 이 가정이 적절하다면 교호작용 제곱합 SSAB를 자유도 $(a-1)(b-1)$의 오차제곱합 SSE로서 대체함으로써 주효과에 대한 분산분석을 수행할 수 있다.

Computer Note

통계 소프트웨어에서 각 셀당 하나의 관측치가 있는 경우 교호작용은 없고 주효과만 있는 다음의 모델을 적용시켜 분석할 수 있다.

$$\mu_{ij} = \mu + \alpha_i + \beta_j$$

어떤 실험에서는 실제적으로 반복 관측치를 얻을 수 없지만 만약 반복 관측치를 얻는 것이 가능하다면 언제나 얻어야만 한다. 왜냐하면 실험배치에서의 반복

은 중요한 두 요인간의 교호작용효과 유무를 평가하기 때문이다.

끝으로 셀마다 하나의 관측치를 가지는 2요인 실험은 11.2절에서 배운 확률화 블럭설계 실험과 유사하다. 데이터 배치가 2요인 실험에서의 요인 A의 a개 수준에 대응하는 확률화 블럭설계에서의 k개 요인수준과 동일하고, 요인 B의 b개의 수준에 대응하는 확률화 블럭설계에서의 b개 블럭과 같다. 분산분석표에서도 2요인 실험에서 오차제곱합 SSE가 교호작용 제곱합 SSAB로 사용되어진다면 확률화 블럭설계와 비슷하다. 하지만 이 두 가지 실험설계는 다르게 해석되어야 하는데, 확률화 블럭설계에서는 관심있는 요인이 하나이며 블럭변수는 단지 실험의 정확도를 증가시키기 위해서 사용할 뿐이다. 반면 반복이 없는 2요인 실험은 반복 측정치를 가지고 있지는 않지만 이 2요인이 반응변수에 주는 영향을 평가하기 위하여 수행한다.

불균형 실험계획(Unbalanced Experimental Designs)

이제까지 배운 2요인 실험분석은 각각의 ab개 실험배치가 정확히 n개의 반복 관측치를 가지고 있는 상황을 고려한 것이다. 이러한 경우를 균형설계(balanced design)라 한다. 하지만 많은 경우 같은 수의 반복 관측치를 얻는 것이 쉽지 않을 수 있는데 이를 불균형설계(unbalanced design)라 한다. 이 설계는 실험자에 의해서 의도적으로 시행되거나 혹은 균형설계 실험을 수행하였지만 결측치가 발생하는 경우에 해당한다.

불균형인 2요인 실험의 분석은 균형된 2요인 실험과 동일하며 교호작용효과 및 주효과는 분산분석표에서 동일한 방법으로 평가되고 해석될 수 있다.

잔차분석(Residual Analysis)

특정 모형에 대한 잔차는 관측값 x_{ijk}와 모형 적합치의 차이로 정의되며

$$e_{ijk} = x_{ijk} - \hat{\mu}_{ij}$$

와 같다. 이때 $\hat{\mu}_{ij}$는 모형을 토대로 적합한 값이다.

잔차의 절대값이 큰 경우 이는 관측치가 모형과 잘 맞지 않는다는 것을 말해주며 실험자는 이 이상치들이 특정한 현상을 설명하는지 평가할 필요가 있다. 잔차의 크기는 그 값을 추정된 표준 편차 $\hat{\sigma}$로 나눈 표준화 잔차(standardized residual)를 통해서도 평가할 수 있는데 3보다 큰 절대값을 갖는 표준화 잔차는 이상치로 분류할 수 있다.

잔차에 대한 정규확률그림은 잔차가 정규분포를 따르는지 평가하기 위해서 사용될 수 있다. 잔차가 정규분포를 따르지 않는다면 데이터를 분석하는데 보다 신중을 기해야 하며 이 경우 변수변환을 통해, 즉 반응변수를 변환함으로써 정규성 가정을 만족하도록 할 수 있다.

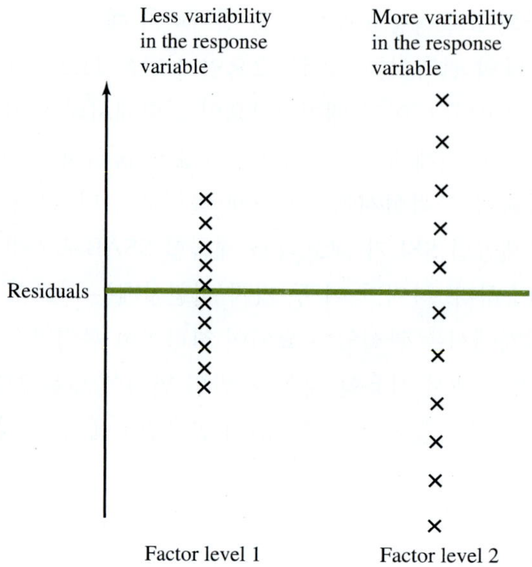

그림 14.22 수준 2에서 잔차 값들의 변동이 더 크다는 것은 수준 2에서 반응변수 내의 변동성이 더 크다는 것을 의미한다

마지막으로 잔차들과 요인들을 플롯함으로써 반응변수의 변동성이 요인에 영향을 받는지 검토할 수 있다([그림 14.22] 참조).

예제 72 잔디 품질(Turf Quality)

이 데이터에 대한 적절한 모형은 교호작용효과만을 포함하며 이 경우 적합치는 셀 표본 평균이므로 잔차는

$$e_{ijk} = x_{ijk} - \hat{\mu}_{ij} = x_{ijk} - \bar{x}_{ij\cdot}$$

와 같다([그림 14.23] 참조). 가장 큰 절대값을 갖는 잔차는

$$e_{111} = x_{111} - \bar{x}_{11\cdot} = 40 - 29 = 11$$

이지만 $\hat{\sigma}$ =5.29이기 때문에 이는 이상점으로 보기 힘들다. [그림 14.24]는 잔차에 대한 정규확률그림으로서 데이터들이 선상에 분포하기 때문에 정규성 가정에 위배되지 않는다는 것을 알 수 있다.

Temperature		Fertilizer: Fertilizer 1	Fertilizer: Fertilizer 2
Low		$e_{111} = x_{111} - \bar{x}_{11\cdot} = 11.00$	$e_{211} = x_{211} - \bar{x}_{21\cdot} = 5.50$
		$e_{112} = x_{112} - \bar{x}_{11\cdot} = -5.00$	$e_{212} = x_{212} - \bar{x}_{21\cdot} = -4.50$
		$e_{113} = x_{113} - \bar{x}_{11\cdot} = 2.00$	$e_{213} = x_{213} - \bar{x}_{21\cdot} = -0.50$
		$e_{114} = x_{114} - \bar{x}_{11\cdot} = -8.00$	$e_{214} = x_{214} - \bar{x}_{21\cdot} = -0.50$
High		$e_{121} = x_{121} - \bar{x}_{12\cdot} = -2.25$	$e_{221} = x_{221} - \bar{x}_{22\cdot} = 5.00$
		$e_{122} = x_{122} - \bar{x}_{12\cdot} = 4.75$	$e_{222} = x_{222} - \bar{x}_{22\cdot} = -3.00$
		$e_{123} = x_{123} - \bar{x}_{12\cdot} = -0.25$	$e_{223} = x_{223} - \bar{x}_{22\cdot} = -2.00$
		$e_{124} = x_{124} - \bar{x}_{12\cdot} = -2.25$	$e_{224} = x_{224} - \bar{x}_{22\cdot} = 0.00$

그림 14.23 잔디 품질 데이터 집합에 대한 잔차

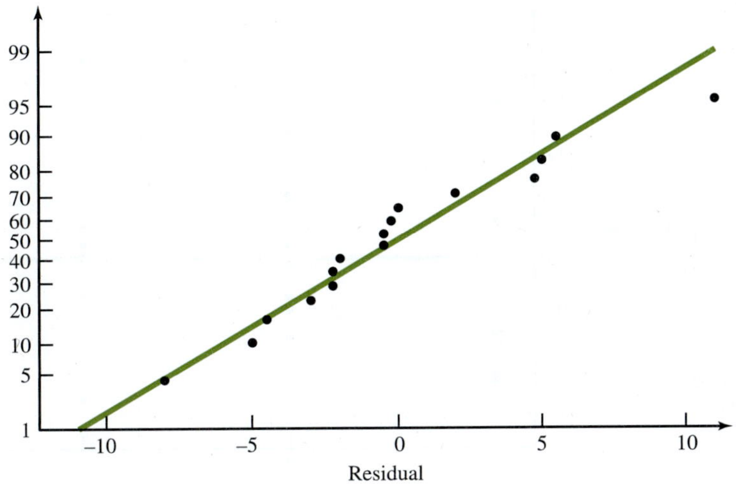

그림 14.24 잔디 품질 예제에 대하여 잔차들의 정규확률 그림

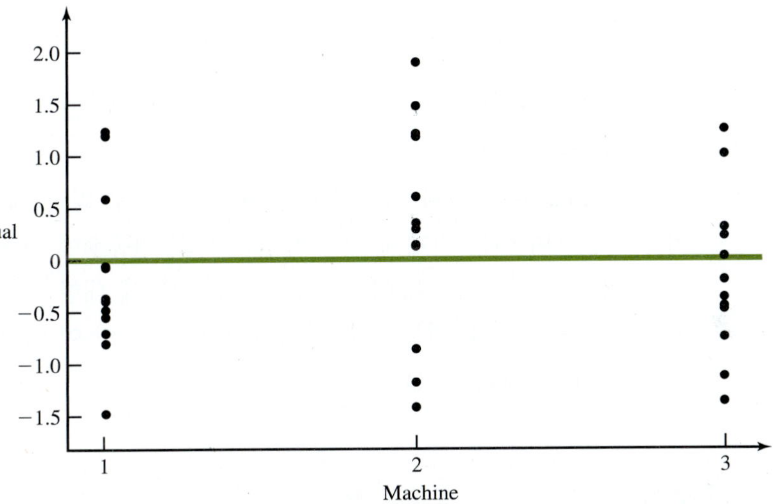

그림 14.25 자동차 차체 조립라인 예제에 대하여 기계 대 잔차의 그림

예제 9 자동차 차체 조립라인(Car Body Assembly Line)

이전에 용접 강도의 기대값은 3가지 기계에 대하여 차이가 없음을 알았다. 용접 강도의 변동성이 3가지 기계에 대하여 차이가 있는지는 잔차그림을 통해 파악할 수 있다. 이 데이터에 대한 최종 모형은 납땜 방법의 영향만을 고려한 모형으로 적합치는 납땜 수준의 표본 평균 $\bar{x}_{.j.}$이 된다. 따라서 잔차는

$$e_{ijk} = x_{ijk} - \hat{\mu}_{ij} = x_{ijk} - \bar{x}_{.j.}$$

이다. 예를 들면 첫번째 관측치의 잔차는

$$e_{111} = x_{111} - \bar{x}_{.1.} = 4.120 - 4.920 = -0.800$$

이며 가장 큰 절대값을 갖는 잔차는

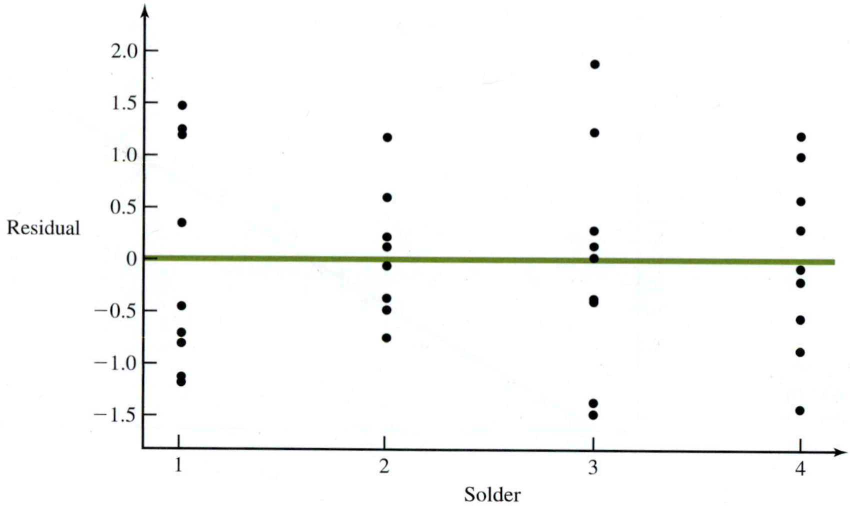

그림 14.26 자동차 차체 조립라인에 대하여 납땜방법 대 잔차그림

$$e_{233} = x_{233} - \bar{x}_{\cdot 3\cdot} = 6.750 - 4.854 = 1.896$$

이다. 하지만 $\hat{\sigma} = 0.960$이므로 표준화 잔차값을 구함으로써 이 값을 이상점으로 간주하기는 힘들다.

[그림 14.25]는 3가지 기계에 대한 잔차그림으로 각 기계간 잔차의 분포에 큰 차이가 없으며 이는 기계에 대한 용접 강도의 변동성에 차이는 없음을 입증하고 있다. 다음으로 [그림 14.26]은 4가지 납땜 방법에 대한 잔차그림으로 가장 강한 용접 강도를 얻을 수 있는 납땜 방법은 방법 4이지만 이 역시 다른 3 방법과 변동성에 큰 차이가 없음을 볼 수 있다.

연습문제

14.1.1 서로 다른 종류의 자동차에 대하여 서로 다른 가솔린 혼합물을 비교하기 위하여 2요인 실험을 수행하였다. 반응변수는 자동차의 운행 특성으로 큰 반응변수 값은 운행 특성이 향상됨을 의미한다. 가솔린 종류를 요인 A라 할 때 A는 $a=2$ 수준을 가지며 자동차 종류를 B라고 할 때 B는 $b=2$ 수준을 가진다. 각각의 실험배치는 $n=3$개의 반복수를 가질 때 각각의 제곱합은 다음과 같다.

SSA = 96.33, SSB = 75.00,
SSAB = 341.33, SSE = 194.00

셀 표본평균이 $\bar{x}_{11\cdot} = 32.33$, $\bar{x}_{12\cdot} = 38.00$, $\bar{x}_{21\cdot} = 37.33$, $\bar{x}_{22\cdot} = 21.67$이라고 할 때 분산분석표를 구하고 결론을 도출하라. 어떤 종류의 가솔린이 더 좋다고 할 수 있는가?

14.1.2 흑연-에폭시 합성물의 장력강도는 혼합물 조합과 온도에 의해 영향을 받는지 알아보기 위하여 2요인 실험을 수행하였다. 4가지 조합(요인 A)과 3가지 온도(low = 1, medium = 2, high = 3)인 요인 B가 고려되었다. 여기에서 반응변수는 장력강도이고 각각의 실험배치에 대

하여 2개의 표본을 측정하였다. 이 실험을 통해 제곱합을 구하면 다음과 같다.

SSA = 160.61, SSB = 580.52,
SSAB = 58.01, SSE = 66.71

셀 표본 평균이 $\bar{x}_{11\cdot} = 27.05$, $\bar{x}_{12\cdot} = 18.80$, $\bar{x}_{13\cdot} = 16.40$, $\bar{x}_{21\cdot} = 25.50$, $\bar{x}_{22\cdot} = 15.60$, $\bar{x}_{23\cdot} = 8.25$, $\bar{x}_{31\cdot} = 24.15$, $\bar{x}_{32\cdot} = 17.90$, $\bar{x}_{33\cdot} = 16.95$, $\bar{x}_{41\cdot} = 30.00$, $\bar{x}_{42\cdot} = 23.40$, $\bar{x}_{43\cdot} = 17.65$이라고 할 때

(a) 분산분석표를 구하라.

(b) 교호작용효과 및 주효과가 존재하는지 검정하라.

(c) 4가지 흑연-에폭시 혼합물 조합을 비교할 수 있는 쌍체 신뢰구간을 구하라. 어떠한 결론을 내릴 수 있는가?

(d) 3가지 온도수준을 비교하는 쌍체 신뢰구간을 구하라. 어떠한 결론을 내릴 수 있는가?

14.1.3 강도시험을 위한 깊이 측정치

DS 14.1.1는 어떤 물질의 강도를 측정하는데 사용되는 기계를 시험하기 위하여 수행된 실험의 결과 데이터이다. 특정 힘을 부여하여 막대를 그 물질에 삽입하여 깊이 h를 측정, 강도를 파악하였다. 어떤 연구소는 동일한 결과를 제공하도록 만들어진 3가지 막대(요인 A)를 보유하고 있는 기계를 구입하였다. 이 실험의 목적은 서로 다른 막대가 동일한 결과를 제공하는지 평가하는 것으로 3가지 종류의 물질(요인 B)이 사용되었고 각각의 실험배치에서 4개의 반복을 얻었다.

(a) 분산분석표를 구하라.

(b) 교호작용효과 및 주효과가 존재하는지 검정하라.

(c) 3가지 막대에 대한 잔차그림을 그려라. 이것을 사용하는 것이 왜 유용한가? 이 그림은 어떠한 분석결과를 제공하는가?

14.1.4 콘택트 렌즈 차원

DS 14.1.2는 콘택트 렌즈 중심부 두께가 이 렌즈를 만드는데 사용된 물질의 종류(요인 A)와 이 렌즈가 제공하는 배율의 양(요인 B)에 의해서 어떻게 달라지는지를 평가하기 위해서 수행된 실험 결과 데이터이다.

(a) 분산분석표를 구하라.

(b) 교호작용효과 및 주효과가 존재하는지 검정하라.

(c) 4가지 물질 종류에 대한 잔차그림을 작성하라. 어떤 물질을 사용하는 것이 변동을 최소화할 수 있는가?

14.1.5 유리 침전에 의한 실리콘 양 손실

유리 샘플을 어떤 용액에 넣었을 경우 유리의 어떤 성분은 용액 속에 용해되고 나머지는 침전된다. DS 14.1.3은 유리의 침전이 유리의 구성(요인 A)과 용액의 산성도(요인 B)에 영향을 받는지 평가하기 위한 2요인 실험결과 데이터이다. 반응변수는 측정된 규소의 손실 질량이다. 이 데이터를 분석하라.

14.1.6 임상실험

어떤 유전 질병의 개선 정도가 3가지 투약량 수준과 3가지 약의 활성성분에 따라 달라지는지 총 9가지 실험배치에 대하여 임의로 2명씩 배정하여 18명 환자에 대하여 측정하였다. 실험 결과는 DS 14.1.4에 주어졌는데 이 데이터를 분석하라. 활성성분에 대한 잔차그림을 통해 어떠한 결론을 내릴 수 있는가?

14.1.7 최적 기계부품 제조
3가지 서로 다른 디자인과 2가지 서로 다른 종류의 물질을 조합하여 기계부품을 만들었다. 이 경우 6가지 디자인과 물질의 조합에 따라 각각 1개씩 만들었다. DS 14.1.5는 이 부품들의 수명시간 데이터라고 할 때 이 데이터를 분석하라.

14.2 3개 이상의 요인 실험(Experiments with Three or More factors)

반응변수가 셋 이상의 요인에 의해 어떤 영향을 받는지 평가하기 위하여 실험을 수행하는 경우가 있다. 이는 더 많은 수의 교호작용효과를 고려해야 한다는 점을 제외하고는 2요인 실험과 비슷하게 분석할 수 있다. 2요인 실험에서와 같이 이 분석은 분산분석표를 구하고 잔차를 고려하는 것을 기본으로 한다.

만약 요인의 수가 많을 경우 각 요인들의 조합으로 나타나는 셀의 수는 많아지게 되며 이는 또한 많은 수의 데이터를 수집해야 할 필요가 있다. 이 경우 요인마다 단지 두 가지 수준에서 실험하는 스크리닝 실험이 자주 사용된다. k 개의 요인이 있는 실험은 2^k 설계라고 한다.

14.2.1 3요인 실험(Three-Factor Experiments)

반응변수가 각각 a, b, c개 수준을 갖는 3요인 A, B, C에 어떠한 영향을 받는지 평가하는 실험이 있다. 총 abc개의 실험배치가 존재하며 각각 n개의 반복 관측치를 얻는 완전균형설계를 가정할 때 총 관측치 수는 $n_T = abcn$이다. 이 데이터의 형식은 다음과 같다.

$$x_{ijkl} \quad 1 \le i \le a, 1 \le j \le b, 1 \le k \le c, 1 \le l \le n$$

x_{ijkl}은 요인 A의 i번째 수준, 요인 B의 j번째 수준, 요인 C의 k번째 수준에서의 l번째 반복 관측치이다. 셀 표본 평균은

$$\bar{x}_{ijk\cdot} = \frac{1}{n}\sum_{l=1}^{n} x_{ijkl}$$

이며 총평균은

$$\bar{x}_{\cdots\cdot} = \frac{1}{abcn}\sum_{i=1}^{a}\sum_{j=1}^{b}\sum_{k=1}^{c}\sum_{l=1}^{n} x_{ijkl}$$

이다. 예를 들면 요인 A의 a개 수준의 평균은

$$\bar{x}_{i\cdots} = \frac{1}{bcn} \sum_{j=1}^{b}\sum_{k=1}^{c}\sum_{l=1}^{n} x_{ijkl}$$

이며 요인 A와 B의 ab개 조합에 대한 평균은

$$\bar{x}_{ij\cdot\cdot} = \frac{1}{cn} \sum_{k=1}^{c}\sum_{l=1}^{n} x_{ijkl}$$

와 같다. 미지의 셀 평균은 다음과 같이 나타낼 수 있다.

$$\mu_{ijk} \quad 1 \le i \le a, 1 \le j \le b, 1 \le k \le c$$

이는 각 abc개 실험배치에서 반응변수의 기대값으로 관측값은 다음과 같이 모형화가 가능하다.

$$x_{ijkl} = \mu_{ijk} + \epsilon_{ijkl}$$

오차항 ϵ_{ijkl}은 미지의 오차분산 σ^2를 가지며

$$\epsilon_{ijkl} \sim N(0, \sigma^2)$$

을 가정한다. 2요인 실험에서와 같이 3요인 실험에서도 셀평균 x_{ijk}의 구조를 이해하는 것이 중요한데, 셀 평균을 다음과 같이 나타낼 수 있다.

$$\mu_{ijk} = \mu + \alpha_i + \beta_j + \gamma_k + (\alpha\beta)_{ij} + (\alpha\gamma)_{ik} + (\beta\gamma)_{jk} + (\alpha\beta\gamma)_{ijk}$$

이때 모수 $(\alpha\beta\gamma)_{ijk}$는 반응변수의 기대값에 영향을 주는 세 요인간 교호작용(three-way interaction)를 나타낸다. 이 실험에는 2요인 교호작용(two-way interaction)이 3개 존재하는데, $(\alpha\beta)_{ij}$, $(\alpha\gamma)_{ik}$, $(\beta\gamma)_{jk}$는 각각 요인 A와 B, A와 C 및 B와 C 사이의 2요인 교호작용효과를 나타낸다. 마지막으로 모수 α_i, β_j, γ_k는 요인 A, B, 및 C의 주효과를 나타낸다.

이 실험에는 각각의 모수가 0인지를 검정하기 위해서 총 7가지 가설검정을 수행하게 되는데 $(\alpha\beta\gamma)_{ijk}$가 0이라는 가설 검정은 3요인 교호작용효과가 있는지를 검정한다. 또한 $(\alpha\beta)_{ij}$, $(\alpha\gamma)_{ik}$, $(\beta\gamma)_{jk}$가 0인지 검정하는 것은 2요인 교호작용효과를 검정하며, α_i, β_j, γ_k가 0인지 검정하는 것은 주효과에 대한 검정에 해당한다.

[그림 14.27]에서처럼 총제곱합 SST는 주효과에 대한 제곱합(SSA, SSB, SSC), 세 가지 2요인 교호작용에 대한 제곱합(SSAB, SSAC, SSBC), 3요인 교호작용 SSABC 및 오차제곱합 SSE로 분해 가능하다.

$$\text{SST} = \text{SSA} + \text{SSB} + \text{SSC} + \text{SSAB} + \text{SSAC} + \text{SSBC} + \text{SSABC} + \text{SSE}$$

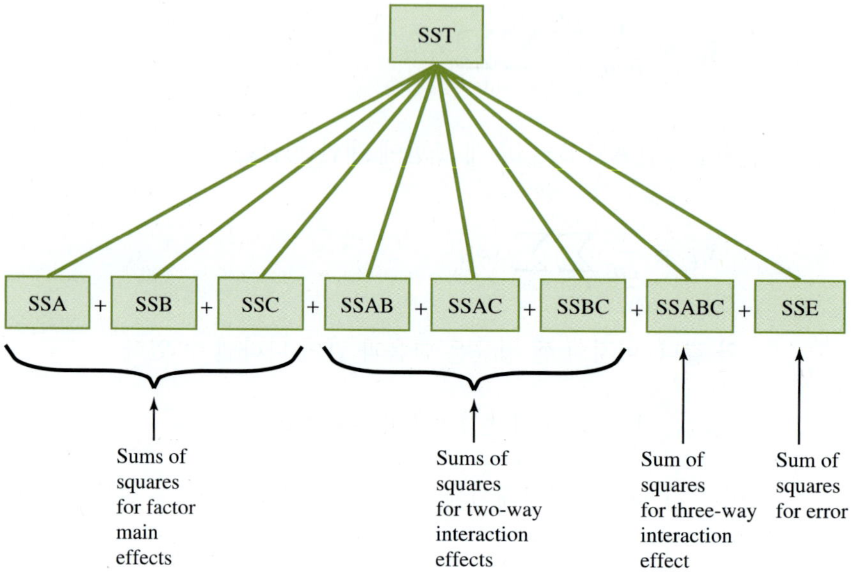

그림 14.27
3요인 실험에서 제곱합의 분할

이 제곱합들은 다음과 같이 계산할 수 있다.

$$\text{SST} = \sum_{i=1}^{a}\sum_{j=1}^{b}\sum_{k=1}^{c}\sum_{l=1}^{n}(x_{ijkl} - \bar{x}_{....})^2$$

$$\text{SSE} = \sum_{i=1}^{a}\sum_{j=1}^{b}\sum_{k=1}^{c}\sum_{l=1}^{n}(x_{ijkl} - \bar{x}_{ijk\cdot})^2$$

$$\text{SSA} = bcn\sum_{i=1}^{a}\hat{\alpha}_i^2 = bcn\sum_{i=1}^{a}(\bar{x}_{i...} - \bar{x}_{....})^2$$

$$\text{SSB} = acn\sum_{j=1}^{b}\hat{\beta}_j^2 = acn\sum_{j=1}^{b}(\bar{x}_{\cdot j\cdot\cdot} - \bar{x}_{....})^2$$

$$\text{SSC} = abn\sum_{k=1}^{c}\hat{\gamma}_k^2 = abn\sum_{k=1}^{c}(\bar{x}_{\cdot\cdot k\cdot} - \bar{x}_{....})^2$$

$$\text{SSAB} = cn\sum_{i=1}^{a}\sum_{j=1}^{b}(\hat{\alpha\beta})_{ij}^2 = cn\sum_{i=1}^{a}\sum_{j=1}^{b}(\bar{x}_{ij\cdot\cdot} - \bar{x}_{i...} - \bar{x}_{\cdot j\cdot\cdot} + \bar{x}_{....})^2$$

$$\text{SSAC} = bn\sum_{i=1}^{a}\sum_{k=1}^{c}(\hat{\alpha\gamma})_{ik}^2 = bn\sum_{i=1}^{a}\sum_{k=1}^{c}(\bar{x}_{i\cdot k\cdot} - \bar{x}_{i...} - \bar{x}_{\cdot\cdot k\cdot} + \bar{x}_{....})^2$$

$$\text{SSBC} = an\sum_{j=1}^{b}\sum_{k=1}^{c}(\hat{\beta\gamma})_{jk}^2 = an\sum_{j=1}^{b}\sum_{k=1}^{c}(\bar{x}_{\cdot jk\cdot} - \bar{x}_{\cdot j\cdot\cdot} - \bar{x}_{\cdot\cdot k\cdot} + \bar{x}_{....})^2$$

$$\text{SSABC} = n\sum_{i=1}^{a}\sum_{j=1}^{b}\sum_{k=1}^{c}(\alpha\hat{\beta}\gamma)_{ijk}^2$$

$$= n\sum_{i=1}^{a}\sum_{j=1}^{b}\sum_{k=1}^{c}(\bar{x}_{ijk\cdot} - \bar{x}_{ij\cdot\cdot} - \bar{x}_{i\cdot k\cdot} - \bar{x}_{\cdot jk\cdot} + \bar{x}_{i...} + \bar{x}_{\cdot j\cdot\cdot} + \bar{x}_{\cdot\cdot k\cdot} - \bar{x}_{....})^2$$

Source	Degrees of freedom	Sum of squares	Mean squares	*F*-statistics	*p*-value
Factor A	$a-1$	SSA	$\text{MSA}=\frac{\text{SSA}}{a-1}$	$F_A=\frac{\text{MSA}}{\text{MSE}}$	$P(F_{a-1,abc(n-1)}>F_A)$
Factor B	$b-1$	SSB	$\text{MSB}=\frac{\text{SSB}}{b-1}$	$F_B=\frac{\text{MSB}}{\text{MSE}}$	$P(F_{b-1,abc(n-1)}>F_B)$
Factor C	$c-1$	SSC	$\text{MSC}=\frac{\text{SSC}}{c-1}$	$F_C=\frac{\text{MSC}}{\text{MSE}}$	$P(F_{c-1,abc(n-1)}>F_C)$
AB interaction	$(a-1)(b-1)$	SSAB	$\text{MSAB}=\frac{\text{SSAB}}{(a-1)(b-1)}$	$F_{AB}=\frac{\text{MSAB}}{\text{MSE}}$	$P(F_{(a-1)(b-1),abc(n-1)}>F_{AB})$
AC interaction	$(a-1)(c-1)$	SSAC	$\text{MSAC}=\frac{\text{SSAC}}{(a-1)(c-1)}$	$F_{AC}=\frac{\text{MSAC}}{\text{MSE}}$	$P(F_{(a-1)(c-1),abc(n-1)}>F_{AC})$
BC interaction	$(b-1)(c-1)$	SSBC	$\text{MSBC}=\frac{\text{SSBC}}{(b-1)(c-1)}$	$F_{BC}=\frac{\text{MSBC}}{\text{MSE}}$	$P(F_{(b-1)(c-1),abc(n-1)}>F_{BC})$
ABC interaction	$(a-1)(b-1)(c-1)$	SSABC	$\text{MSABC}=\frac{\text{SSABC}}{(a-1)(b-1)(c-1)}$	$F_{ABC}=\frac{\text{MSABC}}{\text{MSE}}$	$P(F_{(a-1)(b-1)(c-1),abc(n-1)}>F_{ABC})$
Error	$abc(n-1)$	SSE	$\text{MSE}=\frac{\text{SSE}}{abc(n-1)}$		
Total	$abcn-1$	SST			

그림 14.28
3요인 실험에 대한 분산분석표

주효과에 대한 자유도는 각각 $a-1$, $b-1$, $c-1$이며, 2요인 교호작용에 대한 자유도는 각각 $(a-1)(b-1)$, $(a-1)(c-1)$, $(b-1)(c-1)$이고, 3요인 교호작용에 대한 자유도는 $(a-1)(b-1)(c-1)$와 같다. 또한 오차 자유도는 $abc(n-1)$이며 평균제곱오차 $\text{MSE}=\hat{\sigma}^2$은 오차분산에 대한 불편추정량이 된다. [그림 14.28]은 이에 대한 분산분석표로서 총 7가지 F-통계량을 구하여 각각의 효과에 대한 가설검정을 할 수 있다.

2요인 실험에서와 같이 교호작용을 먼저 고려해야 하며 따라서 3요인 교호작용효과를 2요인 교호작용효과보다 먼저 고려해야만 한다. 만약 3요인 교호작용이 유의하다면 세 가지 요인과 반응변수간 관계가 있음을 의미하며 2요인 교호작용이나 주효과에 대한 검정이 필요없을 수 있다. 만약 3요인 교호작용이 유의하지 않는 경우 2요인 교호작용을 고려하며 2요인 교호작용이 유의할 경우 주효과에 대한 검정은 불필요하다.

마지막으로 최종 모형이 결정되었을 경우 잔차분석이 필요하다. 최종모형에 포함되지 않은 요인까지 포함한 잔차그림은 서로 다른 요인 수준에서의 반응변수의 변동성 경향을 보여줄 수 있다.

예제 74 로봇 조립 방법(Robot Assembly Methods)

[그림 14.29]에서와 같이 복사기를 생산하는 자동화 조립라인에서 톱니바퀴가 금속 축 위에 도달하기 전에 이 축위에 기름칠을 해야만 한다. 자동화된 공정에서는 뾰족한 포크를 기름통에 집어넣은 후 축에 기름칠하는 방법을 취한다. 이 자동화 공정은 너무 많거나 너무 적은 기름을 칠해서는 안된다. 실험자는 3요인 실험을 이용하여 기름칠 양이 사용되는 포크와 기름 종류 및 기름 온도에 영향을 받는지 연구하였다.

두 종류의 포크(요인 A, $a=2$)가 사용되고 네 종류의 기름(요인 B, $b=4$)이 고

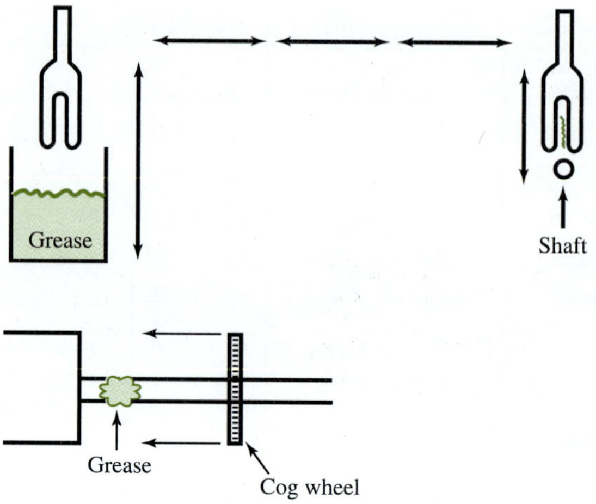

그림 14.29 자동화된 기름칠 방법

Fork Type 1

Temperature		Grease type 1	Grease type 2	Grease type 3	Grease type 4
	Low	14.98 11.67 12.41 13.39 10.99	10.45 9.54 11.23 10.68 10.51	12.36 15.47 14.36 16.35 15.32	9.36 8.89 9.22 11.29 10.58
Temperature	Medium	11.17 10.89 12.48 14.59 11.43	12.51 11.88 11.95 12.83 12.82	13.55 14.36 13.14 14.31 14.38	10.20 9.23 9.02 10.69 9.30
	High	10.39 11.67 13.11 13.20 10.77	14.35 13.88 14.70 12.18 14.04	11.95 11.43 12.67 10.68 13.69	12.88 10.98 12.10 11.00 9.57

Fork Type 2

Temperature		Grease type 1	Grease type 2	Grease type 3	Grease type 4
	Low	7.55 12.03 14.03 11.63 11.87	10.59 8.57 10.42 12.76 13.10	15.47 14.71 12.89 12.05 15.19	14.41 10.21 9.94 8.67 11.64
Temperature	Medium	10.21 9.06 11.16 14.06 11.71	12.61 9.57 11.52 10.91 11.24	13.73 19.36 13.18 13.26 14.55	9.54 10.85 8.01 12.59 10.96
	High	8.47 15.83 13.60 6.94 10.18	11.00 14.75 15.29 11.19 12.39	13.98 14.24 13.34 15.28 10.39	11.38 9.25 9.75 10.05 13.24

그림 14.30 로봇 조립방법 예제에 대한 데이터 집합

Source	Degrees of freedom	Sum of squares	Mean squares	F-statistic	p-value
Fork	1	0.626	0.626	0.22	0.642
Grease	3	173.714	57.905	20.15	0.000
Temperature	2	1.114	0.557	0.19	0.824
Fork*Grease	3	11.829	3.943	1.37	0.256
Fork*Temperature	2	0.145	0.072	0.03	0.975
Grease*Temperature	6	57.838	9.640	3.35	0.005
Fork*Grease*Temperature	6	14.635	2.439	0.85	0.536
Error	96	275.905	2.874		
Total	119	535.807			

그림 14.31
로봇 조립방법 예제에 대한 분산분석표

려되었으며 3종류의 기름 온도(요인 C, $c=3$)가 사용되었다. 총 $abc=2\times4\times3=24$가지 실험배치에 대하여 반복 $n=5$이며 [그림 14.30]과 같이 총 $n_T=abcn=2\times4\times3\times5=120$개의 관측치를 얻었다.

이 실험에 대한 분산분석표는 [그림 14.31]에 주어져 있다. 우선 3요인 교호작용의 F-통계량은

$$F_{ABC}=\frac{\text{MSABC}}{\text{MSE}}=\frac{2.439}{2.874}=0.85$$

이며, p-값은

$$p\text{-값}=P(X>0.85)=0.536$$

와 같다. X는 자유도 6과 96을 갖는 F-분포를 따르는 확률변수이다. 이처럼 큰 p-값은 3요인 교호작용이 유의하지 않다는 것을 의미한다. 3요인 교호작용효과가 유의하지 않기 때문에 다음으로 2요인 교호작용 중에서 B와 C 요인의 교호작용에 대한 F-통계량을 구하면

$$F_{BC}=\frac{\text{MSBC}}{\text{MSE}}=\frac{9.640}{2.874}=3.35$$

이며 p-값은

$$p\text{-값}=P(X>3.35)=0.005$$

와 같다. 확률변수 X는 자유도 6과 96인 F-분포를 따른다. p-값이 아주 작기 때문에 기름종류(B)와 기름온도(C)간 교호작용이 존재한다고 할 수 있다. 즉 기름 온도의 변화가 축에 칠해지는 기름의 양에 미치는 영향은 사용되는 기름의 종류에 따라 달라질 수 있다는 것을 의미한다.

A와 B의 교호작용은 0.256의 p-값을 갖고 A와 C 교호작용은 0.975의 p-값을 가지며 따라서 포크의 종류와 나머지 두 요인간에는 교호작용이 존재하지 않

음을 알 수 있다. 이러한 경우 어떤 주효과를 분석해야만 할까? 기름 종류와 기름 온도간 교호작용이 있기 때문에 이 두 요인에 대한 주효과 분석은 의미가 없고 포크의 종류에 대한 주효과는 따로 분석해야만 한다. 이 경우 F-통계량은

$$F_A = \frac{\text{MSA}}{\text{MSE}} = \frac{0.626}{2.874} = 0.22$$

이며 p-값은

$$p\text{-값} = P(X > 0.22) = 0.642$$

으로 확률변수 X는 자유도 1과 96인 F-분포를 따른다. 결론을 말하자면 포크의 종류에 대한 주효과는 유의하지 않다.

정리하면 축에 칠해지는 기름의 양은 사용되는 포크의 종류와 상관이 없지만 사용하는 기름의 종류 및 기름의 온도에 따라 달라지게 된다. 기름의 종류 및 온도의 조합은 [그림 14.32]에서의 표본평균 $\bar{x}_{\cdot jk \cdot}$을 통해서도 평가할 수 있다.

결정된 최종 모형은 다음과 같다.

$$\mu_{ijk} = \mu + \beta_j + \gamma_k + (\beta\gamma)_{jk}$$

Grease

		Grease type 1	Grease type 2	Grease type 3	Grease type 4
Temperature	**Low**	$\bar{x}_{\cdot 11 \cdot} = 12.055$	$\bar{x}_{\cdot 21 \cdot} = 10.785$	$\bar{x}_{\cdot 31 \cdot} = 14.417$	$\bar{x}_{\cdot 41 \cdot} = 10.421$
	Medium	$\bar{x}_{\cdot 12 \cdot} = 11.676$	$\bar{x}_{\cdot 22 \cdot} = 11.784$	$\bar{x}_{\cdot 32 \cdot} = 14.382$	$\bar{x}_{\cdot 42 \cdot} = 10.039$
	High	$\bar{x}_{\cdot 13 \cdot} = 11.416$	$\bar{x}_{\cdot 23 \cdot} = 13.377$	$\bar{x}_{\cdot 33 \cdot} = 12.765$	$\bar{x}_{\cdot 43 \cdot} = 11.020$

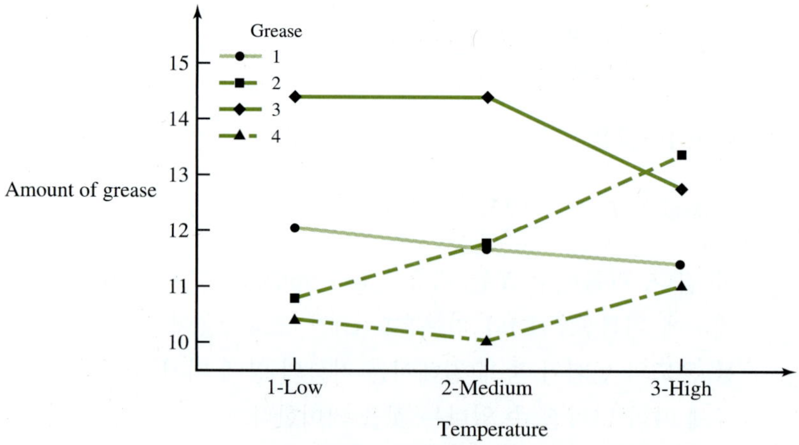

그림 14.32
로봇 조립방법 예제에 대하여 기름 종류와 온도와의 조합에 대한 표본평균

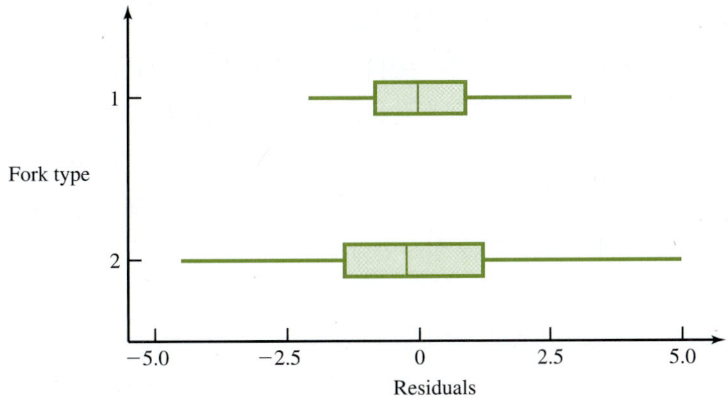

그림 14.33 로봇 조립방법 예제에서 두 포크 타입에 대한 잔차의 상자그림

이 모형을 토대로 잔차를 구할 수 있는데 [그림 14.33]은 각각의 포크에 대한 60개의 잔차를 분석한 상자그림이다. 이 상자그림으로부터 잔차는 포크유형 2보다 포크유형 1일 경우에 0에 가까운 것을 볼 수 있다. 이는 유형 2보다 유형 1에서 칠해지는 기름의 양의 변동성이 더 작다는 것을 의미한다.

정리하면 기름칠 양을 목표값에 맞추기 위해서는 기름 종류 및 온도를 조절하는 것이 좋으며 기름칠 양의 변동성을 가능한 줄이기 위해서는 포크유형 1을 사용하는 것이 최선이라는 결론에 도달한다.

14.2.2 2^k 실험(2^k Experiments)

반응변수에 대한 k개 요인의 영향을 비교하기 위한 실험에서 각각의 요인들의 수준수는 $a_1, \ldots, a_k$일 때 총 실험배치의 수는 $a_1 \times a_2 \times \cdots \times a_k$와 같다. 만약 n개의 반복 관측값이 각각의 실험배치에서 얻어졌다면 요구되는 총 표본의 크기는

$$n_T = a_1 \times a_2 \times \cdots \times a_k \times n$$

와 같다. 이 표본 크기는 요인수 k가 커짐에 따라서 기하급수적으로 커지므로 이 경우 개개 요인에 대하여 2수준 ($a_i = 2$)으로 실험하는 스크리닝 실험을 하는 것이 일반적이다. 2수준에서 k개 요인에 대한 실험은 2^k 실험계획이라고 한다. 2^k 실험계획은 총 2^k만큼의 실험배치를 갖고 만약 반복수가 n이라면

$$n_T = 2^k \times n$$

만큼의 실험수를 필요로 한다. 이 경우 셀평균은 k개 요인의 주효과, 2요인 교호작용 및 3요인 이상의 교호작용의 합으로 나타낼 수 있다. 이 실험에는 $k(k-1)/2$개의 2요인 교호작용이 존재하며 일반적으로 k개의 요인으로부터 r개의 요인을 선택하는 경우의 수인 $\binom{k}{r}$개의 r요인 교호작용이 존재한다. 2^k 실험에서 모수 추정치는 두 수준에서의 표본평균의 차로 쉽게 구할 수 있다. 다양한 종류의 모수의

유의성을 검정하기 위한 분산분석표를 구할 때 오차의 자유도 $2^k(n-1)$을 제외하고는 모두 1인 자유도를 갖게 된다. 이 분산분석표에서는 다양한 가설에 대한 p-값을 제공하는데 다요인 교호작용을 먼저 분석한 후 그들 간 교호작용이 존재한다면 낮은 차수의 교호작용이나 주효과를 분석할 필요가 없다. 일반적으로 4요인 또는 3요인 교호작용은 존재하지 않는다고 가정하며 대부분 2요인 교호작용이나 주효과에 대해서만 분석을 실시한다.

예제 70 화합물 수율(Chemical Yields)

어떤 화학반응의 수율이 4가지 요인(온도, 압력, 촉매 1의 양, 촉매 2의 양)에 따라 어떻게 달라지는지 알아보기 위하여 실험을 수행하였다. 이 4가지 요인은 각각 2수준(높거나 낮음)을 가지므로 총 16가지 실험배치를 가지며 반복 $n=2$에 대하여 총 표본 크기는 $n_T=32$를 얻었다. 이 실험 데이터는 [그림 14.34]에 정리되어 있으며, 이 데이터에 대한 분산분석표는 [그림 14.35]와 같다. 이 표에는 1가지 4요인 교호작용, 4가지 3요인 교호작용, 6가지 2요인 교호작용 및 4가지 주효과가 존재한다. 각각의 교호작용및 주효과는 자유도 1을 가지며 오차는 $2^k(n-1) = 2^4\times(2-1)=16$의 자유도를 갖는다.

4요인 교호작용과 3요인 교호작용에 대한 p-값이 대부분 크므로 이들 교호작용은 유의하지 않음을 알 수 있다. 6가지 2요인 교호작용 중 두 촉매간 교호작용

Temperature	Pressure	Catalyst 1	Catalyst 2	Yield
Low	Low	Low	Low	548 521
Low	Low	Low	High	548 526
Low	Low	High	Low	580 568
Low	Low	High	High	562 526
Low	High	Low	Low	507 523
Low	High	Low	High	507 544
Low	High	High	Low	560 559
Low	High	High	High	538 533
High	Low	Low	Low	576 556
High	Low	Low	High	559 590
High	Low	High	Low	581 603
High	Low	High	High	608 586
High	High	Low	Low	542 547
High	High	Low	High	549 577
High	High	High	Low	583 588
High	High	High	High	550 535

그림 14.34 화합물 수율 예제에 대한 데이터 집합

Source	Degrees of freedom	Sum of squares	Mean squares	F-statistic	p-value
Temp	1	7200.0	7200.0	29.95	0.000
Pressure	1	2738.0	2738.0	11.39	0.004
Cat-1	1	3612.5	3612.5	15.03	0.001
Cat-2	1	338.0	338.0	1.41	0.253
Temp*Pressure	1	200.0	200.0	0.83	0.375
Temp*Cat-1	1	128.0	128.0	0.53	0.476
Temp*Cat-2	1	112.5	112.5	0.47	0.504
Pressure*Cat-1	1	50.0	50.0	0.21	0.654
Pressure*Cat-2	1	72.0	72.0	0.30	0.592
Cat-1*Cat-2	1	2178.0	2178.0	9.06	0.008
Temp*Pressure*Cat-1	1	162.0	162.0	0.67	0.424
Temp*Pressure*Cat-2	1	338.0	338.0	1.41	0.253
Temp*Cat-1*Cat-2	1	0.5	0.5	0.00	0.964
Pressure*Cat-1*Cat-2	1	450.0	450.0	1.87	0.190
Temp*Pressure*Cat-1*Cat-2	1	392.0	392.0	1.63	0.220
Error	16	3846.0	240.4		
Total	31	21817.5			

그림 14.35
화합물 수율 예제에 대한 분산분석표

Temperature

Low	High
$\bar{x}_{1....} = 540.62$	$\bar{x}_{2....} = 570.62$

Pressure

Low	High
$\bar{x}_{.1...} = 564.88$	$\bar{x}_{.2...} = 546.37$

Catalyst 1

Catalyst 2	Low	High
Low	$\bar{x}_{..11.} = 540.00$	$\bar{x}_{..21.} = 577.75$
High	$\bar{x}_{..12.} = 550.00$	$\bar{x}_{..22.} = 554.75$

그림 14.36
화합물 수율 예제에 대한 표본평균

에 대한 p-값이 아주 작기 때문에 이 교호작용만 유의하고 나머지 교호작용은 유의하지 않다.

따라서 촉매 1과 촉매 2의 주효과에 대한 검정은 불필요하지만 온도와 압력에 대한 주효과는 분석을 하여야 한다. 온도의 주효과에 대한 p-값은 거의 0에 가깝고 압력에 대한 p-값은 0.004로 이 두 요인 모두 주효과가 유의하다고 판단할 수 있다.

정리하면 온도와 압력의 변화는 서로 뿐만 아니라 두 촉매에 독립적으로 영향을 주지만 두 촉매는 상호 영향을 주며 독립이 아니다. 이 영향력은 표본 평균을 조사함으로써 발견될 수 있는데 [그림 14.36]은 두 온도 수준과 두 압력 수준, 그리고 네 가지 두 촉매의 조합에 대한 표본 평균을 보여주고 있다. 이 표를 통해 온도를 증가시킬 경우 수율이 증가하지만 압력을 높일 경우 오히려 수율이 감소됨을 알 수 있다. 촉매간 교호작용을 통해 촉매 2의 양을 증가시키면 촉매 1의 낮은 수준에서는 수율을 증가시킬 수 있지만 촉매 1의 높은 수준에서는 오히려 수율을 감소시킴을 알 수 있다.

연습문제

14.2.1 과일주스의 맛을 시험하기 위하여 3요인 실험을 수행하였다. 이때 참가자들이 과일주스의 맛에 대한 질문에 답하는 것으로 점수를 매겨 반응변수를 얻었다. 요인 A는 과일주스 혼합물로 $a=3$ 수준을 갖고 요인 B는 참가자의 성별로 $b=2$ (남성, 여성) 수준을 갖는다. 또한 요인 C는 참가자의 나이로 $c=3$개의 연령 카범주를 갖는다. 각각의 실험배치에서 $n=5$개의 반복 관측치를 얻었다.

(a) 요인 A와 B 사이의 교호작용효과를 발견했다고 가정하자. 이것을 어떻게 해석해야 하는가?

(b) 요인 A와 C 사이의 교호작용효과를 발견했다고 가정하자. 이것을 어떻게 해석해야 하는가?

(c) 요인 A가 포함된 교호작용효과와 요인 A의 주영향이 없다고 가정하자. 이것은 사과주스 혼합물에 대해서 어떠한 정보를 주는가?

(d) 제곱합이 SSA=90.65, SSB=6.45, SSC=23.44, SSAB=17.82, SSAC=24.09, SSBC=24.64, SSABC=27.87, SSE=605.40이다. 분산분석표를 만들고 어떠한 모델이 이 사과주스 점수에 적절한지 알아보라. 이 모델을 어떻게 해석해야 하는가?

14.2.2 최적의 벼 성장 조건
온실 조건으로 온도 조절이 가능한 장소에서 여러 브랜드 쌀의 생산량을 평가하기 위해 3요인 실험을 수행하였다. 반응변수는 쌀의 생산량이며 요인 A는 쌀의 종류로 $a=3$ 수준을 가지며, 요인 B는 비료수준으로 $b=2$ 수준을 가지며, 요인 C는 햇빛의 양으로 $c=2$ 수준을 갖는다. 각 셀당 $n=4$개의 반복 관측치를 얻었는데 실험 데이터는 DS 14.2.1에 나타나 있다.

(a) 분산분석표를 구하고 이로부터 얻을 수 있는 정보를 정리하라.

(b) 비료의 양을 증가시키는 것이 생산량을 증가시킨다는 증거가 있는가?

(c) 햇빛의 양이 사용한 비료의 양과 상호 관계가 있다고 할 수 있는가?

(d) 햇빛의 양이 쌀의 종류와 상호 관계가 있다고 할 수 있는가?

14.2.3 마일리지에 대한 가솔린 첨가물의 영향
DS 14.2.2는 가스 마일리지가 두 가지 가솔린 첨가제 양과 운전조건에 어떤 영향을 받는지를 평가하기 위한 3요인 실험 데이터이다.

(a) 분산분석표를 구하라. 세 가지 요인이 가스 마일리지에 어떤 영향을 주는가?

(b) 첨가제 B의 양은 가스 마일리지의 기대값에 영향을 주는가? 요인 B의 각 수준에 대한 잔차그림으로부터 어떤 정보를 얻을 수 있는가?

14.2.4 비행물체 레이더 감지

DS 14.2.3은 네 가지 레이더 시스템과 두 종류의 비행기 및 낮과 밤에 따라 관측거리가 어떻게 달라지는지 분석하기 위해서 수행된 3요인 실험결과 데이터이다. 분산분석표를 구하고 이로부터 얻을 수 있는 정보를 정리하라.

14.2.5 디지털 계량기 보정

DS 14.2.4는 두 디지털 계량기의 정확도를 평가하기 위해 수행된 2^4 실험결과이다. 이 실험에서 반응변수는 실제 사물의 무게와 측정된 무게간 차이이며 4가지 요인은 계량기 종류, 온도, 계량기 표면에 놓는 물체의 위치 및 계량기의 수평각도이다.

(a) 어떠한 모형이 두 계량기의 측정되는 기대값 사이에 차이가 없다는 것을 나타내는가?

(b) 온도와 계량기 종류간 교호작용효과는 어떻게 해석될 수 있는가?

(c) 위치와 각도간 교호작용효과는 어떻게 해석될 수 있는가?

(d) 분산분석표를 구하고 이로부터 얻을 수 있는 정보를 정리하라.

(e) 온도가 각각의 계량기에 영향을 주지 않는다는 주장은 적절한가? 두 온도 수준에 대한 잔차그림을 이용하라.

14.2.6 골프 채 비교

DS 14.2.5는 두 골퍼가 사용하는 골프채, 공의 종류 및 날씨 조건이 장타거리에 주는 영향을 평가하기 위해서 수행된 2^4 실험의 결과이다. 이 실험으로부터 어떠한 정보를 얻을 수 있는가? 날씨 조건이 장타거리에 영향을 준다는 근거가 있는가?

14.2.7 [그림 14.37]은 4가지 요인 A, B, C, D에 대한 분산분석표에서의 p-값이다. 각각의 항을 '유의', '유의하지 않음', '불필요함(redundant)'으로 구분하라.

Term	*p*-value
A	0.009
B	0.185
C	0.211
D	0.008
A*B	0.226
A*C	0.001
A*D	0.751
B*C	0.003
B*D	0.001
C*D	0.005
A*B*C	0.620
A*B*D	0.674
A*C*D	0.007
B*C*D	0.111
A*B*C*D	0.411

그림 14.37
4요인 실험에서 분산분석표로부터 얻은 p-값

14.2.8 어떤 3요인 실험($3 \times 2 \times 2$)에서 다음의 데이터를 제공한다.

요인 C가 낮을 경우

	A low	A middle	A high
B low	50	47	55
B high	40	38	47

요인 C가 높을 경우

	A low	A middle	A high
B low	48	51	72
B high	42	40	64

3요인 교호작용효과는 없지만 A*C 2요인 교호작용은 존재한다고 가정하자. A*C 2요인 교호작용을 입증할 수 있는 교호작용 그림을 작성하라.

부록

Table I: Cumulative Distribution Function of the Standard Normal Distribution

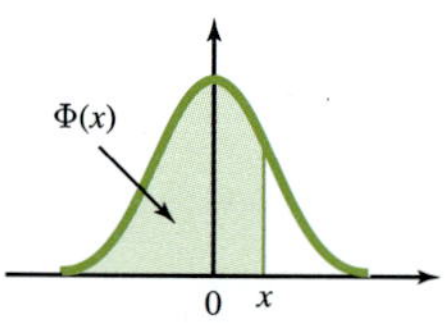

Critical Points

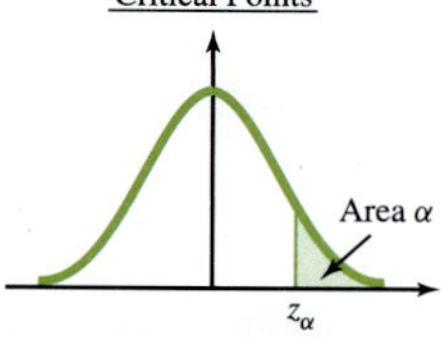

α	z_α
0.10	1.282
0.05	1.645
0.025	1.960
0.01	2.326
0.005	2.576

x	0.00	0.01	0.02	0.03	0.04	0.05	0.06	0.07	0.08	0.09
−3.4	0.0003	0.0003	0.0003	0.0003	0.0003	0.0003	0.0003	0.0003	0.0003	0.0002
−3.3	0.0005	0.0005	0.0005	0.0004	0.0004	0.0004	0.0004	0.0004	0.0004	0.0003
−3.2	0.0007	0.0007	0.0006	0.0006	0.0006	0.0006	0.0006	0.0005	0.0005	0.0005
−3.1	0.0010	0.0009	0.0009	0.0009	0.0008	0.0008	0.0008	0.0008	0.0007	0.0007
−3.0	0.0013	0.0013	0.0013	0.0012	0.0012	0.0011	0.0011	0.0011	0.0010	0.0010
−2.9	0.0019	0.0018	0.0017	0.0017	0.0016	0.0016	0.0015	0.0015	0.0014	0.0014
−2.8	0.0026	0.0025	0.0024	0.0023	0.0023	0.0022	0.0021	0.0021	0.0020	0.0019
−2.7	0.0035	0.0034	0.0033	0.0032	0.0031	0.0030	0.0029	0.0028	0.0027	0.0026
−2.6	0.0047	0.0045	0.0044	0.0043	0.0041	0.0040	0.0039	0.0038	0.0037	0.0036
−2.5	0.0062	0.0060	0.0059	0.0057	0.0055	0.0054	0.0052	0.0051	0.0049	0.0048
−2.4	0.0082	0.0080	0.0078	0.0075	0.0073	0.0071	0.0069	0.0068	0.0066	0.0061
−2.3	0.0107	0.0104	0.0102	0.0099	0.0096	0.0094	0.0091	0.0089	0.0087	0.0084
−2.2	0.0139	0.0136	0.0132	0.0129	0.0125	0.0122	0.0119	0.0116	0.0113	0.0110
−2.1	0.0179	0.0174	0.0170	0.0166	0.0162	0.0158	0.0154	0.0150	0.0146	0.0143
−2.0	0.0228	0.0222	0.0217	0.0212	0.0207	0.0202	0.0197	0.0192	0.0188	0.0183
−1.9	0.0287	0.0281	0.0274	0.0268	0.0262	0.0256	0.0250	0.0244	0.0239	0.0233
−1.8	0.0359	0.0352	0.0344	0.0336	0.0329	0.0322	0.0314	0.0307	0.0301	0.0294
−1.7	0.0446	0.0436	0.0427	0.0418	0.0409	0.0401	0.0392	0.0384	0.0375	0.0367
−1.6	0.0548	0.0537	0.0526	0.0516	0.0505	0.0495	0.0485	0.0475	0.0465	0.0455
−1.5	0.0668	0.0655	0.0643	0.0630	0.0618	0.0606	0.0594	0.0582	0.0571	0.0559
−1.4	0.0808	0.0793	0.0778	0.0764	0.0749	0.0735	0.0722	0.0708	0.0694	0.0681
−1.3	0.0968	0.0951	0.0934	0.0918	0.0901	0.0885	0.0869	0.0853	0.0838	0.0823
−1.2	0.1151	0.1131	0.1112	0.1093	0.1075	0.1056	0.1038	0.1020	0.1003	0.0985
−1.1	0.1357	0.1335	0.1314	0.1292	0.1271	0.1251	0.1230	0.1210	0.1190	0.1170
−1.0	0.1587	0.1562	0.1539	0.1515	0.1492	0.1469	0.1446	0.1423	0.1401	0.1379
−0.9	0.1841	0.1814	0.1788	0.1762	0.1736	0.1711	0.1685	0.1660	0.1635	0.1611
−0.8	0.2119	0.2090	0.2061	0.2033	0.2005	0.1977	0.1949	0.1922	0.1894	0.1867
−0.7	0.2420	0.2389	0.2358	0.2327	0.2296	0.2266	0.2236	0.2206	0.2177	0.2148
−0.6	0.2743	0.2709	0.2676	0.2643	0.2611	0.2578	0.2546	0.2514	0.2483	0.2451
−0.5	0.3085	0.3050	0.3015	0.2981	0.2946	0.2912	0.2877	0.2843	0.2810	0.2776
−0.4	0.3446	0.3409	0.3372	0.3336	0.3300	0.3264	0.3228	0.3192	0.3156	0.3121
−0.3	0.3821	0.3783	0.3745	0.3707	0.3669	0.3632	0.3594	0.3557	0.3520	0.3483
−0.2	0.4207	0.4168	0.4129	0.4090	0.4052	0.4013	0.3974	0.3936	0.3897	0.3859
−0.1	0.4602	0.4562	0.4522	0.4483	0.4443	0.4404	0.4364	0.4325	0.4286	0.4247
−0.0	0.5000	0.4960	0.4920	0.4880	0.4840	0.4801	0.4761	0.4721	0.4681	0.4641

(Continued on next page)

Table I: (*Continued*)

x	0.00	0.01	0.02	0.03	0.04	0.05	0.06	0.07	0.08	0.09
0.0	0.5000	0.5040	0.5080	0.5120	0.5160	0.5199	0.5239	0.5279	0.5319	0.5339
0.1	0.5398	0.5438	0.5478	0.5517	0.5557	0.5596	0.5636	0.5675	0.5714	0.5753
0.2	0.5793	0.5832	0.5871	0.5910	0.5948	0.5987	0.6026	0.6064	0.6103	0.6141
0.3	0.6179	0.6217	0.6255	0.6293	0.6331	0.6368	0.6406	0.6443	0.6480	0.6517
0.4	0.6554	0.6591	0.6628	0.6664	0.6700	0.6736	0.6772	0.6808	0.6844	0.6879
0.5	0.6915	0.6950	0.6985	0.7019	0.7054	0.7088	0.7123	0.7157	0.7190	0.7224
0.6	0.7257	0.7291	0.7324	0.7357	0.7389	0.7422	0.7454	0.7486	0.7517	0.7549
0.7	0.7580	0.7611	0.7642	0.7673	0.7704	0.7734	0.7764	0.7794	0.7823	0.7852
0.8	0.7881	0.7910	0.7939	0.7967	0.7995	0.8023	0.8051	0.8078	0.8106	0.8133
0.9	0.8159	0.8186	0.8212	0.8238	0.8264	0.8289	0.8315	0.8340	0.8365	0.8389
1.0	0.8413	0.8438	0.8461	0.8485	0.8508	0.8531	0.8554	0.8577	0.8599	0.8621
1.1	0.8643	0.8665	0.8686	0.8708	0.8729	0.8749	0.8770	0.8790	0.8810	0.8830
1.2	0.8849	0.8869	0.8888	0.8907	0.8925	0.8944	0.8962	0.8980	0.8997	0.9015
1.3	0.9032	0.9019	0.9066	0.9082	0.9099	0.9115	0.9131	0.9147	0.9162	0.9177
1.4	0.9192	0.9207	0.9222	0.9236	0.9251	0.9265	0.9278	0.9292	0.9306	0.9319
1.5	0.9332	0.9345	0.9357	0.9370	0.9382	0.9394	0.9406	0.9418	0.9429	0.9441
1.6	0.9452	0.9463	0.9474	0.9484	0.9495	0.9505	0.9515	0.9525	0.9535	0.9545
1.7	0.9554	0.9564	0.9573	0.9582	0.9591	0.9599	0.9608	0.9610	0.9625	0.9633
1.8	0.9641	0.9649	0.9656	0.9664	0.9671	0.9678	0.9686	0.9693	0.9699	0.9706
1.9	0.9713	0.9719	0.9726	0.9732	0.9738	0.9744	0.9750	0.9756	0.9761	0.9767
2.0	0.9772	0.9778	0.9783	0.9788	0.9793	0.9798	0.9803	0.9808	0.9812	0.9817
2.1	0.9821	0.9826	0.9830	0.9834	0.9838	0.9842	0.9846	0.9850	0.9854	0.9857
2.2	0.9861	0.9864	0.9868	0.9871	0.9875	0.9878	0.9881	0.9884	0.9887	0.9890
2.3	0.9893	0.9896	0.9898	0.9901	0.9904	0.9906	0.9909	0.9911	0.9913	0.9916
2.4	0.9918	0.9920	0.9922	0.9925	0.9927	0.9929	0.9931	0.9932	0.9934	0.9936
2.5	0.9938	0.9940	0.9941	0.9943	0.9945	0.9946	0.9948	0.9949	0.9951	0.9952
2.6	0.9953	0.9955	0.9956	0.9957	0.9959	0.9960	0.9961	0.9962	0.9963	0.9964
2.7	0.9965	0.9966	0.9967	0.9968	0.9969	0.9970	0.9971	0.9972	0.9973	0.9974
2.8	0.9974	0.9975	0.9976	0.9977	0.9977	0.9978	0.9979	0.9979	0.9980	0.9981
2.9	0.9981	0.9982	0.9982	0.9983	0.9984	0.9984	0.9985	0.9985	0.9986	0.9986
3.0	0.9987	0.9987	0.9987	0.9988	0.9988	0.9989	0.9989	0.9989	0.9990	0.9990
3.1	0.9990	0.9991	0.9991	0.9991	0.9992	0.9992	0.9992	0.9992	0.9993	0.9993
3.2	0.9993	0.9993	0.9994	0.9994	0.9994	0.9994	0.9994	0.9995	0.9995	0.9995
3.3	0.9995	0.9995	0.9995	0.9996	0.9996	0.9996	0.9996	0.9996	0.9996	0.9997
3.4	0.9997	0.9997	0.9997	0.9997	0.9997	0.9997	0.9997	0.9997	0.9997	0.9998

Table II: Critical Points of the Chi-Square Distribution

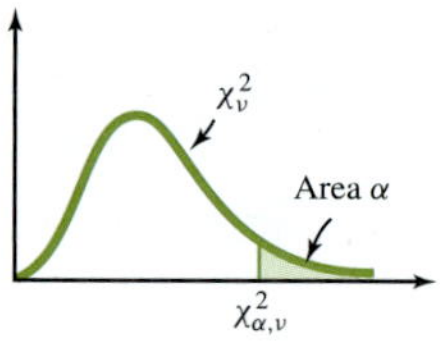

Degrees of freedom ν	α									
	0.995	**0.99**	**0.975**	**0.95**	**0.90**	**0.10**	**0.05**	**0.025**	**0.01**	**0.005**
1	0.000	0.000	0.001	0.004	0.016	2.706	3.841	5.024	6.635	7.879
2	0.010	0.020	0.051	0.103	0.211	4.605	5.991	7.378	9.210	10.597
3	0.072	0.115	0.216	0.352	0.584	6.251	7.815	9.348	11.345	12.838
4	0.207	0.297	0.484	0.711	1.064	7.779	9.488	11.143	13.277	14.860
5	0.412	0.554	0.831	1.145	1.610	9.236	11.071	12.833	15.086	16.750
6	0.676	0.872	1.237	1.635	2.204	10.645	12.592	14.449	16.812	18.548
7	0.989	1.239	1.690	2.167	2.833	12.017	14.067	16.013	18.475	20.278
8	1.344	1.646	2.180	2.733	3.490	13.362	15.507	17.535	20.090	21.955
9	1.735	2.088	2.700	3.325	4.168	14.684	16.919	19.023	21.666	23.589
10	2.156	2.558	3.247	3.940	4.865	15.987	18.307	20.483	23.209	25.188
11	2.603	3.053	3.816	4.575	5.578	17.275	19.675	21.920	24.725	26.757
12	3.074	3.571	4.404	5.226	6.304	18.549	21.026	23.337	26.217	28.299
13	3.565	4.107	5.009	5.892	7.042	19.812	22.362	24.736	27.688	29.819
14	4.075	4.660	5.629	6.571	7.790	21.064	23.685	26.119	29.141	31.319
15	4.601	5.229	6.262	7.261	8.547	22.307	24.996	27.488	30.578	32.801
16	5.142	5.812	6.908	7.962	9.312	23.542	26.296	28.845	32.000	34.267
17	5.697	6.408	7.564	8.672	10.085	24.769	27.587	30.191	33.409	35.718
18	6.265	7.015	8.231	9.390	10.865	25.989	28.869	31.526	34.805	37.156
19	6.844	7.633	8.907	10.117	11.651	27.204	30.144	32.852	36.191	38.582
20	7.434	8.260	9.591	10.851	12.443	28.412	31.410	34.170	37.566	39.997
21	8.034	8.897	10.283	11.591	13.240	29.615	32.671	35.479	38.932	41.401
22	8.643	9.542	10.982	12.338	14.042	30.813	33.924	36.781	40.289	42.796
23	9.260	10.196	11.689	13.091	14.848	32.007	35.172	38.076	41.638	44.181
24	9.886	10.856	12.401	13.848	15.659	33.196	36.415	39.364	42.980	45.559
25	10.520	11.524	13.120	14.611	16.473	34.382	37.652	40.646	44.314	46.928
26	11.160	12.198	13.844	15.379	17.292	35.563	38.885	41.923	45.642	48.290
27	11.808	12.879	14.573	16.151	18.114	36.741	40.113	43.194	46.963	49.645
28	12.461	13.565	15.308	16.928	18.939	37.916	41.337	44.461	48.278	50.993
29	13.121	14.257	16.017	17.708	19.768	39.087	42.557	45.722	49.588	52.336
30	13.787	14.954	16.791	18.493	20.599	40.256	43.773	46.979	50.892	53.672
40	20.707	22.164	24.433	26.509	29.051	51.805	55.758	59.342	63.691	66.766
50	27.991	29.707	32.357	34.764	37.689	63.167	67.505	71.420	76.154	79.490
60	35.534	37.485	40.482	43.188	46.459	74.397	79.082	83.298	88.379	91.952
70	43.275	45.442	48.758	51.739	55.329	85.527	90.531	95.023	100.425	104.215
80	51.172	53.540	57.153	60.391	64.278	96.578	101.879	106.629	112.329	116.321
90	59.196	61.754	65.647	69.126	73.291	107.565	113.145	118.136	124.116	128.299
100	67.328	70.065	74.222	77.929	82.358	118.498	124.342	129.561	135.807	140.169

Table III: Critical Points of the t-Distribution

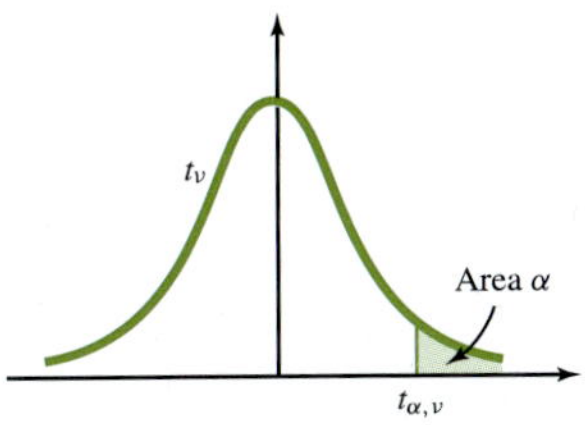

Degrees of freedom ν	α 0.10	0.05	0.025	0.01	0.005	0.001	0.0005
1	3.078	6.314	12.706	31.821	63.657	318.31	636.62
2	1.886	2.920	4.303	6.965	9.925	22.326	31.598
3	1.638	2.353	3.182	4.541	5.841	10.213	12.924
4	1.533	2.132	2.776	3.747	4.604	7.173	8.610
5	1.476	2.015	2.571	3.365	4.032	5.893	6.869
6	1.440	1.943	2.447	3.143	3.707	5.208	5.959
7	1.415	1.895	2.365	2.998	3.499	4.785	5.408
8	1.397	1.860	2.306	2.896	3.355	4.501	5.041
9	1.383	1.833	2.262	2.821	3.250	4.297	4.781
10	1.372	1.812	2.228	2.764	3.169	4.144	4.587
11	1.363	1.796	2.201	2.718	3.106	4.025	4.437
12	1.356	1.782	2.179	2.681	3.055	3.930	4.318
13	1.350	1.771	2.160	2.650	3.012	3.852	4.221
14	1.345	1.761	2.145	2.624	2.977	3.787	4.140
15	1.341	1.753	2.131	2.602	2.947	3.733	4.073
16	1.337	1.746	2.120	2.583	2.921	3.686	4.015
17	1.333	1.740	2.110	2.567	2.898	3.646	3.965
18	1.330	1.734	2.101	2.552	2.878	3.610	3.922
19	1.328	1.729	2.093	2.539	2.861	3.579	3.883
20	1.325	1.725	2.086	2.528	2.845	3.552	3.850
21	1.323	1.721	2.080	2.518	2.831	3.527	3.819
22	1.321	1.717	2.074	2.508	2.819	3.505	3.792
23	1.319	1.714	2.069	2.500	2.807	3.485	3.767
24	1.318	1.711	2.064	2.492	2.797	3.467	3.745
25	1.316	1.708	2.060	2.485	2.787	3.450	3.725
26	1.315	1.706	2.056	2.479	2.779	3.435	3.707
27	1.314	1.703	2.052	2.473	2.771	3.421	3.690
28	1.313	1.701	2.048	2.467	2.763	3.408	3.674
29	1.311	1.699	2.045	2.462	2.756	3.396	3.659
30	1.310	1.697	2.042	2.457	2.750	3.385	3.646
40	1.303	1.684	2.021	2.423	2.704	3.307	3.551
60	1.296	1.671	2.000	2.390	2.660	3.232	3.460
120	1.289	1.658	1.980	2.358	2.617	3.160	3.373
∞	1.282	1.645	1.960	2.326	2.576	3.090	3.291

Table IV: Critical Points of the F-Distribution

$$F_{\nu_1,\nu_2} \sim \frac{\chi^2_{\nu_1}/\nu_1}{\chi^2_{\nu_2}/\nu_2}$$

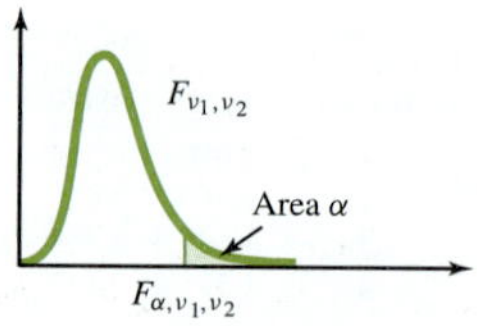

$\alpha = 0.10$

ν_2 \ ν_1	1	2	3	4	5	6	7	8	9	10	12	15	20	24	30	40	60	120	∞
1	39.86	49.50	53.59	55.84	57.24	58.20	58.90	59.44	59.85	60.20	60.70	61.22	61.74	62.00	62.27	62.53	62.79	63.05	63.33
2	3.53	9.00	9.16	9.24	9.29	9.33	9.35	9.37	9.38	9.39	9.41	9.42	9.44	9.45	9.46	9.47	9.47	9.48	9.49
3	5.54	5.46	5.39	5.34	5.31	5.28	5.27	5.25	5.24	5.23	5.22	5.20	5.18	5.18	5.17	5.16	5.15	5.14	5.13
4	4.54	4.32	4.19	4.11	4.05	4.01	3.98	3.95	3.94	3.92	3.90	3.87	3.84	3.83	3.82	3.80	3.79	3.78	3.76
5	4.06	3.78	3.62	3.52	3.45	3.40	3.37	3.34	3.32	3.30	3.27	3.24	3.21	3.19	3.17	3.16	3.14	3.12	3.10
6	3.78	3.46	3.29	3.18	3.11	3.05	3.01	2.98	2.96	2.94	2.90	2.87	2.84	2.82	2.80	2.78	2.76	2.74	2.72
7	3.59	3.26	3.07	2.96	2.88	2.83	2.78	2.75	2.72	2.70	2.67	2.63	2.59	2.58	2.56	2.54	2.51	2.49	2.47
8	3.46	3.11	2.92	2.81	2.73	2.67	2.62	2.59	2.56	2.54	2.50	2.46	2.42	2.40	2.38	2.36	2.34	2.32	2.29
9	3.36	3.01	2.81	2.69	2.61	2.55	2.51	2.47	2.44	2.42	2.38	2.34	2.30	2.28	2.25	2.23	2.21	2.18	2.16
10	3.28	2.92	2.73	2.61	2.52	2.46	2.41	2.38	2.35	2.32	2.28	2.24	2.20	2.18	2.16	2.13	2.11	2.08	2.06
11	3.23	2.86	2.66	2.54	2.45	2.39	2.34	2.30	2.27	2.25	2.21	2.17	2.12	2.10	2.08	2.05	2.03	2.00	1.97
12	3.18	2.81	2.61	2.48	2.39	2.33	2.28	2.24	2.21	2.19	2.15	2.10	2.06	2.04	2.01	1.99	1.96	1.93	1.90
13	3.14	2.76	2.56	2.43	2.35	2.28	2.23	2.20	2.16	2.14	2.10	2.05	2.01	1.98	1.96	1.93	1.90	1.88	1.85
14	3.10	2.73	2.52	2.39	2.31	2.24	2.19	2.15	2.12	2.10	2.05	2.01	1.96	1.94	1.91	1.89	1.86	1.83	1.80
15	3.07	2.70	2.49	2.36	2.27	2.21	2.16	2.12	2.09	2.06	2.02	1.97	1.92	1.90	1.87	1.85	1.82	1.79	1.76
16	3.05	2.67	2.46	2.33	2.24	2.18	2.13	2.09	2.06	2.03	1.99	1.94	1.89	1.87	1.84	1.81	1.78	1.75	1.72
17	3.03	2.64	2.44	2.31	2.22	2.15	2.10	2.06	2.03	2.00	1.96	1.91	1.86	1.84	1.81	1.78	1.75	1.72	1.69
18	3.01	2.62	2.42	2.29	2.20	2.13	2.08	2.04	2.00	1.98	1.93	1.89	1.84	1.81	1.78	1.75	1.72	1.69	1.66
19	2.99	2.61	2.40	2.27	2.18	2.11	2.06	2.02	1.98	1.96	1.91	1.86	1.81	1.79	1.76	1.73	1.70	1.67	1.63
20	2.97	2.59	2.38	2.25	2.16	2.09	2.04	2.00	1.96	1.94	1.89	1.84	1.79	1.77	1.74	1.71	1.68	1.64	1.61
21	2.96	2.57	2.36	2.23	2.14	2.08	2.02	1.98	1.95	1.92	1.87	1.83	1.78	1.75	1.72	1.69	1.66	1.62	1.59
22	2.95	2.56	2.35	2.22	2.13	2.06	2.01	1.97	1.93	1.90	1.86	1.81	1.76	1.73	1.70	1.67	1.64	1.60	1.57
23	2.94	2.55	2.34	2.21	2.11	2.05	1.99	1.95	1.92	1.89	1.84	1.80	1.74	1.72	1.69	1.66	1.62	1.59	1.55
24	2.93	2.54	2.33	2.19	2.10	2.04	1.98	1.94	1.91	1.88	1.83	1.78	1.73	1.70	1.67	1.64	1.61	1.57	1.51
25	2.92	2.53	2.32	2.18	2.09	2.02	1.97	1.93	1.89	1.87	1.82	1.77	1.72	1.69	1.66	1.63	1.59	1.56	1.52
26	2.91	2.52	2.31	2.17	2.08	2.01	1.96	1.92	1.88	1.86	1.81	1.76	1.71	1.68	1.65	1.61	1.58	1.54	1.50
27	2.90	2.51	2.30	2.17	2.07	2.00	1.95	1.91	1.87	1.85	1.80	1.75	1.70	1.67	1.64	1.60	1.57	1.53	1.49
28	2.89	2.50	2.29	2.16	2.06	2.00	1.94	1.90	1.87	1.84	1.79	1.74	1.69	1.66	1.63	1.59	1.56	1.52	1.48
29	2.89	2.50	2.28	2.15	2.06	1.99	1.93	1.89	1.86	1.83	1.78	1.73	1.68	1.65	1.62	1.58	1.55	1.51	1.47
30	2.88	2.49	2.28	2.14	2.05	1.98	1.93	1.88	1.85	1.82	1.77	1.72	1.67	1.64	1.61	1.57	1.54	1.50	1.46
40	2.84	2.44	2.23	2.09	2.00	1.93	1.87	1.83	1.79	1.76	1.71	1.66	1.61	1.57	1.54	1.51	1.47	1.42	1.35
60	2.79	2.39	2.18	2.04	1.95	1.87	1.82	1.77	1.74	1.71	1.66	1.60	1.54	1.51	1.48	1.44	1.40	1.35	1.29
120	2.75	2.35	2.13	1.99	1.90	1.82	1.77	1.72	1.68	1.65	1.60	1.55	1.48	1.45	1.41	1.37	1.32	1.26	1.18
∞	2.71	2.30	2.08	1.94	1.85	1.77	1.72	1.67	1.63	1.60	1.55	1.49	1.42	1.38	1.34	1.30	1.24	1.17	1.10

(*Continued on next page*)

Table IV: (*Continued*)

	$\alpha = 0.05$																		
	ν_1																		
ν_2	**1**	**2**	**3**	**4**	**5**	**6**	**7**	**8**	**9**	**10**	**12**	**15**	**20**	**24**	**30**	**40**	**60**	**120**	**∞**
1	161.44	199.50	215.69	224.57	230.16	233.98	236.78	238.89	240.55	241.89	243.91	245.97	248.02	249.04	250.07	251.13	252.18	253.27	254.31
2	18.51	19.00	19.16	19.25	19.30	19.33	19.35	19.37	19.39	19.40	19.41	19.43	19.45	19.45	19.46	19.47	19.48	19.49	19.50
3	10.13	9.55	9.28	9.12	9.01	8.94	8.89	8.85	8.81	8.79	8.74	8.70	8.66	8.64	8.62	8.59	8.57	8.55	8.53
4	7.71	6.94	6.59	6.39	6.20	6.16	6.09	6.04	6.00	5.96	5.91	5.86	5.80	5.77	5.75	5.72	5.69	5.66	5.63
5	6.61	5.79	5.41	5.19	5.05	4.95	4.88	4.82	4.77	4.74	4.68	4.62	4.56	4.53	4.50	4.46	4.43	4.40	4.36
6	5.99	5.14	4.76	4.53	4.39	4.28	4.21	4.15	4.10	4.06	4.00	3.94	3.87	3.84	3.81	3.77	3.74	3.70	3.67
7	5.59	4.74	4.35	4.12	3.97	3.87	3.79	3.73	3.68	3.64	3.57	3.51	3.44	3.41	3.38	3.34	3.30	3.27	3.23
8	5.52	4.46	4.07	3.84	3.69	3.58	3.50	3.44	3.39	3.35	3.28	3.22	3.15	3.12	3.08	3.04	3.01	2.97	2.93
9	5.12	4.26	3.86	3.63	3.48	3.37	3.29	3.23	3.18	3.14	3.07	3.01	2.94	2.90	2.86	2.83	2.79	2.75	2.71
10	4.96	4.10	3.71	3.48	3.33	3.22	3.14	3.07	3.02	2.98	2.91	2.85	2.77	2.74	2.70	2.66	2.62	2.58	2.54
11	4.84	3.98	3.59	3.36	3.20	3.09	3.01	2.95	2.90	2.85	2.79	2.72	2.65	2.61	2.57	2.53	2.49	2.45	2.40
12	4.75	3.89	3.49	3.26	3.11	3.00	2.91	2.85	2.80	2.75	2.69	2.62	2.54	2.51	2.47	2.43	2.38	2.34	2.30
13	4.67	3.81	3.41	3.18	3.03	2.92	2.83	2.77	2.71	2.67	2.60	2.53	2.46	2.42	2.38	2.34	2.30	2.25	2.21
14	4.60	3.74	3.34	3.11	2.96	2.85	2.76	2.70	2.65	2.60	2.53	2.46	2.39	2.35	2.31	2.27	2.22	2.18	2.13
15	4.54	3.68	3.29	3.06	2.90	2.79	2.71	2.64	2.59	2.54	2.48	2.40	2.33	2.29	2.25	2.20	2.16	2.11	2.07
16	4.49	3.63	3.24	3.01	2.85	2.74	2.66	2.59	2.54	2.49	2.42	2.35	2.28	2.24	2.19	2.15	2.11	2.06	2.01
17	4.45	3.59	3.20	2.96	2.81	2.70	2.61	2.55	2.49	2.45	2.38	2.31	2.23	2.19	2.15	2.10	2.06	2.01	1.96
18	4.41	3.55	3.16	2.93	2.77	2.66	2.58	2.51	2.46	2.41	2.34	2.27	2.19	2.15	2.11	2.06	2.02	1.97	1.92
19	4.38	3.52	3.13	2.90	3.74	2.63	2.54	2.48	2.42	2.38	2.31	2.23	2.16	2.11	2.07	2.03	1.98	1.93	1.88
20	4.35	3.49	3.10	2.87	2.71	2.60	2.51	2.45	2.30	2.35	2.28	2.20	2.12	2.08	2.04	1.99	1.95	1.90	1.84
21	4.32	3.47	3.07	2.84	2.68	2.57	2.49	2.42	2.37	2.32	2.25	2.18	2.10	2.05	2.01	1.96	1.92	1.87	1.81
22	4.30	3.44	3.05	2.82	2.66	2.55	2.46	2.40	2.34	2.30	2.23	2.15	2.07	2.03	1.98	1.94	1.89	1.84	1.78
23	4.28	3.42	3.03	2.80	2.64	2.53	2.44	2.37	2.32	2.27	2.20	2.13	2.05	2.01	1.96	1.91	1.86	1.81	1.76
24	4.26	3.40	3.01	2.78	2.62	2.51	2.42	2.36	2.30	2.25	2.18	2.11	2.03	1.98	1.94	1.89	1.84	1.79	1.73
25	4.24	3.39	2.99	2.76	2.60	2.49	2.40	2.34	2.28	2.24	2.16	2.09	2.01	1.96	1.92	1.87	1.82	1.77	1.71
26	4.23	3.37	2.98	2.74	2.59	2.47	2.39	2.32	2.27	2.22	2.15	2.07	1.99	1.95	1.90	1.85	1.80	1.75	1.69
27	4.21	3.35	2.96	2.73	2.57	2.46	2.37	2.31	2.25	2.20	2.13	2.06	1.97	1.93	1.88	1.84	1.79	1.73	1.67
28	4.20	3.34	2.95	2.71	2.56	2.45	2.36	2.29	2.24	2.19	2.12	2.04	1.96	1.91	1.87	1.82	1.77	1.71	1.65
29	4.18	3.33	2.93	3.70	2.55	2.43	2.35	2.28	2.22	2.18	2.10	2.03	1.94	1.90	1.85	1.81	1.75	1.70	1.64
30	4.17	3.32	2.92	2.69	2.53	2.42	2.33	2.27	2.21	2.16	2.09	2.01	1.93	1.89	1.84	1.79	1.74	1.68	1.62
40	4.08	3.23	2.84	2.61	2.45	2.34	2.25	2.18	2.12	2.08	2.00	1.92	1.84	1.79	1.74	1.69	1.64	1.58	1.51
60	4.00	3.15	2.76	2.53	2.37	2.25	2.17	2.10	2.04	1.99	1.92	1.84	1.75	1.70	1.65	1.59	1.53	1.47	1.39
120	3.92	3.09	2.68	2.45	2.29	2.18	2.09	2.02	1.96	1.91	1.83	1.75	1.66	1.61	1.55	1.50	1.43	1.35	1.25
∞	3.84	3.00	2.60	2.37	2.21	2.10	2.01	1.94	1.88	1.83	1.75	1.67	1.57	1.52	1.46	1.39	1.32	1.22	1.00

(*Continued on next page*)

Table IV: (*Continued*)

	$\alpha = 0.01$																		
	ν_1																		
ν_2	**1**	**2**	**3**	**4**	**5**	**6**	**7**	**8**	**9**	**10**	**12**	**15**	**20**	**24**	**30**	**40**	**60**	**120**	**∞**
1	4052	4999	5403	5625	5764	5859	5929	5981	6023	6055	6107	6157	6209	6235	6260	6287	6312	6339	6366
2	98.51	99.00	99.17	99.25	99.30	99.33	99.35	99.38	99.39	99.40	99.41	99.43	99.44	99.45	99.47	99.47	99.48	99.49	99.50
3	34.12	30.82	29.46	28.71	28.24	27.91	27.67	27.49	27.35	27.23	27.05	26.87	26.69	26.60	26.51	26.41	26.32	26.22	26.13
4	21.20	18.00	16.69	15.98	15.52	15.21	14.98	14.80	14.66	14.55	14.37	14.20	14.02	13.93	13.84	13.75	13.65	13.56	13.46
5	16.26	13.27	12.06	11.39	10.97	10.67	10.46	10.29	10.16	10.05	9.89	9.72	9.55	9.47	9.38	9.29	9.20	9.11	9.02
6	13.75	10.92	9.78	9.15	8.75	8.47	8.26	8.10	7.98	7.87	7.72	7.56	7.40	7.31	7.23	7.14	7.06	6.97	6.88
7	12.25	9.55	8.45	7.85	7.46	7.19	6.99	6.84	6.72	6.62	6.47	6.31	6.16	6.07	5.99	5.91	5.82	5.74	5.65
8	11.26	8.65	7.59	7.01	6.63	6.37	6.18	6.03	5.91	5.81	5.67	5.52	5.36	5.28	5.20	5.12	5.03	4.95	4.86
9	10.56	8.02	6.99	6.42	6.06	5.80	5.61	5.47	5.35	5.26	5.11	4.96	4.81	4.73	4.65	4.57	4.48	4.40	4.31
10	10.04	7.56	6.55	5.99	5.64	5.39	5.20	5.06	4.94	4.85	4.71	4.56	4.41	4.33	4.25	4.17	4.08	4.00	3.91
11	9.65	7.21	6.22	5.67	5.32	5.07	4.89	4.74	4.63	4.54	4.40	4.25	4.10	4.02	3.94	3.86	3.78	3.69	3.60
12	9.33	6.93	5.95	5.41	5.06	4.82	4.64	4.50	4.39	4.30	4.16	4.01	3.86	3.78	3.70	3.62	3.54	3.45	3.36
13	9.07	6.70	5.74	5.21	4.86	4.62	4.44	4.30	4.19	4.10	3.96	3.82	3.66	3.59	3.51	3.43	3.34	3.25	3.17
14	8.86	6.51	5.56	5.04	4.69	4.46	4.28	4.14	4.03	3.94	3.80	3.66	3.51	3.43	3.35	3.27	3.18	3.09	3.00
15	8.68	6.36	5.42	4.89	4.56	4.32	4.14	4.00	3.89	3.80	3.67	3.52	3.37	3.29	3.21	3.13	3.05	2.96	2.87
16	8.53	6.23	5.29	4.77	4.44	4.20	4.03	3.89	3.78	3.69	3.55	3.41	3.26	3.18	3.10	3.02	2.93	2.84	2.75
17	8.40	6.11	5.18	4.67	4.34	4.10	3.93	3.79	3.68	3.59	3.46	3.31	3.16	3.08	3.00	2.92	2.83	2.75	2.65
18	8.29	6.01	5.09	4.58	4.25	4.01	3.84	3.71	3.60	3.51	3.37	3.23	3.08	3.00	2.92	2.84	2.75	2.66	2.57
19	8.19	5.93	5.01	4.50	4.17	3.94	3.77	3.63	3.52	3.43	3.30	3.15	3.00	2.92	2.84	2.76	2.67	2.58	2.49
20	8.10	5.85	4.94	4.43	4.10	3.87	3.70	3.56	3.46	3.37	3.23	3.09	2.94	2.86	2.78	2.69	2.61	2.52	2.42
21	8.02	5.78	4.87	4.37	4.04	3.81	3.64	3.51	3.40	3.31	3.17	3.03	2.88	2.80	2.72	2.64	2.55	2.46	2.36
22	7.95	5.72	4.82	4.31	3.99	3.76	3.59	3.45	3.35	3.26	3.12	2.98	2.83	2.75	2.67	2.58	2.50	2.40	2.31
23	7.88	5.66	4.76	4.26	3.94	3.71	3.54	3.41	3.30	3.21	3.07	2.93	2.78	2.70	2.62	2.54	2.45	2.35	2.26
24	7.82	5.61	4.72	4.22	3.90	3.67	3.50	3.36	3.26	3.17	3.03	2.89	2.74	2.66	2.58	2.49	2.40	2.31	2.21
25	7.77	5.57	4.68	4.18	3.85	3.63	3.46	3.32	3.22	3.13	2.99	2.85	2.70	2.62	2.54	2.45	2.36	2.27	2.17
26	7.72	5.53	4.64	4.14	3.82	3.59	3.42	3.29	3.18	3.09	2.96	2.81	2.66	2.58	2.50	2.42	2.33	2.23	2.13
27	7.68	5.49	4.60	4.11	3.78	3.56	3.39	3.26	3.15	3.06	2.93	2.78	2.63	2.55	2.47	2.38	2.29	2.20	2.10
28	7.64	5.45	4.57	4.07	3.75	3.53	3.36	3.23	3.12	3.03	2.90	2.75	2.60	2.52	2.44	2.35	2.26	2.17	2.06
29	7.60	5.42	4.54	4.04	3.73	3.50	3.33	3.20	3.09	3.00	2.87	2.73	2.57	2.49	2.41	2.33	2.23	2.14	2.03
30	7.56	5.39	4.51	4.02	3.70	3.47	3.30	3.17	3.07	2.98	2.84	2.70	2.55	2.47	2.39	3.30	2.31	2.11	2.01
40	7.31	5.18	4.31	3.83	3.51	3.29	3.12	2.99	2.89	2.80	2.66	2.52	2.37	2.29	2.20	2.11	2.02	1.92	1.80
60	7.08	4.98	4.13	3.65	3.34	3.12	2.95	2.82	2.72	2.63	2.50	2.35	2.20	2.12	2.03	1.94	1.84	1.73	1.60
120	6.85	4.79	3.95	3.48	3.17	2.96	2.79	2.66	2.56	2.47	2.34	2.19	2.03	1.95	1.86	1.76	1.66	1.53	1.38
∞	6.63	4.61	3.78	3.32	3.02	2.80	2.64	2.51	2.41	2.32	2.18	2.04	1.88	1.79	1.70	1.59	1.47	1.32	1.00

Table V: Critical Points $q_{\alpha,k,\nu}$ of the Studentized Range Distribution

Degrees of freedom ν	$\alpha = 0.05$																		
	k																		
	2	3	4	5	6	7	8	9	10	11	12	13	14	15	16	17	18	19	20
5	3.64	4.60	5.22	5.67	6.03	6.33	6.58	6.80	6.99	7.17	7.32	7.47	7.60	7.72	7.83	7.93	8.03	8.12	8.21
6	3.46	4.34	4.90	5.30	5.63	5.90	6.12	6.32	6.49	6.65	6.79	6.92	7.03	7.14	7.24	7.34	7.43	7.51	7.59
7	3.34	4.16	4.68	5.06	5.36	5.61	5.82	6.00	6.16	6.30	6.43	6.55	6.66	6.76	6.85	6.94	7.02	7.10	7.17
8	3.26	4.04	4.53	4.89	5.17	5.40	5.60	5.77	5.92	6.05	6.18	6.29	6.39	6.48	6.57	6.65	6.73	6.80	6.87
9	3.20	3.95	4.41	4.76	5.02	5.24	5.43	5.59	5.74	5.87	5.98	6.09	6.19	6.28	6.36	6.44	6.51	6.58	6.64
10	3.15	3.88	4.33	4.65	4.91	5.12	5.30	5.46	5.60	5.72	5.83	5.93	6.03	6.11	6.19	6.27	6.34	6.40	6.47
11	3.11	3.82	4.26	4.57	4.82	5.03	5.20	5.35	5.49	5.61	5.71	5.81	5.90	5.98	6.06	6.13	6.20	6.27	6.33
12	3.08	3.77	4.20	4.51	4.75	4.95	5.12	5.27	5.39	5.51	5.61	5.71	5.80	5.88	5.95	6.02	6.09	6.15	6.21
13	3.06	3.73	4.15	4.45	4.69	4.88	5.05	5.19	5.32	5.43	5.53	5.63	5.71	5.79	5.86	5.93	5.99	6.05	6.11
14	3.03	3.70	4.11	4.41	4.64	4.83	4.99	5.13	5.25	5.36	5.46	5.55	5.64	5.71	5.79	5.85	5.91	5.97	6.03
15	3.01	3.67	4.08	4.37	4.59	4.78	4.94	5.08	5.20	5.31	5.40	5.49	5.57	5.65	5.72	5.78	5.85	5.90	5.96
16	3.00	3.65	4.05	4.33	4.56	4.74	4.90	5.03	5.15	5.26	5.35	5.44	5.52	5.59	5.66	5.73	5.79	5.84	5.90
17	2.98	3.63	4.02	4.30	4.52	4.70	4.86	4.99	5.11	5.21	5.31	5.39	5.47	5.54	5.61	5.67	5.73	5.79	5.84
18	2.97	3.61	4.00	4.28	4.49	4.67	4.82	4.96	5.07	5.17	5.27	5.35	5.43	5.50	5.57	5.63	5.69	5.74	5.79
19	2.96	3.59	3.98	4.25	4.47	4.65	4.79	4.92	5.04	5.14	5.23	5.31	5.39	5.46	5.53	5.59	5.65	5.70	5.75
20	2.95	3.58	3.96	4.23	4.45	4.62	4.77	4.90	5.01	5.11	5.20	5.26	5.36	5.43	4.49	5.55	5.61	5.66	5.71
24	2.92	3.53	3.90	4.17	4.37	4.54	4.68	4.81	4.92	5.01	5.10	5.16	5.25	5.32	5.38	5.44	5.49	5.55	5.59
30	2.89	3.49	3.85	4.10	4.30	4.46	4.60	4.72	4.82	4.92	5.00	5.08	5.15	5.21	5.27	5.33	5.38	5.43	5.47
40	2.86	3.44	3.79	4.04	4.23	4.39	4.52	4.63	4.73	4.82	4.90	4.98	5.04	5.11	5.16	5.22	5.27	5.31	5.36
60	2.83	3.40	3.74	3.98	4.16	4.31	4.44	4.55	4.65	4.73	4.81	4.88	4.94	5.00	5.06	5.11	5.15	5.20	5.24
120	2.80	3.36	3.68	3.92	4.10	4.24	4.36	4.47	4.56	4.64	4.71	4.78	4.84	4.90	4.95	5.00	5.04	5.09	5.13
∞	2.77	3.31	3.63	3.86	4.03	4.17	4.29	4.39	4.47	4.55	4.62	4.68	4.74	4.80	4.85	4.89	4.93	4.97	5.01

Degrees of freedom ν	$\alpha = 0.01$																		
	k																		
	2	3	4	5	6	7	8	9	10	11	12	13	14	15	16	17	18	19	20
5	5.70	6.97	7.80	8.42	8.91	9.32	9.67	9.97	10.2	10.5	10.7	10.9	11.1	11.2	11.4	11.6	11.7	11.8	11.9
6	5.24	6.33	7.03	7.56	7.97	8.32	8.61	8.87	9.10	9.30	9.49	9.65	9.81	9.95	10.1	10.2	10.3	10.4	10.5
7	4.95	5.92	6.54	7.01	7.37	7.68	7.94	8.17	8.37	8.55	8.71	8.86	9.00	9.12	9.24	9.35	9.46	9.55	9.65
8	4.74	5.63	6.20	6.63	6.96	7.24	7.47	7.68	7.87	8.03	8.18	8.31	8.44	8.55	8.66	8.76	8.85	8.94	9.03
9	4.60	5.43	5.96	6.35	6.66	6.91	7.13	7.32	7.49	7.65	7.78	7.91	8.03	8.13	8.23	8.32	8.41	8.49	8.57
10	4.48	5.27	5.77	6.14	6.43	6.67	6.87	7.05	7.21	7.36	7.48	7.60	7.71	7.81	7.91	7.99	8.07	8.15	8.22
11	4.39	5.14	5.62	5.97	6.25	6.48	6.67	6.84	6.99	7.13	7.25	7.36	7.46	7.56	7.65	7.73	7.81	7.88	7.95
12	4.32	5.04	5.50	5.84	6.10	6.32	6.51	6.67	6.81	6.94	7.06	7.17	7.26	7.36	7.44	7.52	7.59	7.66	7.73
13	4.26	4.96	5.40	5.73	5.98	6.19	6.37	6.53	6.67	6.79	6.90	7.01	7.10	7.19	7.27	7.34	7.42	7.48	7.55
14	4.21	4.89	5.32	5.63	5.88	6.08	6.26	6.41	6.54	6.66	6.77	6.87	6.96	7.05	7.12	7.20	7.27	7.33	7.39
15	4.17	4.83	5.25	5.56	5.80	5.99	6.16	6.31	6.44	6.55	6.66	6.76	6.84	6.93	7.00	7.07	7.14	7.20	7.26
16	4.13	4.78	5.19	5.49	5.72	5.92	6.08	6.22	6.35	6.46	6.56	6.66	6.74	6.82	6.90	6.97	7.03	7.09	7.15
17	4.10	4.74	5.14	5.43	5.66	5.85	6.01	6.15	6.27	6.38	6.48	6.57	6.66	6.73	6.80	6.87	6.94	7.00	7.05
18	4.07	4.70	5.09	5.38	5.60	5.79	5.94	6.08	6.20	6.31	6.41	6.50	6.58	6.65	6.72	6.79	6.85	6.91	6.96
19	4.05	4.67	5.05	5.33	5.55	5.73	5.89	6.02	6.14	6.25	6.34	6.43	6.51	6.58	6.65	6.72	6.78	6.84	6.89
20	4.02	4.64	5.02	5.29	5.51	5.69	5.84	5.97	6.09	6.19	6.29	6.37	6.45	6.52	6.59	6.65	6.71	6.76	6.82
24	3.96	4.54	4.91	5.17	5.37	5.54	5.69	5.81	5.92	6.02	6.11	6.19	6.26	6.33	6.39	6.45	6.51	6.56	6.61
30	3.89	4.45	4.80	5.05	5.24	5.40	5.54	5.65	5.76	5.85	5.93	6.01	6.08	6.14	6.20	6.26	6.31	6.36	6.41
40	3.82	4.37	4.70	4.93	5.11	5.27	5.39	5.50	5.60	5.69	5.77	5.84	5.90	5.96	6.02	6.07	6.12	6.17	6.21
60	3.76	4.28	4.60	4.82	4.99	5.13	5.25	5.36	5.45	5.53	5.60	5.67	5.73	5.79	5.84	5.89	5.93	5.98	6.02
120	3.70	4.20	4.50	4.71	4.87	5.01	5.12	5.21	5.30	5.38	5.44	5.51	5.56	5.61	5.66	5.71	5.75	5.79	5.83
∞	3.64	4.12	4.40	4.60	4.76	4.88	4.99	5.08	5.16	5.23	5.29	5.35	5.40	5.45	5.49	5.54	5.57	5.61	5.65

찾아보기

ㅍ

ㅎ

기타